FOSSILES DE FRANCE

et des régions limitrophes

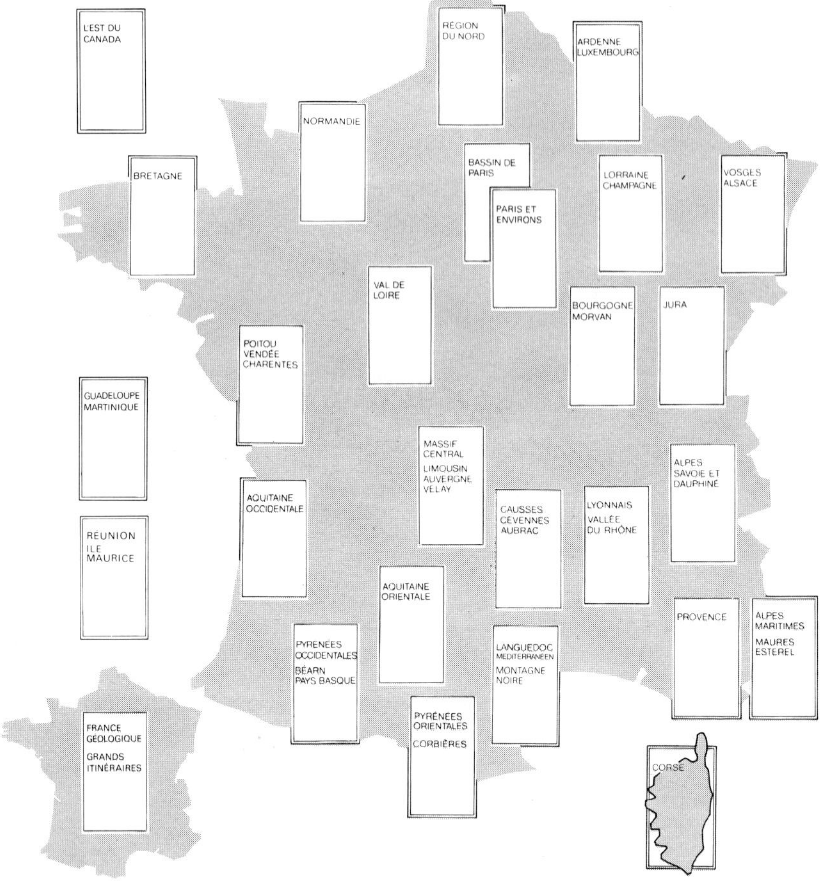

- **Alpes du Dauphiné,** par J. Debelmas et collaborateurs.
- **Alpes de Savoie,** par J. Debelmas et collaborateurs.
- **Alpes-Maritimes – Maures – Esterel,** par R. Campredon, M. Boucarut et collaborateurs.
- **Aquitaine Occidentale,** par M. Vigneaux et collaborateurs.
- **Aquitaine Orientale,** par B. Gèze et A. Cavaillé.
- **Ardennes – Luxembourg,** par G. Waterlot, A. Beugnies, J. Bintz et collaborateurs.
- **Bassin de Paris : Ile-de-France, Pays de Bray,** par Ch. Pomerol et L. Feugueur (3e éd.).
- **Belgique,** par F. Robaszynski, C. Dupuis et collaborateurs.
- **Bourgogne – Morvan,** par P. Rat et collaborateurs (2e éd.).
- **Bretagne,** par S. Durand et collaborateurs (2e éd.).
- **Causses – Cévennes – Aubrac,** par J. Rouire et C. Rousset (2e éd.).
- **Corse,** par M. Durand Delga et collaborateurs.
- **France géologique, grands itinéraires,** par Ch. Pomerol et coll. *(traduit en anglais).*
- **Jura,** par P. Chauve et collaborateurs.
- **Languedoc méditerranéen, Montagne Noire,** par B. Gèze.
- **Lorraine – Champagne,** par J. Hilly, B. Haguenauer et collaborateurs.
- **Lyonnais – Vallée du Rhône,** par G. Demarcq et collaborateurs.
- **Martinique – Guadeloupe,** par D. Westercamp et H. Tazieff.
- **Massif Central : Limousin, Auvergne, Velay,** par J.-M. Peterlongo et coll. (2e éd.).
- **Normandie – Maine,** par F. Doré, et collaborateurs (2e éd.).
- **Paris et environs. Les roches, l'eau et les hommes,** par P. Diffre et Ch. Pomerol.
- **Poitou – Vendée – Charentes,** par J. Gabilly et collaborateurs.
- **Pyrénées Centrales franco-espagnoles,** par R. Mirouse *(en préparation).*
- **Pyrénées Occidentales, Béarn, Pays Basque,** par A. Debourle et R. Deloffre.
- **Pyrénées Orientales, Corbières,** par M. Jaffrezo et collaborateurs.
- **Provence,** par C. Gouvernet, G. Guieu et C. Rousset (2e éd.).
- **Région du Nord : Flandres, Artois, Boulonnais, Picardie, B. de Mons,** par C. Delattre et coll.
- **Réunion, Ile Maurice,** par L. Montaggioni, P. Nativel et coll.
- **Suisse lémanique,** par J. Charollais et collaborateurs (en préparation).
- **Val de Loire : Anjou, Touraine, Orléanais, Berry,** par G. Alcaydé et coll.
- **Vosges – Alsace,** par J.-P. Von Eller, M. Wolf et collaborateurs (2e éd.).
- **L'Est du Canada,** par M.-K. Seguin et A. Cailleux.
- **Dictionnaire de Géologie,** par A. Foucault et J.-F. Raoult (3e éd.).
- **Fossiles de France et des régions limitrophes,** par J.-C. Fischer (2e éd.).
- **Le volcanisme en France,** par R. Brousse et C. Lefèvre *(en préparation).*

GUIDES GÉOLOGIQUES RÉGIONAUX

Collection dirigée par
Ch. POMEROL
Professeur émérite à l'Université Paris VI

FOSSILES DE FRANCE

et des régions limitrophes

par

J.-C. FISCHER

Sous-Directeur
au Muséum national d'Histoire naturelle

2e édition
revue et augmentée

MASSON
Paris Milan Barcelone Mexico
1989

En couverture : Harpagodes aranea *(Jurassique supérieur)* pages 202 et 204 × 1/2.

DU MÊME AUTEUR

Géologie, Paléontologie et Paléoécologie du Bathonien au Sud-Ouest du Massif ardennais. Thèse de Doctorat. Mémoires du Muséum national d'Histoire naturelle, 1969.

Fossiles de tous les temps, en collaboration avec Y. Gayrard-Valy (Tahiti, Les Éditions du Pacifique), 1976, traduit en allemand et en anglais.

Je découvre les fossiles, en collaboration avec Y. Gayrard-Valy (Paris, André Leson, coll. Agir et connaître). 1977.

Les fossiles sous nos pas (Paris, Hatier, coll. Guide point vert), 1985.

La géologie (Paris, Éditions M. A. Coll. « Le Monde de... »), 1986.

ISBN : 2-225-81619-0
ISSN : 0338-2672

MASSON 120, bd Saint-Germain, 75280 Paris Cedex
MASSON ITALIA EDITORI Via Statuto 2, 20121 Milano
MASSON S.A. Balmes 151, 08008 Barcelona
MASSON EDITORES Dakota 383, Colonia Napoles, 03810 Mexi

AVANT-PROPOS

Considérés encore par certains comme de simples objets d'étonnement, de curiosité ou de collection, les fossiles ont cependant, et dès le milieu du XVIIIe siècle, acquis valeur d'objets d'étude relevant du patrimoine scientifique.

Témoins d'événements géologiques révolus, les fossiles nous apportent en effet un ensemble impressionnant d'informations sur l'histoire de notre planète : révélateurs de l'ancienneté de la vie, ils constituent les preuves les plus tangibles de l'évolution biologique dont on peut, grâce à eux, reconstituer les différentes étapes ; ils servent d'indicateurs nous permettant de connaître les modes de vie, les environnements et les géographies du passé ; ils sont les marqueurs chronostratigraphiques des temps géologiques, chaque espèce fossile étant caractéristique d'une période plus ou moins longue.

Ainsi, pour les spécialistes comme pour les enseignants ou les amateurs, c'est toujours par la recherche sur le terrain que s'exerce l'approche du monde fossile ; et c'est toujours sur l'identification des espèces, leur datation, leurs affinités paléobiologiques et les conditions de leur existence que portent les premières interrogations.

Cependant, les profondes modifications qui ont été introduites, au cours de ces dernières décennies, dans la compréhension et la classification des espèces fossiles, ainsi que les progrès accomplis, dans le même temps, sur les questions chronostratigraphiques, paléogéographiques et paléoécologiques, font qu'il est devenu de plus en plus difficile au non-spécialiste de se repérer dans les dédales d'une nomenclature que les exigences de la précision scientifique conduisent à ajuster sans cesse.

Or les espèces fossiles, de même que les espèces vivantes, font partie, à titre culturel autant que scientifique, de notre patrimoine biologique. Il convenait donc – alors qu'abondent les guides sur les flores et les faunes actuelles – que les non-spécialistes puissent disposer d'une documentation synthétique leur permettant d'identifier les principales espèces fossiles rencontrées, d'apprécier leur ancienneté et de les situer dans leurs conditions initiales d'environnement.

Conçu essentiellement pour être utilisé sur le terrain, en relation avec les Guides géologiques régionaux *dont il complète la collection, ce guide des* Fossiles de France et des régions limitrophes *présente plus de 2 000 espèces, sélectionnées parmi les plus communes ou les plus représentatives.*

Cette sélection a été opérée en ne retenant que des espèces directement identifiables sur le terrain, c'est-à-dire ne nécessitant pas de techniques spéciales de récolte (telles que tamisages, attaques chimiques, consolidations progressives...) ou d'observation (telles que techniques de microscopie, coupes sériées, lames minces...). Ceci explique qu'il ne sera pratiquement pas fait mention ici des microfossiles, et qu'il ne sera présenté que très peu de grands Vertébrés – toujours rares et difficiles à extraire – sauf en ce qui concerne certains éléments du squelette tels que vertèbres, dents, écailles...

Il faut bien avoir conscience, en outre, que cette sélection ne porte que sur les « espèces principales » : les flores et les faunes paléontologiques de nos régions totalisent, du Cambrien au Pléistocène, et sans compter les microfossiles, plusieurs centaines de milliers d'espèces distinctes dont beaucoup, plus ou moins comparables à celles figurées ici, ne sont identifiables que par les spécialistes, au moyen de techniques micromorphologiques, microstructurales ou biométriques. Il faut donc se bien convaincre que les identifications rendues possibles par ce guide pourront n'être qu'approchées, faute d'y trouver tous les éléments de description et de comparaison nécessaires pour aboutir à une détermination parfaitement étayée.

Pour autant, le géologue de terrain ne désirant pas faire œuvre de paléontologue, trouvera ici, grâce à la sélection opérée, une information facilement utilisable parce que limitée à l'essentiel, répondant aux besoins courants et actualisée à la source des travaux les plus récents.

Ce guide ne peut être utilement compulsé sans un minimum de connaissances en géologie (nature et succession des terrains sédimentaires...) et en paléontologie (morphologie et classification des organismes...) : connaissances supposées acquises et qui, sinon, devront l'être par la consultation des traités existants sur ces disciplines.

Nous nous sommes, en effet, délibérément refusé à utiliser la douteuse méthode des clés de détermination – illusoire au niveau de diversité que nous abordons ici –, au bénéfice d'un procédé qui a fait ses preuves : la comparaison iconographique. Ceci, cependant, nécessite que l'utilisateur sache où et comment il doit, au fil des thèmes, rechercher l'information dont il a besoin. Ce procédé force non seulement à compulser, mais à connaître : il amène peu à peu à cette « habitude de la connaissance » qui permet d'ouvrir un livre directement à la page voulue, avec au bout du compte bien plus de profit que par n'importe quelle autre méthode.

Le principe de ce guide repose donc sur l'iconographie, fortement privilégiée par rapport au texte, et qui a été puisée pour l'essentiel dans les ouvrages de base, reproduisant la forme la plus typique ou la plus courante de chaque espèce.

Pour des raisons pratiques d'utilisation, l'ouvrage a été subdivisé suivant les 18 principales périodes ou époques (6 pour chacune des ères paléozoïque, mésozoïque et cénozoïque). Chaque unité est introduite par un ensemble d'informations donnant ses principales subdivisions (étages), l'âge de ses limites (d'autant moins précis qu'on s'éloigne dans le temps), et résumant ses caractéristiques paléogéographiques, lithologiques et paléoécologiques dominantes.

Une bibliographie de 270 titres incite l'utilisaeur à approfondir son investigation en même temps que sa documentation, et un index de plus de 5 000 noms permet de retrouver facilement chacune des espèces ainsi que les genres, familles et classes d'organismes cités.

Résultat d'une très vaste compilation, ce guide aurait moins bien atteint ses objectifs sans la contribution des spécialistes qui ont bien voulu me prêter leur concours : Mme Ch. Blanc-Louvel, MM. J.Blot, Ph. Brebion, Mme Fr. de Broin, MM. E. Buge, E. Buffetaut, Mme Y. Le Calvez, Mme Fr. Debrenne, Mlle J. Drot, Mme S. Freneix, MM. H. Gauthier, L. Ginsburg, D. Goujet, E. Heintz, D. Heyler, J. Lafuste, Mme A. Lauriat-Rage, MM. R. Mouterde, J. Roman, Mme S. Secrétan, MM. P. Semenoff Tian Chansky, J. Sornay, Ph. Taquet, J. Thierry, H. Tintant, Mlle S. Wenz. Qu'ils trouvent ici, chacun, l'expression de ma gratitude.

Je suis également redevable aux Éditions Masson d'avoir apporté un soin particulier à l'impression de ce volume et, pour la seconde édition, d'avoir accepté une augmentation très appréciable du nombre des espèces représentées.

Enfin, la réalisation de cet ouvrage n'aurait pas été possible sans le soutien que m'ont apporté conjointement le regretté Professeur Jean-Pierre Lehman, Membre de l'Institut, et le Professeur Charles Pomerol, Directeur de la présente collection. Je leur témoigne, à l'un et à l'autre, ma très vive reconnaissance.

SOMMAIRE

UTILISATION DE L'OUVRAGE

▶ Présentation des espèces

Chaque espèce est présentée par son binôme (nom du genre, éventuellement du sous-genre entre parenthèses, et nom de l'espèce), suivi du nom de son auteur ; vient ensuite, éventuellement, le ou les principaux synonymes de l'espèce, puis la famille à laquelle elle appartient.

Dimensions – On a indiqué pour chaque espèce les dimensions maximales normales ; celles-ci ne tiennent pas compte des tailles exceptionnelles que peuvent atteindre certains individus (gigantisme, anomalies diverses...) et se réfèrent à des spécimens non déformés par la fossilisation.

Répartition – La durée stratigraphique de chaque espèce est donnée par le ou les étages ou périodes correspondant à ses limites d'apparition et d'extinction (ou de continuation pour les espèces se poursuivant dans l'Actuel).

La répartition géographique indique seulement les régions où l'espèce se rencontre le plus fréquemment, ou l'aire d'extension pour les espèces à vaste répartition (la localisation des gisements n'étant pas précisée, l'utilisateur devra, pour se guider sur le terrain, avoir recours à des documents complémentaires : cartes et guides géologiques, ouvrages spécialisés...).

Espèces communes à plusieurs périodes – Les espèces communes à plusieurs périodes peuvent, selon les cas, être signalées dans chacune des périodes qu'elles recouvrent, ou seulement dans celles qu'elles caractérisent le mieux. On aura donc toujours intérêt, pour la détermination d'une espèce, à consulter plusieurs périodes consécutives (ex. : l'espèce *Glomerula gordialis* persiste du Jurassique inférieur au Crétacé supérieur ; pour les espèces du Pliocène, consulter également le Miocène et le Pléistocène).

Iconographie – En règle générale, et afin de permettre plus sûrement une bonne identification des espèces, les figures représentent des spécimens non déformés et complets, exception faite pour les Végétaux (fragments), pour quelques Invertébrés n'existant pratiquement qu'à l'état de moule interne, et pour ceux des Vertébrés dont on ne trouve habituellement que des os isolés, des dents ou des écailles.

Tous les fossiles sont représentés en reliefs positifs ; en cas de récolte d'empreintes négatives (empreintes en creux), il conviendra donc d'effectuer des moulages à la plastiline pour restituer aux fossiles leur relief positif.

Sauf indication contraire portée directement sur les planches, tous les spécimens sont représentés en grandeur naturelle.

▶ Classification adoptée

A quelques exceptions près, qui se trouvent justifiées par des modifications de date récente, la classification adoptée se réfère aux derniers traités de Paléontologie, dont on trouvera la liste en bibliographie.

▶ Abréviations

* – L'astérique signale les espèces significatives des milieux non marins (terrestres ou fluvio-lacustres) ; les espèces des milieux laguno-côtiers ou d'estuaire sont considérées comme appartenant au domaine marin.

(*) – Ce signe indique les espèces à signification mixte (à la fois fluvio-lacustre et laguno-saumâtre ou deltaïque).

d – diamètre
D – grand diamètre
Dim. max. – dimensions maximales
e – épaisseur

fam. – famille
h – hauteur
inf. – inférieur
l – largeur
L – longueur

M.A. – millions d'années
moy. – moyen
rég. – région
sup. – supérieur

TABLEAU STRATIGRAPHIQUE GÉNÉRAL

ÈRES		SYSTÈMES OU PÉRIODES	SÉRIES OU ÉPOQUES	ÉTAGES	AGES (M.A.)
CÉNOZOÏQUE		QUATERNAIRE	Holocène (Actuel) Pléistocène		1,8
	Tertiaire	NÉOGÈNE	Pliocène		5,3
			Miocène		23
		PALÉOGÈNE (Nummulitique)	Oligocène		35
			Éocène	Ludien Bartonien Lutétien Yprésien	54
			Paléocène	Thanétien Danien/Montien	65
MÉSOZOÏQUE (Secondaire)		CRÉTACÉ	supérieur	Maestrichtien Campanien } Sénonien Santonien Coniacien Turonien Cénomanien	
			inférieur	Albien Aptien Barrémien Hauterivien Valanginien } Néocomien Berriasien	130
		JURASSIQUE	supérieur (Malm)	Portlandien Kimméridgien Oxfordien	
			moyen (Dogger)	Callovien Bathonien Bajocien Aalénien	
			inférieur (Lias)	Toarcien Pliensbachien Sinémurien Hettangien	200
		TRIAS		Rhétien Keuper Muschelkalk Buntsandstein	235
PALÉOZOÏQUE (Primaire)	supérieur	PERMIEN		Thuringien Saxonien Autunien	280
		CARBONIFÈRE	supérieur	Stéphanien Westphalien	
			inférieur	Namurien Viséen Tournaisien	350
		DÉVONIEN	supérieur	Famennien Frasnien	
			moyen	Givétien Couvinien/Eifélien	
			inférieur	Emsien Siegénien Gedinnien	400
	inférieur	SILURIEN		Pridolien Ludlowien Wenlockien Llandoverien	440
		ORDOVICIEN	supérieur	Ashgillien Caradocien	
			moyen	Llandeilien Llanvirnien	
			inférieur	Arenigien Tremadocien	500
		CAMBRIEN			550
PRÉCAMBRIEN					

TABLEAU SYSTÉMATIQUE GÉNÉRAL

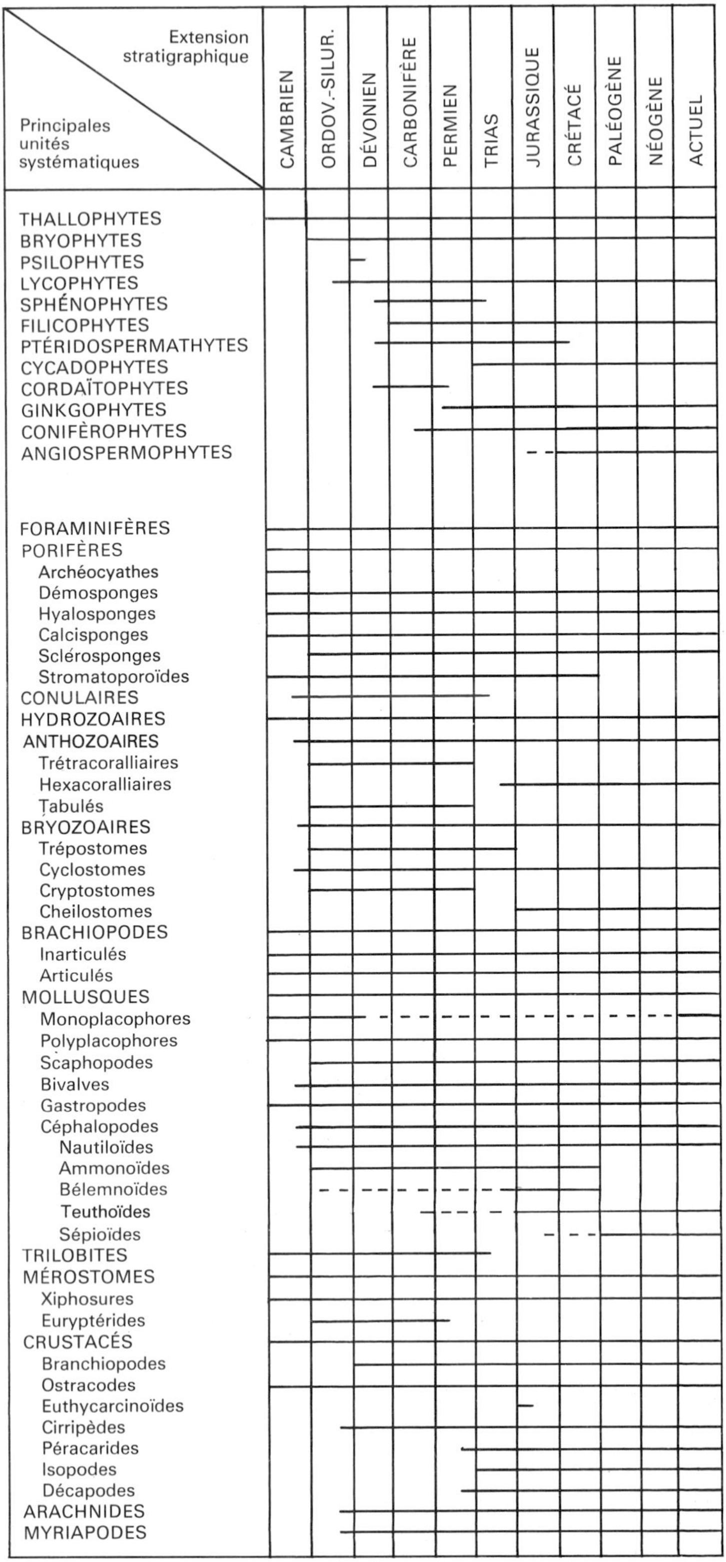

TABLEAU SYSTÉMATIQUE GÉNÉRAL (suite)

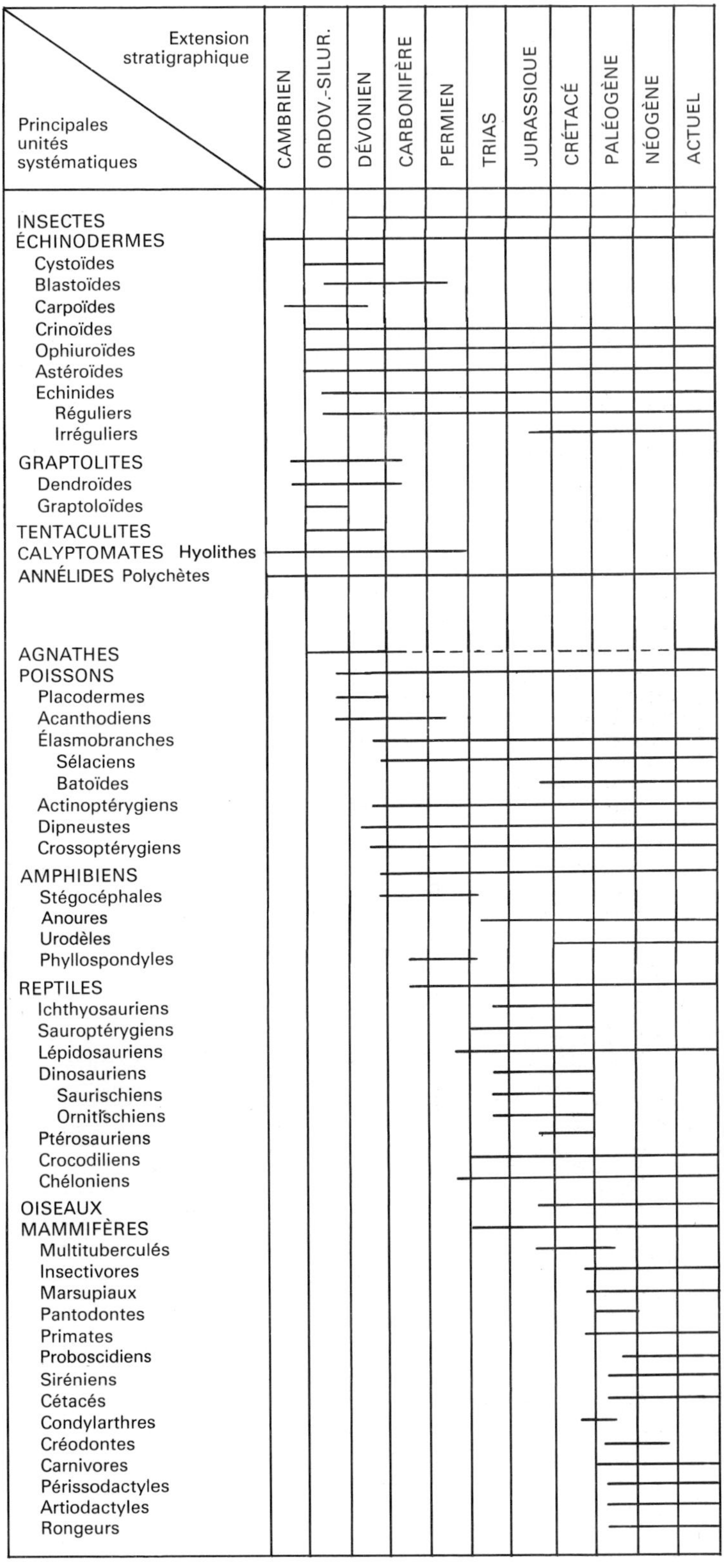

PALÉOZOÏQUE
ère primaire

L'apparition, à la base du Paléozoïque, des Tribobites et de divers autres organismes (Archéocyathes, Mollusques, Échinodermes...) marque le début de ce qu'on peut appeler les « temps fossilifères » [1].

D'une durée d'environ 320 M.A. (de – 550 à – 235 M.A.), le Paléozoïque représente à lui seul plus de temps que les ères mésozoïque et cénozoïque réunies.

Le Paléozoïque se subdivise en six périodes (voir tableau général p. 9) dont les trois premières (Paléozoïque inférieur) correspondent au cycle calédonien à sédimentation surtout détritique, et les trois suivantes (Paléozoïque supérieur) au cycle varisque, ou hercynien, à sédimentation plus généralement calcaire (on peut imputer à ces deux grands cycles orogéniques – calédonien et hercynien – les quantités gigantesques de matériaux sédimentaires détritiques qui ont envahi les mers épicontinentales du Paléozoïque, l'activité des organismes étant principalement responsable des sédiments calcaires du Paléozoïque supérieur).

Durant tout le Paléozoïque, les plaques de l'écorce terrestre sont restées plus ou moins en connexion, formant ce que l'on nomme la *Pangea*, vaste bloc continental épisodiquement parsemé de mers et entouré par un océan unique, la *Panthalassa* ; ce n'est en effet qu'au début du Mésozoïque que commencent à se dissocier les plaques correspondant aux continents actuels.

Le Paléozoïque nous révèle un monde vivant archaïque mais déjà très diversifié. Durant la majeure partie du Paléozoïque inférieur, la vie reste cantonnée dans les mers chaudes et peu profondes qui baignent la *Pangea* (Océan proto-atlantique, Proto-téthys, Mer européenne...) et c'est alors, exclusivement, le règne des Algues (la plupart unicellulaires) et des Invertébrés : Archéocyathes, Porifères, Anthozoaires, Bryozoaires, Brachiopodes, Mollusques (dont les Céphalopodes nautiloïdes), Arthropodes (dont les Trilobites), Échinodermes (dont les Crinoïdes), Annélides... Ensuite seulement, à partir du Silurien et surtout du Dévonien, se répandent les premiers Vertébrés marins : Agnathes et Poissons.

Le Paléozoïque supérieur, par contre, voit progressivement se développer les flores et les faunes continentales, qui dominent à la fin du Carbonifère ; c'est alors le règne des grandes forêts houillères, cependant que se diversifient les Amphibiens et qu'apparaissent les premiers Reptiles.

Les mers de la fin du Paléozoïque, très réduites et fortement appauvries, sont le siège de nombreuses extinctions ; et il ne subsiste, à l'orée des temps mésozoïques, que bien peu de lignées parmi toutes celles qui s'étaient, par étapes et durant si longtemps, imposées dans le domaine marin.

Voici, exposées plus en détail, les six grandes périodes du Paléozoïque.

---

1. On appelle **Précambrien** l'immense durée qui s'est écoulée entre la consolidation de la croûte terrestre (vers – 4 600 M.A.) et le début du Paléozoïque.

Bien représenté en Europe (Scandinavie, Écosse, Europe centrale, Espagne...), le Précambrien a été reconnu sur notre territoire au cœur des massifs anciens (Massif Armoricain, Massif Central, Vosges, Pyrénées, Corse...) et daté en certains points d'au moins 2 500 M.A.

Bien que la vie soit apparue sur la Terre, sous ses formes les plus rudimentaires, il y a plus de 3 500 M.A., et qu'elle ait fortement évolué dès avant le début du Paléozoïque, il serait vain de prétendre trouver, sans techniques particulières, des restes fossiles dans les séries précambriennes ; fortement métamorphisées dans nos régions, seuls y ont été signalés des résidus de matière organique, des micro-filaments algaires et des sphérules microscopiques auxquels on a donné le nom d'Acritarches.

CAMBRIEN

Première période de l'ère paléozoïque, d'une durée de 50 M.A., le Cambrien se caractérise par le rapide développement des faunes de Trilobites, dont le renouvellement justifie trois subdivisions principales :

ORDOVICIEN

CAMBRIEN	supérieur (= Postdamien, Croixien, Revinien)	500 M.A.
	moyen (= Acadien, Devillien)	
	inférieur (= Géorgien, Waucobien)	550 M.A.

PRÉCAMBRIEN

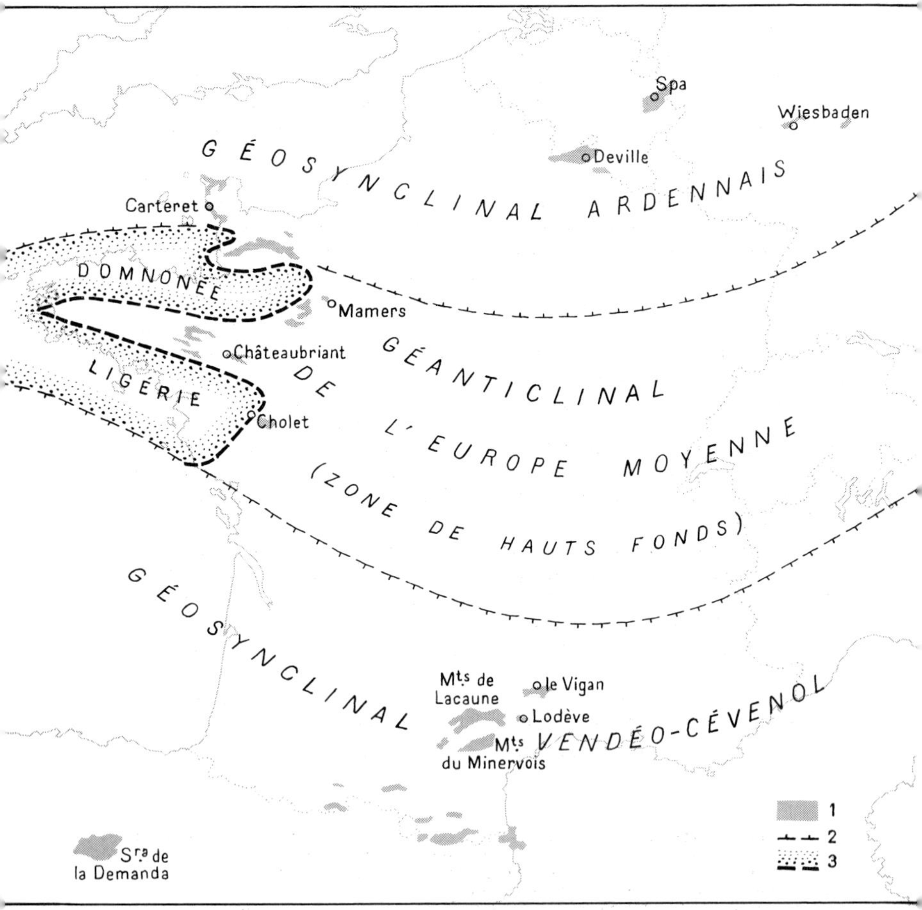

Cambrien

1. Principaux affleurements cambriens – 2. Limites approximatives des sillons (géosynclinaux) – 3. Limites probables des transgressions marines au Cambrien.

Assez largement distribué en Europe septentrionale, centre-orientale et méridionale, le Cambrien n'offre dans nos régions que peu d'affleurements (voir carte), surtout formés de schistes plus ou moins gréseux (Ardenne, Massif Rhénan, Massif Armoricain, Massif Central, Pyrénées, Nord de l'Espagne), de quartzites (Ardenne), de gneiss (Pyrénées) et de quelques carbonates (Massif Armoricain, Pyrénées).

Du point de vue paléogéographique, on y distingue une zone de hauts fonds, à émersions temporaires, qui s'étend de la Bretagne à la Bohême et se trouve encadrée au Nord et au Sud par des sillons (géosynclinaux) que les transgressions ont progressivement envahis.

Cette période a été principalement marquée par l'apparition – et l'extinction – des Archéocyathes, et par le développement spectaculaire des Trilobites ; mais on y note également, en plus de quelques Algues calcaires, l'apparition de divers autres organismes qui, sauf exception, restent extrêmement rares dans nos régions : Porifères, Conulaires, Mollusques, Xiphosures (ou Limules), Crustacés primitifs, Échinodermes, Graptolites, Hyolithes... et diverses traces d'activité, certaines encore énigmatiques.

Les faciès du Cambrien inférieur traduisent des conditions de mers peu profondes et chaudes (développement des récifs à Archéocyathes), les eaux se refroidissant progressivement et tendant à régresser au Cambrien supérieur.

Les quelques fossiles qu'on y trouve proviennent tous de milieux marins.

ARCHÉOCYATHES

Dictyocyathus verticillus Bornemann, fam. Dictyocyathidae – Espèce cylindroïde de diamètre inférieur à 1 cm, à cavité centrale étroite et intervallium formé par un réseau dense de petits éléments calcaires disposés en rayons irréguliers. **Cambrien inf.** : Aude et Hérault (Monts du Minervois). Pl. 1, fig. 3 (coupe transversale).

Chouberticyathus clathratus Debrenne, fam. Dictyocyathidae – Espèce conique à cavité centrale étroite, intervallium formé d'éléments peu nombreux et irréguliers, muraille externe épaisse et compacte. Dim. max. : h/d = 3/2 cm. **Cambrien inf.** : Aude et Hérault (Monts du Minvervois). Pl. 1, fig. 1.

Protopharetra bigoti Debrenne, fam. Archaeocyathidae – Espèce cylindrique, de 2 cm de hauteur pour 1 cm de diamètre max., à tissu vésiculaire et à cavité centrale. **Cambrien inf.** : Manche (rég. de Carteret). Pl.1, fig. 2 (coupe transversale).

Anthomorpha pistrini Debrenne, fam. Anthomorphidae – Espèce en forme de cône évidé largement ouvert, pouvant atteindre 40 cm de diamètre pour 40 à 50 cm de hauteur, se présentant dans la roche sous forme de rubans à cloisons parallèles, larges de 3 à 5 mm. **Cambrien inf.** : Aude et Hérault (Monts du Minervois) ; en Espagne (Monts Cantabriques). Pl. 1, fig. 5 (coupe transversale d'un fragment d'intervallium).

Anthomorpha margarita Bornemann – Espèce conique ne dépassant pas 3,5 cm de hauteur pour 2 cm de diamètre, dont les cloisons de l'intervallium sont beaucoup plus minces et serrées que chez l'espèce précédente. **Cambrien inf.** : Aude et Hérault (Monts du Minervois). Pl. 1, fig. 4 (coupes oblique et transversale).

HYALOSPONGES

Allonnia tripodophora Doré et Reid, fam. Chancelloriidae – Espèce connue seulement par ses spicules, de forme tripode virgulaire, très fins et pouvant atteindre 6 mm de longueur. **Cambrien inf.** : Manche (rég. de Carteret).

BRACHIOPODES Inarticulés

Acrothele coriacea Linnarson *(A. bergeroni)*, fam. Acrothelidae – Valves n'excédant pas 1 cm de diamètre et ornées de très fines stries concentriques. **Cambrien moy.** : Aveyron, Tarn (Monts de Lacaune), Hérault (Monts du Minervois). Pl. 1, fig. 8.

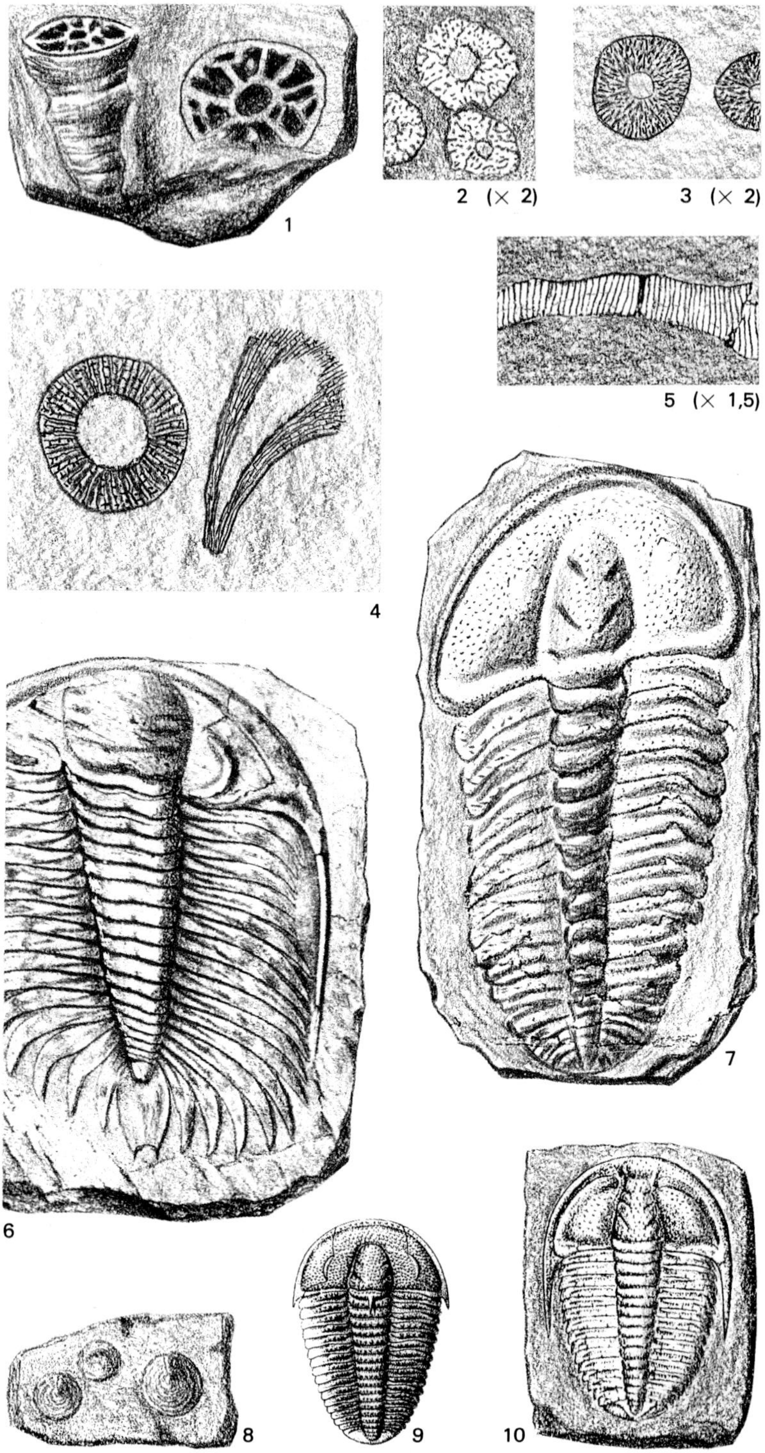

Planche 1 : CAMBRIEN

1. *Chouberticyathus clathratus* – 2. *Protopharetra bigoti* – 3. *Dictyocyathus verticillus* – 4. *Anthomorpha marginata* – 5. *A. pistrini* – 6. *Paradoxides brachyrachis* – 7. *Conocoryphe heberti* – 8. *Acrothele coriacea* – 9. *Solenopleuropsis rouayrouxi* – 10. *Ctenocephalus coronatus*.

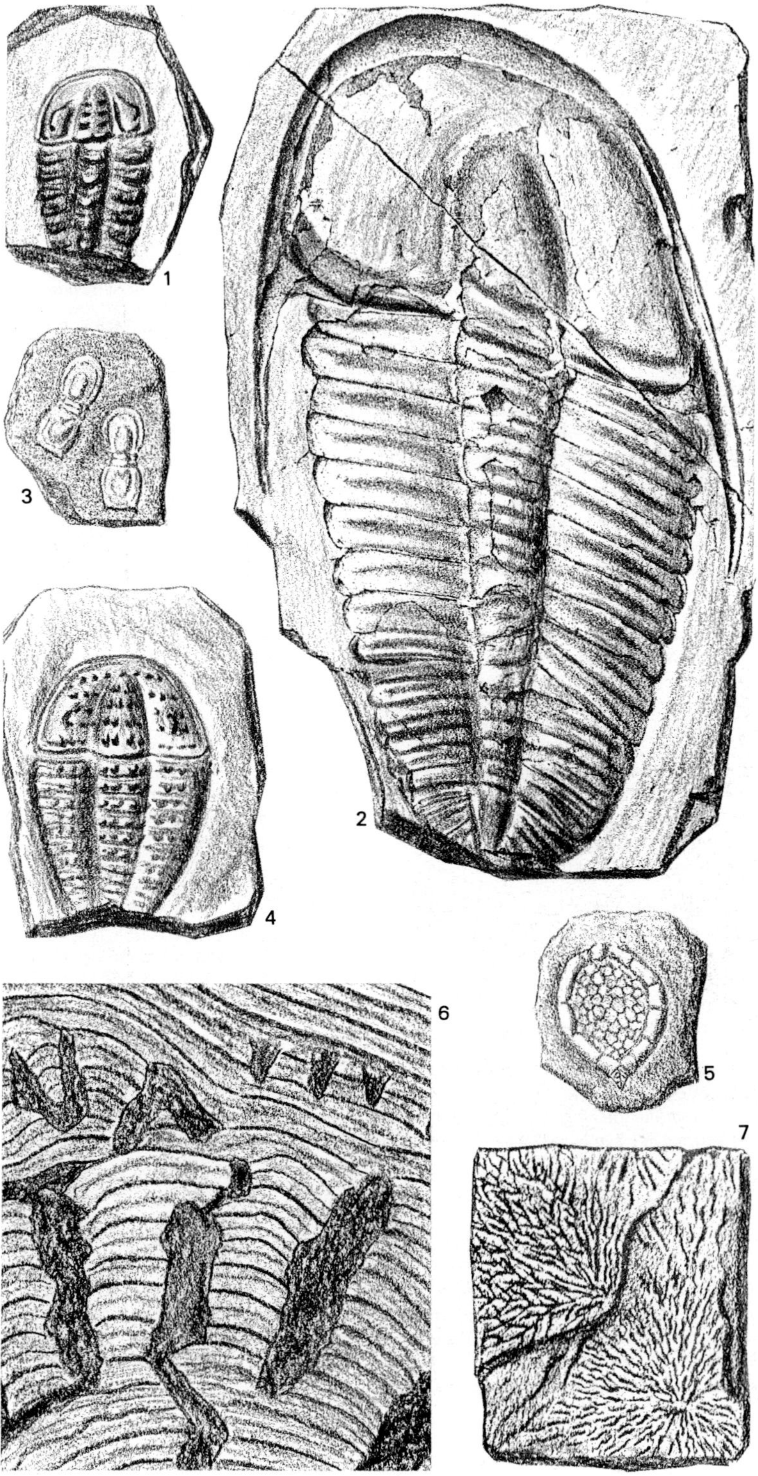

Planche 2 : CAMBRIEN

1. *Badulesia granieri* – 2. *Bailiella levyi* – 3. *Peronopsis sallesi* – 4. *Pardailhania hispida* – 5. *Elliptocinctus barrandei* – 6. Stromatolite – 7. *Oldhamia radiata*.

TRIBOLITES

Peronopsis sallesi Munier-Chalmas et Bergeron *(Agnostus –)*, fam. Spinagnostidæ – Dim. max. : L/l = 14/4,5 mm. **Cambrien moy :** Hérault (Monts du Minervois). Pl. 2, fig. 3.

Paradoxides (Eccaparadoxides) brachyrachis Linnarson, fam. Paradoxididæ – Céphalon semicirculaire à épines génales bien développées ; 18 segments thoraciques ; pygidium terminé par deux pointes. Dim. max. : L/l = 50/34 à 39 cm. **Cambrien moy.** : Tarn (Monts de Lacaune) et Hérault (Monts du Minervois). Pl. I, fig. 6.

Paradoxides (Eccaparadoxides) mediterraneus Pompeckj – Cette espèce diffère de la précédente par son pygidium à bord postérieur dépourvu de pointes. Dim. max. : L/l = 30/18 cm. **Cambrien moy.** : Tarn (Monts de Lacaune), Hérault (Monts du Minervois) ; en Espagne (Monts Cantabriques).

Conocoryphe heberti Munier-Chalmas et Bergeron *(Couloumania –)*, fam. Conocoryphidae – Céphalon, finement granuleux dépourvu de pointes génales ; 14 segments thoraciques. Dim. max. : L/l = 8,5/4,5 cm. **Cambrien moy.** :Tarn (Mont de Lacaune) et Hérault (Monts du Minervois) ; en Espagne. Pl. I, fig. 7.

Bailiella levyi Munier-Chalmas et Bergeron (*Conocoryphe* –), fam. Conocoryphidae – Espèce à céphalon lisse pourvu de pointes génales courtes et arquées ; 14 segments thoraciques. Dim. max. : L/l = 12/6 à 7 cm. **Cambrien moy.** :avec la précédente. Pl. 2, fig. 2.

Ctenocephalus coronatus Barrande (*Conocephalites –, C. bergeroni*), fam. Conocoryphidae – Espèce dépourvue d'yeux ; 14 ou 15 segments thoraciques ; pygidium extrêmement court. Dim. max. : L/l = 3,5/2,3 à 2,6 cm. **Cambrien moy.** : Tarn (Monts de Lacaune) et Hérault (Monts du Minervois) ; en Espagne (Monts Cantabriques). Pl. I, fig. 10.

Solenopleuropsis rouayrouxi Munier-Chalmas et Bergeron, fam. Solenopleuridae – Céphalon à ornementation granuleuse et pointes génales très courtes ; thorax formé de 14 segments ; pygidium très réduit. Dim. max. : L/l = 3,5/2,3 à 2,6 cm. **Cambrien moy.** : Tarn (Monts de Lacaune) et Hérault (Monts du Minervois) ; en Espagne (Monts Cantabriques). Pl. I, fig. 9 (reconstitution).

Pardailhania hispida Thoral (*Solenopleura* –), fam. Solenopleuridae – Céphalon orné, sur le champ prégalbellaire, de 12 à 14 granulations paires, régulièrement alignées ; glabelle portant 4 rangées de 4 tubercules ; ornementation granuleuse se poursuivant sur le thorax. Dim. max. : L/l = 3,5/2,5 cm. **Cambrien moy.** : Tarn (Monts de Lacaune), Hérault (Monts du Minervois) ; en Espagne (Monts Cantabriques). Pl. 2, fig. 4.

Badulesia granieri Thoral (*Liostracus – ,Pardailhania –*), fam. Solenopleuridae – Céphalon large au plus de 1,5 cm, à bord antérieur peu arqué ; glabelle étroite, ornée de 4 barrettes transversales ; thorax composé d'une quinzaine de segments, à plèvres arrondies à leur extrémité. **Cambrien moy.** : avec la précédente. Pl. 2, fig. 1.

ÉCHINODERMES Carpoïdes

Elliptocintus barrandei Munier-Chalmas et Bergeron (*Trochocystites –*), fam. Trochocystitidae – Thèque formée de 12 plaques périphériques épaisses et de nombreuses petites plaques centrales polygonales. Dim. max. : h/d = 2/1,5 cm. **Cambrien moy.** : Aveyron, Tarn (Monts de Lacaune) et Hérault (Monts du Minervois). Pl. 2, fig. 5.

TRACES

Stromatolites – Concrétions massives d'épaisseur très variable, constituées en dômes ou en colonnes (celles-ci de largeur millimétrique à centimètrique) et formées par l'empilement de minces lamelles calcaires ou marneuses. Ces structures ne sont pas des fossiles organiques, mais des traces physiologiques résultant de l'activité photosynthétique d'Algues microscopiques, les Cyanobactéries. Épaisseur des lamines : 1 à 5 mm. **Cambrien inf.** : Manche (rég. de Carteret), Calvados (rég. de May-sur-Orne), Mayenne (bassin de Laval), Aude et Hérault (Monts du Minervois) ; très répandus au Précambrien dans diverses régions du globe, les Stromatolites se raréfient fortement à partir du Cambrien moyen mais restent cependant connus jusque dans la nature actuelle. Pl. 2, fig. 6 (section polie).

Oldhamia radiata Forbes, *incertae sedis* – Traces formées de rides irrégulières disposées radialement. **Cambrien moy.** : Ardennes (rég. de Deville) ; en Belgique (rég de Tubize). Pl. I, fig. 7.

Il n'est pas exceptionnel en outre de trouver dans le Cambrien des terriers verticaux, sortes de cylindres en matière sédimentaire de quelques millimètres de diamère, généralement disposés côte-à-côte en grand nombre et qui portent le nom de ***Skolithos*** (= *Tubulites ou Scolithes*).

ORDOVICIEN

D'une durée de 60 M.A., la période ordovicienne débute avec le développement généralisé des *faciès* à *Graptolites* et se subdivise en six étages :

SILURIEN

ORDOVICIEN	supérieur	Ashgillien Caradocien	440 M.A.
	moyen	Llandeilien Llanvirnien	
	inférieur	Arenigien (= Skiddaw) Tremadocien	500 M.A.

CAMBRIEN

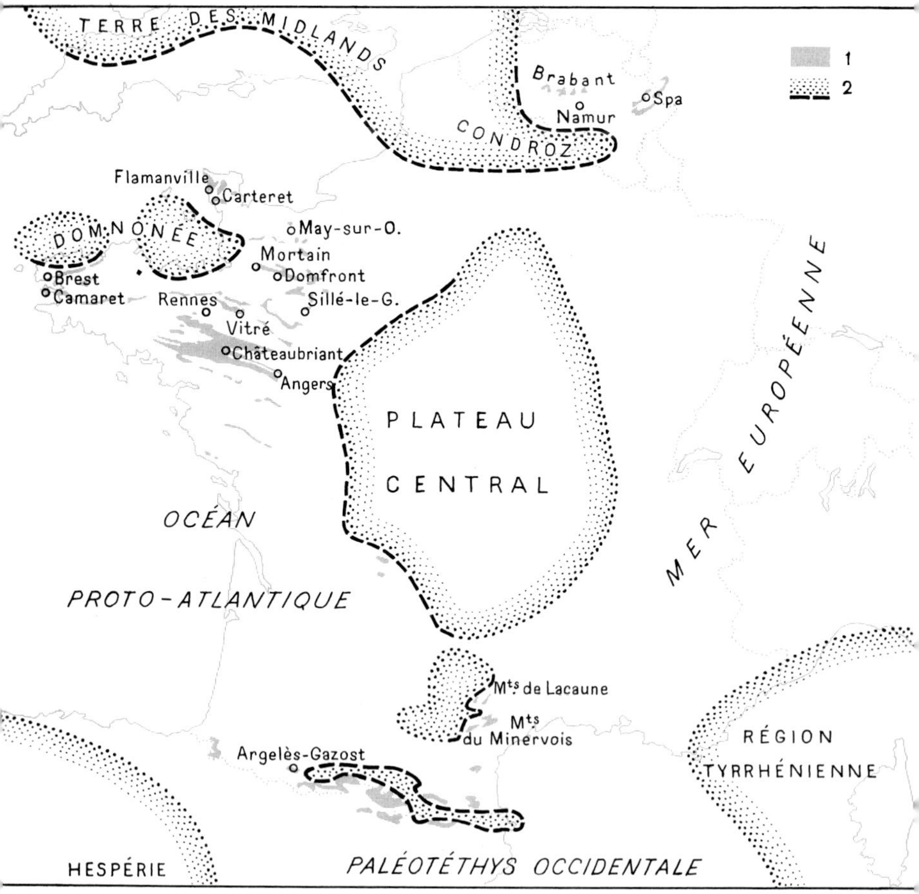

Ordovicien

1. Principaux affleurements ordoviciens – 2. Limites probables des transgressions marines à l'Ordovicien.

Bien représentés, notamment en Irlande, en Grande-Bretagne (Sud de l'Écosse, Pays-de-Galles), en Scandinavie et en Tchécoslovaquie (Bohême), les affleurements qui s'y rapportent n'occupent dans nos régions que des aires fractionnaires, très limitées et disséminées dans trois principaux secteurs : le Brabant et l'Ardenne Belge, le Cotentin et le Massif Armoricain, le Sud de la France et l'Espagne.

De ce fait et malgré les connaissances apportées par les sondages profonds, la paléogéographie de l'Ordovicien reste difficile à établir : pour la France et les régions limitrophes, les seules probabilités acquises concernent l'émersion des Midlands et du Condroz, de la Domnonée, du Plateau Central, des Monts du Minervois (pour partie), des Pyrénées Orientales et Centrales, de l'Hespérie et de la région tyrrhénienne, la mer ayant occupé de manière plus ou moins continue les bassins ainsi délimités (voir carte).

Les sédiments les plus répandus sont alors des grès quartzitiques ou calcareux (Massif Armoricain, Pyrénées), des schistes gréseux ou marneux (Ardenne, Massif Armoricain, Monts du Minervois, Pyrénées), parfois noduleux (Ordovicien inf. des Monts du Minervois), et localement des tufs et calcaires (Ordovicien sup. de Rosan dans le Finistère).

Les organismes caractéristiques de cette période, et susceptibles d'être reconnus sur le terrain, sont principalement des Graptolites (animaux planctoniques dérivant au gré des courants), des Trilobites et des Brachiopodes, auxquels s'associent localement des Mollusques, des Conulaires, des Echinodermes, des Tentaculites et des Hyolithes, tous exclusivement marins ; on y observe également de nombreuses traces (Bilobites...).

C'est de l'Ordovicien que datent en outre les premiers Végétaux continentaux, à aspect de Mousse et connus seulement en Scandinavie. Dans les mers ordoviciennes apparaissent également les premiers Anthozoaires (Tétracoralliaires et Tabulés) ainsi que les premiers Vertébrés (Agnathes, alors connus seulement en Amérique du Nord).

L'analyse des différents faciès met en évidence une certaine uniformité des conditions d'environnement : mers peu profondes, « épicontinentales », assez chaudes et bien aérées, bordées par des côtes basses dont les fonds meubles étaient favorables à la vie de nombreux organismes fouisseurs (tels que Mollusques Bivalves, Tribolites, Vers...) ou faiblement ancrés (tels que Brachiopodes).

Les faunes se composent des principales espèces suivantes.

CONULAIRES

Exoconularia pyramidata Hœninghaus *(Conularia* –), fam. Conulariidae – Périderme mince en forme de pyramide à sommet arrondi ; les quatre faces, ornées de rides obliques et pourvues d'un sillon longitudinal médian, sont limitées par des carènes creusées sur toute leur longueur par un sillon. Dim. max. : H/d = 20/4 cm. **Ordovicien moy.** et **sup. :** Manche, Calvados (May-sur-Orne). Pl. 3, fig. 1.

BRACHIOPODES Inarticulés

Ectenoglossa lesueuri Rouault (*Lingula* –), fam. Obolidae – Surface ornée de stries radiales très fines qui coupent les lignes d'accroissement. Dim. max. : L/l = 4/1,5 à 2 cm. **Ordovicien inf** et **moy. :** Ille-et-Vilaine (Pontréan et rég. de Châteaubriant), Orne (rég. de Domfront), Sarthe (rég. de Fresnay-sur-Sarthe), Hérault (Monts du Minervois) ; en Grande-Bretagne dans le Devonshire (rég. d'Exmouth). Pl. 3, fig. 2.

Palæoglossa pseudocrumena Oehlert, fam. Obolidæ – Dim. max. : L/l/e = 4/3/0,7 cm. **Ordivicien inf. :** Sarthe (rég. de Sillé-le-Guillaume), Hérault (Monts du Minervois). Pl. 3, fig. 3.

Tomasina criei Davidson (*Lingula* –), fam. Obolidae – Dim. max. : L/l/e = 3/1,6/0,5 cm. **Tremadocien :** Sarthe (rég. de Sillé-le-Guillaume). Pl. 3, fig. 4.

Dinobolus hawkei Rouault *(Lingula brimonti)*, fam. Trimerellidae – Dim. max. : L/l/e = 3/2,5 à 3,5/1,2 à 2,5 cm. **Ordovicien inf.** et **moy.** : Ille-et-Vilaine (Pontréan et rég. de Châteaubriant), Orne (rég. de Domfront), Hérault (Monts du Minervois) ; en Grande-Bretagne dans le Devonshire (rég. d'Exmouth). Pl. 3, fig. 5, 6.

BRACHIOPODES Articulés

Orthambonites calligramma Dalman (*Orthis* –), fam. Orthidae – Valves ornées de 16 à 50 côtes radiales, croisées de fines stries concentriques. Dim. max. : L/l/e = 2,2/2,4/1 cm. **Ordovicien moy.** et **sup.** (surtout **Caradocien**) : Hérault (Monts du Minervois) ; en Belgique (rég. de Namur) et dans tout le Nord de l'Europe. Pl. 3, fig. 11, 12.

Nicolella actoniæ Sowerby (*Orthis* –), fam. Orthidae – Valve brachiale légèrement concave. Dim. max. : L/l/e = 2,2/3/0,9 cm. **Ordovicien sup.** : Finistère, Hérault (Monts du Minervois), Hautes-Pyrénées (rég. d'Argelès-Gazost) ; en Belgique (rég. de Namur), en Grande-Bretagne et en Irlande. Pl. 3, fig. 8.

Dalmanella testudinaria Dalman (*Orthis* –), fam. Dalmanellidae – Dim. max. : L/l/e = 2,2/2,2/1 cm. **Ordovicien sup.** : Orne (rég. de Domfront), Mayenne, Sarthe, Loire-Atlantique, Finistère (presqu'île de Crozon), Hérault (Monts du Minervois) ; en Allemagne, Grande-Bretagne et Espagne. Pl. 3, fig. 9.

Harknessella vespertilio Dalman (*Orthis* –), fam. Harknessellidae – Valve brachiale plane ou légèrement concave. Dim. max. : L/l/e = 2,5/3,2/0,9 cm. **Ordovicien moy.** et **sup.** (surtout **Caradocien**.) : Hérault (Monts du Minervois) ; en Belgique (Fauquez) et en Grande-Bretagne. Pl 3, fig. 10.

Bicuspina spiriferoides M'Coy (*Orthis* –), fam. Triplesiidae – Dim. max. : L/l/e = 2/2,7/1,4 cm. **Caradocien** : Finistère (rég. de Brest) ; en Grande-Bretagne. Pl. 3, fig. 13, 14.

Leptæna rhomboidalis Whilckens (*Strophomena* –), fam. Leptaenidae – Espèce très polymorphe, ornée de côtes radiales très fines et de bourrelets concentriques plus ou moins accentués. Dim. max. : L/l/e = 3/4 à 8/0,8 cm. **Ordovicien sup.** : Hérault (Monts du Minervois) ; en Belgique (rég. de Namur), ainsi que dans la majeure partie de l'Europe centrale et nord-occidentale, où elle se poursuit dans le Silurien et le Dénovien. Pl. 3, fig. 7.

MOLLUSQUES Bivalves

Ctenodonta bussacensis Sharpe (*Nucula* –), fam. Ctenodontidae – Coquille plus ou moins allongée ; charnière munie de 2 à 4 fortes dents antérieures et 12 à 15 dents postérieures. Dim. max. : h/L/e = 1,5/1,8 à 2/0,5 à 0,6 cm. **Ordovicien** : Manche (rég. de Cherbourg), Ille-et-Vilaine, Calvados (rég. de May-sur-Orne), Orne (rég. de Domfront), Mayenne, Hérault (Monts du Minervois). Pl. 3, fig. 15 (moules internes).

Modiolopsis armorici Salter (*M. prima*), fam. Modiomorphidae– Coquille équivalve, ornée de stries concentriques irrégulières et peu marquées ; charnière dépourvue de dents. Dim. max. : h/L/e = 6/5 à 6/0,8 à 1,2 cm. **Ordovicien moy.** : Manche, Calvados (rég. de Mays-sur-Orne). Pl. 4, fig. 1 (moule interne).

Redonia deshayesiana Rouault (R. *diluviana*), fam. Modiomorphidae – Coquille à crochet plus ou moins antérieur et à forme très variable, plus ou moins allongée et bombée, souvent déformée par la fossilisation. Dim. max. : h/L/e = 1,3/1,6 à 2/0,3 à 0,5 cm. **Ordovicien inf.** et **moy.** : Finistère (rég. de Camaret), Ille-etVilaine, Loire-Atlantique (rég. de Châteaubriant). Pl. 3, fig. 16 (moules internes).

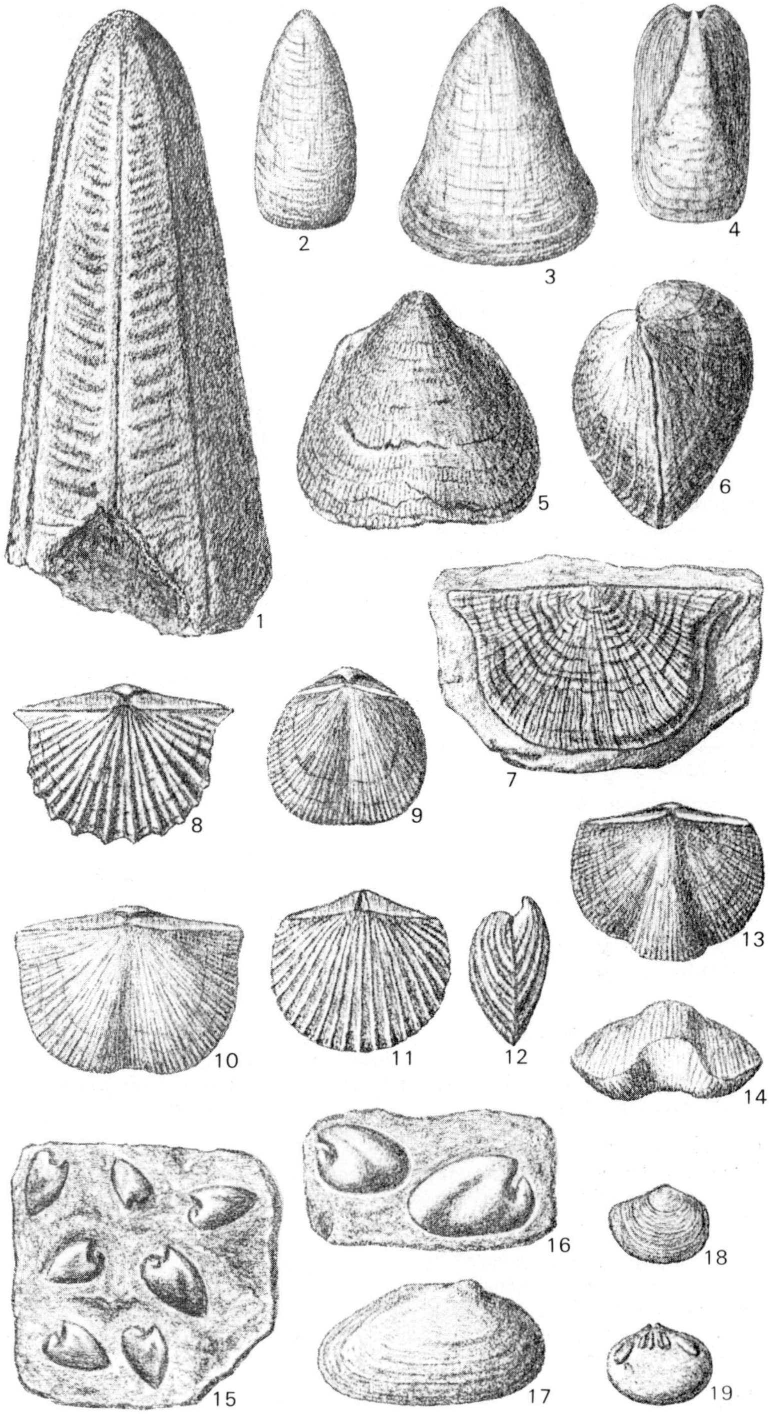

Planche 3 : ORDOVICIEN

1. *Exoconularia pyramidata* – 2. *Ectenoglossa lesueuri* – 3. *Palaeoglossa pseudocrumena* – 4. *Tomasina criei* – 5, 6. *Dinobolus hawkei* – 7. *Leptaena rhomboidalis* – 8. *Nicolella actoniae* – 9. *Dalmanella testudinaria* – 10. *Harknessella vespertilio* – 11, 12. *Orthambonites calligramma* – 13, 14. *Bicuspina spiriferoides* – 15. *Ctenodonta bussacensis* – 16. *Redonia deshayesiana* – 17. *Actinodonta cuneata* – 18, 19. *Babinka prima*.

Actinodonta cuneata Philipps, fam. Cycloconchidae – Valves plus ou moins allongées à ornementation concentrique peu marquée ; charnière munie de 1 ou 2 dents antérieures courtes et de deux dents postérieures allongées. Dim. max. : h/L/e = 2/4/1 cm. **Ordovicien :** Morbihan (rég. de Malestroit), Ille-et-Vilaine, Loire-Atlantique (rég. de Châteaubriant). Pl. 3, fig. 17.

Actinodonta naranjoana de Verneuil et Barrande (*Arca* –), diffère de la précédente par sa forme moins allongée et par sa charnière munie de 3 dents cardinales courtes et d'une ou deux dents postérieures allongées. Dim. max. : h/L/e = 1,5/1,2 à 1,5/0,4 à 0,6 cm. **Ordovicien :** Calvados (rég. de May-sur-Orne), Ille-et-Vilaine (rég de Saint-Malo, Vitré), Finistère (rég. de Camaret), Loire-Atlantique (rég. d'Angers).

Babinka prima Barrande, fam. Babinkidae – Coquille subcirculaire à elliptique, à valves peu bombées ; ornementation concentrique composée de stries fines alternant avec des plis peu saillants ; 1 à 2 dents cardinales ; impressions musculaires au nombre de 6, l'antérieure et la postérieure étant les plus développées. Dim. max. : h/L/e = 1,4/1,6/0,4 cm. **Arenigien inf. :** Hérault (Monts du Minervois). Pl. 3, fig. 18, 19 (coquille et moule interne).

MOLLUSQUES Gastropodes

Sinuites bilobatus Sowerby (*Bellerophon* –), fam. Sinuitidae – Labre échancré en U suivant la forme des stries d'accroissement qui sont plus ou moins marquées et espacées ; ombilic très étroit. Dim. max. : 2,5/1,8 à 2 cm. **Ordovicien moy. :** Ille-et-Vilaine (rég. de Vitré), Calvados (rég. de May-sur-Orne), en Belgique (Brabant), Espagne (Asturies) et Grande-Bretagne. Pl. 4, fig. 2 (reconstitution).

MOLLUSQUES Céphalopodes Nautiloïdes

Ellesmoceras estivali Thoral (*Orthoceras* –), fam. Ellesmoceratidae – Coquille à angle apical moyen de 9°, d'un diamètre maximum de 2,5 cm, à siphon marginal et à ligne de suture ondulée. **Arenigien inf. :** Hérault (Monts du Minervois). Pl. 4, fig. 3.

TRILOBITES

Euloma filacovi Munier-Chalmas et Bergeron, fam. Ptychopariidae – Thorax possédant 13 segments ; pygidium très court. Dim. max. : L/l = 4/2,7 à 3 cm. **Trémadocien :** Tarn (Monts de Lacaune) et Hérault (Monts du Minervois). Pl. 4, fig. 5.

Paramegalaspis frequens Thoral, fam. Asaphidae – Thorax formé de 8 segments, court par rapport au céphalon et au pygidium. Dim. max. : L/l = 9/6 cm. **Ordovicien inf. :** Tarn (Monts de Lacaune) et Hérault (Monts du Minervois). Pl. 4, fig. 4.

Niobe lignieresi Bergeron, fam. Asaphidae – Céphalon arrondi à yeux petits ; 8 segments thoraciques ; pygidium grand, semicirculaire, portant 6 paires de sillons pleuraux. Dim. max. : L/l = 6/3,5 cm. **Ordovicien inf. :** Hérault (Monts du Minervois). Pl. 5, fig. 2.

Ogygites desmaresti Brongniart (*Ogygia* –), fam. Asaphidae – Céphalon de contour arrondi à pointes génales fortes et longues ; 8 segments thoraciques ; pygidium semicirculaire portant 5 sillons pleuraux. Dim. max. : L/l = 30/16 cm. **Llandeilien :** Manche (rég. de Mortain), Ille-et-Vilaine et Loire-Atlantique (rég. de Châteaubriant). Pl. 5, fig. 9.

Ogygninus guettardi Brongniart (*Ogygia* –), fam. Asaphidae – Céphalon ogival à pointes génales très développées, dépassant le thorax ; 8 segments au thorax et 10 au pygidium. Dim. max. : L/l = 25/10 cm. **Llandeilien :** Maine-et-Loire (rég. d'Angers). Pl. 5, fig. 3.

Ogyginus armoricanus Lebesconte – Cette espèce diffère de la précédente par son pygidium semicirculaire et ses pointes génales beaucoup plus courtes. Dim. max. : L/l = 13/9 cm. **Ordovicien inf.** et **moy. :** Orne (rég. de Domfront), Sarthe, Mayenne, Ille-et-Vilaine, Loire-Atlantique. Pl. 5, fig. 10 (pygidium).

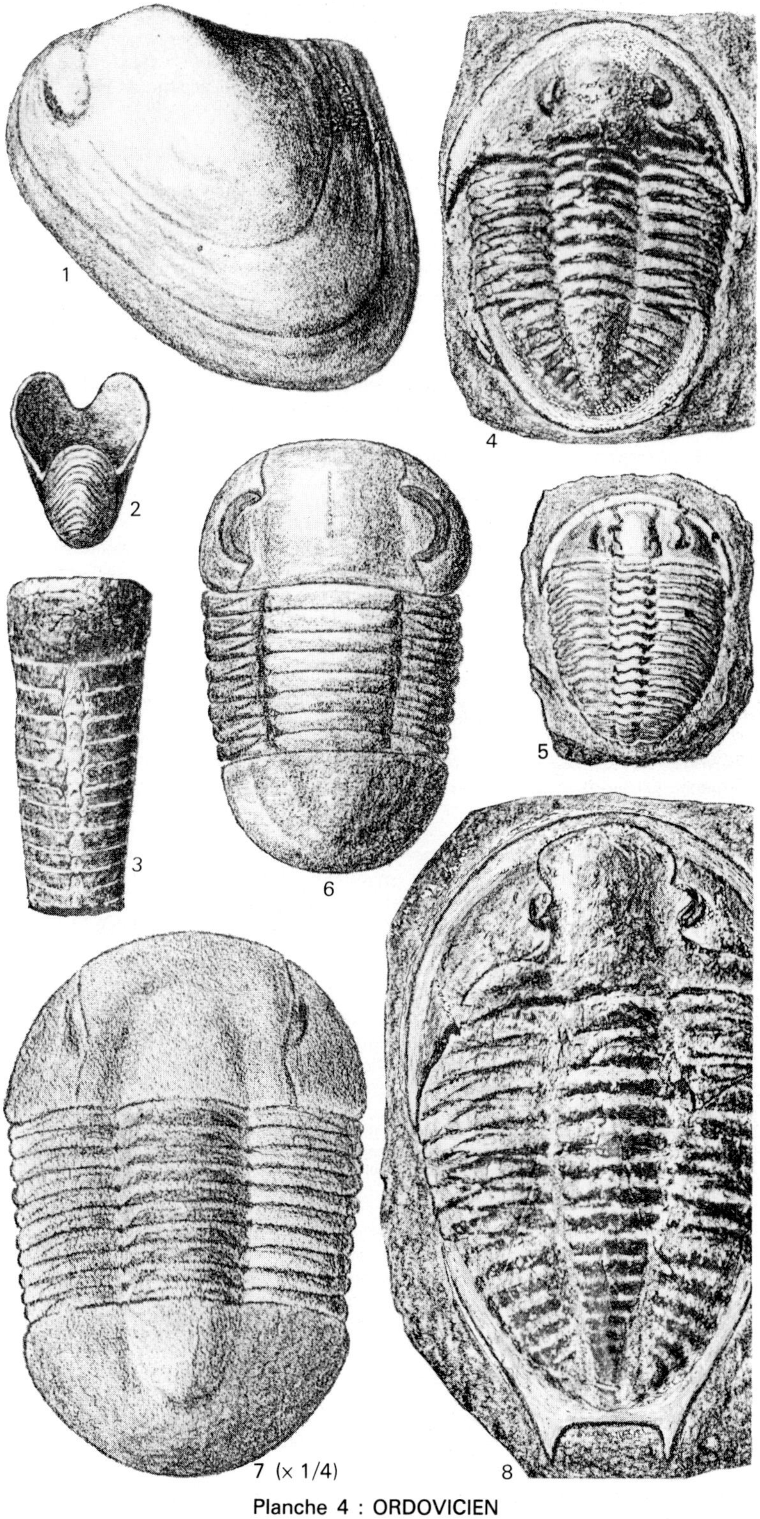

Planche 4 : ORDOVICIEN

1. *Modiolopsis armorici* – 2. *Sinuites bilobatus* – 3. *Ellesmoceras estivali* – 4. *Paramegalaspis frequens* – 5. *Euloma filacovi* – 6. *Nileus beaumonti* – 7. *Illaenus giganteus* – 8. *Asaphellina barroisi.*

Asaphellina barroisi Munier-Chalmas et Bergeron, fam. Taihungshaniidae – Céphalon à pointes courtes et fortes, possédant 8 segments thoraciques et un pygidium très développé et terminé par deux courtes pointes. Dim. max. : L/l = 13/9 à 10 cm. **Tremadocien sup. :** Tarn (Monts de Lacaune) et Hérault (Monts du Minervois). Pl. 4, fig. 8.

Taihungshania miqueli Bergeron *(Miquelina –)*, fam. Taihungshaniidae – Cette espèce se distingue essentiellement de la précédente par ses pointes génales effilées et très longues, ainsi que par son pygidium arrondi postérieurement et terminé par deux pointes également beaucoup plus longues. Dim. max. : L/l = 21/12 à 14 cm. **Arenigien inf. :** Tarn (Monts de Lacaune) et Hérault (Monts du Minervois).

Nileus beaumonti Rouault, fam. Nileidae – Thorax formé de 8 segments ; pygidium arrondi et lisse. Dim. max. : L/l = 6,5/4 cm. **Llandeilien :** Manche (rég. de Mortain), Orne (rég. de Domfront), Ille-et-Vilaine, Finistère (rég. de Camaret). Pl. 4, fig. 6 (reconstitution).

Illaenus giganteus Burmeister, fam. Illaenidae – Céphalon et pygidium de taille presqu'égale ; 10 segments thoraciques. Dim. max. : L/l = 38/20 à 25 cm. **Llandeilien :** manche (rég. de Mortain), Orne (rég. de Domfront), Maine-et-Loire (rég. d'Angers) ; en Belgique (Brabant). Pl. 4, fig. 7 (reconstitution).

Onnia pongerardi Rouault, fam. Trinucleidae – Céphalon très développé, semicirculaire, à lame supérieure ornée de perforations disposées en rangées concentriques, et à pointes génales longues et effilées, parfois bifurquées ; 6 segments thoraciques. Dim. max. (sans les pointes génales) : L/l = 4/3 cm. **Caradocien :** Manche, Orne, Sarthe, Mayenne, Ille-et-Vilaine (rég. sud de Rennes), Loire-Atlantique. Pl. 5, fig. 1 (reconstitution).

Onnia (Cryptolithus) grenieri Bergeron (caractérisé par une glabelle piriforme) et ***Onnia (Broeggerolithus) bureaui*** Oehlert (aux angles frontaux plus ou moins développés) sont deux espèces très voisines de la précédente. **Caradocien :** Manche, Orne, Sarthe, Mayenne, Ille-et-Vilaine et Loire-Atlantique (rég. d'Angers).

Tretaspis seticornis Hisinger, fam. Trinucleidae – Dim. max. (sans les pointes génales) : L/l = 2,3/1,5 cm. **Caradocien :** en Belgique (rég. de Namur). Pl. 5, fig. 8 (reconstitution).

Placoparia (Coplacoparia) tournemini Rouault, fam. Pliomeridae – Thorax à 12 segments, terminé par un pygidium très court. Dim. max. : L/l = 2,2/1,1 cm. **Ordovicien inf.** et **moy. :** Manche (rég. de Mortain), Ille-et-Vilaine, Finistère (rég. de Camaret), Maine-et-Loire (rég. d'Angers). Pl. 6, fig. 1.

Calymenella (Eohomalonotus) brongniarti Deslongchamps, fam. Homalonotidae – On ne retrouve généralement de cette espèce que le céphalon (largeur max. : 4,5 cm) et le pygidium. **Ordovicien moy.** et **sup. :** Calvados (rég. de May-sur-Orne), Ille-et-Vilaine (rég. de Pontréan), Loire-Atlantique (rég. de Châteaubriant). Pl. 6, fig. 2, 3.

Calymenella boisseli Bergeron – De même taille que la précédente, cette espèce s'en distingue par son céphalon de forme plus triangulaire, ainsi que par son pygidium plus développé latéralement et à sillons interpleuraux bien visibiles. **Caradocien :** Tarn (Monts de Lacaune), Hérault (Monts du Minervois).

Neseuretus tristani Brongniart (*Calymene –, Synhomalonotus –)*, fam. Homalonotidae – Espèce pouvant se rencontrer enroulée, à 14 segments thoraciques (localement connue sous le nom de « cercueils »). Dim. max. : L/l = 15/6 à 7 cm. **Ordovicien moy. :** Manche (rég. de Mortain). Calvados (rég. de May-sur-Orne), Orne (rég. de Domfront), Ille-et-Vilaine, Mayenne, Morbihan, Finistère (rég. de Camaret), Maine-et-Loire (rég. d'Angers), Loire-Atlantique ; en Espagne. Pl. 6, fig. 4, 5.

Colpocoryphe arago Rouault *(Calymene –)*, fam. Homalonotidae – Espèce pouvant se rencontrer enroulée, à céphalon subtrapézoïdal, à thorax très allongé et à pygidium court et triangulaire. Dim. max. : L/l = 5,5/3 cm. **Llandeilien :** Manche (rég. de Mortain), Orne (rég. de Domfront), Ille-et-Vilaine. Pl. 5, fig. 7.

Kerfornella brevicaudata Deslongchamps, *(Plaesiacomia, –)*, fam. Homalonotidae, est une espèce de très petite taille (L/l = 1/0,7 cm) qui diffère de la précédente par son pygidium proportionnellement beaucoup plus petit. **Ordovicien moy. :** Manche, Calvados (rég. de May-sur-Orne), Orne (rég. de Domfront), Finistère (rég. de Camaret).

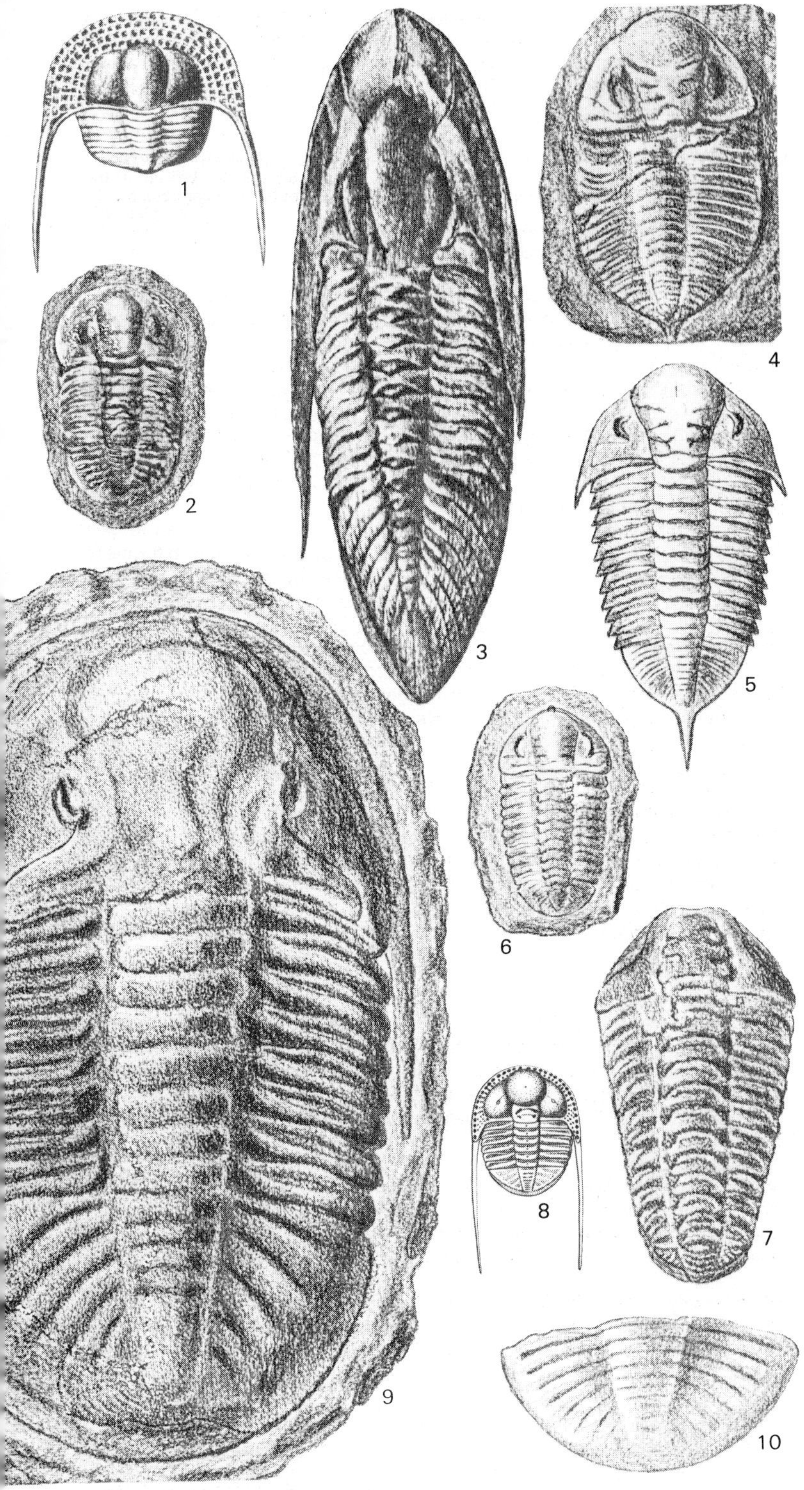

Planche 5 : ORDOVICIEN

1. *Onnia pongerardi* – 2. *Niobe lignieresi* – 3. *Ogyginus guettardi* – 4. *Phacopidina micheli* – 5. *Dalmanitina socialis* – 6. *Kloucekia dujardini* – 7. *Colpocoryphe arago* – 8. *Tretaspis seticornis* – 9. *Ogygites desmaresti* – 10. *Ogyginus armoricanus.*

Plaesiacomia rara Hawle et Corda, fam. Homalonotidae – Céphalon convexe, semicirculaire, n'excédant pas 1 cm de large, à bords latéro-postérieurs arrondis ; pygidium petit, plus large que long, arrondi postérieurement. **Llandeilien** et **Caradocien** : Finistère, Ille-et-Vilaine, Orne (rég. de Domfront et de Sées). Pl. 7, fig. 1.

Dalmanitina socialis Barrande *(Phacops –)*, fam. Dalmanitidae – Céphalon à épines génales courtes et yeux petits ; pygidium de forme ogivale terminé par une épine. Dim. max. : L/l = 7,5/4 cm. **Ordovicien moy.** et **sup.** : Finistère (rég. de Camaret), Hérault (Monts du Minervois) ; en Allemagne et en Grande-Bretagne. Pl. 5, fig. 5 (reconstitution).

Phacopidina micheli Tromelin et Lebesconte *(Dalmania –)*, fam. Calmoniidae – Céphalon subogival à pointes génales rudimentaires ; pygidium subtriangulaire terminé par une longue pointe. Dim. max. : L/l = 10/5,5 cm. **Llandeilien** : Manche (rég. de Mortain), Orne (rég. de Domfront), Calvados (rég. de May-sur-Orne). Pl. 5, fig. 4.

Kloucekia dujardini Rouault *(Phacops –)*, fam. Calmoniidae – Céphalon semicirculaire pourvu d'une petite pointe frontale ; 11 segments thoraciques ; pygidium court. Dim. max. : L/l = 3,5/1,8 à 2 cm. **Ordovicien sup.** : Manche, Sarthe, Mayenne, Ille-et-Vilaine. Pl. 5, fig. 6.

ÉCHINODERMES Cystoïdes

Heliocrinites rouvillei von Koenen *(Caryocystites –)*, fam. Caryocystitidae – Calice sub-sphérique, de 1,5 à 5 cm de diamètre, fréquemment déformé par la fossilisation, constitué par de nombreuses plaques ornées de côtes rayonnantes. **Caradocien** : Tarn (Monts de Lacaune), Hérault (Monts du Minervois). Pl. 6, fig. 7.

Calix sedgwicki Rouault, fam. Aristocystitidae – Thèque piriforme pouvant atteindre 12 cm de hauteur de 3 cm de diamètre, formée de très nombreuses plaques hexagonales de quelques millimètres de diamètre et qui sont pour la plupart ornées d'un tubercule central. **Ordovicien moy.** : Ille-et-Vilaine (rég. de Vitré). Pl. 6, fig. 6 (fragment).

ÉCHINODERMES Carpoïdes

Phyllocystis blayaci Thoral, fam. Corthurnocystidae – Carpoïde Stylophore à thèque cordiforme échancrée à l'avant, à faces inférieure et supérieure tapissées de plaquettes nombreuses, et que bordent des plaques marginales massives ; processus brachial court, s'insérant dans l'échancrure. Dim. max. (thèque) : L/l = 2/2 cm. **Ordovicien inf.** : Hérault (Monts du Minervois). Pl. 7, fig. 2.

Peltocystis cornuta Thoral, fam. Peltocystidae – Carpoïde Stylophore à thèque subpentagonale asymétrique formée de plaques peu nombreuses et inégales ; processus brachial court et très fin. Dim. max. (thèque) : L/l = 1,5/1,2 cm. **Ordovicien inf.** : Hérault (Monts du Minervois). Pl. 7, fig. 3.

Minervaecystis vidali Thoral, fam. Minervaecystidae – Carpoïde Homoiostele à thèque ovoïde formée de plaques inégales ; processus brachial étroit et allongé. Dim. max. (thèque) : L/l = 3,5/2,5 cm. **Ordovicien inf.** : Hérault (Monts du Minervois). Pl. 7, fig. 4.

ÉCHINODERMES Ophiuroïdes

Palaeura jacobi Thoral, fam. Palaeuridae – Disque central pentagonal, de 1 à 1,4 cm de diamètre ; bras pouvant atteindre 3,5 à 4 cm de long pour une largeur de 3 à 4 mm à la base. **Arenigien inf.** : Hérault (Monts du Minervois). Pl. 6, fig. 8.

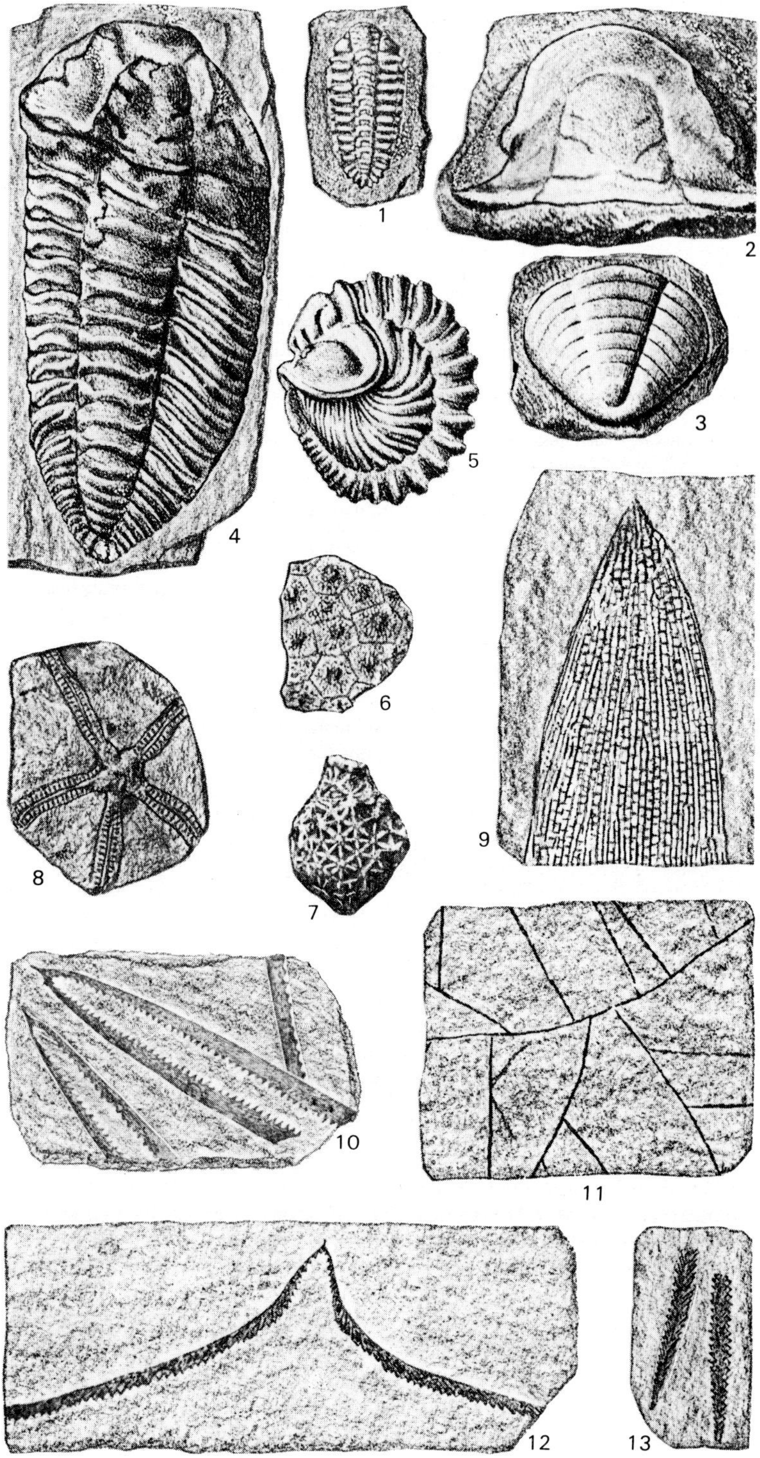

Planche 6 : ORDOVICIEN

1. *Placoparia (Coplacoparia) tournemini* – 2, 3. *Calymenella (Eohomalonotus) brongniarti* – 4, 5. *Neseuretus tristani* – 6. *Calix sedgwicki.* – 7. *Heliocrinites rouvillei* – 8. *Palaeura jacobi* – 9. *Dictyonema flabelliforme* – 10. *Didymograptus murchisoni* – 11. *Pleurograptus linearis* – 12. *Didymograptus v-fractus* – 13. *Orthograptus truncatus.*

GRAPTOLITES Dendroïdes

Dictyonema flabelliforme Eichwald *(D. sociale)*, fam. Dendrograptidae – Thèque à branches espacées de 1 à 1,5 mm, plus ou moins larges et liées entre elles par des dissépiments. **Tremadocien :** en Belgique (Brabant et rég. de Spa), Allemagne et Grande-Bretagne. Pl. 6, fig. 9.

GRAPTOLITES Graptoloïdes

Didymograptus murchisoni Beck, fam. Dichograptidae – Thèque bilatérale, à branches larges au max. de 4 mm et formant un angle très aigu. **Ordovicien inf.** et **moy.** : Manche (rég. de Flamanville et de Carteret), Calvados (rég. de May-sur-Orne), Finistère (rég. de Camaret) ; en Grande-Bretagne. Pl. 6, fig. 10.

Didymograptus v-fractus Salter – Thèque à branches larges au max. de 2,5 mm, formant un angle d'abord aigu puis très ouvert. **Arenigien :** Orne (rég. de Domfront), Tarn (Monts de Lacaune), Hérault (Monts du Mivervois) ; en Allemagne et en Grande-Bretagne. Pl. 6, fig. 12.

Didymograptus nicholsoni Lapworth – Diffère de la précédente par sa thèque à branches plus fines (largeur max. = 1 mm) et son angle très ouvert. **Ordovicien inf.** et **moy.** : Orne (rég. de Domfront) ; en Grande-Bretagne.

Pleurograptus linearis Carruthers, fam. Leptograptidae – Thèque à branches multiples, plus ou moins flexueuses, larges au max. de 1 mm. **Caradocien :** en Belgique (Brabant) et en Grande-Bretagne. Pl. 6, fig. 11.

Leptograptus flaccidus Hall, fam. Leptograptidae – Thèque large de 1 mm, à deux stipes opposées pouvant dépasser chacune 10 cm de long, formant entre elles un angle très ouvert avec, éventuellement, une troisième branche médiane plus courte. **Caradocien :** en Belgique (Brabant) et en Grande-Bretagne. Pl. 7, fig. 5.

Orthograptus truncatus Lapworth, fam. Diplograptidae – Dim. max. : L/l = 6/0,4 cm. **Ordovicien inf.** et **moy.** : Orne (rég. de Domfront et de Bagnoles-de-l'Orne) ; en Grande-Bretagne. Pl. 6, fig. 13.

TENTACULITES

Tentaculites anglicus Salter, fam. Tentaculitidae – Coquille conique ornée de côtes transverses arrondies, dont les intervalles portent de très fines stries longitudinales. Dim. max. : L/d = 3/0,25 cm. **Ordovicien moy. :** Hérault (Monts du Minervois) ; en Grande-Bretagne. Pl. 8, fig. 1.

CALYPTOTOMATES Hyolithes

Orthotheca guiraudi Thoral, fam. Orthothecidae – Coquille hémiconique légèrement arquée, à surface lisse. Dim. max. : h/d = 3,5/0,6 à 0,9 cm. **Ordovicien inf.** : Tarn (Monts de Lacaune) et Hérault (Monts du Minervois). Pl. 8, fig. 2.

TRACES

Cruziana bagnolensis Morière (*Chrossochorda –, Crossopodia –*), *incertae sedis* – Trace bilobée, large en moyenne d'1 cm et ornée de plis en forme de chevrons. **Llandeilien :** Manche (rég. de Mortain), Orne (rég. de Domfront, Bagnoles-de-l'Orne), Ille-et-Vilaine (rég. de Pontréan, Châteaubriant). Pl. 8, fig. 4.

Cruziana furcifera d'Orbigny (*Bilobites goldfussi*) – Trace bilobée, large de 3 à 5 cm en moyenne et ornée de rides bifurquées disposées en chevrons. **Llandeilien :** même répartition que la précédente. Pl. 8, fig. 3.

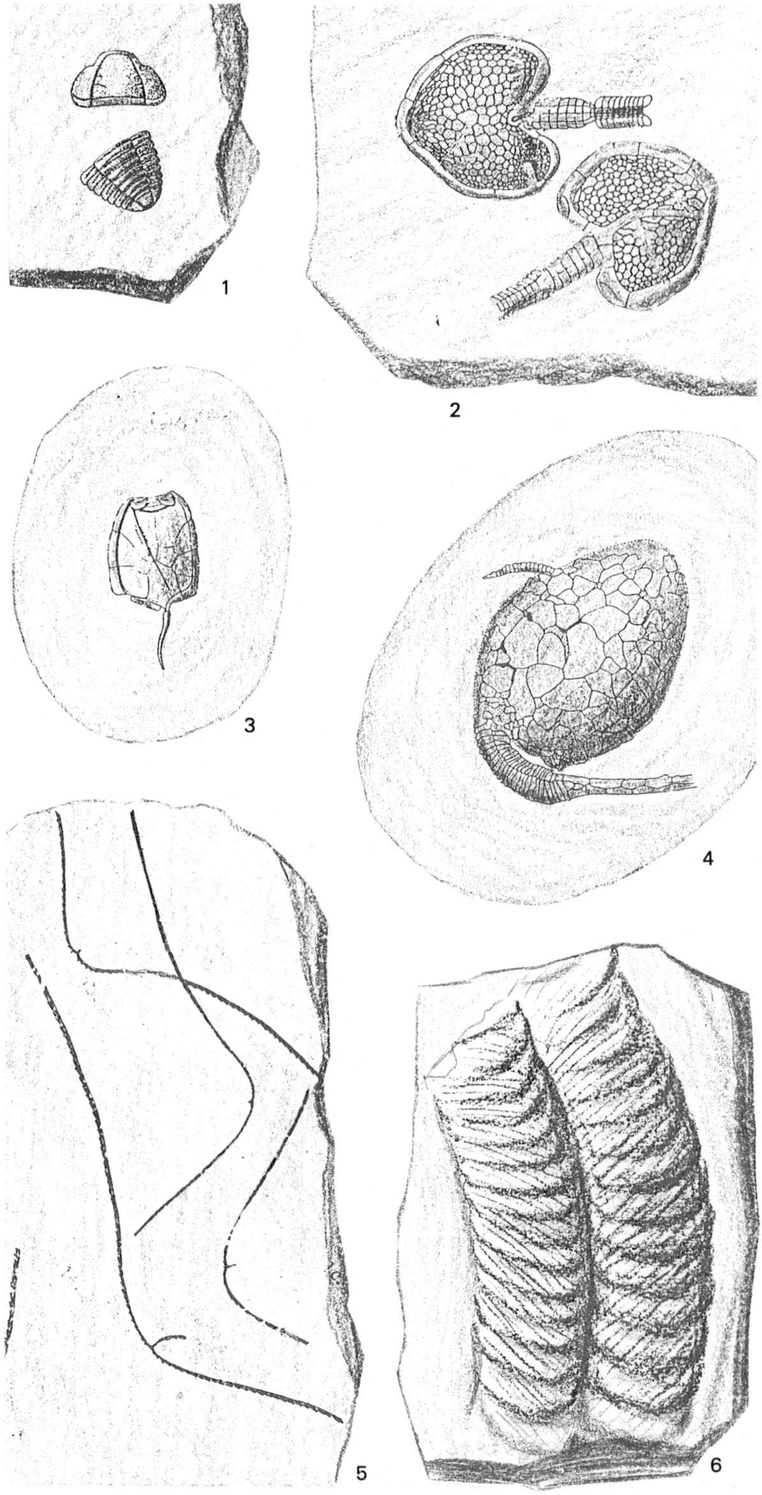

Planche 7 : ORDOVICIEN

1. *Plaesiacomia rara* – 2. *Phyllocystis blayaci* – 3. *Peltocystis cornuta* – 4. *Minervaecystis vidali* – 5. *Leptograptus flaccidus* – 6. *Cruziana rugosa*.

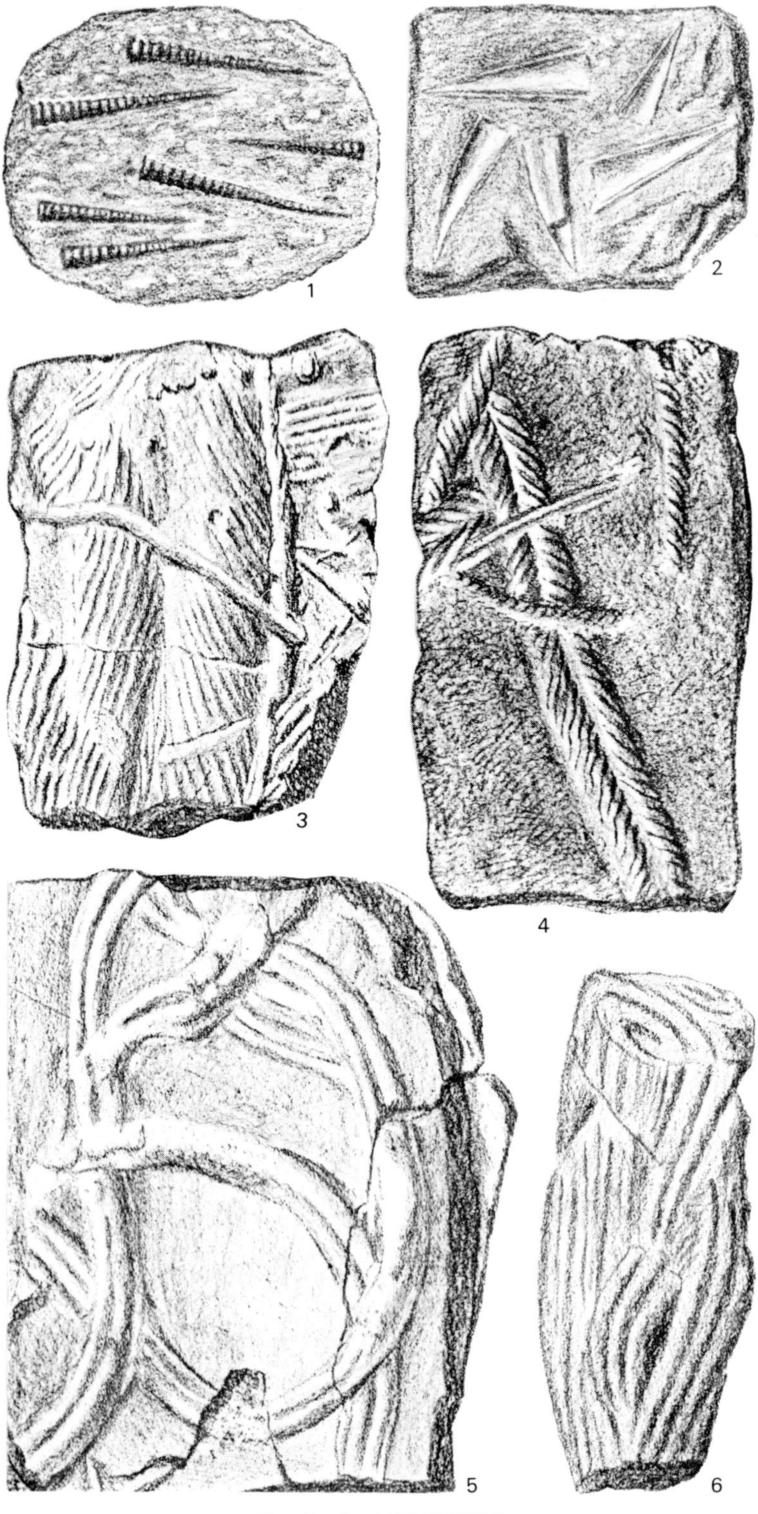

Planche 8 : ORDOVICIEN

1. *Tentaculites anglicus* – 2. *Orthotheca guiraudi* – 3. *Cruziana furcifera* – 4. *C. bagnolensis* – 5. *Didymaulichnus lyelli* – 6. *Daedalus desglandi.*

Cruziana rugosa d'Orbigny (*Bilobites pruvosti*) – Trace de même type que la précédente, également marquée de stries obliques, mais présentant en outre des bosselures transversales plus ou moins accentuées. **Llandeilien** : même répartition que les précédentes. Pl. 7, fig. 6.

Didymaulichnus lyelli Rouault (*Fraena –, Cruziana –, Rouaultia –*), *incertae sedis* – Trace bilobée lisse, large de 0,5 à 1,5 cm. **Llanleilien** : même répartition que les précédentes. Pl. 8, fig. 5.

Daedalus desglandi Rouault (*Vexillum –*), *incertae sedis* – Structure extrêmement variable, plus ou moins torsadée, formée de cannelures ondulées, plissées ou enroulées. **Llandeilien** : même répartition que les précédentes. Pl. 8, fig. 6.

Phycodes rouvillei de Saporta (*Vexillum –, Daedalus –*), diffère de la précédente par sa structure faite de tigelles groupées en faisceaux divergents. **Arenigien inf.** : Hérault (Monts du Minervois).

Les sédiments ordoviciens renferment en outre de nombreux terriers verticaux imputables à des Annélides, qui sont soit des ***Skolithos*** (→ Cambrien), soit des cylindres en matière sédimentaire, larges de 0,5 à 1 cm, non groupés, et qui portent le nom de ***Tigillites*** (ces derniers types de terriers peuvent occasionnellement se rencontrer jusque dans le Jurassique supérieur).

SILURIEN

Moins longue que les précédentes (40 M.A.), cette période autrefois désignée sous le nom de Gothlandien se subdivise en quatre étages qui sont essentiellement basés sur le renouvellement des faunes de Graptolites :

DÉVONIEN		
		400 M.A.
SILURIEN (Gothlandien)	Pridolien	
	Ludlowien	
	Wenlockien	
	Llandoverien (= Valentien)	
		440 M.A.
ORDOVICIEN		

C'est principalement en Scandinavie, Irlande, Grande-Bretagne, (Pays-de-Galles, Sud de l'Écosse), Pologne, Tchécoslovaquie (Bohême), Roumanie et Sud de l'Europe (Sardaigne, Espagne), que le Silurien, largement affleurant et très fossilifère, a fourni l'essentiel des remarquables faunes qui caractérisent cette période.

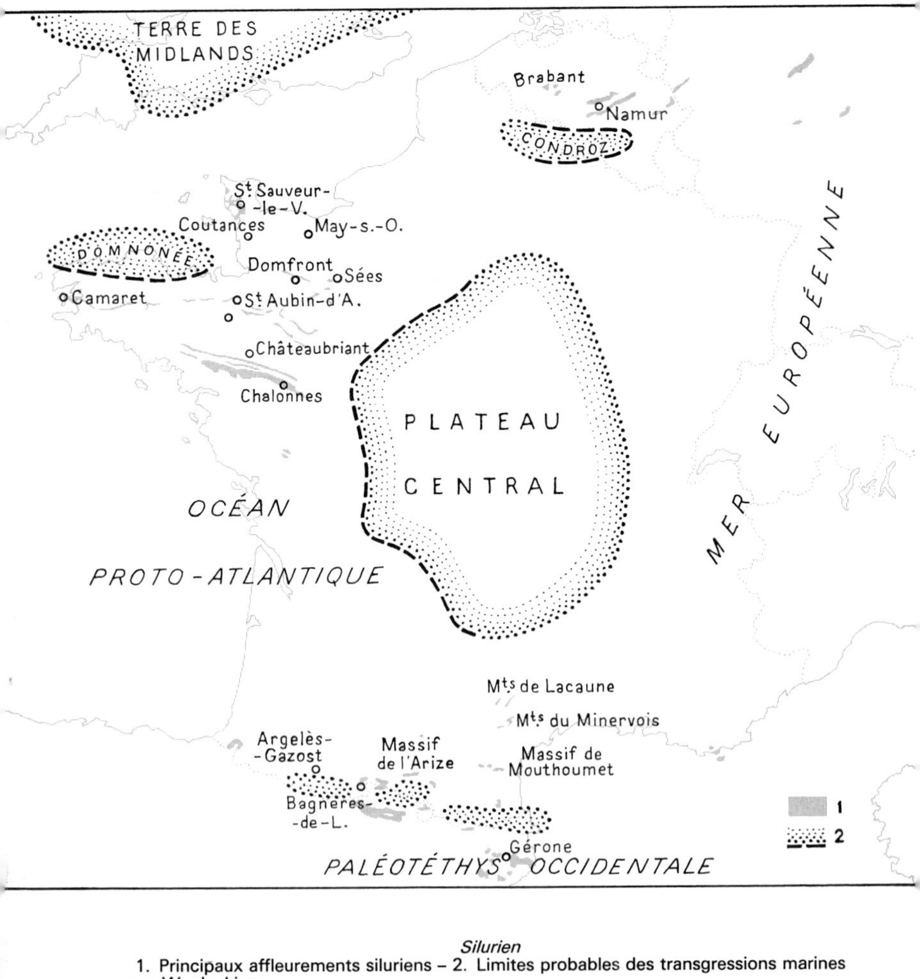

Silurien

1. Principaux affleurements siluriens – 2. Limites probables des transgressions marines au Wenlockien.

Dans nos régions, par contre, le Silurien est assez peu représenté et généralement pauvre en fossiles, les affleurements se répartissant en trois principaux secteurs : Belgique et Massif Schisteux Rhénan, Cotentin et Massif Armoricain, Sud de la France (voir carte).

La paléogéographie de l'Europe occidentale n'a pas fondamentalement évolué par rapport à la période précédente, si ce n'est par des mouvements de transgression submergeant, sous des tranches d'eau peu épaisses, des terres aux reliefs peu saillants.

Les sédiments laissés par ces mers sont essentiellement des schistes plus ou moins noduleux (nodules calcaires), parfois intercalés de quartzites (Ardenne, Massif Armoricain) ou de dépôts calcaires (Pyrénées).

Alors que se développent sur les rivages les premiers végétaux continentaux, accompagnés des premiers Scorpions et Myriapodes, les mers se peuplent dans diverses régions du monde de récifs à Anthozoaires et de « prairies » de Crinoïdes ; les Euryptérides ou Gigantostracés se répandent, atteignant parfois de grandes dimensions, tandis que les Trilobites commencent à régresser et qu'apparaissent les premiers Poissons à mâchoires (Placodermes et Acanthodiens).

Dans nos régions cependant, où les mers étaient pourtant peu profondes et chaudes, les sédiments siluriens ne renferment que peu d'espèces fossiles, parmi lesquelles on dénombre une majorité de Graptolites, et dont voici les principales.

ANTHOZOAIRES Tabulés

Favosites gothlandicus Lamarck, fam. Favositidae – Colonie en masses arrondies dont les calices, pourvus de 10 à 12 septes, n'excèdent pas 3 mm de diamètre. **Silurien** (surtout Wenlockien et Ludlowien) : Tarn (Monts de Lacaune) ; en Grande-Bretagne, Pl 9, fig. 1, 2.

BRACHIOPODES Articulés

Leptaena rhomboidalis Wilckens *(Strophomena –)* fam. Leptaenidae – **Silurien :** Finistère (rég. du Faou), Hérault (Mont du Minervois) ; en Belgique (rég. de Gembloux), ainsi que dans le centre et le Nord-Ouest de l'Europe. (→ Ordovicien, Pl. 3, fig. 7).

Clarkeia puilloni Barois, fam. Eatoniidae – Coquille de forme un peu variable, à crochet petit et recourbé, ornée sur chaque valve de 11 à 15 côtes arrondies. Dim. max. : L/l/e = 1,8/1,3 à 1,5/0,9 cm. **Pridolien :** Finistère (Presqu'île de Crozon, rég. de Châteaulin). Pl. 9, fig. 10, 11.

Delthyris elevata Dalman *(Spirifer –)*, fam. Delthyrididae – Valves remarquablement bombées, ornées de 8 à 12 côtes rayonnantes et de fines stries d'accroissement. Dim. max. : L/l/e = 1,5/1,5 à 2/1 à 1,5 cm. **Silurien :** en Belgique (rég. sud de Namur) et en Grande-Bretagne. Pl. 9, fig. 8, 9.

MOLLUSQUES Bivalves

Cardiola interrupta Sowerby, fam. Praecardiidae – Coquille équivalve, ornée de fortes côtes radiales que coupent des sillons concentriques. Dim. max. : h/L/e = 4,5/3,5 à 4/3,5 cm. **Wenlockien :** Manche (rég. de Coutances), Finistère, Sarthe et Mayenne, Loire-Atlantique (rég. de Châteaubriant), Tarn (Monts de Lacaune), Hérault (Monts du Minervois) ; en Belgique (rég. de Namur) et dans la majeure parie de l'Europe occidentale. Pl. 9, fig. 6.

Antipleura (Dualina) socialis Barrande, fam. Antipleuridae – Coquille inéquivalve, à contour subcirculaire, ornée de fines côtes rayonnantes que croisent des rides d'accroissement. Dim. max : h/L/e = 1,5/1,4 à 1,6/0,5 cm. **Silurien sup. :** Maine-et-Loire (rég. d'Angers). Pl. 9, fig. 7.

Pterochaenia glabra Münster (*Avicula* –), fam. Lunulacardiidae – Coquille légèrement inéquivalve (valve gauche plus bombée), de forme extrêmement variable, anguleuse au sommet et ornée de rides d'accroissement concentriques peu nombreuses. Dim. max. : h/L/e = 8/7/2 à 3 mm. **Wenlockien** et **Ludlowien** : Sarthe et Mayenne (vallée de l'Erve), Ille-et-Vilaine (rég. de Rennes), Finistère (Presqu'île de Crozon), Hérault (Cabrières), Pyrénées-Orientales ; en Allemagne et en Espagne (Catalogne). Pl. 9, fig. 5.

MOLLUSQUES Céphalopodes Nautiloïdes

Michelinoceras bohemicum Barrande *(Orthoceras –)*, fam. Orthoceratidae – Ornementation caractérisée par de forts bourrelets transverses ; siphon subcentral, dépourvu d'étranglements. Diamètre ne dépassant pas 3 cm. **Wendockien** : Hérault (Monts du Minervois), Haute-Garonne (rég. de Bagnères-de-Luchon), Hautes-Pyrénées (rég. d'Argelès-Gazost). Pl. 9, fig. 4.

Michelinoceras repetitum Barrande – Coquille ne dépassant pas 3 cm de diamètre, à contour subrectiligne et ornée en surface de très fines stries longitudinales que croisent quelques stries transversales. Siphon étroit, à goulots droits. **Silurien** : Sarthe, Mayenne, Finistère. Pl. 9, fig. 15.

Temperoceras temperans Barrande *(Orthoceras –)*, fam. Geisonoceradidae – Coquille lisse, très longue et pouvant atteindre 6 cm de diamètre ; siphon subcentral marqué par un étranglement au passage de chaque cloison. **Ludlowien** : Manche (Saint-Sauveur-le-Vicomte). Pl. 9, fig. 3.

TRILOBITES

Aulacopleura konincki Barrande *(Arethusina –)*, fam. Aulacopleuridae – Thorax à 22 segments ; pygidium court et très large, à 6 anneaux et 7 à 8 paires de sillons latéraux. Dim. max. : L/l = 2/1,5 cm. **Wenlockien** : Hérault (Monts du Minervois), variété *occitanica*. Pl. 9, fig. 12.

GRAPTOLITES Graptoloïdes

Climacograptus scalaris Hisinger, fam. Diplograptidae – Dim. max. : L/l = 2 à 5/0,1 à 0,2 cm. **Llandoverien** : Calvados (rég. de Domfront) ; en Grande-Bretagne. Pl. 10, fig. 1.

Petalograptus palmeus Barrande *(Diplograptus –)*, fam. Diplograptidae – Dim. max. : L/l = 3/0,3 cm. **Llandoverien** et **Wenlockien** : Ille-et-Vilaine (rég. de Saint-Aubin-d'Aubigné), Hérault (Monts du Minervois) ; en Allemagne et en Grande-Bretagne. Pl. 9, fig. 13.

Retiolites geinitzianus Barrande, fam. Retiolitidae – Dim. max. : L/l = 5/0,5 cm. **Wenlockien** : Calvados (rég. de May-sur-Orne), Ariège (Massif de l'Arize), Aude (Massif de Monthoumet) ; en Allemagne et en Grande-Bretagne. Pl. 10, fig. 2.

Monograptus colonus Barrande, fam. Monograptidae – Espèce à thèque droite. Dim. max. : L/l = 6/0,25 cm. **Ludlowien** : Manche, Mayenne, Ille-et-Vilaine, Finistère (rég. de Camaret), Maine-et-Loire, Hérault (Monts du Minervois), Aude (massif de Mouthoumet) ; en Belgique (rég. de Namur), Allemagne et Grande-Bretagne. Pl 9, fig. 14.

Monograptus dubius Suess. – Espèce plus étroite que la précédente. Dim. max. : L/l = 10/0,2 cm. **Wenlockien** : Ille-et-Villaine, Finistère (rég. de Camaret), Orme (rég. de Domfront, Sées), Sarthe. **Ludlowien** : Hérault (Monts du Minervois), Aude (Massif de Mouthoumet) ; en Belgique (rég. de Namur), Allemagne et Grande-Bretagne.

Monograptus jaculum Lapworth. – Thèque subrectiligne, large de 1,5 mm et pouvant dépasser 15 cm de longueur. **Llandoverien** : Ile-et-Vilaine (rég. de St-Aubin-d'Aubigné), Loire-Atlantique ; en Grande-Bretagne. Pl 10, fig. 3.

Monograptus priodon Bronn – Thèque sub-rectiligne, pouvant atteindre plus de 20 cm de longueur pour 3 mm de largeur. **Llandoverien** et **Wenlockien** :

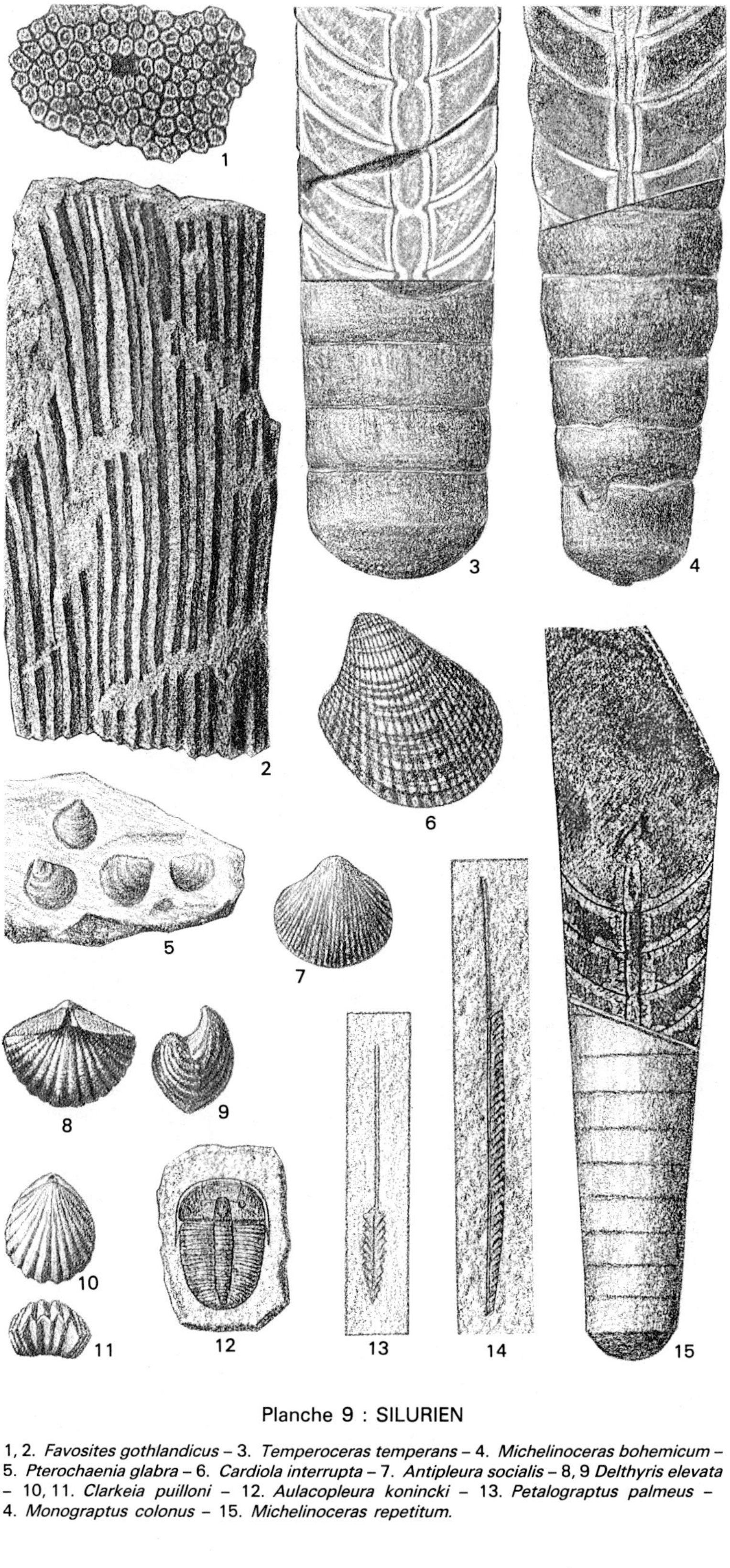

Planche 9 : SILURIEN

1, 2. *Favosites gothlandicus* – 3. *Temperoceras temperans* – 4. *Michelinoceras bohemicum* – 5. *Pterochaenia glabra* – 6. *Cardiola interrupta* – 7. *Antipleura socialis* – 8, 9 *Delthyris elevata* – 10, 11. *Clarkeia puilloni* – 12. *Aulacopleura konincki* – 13. *Petalograptus palmeus* – 4. *Monograptus colonus* – 15. *Michelinoceras repetitum.*

Planche 10 : SILURIEN

1. *Climacograptus scalaris* – 2. *Retiolites geinitzianus* – 3. *Monograptus jaculum* – 4. *M. priodon* – 5. *M. bohemicus* – 6. *M. convolutus* – 7. *M. Cyphus* – 8. *M. spiralis* – 9. *M. lundgreni.*

Calvados (rég. de May-sur-Orne), Sarthe, Finistère (rég. de Camaret), Loire-Atlantique, Tarn (Monts de Lacaune), Hérault (Monts du Minervois), Aude (masif de Mouthoumet), Hautes Pyrénées (rég. de Pierrefitte) ; en Belgique, Allemagne, Grande-Bretagne et Espagne. Pl. 10, fig. 4.

Monograptus cyphus Lapworth – Thèque dorsalement concave dans les premiers stades de la croissance et se redressant ensuite. Dim. max. : L/l = 10/0,1 à 0,2 cm. **Llandoverien :** Loire-Atlantique ; en Belgique (Brabant) et en Grande-Bretagne. Pl. 10, fig. 7.

Monograptus bohemicus Barrande *(Pristiograptus –)* – Thèque incurvée dans les premiers stades de la croissance (dorsalement convexe) et se redressant progressivement ensuite. Dim. max. : L/l = 8/0,2 cm. **Ludlowien :** Hérault (Monts du Minervois), Aude (massif de Mouthoumet) ; en Belgique (Brabant), Allemagne et Grande-Bretagne. Pl. 10, fig. 5.

Monograptus nilssoni Barrande, est une espèce voisine de la précédente, dont elle diffère essentiellement par sa thèque plus grêle et présentant féquemment une double incurvation dans sa région proximale. Dim. max. : L/l = 9/0,1 cm. **Ludlowien :** Finistère (rég. de Camaret), Hérault (Monts du Minervois) ; en Belgique (Brabant) et en Grande-Bretagne.

Monograptus convolutus Hesinger – Thèque enroulée n'excèdant pas 3 mm de largeur. **Llandoverien :** Ille-et-Vilaine (vallée du Couesnon), Maine-et-Loire (rég. de Chalonnes) ; en Belgique (rég. sud de Namur), Allemagne, Grande-Bretagne et Espagne. Pl 10, fig. 6.

Monograptus spiralis Geinitz – Thèque simple, n'excédant pas 2 mm de large, diversement spiralée. **Llandoverien** à **Ludlowien :** Loire-Atlantique, Hérault (Monts du Minervois), Aude (Massif du Mouthoumet), Ariège (Massif de l'Arize) ; en Grande-Bretagne. Pl 10, fig. 8.

Cyrtograptus lundgreni Tullberg, fam. Monograptidae – Thèque n'excédant pas 1 mm de large, plus ou moins incurvée, dorsalement concave suivant un diamètre de 1 à 2 cm et diversement ramifiée. **Wenlockien :** Finistère (rég. de Camaret), Sarthe (rég. de Sillé-le-Guillaume) ; en Grande-Bretagne. Pl. 10, fig. 9.

DÉVONIEN

Période de transition qui s'est échelonnée sur 50 M.A., le Dévonien se subdivise en sept étages.

CARBONIFÈRE

			350 M.A.
DÉVODIEN	supérieur (= Néodévonien)	Famennien Frasnien	
	moyen (= Mésodévonien)	Givétien Couvinien/Eifélien	
	inférieur (= Eodévonien)	Emsien } (= Coblencien) Siegénien } Gédinnien	
			400 M.A.

SILURIEN

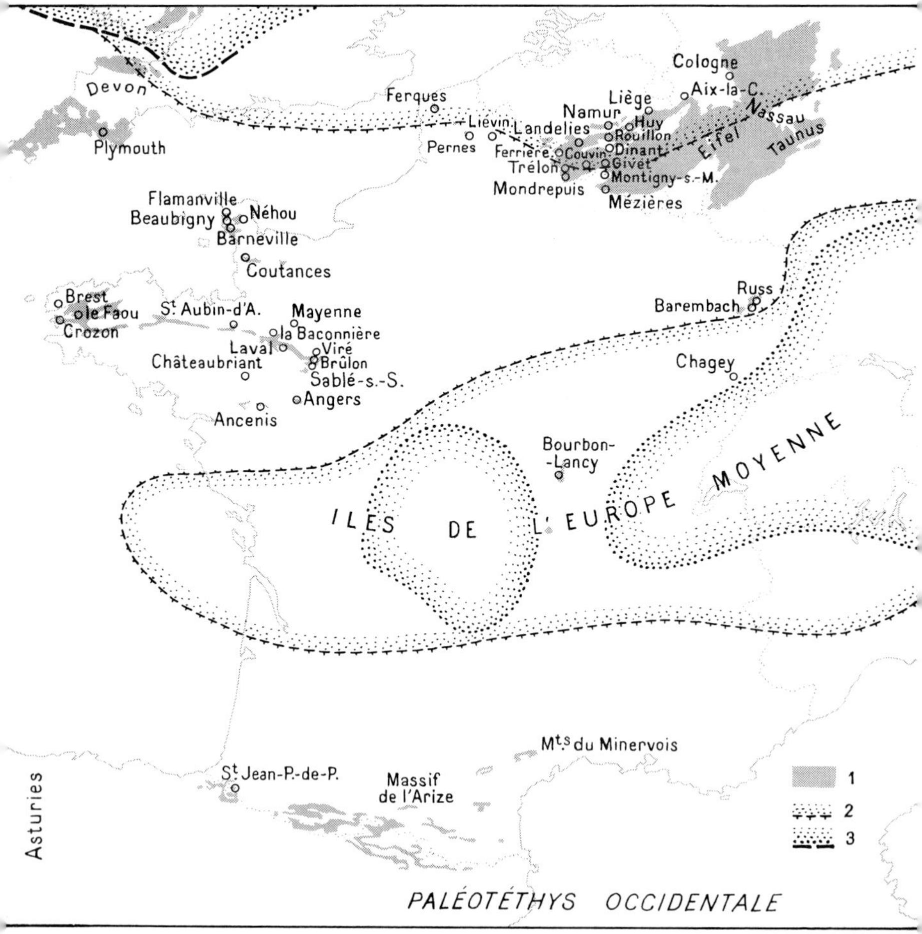

Dévonien

1. Principaux affleurements dévoniens – 2. Limites probables des transgressions marines au Dévonien inférieur – 3. Limites probables de l'extension des mers au Dévonien supérieur.

Du point de vue orogénique, le Dévonien voit s'achever le cycle calédonien qui se manifestait depuis le début du Paléozoïque, et débuter le cycle hercynien ou varisque qui durera jusqu'à la fin du Permien.

Cernées au Nord par le *Continent des vieux grès rouges* (Laurasia ou Continent Nord-Atlantique) [1], les mers ordoviciennes laissent, de part et d'autre d'un archipel central (îles de l'Europe Moyenne ou Franco-Allemandes), des sédiments variés qui affleurent principalement dans le Massif Ardenno-Rhénan, dans le Sud-Ouest de la Grande-Bretagne (Devonshire et Cornouaille), dans le Cotentin et le Massif Armoricain, et dans les Pyrénées (voir carte) ; en Espagne, on les trouve principalement développés dans le Bassin Asturo-Cantabrique, dans les Chaînes Ibériques et en Andalousie.

Le Dévonien marin débute en phase transgressive par des conglomérats (« poudingues » de Fépin, de Caffiers...) que surmontent suivant les cas des quartzites (Taunus), des grès ou schistes rouges (Pas-de-Calais et Ardenne) et des grès plus ou moins calcareux (appelés « grauwackes » lorsqu'ils sont décalcifiés), des schistes plus ou moins argileux et des calcaires, ces derniers étant surtout développés au Dévonien moyen (Devonshire, Massif Ardenno-Rhénan, Pyrénées). Les « vieux grès rouges », issus du démantèlement de la chaîne calédonienne (molasse calédonienne) et qui sont pour l'essentiel des dépôts d'eaux douces limités au Continent Nord-Atlantique, ont fortement influencé la sédimentation marine de bordure, particulièrement chargée en éléments terrigènes (quartz, argiles...) ; les assises calcaires, dont l'épaisseur et l'abondance constituent – bien qu'amorcé au Silurien – un élément nouveau par rapport aux périodes précédentes, traduisent par contre une indépendance assez durable de certains secteurs vis-à-vis des influences continentales.

Du point de vue biologique, le Dévonien est marqué, dans le domaine marin, par un net enrichissement de la faune, que favorise la formation de récifs à Stromatactis, Stromatopores et Anthozoaires et dont profitent de nombreux Bryozoaires, Brachiopodes, Mollusques, Echinodermes... Les Trilobites, dont l'importance n'a cessé de décroître depuis l'Ordovicien, sont encore remarquablement diversifiés ; les Euryptérides régressent, cependant que les Crustacés poursuivent leur développement. Les Tentaculites, par contre, vont disparaître. Parmi les Vertébrés on note, à côté des Agnathes qui déclinent en fin de période, la progression des Poissons : diversification des Placodermes et des Acanthodiens et apparition des Elasmobranches, Actinoptérygiens, Dipneustes et Crossoptérygiens. Sur les continents, le Dévonien inaugure véritablement ce qu'il est convenu d'appeler « la conquête de la terre ferme », les terres émergées se peuplant de végétaux, bientôt suivis par les premiers Invertébrés terrestres et par les premiers Tétrapodes, dont le fameux Ichthyostega, Amphibien Stégocéphale du Dévonien supérieur du Groenland.

Cependant que les continents dévoniens étaient soumis à une alternance de périodes fortement humides, aux pluies torrentielles inondant un paysage parsemé de lacs, et de périodes sèches à caractère désertique, les mers d'Europe, peu profondes dans leur ensemble, se trouvaient plus ou moins réchauffées par les transgressions téthysiennes, la phase la plus chaude s'étant probablement produite au Dévonien moyen avec l'installation du régime carbonaté et le développement de récifs à Anthozoaires sur l'Ardenne.

Les plus représentatives ou les plus communes des espèces dévoniennes identifiables sur le terrain sont les suivantes.

STROMATACTIS

Structures efflorescentes de calcite blanche, épaisses parfois de plusieurs décimètres et pouvant dépasser 10 m d'extension horizontale, qui cimentent les organismes dans l'environnement des récifs biologiques et qui semblent résulter de l'activité d'Algues bleues. **Dévonien moy.** et **sup.** : Hérault (Monts du Minervois) ; en Belgique (rég. de Dinant).

1. Le Continent Nord-Atlantique réunissait alors l'Amérique septentrionale, le Groenland, l'Irlande, la Grande-Bretagne, le Spitsberg et certains éléments de la Scandinavie.

PSILOPHYTES

*** *Taeniocrada decheniana*** Göppert *(Haliserites –)*, fam. Rhiniaceae – Pousses longues, plates, de largeur atteignant 1,5 cm. **Devonien inf.** : Pas-de-Calais (vallée de la Lys) ; en Belgique (rég. de Landelies et de Huy) et en Allemagne (Massif Schisteux Rhénan). Pl. 11, fig. 1.

*** *Sporogonites exuberans*** Halle, fam. Sporogonitaceae – Tiges simples, de 10 cm de hauteur, très fines (0,5 mm de diamètre) et striées longitudinalement, terminées par un sporange haut de 9 mm et large de 2 à 4 mm. **Dévonien inf.** : Pas-de-Calais (vallée de la Lys) ; en Belgique et en Grande-Bretagne.

*** *Psilophyton goldschmidtii*** Halle, fam. Psilophytaceae – Longtemps confondue avec *P. princeps*, du Dévonien inf. du Canada, cette espèce se caractérise par un système raméal à axe principal bien développé, parfois épineux, d'où partent des rameaux latéraux à allure étalée. **Dévonien inf.** : Pas-de-Calais (vallée de la Lys) ; en Belgique, en Allemagne et dans la majeure partie de l'Europe occidentale. Pl. 11, fig. 2.

*** *Thursophyton elberfeldense*** Kräusel et Weyland, fam. Psilophytaceae – Pousses grêles d'environ 1 m de haut, à feuilles en forme d'écailles disposées spiralement, denses à la base et disparaissant progressivement dans les parties sommitales des pousses qui sont nues. **Dévonien moy.** : Bas-Rhin (rég. de Russ et de Barembach) ; en Allemagne (Massif Schisteux Rhénan). Pl. 11, fig. 3.

LYCOPHYTES

*** *Drepanophycus spinaeformis*** Göppert, fam. Drepanophycaceae – Rameaux pouvant atteindre 4 cm de diamètre, portant des feuilles spiniformes longues de 2 cm au maximum. **Dévonien inf.** : Pas-de-Calais (Vallée de la Lys). Pl. 11, fig. 4.

PORIFÈRES

Receptaculites neptuni Defrance, fam. Receptaculitidae – Espèce très variable en forme de coupe plus ou moins évasée, pouvant atteindre 18 cm de diamètre et dont les spicules forment en surface un treillis de plaquettes. **Devonien moy.** et **sup.** : Pas-de-Calais (rég. de Ferques), Nord (rég. de Trélon) ; en Belgique (rég. de Chimay, Couvin...), Allemagne (Eifel) et Grande-Bretagne (Devonshire). Pl. 11, fig. 6 (face supérieure).

Sphaerospongia tessellata Philips, fam. Receptaculitidae – Espèce très variable à spicules hexagonaux. Dim. max. : H/d = 6 à 8/6 à 11 cm. **Dévonien moy.** : en Allemagne (Eifel) et en Grande-Gretagne (Devonshire). Pl. 11, fig. 5.

STROMATOPOROÏDES

Stromatopora concentrica Goldfuss, fam. Stromatoporidae – Colonie sphéroïde ou subcylindrique pouvant dépasser plusieurs décimètres de hauteur, formée de strates concentriques de 2 à 3 mm d'épaisseur, à surface plus ou moins mamelonnée et ornée de réseaux étoilés (astrorrizes). **Dévonien moy.** et **sup.** : Pas-de-Calais (rég. de Ferques) ; en Allemagne (Eifel) et en Grande-Bretagne (Devonshire). Pl. 12, fig. 1.

CONULAIRES

Paraconularia tubericosta Sandberger, fam. Conulariidae – Espèce de proportions variables, dont l'ouverture est partiellement obturée par quatre lobes ; chaque face est ornée de chevrons qui augmentent de taille au fur et à mesure de la croissance et qui s'infléchissent dans le sillon de chacune des

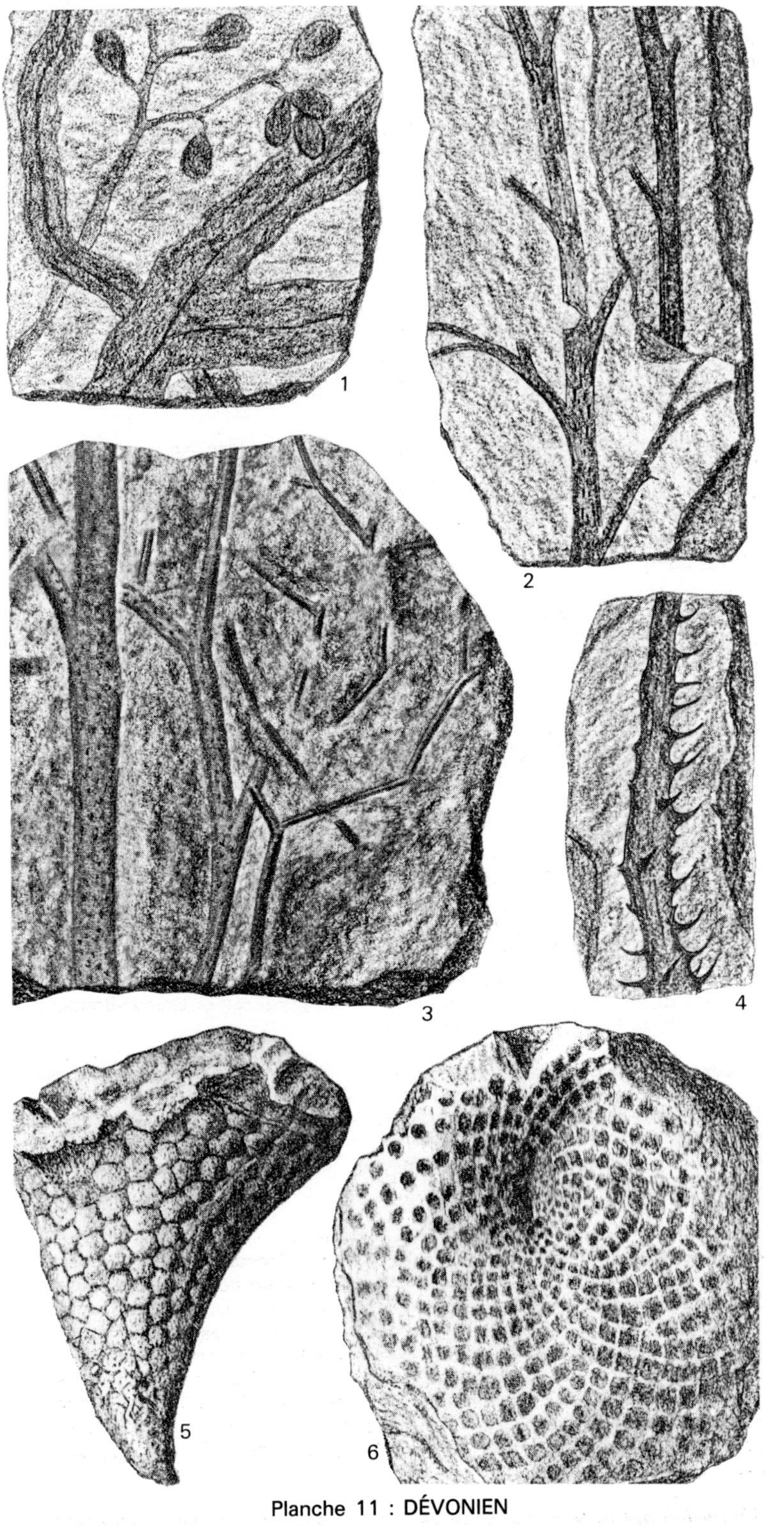

Planche 11 : DÉVONIEN

1. *Taeniocrada decheniana* – 2. *Psilophyton goldschmidtii* – 3. *Thursophyton elberfeldense* – 4. *Drepanophycus spinaeformis* – 5. *Sphaerospongia tessellata* – 6. *Receptaculites neptuni.*

quatre carènes. Dim. max. : h/d = 20/8 à 10 cm. **Dévonien** : Pas-de-Calais (bassin de Liévin) ; en Grande-Bretagne (Devonshire). Cette espèce se poursuit dans le Carbonifère inf. Pl. 12, fig. 2.

ANTHOZOAIRES Tétracoralliaires

Combophyllum osismorum Milne-Ewards et Haime, fam. Hadrophyllidae – Dim. max. : h/d = 0,2/0,7 à 0,8 cm. **Dévonien inf.** : Finistère (Rade de Brest). Pl. 12, fig. 3,4.

Disphyllum caespitosum Goldfuss, fam. Disphyllidae – Espèce à polypiérites plus ou moins séparés, dont les calices portent 40 à 50 septes. Diam. des calices : 1 cm. **Dévonien moy.** et **sup.** (espèce récifale) : Pas-de-Calais (rég. de Ferques) ; en Belgique (rég. de Frasnes), en Allemagne (Eifel) et en Grande-Bretagne (Devonshire). Pl. 12, fig. 5.

Hexagonaria davidsoni Milne-Edwards et Haime *(Acervularia –)*, – fam. Disphyllidae – Colonies pouvant atteindre 10 à 20 cm de diamètre. Calices pourvus d'environ 40 septes. Diam. moy. des calices : 1 cm. **Dévonien sup.** (espèce récifale) : Pas-de-Calais (rég. de Ferques), Nord (rég. de Bavay), Ardennes (rég. de Givet) ; en Belgique (rég. de Namur, Philippeville, Frasnes et Dinant). Pl. 12, fig. 6.

Hexagonaria hexagona Goldfuss *(Cyathophyllum –)*, se distingue de l'espèce précédente par ses calices au diamètre plus large (1,2 à 1,5 cm) et pourvus d'environ 46 septes. **Dévonien moy.** et **sup.** (espèce récifale) : Pas-de-Calais (rég. de Ferques), Ardennes (rég. de Montigny-sur-Meuse) ; en Belgique (rég. de Namur) et en Grande-Bretagne.

Macgeea bouchardi Milne-Edwards et Haime *(Cyathophyllum –)*, fam. Phillipsastraeidae – 56 à 60 septes ne se rejoignant pas au centre du calice qui est profond et dépourvu de columelle. Dim. max. : h/d = 10/3 cm. **Frasnien** : Pas-de-Calais (rég. de Ferques). Pl. 12, fig. 10.

Calceola sandalina Linné, fam. Goniophyllidae – Polypier en forme de babouche et pourvu d'un opercule articulé. Dim. max. : h/D/d = 5/5/2 à 2,5 cm. **Dévonien moy.** : Nord (rég. de Trélon, Bavay), Ardennes (rég. de Givet), Manche, Finistère (rég. de Brest), Bas-Rhin (rég. de Russ), Hérault ; en Belgique (rég. de Couvin, Namur), en Allemagne (Eifel) et en Grande-Bretagne (Devonshire). Pl. 12, fig. 8, 9.

ANTHOZOAIRES Tabulés

Heliolites porosa Goldfuss, fam. Heliolitidae – Colonies massives à calices très petits, munis de 12 septes et espacés de centre à centre de 0,2 à 0,4 cm. **Dévonien moy.** et **sup.** : en Allemagne (Eifel) et en Grande-Bretagne (Devonshire). Pl. 13, fig. 4.

Favosites goldfussi d'Orbigny, fam. Favositidae – Colonies en masses arrondies, à calices larges au maximum de 3 mm. **Dévonien inf.** : Manche, Sarthe (rég. de Viré), Ille-et-Vilaine ; en Allemagne (Massif Schisteux Rhénan), Grande-Bretagne (Devonshire) et Espagne (Asturies). Pl. 12, fig. 7.

Thamnopora cervicornis de Blainville *(Favosites –)*, fam. Thamnoporidae – Colonies parfois volumineuses, branchues, à calices profonds dont le diamètre n'excède pas 2 mm. **Frasnien** : Pas-de-Calais (rég. de Ferques), Nord (rég. de Bavay), Manche, Finistère, Mayenne, Maine-et-Loire ; en Belgique (rég. de Dinant), Allemagne (Eifel), Grande-Bretagne (Devonshire) et Espagne (Asturies). Pl. 13, fig. 1.

Alveolites suborbicularis Lamarck, fam. Alveolitidae – Polypier incrustant à calices très serrés et inclinés, d'environ 1 mm de diamètre. **Dévonien moy.** et **sup.** : Pas-de-Calais (rég. de Ferques) ; en Belgique (rég. de Dinant), en Allemagne (Eifel) et en Grande-Bretagne. Pl. 12, fig. 12.

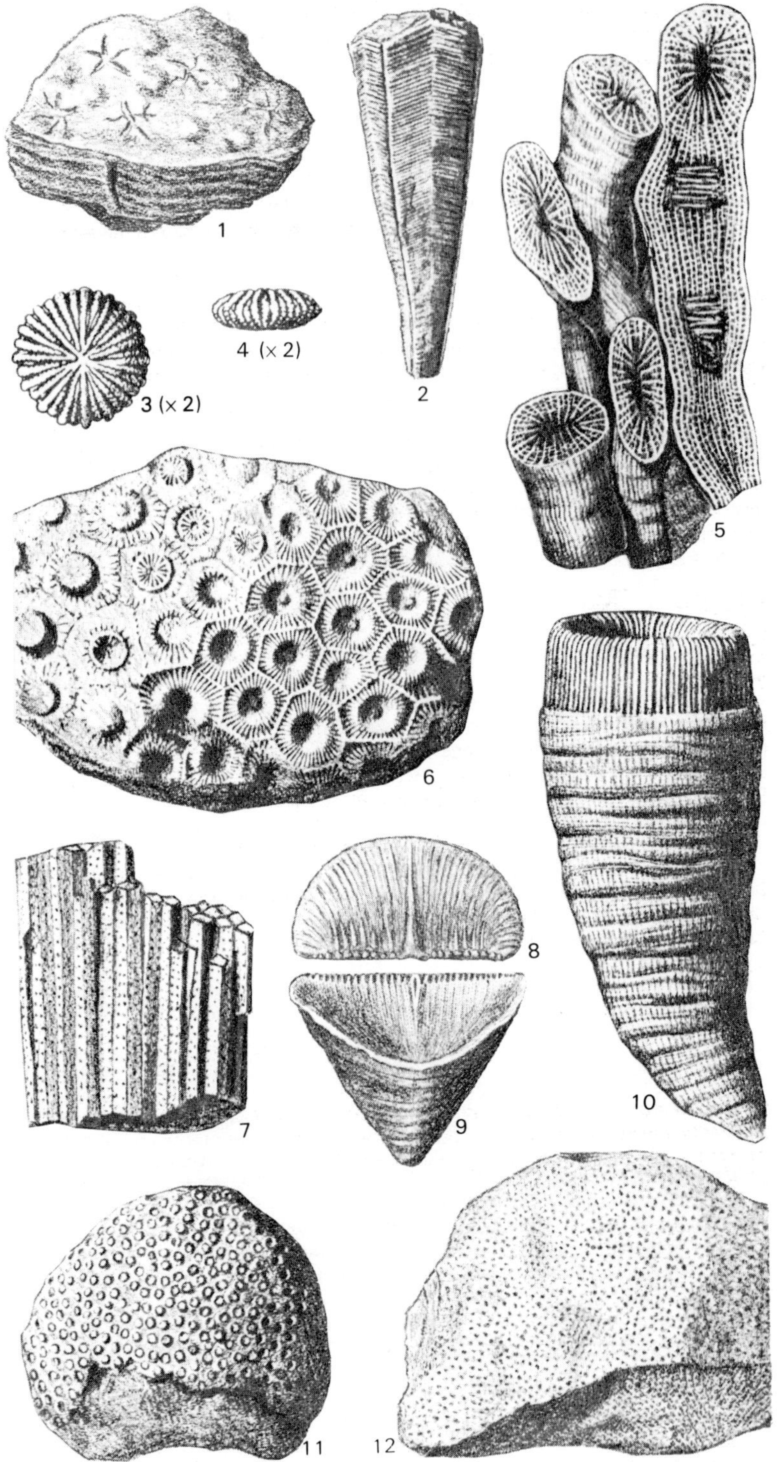

Planche 12 : DÉVONIEN

1. *Stromatopora concentrica* – 2. *Paraconularia tubericosta* – 3, 4. *Combophyllum osismorum* – 5. *Disphyllum caespitosum* – 6. *Hexagonaria davidsoni* – 7. *Favosites goldfussi* – 8, 9. *Calceola sandalina* – 10. *Macgeea bouchardi* – 11. *Thecostegites bouchardi* – 12. *Alveolites suborbicularis*.

Pleurodictyum problematicum Goldfuss, fam. Pleurodictyidae – Polypier subdiscoïde, généralement conservé à l'état d'empreinte externe. Diam. max. : 4 cm. **Dévonien inf.** : Ardennes (rég. de Montigny-sur-Meuse), Manche (Beaubigny), Finistère (rég. de Le Fahou) ; en Belgique (rég. de Dinant et Couvin), en Allemagne (Eifel), en Grande-Bretagne (Devonshire) et en Espagne. Pl. 13, fig. 2 (empreinte de la surface calicinale).

Cleistopora geometrica Milne-Edwards et Haime *(Michelinia –)*, fam. Cleistoporidae – Petites colonies à surface calicinale presque plane et à septes réticulés. Diam. des calices : 0,5 à 0,7 cm. **Dévonien inf.** : Sarthe (rég. de Viré). Pl. 13, fig. 5.

Aulopora serpens Goldfuss *(A. repens)*, fam. Auloporidae – Polypier rampant sur la surface des corps qu'il recouvre, chaque polypiérite mesurant au maximum 0,5 cm de longueur et 0,2 cm de diamètre. **Dévonien moy.** et **sup.** : Pas-de-Calais (rég. de Ferques), Manche, Sarthe, Mayenne ; en Belgique (rég. de Dinant), en Allemagne (Eifel) et en Espagne (Asturies). Pl. 13, fig. 3.

Thecostegites bouchardi Michelin, fam. Thecostegitidae – Colonies encroûtantes à calices très petits (1 à 1,5 mm) et légèrement surélevés. **Dévonien moy.** : Pas-de-Calais (rég. de Ferques), Ardennes (rég. de Givet) ; en Belgique (rég. de Namur et de Dinant) et en Espagne (Asturies). Pl. 12, fig. 11.

BRYOZOAIRES Cryptostomes

Fenestella antiqua Goldfuss, fam. Fenestellidae – Zoarium de forme foliacée, pouvant dépasser 10 cm de haut, formé de petites branches réunies entre elles à intervalles réguliers par des dissépiments et couvertes de zoécies sur une seule face. **Dévonien moy.** : Pas-de-Calais (rég. de Ferques) ; en Allemagne (Eifel), Grande-Bretagne et Espagne (Asturies). Pl. 13, fig. 6.

BRACHIOPODES Inarticulés

Lingula minima Sowerby, fam. Lingulidae – Dim. max. : L/l/e = 1/0,5/0,2 cm. **Gedinnien inf.** : Pas-de-Calais (bassin de Liévin), Ardennes (rég. de Fépin) ; en Grande-Bretagne dans le Ludlowien sup. (Silurien). Pl. 13, fig. 9.

Orbiculoidea tainei Barrois, Pruvost et Dubois, fam. Discinidae – Dim. max. : L/e = 6,5/5,8 cm. **Gedinnien inf.** : Nord (région de Fourmies). Pl. 13, fig. 7, 8.

BRACHIOPODES Articulés

Schizophoria striatula Schlotheim *(Orthis –)*, fam. Enteletidae – Dim. max. : L/l/e = 3,5/4 à 4,5/2 cm. **Dévonien moy.** et **sup.** : Pas-de-Calais (rég. de Ferques), Nord (rég. de Bavay et de Trélon), Ardennes (rég. de Givet) ; en Belgique (rég. de Dinant et de Rouillon), en Allemagne (Eifel), en Grande-Bretagne et en Espagne (Asturies). Pl. 13, fig. 14-16 (coquille et moule interne).

Schizophoria provulvaria Maurer – Diffère de la précédente espèce par sa forme plus ovale et son ornementation plus fine. Dim. max. : L/l/e = 4/5/1,8 à 2,2 cm. **Siegénien** : Ardennes (rég. de Mézières), Manche (Flamanville), Mayenne (rég. de Mayenne).

Aulacella interlineata Sowerby *(Orthis –)*, fam. Dalmanellidae – Dim. max. : L/l = 1,2/1,5 cm. **Dévonien moy.** et **Sup.** : Allemagne (Eifel) et Grande-Bretagne (Cornouaille et Devonshire). Pl. 13, fig. 10 (coquille, face interne de la valve brachiale et moules internes).

Rhipidomella hamoni Rouault *(Orthis –)*, fam. Rhipidomellidae – Dim. max. : L/l/e = 3/3/1,5 cm. **Dévonien inf.** : Manche, Finistère (rég. de Crozon), Mayenne. Pl. 13, fig. 11, 12 (coquilles et face interne de la valve brachiale).

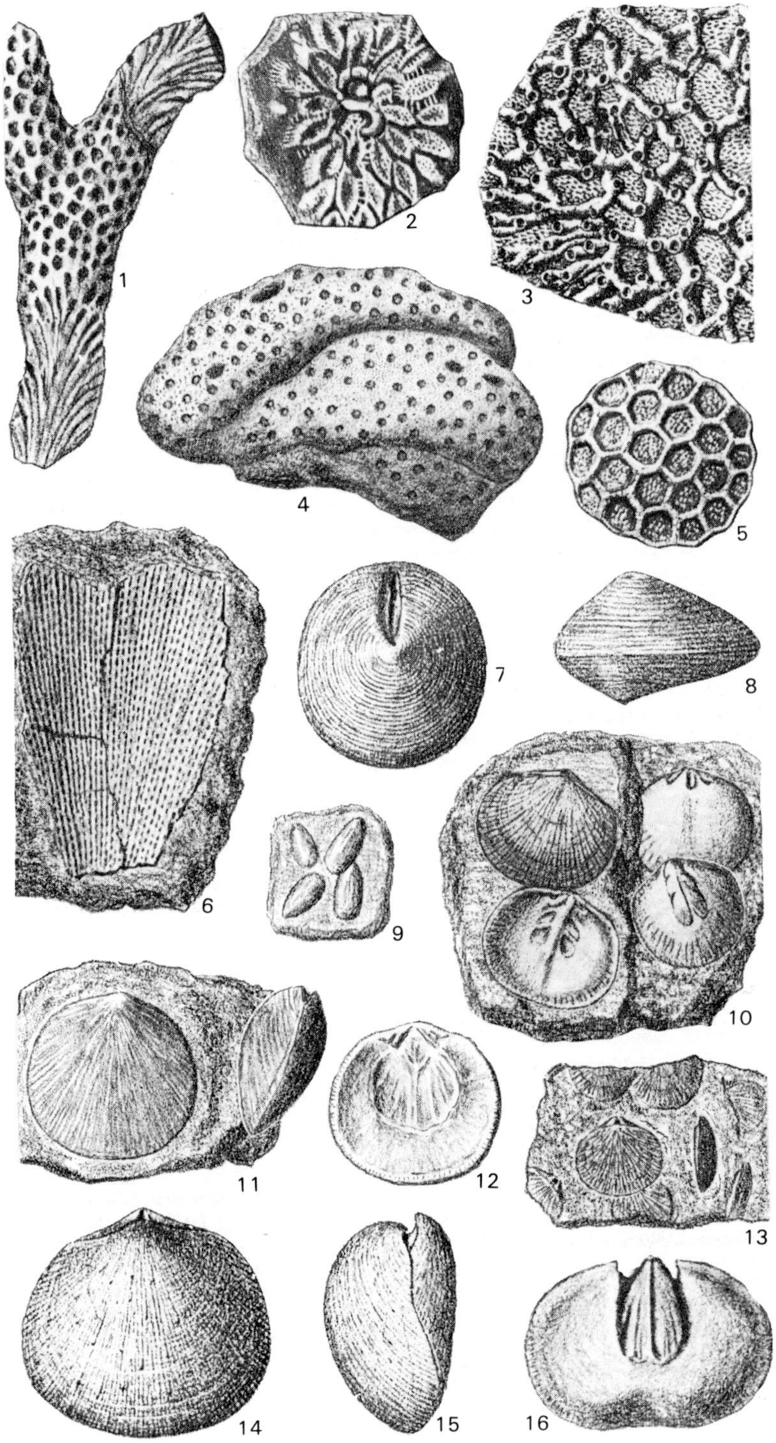

Planche 13 : DÉVONIEN

1. *Thamnopora cervicornis* – 2. *Pleurodictyum problematicum* – 3. *Aulopora serpens* – 4. *Heliolites porosa* – 5. *Cleistopora geometrica* – 6. *Fenestella antiqua* – 7, 8. *Orbiculoidea tainei* – 9. *Lingula minima* – 10. *Aulacella interlineata* – 11, 12. *Rhipidomella hamoni* – 13. *Platyorthis monnieri* – 14-16. *Schizophoria striatula.*

Platyorthis monnieri Rouault[1] *(Orthis –)*, fam. Rhipidomellidae – Valve brachiale plane ; surface ornée de côtes radiales très fines. Dim. max. : L/l/e = 1,2/1,3/0,3 cm. **Dévonien inf.** : Manche (rég. de Barneville), Ille-et-Vilaine (rég. de Saint-Aubin-d'Aubigné), Finistère, Maine-et-Loire (rég. d'Angers). Pl. 13, fig. 13.

Douvillina interstrialis Phillips *(Leptaena –)*, fam. Douvillinidae – Espèce à valve brachiale excavée, très variable dans ses proportions, ornée de côtes radiales de premier ordre, plus ou moins espacées, entre lesquelles s'intercalent des côtes très fines. Dim. max. : L/l/e = 2/2,5 à 3,5/0,8 à 1,5 cm. **Dévonien moy.** : Sarthe et Mayenne ; en Grande-Bretagne (Devonshire), Belgique (rég. de Dinant à Namur) et Allemagne (Eifel). Pl. 14, fig. 1.

Xystostrophia umbracula Schlotheim *(Streptorhynchus –, Schuchertella –)*, fam. Schuchertellidae – Espèce semi-circulaire, ornée de nombreuses côtes radiales que croisent des stries d'accroissement plus ou moins fortes et espacées. Dim. max. : L/l/e = 3/4/0,8 cm. **Couvinien** : Nord (rég. de Bavay) ; en Belgique (rég. de Dinant et de Namur), en Allemagne (Eifel) et en Espagne (Asturies). Pl. 14, fig. 2.

Chonetes sarcinulatus Schlotheim, fam. Chonetidae – Coquille semi-circulaire à subrectangulaire, ornée sur chaque valve de stries radiales extrêmement fines, le bord cardinal portant de chaque côté du crochet 4 à 8 épines longues et effilées. Dim. max. : L/l = 1,2/2 cm. **Dévonien inf.** : Mayenne (la Baconnière) ; en Grande-Bretagne dans le Nord du Devonshire. Pl. 14, fig. 3.

Whidbornella productoides Murchison *(Productus –)*, fam. Strophalosiidae – Surface marquée par des lamelles d'accroissement irrégulières et des épines dont il ne reste généralement que les cicatrices. Dim. max. : L/l/e = 2,5/3/0,8 cm. **Dévonien sup.** : Pas-de-Calais (rég. de Ferques) ; en Belgique (rég. de Couvin), en Allemagne (Eifel) et en Grande-Bretagne (Nord de Devonshire). Pl. 14, fig. 4.

Productella subaculeata Murchison *(Productus –)*, fam. Productellidae – Surface ornée, lorsque la coquille est bien conservée, de longues épines auxquelles correspondent les cicatrices disposées en quinconce. Dim. max. : L/l/e = 3/3 à 3,5/1,3 cm. **Dévonien sup.** : Pas-de-Calais (rég. de Ferques), Ardennes (rég. de Givet) ; **Dévonien moy. et sup.** de Belgique (rég. de Dinant et de Namur), d'Allemagne (Eifel) et de Grande-Bretagne. Pl. 14, fig. 9.

Sieberella sieberi Buch *(Pentamerus –)*, fam. Pentameridae – Espèce très variable, plus ou moins renflée, à sinus plus ou moins accentué et ornée de côtes radiales en nombre très variable. Dim. max. : L/l/e = 3,5/3,2 à 3,5/2,8 à 3,3 cm. **Dévonien moy.** et **sup.** : Nord (rég. de Trélon) ; en Belgique (rég. de Dinant à Namur), en Allemagne (Eifel) et en Grande-Bretagne. Pl. 14, fig. 8.

Metabolipa greindli Mailleux *(Pentamerus –)*, fam. Pentameridae – Dim. max. : L/l/e = 3/2,5 à 3/1,5 cm. **Dévonien moy.** et **sup.** : Mayenne et Loire-Atlantique ; en Belgique (rég. de Dinant). Pl. 14, fig. 7.

Trigonorhynchia fallaciosa Bayle *(Uncinulina –, Rhynchonella –)*, fam. Trigonorhynchiidae – Dim. max. : L/l/e = 3/2,7/2,4 cm. **Dévonien inf.** : Manche, Mayenne, Sarthe. Pl. 14, fig. 5, 6.

Ptychomaletoechia omaliusi Gosselet *(Rhynchonella –)*, fam. Trigonorhynchiidae – Coquille de proportions variables, à sinus plus ou moins accentué et présentant sur chaque valve 12 à 18 côtes radiales. Dim. max. : L/l/e = 1,8/1,9 à 2,2/1,2 à 1,6 cm. **Dévonien sup.** : Pas-de-Calais (rég. de Ferques), Nord (rég. de Ferrière-la-Petite), Ardennes (rég. de Givet) ; en Belgique (rég. de Dinant, Namur, Huy). Pl. 14, fig. 12, 13.

Uncinulus subwilsoni d'Orbigny *(Rhynchonella –)*, fam. Uncinulidae – 50 à 60 côtes radiales sur chaque valve. Dim. max. : L/l/e = 2,3/2 à 2,2/1,8 à 2 cm. **Dévonien inf.** : Manche, Mayenne, Sarthe. Pl. 14, fig. 14, 15.

1. Espèce communément désignée sous ce nom, mais nécessitant une révision.

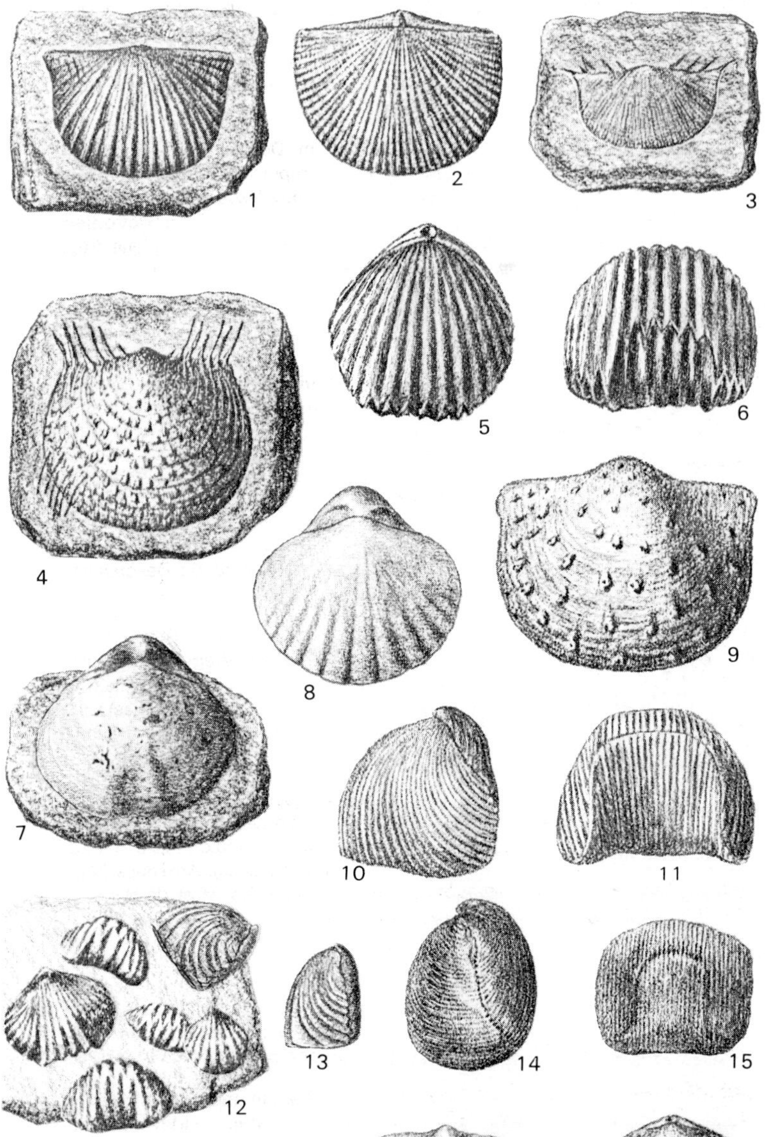

Planche 14 : DÉVONIEN

1. *Douvillina interstrialis* – 2. *Xystostrophia umbracula* – 3. *Chonetes sarcinulatus* – 4. *Whidbornella productoides* – 5, 6. *Trigonorhynchia fallaciosa* – 7. *Metabolipa greindli* – 8. *Sieberella sieberi* – 9. *Productella subaculeata* – 10, 11. *Hypothyridina cuboides* – 12, 13. *Ptychomaletoechia omaliusi* – 14, 15. *Uncinulus subwilsoni* – 16. *Coeloterorhynchus kayseri* – 17, 18. *Phlogioderhynchus formosus* – 19, 20. *Atrypa reticularis*.

Hypothyridina cuboides Sowerby *(Terebratula –, Rhynchonella –)*, fam. Uncinulidae – Dim. max. : L/l/e = 2,5/3/2,5 cm. **Givétien** et **Frasnien :** Nord (rég. de Trélon), Finistère, Loire-Atlantique, Saône-et-Loire (rég. de Bourbon-Lancy) ; en Belgique (rég. de Frasnes), Allemagne (Eifel) et Grande-Bretagne (Devonshire). Pl. 14, fig. 10, 11.

Coeloterorhynchus kayseri Rigaux *(Terebratula –, Rhynchonella –)*, fam. Pugnacidae – Forme très variable, plus ou moins trigone, présentant sur chaque valve 3 à 12 côtes radiales qui se développent avec la croissance. Dim. max. : L/l/e = 3,5/2,5 à 3,5/3,5 à 4,5 cm. **Dévonien sup. :** Nord (rég. de Trélon) ; en Belgique, en Allemagne (Eifel) et en Grande-Bretagne (rég. de Plymouth). Pl. 14, fig. 16.

Phlogioderhynchus formosus Schnur *(Camerophoria –)*, fam. Camarotoechiidae – **Frasnien :** en Allemagne (Eifel). Pl. 14, fig. 17, 18.

Atrypa reticularis Linné, fam. Atrypidae – Dim. max. : L/l/e = 2,5/2,3 à 2,7/1,3 à 1,7 cm. **Dévonien :** Pas-de-Calais (rég. de Ferques), Nord (rég. de Trélon et de Bavay), Bas-Rhin (rég. de Russ), Manche (rég. de Beaumont-Hague), Mayenne, Hérault (Monts du Minervois), Pyrénées-Atlantiques (rég. de Saint-Jean-Pied-de-Port) ; en Belgique (rég. de Dinant), Allemagne (Eifel) et Grande-Bretagne. Pl. 14, fig. 19, 20.

Spinatrypa occidentalis Stainbrook *(Atrypa aspera)*, fam. Atrypidae – Dim. max. : L/l/e = 3,3/3,5/1,4 cm. **Dévonien :** Pas-de-Calais (Boulonnais), Mayenne ; en Belgique (rég. de Dinant), Allemagne (Eifel) et Grande-Bretagne. Pl. 15, fig. 1.

Uncites gryphus Schlotheim *(Terebratulites –)*, fam. Uncitidae – Crochet très proéminent ; surface couverte de fines et nombreuses côtes radiales. Dim. max. : L/l/e = 7/4,5/3,6 cm. **Givétien :** Pas-de-Calais (rég. de Ferques), Ardennes (rég. de Givet) ; en Belgique, en Allemagne (Eifel, rég. de Cologne, Nassau) et en Grande-Bretagne. Pl. 15, fig. 2.

Retzia adrieni Verneuil, fam. Retziidae – Dim. max. : L/l/e = 2/1,5 à 1,8/1 à 1,3 cm. **Dévonien inf. :** Manche, Sarthe et Mayenne ; en Belgique, en Allemagne (Eifel) et en Espagne (Asturies). Pl. 15, fig. 9.

Plectospira ferita Buch *(Retzia –)*, fam. Retziidae – 4 à 9 côtes radiales finement ponctuées et croisées par des rides d'accroissement. Dim. max. : L/l/e = 1,3/1,1 à 1,3/0,5 à 0,6 cm. **Dévonien moy. :** en Allemagne (Eifel et Nassau) et en Grande-Bretagne (rég. de Plymouth). Pl. 15, fig. 14, 15.

Dicamara plebeia Sowerby, fam. Meristellidae – Dim. max. : L/l/e = 2,3/2 à 2,5/1,3 à 1,6 cm. **Dévonien moy. :** Sarthe, Maine-et-Loire (rég. d'Ancenis) ; en Allemagne (Eifel) et en Grande-Bretagne (Nord et Sud du Devonshire). Pl. 15, fig. 7, 8.

Athyris undata Defrance, fam. Athyrididae – Dim. max. : L/l/e = 3,3/3,3/2,3 cm. **Dévonien inf. :** Ardennes (rég. de Mézières), Manche, Mayenne, Sarthe, Hérault (Monts du Minervois), Pyrénées-Atlantiques. Pl. 15, fig. 3, 4.

Athyris concentrica Buch, fam. Athyrididae – Dim. max. : L/l/e = 3/3 à 3,5/1,3 à 1,8 cm. **Dévonien :** Pas-de-Calais (rég. de Ferques), Nord (rég. de Trélon), Manche (rég. de Beaumont-Hague), Mayenne ; en Belgique (rég. de Dinant), Allemagne (Eifel) et Grande-Bretagne. Pl. 15, fig. 5, 6.

Anathyris ezquerrai Verneuil et d'Archiac *(Athyris –)*, fam. Athyrididae – Dim. max. : L/l/e = 4/5,5/1,5 à 2 cm. **Dévonien inf. :** Mayenne et Sarthe ; en Espagne (Asturies). Pl. 15, fig. 10.

Pyramidalia simplex Phillips *(Spirifer –)*, fam. Cyrtiidae – Forme pyramidale de proportions variables. Dim. max. : L/l/e = 3/4/2,5 cm. **Dévonien moy. :** en Allemagne (rég. de Cologne, Nassau) et en Grande-Bretagne (rég. de Plymouth). Pl. 15, fig. 11-13.

Eospirifer davousti Verneuil *(Spirifer –)*, fam. Cyrtiidae – Dim. max. : L/l/e = 4,5/5,5/3,5 cm. **Dévonien inf. :** Manche (Beaubigny), Mayenne et Sarthe. Pl. 15, fig. 17.

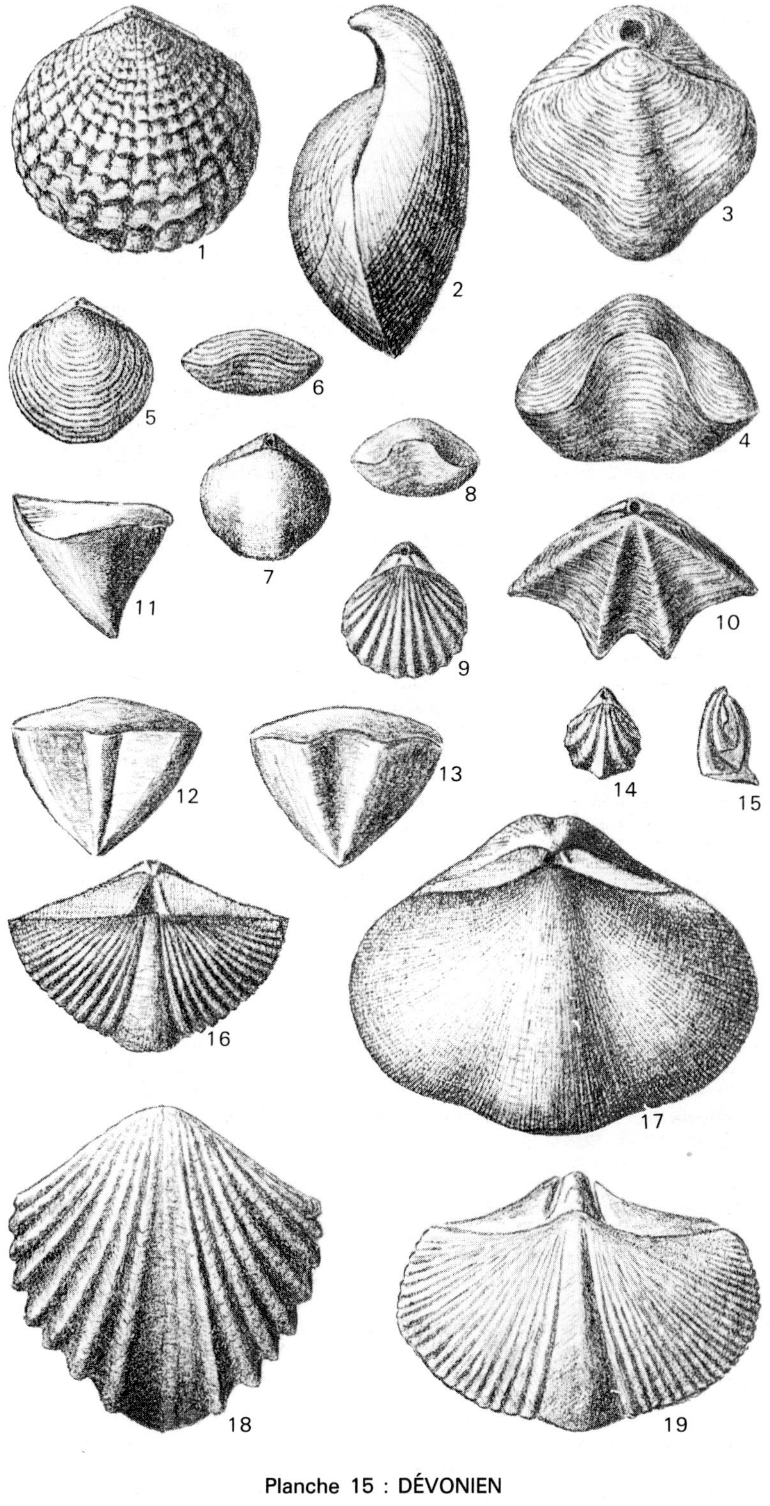

Planche 15 : DÉVONIEN

1. *Spinatrypa occidentalis* – 2. *Uncites gryphus* – 3, 4. *Athyris undata* – 5, 6. *A. concentrica* – 7, 8. *Dicamara plebeia* – 9. *Retzia adrieni* – 10. *Anathyris ezquerrai* – 11, 13. *Pyramidalia simplex* – 14, 15. *Plectospira ferita* – 16. *Hysterolites hystericus* – 17. *Eospirifer davousti* – 18. *Acrospirifer primaevus* –.19 *Brachyspirifer carinatus.*

Howellella mercurii Koninck *(Spirifer –)*, fam. Delthyrididae – Espèce très comparable, par son aspect extérieur, à *Delthyris elevata* (→ Silurien, pl. 9, fig. 8, 9). **Gedinnien inf.** : Pas-de-Calais (rég. de Liévin).

Acrospirifer primaevus Steininger *(Spirifer –)*, fam. Delthyrididae – Dim. max. : L/l/e = 5/6 à 7/4 cm. **Siegénien** : Nord (rég. d'Anor), Ardennes (rég. de Mézières), Manche (Beaubigny), Finistère (Pointe de l'Armorique), Mayenne, Sarthe, Loire-Atlantique, Pyrénées-Atlantiques ; en Belgique et en Allemagne. Pl. 15, fig. 18 (valve brachiale).

Hysterolites hystericus Schlotheim *(Spirifer –)*, fam. Delthyrididae – Valves ornées de 12 à 30 côtes radiales disposées de part et d'autre du sinus. Dim. max. : L/l/e = 3,5/4,8/2 à 2,5 cm. **Dévonien inf.** : Nord (rég. de Trélon et d'Anor), Ardennes (rég. de Mézières), Manche, Mayenne, Maine-et-Loire (rég. d'Angers) ; en Belgique (rég. de Couvin), Allemagne (rég. de Coblence, Eifel) et Espagne (Asturies). Pl. 15, fig. 16.

Paraspirifer cultrijugatus Roemer *(Spirifer –)*, fam. Delthyrididae – Dim. max. : L/l/e = 3,5/5/3,5 cm. **Emsien sup.** et **Eifélien** : Nord (rég. de Fourmies), Ardennes (rég. de Givet), Finistère (Rade de Brest), Hérault (Monts du Minervois) ; en Belgique (rég. de Couvin) et en Espagne (Asturies). Pl. 16, fig. 1.

Brachyspirifer carinatus Schnur *(Spirifer –)*, fam. Delthyrididae – Dim. max. : L/l/e = 3,5/5/2,3 cm. **Dévonien inf.** : Ardennes (rég. de Montigny-sur-Meuse), Manche (Beaubigny), Finistère (Rade de Brest), Pyrénées-Atlantiques ; en Belgique et en Allemagne (rég. de Coblence). Pl. 15, fig. 19 (moule interne).

Arduspirifer arduennensis Schnur *(Spirifer –)*, fam. Delthyrididae – Cette espèce se rencontre le plus souvent à l'état de moule interne et se distingue de la précédente par son processus cardinal plus proéminent et ses extrémités cardinales plus effilées ; 12 à 20 côtes sur chaque valve. Dim. max. : L/l/e = 2,5/7/1,5 cm. **Dévonien inf.** : Nord (rég. de Bavay et de Trélon), Ardennes (rég. de Montigny-sur-Meuse), Ille-et-Vilaine (rég. de Saint-Aubin-d'Aubigné), Mayenne, Pyrénées-Atlantiques (rég. de Saint-Jean-Pied-de-Port) ; en Belgique (rég. de Couvin) et en Allemagne (Eifel). Pl. 16, fig. 2, 3 (moule interne de la valve brachiale et coquille).

Euryspirifer paradoxus Schlotheim, fam. Delthyrididae – Coquille de proportions très variables, à côtes radiales plus ou moins nombreuses. Dim. max. : L/l/e = 3/12 à 20/2 à 2,5 cm. **Dévonien inf.** : Nord (rég. de Trélon), Sarthe, Mayenne, Loire-Atlantique, Pyrénées-Atlantiques ; en Belgique (rég. de Couvin), en Allemagne (rég. de Coblence et Eifel) et en Espagne (Asturies). Pl. 16, fig. 4 (valve brachiale).

Euryspirifer supraspeciosus Schlotheim *(Spirifer –)*, fam. Delthyrididae – 12 à 18 côtes arrondies sur chaque valve. Dim. max. : L/l/e = 3,5/6,5 à 11/2 à 3,5 cm. **Dévonien moy.** : Nord (rég. de Bavay)), Hérault (Monts du Minervois) ; en Belgique (rég. de Couvin), en Allemagne (Eifel) et en Grande-Bretagne (Devonshire). Pl. 16, fig. 5, 6.

Apousiella bouchardi Murchison *(Spirifer –)*, fam. Mucrospiriferidae – Dim. max. : L/l/e = 1,1/2,5/0,7 cm. **Dévonien sup.** : Pas-de-Calais (rég. de Ferques), Nord, Finistère ; en Belgique (rég. de Namur). Pl. 16, fig. 7, 8.

Undispirifer undiferus Roemer *(Spirifer –)*, fam. Reticulariidae – Espèce très variable, à ornementation et à sinus plus ou moins accentués ; 7 à 14 côtes de chaque côté du sinus. Dim. max. : L/l/e = 4/4 à 5/2,5 cm. **Givétien** : Pas-de-Calais (rég. de Ferques), Nord (rég. de Bavay), Ardennes (rég. de Givet) ; en Belgique (rég. de Dinant), Allemagne (Eifel) et Grande-Bretagne. Pl. 16, fig. 12, 13.

Cyrtospirifer verneuili Murchison *(Spirifer disjunctus)*, fam. Cyrtospiriferidae – Forme variable à crochet plus ou moins proéminent et à sinus plus ou moins accentué ; 40 à 90 côtes radiales sur chaque valve. Dim. max. : L/l/e = 6/8 à 10/4 à 5,5 cm. **Dévonien sup.** : Pas-de-Calais (rég. de Ferques), Nord (rég. de Trélon), Haute-Saône (massif de Chagey) ; en Belgique (rég. de Dinant, Namur, Huy), en Allemagne (rég. d'Aix-la-Chapelle, Eifel, Nassau), en Grande-Bretagne et en Espagne (Asturies). Pl. 16, fig. 11.

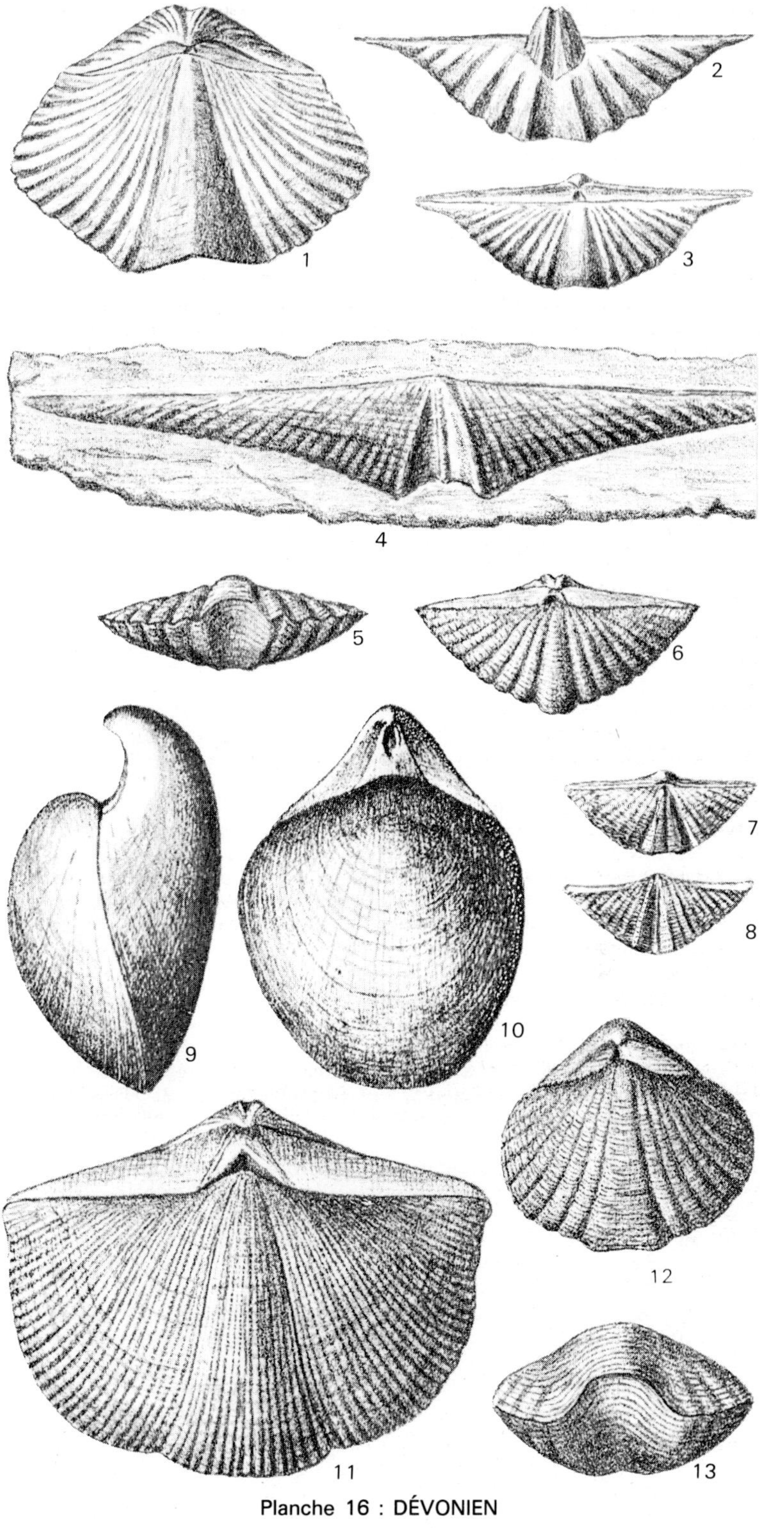

Planche 16 : DÉVONIEN

1. *Paraspirifer cultrijugatus* – 2, 3. *Arduspirifer arduennensis* – 4. *Euryspirifer paradoxus* – 5, 6. *E. supraspeciosus* – 7, 8. *Apousiella bouchardi* – 9, 10. *Stringocephalus burtini* – 11. *Cyrtospirifer verneuili* – 12, 13. *Undispirifer undiferus.*

Stringocephalus burtini Defrance, fam. Stringocephalidae – Coquille très variable à crochet proéminent ; surface lisse ou ornée de très fines stries radiales. Dim. max. : L/l/e = 10/8 à 12/5 à 8 cm. **Givétien :** Nord (rég. de Trélon et de Bavay), Ardennes (rég. de Givet), Bas-Rhin (Russ), Sarthe, Deux-Sèvres ; en Belgique (rég. de Dinant, Namur, Huy...), Allemagne (rég. de Cologne, Eifel) et Grande-Bretagne (Nord et Sud du Devonshire). Pl. 16, fig. 9, 10.

MOLLUSQUES Bivalves

Ctenondonta rauliniana Oehlert *ex* Rouault *(Palaeoneilo –)*, fam. Ctenodontidae – Coquille équivalve ornée de stries concentriques très fines et possédant une dépression umbono-palléale bien marquée ; charnière munie de 6 à 9 dents antérieures et 12 à 20 dents postérieures. Dim. max. : h/L/e = 1,5/2,5/0,5 à 0,6 cm. **Dévonien inf. :** Ille-et-Vilaine, Mayenne. Pl. 17, fig. 1.

Nuculites vaissierei Leriche *(Cucullella –)*, fam. Malletiidae – Charnière pourvue de dents nombreuses perpendiculaires au bord interne du plateau cardinal. Dim. max. : h/L/e = 1/2,2/0,5 cm. **Gedinnien :** Pas-de-Calais (bassin de Liévin), Nord (rég. d'Anor) ; en Allemagne. Pl. 17, fig. 2 (moules internes).

Buchiola retrostriata Buch *(Cardiola –)*, fam. Praecardiidae – Coquille équivalve, fortement oblique, ornée d'une douzaine de côtes rayonnantes pourvues de chevrons. Dim. max. : h/L/e = 0,8/1/0,5 cm. **Dévonien sup. :** Finistère (Porsguen), Hérault (Monts du Minervois) ; en Belgique (rég. de Dinant) et en Allemagne (Eifel). Pl. 17, fig. 3.

Buchiola palmata Goldfuss, se distingue de la précédente par sa forme presque équilatérale. **Famennien :** Nord (rég. de Trélon) et Ardennes (rég. de Givet) ; en Belgique (rég. de Dinant).

Stappersella truncata Roemer *(Gosseletia –)*, fam. Ambonychiidae – Coquille équivalve, très bombée, ornée de fortes côtes rayonnantes ; charnière pourvue de 4 dents cardinales parallèles, et de 2 dents latérales sur la valve gauche. Dim. max. : h/L/e = 7/5/5 cm. **Dévonien inf. :** Ardennes (rég. de Montigny-sur-Meuse) ; en Belgique (Couvin), Luxembourg et Allemagne (Rhénanie). Pl. 17, fig. 4 (moule interne).

Actinodesma (Ectenodesma) lamellosum Goldfuss *(A. obsoletum)*, fam. Pterineidae – Coquille inéquivalve à ornementation formée de côtes radiales et de côtes concentriques, ces dernières plus ou moins festonnées. Dim. max. : h/L/e = 8/8 à 10/2 à 3 cm. **Siegénien** et **Emsien :** Nord (rég. d'Anor), Ardennes (rég. de Montigny-sur-Meuse) ; en Belgique (Couvin) et Allemagne (Massif Schisteux Rhénan). Pl. 17, fig. 6.

Leptodesma (Leiopteria) pseudolaevis Oehlert, fam. Pterineidae – Coquille inéquivalve ornée de fines lamelles d'accroissement ondulées ou crénelées. Dim. max. : h/L/e = 3/4/1,5 cm. **Siegénien** et **Emsien :** Ardennes (rég. de Montigny-sur-Meuse), Manche (rég. de Coutances), Sarthe et Mayenne ; en Belgique (Couvin) et Allemagne (rég. de Coblence). Pl. 17, fig. 9.

Ptychopteria costata Goldfuss *(Pterinea paillettei)*, fam. Pterineidae – Coquille très variable, inéquivalve, à valve gauche bombée et ornée de 4 à 9 fortes côtes rayonnantes intercalées de plus petites et croisées de fines stries concentriques. Dim. max. : h/L/e = 3/3,5 à 4/1 à 1,5 cm. **Siegénien** et **Emsien :** Nord (rég. d'Anor), Ardennes (rég. de Montigny-sur-Meuse), Manche, Sarthe, Mayenne, Ille-et-Vilaine, Finistère, Loire-Atlantique (rég. de Châteaubriant), Maine-et-Loire (rég. d'Angers) ; en Belgique (Couvin), Luxembourg, Allemagne (rég. de Coblence) et Grande-Bretagne (Devonshire). Pl. 17, fig. 5.

Ptychopteria fasciculata Goldfuss *(Pterinea –)*, se distingue de la précédente par son ornementation rayonnante composée de 10 à 12 fortes côtes dont les intervalles portent 3 à 4 côtes de second ordre. Dim. max. : h/L/e = 4/4 à 5/1,5 cm. **Emsien :** en Belgique (Ardenne), Luxembourg, Allemagne (rég. de Coblence) et Espagne.

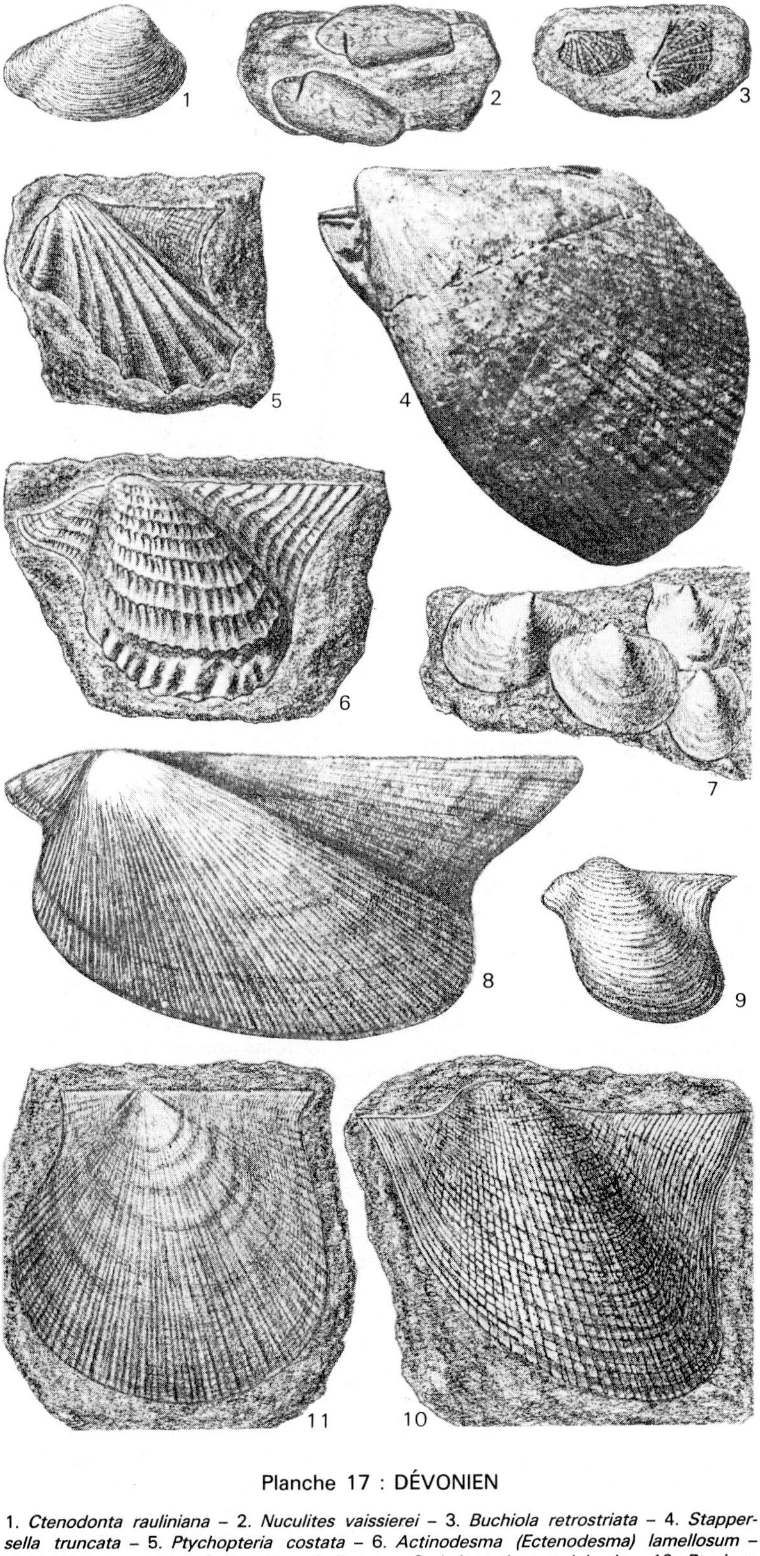

Planche 17 : DÉVONIEN

1. *Ctenodonta rauliniana* – 2. *Nuculites vaissierei* – 3. *Buchiola retrostriata* – 4. *Stappersella truncata* – 5. *Ptychopteria costata* – 6. *Actinodesma (Ectenodesma) lamellosum* – 7. *Posidonia venusta* – *8. Ptychopteria lineata* – 9. *Leiopteria pseudolævis* – 10. *Ptychopteria triculta* – 11. *Pterinopecten neptuni.*

Ptychopteria triculta Fuchs (*Pterinea retroflexa*) – Valve gauche beaucoup plus bombée que la droite et ornée, en plus des lamelles concentriques, par des stries radiales qui font défaut sur cette dernière. Dim. max. : h/L/e = 6/6 à 7/2 à 3 cm. **Gedinnien :** Pas-de-Calais (bassin de Liévin), Nord (rég. d'Anor), Ardennes (rég. de Levrézy et de Givonne) ; en Belgique (Ardenne), Allemagne (Massif Schisteux Rhénan) et Grande-Bretagne. Pl. 17, fig. 10.

Ptychoperia lineata Godlfuss *(Pterinea –)* – Coquille inéquivalve, ornée sur la totalité des deux valves de côtes rayonnantes fines. Dim. max. : h/L/e = 6/7 à 10/1,5 à 2 cm. **Emsien :** en Belgique (Couvin) et en Allemagne (Massif Schisteux Rhénan). Pl. 17, fig. 8.

Ptychopteria (Actinopteria) intermedia Oehlert, diffère des précédentes par ses oreillettes moins développées et par l'ornementation de sa valve gauche dont les côtes rayonnantes alternent de grosseur. Dim. max. : h/L/e = 3,5/5,5/1 cm. **Siegénien :** Manche, Sarthe, Mayenne, Ille-et-Vilaine, Finistère, Maine-et-Loire ; en Belgique (rég. de Rouillon).

Pterinopecten neptuni Goldfuss *(Avicula –)*, fam. Pterinopectinidae – Coquille inéquivalve à oreillettes sub-égales ; valves ornées de côtes rayonnantes principales (une vingtaine), et de côtes intercalaires plus fines, que croisent des stries d'accroissement. Dim. max. : h/L = 7/7 à 8 cm. **Dévonien inf.** et **moy. :** Manche (Néhou) ; en Allemagne (Eifel). Pl. 17, fig. 11.

Posidonia venusta Münster, fam. Posidoniidae – Coquille équivalve, plus ou moins oblique, à ornementation concentrique irrégulière et peu accentuée. Dim. max. : h/L/e = 3/2 à 3,5/0,5 cm. **Dévonien sup. :** Finistère (Porsguen), Loire-Atlantique, Maine-et-Loire, Hérault (Monts du Minervois) ; en Belgique, Luxembourg, Allemagne (Eifel) et Grande-Bretagne. Pl. 17, fig. 7.

Guerangeria davousti Oehlert, fam. Modiomorphidae – Dim. max. : h/L/e = 3,5/4,5/1,5 à 2 cm. **Dévonien inf. :** Sarthe (rég. de Brûlon), Mayenne, Maine-et-Loire (rég. d'Ancenis). Pl. 18, fig. 1.

Goniophora bipartita Rœmer, fam. Modiomorphidae – Surface ornée de côtes concentriques fines, formant un angle aigu sur la carène qui part du crochet jusqu'au bord postéro-palléal ; charnière pourvue d'une forte dent cardinale. Dim. max. : h/L/e = 3/6/1 cm. **Dévonien inf. :** Finistère ; en Belgique (Couvin) et en Allemagne (Taunus, Eifel, rég. de Coblence). Pl. 18, fig. 2.

Myophoria inflata Rœmer, fam. Myophoriidae – Coquille à contour subtriangulaire à faible carène dorsale ; charnière présentant 3 fortes dents à la valve gauche et 2 à la valve droite. Dim. max. : h/L/e = 3,5/3,5 à 4/1 cm. **Dévonien inf. :** en Belgique (Ardenne), Allemagne (Massif Schisteux Rhénan) et en Grande-Bretagne (Devonshire). Pl. 18, fig. 8.

Paracyclas rugosa Goldfuss, fam. Mactromyidae – Coquille subcirculaire ornée de rides d'accroissement intercalées de fines stries concentriques. Dim. max. : h/L/e = 2,5/2,5 à 3/1 cm. **Dévonien inf.** et **moy. :** Nord (rég. de Fourmies) ; en Belgique (rég. de Couvin), Allemagne (Eifel) et Espagne. Pl. 18, fig. 3.

Paracyclas proavia Goldfuss, diffère de la précédente par son ornementation concentrique faite de stries très fines et régulières. Dim. max. : h/L/e = 4/4 à 5/1,8 à 2 cm. **Dévonien moy. :** en Belgique (rég. de Dinant et de Namur) et Allemagne (Eifel).

Cypricardella bellistriata Conrad, fam. Crassatellidae – Coquille subtrapézoïdale de proportions variables, obliquement carénée et ornée de côtes concentriques fines et régulières ; charnière munie de latérales longues et droites et de cardinales fortes et virguliformes. Dim. max. : h/L/e = 2/2,7 à 3/1 cm. **Siegénien** et **Emsien :** Manche (Néhou), Mayenne ; en Belgique et en Allemagne (Massif Schisteux Rhénan). Pl. 18, fig. 4.

Cypricardinia crenistria Sandberger, fam. Cardiniidae – Coquille inéquivalve, la valve droite étant un peu plus bombée que la gauche, ornée de côtes concentriques lamelleuses et crénelées ; charnière munie de 3 fortes dents cardinales. Dim. max. : h/L/e = 1,2/1,5/1 cm. **Dévonien inf.** et **moy. :** Mayenne, Morbihan, Loire-Atlantique et Maine-et-Loire ; en Belgique (Couvin), Luxembourg et Allemagne. Pl. 18, fig. 5.

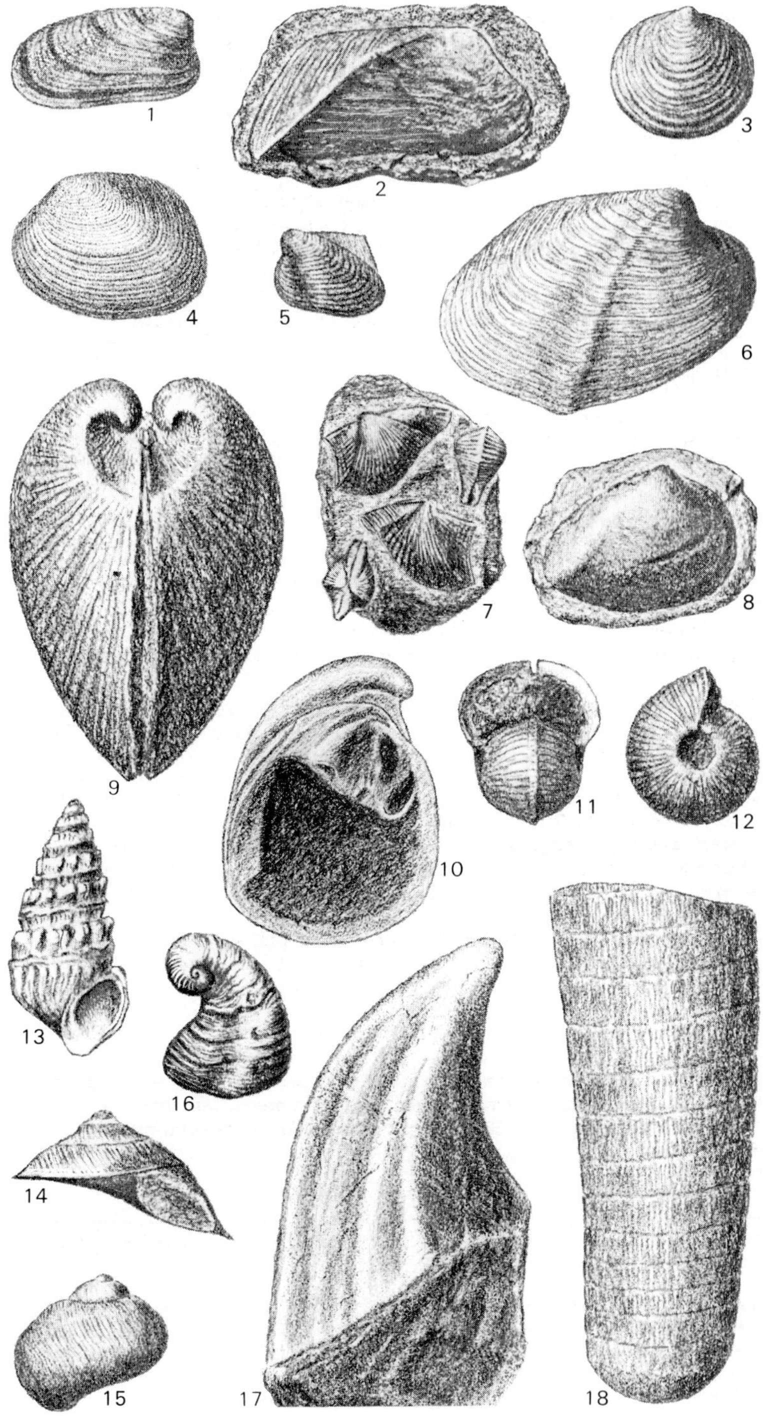

Planche 18 : DÉVONIEN

1. *Guerangeria davousti* – 2. *Goniophora bipartita* – 3. *Paracyclas rugosa* – 4. *Cypricardella bellistriata* – 5. *Cypricardinia crenistria* – 6. *Grammysia ovata* – 7. *Conocardium artifex* – 8. *Myophoria inflata* – 9, 10. *Megalodon cucullatus* – 11, 12. *Bellerophon striatus* – 13. *Murchisonia bilineata* – 14. *Euomphalopterus subalatus* – 15. *Platyostoma janthinoides* – 16. *Platyceras priscum* – 17. *P. Lorierei* – 18. *Arthrophyllum kahlebergense.*

Megalodon cucullatus Sowerby, fam. Megalodontidae – Coquille épaisse à crochets prosogyres et à plateau cardinal massif pourvu de dents très développées. Dim. max. : h/L/e = 7/5 à 5,5/4 cm. **Dévonien :** en Allemagne (Massif Schisteux Rhénan) et en Grande-Bretagne (Devonshire). Pl. 18, fig. 9, 10 (coquille vue de profil et face interne de la valve gauche).

Grammysia ovata Sandberger, fam. Grammysiidae – Ornementation composée de fortes rides d'accroissement et de fines stries concentriques ; une forte carène médiane bordée de deux sillons part du crochet vers le bord inférieur ; charnière dépourvue de dents. Dim. max. : h/L/e = 3/4,5/2,5 cm. **Dévonien inf. :** en Belgique (Couvin) et en Allemagne (Massif Schisteux Rhénan). Pl. 18, fig. 6.

Grammysia deornata de Konick, se distingue de la précédente par l'absence ou la très faible proéminence de la carène médiane. **Gedinnien inf. :** Pas-de-Calais (bassin de Liévin), Nord (rég d'Anor) ; en Belgique (rég. de Givet) et en Allemagne (Massif Schisteux Rhénan).

Conocardium artifex Barrande *(C. marsi)*, fam. Conocardiidae – Coquille équivalve, trigone, ornée de côtes radiales au nombre de 5 à 7, plus fortes que les autres, dans la région médiane. Dim. max. : h/L/e = 2/2,5 à 3/1,5 cm. **Dévonien inf. :** Ille-et-Vilaine, Mayenne, Sarthe, Maine-et-Loire (rég. d'Ancenis) ; en Allemagne et en Italie. Pl. 18, fig. 7.

Conocardium reflexum Zeiler, diffère de la précédente par ses côtes s'étendant sur toute la surface et croisées de stries d'accroissement bien marquées. Dim. max. : h/L/e = 1,5/2/1 cm. **Siegénien :** en Belgique (Couvin) et en Allemagne (rég. de Coblence, Eifel).

MOLLUSQUES Gastropodes

Bellerophon striatus Bronn *(B. lineatus)*, fam. Bellerophontidae – Rides d'accroissement s'infléchissant de part et d'autre de la bande du sinus qui est bicarénée ; ombilic profond. Dim. max. : 1,8/2 cm. **Dévonien moy. :** Nord (rég. de Bavay) ; en Belgique (rég. de Dinant et de Liège), Allemagne (Massif Schisteux Rhénan) et Grande-Bretagne (Devonshire). Pl. 18, fig. 11, 12.

Murchisonia bilineata Dechen *(M. turbinata, M. coronata)*, fam. Murchisoniidae – Coquille extrêmement variable, portant une double carène correspondant au sinus labial, et pouvant être diversement ornée de cordons tuberculeux. Dim. max. : h/d = 7/3 cm. **Dévonien moy.** et **sup. :** Nord (rég. de Bavay), Ille-et-Vilaine, Mayenne (rég. nord de Laval) ; en Belgique (rég. de Dinant), Allemagne (Massif Schisteux Rhénan), et Grande-Bretagne (Devonshire). Pl. 18, fig. 13.

Euomphalopterus subalatus Oehlert *ex* Verneuil, fam. Euomphalopteridae – Spire très étalée, chaque tour se trouvant prolongé par une expansion lamelleuse qui porte la bande du sinus, mais qui s'est trouvée fréquemment détruite à la fossilisation ; ombilic étroit et profond. Dim. max. : h/d = 2,7/4,5 cm. **Dévonien inf. :** Sarthe (rég. de Brûlon), Maine-et-Loire (rég. d'Ancenis). Pl. 18, fig. 15.

Platyostoma janthinoides Oelhert, fam. Platyceratidae – Coquille à test très mince, à ombilic étroit et profond ; labre et stries d'accroissement dessinant un sinus plus ou moins accentué. Dim. max. : h/d = 1,8/2 cm. **Dévonien inf. :** Mayenne (rég. nord de Laval). Pl. 18, fig. 15.

Placyteras priscum Goldfuss,fam. Platyceratidae – Coquille de forme très variable, d'abord enroulée puis largement évasée, ornée de rides d'accroissement irrégulières qui peuvent s'accompagner de granulations ou d'épines. Dim. max. : h/d = 4/3 cm. **Dévonien inf.** et **moy. :** en Belgique (rég. de Liège) et Allemagne (Massif Schisteux Rhénan). Pl. 18, fig. 16.

Platyceras lorierei Verneuil – Coquille faiblement arquée à section subpentagonale. Dim. max. : h/d = 5,5/3,5 à 4 cm. **Dévonien inf. :** Sarthe (rég. de Brûlon). Pl. 18, fig. 17.

Platyceras compressum Rœmer, se reconnaît à sa coquille fortement comprimée latéralement, parfois carénée dorsalement. **Dévonien moy.** et **sup. :** en Belgique (rég. de Liège), Allemagne (Massif Schisteux Rhénan), Grande-Bretagne (Devonshire) et Espagne (Asturies).

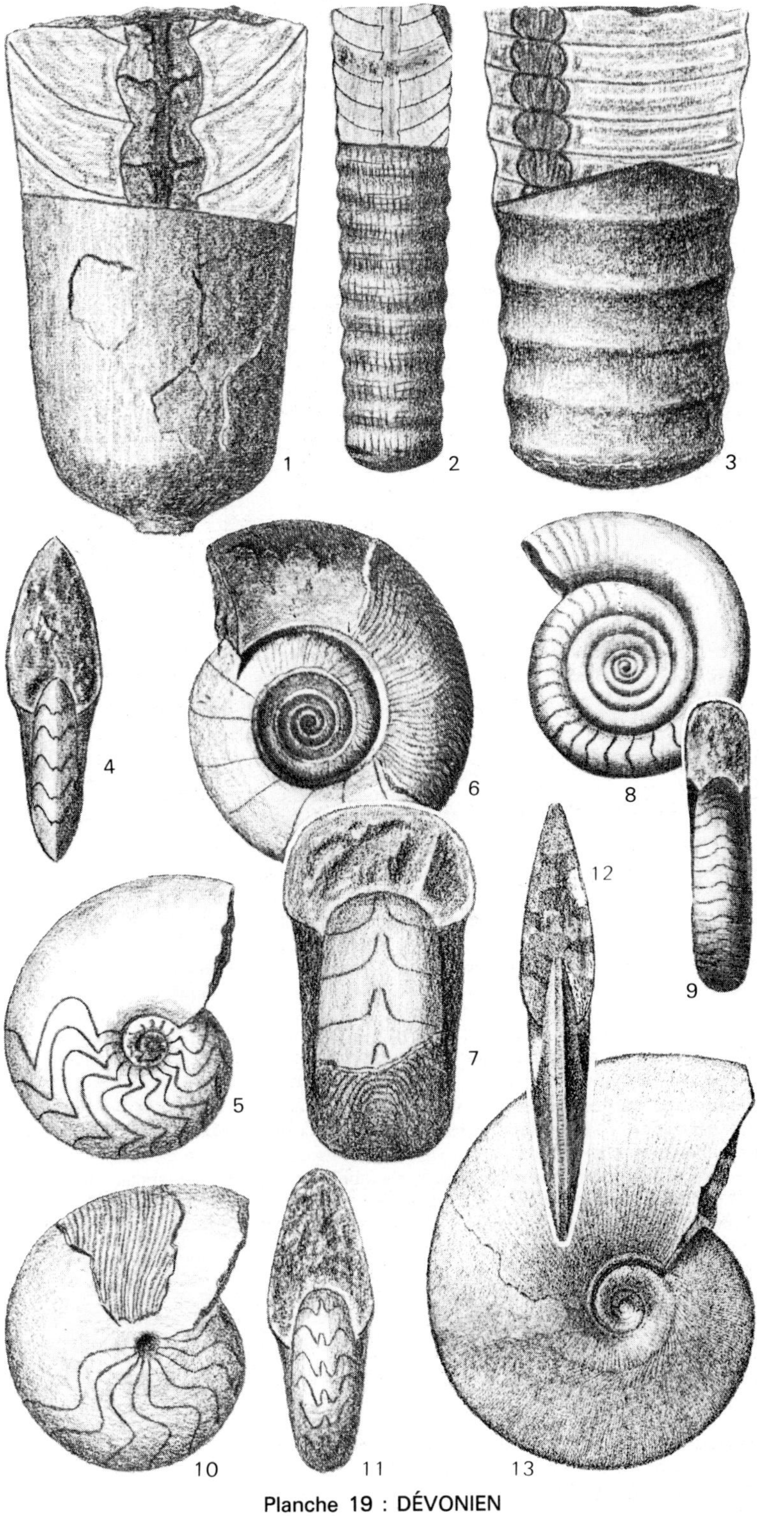

Planche 19 : DÉVONIEN

1. *Ormoceras puzosi* – 2. *Spyroceras calamiteum* – 3. *Jovellania buchi* – 4, 5. *Manticoceras intumescens* – 6, 7. *Anarcestes lateseptatus* – 8, 9. *Clymenia laevigata* – 10, 11. *Tornoceras simplex* – 12, 13. *Beloceras tenuistriatum.*

MOLLUSQUES Céphalopodes Nautiloïdes

Ormoceras puzosi Barrande, fam. Ormoceratidae – Section subcirculaire à siphon presque central, renflé au niveau des loges. Dim. max. : h/d = 27/5 cm. **Siegénien :** Manche, Sarthe, Mayenne, Finistère. Pl. 19, fig. 1.

Arthrophyllum kahlebergense Dahmer, fam. Lamellorthoceratidae – Coquille droite ou faiblement courbée, à surface finement striée ; siphon subcentral. Dim. max. : h/d = 20/4 à 5 cm. **Emsien** et **Couvinien :** Finistère (rade de Brest) ; en Allemagne (Massif Schisteux Rhénan). Pl. 18, fig. 18.

Spyroceras calamiteum Münster *(Orthoceratites lorierei)*, fam. Pseudorthoceratidae – Section subcirculaire ; surface marquée par de forts anneaux concentriques, finement treillisés, dont l'écartement correspond à la hauteur des chambres. Dim. max. : h/d = 30/3 cm. **Dévonien inf. :** Manche, Sarthe, Maine-et-Loire (rég. d'Ancenis). Pl. 19, fig. 2.

Jovellania buchi Verneuil, fam. Jovellaniidae – Coquille variable de section subtriangulaire, à siphon placé dans l'angle ventral. Dim. max. : h/d = 30/4 à 6 cm. **Siegénien** et **Emsien :** Manche, Sarthe, Maine-et-Loire, Finistère. Pl. 19, fig. 3.

MOLLUSQUES Céphalopodes Ammonoïdes

Agoniatites fidelis Barrande, fam. Agoniatitidae – Ombilic étroit à rebords arrondis ; tours à section trapézoïdale ; ornementation (rarement conservée) composée de fines stries d'accroissement biconvexes ; sutures simples. Dim. max. : d/e = 6/2 cm. **Emsien :** en Allemagne (Massif Schisteux Rhénan). Pl. 20, fig. 1, 2.

Anarcestes lateseptatus Beyrich, fam. Anarcestidae – Ombilic large et profond ; sutures trilobées à lobe externe peu profond et lobe latéral étroit. Dim. max : d/e = 5/2,5 cm. **Eifélien :** Mayenne (rég. de Laval), Ille-et-Vilaine, Finistère (Rade de Brest) ; en Allemagne (Massif Schisteux Rhénan). Pl. 19, fig. 6, 7.

Subanarcestes macrocephalus Beyrich, fam. Anarcestidae, se distingue essentiellement de la précédente par ses sutures à lobes moins profonds, le lobe latéral étant localisé sur le rebord ombilical. **Couvinien :** Ille-et-Vilaine et Finistère (Rade de Brest).

Manticoceras intumescens Beyrich *(Gephyroceras –)*, fam. Manticoceratidae – Tours embrassants, à lobes suturaux très aigus séparant des selles arrondies. Dim. max : d/e = 8/4 cm. **Frasnien :** Pas-de-Calais (rég. de Ferques), Nord (rég. de Trélon), Ardennes (rég. de Givet), Hérault (Monts du Minervois) ; en Belgique (rég. de Dinant) et en Allemagne. Pl. 19, fig. 4, 5.

Beloceras tenuistriatum d'Archiac et Verneuil *(B. multilobatum)*, fam. Beloceratidae – Coquille à ombilic étroit et tours embrassants, presque tranchants du côté externe, ornés de fines stries d'accroissement ; sutures « en dents de scie », composées de selles et de lobes pointus, ces derniers au nombre de 2 latéraux, 3 médians et 5 ombilicaux. Dim. max : d/e = 6/1 à 1,2 cm. **Frasnien :** Nord (rég. de Trélon), Hérault (Monts du Minervois) ; en Allemagne (Massif Schisteux Rhénan). Pl. 19, fig. 12, 13.

Clymenia laevigata Münster, fam. Clymeniidae – Coquille à ombilic large ; suture simple, à lobes ventral et dorsal ; quelques côtes droites en fin de croissance. Dim. max : d/e = 8/1,6 cm. **Dévonien sup. :** Hérault (Monts du Minervois), Ariège (Massif de l'Arize) ; en Allemagne. Pl. 19, fig. 8, 9.

Kosmoclymenia undulata Münster, fam. Clymeniidae, se distingue de la précédente par ses sutures à lobe latéral profond et anguleux. Dim. max : d/e = 5/1,3 cm. **Famennien :** en Allemagne (Massif Schisteux Rhénan).

Tornoceras simplex Buch *(Goniatites retrorsus)*, Tornoceratidae – Ombilic punctiforme à rebords obliques ; ornementation composée de lignes de croissance biconvexes ; sutures à quatre lobes peu profonds et séparés par des selles arrondies. Dim. max : d/e = 5/1,8 cm. **Dévonien moyen.** (Givétien) et **sup. :** Ardennes (rég. de Givet), Finistère (Rade de Brest), Hérault (Monts du

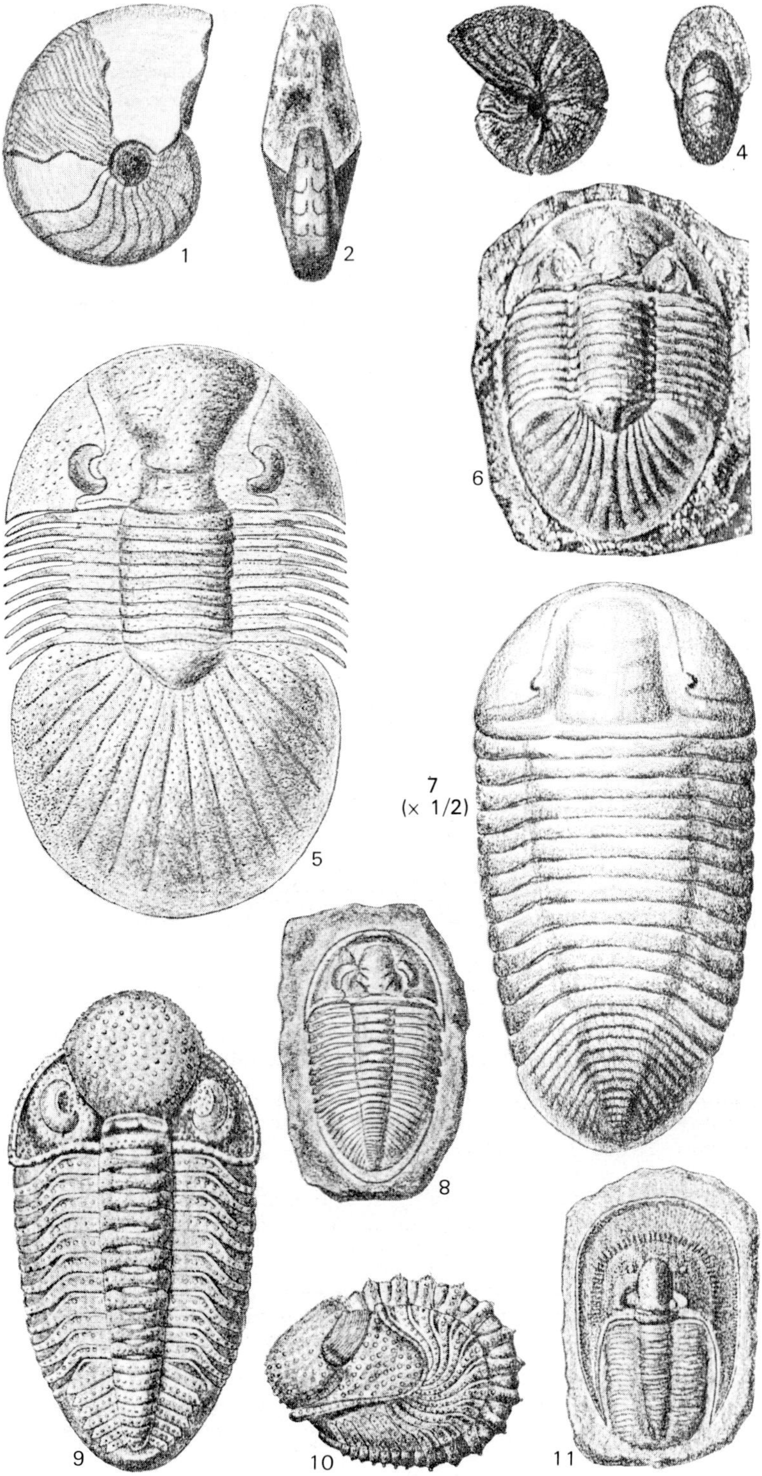

Planche 20 : DÉVONIEN

1, 2. *Agoniatites fidelis* – 3, 4. *Cheiloceras verneuili* – 5. *Scutellum costatum* – 6. *Microscutellum gervillei* – 7. *Parahomalonotus gervillei* – 8. *Dechenella verneuili* – 9, 10. *Phacops latifrons* – 11. *Lioharpes venulosus.*

Minervois) ; en Allemagne (Massif Schisteux Rhénan) et en Grande-Bretagne (Devonshire). Pl. 19, fig. 10, 11.

Cheiloceras verneuili Münster, fam. Cheiloceratidae – Ombilic punctiforme à rebords obliques ; sutures à lobes latéraux et dorsaux variables en nombre selon les individus et le stade ontogénique. Dim. max : d/e = 3/1,4 cm. **Famennien :** Finistère (Rade de Brest), Hérault (Monts du Minervois) ; en Allemagne. Pl. 20, fig. 3, 4.

TRILOBITES

Scutellum costatum Pusch *(Bronteus –)*, fam. Thysanopeltidae – Dim. max : L/l = 11/6,5 cm. **Dévonien moy.** et **sup.** : en Belgique (rég. de Couvin et de Namur), Allemagne (Massif Schisteux Rhénan), et Grande-Bretagne (Devonshire). Pl. 20, fig. 5 (reconstitution).

Microscutellum gervillei Barrande *(Goldius –)*, fam. Thysanopeltidae – Thorax un peu plus long que la tête et composé de dix segments. Dim. max : L/l = 4,5/3 cm. **Dévonien inf.** : Manche (rég. de Beaubigny), Sarthe (rég. de Viré et de Brûlon), Mayenne, Loire-Atlantique. Pl. 20, fig. 6.

Proetus oehlerti Bayle, fam. Proetidae – Céphalon à contour subogival, à yeux proéminents et courtes pointes génales ; 10 segments thoraciques ; pygidium pourvu de sillons pleuraux peu distincts. Dim. max : L/l = 3/2 cm. **Siegénien :** Manche (Beaubigny). Pl. 21, fig. 3.

Dechenella verneuili Barrande, fam. Proetidae – Céphalon semi-circulaire à pointes génales courtes et fines ; 10 segments thoraciques ; pygidium long, à contour arrondi, présentant une douzaine de sillons pleuraux. Dim. max : L/l = 3,5/2 cm. **Dévonien moy.** : en Belgique (Brabant) et en Allemagne (Eifel). Pl. 20, fig. 8.

Lioharpes venulosus Hawle et Corda, fam. Harpidae – Dim. max : L/l = 3,5/2,5 cm. **Dévonien moy.** : Loire-Atlantique (rég. d'Ancenis) ; en Allemagne, Grande-Bretagne et Espagne. Pl. 20, fig. 11.

Parahomalonotus gervillei Verneuil, fam. Homalonotidae – Céphalon semi-circulaire dépourvu de bordure ; thorax très faiblement trilobé ; pygidium présentant 9 sillons pleuraux. Dim. max : L/l = 16/8 cm. **Dévonien inf. :** Manche (Beaubigny), Ille-et-Vilaine et Sarthe ; en Allemagne (Massif Schisteux Rhénan). Pl. 20, fig. 7 (reconstitution).

Phacops latifrons Bronn, fam. Phacopidae – Espèce parfois enroulée. Dim. max : L/l = 6,5/3,5 cm. **Dévonien :** Nord (rég. de Bavay), Ardennes (rég. de Montigny-sur-Meuse) ; en Belgique (rég. de Dinant), Allemagne (Eifel), Grande-Bretagne (Devonshire) et Espagne (Asturies). Pl. 20, fig. 9, 10.

Phacops potieri Bayle, diffère essentiellement de la précédente par la forme et la disposition des yeux qui sont surbaissés par rapport au plan de la glabelle. **Dévonien inf.** : Manche, Sarthe (rég. de Viré), Mayenne, Hérault (Monts du Minervois).

Phacops occitanicus Barrois, de l'**Emsien** de l'Hérault (Monts du minervois) et **P. schlotheimi** Bronn, du **Dévonien inf.** et **moy.** de l'Ariège (Massif de l'Arize) et également d'Allemagne (Eifel), sont deux espèces très voisines de la précédente.

Trimerocephalus laevis Münster, fam. Phacopidae – Céphalon fortement trilobé, dépourvu d'yeux ; 11 segments thoraciques ; pygidium court, pourvu de 4 sillons pleuraux. Dim. max : L/l = 4/2,5 cm. **Dévonien sup.** : Haute-Saône (Massif de Chagey) ; en Grande-Bretagne (Devonshire). Pl. 21, fig. 4.

Asteropyge punctata Steininger, fam. Dalmanitidae – Céphalon subogival à pointes génales fortes et longues ; 11 segments thoraciques prolongés latéralement par des épines ; pygidium présentant 5 paires de sillons pleuraux et pourvu de 10 épines longues et effilées. Dim. max. (sans les épines) : L/l = 4,7/2,6 cm. **Dévonien moy.** : en Belgique (rég. de Liège) et en Allemagne (Eifel). Pl. 21, fig. 2 (reconstitution).

Asteropyge supradevonica Frech, se différencie de la précédente par sa cinquième paire de sillons pleuraux ausi forte que les autres. **Frasnien :** en Belgique (rég. de Dinant et de Namur) et en Allemagne (Eifel).

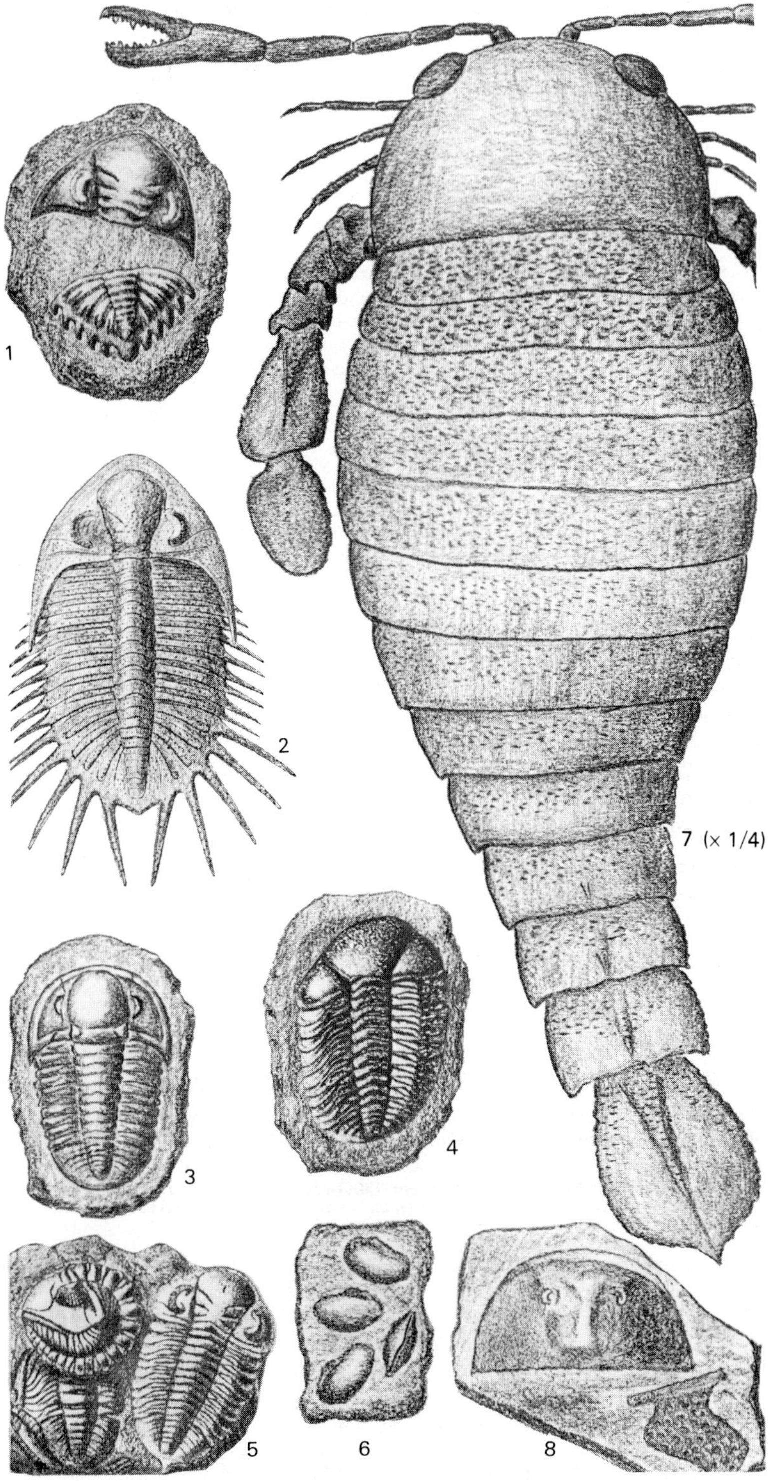

Planche 21 : DÉVONIEN

1. *Pseudocryphaeus michelini* – 2. *Asteropyge punctata* – 3. *Proetus oehlerti* – 4. *Trimerocephalus laevis* – 5. *Acastella downingiae* – 6. *Leperditia britannica* – 7. *Pterygotus anglicus* – 8. *Erieopterus brewsteri.*

Pseudocryphaeus michelini Rouault *(Cryphaeus –)*, fam. Dalmanitidae – Céphalon de forme ogivale à pointes génales courtes et aiguës ; pygidium pourvu de 10 à 11 anneaux assortis de 5 côtes latérales, et terminé postérieurement par 11 épines. Dim. max. : L/l = 4,5/2,5 cm. **Dévonien inf.** : Pas-de-Calais (rég. de Liévin), Sarthe (rég. de Brûlon), Mayenne (rég. nord de Laval). Pl. 21, fig. 1 (céphalon et pygidium).

Pseudocryphaeus munieri Oehlert, qui peut atteindre une taille un peu supérieure à la précédente, s'en distingue essentiellement par ses pointes génales plus fortes et ses épines postérieures plus longues et aiguës. **Dévonien inf.** : Manche (Beaubigny), Mayenne (rég. nord de Laval), Maine-et-Loire.

Acastella downingiae Murchison *(Phacops – Acaste –)*, fam. Calmoniidae – Céphalon à contour arrondi et à yeux volumineux et saillants ; 11 segments thoraciques ; pygidium faiblement pointu à son extrémité postérieure et portant 6 ou 7 paires de sillons latéraux. Dim. max. : L/l = 3/1,8 cm. **Gedinnien inf.** : Nord (rég. de Anor) ; en Grande-Bretagne dans le Silurien. Pl. 21, fig. 5.

MÉROSTOMES Euryptérides (Gigantostracés)

Pterygotus anglicus Agassiz, fam. Pterygotidae – De cet animal, qui pouvait atteindre plus d'un mètre de longueur, on ne trouve le plus souvent que des segments abdominaux à ornementation écailleuse caractéristique. **Gedinnien** : Pas-de-Calais (bassin de Liévin) et Ardennes (rég. de Fépin) ; en Grande-Bretagne. Pl. 21, fig. 7 (reconstitution).

Erieopterus brewsteri Woodward, fam. Eurypteridae – Cephalo-thorax arrondi à l'avant, deux fois plarge que long (large au plus de 4,5 cm), aux yeux rapprochés et de petite taille ; les écailles qui ornent la surface des segments abdominaux ne dépassant pas 1 mm de diamètre. **Gedinnien** : Pas-de-Calais (bassin de Liévin), et Ardennes (rég. de Fépin) ; en Grande-Bretagne. Pl. 21, fig. 8.

CRUSTACÉS Ostracodes

Leperditia britannica Rouault, fam. Leperditiidae – Carapace bivalve, en forme de fève, inéquilatrale et inéquivalve, la valve droite étant plus développée et pourvue d'un léger renflement ventral. Dim. max. : h/l/e = 0,7/1,2/0,5 à 0,6 cm. **Dévonien inf.** : Ille-et-Vilaine (rég. de Rennes), Mayenne (rég. nord de Laval). Pl. 21, fig. 6.

ÉCHINODERMES Blastoïdes

Belocrinus cottaldi Munier-Chalmas, fam. Pentremitidae – Thèque subconique très étroite, dont seules les plaques basales se trouvent généralement conservées. Dim. max. : h/d = 4/1,5 cm. **Dévonien inf.** : Ille-et-Vilaine, Sarthe (rég. de Brûlon). Pl. 22, fig. 1.

ÉCHINODERMES Crinoïdes

Thylacocrinus vannioti Oehlert, fam. Rhodocrinitidae – Calice à plaques très nombreuses, minces et dépourvues d'ornementation ; bras longs de 15 cm et plus, au nombre de 24. Dim. max. (calice) : h/d = 3 à 5/3,8 à 4,5 cm. **Dévonien inf.** : Mayenne (rég. au nord de Laval). Pl. 22, fig. 6.

Hexacrinites wachsmuthi Oehlert, fam. Hexacrinitidae – Dim. max. du calice : h/d = 1,3/1,3 cm. **Dévonien inf.** : Sarthe (rég. de Sablé). Pl. 22, fig. 8.

Hexacrinites interscapularis Phillips. – Dim. max. du calice : h/d = 6/5,5 à 7,5 cm. **Dévonien moy.** et **sup.** : en Grande-Bretagne (Devonshire). Pl. 22, fig. 9.

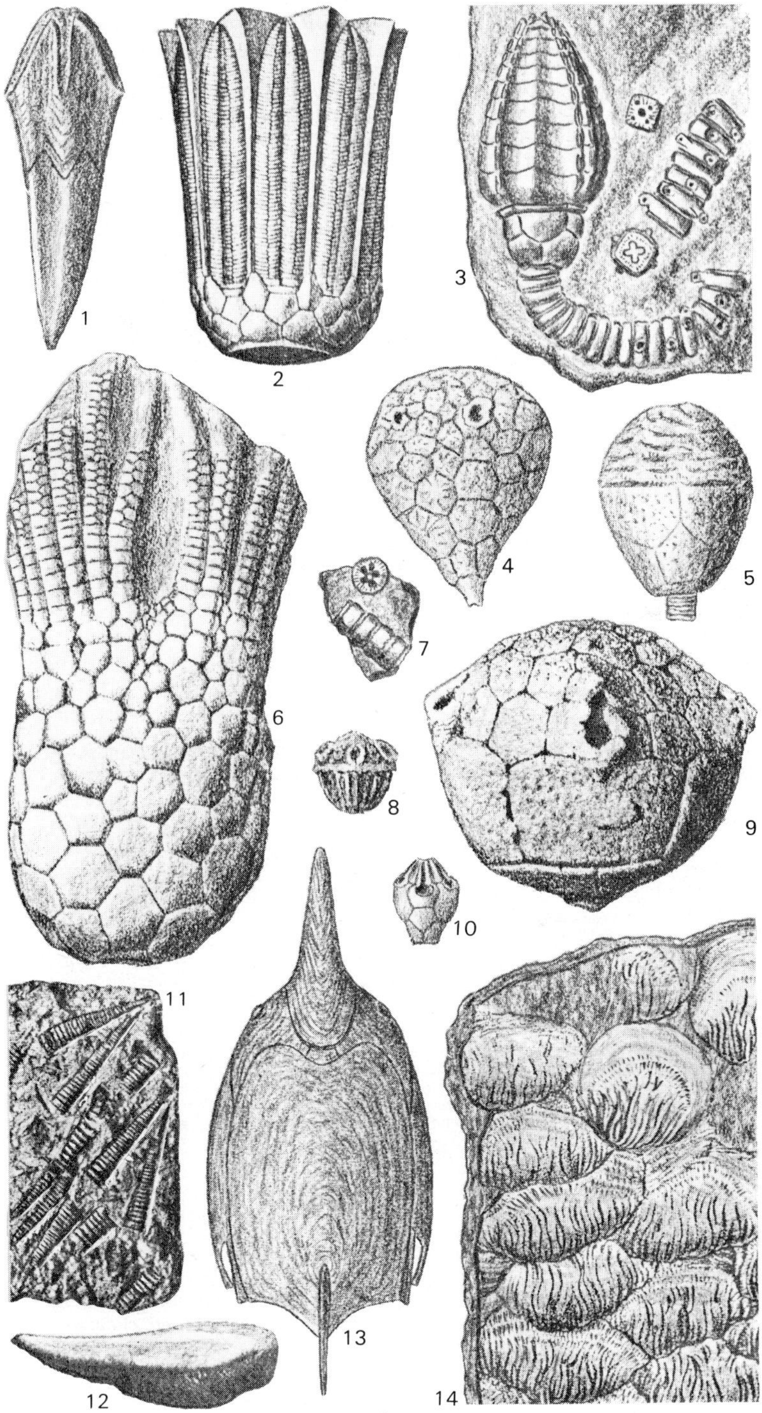

Planche 22 : DÉVONIEN

1. *Belocrinus cottaldi* – 2. *Eucalyptocrinites rosaceus* – 3. *Cupressocrinites crassus* – 4. *Melocrinites hieroglyphicus* – 5. *Lecanocrinus soyei* – 6. *Thylacocrinus vannioti* – 7. *Botryocrinus montisguyonensis* – 8. *Hexacrinites wachsmuthi* – 9. *H. interscapularis* – 10. *Haplocrinites mespiliformis* – 11. *Tentaculites gedinnianus* – 12. *Ptyctodus calceolus* – 13. *Belgicaspis crouchi* – 14. *Holoptychius flemingi.*

Hexacrinites elongatus Goldfuss – Cette espèce se distingue de la précédente par ses plaques radiales nettement plus étroites et ornées de costules irrégulières. **Dévonien moy.** : en Allemagne (Eifel).

Melocrinites hieroglyphicus Goldfuss, fam. Melocrinitidae – Calice piriforme constitué par de nombreuses plaques à ornementation très caractérisque. Dim. max. : h/d = 3/2,5 cm. **Dévonien sup.** : Nord (rég. de Trélon) ; en Belgique, Allemagne (Eifel), et Grande-Bretagne (Devonshire). Pl. 22, fig. 4.

Eucalyptocrinites rosaceus Goldfuss, fam. Eucalyptocrinitidae. – Dim. max. du calice : h/d = 5/3,5 cm. **Dévonien moy.** : en Allemagne (Eifel). Pl. 22, fig. 2 (calice reconstitué).

Haplocrinites mespiliformis Goldfuss, fam. Haplocrinitidae – Dim. max. du calice : h/d = 1,2/1 cm. **Dévonien moy.** : en Allemagne (Eifel). Pl. 22, fig. 10.

Cupressocrinites crassus Goldfuss, fam. Cupressocrinitidae – Dim. max. du calice : h/d = 5,5/2,8 à 3,3 cm. **Dévonien moy.** : en Allemagne (Eifel). Pl. 22, fig. 3.

Botryocrinus montisguyonensis Delpey, fam. Botryocrinidae – Articles caractérisés par la symétrie pentamère de leurs facettes. **Emsien** : Mayenne (rég. de Saulges). Pl. 22, fig. 7 (articles de tige).

Lecanocrinus soyei Oehlert, fam. Lecanocrinidae – Thèque capuliforme à radiales tronquées à leur partie supérieure et supportant les plaques orales. Dim. max. (calice) : h/d = 1,8/1,6 cm. **Dévonien inf.** : Sarthe (Sablé, Viré) et Mayenne. Pl. 22, fig. 5.

TENTACULITES

Tentaculites gedinnianus Asselberghs *(T. irregularis)*, fam. Tentaculitidae – Coquille ornée de côtes transverses arrondies, variablement espacées, au nombre d'une cinquantaine chez les plus grands spécimens, et dont les intervalles, de même largeur que les côtes, peuvent présenter 3 fines stries transversales. Dim. max. : L/d = 30/3 mm. **Gedinnien** : Pas-de-Calais (bassin de Liévin), Nord (Mondrepuis), Ardennes (rég. nord de Mézières et de Givonne), Loire-Atlantique ; en Belgique et en Allemagne (Massif Shisteux Rhénan). Pl. 22, fig. 11.

Volynites velaini Munier-Chalmas *(Tentaculites –)*, fam. Tentaculitidae – Cette espèce se reconnaît à ses côtes transversales fines et serrées, très variables par leur épaisseur et leur espacement. Dim. max. : L/d = 40/4,5 mm. **Siegénien** : Manche, Ille-et-Vilaine, Mayenne (rég. nord de Laval), Sarthe, Maine-et-Loire (rég. d'Angers).

Nowakia acuaria Richter *(Tentaculites tenuicinctus)*, fam. Nowakiidae – Cette espèce de petite taille se caractérise, à la différence de la précédente, par ses côtes transversales à la fois très serrées et très régulières, que croisent des costules longitudinales extrêmement fines, au nombre d'une vingtaine près de l'ouverture. Dim. max. : L/d = 4 à 6/0,8 à 0,9 mm. **Dévonien inf.** : Maine-et-Loire (rég. d'Angers), Loire-Atlantique (rég. d'Ancenis).

AGNATHES Hétérostracés

Belgicaspis crouchi Lankaster *(Pteraspis –)*, fam. Pteraspididae – Bouclier composé de plaques séparées, ornées de rides de dentine concentriques ; plaque rostrale étroite et allongée, à ornementation ventrale en chevrons. Longueur maximale du céphalothorax complet : 9 à 10 cm. **Gedinnien inf.** : Pas-de-Calais (rég. de Pernes-en-Artois), Nord (rég. de Liévin), Ardennes (rég. de Montigny-sur-Meuse) ; en Angleterre. Pl. 22, fig. 13 (céphalothorax reconstitué en vue dorsale, d'après Blieck et Goujet).

D'autres Pteraspididae se rencontrent dans le Nord de la France, l'Ardenne et les massifs Rhénans : ***Protopteraspis gosseleti*** Leriche, du Gédinnien inf. (long. max. du céphalothorax, 3,5 cm ; rostre très court et arrondi), ***Pteraspis rostrata*** Agassiz, également du Gedinnien inf. (long. 7 cm ; rostre triangulaire), ***Althraspis vimiensis*** White, du Gedinnien sup. (long. 15 cm. ; long aiguillon dorsal et rostre très allongé et effilé, orné ventralement de rides transverses), ***Rhinopteraspis cornubica*** M'Coy *(R. dunensis)*, du Siegénien à l'Emsien inf. (long. 42 cm : rostre très long, effilé et orné ventralement de chevrons).

PLACODERMES Ptyctodontides

Ptyctodus calceolus Newberry et Worthen, fam. Ptyctodontidae – Plaques dentaires broyeuses, à surface triturante légèrement striée et ponctuée, et à base formée de dentine tubulaire. Longueur max. : 6 cm. **Frasnien** : Pas-de-Calais (rég. de Ferques). Pl. 22, fig. 12.

CROSSOPTÉRYGIENS

Holoptychius flemingi Agassiz, fam. Holoptychidae – Écailles cycloïdes, ornées de rides antéro-postrieures fréquemment bifurquées et anastomosées. Diam. max. 5 cm. **Famennien** : En Belgique (Brabant) et en Grande-Bretagne. Pl. 22, fig. 14.

CARBONIFÈRE

Par les caractères de sa sédimentation et les traits dominants de sa flore et de sa faune, le Carbonifère (70 M.A.) apparaît comme l'une des périodes les plus importantes des temps fossilifères. Il affleure assez largement dans nos régions (voir carte), où on le subdivise en cinq étages, les deux premiers correspondant à des phases essentiellement marines et les deux derniers à des dépôts surtout continentaux.

PERMIEN — 280 M.A.

CARBONIFÈRE	supérieur (= Pennsylvanien)	Stéphanien	(= Silésien ou Houiller)
		Westphalien	
		Namurien	
	Inférieur (= Mississipien)	Viséen	(= Dinantien)
		Tournaisien	

CARBONIFÈRE — 350 M.A.

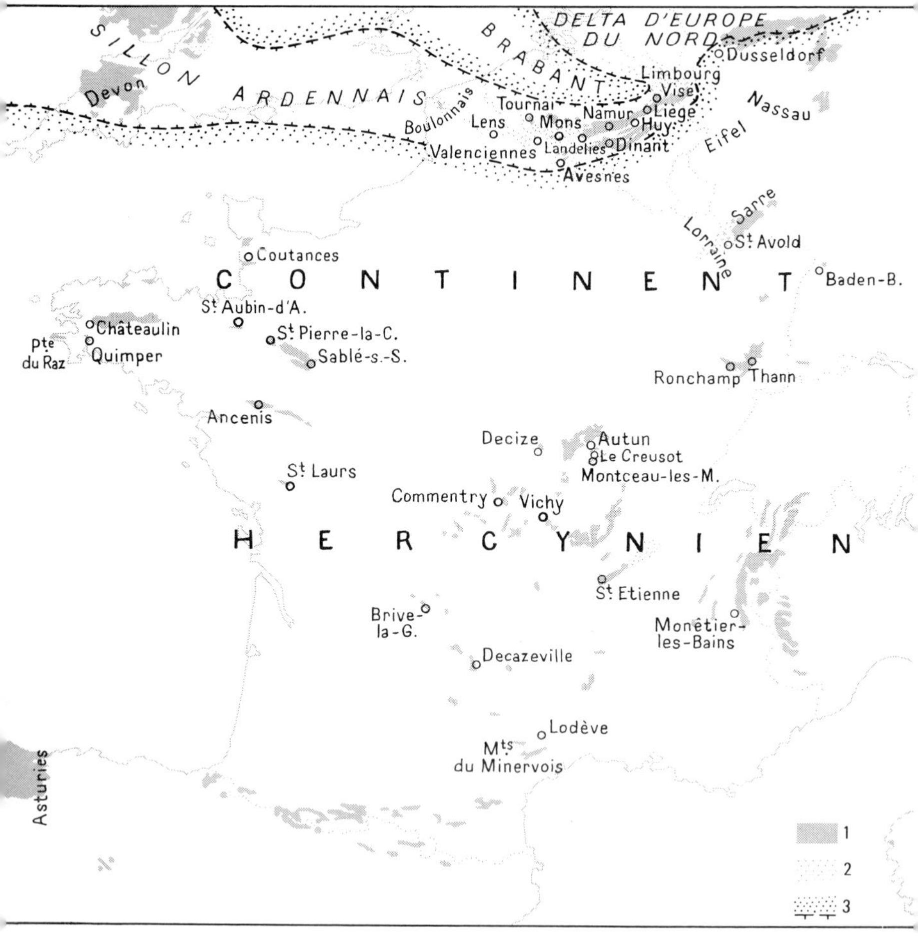

Carbonifère
1. Principaux affleurements carbonifères – 2. Extension des principaux bassins houillers recouverts – 3. – Limites du sillon ardennais au Westphalien.

L'une des caractéristiques de la période carbonifère, soumise à la surrection progressive des chaînes hercyniennes, réside dans de multiples modifications affectant la disposition relative des terres émergées et des bassins sédimentaires ; cette disposition se transforme, au gré des transgressions et des régressions marines, si fréquemment et si radicalement qu'il serait difficile d'en fournir une expression cartographique simple.

Nous retiendrons seulement qu'il s'est produit, au Tournaisien et au Viséen, une transgression assez généralisée des mers chaudes, les eaux de la Prototéthys s'étant avancées au Nord sur une partie du Continent des vieux grès rouges, amenant l'installation de faciès à Anthozoaires jusque sur l'Ardenne et en Mayenne, cependant que la Bretagne, le Massif Central, les Pyrénées, l'Espagne et la région tyrrhénienne se trouvaient partiellement exondés, conditions qui ont prévalu jusqu'au Namurien inférieur. Les sédiments marins qui se sont alors déposés sont des schistes et des grès (c'est le faciès « culm », de type flysch), parfois décalcifiés (grauwackes), des quartzites et des argiles (notamment dans les Pyrénées), et surtout des calcaires, très diversifiés dans leur couleur et leur structure et auxquels se rapporte le célèbre « marbre griotte » des Asturies. L'imbrication des faciès, l'intercalation fréquente de minces niveaux continentaux et la variabilité des peuplements traduisent partout une grande instabilité des lignes de rivage et des fonds marins, aux eaux plus ou moins profondes, plus ou moins calmes ou agitées, plus ou moins claires ou chargées d'éléments terrigènes.

Les faunes marines du Carbonifère inférieur se renouvellent fortement en ce qui concerne notamment les Foraminifères (apparition des Fusulinoïdes au Namurien, qui se répandent surtout en Europe de l'Est, en Asie et en Amérique du Nord), les Anthozoaires, les Brachiopodes et les Mollusques ; on assiste par contre à l'extinction des Trilobites et des Graptolites.

Avec le Namurien supérieur commence le dépôt des formations houillères en même temps que s'amorce un double phénomène : le développement d'une grande glaciation qui, en stockant de l'eau sous forme de glace, aboutit, au Westphalien et surtout au Stéphanien, à une régression générale des mers, et le maximum de l'orogenèse hercynienne qui, dans le même temps, soustrait au domaine marin la majeure partie de l'Europe occidentale. La houille se forme alors, sous un climat fortement pluvieux, dans de nombreux bassins continentaux ou dans des sillons que comblent progressivement d'immenses forêts marécageuses. Le Sud de la Grande-Bretagne et le Nord de la France se trouvent ainsi occupés par l'un de ces sillons qui, bien qu'appartenant encore au domaine marin, se couvre de marais côtiers où s'élabore activement la houille (voir carte).

Cependant que s'appauvrissent considérablement les faunes marines, gênées dans leur développement par le refroidissement et la réduction des eaux océaniques, les flores et les faunes continentales connaissent au Carbonifère supérieur une extraordinaire expansion : parmi les végétaux, dont beaucoup atteignent la taille de grands arbres, se répandent les Cryptogames vasculaires (Lycophytes, Sphénophytes et Filicophytes qui sont à leur apogée, ainsi que les Préspermaphytes (Ptéridospermathytes et Cordaïtophytes) ; parmi les animaux se développent notamment les Mollusques d'eau douce (Gastropodes et surtout Bivalves), les Arachnides, Myriapodes et Insectes – déjà diversifiés sinon abondants – et les Amphibiens qui, ainsi que les Poissons, poursuivent leur évolution en même temps qu'apparaissent les tout premiers Reptiles.

LYCOPHYTES

* ***Lepidodendron aculeatum*** Sternberg, fam. Lepidodendraceae – Écorce à coussinets foliaires plus longs que larges, pouvant atteindre 5 cm de longueur. **Westphalien :** Pas-de-Calais (Boulonnais), Nord (bassin d'Anzin et de Valenciennes) ; en Belgique (Hainaut). Pl. 23, fig. 1.

* ***Lepidodendron ophiurus*** Brongniart *(L. gracile),* – Écorce à coussinets foliaires plus longs que larges, les cicatrices foliaires étant situées très haut. **Carbonifère sup. :** Nord (bassin d'Anzin) ; en Belgique (Hainaut). Pl. 23, fig. 2.

* ***Sigillaria elegans*** Sternberg *(S. hexagona),* fam. Sigillariaceae – Écorce à cicatrices foliaires hexagonales arrondies, typiquement de 3,5 mm de longueur sur 5 mm de largeur. **Westphalien :** Nord (bassin d'Anzin et de Valenciennes), Gard (bassin d'Alès) : en Belgique (Hainaut), et en Allemagne. Pl. 23, fig. 7.

* ***Sigillaria tessellata*** Brongniart *ex* Steinhauer – Cicatrices foliaires disposées en côtes pouvant atteindre 1 à 1,4 cm de large et séparées par des sillons droits ou un peu flexueux. **Westphalien** : Nord (bassin d'Anzin et de Valenciennes), Gard (bassin d'Alès) ; en Belgique (Hainaut). Pl. 23, fig. 3.

* ***Sigillaria mamillaris*** Brongniart – Côtes arrondies, larges de 4 à 6 mm, séparées par des sillons ; cicatrices foliaires plus ou moins hexagonales. **Westphalien** : Nord (bassin d'Anzin et de Valenciennes) ; en Belgique (Hainaut). Pl. 23, fig. 5.

* ***Sigillaria notata*** Brongniart – Se distingue de la précédente par ses côtes larges (1 à 1,2 cm) et ses cicatrices foliaires moins allongées, presque aussi larges que hautes. **Westphalien** : Nord (bassin d'Anzin) ; en Allemagne (rég. d'Aix-la-Chapelle).

* ***Sigillaria rugosa*** Brongniart – Côtes planes, larges de 1,5 à 2 cm ; cicatrices espacées de 2,5 à 3 cm, pouvant atteindre 9 mm de hauteur pour 5 mm de largeur. **Namurien** et **Westphalien** : Pas-de-Calais (Boulonnais), Nord (bassin de Valenciennes) ; en Belgique (Hainaut). Pl. 23, fig. 6.

* ***Sigillaria brardii*** Brongniart – Cicatrices foliaires hexagonales, portées par des mamelons saillants de 1 à 1,6 cm de large pour 0,7 à 0,9 de haut. **Stéphanien** : Nièvre (bassin de Decize), Loire, Isère, Tarn, Hérault, Gard (bassin d'Alès), Aveyron (bassin de Decazeville), Dordogne, Creuse, Allier, Var. Pl. 23, fig. 4.

* ***Stigmaria ficoides*** Sternberg, fam. *incartae sedis* – Rhizophore (système radiculaire) de Lepidodentrale présentant 4 branches divergeant symétriquement, de 10 à 20 cm de diamètre, et bifurquant en donnant 8 divisions principales. **Carbonifère inf.** et **sup.** : Alsace (rég. de Burbach), Saône-et-Loire (bassin du Creusot), Allier (bassin de Commentry), Loire, Aveyron (bassin de Decazeville), Isère, Creuse, Dordogne, Tarn, Gard (Bassin d'Alès) ; en Belgique (Hainaut).

SPHÉNOPHYTES

* ***Sphenophyllum cuneifolium*** Sternberg *(S. saxifragaefolium)*, fam. Sphenophyllaceae – Verticilles de 6 à 10 feuilles cunéiformes, longues de 5 à 15 mm pour 2 à 10 mm de largeur, à bord distal denté ou laciné. **Westphalien** : espèce houillère à très vaste répartition géographique (France, Belgique, Allemagne, Italie, Espagne). Pl. 24, fig. 5.

* ***Sphenophyllum myriophyllum*** Crépin – Diffère de la précédente par ses verticilles à feuilles plus nombreuses (8 à 20), plus longues (1,5 à 3 cm) et profondément échancrées. **Westphalien** et **Stéphanien** : Pas-de-Calais (rég. de Lens), Nord (bassin de Valenciennes), Finistère (bassin du Quimper) ; en Belgique (bassin de Mons), Allemagne (Sarre), et Grande Bretagne.

* ***Sphenophyllum thonii*** Mahr – Feuilles ovales, groupées par verticilles de 6, longues de 2 à 5,5 cm pour une largeur de 1,5 à 2,5 cm. **Stéphanien** : Mayenne, Allier (Commentry), Loire (bassin de St-Étienne), Corrèze, Var ; en Allemagne et en Italie. L'espèce monte jusque dans le Permien. Pl. 24, fig. 1.

* ***Archaeocalamites radiatus*** Brongniart *(Calamites scrobiculatus, Bornia –)*, fam. Archaeocalamitaceae – Tiges arborescentes annelées et costulées (côtes non alternes), portant des cicatrices de feuilles et pouvant atteindre 10 cm de diamètre. **Viséen** : Sarthe, Mayenne, Loire-Atlantique, Alsace, Haut-Rhin (rég. de Thann), Loire, Rhône, Hérault (Monts-du-Minervois) ; en Belgique, Allemagne et Grande-Bretagne. Pl. 24, fig. 2.

* ***Calamites (Stylocalamites) suckowii*** Brongniart, fam. Calamitaceae – Tiges arborescentes, annelées et costulées (côtes alternes), à cicatrices très rares. Entre-nœuds généralement plus larges que longs. Dim. max. : D = 3 à 15 ou 20 cm. **Westphalien** et **Stéphanien** : Pas-de-Calais (Boulonnais, rég. de Liévin), Nord (bassin de Valenciennes), Calvados, Loire-Atlantique, Finistère (Pointe du Raz), Allier (Commentry), Saône-et-Loire, Gard, Hérault, Tarn, Isère, Aveyron (Decazeville) ; en Belgique (bassins de Mons et de Charleroi), Pays-Bas (Limbourg), Allemagne (Sarre, Ruhr, Baden-Baden), et Grande-Bretagne ; cette espèce se poursuit dans le Permien. Pl. 24, fig. 3.

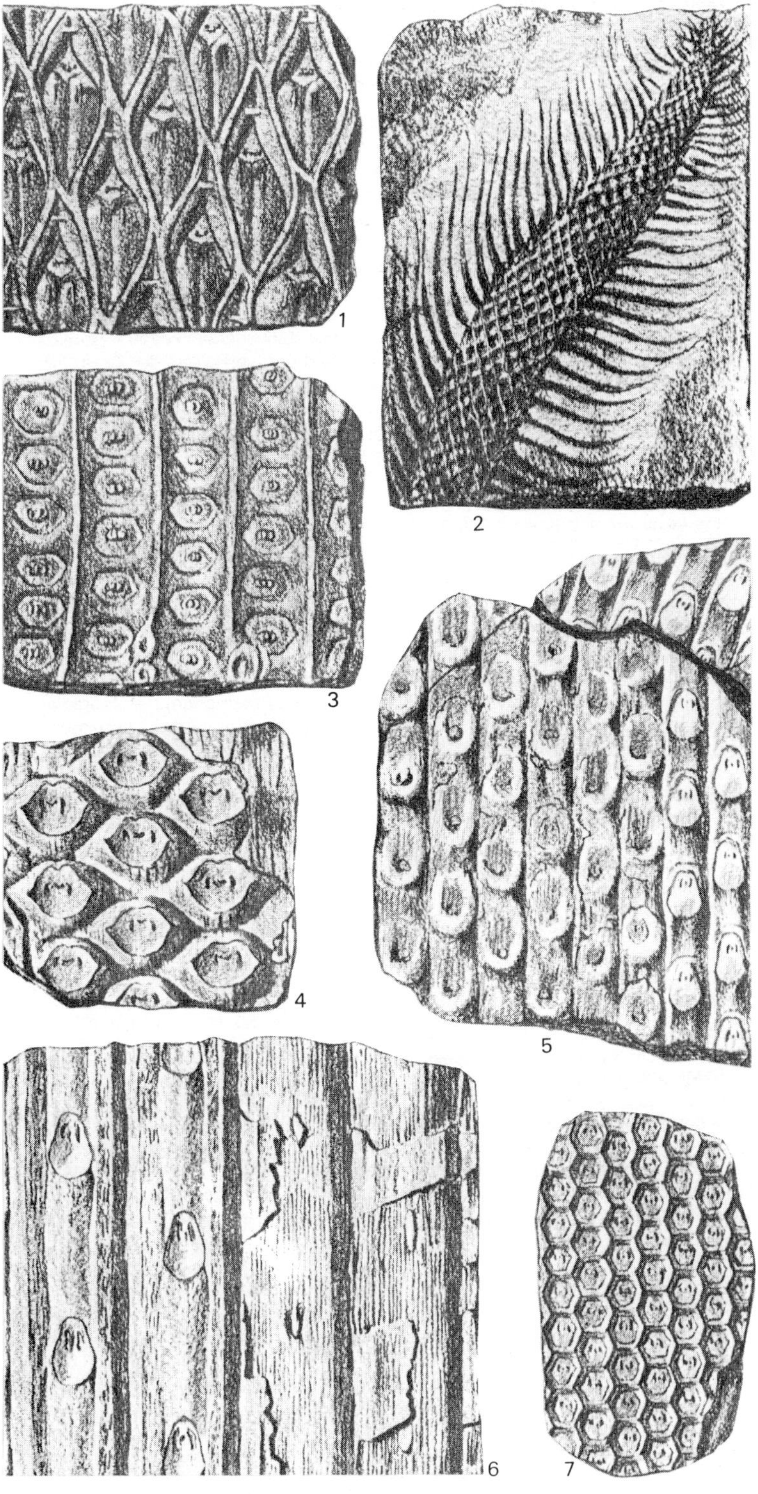

Planche 23 : CARBONIFÈRE

1. *Lepidodendron aculeatum* – 2. *L. ophiurus* – 3. *Sigillaria tessellata* – 4. *S. brardii* – 5. *S. mamillaris* – 6. *S. rugosa* – 7. *S. elegans.*

* ***Calamites (Stylocalamites) gigas*** Brongniart – Proche de la précédente, cette espèce s'en distingue par ses côtes plus fortes (largeur max. : 1 cm) ; les troncs peuvent atteindre 1 m de diamètre. **Stéphanien :** Loire-Atlantique, Allier (Commentry), Saône-et-Loire (bassin d'Autun, rég. de Montceau-les-Mines), Corrèze (rég. de Brive), Gard ; en Allemagne (Sarre) ; cette espèce se poursuit dans le Permien.

* ***Calamites (Crucicalamites) cruciatus*** Sternberg *(Calamodendron –)* – Tiges arborescentes pouvant dépasser 15 cm de diamètre ; entre-nœuds plus larges que hauts ; cicatrices disposées en quinconce, vers lesquelles convergent les côtes. **Westphalien** et **Stéphanien :** Pas-de-Calais (Liévin), Nord (bassin de Valenciennes), Calvados, Mayenne, Saône-et-Loire, Loire, Nièvre (bassin de Decize), Creuse, Puy-de-Dôme, Allier, Hérault, Gard, Var, Aveyron ; en Belgique (rég. de Mons) et en Allemagne (Sarre). Pl 24, fig. 4.

* ***Asterophyllites equisetiformis*** Schlotheim, fam. Calamitaceae – Feuilles lancéolées de 0,6 à 2 cm de long, groupées par verticilles de 12 à 20. **Carbonifère sup. :** Maine-et-Loire, Deux-Sèvres (bassin de St-Laurs), Saône-et-Loire (bassin d'Autun), Hérault, Gard (rég. d'Alès) ; en Belgique (Hainaut), en Allemagne (Sarre), en Grande-Bretagne et Espagne ; cette espèce se poursuit dans le Permien. Pl. 25, fig. 1.

* ***Asterophyllites longifolius*** Sternberg – Se distingue de la précédente par ses feuilles beaucoup plus longues (2,5 à 14 cm) et groupées par verticilles de 30 à 40. **Carbonifère sup. :** Loire-Atlantique, Deux-Sèvres (bassin de St-Laurs), Saône-et-Loire (bassin d'Autun) ; en Belgique (Hainaut) et en Allemagne (Sarre).

* ***Annularia sphenophylloides*** Zenker, fam. Calamitaceae – 10 à 20 feuilles par verticilles, spatulées et longues de 3 à 12 mm. **Westphalien** et **Stéphanien :** Pas-de-Calais (rég. de Liévin), Moselle (Forbach), Haute-Saône (bassin du Creusot), Saône-et-Loire, Loire, Puy-de-Dôme, Cantal, Aveyron, Corrèze, Creuse, Tarn, Hérault, Gard, Pyrénées-Atlantiques ; en Suisse (Arbignon) ; en Belgique (Hainaut) ; en Allemagne (Sarre et Ruhr) et en Grande-Bretagne ; cette espèce se poursuit dans le Permien. Pl. 24, fig. 6.

* ***Annularia radiata*** Brongniart – Diffère de la précédente par ses feuilles plus longues (L = 0,7 à 3 cm) et groupées par verticilles de 8 à 10 (rarement plus). **Westphalien :** avec la précédente.

FILICOPHYTES

* ***Caulopteris baylei*** Zeiller, fam. Marattiaceae – Écorce montrant des cicatrices plus ou moins ovales, d'un diamètre pouvant atteindre 5,5 cm, très rapprochées verticalement les unes des autres, et formant des alignements espacés d'axe en axe d'environ 6 cm. **Carbonifère sup. :** Mayenne (rég. de Saint-Pierre-Lacour), Loire (bassin de St-Étienne).

* ***Pecopteris polymorpha*** Brongniart, fam. Pecopteridaceae – Pinnules de grande taille (3 à 4 mm de large sur 8 à 12 mm de long) à nervation bien marquée (nervures latérales divisées en 2 ou 3 et peu inclinées). **Stéphanien :** Moselle (bassin de Saint-Avold), Finistère (bassin de Quimper), Gard (bassin d'Alès, Aveyron ; en Allemagne (bassin de la Sarre) ; cette espèce se poursuit dans le Permien. Pl. 25, fig. 2.

* ***Pecopteris cyathea*** Schlotheim – Pinnules de taille très variable (de 1 à 2,5 mm de large pour 3 à 10 mm de long), alternes, très peu inclinées sur le rachis ; nervation bien marquée, à nervures latérales très inclinées. **Stéphanien :** Mayenne (rég. de St-Pierre-Lacour), Finistère (bassin de Quimper), Saône-et-Loire (bassin d'Autun), Loire (bassin de St-Étienne), Aveyron ; en Allemagne ; cette espèce se poursuit dans le Permien. Pl. 25, fig. 4.

* ***Pecopteris hemitelioides*** Brongniart, se distingue de la précédente par sa nervation toujours simple. **Westphalien sup.** et **Stéphanien :** Moselle (bassin de St-Avold), Finistère (bassin de Quimper), Loire (bassin de St-Étienne) ; en Allemagne (bassin de la Sarre).

* ***Pecopteris aspera*** Brongniart – Pinnules petites, arrondies, largement adhérentes entre elles et au rachis. **Namurien** et **Westphalien :** Nord

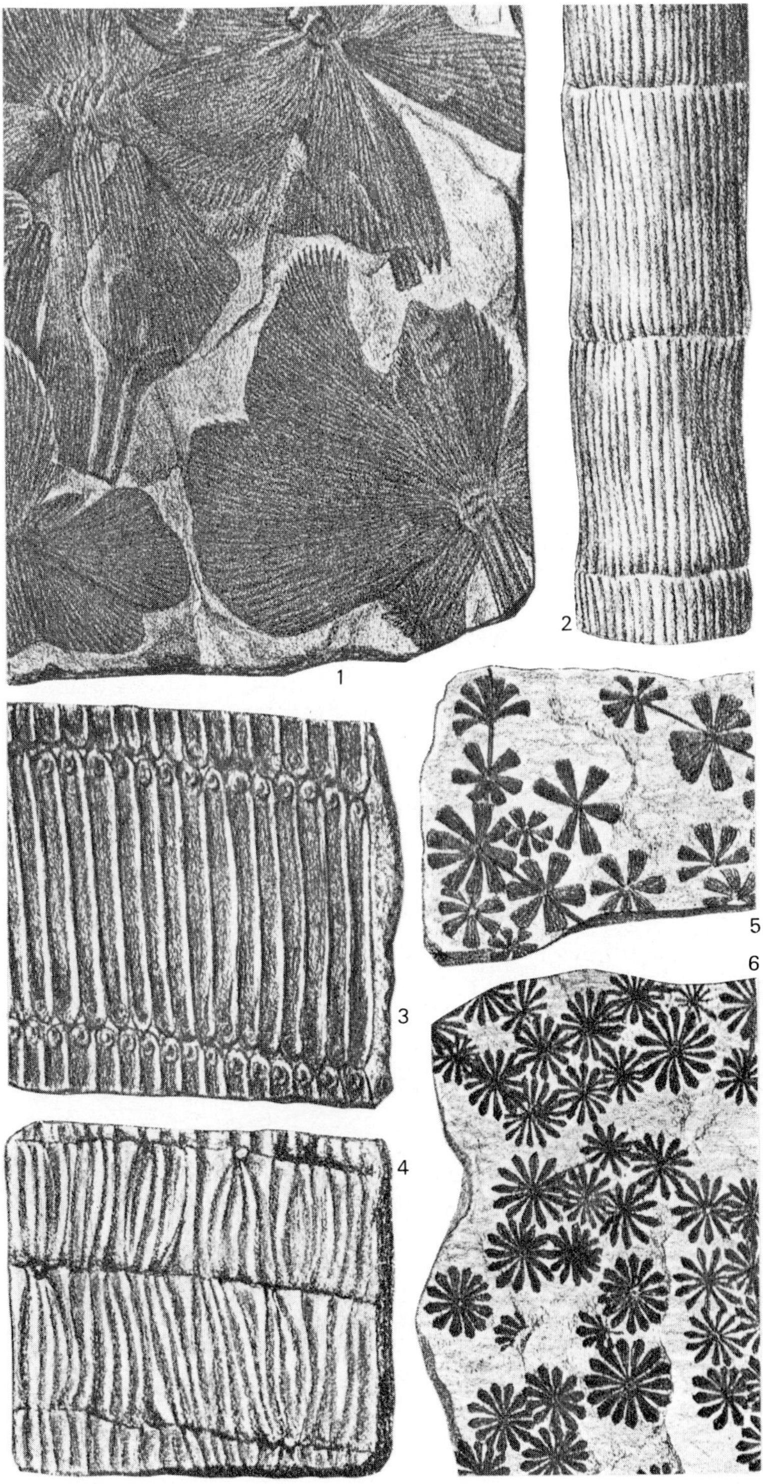

Planche 24 : CARBONIFÈRE

1. *Sphenophyllum thonii* – 2. *Archaeocalamites radiatus* – 3. *Calamites (Stylocalamites) suckowii* – 4. *C. (Crucicalamites) cruciatus* – 5. *Sphenophyllum cuneifolium* – 6. *Annularia sphenophylloides.*

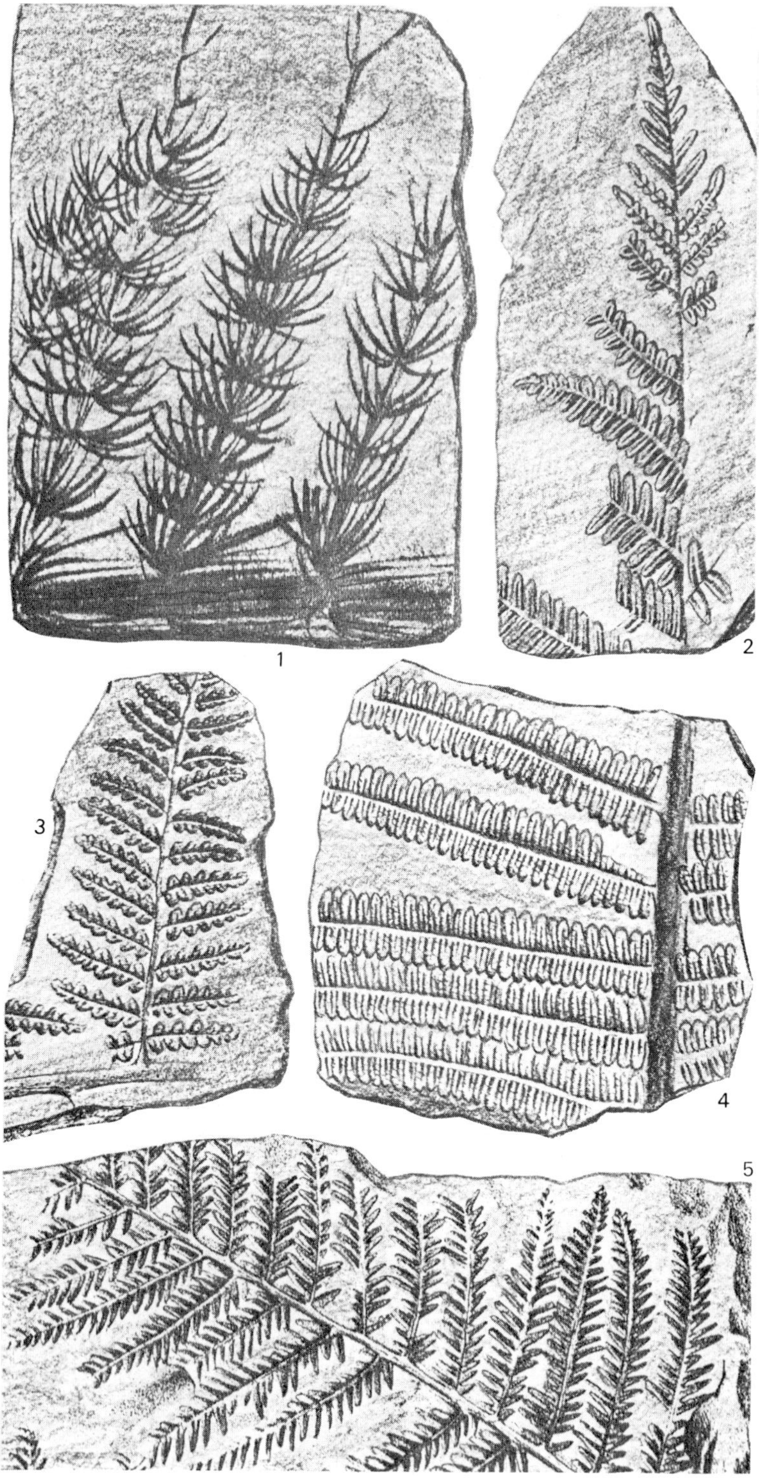

Planche 25 : CARBONIFÈRE

1. *Asterophyllites equisetiformis* – 2. *Pecopteris polymorpha* – 3. *P. aspera* – 4. *P. cyathea* – 5. *P. plumosa.*

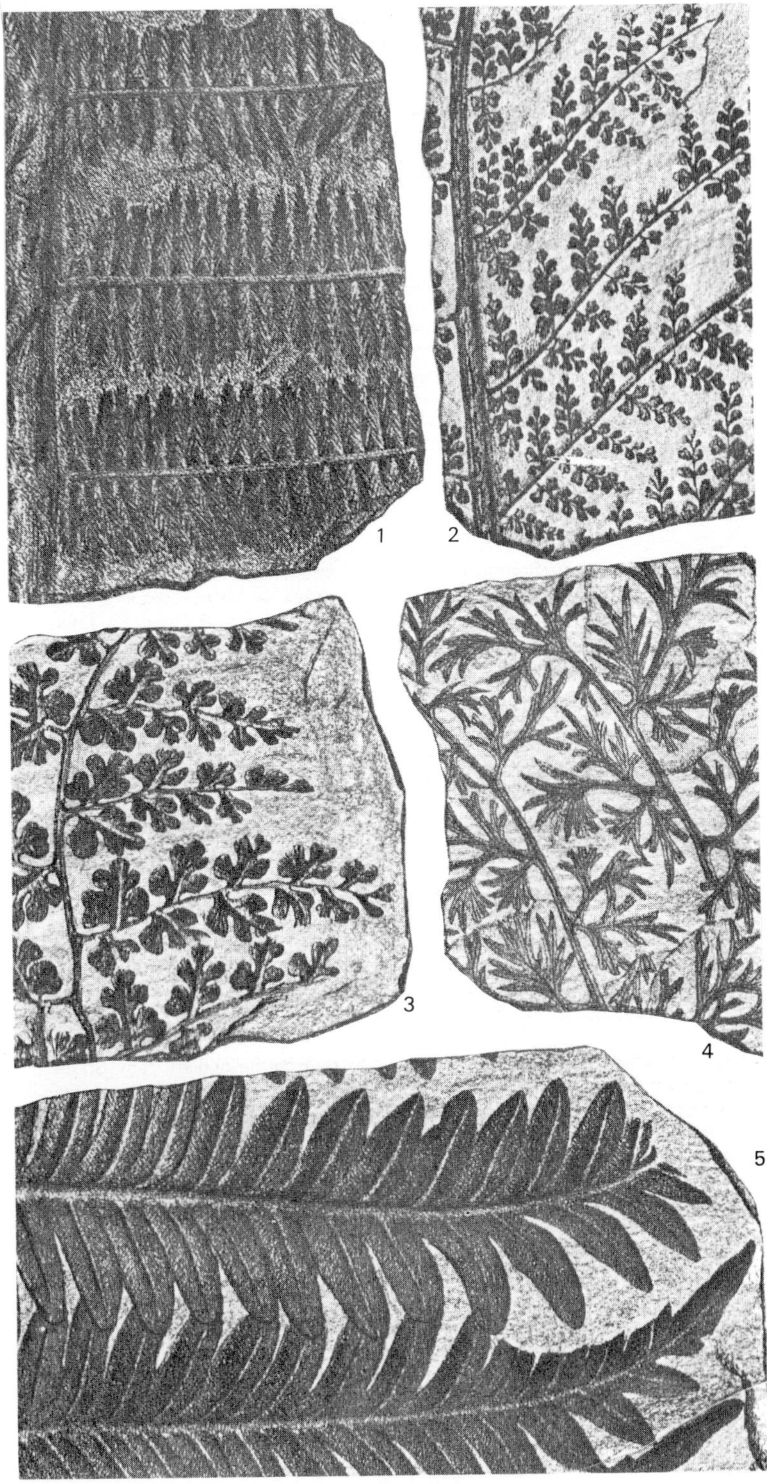

Planche 26 : CARBONIFÈRE

1. *Pecopteris feminaeformis* – 2. *Sphenopteris (Lyginopteris) hoeninghausi* – 3. *S. (Cyclosphenopteris) obtusiloba* – 4. *Palmetopteris furcata* – 5. *Alethopteris serlii.*

(bassin de Valenciennes), Maine-et-Loire, Loire-Atlantique (rég. de Montrelais) ; en Belgique (rég. de Namur) et en Allemagne (rég. de Baden-Baden). Pl. 25, fig. 3.

* ***Pecopteris feminaeformis*** Schlotheim *(P. arguta)* – Pinnules de 2 à 3 mm de large pour 10 à 15 mm de long, inclinées sur le rachis et adhérentes entre elles à la base ; nervation très apparente. **Stéphanien :** Moselle (bassin de St-Avold), Saône-et-Loire (bassin du Creusot), Loire (bassin de St-Etienne), Aveyron (bassin de Decazeville), Corse ; en Allemagne (bassin de la Sarre). Pl. 26, fig. 1.

* ***Pecopteris plumosa*** Artis *(P. dentata)* – Pinnules triangulaires-allongées ou aiguës, adhérentes au rachis sur toute leur base mais non coalescentes, pouvant atteindre 1 cm de long. **Westphalien** et **Stéphanien :** Nord (bassin d'Anzin et de Valenciennes), Moselle (bassin de St-Avold), Hautes-Alpes (rég. de Monêtier-les-Bains), Aveyron, Gard (bassin d'Alès), Corse ; en Belgique (Hainaut), Allemagne (bassin de la Sarre), Grande-Bretagne et Espagne (Asturies) ; cette espèce se poursuit dans le Permien. Pl. 25, fig. 5.

PTÉRIDOSPERMAPHYTES

* ***Alethopteris serlii*** Brongniart, fam. Alethopteriaceae – Pinnules longues et larges (jusqu'à 2,5/0,9 cm), à nervures divisées en deux, adhérentes au rachis sur toute leur base. **Westphalien :** Finistère (bassin de Quimper), Loire (bassin de St-Etienne) ; en Belgique (Hainaut), et en Grande-Bretagne. Pl. 26, fig. 5.

* ***Alethopteris lonchitica*** Brongniart, diffère de la précédente par ses pinnules larges seulement de 0,3 à 0,5 cm pour une longueur de 2,5 cm. **Westphalien :** Nord (bassin de Valenciennes) ; en Belgique (Hainaut, rég. de Namur), et en Allemagne (Sarre).

* ***Lonchopteris rugosa*** Brongniart *(L. bricei)*, fam. Alethopteriaceae – Pinnules linguiformes, adhérentes au rachis par toute leur base, à nervation fortement anastomosée, pouvant atteindre 2 cm de long pour 1 de large. **Westphalien :** Nord (bassin de Valenciennes) ; en Belgique (bassin de Mons) et en Allemagne (Ruhr). Pl. 27, fig. 1.

* ***Palaeoweichselia defrancei*** Brongniart *(Pecopteridium –)*, fam. Alethopteriaceae – Pinnules de 4 à 9 mm de long, soudées entre elles près de la base et entièrement adhérentes au rachis. **Westhpalien :** en Allemagne (bassin de la Sarre). Pl. 27, fig. 3.

* ***Sphenopteris (Cyclosphenopteris) obtusiloba*** Brongniart, fam. Sphenopteriaceae – Pinnules de 5 à 8 mm de large pour 8 à 10 mm de long, plus ou moins profondément lobées, d'autant plus divisées qu'elles sont plus voisines de la base. **Westphalien :** Nord (bassins d'Anzin et de Valenciennes) ; en Belgique (Hainaut). Pl. 26, fig. 3.

* ***Sphenopteris (Lyginopteris) hoeninghausi*** Brongniart – Frondes bipartites ; pinnules de très petite taille à nervation indistincte. **Namurien sup.** et **Westphalien inf. :** Nord (rég. de Vieux-Condé) ; en Grande-Bretagne et en Allemagne. Pl. 26, fig. 2.

* ***Palmetopteris furcata*** Brongniart *(Sphenopteris –)*, fam. Sphenopteriaceae – Pinnules de contour linéaire lancéolé, aiguës au sommet, uninervées. **Namurien** et **Westphalien :** Nord (bassin d'Anzin) ; en Belgique (Hainaut), Allemagne et Grande-Bretagne. Pl. 26, fig. 4.

* ***Sphenopteridium dissectum*** Goeppert, fam. Sphenopteriaceae – **Viséen :** Haut-Rhin (rég. de Thann), Vosges (rég. de Champenay), Maine-et-Loire, Loire-Atlantique (rég. de Montrelais). Pl. 27, fig. 4.

* ***Neuropteris heterophylla*** Brongniart, fam. Neuropteriaceae – Pennes à contour lancéolé, pouvant atteindre 3 cm de long ; pinnules longues au maximum de 1,8 cm pour une largeur de 0,8 à 0,9 cm. **Westphalien :** Pas-

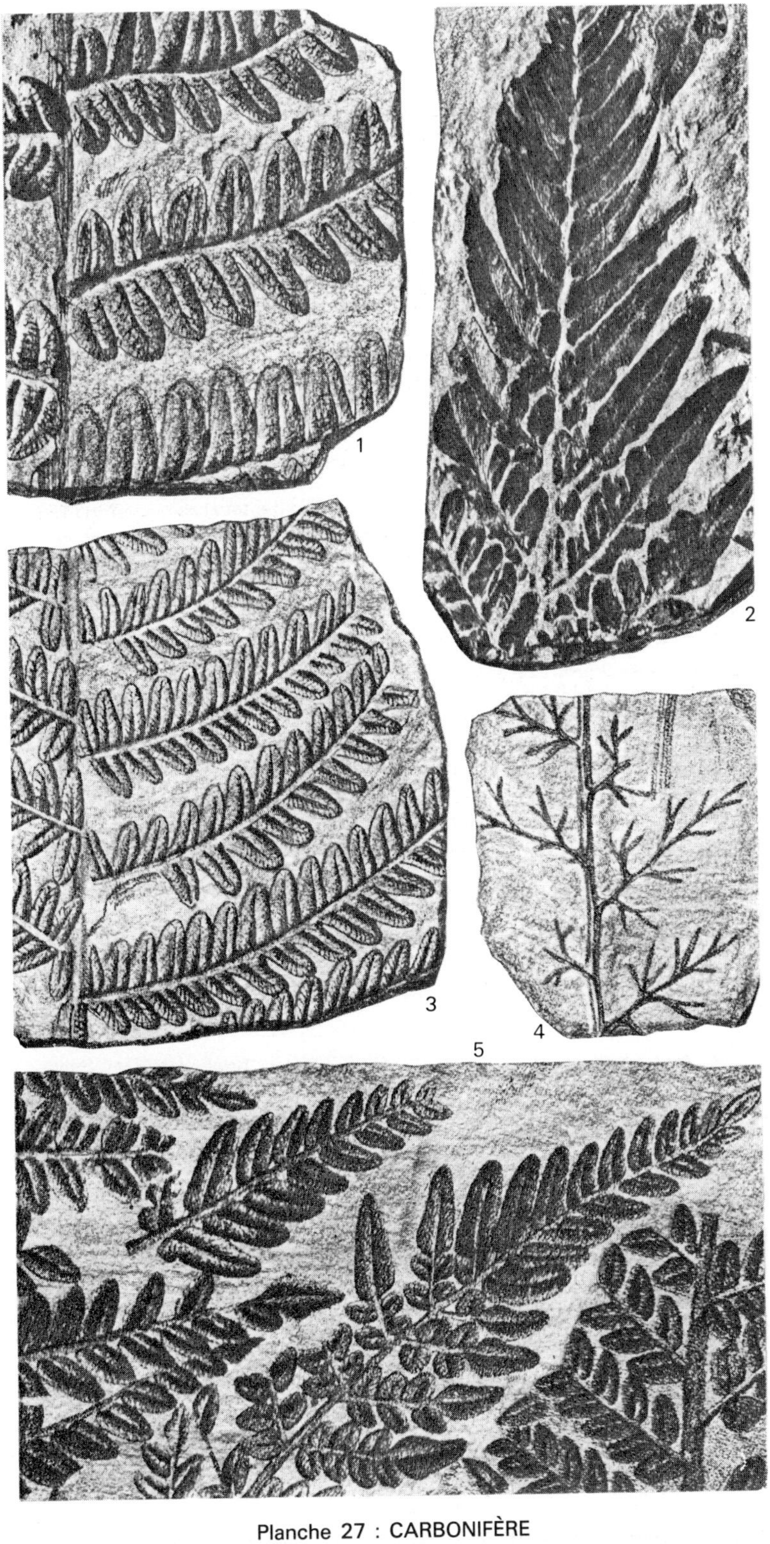

Planche 27 : CARBONIFÈRE

1. *Lonchopteris rugosa* – 2. *Neuropteris tenuifolia* – 3. *Palaeoweichselia defrancei* – 4. *Sphenopteridium dissectum* – 5. *Neuropteris heterophylla.*

de-Calais (bassin de Liévin), Nord (bassins d'Anzin et de Valenciennes) ; en Belgique (Hainaut). Pl. 27, fig. 5.

* ***Neuropteris tenuifolia*** Schlotheim – Pinnules arquées et acuminées au sommet, assez variables, longues au maximum de 3 cm. **Westphalien sup.** : Nord (bassin de Lens et de Valenciennes) ; en Belgique (bassin de Mons) et en Allemagne (bassins de la Sarre et de la Ruhr). Pl. 27, fig. 2.

* ***Neuropteris linguaefolia*** Bertrand, diffère de la précédente par ses pinnules linguiformes et droites, parfois faiblement arquées. **Westphalien** : Nord (bassins de Lens et de Valenciennes), Hautes-Alpes (rég. de Monêtier-les-Bains et de l'Argentière) ; en Allemagne (bassin de la Sarre).

* ***Cyclopteris polymorpha*** Goeppert *(Cardiopteris –)*, fam, Neuropteriaceae – Pinnules contiguës ou se recouvrant partiellement, longues de 2 à 4 cm pour une largeur de 1,5 à 2 cm, à nervation très fine. **Viséen** : Haut-Rhin (rég. de Thann), et Vosges (rég. de Champenay). Pl. 28, fig. 3.

* ***Cyclopteris frondosa*** Goeppert *(Cardiopteris –)*, se distingue de la précédente par ses pinnules plus grandes (8 à 10 cm de long pour 4 à 8 cm de large) et se recouvrant fortement. **Viséen** : Haut-Rhin (rég. de Thann), Rhône.

* ***Odontopteris reichiana*** Gutbier, fam. Odontopteriaceae – Pinnules exactement contiguës, souvent soudées entre elles à la base, longues au maximum de 8 à 9 mm pour une largeur de 3 à 3,5 mm. **Westphalien** et **Stéphanien** : Loire (bassin de St-Etienne), Haute-Loire, Puy-de-Dôme, Isère, Ardèche, Gard (bassin d'Alès) ; en Allemagne (bassin de la Sarre). Pl. 28, fig. 1.

* ***Odontopteris brardii*** Brongniart – Se distingue de la précédente par ses pinnules pouvant atteindre 1 à 1,5 cm de long pour 0,7 à 1 cm de large. **Stéphanien** : Mayenne (rég. de St-Pierre-la-Cour), Dordogne, Saône-et-Loire, Loire (bassin de St-Etienne), Aveyron (bassin de Decazeville).

* ***Mariopteris muricata*** Schlotheim *(Pecopteris –)*, fam. Mariopteriaceae – Pennes bipennés, à contour ovale-lancéolé, pouvant atteindre 10 cm de longueur ; pinnules dentées ou lobées, de 4 à 15 mm de long pour 3 à 6 de large, à nervure médiane bien marquée et nervures latérales bifurquées. **Westphalien** : Pas-de-Calais (bassin de Liévin), Nord (bassins d'Anzin et d'Aniche) ; en Belgique (Hainaut). Pl. 28, fig. 4.

* ***Mariopteris nervosa*** Brongniart – Se distingue de la précédente par ses pinnules plus étroitement contiguës et fréquemment soudées entre elles sur la majeure partie de leur longueur. **Westphalien** : Pas-de-Calais (bassin de Lens) ; en Allemagne (bassin de la Sarre).

CORDAÏTOPHYTES

* ***Cordaites borassifolius*** Sternberg, fam. Cordaitaceae – Feuilles ovales-allongées, pouvant atteindre 60 cm de long pour une largeur de 8 cm, marquées de nervures fines rectilignes, de grosseur à peu près égale. **Westphalien** et **Stéphanien** : Pas-de-Calais (bassin de Lens), Nord (bassin d'Aniche), Mayenne (rég. de St-Pierre-La-Cour), Nièvre (rég. de Decize), Saône-et-Loire (bassin d'Autun), Loire (bassin de St-Etienne), Ardèche, Isère, Puy-de-Dôme, Hérault ; en Belgique (Hainaut). Pl. 28, fig. 2.

* ***Cordaites angulosostriatus*** Grand'Eury. – Diffère de la précédente par ses feuilles pouvant atteintre une dimension plus grande encore (80 cm de long pour 12 de large) et dont les nervures sont de grosseur inégale (2 à 5 nervures fines intercalées entre des plus fortes). **Stéphanien** : Loire (bassin de St-Etienne), Allier (rég. de Commentry), Gard (bassin d'Alès), Hérault.

CONIFÈROPHYTES

* ***Ernestiodendron filiciforme*** Schlotheim *(Walchia –)*, fam. *incartae sedis* – **Stéphanien sup.** : Haute-Saône, Corrèze (bassin de Brive). L'espèce se poursuit dans le Permien (→ Pl. 39, fig. 3).

Planche 28 : CARBONIFÈRE

1. *Odontopteris reichiana* – 2. *Cordaites borassifolius* – 3. *Cyclopteris polymorpha* – 4. *Mariopteris muricata* – 5. *Dicranophyllum gallicum.*

* ***Lebachia piniformis*** Schlotheim *(Walchia –)*, fam. *incertae sedis* – **Stéphanien sup.** : Haute-Saône, Corrèze (bassin de Brive). L'espèce se poursuit dans le Permien (→ Pl. 39, fig. 1).

GINKGOPHYTES

* ***Dicranophyllum gallicum*** Grand'Eury, fam. *incertae sedis* – Feuilles étroites, bifurquées, longues de 2,5 à 4 cm, inclinées vers le bas et attachées au rameau par un écusson rhomboïdal de 4 à 6 mm de long sur 2 à 3 de large. **Stéphanien** : Finistère (Pointe du Raz), Loire (bassin de St-Étienne), Pl. 28, fig. 5.

FORAMINIFÈRES

Les Fusulines, si abondantes dans le Carbonifère sup. et le Permien d'Amérique du Nord, d'Europe orientale et d'Asie, où certaines espèces atteignent plusieurs cm de long, ne sont représentées dans nos régions que par quelques espèces, de seulement quelques mm de long et cantonnées en Espagne (Asturies) : il s'agit notamment de **Hemifusulina hispanica** Gubler et **Fusulinella brocki** Möller, fam. Fusulinidae.

CONULAIRES

Paraconularia irregularis de Koninck, fam. Conulariidae – Espèce de proportions variables, dont le périderme est orné sur chaque face de côtes peu marquées qui s'infléchissent dans le sillon de chacune des quatre carènes. Dim. max. : h/d = 12/4,5 à 6 cm. **Carbonifère inf.** : en Belgique (Tournai, Visé). Pl. 29, fig. 1.

ANTHOZOAIRES Tétracoralliaires

Cyathaxonia cornu Michelin, fam. Cyathaxoniidae – Calice profond, présentant une quarantaine de septes et muni en son centre d'une columelle très saillante. Dim. max. : h/d = 1 à 1,5/0,4 cm. **Tournaisien** : Nord (rég. de Ferrière-la-Petite) ; en Belgique (rég. de Tournai et de Dinant) et en Grande-Bretagne. Pl. 29, fig. 7.

Amplexus coralloides Sowerby, fam. Amplexidae – Polypier cylindroïde à septes courts et zone centrale lisse. Dim. max. : h/d = plus de 15 cm/4 à 5 cm. **Carbonifère inf.** : Sarthe (rég. de Solesmes) ; en Belgique (rég. de Tournai, Dinant, Visé), en Grande-Bretagne et en Espagne (Asturies). Pl. 29, fig. 8.

Zaphrentites delanouei Milne-Edwards et Haime, fam. Hapsiphyllidae – Calice très profond, présentant 28 à 30 septes légèrement incurvés et soudés entre eux de part et d'autre de la fossule. Dim. max. : h/d = 3/1,5 cm. **Tournaisien** : Nord (Ferrière-la-Petite) ; en Belgique (rég. de Tournai et de Dinant) et en Grande-Bretagne. Pl. 29, fig. 5, 6.

Lithostrotion (Siphonodendron) martini Milne-Edwards et Haime, fam. Lithostrotionidae – Polypiérites plus ou moins disjoints pouvant former des colonnes de grande taille ; 20 à 28 septes principaux plus ou moins soudés à la columelle. Dim. moy. des calices : 0,6 à 1 cm. **Viséen** : Pas-de-Calais (Boulonnais), Mayenne ; en Belgique (rég. de Huy), et en Grande-Bretagne. Pl. 29, fig. 3, 4.

Caninia cornucopiae Michelin *(Zaphrentis –)*, fam. Cyathopsidae – Calice profond muni de 30 à 36 septes. Dim. max. : H/D =4 × 1,8 cm. **Carbonifère inf.** : Nord (rég. de Ferrière-la-Petite) ; en Belgique (rég. de Tournai, Landelies, Dinant, Namur, Huy) et en Grande-Bretagne. Pl. 29, fig. 2.

Siphonophyllia cylindrica Scouler *(Caninia –)*, fam. Cyathopsidae – Calice muni de plus de 60 septes. Dim. max. : H/D = 40/6 cm. **Carbonifère inf.** : Nord

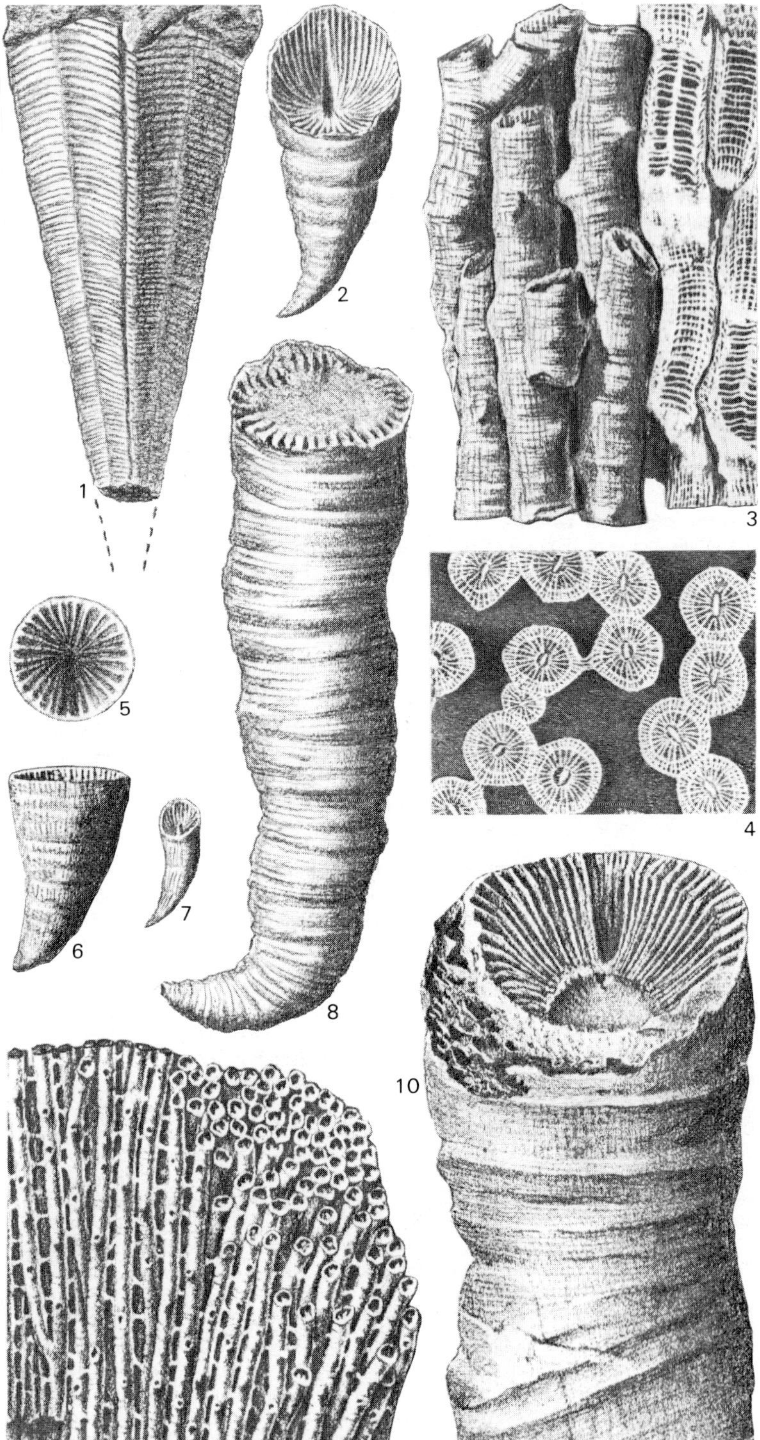

Planche 29 : CARBONIFÈRE

1. *Paraconularia irregularis* – 2. *Caninia cornucopiae* – 3, 4. *Lithostrotion martini* – 5, 6. *Zaphrentites delanouei* – 7. *Cyathaxonia cornu* – 8. *Amplexus coralloides* – 9. *Syringopora ramulosa* – 10. *Siphonophyllia cylindrica.*

(Ferrière-la-Petite), Manche (rég. de Coutances), Sarthe, Mayenne ; en Belgique (rég. de Tournai, Dinant, Huy) et en Grande-Bretagne. Pl. 29, fig. 10.

ANTHOZOAIRES Tabulés

Syringopora ramulosa Goldfuss, fam. Syringoporidae – Colonie pouvant atteindre de grandes dimensions. Polypiérites espacés en moyenne de 1 à 2 mm et larges de 2 à 3 mm. **Carbonifère inf.** : en Belgique (rég. de Tournai et de Visé), en Allemagne (rég. de Dusseldorf) et en Grande-Bretagne. Pl. 29, fig. 9.

Michelinia favosa Goldfuss, fam. Micheliniidae – Grosses colonies pouvant atteindre jusqu'à 25 cm de diamètre ; calices peu profonds, larges en moyenne de 0,6 à 0,8 cm et munis de 30 à 40 septes. **Carbonifère inf.** : en Belgique (rég. de Tournai et de Visé), en Allemagne (rég. de Dusseldorf) et en Grande-Bretagne. Pl. 30, fig. 1.

BRYOZOAIRES Trépostomes

Monticuliporella tumida Phillips, fam. Prasoporidae – Zoarium de forme branchue, pouvant dépasser 10 cm de haut, à zoécies très petites, excédant rarement 0,25 mm de diamètre. **Carbonifère inf.** : en Belgique (rég. de Tournai) et en Grande-Bretagne. Pl. 30, fig. 4.

BRYOZOAIRES Cryptostomes

Fenestella membranacea Phillips, fam. Fenestellidae – Zoarium présentant la forme d'expansions foliacées pouvant dépasser 10 cm de hauteur, composé de petites branches réunies à intervalles réguliers par des dissépiments et portant des zoécies sur une seule face. **Carbonifère inf.** : en Belgique (rég. de Tournai), en Grande-Bretagne et en Espagne (Asturies). Pl. 30, fig. 2.

Penniretepora gracilis Mac Coy, fam. Acanthocladiidae – Zoarium ne dépassant pas 4 cm de haut, présentant des expansions de type penné avec des zoécies sur une seule face. **Viséen inf.** : en Belgique (rég. de Dinant). Pl. 30, fig. 3.

BRACHIOPODES Articulés

Schizophoria resupinata Martin *(Orthis –)*, fam. Enteletidae. – Dim. max. : L/l/e = 7/7,5 à 9/4,5 à 6 cm. **Carbonifère inf.** : en Belgique (rég. de Visé, Dinant et Tournai) et en Grande-Bretagne. Pl. 30, fig. 6-8 (coquille et face interne de la valve brachiale).

Rhipidomella michelini Leveillé *(Orthis –)*, fam. Rhipidomellidae – Les costules radiales qui ornent la surface sont porteuses de cicatrices punctiformes. Dim. max. : L/l/e = 3/3/1 cm. **Tournaisien** : Pas-de-Calais (Boulonnais) ; en Belgique (rég. de Landelies). Pl. 30, fig. 12, 13.

Leptagonia analoga Phillips *(Leptaena –, Strophomena –)*, fam. Leptaenidae – Espèce très comparable, par son aspect extérieur, à *Leptaena rhomboidalis* (→ Ordovicien, pl. 3, fig. 7). **Carbonifère inf.** : Pas-de-Calais (Boulonnais) ; en Belgique (rég. de Namur).

Chonetes papilionaceus Phillips, fam. Chonetidae. – Coquille ornée de stries radiales fines et très nombreuses, portant sur le bord cardinal 8 à 20 courtes épines obliques de chaque côté du sommet ; valve brachiale faiblement excavée. Dim. max. : L/l/e = 7,5/8 à 14/0,3 à 0,7 cm. **Viséen** : Manche (rég. de Coutances), Allier (rég. de Vichy) ; en Belgique (rég. de Visé, Landelies), et en Grande-Bretagne. Pl. 30, fig. 5.

Daviesiella llangollensis Davidson *(Productus –)*, fam. Daviesiellidae – Dim. max. : L/l/e = 7,5/9/4 cm. **Carbonifère inf.** : Pas-de-Calais (Boulonnais), Nord

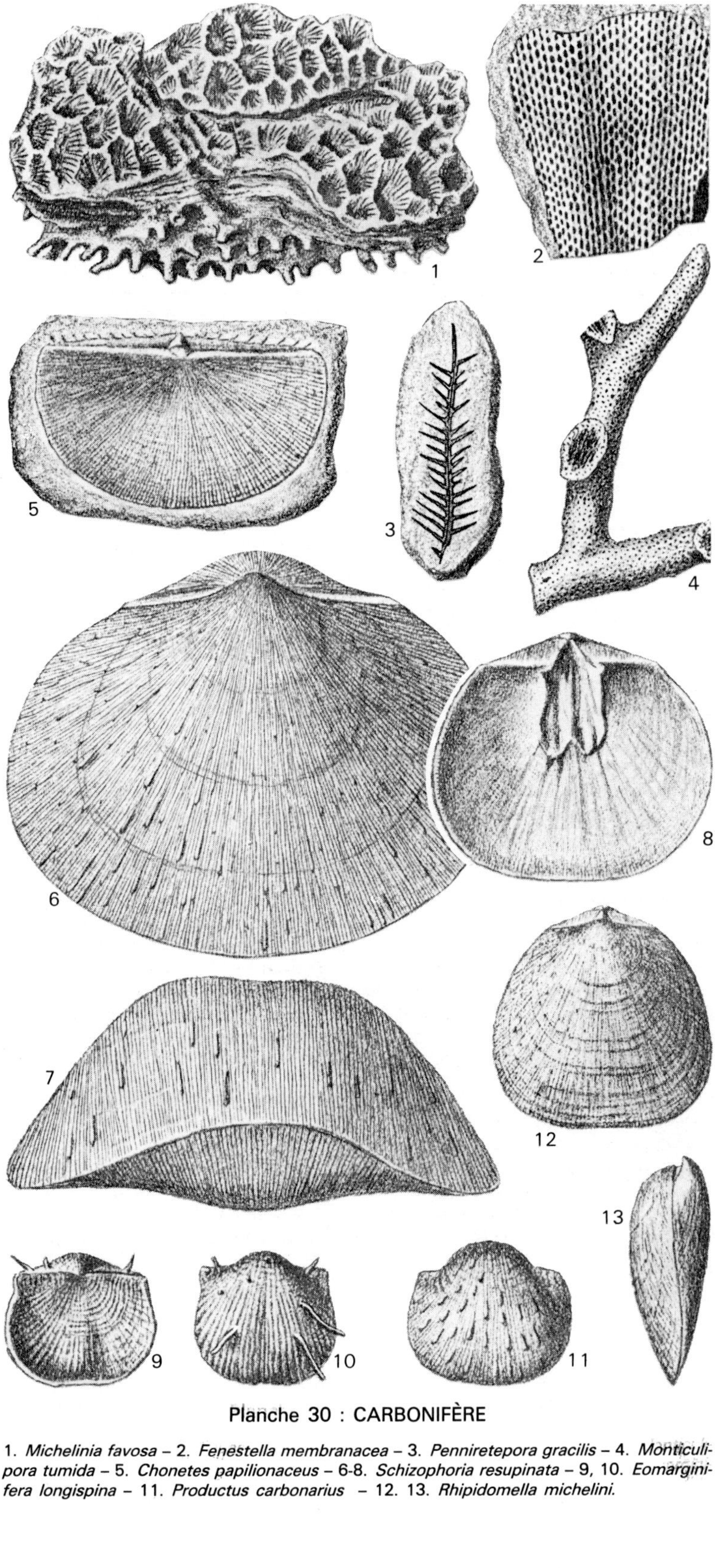

Planche 30 : CARBONIFÈRE

1. *Michelinia favosa* – 2. *Fenestella membranacea* – 3. *Penniretepora gracilis* – 4. *Monticulipora tumida* – 5. *Chonetes papilionaceus* – 6-8. *Schizophoria resupinata* – 9, 10. *Eomarginifera longispina* – 11. *Productus carbonarius* – 12. 13. *Rhipidomella michelini.*

(Ferrière-la-Petite), Mayenne ; en Belgique (rég. de Dinant et de Landelies) et en Grande-Bretagne. Pl. 31, fig. 1.

Overtonia fimbriata Sowerby *(Productus –)*, fam. Overtoniidae – Surface ornée de bourrelets concentriques équidistants qui portent des cicatrices d'épines ; valve brachiale excavée. Dim. max. : L/l/e = 3,7/3,4/2,4 cm. **Viséen :** en Belgique (Visé) et en Grande-Bretagne. Pl. 32, fig. 1, 2.

Krakovia spinulosa Sowerby *(Spirifer –)*, fam. Overtoniidae – Valve brachiale excavée ; surface des deux valves couverte de cicatrices d'épines disposées en quinconce. Dim. max. : L/l/e = 2/2,5/1,3 cm. **Viséen :** en Belgique (Visé) et en Grande-Bretagne. Pl. 32, fig. 11, 12.

Eomarginifera longispina Sowerby *(Productus –)*, fam. Marginiferidae – Forme pouvant varier dans de grandes proportions, ornée de côtes radiales que coupent des stries d'accroissement et pouvant porter sur la valve pédonculaire 4 à 16 épines très effilées ; valve brachiale excavée. Dim. max. : L/l/e = 2/1,8 à 2,4/1 cm. **Carbonifère inf. :** Nord (Ferrière-la-Petite) ; en Belgique (rég. de Visé et de Tournai) et en Grande-Bretagne. Pl. 30, fig. 9, 10.

Productus carbonarius Koninck, fam. Productidae. – Valve brachiale excavée. Dim. max. : L/l/e = 2,4/2,7/1,8 cm. **Namurien** et **Westphalien :** Pas-de-Calais (Boulonnais) ; en Belgique (rég. de Flines). Pl. 30, fig. 11.

Echinoconchus punctatus Martin *(Productus –)*, fam. Echinoconchidae – Surface couverte de cicatrices d'épines et portant des côtes concentriques régulièrement espacées ; valve brachiale excavée. Dim. max. : L/l/e = 6/5 à 6,5/2,5 à 3 cm. **Viséen :** en Belgique (rég. de Visé, Lives et Namur) et en Grande-Bretagne. Pl. 31, fig. 4.

Pustula pustulosa Phillips *(Productus –)*, fam. Echinoconchidae – Diffère extérieurement de l'espèce précédente par ses cicatricules plus gros et beaucoup plus espacés. Dim. max. : L/l/e = 9/8 à 10/3 à 3,5 cm. **Carbonifère inf. :** Nord (Ferrière-la-Petite), Mayenne ; en Belgique (rég. de Visé et de Tournai) et en Grande-Bretagne. Pl. 31, fig. 5.

Buxtonia scabricula Martin *(Productus –)*, fam. Buxtoniidae – surface couverte de côtes radiales irrégulières portant des cicatrices d'épines. Dim. max. : L/l/e = 7/8/3 cm. **Viséen :** Finistère (Saint-Ségal) ; en Belgique (Visé) et en Grande-Bretagne. Pl. 31, fig. 6-8 (coquille et face interne de la valve brachiale).

Dictyoclostus semireticulatus Martin *(Productus –)*, fam. Dictyoclostidae – Forme extrêmement variable, parfois plus longue que large, à ornementation irrégulière et pouvant porter sur la valve pédonculaire de longues épines tubulaires dont seules subsistent généralement les cicatrices. Dim. max. : L/l/e = 7/6 à 8/3 à 5,5 cm. **Carbonifère inf.** (surtout Viséen) : Pas-de-Calais (Boulonnais), Nord (Ferrière-la-Petite), Finistère (rég. de le Faou), Mayenne, Loire-Atlantique (rég. d'Ancenis), Hérault (Monts du Minervois) ; en Belgique (rég. de Visé, Namur, Tournai, Dinant) et en Grande-Bretagne. Pl. 31, fig. 2, 3.

Levitusia humerosa Sowerby *(Productus sublaevis)*, fam. Dictyoclostidae – Forme assez variable, la valve pédonculaire pouvant présenter, selon les spécimens, une dépression médiale ou au contraire une carène médiane ; surface presque lisse ; trois rangées d'épines (une médiane et deux latérales), peuvent exister sur la valve pédonculaire. Dim. max. : L/l/e = 12/9 à 11/6 à 8 cm. **Viséen :** Nord (rég. d'Avesnes) ; en Belgique (rég. de Visé) et en Grande-Bretagne (Devonshire). Pl. 32, fig. 9, 10.

Linoproductus cora d'Orbigny [1] *(Productus –)*, fam. Linoproductidae – Valve pédonculaire très renflée, ornée, comme la valve brachiale, de stries radiales et de bourrelets concentriques plus ou moins rapprochés, portant parfois des cicatrices d'épines. Dim. max. : L/l/e = 6/6 à 7/3,5 à 4 cm. **Carbonifère inf. :** Nord (rég. d'Avesnes et de Ferrière-la-Petite), Haut-Rhin (rég. de Thann), Mayenne, Hérault (Monts du Minervois) ; en Belgique (rég. de Dinant, Landellies, Namur, Visé), en Grande-Bretagne et en Espagne (Asturies). Pl. 31, fig. 9, 10.

1. Espèce communément désignée sous ce nom, mais nécessitant une révision.

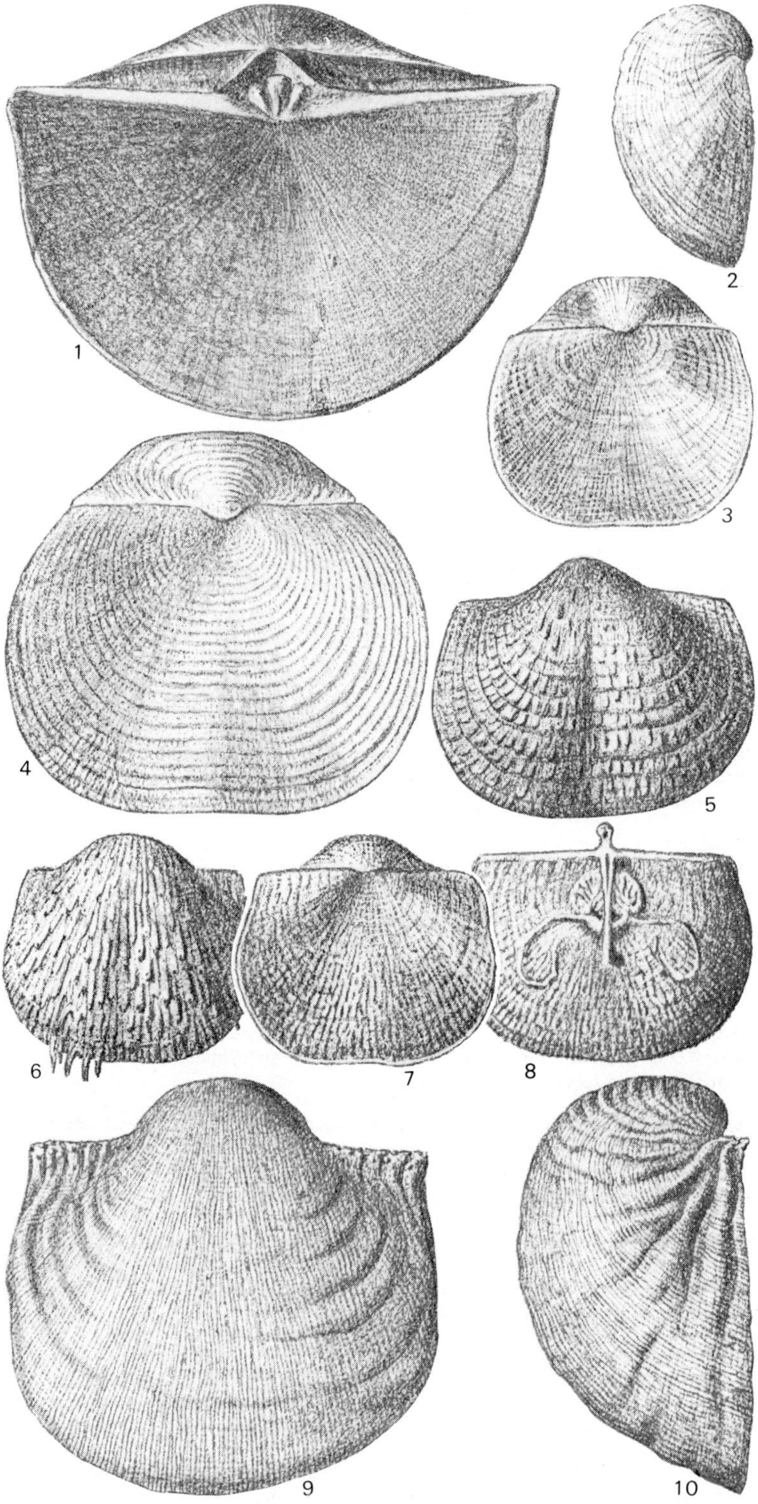

Planche 31 : CARBONIFÈRE

1. *Daviesiella llangollensis* – 2, 3. *Dictyoclostus semireticulatus* – 4. *Echinoconchus punctatus* – 5. *Pustula pustulosa* – 6-8. *Buxtonia scabricula* – 9, 10. *Linoproductus cora.*

Fluctuaria undata Defrance *(Productus –)*, fam. Linoproductidae – Valve brachiale excavée. Dim. max. : L/l/e = 2,5/2,5/1,3 cm. **Viséen :** Belgique (rég. de Dinant et de Namur). Pl. 32, fig. 13, 14.

Striatifera striata Fischer de Waldheim *(Productus –)*, fam. Linoproductidae – Coquille de proportions très variables et de forme fréquemment irrégulière. Quelques épines peuvent exister près du sommet. Dim. max. : L/l/e = 12/8 à 12/2,5 à 4 cm. **Viséen :** en Belgique (rég. de Visé) et en Grande-Bretagne. Pl. 34, fig. 2, 3.

Gigantoproductus giganteus Martin *(Productus –)*, fam. Gigantoproductidae – Espèce de forme très variable, ornée de côtes radiales plus ou moins irrégulières et sinueuses qui se conjuguent parfois avec des flexuosités radiales ; le bord cardinal porte une série de petites épines incurvées ; valve brachiale excavée. Dim. max. : L/l/e = 16/14 à 30/7 à 8 cm. **Viséen sup. :** Finistère, Loire-Atlantique et Hérault ; en Belgique (rég. de Dinant, de Namur et de Visé) et en Grande-Bretagne. Pl. 33, fig. 9, 10.

Pugnax acuminata Martin *(Terebratula –, Rhynchonella –)*, fam. Pugnacidae – Coquille de forme très variable, entièrement lisse ou pouvant présenter quelques côtes radiales se développant en cours de croissance. Dim. max. : L/l/e = 5,5/4,5 à 6/3,5 à 4,5 cm. **Carbonifère inf. :** en Belgique (rég. de Dinant et de Visé) et en Grande-Bretagne. Pl. 34, fig. 8, 9.

Pugnax pugnus Martin – Espèce voisine de la précédente, mais de taille généralement inférieure et dont les côtes radiales sont plus nombreuses et plus accentuées. **Carbonière inf. :** Hérault (Monts du Minervois) ; en Belgique (rég. de Dinant et de Visé), en Grande-Bretagne et en Espagne (Asturies).

Stenoscisma crumena Martin *(Camerophoria –)*, fam. Stenoscismatidae – Dim. max. : L/l/e = 2/2 à 2,5/1,2 à 1,5 cm. **Carbonifère inf. :** en Belgique (rég. de Visé) et en Grande-Bretagne. Pl. 34, fig. 4, 5.

Cleiothyridina lamellosa Leveillé *(Athyris –)*, fam. Athyrididae – Dim. max. : L/l/e = 3 à 4/3 à 5/1,7 à 2,5 cm. **Tournaisien :** Nord (rég. de Ferrière-la-Petite) ; en Belgique (rég. de Tournai et de Visé) et en Grande-Bretagne. Pl. 32, fig. 7, 8.

Cleiothyridina deroissyi Leveillé *(Athyris roissyi)* – Les spécimens bien conservés peuvent êre recouverts de fines épines qui laissent sur la surface des rangées concentriques de cicatrices alors qu'elles disparaissent totalement chez les spécimens usés. Dim. max. : L/l/e = 5/5,5 à 7/3,2 à 3,5 cm. **Carbonifère inf. :** en Belgique (rég. de Tournai) et en Grande-Bretagne. Pl. 32, fig. 5, 6.

Composita ambigua Sowerby *(Athyris –)*, fam. Athyrididae – Dim. max. : L/l/e = 2,5/2,8 à 3/1,5 à 2 cm. **Carbonifère inf. :** en Belgique (rég. de Visé) et en Grande-Bretagne. Pl. 33, fig. 7, 8.

Tylothyris laminosa M'Coy *(Spirifer –)*, fam. Mucrospiriferidae – 20 à 22 côtes radiales sur chaque valve, que croisent des rides d'accroissement bien marquées. Dim. max. : L/l/e = 3/4, 5/2,5 cm. **Carbonifère inf. :** en Belgique (Visé) et en Grande-Bretagne. Pl. 32, fig. 3, 4.

Spirifer striatus Martin, fam. Spiriferidae – Grande espèce à proportions et à ornementation très variables. Dim. max. : L/l/e = 11/15 à 20/6 à 9 cm. **Carbonifère inf. :** Finistère, Allier (rég. de Vichy) ; en Belgique (rég. de Dinant, Tournai, Visé) et en Grande-Bretagne. Pl. 33, fig. 6.

Brachythyrina bisulcata Sowerby *(Spirifer –)*, fam. Spiriferidae – 30 à 40 côtes radiales sur chaque valve. Dim. max. : L/l/e = 6/8 à 10/4,5 à 5,5 cm. **Carbonifère inf. :** Nord (rég. de Flines), Allier (rég. de Vichy) ; en Belgique (rég. d'Andenne et de Visé) et en Grande-Bretagne. Pl. 33, fig. 1, 2.

Fusella trigonalis Martin *(Spirifer –)*, fam. Spiriferidae – Dim. max. : L/l/e = 3/5 à 6/2 à 3 cm. **Viséen :** en Belgique (rég. de Visé et de Namur) et en Grande-Bretagne. Pl. 33, fig. 4, 5.

Choristites mosquensis Fischer de Waldheim *(Spirifer –)*, fam. Brachythyrididae – 55 à 65 côtes radiales sur chaque valve. Dim. max. : L/l/e =

Planche 32 : CARBONIFÈRE

1, 2. *Overtonia fimbriata* – 3, 4. *Tylothyris laminosa* – 5, 6. *Cleiothyridina deroissyi* – 7, 8. *C. lamellosa* – 9, 10. *Levitusia humerosa* – 11, 12. *Krakovia spinulosa* – 13, 14. *Fluctuaria undata*.

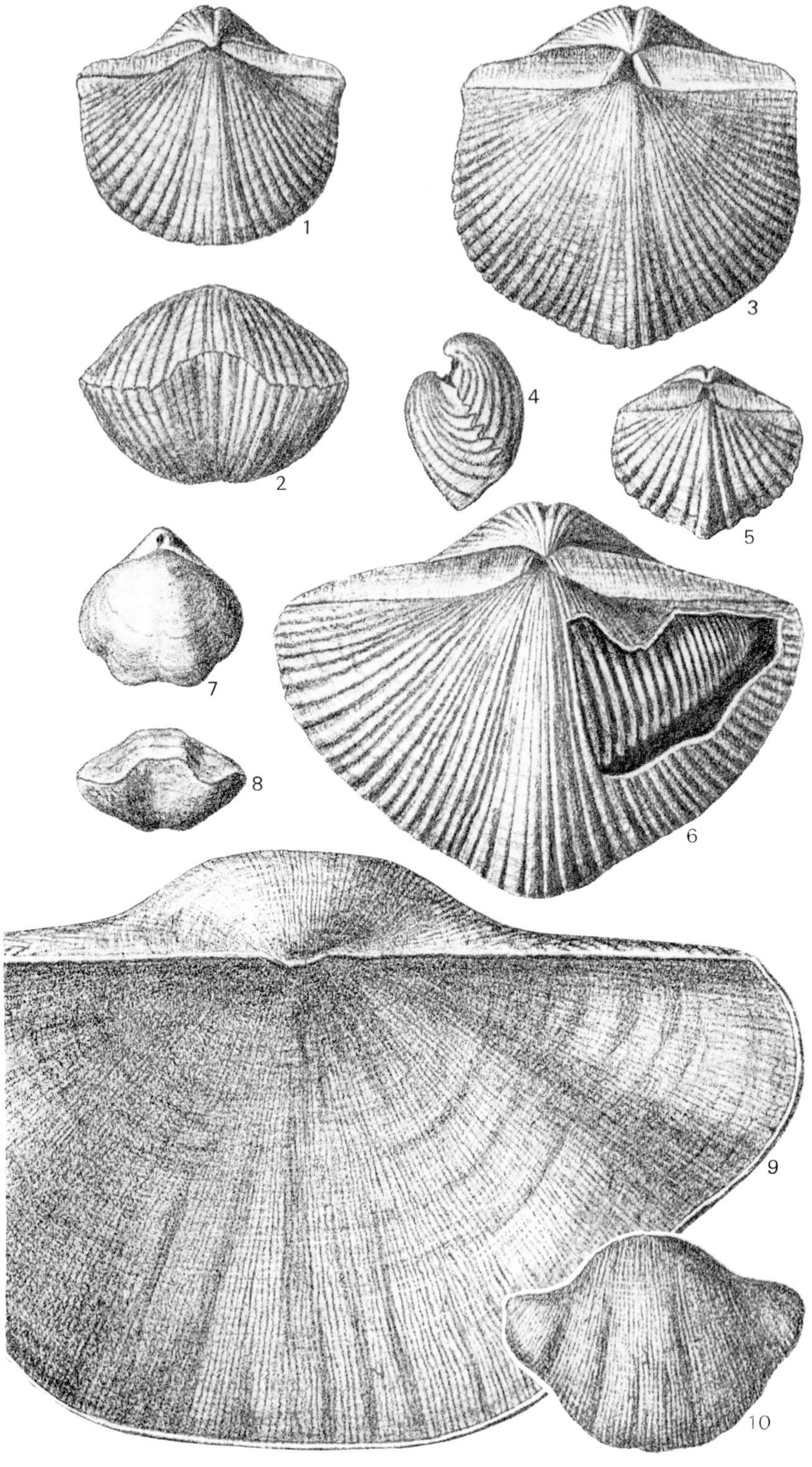

Planche 33 : CARBONIFÈRE

1, 2. *Brachythyrina bisulcata* – 3. *Choristites mosquensis* – 4, 5. *Fusella trigonalis* – 6. *Spirifer striatus* – 7, 8. *Composita ambigua* – 9, 10. *Gigantoproductus giganteus.*

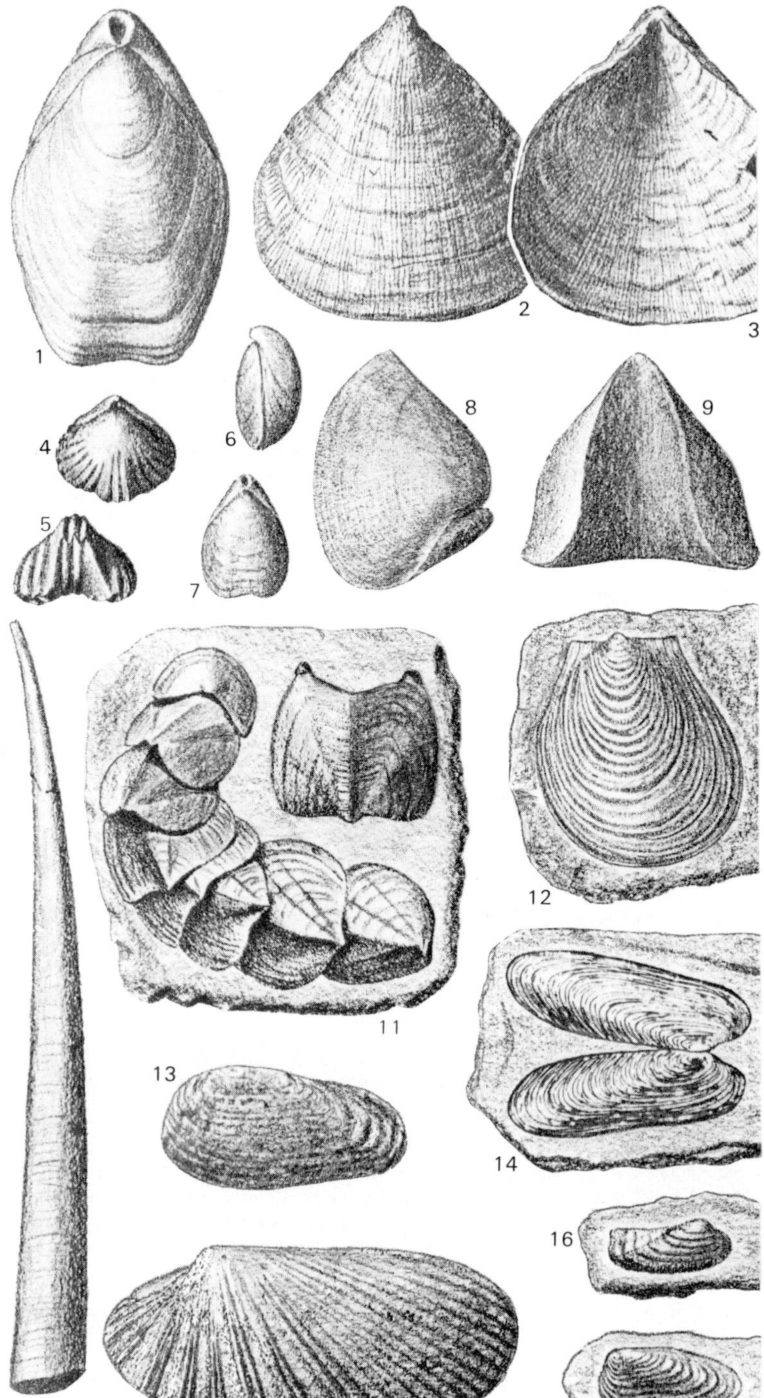

Planche 34 : CARBONIFÈRE

1. *Dielasma hastatum* – 2, 3. *Striatifera striata* – 4, 5. *Stenoscisma crumena* – 6, 7. *Cryptonella sacculus* – 8, 9. *Pugnax acuminata* – 10. *Prodentalium priscum* – 11. *Helminthochiton priscus* – 12. *Posidonia becheri* – 13. *Carbonicola acuta* – 14. *Anthraconaia prolifera* – 15. *Solemya (Janeia) primaeva* – 16. *Sanguinolites argutus* – 17. *Parallelodon bistriatus.*

5/5,5/3 cm. **Carbonifère sup.** : Pas-de-Calais (Boulonnais), Nord (rég. de Ferrière-la-Petite) ; en Belgique (rég. de Tournai et de Namur), en Grande-Bretagne et en Espagne (Asturies). Pl. 33, fig. 3.

Dielasma hastatum Sowerby *(Terebratula –)*, fam. Dielasmatidae – Sinus peu accentué, parfois inexistant. Dim. max. : L/l/e = 5/3 à 3,5/2 à 2,5 cm. **Carbonifère inf.** : en Belgique (rég. de Namur et de Visé), en Allemagne (Eifel) et en Grande-Bretagne. Pl. 34, fig. 1.

Cryptonella sacculus Martin *(Terebratula – , Dielasma –)*, fam. Cryptonellidae – L/l/e = 2,8/1,2 à 1,5/0,8 à 1 cm. **Carbonifère inf.** : en Belgique (rég. de Namur et de Visé), en Allemagne (Eifel) et en Grande-Bretagne. Pl. 34, fig. 6, 7.

MOLLUSQUES Polyplacophores

Helminthochiton priscus Münster, fam. Lepidopleuridae – 8 plaques articulées, l'antérieure de forme hémisphérique, toutes carénées en leur milieu, les plus grandes atteignant 2,5 cm de large. **Tournaisien** : en Belgique (rég. de Tournai). Pl. 34, fig. 11.

MOLLUSQUES Scaphopodes

Prodentallium priscum Münster, fam. Dentaliidae – Dim. max. : L/d = 11/1 cm. **Tournaisien** : en Belgique (rég. de Tournai). Pl. 34, fig. 10.

MOLLUSQUES Bivalves

Solemya (Janeia) primaeva Phillips, fam. Solemyidae – Dim. max. : h/L/e = 2,5/6,5 à 7,5/1,5 cm. **Carbonifère inf.** : en Belgique (rég. de Dinant et de Tournai) et en Grande-Bretagne. Pl. 34, fig. 15.

Paralledodon bistriatus Portlock, fam. Parallelodontidae – Charnière munie de 3 petites dents antérieures très obliques et de 2 dents postérieures parallèles au bord cardinal. Dim. max. : h/L/e = 1/2/0,8 cm. **Tournaisien** : Nord (rég. d'Avesnes) ; en Belgique (rég. de Comblain-au-Pont, Dinant, Soignies, Tournai...) et en Grande-Bretagne. Pl. 34, fig. 17.

Modiolus lingualis Phillips *(M. fusiforme)*, fam. Mytilidae – Dim. max. : h/L/e = 3/9/2 cm. **Tournaisien** : en Belgique (rég. de Dinant) et en Grande-Bretagne. Pl. 35, fig. 12.

* ***Anthraconaia prolifera*** Waterlot *(Anthracomya –)*, fam. Myalinidae – Coquille équivalve ornée de très fines stries concentriques. Dim. max. : h/L = 1,5/4,5 cm. **Stéphanien inf.** : Moselle et Meurthe-et-Moselle (bassin de Lorraine), Mayenne (rég. de St-Pierre-La-Cour), Aveyron (bassin de Decazeville), Gard (bassil d'Alès) ; en Allemagne (bassin de la Sarre) et en Grande-Bretagne. Pl. 34, fig. 14.

* ***Anthrocanaia (Anthraconauta) phillipsii*** Williamson, est une espèce voisine de la précédente, mais de forme plus oblique et à coquille très mince, de sorte qu'on la trouve toujours aplatie dans les feuillets de schistes. **Westphalien sup.** : Nord (bassins de Lens et de Valenciennes) ; en Belgique (bassin de Mons), Allemagne (bassins de la Sarre et de la Ruhr) et en Grande-Bretagne.

* ***Naiadites carinata*** Sowerby, fam. Myalinidae – Coquille équilave, de forme assez variable et ornée de stries concentriques plus ou moins marquées. Dim. max. : h/L/e = 3/4,5/1,2 à 1,6 cm. **Westphalien** : Pas-de-Calais, Nord (bassin d'Anzin, d'Aniche, de Lens) ; en Belgique (bassin de Mons), Allemagne (bassin de la Ruhr) et en Grande-Bretagne. Pl. 35, fig. 6.

Leptodesma (Leiopteria) lunulata Phillips *(Avicula –)*, fam. Pterineidae – Coquille inéquivalve à oreillette postérieure six fois plus longue que

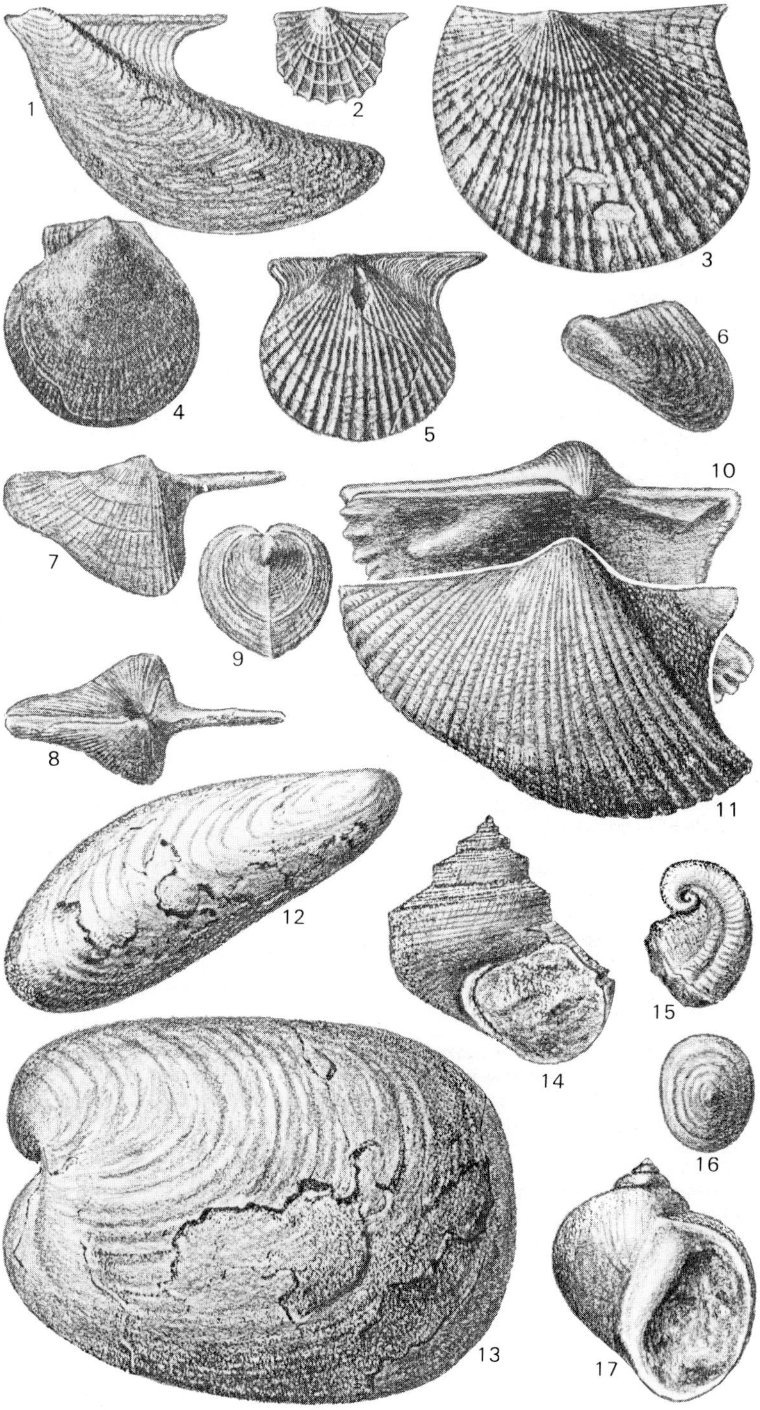

Planche 35 : CARBONIFÈRE

1. *Leptodesma (Leiopteria) lunulata* – 2. *Acanthopecten tessalatus* – 3. *Pterinopectinella granosa* – 4. *Streblopteria elliptica* – 5. *Aviculopecten stellaris* – 6. *Naiadites carinata* – 7-9. *Conocardium alaeforme* – 10, 11. *C. herculeum* – 12. *Modiolus lingualis* – 13. *Cardiomorpha oblonga* – 14. *Baylea yvanii* – 15. *Platyceras angustum* – 16. *Lepetopsis phillipsi* – 17. *Naticopsis globosa.*

l'antérieure et à surface ornée de côtes d'accroissement assez régulières. Dim. max. : h/L/e = 3/5/1 cm. **Carbonifère inf.** : en Belgique (rég. de Visé) et en Grande-Bretagne. Pl. 35, fig. 1.

Leptodesma (Leiopteria) laminosa Phillips, diffère de la précédente par sa forme moins oblique, plus haute, et son oreillette postérieure moins échancrée. Dim, max. : h/L/e = 3,2/3,8/1,6 cm. **Tournaisien** : en Belgique (rég. de Waulsort).

Pterinopectinella granosa Sowerby *(Aviculopecten –)*, fam. Pterinopectinidæ – Coquille inéquivalve à oreillettes peu inégales ; surface ornée de nombreuses côtes tuberculeuses. Dim. max. : h/L/e = 6/6,5/2 cm. **Tournaisien** : en Belgique (rég. de Waulsort) et en Grande-Bretagne. Pl. 35, fig. 3.

Aviculopecten stellaris Phillips *(A. villamus)*, fam. Aviculopectinidae – Dim. max. : h/L/e = 3,5/3,5/1,3 cm. **Carbonifère inf.** : en Belgique (rég. de Dinant et de Visé) et en Grande-Bretagne. Pl. 35, fig. 5.

Acanthopecten tessalatus Phillips, fam. Aviculopectinidae – Dim. max. : h/L = 2/1,8 cm. **Viséen** : en Belgique (rég. de Visé) et Grande-Bretagne. Pl. 35, fig. 2.

Streblopteria elliptica Phillips *(S. elongata)*, fam. Aviculopectinidae – Dim. max. : h/L = 4,5/4 cm. **Carbonifère inf.** : en Belgique (rég. de Dinant) et en Grande-Bretagne. Pl. 35, fig. 4.

Posidonia becheri Bronn *(Posidonomya –)*, fam. Posidoniidae – Coquille équivalve, de forme plus ou moins oblique ou arquée, à ornementation concentrique formée de rides irrégulières auxquelles s'adjoignent des stries très fines. Dim. max. : h/L/e = 6/6 à 6,5/3 à 4 cm. **Viséen** : en Belgique (rég. de Visé), Allemagne (Nassau), Espagne (rég. de Barcelone et Asturies) et Grande-Bretagne. Pl. 34, fig. 12.

* ***Carbonicola acuta*** Sowerby, fam. Anthracosiidae – Coquille épaisse, ornée de rides concentriques irrégulières. Dim. max. : h/L/e = 2,5/4 à 5/2 cm. **Westphalien** : Nord (bassin d'Anzin) ; en Belgique (bassins de Mons, Charleroi, Liège...) Allemagne (bassin de Westphalie), Pays-Bas (bassin du Limbourg) et Grande-Bretagne. Pl. 34, fig. 13.

Cardiomorpha oblonga Sowerby, fam. Edmondiidae – Dim. max. : h/L/e = 6/7,5 à 8/5 cm. **Carbonifère inf.** : en Belgique (rég. de Dinant), et en Grande-Bretagne. Pl. 35, fig. 13.

Sanguinolites argutus Phillips, fam. Grammysiidae – Dim. max. : h/L/e = 1/2/0,8 à 1 cm. **Carbonifère inf.** : en Belgique (rég. de Visé) et en Grande-Bretagne. Pl. 34, fig. 16.

Conocardium alaeforme Sowerby, fam. Conocardiidae – Forme trigone à rostre long et lisse ; région médiane ornée de côtes rayonnantes fines et nombreuses. Dim. max. : h/L/e = 1,5/2/1,5 cm. **Carbonifère inf.** : en Belgique (rég. de Dinant), en Grande-Bretagne et en Espagne (Asturies). Pl. 35, fig. 7 à 9.

Conocardium herculeum Koninck – Se distingue de la précédente par son rostre court, terminé en pointe. Dim. max. : h/L/e = 10/13 à 14/8 à 9 cm. **Tournaisien** : Belgique (rég. de Tournai, Soignies, Comblain-au-Pont). Pl. 35, fig. 10,11.

Conocardium hibernicum Sowerby, se reconnaît à sa forme plus haute que longue, le côté antérieur étant presque verticalement tronqué et pourvu d'un rostre très ténu. Dim. max. : h/L/e = 6/3,5/6,5 cm. **Carbonifère inf.** : en Belgique (rég. de Dinant) et en Grande-Bretagne.

MOLLUSQUES Gastropodes

Euphemites urii Fleming *(Bellerophon –)*, fam. Sinuitidae – Ombilic peu marqué ; surface ornée de côtes spirales ; sinus labial peu profond. Dim. max. : h/d = 1,7/1,6 cm. **Viséen** : en Belgique (rég. de Visé) et en Espagne (Asturies). Pl. 36, fig. 4.

Planche 36 : CARBONIFÈRE

1. *Tropidodiscus duchastelli* – 2, 3. *Bellerophon bicarenus* – 4. *Euphemites urii* – 5. *Luciella squamula* – 6. *Straparollus dionysii* – 7, 8. *Turbonitella biserialis* – 9, 10. *Straparollus (Euomphalus) pentagulatus* – 11. *S. (E.) tuberosus* – 12. *S. (Serpulospira) serpula* – 13. *Platyschisma helicoides* – 14. *Mourlonia carinata* – 15. *Loxonema lefebvrei* – 16. *Palaeozygopleura constricta* – 17. *P. rugifera* – 18. *Porcellia puzo.*

Tropidodiscus duchastelli Leveillé, fam. Bellerophontidae – Tours ornés de côtes d'accroissement fines et régulières, fortement infléchies vers le dos. Dim. max. : h/d = 1,1/0,7 cm. **Tournaisien :** en Belgique (rég. de Tournai). Pl. 36, fig. 1.

Bellerophon bicarenus Leveillé, fam. Bellerophontidae – Surface ornée de rides d'accroissement plus ou moins accentuées et régulières. Dim. max. : h/d = 4/3,5 cm. **Tournaisien :** en Belgique (rég. de Tournai). Pl. 36, fig. 2, 3.

Straparollus dionysii Montfort, fam. Euomphalidae – Dim. max. : h/d = 4/5,5 cm. **Viséen :** Sarthe (rég. de Sablé-sur-Sarthe) ; en Belgique (rég. de Visé, Namur), Allemagne et Grande-Bretagne. Pl. 36, fig. 6.

Straparollus æqualis Sowerby, se caractérise par sa spire presque plane. Dim. max. : h/d = 2/7 cm. **Viséen :** en Belgique (rég. de Visé et de Namur).

Straparollus (Euomphalus) pentagulatus Sowerby – Dim. max. : h/d = 2,5/7 cm. **Carbonifère inf. :** Sarthe (rég. de Sablé-sur-Sarthe) ; en Belgique (rég. de Tournai ; Soignies, Dinant) et en Grande-Bretagne. Pl. 36, fig. 9, 10.

Straparollus (Euomphalus) tuberosus Koninck *(Phymatifer –)*, se caractérise par les nodosités qui ornent sa carène. Dim. max. : h/d = 2,5/4 cm. **Tournaisien :** en Belgique (rég. de Tournai). Pl. 36, fig. 11.

Straparollus (Serpulospira) serpula Koninck *(Phanerotinus –)* – Spire plane à tours disjoints. Dim. max. : h/d = 1,8/4,5 cm. **Tournaisien :** en Belgique (rég. de Tournai). Pl. 36, fig. 12.

Platyschisma helicoides Sowerby, fam. Sinuopeidae – Dim. max. : h/d = 7,5/9 cm. **Carbonifère inf. :** en Belgique (rég. de Tournai, Dinant). Pl. 36, fig. 13.

Baylea yvanii Leveillé, fam. Raphistomatidae – Dim. max. : h/d = 4/2,5 cm. **Tournaisien :** en Belgique (rég. de Tournai et de Soignies). Pl. 35, fig. 14.

Mourlonia carinata Sowerby, fam. Eotomariidae – Dim. max. : h/d = 4,5/4,8 cm. **Viséen :** en Belgique (rég. de Visé) et en Grande-Bretagne. Pl. 36, fig. 14.

Luciella squamula Phillips, fam. Luciellidae – Ombilic large et peu profond ; périphérie de la base pourvue d'écailles festonnées. Dim. max. : h/d = 2/2,5 cm. **Viséen :** en Belgique (rég. de Visé) et en Grande-Bretagne. Pl. 36, fig. 5.

Porcellia puzo Leveillé, fam. Porcelliidae – Spire biconcave à tours ornés sur leurs deux faces de granulations et de tubercules. Dim. max. : h/d = 2,5/5 cm. **Tournaisien :** en Belgique (rég. de Tournai). Pl. 36, fig. 18.

Lepetopsis phillipsi Konink, fam. Metoptomatidae – Coquille patelliforme de proportions variables à surface ornée de bourrelets concentriques peu marqués. Dim. max. : h/d = 1 à 2/3,5 à 4 cm. **Carbonifère inf. :** en Belgique (rég. de Visé, Tournai, Dinant). Pl. 35, fig. 16.

Platyceras angustum Phillips *(Capulus –)*, fam. Platyceratidae – Coquille de forme variable, à ouverture dilatée, ornée de rides d'accroissement sinueuses. Dim. max. : h/d = 6/4 cm. **Carbonifère inf. :** en Belgique (rég. de Visé, Tournai, Dinant) et en Grande-Bretagne. Pl. 35, fig. 15.

Naticopsis globosa Hœninghaus *(Natica plicistria)*, fam. Neritopsidae – Coquille de forme variable, à spire plus ou moins élevée et à ouverture plus ou moins large. Dim. max. : h/d = 4,5/3,5 à 4,5 cm. **Carbonifère inf. :** en Belgique (rég. de Visé, Namur, Tournai, Dinant) et en Grande-Bretagne. Pl. 35, fig. 17.

Turbonitella biserialis Phillips, fam. Neritopsidae – Dernier tour orné d'une double rangée de nodosités. Dim. max. : h/d = 2/1,4 cm. **Carbonifère inf. :** Hérault (Monts du Minervois) ; en Belgique (rég. de Visé) et en Grande-Bretagne. Pl. 36, fig 7, 8.

Loxonema lefebvrei Leveillé, fam. Loxonematidae – Tours lisses ou marqués par des lignes ou des bourrelets d'accroissement sinueux. Dim. max. :

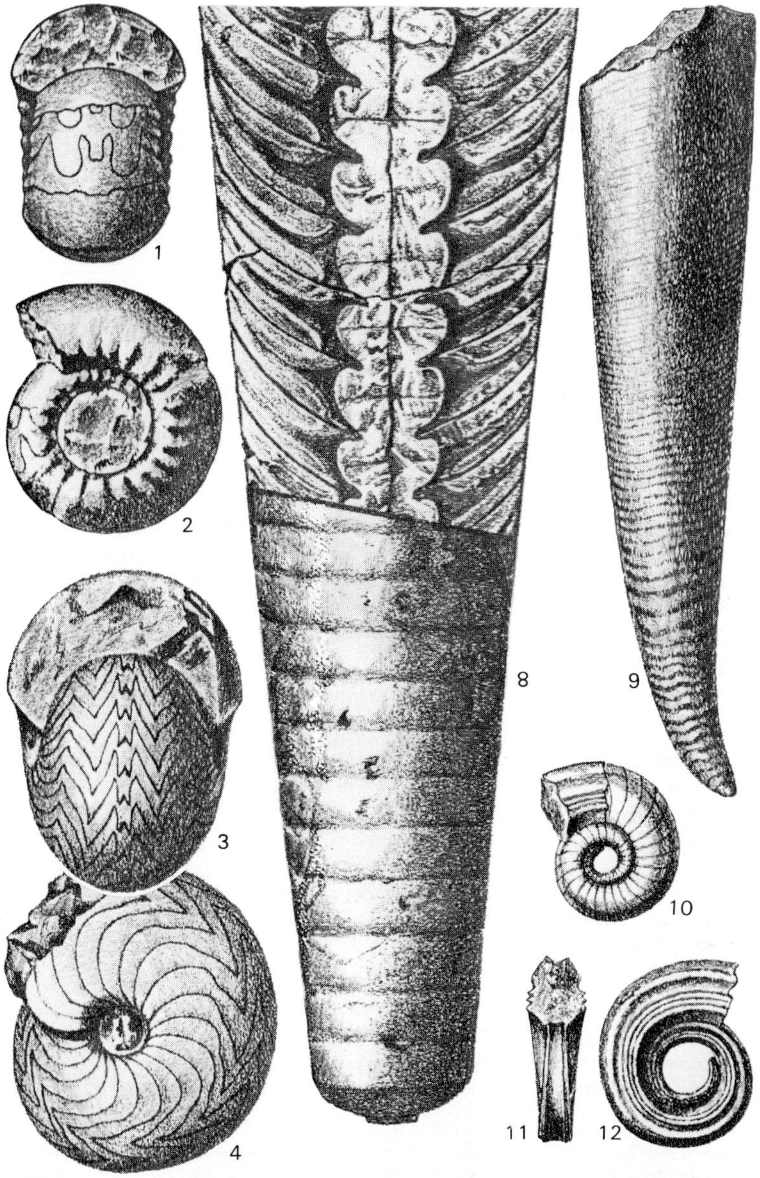

Planche 37 : CARBONIFÈRE

1, 2. *Gastrioceras listeri* – 3, 4. *Goniatites sphaericus* – 5-7. *G. mutabilis* – 8. *Ormoceras giganteum* – 9. *Campyloceras unguis* – 10-12. *Stromboceras sulcatum* – 13-15. *Vestinautilus cariniferus.*

h/d = 10/3 cm. **Carbonifère inf.** : en Belgique (rég. de Visé, Namur, Tournai, Dinant) et en Grande-Bretagne. Pl. 36, fig. 15.

Palaeozygopleura constricta Martin *(Loxonema –)*, fam. Palaeozygopleuridae – Tours ornés de nodosités bien marquées, plus ou moins longues. Dim. max. : h/d = 6/2,2 cm. **Viséen** : en Belgique (rég. de Visé) et en Grande-Bretagne. Pl. 36, fig. 16.

Palaeozygopleura rugifera Phillips, se caractérise par ses nodosités beaucoup plus développées, irrégulières et qui s'étendent sur toute la hauteur de chaque tour. Dim. max. : h/d = 3,5/1,2 cm. **Viséen** : en Belgique (rég. de Visé) et en Grande-Bretagne. Pl. 36, fig. 17.

MOLLUSQUES Céphalopodes Nautiloïdes

Ormoceras giganteum Sowerby *(Orthoceras –)*, fam. Ormoceratidae – Coquille pouvant atteindre 2 m de long pour 20 cm de diamètre, à siphon subcentral. **Carbonifère inf.** : Nord (rég. de Ferrière-la-Petite) ; en Belgique (rég. de Visé, Namur, Dinant), en Grande-Bretagne et en Espagne (Asturies). Pl. 37, fig. 8.

Campyloceras unguis Phillips *(Orthoceras –)*, fam. Pseudorthoceratidae – Coquille d'abord faiblement arquée, puis devenant droite et de section ovale avec la croissance ; siphon subcentral, étroit et cylindroïde. Dim. max. : h/d = 10/2 × 2,4 cm. **Viséen** : en Belgique (rég. de Visé) et en Grande-Bretagne. Pl. 37, fig. 9.

Stroboceras sulcatum Sowerby *(Nautilus –)*, fam. Trigonoceratidae – Dim. max. : d/e = 2,4/0,9 cm. **Viséen** : en Belgique (rég. de Visé et de Namur) et en Grande-Bretagne. Pl. 37, fig. 10 à 12.

Vestinautilus cariniferus Sowerby, fam. Trigonoceratidae – Coquille à ombilic très profond et dont les tours sont pourvus latéralement de 4 carènes lisses. Dim. max. : d/e = 8,5/6,5 cm. **Carbonifère inf.** : en Belgique (rég. de Pauquys, Dréhance, Anseremme) et en Grande-Bretagne. Pl. 37, fig. 13 à 15.

Vestinautilus konincki d'Orbigny. – Diffère de la précédente par ses carènes plus rapprochées et finement crénelées sur les premiers tours. Dim. max. : d/e = 6/5 cm. **Tournaisien** : en Belgique (rég. de Tournai).

MOLLUSQUES Céphalopodes Ammonoïdes

Goniatites sphaericus Martin, fam. Goniatitidae – Surface (rarement conservée) ornée de très fines stries sinueuses. Dim. max. : d/e = 7/5,5 cm. **Viséen** : en Belgique (rég. de Visé), Allemagne et en Grande-Bretagne. Pl. 37, fig. 3, 4.

Goniatites mutabilis Phillips – Petite espèce ne dépassant pas 1 cm de diamètre pour 0,9 mm d'épaisseur. **Viséen** : en Belgique (rég. de Visé) et en Grande-Bretagne. Pl. 37, fig. 5 à 7.

Gastrioceras listeri Martin *(Goniatites –)*, fam. Neoicoceratidae – Espèce à ombilic très profond, ornée latéralement de côtes proéminentes. Dim. max. : d/e = 4/2,5 cm. **Carbonifère sup.** : en Belgique (rég. de Liège) et en Grande-Bretagne. Pl. 37, fig. 1, 2.

TRILOBITES

Phillipsia gemmulifera Phillips, fam. Phillipsiidae – Dim. max. : L/l = 5,5/2,8 cm. **Tournaisien** : Ille-et-Vilaine (rég. de St-Aubin-d'Aubigné), Finistère (rég. de Châteaulin), Mayenne ; en Belgique (rég. de Tournai) et en Grande-Bretagne. Pl. 38, fig. 1.

Griffithides globiceps Phillips, fam. Phillipsiidae – Dim. max. : L/l = 4/2,2 cm. **Dinantien** : en Belgique (rég. de Dinant) et en Grande-Bretagne. Pl. 38, fig. 2.

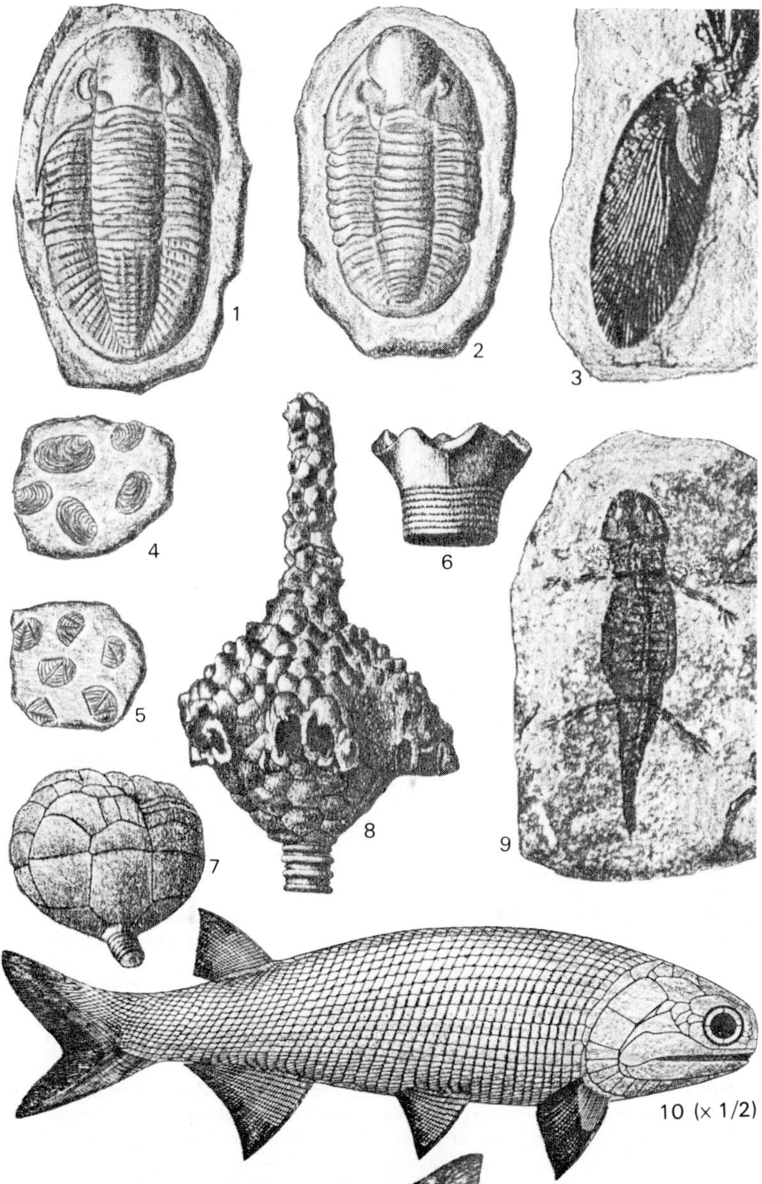

Planche 38 : CARBONIFÈRE

1. *Phillipsia gemmulifera* – 2. *Griffithides globiceps* – 3. *Etoblattina gaudryi* – 4. *Lioestheria striata* – 5. *Leaia baentschiana* – 6. *Poteriocrinites crassus* – 7. *Mespilocrinus forbesianus* – 8. *Actinocrinus stellaris* – 9. *Branchiosaurus fayoli* – 10. *Commentrya traquairi* – 11. *Paramblypterus decorus.*

CRUSTACÉS Branchiopodes

* ***Lioestheria striata*** Münster *(Estheria -)*, fam. Cyzicidae – Coquile de contour subelliptique, dont la surface est ornée de 30 à 50 rides concentriques extrêmement fines et serrées, dim. max. : h/L = 0,5/0,7 à 0,8 cm. **Carbonifère inf.** et **sup.** : espèce très répandue en Grande-Bretagne, Allemagne, Belgique et Nord de la France. Pl. 38, fig. 4.

* ***Leaia baentschiana*** Beyrich, fam. Leaiidae – Coquille de contour subelliptique, à bord supérieur rectiligne, dont la surface porte deux carènes partant du crochet et que croisent 10 à 15 rides concentriques. Dim. max. : h/L = 0,4/0,5 cm. **Stéphanien** : Gard (bassin d'Alès) ; en Allemagne (bassin de la Sarre). Pl. 38, fig. 5.

INSECTES Odonatoptères

* ***Meganeura monyi*** Brongniart, fam. Meganeuridae – Nous devons citer, bien qu'elle y soit très rare, cete fameuse espèce à allure de Libellule, de 65 cm d'envergure, décrite dans le **Stéphanien** de l'Allier (bassin de Commentry).

INSECTES Blattoptères

* ***Etoblattina gaudryi*** Agnus, fam. Archimylacridae – Elytres à nervation très ramifiée et bien marquée, mesurant 3,5 cm de long sur 1,5 de large. **Stéphanien** : Allier (bassin de Commentry). Pl. 38, fig. 3 (élytre gauche).

ÉCHINODERMES Crinoïdes

Actinocrinus stellaris Koninck et le Hon, fam. Actinocrinidae – **Tournaisien :** en Belgique (rég. de Tournai) et en Grande-Bretagne. Pl. 38, fig. 8.

Poteriocrinites crassus Miller, fam. Poteriocrinitidae – **Tournaisien** et **Viséen inf.** : en Belgique (rég. de Tournai et de Liège) et en Grande-Bretagne. Pl. 38, fig. 6 (base du calice).

Mespilocrinus forbesianus Koninck et le Hon, fam. Lecanocrinidae – **Carbonifère inf.** : en Belgique (rég. de Tournai) et en Grande-Bretagne. Pl. 38, fig. 7.

ACTINOPTÉRYGIENS

* ***Paramblypterus decorus*** Egerton, fam. Paramblypteridae – Corps fusiforme à tête très large, couvert d'écailles rhomboïdales émaillées ; nageoires pectorales, pelviennes, dorsale et anale très développées, formées de rayons nombreux, très fins et faits d'articles ; nageoire caudale dissymétrique, le rachis se relevant pour constituer le lobe dorsal alors que le lobe ventral est uniquement composé de rayons dermiques. Dim. max. : L/h = 40/14 à 16 cm (nageoires comprises). **Stéphanien sup.** : Allier (bassin de Commentry). Pl. 38, fig. 11 (reconstitution, d'après J. Blot).

* ***Commentrya traquairi*** Sauvage, fam. Palaeoniscidae – Cette espèce se distingue facilement de la précédente par la forme de ses nageoires et par ses écailles qui sont crénelées sur leur bord postérieur. Dim. max. : L/h = 20/3 à 4 cm (nageoires comprises). **Stéphanien sup.** : Allier (bassin de Commentry). Pl. 38, fig. 10 (reconstitution d'après J. Blot).

AMPHIBIENS Phyllospondyles

* ***Branchiosaurus fayoli*** Thevenin *(Protriton -)*, fam. Branchiosauridae – Corps salamandriforme à revêtement écailleux, ne dépassant guère 5 cm de longueur. **Stéphanien sup.** : Allier (bassin de Commentry). Pl. 38, fig. 9.

PERMIEN

Lié à la période précédente par un « Permo-Carbonifère » aux limites stratigraphiques incertaines, et s'achevant par un « Permo-Trias » annonciateur des premiers temps mésozoïques, le Permien marque la fin d'une ère.

Bien que sa durée ne soit pas négligeable (45 M.A.), il se subdivise en seulement trois étages :

TRIAS

		235 M.A.
PERMIEN	Thuringien (= Capitanien, Tatarien) Saxonien (= Wordien) Autunien (autrefois rapporté au Carbonifère)	
		280 M.A.

CARBONIFÈRE

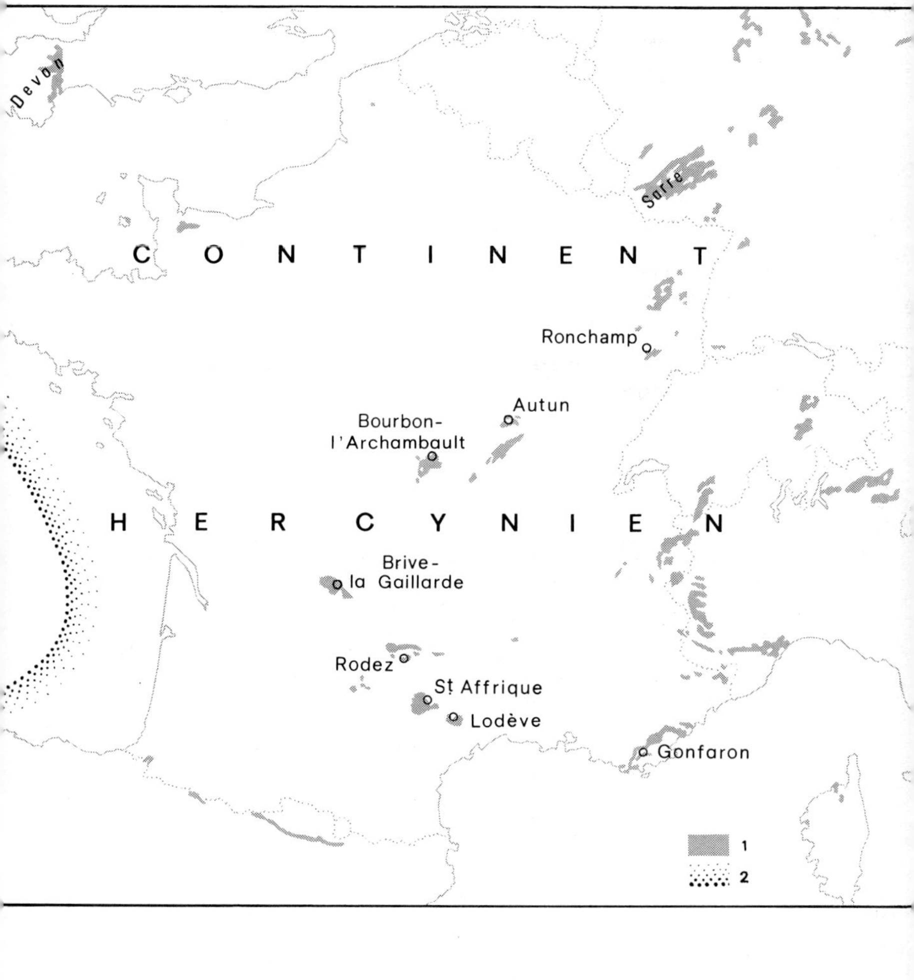

Permien
1. Principaux affleurements permiens – 2. Limite probable de l'extension océanique au Permien.

Ses affleurement sont, dans nos régions, nettement réduits par rapport à ceux du Carbonifère (voir carte), se limitant pour l'essentiel à de petits bassins reliques des grands lacs pluviaux du Westphalien et du Stéphanien.

Les sédiments permiens sont, dans ces cuvettes d'âge autunien, formés de schistes plus ou moins gréseux avec couches de charbons maigres ou bitumineuses ; ailleurs se généralisent, surtout à partir du Saxonien, les « nouveaux grès rouges », dépôts typiquement continentaux et révélateurs d'un climat subtropical à alternance de périodes arides et pluvieuses ; l'achèvement de la grande glaciation carbonifère entraîne un réchauffement progressif du climat, en même temps qu'une lente élévation du niveau des mers.

Sur l'aire continentale occupant alors la totalité de nos régions s'instaure une aridité parfois rigoureuse (dépôts de sel gemme et de gypse par évaporation) qui fait souffrir les végétaux et les animaux : la flore carbonifère marécageuse à Lycophytes, Sphénophytes et Ptéridospermaphytes s'appauvrit au profit des Conifèrophytes ; les Amphibiens, gênés par la raréfaction des lacs et des marécages, se restreignent, cependant que les Reptiles, moins dépendants du milieu aquatique, diversifient leurs adaptations ; enfin s'éteignent définitivement, en même temps que l'ère paléozoïque, différents groupes d'organismes dont les Tétracoralliaires et les Tabulés chez les Anthozoaires, les Blastoïdes chez les Echinodermes, les Calyptotomates (Hyolithes), et les Acanthodiens chez les Poissons.

SPÉNOPHYTES

* ***Sphenophyllum thonii*** Mahr, fam. Sphenophyllaceae – **Autunien** : Corrèze (rég. de Brive), Allier, Var (→ Carbonifère, pl. 24, fig. 1).

* ***Calamites (Stylocalamites) suckowii*** Brongniart, fam. Calamitaceae – **Autunien** : Saône-et-Loire (bassin d'Autun) ; en Allemagne (bassin de la Sarre). (→ Carbonifère, pl. 24, fig. 3).

* ***Asterophyllites equisetiformis*** Schlotheim, fam. Calamitaceae – **Autunien** : Saône-et-Loire (bassin d'Autun) ; en Allemagne (Sarre). (→ Carbonifère, pl. 25, fig. 1).

* ***Annularia sphenophylloides*** Zenker, fam. Calamitaceae – **Autunien** : Saône-et-Loire (bassin d'Autun), Corrèze (bassin de Brive) ; en Allemagne (bassin de la Sarre). (→ Carbonifère, pl. 24, fig. 6).

FILICOPHYTES

* ***Pecopteris polymorpha*** Brongniart, fam. Pecopteridaceae – **Autunien sup.** : Saône-et-Loire (bassin d'Autun), Corrèze (bassin de Brive). (→ Carbonifère, pl. 25, fig. 2).

* ***Pecopteris cyathea*** Schlotheim – **Autunien** : Haute-Loire (rég. de Ronchamp), Saône-et-Loire (bassin d'Autun), Hérault (bassin de Lodève) ; en Allemagne (bassin de la Sarre). (→ Carbonifère, pl. 25, fig. 4).

* ***Pecopteris plumosa*** Artis *(P. dentata)* – **Autunien sup.** : Corrèze (bassin de Brive). (→ Carbonifère, pl. 25, fig. 5).

PTÉRIDOSPERMAPHYTES

* ***Callipteris conferta*** Sternberg, fam. Callipteridaceae – Pinnules plus ou moins obliques, longues de 0,5 à 2 cm pour 0,3 à 1 cm de large, soudées les unes aux autres sur une hauteur variable et garnissant entièrement l'intervalle compris entre les pennes primaires. **Autunien** : Haute-Saône, Saône-et-Loire (bassin d'Autun), Corrèze (bassin de Brive), Hérault (rég. de Lodève) ; en Allemagne (bassin de la Sarre) et en Espagne (Asturies). Pl. 39, fig. 2.

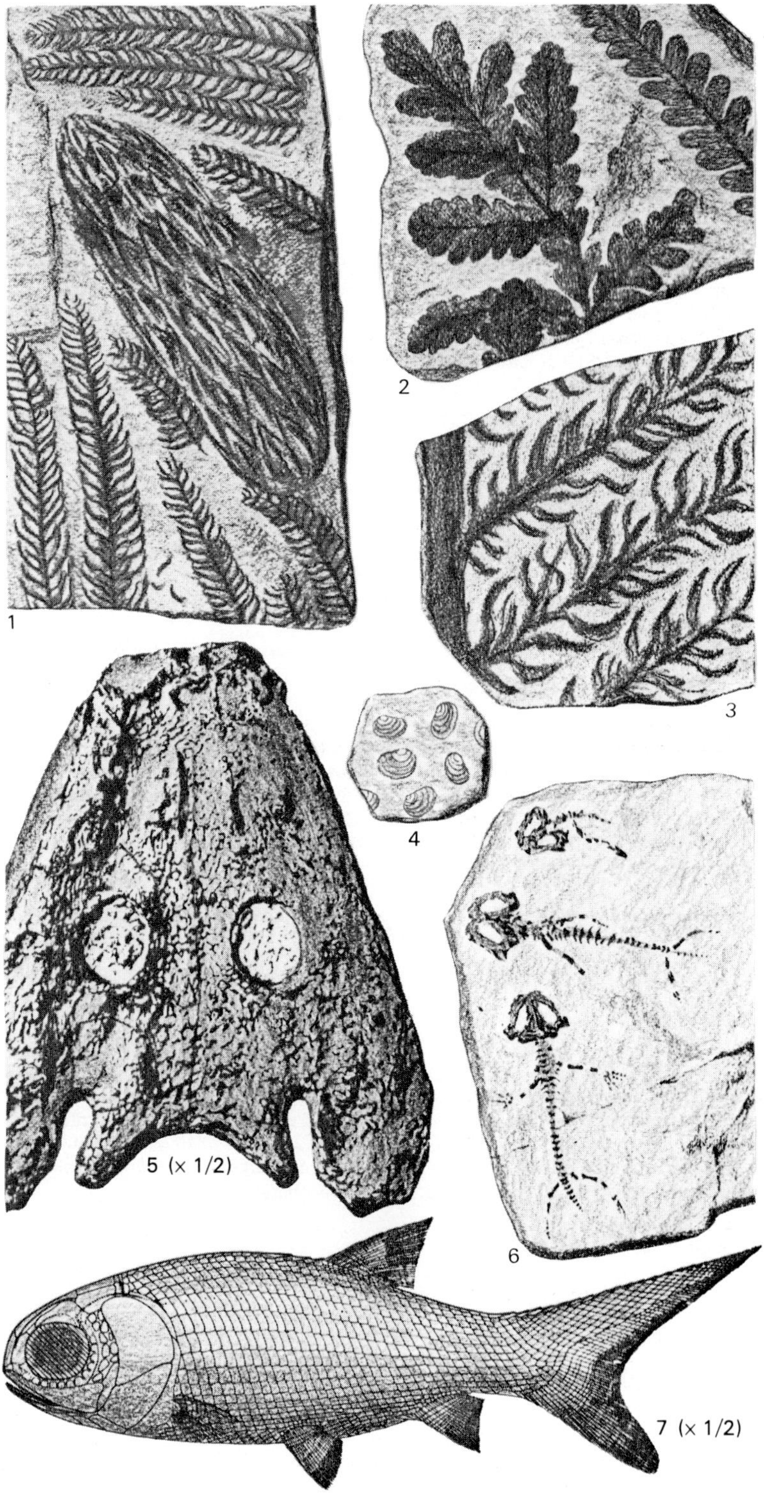

Planche 39 : PERMIEN

1. *Lebachia piniformis* – 2. *Callipteris conferta* – 3. *Ernestiodendron filiciforme* – 4. *Lioestheria tenella* – 5. *Actinodon frossardi* – 6. *Branchiosaurus petrolei* – 7. *Aeduella blainvillei.*

CONIFÈROPHYTES

* ***Ernestiodendron filiciforme*** Schlotheim *(Walchia –)*, fam. *incertae sedis.* – Feuilles pouvant atteindre 1 cm de long pour 2 mm de large, garnissant des ramules longs de 8 à 10 cm. **Autunien sup.** : Haute-Saône, Saône-et-Loire (bassin d'Autun), Corrèze (bassin de Brive), Hérault (rég. de Lodève) ; en Allemagne (basin de la Sarre). Cette espèce apparaît au Carbonifère sup. Pl. 39, fig. 3.

* ***Lebachia piniformis*** Schlotheim *(Walchia –)*, fam. *incertae sedis.* – Rameaux et ramules entièrement garnis de feuilles longues de 0,6 à 1,5 cm pour une largeur de 1 à 2,5 mm ; cônes fixés au sommet des rameaux, ovoïdes, longs de 2 à 4 cm pour 1 cm de diamètre. **Autunien** : Saône-et-Loire (bassin d'Autun), Hérault (rég. de Lodève). Cette espèce apparaît au Carbonifère sup. Pl. 39, fig. 1.

CRUSTACÉS Branchiopodes

* ***Lioestheria tenella*** Jordan *(Estheria –)*, fam. Cyzicidae. – Cette espèce se caractérise par son ornementation composée de stries concentriques régulièrement espacées, au nombre de 15 sur les plus grands spécimens. Dim. max. : h/L = 4/5 mm. **Autunien** : Saône-et-Loire (bassin d'Autun) ; en Grande-Bretagne et en Allemagne dans le Permo-Carbonifère. Pl. 39, fig. 4.

ACTINOPTÉRYGIENS

* ***Aeduella blainvillei*** Agassiz *(Palaeoniscus –, Amblypterus –)*, fam. Aeduellidae – Nageoires typiquement paléonisciformes, à nombreux rayons divisés en articles courts dès leur base ; crâne assez large à orbite de grande taille et opercule très développé. Dim. max. : h/L = 20/6 à 7 cm (nageoires comprises). **Autunien** : Saône-et-Loire (bassin d'Autun). Pl. 39, fig. 7 (reconstitution d'après D. Heyler).

* ***Bourbonnella guilloti*** Heyler, fam. Aeduellidae, est une forme voisine, longue de 12 à 16 cm (nageoires comprises), de l'**Autunien** de l'Allier (bassin de Bourbon-l'Archambault).

AMPHIBIENS Stégocéphales

* ***Actinodon frossardi*** Gaudry, fam. Eryopidae – Corps allongé à squelette massif et membres courts, long parfois de plus d'un mètre ; crâne de contour subogival, pouvant dépasser 20 cm de longueur, à orbites relativement petites et à ornementation des os dermiques bien marquée. **Autunien** : Saône-et-Loire (bassin d'Autun). Pl. 39, fig. 5 (face dorsale du crâne).

AMPHIBIENS Phyllospondyles

* ***Branchiosaurus petrolei*** Gaudry *(Protriton –)*, fam. Branchiosauridae – Petits animaux salamandriformes, dépassant rarement 10 cm de longueur totale. **Autunien** : Saône-et-Loire (bassin d'Autun). Pl. 39, fig. 6.

TRACES

* Des pistes de Tétrapodes, principalement de types stégocéphaloïdes et lacertoïdes (empreintes tetra à pentadactyles de 1 à 10 cm) se rencontrent dans l'**Autunien** de l'Aveyron (rég. de Rodez et de St-Affrique), de l'Hérault (rég. de Lodève) et du Var (rég. de Gonfaron).

MÉSOZOÏQUE
ère secondaire

D'une durée de 170 M.A., le Mésozoïque débute par une longue période de transition, le Trias, en même temps que s'achève le terme ultime du cycle orogénique hercynien (phase palatine, marquée par l'abrasion finale du vieux continent hercynien).

A l'exception de quelques épisodes détritiques, tout le Jurassique et le Crétacé vont être ensuite caractérisés par une sédimentation à dominante carbonatée (calcaire et craie), sous un climat uniformément chaud, de type tropical, dans des bassins peu profonds mais fortement subsidents.

C'est alors que commence le cycle orogénique alpin qui connaîtra son paroxysme beaucoup plus tard, au cours du Cénozoïque.

C'est alors également que débute la dérive des plaques continentales : tandis que la *Laurasia* (bloc Amérique du Nord – Groenland – Eurasie) se sépare lentement du *Gondwana* (bloc Amérique du Sud – Afrique – Antarctique – Australie – Inde), en donnant naissance à la Téthys ou Mésogée, de larges fissures amorcent l'ouverture du futur océan Atlantique : le continent Amérique du Nord – Groenland va progressivement s'écarter de l'Europe, cependant que commencent à se dissocier les plaques gondwaniennes. Et, à la fin du Mésozoïque, la carte du globe terrestre nous donne une image où l'on reconnaît déjà, dans ses grandes lignes, la configuration actuelle des continents et des océans.

C'est, cependant, par l'évolution de ses peuplements, végétaux et animaux, que se caractérise le mieux l'ère mésozoïque.

Dans les mers se répandent en abondance les Algues calcaires (Dasycladaceae, Corallinaceae, microscopiques Coccolithophoraceae...) qui concourent à l'élaboration des sédiments carbonatés, en même temps qu'apparaissent ou se diversifient de nombreux groupes d'Invertébrés : Démosponges et Calcisponges, Anthozoaires Hexacoralliaires, Bryozoaires Cyclostomes et Cheilostomes, Rhynchonelles et Térébratules, Bivalves, Gastropodes, Céphalopodes Ammonoïdes et Bélemnoïdes, Crustacés, Echinides... qui composent des peuplements souvent très abondants et extrêmement diversifiés ; chez les Poissons se répandent les Elasmobranches, Actinoptérygiens et Crossoptérygiens dont on retrouve d'assez nombreuses empreintes.

Simultanément se déroule le règne des grands Reptiles : Reptiles marins (Ichthyosauriens, Plésiosauriens, Mosasauriens, qui se concurrencent ou se succèdent du Trias au Crétacé supérieur), Reptiles terrestres (Dinosauriens, apparus au Trias, particulièrement abondants sur le Continent nord-américain, et qui ont produit d'innombrables lignées), Reptiles volants (Ptérosauriens, qui s'essayent du Jurassique inférieur au Crétacé supérieur). Du Jurassique supérieur datent les premiers Oiseaux.

Les Mammifères préparent leur apogée : apparus dès le Trias inférieur, ils jouent durant tout le Mésozoïque un rôle très effacé pour imposer ensuite leur domination au cours du Cénozoïque.

Les Végétaux terrestres se caractérisent, eux aussi, par d'importantes innovations : on assiste à l'apparition des Cycadophytes et au développement des Ginkgophytes, cependant que se répandent les Conifèrophytes (Araucariales, Cupressales, Taxales, Pinales). Les tout premiers Angiospermophytes, apparus au Trias, vont peu à peu s'imposer pour devenir dominants dès le début du Cénozoïque.

La fin du Mésozoïque se trouve marquée par une crise climatique d'une ampleur exceptionnelle et qui a provoqué, aussi bien dans le domaine marin que continental, et chez les Invertébrés comme chez les Vertébrés, l'extinction d'un nombre considérable de lignées parmi celles qui avaient le plus fortement dominé.

TRIAS

Initialement défini sur les trois termes Buntsandstein – Muschelkalh – Keuper, auxquels on a ensuite adjoint le Rhétien, la période triasique couvre, en transition, les 35 premiers millions d'années de l'ère secondaire.

Cette période est marquée, dans nos régions, par un retour progressif des transgressions marines, issues cette fois de l'Est et qui vont partiellement reconquérir le continent Hercynien alors aplani et encombré par les dépôts détritiques de la fin du Paléozoïque.

On assiste de ce fait à un accroissement graduel des influences continentales en allant du Sud-Est vers le Nord-Ouest, où l'on passe transitionnellement des milieux marins francs (faciès alpins ou mésogéens) à des milieux plus ou moins laguno-saumâtres (faciès germaniques) puis à des formations

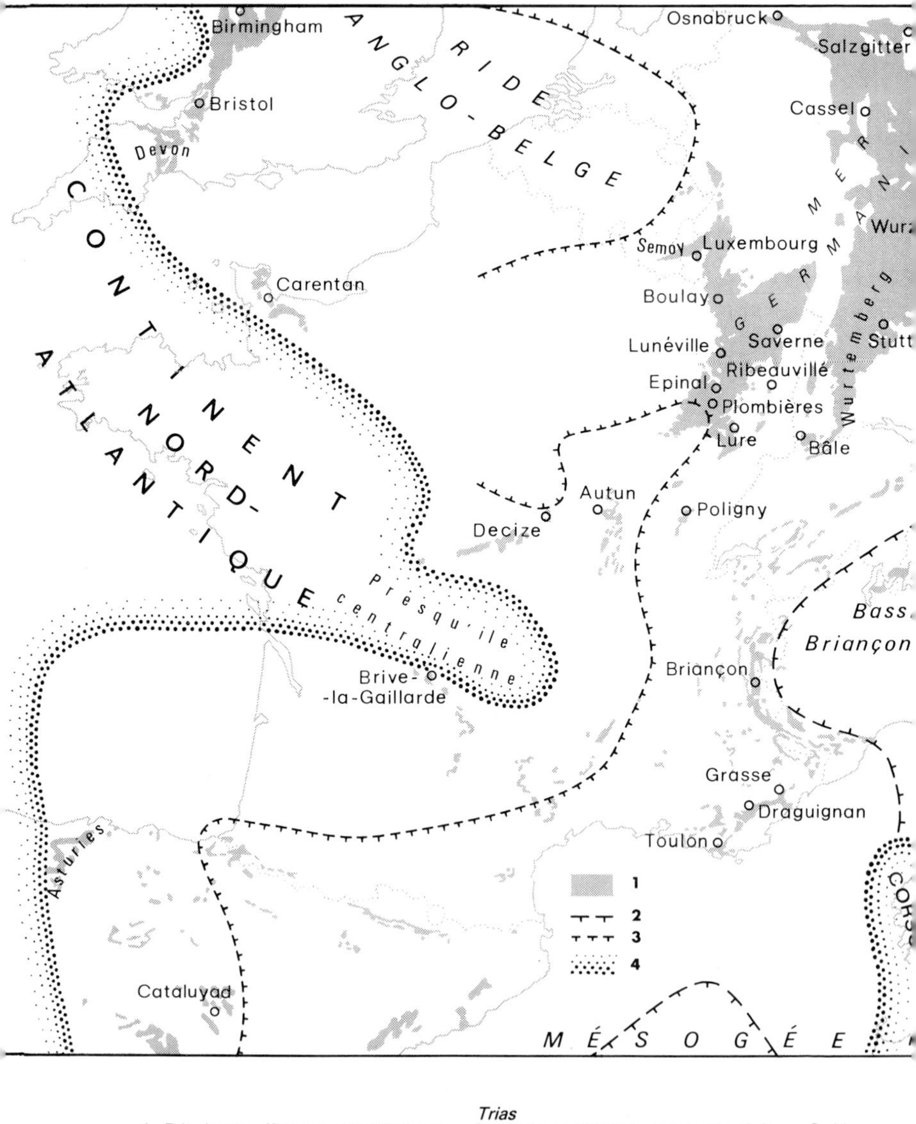

Trias

1. Principaux affleurements triasiques. – 2. Limite occidentale des faciès alpins. – 3. Limite occidentale des faciès germaniques. – 4. Limite occidentale des faciès rouges continentaux et maximum probable des transgressions au Rhétien.

JURASSIQUE INFÉRIEUR (LIAS) — 200 M.A.

TRIAS	supérieur	Rhétien (autrefois rapporté au Lias)		
		Keuper	Norien	
			Carnien	
		Lettenkohle (= Ladinien)		
	moyen	Muschelkalk (= Anisien ou Virglorien)		
	inférieur	Buntsandstein (= Werfénien ou Scythien)		235 M.A.

PERMIEN

détritiques purement continentales, analogues aux grès rouges du Permien supérieur (faciès nordiques).

Tandis que les faciès alpins (à dominante calcaire et dolomitique) et les faciès nordiques (à dominante gréseuse) sont, à partir du Muschelkalk, relativement homogènes, les faciès germaniques offrent par contre une succession lithologique bien tranchée, telle qu'on peut l'observer dans les Vosges : aux grès bigarrés du Buntsandstein (grès et conglomérats rouges intercalés d'argiles) succèdent les grès (grès à Voltzia, grès à meule, grès micacés), les argiles bariolées et les calcaires coquilliers du Muschelkalk, puis les marnes irisées du Keuper, elles-mêmes surmontées par les grès calcaires coquilliers du Rhétien.

Les faciès germaniques du Trias traduisent d'importantes et fréquentes fluctuations marines, sur des aires continentales plates et sous un climat tropical à alternances contrastées. Ces facteurs ont pour conséquence le développement de milieux lagunaires à fortes variations de salinité qui créent des conditions éprouvantes et très sélectives pour la flore autant que pour la faune.

Dans le domaine mésogéen, franchement marin, se diversifient les Algues calcaires (Gyroporelles, Diplopores...) qui édifient des récifs auxquels s'associent les premiers Anthozoaires Hexacoralliaires ; les Conulaires s'éteignent ; chez les Céphalopodes Ammonoïdes, les Cératites se substituent aux Goniatites du Paléozoïque et connaissent un fort développement avant de s'éteindre à la fin du Trias.

Dans les mers épicontinentales du domaine germanique se succèdent des peuplements peu diversifiés à base de Brachiopodes, de Mollusques et d'Echinodermes, tandis que les milieux lagunaires voient la prolifération sporadique de divers groupes d'Arthropodes, et notamment d'Esthéries, petits Crustacés Branchiopodes qui pullulent dans les eaux sursalées.

Parmi les Vertébrés, les Poissons poursuivent leur progression évolutive, cependant que les Amphibiens se raréfient au profit des Reptiles qui se répandent brusquement, amorçant leur diversification aussi bien dans les milieux aquatiques que sur la terre ferme. Les Mammifères font leur toute première apparition, avec des groupes primitifs de très petite taille.

La végétation terrestre se modifie avec l'apparition des Cycadophytes et l'évolution des Conifèrophytes (apparition des Voltzia, développement des Araucariales qui forment en diverses régions du globe d'immenses forêts dont on retrouve les troncs silicifiés).

Voici quelles sont, pour nos régions, les espèces les plus marquantes du Trias.

SPHÉNOPHYTES

* ***Schizoneura paradoxa*** Schimper et Mougeot, fam. Schizoneuraceae – Feuilles pouvant atteindre 10 cm de long, soudées latéralement par deux et constituant des lobes foliaires complexes. **Buntsandstein :** Moselle, Bas-Rhin et Haut-Rhin (Massif vosgien). Pl. 40, fig. 1.

* ***Equisetites mougeoti*** Brongniart, fam. Equisetaceae – Tige atteignant 5 à 6 cm de diamètre, à nœuds espacés de 2 à 6 cm ; gaine foliaire constituée par un grand nombre de feuilles uninervées, soudées latéralement entre elles et mesurant entre 1 et 2 mm de large. **Buntsandstein :** Moselle et Bas-Rhin (Lorraine et Nord du Massif vosgien). Pl. 40, fig. 3.

* ***Equisetites arenaceus*** Brongniart – Gaines foliaires pouvant atteindre 15 cm de diamètre, constituées par 130 feuilles uninervées et soudées, moitié moins larges que chez l'espèce précédente. **Buntsandstein** à **Keuper** : Moselle, Bas-Rhin, Vosges et Haute-Saône (Lorraine et Massif vosgien) ; cette espèce, largement répandue en Europe, monte jusque dans le Jurassique.

* ***Equisetites munsteri*** Sternberg – Tige de 1 à 2,5 cm de diamètre, à nœuds pouvant être espacés de 3 cm au plus ; gaine foliaire pouvant atteindre 12 cm de long et présentant invariablement 12 nervures qui déterminent 12 dents périphériques. **Rhétien** : Saône-et-Loire (rég. d'Autun) ; en Allemagne et en Grande-Bretagne. Pl. 41, fig. 1.

FILICOPHYTES

* ***Anomopteris mougeoti*** Brongniart, fam. Pecopteridaceae – Fronde dépassant 1 m de longueur, à rachis fort, pennes insérées presque à angle droit et pinnules très petites et serrées, se recouvrant un peu. **Buntsandstein** : Moselle, Bas-Rhin, Haut-Rhin, Meurthe-et-Moselle, Vosges et Haute-Saône ; en Allemagne. Pl. 40, fig. 2.

CONIFÈROPHYTES

* ***Voltzia heterophylla*** Brongniart, fam. *incertae sedis* – Feuilles de forme variable, courtes et allongées en rubans, obtuses au sommet ; cônes à écailles spatuliformes divisées en cinq lobes. **Buntsandstein** : Moselle, Bas-Rhin, Meurthe-et-Moselle, Vosges, Haute-Saône. Pl. 40, fig. 4.

BRACHIOPODES Inarticulés

Lingula tenuissima Bronn, fam. Lingulidae – Valves ornées de nombreuses stries concentriques. Dim. max. : L/l = 1,5/0,7 à 0,9 cm. **Buntsandstein** à **Keuper** : Espèce répandue dans la plupart des gisements de France, Luxembourg, Allemagne, Grande-Bretagne, Espagne... Pl. 41, fig. 2.

BRACHIOPODES Articulés

Coenothyris vulgaris Schlotheim *(Terebratula communis)*, fam. Dielasmatidae – L/l/e = 3,5/2,5 à 3,3/2 à 2,3 cm. **Muschelkalk** : Meurthe-et-Moselle et Bas-Rhin (Nord du Massif vosgien), Var (rég. de Toulon), Pyrénées-Orientales ; En Suisse (rég. de Bâle) et en Allemagne (Forêt Noire). Pl. 41, fig. 3 (forme large).

MOLLUSQUES Bivalves

Rhaetavicula contorta Portlock *(Avicula –)*, fam. Pteriidae – Espèce virguliforme à valve gauche bombée et ornée de nombreuses côtes radiales légèrement onduleuses. Dim. max. : h/L = 1,5/2 à 2,5 cm. **Rhétien** : Moselle, Meurthe-et-Moselle, Haute-Saône, Côte-d'Or, Jura, Saône-et-Loire, Ain, Aveyron, Hérault, Alpes-Maritimes, Var, Pyrénées-Orientales, Corse ; en Belgique, au Luxembourg, en Allemagne, Grande-Bretagne, Suisse, Italie, Espagne... Pl. 41, fig. 4.

Hoernesia socialis Schlotheim, fam. Bakevelliidae – Valve gauche fortement bombée et ornée de rides concentriques irrégulières. Dim. max. : h/L = 3/5 cm. **Muschelkalk** : Moselle, Meurthe-et-Moselle et Bas-Rhin (Lorraine et Nord du massif vosgien), Haute-Saône, Var (rég. de Toulon) ; en Allemagne et au Luxembourg. Pl. 41, fig. 12.

Entolium discites Schlotheim, fam. Entoliidae – Dim. max. : h/L = 8/8 cm. **Buntsandstein** et **Muschelkalk** : Moselle, Meurthe-et-Moselle et Bas-Rhin

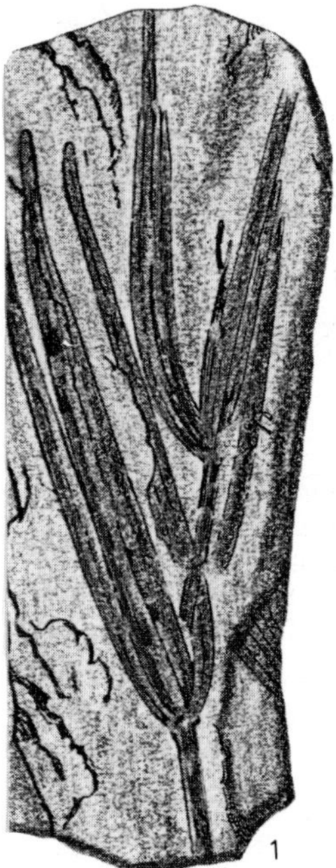

1
(× 2/3)

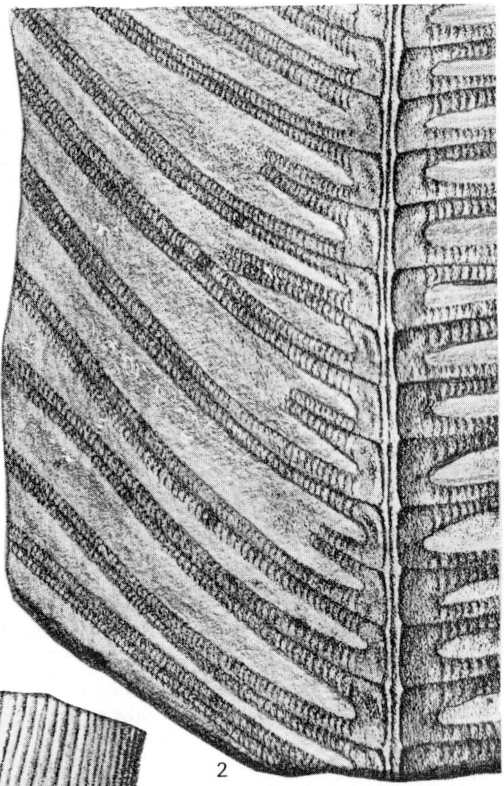

2

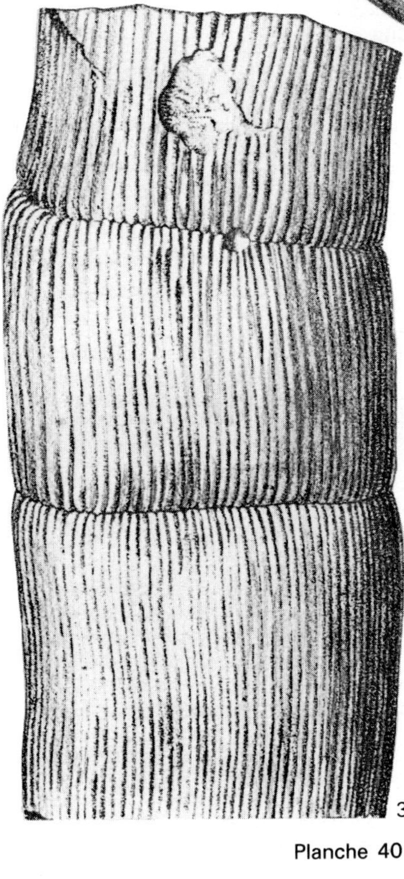

3

4

Planche 40 : TRIAS

1. *Schizoneura paradoxa* – 2. *Anomopteris mougeoti* – 3. *Equisetites mougeoti* – 4. *Voltzia heterophylla.*

(Lorraine et Nord du massif vosgien), Haute-Saône (rég. de Lure) ; en Allemagne. Pl. 41, fig. 10.

Plagiostoma striatum Deshayes *(Lima –)*, fam. Limidae – Valves ornées de 20 à 30 côtes radiales arrondies que croisent de fines stries d'accroissement. Dim. max. : h/L/e = 6,5/5,5/4,5 cm. **Muschelkalk :** Moselle, Meurthe-et-Moselle et Bas-Rhin (Lorraine et Nord du Massif vosgien). Haute-Saône (rég. de Lure) ; en Allemagne. Pl. 41, fig. 9.

Myophoria vulgaris Schlotheim, fam. Myophoriidae – Dim. max. : h/L/e = 4,5/3,5 à 4/2,5 cm. **Buntsandstein sup.** et **Muschelkalk :** Moselle, Meurthe-et-Moselle et Bas-Rhin (Lorraine et Nord du Massif vosgien), Haute-Saône (rég. de Lure) ; en Allemagne. Pl. 41, fig. 8.

Myophoria pesanseris Bronn. – Dim. max. : h/L/e = 5/6/2,5 cm. **Muschelkalk :** Vosges (rég. de Plombières-les-Bains), Var (rég. de Toulon) ; en Allemagne. Pl. 41, fig. 7.

Myophoria goldfussi Alberti – Dim. max. : h/L/e = 1,7/1,7/08 cm. **Muschelkalk :** Moselle, Meurthe-et-Moselle et Bas-Rhin (Lorraine et Nord du Massif vosgien), Var (rég. de Toulon). Pl. 41, fig. 5.

Myophoria orbicularis Bronn – Dim. max : h/L/e = 2/2,5/1 cm. **Muschelkalk :** Bas-Rhin (rég. de Saverne) ; en Allemagne. Pl. 41, fig. 6.

Homomya impressa Alberti, fam. Pholadomyidae – Dim. max. : h/L/e = 3/6/2,5 cm. **Buntsandstein sup.** et **Muschelkalk :** Moselle, Meurthe-et-Moselle et Bas-Rhin (Lorraine et Nord du Massif vosgien) ; en Allemagne. Pl. 41, fig. 13.

Pleuromya elongata Schlotheim, fam. Pleuromyidae – Dim. max. : h/L/e = 4/7/3 cm. **Buntsandstein sup.** à **Keuper :** Moselle, Meurthe-et-Moselle et Bas-Rhin (Lorraine et Nord du Massif vosgien) ; en Allemagne. Pl. 41, fig. 14.

Cercomya praecursor Oppel *(Anatina –)*, fam. Laternulidae – Dim. max. : h/L = 1,5/3,5 cm. **Rhétien :** Saône-et-Loire (rég. d'Autun) ; en Belgique (vallée de la Semois), Allemagne et Italie. Pl. 41, fig. 11.

MOLLUSQUES Gastropodes

Naticopsis gaillardoti Lefroy, fam. Neritopsidae – Dim. max. : h/d = 4/4 cm. **Buntsandstein sup.** et **Muschelkalk inf. :** Moselle, Meurthe-et-Moselle et Bas-Rhin (Lorraine et Nord du Massif vosgien), Haute-Saône (rég. de Lure). Pl. 42, fig. 5.

Pseudomelania obsoleta Zieten *(Loxonema –)*, fam. Pseudomelaniidae – Dim. max. : h/d = 10/3,5 à 4 cm. **Muschelkalk inf. :** Bas-Rhin (rég. de Saverne). Pl. 42, fig. 6.

Undularia scalata Schlotheim, fam. Coelostylinidae – Tours à suture bordée par deux bourrelets qui peuvent être légèrement noduleux. Dim. max. : h/d = 11/4 à 4,5 cm. **Muschelkalk :** Bas-Rhin (rég. de Saverne). Pl. 42, fig. 7.

MOLLUSQUES Céphalopodes Ammonoïdes

Ceratites nodosus Bruguière, fam. Ceratitidae – Tours ornés de côtes plus ou moins fortes, parfois renforcées par de gros tubercules arrondis situés autour de l'ombilic et sur le bord externe ; sutures à lobes dentés en arrière. Dim. max. : d/e = 12/4,5 cm. **Muschelkalk :** Moselle, Meurthe-et-Moselle et Bas-Rhin (Lorraine et Nord du Massif vosgien), Var (rég. de Toulon) ; en Allemagne et au Luxembourg. Pl. 42, fig. 3, 4.

Discoceratites semipartitus Gaillardot, fam. Ceratitidae – Tours subcarénés ventralement et ornés de côtes très estompées. Dim. max. : d/e = 8/1,5 cm. **Muschelkalk :** Moselle, Meurthe-et-Moselle et Bas-Rhin (Lorraine et Nord du Massif vosgien) ; en Allemagne. Pl. 42, fig. 1, 2.

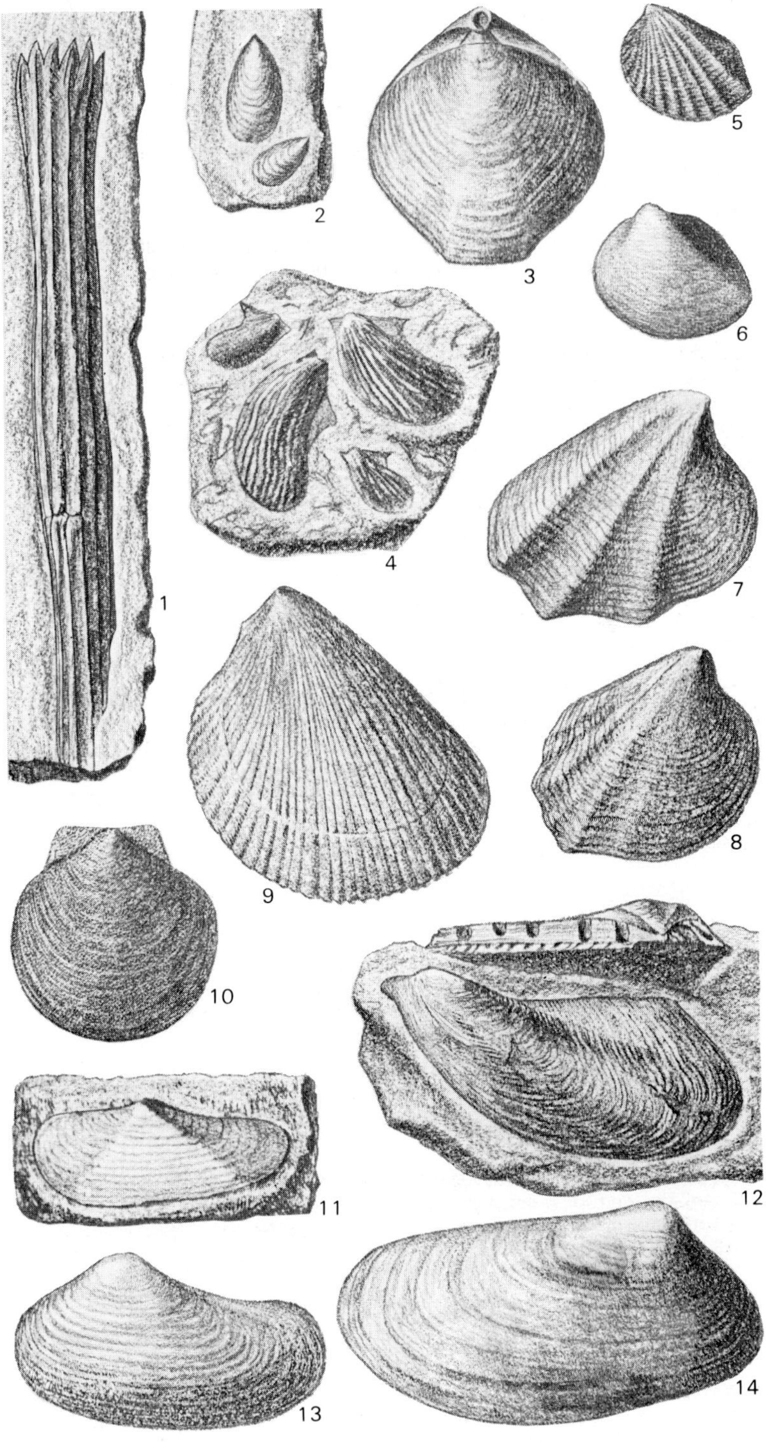

Planche 41 : TRIAS

1. *Equisetites munsteri* – 2. *Lingula tenuissima* – 3. *Coenothyris vulgaris* – 4. *Rhaetavicula contorta* – 5. *Myophoria goldfussi* – 6. *M. orbicularis* – 7. *M. pesenseris* – 8. *M. vulgaris* – 9. *Plagiostoma striatum* – 10. *Entolium discites* – 11. *Cercomya praecursor* – 12. *Hornesia socialis* – 13. *Homomya impressa* – 14. *Pleuromya elongata.*

MÉROSTOMES Xiphosures

Limulitella bronni Schimper, fam. Mesolimulidae – Céphalothorax trilobé présentant une crête médiane, deux sillons latéraux obliques et deux crêtes oculaires ; bords latéro-postérieurs de l'abdomen terminés en pointe ; telson postérieur long et styliforme. Dim. max. (telson compris) : L/l = 24/10,5 à 11 cm. **Buntsandstein sup.** : Moselle et Bas-Rhin (Lorraine et Nord du Massif vosgien). Pl. 43, fig. 1.

CRUSTACÉS Branchiopodes

(*) ***Triops cancriformis*** Schaeffer *(Apudites antiquus)*, fam. Triopsidae – Corps ne dépassant pas 16 mm de long, composé de nombreux segments et recouvert antérieurement par un bouclier dorsal subcirculaire ; abdomen terminé par une fourche. **Buntsandstein** : Moselle et Bas-Rhin (Lorraine et Nord du Massif vosgien) ; cette espèce se poursuit jusque dans l'Actuel. Pl. 42, fig. 10.

(*) ***Euestheria minuta*** Zieten *(Estheria –, Isaura –)*, fam. Cyzicidae – Valves ne dépassant pas 5 mm de long, ornées de 12 à 30 stries d'accroissement bien marquées. **Trias** : espèce très répandue dans la plupart des gisements de France, Allemagne, Grande-Bretagne... Pl. 42, fig. 9.

CRUSTACÉS Euthycarcinoïdes

(*) ***Euthycarcinus kessleri*** Handlirsch, fam. Euthycarcinidae – Carapace composée d'un céphalon semi-circulaire, d'un thorax à 5 écailles, d'un abdomen à 4 écailles, et d'un long telson styliforme ; la face ventrale montre 11 segments thoraciques pourvus d'appendices multiarticulés. Dim. max. : L/l = 6,5/1,2 cm. **Buntsandstein sup.** : Moselle et Bas-Rhin (Lorraine et Nord du Massif vosgien). Pl. 42, fig. 8.

CRUSTACÉS Péracarides

Schimperella beneckei Bill, fam. *incertae sedis* – Petite forme (long. max. : 2 cm) à carapace thoracique fine et à abdomen formé de 6 segments. **Buntsandstein sup.** : Moselle et Bas-Rhin (Lorraine et Nord du Massif vosgien). Pl. 43, fig. 3.

CRUSTACÉS Isopodes

Palaega pumila Gall et Grauvogel, fam. *incertae sedis* – Corps ovale, de 4 à 8 mm de long, à 7 segments thoraciques et 5 segments abdominaux. **Buntsandstein sup.** : Moselle et Bas-Rhin (Lorraine et Nord du Massif vosgien). Pl. 43, fig. 2.

CRUSTACÉS Décapodes

Antrimpos atavus Bill, fam. Penaeidae – Corps étroit, long au maximum de 8 cm, à carapace céphalothoracique mince et lisse, et à abdomen formé de 6 segments. **Buntsandstein sup.** : Moselle et Bas-Rhin (Lorraine et Nord du Massif vosgien). Pl. 42, fig. 13.

Clytiopsis argentoratensis Bill, fam. Clytiopsidae – Corps pouvant atteindre 6 cm de long, à carapace céphalothoracique épaisse et granuleuse, et à abdomen formé de 6 segments. **Buntsandstein sup.** : Moselle et Bas-Rhin (Lorraine et Nord du Massif vosgien). Pl. 42, fig. 11.

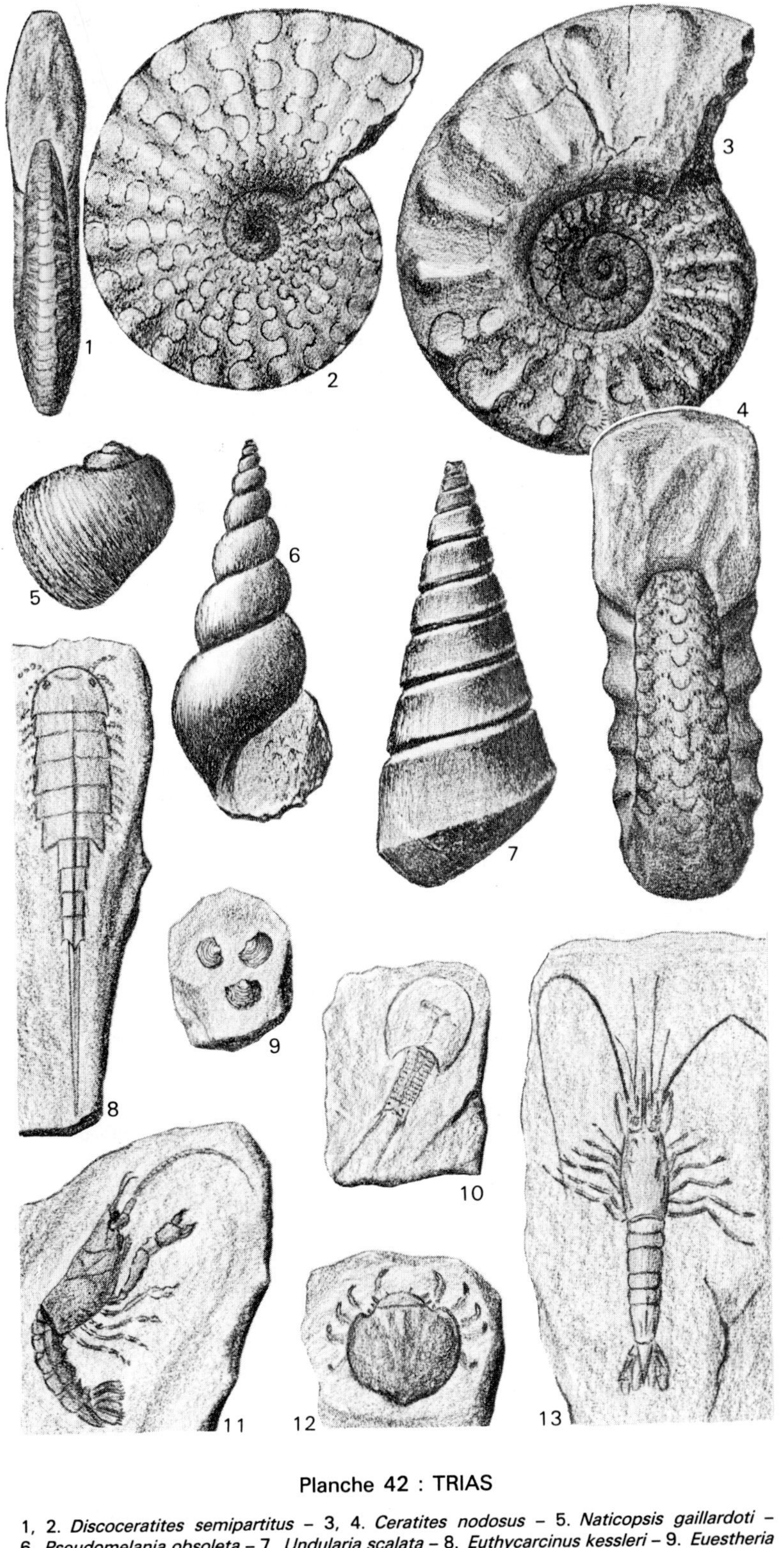

Planche 42 : TRIAS

1, 2. *Discoceratites semipartitus* – 3, 4. *Ceratites nodosus* – 5. *Naticopsis gaillardoti* – 6. *Pseudomelania obsoleta* – 7. *Undularia scalata* – 8. *Euthycarcinus kessleri* – 9. *Euestheria minuta* – 10. *Triops cancriformis* – 11. *Clytiopsis argentoratensis* – 12. *Halicyne ornata* – 13. *Antrimpos atavus.*

CRUSTACÉS Halicynés

Halicyne ornata Trümpy, fam. Halicynidae – Corps ne dépassant pas 3 cm de long, entièrement recouvert par un bouclier dorsal présentant deux échancrures orbitales et une carène médiane. **Buntsandstein sup.** : Moselle et Bas-Rhin (Lorraine et Nord du Massif vosgien) ; en Allemagne dans le Muschelkalk. Pl. 42, fig. 12.

INSECTES

* De très nombreux restes d'Insectes se rencontrent dans le **Buntsandstein supérieur** de Lorraine et du Massif vosgien ; mais leur étude est encore trop peu avancée pour qu'il soit possible d'en citer les principales espèces.

ÉCHINODERMES Crinoïdes

Encrinus liliiformis Schlotheim *(E. moniliformis),* fam. Encrinidae – Calice en forme de coupe, surmonté par 10 bras simples ; tige arrondie à articles inégaux pouvant atteindre 1 cm de diamètre. Dim. max. (couronne) : L/d = 10/4 à 5 cm. **Muschelkalk** : Moselle, Meurthe-et-Moselle et Bas-Rhin (Lorraine et Nord du Massif vosgien), Haut-Rhin (rég. de Ribeauvillé), Var (rég. de Draguignan), Alpes-Maritimes (rég. de Grasse) ; en Allemagne et au Luxembourg. Pl. 43, fig. 5.

ÉCHINODERMES Échinides réguliers

Eotiaris grandaevus Goldfuss *(Miocidaris –),* fam. Cidaridae – Espèce principalement connue par ses radioles qui sont extrêmement fins (de 0,5 à 1,5 mm de diamètre) et longs (de 2 à 5 cm). **Muschelkalk** : Moselle, Meurthe-et-Moselle et Bas-Rhin (Lorraine et Nord du Massif vosgien) ; en Allemagne (Wurtemberg). Pl. 43, fig. 4.

ÉLASMOBRANCHES Sélaciens

Hybodus minor Agassiz, fam. Hybodontidae – Dents longues et hautes au plus de 1 cm, à cône central très développé. **Muschelkalk** à **Rhétien** : Moselle ; en Allemagne (Wurtemberg) et en Grande-Bretagne (Devonshire). Pl. 43, fig. 12.

Acrodus minimus Agassiz, fam. Hybondontidae – Dents ne dépassant pas 3,5 mm de longueur. **Muschelkalk** et **Keuper** : Moselle ; en Allemagne (Wurtemberg) et Grande-Bretagne. Pl. 43, fig. 13, 14.

ACTINOPTÉRYGIENS

* ***Semionotus normanniae*** Larsonneur, fam. Semionotidae – Tête un peu plus longue que haute à orbite large et opercule quadrangulaire ; corps recouvert d'écailles crénelées sur leur bord supérieur et disposées en rangées sinueuses ; nageoires bien développées, formées d'articles, la caudale à peine fourchue. Dim. max. : L/h = 20/7,5 cm (nageoires comprises). **Trias sup.** : Manche (bassin de Carentan). Pl. 43, fig. 11 (reconstitution d'après Larsonneur).

DIPNEUSTES

* ***Ceratodus kaupi*** Agassiz, fam. Ceratodidae – Dents subtriangulaires à émail très brillant, pouvant atteindre 4,5 cm de long et pourvues de 4 à 5 fortes

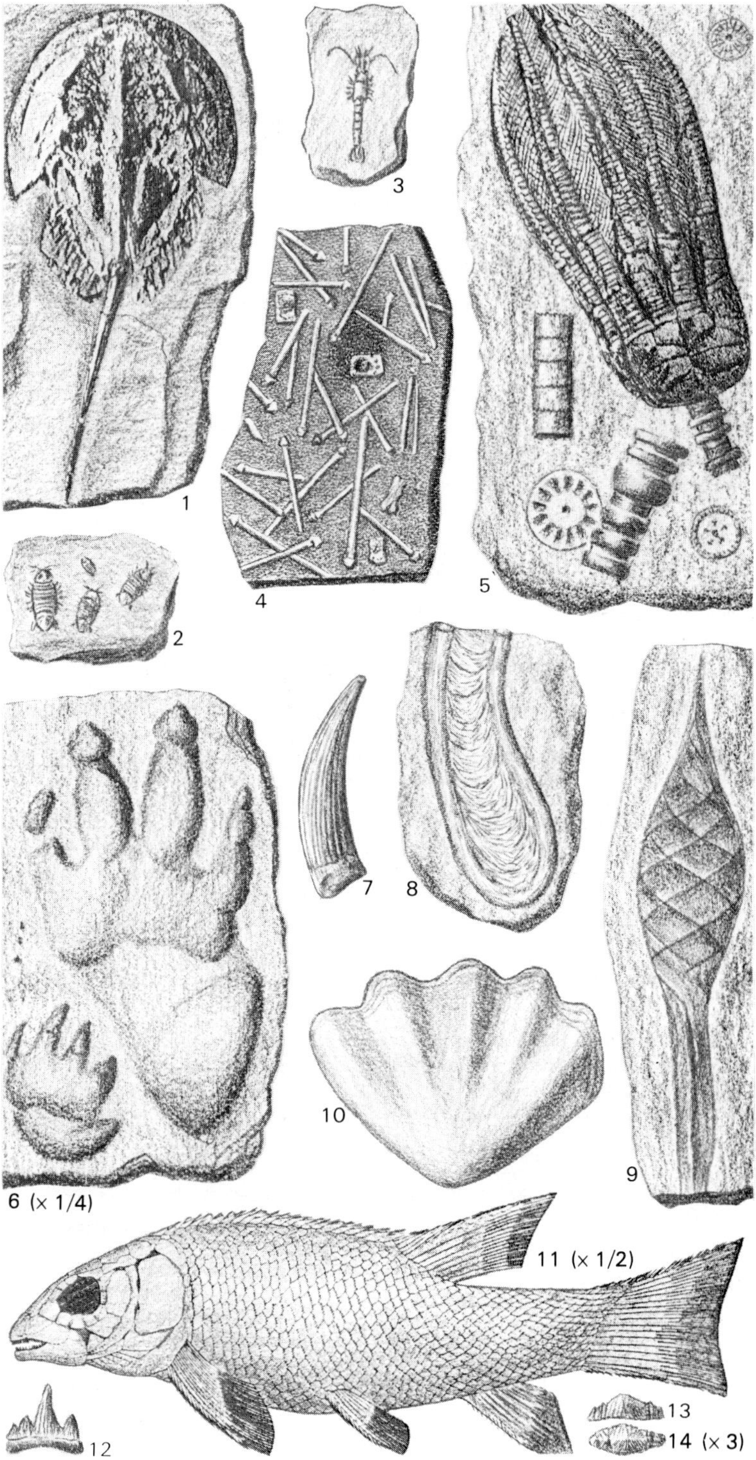

Planche 43 : TRIAS

1. *Limulitella bronni* – 2. *Palaega pumila* – 3. *Schimperella beneckei* – 4. *Eotiaris grandaevus* – 5. *Encrinus liliiformis* – 6. *Chirotherium coureli* – 7. *Nothosaurus mirabilis* – 8. *Rhizocorallium jenense* – 9. *Palaeoxyris regularis* – 10. *Ceratodus kaupi* – 11. *Semionotus normanniae* – 12. *Hybodus minor* – 13, 14. *Acrodus minimus.*

côtes rayonnantes. **Muschelkalk** : Meurthe-et-Moselle (rég. de Lunéville). Pl. 43, fig. 10.

REPTILES Saurischiens

* ***Plateosaurus polignyensis*** Pidancet et Chopard, fam. Plateosauridae – A cette espèce appartient le moins incomplet des squelettes de grands Dinosaures trouvés en France : carnassier bipède haut de 6 m, il a été découvert dans le **Keuper** du Jura (rég. de Poligny).

REPTILES Sauroptégyriens

Nothosaurus mirabilis Münster, fam. Nothosauridae – Reptile marin atteignant une longueur de 3 m, à tête étroite et allongée ; mâchoire armée d'environ 80 dents coniques, légèrement courbes, de section circulaire, à couronne sillonnée longitudinalement, atteignant 5 cm de longueur totale pour un diamètre de 7 mm. **Muschelkalk** : Meurthe-et-Moselle (rég. de Lunéville) ; en Allemagne. Pl. 43, fig. 7 (dent).

TRACES

Rhizococrallium jenense Zenker *(R. commune), incertae sedis* – Terrier tubulaire de 3 à 7 mm de diamètre en forme de U, dont les deux branches sont réunies par de minces traverses incurvées. L'ensemble atteint 5 à 10 cm de longueur sur 1 à 2 cm de largeur. L'hôte de ce terrier serait probablement un Crustacé. **Buntsandstein sup.** et **Muschelkalk inf.** : Moselle, Meurthe-et-Moselle (Lorraine et Nord du Massif vosgien) ; en Allemagne et au Luxembourg. De telles traces peuvent se rencontrer dans divers sédiments, depuis le Paléozoïque (Cambrien) jusque dans le Cénozoïque. Pl. 43, fig. 8.

Palaeoxyris regularis Brongniart *(Spirangium –), incertae sedis* – Coque fusiforme à réseau central lozangique. Initialement rapportées à des organes végétaux, ces traces de 6 à 18 cm de long sur 1 à 2,5 cm de large sont maintenant considérées comme des œufs de Sélaciens. **Buntsandstein sup.** : Moselle et Bas-Rhin (Lorraine et Nord du Massif vosgien). Pl. 43, fig. 9.

* ***Rhynchosauroides petri*** Demathieu, fam. *incertae sedis* – Piste de Tétrapode de type lacertoïde (empreintes tetra-à pentadactyles, fines et étroites, ne dépassant pas 2,7 cm de long). **Muschelkalk** : Rhône (Mont d'Or lyonnais).

* ***Chirotherium coureli*** Demathieu, fam. *incertae sedis* – Empreinte pentadactyle de Dinosauroïde Pseudosuchien, pouvant atteindre 21 cm de long et 12 cm de large pour le pied, 6,5 cm de long et de large pour la main. **Muschelkalk** : Rhône (Mont d'Or lyonnais). Pl. 43, fig. 6 (pied et main gauches).

* Des pistes de Dinosauriens tridactyles, de type **Grallator** (empreintes de pas longues de 5 à 30 cm, de contour étroit et allongé, à 3 doigts fins pourvus de griffes acérées) se rencontrent par ailleurs dans le **Rhétien** de Vendée (rég. de St-Hilaire-de-Talmont).

JURASSIQUE INFÉRIEUR (LIAS)

Le Jurassique inférieur, ou « Jura noir », encore appelé Lias, se subdivise traditionnellement en quatre étages principaux qui totalisent seulement 20 millions d'années.

JURASSIQUE MOYEN

			180 M.A.
JURASSIQUE INFÉRIEUR	Toarcien		
	Pliensbachien (= Charmouthien)	Domérien / Carixien	
	Sinémurien (= Lotharingien)		
	Hettangien		
			200 M.A.

TRIAS

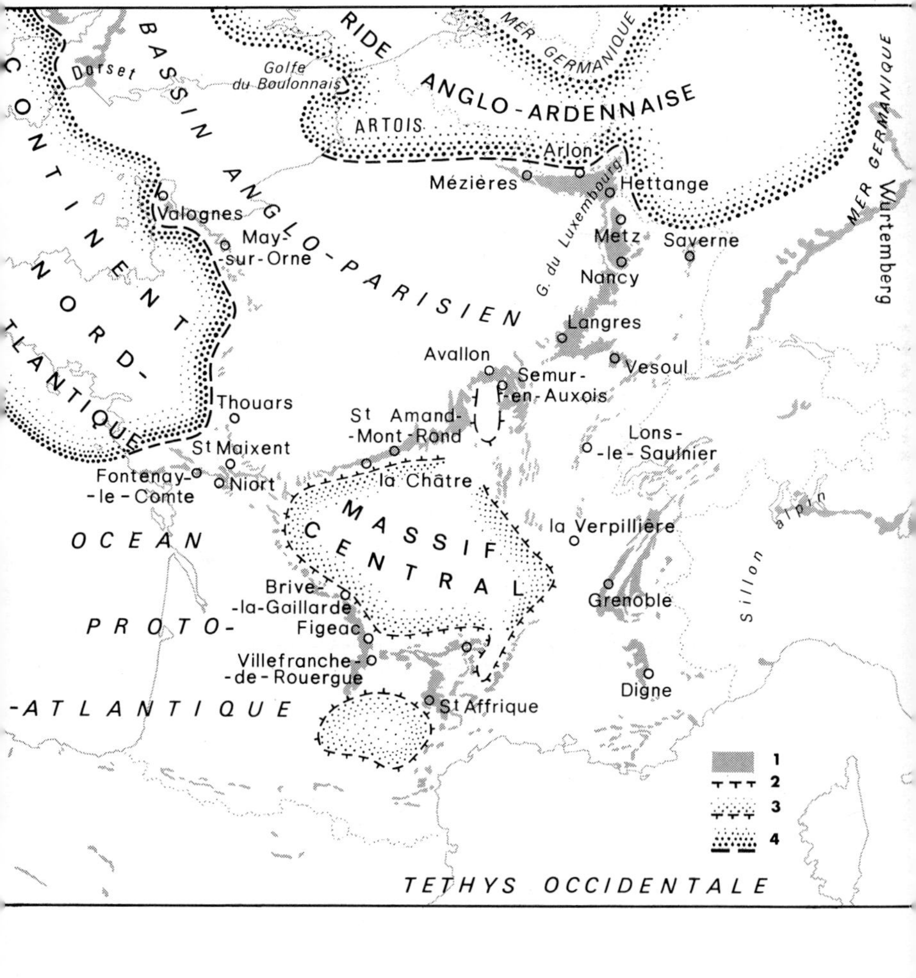

Jurassique inférieur

1. Principaux affleurements liasiques – 2. Zones de hauts fonds – 3. Massifs pouvant avoir été temporairement et faiblement émergés – 4. Limites probables de l'extension des mers liasiques.

Les sédiments du Jurassique inférieur se distribuent, dans nos régions, sur le pourtour des grands bassins sédimentaires anglo-parisien (avec ses dépendances vosgiennes), aquitain (communiquant progressivement avec le bassin anglo-parisien par le détroit du Poitou et ouvert sur le bassin ibérique) et dauphinois, ce dernier séparé du sillon briançonnais par une série de rides formant hauts-fonds (voir carte).

Transgressives les unes par rapport aux autres et gagnant sur les résidus continentaux hérités des périodes précédentes, les mers du Jurassique inférieur laissent des sédiments qui, dans leur ensemble, sont à dominante détritique (grès, schistes – dont les fameux « schistes-carton » du Toarcien –, marnes micacées,...) et plus ou moins ferrugineux, avec, intercalées, des formations plus franchement calcaires (gréso-calcaires ou marno-calcaires).

Dans ces mers, plus uniformément chaudes et stables qu'au Trias, s'amorce la progression continue des Invertébrés jurassiques : Anthozoaires, Brachiopodes, Mollusques (avec leurs légions de Bivalves, de Gastropodes, de Céphalopodes Ammonoïdes et Bélemnoïdes), Echinodermes... Parmi les Poissons dominent les Actinoptérygiens, proies favorites des grands Reptiles marins.

Les sédiments du Jurassique inférieur livrent principalement :

CYCADOPHYTES

* ***Otozamites hennoquei*** Pomel, fam. *incertae sedis* – Pennes atteignant 3 à 4 cm de long, à nervation rayonnante. **Hettangien :** Moselle (Hettange). Pl. 44, fig. 2.

CONIFÈROPHYTES

* ***Pagiophyllum peregrinum*** Schenk *(Pachyphyllum –)*, fam. Araucariaceae – Rameaux épais, garnis de feuilles lancéolées longues de 0,5 à 1 cm, se recouvrant partiellement. **Hettangien :** Moselle (Hettange), Deux-Sèvres (rég. de Niort), Lozère (rég. de Mende) ; en Grande-Bretagne (Dorsetshire) et en Italie ; cette espèce apparaît dans le Trias. Pl. 44, fig. 1.

ANTHOZOAIRES Hexacoralliaires

Trocharea guettardi Blainville, fam. Microsolenidae – Polypier discoïde présentant chez les plus grands spécimens une centaine de septes dentés. Dim. max. : h/d = 0,8/4 cm. **Sinémurien :** Ardennes (rég. de Sedan) ; en Belgique (rég. de Jamoigne). Pl. 44, fig. 3, 4.

BRACHIOPODES Articulés

Homoeorhynchia acuta Sowerby, fam. Rhynchonellidae – Espèce à sinus très accentué et ne présentant que 2 à 4 côtes latérales. Dim. max. : L/l/e = 2/2,5/1,5 à 2,5 cm. **Pliensbachien sup. :** Calvados, Sarthe, Saône-et-Loire, Rhône, Ardèche ; en Allemagne, au Luxembourg et en Grande-Bretagne. Pl. 44, fig. 5, 6.

Homoeorhynchia cynocephala Richard *(Rhynchonella meridionalis)* – **Toarcien sup. :** espèce largement répandue en France et dans les régions limitrophes, se poursuivant dans le Jurassique moy. (→ Pl. 64, fig. 4, 5).

Calcirhynchia plicatissima Quenstedt *(Rhynchonella –)*, fam. Rhynchonellidae – Coquille ne dépassant pas 1,5 cm de long et ornée sur chaque valve de 12 à 16 côtes. **Hettangien** à **Pliensbachien :** espèce répandue dans toute l'Europe occidentale. Pl. 44, fig. 7-9.

Tetrarhynchia tetraedra Sowerby *(Rhynchonella –)*, fam. Rynchonellidae – Coquille ornée de 22 à 30 côtes sur chaque valve, dont 5 à 8 sur le sinus médian. Dim. max. : L/l/e = 2,5/3/2 à 2,5 cm. **Pliensbachien sup. :** Aisne (rég. d'Hirson), Ardennes, Moselle, Meurthe-et-Moselle, Calvados, Sarthe, Vienne,

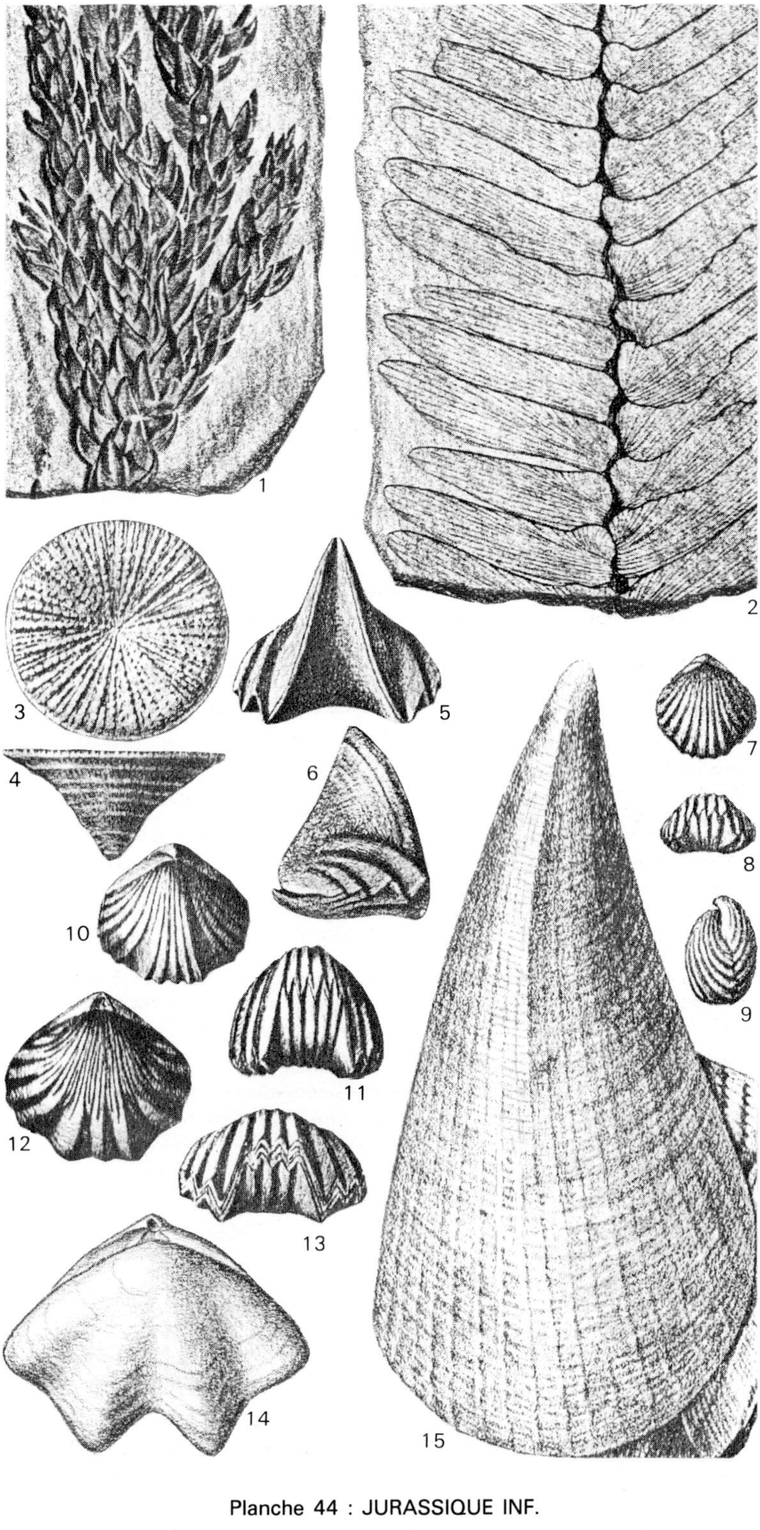

Planche 44 : JURASSIQUE INF.

1. *Pagiophyllum peregrinum* – 2. *Otozamites hennoquei* – 3, 4. *Trocharea guettardi* – 5, 6. *Homoeorhynchia acuta* – 7-9. *Calcirhynchia plicatissima* – 10, 11. *Tetrarhynchia tetraedra* – 12, 13. *Furcirhynchia furcillata* – 14. *Zeilleria quadrifia* – 15. *Pinna hartmanni.*

Côte-d'Or, Corrèze (rég. de Brive), Aveyron (rég. de Villefranche-de-Rouergue), Var ; au Luxembourg et en Grande-Bretagne. Pl. 44, fig. 10, 11.

Furcirhynchia furcillata Theodori *(Rhynchonella –)*, fam. Rhynchonellidae – Dim. max. : L/l/e = 2,5/2,3 à 2,8/1,4 à 1,8 cm. **Sinémurien** et **Pliensbachien** : Meurthe-et-Moselle, Jura, Sarthe, Calvados ; en Allemagne (Wurtemberg). Pl. 44, fig. 12, 13.

Spiriferina walcotti Sowerby *(Spirifer –)*, fam. Spiriferinidae – Coquille un peu variable, présentant 4 à 6 côtes arrondies de chaque côté du sinus qui est large et accentué ; crochet parfois très proéminent. Dim. max. : L/l/e = 4,5/4 à 5,5/3 à 4 cm. **Sinémurien** : espèce répandue dans toute l'Europe occidentale. Pl. 45, fig. 10.

Spiriferina tumida Buch *(S. pinguis)* – Valves présentant, de chaque côté du sinus qui est assez accentué, 8 à 12 côtes étroites et arrondies ; surface ponctuée de petites cicatrices correspondant à la trace des épines. Dim. max. : L/l/e = 3,5/3 à 3,5/2 à 2,5 cm. **Hettangien** et **Pliensbachien** : espèce répandue dans toute l'Europe occidentale. Pl. 45, fig. 11, 12.

Spiriferina alpina Oppel. – Cette espèce se reconnaît facilement à ses valves entièrement lisses. Dim. max. : L/l/e = 3,5/4/2 à 2,5 cm. **Sinémurien** et **Pliensbachien** : Ain, Rhône, Var ; en Suisse (Jura Vaudois) et en Espagne.

Lobothyris subpunctata Davidson *(Terebratula –)*, fam. Terebratulidae – Dim. max. : L/l/e = 6/4 à 4,5/3 à 3,5 cm. **Sinémurien** et **Pliensbachien** : Indre (rég. d'Argenton-sur-Creuse), Corrèze (rég. de Brive-la-Gaillarde), Aveyron (vallée de la Dourbie), Ariège ; en Grande-Bretagne, Allemagne et Espagne. Pl. 45, fig. 6, 7.

Lobothyris jauberti Deslongchamps – Dim. max. : L/l/e = 4/3 à 3,5/2 à 2,5 cm. **Pliensbachien sup.** et **Toarcien** : Var, Bouches-du-Rhône (rég. de Marseille), Lozère, Aveyron, Pyrénées-Atlantiques (rég. de Mouline) ; en Espagne. Pl. 45, fig. 8, 9.

Zeilleria perforata Piette *(Terebratula psilonotis)*, fam. Zeilleriidae – Dim. max. : L/l/e = 2,5/1,8 à 2,2/1,3 à 1,5 cm. **Hettangien** et **Sinémurien** : espèce répandue dans toute l'Europe occidentale. Pl. 45, fig. 3, 4.

Zeilleria quadrifida Lamarck *(Terebratula cornuta)* – Espèce présentant typiquement 4 lobes arrondis, mais dont les deux latéraux peuvent s'estomper chez certaines variations. Dim. max. : L/l/e = 3,5/3,5 à 5/1,5 à 2,5 cm. **Pliensbachien sup.** : espèce répandue dans toute l'Europe occidentale. Pl. 44, fig. 14.

Zeilleria (Cincta) numismalis Lamarck – Dim. max. : L/l/e = 3/2,5 à 3/1 à 1,2 cm. **Pliensbachien inf.** : espèce répandue dans toute l'Europe occidentale. Pl. 45, fig. 1, 2.

Zeilleria (Cincta) cor Lamarck – Espèce à contour typiquement cordiforme. Dim. max. : L/l/e = 3/2,5 à 3/1 à 1,5 cm. **Sinémurien** : Ardennes (rég. de Mézières), Calvados, Indre (rég. d'Argenton-sur-Creuse), Nièvre, Yonne (rég. d'Avallon), Côte-d'Or, Aveyron (rég. de Villefranche-de-Rouergue), Ariège ; en Grande-Bretagne, Allemagne et Espagne. Pl. 45, fig. 5.

MOLLUSQUES Bivalves

Palaeonucula hammeri Defrance *(Nucula –)*, fam. Nuculidae – Coquille globuleuse à valves plus ou moins allongées et bombées. Dim. max. : h/L/e = 2/3,3/1,7 cm. **Toarcien** : Bas-Rhin, Doubs (rég. de Besançon), Lozère (Le Valdonnez), Ardèche (rég. de Privas, Crussol), Isère (La Verpillière), Aude. Pl. 46, fig. 3, 4.

Nuculana rostralis Lamarck *(Leda –)*, fam. Nuculanidae – Surface des valves normalement ornée de stries concentriques très fines et régulières. Dim. max. : h/L/e = 1,2/2,5/0,7 à 0,9 cm. **Toarcien** : espèce largement répandue en Europe occidentale. Pl. 49, fig. 3, 4.

Inoperna plicata Sowerby *(Modiolus sowerbyanus)*, fam. Mytilidae – **Toarcien** : dans toute l'Europe occidentale ; cette espèce se poursuit dans le Jurassique moy. (→ Pl. 65, fig. 5).

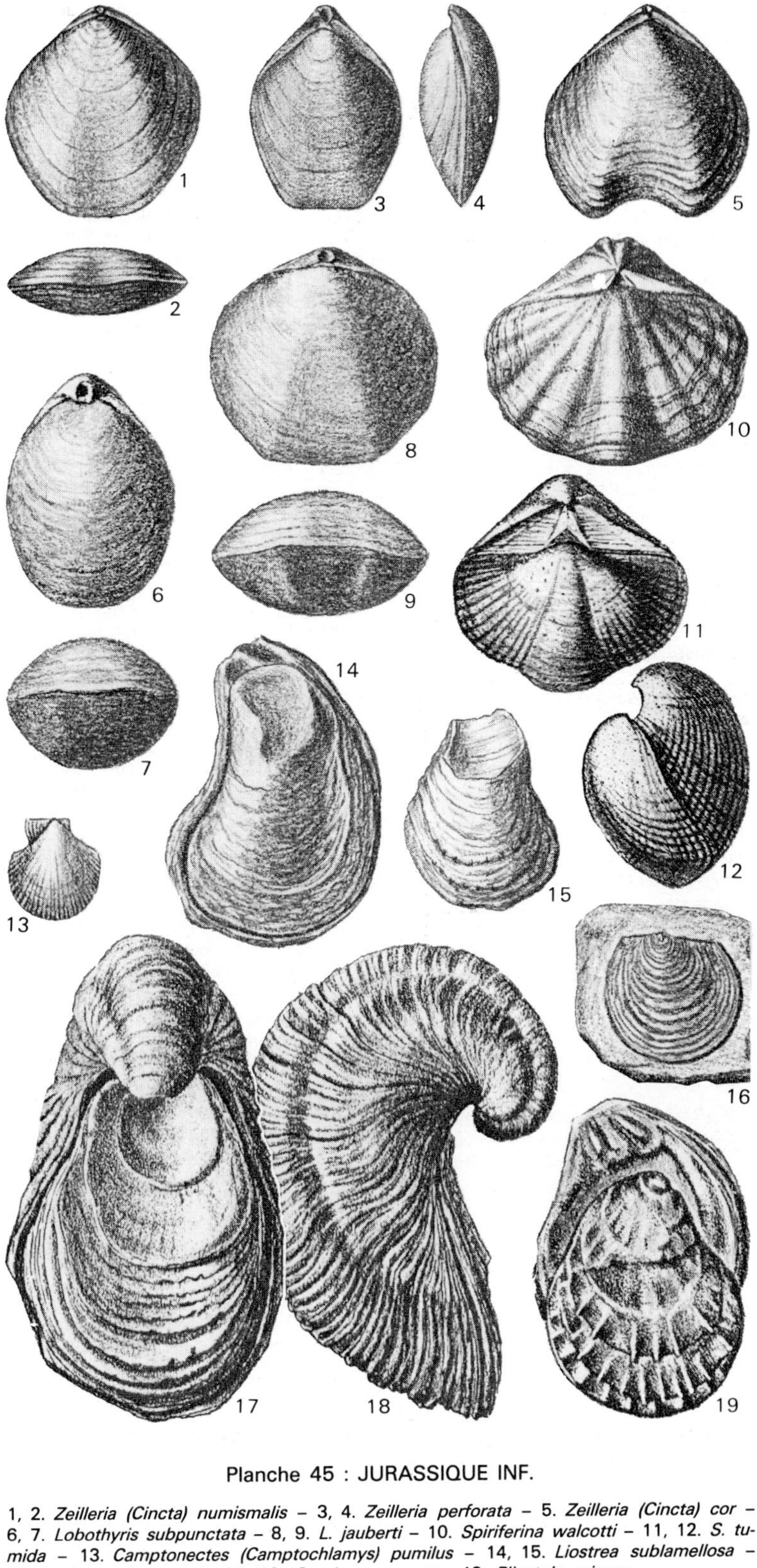

Planche 45 : JURASSIQUE INF.

1, 2. *Zeilleria (Cincta) numismalis* – 3, 4. *Zeilleria perforata* – 5. *Zeilleria (Cincta) cor* – 6, 7. *Lobothyris subpunctata* – 8, 9. *L. jauberti* – 10. *Spiriferina walcotti* – 11, 12. *S. tumida* – 13. *Camptonectes (Camptochlamys) pumilus* – 14, 15. *Liostrea sublamellosa* – 16. *Steinmannia bronni* – 17, 18. *Gryphaea arcuata* – 19. *Plicatula spinosa.*

Modiolus scalprum Sowerby *(Mytilus –)*, fam. Mytilidae – Espèce pouvant atteindre 12 cm de long. **Hettangien** à **Pliensbachien** : espèce largement répandue en Europe occidentale. Pl. 47, fig. 1.

Pinna hartmanni Zieten, fam. Pinnidæ – Dim. max. : h/L/e = 10/20/6 cm. **Sinémurien** : Ardennes (rég. de Mézières) ; en Allemagne (Wurtemberg). Pl. 44, fig. 15.

Oxytoma inequivalis Sowerby, fam. Oxytomidæ – **Sinémurien** à **Toarcien** : dans toute l'Europe occidentale ; cette espèce se poursuit jusque dans le Crétacé inf. (→ Jurassique moy., Pl. 66, fig.1).

Entolium corneolum Young et Bird *(Pecten demissus, P. disciformis)*, fam. Entoliidae – **Hettangien** à **Toarcien** : espèce répandue dans toute l'Europe occidentale ; se poursuit jusque dans le Jurassique sup. (→ Jurassique moy., Pl. 66, fig. 9).

Camptonectes (Camptochlamys) pumilus Lamarck *(Variamussium personatum)*, fam. Pectinidæ – Petite espèce à valve droite lisse et à valve gauche ornée de 11 à 14 côtes radiales que croisent de fines côtes concentriques. Dim. max. : h/L/e = 1,5/1,5/0,5 cm. **Toarcien** : Moselle, Meurthe-et-Moselle, Haute-Marne, Côte-d'Or, Sarthe, Deux-Sèvres (rég. de Niort) ; au Luxembourg et en Allemagne ; cette espèce se poursuit dans le Jurassique moy. Pl. 45, fig. 13.

Chlamys textoria Schlotheim, fam. Pectinidæ – Valves ornées de très nombreuses côtes radiales de grosseur variable et plus ou moins alterne, que croisent des costules d'accroissement. Dim. max. : h/L/e = 8/8/2,5 cm. **Hettangien** à **Toarcien** : espèce très répandue dans toutes les formations liasiques de France et des régions limitrophes. Pl. 47, fig. 2 (valve gauche).

Chlamys valoniensis Defrance – Valves ornées de 22 à 24 côtes radiales de grosseur un peu inégale, la plus antérieure étant un peu plus forte. Dim. max. : h/L/e = 8/8/2 à 2,5 cm. **Hettangien** : Manche (rég. de Valognes), Rhône (Mont d'Or Lyonnais), Lozère. Pl. 47, fig. 3 (valve gauche).

Pseudopecten equivalvis Sowerby (*Pecten æquivalvis*), fam. Pectinidæ – Valves ornées de 20 à 50 côtes radiales arrondies, plus étroites que leurs intervalles et que croisent de fines stries d'accroissement. dim. max. : h/L/e = 12/13/4 cm. **Pliensbachien** : espèce répandue dans toute l'Europe occidentale. PL. 47, fig. 5.

Pseudopecten priscus Scholteim – Cette espèce, de taille inférieure à la précédente (haut. max. 7 cm.), ne possède que 17 à 20 côtes radiales sur chaque valve. **Hettangien** à **Pliensbachien** : dans toute l'Europe occidentale.

Pseudopecten (Echinopecten) pollux d'Orbigny – Espèce très reconnaissable à ses valves ornées de 25 à 30 côtes radiales dont une sur deux à une sur quatre sont armées de fortes épines. Dim. max. h/L/e = 5/5/1,8 cm. **Hettangien** : Côte-d'Or (rég. de Pouilly-en-Auxois).

Plagiostoma giganteum Sowerby, fam. Limidæ – Grande espèce à valves lisses ou ornées de très fines côtes radiales, visibles seulement sur les bords, et de stries d'accroissement irrégulières. Dim. max. : h/L/e = 18/18/8 à 9 cm. **Hettangien** à **Toarcien** : espèce répandue dans toute l'Europe occidentale. Pl. 46, fig. 2.

Plagiostoma valoniense Defrance – Cette espèce se distingue de la précédente par ses côtes mieux marquées, plus fortes et occupant toute la surface des valves. Dim. max. : h/L/e = 7/7/3 cm. **Hettangien** : Moselle, Côte-d'Or (rég. de Pouilly-en-Auxois). Manche (rég. de Valogne) ; au Luxembourg.

Plagiostoma punctata Sowerby – Cette espèce se reconnaît à ses valves ornées de côtes plates, étroites et finement ponctuées dans leurs intervalles. Dim. max. : h/L/e = 7/6/3,5 cm. **Hettangien** à **Pliensbachien** : espèce répandue dans toute l'Europe occidentale.

Pseudolimea duplicata Sowerby, fam. Limidæ – **Hettangien** à **Toarcien** : dans toute l'Europe occidentale ; cette espèce se poursuit jusque dans le Jurassique sup. (→ Jurassique moy., Pl. 65, fig. 12).

Pseudomytiloides dubius Sowerby (*Inoceramus* –), fam. Inoceramidæ – Dim. max. : h/L/e = 4/2,5 à 3/2,2 cm. **Toarcien** : dans toute l'Europe occidentale. Pl. 46, fig. 5.

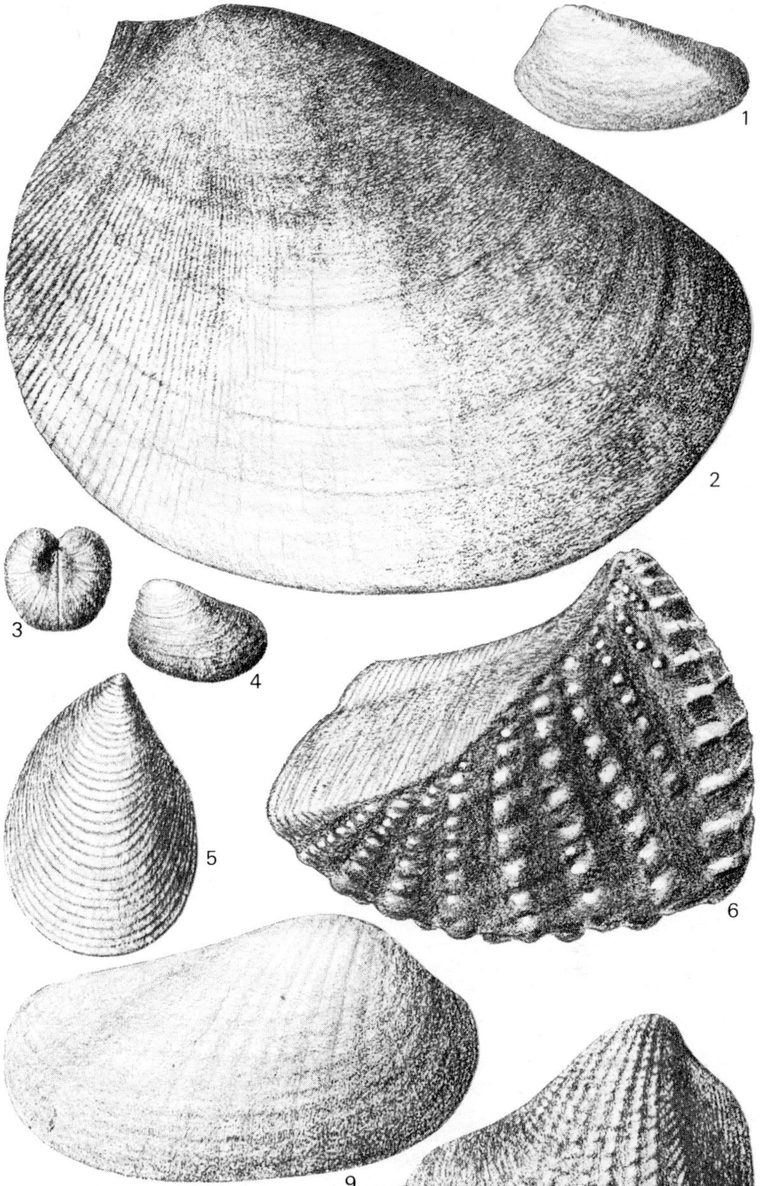

Planche 46 : JURASSIQUE INF.

1. *Isocyprina porrecta* – 2. *Plagiostoma giganteum* – 3, 4. *Palæonucula hammeri* – 5. *Pseudomytiloides dubius* – 6. *Scaphotrigonia navis* – 7, 8. *Cardinia lamellosa* – 9. *Pholadomya glabra* – 10. *P. decorata*.

Steinmannia bronni Zieten *(Posidonia liasina)*, fam. Inoceramidæ – Valves pouvant atteindre 4 cm de diamètre, ornées de fines stries concentriques qui se superposent à des bourrelets plus saillants. **Toarcien :** espèce cosmopolite. Pl. 45, fig. 16.

Plicatula spinosa Sowerby (*Harpax* –), fam. Plicatulidæ – Valves n'excédant pas 5 cm de hauteur pour 4 de large, et ornées de lamelles concentriques plus ou moins épineuses. **Pliensbachien :** espèce répandue dans toute l'Europe occidentale. Pl. 45, fig. 19.

Gryphæa arcuata Lamarck *(Liogryphæa –)*, fam. Gryphæidæ – Valve gauche pouvant atteindre 8 cm de hauteur pour 4,5 à 5 cm de longueur et 5,5 cm d'épaisseur. **Sinémurien :** espèce répandue dans toute l'Europe occidentale. Pl. 45, fig. 17, 18.

Grypæa obliquata Sowerby – Espèce proportionnellement plus large que la précédente, à crochet plus petit et recourbé un peu obliquement. **Sinémurien** et **Pliensbachien :** dans toute l'Europe occidentale.

Gryphæa cymbium Lamarck *(Liogryphæa regularis)* – Espèce de proportions variables, à crochet assez court et tronqué ou plus ou moins déformé par la surface de fixation. Dim. max. : h/L/e = 15/10 à 12/5 à 7 cm. **Sinémurien** et **Pliensbachien** : dans toute l'Europe occidentale.

Gryphæa gigantea Sowerby – Espèce relativement plate et presque aussi longue que haute (haut. max. : 13 cm) ; valve gauche creusée d'un léger sillon latéral. **Pliensbachien :** dans toute l'Europe occidentale.

Liostrea sublamellosa Dunker, fam. Gryphæidæ – Valve ne dépassant pas 5 cm de hauteur pour 3 de longueur. **Hettangien :** Moselle, Côte-d'Or (rég. de Semur), Rhône, Lozère, Cher (rég. de St-Amand-Mont-Rond), Calvados ; en Allemagne, Luxembourg et Belgique (vallée de la Semois). Pl. 45, fig. 14,15.

Scaphotrigonia navis Lamarck, fam. Trigoniidæ – Région médiane des valves ornée de 8 à 14 côtes plus ou moins perlées. Dim. max. : h/L/e = 6/7 à 8/3 cm. **Pliensbachien** et **Toarcien :** Moselle (rég. de Metz), Bas-Rhin (rég. de Saverne et de Sainte-Odile) ; en Allemagne (Wurtemberg) ; cette espèce se poursuit dans le Jurassique moyen (Aalénien). Pl. 46, fig. 6.

Mactromya cardioides Philips, fam. Mactromyidæ – Dim. max. : h/L/e = 3,5/4 à 4,5/3 cm. **Hettangien** à **Pliensbachien** : Moselle, Manche (rég. de Valognes) ; en Allemagne, Luxembourg et Grande-Bretagne. Pl. 47, fig. 4.

Cardinia lamellosa Goldfuss, fam. Cardiniidæ – Dim. max. h/L/e = 2,5/3,5 à 4/0,7 à 1 cm. **Hettangien :** Moselle, Côte-d'Or (rég. de Semur) ; en Allemagne (Wurtemberg), Luxembourg et Belgique (vallée de la Semois). Pl. 46, fig. 7, 8.

Isocyprina porrecta Dumortier, fam. Arcticidæ – Dim. max. : h/L/e = 1,8/3 à 3,5/1 à 1,5 cm. **Hettangien :** Gard, Bouches-du-Rhône, Indre (rég. de la Châtre). Pl. 46, fig. 1.

Pholadomya (Bucardiomya) decorata Hartmann, fam. Pholadomyidæ – Coquille de forme très variable, plus ou moins étroite, ornée dans la région médiane de 4 à 8 côtes radiales plus ou moins noduleuses. Dim. max. : h/L/e = 8/5,5 à 6,5/5 cm. **Pliensbachien** et **Toarcien :** espèce largement répandue en France et dans les régions limitrophes. Pl. 46, fig. 10.

Pholadomya glabra Agassiz – Coquille très allongée, ornée de bourrelets d'accroissement et de côtes radiales très peu marquées. Dim. max. : h/L/e = 6/8 à 10/4 à 5 cm. **Jurassique inf. :** dans toute l'Europe occidentale. Pl. 46, fig. 9.

Pleuromya striatula, Agassiz, fam. Pleuromyidæ – Coquille de contour un peu variable, à surface ornée de bourrelets concentriques irréguliers. Dim. max. : h/L/e = 3/4,5 à 5/1,8 à 2 cm. **Sinémurien** et **Pliensbachien** : espèce largement répandue en France et dans les régions limitrophes. Pl. 49, fig. 1.

Pleuromya unioides Goldfuss – Coquille caractérisée par sa région antérieure très courte. Dim. max. : h/L/e = 3/5/2 cm. **Pliensbachien** : espèce largement répandue en France et dans les régions limitrophes. Pl. 49, fig. 2.

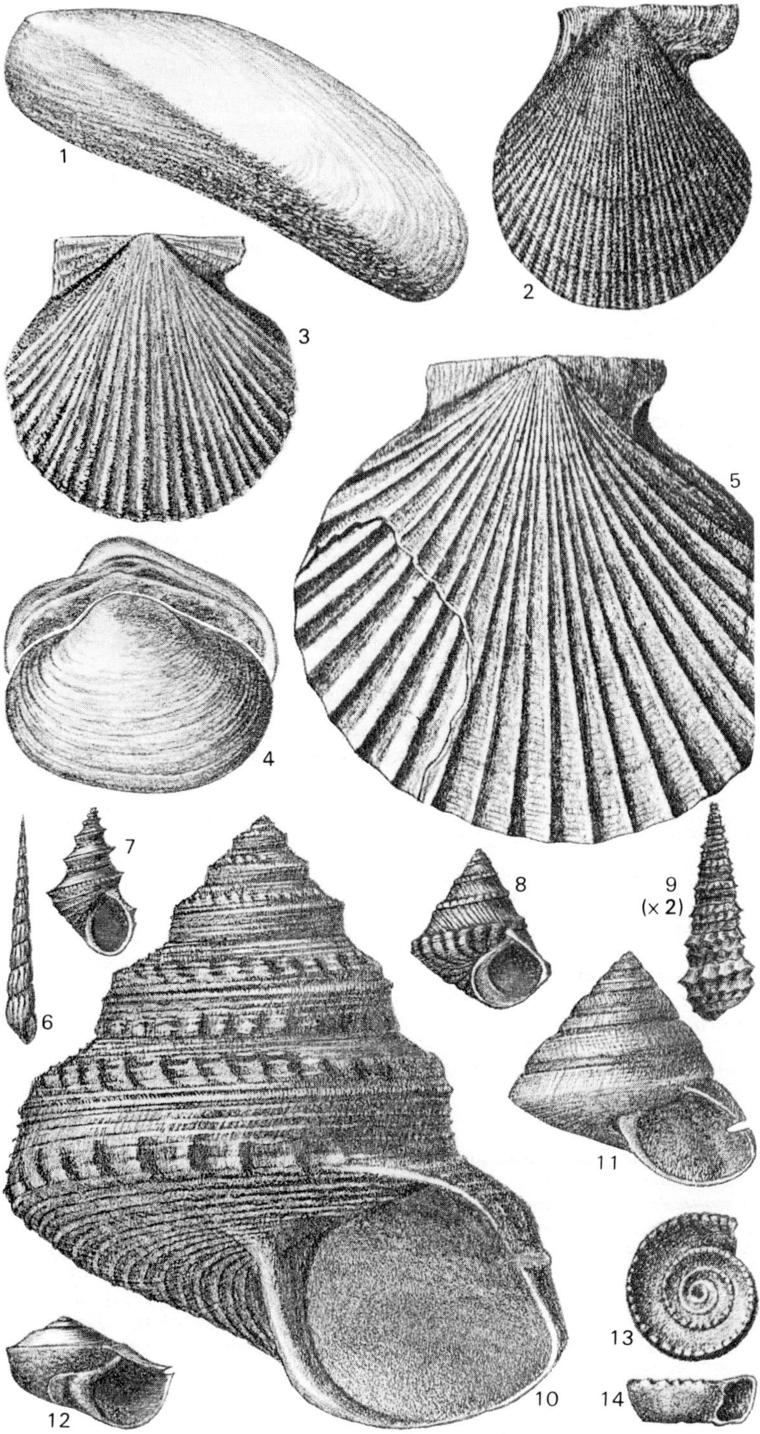

Planche 47 : JURASSIQUE INF.

1. *Modiolus scalprum* – 2. *Chlamys textoria* – 3. *C. valoniensis* – 4. *Mactromya cardioides* – 5. *Pseudopecten equivalvis* – 6. *Katosira carusensis* – 7. *Purpurina (Pseudalaria) patroclus* – 8. *Chartronella subduplicata* – 9. *Procerithium (Xystrella) armatum* – 10. *Pleurotomaria anglica* – 11. *Perotrochus subdecoratus* – 12. *Ptycomphalus expansus* – 13, 14. *Discohelix sinistra*.

Discohelix sinistra d'Orbigny, fam. Euomphalidæ – Tours ornés de nodosités sur les deux faces. Dim. max. : h/d = 2,5/1 cm. **Pliensbachien :** Calvados (rég. de May-sur-Orne). Pl. 47, fig. 13, 14.

Ptycomphalus expansus Sowerby *(Pleurotomaria –)*, fam. Eotomariidæ – Dim. max. h/d = 1,6/2,5 cm. **Pliensbachien :** Meurthe-et-Moselle (rég. de Nancy), Bas-Rhin, Saône-et-Loire, Cher (rég. de St-Amand-Mont-Rond), Calvados, Dordogne ; en Allemagne et en Grande-Bretagne. Pl. 47, fig. 12.

Pleurotomaria anglica Sowerby, fam. Pleurotomariidæ – Dim. max. : h/d = 9/7,5 cm. **Sinémurien** et **Pliensbachien :** Moselle (rég. de Metz), Meurthe-et-Moselle (rég. de Nancy), Yonne (rég. d'Avallon), Côte-d'Or, Rhône (rég. de Villefranche-sur-Saône), Jura, Cher (rég. de St-Amand-Mont-Rond). Calvados ; en Allemagne et en Grande-Bretagne. Pl. 47, fig. 10.

Perotrochus grasanus d'Orbigny *(Pleurotomaria –)*, fam. Pleurotomariidæ – Spire à galbe faiblement excavé et ornementation spirale très fine. Dim. max. : h/d = 5,5/4,5 à 5 cm. **Toarcien :** Ardèche (rég. de Privas, Crussol) et Isère (rég. de la Verpillière). Pl. 49, fig. 5.

Perotrochus sibylla d'Orbigny *(Pleurotomaria –)* – Espèce proche de la précédente, dont elle diffère par sa spire plus étroite et à galbe régulièrement conique. Dim. max. : h/d = 4/3 cm. **Toarcien** : avec la précédente.

Perotrochus (Bathrotomaria) isarensis d'Orbigny *(Pleurotomaria –)* – Coquille à spire régulière, formée de tours convexes ornés de cordons inégaux. Dim. max. : h/d = 5,5/5 à 5,5 cm. **Toarcien :** Isère (rég. de la Verpillière). Pl. 49, fig. 6.

Perotrochus (Bathrotomaria) subdecoratus Münster *(Pleurotomaria –)* – Dim. max. : h/d = 3/3,5 cm. **Toarcien :** Yonne, Côte-d'Or (rég. de Semur), Rhône, Isère, Pl. 47, fig. 11.

Chartronella subduplicata d'Orbigny *(Turbo –, Amberleya –)*, fam. Amberleyidæ – Tours variablement excavés, à ornementation plus ou moins noduleuse. Dim. max. : h/d = 2,5/1,8 à 2 cm. **Toarcien :** dans toute l'Europe occidentale ; cette espèce se poursuit dans le Jurassique moyen (Aalénien). Pl. 47, fig. 8.

Amberleya (Eucyclus) capitaneus d'Orbigny, fam. Amberleyidae – Dim. max. : h/d = 5/3,5 cm. **Toarcien :** espèce largement répandue dans tous les gisements français. Pl. 48, fig. 3.

Microschiza clathrata Deshayes *(Littorina –)*, fam. Pseudomelaniidæ – Dim. max. : h/d = 3,5/2,5 à 3 cm. **Hettangien** et **Sinémurien :** Moselle (grès de Hettange), Côte-d'Or (rég. de Semur) ; au Luxembourg et en Belgique (rég. d'Arlon). Pl. 48, fig. 2.

Zygopleura verrucosa Terquem *(Cerithium –)*, fam. Zygopleuridæ – Dim. max. h/d = 10/3 cm. **Hettangien :** Moselle (grès de Hettange). Pl. 48, fig. 4.

Katosira carusensis d'Orbigny, fam. Zygopleuridæ – Dim. max. : h/d = 3/0,4 cm. **Pliensbachien :** Calvados (rég. de May-sur-Orne), Cher (rég. de St-Amand-Mont-Rond), Saône-et-Loire (rég. de Châlon-sur-Saône), Ain. Pl. 47, fig. 6.

Promathildia (Teretrina) turritella Dunker *(Turritella dunkeri)*, fam. Mathildiidæ – Espèce très variable dans son ornementation, à carènes spirales plus ou moins marquées. Dim. max. : h/d = 3/0,5 à 0,7 cm. **Hettangien :** dans toute l'Europe occidentale. Pl. 48, fig. 5.

Tretospira carinata Terquem *(Ampullaria –)*, fam. Purpurinidæ – Coquille à spire très variable, plus ou moins élancée et à carène plus ou moins anguleuse. Dim. max. : h/d = 6,5/4,5 à 5 cm. **Hettangien :** Moselle (grès d'Hettange). Pl. 48, fig. 1.

Tretospira obtusa Deshayes *(Ampullaria –)* – Cette espèce diffère de la précédente par sa spire très courte, à tours arrondis et dépourvus de carène. Dim. max. : h/d = 6,5/6 cm. **Hettangien :** Moselle (rég. de Hettange) ; au Luxembourg.

Planche 48 : JURASSIQUE INF.

1. *Tretospira carinata* – 2. *Microschiza clathrata* – 3. *Amberleya (Eucyclus) capitaneus* – 4. *Zygopleura verrucosa* – 5. *Promathildia (Teretrina) turritella* – 6,7. *Psiloceras planorbis* – 8,9. *Beaniceras centaurum* – 10, 11. *Arietites bucklandi.*

Purpurina (Pseudalaria) patroclus d'Orbigny, fam. Purpurinidæ – Dim. max. h/d = 2,3/1,3 cm. **Toarcien** : espèce largement répandue dans les gisements français. Pl. 47, fig. 7.

Procerithium (Xystrella) armatum Goldfuss *(Cerithium –)*, fam. Procerithiidæ – Tours ornés de 10 côtes axiales incurvées que croisent 3 cordons spiraux. Dim. max. : h/d = 1,7/0,5 cm. **Toarcien** : dans toute l'Europe occidentale. Pl. 47, fig. 9.

Ampullospira pelops d'Orbigny *(Natica –)*, fam. Ampullospiridæ – Dim. max. : h/d = 6,5/4,5 à 5 cm. **Toarcien** : espèce largement répandue en France et dans les régions limitrophes. Pl. 49, fig. 7.

MOLLUSQUES Céphalopodes Nautiloïdes

Cenoceras striatum Sowerby *(Nautilus –)* fam. Nautilidæ – Dim. max. : d/e = 12/7 cm. **Sinémurien** : Meurthe (rég. de Nancy), Yonne (rég. d'Avallon), Côte-d'Or (rég. de Pouilly-en-Auxois, Semur-en-Auxois), Rhône, Ain ; en Grande-Bretagne. Pl. 54, fig. 9, 10.

Cenoceras (Metacenoceras) inornatum d'Orbigny – Coquille largement ombiliquée, dépourvue de stries spirales, à région dorsale latéralement subanguleuse. Dim. max. : d/e = 9/6 cm. **Toarcien** : dans toute l'Europe occidentale ; cette espèce se poursuit dans le Jurassique moyen (Aalénien et Bajocien). Pl. 56, fig. 1.

MOLLUSQUES Céphalopodes Ammonoïdes

Phylloceras heterophyllum Sowerby, fam. Phylloceratidae – Dim. max. : d/e = 20/7,5 cm. **Toarcien moy.** : dans toute l'Europe occidentale. Pl. 50, fig. 1, 2.

Tragophylloceras ibex Quenstedt, fam. Juraphyllitidae – Dim. max. : d/e = 6/1,3 cm. **Pliensbachien inf.** : espèce à large répartition européenne. Pl. 50, fig. 5.

Lytoceras fimbriatum Sowerby (*Fimbrilytoceras –)*, fam. Lytoceratidae – Tours de section ovalaire, se recouvrant très peu, ornés de nombreuses costules d'accroissement irrégulières et plus ou moins crénelées, dont certaines font saillie à intervalles sensiblement réguliers. Dim. max : d/e = 25/6,5 cm. **Pliensbachien inf.** : dans toute l'Europe occidentale. Pl. 51, fig. 1, 2.

Lytoceras cornucopiae Young et Bird *(Thysanolytoceras –)*, se distingue essentiellement de la précédente par ses tours plus larges, et par le développement des stries spirales qui recoupent les costules d'accroissement en les festonnant. Dim. max. : d/e = 35/12,5 cm. **Toarcien moy.** : espèce largement répandue en France et dans les régions limitrophes.

Psiloceras planorbis Sowerby, fam. Psiloceratidae – Dim. max. : d/e = 8/1,3 cm. **Hettangien inf.**: espèce largement répandue en France et dans les régions limitrophes. Pl. 48, fig. 6, 7.

Alsatites liasicus d'Orbigny *(A. laqueolus)*, fam. Psiloceratidae – Tours étroits et nombreux, de section subcirculaire, ornés de côtes simples et pourvus d'une carène médiane arrondie. Dim. max. : d/e = 20/4,2 cm. **Hettanien moy.** : espèce largement répandue en France et dans les régions limitrophes. Pl. 55, fig. 1, 2.

Schlotheimia angulata Schlotheim, fam. Schlotheimiidae – Dim. max. : d/e = 6/1,2 à 1,3 cm. **Hettangien sup.** : espèce largement répandue en France et dans les régions limitrophes. Pl. 50, fig. 3, 4.

Charmasseiceras charmassei d'Orbigny, fam. Schlotheimiidae – Dim. max. : d/e = 20/4 cm. **Sinémurien inf.** : Ardennes (rég. de Mézières), Yonne (rég. d'Avallon), Côte-d'Or (rég. de Semur) ; en Allemagne et en Grande-Bretagne. Pl. 54, fig. 5, 6.

Planche 49 : JURASSIQUE INF.

1. *Pleuromya striatula* – 2. *P. unioides* – 3, 4. *Nuculana rostralis* – 5. *Perotrochus grasanus* – 6. *P. isarensis* – 7. *Ampullospira pelops* – 8, 9. *Liparoceras cheltiense* – 10, 11. *Asteroceras obtusum.*

Arietites bucklandi Sowerby, fam. Arietitidae – Dim. max. : d/e = 40/10 cm. **Sinémurien inf.** : espèce largement répandue en France et dans les régions limitrophes. Pl. 48, fig. 10, 11.

Arietites bisulcatus Bruguière – Espèce voisine de la précédente, dont elle diffère par son ombilic un peu plus étroit et par ses côtes plus serrées, plus droites, plus tranchantes et légèrement épaissies au bord externe. Dim. max. : d/e : 30/7,5 cm. **Sinémurien inf.** : espèce largement répandue en France et dans les régions limitrophes.

Arnioceras semicostatum Young et Bird, fam. Arietitidae – Dim. max. : d/e = 8/2 cm. **Sinémurien inf.** : espèce largement répandue en France et dans les régions limitrophes. Pl. 55, fig. 3, 4.

Asteroceras obtusum Sowerby, fam. Arietitidae – Dim. Max. : d/e = 20/6 cm. **Sinémurien sup.** : espèce largement répandue en France et dans les régions limitrophes. Pl. 49, fig. 10, 11.

Oxynoticeras oxynotum Quenstedt, fam. Oxynoticeratidae – Dim. max. : d/e = 12/2,5 cm. **Sinémurien sup.** : espèce à large répartition européenne. Pl. 52, fig. 1, 2.

Echioceras raricostatum Quenstedt, fam. Echioceratidae – Dim. max. : d/e = 12/2,5 cm. **Sinémurien sup.** : dans toute l'Europe occidentale. Pl. 52, fig. 5, 6.

Promicroceras planicosta Sowerby, fam. Eoderoceratidae – Dim. max. : d/e = 10/2,8 cm. **Sinémurien sup.** : espèce largement répandue en Europe nord-occidentale. Pl. 52, fig. 7, 8.

Eoderoceras armatum Sowerby *(Deroceras –),* fam. Eoderoceratidae – Dim. max. : d/e = 12/5 à 5,5 cm. **Sinémurien sup.** : Ardennes (rég. de Mézières), Bas-Rhin, Côte-d'Or (rég. de Semur), Cher (rég. de St-Amand-Mont-Rond) ; en Allemagne, Suisse et Grande-Bretagne. Pl. 50, fig. 6, 7.

Uptonia jamesoni Sowerby, fam. Polymorphitidae – Dim. max. : d/e = 15/3 cm. **Pliensbachien inf.** : espèce à large répartition européenne. Pl. 50, fig. 8, 9.

Acanthopleuroceras maugenesti d'Orbigny, fam. Polymorphitidae – Dim. max. : d/e = 5,5/1,5 cm. **Pliensbachien inf.** : Calvados, Côte-d'Or (rég. de Semur-en-Auxois), Cher (rég. de St-Amand-Mont-Rond). Pl. 51, fig. 5, 6.

Liparoceras cheltiense Murchison, fam. Liparoceratidae – Dim. max. : d/e = 150/9 à 11 cm. **Pliensbachien inf.** : espèce largement répandue en Europe occidentale. Pl. 49, fig. 8, 9.

Beaniceras centaurum d'Orbigny, fam. Liparoceratidae – Dim. max. : d/e = 2/1,1 cm. **Pliensbachien inf.** : Cher (rég. de St-Amand-Mont-Rond), Indre (rég. de La Châtre). Pl. 48, fig. 8, 9.

Aegoceras capricornus Schlotheim *(Androgynoceras –),* fam. Liparoceratidae – Dim. max. : d/e = 9/2,5 cm. **Pliensbachien inf.** : dans toute l'Europe occidentale. Pl. 52, fig. 3, 4.

Amaltheus stokesi Sowerby, fam. Amaltheidae – Espèce pourvue d'une quille dorsale festonnée et non distincte des flancs. Dim. max. : d/e = 20/3,5 cm. **Pliensbachien sup.** : dans toute l'Europe occidentale. Pl. 51, fig. 9.

Amaltheus margaritatus Montfort – Tours ornés, dans le jeune âge, de côtes plus ou moins saillantes et noduleuses, qui s'estompent avec la croissance ; carène cordée bien distincte. Dim. max. : d/e = 6/1,5 cm. **Pliensbachien sup.** : dans toute l'Europe occidentale. Pl. 51, fig. 7, 8.

Pleuroceras spinatum Bruguière *(Amaltheus –),* fam. Amaltheidae – Dim. max. : d/e = 10/3 cm. **Pliensbachien sup.** : dans toute l'Europe occidentale. Pl. 52, fig. 11, 12.

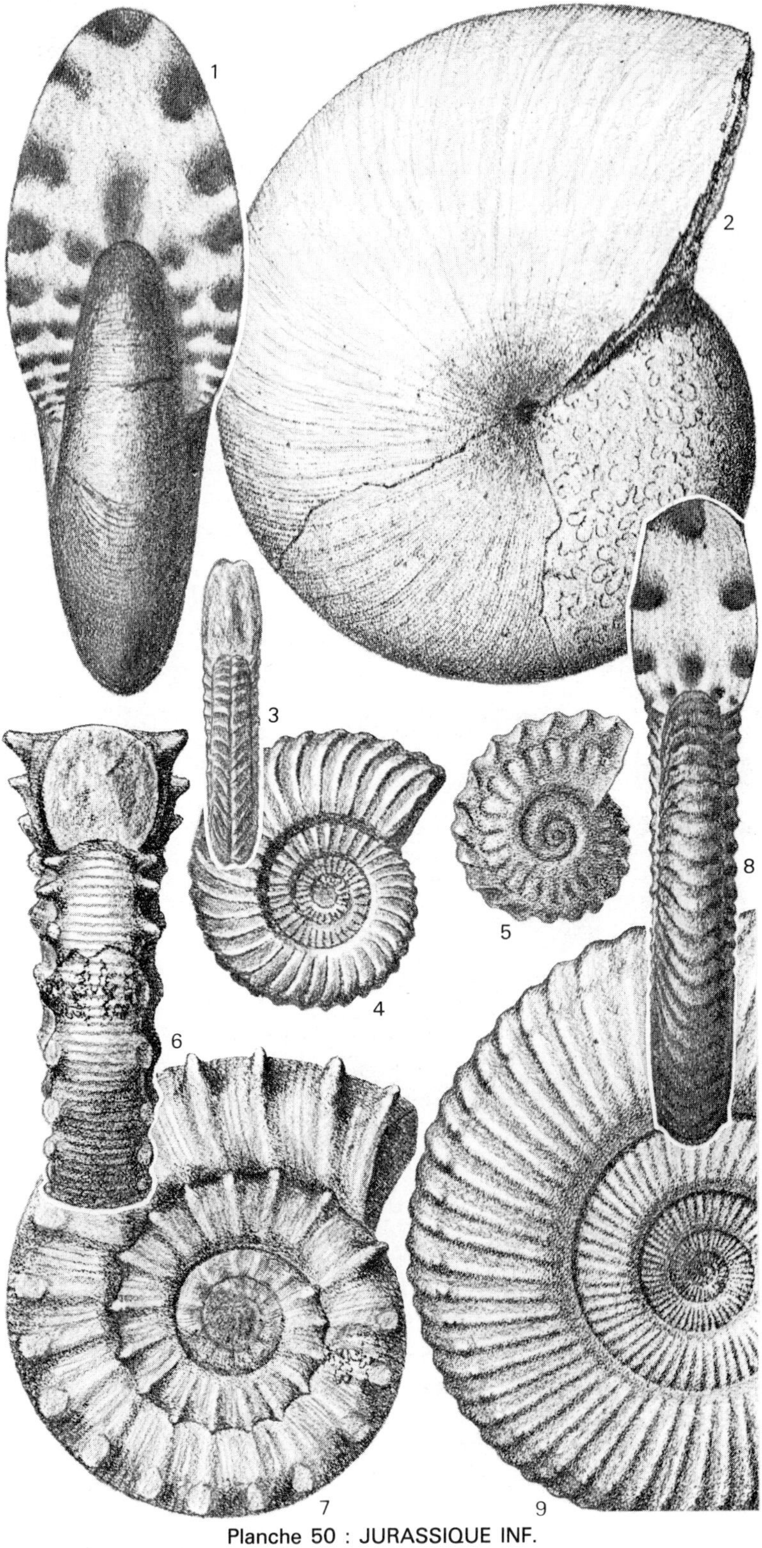

Planche 50 : JURASSIQUE INF.

1, 2. *Phylloeras heterophyllum* – 3, 4. *Schlotheimia angulata* – 5. *Tragophylloceras ibex* – 6, 7. *Eoderoceras armatum* – 8, 9. *Uptonia jamesoni.*

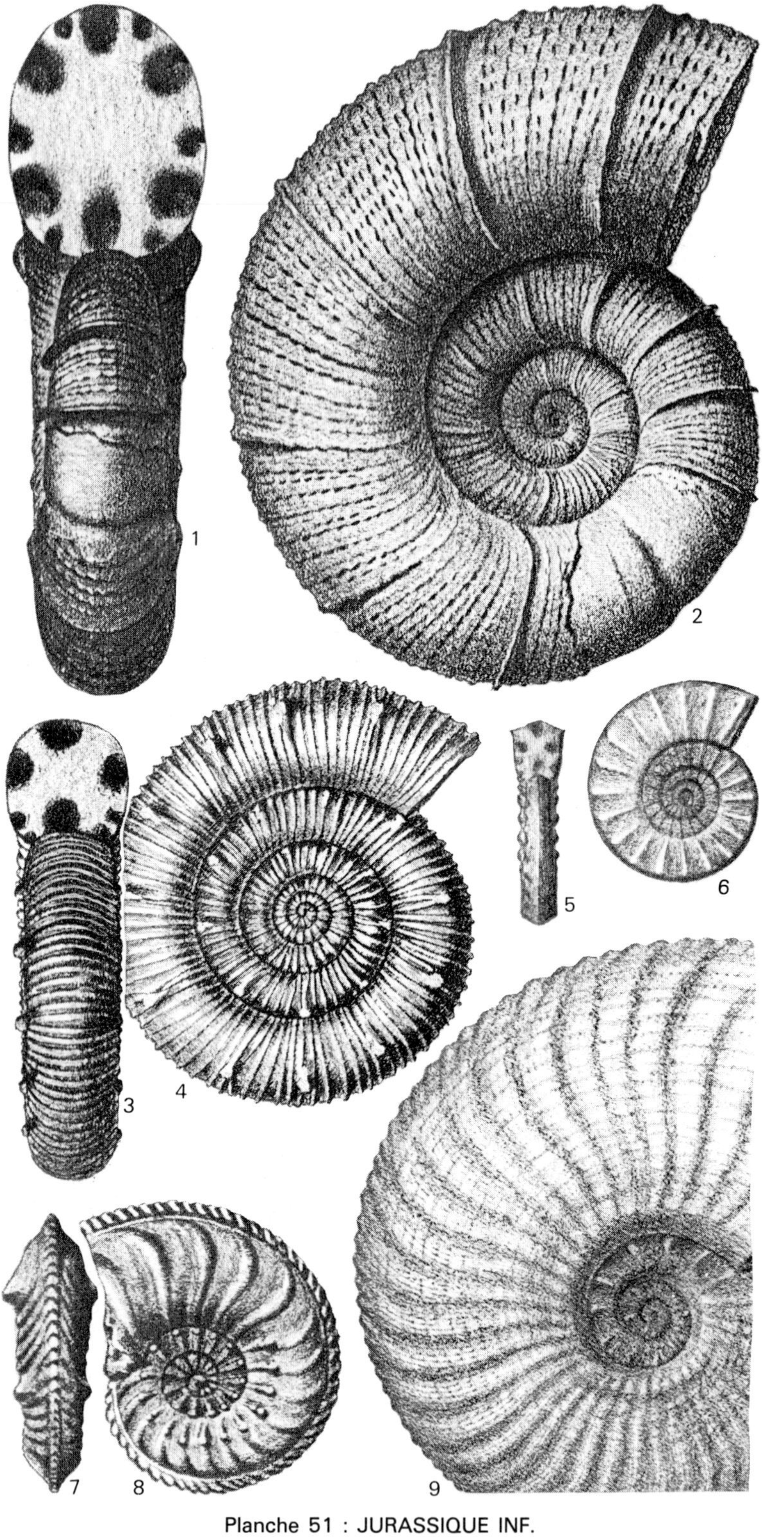

Planche 51 : JURASSIQUE INF.

1, 2. *Lytoceras fimbriatum* – 3, 4. *Prodactylioceras davoei* – 5, 6. *Acanthopleuroceras maugenesti* – 7, 8. *Amaltheus margaritatus* – 9. *A. stokesi.*

Planche 52 : JURASSIQUE INF.

1, 2. *Oxynoticeras oxynotum* – 3, 4. *Aegoceras capricornus* – 5, 6. *Echioceras raricostatum* – 7, 8. *Promicroceras planicosta* – 9, 10. *Pleydellia aalensis* – 11, 12. *Pleuroceras spinatum.*

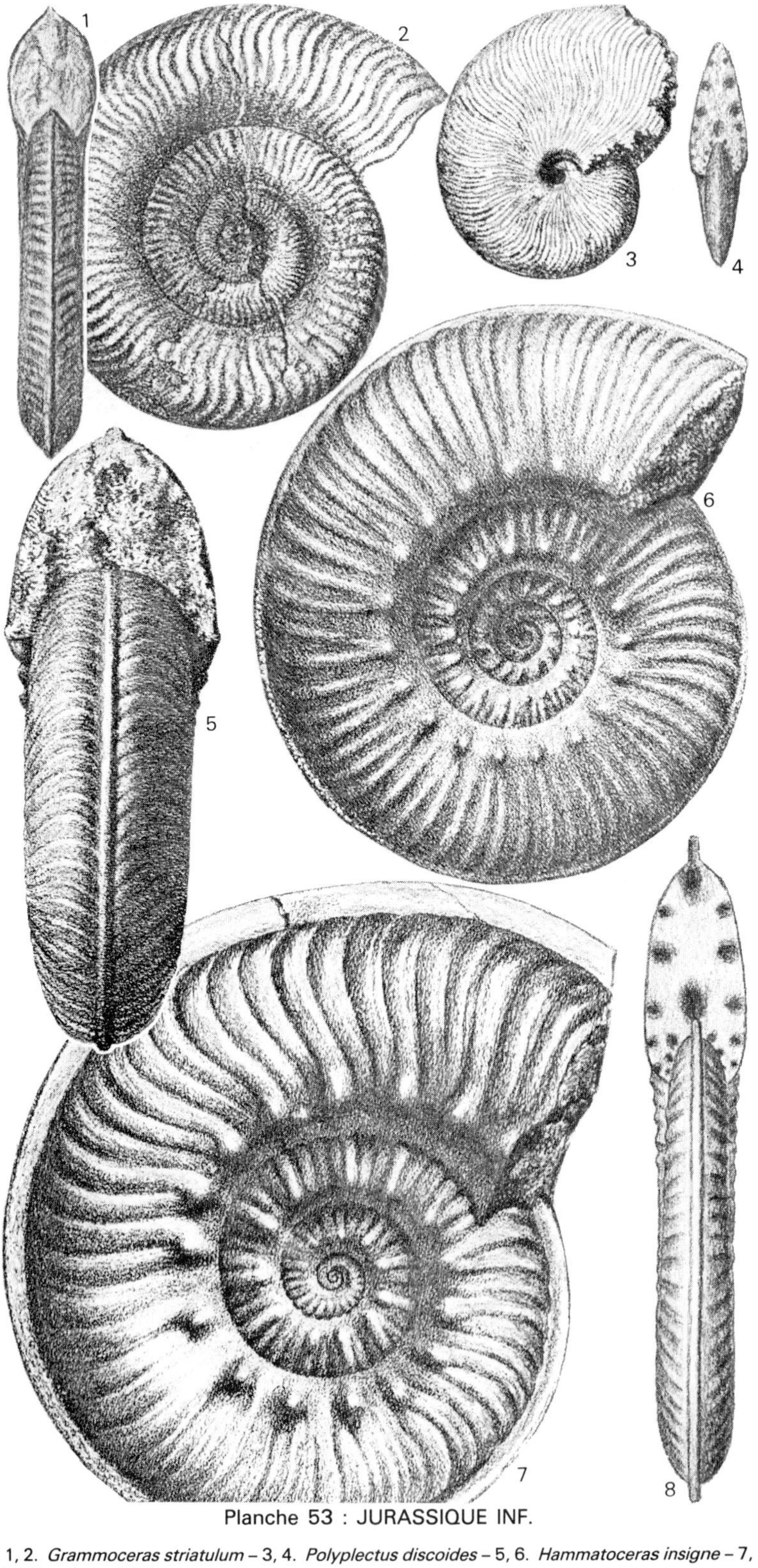

Planche 53 : JURASSIQUE INF.

1, 2. *Grammoceras striatulum* – 3, 4. *Polyplectus discoides* – 5, 6. *Hammatoceras insigne* – 7, 8. *Haugia variabilis.*

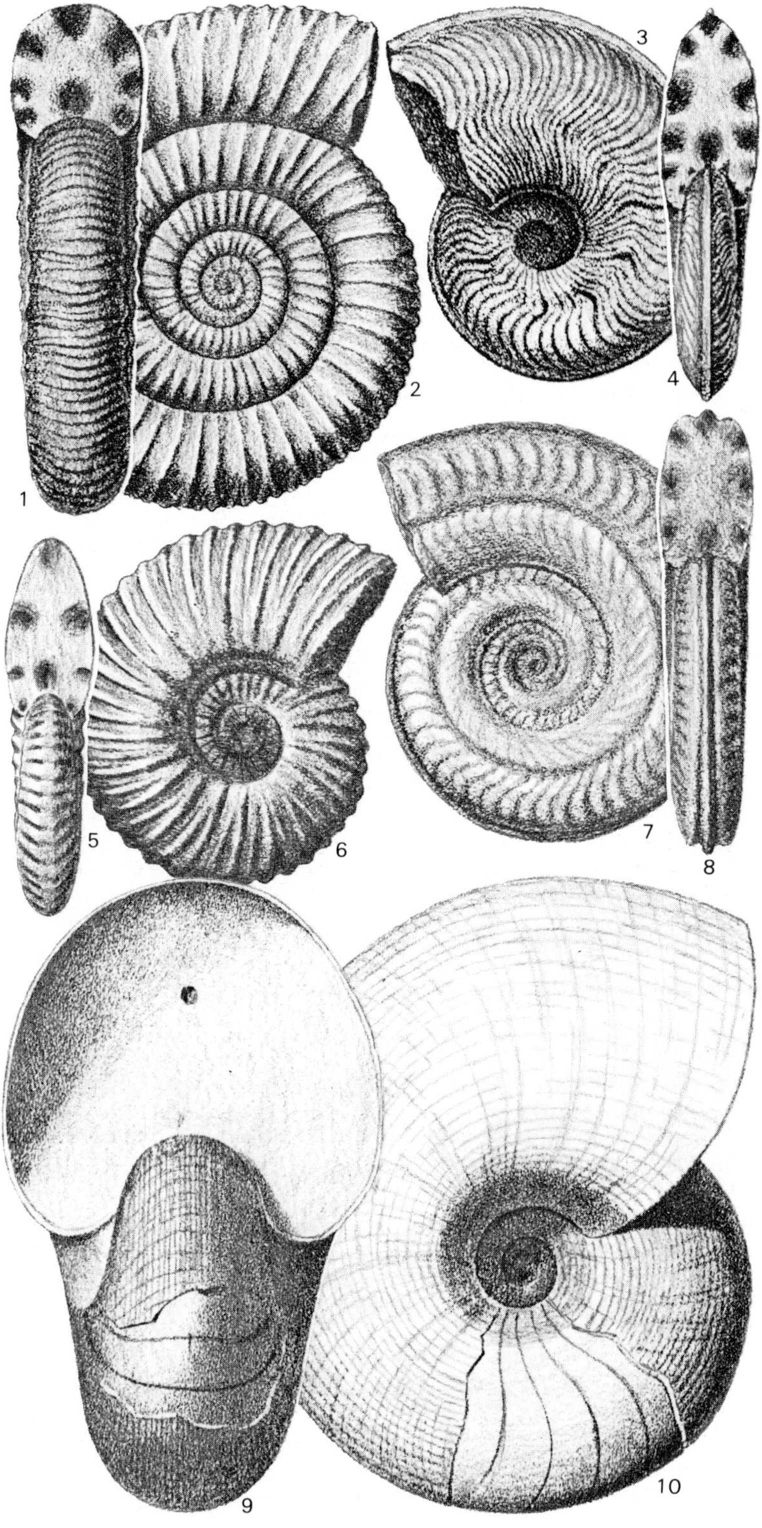

Planche 54 : JURASSIQUE INF.

1, 2. *Dactylioceras commune* – 3, 4. *Harpoceras falciferum* – 5, 6. *Charmasseiceras charmassei* – 7, 8. *Hildoceras bifrons* – 9, 10. *Cenoceras striatum.*

Prodactylioceras davoei Sowerby, fam. Dactylioceratidae – Dim. max. : d/e = 12/3 à 3,5 cm. **Pliensbachien inf.** : dans toute l'Europe occidentale. Pl. 51, fig. 3, 4.

Dactylioceras commune Sowerby, fam. Dactylioceratidae – Côtes plus ou moins nettement bifurquées sur la région dorsale. Dim. max. : d/e = 7/1,5 à 1,8 cm. **Toarcien inf.** : dans toute l'Europe occidentale. Pl. 54, fig. 1, 2.

Catacoeloceras crassum Young et Bird *(Coeloceras –)*, fam. Dactylioceratidae – Cette espèce se distingue facilement de la précédente par ses tours plus épais. Dim. max. : d/e = 7/2,5 cm. **Toarcien inf.** : espèce largement répandue en France et dans les régions limitrophes.

Harpoceras falciferum Sowerby, fam. Hildoceratidae – Dim. max. : d/e = 20/3 à 3,5 cm. **Toarcien inf.** : espèce largement répandue en France et dans les régions limitrophes. Pl. 54, fig. 3, 4.

Harpoceras serpentinum Reinecke – espèce voisine de la précédente, dont elle diffère par un ombilic plus ouvert et des côtes moins fortement coudées. **Toarcien inf.** : espèce largement répandue en France et dans les régions limitrophes.

Polyplectus discoides Zieten, fam. Hildoceratidae – Dim. max. : d/e = 7/1,5 cm. **Toarcien sup.** : dans toute l'Europe occidentale. Pl. 53, fig. 3, 4.

Hildoceras bifrons Bruguière, fam. Hildoceratidae – Dim. max. : d/e = 20/3,5 à 4 cm. **Toarcien inf.** : dans toute l'Europe occidentale. Pl. 54, fig. 7, 8.

Grammoceras striatulum Sowerby, fam. Hildoceratidae – Dim. max. : d/e = 7/1,3 cm. **Toarcien moy.** : espèce largement répandue en France et dans les régions limitrophes. Pl. 53, fig. 1, 2.

Pleydellia aalensis Zieten, fam. Hildoceratidae – Dim. max. : d/e = 10/1,5 à 2 cm. **Toarcien sup.** : espèce répandue en France et dans les régions limitrophes. Pl. 52, fig. 9, 10.

Haugia variabilis d'Orbigny, fam. Hammatoceratidae – Dim. max. : d/e = 20/2 cm. **Toarcien moy.** : espèce largement répandue en France et dans les régions limitrophes. Pl. 53, fig. 7, 8.

Hammatoceras insigne Zieten, fam. Hammatoceratidae – Dim. max. : d/e = 30/7,5 à 13 cm. **Toarcien sup.** : espèce largement répandue en France et dans les régions limitrophes. Pl. 53, fig. 5, 6.

MOLLUSQUES Céphalopodes Bélemnoïdes

Nannobelus acutus Miller *(Prototeuthis –)*, fam. Belemnitidae – Rostre de section ovale, dépourvu de sillons. Dim. max. : L/d = 5/1 à 1,3 cm. **Sinémurien :** espèce largement répandue en France et dans les régions limitrophes. Pl. 56, fig. 2.

Belemnites paxillosus Lamarck *(Belemnites bruguierianus, Passaloteuthis –)*, fam. Belemnitidae – Rostre de section presque circulaire, tendant à être subquadrangulaire, pourvu de 3 sillons apicaux. Dim. max. : L/d = 14/2,5 cm. **Pliensbachien** : espèce largement répandue en France et dans les régions limitrophes. Pl. 56, fig. 4.

Belemnites elongatus Miller *(Passaloteuthis –)* – Cette espèce diffère de la précédente par son rostre plus étroit et par la plus grande longueur de son sillon apical médian. Dim. max. : L/d = 12/1,3 cm. **Pliensbachien inf.** et **moy.** : dans toute l'Europe occidentale.

Acrocoelites oxyconus Zieten, fam. Belemnitidae – Rostre de section ovale, pourvu de 3 profonds sillons apicaux. Dim. max. : L/d = 15/1,8 cm. **Toarcien :** espèce à large répartition européenne. Pl. 56, fig. 6.

Acrocoelites unisulcatus Blainville – Espèce plus petite que la précédente, dont elle diffère par son sillon apical médian nettement plus allongé. Dim. max. : L/d = 5,5/0,7 cm. **Toarcien moy.** : dans toute l'Europe occidentale.

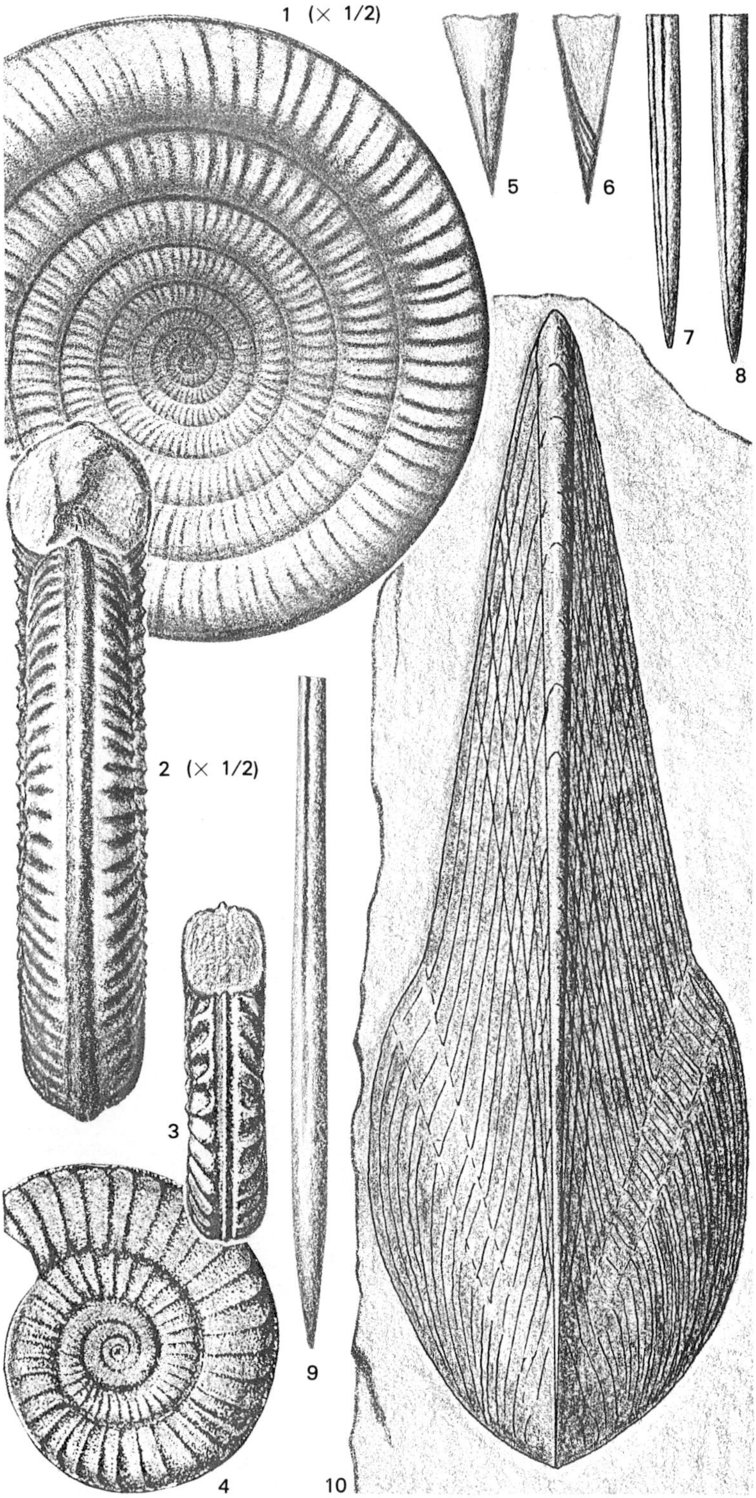

Planche 55 : JURASSIQUE INF.

1, 2. *Alsatites liasicus* – 3, 4. *Arnioceras semicostatum* – 5,6. *Odontobelus brevirostris* – 7, 8. *Salpingoteuthis trisulcatus* – 9. *Pseudobelus exilis* – 10. *Teudopsis bollensis.*

Salpingoteuthis trisulcatus Blainville, fam. Belemnitidae – Espèce caractérisée par son rostre obtus postérieurement, cylindroïde dans sa région antérieure et orné de 3 sillons occupant presque toute sa longueur. Dim. max. : L/d = 5/0,7 cm. **Toarcien :** espèce répandue en France et dans les régions limitrophes, se poursuivant dans le Jurassique moy. (Aalénien inf.). Pl. 55, fig. 7, 8.

Dactyloteuthis irregularis Schlotheim *(Belemnites digitalis, B. acuarius, Salpingoteuthis –),* fam. Belemnitidae – Rostre pouvant présenter un prolongement (épirostre) parfois très développé ; apex pourvu de 3 sillons. Dim. max. : L/d = 10 à 20/1,5 à 2 cm. **Toarcien moy.** et **sup. :** espèce largement répandue en France et dans les régions limitrophes. Pl. 56, fig. 5 (sans épirostre) et 7 (avec épirostre).

Odontobelus brevirostris d'Orbigny, fam. Belemnitidae – Rostre en forme de cône comprimé, à section ovale, portant 2 longs sillons apicaux, et presque totalement évidé par la cavité alvéolaire. Dim. max. : L/d = 2,5/1 cm. **Pliensbachien sup.** et **Toarcien :** dans toute l'Europe occidentale ; cette espèce se poursuit dans le Jurassique moy. (Aalénien et Bajocien). Pl. 55, fig. 5 et 6 (coupe).

Brachybelus breviformis Voltz, fam. Cylindroteuthididae – Rostre de section ovale, dépourvu de sillons apicaux. Dim. max. : L/d = 8/2 à 2,5 cm. **Toarcien :** espèce largement répandue en France et dans les régions limitrophes, se poursuivant dans le Jurassique moy. (Aalénien). Pl. 56, fig. 3.

Pleurobelus compressus Stahl, fam. Hastitidae – Rostre en forme de massue, de section ovalaire à subrectangulaire, comprimé à l'extrémité postérieure. Dim. max. : L/d = 5/0,8 à 1,2 cm. **Pliensbachien sup. :** espèce à large répartition européenne. Pl. 56, fig. 9.

Hastites clavatus Stahl, fam. Hastitidae – Rostre de section circulaire, fortement rétréci dans sa région médiane. Dim. max. : L/d = 7/0,7 cm. **Pliensbachien** et **Toarcien :** dans toute l'Europe occidentale ; cette espèce se prolonge dans le Jurassique moyen (Aalénien). Pl. 56, fig. 8.

Hastites umbilicatus Blainville – Dim. max. : L/d = 10/1,5 cm. **Pliensbachien :** dans toute l'Europe occidentale. Pl. 56, fig. 10.

Pseudobelus exilis d'Orbigny *(Belemnites –),* fam. Duvaliidae – Espèce à rostre effilé, de section subovalaire, caractérisé par des sillons latéraux très allongés qui s'élargissent vers la région alvéolaire. Dim. max. : L/d = 9/0,4 cm. **Toarcien :** espèce largement répandue en Europe occidentale, se poursuivant dans le Jurassique moy. (Aalénien inf.). Pl. 55, fig. 9.

MOLLUSQUES Céphalopodes Teuthoïdes

Teudopsis bollensis Zieten *(Beloteuthis –),* fam. Teudopsidae – Gladius (« plume » interne) effilé à sa partie antérieure et fortement élargi vers l'arrière, à axe médian dorsalement caréné. Dim. max. : L/l = 20/7 cm. **Toarcien :** Yonne (rég. d'Avallon) ; en Allemagne (Wurtemberg). Pl. 55, fig. 10.

ÉCHINODERMES Crinoïdes

Pentacrinus tuberculatus Miller, fam. Pentacrinidae – Tige pouvant atteindre 1,3 cm de diamètre, à section pentagonale émoussée. **Sinémurien inf. :** espèce largement répandue en France et dans les régions limitrophes. Pl. 57, fig. 4.

Pentacrinus basaltiformis Miller – Tige ne dépassant pas 1,2 cm de diamètre, à section pentagonale formée d'arêtes vives. **Sinémurien** et **Pliensbachien :** dans toute l'Europe occidentale. Pl. 57, fig. 5.

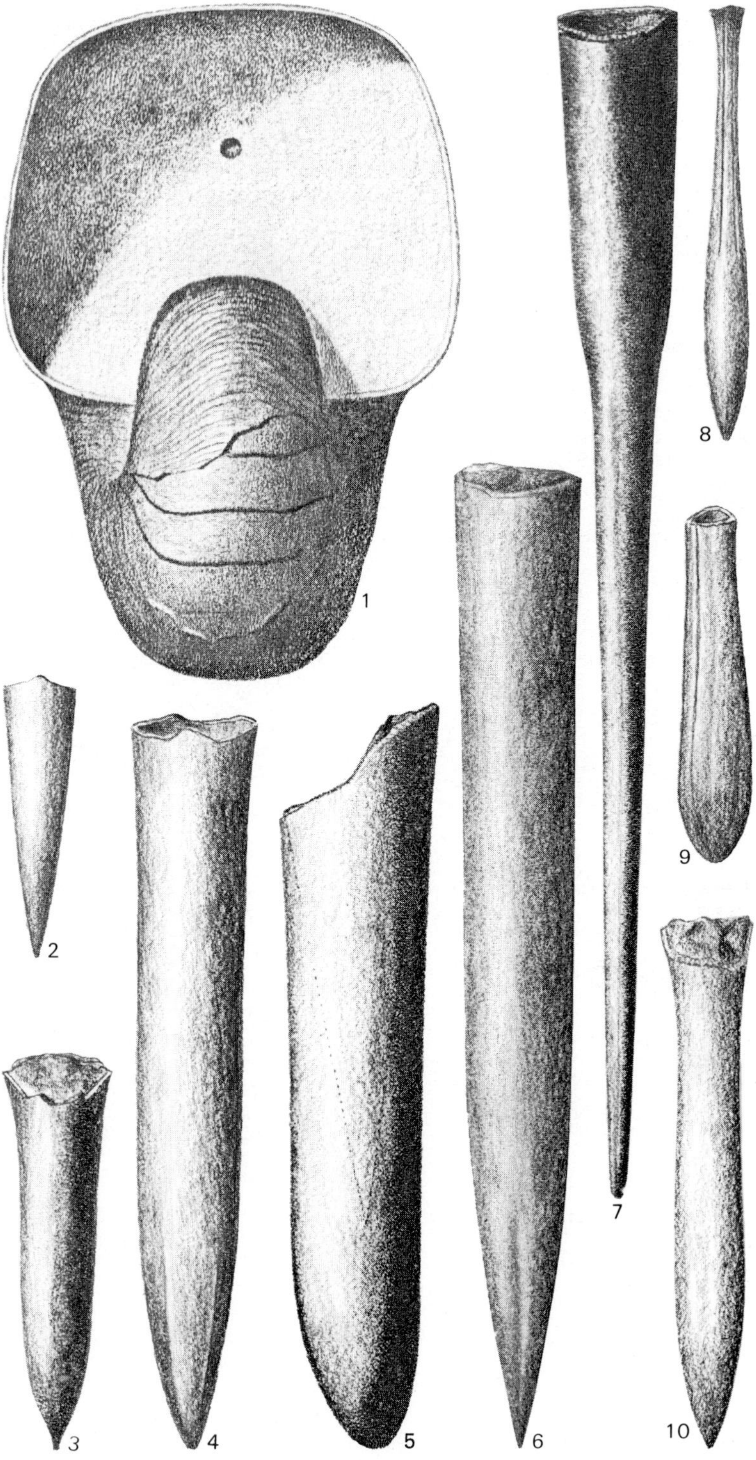

Planche 56 : JURASSIQUE INF.

1. *Cenoceras inornatum* – 2. *Nannobelus acutus* – 3. *Brachybelus breviformis* – 4. *Belemnites paxillosus* – 5 et 7. *Dactyloteuthis irregularis* – 6. *Acrocoelites oxyconus* – 8. *Hastites clavatus* – 9. *Pleurobelus compressus* – 10. *Hastites umbilicatus.*

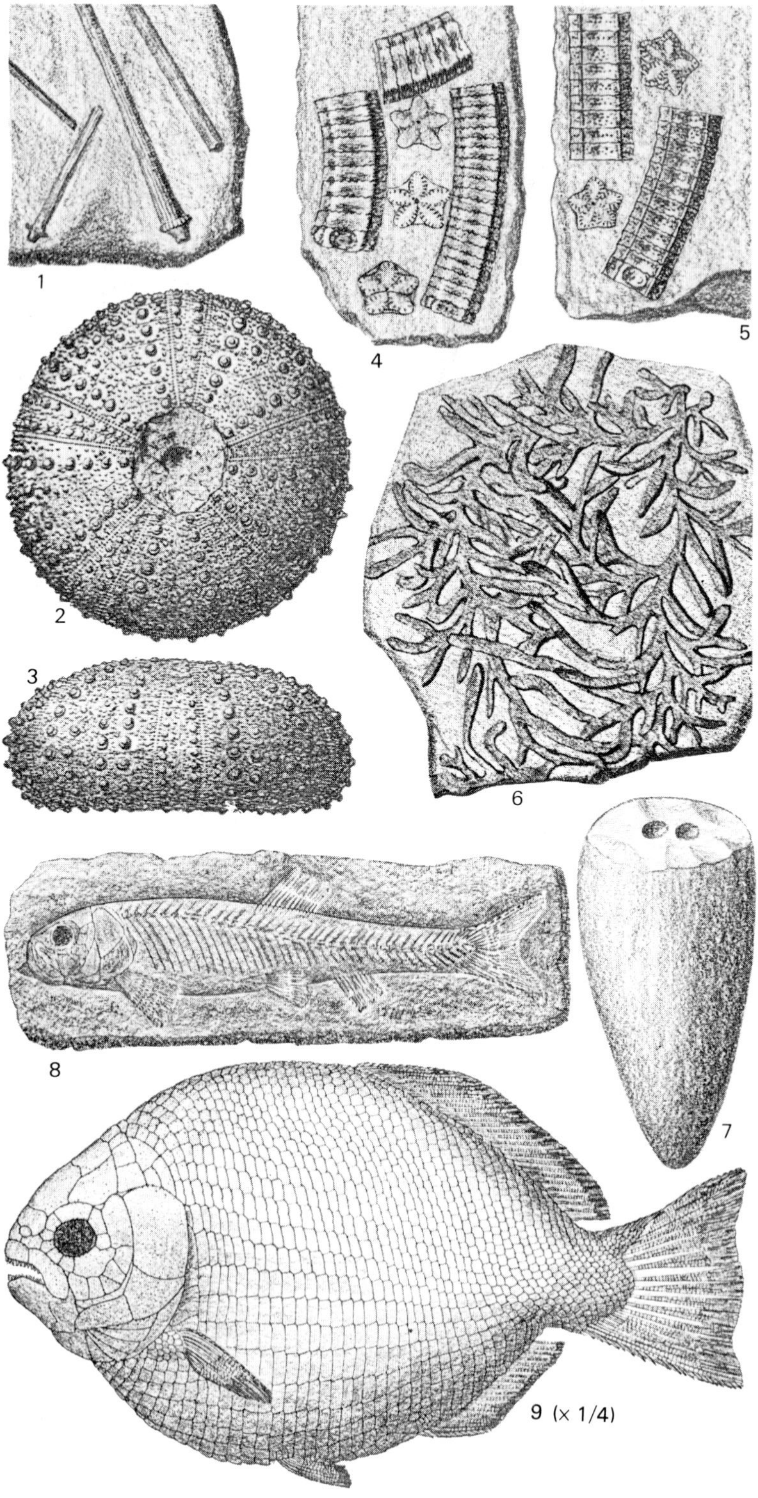

Planche 57 : JURASSIQUE INF.

1-3. *Diademopsis serialis* – 4. *Pentacrinus tuberculatus* – 5. *P. basaltiformis* – 6. *Chondrites bollensis* – 7. *Tisoa siphonalis* – 8. *Leptolepis coryphaenoides* – 9. *Dapedium politum*.

Planche 58 : JURASSIQUE INF.

Lepidotes elvensis (X 1/3).

ÉCHINODERMES Échinides réguliers

Diademopsis serialis Agassiz, fam. Pedinidae – Dim. max. : h/d = 2 à 2,5/5 cm. **Hettangien** : Yonne (rég. d'Avallon), Rhône, Isère, Ardèche, Gard. Pl. 57, fig. 1-3.

ANNÉLIDES Polychètes

Glomerula gordialis Schlotheim, fam. Serpulidae – **Sinémurien** à **Toarcien** : dans toute l'Europe ; cette espèce se poursuit jusque dans le Crétacé sup. (→ Jurassique moy., Pl. 82, fig. 3).

Sarcinella plexus Sowerby *(Serpula socialis, Galeolaria filiformis)*, fam. Serpulidae – **Hettangien** à **Toarcien** : dans toute l'Europe occidentale ; cette espèce se poursuit jusque dans le Crétacé sup. (→ Jurassique moy., Pl. 82, fig. 4).

Pentaserpula quinquesulcata Münster *(Serpula –)*, fam. Serpulidae – Tube de section interne arrondie et de section externe pentagonale, ne dépassant pas 0,4 cm de diamètre. **Sinémurien** à **Toarcien** : espèce à large répartition européenne ; cette espèce se poursuit dans le Jurassique moy.

ACTINOPTÉRYGIENS

Dapedium politum Leach, fam. Dapediidae – Corps couvert d'écailles très épaisses, lisses ou finement tuberculées, subrectangulaires ; tête très élevée, massive, à orbites petites. Dim. max. (nageoires comprises) : L/h = 40/22 cm. **Sinémurien** : en Grande-Bretagne (Dorsetshire). Pl. 57, fig. 9 (reconstitution, d'après Woodward).

Lepidotes elvensis Blainville *(L. gigas)*, fam. Semionotidae – Corps pouvant atteindre 75 cm de long, recouvert d'écailles rhombiques, brillantes et très épaisses. **Toarcien** : Calvados et Aveyron ; en Allemagne (Wurtemberg) et en Grande-Bretagne. Pl. 58.

Pachycormus curtus Agassiz, fam. Pachycormidae – Poisson pouvant atteindre 50 cm de long, à tête et museau allongés, orbites très petites, et corps recouvert de petites écailles sub-circulaires et minces. **Toarcien inf.** : Calvados, Yonne, Saône-et-Loire (rég. d'Autun), Lozère ; en Allemagne (Wurtemberg) et en Grande-Bretagne. Pl. 59.

Leptolepis coryphaenoides Bronn *(L. bronnii)*, fam. Leptolepidae – Corps fusiforme pouvant atteindre 12 cm de long pour 3,5 cm de hauteur (nageoires comprises) ; tête allongée à orbites très grandes, à préopercules étroits, brusquement coudés et montrant de nombreux canaux rayonnants, et à opercules larges et trapézoïdaux. **Toarcien inf.** : Calvados, Yonne, Saône-et-Loire, Lozère (rég. de Mende), Gard ; en Allemagne (Wurtemberg) et en Grande-Bretagne. Pl. 57, fig. 8.

REPTILES Ichthyosauriens

Ichthyosaurus communis Conybeare, fam. Ichthyosauridae – Animal pouvant dépasser 2 m de long ; museau relativement court ; dents atteignant 5 cm de hauteur pour 1,5 cm de diamètre. **Sinémurien inf.** : en Grande-Bretagne (Dorsetshire). Pl. 60, fig. 1-9 (reconstitution, ceinture pectorale et membre antérieur, dent et vertèbres).

Leptopterygius acutirostris Owen *(Ichthyosaurus –)*, fam. Stenopterygiidae – Animal pouvant atteindre 2 m de long, à museau très effilé et dents très petites. **Toarcien** : Calvados (rég. sud de Caen) ; en Grande-Bretagne. Pl. 60, fig. 10, 11 (crâne en vues latérale et supérieure).

Planche 59 : JURASSIQUE INF.

Pachycormus curtus (X 2/3).

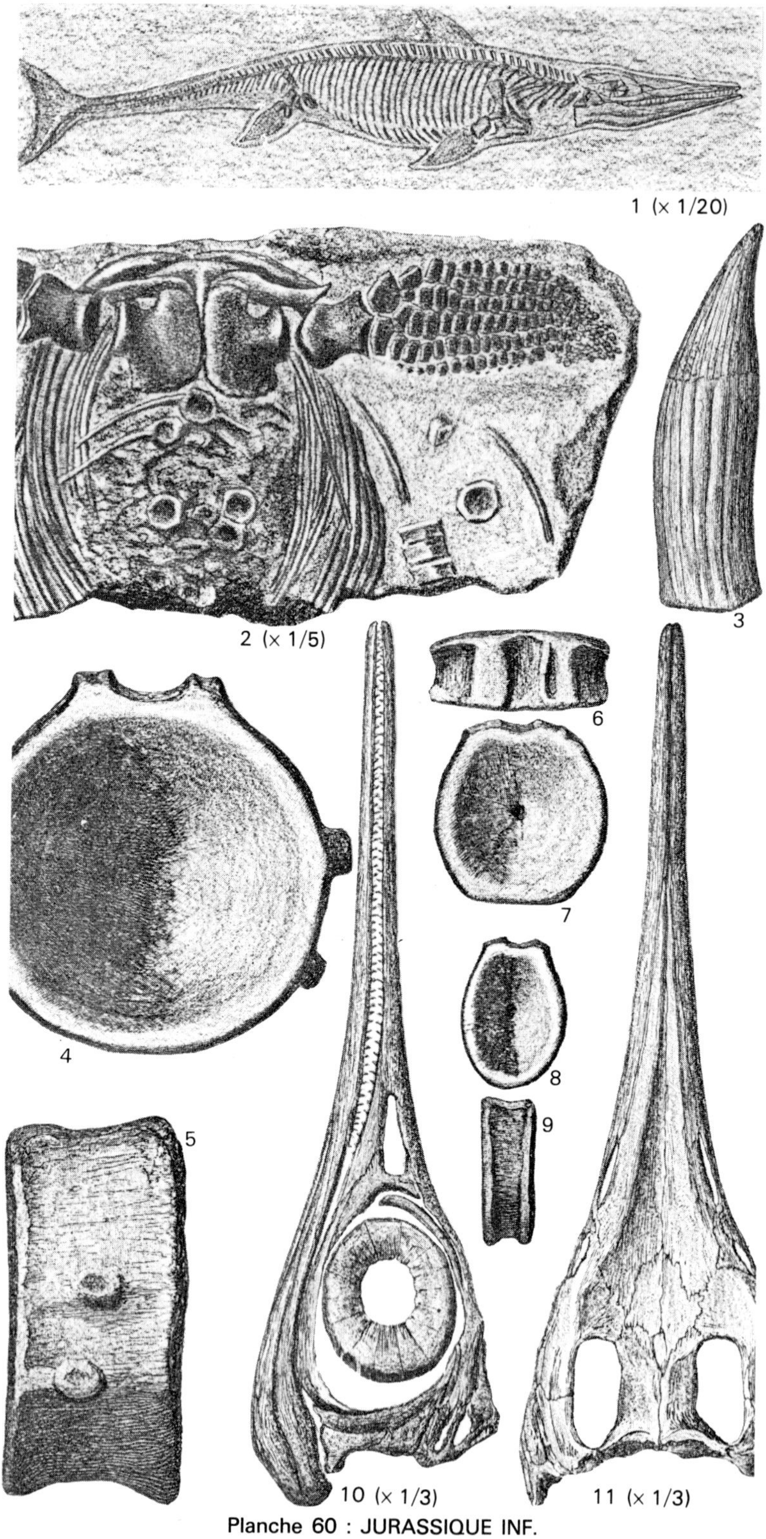

Planche 60 : JURASSIQUE INF.

1-3. *Ichthyosaurus communis* – 4-9. Vertèbre thoracique et vertèbres caudales postérieures d'*Ichthyosaurus* – 10, 11. *Leptopterygius acutirostris.*

TRACES

Zoophycos liasinus Saporta *(Cancellophycus –)*, fam. *incertae sedis* – Cette espèce se distingue de *Z. scoparius* (→ Jurassique moy., Pl. 81, fig. 12) par ses stries disposées en arceaux plus largement arrondis et plus régulièrement recourbés. **Toarcien** : Alpes-de-Haute-Provence (rég. de Digne).

Tisoa siphonalis Serres, fam. *incertae sedis* – Manchon calcaire en forme de fuseau, pouvant dépasser plusieurs décimètres de long, traversé dans sa région axiale par deux tubes parallèles. **Pliensbachien** : Hérault (rég. nord de Montpellier), Alpes-de-Haute-Provence (rég. de Digne). Pl. 57, fig. 7.

Chondrites bollensis Zieten, fam. *incertae sedis* – Ces traces, couramment nommées *Fucoïdes,* sont interprétées comme des terriers d'habitation ou de nutrition probablement imputables à des Annélides. **Toarcien** : Moselle (rég. de Thionville et de Metz) ; en Allemagne (Wurtemberg) et en Suisse. Ce type de traces, à digitations plus ou moins larges et ramifiées, se rencontre depuis le Paléozoïque (Cambrien) et jusque dans le Cénozoïque. Pl. 57, fig. 6.

JURASSIQUE MOYEN
(DOGGER)

Équivalent du « Jura brun », ou Dogger, le Jurassique moyen ne représente que 30 M.A.

JURASSIQUE SUPÉRIEUR

JURASSIQUE MOYEN		150 M.A.
	Callovien	
	Bathonien	
	Bajocien	
	Aalénien (autrefois rattaché au Jurassique inf.)	
		180 M.A.

JURASSIQUE INFÉRIEUR

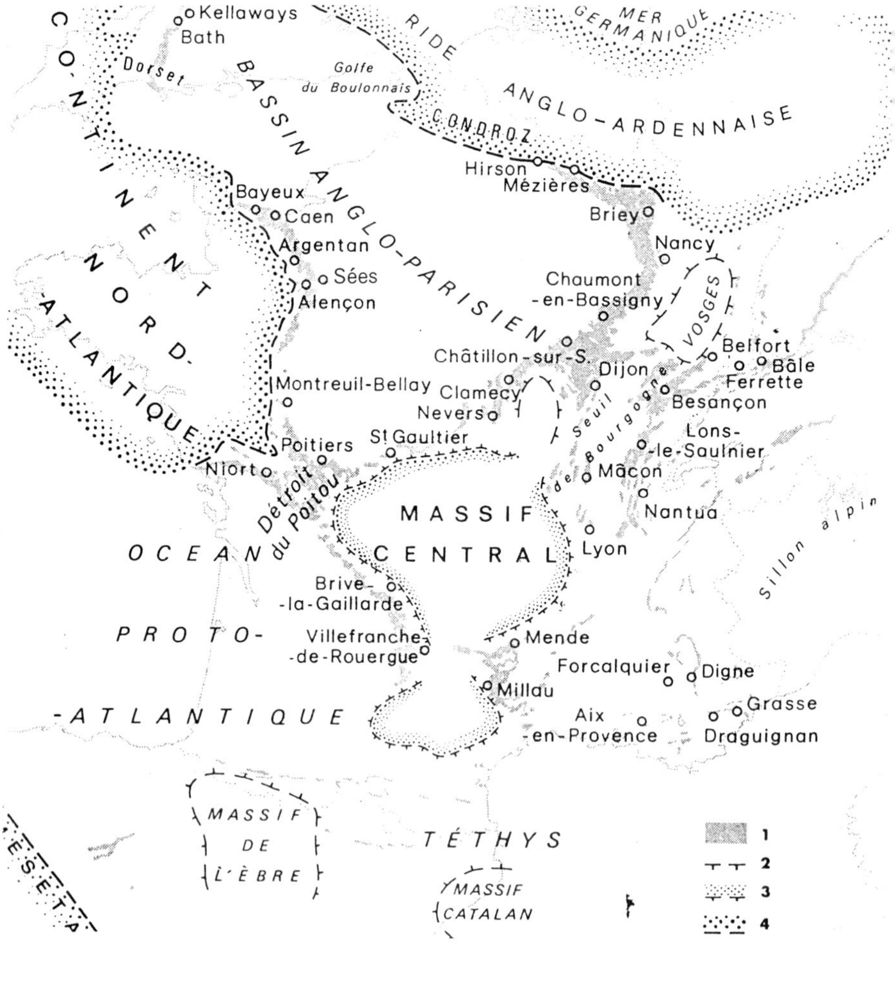

Jurassique moyen
1. Principaux affleurements – 2. Zones de hauts fonds – 3. Massifs pouvant avoir été temporairement et faiblement émergés – 4. Limites probables de l'extension des mers au Bathonien.

Les auréoles d'affleurement du Jurassique moyen se situent, par rapport à la bordure des bassins sédimentaires, en retrait de celles du Jurassique inférieur dont elles épousent le contour, dans un cadre paléogéographique directement issu de la période précédente (voir carte).

La sédimentation du Jurassique moyen se caractérise par une forte dominance des formations calcaires, avec tout leur cortège de faciès plus ou moins marneux, oolithiques, bioclastiques ou coquilliers, graveleux à noduleux, parfois fortement ferrugineux. Certains de ces faciès sont remarquables : à l'Aalénien se dépose le minerai de fer oolithique de Lorraine (ou « minette ») ; le calcaire a entroques de Bourgogne est d'âge bajocien ; la pierre de Caen, l'oolithe blanche de Bourgogne et le Comblanchien datent du Bathonien ; au Callovien inférieur se forme la « dalle nacrée », lumachelle à Mollusques bivalves qui s'étend dans toute la Lorraine méridionale et la Bourgogne...

Les mers, très peu profondes, bordées par des terres faiblement émergées et sans reliefs, sont plus chaudes qu'au Jurassique inférieur et se peuplent d'une grande diversité d'organismes.

ONCOLITES

Stromatolites « libres », non fixés, les Oncolites sont de petites masses calcaires sphériques ou ovoïdes de 1 à 2 ou 3 cm de diamètre, formées d'enrobements concentriques autour d'un noyau, celui-ci pouvant être un fragment minéral ou organique (débris d'Anthozoaire, coquille de Mollusque,...). Connus du Paléozoïque à l'Actuel, les Oncolites abondent particulièrement dans les sédiments calcaires périrécifaux du **Bathonien** : Aisne et Ardennes (rég. d'Hirson à Mézières), Haute Marne, Côte-d'Or (rég. de Châtillon-sur-Seine, de Dijon), Yonne, Indre (rég. de St-Gaultier). Pl. 61, fig. 6, 7 (spécimens sectionnés).

THALLOPHYTES

Solenopora jurassica Brown, fam. Solenoporaceae – **Barthonien moy.** : Ardennes (Chémery) (→ Jurassique sup., pl. 84, fig. 1).

Coniporella clavaeformis d'Archiac, fam. Dasycladaceae – Thalle ovoïde, de 3,5 cm de hauteur pour 2,5 cm de diamètre, porté par un pédoncule et formé de cellules n'excédant pas 0,5 mm de large. **Bathonien moy.** : Aisne (rég. d'Hirson), Haute-Marne (rég. de Châteauvillain). Pl 61, fig. 5.

Coniporella micromera Saporta, est une espèce voisine, du **Callovien inf.** de Côte-d'Or (Châtillon-sur-Seine).

FILICOPHYTES

* ***Lomatopteris burgundiaca*** Saporta, fam. *incertae sedis* – Frondes de 15 à 30 cm de long ; pennes presque contiguës, divisées en lobes nombreux, le terminal étant plus développé que les autres. **Callovien inf.** : Côte-d'Or (Étrochey). Pl. 61, fig. 1.

CYCADOPHYTES

* ***Otozamites pterophylloides*** Brongniart, fam. *incertae sedis* – Folioles serrées, contiguës à la base qui est faiblement auriculée, longues de 4 à 5 cm. **Callovien inf.** : Côte-d'Or (Étrochey). Pl. 61, fig. 2.

CONIFÈROPHYTES

* ***Palaeocyparis robustus*** Saporta, fam. Cupressaceae – **Callovien inf.** : Haute-Marne (rég. d'Arc-en-Barrois), Côte-d'Or (Étrochey). Pl. 61, fig. 3.

* ***Brachyphyllum desnoyersii*** Brongniart, fam. Araucariaceae – Feuilles en ordre spiralé, de forme variable, pyramidale ou subconique, aussi larges que longues dans leur partie apparente. **Callovien inf.** : Sarthe (rég. de Mamers), Côte-d'Or (Étrochey). Pl. 61, fig. 4.

FORAMINIFÈRES

Orbitammina elliptica d'Archiac, fam. Lituolidae – Test discoïdal réniforme pouvant atteindre 2 cm de diamètre et moins d'un mm d'épaisseur, à surface finement striée concentriquement. **Bathonien moy.** et **sup.** : Aisne et Ardennes (rég. d'Hirson à Mézières), Côte-d'Or (réf. sud de Dijon). Pl. 61, fig. 8.

CALCISPONGES (Pharétrones)

Limnorea mamillosa Lamouroux, fam. Stellispongiidae – **Bathonien moy.** : Calvados (rég. de Caen) ; en Grande-Bretagne. Pl. 61, fig. 13.

Limnorea denudata d'Orbigny, se distingue de la précédente par ses branches nues, la couche épidermique ridée se limitant à la base de la colonie. **Bathonien moy.** : Calvados (rég. de Caen).

Elasmostoma helvelloides Lamouroux, fam. Elasmostomatidae – **Bathonien** : Calvados (rég. de Caen). Pl. 61, fig. 10.

Corynella lycoperdioides Lamouroux, fam. Lelapiidae – **Bathonien moy.** : Calvados (rég. de Caen) ; en Grande-Bretagne. Pl. 61, fig. 12.

Eudea lagenaria Lamouroux, fam. Lelapiidae – **Bathonien moy.** : Calvados (rég. de Caen). Pl. 61, fig. 11.

Peronidella pistilliformis Lamouroux, fam. Discocoeliidae – **Bathonien moy.** : Calvados (rég. de Caen) ; en Grande-Bretagne. Pl. 61, fig. 9.

SCLÉROSPONGES Chaetetides

Blastochaetetes bathonicus Fischer, fam. Chaetetidae – Colonie hémisphérique pouvant dépasser 10 cm de diamètre, formée de tubes disposés radialement, aboutissant à la surface, larges de 0,2 à 0,3 mm. **Batonien moy.** : Aisne et Ardennes (rég. d'Hirson à Mézières), Haute-Marne, Côte-d'Or (rég. de Châtillon-sur-Seine et de Dijon). Pl. 62, fig. 1 (spécimen sectionné).

ANTHOZOAIRES Hexacoralliaires

Allocoeniopsis oolitica Koby, fam. Actinastraeidae. – Polypier colonial à calices de 1,5 à 2 mm de diamètre, pourvus de 24 septes. **Bathonien moy.** : Aisne (rég. d'Hirson), Indre (rég. de St-Gaultier). Pl. 62, fig. 2.

Thamnasteria terquemi Milne-Edwards et Haime, fam. Thamnasteriidae – Polypier colonial dont les septes se rejoignent entre les calices, ceux-ci étant espacés de 0,5 cm. **Bajocien moy.** : Ardennes (rég. à l'ouest de Mézières) ; au Luxembourg (rég. de Rumelange) et en Grande-Bretagne. Pl. 62, fig. 3 (surface calicinale).

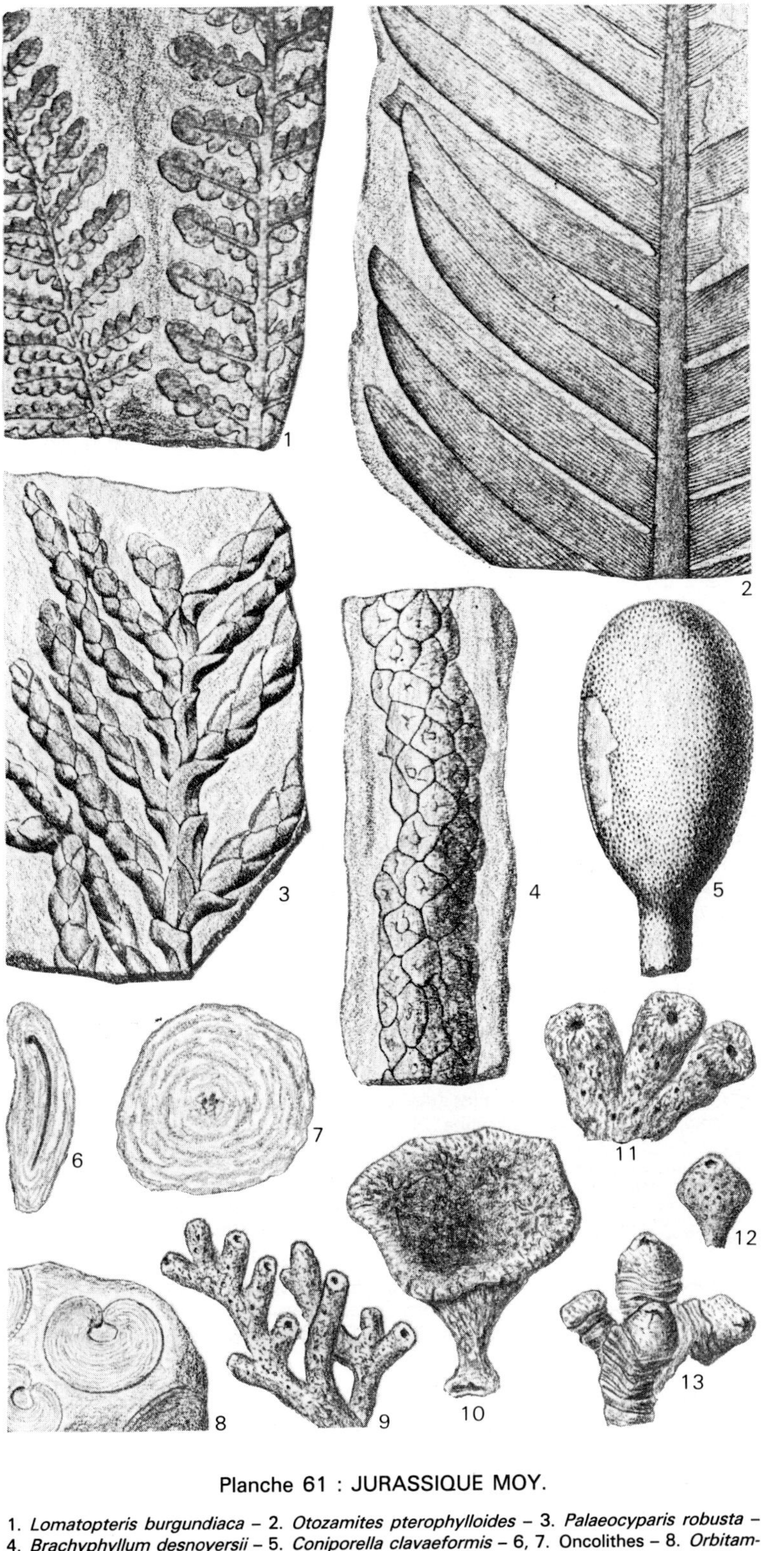

Planche 61 : JURASSIQUE MOY.

1. *Lomatopteris burgundiaca* – 2. *Otozamites pterophylloides* – 3. *Palaeocyparis robusta* – 4. *Brachyphyllum desnoyersii* – 5. *Coniporella clavaeformis* – 6, 7. Oncolithes – 8. *Orbitammina elliptica* – 9. *Peronidella pistiliformis* – 10. *Elasmostoma helvelloides* – 11. *Eudea lagenaria* – 12. *Corynella lycoperdioides* – 13. *Limnorea mamillosa.*

Isastrea bernardiana d'Orbigny, fam. Isastraeidae – Polypier colonial dont les calices, polygonaux et de 0,5 à 1 cm de diamètre, sont pourvus de 30 à 50 septes. **Bajocien :** Ardennes (rég. à l'ouest de Mézières), Moselle (rég. de Metz), Jura (rég. de Nantua) ; au Luxembourg. Pl 62, fig. 5.

Isastrea limitata Lamouroux. – Cette espèce se distingue de la précédente par ses calices presque deux fois moins larges, pourvus d'une vingtaine de septes. **Bathonien moy. :** Calvados (rég. de Caen), Haute-Marne (rég. de Langres), Indre (rég. de St-Gaultier) ; en Grande-Bretagne.

Chomatoseris orbulites Lamouroux *(Anabacia complanata)*, fam. Microsolenidae – Polypier simple, dépourvu de thèque (croissance centrifuge) et formé par un grand nombre de septes (150 à 300) qui convergent vers une fossette centrale. Dim. max. : h/d = 0,8 à 1/2 cm. **Bathonien :** Pas-de-Calais (Boulonnais), Aisne, Ardennes, Meuse, Meuthe-et-Moselle, Haute-Marne, Côte-d'Or, Doubs, Jura, Indre, Sarthe, Calvados ; en Suisse et en Grande-Bretagne. Pl. 62, fig. 10, 11.

Genabacia stellifera d'Archiac, fam. Microsolenidae – Espèce présentant une couronne de petits calices à mi-hauteur du polypier. Dim. max. : h/d = 1,5 à 1,8/2 cm. **Bathonien sup. :** Pas-de-Calais (Boulonnais), Aisne et Ardennes (rég. d'Hirson à Mézières). Pl. 62, fig. 12.

Trochoplegma flouesti Fromentel et Ferry, fam. Microsolenidae – Polypier trochoïde de proportions variables, pouvant atteindre 1,5 cm de hauteur pour 0,8 à 2 cm de diamètre ; calice creusé d'une fossette circulaire. **Bathonien moy. :** Aisne et Ardennes (rég. d'Hirson à Mézières), Côte-d'Or (rég. de Châtillon-sur-Seine), Indre (rég. de St-Gaultier). Pl. 62, fig. 8, 9 (surface calicinale).

Lochmaeosmilia radiata Lamouroux *(Eunomia –)*, fam. Amphiastraeidae – Colonie pouvant dépasser 10 cm de diamètre et de hauteur, formée de polypiérites étroites et presque jointives, de 2 mm de diamètre. **Bojocien sup.** et **Bathonien :** Haute-Marne, Côte-d'Or, Indre (rég. de St-Gaultier), Vienne, Calvados (rég. de Caen) ; en Grande-Bretagne. Pl. 62, fig. 4.

Montlivaltia caryophyllata Lamouroux, fam. Montlivaltiidae – Polypier trochoïde à calice circulaire pourvu d'une centaine de septes très fins qui convergent vers une fossette allongée. Dim. max. : h/d = 3/2,8 à 3,5 cm. **Bathonien moy. :** Calvados (rég. de Caen), Sarthe. Pl. 62, fig. 6, 7.

BRYOZOAIRES Cyclostomes

Diastopora foliacea Lamouroux, fam. Diastoporidae – Zoarium bilamellaire épais de 0,4 à 0,9 mm, formant une colonie foliacée de quelques centimètres de hauteur ; zoécies larges de 0,25 mm et allongées sur 1,5 à 2 mm. **Aalénien sup.** à **Callovien inf. :** Calvados (rég. de Caen), Côte-d'Or, Jura, Rhône ; en Allemagne et en Grande-Bretagne. Pl. 62, fig. 15.

Atractosoecia incrustans d'Orbigny *(Berenicea diluviana)*, fam. Multisparsidae – Bryozoaire reconnaissable au fait qu'il incruste, jusqu'à les recouvrir entièrement, des coquilles de petits Gastropodes *(Ataphrus* et *Dicroloma)*. **Aalénien sup.** à **Bathonien sup. :** Pas-de-Calais (Boulonnais), Aisne et Ardennes (rég. d'Hirson à Mézières), Saône-et-Loire, Calvados (rég. de Caen) ; en Grande-Bretagne.

Terebellaria ramosissima Lamouroux, fam. Plagioeciidae – Zoarium branchu montrant des bourrelets et des sillons spiraux bien marqués. **Aalénien sup.** à **Callovien inf. :** Calvados (rég. de Caen), Côte-d'Or, Saône-et-Loire, Ain ; en Grande-Bretagne. Pl. 62, fig. 13.

Mesenteripora michelini Blainville *(Diastopora –)*, fam. Entalophoridae – Zoarium bilamellaire pouvant atteindre 6 cm de diamètre et formant une colonie à foliation très contournée. **Bajocien sup.** à **Bathonien** : Calvados (rég. de Caen), Jura, Rhône ; en Grande-Bretagne. Pl. 62, fig. 14.

Ceriocava corymbosa Lamouroux, fam. Cavidae – Zoarium branchu à surface pustuleuse et à zoécies extrêmement étroites. **Bathonien :** Ardennes (rég. d'Hirson), Calvados (rég. de Caen), Côte-d'Or, Saône-et-Loire, Jura, Ain ; cette espèce se poursuit dans le Jurassique sup. Pl. 62, fig. 16.

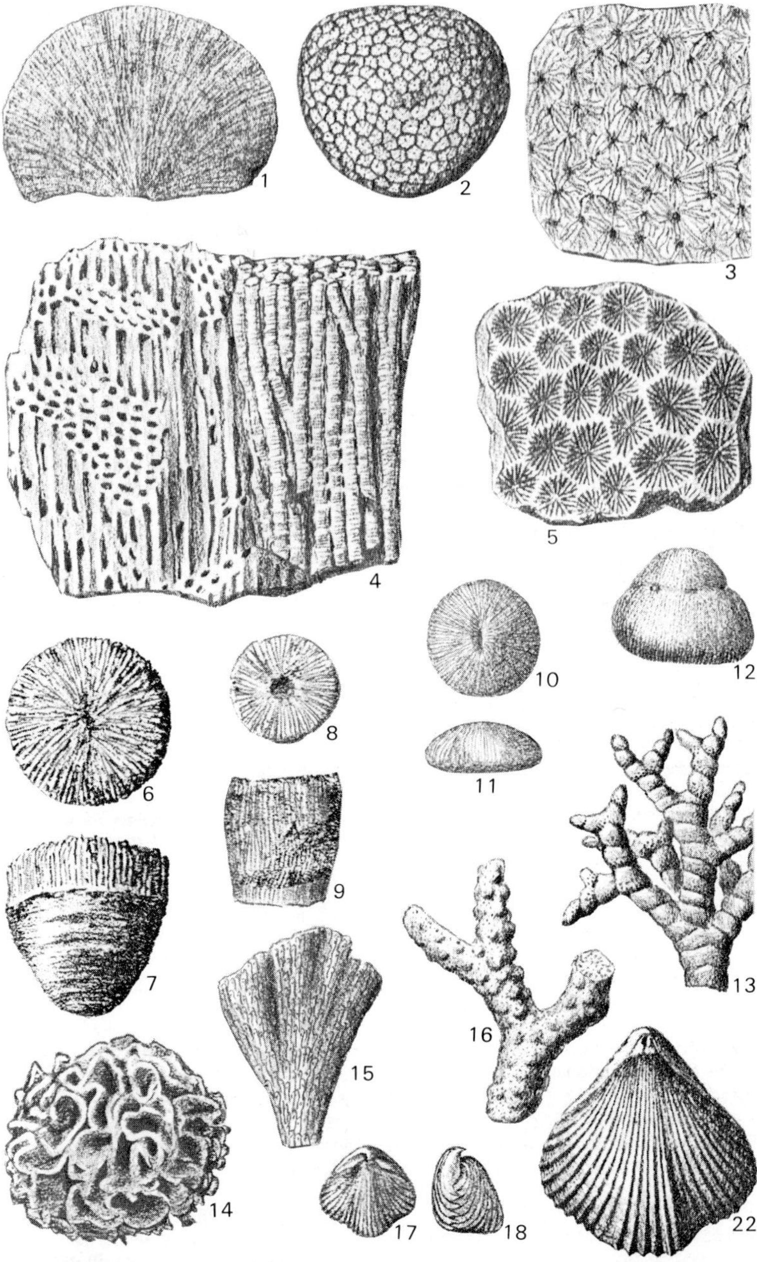

Planche 62 : JURASSIQUE MOY.

1. *Blastochaetetea bathonicus* – 2. *Allocoeniopsis oolithica* – 3. *Thamnasteria terquemi* – 4. *Lochmaeosmilia radiata* – 5. *Isastrea bernardiana* – 6, 7. *Montlivaltia caryophyllata* – 8, 9. *Trochoplegma flouesti* – 10, 11. *Chomatoseris orbulites* – 12. *Genabacia stellifera* – 13. *Terebellaria ramosissima* – 14. *Mesenteripora michelini* – 15. *Diastopora foliacea* – 16. *Ceriocava corymbosa* – 17, 18. *Burmirhynchia elegantula* – 19-21. *Kallirhynchia concinna* – 22, 23. *Kutchirhynchia morierei.*

Kallirhynchia concinna Sowerby *(Rhynchonella –)*, fam. Rhynchonellidae – Valves ornées de 20 à 25 côtes. Dim. max. : L/l/e = 2,5/2,5/1,8 à 2 cm. **Bathonien moy.** : Pas-de-Calais (Boulonnais), Calvados (rég. de Caen), Jura (rég. de Nantual) ; en Grande-Bretagne. Pl. 62, fig. 19-21.

Kutchirhynchia morierei Davidson, fam. Rhynchonellidae – Valves ornées de 30 à 40 côtes. Dim. max. : L/l/e = 3/3,5/2,5 cm. **Bathonien sup.** et **Callovien inf.** : Pas-de-Calais (Boulonnais), Aisne et Ardennes (rég. d'Hirson à Mézières), Côte-d'Or ; en Grande-Bretagne. Pl. 62, fig. 22, 23.

Homoeorhynchia cynocephala Richard, fam. Rhynchonellidae – Cette espèce possède 2 ou parfois 3 côtes au sinus et 5 à 7 côtes latérales. Dim. max. : L/l/e = 2/2,5/1,5 à 2,5 cm. **Aalénien** : Vienne, Deux-Sèvres (rég. de Niort), Corrèze (rég. de Brive) ; en Grande-Bretagne. Cette espèce apparaît dans le Jurassique inf. (Toarcien). Pl. 64, fig. 4, 5.

Acanthothyris spinosa Linné, fam. Rhynchonellidae – Cette espèce se reconnaît aisément à ses côtes épineuses. Dim. max. : L/l/e = 2,5/2,5 à 3/1,5 à 2 cm. **Bajocien moy.** et **sup.** : Doubs, Jura, Ain, Calvados (rég. de Bayeux et de Falaise), Deux-Sèvres (rég. de Niort) ; en Allemagne, en Suisse (rég. de Bâle) et en Grande-Bretagne. Pl. 63, fig. 3, 4.

Burmirhynchia hopkinsi Davidson *(Rynchonella –)*, fam. Rhynchonellidae – Valves régulièrement et fortement bombées, ornées de 25 à 30 côtes. Dim. max. : L/l/e = 2,5/2,3/2,1 cm. **Bathonien** : Pas-de-Calais (Boulonnais), pl. 64, fig. 6, 7.

Burmirhynchia turgida Buckman, se distingue de la précédente par ses valves ornées de seulement 15 à 22 côtes. **Bathonien moy.** : Aisne et Ardennes (rég. d'Hirson à Mézières), Alpes-Maritimes ; en Grande-Bretagne.

Burmirhynchia decorata Schlotheim *(Rhynchonella –, Isjuminella –)* – Valves fortement bombées, ornées chacune de 8 à 14 côtes aiguës (11 en moyenne). Dim. max. : L/l/e = 3,5/2,5 à 3,5/3 à 3,5 cm. **Bathonien moy.** : Aisne et Ardennes (rég. d'Hirson à Mézières), Haute-Marne (rég. de Chaumont-en-Bassigny), Doubs (rég. de Besançon). Pl. 64, fig. 1-3.

Burmirhynchia elegantula Deslongchamps *(R. concinnoides)* – Valves ornées de 20 à 25 côtes dont 5 à 9 constituent le sinus qui est parfois très accentué. Dim. max. : L/l/e = 1,5/1,5/1,5 cm. **Bathonien sup.** : Pas-de-Calais (Boulonnais), Aisne et Ardennes (rég. d'Hirson à Mézières), Yonne (rég. d'Avallon), Doubs (rég. de Besançon), Dordogne. Pl. 62, fig. 17, 18.

Cymatorhynchia quadriplicata Zieten *(Rhynchonella –)*, fam. Rynchonellidae – Coquille variable dans ses proportions, ornée sur chaque valve de 16 à 24 côtes, dont 4 à 8 forment le sinus qui est plus ou moins accentué. Dim. max. : L/l/e = 3,5/3,5/2 à 2,5 cm. **Bajocien moy.** et **sup.** : Calvados (rég. de Bayeux), Sarthe, Saône-et-Loire, Rhône ; en Allemagne (Wurtemberg), en Suisse (rég. de Bâle) et en Grande-Bretagne. Pl. 63, fig. 1, 2.

Goniorhynchia boueti Davidson *(Rhynchonella –)*, fam. Rhynchonellidae – Valves ornées de 25 à 30 côtes dont 5 à 6 forment le sinus. Dim. max. : L/l/e = 2,5/2,5 à 3/1,5 cm. **Bathonien sup.** : Calvados (rég. de Caen). Pl. 63, fig. 5-7.

Parvirhynchia parvula Deslongchamps *(Rhynchonella –)*, fam. Rhynchonellidae – Valves ornées de 7 à 11 côtes dont 2 à 4 forment le sinus. Dim. max. : L/l/e = 1,2/1,4/0,5 cm. **Bajocien** : Sarthe, Indre, (rég. d'Argenton-sur-Creuse), Saône-et-Loire. Pl. 64, fig. 17, 18.

Sphenorhynchia plicatella Sowerby *(Rhynchonella –)*, fam. Rhynchonellidae – Valves ornées de 20 à 40 côtes. Dim. max. : L/l/e = 4/3 à 3,5/2 à 3 cm. **Bajocien sup.** : Calvados (rég. de Bayeux), Sarthe, Maine-et-Loire, Côte-d'Or (rég. de Dijon), Var (rég. de Grasse) ; en Grande-Bretagne. Pl. 63, fig. 8, 9.

Cererithyris intermedia Sowerby *(Terebratula –)*, fam. Terebratulidae – Dim. max. : L/l/e = 5/3,5 à 4/2 à 2,5 cm. **Bathonien moy.** à **Callovien inf.** : Aisne

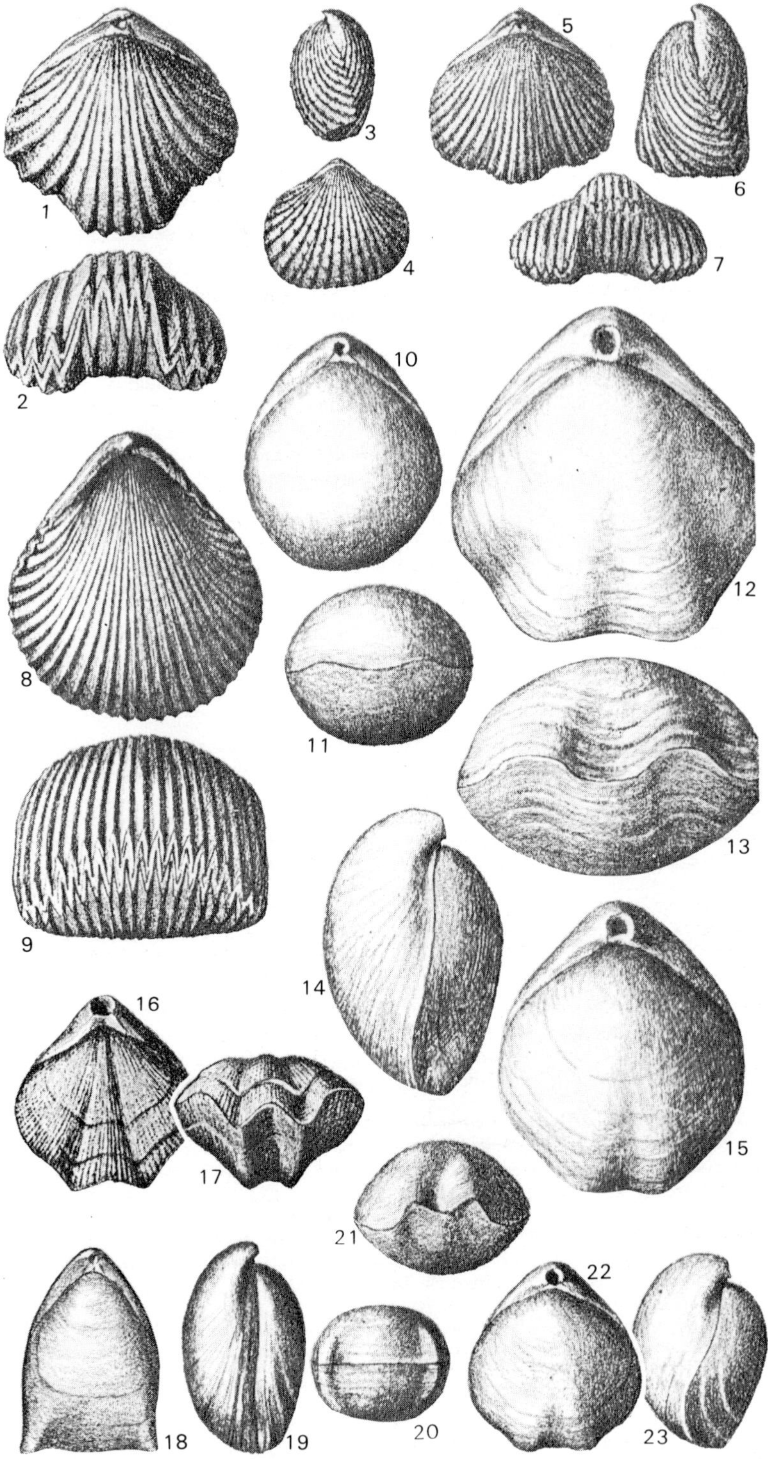

Planche 63 : JURASSIQUE MOY.

1, 2. *Cymatorhynchia quadriplicata* – 3,4. *Acanthothyris spinosa* – 5-7. *Goniorhynchia boueti* – 8, 9. *Sphenorhynchia plicatella* – 10, 11. *Sphaeroidothyris sphaeroidalis* – 12, 13. *Epithyris submaxillata* – 14, 15. *Cererithyris intermedia* – 16, 17. *Dictyothyris coarctata* – 18-20. *Digonella digona* – 21-23. *Pseudotubithyris globata.*

et Ardennes (rég. d'Hirson à Mézières), Haut-Rhin (rég. de Ferrette), Belfort, Doubs, Ain (rég. de Nantual), Yonne, Nièvre (rég. de Nevers) ; en Grande-Bretagne. Pl. 63, fig. 14, 15.

Epithyris submaxillata Davidson *(Terebratula –)*, fam. Terebratulidae – Dim. max. : L/l/e = 4,5/4,5 à 5/3 cm. **Aalénien sup.** et **Bajocien** : espèce répandue dans toute l'Europe occidentale. Pl. 63, fig. 12, 13.

Epithyris oxonica Arkell – Espèce de moins grande taille et à valves moins plissées que la précédente. **Bathonien moy.** : Aisne et Ardennes (rég. d'Hirson à Mézières), Haute-Marne, Côte-d'Or (rég. de Châtillon-sur-Seine), Indre (rég. de St-Gaultier) ; en Grande-Bretagne.

Morrisithyris phillipsii Davidson *(Terebratula –)*, fam. Terebratulidae – Dim. max. : L/l/e = 6,5/3,5 à 4,5/2 à 2,3 cm. **Bajocien sup.** : espèce largement répandue en Europe occidentale. Pl. 64, fig. 11, 12.

Loboidothyris perovalis Sowerby *(Terebratula –)*, fam. Terebratulidae – Dim. max. : L/l/e = 5/4,5/3 cm. **Aalénien** et **Bajocien inf.** : Calvados (rég. de Bayeux et de Caen), Sarthe (rég. de Mamers), Deux-Sèvres (rég. de Niort et de Saint-Maixent), Yonne (rég. d'Avallon), Saône-et-Loire, Aveyron (rég. de Villefranche-de-Rouergue), Gard, Var ; en Grande-Bretagne. Pl. 64, fig. 15, 16.

Sphaeroidothyris sphaeroidalis Sowerby *(Terebratula –)*, fam. Terebratulidae – Dim. max. : L/l/e = 3/3/3 cm. **Bajocien sup.** : Calvados (rég. de Bayeux), Maine-et-Loire, Sarthe, Vienne, Deux-Sèvres (rég. de Niort), Haute-Vienne, Côte-d'Or ; en Grande-Bretagne. Pl. 63, fig. 10, 11.

Pseudotubithyris globata Sowerby *(Tubithyris –)*, fam. Terebratulidae – Dim. max. : L/l/e = 3,5/2,7 à 3/2 cm. **Bathonien** : Calvados (rég. de Caen), Orne, Indre (rég. de St-Gaultier), Yonne, Côte-d'Or, Saône-et-Loire, Jura ; en Grande-Bretagne. Pl. 63, fig. 21-23.

Dictyothyris coarctata Parkinson, fam. Dictyothyrididae – Valves ornées de côtes radiales et de stries transversales toujours très accentuées. Dim. max. : L/l/e = 2,5/2,5/1,5 à 2 cm. **Bathonien moy.** et **sup.** : Aisne (rég. d'Hirson), Ardennes, Haute-Marne (rég. de Chaumont-en-Bassigny), Côte-d'Or (rég. de Châtillon-sur-Seine et de Dijon), Yonne, Vienne (rég. de Poitiers), Sarthe, Orne (rég. d'Alençon), Calvados (rég. de Caen) ; en Grande-Bretagne. Pl. 63, fig. 16, 17.

Dictyothyris smithi Oppel. – Cette espèce se distingue de la précédente par son ornementation plus fine. **Callovien inf.** : Côte-d'Or (rég. de Châtillon-sur-Seine et de Dijon), Yonne (rég. d'Avallon) ; en Allemagne et en Grande-Bretagne.

Disculina hemisphaerica Sowerby, fam. Cancellothyrididae – Valve brachiale plane ; surface ornée de très fines côtes radiales. Dim. max. : L/l/e = 1,2/1/0,6 cm. **Bathonien moy.** : Calvados (rég. de Caen), Sarthe, Haute-Marne, Côte-d'Or ; en Grande-Bretagne. Pl. 64, fig. 8, 9.

Aulacothyris carinata Lamarck, fam. Zeilleriidae – Dim. max. : L/l/e = 3/2,5/1,2 cm. **Bajocien moy.** et **sup.** : Calvados (rég. de Bayeux et de Falaise), Sarthe, Deux-Sèvres, Saône-et-Loire, Rhône (rég. de Lyon) ; en Grande-Bretagne. Pl. 64, fig. 13, 14.

Digonella digona Sowerby, fam. Zeilleriidae – Dim. max. : L/l/e = 2,5 à 3/2/1,7 cm. **Batonien moy.** et **sup.** : Calvados (rég. de Caen), Orne (rég. d'Argentan), Nièvre, Yonne, Côte-d'Or, Doubs, Haute-Saône et Saône-et-Loire ; en Grande-Bretagne. Pl. 63, fig. 18-20.

Digonella divionensis Deslongchamps, est une espèce voisine de la précédente, moins anguleuse et de taille légèrement inférieure. **Callovien inf.** : Yonne, Côte-d'Or (rég. de Châtillon-sur-Seine et de Dijon), Haute-Saône et Doubs.

Obovothyris obovata Sowerby, fam. Zeilleriidae – Dim. max. : L/l/e = 3/2,2/1,8 cm. **Bathonien moy.** à **Callovien inf.** : Pas-de-Calais (Boulonnais), Aisne et Ardennes (rég. d'Hirson à Mézières) ; en Grande-Bretagne. Pl. 64, fig. 22, 23.

Ornithella ornithocephala Sowerby, fam. Zeilleriidae – Dim. max. : L/l/e = 3,5/2 à 2,5/2 cm. **Bathonien moy.** et **sup.** : Pas-de-Calais (Boulonnais), Meuse, Moselle (rég. de Metz), Bas-Rhin, Haut-Rhin (rég. de Ferrette), Haute-

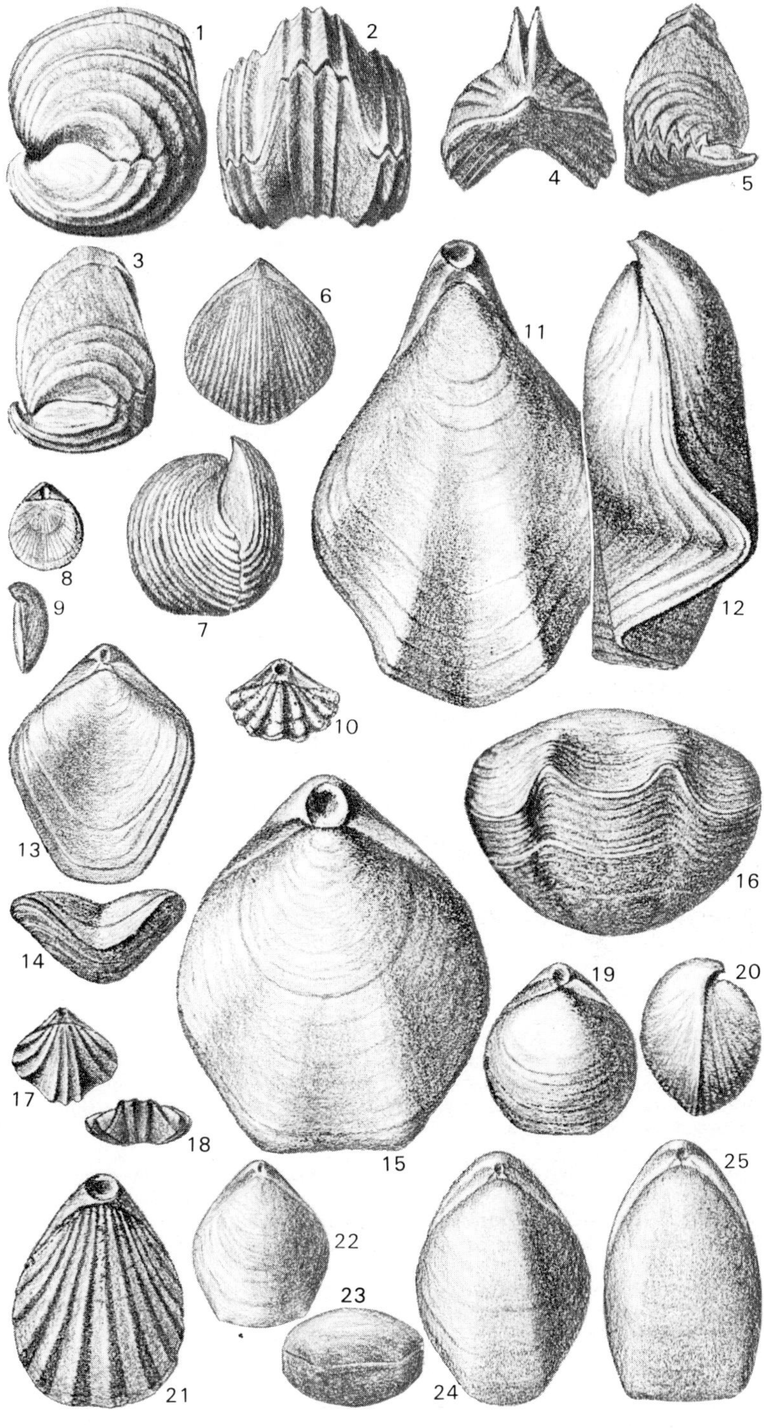

Planche 64 : JURASSIQUE MOY.

1-3. *Burmirhynchia decorata* – 4, 5. *Homoeorhynchia cynocephala* – 6, 7. *Burmirhynchia hopkinsi* – 8, 9. *Disculina hemisphaerica* – 10. *Flabellothyris flabellum* – 11, 12. *Morrisithyris phillipsi* – 13, 14. *Aulacothyris carinata* – 15, 16. *Loboidothyris perovalis* – 17, 18. *Parvirhynchia parvula* – 19, 20. *Rugitela cadomensis* – 21. *Eudesia cardium* – 22, 23. *Obovothyris obovata* – 24. *Ornithella ornithocephala* – 25. *O. lagenalis.*

Marne (rég. de Langres), Doubs (rég. de Besançon) ; en Grande-Bretagne, Allemagne (Wurtemberg) et Suisse (rég. de Bâle et de Berne). Pl. 64, fig. 24.

Ornithella (Microthyridina) lagenalis Schlotheim – Dim. max. : h/L/e = 5/2,5/2,5 à 2,8 cm. **Bathonien sup.** et **Callovien inf.** : Pas-de-Calais (Boulonnais), Ardennes (rég. sud de Mézières), Orne (rég. d'Argentan), Saône-et-Loire (rég. de Mâcon) ; en Grande-Bretagne, Allemagne et Suisse (rég. de Bâle). Pl. 64, fig. 25.

Rugitela cadomensis Deslongchamps *(Terebratula –)*, fam. Zeilleriidae – Dim. max. : L/l/e = 3,5/2 à 2,5/2 cm. **Bajocien sup.** à **Bathonien moy.** : Calvados, Orne et Sarthe (rég. d'Alençon), Vienne (rég. de Poitiers). Pl. 64, fig. 19, 20.

Flabellothyris flabellum Defrance, fam. Zeilleriidae – Valves ornées de 8 à 12 fortes côtes radiales. Dim. max. : L/l/e = 1/1,5/0,6 cm. **Bathonien moy.** : Calvados (rég. de Caen) ; en Grande-Bretagne. Pl. 64, fig. 10.

Eudesia cardium Lamarck, fam. Eudesiidae – Valves ornées de 13 à 16 côtes radiales fortes et aiguës. Dim. max. : L/l/e = 3,5/2 à 3/2 cm. **Bathonien moy.** et **sup.** : espèce largement répandue en France et en Grande-Bretagne. Pl. 64, fig. 21.

Eudesia multicostata Tintant *(E. cardioides)* – Cette espèce se distingue de la précédente par ses côtes radiales plus étroites, au nombre de 20 à 30. **Bathonien sup.** et **Callovien inf.** : espèce largement répandue en France.

MOLLUSQUES Bivalves

Arca (Eonavicula) minuta Sowerby, fam. Arcidae – Dim. max. : h/L/e = 1,5/3/1,3 cm. **Bathonien** : Aisne et Ardennes (rég. d'Hirson à Mézières), Côte-d'Or (rég. de Châtillon-sur-Seine), Sarthe, Calvados (rég. de Caen) ; en Grande-Bretagne. Pl. 65, fig. 2.

Parallelodon hirsonensis d'Archiac, fam. Parallelodontidae – Dim. max. : h/L/e = 5,4/10 à 11/4,5 à 5 cm. **Aalénien** à **Bathonien** : Pas-de-Calais (Boulonnais), Aisne et Ardennes (rég. d'Hirson à Mézières), Indre, Sarthe, Calvados ; en Grande-Bretagne, Pl. 65, fig. 1.

Limopsis minima Sowerby *(Pectunculus oolithicus)*, fam. Limopsidae – Dim. max. : h/L/e = 2/2,3/1,2 cm. **Bathonien** : Pas-de-Calais (Boulonnais), Aisne et Ardennes (rég. d'Hirson à Mézières), Côte-d'Or, Sarthe, Calvados (rég. de Caen) ; en Grande-Bretagne. Pl. 65, fig. 3.

Arcomytilus asper Sowerby, fam. Mytilidae – Vales très bombées, plus ou moins arquées, pouvant atteindre 6 cm de plus grande dimension et ornées de très fines côtes radiales. **Bathonien** : Pas-de-Calais (Boulonnais), Aisne et Ardennes (rég. d'Hirson à Mézières), Côte-d'Or, Indre, Calvados (rég. de Caen) ; en Grande-Bretagne. Pl. 65, fig. 7.

Inoperna plicata Sowerby *(Modiolus sowerbyanus)*, fam. Mytilidae – Valves droites ou faiblement arquées, à carène plus ou moins marquée, pouvant atteindre 12 cm de plus grande dimension. **Aalénien** à **Bathonien** : dans toute l'Europe occidentale ; espèce apparaissant au Jurassique inf. Pl. 65, fig. 5.

Modiolus imbricatus Sowerby, fam. Mytilidae – Coquille pouvant atteindre 6 cm du crochet au bord palléal et 3,5 cm d'épaisseur ; surface ornée de bourrelets d'accroissement plus ou moins marqués. **Aalénien** à **Bathonien** : dans toute l'Europe occidentale. Pl. 65, fig. 4.

Modiolus bipartitus Sowerby. – **Bathonien sup.** et **Callovien** : Pas-de-Calais (Boulonnais), Aisne et Ardennes (rég. d'Hirson à Mézières), Côte-d'Or, Jura, Ain (rég. de Nantua), Calvados ; en Allemagne (Wurtemberg) et en Grande-Bretagne (→ Jurassique sup., Pl. 86, fig. 5).

Stegoconcha ampla Sowerby *(Pinna –)*, fam. Pinnidae – Dim. max. : h/L/e = 13 à 18/20/5 à 8 cm. **Bajocien sup.** et **Bathonien** : Orne, Sarthe, Deux-Sèvres (rég. de Niort), Saône-et-Loire, Côte-d'Or, Var (rég. de Draguignan). Pl. 65, fig. 9.

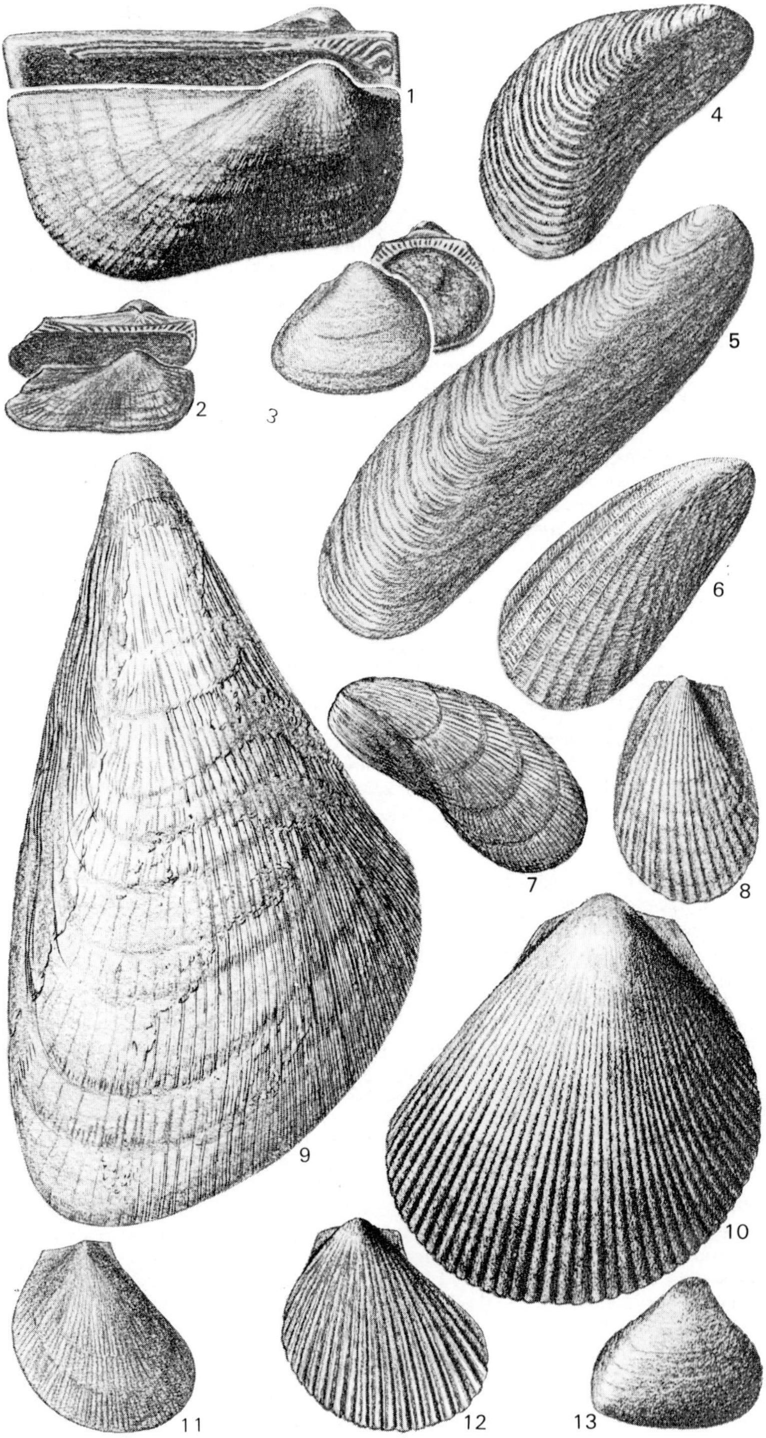

Planche 65 : JURASSIQUE MOY.

1. *Parallelodon hirsonensis* – 2. *Arca (Eonavicula) minuta* – 3. *Limopsis minima* – 4. *Modiolus imbricatus* – 5. *Inoperna plicata* – 6. *Myoconcha crassa* – 7. *Arcomytilus asper* – 8. *Limatula gibbosa* – 9. *Stegoconcha ampla* – 10. *Plagiostoma subcardiiforme* – 11. *P. hellica* – 12. *Pseudolimea duplicata* – 13. *Anisocardia beaumonti.*

Pteroperna costatula Deslongchamps, fam. Pteriidae – Dim. max. : h/L/e = 7/8 à 9/5 cm. **Bathonien :** Pas-de-Calais (Boulonnais), Aisne et Ardennes, Indre, Calvados (rég. de Caen) ; en Grande-Bretagne. Pl. 66, fig. 3.

Isognomon isognomoides Stahl *(Perna –)*, fam. Isognomonidae – Dim. max. : h/L/e = 10/8/3 cm. **Bajocien** et **Bathonien :** dans toute l'Europe occidentale. Pl. 66, fig. 5.

Bositra buchii Roemer *(Posidonia ornati, P. alpina)*, fam. Posidoniidae – Valves fortement inéquilatérales, pouvant atteindre 2 cm de diamètre, ornées de côtes concentriques assorties d'une striation très fine. **Aalénien** à **Callovien :** espèce cosmopolite ; cette espèce apparaît au Jurassique inférieur (Toarcien) et se poursuit dans le Jurassique sup. (Oxfordien). Pl. 66, fig. 4.

Oxytoma costata Townsend *(Avicula –)*, fam. Oxytomidae – Valve gauche plus bombée que la droite et ornée de 8 à 10 côtes radiales lisses entre lesquelles s'intercalent des filets granuleux. Dim. max. : h/L/e = 2,5/3/0,5 cm. **Bathonien :** espèce répandue dans toute l'Europe occidentale. Pl. 66, fig. 2.

Oxytoma inequivalvis Sowerby *(Avicula –)*, – Valve gauche plus bombée que la droite et ornée de 12 à 16 côtes principales lisses entre lesquelles s'intercalent de plus fines. **Bajocien** à **Callovien :** dans toute l'Europe occidentale (cette espèce apparaît au Jurassique inf. et se poursuit jusque dans le Crétacé inf.). Pl. 66, fig. 1.

Meleagrinella echinata Smith *(Pseudomonotis –)*, fam. Oxytomidae – Valve gauche fortement bombée, ornée de fines côtes radiales épineuses. Dim. max. : h/L/e = 2/1,8/1 cm. **Bajocien** à **Callovien** (surtout Bathonien) : Pas-de-Calais (Boulonnais), Aisne et Ardennes (rég. d'Hirson à Mézières) ; en Grande-Bretagne. Pl. 66, fig. 6, 7.

Entolium corneolum Young et Bird *(Pecten demissus, P. disciformis)*, fam. Entoliidae – Valves lisses ou ornées de très fines stries concentriques ; oreillettes subégales. Dim. max. : h/L/e = 10/10/2,5 cm. **Aalénien** à **Callovien :** espèce répandue dans toute l'Europe occidentale, depuis le Jurassique inf. jusque dans le Jurassique sup. Pl. 66, fig. 9.

Camptonectes laminatus Sowerby, fam. Pectinidae – Valves ornées de très fines côtes radiales plus ou moins bifurquées, dont les intervalles sont finement ponctués. Dim. max. : h/L/e = 5/4 à 4,5/1,3 cm. **Bajocien** à **Callovien :** dans toute l'Europe occidentale. Pl. 66, fig. 12.

Camptonectes (Camptochlamys) pumilus Lamarck. – **Aalénien** et **Bajocien :** Bas-Rhin (rég. de Ste-Odile), Côte-d'Or, Jura (rég. de Dole) ; en Allemagne (→ Jurassique inf., Pl. 45, fig. 13).

Chlamys dewalquei Oppel, fam. Pectinidae – Valves ornées de 25 à 27 côtes régulières squameuses. Dim. max. : h/L/e = 8/8/2 cm. **Aalénien** à **Bathonien inf. :** espèce largement répandue en France et dans les régions limitrophes. Pl. 66, fig. 11.

Chlamys (Radulopecten) vagans Sowerby, fam. Pectinidae – Espèce à ornementation variable, composée de 8 à 14 côtes radiales arrondies, rendues plus ou moins écailleuses par le passage des plis concentriques d'accroissement. Dim. max. : h/L/e = 4/3,5 à 4/1,5 cm. **Bajocien** à **Callovien :** dans toute l'Europe occidentale. Pl. 66, fig. 13.

Spondylopecten grossouvrei, Cossmann, fam. *Pectinidae* – Valves ornées de 20 à 21 côtes radiales saillantes et très régulières. Dim. max. : h/L/e = 2/2/2 cm. **Bathonien inf.** et **moy. :** Haute-Marne, Côte-d'Or, Indre (rég. de St-Gaultier). Pl. 66, fig. 10.

Spondylopecten subspinosus Schlotheim *(Plesiopecten bouchardi)*. – **Bajocien** à **Bathonien moy. :** Haute-Marne, Saône-et-Loire (rég. de Mâcon), Rhône, Côte-d'Or. Cette espèce se poursuit dans le Jurassique sup. (→ Pl. 86, fig. 4).

Eopecten tegulatus Morris et Lycett *(Hinnites psyche, Velata jason)*, fam. Pectinidae – Forme irrégulière, ornée de côtes radiales plus ou moins sinueuses

Planche 66 : JURASSIQUE MOY.

1. *Oxytoma inequivalvis* – 2. *O. costata* – 3. *Pteroperna costatula* – 4. *Bositra buchii* – 5. *Isognomon isognomoides* – 6, 7. *Meleagrinella echinata* – 8. *Placunopsis socialis* – 9. *Entolium corneolum* – 10. *Spondylopecten grossouvrei* – 11. *Chlamys dewalquei* – 12. *Camptonectes laminatus* – 13. *Chlamys (Radulopecten) vagans* – 14. *Eopecten tegulatus*.

et de différentes grosseurs. Dim. max. : h/L/e = 5/5/2,5 cm. **Bajocien** et **Bathonien** : espèce répandue en France et dans les régions limitrophes. Pl. 66, fig. 14.

Placunopsis socialis Morris et Lycett, fam. Terquemiidae – Espèce très polymorphe, à valves atteignant rarement 1,5 cm de diamètre et ornées de côtes radiales extrêmement fines et serrées. **Bathonien** : espèce répandue en France et dans les régions limitrophes. Pl. 66, fig. 8.

Ctenostreon rugosum Smith *(C. pectiniforme)*, fam. Limidae – Coquille à valves très épaisses, ornées de 10 à 14 fortes côtes radiales arrondies et squameuses. Dim. max. : h/L/e = 15/15/8 cm. **Aalénien** à **Callovien** : espèce répandue dans toute l'Europe occidentale. Pl. 67, fig. 3.

Ctenostreon hector d'Orbigny. – Cette espèce diffère de la précédente par sa forme plus équilatérale à oreillette moins développée, et ses côtes radiales plus régulières, au nombre de 16 à 18. Dim. max. : h/L/e = 10/9/6 à 7 cm. **Bajocien** : Calvados (rég. de Bayeux, Port-en-Bessin), Deux-Sèvres (rég. de Niort).

Limatula gibbosa Sowerby, fam. Limidae – Région médiane des valves ornée de 17 à 19 côtes radiales. Dim. max. : h/L/e = 3,5/2,2/1,8 cm. **Bajocien** à **Callovien** : Pas-de-Calais (Boulonnais), Aisne et Ardennes, Yonne (rég. d'Avallon), Ain (rég. de Nantua), Deux-Sèvres, Vendée, Sarthe, Calvados ; en Grande-Bretagne. Pl. 65, fig. 8.

Plagiostoma subcardiiforme Greppin *(Lima –)*, fam. Limidae – Valves très bombées, ornées de 40 à 60 côtes radiales simples et arrondies, que croisent de fines stries d'accroissement. Dim. max. : h/L/e = 6/5,5/4 cm. **Bathonien** : Pas-de-Calais (Boulonnais), Aisne et Ardennes (rég. d'Hirson à Mézières), Meuse, Haute-Saône, Côte-d'Or, Saône-et-Loire, Indre ; en Grande-Bretagne. Pl. 65, fig. 10.

Plagiostoma semicirculare Goldfuss *(Lima –)* – Cette espèce se distingue de la précédente par ses côtes radiales beaucoup plus fines et serrées, au nombre de 70 à 90. Dim. max. : h/L/e = 6/6/3,5 cm. **Bajocien** : Ardennes, Moselle, Haute-Saône, Saône-et-Loire, Rhône, Calvados ; en Allemagne et en Suisse.

Plagiostoma hellica Cossmann *ex* d'Orbigny. – Valves ornées de côtes radiales plates, extrêmement étroites et sinueuses, finement ponctuées dans leurs intervalles. Dim. max. : h/L/e = 3,3/3,2/1,5 cm. **Bathonien** : Aisne et Ardennes (rég. d'Hirson à Mézières), Haute-Marne, Côte-d'Or, Indre (rég. de St-Gaultier), Calvados (rég. de Caen). Pl. 65, fig. 11.

Pseudolimea duplicata Sowerby, fam. Limidae – Valves ornées de 35 à 40 côtes radiales entre lesquelles s'intercale une côte plus fine. Dim. max. : h/L/e = 3/2,5 à 3/1,5 cm. **Aalénien** à **Callovien** : dans toute l'Europe occidentale ; cette espèce se poursuit du Jurassique inf. au Jurassique sup. Pl. 65, fig. 12.

Gryphaea dilatata Sowerby, fam. Gryphaeidae – **Callovien** : Pas-de-Calais (Boulonnais), Ardennes (rég. de Mézières), Haute-Marne, Côte-d'Or, Jura, Ain (rég. de Nantua), Calvados ; en Allemagne et en Grande-Bretagne. Cette espèce se poursuit dans le Jurassique sup. (→ Pl. 88, fig. 11, 12).

Gryphaea (Bilobissa) sublobata Deshayes. – Dim. max. : h/L/e = 8/7 à 8/2 à 3 cm. **Aalénien** et **Bajocien inf.** : dans toute l'Europe occidentale. Pl. 69, fig. 3, 4.

Catinula knorri Voltz *(Ostrea –)*, fam. Gryphaeidae – Petite espèce à valves ornées de fines côtes radiales. Dim. max. : h/L/e = 2/1,5/1 cm. **Bathonien** et **Callovien** : dans toute l'Europe occidentale. Pl. 69, fig. 5, 6.

Praeexogyra acuminata Sowerby *(Liostrea –)*, fam. Gryphaeidae – Espèce caractérisée par ses valves très incurvées, n'excédant pas 3 à 4 cm de hauteur. **Bajocien moy.** à **Bathonien inf.** : Pas-de-Calais (Boulonnais), Aisne et Ardennes (rég. d'Hirson à Mézières), Bas-Rhin, Haut-Rhin, Jura (rég. de Lons-le-Saunier), Côte-d'Or, Ain (rég. de Nantua) ; en Grande-Bretagne. Pl. 69, fig. 7, 8.

Liostrea hebridica Forbes *(Ostrea sowerbyi)*, fam. Gryphaeidae – Cette espèce se distingue de la précédente par ses valves plus épaisses et moins arquées, pouvant atteindre 6 cm de hauteur. **Bajocien** à **Bathonien** : Pas-de-Calais (Boulonnais), Aisne et Ardennes (rég. d'Hirson à Mézières) ; en Grande-Bretagne.

Planche 67 : JURASSIQUE MOY.

1. *Fimbria lajoyei* – 2. *Sphaeriola madridi* – 3. *Ctenostreon rugosum* – 4. *Protocardia buckmanni* – 5, 6. *Pterocardia pesbovis* – 7, 8. *Coelopis lunulata* – 9, 10. *Opis (Trigonopis) similis* – 11. *Pseudotrapezium cordiforme* – 12. *Mesomiltha bellona.*

Nanogyra nana Sowerby *(Ostrea bathonica),* fam. Gryphaeidae – **Bajocien** à **Callovien :** dans toute l'Europe occidentale ; cette espèce se poursuit dans le Jurassique sup. (→ Pl. 88, fig. 9).

Lopha gregarea Sowerby *(Alectryonia –),* fam. Ostreidae – **Bajocien** à **Callovien :** dans toute l'Europe occidentale ; cette espèce se poursuit dans le Jurassique sup. (→ Pl. 88, fig. 10).

Lopha costata Sowerby – Dim. max. : h/L/e = 2/1,5/1 cm. **Bajocien sup.** à **Callovien :** espèce répandue dans toute l'Europe occidentale. Pl. 69, fig. 9, 10.

Lopha marshii Sowerby *(Alectryonia –)* – Valves ornées de côtes radiales très fortes et peu nombreuses, surtout développées sur les bords. Dim. max. : h/L/e = 10/7 à 8/3 à 4 cm. **Bajocien** à **Callovien :** espèce répandue en France et dans les régions limitrophes ; cette espèce se poursuit dans le Jurassique sup. (Oxfordien). Pl. 69, fig. 11.

Trigonia elongata Sowerby, fam. Trigoniidae – Dim. max. : h/L/e = 6/5/4,5 à 5 cm. **Bajocien** à **Callovien :** dans toute l'Europe occidentale ; cette espèce se poursuit dans le Jurassique sup. (Oxfordien). Pl. 69, fig. 1.

Trigonia pullus Sowerby – Cette espèce diffère de la précédente par ses proportions (moindre hauteur par rapport à la longueur), ses côtes concentriques plus étroites et plus rapprochées, et son aréa postérieure ornée de côtes radiales granuleuses. Dim. max. : h/L/e = 3/3 à 3,5/2,5 cm. **Bathonien :** Pas-de-Calais (Boulonnais), Aisne et Ardennes (rég. d'Hirson à Mézières), Calvados (rég. de Caen), Orne ; en Grande-Bretagne. Pl. 69, fig. 2.

Mesomiltha bellona d'Orbigny *(Lucina –),* fam. Lucinidae – Dim. max. : h/L/e = 5/4,5 à 5/2 à 2,5 cm. **Aalénien** à **Bathonien :** dans toute l'Europe occidentale. Pl. 67, fig. 12.

Fimbria lajoyei d'Archiac *(Corbis –),* fam. Fimbriidae – Espèce très variable dans ses proportions et dans son ornementation, les côtes concentriques pouvant être plus ou moins larges et saillantes. Dim. max. : h/L/e = 3/4 à 4,5/2 à 2,5 cm. **Bathonien :** Aisne et Ardennes (rég. d'Hirson à Mézières), Haute-Marne, Côte-d'Or, Indre ; en Grande-Bretagne. Pl. 67, fig. 1.

Sphaeriola madridi d'Archiac, fam. Fimbriidae – Dim. max. : h/L/e = 3,5/3,5 à 4/3,5 cm. **Bajocien** et **Bathonien :** Pas-de-Calais (Boulonnais), Aisne et Ardennes (rég. d'Hirson à Mézières), Haute-Marne, Calvados ; en Grande-Bretagne. Pl. 67, fig. 2.

Myoconcha crassa Sowerby, fam. Permophoridae – Dim. max. : h/L/e = 6/2,5/1 cm. **Aalénien** et **Bajocien :** espèce largement répandue en France et dans les régions limitrophes, apparaissant au Jurassique inf. Pl. 65, fig. 6.

Neocrassina obliqua Lamarck *(Crassinella –),* fam. Astartidae – Dim. max. : h/L/e = 5,5/6/4 cm. **Bajocien :** Calvados (rég. de Bayeux), Deux-Sèvres (rég. de Niort et de Saint-Maixent), Côte-d'Or ; en Grande-Bretagne. Pl. 68, fig. 1.

Praeconia rhomboidalis Phillips *(Hippopodium luciense),* fam. Astartidae – Dim. max. : h/L/e = 7/7 à 8/4 à 4,5 cm. **Bajocien** à **Callovien :** Calvados, Sarthe, Deux-Sèvres, Indre, Haute-Marne ; en Grande-Bretagne. Cette espèce se poursuit dans le Jurassique sup. Pl. 68, fig. 6.

Opis (Trigonopis) similis Sowerby, fam. Astartidae – Dim. max. : h/L/e = 2/1,5/1,3 cm. **Bajocien** et **Bathonien :** Calvados, Sarthe ; en Allemagne, Suisse et Grande-Bretagne. Pl. 67, fig. 9, 10.

Coelopis lunulata Sowerby *(Opis –),* fam. Astartidae – Dim. max. : h/L/e = 2,5/2,5 à 3/2 cm. **Bajocien** à **Callovien :** Calvados, Sarthe, Deux-Sèvres, Nièvre ; en Grande-Bretagne. Pl. 67, fig. 7, 8.

Protocardia buckmanni Morris et Lycett, fam. Cardiidae – Dim. max. : h/L/e = 5,5/6/4 cm. **Bajocien** et **Bathonien :** Pas-de-Calais (Boulonnais), Aisne et Ardennes (rég. d'Hirson à Mézières), Yonne (rég. de Vézelay), Ain (rég. de Nantua), Vendée, Calvados ; en Grande-Bretagne. Pl. 67, fig. 4.

Planche 68 : JURASSIQUE MOY.

1. *Neocrassina obliqua* – 2, 3. *Pleuromya alduini* – 4, 5. *Thracia curtansata* – 6. *Praeconia rhomboidalis* – 7. *Pleuromya uniformis* – 8, 9. *Ceratomya concentrica* – 10. *Gresslya abducta* – 11. *Pholadomya lirata.*

Anisocardia beaumonti d'Archiac, fam. Arcticidae – Dim. max. : h/L/e = 2/2,5/1,5 cm. **Bathonien :** Pas-de-Calais (Boulonnais), Aisne et Ardennes (rég. d'Hirson à Mézières) ; en Grande-Bretagne. Pl. 65, fig. 13.

Pseudotrapezium cordiforme Deshayes, fam. Arcticidae – Dim. max. : h/L/e = 5/6,5 à 7/3,5 cm. **Aalénien à Bathonien :** Meurthe-et-Moselle (rég. de Pont-à-Mousson), Deux-Sèvres (rég. de Niort), Sarthe, Calvados (rég. de Caen, de Bayeux) ; en Grande-Bretagne. Pl. 67, fig. 11.

Pterocardia pesbovis d'Archiac, fam. Megalodontidae – Dim. max. : h/L/e = 7/7/5 cm. **Bathonien moy. :** Aisne et Ardennes (rég. d'Hirson à Mézières), Côte-d'Or, Indre ; en Grande-Bretagne. Pl. 67, fig. 5, 6 (moule interne).

Pholadomya (Bucardiomya) lirata Sowerby *(P. murchisoni, P. heraulti),* fam. Pholadomyidae – Coquille de forme plus ou moins oblique, très variable dans ses proportions, ornée de 4 à 6 côtes radiales que croisent des bourrelets d'accroissement. Dim. max. : h/L/e = 9/8 à 10/8 à 9 cm. **Aalénien à Callovien :** dans toute l'Europe occidentale. Pl. 68, fig. 11.

Pholadomya (Bucardiomya) bellona d'Orbigny, est une espèce voisine de la précédente, mais toujours plus étroite et à côtes radiales très saillantes et tuberculeuses. Dim. max. : h/L/e = 5/2,5 à 3,5/3,5 à 4 cm. **Bathonien :** Jura, Ain (rég. de Nantua), Isère, Saône-et-Loire, Côte-d'Or, Yonne (rég. de Vézelay), Calvados.

Pholadomya ovalis Sowerby *(P. ovulum),* est une forme au contraire très allongée, à côtes radiales plus faiblement marquées. Dim. max. : h/L/e = 4/5,5 à 7/3,5 à 4 cm. **Bajocien** et **Bathonien :** dans toute l'Europe occidentale.

Homomya gibbosa Sowerby *(Pholadomya vezelayi),* fam. Pholadomyidae – Forme un peu variable, à crochets plus ou moins bombés et antérieurs ; surface lisse ou ornée de forts bourrelets concentriques. Dim. max. : h/L/e = 8/15/8 cm. **Bajocien** et **Callovien :** dans toute l'Europe occidentale ; cette espèce se poursuit dans le Jurassique sup. Pl. 69, fig. 14.

Goniomya literata Sowerby *(G. v-scripta),* fam. Pholadomyidae – Valves subéquilatérales, ornées d'environ 20 côtes en forme de V. Dim. max. : h/L/e = 4/6,5 à 7,5/2,5 cm. **Bathonien sup.** et **Callovien :** dans toute l'Europe occidentale ; cette espèce se poursuit au Jurassique sup. Pl. 69, fig. 13.

Osteomya dilata Phillips, fam. Pholadomyidae – Valves fortement baillantes postérieurement. Dim. max. : h/L/e = 4/7 à 9/3 cm. **Bajocien** et **Bathonien :** dans toute l'Europe occidentale. Pl. 69, fig. 12.

Ceratomya concentrica Sowerby *(Ceromya –),* fam. Ceratomyidae – Coquille très variable, à crochets plus ou moins proéminents et plus ou moins antérieurs, et à ornementation régulièrement concentrique. Dim. max. : h/L/e = 5 à 6/8/6 cm. **Bajocien** à **Callovien :** dans toute l'Europe occidentale ; cette espèce se poursuit dans le Jurassique sup. Pl. 68, fig. 8, 9.

Gresslya abducta Phillips, fam. Ceratomyidae – Forme très variable, à crochets plus ou moins saillants et antérieurs. Dim. max. : h/L/e = 4/5,5 à 6/3 cm. **Aalénien** et **Bajocien :** dans toute l'Europe occidentale ; espèce apparaissant au Jurassique inf. Pl. 68, fig. 10.

Gresslya peregrina Phillips, se distingue de la précédente par ses valves moins fortement inéquilatérales, à crochets moins antérieurs. **Bathonien** et **Callovien :** dans toute l'Europe occidentale ; cette espèce se poursuit dans le Jurassique sup. (Oxfordien).

Pleuromya alduini Brongniart *(P. recurva),* fam. Pleuromyidae – Dim. max. : h/L/e = 4/6/2,5 à 3 cm. **Bathonien** et **Callovien :** dans toute l'Europe occidentale ; cette espèce se poursuit dans le Jurassique sup. Pl. 68, fig. 2, 3.

Pleuromya uniformis Sowerby *(P. jurassi, P. decurtata)* – Dim. max. : h/L/e = 3,5/5 à 6/2 à 2,5 cm. **Bajocien** à **Callovien :** dans toute l'Europe occidentale ; cette espèce se poursuit dans le Jurassique sup. Pl. 68, fig. 7.

Thracia curtansata Morris et Lycett, fam. Thraciidae – Dim. max. : h/L/e = 3,5/4/1,5 à 2 cm. **Bathonien** et **Callovien :** dans toute l'Europe occidentale. Pl. 68, fig. 4, 5.

Planche 69 : JURASSIQUE MOY.

1. *Trigonia elongata* – 2. *T. pullus* – 3, 4. *Gryphaea sublobata* – 5, 6. *Catinula knorri* – 7, 8. *Praeexogyra acuminata* – 9, 10. *Lopha costata* – 11. *L. marshii* – 12. *Osteomya dilata* – 13. *Goniomya literata* – 14. *Homomya gibbosa*.

Pleurotomaria armata Münster, fam. Pleurotomariidae – Dim. max. : h/d = 7,5/9 à 10 cm. **Bajocien** : Calvados (rég. de Bayeux), Deux-Sèvres (rég. de Niort) ; en Grande-Bretagne. Pl. 70, fig. 5.

Perotrochus conoideus Deshayes *(Pleurotomaria –)*, fam. Pleurotomariidae – Dim. max. : h/d = 7/5,2 à 6,5 cm. **Bajocien** : Calvados (rég. de Bayeux, Port-en-Bessin), Nièvre, Var (rég. de Draguignan). Pl. 70, fig. 6.

Obornella plicopunctata Deslongchamps *(Pleurotomaria –)*, fam. Pleurotomariidae – Dim. max. : h/d = 2,5/4 cm. **Bajocien** : Calvados (rég. de Bayeux et Port-en-Bessin) ; en Grande-Bretagne. Pl. 70, fig. 7.

Obornella granulata Sowerby – Très voisine de la précédente, cette espèce en diffère par sa spire plus haute et sa base finement treillissée. **Bajocien** : avec la précédente.

Symmetrocapulus tessoni Deslongchamps, fam. Symmetrocapulidae – Dim. max. : h/d = 2,5/5 à 6,5 cm. **Bajocien** et **Bathonien** : espèce largement répandue en France et dans les régions limitrophes. Pl. 70, fig. 12, 13.

Scurriopsis (Dietrichiella) nitida Deslongchamps *(Patella –)*, fam. Acmaeidae – Dim. max. : h/d = 1/1,5 à 2 cm. **Bathonien** : Aisne, Côte-d'Or, Calvados (rég. de Caen). Pl. 70, fig. 2.

Muricotrochus luciensis d'Orbigny, fam. Trochidae – Tours ornés de 4 ou 5 cordons squameux. Dim. max. : h/d = 2,5/1,5 à 2 cm. **Bathonien** : Pas-de-Calais (Boulonnais), Aisne (Martigny), Indre (rég. de St-Gaultier), Calvados (rég. de Caen) ; en Grande-Bretagne. Pl. 70, fig. 1.

Ataphrus labadyei d'Archiac, fam. Ataphridae – Dim. max. : h/d = 2/1,5 à 1,8 cm. **Bajocien** à **Callovien** : espèce largement répandue en France et dans les régions limitrophes. Pl. 70, fig. 11.

Neritoma (Neridomus) ponderosa Cossmann *ex* Piette, fam. Neritidae – Dim. max. : h/d = 6/6 cm. **Bathonien moy.** : Pas-de-Calais (Boulonnais), Aisne (rég. d'Hirson, fréquemment à l'état de moule interne), Côte-d'Or, Orne (rég. de Sées). Pl. 70, fig. 8.

Amberleya (Eucyclus) orbignyana Hudleston, fam. Amberleyidae – Dim. max. : h/d = 5/3,5 cm. **Bajocien** : Calvados (rég. de Bayeux, Port-en-Bessin), Sarthe, Deux-Sèvres (rég. de Niort) ; en Grande-Bretagne. Pl. 71, fig. 3.

Metriomphalus cassius d'Orbigny *(Turbo –)*, fam. Nododelphinulidae – Spire ornée de 4 à 5 cordons squameux sur l'avant-dernier tour et de 10 à 12 sur le dernier tour. Dim. max. : h/d = 2,2/1,9 cm. **Bathonien** : Pas-de-Calais (Boulonnais), Aisne, Côte-d'Or, Indre (rég. de St-Gaultier), Calvados (rég. de Caen). Pl. 70, fig. 3.

Amphitrochus duplicatus Sowerby *(Trochus –)*, fam. Nododelphinulidae – Dim. max. : h/d = 1,5/1,5 à 1,7 cm. **Bajocien** : Calvados (rég. de Bayeux, Port-en-Bessin) ; en Grande-Bretagne. Pl. 71, fig. 12.

Pseudomelania lineata Sowerby *(Chemnitzia coarctata)*, fam. Pseudomelaniidae – Dim. max. : h/d = 11/2,8 cm. **Bajocien** : espèce répandue en France et dans les régions limitrophes. Pl. 71, fig. 7.

Pseudomelania (Oonia) subglobosa Morris et Lycett *(Phasianella –)*. Dim. max. : h/d = 4,5/2 cm. **Bathonien** : Pas-de-Calais (Boulonnais), Aisne et Ardennes (rég. d'Hirson à Mézières) ; en Grande-Bretagne. Pl. 71, fig. 8.

Bourguetia saemanni Oppel *(Phasianella striata)*, fam. Pseudomelaniidae – Coquille variable, à spire plus ou moins élancée, ornée de sillons spiraux au nombre de 16 à 20 sur chaque tour. Dim. max. : h/d = 20/9 à 12 cm. **Bajocien** à **Callovien** : dans toute l'Europe occidentale ; cette espèce se poursuit dans le Jurassique sup. Pl. 71, fig. 9.

Purpuroidea minax Piette, fam. Purpurinidae – Dim. max. : h/d = 8/6,5 cm. **Bathonien moy.** : Pas-de-Calais (Boulonnais), Aisne et Ardennes (rég. d'Hirson à Rancourt, fréquemment à l'état de moule interne), Côte-d'Or. Pl. 70, fig. 10.

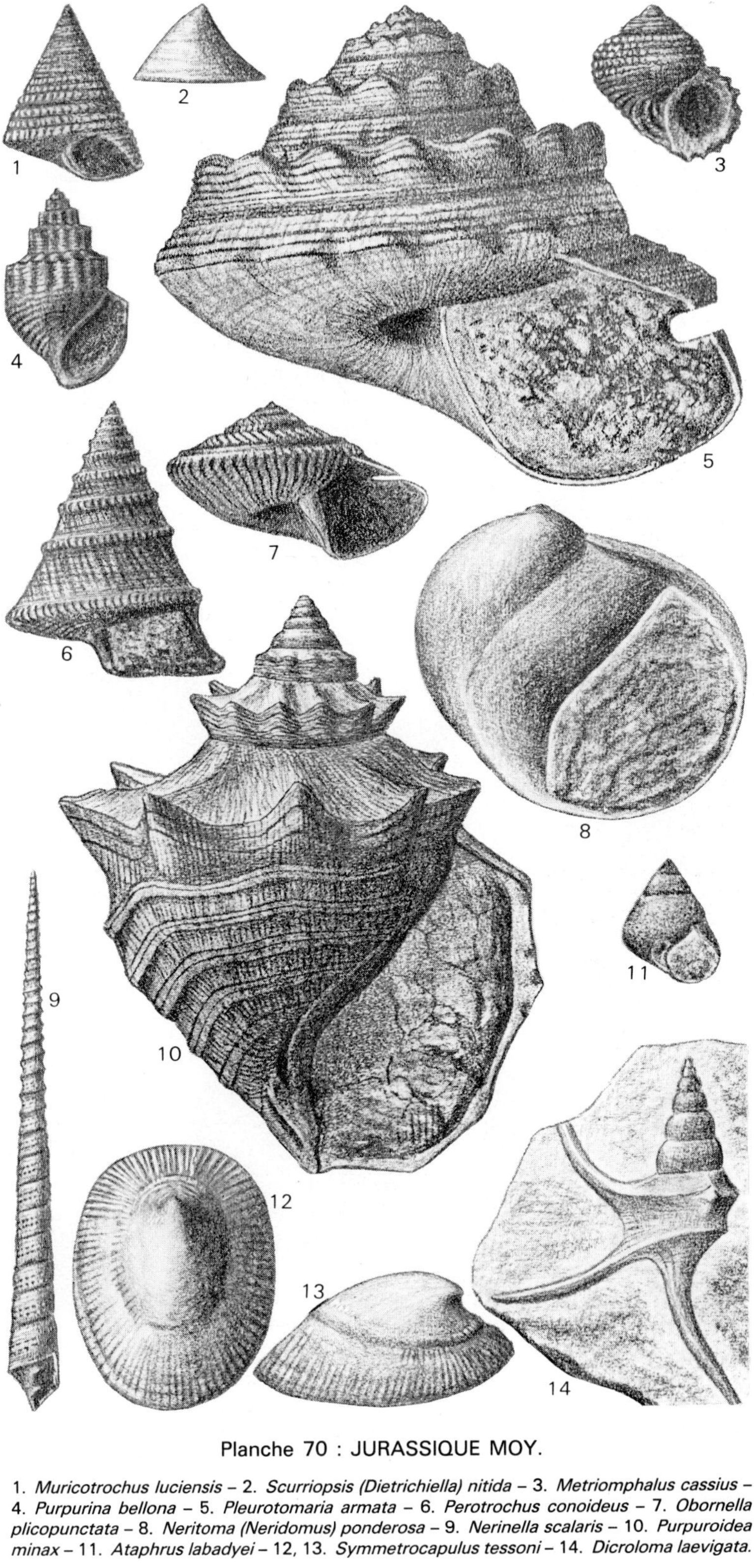

Planche 70 : JURASSIQUE MOY.

1. *Muricotrochus luciensis* – 2. *Scurriopsis (Dietrichiella) nitida* – 3. *Metriomphalus cassius* – 4. *Purpurina bellona* – 5. *Pleurotomaria armata* – 6. *Perotrochus conoideus* – 7. *Obornella plicopunctata* – 8. *Neritoma (Neridomus) ponderosa* – 9. *Nerinella scalaris* – 10. *Purpuroidea minax* – 11. *Ataphrus labadyei* – 12, 13. *Symmetrocapulus tessoni* – 14. *Dicroloma laevigata.*

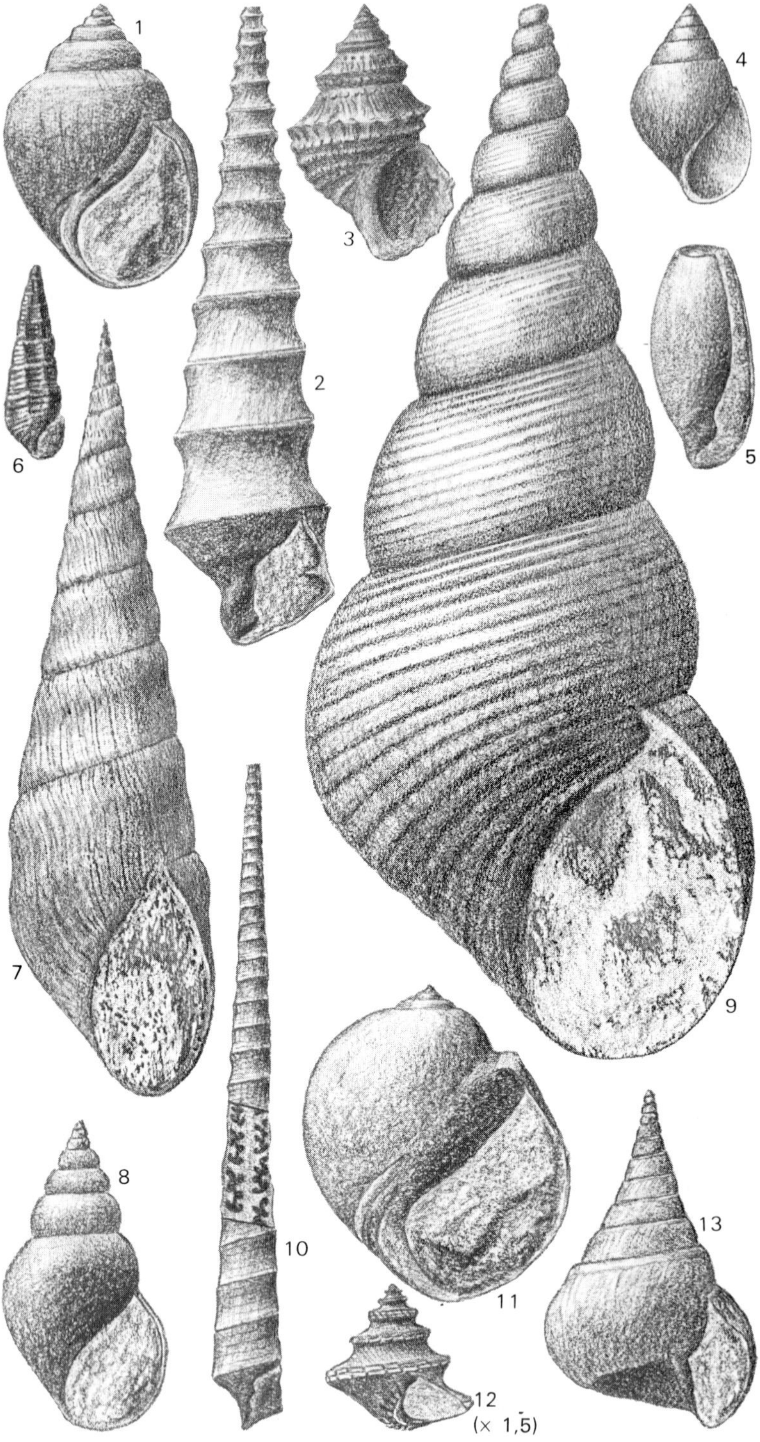

Planche 71 : JURASSIQUE MOY.

1. *Globularia formosa* – 2. *Cossmannea bathonica* – 3. *Amberleya (Eucyclus) orbignyana* – 4. *Pictivia bajocensis* – 5. *Cylindrites thorenteus.* – 6. *Procerithium (Rhabdocolpus) scaliforme* – 7. *Pseudomelania lineata* – 8. *P. (Oonia) subglobosa* – 9. *Bourguetia saemanni* – 10. *Bactroptyxis trachaea* – 11. *Globularia michelini* – 12. *Amphitrochus duplicatus* – 13. *Fibuloptyxis patella.*

Purpurina bellona d'Orbigny, fam. Purpurinidae – Dim. max. : h/d = 2,7/1,7 à 2 cm. **Bajocien** : Calvados (rég. de Bayeux et Port-en-Bessin) ; en Grande-Bretagne. Pl. 70, fig. 4.

Procerithium (Rhabdocolpus) scaliforme Deshayes, fam. Procerithiidae – Dim. max. : h/d = 3/07 cm. **Bajocien** : Calvados (rég. de Bayeux) ; en Suisse (rég. de Bâle) et Grande-Bretagne. Pl. 71, fig. 6.

Cossmannea bathonica Rigaux et Sauvage *(Nerinea –)*, fam. Nerineidae – Spire à tours excavés, les premiers étant ornés de fins filets spiraux ; trois plis internes. Dim. max. : h/d = 18/3 cm. **Bathonien** : Pas-de-Calais (Boulonnais), Aisne et Ardennes (rég. d'Hirson à Mézières), Meurthe-et-Moselle, Haute-Marne, Côte-d'Or. Pl. 71, fig. 2.

Nerinella scalaris d'Orbigny, fam. Nerineidae – Tours ornés de filets spiraux en nombre variable ; trois plis internes. Dim. max. : h/d = 6,5/0,8 cm. **Bathonien** : espèce répandue en France et dans les régions limitrophes. Pl. 70, fig. 9.

Bactroptyxis trachaea Deslongchamps *(Nerinea bacillus)*, fam. Nerineidae – Spire ornée de filets spiraux très fins, plus ou moins estompés sur les derniers tours ; cinq plis internes. Dim. max. : h/d = 10/1 cm. **Bathonien** : Pas-de-Calais (Boulonnais), Aisne et Ardennes (rég. d'Hirson à Mézières), Meurthe-et-Moselle (rég. de Nancy), Saône-et-Loire, Côte-d'Or, Yonne, Var (rég. de Forcalquier), Orne, Calvados (rég. de Caen). Pl. 71, fig. 10.

Fibuloptyxis patella Piette *(Nerinea –, Trochalia –, Pseudotrochalia –)*, fam. Nerineidae – Spire lisse, à angle plus ou moins ouvert, creusée d'un large ombilic basal. Dim. max. : h/d = 7/4 à 5 cm. **Bathonien** : Aisne et Ardennes (rég. d'Hirson à Mézières). Pl. 71, fig. 13.

Dicroloma laevigatum Morris et Lycette *(Alaria –)*, fam. Aporrhaidae – Dim. max. : (avec les digitations et le canal) : h/d = 5/3,5 cm. **Bajocien** à **Callovien** : Pas-de-Calais (Boulonnais), Aisne et Ardennes, Côte-d'Or, Maine-et-Loire, Calvados ; en Grande-Bretagne. Pl. 70, fig. 14.

Globularia formosa Morris et Lycett, fam. Ampullospiridae – Dim. max. : h/d = 5,5/3,5 à 4 cm. **Bathonien** : Pas-de-Calais (Boulonnais), Aisne et Ardennes (rég. d'Hirson à Mézières), Meurthe-et-Moselle, Haute-Marne, Sarthe, Calvados (rég. de Caen), Var (rég. de Forcalquier) ; en Grande-Bretagne. Pl. 71, fig. 1.

Globularia michelini d'Archiac – Spire à galbe assez variable et dernier tour plus ou moins renflé. Dim. max. : h/d = 4,5/3,5 à 3,8 cm. **Bathonien** : Pas-de-Calais (Boulonnais), Aisne et Ardennes, Orne ; en Grande-Bretagne. Pl. 71, fig. 11.

Pictivia bajocensis d'Orbigny *(Natica –)*, fam. Ampullospiridae – Tours de spire pourvus d'une gouttière suturale carénée. Dim. max. : h/d = 3/2 cm. **Bajocien** : Calvados (rég. de Bayeux). Pl. 71, fig. 4.

Cylindrites thorenteus Buvignier, fam. Acteonidae – Coquille lisse à spire enfoncée. Dim. max. : h/d = 3/1,4 cm. **Bathonien** : Pas-de-Calais (Boulonnais), Aisne et Ardennes (rég. d'Hirson à Mézières), Côte-d'Or (Châtillonnais), Var (rég. de Forcalquier) ; en Grande-Bretagne. Pl. 71, fig. 5.

MOLLUSQUES Céphalopodes Nautiloïdes

Cenoceras lineatum Sowerby *(Nautilus –)*, fam. Nautilidae – Dim. max. : d/e = 18/13 à 15 cm. **Bajocien** : Ardennes, Deux-Sèvres, Calvados (rég. de Caen et de Bayeux). Pl. 72, fig. 1, 2.

Paracenoceras calloviense Oppel *(Nautilus –)*, fam. Paracenoceratidae – Dim. max. : d/e = 7/5 cm. **Callovien** : espèce à large répartition européenne. Pl. 72, fig. 3, 4 (moule interne).

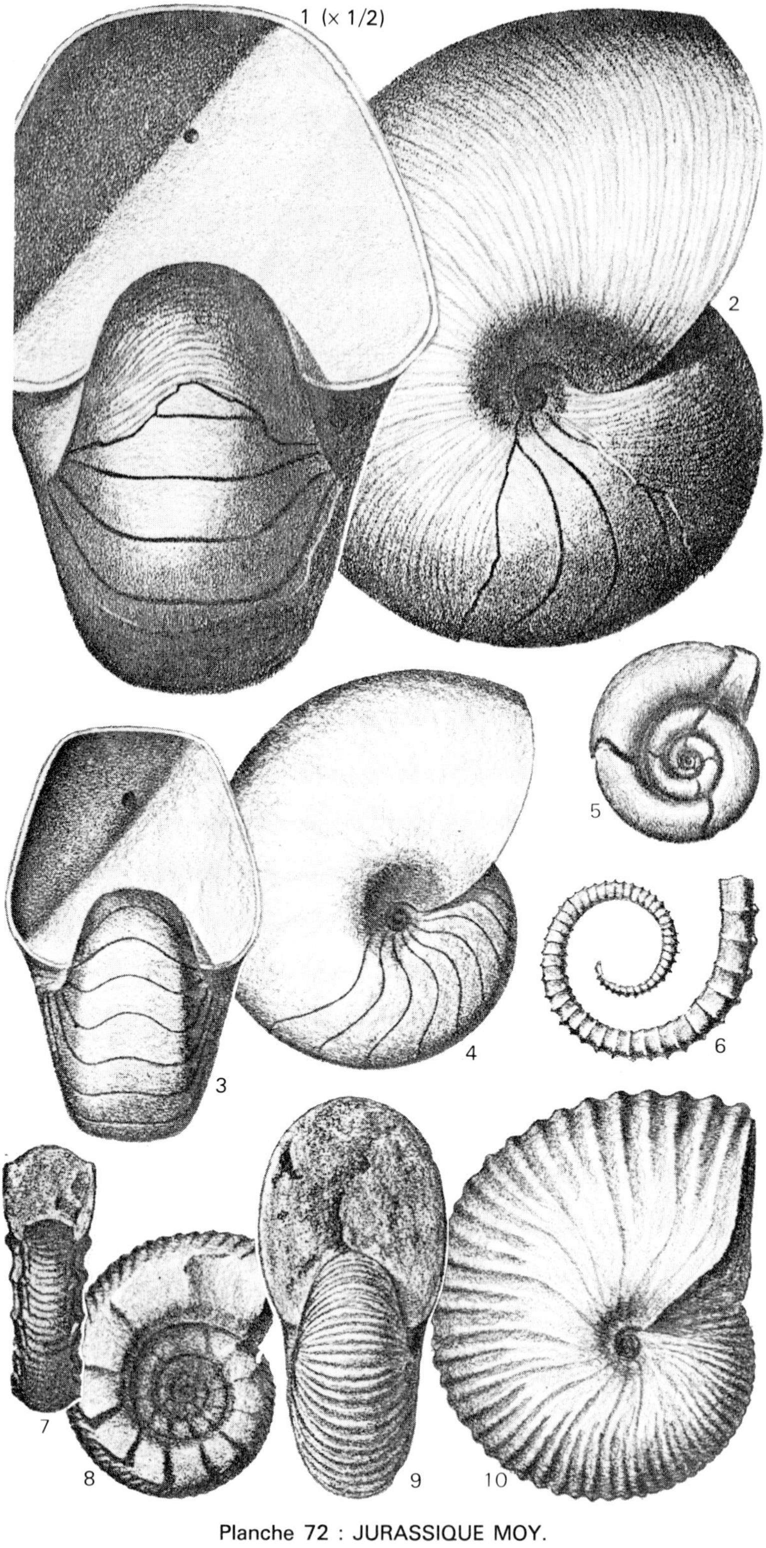

Planche 72 : JURASSIQUE MOY.

1, 2. *Cenoceras lineatum* – 3, 4. *Paracenoceras calloviense* – 5. *Nannolytoceras tripartitum* – 6. *Parapatoceras distans* – 7, 8. *Zigzagiceras zigzag* – 9, 10. *Holcophylloceras viator.*

Holcophylloceras viator d'Orbigny, fam. Phylloceratidae – Dim. max. : d/e = 7/2,5 à 3 cm. **Bajocien sup.** à **Callovien inf.** : Rhône (Monts du Beaujolais), Alpes-de-Haute-Provence. Pl. 72, fig. 9, 10.

Nannolytoceras tripartitum d'Orbigny, fam. Nannolytoceratidae – Dim. max. : d/e = 8/1,3 à 1,5 cm. **Bajocien sup.** à **Callovien inf.** : Rhône (Monts du Beaujolais), Hautes-Alpes (rég. de Gap), Alpes-de-Haute-Provence, Bouches-du-Rhône (rég. d'Aix-en-Provence). Pl. 72, fig. 5.

Spiroceras orbignyi Baugier et Sauzé, fam. Spiroceratidae – Coquille de forme assez variable, à tours disjoints, ornée de côtes régulières pourvues de 4 rangées d'épines émoussées. Fragments pouvant atteindre 10 à 20 cm de longueur. **Bajocien sup.** : espèce largement répandue en France. Pl. 78, fig. 7 et 8 (fragment de tour et ouverture).

Parapatoceras distans Baugier et Sauzé *(Ancyloceras calloviense),* fam. Spiroceratidae – Spire à tours disjoints, ne dépassant pas 1 cm d'épaisseur à l'ouverture. **Callovien** : espèce à large répartition européenne. Pl. 72, fig. 6.

Leioceras opalinum Reinecke, fam. Graphoceratidae – Dim. max. : d/e = 14/2,5 cm. **Aalénien inf.** : dans toute l'Europe occidentale. Pl. 73, fig. 1, 2.

Ludwigia murchisonae Sowerby, fam. Graphoceratidae – Dim. max. : d/e = 20/5 cm. **Aalénien moy.** : dans toute l'Europe occidentale. Pl. 73, fig. 4, 5.

Graphoceras concavum Sowerby *(Leioceras –),* fam. Graphoceratidae – Cette espèce se reconnaît à son ombilic plus étroit que chez la précédente forme, et à ses côtes plus fortement chevronnées. Dim. max. : d/e = 12/2,2 cm. **Aalénien sup.** : espèce à large répartition européenne.

Sonninia sowerbyi Miller *(S. propinquans),* fam. Sonniniidae – Dim. max. : d/e = 20/5,5 cm. **Bajocien inf.** : espèce à large répartition européenne. Pl. 73, fig. 3.

Oppelia subradiata Sowerby, fam. Oppeliidae – Dim. max. : d/e = 15/3,5 cm. **Bajocien inf.** : dans toute l'Europe occidentale. Pl. 74, fig. 3, 4.

Hecticoceras hecticum Reinecke, fam. Oppeliidae – Dim. max. : d/e = 5,5/1,5 cm. **Callovien inf.** : espèce largement répandue en France et dans les régions limitrophes. Pl. 73, fig. 6, 7.

Otoites sauzei d'Orbigny *(Emileia –),* fam. Otoitidae – Dim. max. : d/e = 7/3 cm. **Bajocien inf.** : espèce largement répandue en France et dans les régions limitrophes. Pl. 75, fig. 3.

Stephanoceras humphriesianum Sowerby, fam. Stephanoceratidae – Dim. max. : d/e = 20/7 cm. **Bajocien moy.** : dans toute l'Europe occidentale. Pl. 74, fig. 5.

Teloceras blagdeni Sowerby, fam. Stephanoceratidae – Dim. max. : d/e : = 20/12 cm. **Bajocien moy.** : dans toute l'Europe occidentale. Pl. 74, fig. 6, 7.

Chondroceras gervillii Sowerby, fam. Sphaeroceratidae – Dim. max. : d/e = 6/3,5 cm. **Bajocien sup.** : espèce largement répandue France et dans les régions limitrophes. Pl. 78, fig. 5, 6.

Bullatimorphites bullatus d'Orbigny *(Sphaeroceras –),* fam. Tulitidae – Dim. max. : d/e = 10/5,5 cm. **Callovien inf.** : espèce largement répandue en France et dans les régions limitrophes. Pl. 77, fig. 1, 2.

Macrocephalites macrocephalus Schlotheim, fam. Macrocephalitidae – Dim. max. : d/e = 35/17 cm. **Callovien inf.** : dans toute l'Europe occidentale. Pl. 75, fig. 1, 2.

Erymnoceras coronatum Bruguière, fam. Pachyceratidae – Dim. max. : d/e = 10/7,5 à 8 cm. **Callovien moy.** : espèce largement répandue en France et dans les régions limitrophes. Pl. 76, fig. 6, 7.

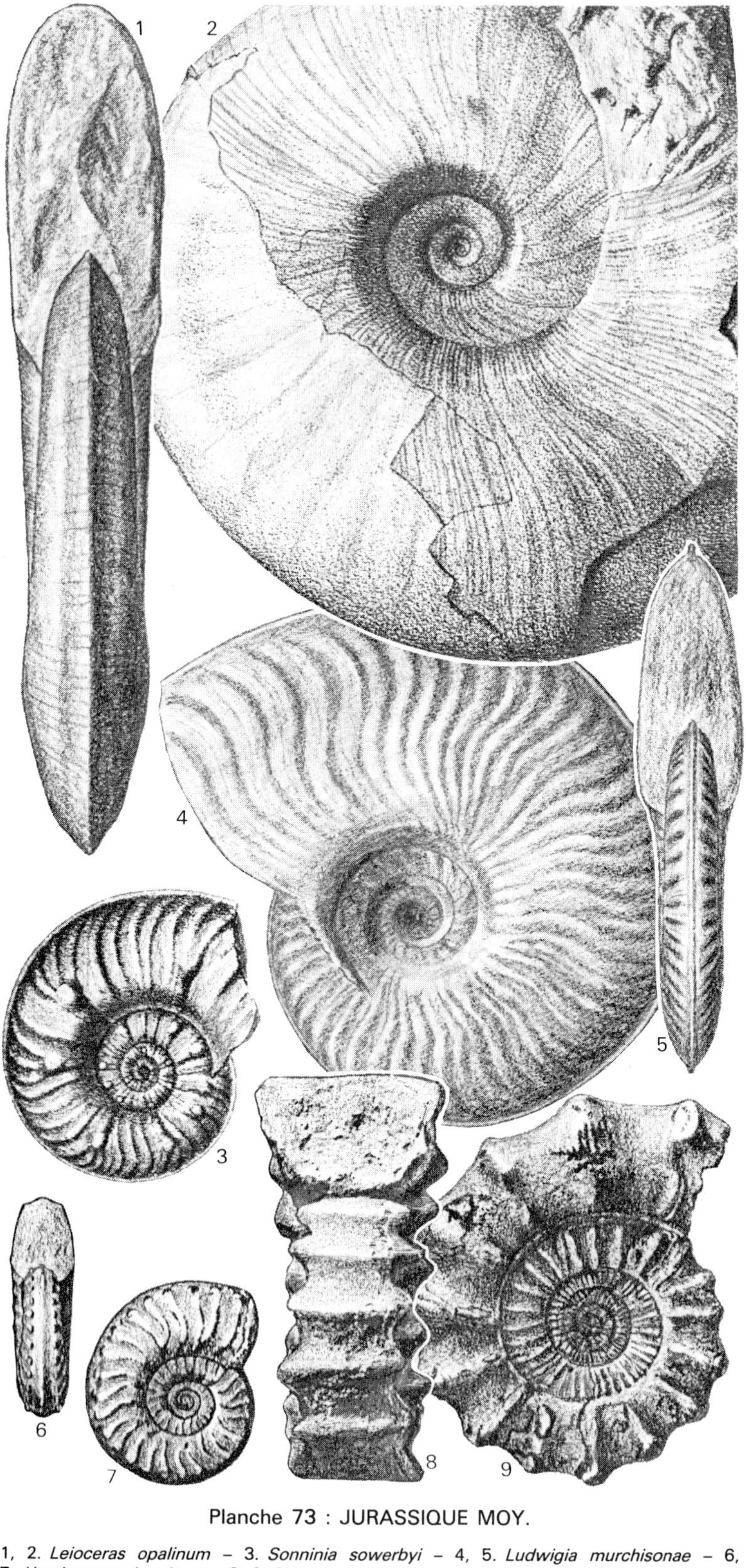

Planche 73 : JURASSIQUE MOY.

1, 2. *Leioceras opalinum* – 3. *Sonninia sowerbyi* – 4, 5. *Ludwigia murchisonae* – 6, 7. *Hecticoceras hecticum* – 8, 9. *Peltoceras athleta.*

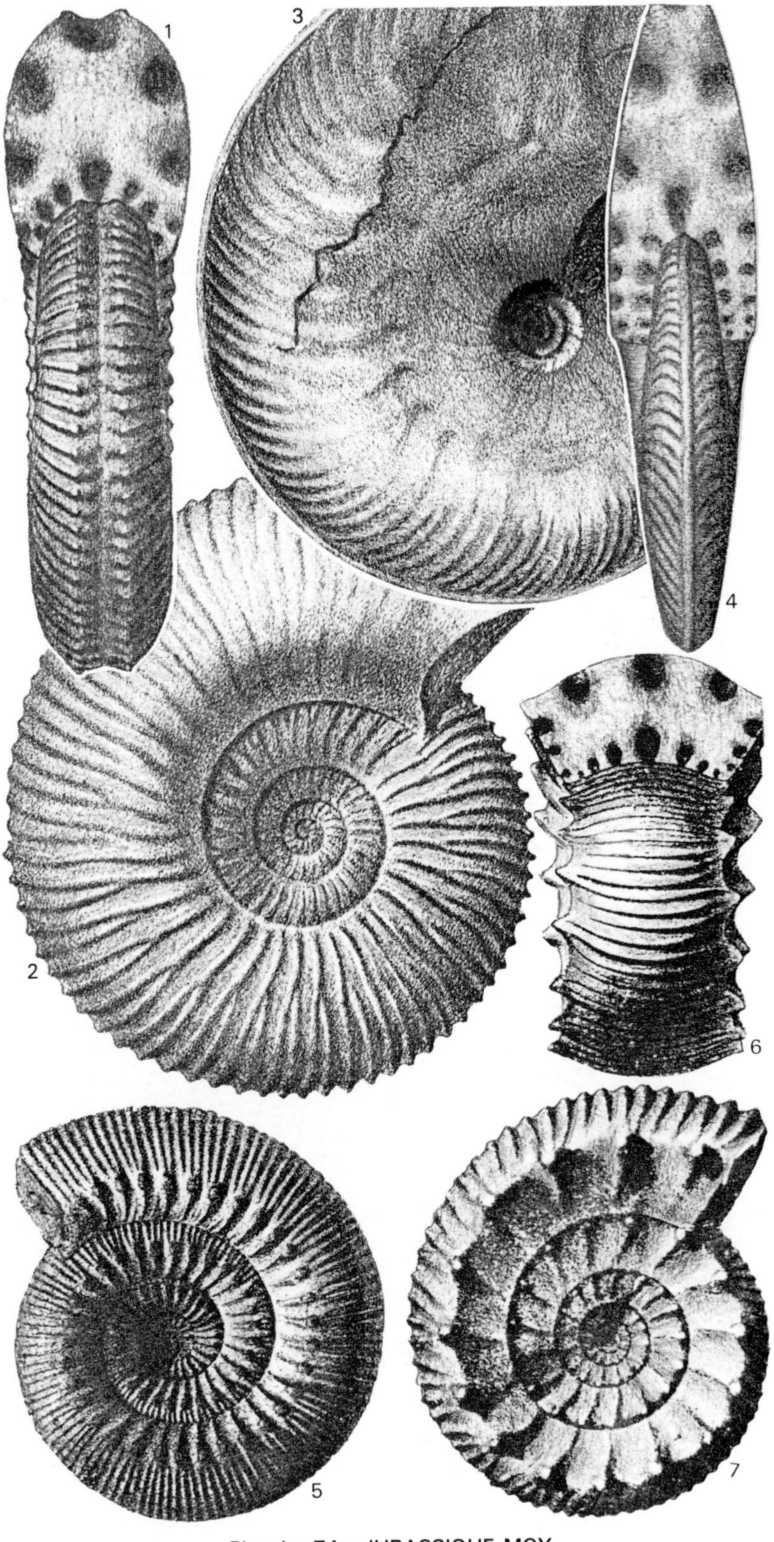

Planche 74 : JURASSIQUE MOY.

1, 2. *Garantiana garantiana* – 3, 4. *Oppelia subradiata* – 5. *Stephanoceras humphriesianum* – 6, 7. *Teloceras blagdeni.*

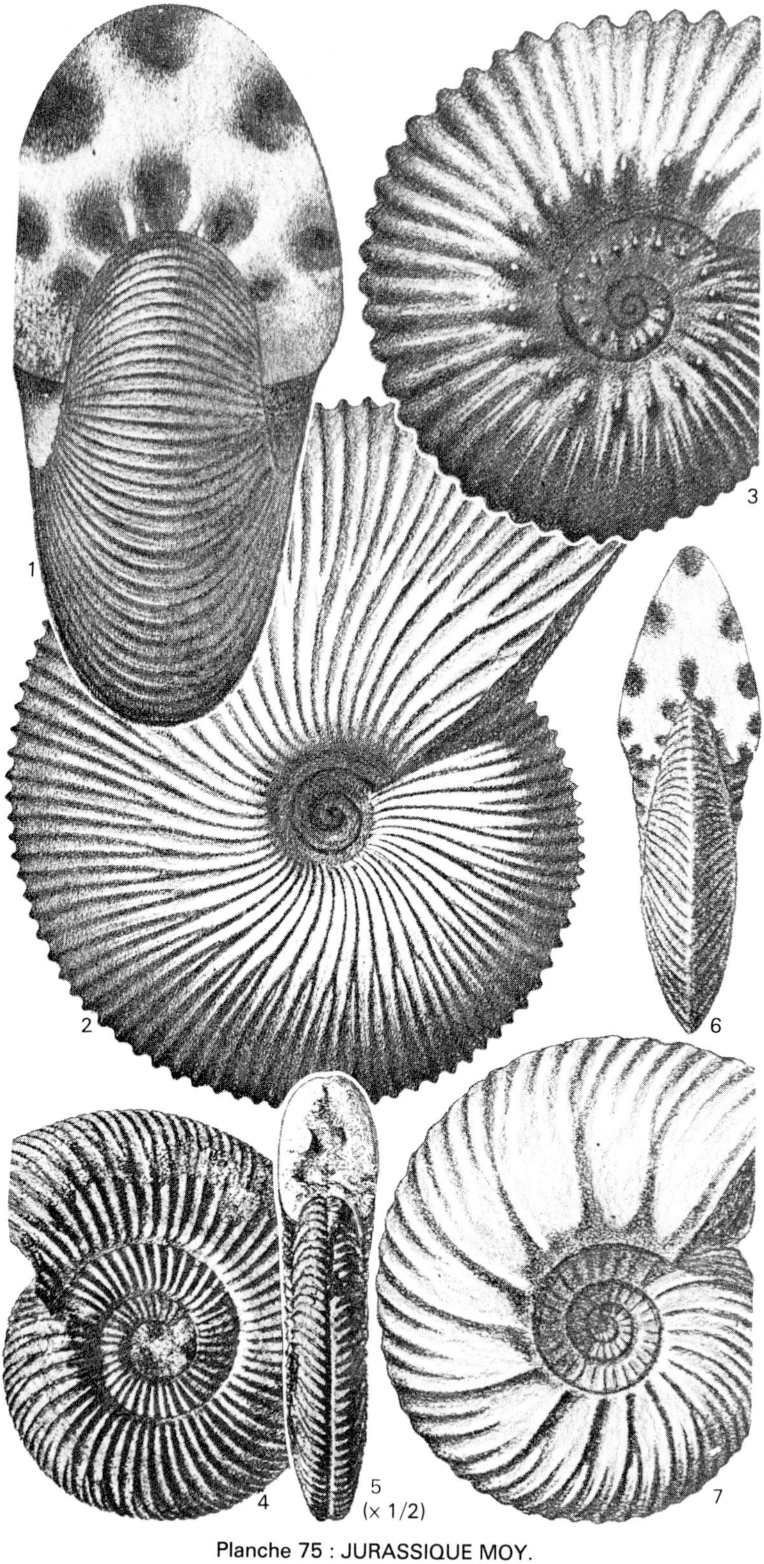

Planche 75 : JURASSIQUE MOY.

1. 2. *Macrocephalites macrocephalus* – 3. *Otoites sauzei* – 4, 5. *Parkinsonia parkinsoni* – 6, 7. *Quenstedtoceras lamberti.*

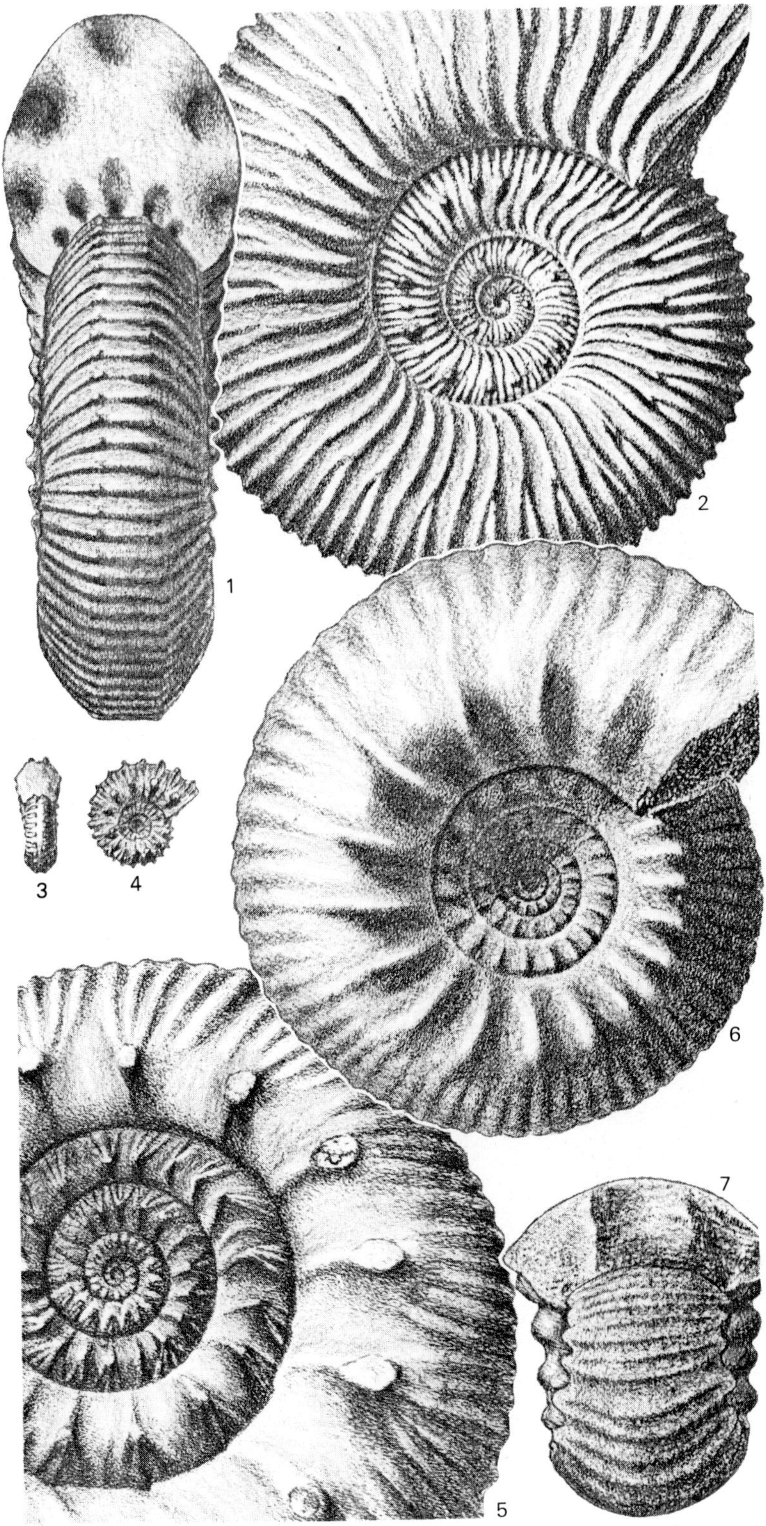

Planche 76 : JURASSIQUE MOY.

1-4. *Kosmoceras duncani* – 5. *Reineckeia anceps* – 6, 7. *Erymnoceras coronatum.*

Kosmoceras duncani Sowerby *(Cosmoceras –)*, fam. Kosmoceratidae – Dim. max. : d/e = 15/4,5 cm. **Callovien sup. :** dans toute l'Europe occidentale. Pl. 76, fig. 1-4.

Kosmoceras bigoti Douvillé – Dim. max. : d/e = 10/2,5 cm. **Callovien moy. :** dans toute l'Europe occidentale. Pl. 77, fig. 5, 6.

Kosmoceras (Zugokosmokeras) jason Reinecke – Voisine de la précédente, cette espèce s'en distingue par ses tubercules latéraux internes qui disparaissent très précocement. Dim. max. : d/e = 12/3 cm. **Callovien moy. :** dans toute l'Europe occidentale. Pl. 77, fig. 3, 4 (spécimen jeune).

Quenstedtoceras lamberti Sowerby *(Cardioceras –, Lamberticeras –)*, fam. Cardioceratidae – Dim. max. : d/e = 20/6 cm. **Callovien sup. :** dans toute l'Europe occidentale. Pl. 75, fig. 6, 7.

Garantiana garantiana d'Orbigny *(Parkinsonia –)*, fam. Parkinsoniidae – Dim. max. : d/e = 15/4 à 4,5 cm. **Bajocien sup. :** dans toute l'Europe occidentale. Pl. 74, fig. 1, 2.

Parkinsonia parkinsoni Sowerby, fam. Parkinsoniidae – Dim. max. : d/e = 30/7 à 8 cm. **Bajocien sup. :** espèce largement répandue en France et dans les régions limitrophes. Pl. 75, fig. 4, 5.

Reineckeia anceps Reinecke, fam. Reineckeiidae – Dim. max. : d/e = 40/15 cm. **Callovien moy. :** dans toute l'Europe occidentale. Pl. 76, fig. 5.

Vermisphinctes martinsi d'Orbigny, fam. Perisphinctidae – Dim. max. : d/e = 20/4,6 à 5,2 cm. **Bajocien sup. :** espèce à large répartition européenne. Pl. 78, fig. 3, 4.

Procerites schloenbachi Grossouvre, fam. Perisphinctidae – Dim. max. : d/e : = 30/11,5 à 12,5 cm. **Bathonien inf. :** espèce largement répandue en Europe occidentale. Pl. 78, fig. 9,10.

Zigzagiceras zigzag d'Orbigny, fam. Perisphinctidae – Dim. max. : d/e = 4,5/1,5 cm. **Bathonien inf. :** sur l'ensemble du territoire français. Pl. 72, fig. 7, 8.

Wagnericeras arbustigerum d'Orbigny, fam. Perisphinctidae – Dim. max. : d/e = 10/3 à 3,5 cm. **Bathonien moy. :** espèce largement répandue en France et dans les régions limitrophes. Pl. 77, fig. 7, 8.

Peltoceras athleta Phillips, fam. Aspidoceratidae – Dim. max. : d/e = 20/12,5 cm. **Callovien sup. :** dans toute l'Europe occidentale. Pl. 73, fig. 8, 9.

MOLLUSQUES Céphalopodes Bélemnoïdes

Megateuthis elliptica Miller *(Belemnites giganteus)*, fam. Belemnitidae – Forme géante à rostre de section ovale présentant plusieurs sillons apicaux. Dim.max. : L/d = 40/7 cm. **Aalénien sup.** et **Bajocien :** dans toute l'Europe occidentale. Pl. 79, fig. 1.

Hibolites hastatus Blainville, fam. Hastitidae. – **Bathonien** et **Callovien :** Espèce à large répartition européenne (→ Jurassique sup., Pl. 99, fig. 5).

Belemnopsis canaliculata Schlotheim, fam. Belemnopseidae – Dim. max. : L/d = 10/1,5 à 1,7 cm. **Bajocien :** espèce cosmopolite. Pl. 79, fig. 2.

Belemnopsis fusiformis Parkinson *(B. bessina)* – Cette espèce se distingue de la précédente par son diamètre sensiblement plus étroit. Dim. max. L/d = 10/1,3 cm. **Bajocien sup.** et **Bathonien :** Calvados (rég. de Port-en-Bessin), Cher (rég. de St-Amand-Mont-Rond), Deux-Sèvres (rég. de Niort).

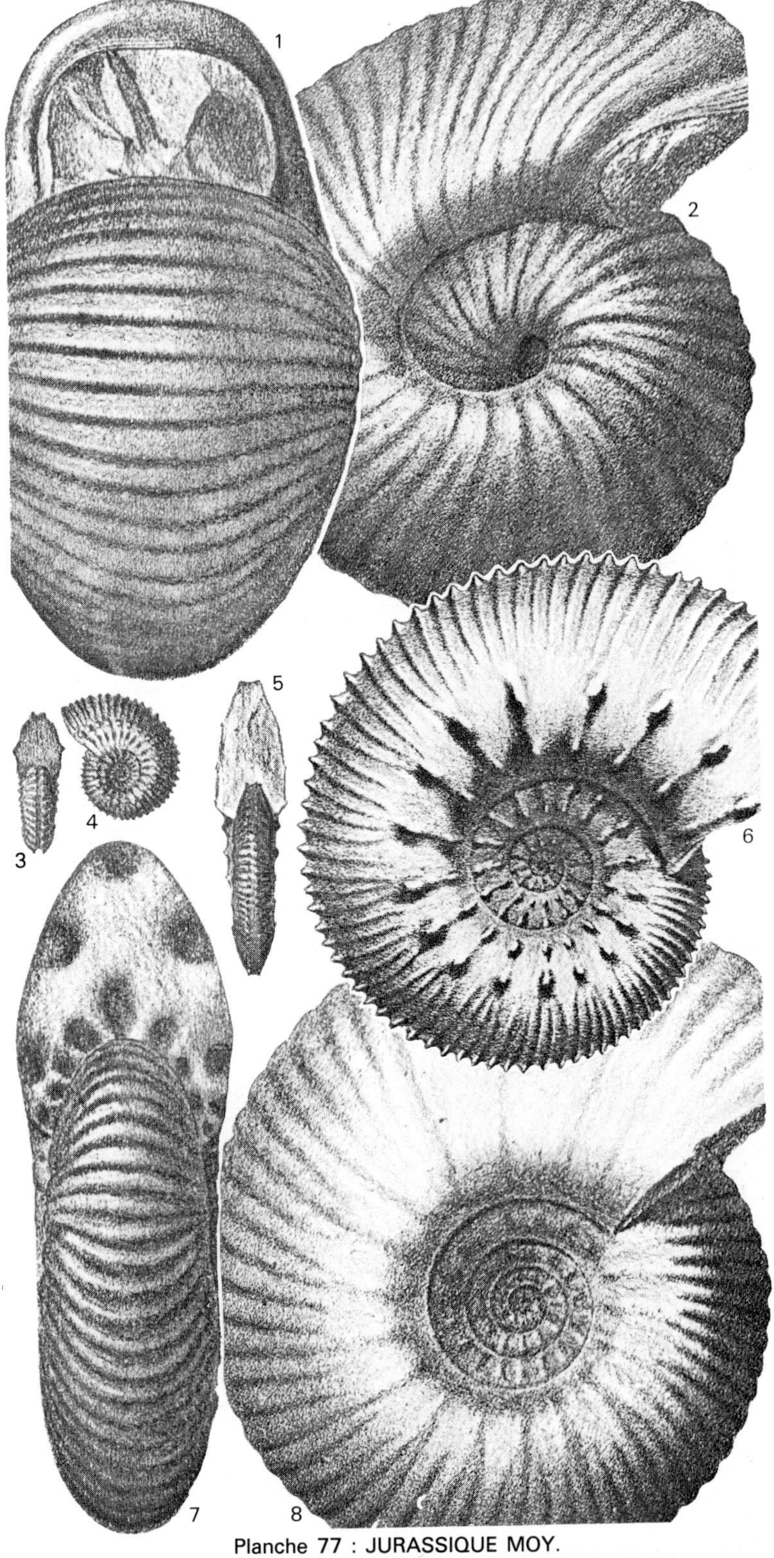

Planche 77 : JURASSIQUE MOY.

1. 2. *Bullatimorphites bullatus* – 3, 4. Kosmoceras jason – 5, 6. *K. bigoti* – 7, 8. *Wagnericeras arbustigerum.*

Belemnopsis sulcatus Miller – Dim. max. : L/d = 10/1,5 cm. **Bajocien** : espèce à vaste répartition européenne. Pl. 78, fig. 2.

Holcobelus munieri Eudes-Deslongchamps, fam. Holcobelidae – Dim. max. : L/d = 12/1,5 cm. **Aalénien moy.** à **Bajocien inf.** : espèce largement répandue en Europe nord-occidentale. Pl. 78, fig. 1.

ÉCHINODERMES Crinoïdes

Isocrinus nicoleti Loriol *ex* Desor *(Pentacrinus –)*, fam. Isocrinidae – Tige ne dépassant pas 0,7 cm de diamètre, formée d'articles d'épaisseur et de diamètre alternes. **Bathonien** et **Callovien inf.** : espèce largement répandue en France et dans les régions limitrophes. Pl. 79, fig. 4.

Pentacrinus bajocensis Loriol *ex* d'Orbigny, fam. Pentacrinidae – Tige pouvant atteindre 0,9 cm de diamètre, composée d'articles sensiblement égaux entre eux. **Bajocien** : espèce largement répandue en France et dans les régions limitrophes. Pl. 79, fig. 3.

Apiocrinus elegans Defrance, fam. Apiocrinidae – Calice pouvant atteindre 4 cm de diamètre. **Bathonien** : Calvados (rég. de Caen), Nièvre (rég. de Clamecy), Côte d'Or (rég. de Dijon). Pl. 79, fig. 6, 7. (Calice porté par les pièces basales, et faces d'une pièce basale et d'un article de tige).

Apiocrinus parkinsoni Schlotheim – Cette espèce se distingue de la précédente par son cône basal presque deux fois plus court. **Bathonien** : Calvados (rég. de Caen), Sarthe (rég. de Mamers), Yonne, Côte-d'Or ; en Allemagne et en Grande-Bretagne. Pl. 79, fig. 5 (calice porté par les pièces basales).

ÉCHINODERMES Ophiuroïdes

Ophiopinna elagans Heller *(Geocoma-)*, fam. *incertae sedis* – Espèce à disque subpentagonal ne dépassant pas 5 mm de diamètre et à bras grêles, diminuant très lentement de largeur, devenant filiformes à leur extrémité et mesurant jusqu'à 3 cm de longueur. **Callovien inf.** : Ardèche (la Voulte-sur-Rhône).

ÉCHINODERMES Échinides réguliers

Balanocidaris cucumifera Agassiz, fam. Cidaridae – Dim. max. (sans les radioles) : h/d = 2/3,5 cm. **Bajocien inf.** : Espèce répandue dans tout le Nord et l'Est de la France ; en Suisse et en Allemagne. Pl. 79, fig. 8-10 (test et radioles).

Rhabdocidaris copeoides Agassiz *(Cidaris hastalis, C. spatula, C. caprimontana)*, fam. Cidaridae – Les radioles de cette espèce sont extrêmement variables, subcylindriques à spatuliformes, parfois longs de 10 à 12 cm et à ornementation plus ou moins épineuse. Dim. max. (sans les radioles) : h/d = 5/8 cm. **Bajocien** à **Callovien** : espèce largement répandue en France et dans les régions limitrophes, se poursuivant dans le Jurassique sup. Pl. 80, fig. 1-4 (test et radioles).

Acrosalenia spinosa Agassiz, fam. Acrosaleniidae – Dim. max. : h/d = 1/2 cm. **Bathonien** : espèce répandue dans la moitié Nord et l'Est de la France ; en Suisse, Allemagne et Grande-Bretagne. Pl. 80, fig. 8, 9.

Stomechinus bigranularis Lamarck, fam. Stomopneustidae – Dim. max. : h/d = 3/5,5 cm. **Bajocien** : espèce largement répandue en France et en Grande-Bretagne. Pl. 79, fig. 11, 12.

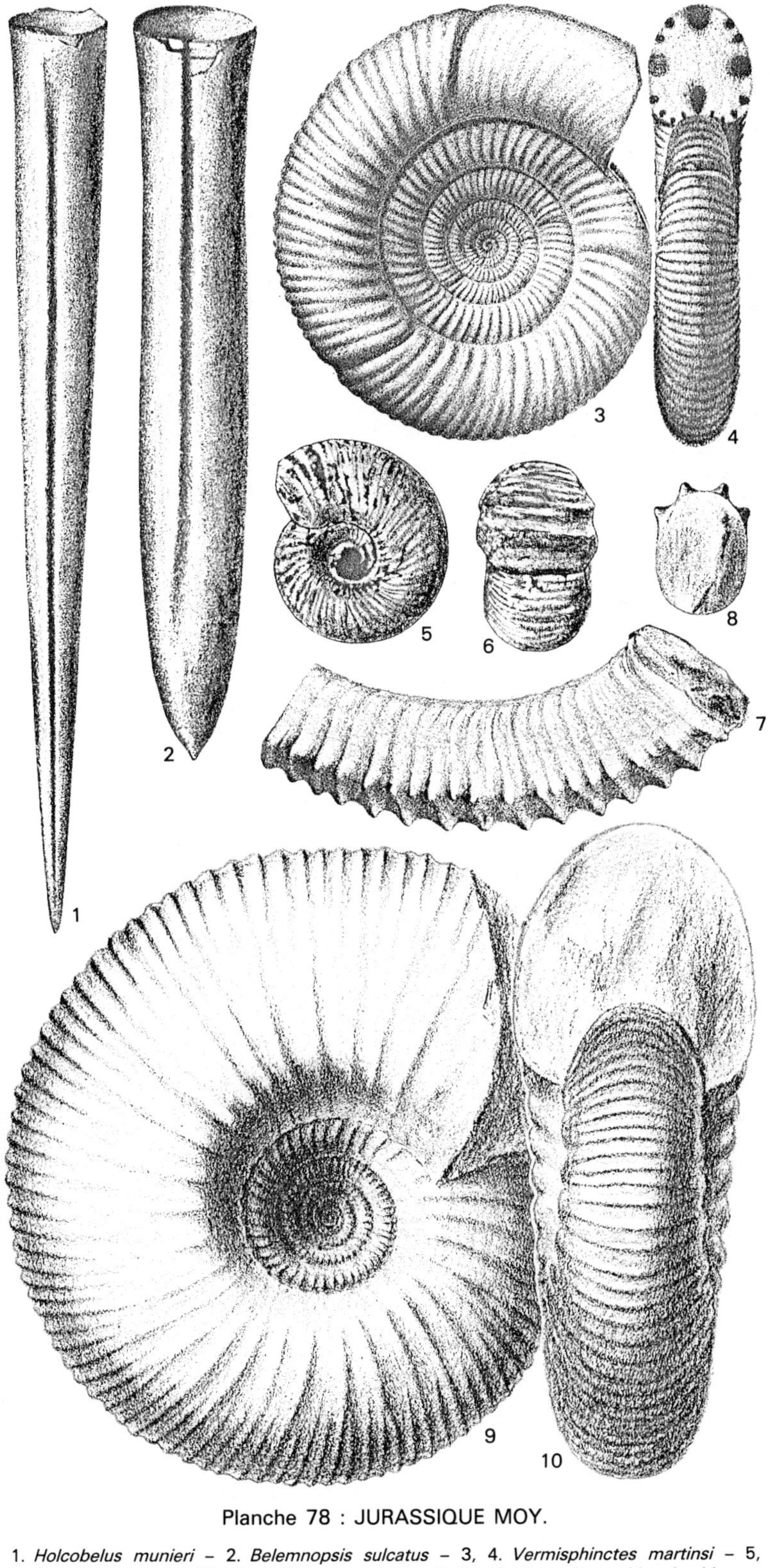

Planche 78 : JURASSIQUE MOY.

1. *Holcobelus munieri* – 2. *Belemnopsis sulcatus* – 3, 4. *Vermisphinctes martinsi* – 5, 6. *Chondroceras gervillii* – 7, 8. *Spiroceras orbignyi* – 9, 10. *Procerites schloenbachi.*

ÉCHINODERMES Échinides irréguliers

Hyboclypus gibberulus Agassiz, fam. Galeropygidae – Dim. max. : h/L/l = 1,5/4,5/4,3 cm. **Bajocien** et **Bathonien :** Saône-et-Loire, Vosges, Ain, Sarthe, Calvados (rég. de Caen) ; en Suisse, Allemagne et Grande-Bretagne. Pl. 81, fig. 6, 7.

Holectypus depressus Leske, fam. Holectypidae – Dim. max. : h/L =2/3,3 cm. **Bajocien** à **Callovien :** espèce répandue dans tout l'Est et la moitié Nord de la France ; en Suisse, Allemagne et Grande-Bretagne. Pl. 80, fig. 5-7.

Clypeus plotii Klein *(C. patella, C. sinuatus)*, fam. Clypeidae – Dim. max. : h/L = 2,5/8,7 cm. **Bajocien sup.** et **Bathonien :** Pas-de-Calais (Boulonais), Aisne et Ardennes (rég. d'Hirson à Mézières), Meuse, Moselle (rég. de Metz), Meurthe-et-Moselle (rég. de Nancy), Bas-Rhin, Haut-Rhin, Haute-Saône, Haute-Marne, Doubs (rég. de Besançon), Jura, Côte-d'Or, Vienne (rég. de Poitiers) ; en Suisse, Allemagne et Grande-Bretagne. Pl. 80, fig. 10, 11.

Nucleolites clunicularis Llwyd, fam. Nucleolitidae – Dim. max. : h/L = 1,5/2,5 cm. **Bajocien** à **Callovien :** espèce à vaste répartition européenne, se poursuivant dans le Jurassique sup. (Oxfordidien). Pl. 80, fig. 12-14.

Nucleolites amplus Agassiz – Dim. max. : h/L = 1,8/4,2 cm. **Bathonien :** Pas-de-Calais (Boulonnais), Aisne et Ardennes (rég. d'Hirson à Mézières), Moselle (rég. de Metz), Yonne, Côte-d'Or, Saône-et-Loire (rég. de Mâcon), Orne ; en Suisse (Jura bernois) et en Allemagne. Pl. 81, fig. 8-10.

Pygorhytis ovalis Leske *(Collyrites analis)*, fam. Disasteridae – Dim. max. : h/L/l = 2/3 à 3,5/2,5 à 3 cm. **Bajocien** et **Bathonien :** Yonne (rég. de Vézelay), Côte-d'Or, Jura (rég. de Dole), Ain (rég. de Nantua), Doubs (rég. de Besançon), Isère, Nièvre, Cher, Vienne (rég. de Poitiers), Deux-Sèvres (rég. de Niort), Sarthe, Orne, Calvados (rég. de Bayeux) ; en Suisse, Allemagne et Grande-Bretagne. Pl. 81, fig. 1-3.

Collyrites elliptica Lamarck, fam. Disasteridae – Dim. max. : h/L/l = 3/5,5/5 cm. **Bathonien sup.** et **Callovien :** espèce répandue dans l'Est et la moitié Nord de la France. Pl. 81, fig. 4, 5.

ANNÉLIDES Polychètes

Glomerula gordialis Schlotheim *(Serpula –, Cycloserpula –)*, fam. Serpulidae – Tube lisse, irrégulièrement enroulé sur lui-même, ne dépassant pas 0,5 cm de diamètre. **Aalénien** à **Callovien** : dans toute l'Europe ; cette espèce se poursuit du Jurassique inf. au Crétacé sup. Pl. 82, fig. 3.

Sarcinella plexus Sowerby *(Serpula socialis, Galeolaria filiformis)*, fam. Serpulidae – Tubes de petite dimension (0,5 à 2 mm de diamètre), lisses, de section circulaire, formant par leur association des amas baculiformes de 1 à 3 cm de diamètre. **Aalénien** à **Callovien :** espèce largement répandue en France et dans les régions limitrophes ; cette espèce apparaît au jurassique inf. et se poursuit jusque dans le Crétacé sup. Pl. 82, fig. 4.

Dorsoserpula lumbricalis Schlotheim *(Serpula limax)*, fam. Serpulidae – Tube de section interne circulaire et de section externe rendue subtriangulaire par la présence de deux carènes latérales et d'une carène dorsale ; diamètre pouvant atteindre 2 cm. **Bajocien** à **Callovien :** dans toute l'Europe occidentale ; cette espèce apparaît au Jurassique inf. (Hettangien) et se poursuit dans le Jurassique sup. Pl. 82, fig. 5.

Tetraserpula tetragona Sowerby *(Serpula –)*, fam. Serpulidae – Tube de section externe subquadrangulaire à arêtes plus ou moins tranchantes. Diamètre compris entre 1 et 2,5 mm. **Bajocien** à **Callovien :** espèce à vaste répartition européenne, se poursuivant dans le Jurassique sup. Pl. 82, fig. 1.

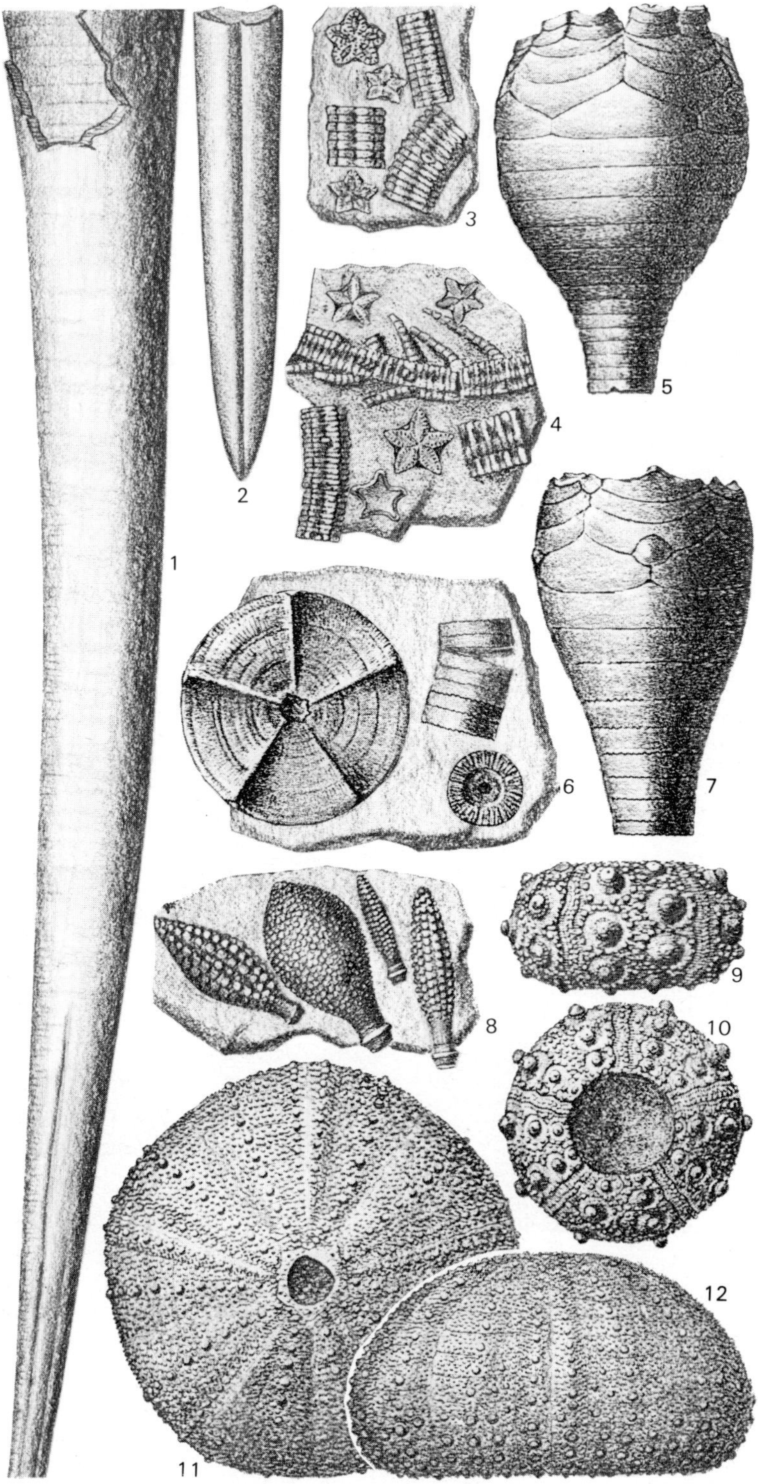

Planche 79 : JURASSIQUE MOY.

1. *Megateuthis elliptica* – 2. *Belemnopsis canaliculata* – 3. *Pentacrinus bajocensis* – 4. *Isocrinus nicoleti* – 5. *Apiocrinus parkinsoni* – 6, 7. *A. elegans* – 8-10. *Balanocidaris cucumifera* – 11, 12. *Stomechinus bigranularis.*

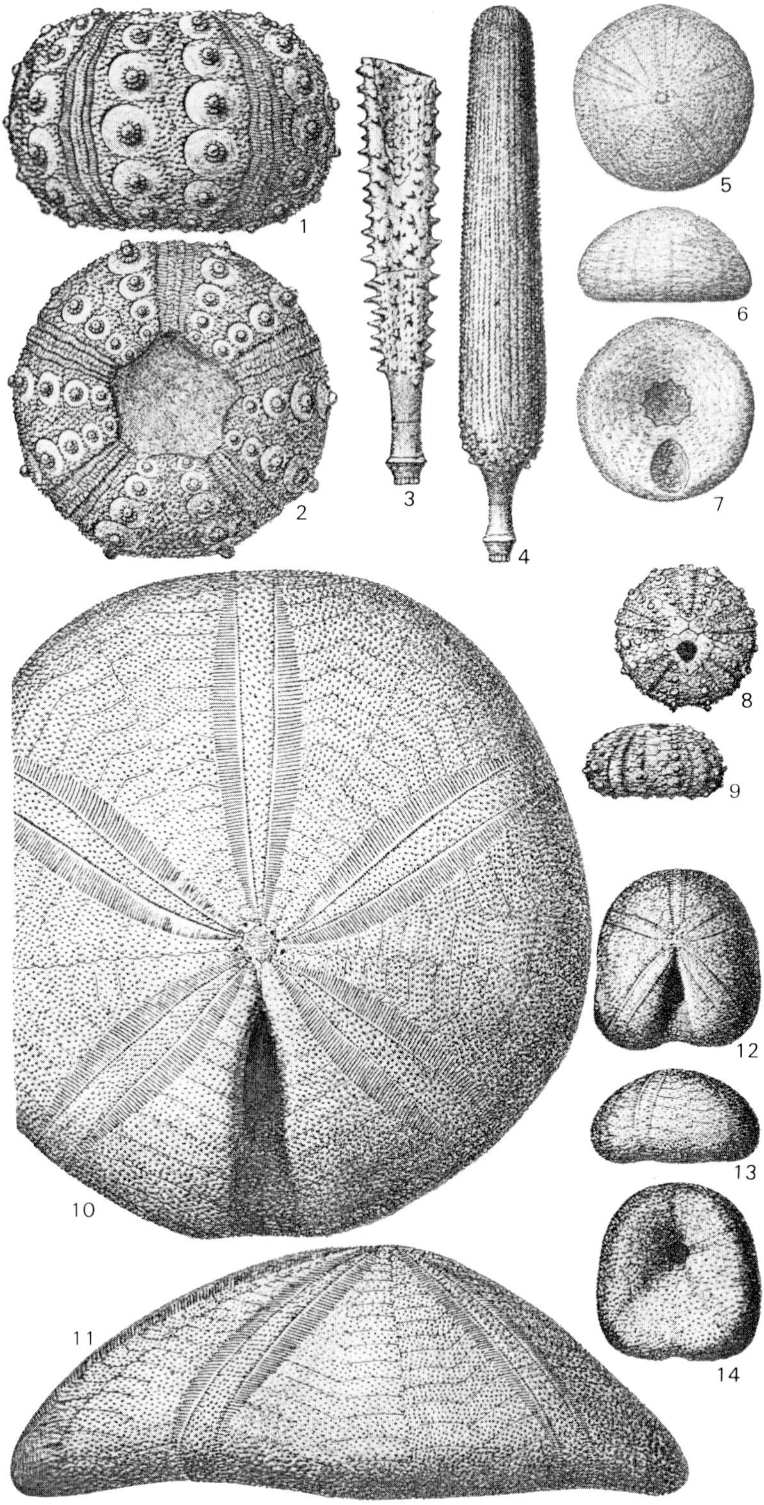

Planche 80 : JURASSIQUE MOY.

1-4. *Rhabdocidaris copeoides* – 5-7. *Holectypus depressus* – 8, 9. *Acrosalenia spinosa* – 10, 11. *Clypeus plotii* – 12-14. *Nucleolites clunicularis.*

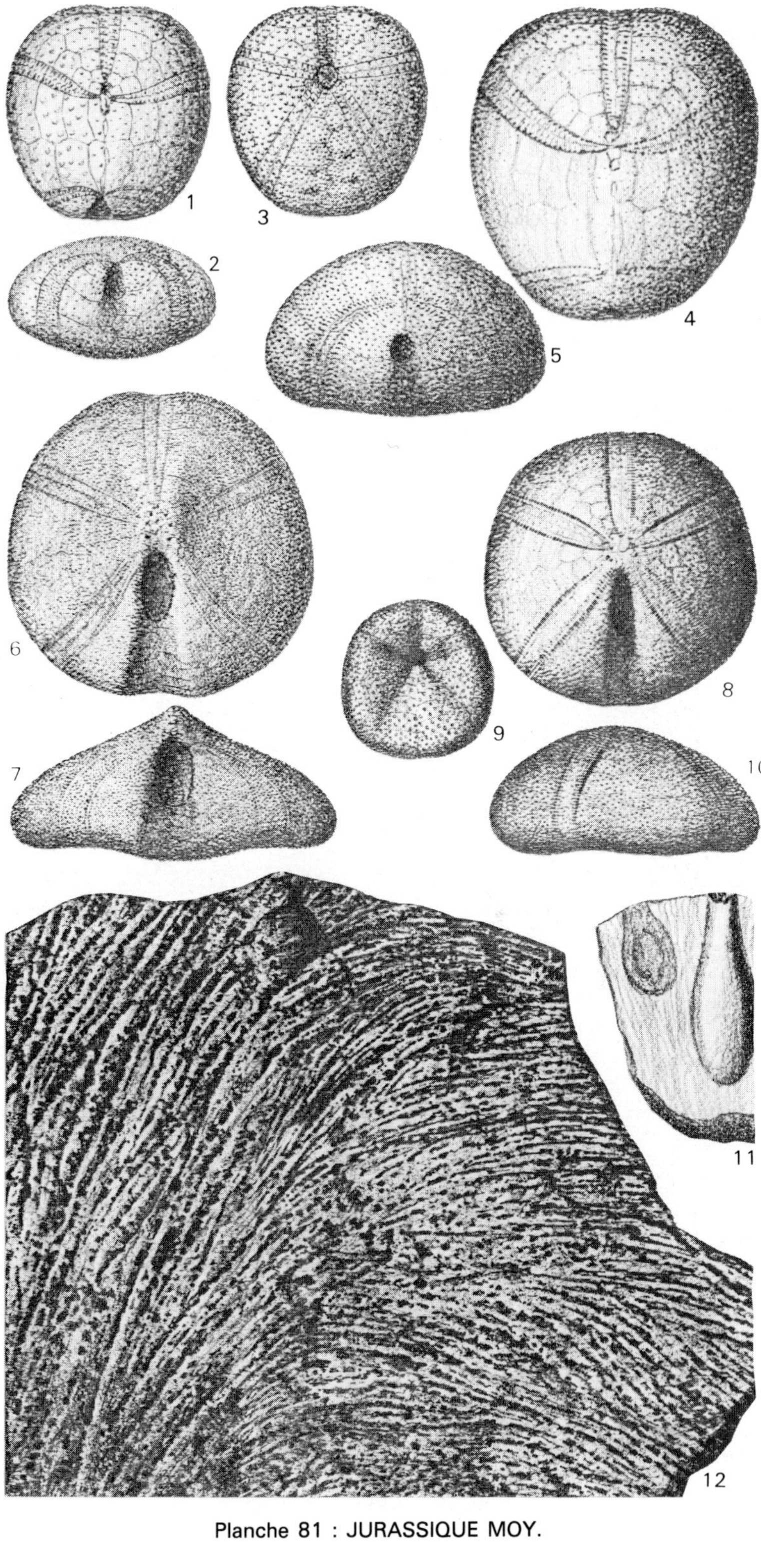

Planche 81 : JURASSIQUE MOY.

1-3. *Pygorhytis ovalis* – 4, 5. *Collyrites elliptica* – 6, 7. *Hyboclypus gibberulus* – 8-10. *Nucleolites amplus* – 11. *Lithophage fabella* – 12. *Zoophycos scoparius.*

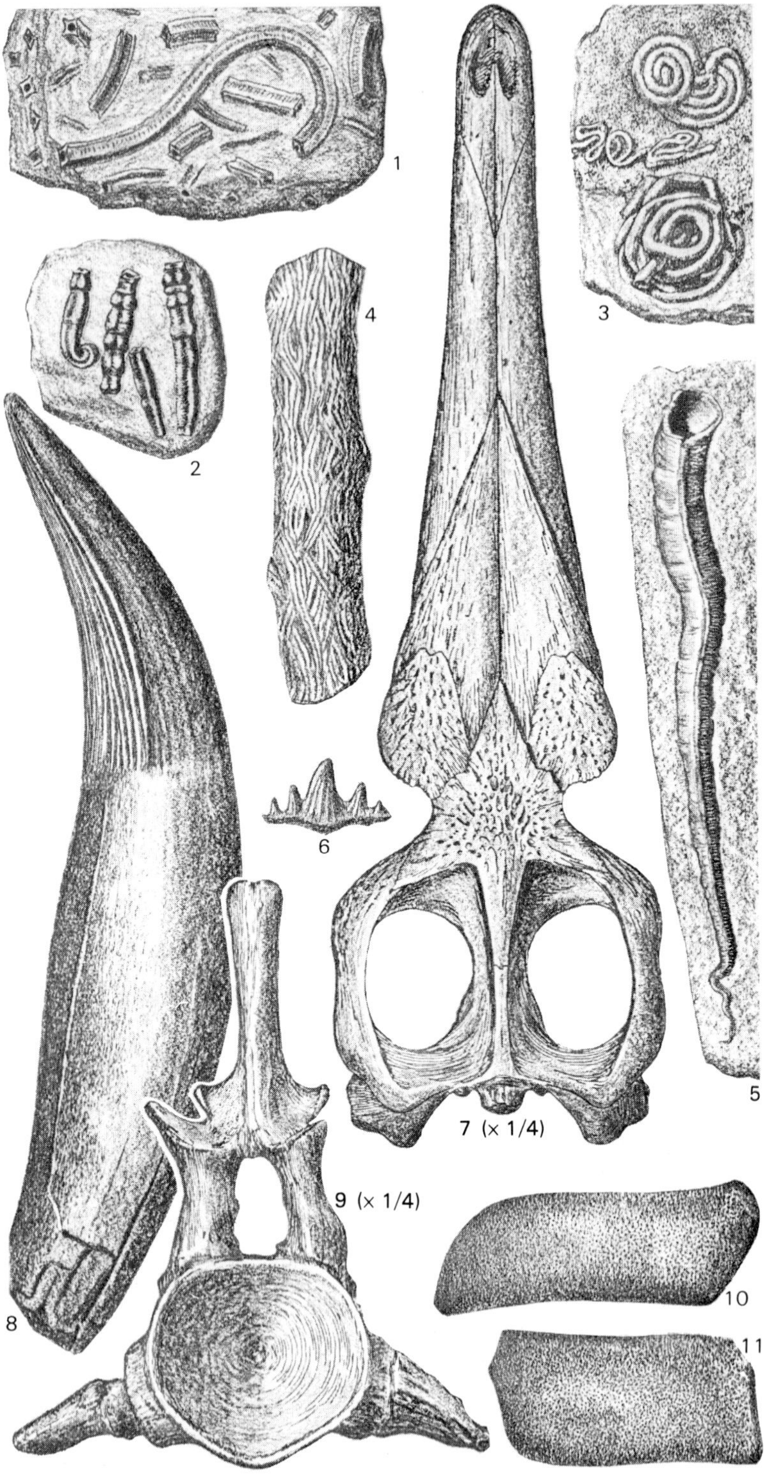

Planche 82 : JURASSIQUE MOY.

1. *Tetraserpula tetragona* – 2. *T. vertebralis* – 3. *Glomerula gordialis* – 4. *Sarcinella plexus* – 5. *Dorsoserpula lumbricalis* – 6. *Hybodus grossiconus* – 7. *Metriorhynchus superciliosus* – 8, 9. *Pliosaurus ferox* – 10, 11. *Asteracanthus magnus.*

Tetraserpula vertebralis Sowerby *(Serpula –)* – Cette espèce diffère de la précédente par son tube beaucoup plus court, fortement variqueux et rétréci à l'ouverture. Dim. max. : L/d = 2/0,15 cm. **Callovien** : dans toute l'Europe occidentale ; cette espèce se poursuit dans le Jurassique sup. Pl. 82, fig. 2.

ÉLASMOBRANCHES Sélaciens

Hybodus grossiconus Agassis, fam. Hybodontidae – Dents pouvant atteindre 2,5 cm de long et 1,8 cm de haut, caractérisées par un cône médian très développé et 1 ou 2 denticules latéraux. **Bathonien** : Pas-de-Calais (Boulonnais), Calvados (rég. de Caen) ; en Grande-Bretagne. Pl. 82, fig. 6.

Asteracanthus magnus Agassis *(Strophodus –)*, fam. Hybodontidae – Espèce remarquable par ses dents à couronne presque plate et finement réticulée, atteignant 5 cm de long et 2 cm de large. **Bajocien** et **Bathonien** : Pas-de-Calais (Boulonnais), Calvados (rég. de Caen) ; en Grande-Bretagne. Pl. 82, fig. 10, 11.

REPTILES Sauroptérygiens

Pliosaurus ferox Sauvage *(Liopleurodon –)*, fam. Pliosauridae – Dents pouvant atteindre 25 cm de hauteur pour 3 cm de diamètre. **Callovien** : Pas-de-Calais (Boulonnais) ; en Grande-Bretagne. Pl. 82, fig. 8, 9 (dent et vertèbre cervicale).

REPTILES Crocodiliens

Metriorhynchus superciliosus Blainville *ex* Conybeare, fam. Metriorhynchidae – Crâne pouvant mesurer 66 cm de long pour 20 cm de large à hauteur des orbites ; dents atteignant 6 cm de hauteur pour 2 cm de diamètre basal, ornées de nombreuses rides longitudinales. **Callovien** : Calvados (rég. de Villers-sur-Mer) ; en Grande-Bretagne. Pl. 82, fig. 7 (crâne vu de dessus, d'après Andrews).

TRACES

Zoophycos scoparius Thiollière *(Cancellophycus –)*, fam. *incertae sedis* – Structure en « coup de balai » formant des faisceaux de stries plus ou moins arquées ou contournées, larges de 1 à 2 mm. Les plus grands spécimens atteignent 20 cm de diamètre. Il pourrait s'agir d'Octocoralliaires proches des Alcyonaires. **Bajocien** : Isère et Ain (rég. de Lyon, Ambérieu), Saône-et-Loire (Mâcon), Ardèche (Mont Crussol), Lozère (rég. de Mende), Aveyron, Gard, Hérault, Bouches-du-Rhône, Var, Alpes-de-Haute-Provence. Ce type de traces s'observe depuis le Paléozoïque (Dévonien) jusque dans le Cénozoïque. Pl. 81, fig. 12.

Zoophycos marioni Saporta, est une forme voisine du **Bathonien** : Bouches-du-Rhône (rég. d'Aix-en-Provence et de Marseille).

Lithophaga fabella Deslongchamps *(Lithodomus –)*, fam. Mytilidae – Terriers ampulliformes atteignant 2,5 cm de longueur et 1,5 cm de diamètre, imputables à un Bivalve taraudant les substrats durs (surfaces de bancs calcaires, colonies d'Anthozoaires...) et enfermant fréquemment les restes de l'organisme. **Bathonien** : dans toute l'Europe occidentale. Pl. 81, fig. 11.

JURASSIQUE SUPÉRIEUR (MALM)

Subdivisions du Jurassique supérieur

CRÉTACÉ INFÉRIEUR

			131 M.A.
JURASSIQUE SUPÉRIEUR	Portlandien	(= Purbeckien/Tithonique ou Volgien) (= Bononien)	
	Kimméridgien	(= Virgulien) (= Ptérocérien)	
	Oxfordien	(Séquanien ou Astartien supérieur (= Rauracien / Argovien) = Lusitanien ou Corallien) inférieur	
			150 M.A.

JURASSIQUE MOYEN

Jurassique supérieur
1. Principaux affleurements – 2. Zones de hauts fonds – 3. Massifs pouvant avoir été temporairement émergés – 4. Limites probables de l'extension maximum des mers au Jurassique supérieur.

Plus limité encore dans le temps que les périodes précédentes (seulement 20 millions d'années), le Jurassique supérieur ou « Jura blanc », également appelé Malm, se subdivise selon les conceptions modernes en seulement trois étages (voir tableau p. 183).

La paléogéographie du Jurassique supérieur se calque étroitement sur celle des périodes précédentes, apportant peu de changements dans la répartition des terres émergées qui, toujours exemptes de reliefs, ne libèrent que très peu de matériaux détritiques.

Dans les mers, constamment peu profondes, s'accumule une sédimentation calcaire de plate-forme, avec implantation d'importants complexes récifaux coralliens et formation de vastes lagons ; ces récifs de coraux, particulièrement nombreux et développés en Europe occidentale, témoignent d'un climat de type subtropical. La sédimentation, cependant, tend à devenir plus marneuse que durant le Jurassique moyen, notamment à l'Oxfordien inférieur et au Kimméridgien, traduisant des modifications de l'environnement qui forcent les faunes marines à se renouveler par étapes.

A la fin du Jurassique supérieur s'amorce une régression généralisée des mers, avec formation d'importants dépôts continentaux (faciès purbeckiens, prolongés au Crétacé inférieur par les faciès wealdiens).

Sur les continents se développe une végétation très diversifiée mais dont les empreintes fossilisées restent rares. C'est l'époque où s'affirme la suprématie des grands Dinosauriens, tant carnivores qu'herbivores ; les Reptiles volants (Ptérodactyles, Dimorphodons, Rhamphorhynches,...) sont à leur apogée et l'Archaeopteryx marque l'apparition des Oiseaux.

Les principales espèces à signaler sont les suivantes.

THALLOPHYTES

Solenopora jurassica Brown, fam. Solenoporaceae – Thalle calcaire pouvant dépasser 10 cm de diamètre, formé de cellules allongées radialement, de taille micrométrique, et formant des zones d'accroissement concentriques de couleur lie-de-vin à la cassure. **Oxfordien :** Ardennes (rég. du Chesne), Orne (rég. de Mortagne) , en Grande-Bretagne. Cette espèce apparaît au Jurassique moyen. Pl. 84, fig. 1 (section longitudinale).

Goniolina geometrica Rœmer, fam. Dasycladaceae – Thalle ovoïde de 3 à 4 cm de haut pour 2 à 3 cm de diamètre, porté par un pédoncule et formé de cellules polygonales de 1 à 2 mm de diamètre. **Oxfordien sup.** et **Kimméridgien :** Seine-Maritime, Meuse, Haute-Marne, Doubs (rég. de Monbéliard), Sarthe, Cher, Vienne, Charente-Maritime (rég. de St Jean-d'Angély et de la Rochelle) ; en Suisse (rég. de Neuchâtel et de Berne) et en Allemagne. Pl. 84, fig. 2.

FILICOPHYTES

* ***Stachypteris spicans*** Pomel, fam. Schizaeaceae – Frondes bipennées à pinnules longues au maximum de 2 mm. **Oxfordien** et **Kimméridgien :** Meuse (rég. de Verdun et de St-Mihiel), Indre (rég. de Châteauroux). Pl. 83, fig. 1.

* ***Pachypeteris desmonera*** Saporta *(Sphenopteris –)*, fam. *incertae sedis* – Fronde bi- ou tripennée ; pinnules linéaires à pointe obtuse, uninervées, jusqu'à trois fois dichotomes, longues de 2 mm pour autant de large. **Kimméridgien :** Ain (lac d'Armaille), Rhône (Morestel près de Lyon). Pl. 83, fig. 2.

* ***Pachypteris rhomboidalis*** Ettingshausen *(Cycadopteris brauniana)* – Fronde à rachis épais ; pinnules opposées, ovales, à bords généralement simples (parfois découpées en lobes), longues de 1,2 à 2 cm pour 0,5 à 1,2 cm de large. **Kimméridgien :** Ain ; en Allemagne et en Italie, Pl. 83, fig. 3.

CYCADOPHYTES

* ***Zamites feneonis*** Brongniart, fam. *incertae sedis* – Frondes de 20 à 25 cm de long pour 10 à 16 cm de large ; pétiole long de 2 à 4 cm ; pinnules opposées ou alternes, contiguës ou légèrement espacées, lancéolées, étalées en éventail à la sommité. **Kimméridgien** : Meuse (rég. de Verdun, de St-Mihiel), Meurthe-et-Moselle, Ain, Isère (Morestel près de Lyon) ; en Allemagne (Wurtemberg) et en Suisse (rég. de Soleure et de Neuchâtel). Pl. 83, fig. 5.

CONIFÈROPHYTES

* ***Brachyphyllum moreanum*** Brongniart *(B. moreauanum)*, fam. Araucariaceae – Rameaux pouvant atteindre 1,5 cm de diamètre, couverts de feuilles épaisses, étroitement imbriquées, longues au maximum de 1,5 cm pour 0,8 cm de large. **Oxfordien sup.** : Meuse (rég. de Verdun, de St-Mihiel). Pl. 83, fig. 4.

* ***Brachyphyllum nepos*** Saporta, est une espèce très voisine de la précédente, du **Kimméridgien** de l'Ain (lac d'Armaille) et d'Allemagne (Wurtemberg).

DÉMOSPONGES Lithistides

Cnemidiastrum stellatum Goldfuss, fam. Cnemidiastridae – Dim. max. : h/d = 6/5 à 6 cm. **Oxfordien** et **Kimméridgien** : Côte-d'Or, Cher, Deux-Sèvres ; en Allemagne et en Suisse. Pl. 84, fig. 3.

Hyalotragos patella Goldfuss *(Tragos -)*, fam. Jereopsiidae – Forme cupuloïde plus ou moins régulière pouvant atteindre 15 cm de diamètre. **Oxfordien** et **Kimméridgien** : Ardèche, Vendée ; en Allemagne. Pl. 84, fig. 5.

HYALOSPONGES

Pachyteichisma lamellosa Goldfuss *(Cnemidium -)*, fam. Ventriculitidae – Dim. max. : h/d = 7/9 cm. **Oxfordien** et **Kimméridgien** : Vendée, Ain (rég. de Nantua) ; en Suisse et en Allemagne. Pl. 84, fig. 4.

ANTHOZOAIRES Hexacoralliaires

Thamnasteria dendroidea Lamouroux, fam. Thamnasteriidae – Colonie branchue dont les septes se rejoignent entre calices, ceux-ci étant espacés de 3 à 4 mm. **Oxfordien** et **Kimméridgien** : Meuse (St-Mihiel), Côte-d'Or, Jura ; en Suisse. Pl. 84, fig. 8.

Stylina tubulifera Philips, fam. Stylinidae – Polypier colonial à calices circulaires saillants, larges de 3 à 4 mm et portant une columelle styliforme en leur centre. **Oxfordien** et **Kimméridgien** : Meuse, Haute-Saône, Yonne, Côte-d'Or, Doubs ; en Grande-Bretagne. Pl. 84, fig. 9.

Calamophylliopsis flabellum Michelin (*Lithodendron edwardsi)*, fam. Calamophylliidae – Polypier colonial de grandes dimensions à polypiérites allongées, larges de 0,5 à 1 cm, finement costulées longitudinalement. **Oxfordien** et **Kimméridgien** : Yonne (rég. d'Auxerre, Coulanges-sur-Yonne), Nièvre, Jura, Ain ; en Suisse (Jura bernois). Pl. 84, fig. 12.

Calamophylliopsis crassitorquata Fromentel. – Espèce beaucoup plus grande que la précédente, dont les polypiérites atteignent ou dépassent 2 cm de diamètre. **Oxfordien** : Yonne (rég. d'Auxerre et Coulanges-sur-Yonne).

Microsolena fromenteli Koby, fam. Microsolenidae – Espèce bien caractérisée par ses calices superficiels, distant de 6 à 8 mm, à septes fins et très serrés.

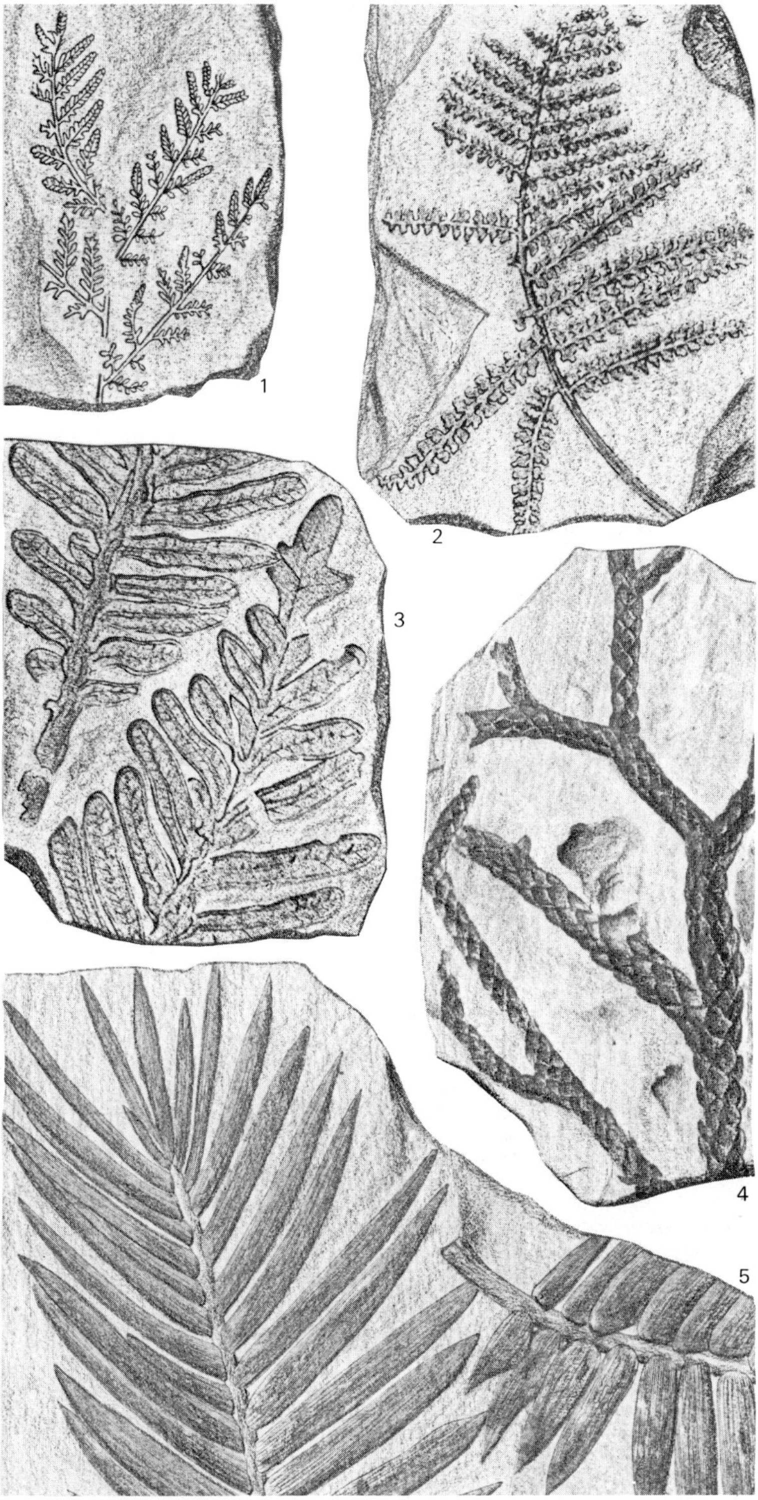

Planche 83 : JURASSIQUE SUP.

1. *Stachypteris spicans* – 2. *Pachypteris desmonera* – 3. *P. rhomboidalis* – 4. *Brachyphylum moreanum* – 5. *Zamites feneonis.*

Oxfordien et **Kimméridgien** : Haute-Marne, Haute-Saône, Côte-d'Or, Doubs, Jura, Nièvre ; en Suisse (Jura bernois). Pl. 84, fig. 6 (surface calicinale).

Thecosmilia trichotoma Goldfuss, fam. Montlivatiidae – Polypier de 4 à 5 cm de haut, divisé en 2 ou 3 branches ; calices circulaires et peu profonds. **Oxfordien** et **Kimméridgien** : Meuse (rég. de St-Mihiel), Haute-Saône ; en Allemagne (Wurtemberg) et en Suisse (Jura bernois). Pl. 84, fig. 7.

Aplosmilia distans Fromentel, fam. Rhipidogyridae – Polypier colonial peu élevé (5 à 7 cm), à polypiérites bifurquées et ornées de fortes côtes longitudinales ; calices elliptiques à septes peu nombreux et épais. **Oxfordien** et **Kimméridgien** : Haute-Saône et Jura. Pl. 84, fig. 10, 11 (polypier et calice).

BRACHIOPODES Articulés

Lacunosella trilobata, Zieten *(Rhynchonella –),* fam. Rhynchonellidae – Valves ornées de 23 à 28 côtes radiales, dont 6 à 8 sur le sinus qui est très accentué. Dim. max. : L/l/e = 4 à 4,5/4/2,5 à 3 cm. **Oxfordien** : Ain (rég. de Nantua), Var (rég. de Grasse) ; en Allemagne (Wurtemberg). Pl. 85, fig. 3, 4.

Thurmannella thurmanni Voltz *(Rhynchonella –),* fam. Rhynchonellidae – Coquille plus large que longue, à valves ornées de 18 à 26 côtes radiales dont 5 à 7 forment le sinus ; celui-ci, très accentué, provoque un fort redressement de la valve brachiale. Dim. max. : L/l/e = 1,5/1,6 à 1,7/0,8 à 1,4 cm. **Oxfordien** : espèce à vaste répartition européenne. Pl. 85, fig. 5, 6.

Torquirhynchia inconstans Sowerby *(Rhynchonella –),* fam. Rhynchonellidae – Valves fréquemment asymétriques, ornées de 20 à 30 côtes radiales. Dim. max. : L/l/e = 4/4, 5/3,5 à 4 cm. **Oxfordien** et **Kimméridgien inf.** : Ardennes (rég. de Launois), Ain (rég. de Nantua), Charente-Maritime (rég. de la Rochelle), Sarthe (rég. de Mamers) ; en Grande-Bretagne. Pl. 85, fig. 1, 2.

Septaliphoria corallina Leymerie *(Rhynchonella –),* fam. Rhynchonellidae – Crochet fin, à foramen assez apparent ; valves plus ou moins convexes, ornées de 15 à 30 côtes radiales anguleuses que croisent des stries d'accroissement. Dim. max. : L/l/e = 2,5/2,5/1,5 à 2 cm. **Kimméridgien inf.** : Aube, Yonne, Côte-d'Or (rég. de Mâcon), Cher (rég. de Bourges). Pl. 85, fig. 7, 8.

Galliennneithyris galliennei d'Orbigny *(Terebratula –),* fam. Terebratulidae – Dim. max. : L/l/e = 2,8/2,3/1,5 à 2 cm. **Oxfordien inf.** et **moy.** : espèce largement répandue en Europe occidentale. Pl. 85, fig. 9, 10.

Juralina bauhini Etallon *(Terebratula –),* fam. Terebratulidae – Dim. max. : L/l/e = 3,5/3/1,6 à 1,8 cm. **Oxfordien moy.** et **sup.** : espèce largement répandue en Europe occidentale. Pl. 85, fig. 11, 12.

Lophrothyris subsella Leymerie *(Terebratula –),* fam. Terebratulidae – Dim. max. : L/l/e = 3,5/3/1,5 à 2 cm. **Kimméridgien** : Haute-Saône (rég. de Vesoul), Haut-Rhin (rég. de Ferrette), Doubs (rég. de Montbéliard et Baume-les-Dames), Ain, Côte-d'Or, Yonne, Nièvre, Cher, Charente (rég. d'Angoulème), Lot (rég. de Cahors) ; en Allemagne et en Grande-Bretagne. Pl. 85, fig. 13-15.

Weberithyris moravica Glocker *(Terebratula repeliniana),* fam. Terebratulidae – Dim. max. : L/l/e = 6/3 à 3,5/2 cm. **Kimméridgien** et **Portlandien** : Yonne (rég. de Châtel-Censoir), Ardèche, Ain (rég. d'Oyonnax), Isère. Pl. 85, fig. 23.

Pygope janitor Pictet, fam. Pygopidae – Valves bilobées, à lobes unis ou plus ou moins disjoints. Dim. max. : L/l/e = 5/6/2 à 2,5 cm. **Portlandien** : Ardèche (Mt-Crussol), Isère (rég. de Grenoble), Alpes-de-Haute-Provence et Var (vallée du Verdon). Pl. 85, fig. 24.

Zeilleria humeralis Rœmer, fam. Zeilleriidae – Dim. max. : L/l/e = 3/2,5/1,5 cm. **Kimméridgien** : espèce largement répandue en Europe nord-occidentale. Pl. 85, fig. 16, 17.

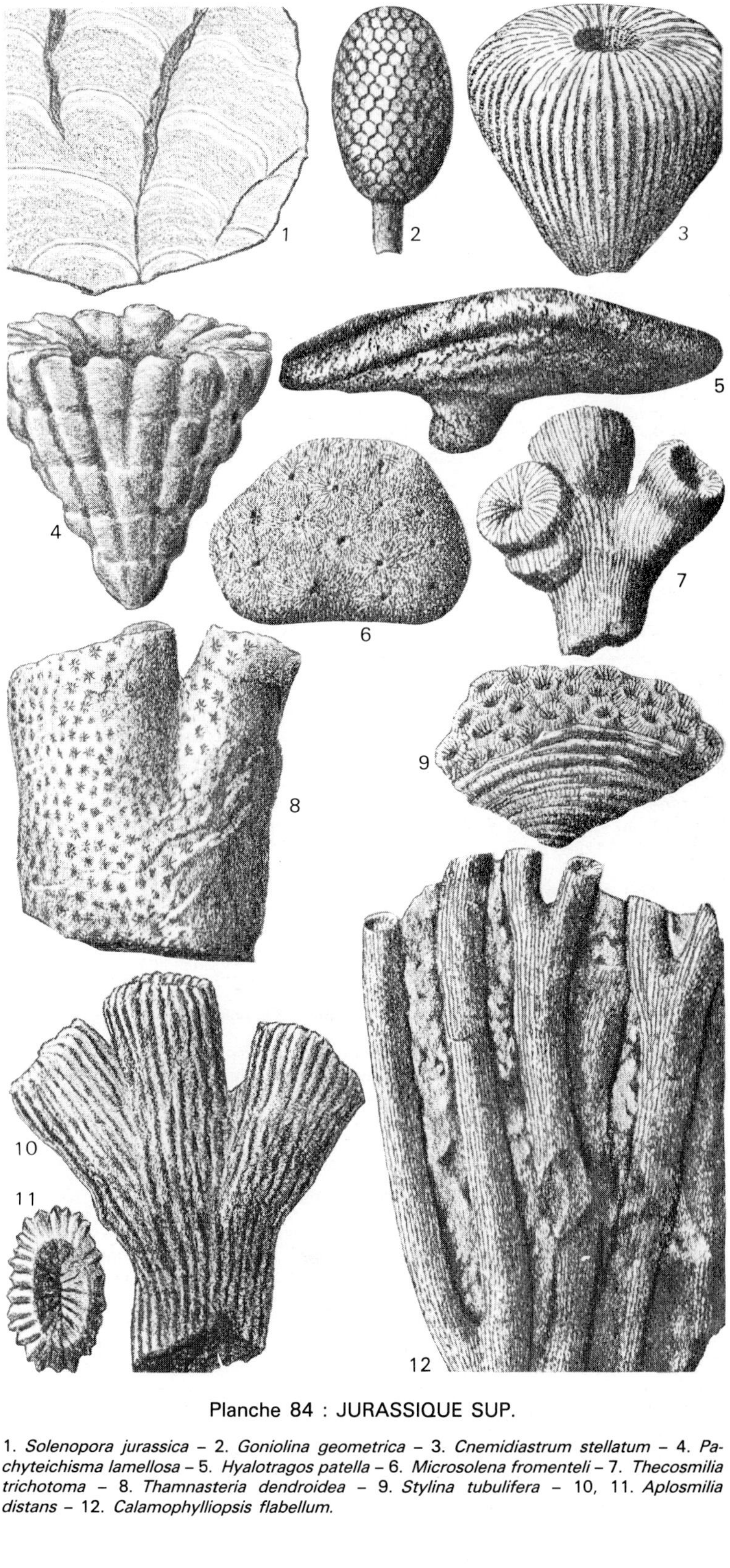

Planche 84 : JURASSIQUE SUP.

1. *Solenopora jurassica* – 2. *Goniolina geometrica* – 3. *Cnemidiastrum stellatum* – 4. *Pachyteichisma lamellosa* – 5. *Hyalotragos patella* – 6. *Microsolena fromenteli* – 7. *Thecosmilia trichotoma* – 8. *Thamnasteria dendroidea* – 9. *Stylina tubulifera* – 10, 11. *Aplosmilia distans* – 12. *Calamophylliopsis flabellum.*

Digonella moeschi Mayer, fam. Zeilleriidae – Dim. max. : L/l/e = 2,5/1,5 à 2/1,5 à 1,8 cm. **Oxfordien :** Yonne, Saône-et-Loire, Indre (rég. de Châteauroux) ; en Allemagne et en Suisse. Pl. 85, fig. 18, 19.

Ismenia pectunculoides Schlotheim, fam. Dallinidae – Valves ornées de 5 à 7 fortes côtes radiales que traversent de fines stries d'accroissement. Dim. max. : L/l/e = 1,5/1,8/1 cm. **Oxfordien** et **Kimméridgien :** Doubs, Jura (rég. de Dole), Ain ; en Allemagne et en Suisse. Pl. 85, fig. 20, 21.

Trigonellina pectunculus Schlotheim, fam. Dallinidae – Valves ornées de 9 côtes étroites et arrondies, de grosseur inégale, que croisent de fines stries d'accroissement. Dim. max. : L/l/e = 1/1/0,4 cm. **Oxfordien** et **Kimméridgien :** Sarthe (rég. d'Ecommoy) ; en Allemagne et en Suisse. Pl. 85, fig. 22.

MOLLUSQUES Bivalves

Barbatia pectinata Phillips *(Arca censoriensis)*, fam. Arcidae – Dim. max. : h/L/e = 3,5/6,5/2 cm. **Oxfordien sup.** Yonne (rég. de Châtel-Censoir) ; en Suisse (Jura bernois) et en Grande-Bretagne. Pl. 86, fig. 3.

Cucullaea (Idonearca) contracta Phillips, fam. Cucullaeidae – Dim. max. : h/L/e = 5/8/5 cm. **Oxfordien** et **Kimméridgien :** Ardennes (rég. de Launois), Haute-Marne, Jura, Seine-Maritime (rég. du Havre) ; en Allemagne et en Grande-Bretagne. Pl. 86, fig. 1, 2.

Modiolus bipartitus Sowerby, fam. Mytilidae – Dim. max. : h/L/e = 5/7/3 cm. **Oxfordien :** Ardennes (rég. de Mézières), Côte d'Or, Jura, Ain, (rég. de Nantua), Calvados ; en Grande-Bretagne ; cette espèce apparaît au Jurassique moyen. Pl. 86, fig. 5.

Pinna lanceolata Sowerby, fam. Pinnidae – Dim. max. : h/L/e = 7/22/3,5 à 4 cm. **Oxfordien :** dans toute l'Europe occidentale. Pl. 87, fig. 6.

Gervillella aviculoides Sowerby, fam. Bakevelliidae – Cette espèce peut atteindre 30 cm de plus grande dimension. **Oxfordien :** dans toute l'Europe occidentale. Pl. 86, fig. 6.

Isognomon promytiloides Arkell *(Perna mytiloides)*, fam. Isognomonidae – Cette espèce est très voisine d'*I. isognomoides*, du Jurassique moy. (→ Pl. 66, fig. 5). **Oxfordien :** dans toute l'Europe occidentale.

Oxytoma expansa Phillips, fam. Oxytomidae – Cette espèce s'apparente étroitement à *O. inequivalvis* (→ Jurassique moy. Pl. 66, fig. 1) dont elle diffère par sa forme plus large et par le plus grand nombre de ses côtes radiales principales (15 à 20). Dim. max. : h/L/e = 5,5/5,5/1 cm. **Oxfordien :** espèce répandue dans toute l'Europe occidentale.

Entolium corneolum Young et Bird *(Pecten demissus, P. disciformis, P. vitreus, P. solidus)*, fam. Entoliidae – **Oxfordien** et **Kimméridgien :** dans toute l'Europe occidentale ; cette espèce apparaît au Jurassique inf. (→ Jurassique moy., Pl. 66, fig. 9).

Camptonectes auritus Schlotheim *(Pecten lens)*, fam. Pectinidae – Cette espèce est très voisine de *C. laminatus*, du Jurassique moy. (→ Pl. 66, fig. 12), dont elle diffère essentiellement par les détails de ses oreillettes. **Oxfordien** et **Kimméridgien :** dans toute l'Europe occidentale ; cette espèce apparaît au Jurassique moyen (Callovien).

Camptonectes (Camptochlamys) intertextus Roemer – Valves ornées de 45 à 50 côtes radiales principales, intercalées de plus fines et que croisent à intervalles réguliers des lamelles d'accroissement. Dim. max. : h/L/e = 11/10/2 à 2,5 cm. **Oxfordien** et **Kimméridgien :** Pas-de-Calais (Boulonnais), Ardennes (rég. de Launois), Meuse, Yonne, Seine-Maritime (rég. du Havre) ; en Allemagne et en Grande-Bretagne, Pl. 86, fig. 9.

Chlamys nattheimensis de Loriol, fam. Pectinidae – Valves ornées de 23 à 25 côtes radiales rendues plus ou moins squameuses par le passage des lamelles d'accroissement. Dim. max. : h/L/e = 4,5/3,6/1,5 cm. **Oxfordien :** Pas-de-Calais (Boulonnais), Meuse, Haute-Marne, Côte-d'Or, Jura (rég. de Dole) ; en Allemagne, Suisse et Grande-Bretagne, Pl. 86, fig. 8.

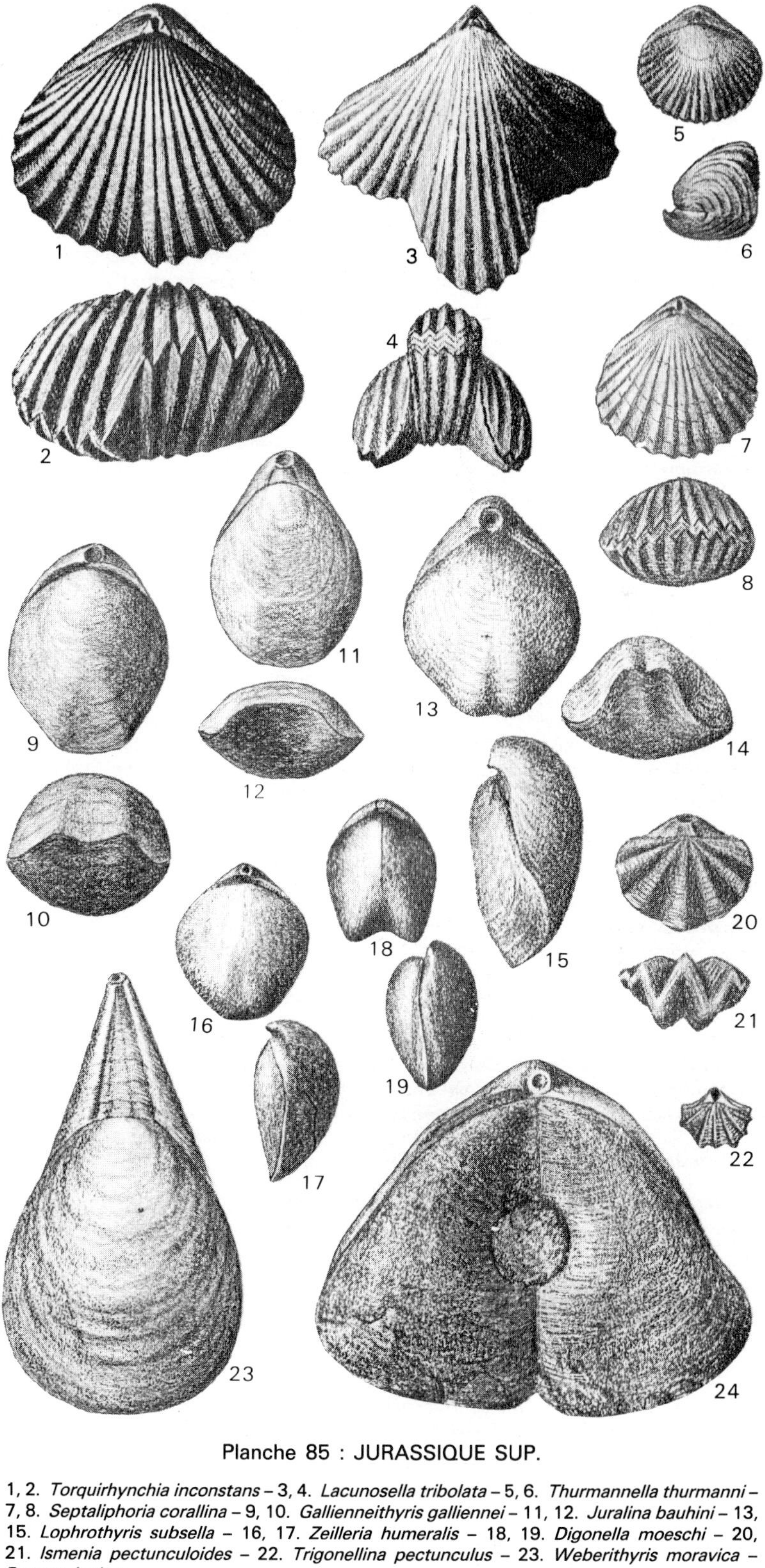

Planche 85 : JURASSIQUE SUP.

1, 2. *Torquirhynchia inconstans* – 3, 4. *Lacunosella tribolata* – 5, 6. *Thurmannella thurmanni* – 7, 8. *Septaliphoria corallina* – 9, 10. *Gallienneithyris galliennei* – 11, 12. *Juralina bauhini* – 13, 15. *Lophrothyris subsella* – 16, 17. *Zeilleria humeralis* – 18, 19. *Digonella moeschi* – 20, 21. *Ismenia pectunculoides* – 22. *Trigonellina pectunculus* – 23. *Weberithyris moravica* – *Pygope janitor.*

Chlamys splendens Dolfuss, diffère de la précédente espèce par ses côtes radiales plus nombreuses : 30 à 33. Dim. max. h/L/e = 6/5/1,8 cm. **Oxfordien** et **Kimméridgien inf. :** Meuse, Seine-Maritime (rég. du Havre) ; en Suisse et en Grande-Bretagne.

Chlamys (Aequipecten) fibrosa Sowerby – Valves ornées de 12 à 14 côtes faiblement bombées et rendues finement lamelleuses par le passage des rides d'accroissement. Dim. max. : h/L/e = 2,7/2,5/0,8 cm. **Oxfordien :** dans toute l'Europe occidentale ; cette espèce apparaît au Jurassiqe moy. (Callovien). Pl. 86, fig. 7.

Spondylopecten subspinosus Schlotheim, fam. Pectinidae – Valves ornées de 12 côtes radiales très saillantes. Dim. max. : h/L/e = 1,8/1,8/0,8 cm. **Oxfordien :** Meuse, Côte-d'Or, Saône-et-Loire ; en Allemagne, Suisse et Grande-Bretagne ; cette espèce apparaît au Jurassique moy. Pl. 86, fig. 4.

Spondylopecten erinaceus Buvignier, se distingue de la précédente espèce par ses valves ornées de 23 à 24 côtes radiales à section carrée, portant de petites épines aiguës. **Oxfordien :** Meuse (rég. de St-Mihiel), Yonne, Ain ; en Allemagne et en Suisse (Jura bernois) ; cette espèce apparaît au Jurassique moy. (Callovien).

Plicatula tubifera Lamarck, fam. Plicatulidae – Valves ne dépassant pas 5 cm de hauteur pour 4 cm de longueur et ornées de fines épines tubulaires. **Oxfordien :** Ardennes (rég. de Launois), Calvados ; en Allemagne. Pl. 88, fig. 1.

Ctenostreon proboscideum Sowerby, fam. Limidae – Cette espèce, très proche de *C. rugosum* (→ Jurassique moy., Pl. 67, fig. 3) se caractérise par la constance de son ornementation, composée de 12 fortes côtes radiales arrondies et squameuses. **Oxfordien :** Ardennes, Meuse, Haute-Marne, Yonne, Ain (rég. de Nantua), Calvados.

Plagiostoma laeviusculum Sowerby *(Lima –)*, fam. Limidae – Valves ornées de 50 à 60 côtes radiales larges et plates. Dim. max. : h/L/e = 12/12/5 cm. **Oxfordien** et **Kimméridgien :** Meuse, Haute-Marne, Yonne, Charente-Maritime (rég. de la Rochelle) ; en Allemagne, Suisse et Grande-Bretagne. Pl. 88, fig. 5.

Plagiostoma rigidum Phillips – Valves ornées de 110 à 115 côtes radiales plus ou moins sinueuses et finement ponctuées dans leurs intervalles. Dim. max. : h/L/e = 6/5,5/4 cm. **Oxfordien :** dans toute l'Europe occidentale. Pl. 88, fig. 6.

Pseudolimea duplicata Sowerby *(Lima alternicosta)*, fam. Limidae – **Oxfordien :** dans toute l'Europe occidentale ; cette espèce apparaît au Jurassique inf. (→ Jurassique moy., Pl. 65, fig. 12).

Gryphaea dilatata Sowerby *(G. bullata)*, fam. Gryphaeidae – Coquille de forme assez variable. Dim. max. : h/L/e = 11/10/5,5 cm. **Oxfordien :** Ardennes (rég. de Launois), Meuse, Jura (rég. de Dole), Saône-et-Loire, Calvados ; en Allemagne, Suisse et Grande-Bretagne ; cette espèce apparaît au Jurassique moy. Pl. 88, fig. 11, 12.

Deltoideum delta Smith *(Ostrea subdeltoidea)*, fam. Gryphaeidae – Valves de contour subtriangulaire, pouvant atteindre 15 cm de hauteur pour 10 à 15 cm de longueur. **Oxfordien** et **Kimméridgien inf. :** Pas-de-Calais (Boulonnais), Meuse, Seine-Maritime (rég. du Havre), Calvados, en Grande-Bretagne ; cette espèce apparaît au Jurassique moy. (Callovien). Pl. 90, fig. 5.

Nanogyra nana Sowerby *(Ostrea bruntrutana)*, fam. Gryphaeidae – Dim. max. : h/L/e = 3,5/2 à 2,5/1 à 1,5 cm. **Oxfordien** à **Portlandien :** dans toute l'Europe occidentale ; cette espèce apparaît au Jurassique moy. Pl. 88, fig. 9.

Nanogyra striata Smith *(Ostrea virgula)* – Valves très incurvées, pouvant atteindre 4 à 5 cm de hauteur et ornées de très fines côtes radiales. **Kimméridgien :** espèce largement répandue en France et dans les régions limitrophes. Pl. 88, fig. 2, 3.

Lopha gregarea Sowerby *(Alectryonia –)*, fam. Ostreidae – Forme très variable à valve gauche ornée de nombreuses côtes plus ou moins disposées en chevrons de part et d'autre d'une crête médiane. Dim. max. : h/L/e = 8/4 à 5/3 à 4 cm. **Oxfordien :** dans toute l'Europe occidentale ; cette espèce apparaît au Jurassique moy. Pl. 88, fig. 10.

Lopha (Actinostreon) solitaria Sowerby – Valves ornées de côtes peu nombreuses se développant sur la périphérie. Dim. max. : h/L/e = 6/4 à 5/3 cm.

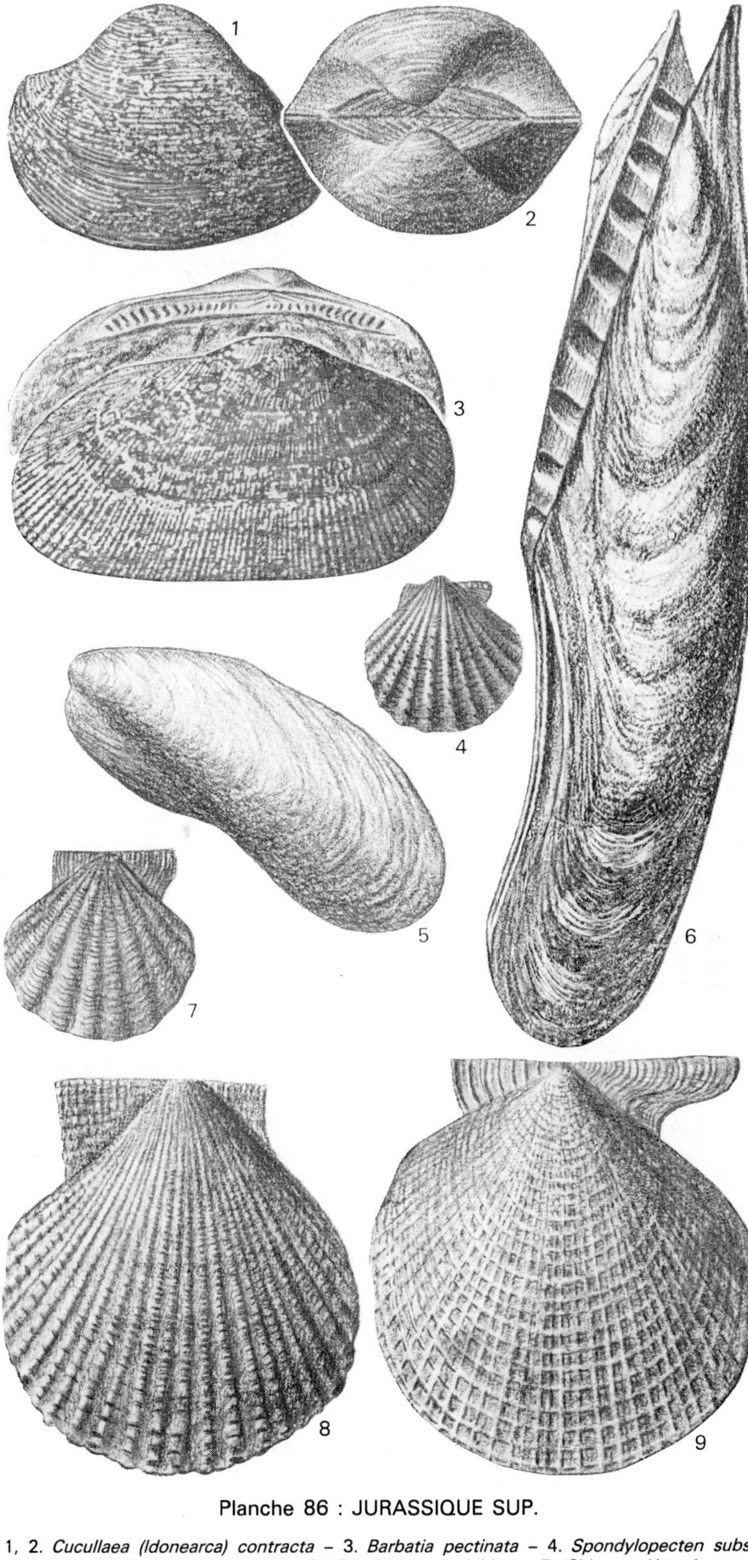

Planche 86 : JURASSIQUE SUP.

1, 2. *Cucullaea (Idonearca) contracta* – 3. *Barbatia pectinata* – 4. *Spondylopecten subspinosus* – 5. *Modiolus bipartitus* – 6. *Gervillella aviculoides* – 7. *Chlamys (Aequipecten) fibrosa* – 8. *Chlamys nattheimensis* – 9. *Camptonectes (Camptochlamys) intertextus.*

Oxfordien à **Portlandien** (surtout Kimméridgien) : dans toute l'Europe occidentale. Pl. 88, fig. 4.

Trigonia reticulata Agassiz *(T. meriani, T. papillata, T. monilifera, T. suprajurensis)*, fam. Trigoniidae – Coquille assez variable dans ses proportions et dans le nombre de ses côtes concentriqes. Dim. max. : h/L/e = 10/7 à 12/5 à 6 cm. **Oxfordien sup.** et **Kimméridgien** : dans toute l'Europe occidentale. Pl. 89, fig. 7.

Myophorella clavellata Parkinson *(Trigonia bronni)*, fam. Trigoniidae – Dim. max. : h/L/e = 5,5/6 à 7/3 à 3,5 cm. **Oxfordien sup.** et **Kimméridgien** : Pas-de-Calais (Boulonnais), Ardennes, Calvados ; en Allemagne et en Grande-Bretagne. Pl. 89, fig. 6.

Mesolinga rotundata Rœmer *(Lucina globosa)*, fam. Lucinidae – Dim. max. h/L/e = 4/4,5/2,2 cm. **Oxfordien** et **Kimméridgien** : Meuse (rég. de St-Mihiel), Calvados ; en Allemagne et en Grande-Bretagne. Pl. 88, fig. 7, 8.

Astarte supracorallina d'Orbigny, fam. Astartidae – Petite espèce ne dépassant pas 0,8 cm de hauteur et ornée de fines côtes concentriques. **Oxfordien** et **Kimméridgien inf.** : Ardennes, Meuse (rég. de Verdun), Haut-Rhin, Aube (rég. de Bar-le-Duc), Haute-Saône, Jura (rég. de Salins-les-Bains) ; en Allemagne et en Suisse. Pl. 89, fig. 5.

Neocrassina ovata Smith *(Astarte michaudiana)*, fam. Astartidae – Valves peu bombées, à ornementation concentrique fine et irrégulière. Dim. max. : h/L/e = 5/5,5 à 6,5/2,5 à 3 cm. **Oxfordien** et **Kimméridgien inf.** : Pas-de-Calais (Boulonnais), Seine-Maritime (rég. du Havre), Haute-Saône, Doubs (rég. de Montbéliard) ; en Allemagne, Suisse (Jura bernois) et Grande-Bretagne. Pl. 90, fig. 3.

Praeconia rhomboidalis Phillips *(Hippopodium corallinum)*, fam. Astartidae – **Oxfordien** : Pas-de-Calais (Boulonnais), Ardennes, Meuse, Haute-Marne, Yonne, Sarthe, Charente-Maritime ; en Allemagne, Suisse et Grande-Bretagne (→ Jurassique moy., Pl. 68, fig. 6).

Opis (Trigonopis) curvirostra Smith, fam. Astardidae – Dim. max. : h/L/e = 2/1,5/1,5 cm. **Oxfordien** et **Kimméridgien** : Pas-de-Calais (Boulonnais), Ardennes (rég. de Launois), Haute-Marne, Seine-Maritime (rég. du Havre), Calvados ; en Grande-Bretagne, Pl. 87, fig. 4, 5.

Sowerbya triangularis Phillips *(Isodonta deshayesea)*, fam. Sowerbyidae – Dim. max. : h/L/e = 1,5/2,5/1,3 cm.**Oxfordien** et **Kimméridgien inf.** : Ardennes (rég. de Launois), Calvados ; en Allemagne, Suisse et Grande-Bretagne, Pl. 87, fig. 1, 2.

Anisocardia globosa Rœmer, fam. Arcticidae – Dim. max. : h/L/e = 4,5/4,5/3,5 cm. **Oxfordien** : Ardennes (rég. de Launois), Meuse, Haute-Marne ; en Allemagne, Suisse et Grande-Bretagne. Pl. 89, fig. 8.

Isocyprina cyreniformis Buvignier, fam. Arcticidae – Dim. max. : h/L/e = 2,5/2,5/2 cm. **Oxfordien moy.** et **sup.** : Ardennes (rég. de Launois), Haut-Rhin (rég. de Ferrette) ; en Suisse (Jura bernois) et en Grande-Bretagne. Pl. 89, fig. 9, 10.

Ceratomyopsis striata d'Orbigny, fam. Ceratomyopsidae – Coquille de forme extrêmement variable à crochets subenroulés, ornée de fines rides d'accroissement plus ou moins obliques. Dim. max. : h/L/e = 3,5/3 à 3,5/3 à 3,5 cm. **Oxfordien** et surout **Kimméridgien** : dans toute l'Europe occidentale. Pl. 90, fig. 1, 2.

Pterocardia buvignieri Deshayes *(Cardium corallinum)*, fam. Megalodontidae – Cette espèce se rencontre fréquemment sous forme de moules internes, nommés « pieds de biche ». Dim. max. : h/L/e = 10/7 à 9/7 à 9 cm. **Oxfordien** et **Kimméridgien** : espèce très répandue en France et dans les régions limitrophes. Pl. 87, fig. 7, 8.

Diceras arietinum Lamarck, fam. Diceratidae – Espèce pouvant atteindre 10 cm de hauteur et de diamètre, à valves légèrement inégales et crochets étroitement enroulés. **Oxfordien** : espèce largement répandue en France, Allemagne et Suisse. Pl. 89, fig. 3, 4.

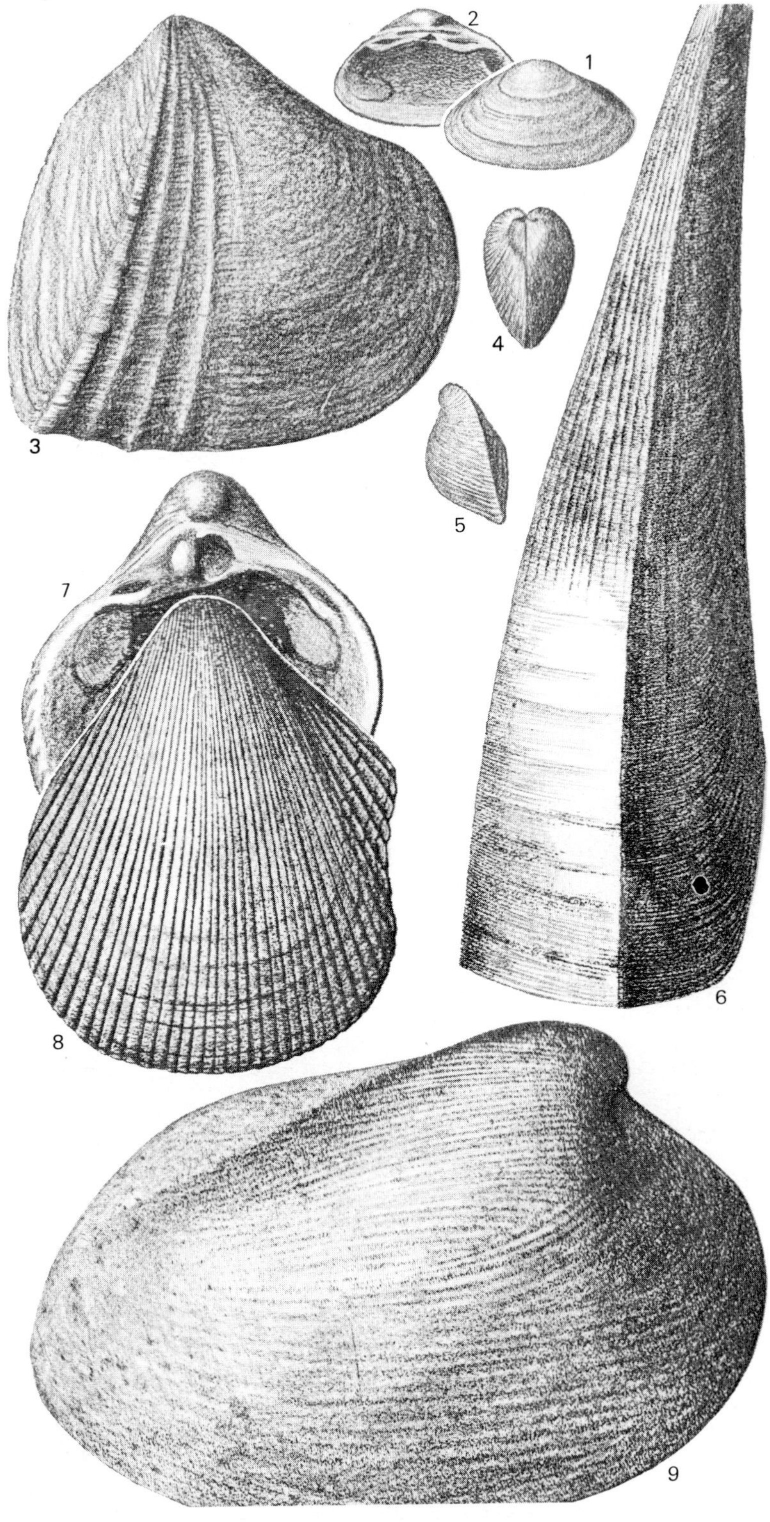

Planche 87 : JURASSIQUE SUP.

1, 2. *Sowerbya triangularis* – 3. *Pholadomya protei* – 4, 5. *Opis curvirostra* – 6. *Pinna lanceolata* – 7, 8. *Pterocardia buvignieri* – 9. *Ceratomya excentrica.*

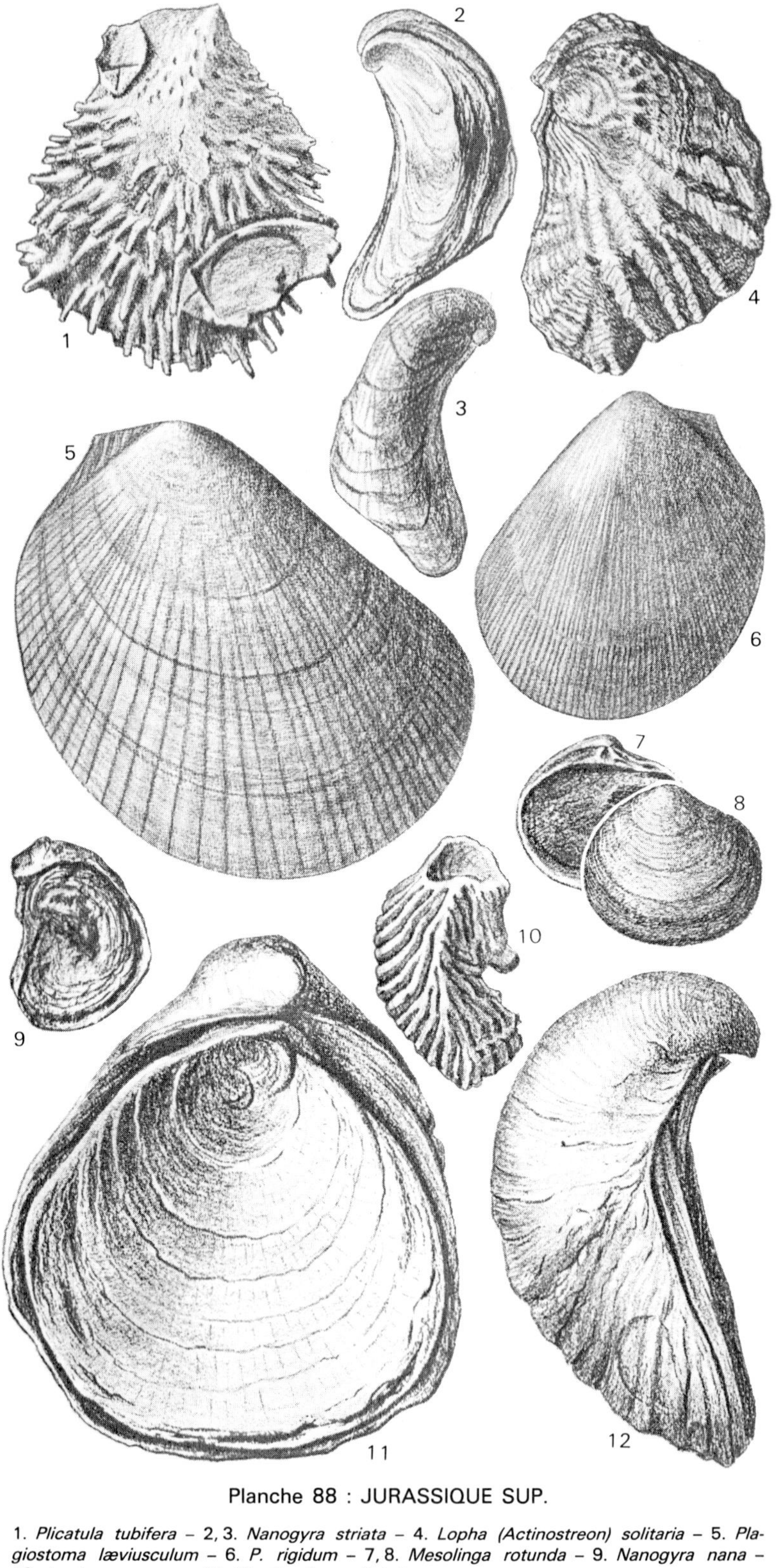

Planche 88 : JURASSIQUE SUP.

1. *Plicatula tubifera* – 2, 3. *Nanogyra striata* – 4. *Lopha (Actinostreon) solitaria* – 5. *Plagiostoma læviusculum* – 6. *P. rigidum* – 7, 8. *Mesolinga rotunda* – 9. *Nanogyra nana* – 10. *Lopha gregarea* – 11, 12. *Gryphaea dilatata*.

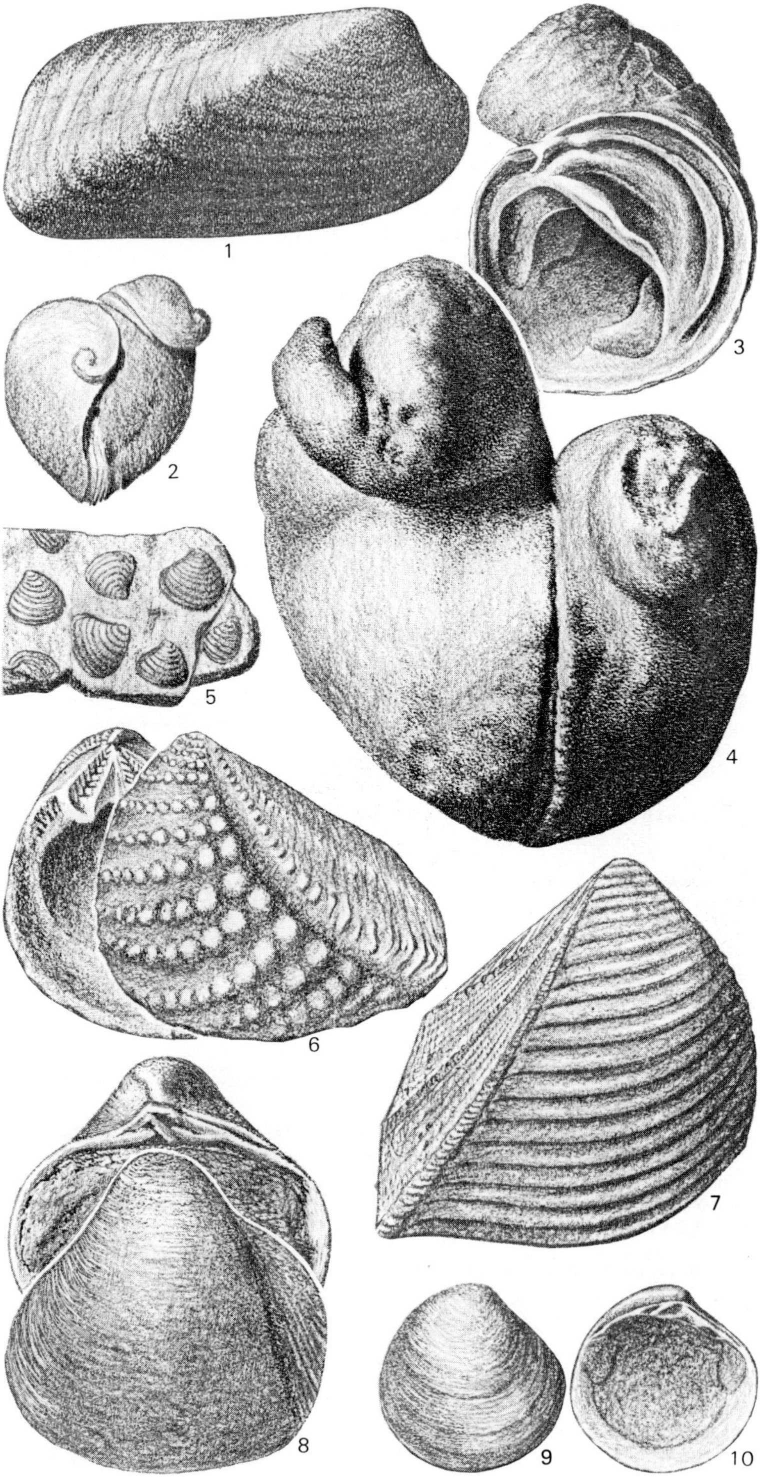

Planche 89 : JURASSIQUE SUP.

1. *Arcomya rathieri* – 2. *Plesiodiceras muensteri* – 3, 4. *Diceras arietinum* – 5. *Astarte supracorallina* – 6. *Myophorella clavellata* – 7. *Trigonia reticulata* – 8. *Anisocardia globosa* – 9, 10. *Ysocypriana cyreniformis*.

Plesiodiceras muensteri Goldfuss, fam. Diceratidae – Coquille de forme extrêmement variable, à valves très inégales, la droite (operculaire) faiblement bombée et la gauche présentant un enroulement plus ou moins déformé par la surface de fixation. Dim. max. : 6 cm. **Kimméridgien inf.** : Yonne (rég de Tonnerre), Ain (rég. de Nantua) ; en Allemagne. Pl. 89, fig. 2.

Pholodomya protei Brongniart *(P. paucicostata, P. ventricosa)*, fam. Pholadomyidae– Coquille de forme variable, plus ou moins oblique, ornée de bourrelets concentriques et de 3 à 6 côtes radiales plus ou moins marquées. Dim. max. : h/L/e = 10/11/8 cm. **Oxfordien** et **Kimméridgien** : dans toute l'Europe occidentale. Pl. 87, fig. 3.

Pholadomya exaltata Agassiz, se distingue de la précédente par ses côtes radiales au nombre de 7 à 10. **Oxfordien** : espèce largement répandue en France et dans les régions limitrophes.

Pholadomya aequalis Sowerby *(P. decemcostata)*, est une espèce très allongée, ornée de 8 à 12 côtes radiales plus ou moins marquées. Dim. max. : h/L/e = 5/7 à 8/4 à 5 cm. **Oxfordien** et **Kimméridigen** ; dans toute l'Europe occidentale.

Arcomya rathieri de Loriol, fam. Pholadomyidae – Dim. max. : h/L/e = 6/12/5,5 cm. **Oxfordien sup.** et **Kimméridgien inf.** : Yonne (rég. de Tonnerre) ; en Grande-Bretagne. Pl. 89, fig. 1.

Goniomya literata Sowerby, fam. Pholadomyidae – **Oxfordien** et **Kimméridgien** : dans toute l'Europe occidentale (→ Jurassique moy., Pl. 69, fig. 13).

Ceratomya concentrica Sowerby, fam. Ceratomyidae – **Oxfordien sup.** et **Kimméridgien inf.** : dans toute l'Europe occidentale (→ Jurassique moy., Pl. 68, fig. 8, 9).

Ceratomya excentrica Rœmer *(Ceromya –)* – Coquille de proportions très variables, à crochets plus ou moins proéminents et obliques, et à ornementation faite de stries variablement orientées. Dim. max. : h/L/e = 8/7 à 10/5 à 6 cm. **Kimméridgien** : dans toute l'Europe occidentale. Pl. 87, fig. 9.

Pleuromya alduini Brongniart, fam. Pleuromyidae – **Oxfordien** et **Kimméridigien inf.** : dans toute l'Europe occidentale (→ Jurassique moy., Pl. 68, fig. 2, 3).

Pleuromya uniformis Sowerby – **Oxfordien** à **Portlandien** : dans toute l'Europe occidentale (→ Jurassique moy. Pl. 68, fig. 7).

Thracia depressa Sowerby, fam. Thraciidae – Dim. max. : h/L/e = 6/8/3 à 3,5 cm. **Oxfordien** à **Portlandien** : dans toute l'Europe occidentale ; cette espèce apparaît au Jurassique moy. (Bathonien). Pl. 90, fig. 4.

MOLLUSQUES Gastropodes

Perotrochus (Bathrotomaria) munsteri Rœmer *(Pleurotomaria –)*, fam. Pleurotomariidae – Dim. max. : h/d = 4,6/4,4 à 5 cm. **Oxfordien** : Calvados (rég. de Trouville, Villers-sur-Mer), Deux-Sèvres (rég. de Niort), Ardennes (rég. de Launois), Meuse, Haute-Marne, Côte-d'Or, Ain (rég. de Nantua) ; en Suisse (Jura bernois). Pl. 90, fig. 12.

Obornella disca Deslongchamps *(Pleurotomaria buvignieri)*, fam. Pleurotomariidae – Dim. max. : h/d = 1,5/3 cm. **Oxfordien** : même répartition que l'espèce précédente. Pl. 92, fig. 6, 7.

Ooliticia meriani Münster *(Turbo –)*, fam. Amberleyidae – Spire ornée, sur l'avant dernier tour, de 3 à 5 cordons spiraux granuleux, et de 7 à 13 cordons sur le dernier tour. Dim. max. : h/d = 3/2 cm. **Oxfordien** : Ardennes (rég. de Launois), Meuse, Jura (rég. de Salins), Ain (rég. de Nantua), Deux-Sèvres (rég. de Niort), Sarthe, Calvados (Villers-sur-Mer) ; cette espèce apparaît au Jurassique moy. (Callovien). Pl. 90, fig. 6.

Pseudomelania heddingtonensis Sowerby *(Chemnitzia –)*, fam. Pseudomelaniidae – Dim. max. : h/d = 13/3,5 à 4 cm. **Oxfordien** : Ardennes (rég. de Launois), Calvados (Villers-sur-Mer) ; en Allemagne et en Grande-Bretagne. Pl. 90, fig. 8.

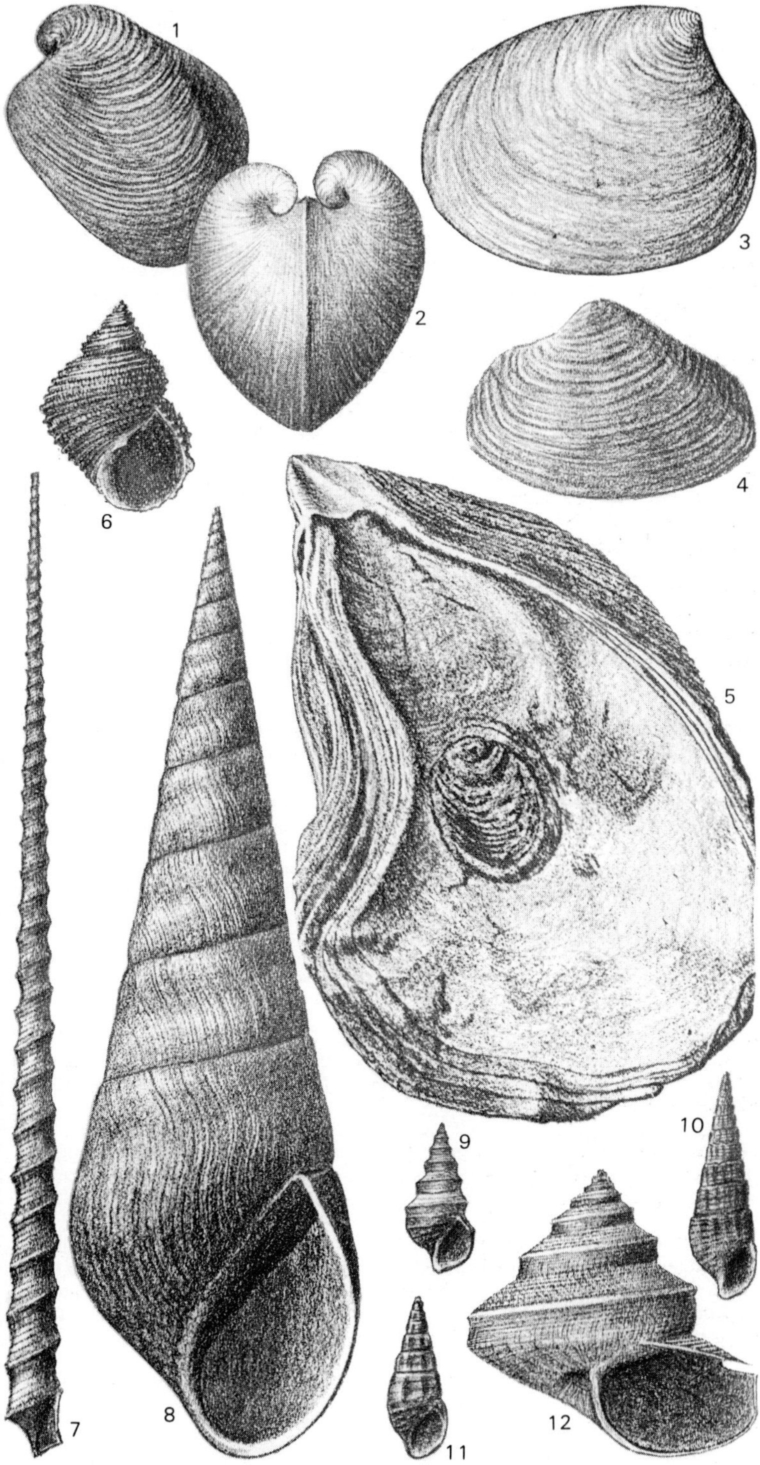

Planche 90 : JURASSIQUE SUP.

1, 2. *Ceratomyopsis striata* – 3. *Neocrassina ovata* – 4. *Thracia depressa* – 5. *Deltoideum delta* – 6. *Ooliticia meriani* – 7. *Aptyxiella sexcostata* – 8. *Pseudomelania heddingtonensis* – 9. *Purpurina (Pseudalaria) unicarinata* – 10. *Procerithium russiense* – 11. *P. (Xystrella) corallense* – 12. *Perotrochus munsteri.*

Pseudomelania delia d'Orbigny – Cette espèce diffère de la précédente par sa spire et son dernier tour beaucoup plus étroits. Dim. max. : h/d = 14/3 cm. **Kimméridigien :** Meuse, Seine-Maritime (rég. du Havre), Calvados ; en Suisse (rég. de Berne).

Bourguetia saemanni Oppel *(Phasianella striata)*, fam. Pseudomelaniidae – **Oxfordien :** espèce largement répandue en France et dans les régions limitrophes (→ Jurassique moy., Pl. 71, fig. 9).

Purpuroidea moreausea Buvignier *(Purpura moreana)*, fam. Purpurinidae – Dim. max. : h/d = 10/10 cm. **Oxfordien :** Ardennes (rég. de Launois), Meuse (Saint-Mihiel), Pl. 91, fig. 9.

Purpurina (Pseudalaria) unicarinata Deslongchamps, fam. Purpurinidae – Dim max. : h/d = 2,5/1,2 à 1,3 cm. **Oxfordien inf. :** Calvados (Villers-sur-Mer). Pl. 90, fig. 9.

Procerithium russiense d'Orbigny *(Cerithium –)*, fam. Procerithiidae – Tours ornés de 4 à 5 cordons spiraux que croisent 15 côtes axiales incurvées. Dim. max. : h/d = 3/0,9 cm. **Oxfordien :** Ardennes (rég. de Launois), Yonne, Doubs, Calvados ; en Suisse (Jura bernois). Pl. 90, fig. 10.

Procerithium (Xystrella) corallense Buvignier – Espèce pourvue sur chaque tour de 7 côtes axiales que croisent 3 cordons spiraux. Dim. max. : h/d = 2,5/1 cm. **Oxfordien :** Meuse, Haute-Saône, Yonne ; en Suisse (Jura bernois). Pl. 90, fig. 11.

Itieria cabanetiana d'Orbigny *(Nerinea –)*, fam. Itieriidae – Spire enveloppée à ouverture très étroite et à columelle perforée et plissée. Dim. max. : h/d = 16/6 à 8 cm. **Oxfordien** et **Kimméridigien :** Yonne, Jura, Ain, Haute-Savoie (Mont Salève). Pl. 91, fig. 1-3 (spécimens entiers et section longitudinale).

Cossmannea tuberculosa Defrance *(Nerinea defrancei)*, fam. Nerineidae – Tours excavés, à peu près lisses, portant un bourrelet tuberculeux au-dessus de la suture ; trois plis internes. Dim. max. : h/d = 15/3,5 cm. **Oxfordien** et **Kimméridgien :** Meuse, Yonne, Jura, Doubs, Haute-Savoie, Calvados ; en Suisse (Jura bernois). Pl. 91, fig. 4, 5 (spécimen entier et section longitudinale).

Cossmannea binodosa Etallon – Cette espèce diffère de la précédente par la présence de 2 bourrelets tuberculeux à la partie inférieure des tours. **Kimméridgien :** Jura et Ain.

Cossmannea desvoidyi d'Orbigny – Espèce voisine de C. *gigantea* (→ Crétace inf., Pl. 113, fig. 1) dont elle diffère par sa spire plus élancée et ses tours plus étroits. Dim. max. : h/d = 45/5 cm. **Oxfordien** à **Portlandien :** espèce largement répandue en Europe occidentale.

Nerinella caecilia d'Orbigny, fam. Nerineidae – Tours peu excavés, ornés de 5 à 6 cordons spiraux finement granuleux ; trois plis internes. Dim. max. : h/d = 7/1,6 à 1,8 cm. **Oxfordien :** Yonne (Châtel-Censoir, Coulanges-sur-Yonne). Pl. 92, fig. 4.

Aptyxiella sexcostata d'Orbigny, fam. Nerineidae – Coquille lisse ou ornée de filets spiraux très fins ; pas de plis internes. Dim. max. : h/d = 14/0,8 cm. **Kimméridgien :** Doubs, Charente-Maritime (rég. de la Rochelle). Pl. 90, fig. 7.

Nerinea nodosa Goldfuss *(Ptygmatis – , N. calypso)* – fam. Nerineidae – Tours ornés d'un filet granuleux médian et d'un bourrelet tuberculeux au-dessus de la suture ; cinq plis internes ; columelle ombiliquée. Dim. max. : h/d = 8/1,5 cm. **Oxfordien :** Meuse (Saint-Mihiel), Yonne (Châtel-Censoir), Calvados ; en Suisse (Jura bernois). Pl. 91, fig. 6, 7 (spécimen entier et section longitudinale).

Nerinea mosae Deshayes – Dim. max. : h/d = 12,5/4,2 à 4,7 cm. **Oxfordien** et **Kimméridgien :** Meuse (Saint-Mihiel, Commercy), Haute-Marne, Yonne (Merry-sur-Yonne, Châtel-Censoir). Pl. 91, fig. 8.

Nerinea bruntrutana Thurmann *(Ptygmatis –)* – Dim. max. : h/d = 9/2,5 cm. **Oxfordien** et **Kimméridgien :** Ardennes, Meuse, Haute-Saône, Yonne, Ain, Charente-Maritime ; en Suisse (Jura bernois). Pl. 92, fig. 5.

Cryptoplocus depressus Votz *(Trochalia –)*, fam. Nerineidae – Base creusée d'un ombilic plus ou moins large ; un pli pariétal interne. Dim. max. :

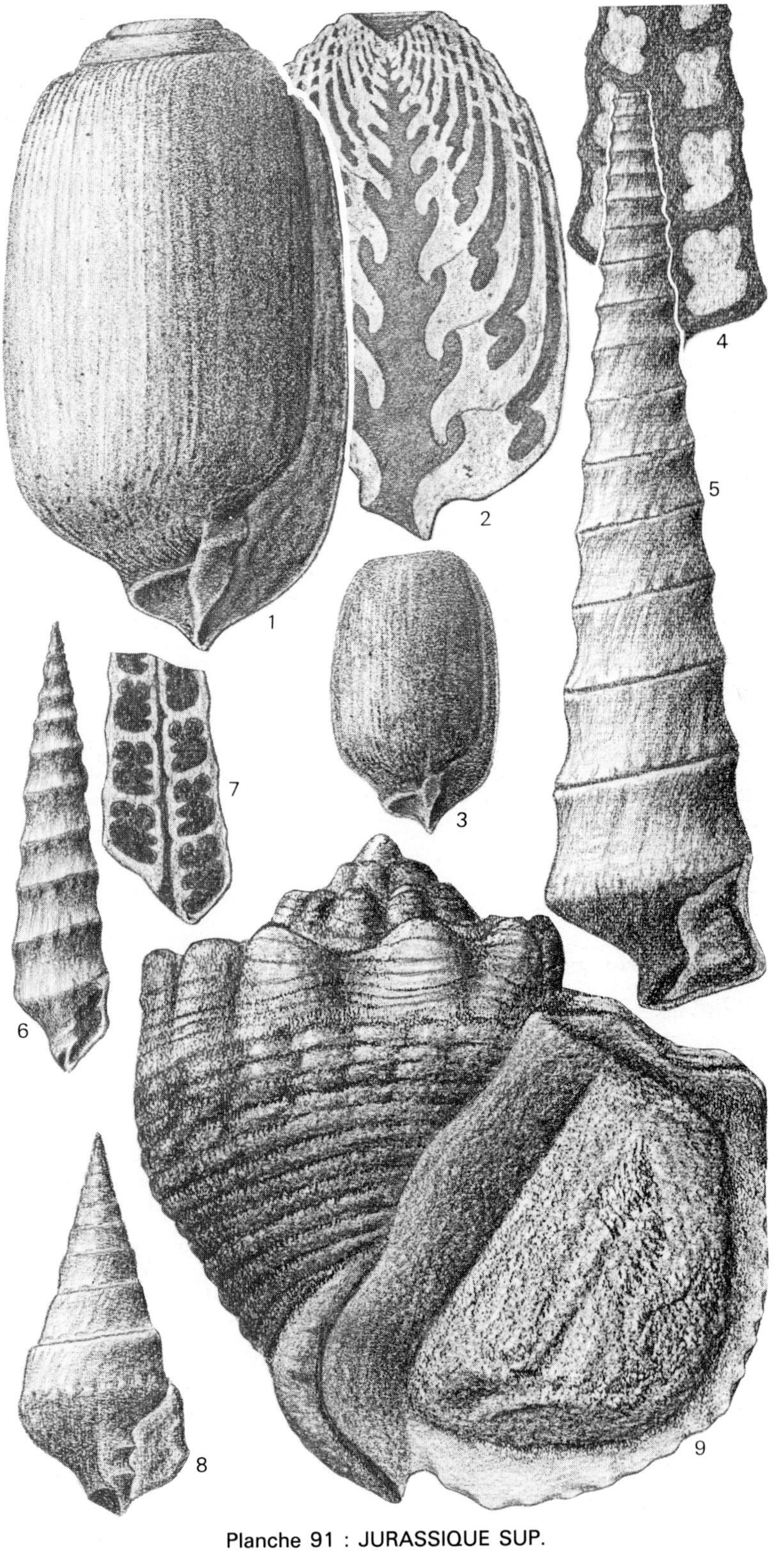

Planche 91 : JURASSIQUE SUP.

1-3. *Itieria cabanetiana* – 4, 5. *Cossmannea tuberculosa* – 6, 7. *Nerinea nodosa* – 8. *N. mosae* – 9. *Purpuroidea moreausea.*

h/d = 20/6 cm. **Kimméridgien :** Pas-de-Calais, Haute-Marne, Yonne, Ain, Jura, Hérault. Pl. 92, fig. 9, 10 (spécimen entier et section longitudinale).

Phyllocheilus polypoda Buvignier *(Pterocera –)*, fam. Aporrhaidae – Dim. max. (digitations comprises) : h/d = 9/9 cm. **Oxfordien sup.** : Meuse (rég. de Saint-Mihiel). Pl. 93, fig. 2.

Harpagodes aranea d'Orbigny *(Pterocera –)*, fam. Aporrhaidae – Dernier tour présentant 6 carènes arrondies de grosseur subégale, que prolongent des digitations, les 3 carènes supérieures étant jointives. Dim. max. (sans le canal ni les digitations) : h/d = 5/4,5 cm. **Oxfordien sup.** : Ardennes, Meuse (rég. de Saint-Mihiel), Haute-Marne, Yonne, Charente-Maritime (rég. de la Rochelle). Pl. 93, fig. 1.

Harpagodes oceani Brongniart *(Pterocera –)* – Spire plus ou moins haute, à dernier tour pourvu de 4 carènes spirales arrondies correspondant au départ des digitations ; fréquemment à l'état de moule interne. Dim. max. (sans le canal et les digitations) : 9/7 à 8 cm. **Portlandien :** Pas-de-Calais (Boulonnais), Haute-Saône, Doubs, Jura, Charente (rég. d'Angoulême), Charente-Maritime (rég. de Saintes) ; en Suisse. Pl. 92, fig. 8 (moule interne).

Harpagodes thirriae Contejean – Cette espèce se distingue de la précédente par sa carène médiane plus saillante que les autres. Dim. max. (sans le canal et les digitations) : h/d = 6,5/5 cm. **Kimméridgien :** Meuse, Haute-Saône, Doubs (rég. de Montbéliard), Jura, Ain (rég. de Nantua), Saône-et-Loire (rég. de Mâcon), Charente-Maritime, Calvados, Seine-Maritime.

Harpagodes icaunensis Cotteau – Espèce très voisine, par ses proportions et la disposition de ses carènbes *d'H. pelagi* (→ Crétacé inf., Pl. 114, fig. 1). Dim. max. (sans les digitations : h/d = 14/13 cm. **Portlandien :** Haute-Saône, Yonne, Charente-Maritime.

Cernina hemisphærica Rœmer *(Natica –)*, fam. Amullospiridae – Dim. max. : h/d = 7,5/5 cm. **Oxfordien** et **Kimméridgien** : espèce largement répandue en France et dans les régions limitrophes. Pl. 92, fig. 2, 3.

Acteonina acuta d'Orbigny *(A. dormoisiana)*, fam. Acteonidae – Dim. max. : h/d = 13,5/3,5 cm à 4 cm. **Oxfordien** et **Kimméridgien :** Meuse (Saint-Mihiel, Commercy), Haute-Marne, Yonne (rég de Tonnerre, Châtel-Censoir), Jura, Ain (rég. de Nantua). Pl. 92, fig. 1.

MOLLUSQUES Céphalopodes Nautiloïdes

Paracenoceras giganteum d'Orbigny *(Nautilus – , Rhyncolites –)*, fam. Paracenocaratidae – Dim. max. : d/e = 50/20 cm. **Oxfordien sup.** et **Kimméridgien inf.** : dans toute l'Europe occidentale. Pl. 94, fig. 1, 4 (coquille et bec).

MOLLUSQUES Céphalopodes Ammonoïdes

Holcophylloceras mediterraneum Neumayr, fam. Phylloceratidae – Dim. max. : d/e = 20/6,5 cm. **Oxfordien** et **Kimméridgien :** espèce largement répandue en Europe méditerranéenne. Pl. 94, fig. 9, 10.

Sowerbyceras tortisulcatum d'Orbigny *(Phylloceras –)*, fam. Phylloceratidae – Dim. max. : d/e = 5/2 cm. **Oxfordien :** Doubs (rég. de Pontarlier) ; Alpes-de-Haute-Provence, Alpes Maritimes, Var (rég de Puget-Thénier, Plan-du-Var), Vaucluse. Pl. 94, fig. 7, 8.

Ochetoceras canaliculatum Buch *(Ammonites hispidus)*, fam. Oppellidae – Côtes internes plus ou moins nombreuses et plus ou moins nettement séparées des côtes externes par le sillon médian. Dim. max. : d/e = 8/2 cm. **Oxfordien moy.** : espèce à large répartition européenne. Pl. 95, fig. 1, 2.

Ochetoceras marantianum d'Orbigny – Très voisine de la précédente, cette espèce s'en distingue par ses côtes externes bifurquées au lieu d'être simples. **Oxfordien sup.** : espèce assez largement répandue en France.

Trimarginites arolicus Oppel *(Harpoceras –)*, fam. Oppeliidae – Dim. max. : d/e = 10/2 cm. **Oxfordien sup.** : espèce largement répandue en France et dans les régions limitrophes. Pl. 94, fig. 5, 6.

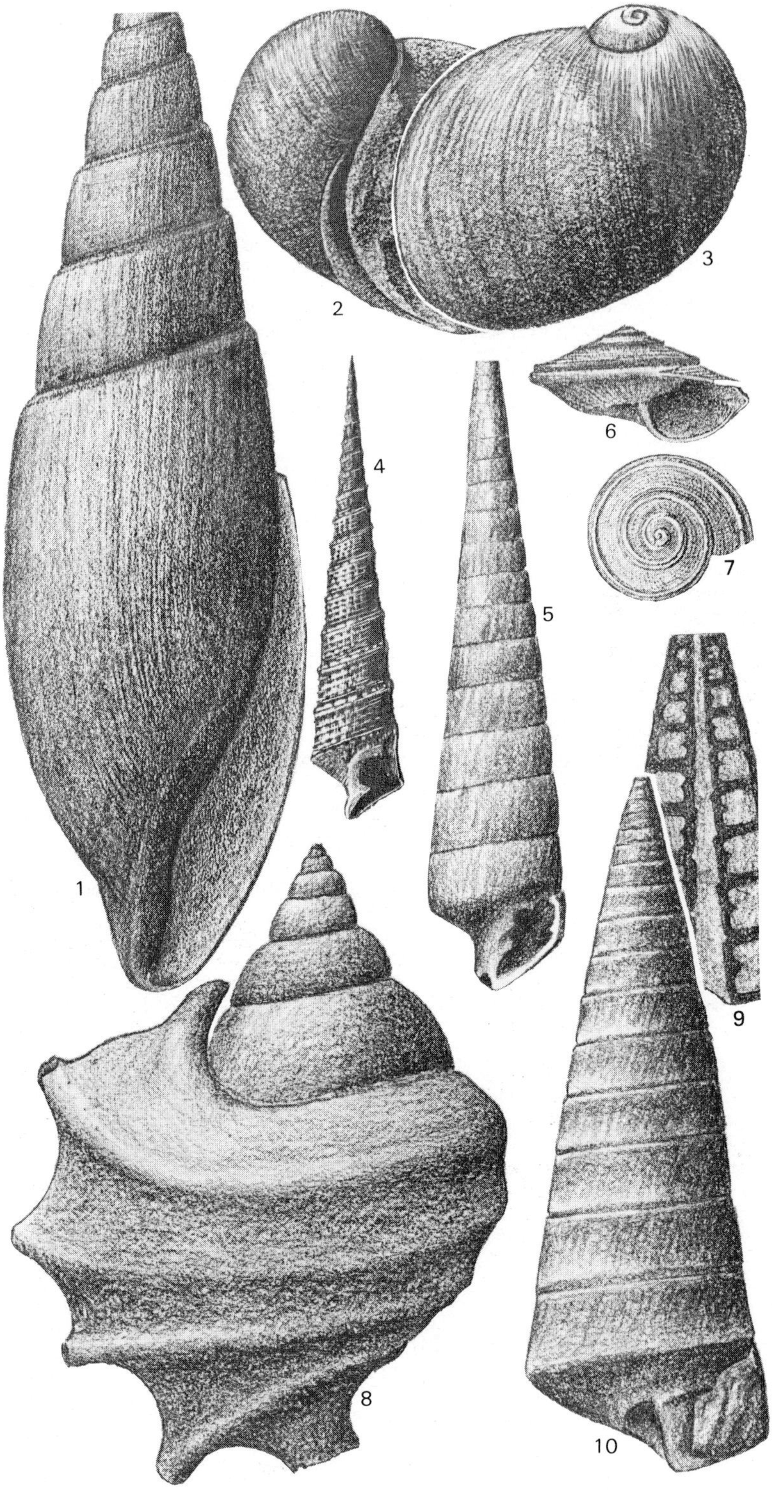

Planche 92 : JURASSIQUE SUP.

1. *Acteonina acuta* – 2, 3. *Cernina hemisphaerica* – 4. *Nerinella caecilia* – 5. *Nerinea bruntrutana* – 6, 7. *Obornella disca* – 8. *Harpagodes oceani* – 9, 10. *Cryptoplocus depressus.*

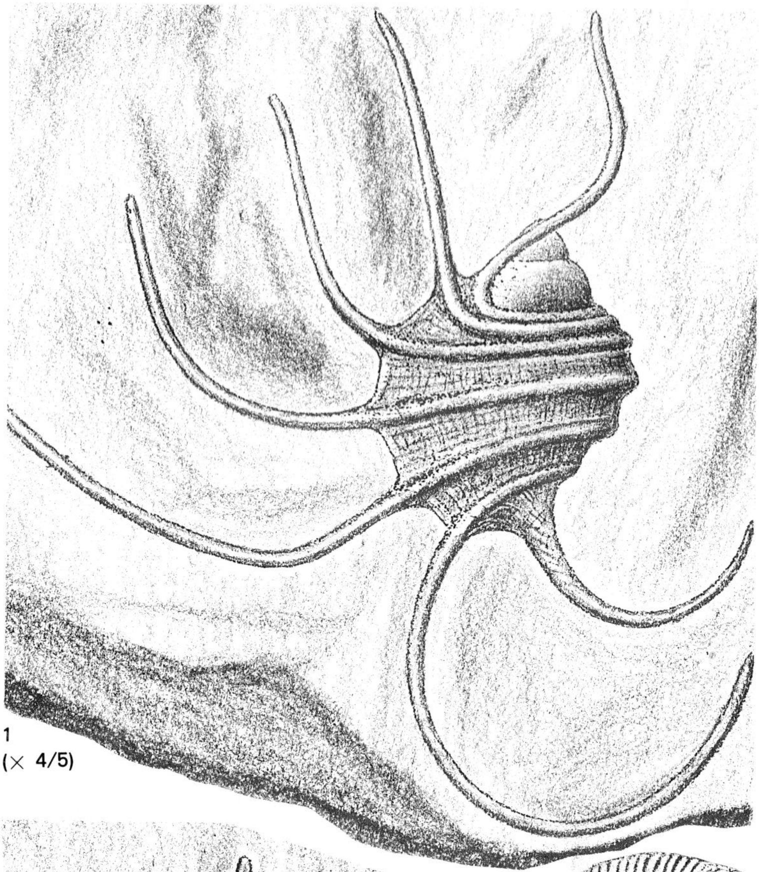

1
(× 4/5)

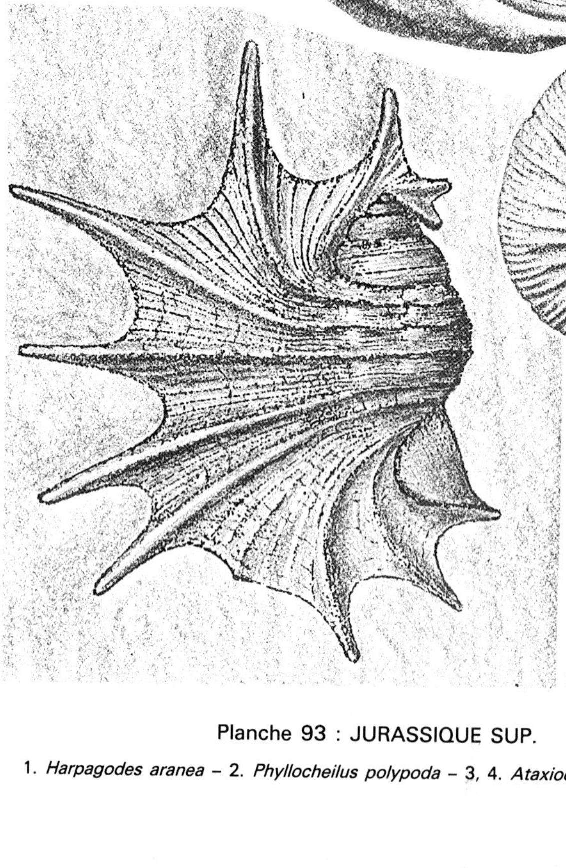

2

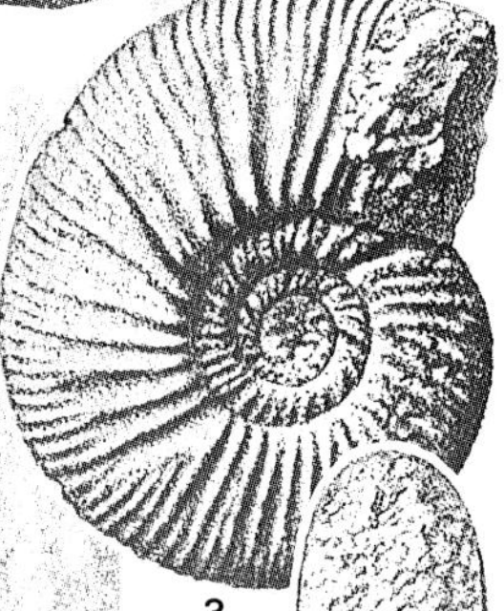

3

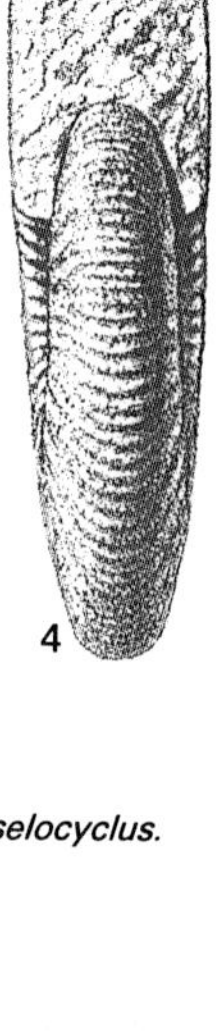

4

Planche 93 : JURASSIQUE SUP.

1. *Harpagodes aranea* – 2. *Phyllocheilus polypoda* – 3, 4. *Ataxioceras hypselocyclus*.

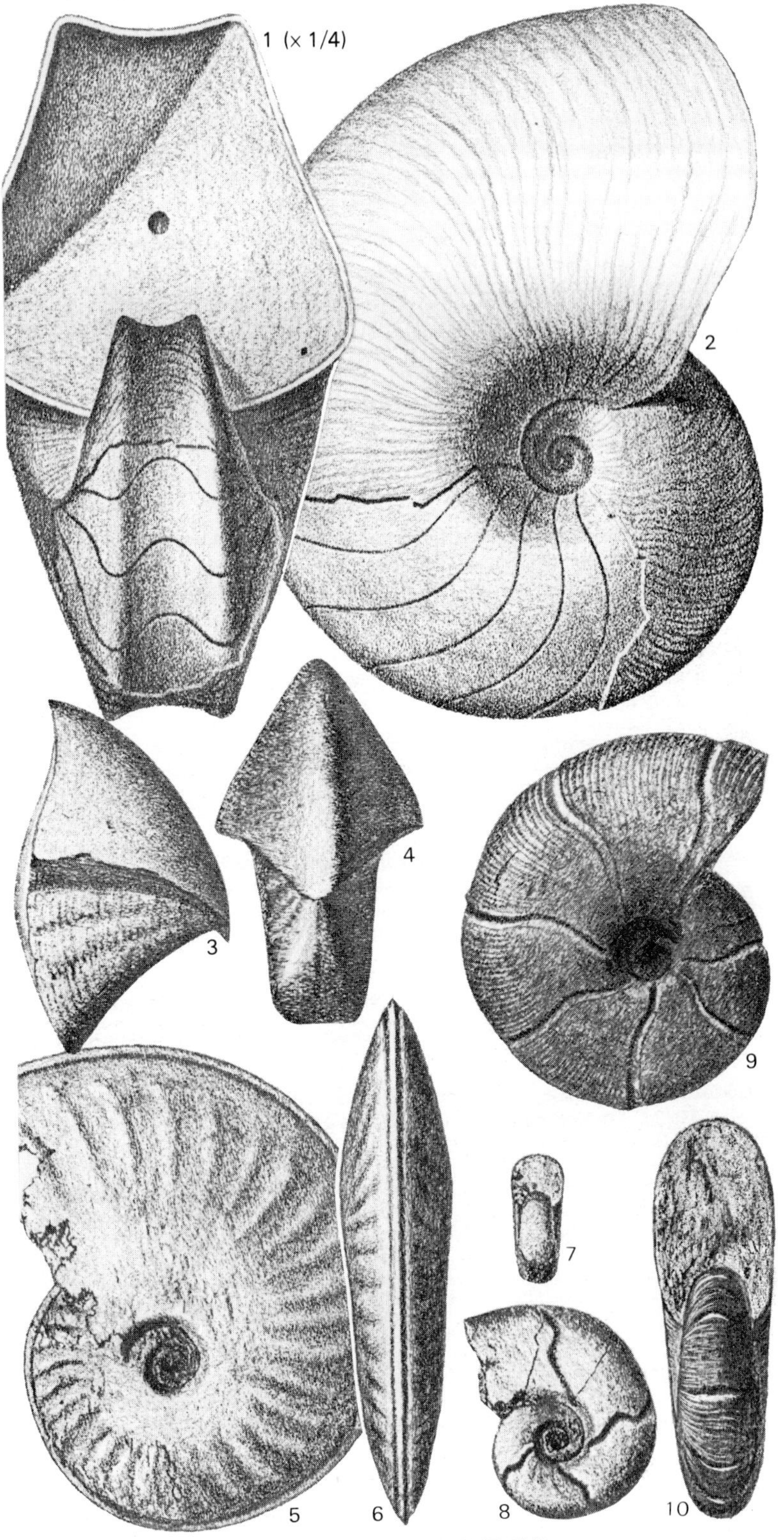

Planche 94 : JURASSIQUE SUP.

1-4. *Paracenoceras giganteum* – 5, 6. *Trimarginites arolicus* – 7, 8. *Sowerbyceras tortisulcatum* – 9, 10. *Holcophylloceras mediterraneum.*

Taramelliceras compsum Oppel, fam. Oppeliidae – Ornementation tendant à se simplifier avec la croissance. Dim. max. : d/e = 15/4 cm. **Kimméridgien :** espèce largement répandue en France et dans les régions limitrophes. Pl. 95, fig. 9, 10.

Creniceras renggeri Oppel, fam. Oppeliidae – Dim. max. : d/e = 2,5/0,6 cm. **Oxfordien :** espèce à vaste répartition européenne. Pl. 96, fig. 3, 4.

Streblites tenuilobatus Oppel, fam. Oppeliidae – Ornementation assez variable, à côtes principales et secondaires plus ou moins marquées. Dim. max. : d/e = 8/1,8 cm. **Kimméridgien :** Jura, Rhône, Ardèche (Mont Crussol), Savoie ; en Allemagne et en Suisse. Pl. 95, fig. 3.

Pachyceras lalandeanum d'Orbigny, fam. Pachyceratidae – Dim. max. : d/e = 25/11 à 12 cm. **Oxfordien inf.** et **moy. :** Calvados (rég. de Villers-sur-Mer), Sarthe, Deux-Sèvres (rég. de Niort), Vendée, Jura, Vaucluse ; cette espèce apparaît au Jurassique moy. (Callovien sup.). Pl. 96, fig. 1, 2.

Quenstedtoceras mariae d'Orbigny, fam. Cardioceratidae – Dim. max. : d/e = 6/2,5 cm. **Oxfordien inf. :** espèce à large répartition européenne. Pl. 96, fig. 5, 6.

Cardioceras cordatum Sowerby, fam. Cardioceratidae – Ornementation plus ou moins accentuée, tendant à s'estomper avec la croissance. Dim. max. : d/e = 8/2 à 2,5 cm. **Oxfordien inf. :** dans toute l'Europe occidentale. Pl. 95, fig. 4-6.

Amoeboceras alternans Buch *(Cardioceras –)*, fam. Cardioceratidae – Dim. max. : d/e = 6/2 cm. **Oxfordien sup. :** espèce à large répartition européenne. Pl. 96, fig. 7, 8.

Perisphinctes martelli Oppel, fam. Perisphinctidae – Côtes se bifurquant sur le dos et s'espaçant ensuite avec la croissance pour former de forts bourrelets. Dim. max. : d/e = 40/12 à 13 cm. **Oxfordien moy. :** dans toute l'Europe occidentale. Pl. 96, fig. 9, 10.

Perisphinctes (Dichotomosphinctes) plicatilis Sowerby – Très voisine de la précédente, cette espèce se reconnaît à la présence de légères constrictions, à intervalles plus ou moins réguliers, surtout visibles dans le jeune âge. **Oxfordien moy. :** dans toute l'Europe occidentale. Pl. 95, fig. 7, 8.

Perisphinctes (Dichotomoceras) bifurcatus Quenstedt – Cette espèce se distingue aisément des deux précédentes par ses côtes nettement plus espacées et plus largement bifurquées sur la région dorsale. Dim. max. : d/e = 8/2 à 2,5 cm. **Oxfordien sup. :** espèce à large répartition européenne.

Ataxioceras hypselocyclus Fontannes, fam. Perisphinctidae – Dim. max. : d/e = 10/2,5 cm. **Kimméridgien inf. :** espèce à large répartition européenne. Pl. 93, fig. 3, 4.

Pictonia baylei Salfeld, fam. Perisphinctidae – Dim. max. : d/e = 10/2 cm. **Kimméridgien inf. :** Seine-Maritime (rég. du Havre) et dans la majeure partie de l'Europe nord-occidentale. Pl. 95, fig. 11.

Aulacostephanus pseudomutabilis de Loriol, fam. Perisphinctidae – Espèce proche de la précédente, dont elle diffère par ses tours plus comprimés, son ombilic plus étroit et ses côtes intercalaires deux fois plus nombreuses. Dim. max. : d/e = 8/1,8 cm. **Kimméridgien sup. :** espèce à large répartition européenne.

Rasenia cymodoce d'Orbigny *(Pictonia –)*, fam. Périsphinctidae – Espèce perdant presque totalement son ornementation en fin de croissance. Dim. max. : d/e = 20/4,5 cm. **Kimméridgien inf. :** espèce à large répartition européenne. Pl. 97, fig. 1, 2.

Aulacostephanus eudoxus d'Orbigny, fam. Perisphinctidae – Dim. max. : d/e = 7/2 cm. **Kimméridgien sup. :** espèce à vaste répartition européenne. Pl. 97, fig. 3, 4.

Gravesia gravesiana d'Orbigny, fam. Perisphinctidae – Dim. max. : d/e = 30/25 cm. **Portlandien inf. :** espèce répandue en France. Pl. 97, fig. 5, 6.

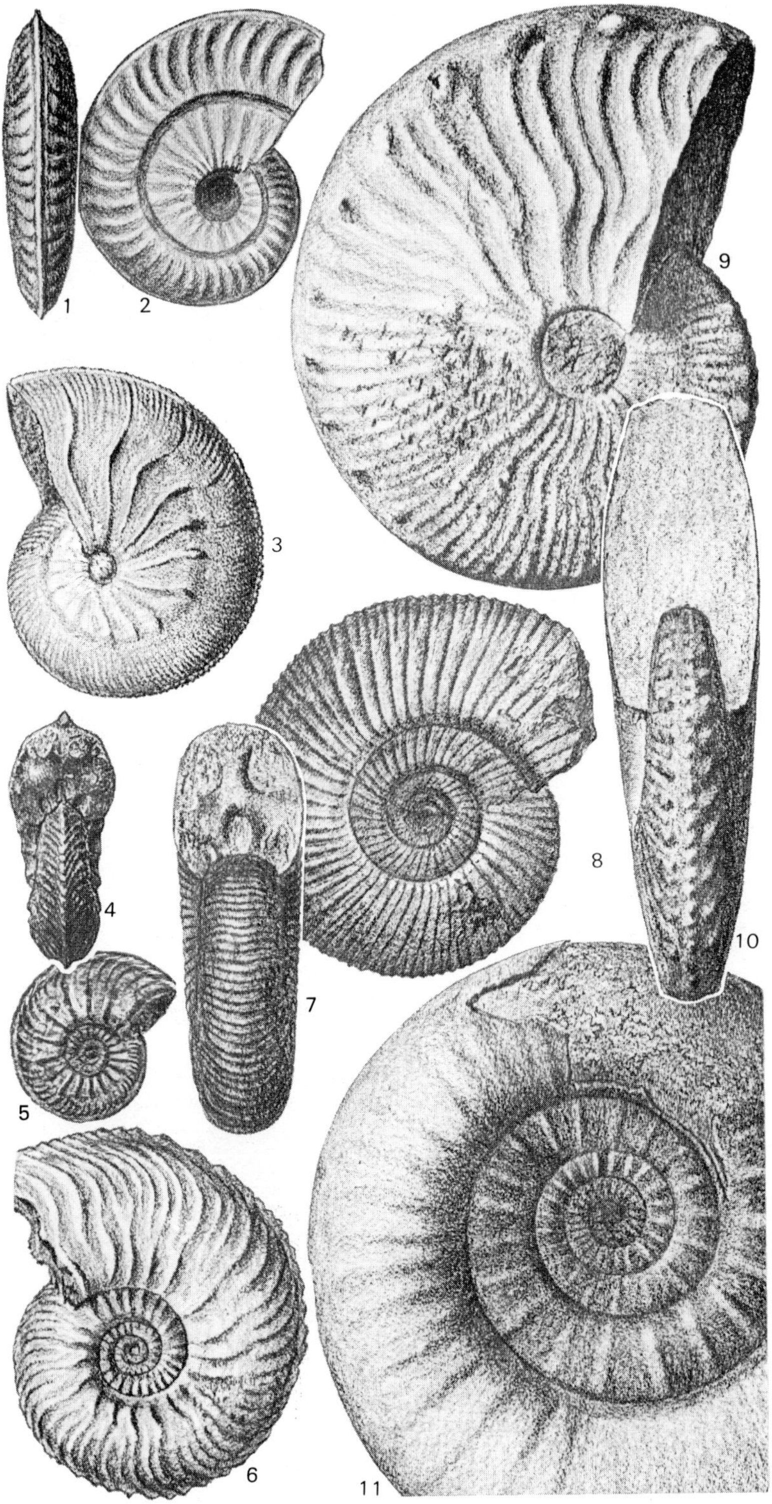

Planche 95 : JURASSIQUE SUP.

1, 2. *Ochetoceras canaliculatum* – 3. *Streblites tenuilobatus* – 4-6. *Cardioceras cordatum* – 7, 8. *Perisphinctes plicatilis* – 9, 10. *Taramelliceras compsum* – 11. *Pictonia baylei*.

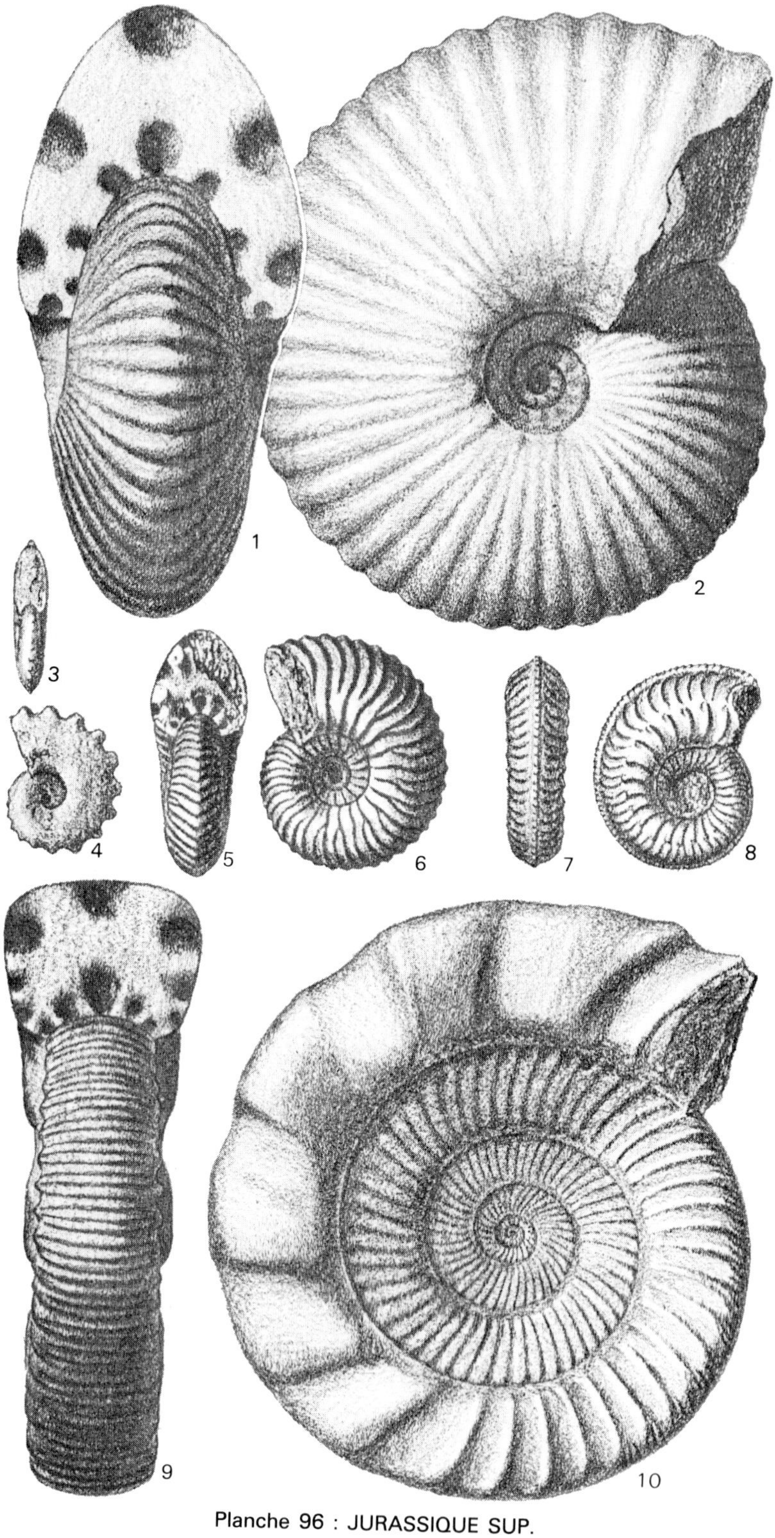

Planche 96 : JURASSIQUE SUP.

1, 2. *Pachyceras lalandeanum* – 3, 4. *Creniceras renggeri* – 5, 6. *Quenstedtoceras mariae* – 7, 8. *Amoeboceras alternans* – 9, 10. *Perisphinctes martelli.*

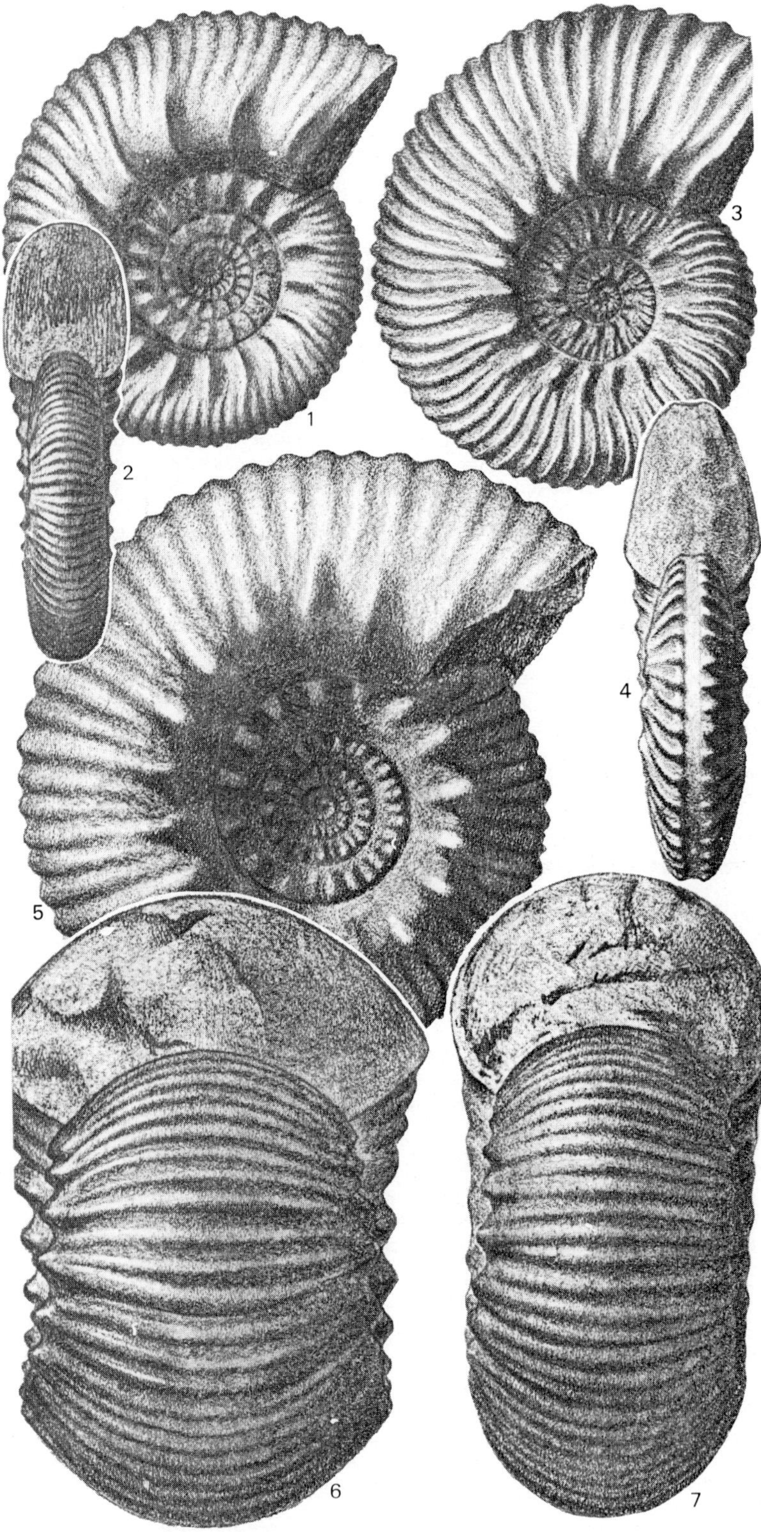

Planche 97 : JURASSIQUE SUP.

1, 2. *Rasenia cymodoce* – 3, 4. *Aulacostephanus eudoxus* – 5, 6. *Gravesia gravesiana* – 7. *G. gigas.*

Gravesia gigas Zieten – Cette espèce diffère de la précédente par ses côtes du pourtour de l'ombilic plus espacées, moins anguleuses, et par l'épaisseur moindre de son dernier tour. Dim. max. : d/e = 50/22,5 cm. **Portlandien inf. :** espèce à vaste répartition européenne. Pl. 97, fig. 7.

Gravesia portlandica de Loriol – Cette espèce, nettement plus étroite que la précédente, possède des côtes moins anguleuses et sensiblement plus fines et rapprochées dans la région dorsale. Dim. max. : d/e = 50/22 à 23 cm. **Portlandien inf. :** espèce répandue en France et dans les régions limitrophes.

Parawedekindia arduennensis d'Orbigny *(Peltoceras –)*, fam. Aspidoceratidae – Dim. max. : d/e = 12/3 cm. **Oxfordien inf. :** espèce largement répartie en France. Pl. 98, fig. 1, 2.

Epipeltoceras bimammatum Quenstedt *(Peltoceras –)*, fam. Aspidoceratidae – Dim. max. : d/e = 5/1,8 à 2 cm. **Oxfordien sup. :** espèce largement répandue en France et dans les régions limitrophes. Pl. 98, fig. 3, 4.

Gregoryceras tranversarium Quenstedt *(Peltoceras –)*, fam. Aspidoceratidae – Dim. max. : d/e = 7/3 cm. **Oxfordien moy. :** espèce à large répartition dans l'Est et le Sud de la France ; en Allemagne et en Suisse. Pl. 98, fig. 5, 6.

Euaspidoceras perarmatum Sowerby, fam. Aspidoceratidae – Dim. max. : d/e = 20/6 cm. **Oxfordien inf.** et **moy. :** dans toute l'Europe occidentale. Pl. 98, fig. 7, 8.

Aspidoceras acanthicum Oppel, fam. Aspidoceratidae – Dos arrondi ; flancs pourvus d'une double rangée de tubercules épineux, la rangée extérieure tendant à disparaître avec la croissance. Dim. max. : d/e = 20/8 à 9 cm. **Kimméridgien sup. :** espèce répandue dans l'Est et le Sud de la France ; en Allemagne, Suisse, Italie, Espagne. Pl. 99, fig. 1, 2.

Orthaspidoceras orthocera d'Orbigny, fam. Aspidoceratidae – Dim. max. (sans les épines) : d/e = 10/5,5 cm. **Kimméridgien :** espèce à large répartition européenne. Pl. 98, fig. 9, 10.

Orthaspidoceras liparum Oppel – Dim. max. : d/e = 15/8 cm. **Kimméridgien :** espèce à large répartition dans l'Est et le Sud de la France ; en Allemagne, Suisse, Italie, Espagne. Pl. 98, fig. 11.

Berriasella oppeli Kilian *(Hoplites –)*, fam. Berriasellidae – **Portlandien sup. :** Ardèche, Isère, Drôme, Alpes-de-Haute-Provence (→ Crétacé inf., Pl. 117, fig. 8, 9.).

Lamellaptychus lamellosus Parkinson *(Aptychus –, Trigonellites –)*, fam. Oppeliidae – Pièce bivalve n'excédant pas 3,5 cm. de longueur pour 3 de largeur. **Portlandien :** dans le faciès alpin (Dauphiné, Provence) ; en Allemagne, Suisse et Italie. Pl. 99, fig. 3.

Lævaptychus latus Parkinson *(Aptychus laevis)*, fam. Aspidoceratidae – Pièces finement poreuses sur le dessus et marquées de lignes d'accroissement sur la face inférieure. Les pièces peuvent dépasser 10 cm de longueur. **Kimméridgien :** dans toute l'Europe occidentale. Pl. 99, fig. 4.

MOLLUSQUES Céphalopodes Bélemnoïdes

Hibolites hastatus Blainville, fam. Hastitidae – Rostre fusiforme plus ou moins renflé dans sa partie postérieure et présentant un long sillon longitudinal. Dim. max. : L/d = 25/1,3 à 2,3 cm. **Oxfordien :** dans toute l'Europe occidentale ; cette espèce apparaît dans le Jurassique moy. Pl. 99, fig. 5.

Pachyteuthis excentralis Young et Bird *(Belemnites abbreviatus, B. excentricus)*, fam. Cylindroteuthididae – Rostre de section légèrement ovale. Dim. max. : L/d = 20/4 à 4,5 cm. **Oxfordien :** dans toute l'Europe occidentale ; cette espèce apparaît au Jurassique moy. (Callovien). Pl. 99, fig. 6.

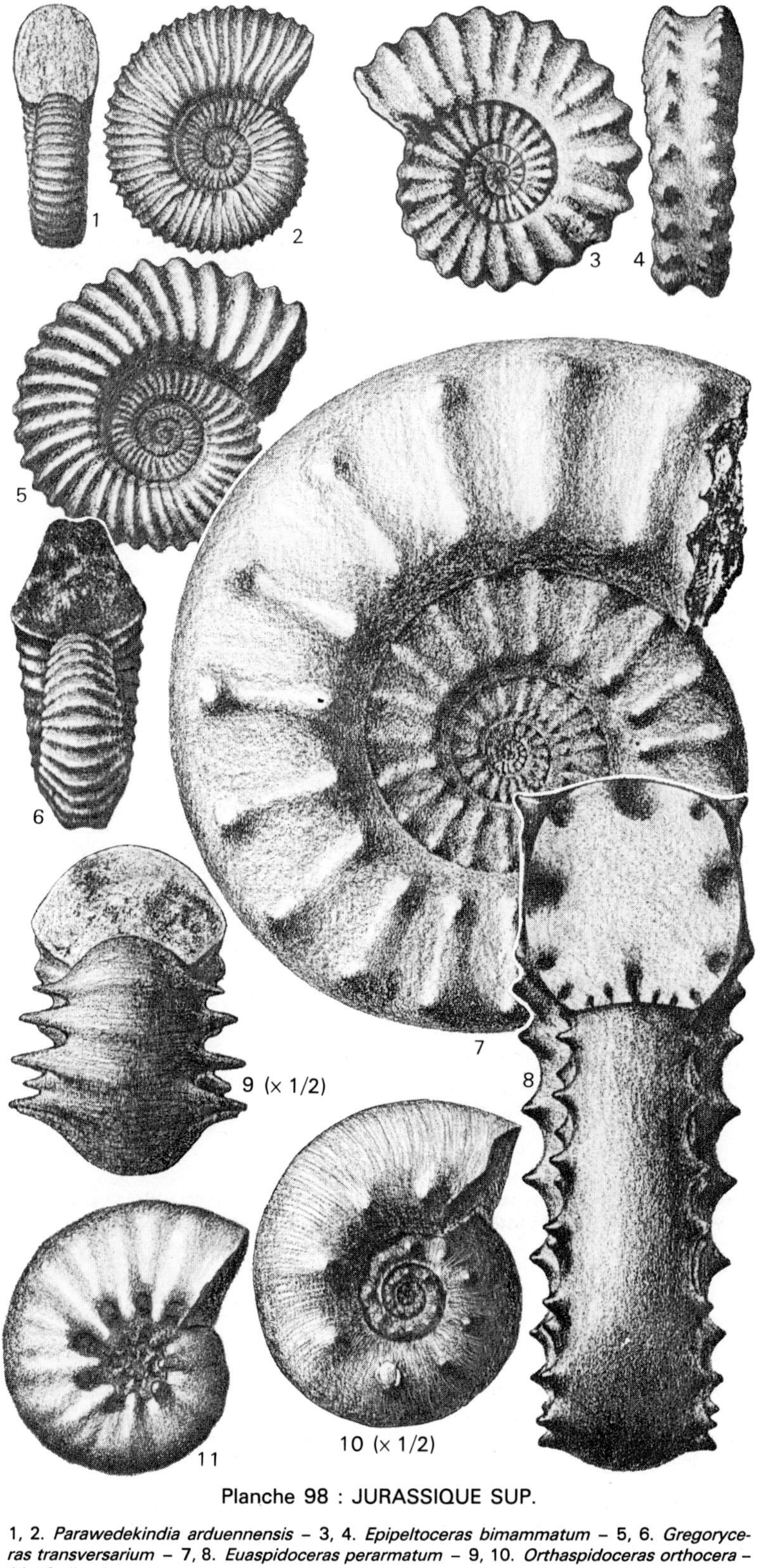

Planche 98 : JURASSIQUE SUP.

1, 2. *Parawedekindia arduennensis* – 3, 4. *Epipeltoceras bimammatum* – 5, 6. *Gregoryceras transversarium* – 7, 8. *Euaspidoceras perarmatum* – 9, 10. *Orthaspidoceras orthocera* – 11. *O. liparium.*

CRUSTACÉS Décapodes

Erymastacus villersi Morière *(Eryma –)*, fam. Erymidae – Animal pouvant atteindre 25 cm de longueur totale (appendices compris) et 8 cm de longueur du céphalothorax. **Oxfordien :** Haute-Saône, Calvados (rég. de Villers-sur-Mer) ; en Grande-Bretagne ; espèce apparaissant au Jurassique moy. (Callovien). Pl. 102, fig. 2.

Glyphaea regleyana Desmarets, fam. Glyphaeidae – Céphalothorax orné de granulations plus ou moins fortes ; rostre court ; sillon cervical très profond et légèrement flexeux. Cette espèce peut atteindre 15 cm de longueur. **Oxfordien :** Meuse (rég. de Vesoul), Haute-Saône, Saône-et-Loire (rég. de Mâcon) ; en Grande-Bretagne. Pl. 103, fig. 3.

Cycleryon propinquus Schlotheim *(Eryon –)*, fam. Eryonidae – Espèce pouvant atteindre 18 cm de long (appendices non compris) ; l'abdomen peut se présenter replié sous le céphalothorax. **Portlandien :** Ain (rég. de Belley) ; en Allemagne. Pl. 102, fig. 1.

ÉCHINODERMES Crinoïdes

Balanocrinus subteres Münster, fam. Isocrinidae – Tige cylindrique, lisse, composée d'articles subégaux dont le diamètre n'excède pas 0,7 cm. **Oxfordien inf.** et **moy.** : espèce largement répandue en France et dans les régions limitrophes. Pl. 99, fig. 10 (fragments de tiges).

Millericrinus horridus d'Orbigny, fam. Millericrinidae – Tige cylindrique à subpentagonale, pouvant atteindre 1,5 cm de diamètre, composée d'articles sensiblement égaux entre eux et ornés de tubercules ou d'épines plus ou moins longues. **Oxfordien inf.** : Ardennes (rég. de Launois), Meurthe-et-Moselle (rég. de Toul), Meuse, Haut-Rhin, Côte-d'Or, Jura (rég. de Salins-les-Bains), Sarthe, Calvados (rég. de Villers-sur-Mer). Pl. 99, fig. 7 (fragments de tiges).

Millericrinus milleri Schlotheim – Calice très évasé, formant un pentagone à angles très saillants, pouvant atteindre 4,5 cm de diamètre. **Oxfordien :** Haute-Saône, Côte-d'Or, Doubs (rég. de Besançon), Sarthe ; en Suisse (rég. de Soleure et Jura bernois). Pl. 99, fig. 8, 9.

Apiocrinus roissyanus d'Orbigny, fam. Apiocrinidae – Calice pyriforme pouvant atteindre 4,5 cm de diamètre ; tige composée d'articles cylindriques à surfaces articulaires couvertes de fines stries rayonnantes ; racine fortement ramifiée. **Kimméridgien inf.** : Yonne (rég. de Tonnerre), Nièvre, Charente-Maritime (rég. de la Rochelle) ; en Suisse (Jura bernois). Pl. 99, fig. 11 (calice).

ÉCHINODERMES Astéroïdes

Astropecten nodotianus d'Orbigny, fam. Astropectinidae – Bras larges, droits et aigus, pouvant atteindre 10 cm de longueur. **Oxfordien :** Côte-d'Or (rég. de Dijon). Pl. 100, fig. 1.

ÉCHINODERMES Échinides réguliers

Paracidaris florigemma Phillips *(Cidaris crucifera)*, fam. Cidaridae – Dim. max. (sans les radioles) : h/d = 4/6 cm. **Oxfordien sup.** et **Kimméridgien inf.** : espèce à vaste répartition européenne. Pl. 100, fig. 3, 4 (test et radioles).

Rhabdocidaris orbignyana Agassiz, fam. Cidaridae – Radioles de forme variable, subcylindriques à prismatiques, ornés de granules ou d'épines, pouvant atteindre 12 cm de longueur et 1 à 2 cm de largeur. **Oxfordien** et **Kimméridgien :** dans la majeure partie de l'Europe occidentale. Pl. 100, fig. 12.

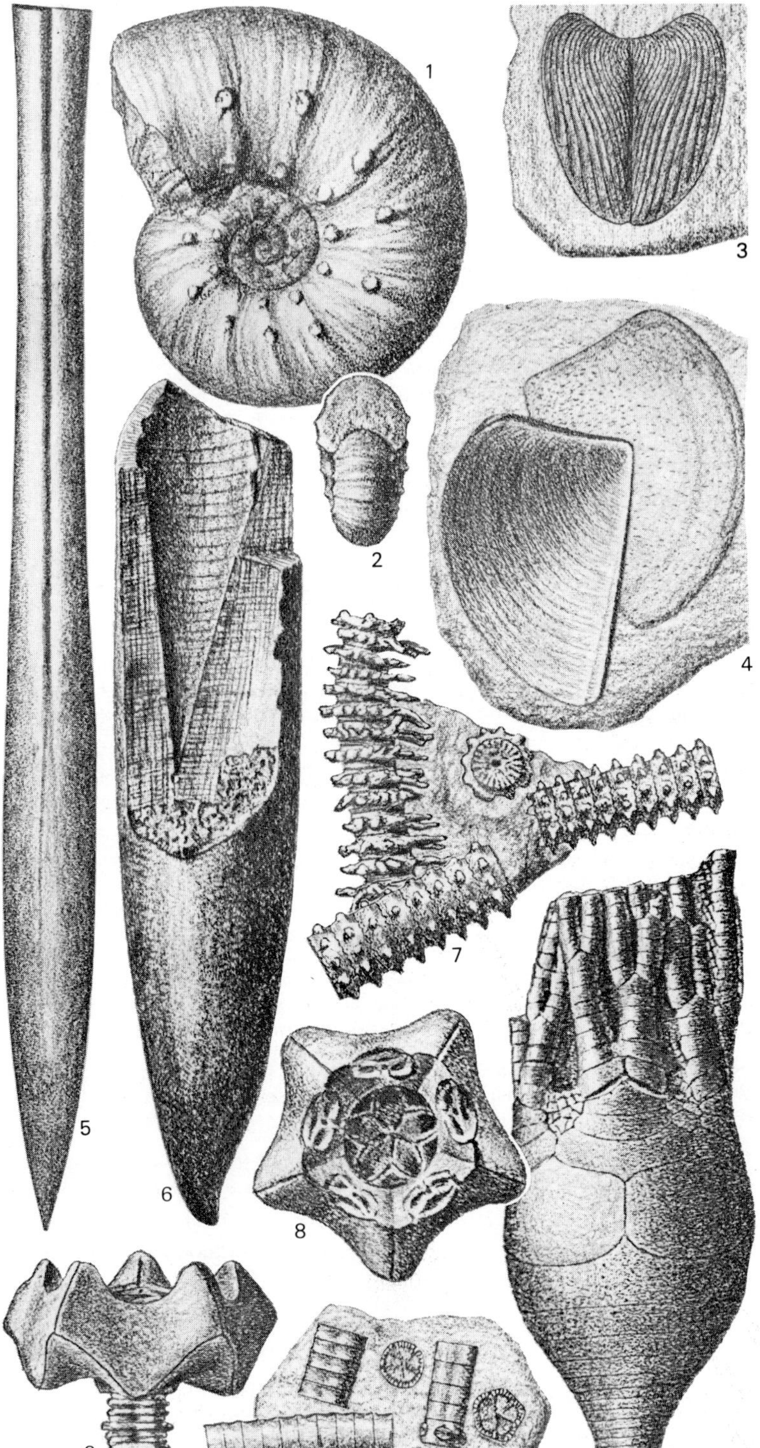

Planche 99 : JURASSIQUE SUP.

1, 2. *Aspidoceras acanthicum* – 3. *Lamellaptychus lamellosus* – 4. *Lævaptychus latus* – 5. *Hibolites hastatus* – 6. *Pachyteuthis excentralis* – 7. *Millericrinus horridus* – 8, 9. *Millericrinus milleri* – 10. *Balanocrinus subteres* – 11. *Apiocrinus roissyanus*.

Pseudocidaris thurmanni Agassiz, fam. Hemicidaridae. – Radioles circulaires, plus ou moins renflés, pouvant atteindre 2,2 cm de long et 1,5 cm de diamètre. **Kimméridgien :** Seine-Maritime (rég. du Havre), Aube (rég. de Bar-sur-Aube), Haute-Saône, Yonne (rég. de Tonnerre), Jura, Charente-Maritime (rég. de la Rochelle) ; en Suisse. Pl. 100, fig. 2.

Hemicidaris crenularis Lamarck, fam. Hemicidaridae – Espèce à radioles très épais, allant en s'élargissant vers leur extrémité qui est ornée d'une couronne de petites épines irrégulières. Dim. max. : (sans les radioles) : h/d = 3/4 cm. **Oxfordien** et **Kimméridgien :** espèce répandue dans toute la moitié nord et l'Est de la France ; en Suisse et en Allemagne. Pl. 100, fig. 8, 11 (test et radiole).

Pseudodiadema pseudodiadema Lamarck *(P. hemisphæricum)*, fam. Pseudodiadematidae – Dim. max. : h/d = 3/5,5 cm. **Kimméridgien inf. :** dans toute l'Europe occidentale. Pl. 101, fig. 1, 2.

Stomechinus perlatus Desmarets, fam. Stomopneustidae – Dim. max. : h/d = 4,5 à 5/6 cm. **Oxfordien** et **Kimméridgien inf. :** espèce largement répandue en France et dans les régions limitrophes. Pl. 101, fig. 3, 4.

Glypticus hieroglyphicus Goldfuss, fam. Arbaciidae – Dim. max. : h/d = 1,5/3,5 cm. **Oxfordien :** espèce répandue dans l'Est et la moitié nord de la France ; en Suisse, Allemagne et Grande-Bretagne. Pl. 100, fig. 5-7.

ÉCHINODERMES Échinides irréguliers

Nucleolites scutatus Lamarck, fam. Nucleolitidae – Dim. max. : h/L = 1,8/3,3 cm. **Oxfordien :** Ardennes (rég. de Launois), Haute-Marne, Côte-d'Or, Doubs, Sarthe, Orne (rég. de Sées), Calvados (rég. de Villers-sur-Mer) ; en Suisse (Jura bernois), Allemagne et Grande-Bretagne. Pl. 101, fig. 5-7.

Collyrites bicordata Leske, fam. Disasteridae – Dim. max. : h/L/l = 2,5/4/3,6 cm. **Oxfordien sup. :** espèce à vaste répartition européenne. Pl. 101, fig. 8, 9.

ANNÉLIDES Polychètes

Glomerula gordialis Schlotheim *(Serpula –, Cycloserpula –)*, fam. Serpulidae – **Oxfordien** à **Portlandien :** dans toute l'Europe ; cette espèce se poursuit du Jurassique inf. au Crétacé sup. (→ Jurassique moy., Pl. 82, fig. 3).

Dorsoserpula lumbricalis Schlotheim *(Serpula –)*, fam. Serpulidae – **Oxfordien** à **Portlandien :** espèce à vaste répartition européenne (→ Jurassique moy., Pl. 82, fig. 5).

Tetraserpula tetragona Sowerby *(Serpula –)*, fam. Serpulidae – **Oxfordien** à **Portlandien :** dans toute l'Europe occidentale (→ Jurassique moy., Pl. 82, fig. 1).

Tetraserpula vertebralis Sowerby – **Oxfordien** à **Portlandien :** espèce à vaste répartition européenne (→ Jurassique moy., Pl. 82, fig. 2).

ÉLASMOBRANCHES Sélaciens

Asteracanthus ornatissimus Agassiz *(Strophodus reticulatus)*, fam. Hybodontidae – Aiguillon dorsal très robuste, pouvant dépasser 30 cm de longueur et 3,5 cm à 4 cm de diamètre basal, orné de tubercules généralement ordonnés en lignes longitudinales ; dents subquadrilatérales allongées, à couronne faiblement bombée et finement réticulée, pouvant atteindre 5 cm de long pour 1 à 2,5 cm de large. **Oxfordien** à **Portlandien :** dans toute l'Europe occidentale ; cette espèce apparaît au Jurassique moy. Pl. 103, fig. 4, 5 (aiguillon dorsal et dent de série IV).

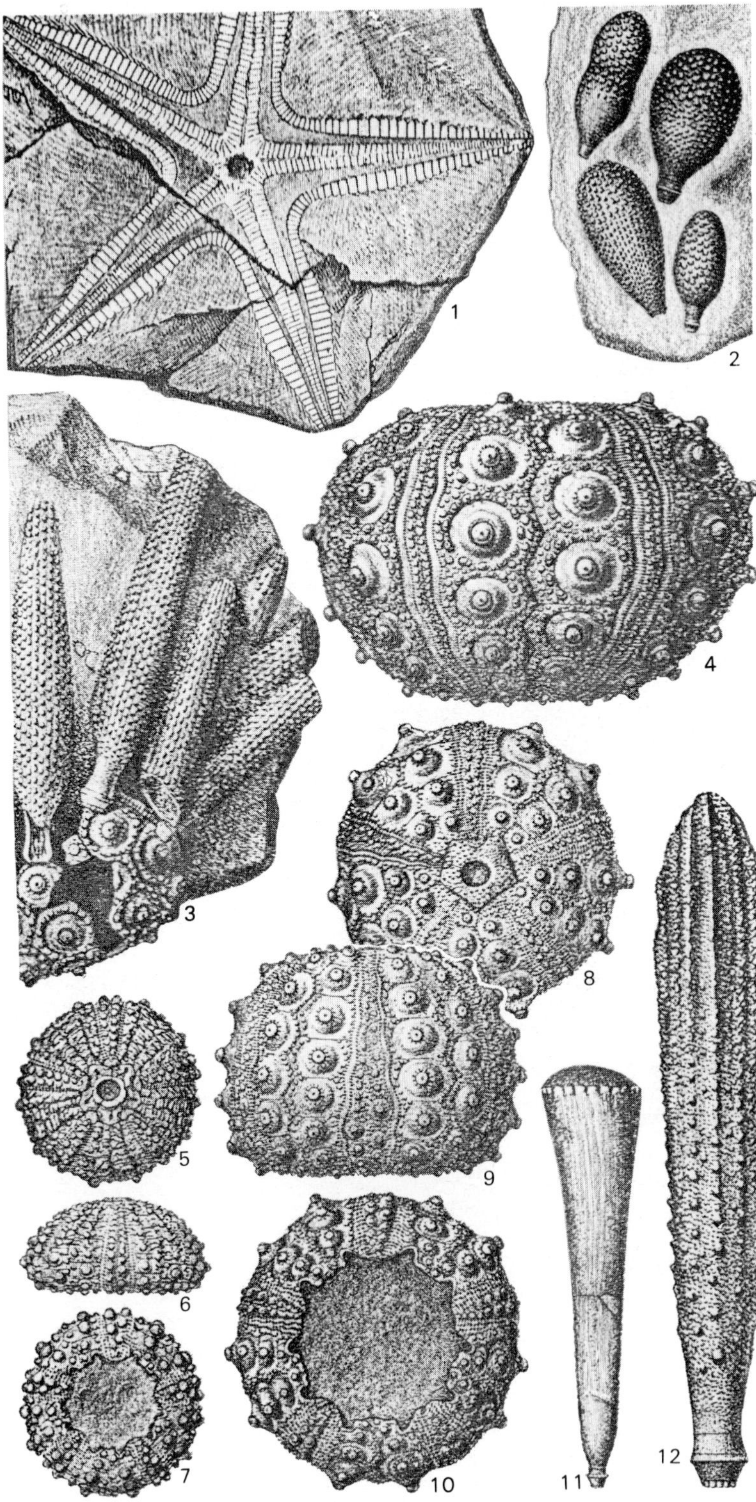

Planche 100 : JURASSIQUE SUP.

1. *Astropecten nodotianus* – 2. *Pseudocidaris thurmanni* – 3, 4. *Paracidaris florigemma* – 5-7. *Glypticus hieroglyphicus* – 8-11. *Hemicidaris crenularis* – 12. *Rhabdocidaris orbignyana.*

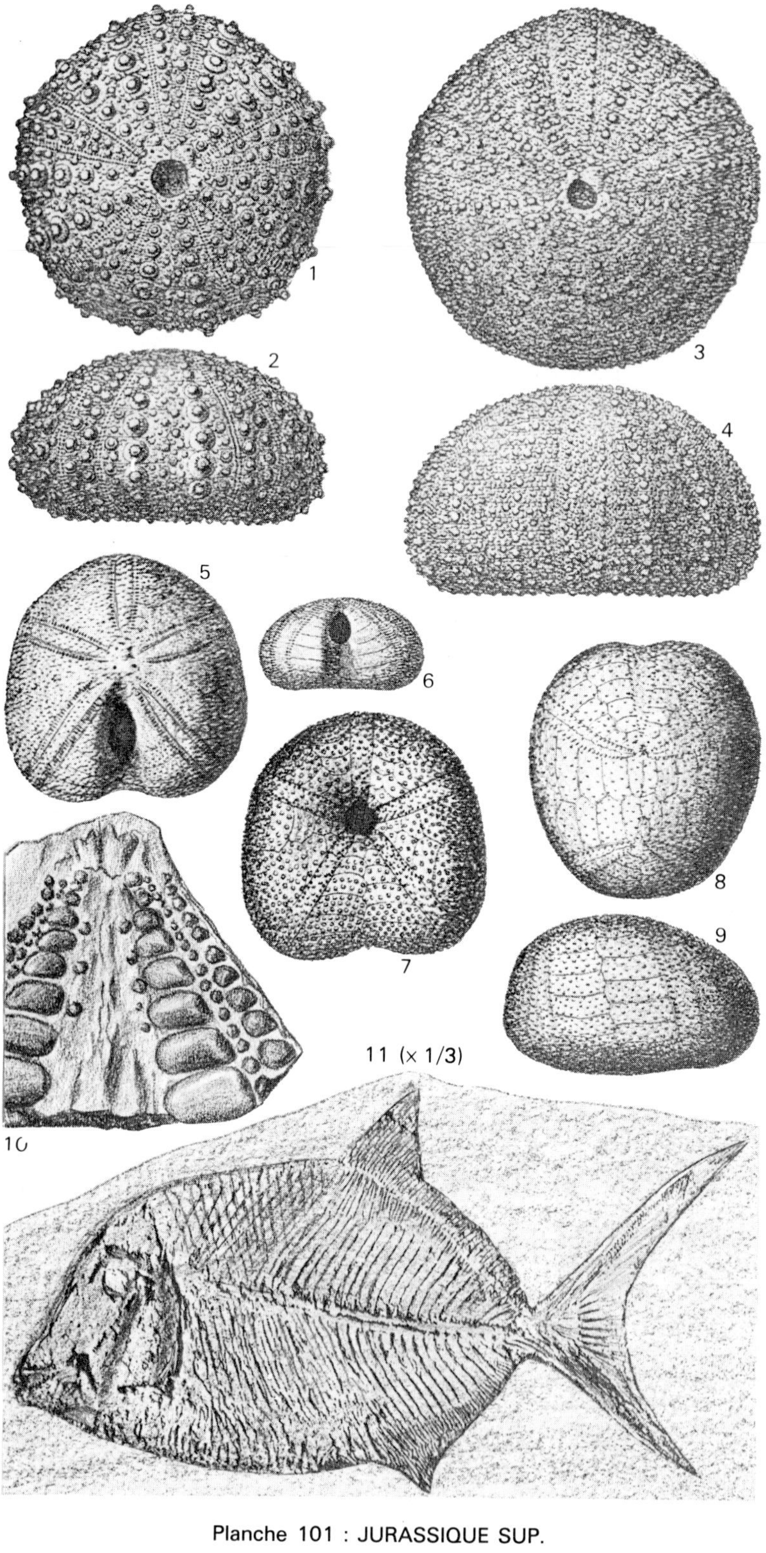

Planche 101 : JURASSIQUE SUP.

1. *Pseudodiadema pseudodiadema* – 3, 4. *Stomechinus perlatus* – 5-7. *Nucleolites scutatus* – 8, 9. *Collyrites bicordata* – 10, 11. *Microdon bernardi.*

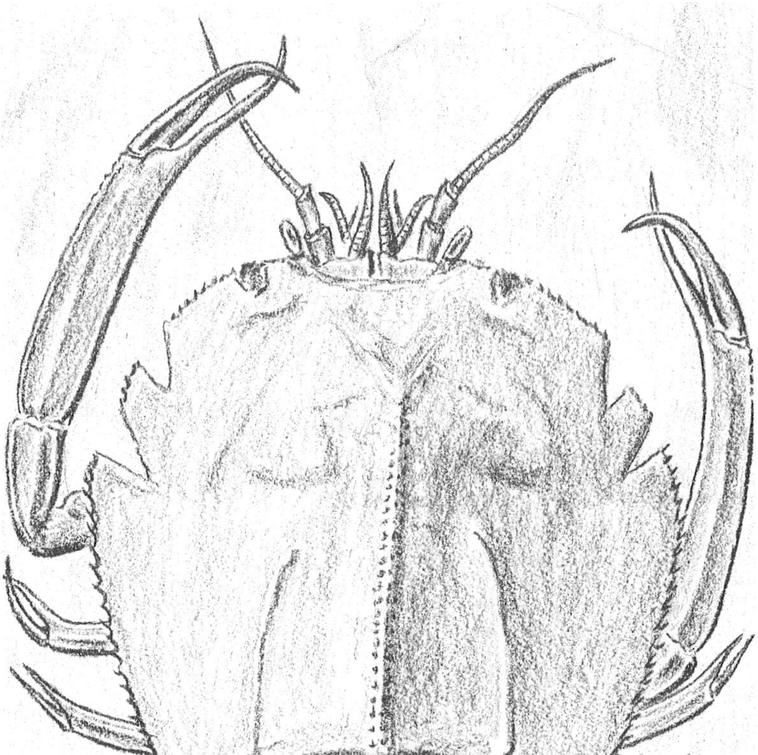

1

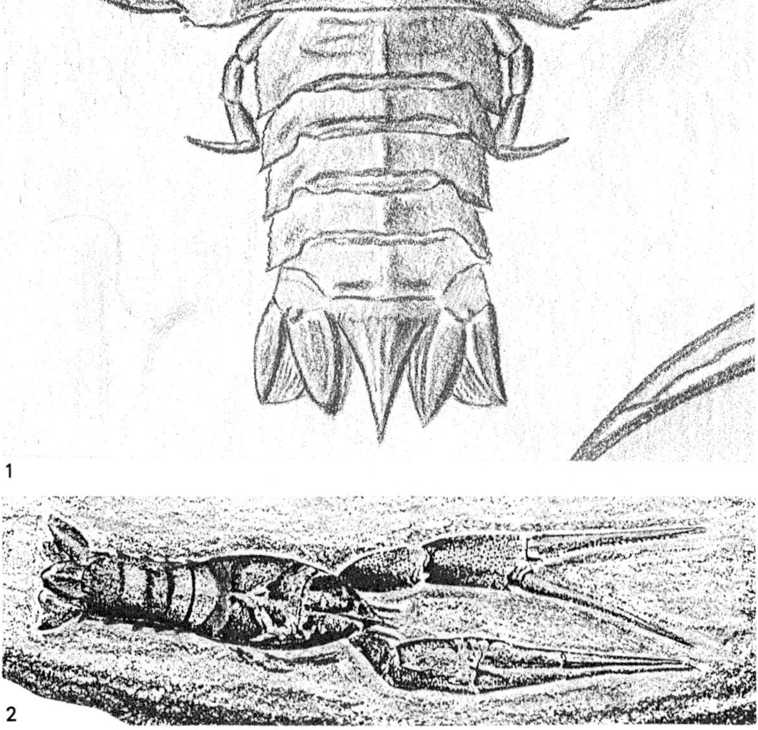

2

Planche 102 : JURASSIQUE SUP.

1. *Cyclerion propinquus* – 2. *Erymastacus villersi.*

ÉLASMOBRANCHES Batoïdes

Spathobatis bugesiacus Thiollière *(S. mirabilis)*, fam. Spathobatidae – Grande Raie pouvant dépasser 1,50 m de longueur, remarquable par son rostre très allongé. **Kimméridgien sup.** : Ain (rég. de Belley) ; en Allemagne. Pl. 103, fig. 6 (face ventrale).

ACTINOPTÉRYGIENS

Lepidotes laevis Agassiz *(L. palliatus)*, fam. Semionotidae – Espèce voisine de *L. elvensis* (→ Jurassique inf., pl. 58) et pouvant atteindre 2 m de long. **Kimméridgien** : Pas-de-Calais (Boulonnais), Ain (rég. de Belley) ; en Suisse (Jura neuchâtelois) et en Allemagne (Wurtemberg).

Microdon bernardi Thiollière *(Pycnodus –)*, fam. Pycnodontidae – Poisson pouvant atteindre 50 cm de longueur pour 30 cm de hauteur (nageoires comprises) ; palais et maxillaire inférieur pourvus de plaques dentaires disposées en rangées. **Kimméridgien sup.** : Ain (rég. de Belley). Pl. 101, fig. 10, 11 (dentition broyeuse de la mâchoire inférieure, et spécimen entier).

Leptolepides sprattiformis Blainville *(Leptolepis –)*, fam. Leptolepidae – Espèce voisine de *L. coryphaenoides* (→ Jurassique inf., pl. 57, fig. 8), pouvant atteindre 20 cm de longueur. **Kimméridgien sup.** : Ain (rég. de Belley).

Caturus furcatus Agassiz *(C. latus, C. maximus)*, fam. Caturidae – Grande forme pouvant atteindre 1 m de long, à maxillaires puissants et dont le corps est recouvert d'écailles ovales larges et minces. **Kimméridgien sup.** : Ain (rég. de Belley). Pl. 104, fig. 1.

REPTILES Ichthyosauriens

Ophtalmosaurus normanniae Valenciennes *(Ichthyosaurus –)*, fam. Ichthyosauridae – Grand reptile marin dont la tête à elle seule mesurait près d'un mètre de long (le corps en entier devant atteindre approximativement 4,50 m). **Kimméridgien** : Seine-Maritime (rég. du Havre).

REPTILES Lépidosauriens

Homoeosaurus maximiliani Meyer *(H. jourdani)*, fam. Sphenodontidae – Longueur totale pouvant dépasser légèrement 20 cm. **Kimméridgien sup.** et **Portlandien** : Ain (rég. de Belley), Var (Canjuers) ; en Allemagne. Pl. 106.

REPTILES Saurischiens

* ***Megalosaurus insignis*** Deslongchamps, fam. Ornithosuchidae – Grand Dinosaure carnivore à dents caniniformes très comprimées, tranchantes, à arêtes crénelées et à pointe recourbée en arrière, pouvant atteindre 11 cm de long. **Kimméridgien** : Pas-de-Calais (Boulonnais), Seine-Maritime (rég. du Havre) ; Jura. Pl. 104, fig. 4

* ***Bothriospondylus madagascariensis*** Lydekker, fam. Camarasauridae – Grand Dinosaure herbivore à dents spatulées atteignant 8 cm de longueur, à face externe régulièrement convexe et dont la face interne présente deux concavités latérales ; émail fortement chagriné, non strié. **Kimméridgien** : Jura (rég. de Damparis). Pl. 104, fig. 2, 3.

* ***Pelosaurus humerocristatus*** Hulke *(Iguanodon praecursor)*, fam. Camarasauridae – Les dents de Pelosaures se distinguent essentiellement de celles des Bothriospondyles par le fait que l'émail en est strié longitudinalement ; elles atteignent en outre une taille supérieure (environ 1/3 en plus). **Portlandien** : Pas-de-Calais (Boulonnais) ; en Grande-Bretagne.

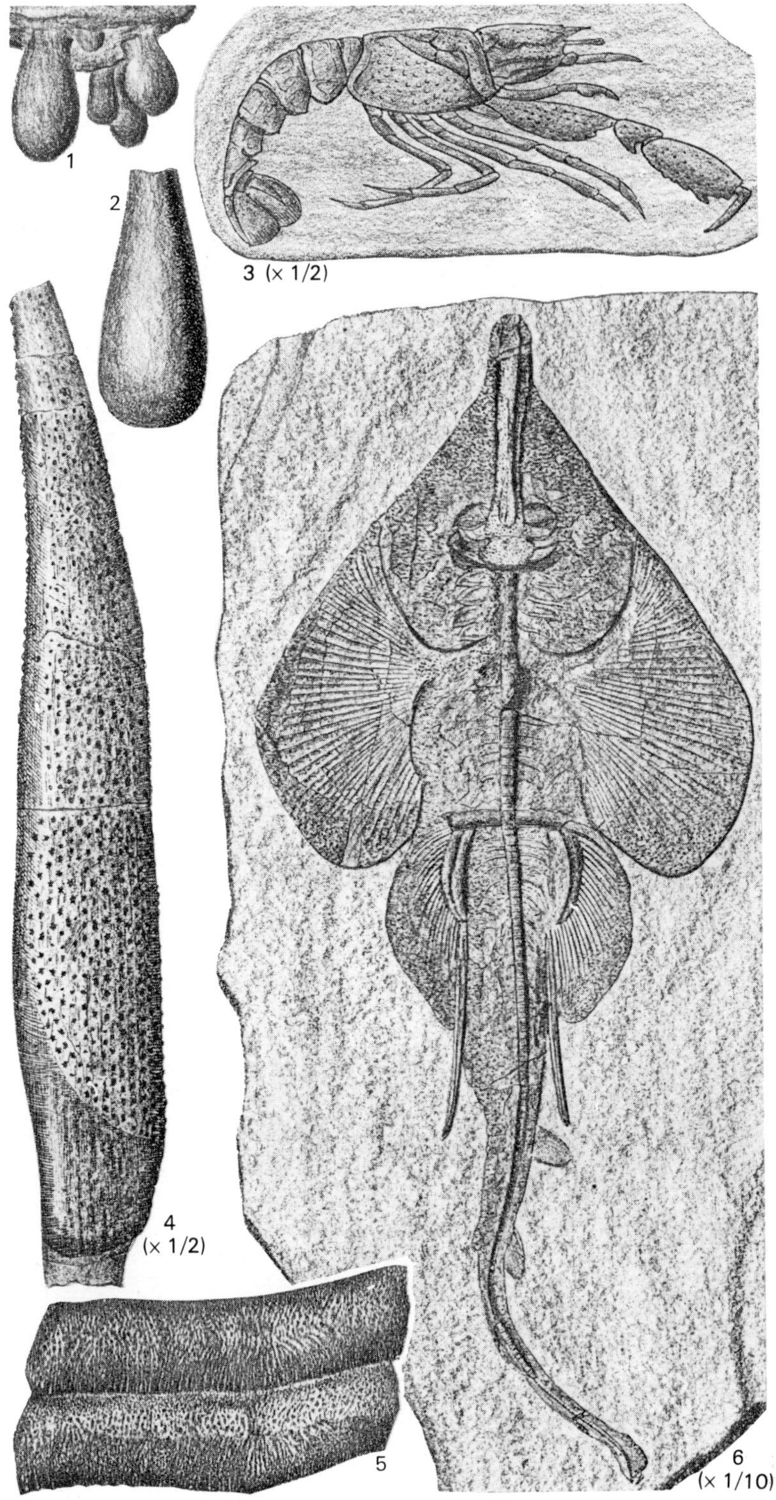

Planche 103 : JURASSIQUE SUP.

1. *Lithophaga inclusa* – 2. *Gastrochaena moreana* – 3. *Glyphaea reglyana* – 4, 5. *Asteracanthus ornatissimus* – 6. *Spathobatis bugesiacus*.

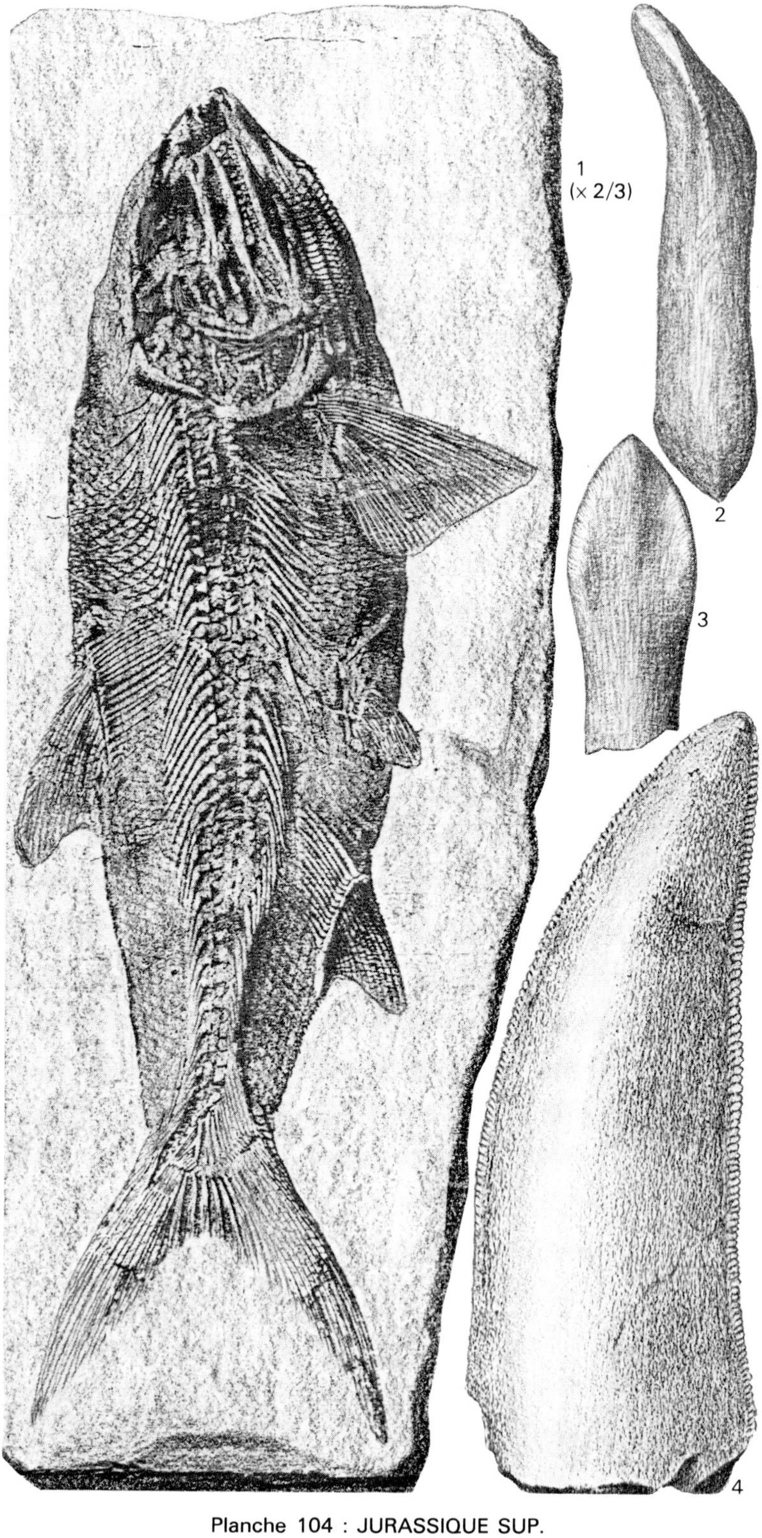

Planche 104 : JURASSIQUE SUP.

1. *Caturus furcatus* – 2, 3. *Bothriospondylus madagascariensis* – 4. *Megalosaurus insignis.*

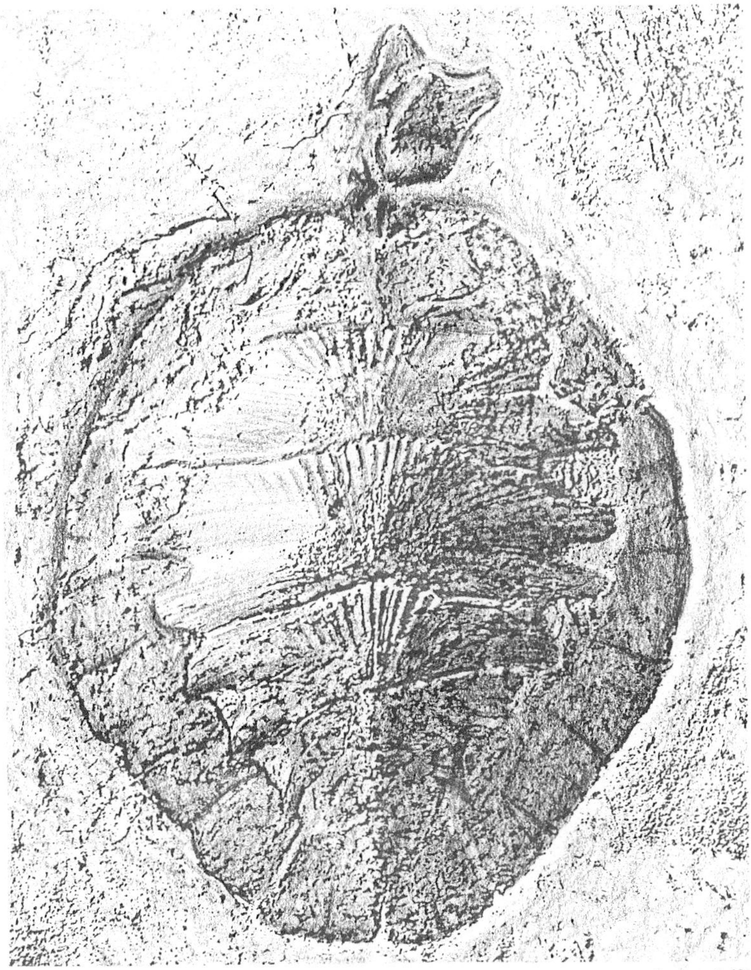

1 (× 1/2)

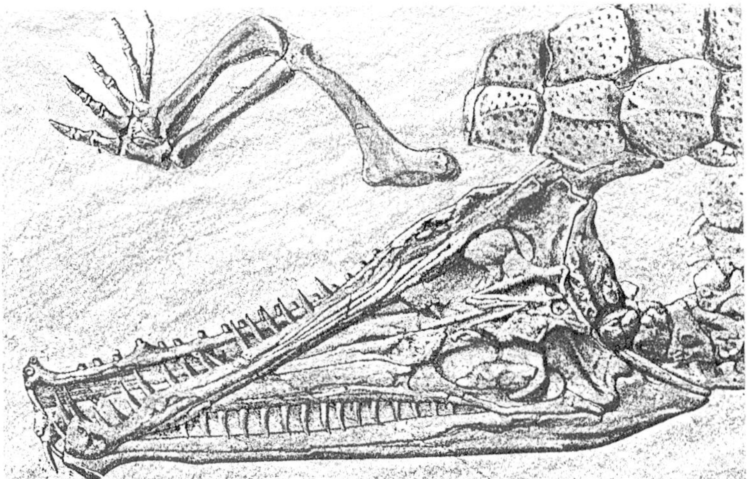

2 (× 2/3)

Planche 105 : JURASSIQUE SUP.

1. *Eurysternum wagleri* – 2. *Crocodileimus robustus.*

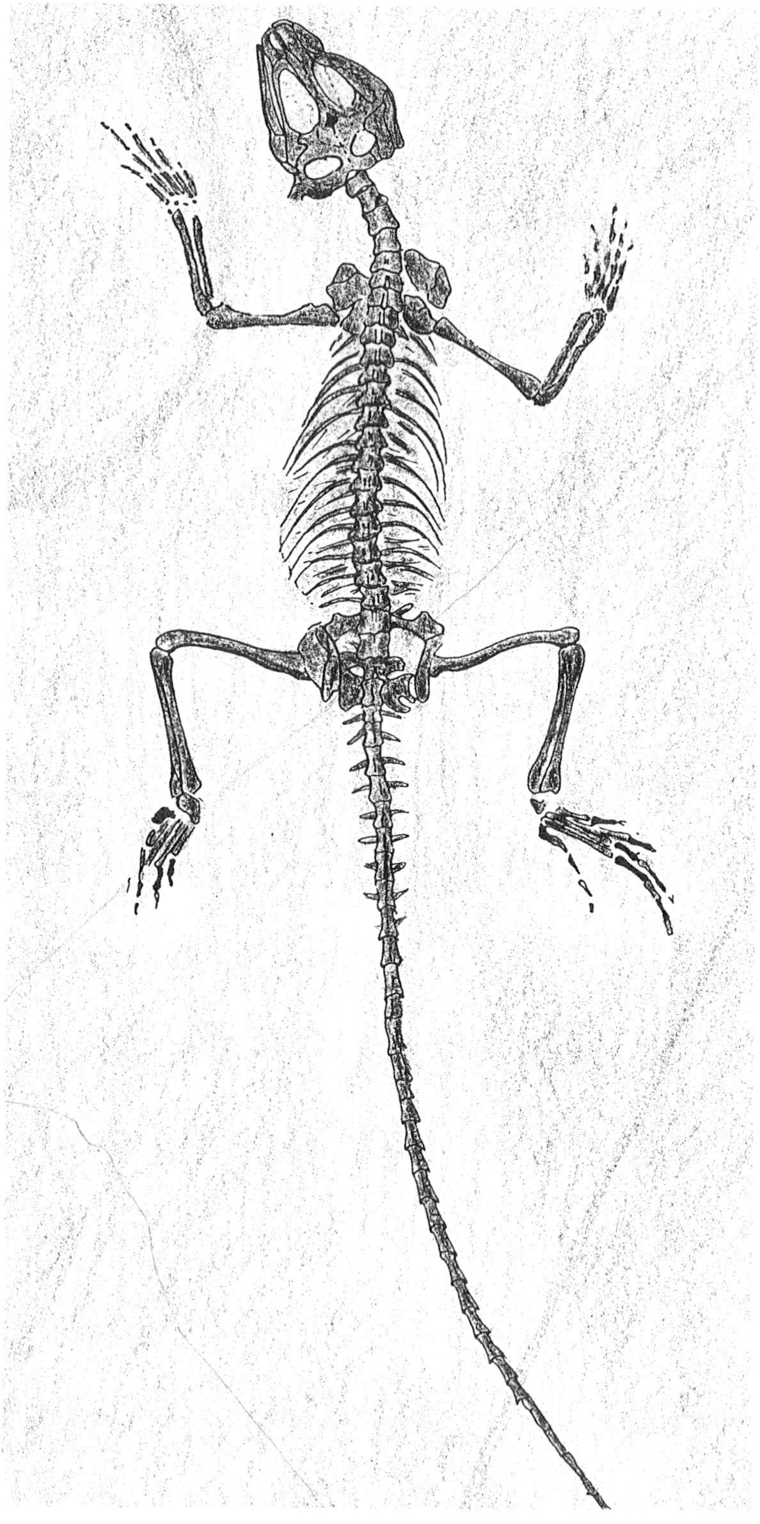

Planche 106 : JURASSIQUE SUP.

Homoeosaurus maximiliani.

REPTILES Crocodiliens

Crocodileimus robustus Jourdan, fam. Pholidosauridae – Animal mesurant près de 60 cm de longueur totale (11,5 cm pour le crâne), au corps recouvert de plaques dermiques larges et épaisses, et aux membres puissants : dents très fines, incurvées vers l'arrière. **Kimméridgien sup.** : Ain (rég. de Belley). Pl. 105, fig. 2 (crâne, membre antérieur et plaques dermiques).

REPTILES Chéloniens

Eurysternum wagleri Meyer, fam. Thalassemydidae – Espèce littorale ; carapace peu bombée, de contour un peu lancéolé, pouvant atteindre 30 cm de longueur, et caractérisée par l'ornementation en éventail de ses écailles vertébrales. **Kimméridgien** : dans toute l'Europe occidentale. Pl. 105, fig. 1 (carapace et crâne).

Idiochelys fitzingeri Meyer, fam. Thalassemyididae – Espèce littorale comme la précédente, mais à carapace plus régulièrement arrondie postérieurement et n'excédant pas 20 cm de longueur ; l'ornementation des écailles vertébrales s'y atténue précocement et la série des plaques neurales n'y est pas continue. **Kimméridgien** : dans toute l'Europe occidentale.

TRACES

Lithophaga inclusa Phillips *(Lithodomus –)*, fam. Mytilidae – Remplissage de terrier (ou loge) ampulliforme de Mollusque Bivalve taraudant, atteignant 2 cm de hauteur et 1 cm de diamètre. **Oxfordien sup.** et **Kimméridgien inf.** : espèce largement répandue en Europe occidentale. Pl. 103, fig. 1.

Gastrochaena moreana Buvignier, fam. Gastrochaenidae – Remplissage de loge de Mollusque Bivalve taraudant. Dim. max. : L/d = 5/1,5 à 2 cm. **Oxfordien** : Meuse, Yonne ; en Grande-Bretagne. Pl. 103, fig. 2.

CRÉTACÉ INFÉRIEUR

D'une durée de 30 M.A., le Crétacé inférieur se subdivise en six étages principaux, essentiellement fondés sur les faunes d'Ammonites (voir tableau p. 225).

Après la forte régression de la fin du Jurassique, les eaux réenvahissent progressivement notre territoire par extension, vers le Nord, de la mer Alpine qui recouvre successivement le domaine dauphino-vaucontien, le Jura et le seuil de Bourgogne, recouvre le bassin de Paris à l'Hauterivien et fait sa jonction avec la mer du Nord à l'Aptien-Albien.

Le Crétacé inférieur offre une grande diversité de faciès : sableux pour le Wealdien (faciès continental faisant suite au Pureckien), massivement calcaires

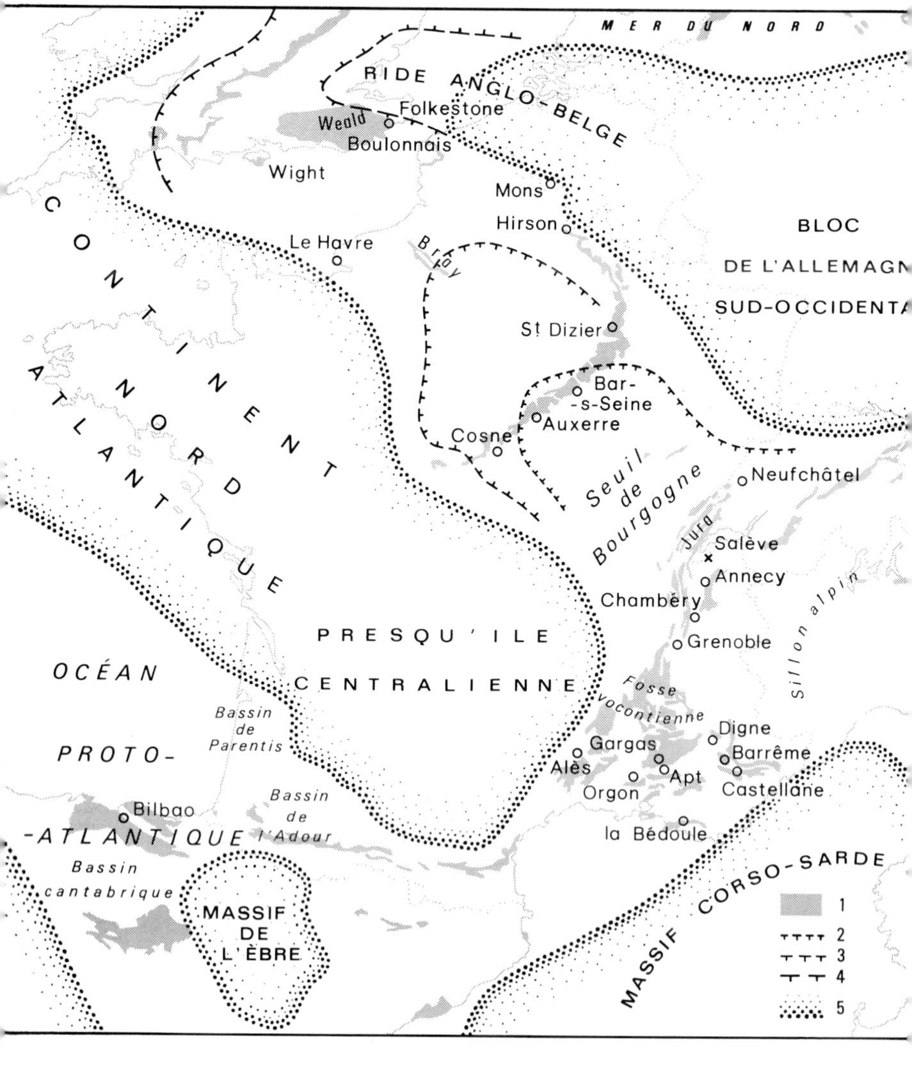

Crétacé inférieur

1. Principaux affleurements – 2-4. Extension septentrionale des mers valanginienne (2), hauterivienne (3) et aptienne (4). – 5. Limites probables de l'extension de la mer albienne.

CRÉTACÉ SUPÉRIEUR

100 M.A.

	Étage	Sous-étages	Faciès
CRÉTACÉ INFÉRIEUR	Albien (=	Vraconien)	
		Albien inf. et moy.	faciès urgonien)
	Aptien (=	Clansayésien	faciès urgonien)
		Gargasien	faciès urgonien)
		Bédoulien	faciès urgonien)
	Barrémien		faciès urgonien)
	Hauterivien		(= Néocomien marin / faciès wealdien continental)
	Valanginien		(= Néocomien marin / faciès wealdien continental)
	Berriasien		(= Néocomien marin / faciès wealdien continental)

130 M.A.

JURASSIQUE SUPÉRIEUR

pour l'Urgonien, plus généralement marneux dans le domaine vocontien, plus généralement calcaires dans le domaine jurassien, parfois argileux, pyriteux (Gargasien de Gargas), glauconieux (sables verts de l'Albien), argilo-sableux (complexe argileux de l'Albien de l'Aube, sables albiens de l'Yonne), siliceux (gaize albienne de l'Argonne)...

En continuation climatique avec le Jurassique par la permanence d'un climat chaud, le Crétacé inférieur n'est marqué par aucune rupture importante dans le monde vivant, ni sur les terres émergées (qui deviennent très réduites), ni dans les mers qui restent constamment peu profondes : on observe essentiellement un renouvellement continu des espèces, avec le développement particulier de quelques groupes, dont les Orbitolines.

THALLOPHYTES

Lithophyllum amphiroaeformis Rothpletz, fam. Corallinaceae – Algue calcaire à thalle ramifié dont les branches, de section subcirculaire, mesurent entre 0,5 et 1,7 mm de diamètre. **Albien :** Landes (rég. de Dax) ; cette espèce se poursuit dans le Crétacé sup. Pl. 107, fig. 2.

CONIFÈROPHYTES

* ***Pinus submargaritata*** Cornuel, fam. Pinaceae – Cônes pouvant atteindre 8 cm de longueur pour 1,5 cm de diamètre. **Valanginien :** Haute-Marne (rég de Wassy). Pl. 107, fig. 1.

FORAMINIFÈRES

Orbitolina lenticularis Blumenbach *(O. lenticulata),* fam. Orbitolinidae – Test discoide en cône très surbaissé, concave sur sa face inférieure. Surface couverte d'un revêtement compact qui cache l'organisation interne, constituée par des couches successives de loges unisériées. Dim. max. : h/d = 1,5 à 2/7 mm. **Aptien :** Ain, Bouches-du-Rhône, Aude, Pyrénées-Atlantiques ; en Espagne. Pl. 107, fig. 3.

Orbitolina conoidea Gras, se distingue de la précédente par sa forme un peu plus élevée, atteignant 2 à 2,5 mm de hauteur pour 7 mm de diamètre. **Aptien :** Ain, Gard, Bouches-du-Rhône, Aude, Pyrénées-Orientales, Pyrénées-Atlantiques ; en Espagne.

Orbitolina discoidea Gras, se reconnaît au contraire à sa forme extrêmement plate, un peu relevée sur les bords, atteignant 9 mm de diamètre pour une hauteur de 1 à 1,5 mm. **Aptien :** avec les formes précédentes.

ANTHOZOAIRES Hexacoralliaires

Stereocaenia collinaria Fromentel *(Holocoenia –)*, fam. Astrocoeniidae – Colonies encroûtantes à calices très petits (1 à 1,5 mm de diamètre), pourvus de 20 septes dont 10 convergent vers une columelle styliforme. **Néocomien :** Aube (rég. de Bar-sur-Seine), Yonne. Pl. 107, fig. 6 (surface calicinale).

Trochocyathus conulus Phillips, fam. Caryophylliidae – Polypier simple, trochoïde ; calice circulaire, à septes larges pourvus de forts granules, et columelle bien développée. Dim. max. : h/d = 3/1,7 cm. **Albien :** Aube, Yonne, Haute-Marne, Ain ; en Grande-Bretagne. Pl. 107, fig. 4, 5.

BRYOZOAIRES Cyclostomes

Heteropora arborea Koch et Dunker *(Multizonopora ramosa)*, fam. Heteroporidae – Colonie branchue à rameaux cylindriques de 2 à 10 mm de diamètre ; zoécies disposées très irrégulièrement. **Valanginien** et **Hauterivien :** Haute-Marne, Yonne, Jura, Ain, Haute-Savoie (Mont Salève), Alpes-Maritimes ; en Suisse (Jura vaudois), Allemagne et Grande-Bretagne. Pl. 107, fig. 7.

BRACHIOPODES Articulés

Peregrinella multicarinata Lamarck *(Rhynchonella peregrina)*, fam. Dimerellidae – Valves régulièrement bombées, ornées de 40 à 50 côtes radiales. Dim. max. : L/l/e = 10/9 à 11/4,5 à 6 cm. **Valanginien – Hauterivien :** Drôme (rég. de Châtillon-en-Diois). Pl. 107, fig. 12.

Orbirhynchia parkinsoni Owen *(Rhynchonella sulcata)*, fam. Rhynchonellidae – Valves à sinus peu marqué, ornées de 30 à 40 côtes radiales simples. Dim. max. : L/l/e = 2,5/3/1,3 à 1,8 cm. **Albien :** Ardennes, Aube, Ain, Drôme ; en Grande-Bretagne et en Espagne. Pl. 107, fig. 10, 11.

Cyclothyris latissima Sowery *(Rhynchonella –)*, fam. Rhynchonellidae – Coquille de forme assez variable, parfois asymétrique, ornée de 35 à 60 côtes radiales sur chaque valve. Dim. max. : L/l/e = 2,5/3/1 à 1,5 cm. **Hauterivien** à **Aptien :** dans toute l'Europe occidentale. Pl. 107, fig. 8, 9.

Lamellaerhynchia rostriformis Rœmer *(Rhynchonella multiformis)*, fam. Rhynchonellidae – Valves à sinus peu accentué, ornées de 18 à 30 côtes radiales. Dim. max. : L/l/e = 3/3/1,8 à 2,2 cm. **Valanginien sup.** et **Hauterivien inf. :** dans toute l'Europe occidentale. Pl. 107, fig. 13, 14.

Sellithyris sella Sowerby, fam. Terebratulidae – Espèce de forme variable, à sinus plus ou moins accentué. Dim. max. : L/l/e = 3/2,5 à 3/1,5 à 2 cm. **Barrémien** et **Aptien inf. :** dans toute l'Europe occidentale. Pl. 107, fig. 21, 22.

Loriolithyris russillensis Loriol *(Terebratula latifrons)*, fam. Terebratulidae – Dim. max. : L/l/e = 2/1,5 à 1,8/1 à 1,3 cm. **Barrémien :** Jura, Gard, Bouches-du-Rhône, Landes ; en Suisse (canton de Vaud). Pl. 107, fig. 15, 16.

Musculina biennensis Muir-Wood *(Terebratula acuta)*, fam. Terebratulidae – Dim. max. : L/l/e = 3/2/1,7 cm. **Hauterivien :** dans toute l'Europe occidentale. Pl. 107, fig. 17, 18.

Praelongithyris praelongiforma Middlemiss *(Terebratula praelonga)*, fam. Terebratulidae – Cette espèce se distingue aisément de la précédente par sa taille plus forte et sa plication moins précoce. Dim. max. : L/l/e = 4/2,5/2 à 2,5 cm. **Aptien :** espèce à vaste répartition européenne. Pl. 107, fig. 19, 20.

Pygites diphyoides d'Orbigny *(Pygope –)*, fam. Pygopidae – Espèce d'aspect très variable, dont les lobes latéraux peuvent se souder en fin de croissance ou rester écartés l'un de l'autre. Dim. max. : L/l/e = 6,5/6,5 à 7/2,5 cm. **Berriasien :** Ardèche, Gard, Isère, Vaucluse, Alpes-de-Haute-Provence. Pl. 108, fig. 3.

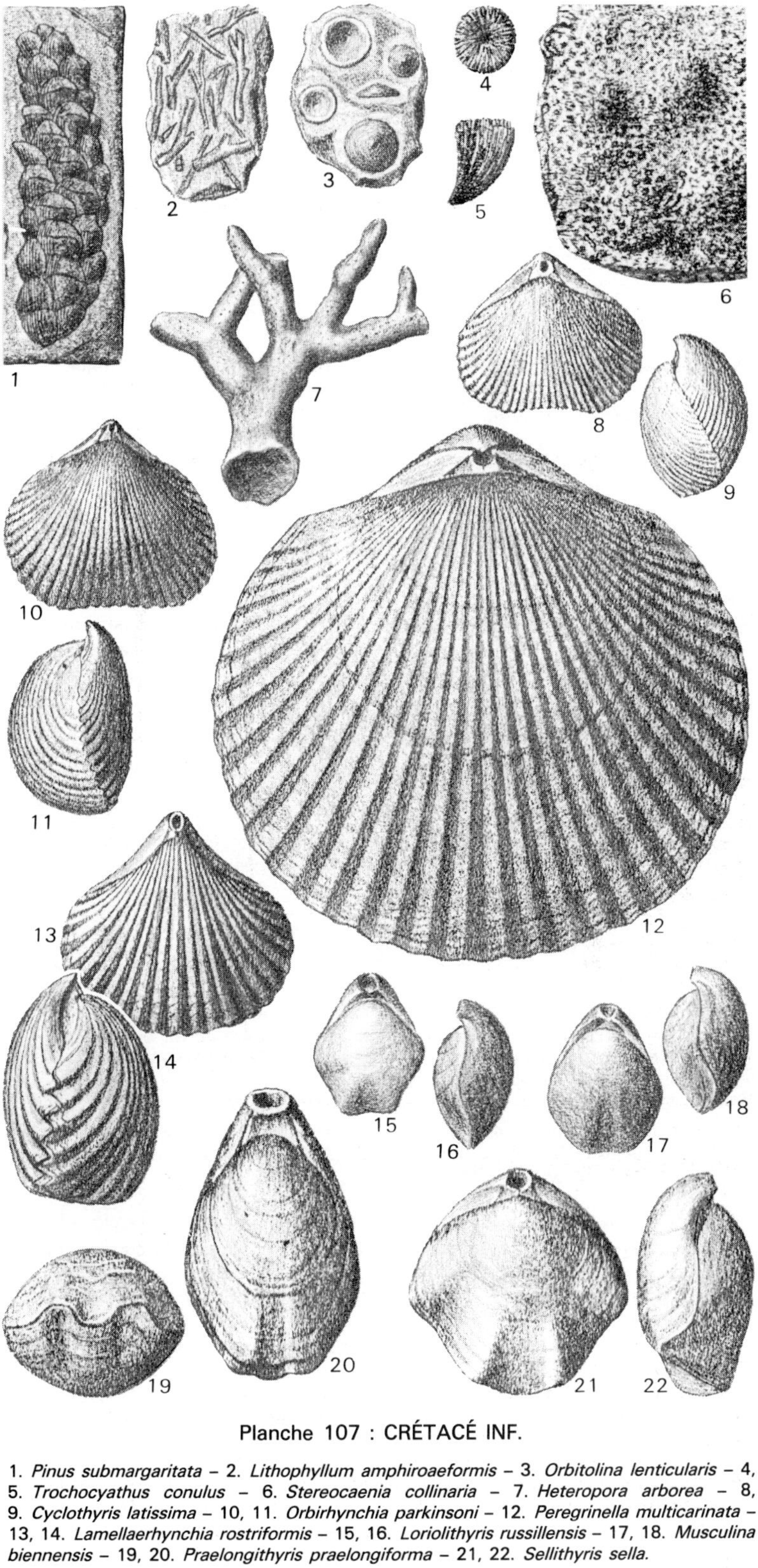

Planche 107 : CRÉTACÉ INF.

1. *Pinus submargaritata* – 2. *Lithophyllum amphiroaeformis* – 3. *Orbitolina lenticularis* – 4, 5. *Trochocyathus conulus* – 6. *Stereocaenia collinaria* – 7. *Heteropora arborea* – 8, 9. *Cyclothyris latissima* – 10, 11. *Orbirhynchia parkinsoni* – 12. *Peregrinella multicarinata* – 13, 14. *Lamellaerhynchia rostriformis* – 15, 16. *Loriolithyris russillensis* – 17, 18. *Musculina biennensis* – 19, 20. *Praelongithyris praelongiforma* – 21, 22. *Sellithyris sella.*

Tamarella tamarindus Sowerby *(Zeilleria –)*, fam. Zeilleriidae – Dim. max. : L/l/e = 2/2/1,5 cm. **Hauterivien** à **Aptien :** dans toute l'Europe occidentale. Pl. 108, fig. 1, 2.

MOLLUSQUES Scaphopodes

Dentalium (Antalis) decussatum Sowerby, fam. Dentaliidae – Dim. max. : h/d = 8/1 cm. **Albien :** Meuse, Aube ; en Grande-Bretagne (Folkestone). Pl. 114, fig. 5.

MOLLUSQUES Bivalves

Nucula (Leionucula) ovata Mantell, fam. Nuculidae – Dim. max. : h/L/e = 2,2/3,5/1,4 à 1,5 cm. **Albien :** Aube, Yonne, Meuse, Doubs ; en Grande-Bretagne. Pl. 108, fig. 4.

Nucula (Pectinucula) pectinata Sowerby – Dim. max. : h/L/e = 2/3/1,7 cm. **Albien moy.** et **sup. :** espèce à vaste répartition européenne. Pl. 108, fig. 8, 9.

Acila bivirgata Fitton *(Nucula –)*, fam. Nuculidae – Dim. max. : h/L/e = 1,3/2/1 cm. **Aptien** et **Albien :** espèce répandue en France et dans les régions limitrophes. Pl. 108, fig. 5.

Grammatodon (Nanonavis) carinatus Sowerby *(Arca –)*, fam. Parallelodontidae – Dim. max. : h/L/e = 2,5/4,5/2,5 cm. **Aptien** et **Albien :** dans toute l'Europe occidentale ; cette espèce se poursuit dans le Crétacé sup. (Cénomanien). Pl. 108, fig. 13, 14.

Cucullaea (Idonearca) gabrielis d'Orbigny, fam. Cucullaeidae – Dim. max. : h/L/e = 9,5/12/9 cm. **Néocomien** à **Aptien :** dans toute l'Europe occidentale. Pl. 108, fig. 12.

Modiolus equalis Sowerby, fam. Mytilidae – Dim. max. : h/L/e = 2/5/2 cm. **Néocomien** à **Albien :** espèce à large répartition européenne. Pl. 108, fig. 6, 7.

Gervillella anceps Deshayes *(Gervillia –)*, fam. Bakevelliidae – Espèce voisine de *G. aviculoides* (→ Jurassique sup., pl. 86, fig. 6), pouvant atteindre 20 cm de hauteur pour 5,5 cm de longueur et 2,5 cm d'épaisseur. **Néocomien :** espèce à vaste répartition européenne.

Inoceramus concentricus Parkinson, fam. Inoceramidae – Coquille inéquivalve, ornée d'ondulations concentriques qui s'estompent au fur et à mesure de la croissance. Dim. max. : h/L/e = 8/5,5 à 6/4,5 cm. **Albien moy.** et **sup. :** dans toute l'Europe occidentale. Pl. 109, fig. 1.

Inoceramus (Birostrina) sulcatus Parkinson – Valves ornées de 7 à 10 côtes radiales anguleuses. Dim. max. : h/L/e = 5/3,5/2,5 cm. **Albien moy.** et **sup. :** dans toute l'Europe occidentale. Pl. 109, fig. 2, 3.

Mulletia mulleti Deshayes *(Perna –)*, fam. Isognomonidae – Coquille très variable par ses proportions et l'accentuation des deux bourrelets qui plissent ses valves. Dim. max. : h/L/e = 20/16 à 20/7,5 cm. **Hauterivien** à **Albien :** Aube, Yonne (rég. d'Auxerre), Haute-Marne, Doubs ; en Suisse (Jura vaudois) et en Grande-Bretagne. Pl. 109, fig. 4.

Neithea atava Roemer *(Janira –)*, fam. Pectinidae – Valves ornées de 5 ou 6 fortes côtes radiales principales, entre lesquelles s'intercalent 3 ou 5 côtes plus petites. Dim. max. : h/L/e = 7/6/3 cm. **Valanginien** à **Aptien :** dans toute l'Europe occidentale. Pl. 109, fig. 5-7.

Plicatula placunea Lamarck, fam. Plicatulidae – Valves ornées de 8 à 10 côtes radiales principales intercalées de plus fines, toutes munies d'écailles épineuses. Dim. max. : h/L/e = 3,5/3/1 cm. **Aptien** et **Albien :** dans toute l'Europe occidentale. Pl. 111, fig. 9, 10.

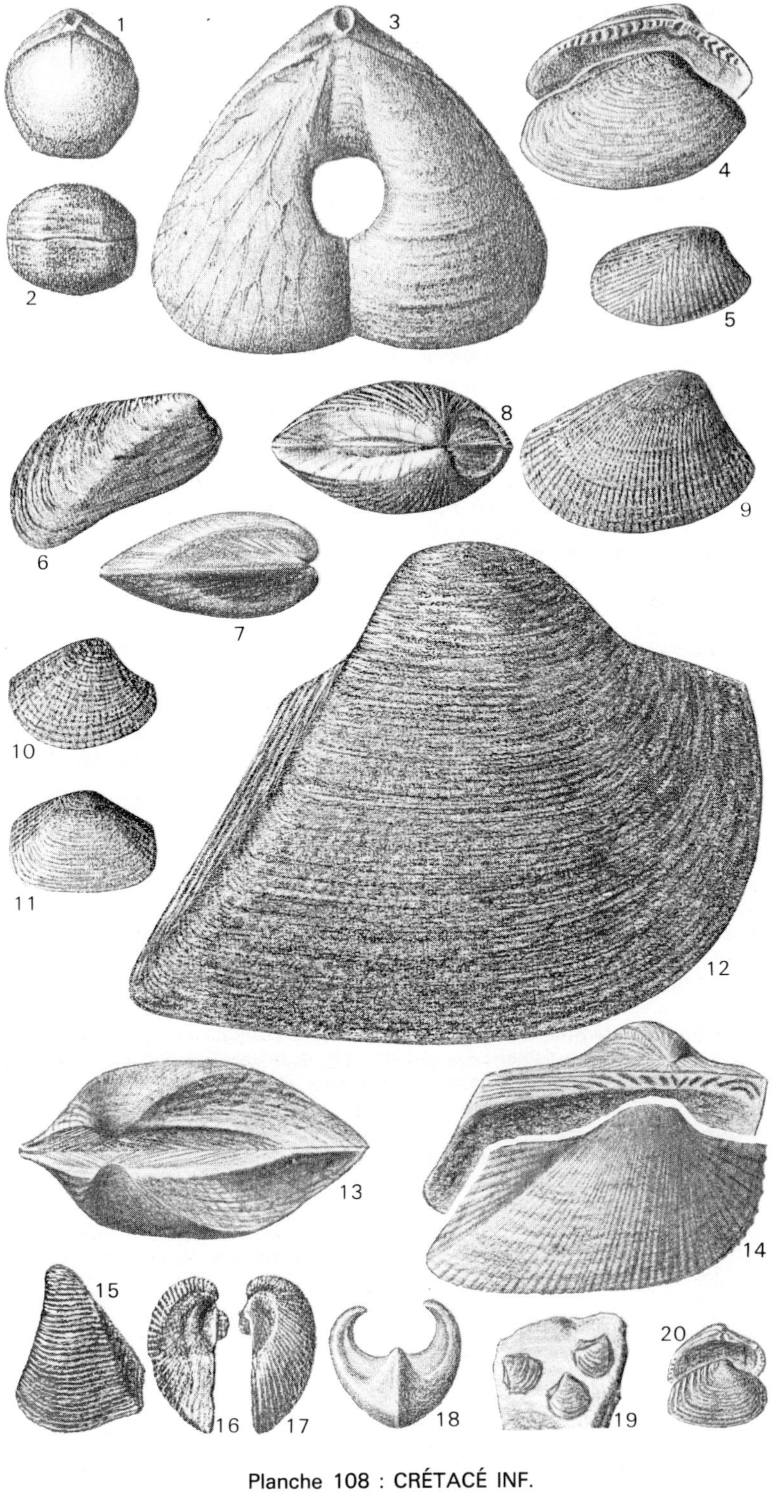

Planche 108 : CRÉTACÉ INF.

1, 2. *Tamarella tamarindus* – 3. *Pygites diphyoides* – 4. *Nucula ovata* – 5. *Acila bivirgata* – 6, 7. *Modiolus equalis* – 8, 9. *Nucula pectinata* – 10. *Pseudocardia tenuicosta* – 11. *Linearia concentrica* – 12. *Cucullaea gabrielis* – 13, 14. *Grammatodon carinatus* – 15-18. *Opis hugardiana* – 19. *Thyasira sculpta* – 20. *Disparilia disparilis.*

Plicatula radiola Lamarck – Espèce très voisine de la précédente, dont elle se distingue seulement par l'absence de côtes intercalaires entre les côtes principales qui sont en nombre variable. **Aptien** et **Albien :** espèce à vaste répartition européenne. Pl. 111, fig. 4.

Aetostreon latissimum Lamarck *(Ostrea couloni, Exogyra aquila, E. sinuata)*, fam. Gryphaeidae – Forme extrêmement variable, plus ou moins incurvée, à valve gauche plus ou moins fortement carénée, parfois multiplissée. Dim. max. : h/L/e = 12/6 à 12/6 à 8 cm. **Valanginien** à **Aptien :** dans toute l'Europe occidentale. Pl. 111, fig. 1, 2.

Rastellum rectangulare Roemer *(Ostrea –, Alectryonia –)*, fam. Ostreidae – Coquille de forme très variable, généralement étroite, plus ou moins arquée, pouvant atteindre 12 cm de hauteur pour 4 cm d'épaisseur. **Valanginien** à **Aptien :** espèce à vaste répartition européenne. Pl. 109, fig. 8, 9.

Trigonia carinata Agassiz, fam. Trigoniidae – Dim. max. : h/L/e = 9/5 à 6/6 à 7 cm. **Néocomien** à **Albien :** dans toute l'Europe occidentale. Pl. 111, fig. 7.

Pterotrigonia caudata Agassiz, fam. Trigoniidae – Dim. max. : h/L/e = 5/2,5 à 3/3 à 3,5 cm. **Hauterivien** à **Albien :** Meuse, Haute-Marne, Aube (rég. de Bar-sur-Seine), Yonne (rég. d'Auxerre), Doubs ; en Suisse (rég. de Neuchâtel). Pl. 111, fig. 8.

Rutitrigonia longa Agassiz, fam. Trigoniidae – Dim. max. : h/L/e = 5/8/3,5 cm. **Barrémien** à **Albien :** Aube, Haute-Marne, Yonne, Haute-Savoie ; en Suisse (rég. de Neuchâtel) et en Espagne. Pl. 111, fig. 6.

Thyasira sculpta Phillips *(Lucina –)*, fam. Thyasiridae – Dim. max. : h/L/e = 0,8/0,8/0,5 cm. **Aptien** et **Albien :** Pas-de-Calais (Boulonnais), Aube, Pyrénées-Atlantiques (rég. d'Ascain) ; en Grande-Bretagne. Pl. 108, fig. 19.

Thetironia minor Sowerby *(Thetis –)*, fam. Mactromyidae – Dim. max. : h/L/e = 3,5/3,5/2,5 cm. **Aptien** et **Albien :** espèce à vaste répartition européenne. Pl. 110, fig. 6, 7.

Sphaera corrugata Sowerby *(Corbis cordiformis)*, fam. Fimbriidae – Coquille un peu variable, très bombée, ornée de fortes rides concentriques irrégulières et de quelques stries radiales. Dim. max. : h/L/e = 9/10/9 cm. **Néocomien** et **Barrémien :** espèce à vaste répartition européenne. Pl. 111, fig. 3.

Pseudocardia tenuicosta Sowerby *(Cardita –)*, fam. Carditidae – Dim. max. : h/L/e = 1,5/2/1 cm. **Albien :** Pas-de-Calais (rég. de Wissant), Ardennes, Aube, Meuse, Pyrénées-Orientales ; en Grande-Bretagne. Pl. 108, fig. 10.

Eriphyla transversa Leymerie *(Astarte –)*, fam. Astartidae – Dim. max. : h/L/e = 5,5/6/4 cm. **Néocomien :** Meuse, Aube, Haute-Marne, Yonne (rég. d'Auxerre), Doubs. Pl. 110, fig. 9.

Disparilia disparilis d'Orbigny *(Astarte –)*, fam. Astartidae – Dim. max. : h/L/e = 1/1,3/0,4 cm. **Néocomien :** Aube, Haute-Marne, Yonne. Pl. 108, fig. 20.

Opis hugardiana d'Orbigny, fam. Astartidae – Dim. max. : h/L/e = 4/3/3,5 cm. **Albien :** Savoie, Isère, Drôme ; en Suisse. Pl. 108, fig. 15-18 (coquille et moule interne).

Protocardia (Brevicardium) subhillana Leymerie *(Cardium –)*, fam. Cardiidae – Dim. max. : h/L/e = 2,5/2,5/1,8 cm. **Néocomien** à **Aptien :** espèce largement répandue en France. Pl. 111, fig. 5.

Linearia concentrica d'Orbigny *(Arcopagia –)*, fam. Tellinidae – Dim. max. : h/L/e = 1,5/2/0,6 cm. **Néocomien :** Aube, Yonne, Haute-Marne, Doubs. Pl. 108, fig. 11.

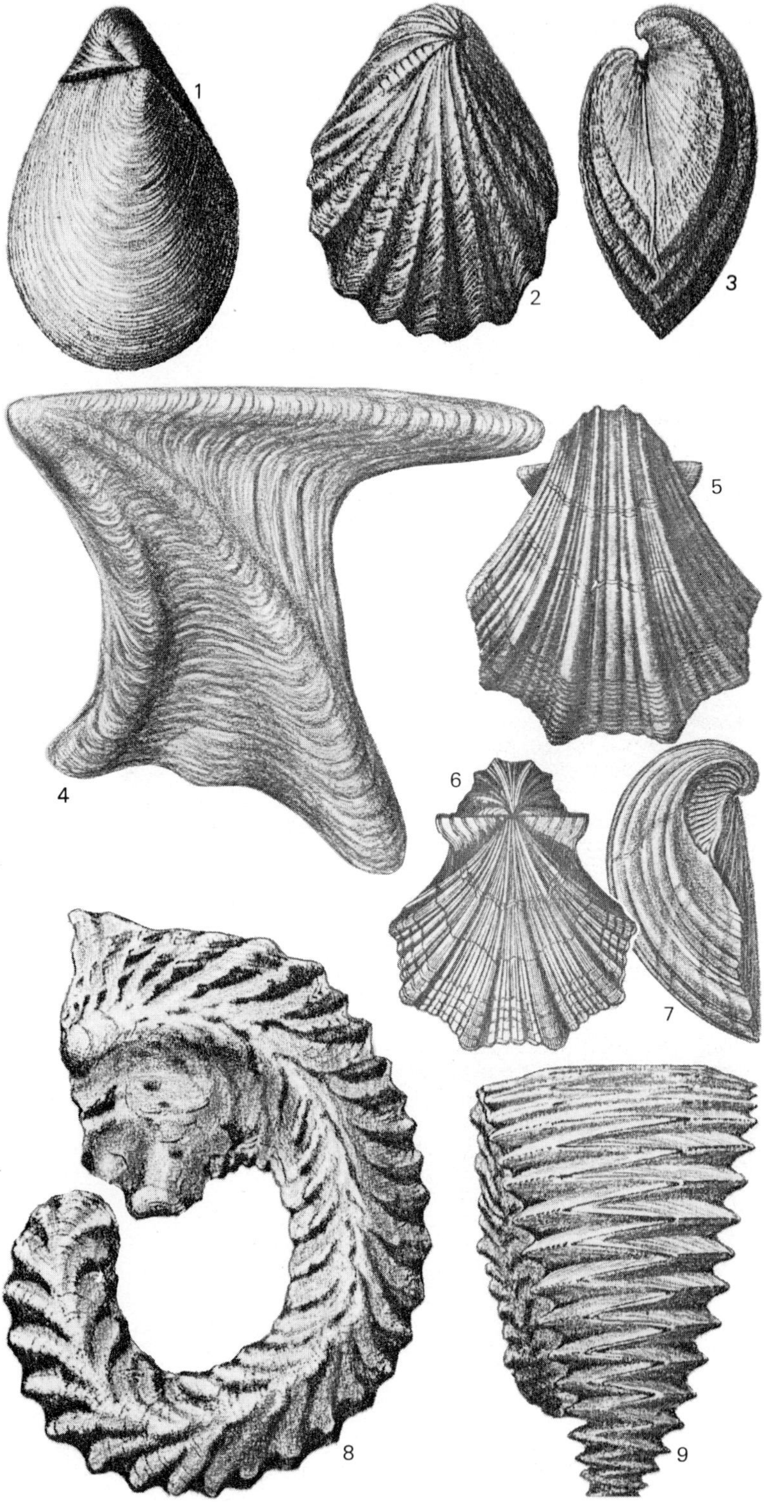

Planche 109 : CRÉTACÉ INF.

1. *Inoceramus concentricus* – 2, 3. *I. (Birostrina) sulcatus* – 4. *Mulletia mulleti* – 5-7. *Neithea atava* – 8, 9. *Rastellum rectangulare.*

Planche 110 : CRÉTACÉ INF.

1-3. *Requienia ammonia* – 4, 5. *Toucasia carinata* – 6, 7. *Thetironia minor* – 8. *Monopleura imbricata* – 9. *Eriphyla transversa.*

Planche 111 : CRÉTACÉ INF.

1, 2. *Aetostreon latissimum* – 3. *Sphaera corrugata* – 4. *Plicatula radiola* – 5. *Protocardia subhillana* – 6. *Rutitrigonia longa* – 7. *Trigonia carinata* – 8. *Pterotrigonia caudata* – 9, 10. *Plicatula placunea.*

Proveniella ervyensis d'Orbigny *(Cyprina –)*, fam. Arcticidae – Dim. max. : h/L/e = 8/9/5 cm. **Albien** : Pas-de-Calais (Boulonnais), Aisne, Ardennes, Meuse, Aube, Savoie. Pl. 112, fig. 1.

Panopea neocomiensis Leymerie, fam. Hiatellidae – Dim. max. : h/L/e = 3 à 3,5/6/2,5 cm. **Néocomien** à **Albien** : espèce à vaste répartition européenne. Pl. 112, fig. 2, 3.

Requienia ammonia Goldfuss, fam. Requieniidae – Coquille lisse ; valve gauche très grande, à 2 ou 3 tours spiralés plus ou moins disjoints ; valve droite operculiforme ; charnière pourvue d'une seule dent. Dim. max. : 16 cm. **Barrémien sup.** et **Aptien inf.** : Ain (rég. de Bellegarde), Savoie (rég. de Chambéry), Vaucluse (Mont Ventoux, rég. d'Apt), Bouches-du-Rhône, Gard (rég. de Lussan, gorges de l'Ardèche) ; en Suisse (canton de Vaud). Pl. 110, fig. 1-3 (coquille et moule interne).

Toucasia carinata Metheron *(Requienia –)*, fam. Requieniidae – Coquille pouvant atteindre une douzaine de cm, à valves enroulées et carénées. **Aptien inf.** : avec l'espèce précédente. Pl. 110, fig. 4, 5 (coquille et moule interne).

Monopleura imbricata Matheron, fam. Monopleuridae – Coquille de forme très variable, pouvant atteindre 7 cm de longueur, à valve gauche subconique et trilobée ; ornementation composée de côtes que croisent des stries d'accroissement. **Barrémien sup.** : Gard, Vaucluse, Bouches-du-Rhône. Pl. 110, fig. 8.

Pholadomya gigantea Sowerby *(P. elongata)*, fam. Pholadomyidae – Coquille de forme variable, ornée de côtes radiales aiguës, plus ou moins nombreuses et rapprochées. Dim. max. : h/L/e = 4 à 5/10/4 cm. **Néocomien** à **Albien** : dans toute l'Europe occidentale. Pl. 112, fig. 4.

MOLLUSQUES Gastropodes

Nummocalcar dentatum Leymerie *ex* Deshayes *(Solarium –)*, fam. Euomphalidae – Dim. max. : h/d = 1/2,5 cm. **Albien** : Meuse, Aube, Haute-Marne, Haute-Savoie, Drôme, Var. Pl. 112, fig. 5, 6.

Nummocalcar cirroides Brongniart *(Solarium –)* – L'ornementation granuleuse n'est visible que sur la coquille, le moule interne en étant dépourvu. Dim. max. : h/d = 1,5/3,5 cm. **Albien** : Pas-de-Calais (Wissant), Meuse, Ain (La Perte-du-Rhône). Pl. 112, fig. 7, 8.

Pleurotomaria defrancei Matheron, fam. Pleurotomariidae – Presque toujours à l'état de moule interne. Dim. max. : h/d = 13/6 à 7 cm. **Néocomien** : Jura, Bouches-du-Rhône (rég. de Marseille) ; en Suisse (Jura vaudois). Pl. 112, fig. 17.

Perotrochus (Bathrotomaria) neocomiensis d'Orbigny *(Pleurotomaria –)*, fam. Pleurotomariidae – Dim. max. : h/d = 3/4,5 cm. **Néocomien** : Meuse, Aube, Haute-Marne, Yonne, Doubs, Haute-Savoie, Bouches-du-Rhône, Var ; en Suisse et en Espagne (Catalogne). Pl. 112, fig. 11.

Leptomaria gibbsi Sowerby *(Pleurotomaria gurtitis)*, fam. Pleurotomariidae – Dim. max. : h/d = 2,5/3,5 cm. **Albien** : Pas-de-Calais (Wissant), Meuse, Ain (La Perte-du-Rhône), Drôme, Var ; en Grande-Bretagne (rég. de Folkestone). Pl. 112, fig. 9.

Astele conoideum Fitton *(Solarium –)*, fam. Trochidae – Dim. max. : h/d = 2/2 cm. **Albien** : Pas-de-Calais (Wissant), Ain (Perte-du-Rhône), Isère, Var ; en Grande-Bretagne (Folkestone). Pl. 112, fig. 16.

Leviathania sautieri Coquand *(Natica leviathan, Purpuroidea –)*, fam. Purpurinidae – Spire plus ou moins courte, à tours en gradins. Dim. max. : h/d = 20/25 cm. **Valanginien** : Jura, Haute-Savoie (Mont Salève), Gard, Bouches-du-Rhône ; en Suisse (Jura vaudois) et en Espagne. Pl. 114, fig. 2.

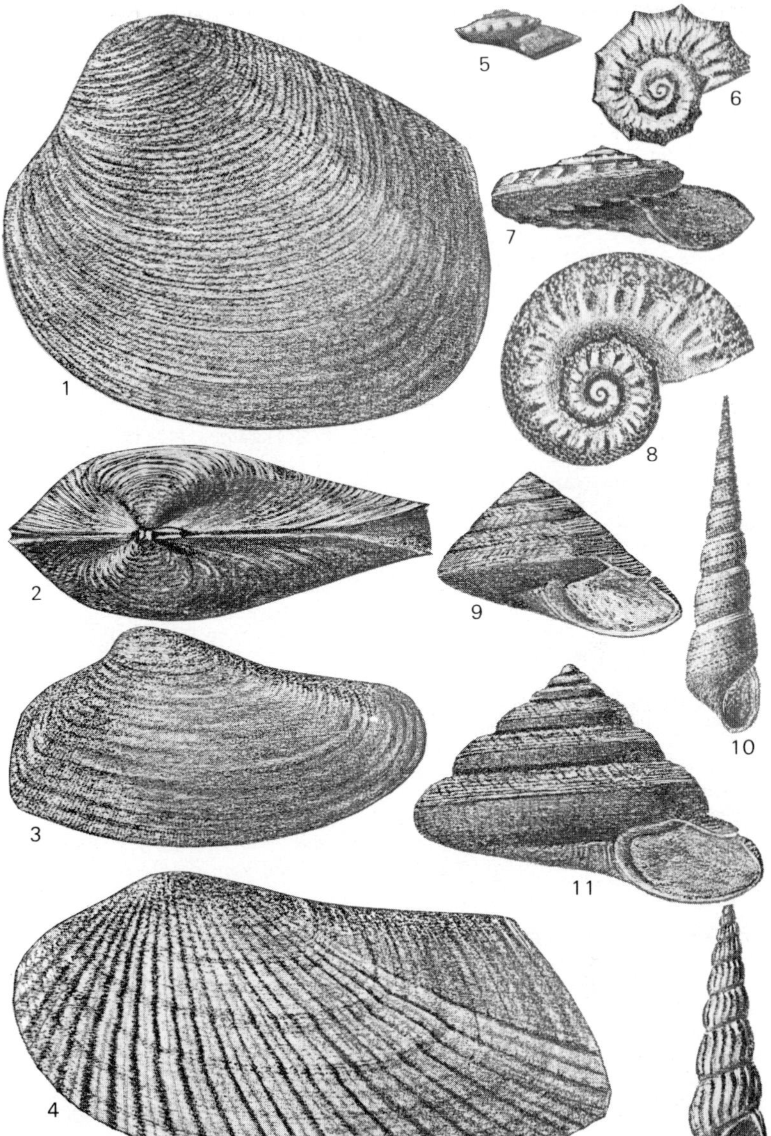

Planche 112 : CRÉTACÉ INF.

1. *Proveniella ervyensis* – 2, 3. *Panopea neocomiensis* – 4. *Pholadomya gigantea* – 5, 6. *Nummocalcar dentatum* – 7, 8. *N. cirroides* – 9. *Leptomaria gibbsi* – 10. *Turritella vibrayeana* – 11. *Perotrochus (Bathrotomaria) neocomiensis* – 12. *Claviscala canaliculata* – 13. *Metacerithium trimonile* – 14. *Atresius lallierianus* – 15. *Cirsocerithium subspinosum* – 16. *Astele conoideum* – 17. *Pleurotomaria defrancei.*

Semisolarium moniliferum Michelin *(Solarium –)*, fam. Omalaxidae – Dim. max. : h/d = 1,2/1,5 cm. **Albien** : espèce largement répandue en France et dans les régions limitrophes. Pl. 113, fig. 3, 4.

Cirsocerithium subspinosum Leymerie *ex* Deshayes *(Cerithium –)*, fam. Procerithiidae – Dim. max. : h/d = 1,3/0,6 cm. **Albien** : Aube ; en Allemagne. Pl. 112, fig. 15.

Cirsocerithium aptiense d'Orbigny – Cette espèce diffère de la précédente par ses stries spirales moins nombreuses et par sa suture marquée d'un cordon granuleux. Dim. max. : h/d = 1,4/0,7 cm. **Aptien** : Aube, Vaucluse (rég. d'Apt), Alpes-de-Haute-Provence ; en Grande-Bretagne (Ile de Wight).

Metacerithium trimonile Michelin *(Cerithium –)*, fam. Procerithiidae – Dim. max. : h/d = 2/1 cm. **Albien** : Ardennes, Aube, Drôme ; en Allemagne. Pl. 112, fig. 13.

Atresius lallierianus d'Orbigny *(Cerithium –)*, fam. Trichotropidae – Dim. max. : h/d = 2/1 cm. **Albien** : Yonne (rég. de St-Florentin). Pl. 112, fig. 14.

Turritella vibrayeana d'Orbigny *(Haustator –)*, fam. Turritellidae – Dim. max. : h/d = 4,5/1 cm. **Albien** : Nord, Aube, Yonne, Jura ; en Suisse (Jura vaudois). Pl. 112, fig. 10.

Claviscala canaliculata d'Orbigny, fam. Scalidae – Coquille ornée de 15 à 20 côtes axiales, un peu flexueuses, sur chaque tour. Dim. max. : h/d = 4,5/1,1 cm. **Néocomien** : Aube, Haute-Marne, Yonne, Doubs, Alpes-de-Haute-Provence, Var. Pl. 112, fig. 12.

Claviscala clementina Michelin – Cette espèce diffère de la précédente par ses côtes axiales non flexueuses et au nombre de seulement 9 à 12 par tour. Dim. max. : h/d = 10/2 cm. **Albien** : Ardennes, Aube, Doubs, Drôme, Var ; en Suisse (Jura vaudois).

Cossmannea gigantea d'Hombre-Firmas *(Nerinea –)*, fam. Nerineidae – Spire croissant d'abord sous un angle d'environ 30°, qui diminue ensuite progressivement jusqu'à 20° ; trois plis internes. Dim. max. : h/d = 30/6 à 7 cm. **Barrémien** et **Aptien** : Gard (rég. d'Alès), Vaucluse, Var ; en Suisse (Jura). Pl. 113, fig. 1.

Diozoptyxis coquandiana d'Orbigny *(Nerinea renauxiana)*, fam. Nerineidae – Spire à angle plus ou moins ouvert, à tours faiblement excavés et ornés à leur partie inférieure d'un bourrelet tuberculeux ; ombilic plus ou moins visible extérieurement ; trois plis internes. Dim. max. : h/d = 30/7 à 8 cm. **Barrémien** et **Aptien** : Ain (rég. de Gex), Haute-Savoie (rég. d'Annecy), Var, Bouches-du-Rhône, Gard ; en Suisse et en Espagne. Pl. 113, fig. 2.

Globularia bulimoides Leymerie *ex* Deshayes *(Natica –)*, fam. Ampullospiridae – Dim. max. : h/d = 8/6 cm. **Néocomien** : Meuse, Aube (rég. de Bar-sur-Seine), Haute-Marne, Yonne, Bouches-du-Rhône. Pl. 113, fig. 9.

Ampullospira sublaevigata d'Orbigny *(Natica –)*, fam. Ampullospiridae – Dim. max. : h/d = 2,3/1,7 cm. **Néocomien** : Haute-Marne, Aube (rég. de Bar-sur-Aube), Yonne (rég. d'Auxerre) ; en Grande-Bretagne. Pl. 113, fig. 7.

Ampullospira clementina d'Orbigny – Espèce très voisine de la précédente, dont elle diffère seulement par sa spire un peu plus étroite et ses tours moins bombés. Dim. max. : h/d = 2/1,4 cm. **Albien** : Ardennes, Aube, Haute-Savoie, Vaucluse, Bouches-du-Rhône ; en Suisse (Jura vaudois).

Ampullospira dupinii Leymerie *(Natica –)*, Dim. max. : h/d = 3,6/3,3 cm. **Albien** : Aube (rég. d'Ervy-le-Châtel), Nièvre, Drôme ; en Suisse et en Grande-Bretagne. Pl. 113, fig. 8.

Naticopsina (Gyrodes) gaultina d'Orbigny *(Natica –)*, fam. Naticidae – Dim. max. : h/d = 4/4,7 cm. **Albien** : Pas-de-Calais (Wissant), Ardennes, Meuse, Aube, Yonne, Nièvre, Doubs, Ain, Haute-Savoie, Drôme ; en Italie, Suisse, Allemagne et Grande-Bretagne (rég. de Folkestone). Pl. 113, fig. 10.

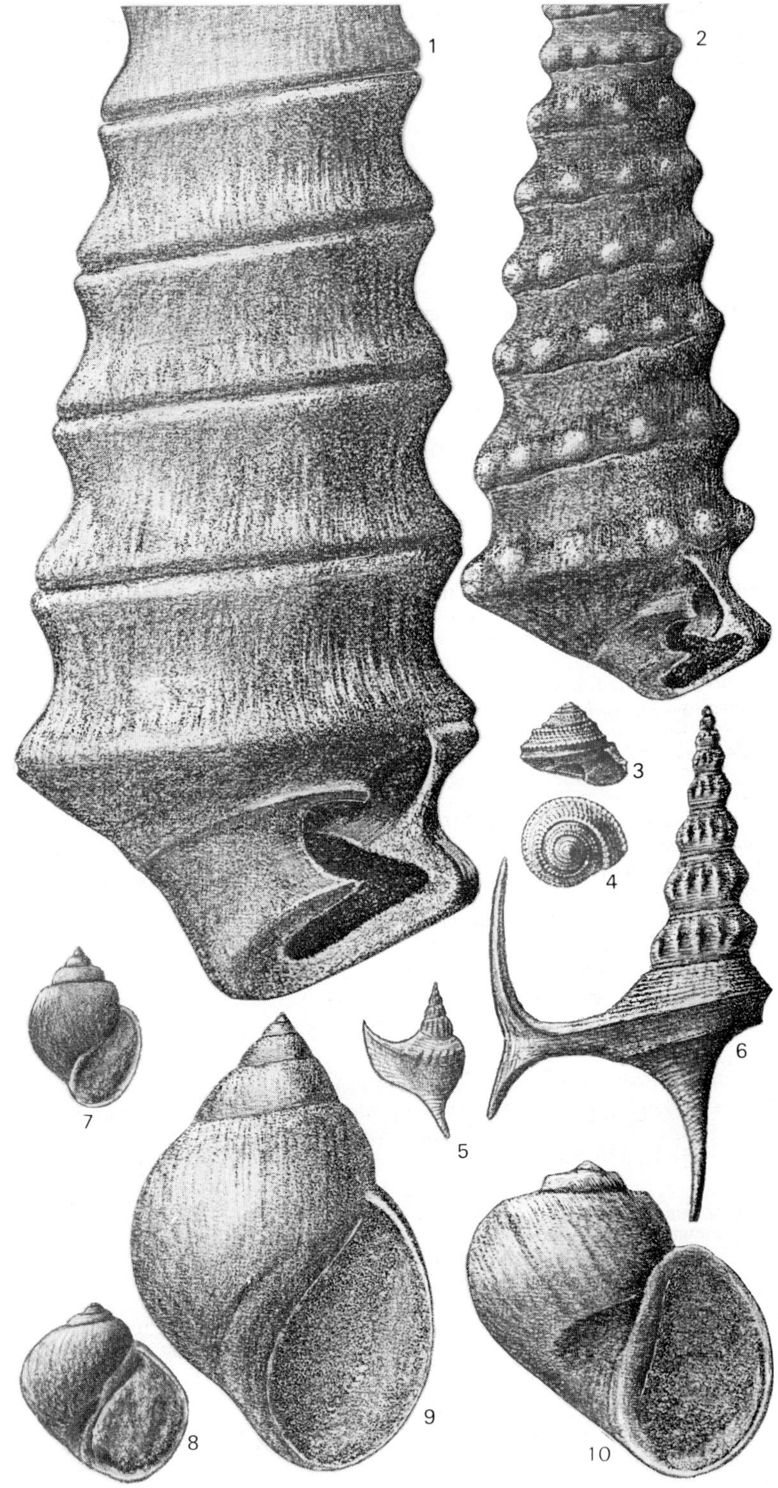

Planche 113 : CRÉTACÉ INF.

1. *Cossmannea gigantea* – 2. *Diozoptyxis coquandiana* – 3, 4. *Semisolarium moniliferum* – 5. *Perissoptera robinaldina* – 6. *Anchura carinata* – 7. *Ampullospira sublaevigata* – 8. *A. dupinii* – 9. *Globularia bulimoides* – 10. *Naticopsina (Gyrodes) gaultina.*

Monocuphus dupinianus d'Orbigny *(Rostellaria –)*, fam. Aporrhaidae – Dim. max. : h/d = 4/2,5 cm. **Valanginien** à **Aptien** : Aube (rég. de Bar-sur-Seine), Meuse, Haute-Marne, Yonne (rég. d'Auxerre, St-Sauveur-en-Puisaye), Nièvre, Ain, Haute-Savoie ; en Suisse. Pl. 114, fig. 3.

Anchura carinata Mantell *(Alaria –)*, fam. Aporrhaidae – Dim. max. : h/d = 8/3,5 à 4,5 cm. **Albien** : Pas-de-Calais (Wissant), Aube, Meuse, Var ; en Grande-Bretagne (Folkestone). Pl. 113, fig. 6.

Harpagodes pelagi Brongniart *(Pterocera –)*, fam. Aporrhaidae – Dim. max. : h/d = 12/12 cm. **Néocomien** : Aube, Haute-Marne, Doubs, Bouches-du-Rhône. Pl. 114, fig. 1.

Perissoptera robinaldina d'Orbigny *(Rostellaria –)*, fam. Aporrhaidae – Dim. max. : h/d = 2/1,3 à 1,5 cm. **Néocomien** : Aube, Haute-Marne, Yonne. Pl. 113, fig. 5.

Perissoptera parkinsoni Mantell – Dim. max. : h/d = 4,5/3,5 cm. **Albien** : Pas-de-Calais (Wissant), Ardennes, Meuse, Aube, Haute-Marne (rég. de St-Dizier), Var ; en Grande-Bretagne (Folkestone). Pl. 114, fig. 4.

MOLLUSQUES Céphalopodes Nautiloïdes

Cymatoceras neocomiensis d'Orbigny *(Nautilus –)*, fam. Cymatoceratidae – Espèce relativement étroite, à ombilic bien ouvert et à costulation se développant seulement sur la fin du dernier tour en formant une sinuosité médiane. Dim. max. : d/e = 18/10,5 cm. **Néocomien** : Haute-Savoie (Mont Salève), Alpes-de-Haute-Provence, Ardèche, Vaucluse, Gard, Var, Bouches-du-Rhône ; en Suisse (rég. de Neuchâtel, Jura vaudois). Pl. 119, fig. 5, 6.

Cymatoceras pseudoelegans d'Orbigny *(Nautilus –)* – Dim. max. : d/e = 25/17 cm. **Néocomien** : espèce à vaste répartition européenne. Pl. 120, fig. 1, 2.

Eucymatoceras plicatum Fitton *(Nautilus –)*, fam. Cymatoceratidae – Grosse espèce globulaire à ombilic presque fermé, bien reconnaissable à sa surface ornée de côtes fines disposées en chevrons. Dim. max. : d/e = 30/20 cm. **Néocomien** à **Aptien** : espèce répandue dans toute l'Europe occidentale. Pl. 120, fig. 3, 4.

MOLLUSQUES Céphalopodes Ammonoïdes

Ptychophylloceras semisulcatum d'Orbigny, fam. Phylloceratidae – Dim. max. = d/e = 6/3 cm. **Berriasien** et **Valanginien** : Ardèche, Drôme, Vaucluse, Hautes-Alpes (rég. de Gap), Alpes-de-Haute-Provence (rég. de Sisteron, Castellane). Pl. 115, fig. 1, 2.

Lytoceras subfimbriatum d'Orbigny, fam. Lytoceratidae – Espèce voisine de *L. fimbriatum* (→ Jurassique inf., Pl. 51, fig. 1, 2) dont elle diffère par ses costules d'accroissement plus fines et ses côtes plus régulièrement espacées. Dim. max. : d/e = 16/4 cm. **Néocomien** : Ardèche, Gard, Alpes-de-Haute-Provence, Var.

Macroscaphites yvani Puzos, fam. Macroscaphitidae – Spire d'abord enroulée, à tours jointifs (dim. max. : d/e = 5,5/1 à 1,5 cm) et se terminant en crosse (ensemble spire et crosse pouvant dépasser 12 cm de longueur). **Barrémien** : Drôme, Hautes-Alpes, Alpes-de-Haute-Provence. Pl. 115, fig. 9.

Crioceratites nolani Kilian *(Crioceras –)*, fam. Ancyloceratidae – Dim. max. : d/e = 25/5,5 cm. **Hauterivien** : Savoie (rég. de Chambéry), Vaucluse (Mont Ventoux), Alpes-de-Haute-Provence (rég. de Sisteron, Castellane), Var. Pl. 116, fig. 1.

Crioceratites emerici Leveillé *(Emericiceras –)* – Cette espèce diffère de la précédente essentiellement par ses tubercules latéraux et dorsaux développés en forme de courtes épines. Dim. max. (sans les épines) : d/e = 20/5 cm. **Barrémien** : Alpes-de-Haute-Provence (rég. de Barrême, Castellane), Gard (rég. d'Avignon), Var.

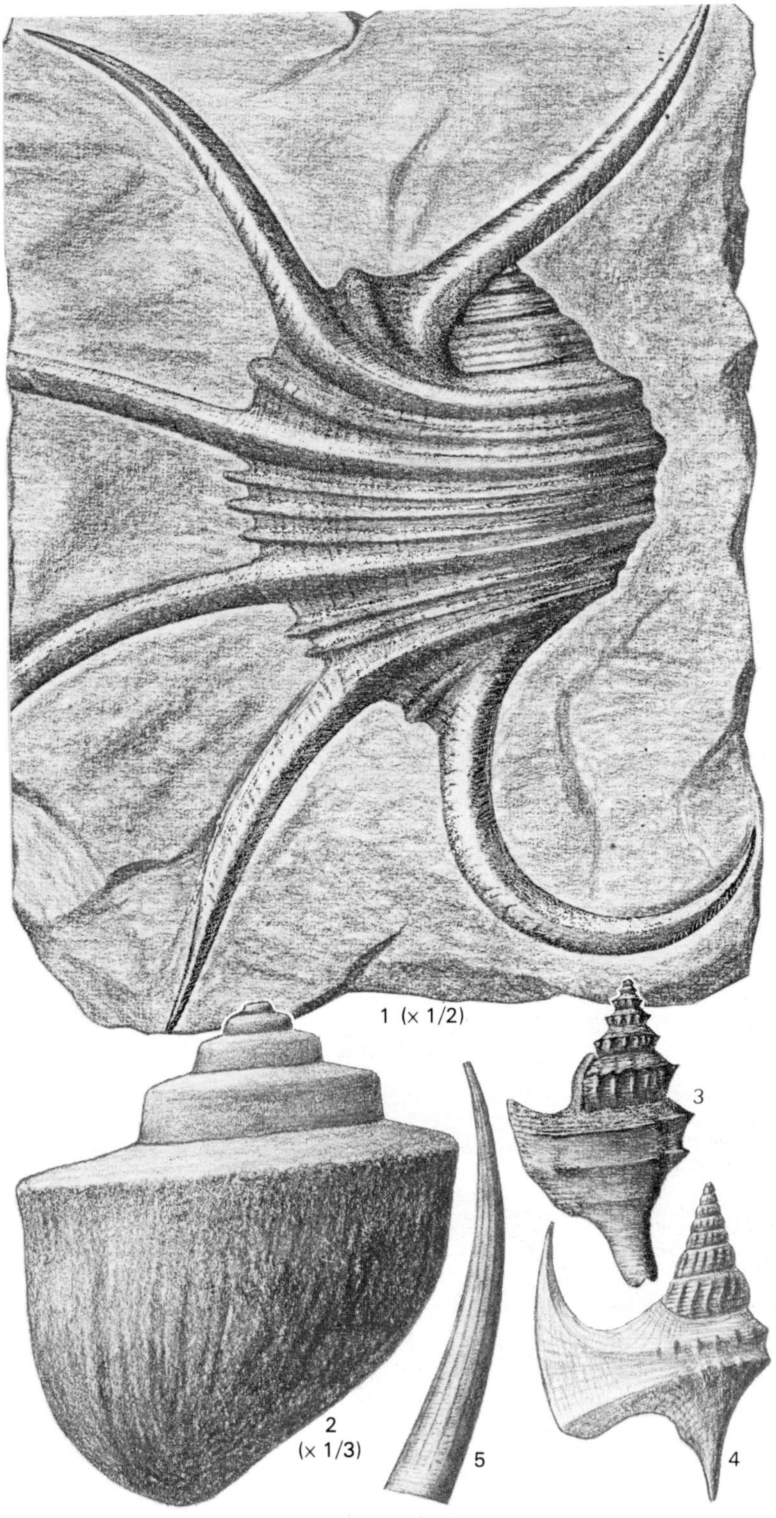

Planche 114 : CRÉTACÉ INF.

1. *Harpagodes pelagi* – 2. *Leviathania sautieri* – 3. *Monocuphus dupinianus* – 4. *Perissoptera parkinsoni* – 5. *Dentalium decussatum*.

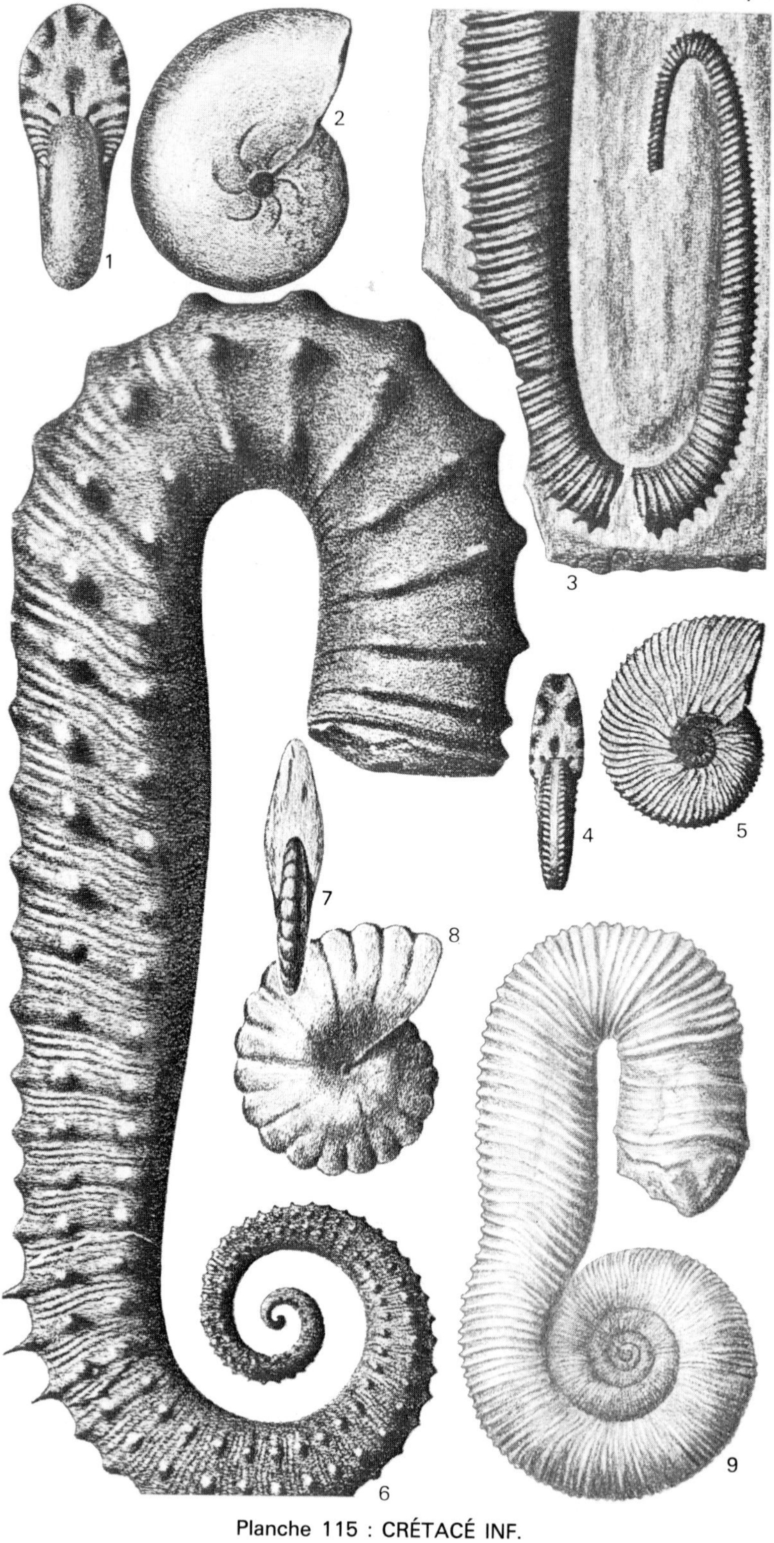

Planche 115 : CRÉTACÉ INF.

1, 2. *Ptychophylloceras semisulcatum* – 3. *Hamites rotundus* – 4, 5. *Neocomites neocomiensis* – 6. *Ancyloceras matheronianum* – 7, 8. *Pulchellia (Nicklesia) pulchella* – 9. *Macroscaphites yvani.*

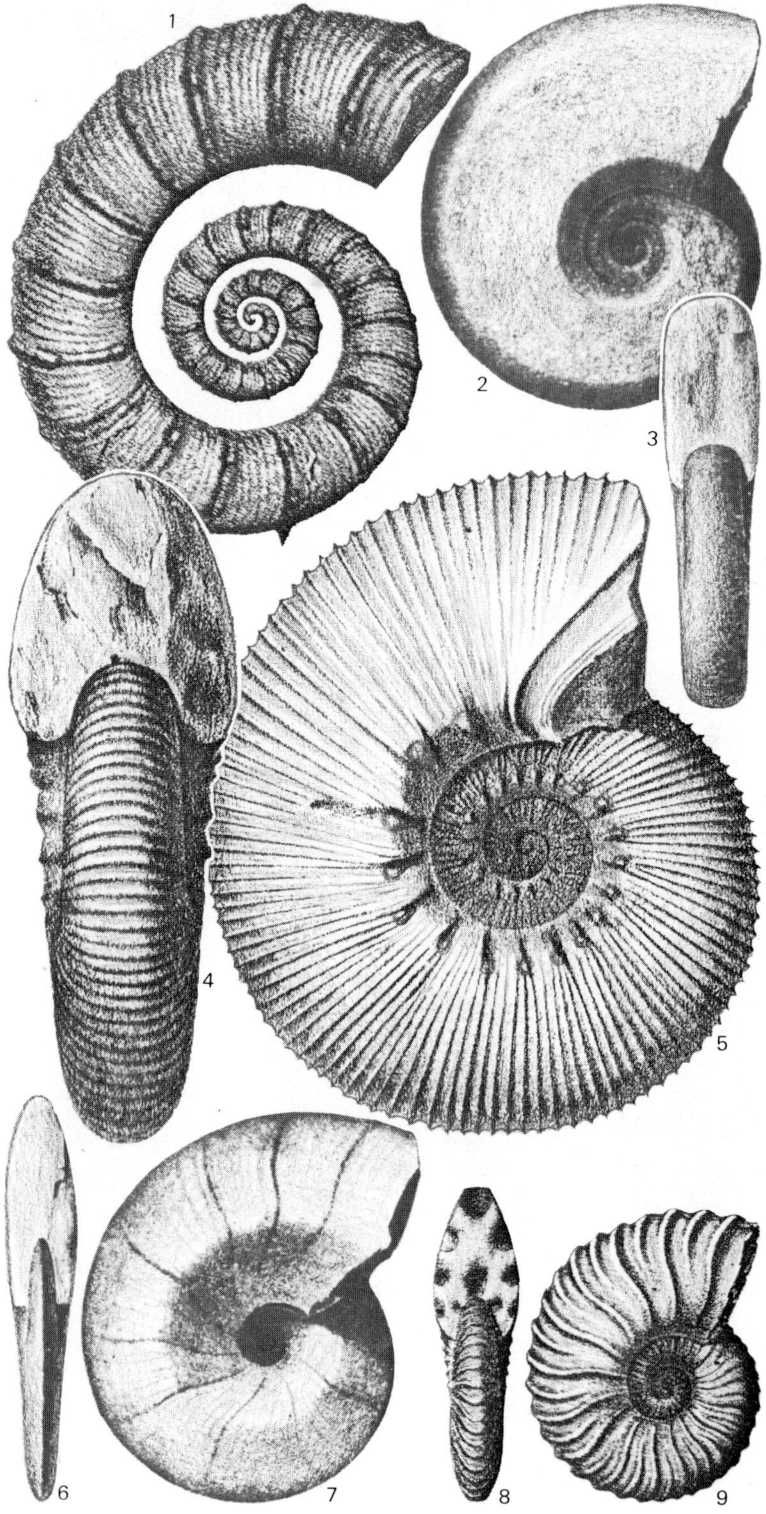

Planche 116 : CRÉTACÉ INF.

1. *Crioceratites nolani* – 2, 3. *Neolissoceras grasianum* – 4, 5. *Olcostephanus astierianus* – 6, 7. *Barremites difficilis* – 8, 9. *Deshayesites deshayesi.*

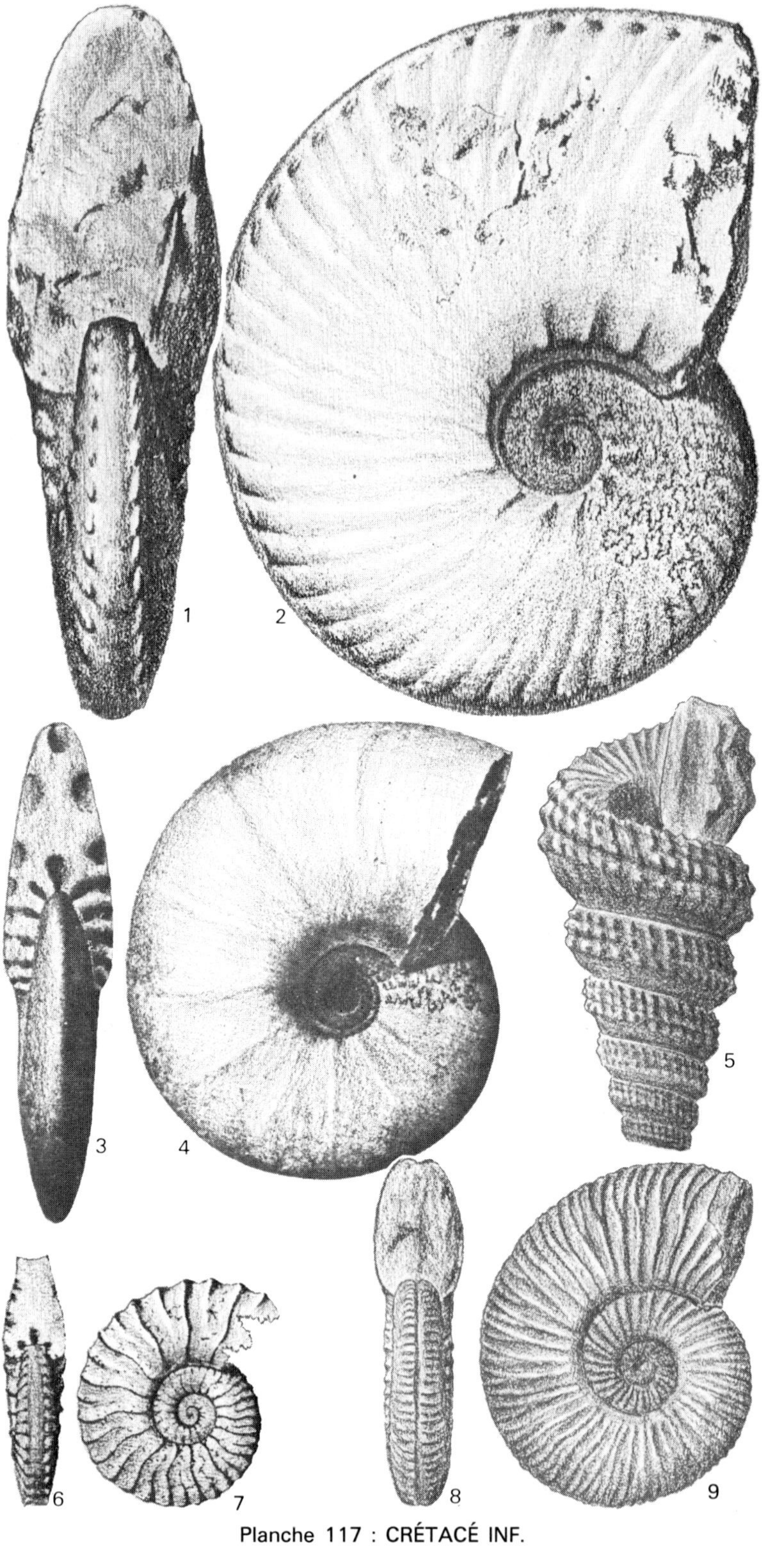

Planche 117 : CRÉTACÉ INF.

1, 2. *Leopoldia leopoldina* – 3, 4. *Beudanticeras beudanti* – 5. *Mariella bergeri* – 6, 7. *Dufrenoyia dufrenoyi* – 8, 9. *Berriasella oppeli.*

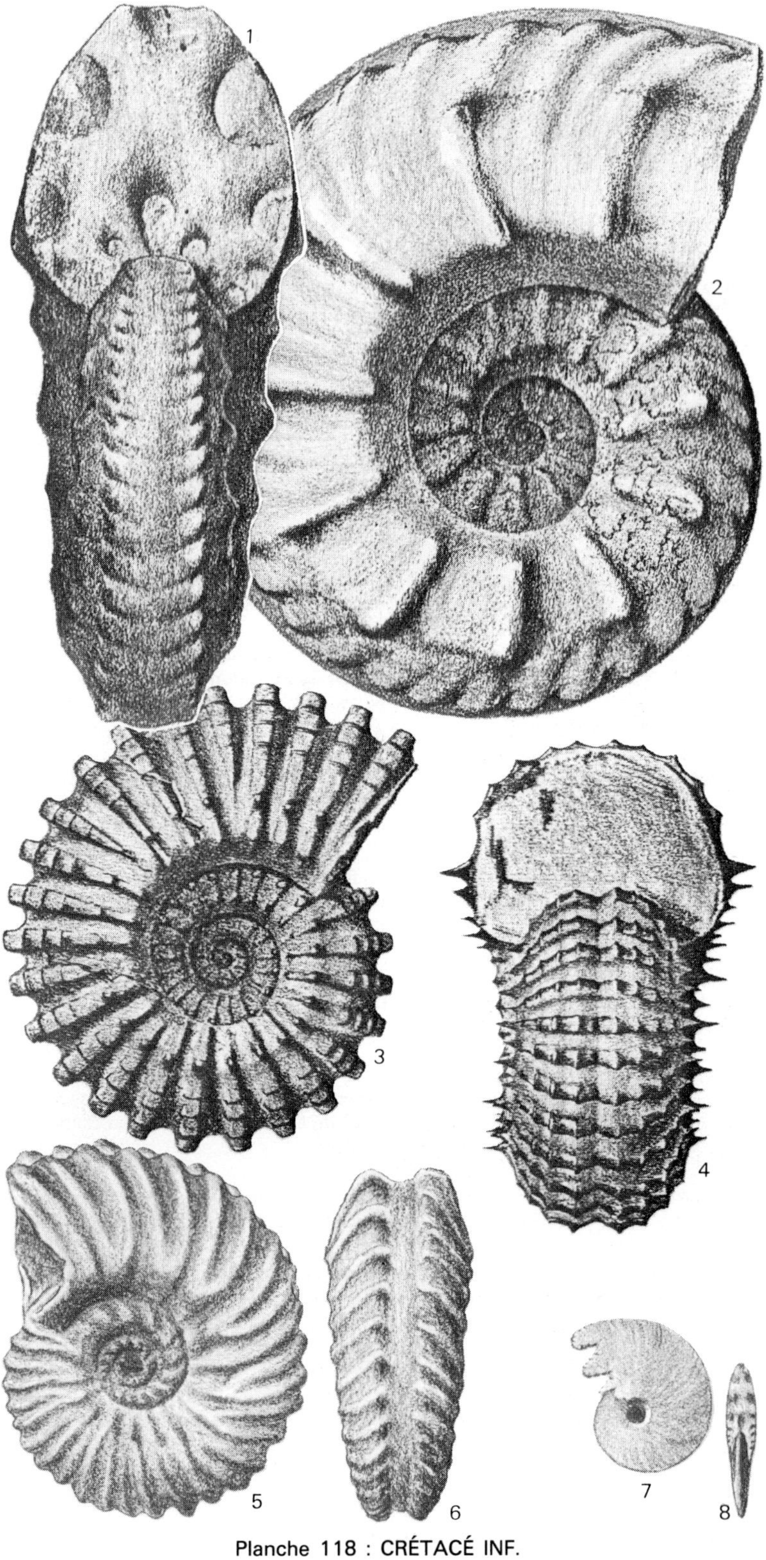

Planche 118 : CRÉTACÉ INF.

1, 2. *Acanthodiscus radiatus* – 3, 4. *Douvilleiceras mammillatum* – 5, 6. *Hoplites dentatus* – 7, 8. *Aconoceras nisus.*

Ancyloceras matheronianum d'Orbigny *(Crioceras –)*, fam. Ancyloceratidae – Espèce à crosse très développée, pouvant atteindre 43 cm de longueur totale. **Barrémien** et **Aptien** : Ardèche, Drôme (rég. de Marsanne, St-Paul-Trois-Châteaux), Hautes-Alpes (Barrême), Bouches-du-Rhône (rég. de Cassis). Pl. 115, fig. 6.

Hamites rotundus Sowerby, fam. Hamitidae – Coquille de section presque cylindrique, atteignant 2 cm de diamètre, à croissance subelliptique. **Albien** : Pas-de-Calais (Wissant) ; en Grande-Bretagne (Folkestone). Pl. 115, fig. 3.

Mariella bergeri Brongniart *(Turrilites –)*, fam. Turrilitidae – Spire généralement sénestre, parfois dextre, pouvant atteindre 10 cm de longueur pour 4 à 5 cm de diamètre. **Albien sup.** : espèce à vaste répartition européenne. Pl. 117, fig. 5.

Neolissoceras grasianum d'Orbigny *(Lissoceras grasi)*, fam. Haploceratidae – Dim. max. : d/e = 10/3 cm. **Néocomien** : Ardèche, Drôme, Gard, Vaucluse, Alpes-de-Haute-Provence, Var, Bouches-du-Rhône. Pl. 116, fig. 2, 3.

Pulchellia (Nicklesia) pulchella, fam. Pulchelliidae – Dim. max. : d/e = 4/1 cm. **Barrémien** : Alpes-de-Haute-Provence (rég. de Castellane). Pl. 115, fig. 7, 8.

Aconoceras nisus d'Orbigny, fam. Oppeliidae – Dim. max. : d/e = 3/0,5 cm. **Aptien sup.** : Vaucluse, Alpes-de-Haute-Provence, Aube. Pl. 118, fig. 7, 8.

Olcostephanus astierianus d'Orbigny, fam. Olcostephanidae – Dim. max. : d/e = 8,5/3 cm. **Valanginien sup.** : Jura, Haute-Savoie (Mont Salève), Ardèche, Drôme, Gard, Alpes-de-Haute-Provence (rég. de Castellane), Vaucluse, Bouches-du-Rhône. Pl. 116, fig. 4, 5.

Berriasella oppeli Kilian *(Hoplites –)*, fam. Berriasellidae – Dim. max. : d/e = 6,5 cm. **Berriasien** : Ardèche, Hautes-Alpes ; en Suisse. Cette espèce est surtout abondante dans le Jurassique sup. (Portlandien). Pl. 117, fig. 8, 9.

Neocomites neocomiensis d'Orbigny, fam. Berriasellidae – Dim. max. : d/e = 2,5/0,9 cm. **Valanginien** : espèce largement répandue en France et dans les régions limitrophes. Pl. 115, fig. 4, 5.

Acanthodiscus radiatus Bruguière, fam. Berriasellidae – Dim. max. : d/e = 16/6 cm. **Hauterivien inf.** : espèce à vaste répartition européenne. Pl. 118, fig. 1, 2.

Leopoldia leopoldina d'Orbigny, fam. Berriasellidae – Dim. max. : d/e = 20/6 cm. **Hauterivien** : Aube, Yonne (rég. d'Auxerre), Haute-Savoie (Mont Salève), Alpes-de-Haute-Provence (rég. de Castellane), Aube ; en Suisse (rég. de Neuchâtel, Jura vaudois). Pl. 117, fig. 1, 2.

Saynella clypeiformis d'Orbigny, fam. Berriasellidae – Dim. max. : d/e = 30/7 cm. **Hauterivien inf.** : Var, Bouches-du-Rhône. Pl. 119, fig. 1, 2.

Barremites difficilis d'Orbigny *(Desmoceras –)*, fam. Desmoceratidae – Dim. max. : d/e = 8,5/1,6 cm. **Barrémien** : Alpes-de-Haute-Provence (rég. de Barrême, Castellane), Alpes-Maritimes (rég. de Puget-Théniers). Pl. 116, fig. 6, 7.

Beudanticeras beudanti Brongniart *(Desmoceras –)*, fam. Desmoceratidae – Coquille entièrement lisse ou ornée de côtes très peu marquées. Dim. max. : d/e = 13/3,5 cm. **Albien sup.** : Pas-de-Calais (Wissant), Ardennes, Aube, Haute-Saône, Doubs, Ain, Var ; en Grande-Bretagne (Folkestone). Pl. 117, fig. 3, 4.

Douvilleiceras mammillatum Schlotheim *(Acanthoceras mamillare)*, fam. Douvilleiceratidae – Coquille ornée de côtes droites, plus ou moins larges et serrées, latéralement épineuses chez les spécimens très bien conservés. Dim. max. : d/e = 10/6 cm. **Albien inf.** : Pas-de-Calais (Wissant), Seine-Maritime, Ardennes, Aube, Cher, Yonne, Haute-Saône, Doubs, Ain, Drôme, Var ; en Grande-Bretagne (Kent, Folkestone). Pl. 118, fig. 3, 4.

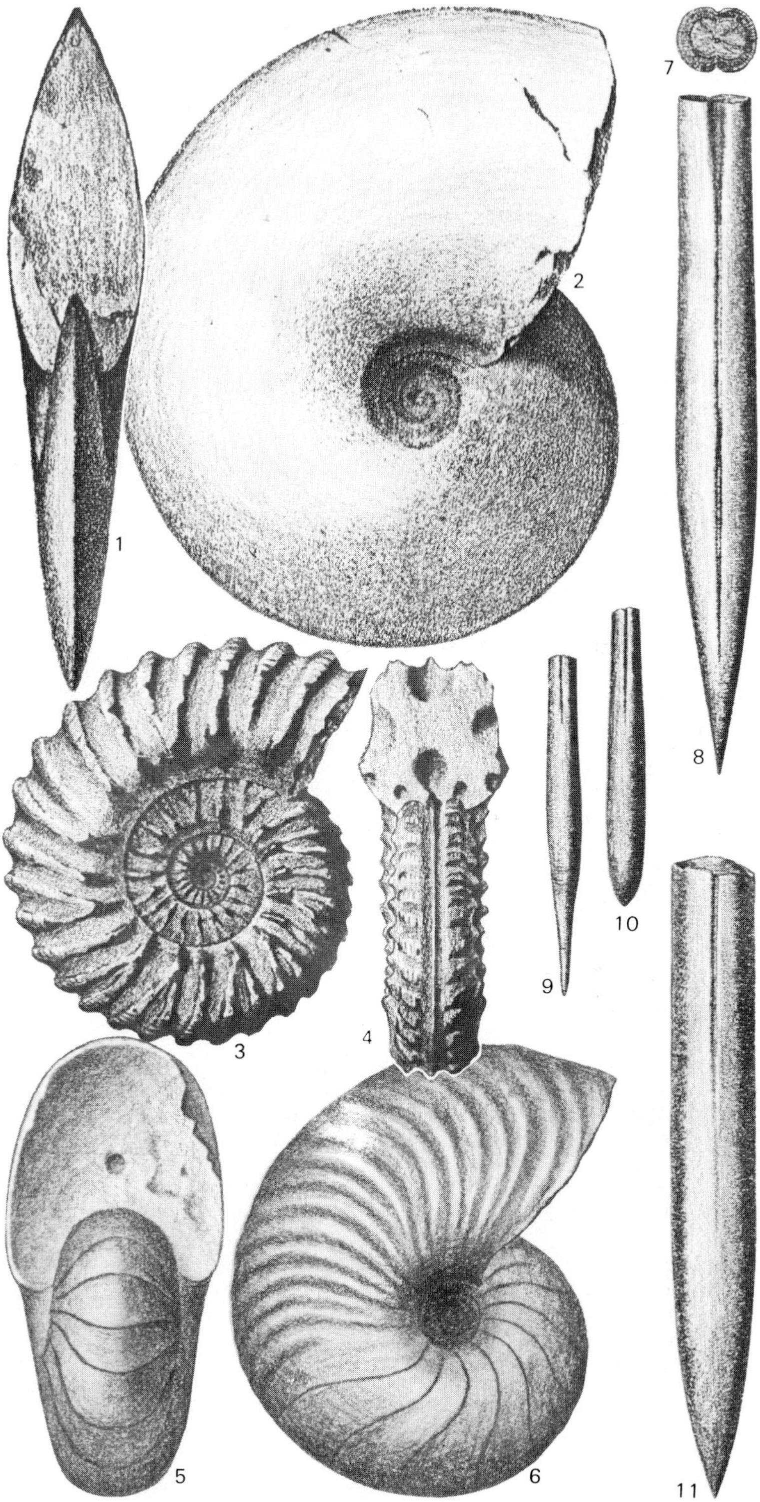

Planche 119 : CRÉTACÉ INF.

1, 2. *Saynella clypeiformis* – 3, 4. *Mortoniceras inflatum* – 5, 6. *Cymatoceras neocomiensis* – 7, 8. *Pseudobelus bipartitus* – 9, 10. *Neohibolites minimus* – 11. *N. semicanaliculatus.*

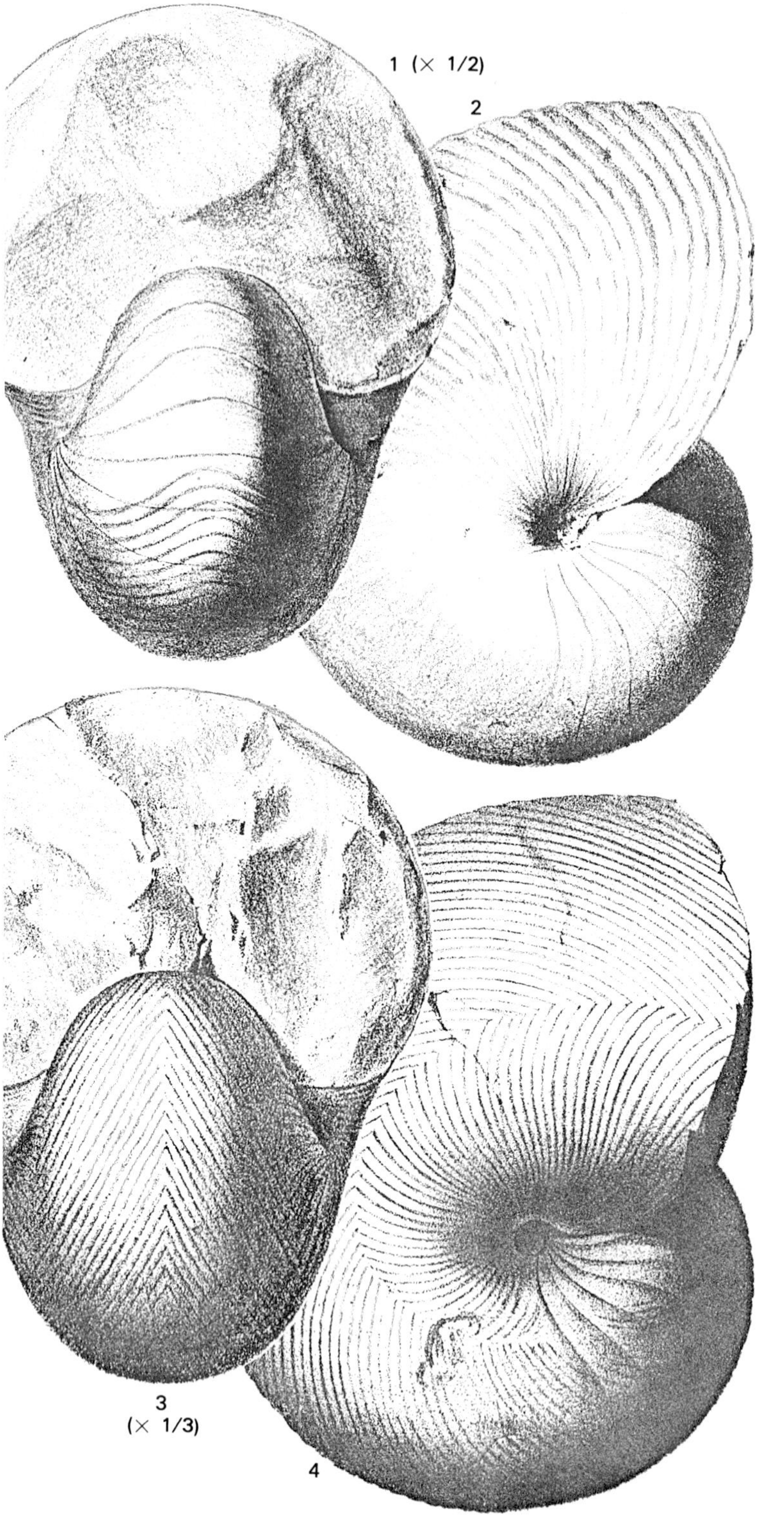

Planche 120 : CRÉTACÉ INF.

1, 2. *Cymatoceras pseudoelegans* – 3, 4. *Eucymatoceras plicatum.*

Deshayesites deshayesi d'Orbigny *(Parahoplites –)*, fam. Deshayesitidae – Dim. max. : d/e = 5/1,5 cm. **Aptien** : espèce à vaste répartition européenne. Pl. 116, fig. 8, 9.

Dufrenoyia dufrenoyi d'Orbigny *(Hoplites –)*, fam. Deshayesitidae – Dim. max. : d/e = 3,3/1 cm. **Aptien sup.** : Vaucluse (rég. d'Apt), Alpes-Maritimes, Bouches-du-Rhône (rég. de Cassis). Pl. 117, fig. 6, 7.

Hoplites dentatus Sowerby *(H. interruptus)*, fam. Hoplitidae – Dim. max. : d/e = 12/5 à 6 cm. **Albien moy.** : Pas-de-Calais, Seine-Maritime, Ardennes, Meuse, Aube, Yonne, Doubs, Var ; en Suisse et en Grande-Bretagne (Kent, Folkestone). Pl. 118, fig. 5, 6.

Mortoniceras inflatum Sowerby *(Schloenbachia –, Pervinquieria –)*, fam. Brancoceratidae – Dim. max. : d/e = 10/3 cm. **Albien sup.** : Pas-de-Calais (Wissant), Seine-Maritime (rég. du Havre), Meuse, Aube (rég. de Troyes), Ain, Isère ; en Grande-Bretagne (Ile de Wight). Pl. 119, fig. 3, 4.

MOLLUSQUES Céphalopodes Bélemnoïdes

Neohibolites minimus Miller *(Belemnites listeri)*, fam. Belemnopseidae – Rostre de forme très variable, plus ou moins renflé ou acuminé, marqué de lignes latérales et présentant un sillon ventral localisé dans la région alvéolaire ; section circulaire. Dim. max. : L/d = 5/0,6 à 0,8 cm. **Albien** : dans toute l'Europe occidentale. Pl. 119, fig. 9, 10.

Neohibolites semicanaliculatus Blainville – Dim. max. : L/d = 9/1,2 à 1,4 cm. **Aptien sup.** : espèce largement répandue en Europe méridionale. Pl. 119, fig. 11.

Duvalia dilatata Blainville, fam. Duvaliidae – Rostre de forme extrêmement variable, de section ovale, toujours reconnaissable à la présence d'un sillon dorsal très court. Dim. max. : L/d = 9/1,5 cm. **Valanginien sup.** et **Hauterivien** : Gard, Vaucluse, Alpes-de-Haute-Provence, Var. Pl. 121, fig. 1-3.

Duvalia lata Blainville – De forme aussi variable que l'espèce précédente, celle-ci s'en distingue par sa section moins ovale, subcirculaire, et son sillon dorsal beaucoup plus allongé. Dim. max. : L/d = 8/1,5 cm. **Berriasien** et **Valanginien** : Ardèche, Gard, Alpes-de-Haute-Provence.

Pseudobelus bipartitus Blainville, fam. Duvaliidae – Rostre fusiforme, élancé, caractérisé par deux sillons longitudinaux opposés. Dim. max. : L/d = 9/1 cm. **Valanginien** : Ardèche, Hautes-Alpes, Alpes-de-Haute-Provence. Var. Pl. 119, fig. 7, 8.

CRUSTACÉS Décapodes

Hoploparia dentata Roemer et ***H. edwardsi*** Robineau-Desvoidy *(Homarus –)*, fam. Nephrotidae – Ces deux espèces, comparables à des Homards, très voisines l'une de l'autre et qui pouvaient atteindre environ 10 cm de longueur (antennes et antennules non comprises) sont connues par de nombreux restes. **Valanginien** à **Aptien** : Haute-Marne, Haute-Saône, Yonne (rég. d'Auxerre), Doubs, Jura, Ain, Haute-Savoie, Savoie ; en Allemagne et en Suisse (Jura vaudois, rég. de Neuchâtel).

ÉCHINODERMES Échinides réguliers

Hyposalenia stellulata Agassiz *(Peltastes –)*, fam. Salenidae – Dim. max. : h/d = 0,7/1,5 cm. **Valenginien** à **Barrémien** : Aube, Haute-Marne (rég. de St-Dizier), Yonne, Haute-Saône, Jura (rég. des Rousses), Savoie, Isère ; en Suisse, Allemagne et Grande-Bretagne. Pl. 121, fig. 11-13.

Pseudocidaris clunifera Agassiz, fam. Hemicidaridae – Radioles pouvant atteindre 4,5 cm de longueur pour 2 cm de diamètre, de forme très variable, dont les granules augmentent de taille vers le sommet. **Valanginien** à **Aptien** : Yonne (rég. d'Auxerre), Haute-Savoie (Mont Salève), Isère, Vaucluse, Bouches-du-Rhône, Var, Alpes-Maritimes ; en Suisse (Jura vaudois, rég. de Neuchâtel). Pl. 121, fig. 4.

Trochotiara rotularis Agassiz *(Pseudodiadema –)*, fam. Pseudodiadematidae – Dim. max. : h/d = 1,1/2,2 cm. **Valanginien** à **Aptien** : Aube, Yonne, Haute-Marne, Haute-Saône, Doubs, Jura, Haute-Savoie, Isère ; en Suisse (Jura Vaudois). Pl. 121, fig. 14-16.

Diplopodia (Tetragramma) brongniarti Agassiz, fam. Pseudodiadematidae – Espèce voisine de *D. (P.) variolare* (→ Crétacé sup., Pl. 142, fig. 16-17) dont elle diffère par sa forme légèrement plus haute. Dim. max. : h/d = 1,8/2,3 cm. **Albien** : Savoie, Isère, Ain, Var ; en Suisse (Jura vaudois, Valais, rég. de Berne) et en Espagne (rég. de Barcelone).

ÉCHINODERNES Échinides irréguliers

Holectypus macropygus Agassiz, fam. Holectypidae – Dim. max. : h/L/l = 1,2/2,6/2,5 cm. **Valanginien** à **Barrémien** : Aube, Haute-Marne, Haute-Saône, Yonne, Cher, Doubs, Jura, Ardèche, Isère, Savoie ; en Suisse et en Allemagne. Pl. 121, fig. 8-10.

Discoides conica Desor, fam. Discoididae – Dim. max. : h/d = 1,3/2,3 cm. **Albien** : Yonne, Ain, Haute-Savoie, Savoie, Isère, Alpes-Maritimes. Pl. 121, fig. 5-7.

Pygaulus desmoulinsi Agassiz *(P. depressus)*, fam. Nucleolitidae – Dim. max. : h/L/l = 1,5 à 2/3/2,2 à 2,5 cm. **Barrémien** et **Aptien** : Ain, Savoie, Isère (rég. de Grenoble), Gard, Vaucluse, Bouches-du-Rhône ; en Suisse (Jura vaudois, rég. de Berne, de Genève) et en Espagne. Pl. 121, fig. 17-19.

Trematopygus olfersii Agassiz, fam. Nucleolitidae – Dim. max. : h/L/l = 1,5/3/2,2 cm. **Hauterivien** : Aube, Haute-Marne, Yonne, Jura, Haute-Savoie ; en Suisse (Jura vaudois, rég. de Neuchâtel). Pl. 122, fig. 5-7.

Holaster intermedius Münster, fam. Holasteridae – Dim. max. : h/L/l = 2,5/4/3,5 cm. **Valanginien** à **Barrémien** : Aube, Haute-Marne, Yonne, Doubs, Jura ; en Suisse (Jura vaudois). Pl. 122, fig. 1-4.

Holaster laevis Agassiz – Espèce voisine de la précédente, de l'**Albien** : Oise, Ain, Savoie, Var, Alpes-Maritimes ; en Suisse (Jura vaudois).

Toxaster amplus Desor, fam. Toxasteridae – Dim. max. : h/L/l = 2,5/4/3,8 cm. **Hauterivien** et **Barrémien inf.** : Yonne, Nièvre, Cher, Jura, Ain, Gard, Bouches-du-Rhône, Alpes-Maritimes ; en Suisse (Alpes bernoises). Pl. 121, fig. 20-22.

Toxaster retusus Lamarck *(T. cordiformis, T. complanatus)* – Espèce très voisine de la précédente dont elle diffère par sa forme un peu moins haute et son sillon anal moins accentué. **Hauterivien** et **Barrémien inf.** : Haute-Marne (rég. de St-Dizier), Aube, Yonne (rég. d'Auxerre), Doubs, Haute-Savoie (Mont Salève), Isère, Ardèche (rég. de Viviers-sur-Rhône), Bouches-du-Rhône, Alpes-Maritimes (rég. de Nice) ; en Suisse (Jura vaudois, rég. de Neuchâtel).

Heteraster oblongus Brongniart, fam. Toxasteridae – Dim. max. : h/L/l = 2,5/4,3/3,8 cm. **Barrémien** et **Aptien** : Yonne, Ain, Isère, Alpes-Maritimes ; en Suisse (Jura vaudois) et en Espagne (Aragon, Catalogne). Pl. 122, fig. 8-11.

ANNÉLIDES Polychètes

Glomerula gordialis Schlotheim *(Serpula –, Cycloserpula –)*, fam. Serpulidae – **Berriasien** à **Albien** : dans toute l'Europe occidentale ; cette espèce apparaît au Jurassique inf. et se poursuit jusque dans le Crétacé sup. (→ Jurassique moy., Pl. 82, fig. 3).

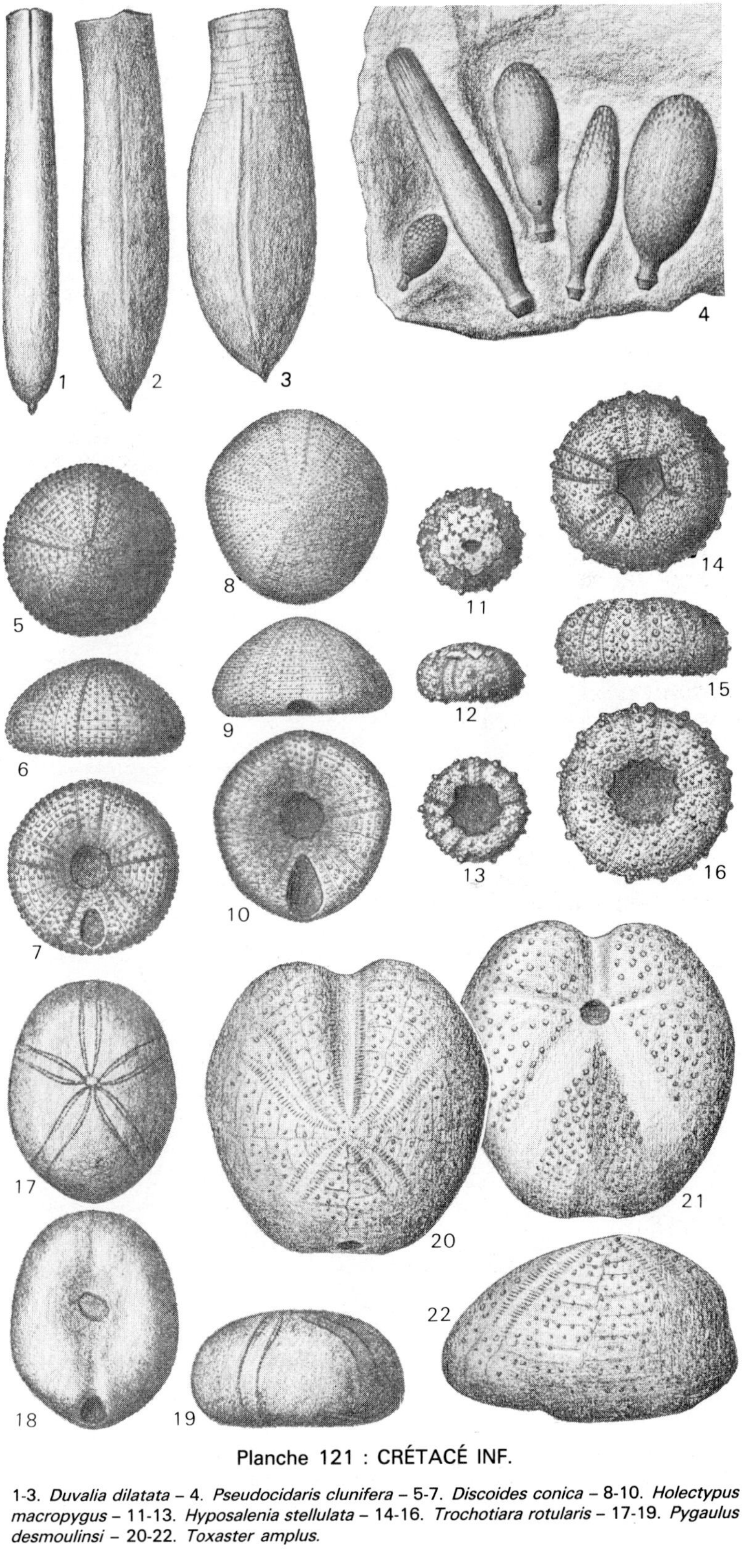

Planche 121 : CRÉTACÉ INF.

1-3. *Duvalia dilatata* – 4. *Pseudocidaris clunifera* – 5-7. *Discoides conica* – 8-10. *Holectypus macropygus* – 11-13. *Hyposalenia stellulata* – 14-16. *Trochotiara rotularis* – 17-19. *Pygaulus desmoulinsi* – 20-22. *Toxaster amplus.*

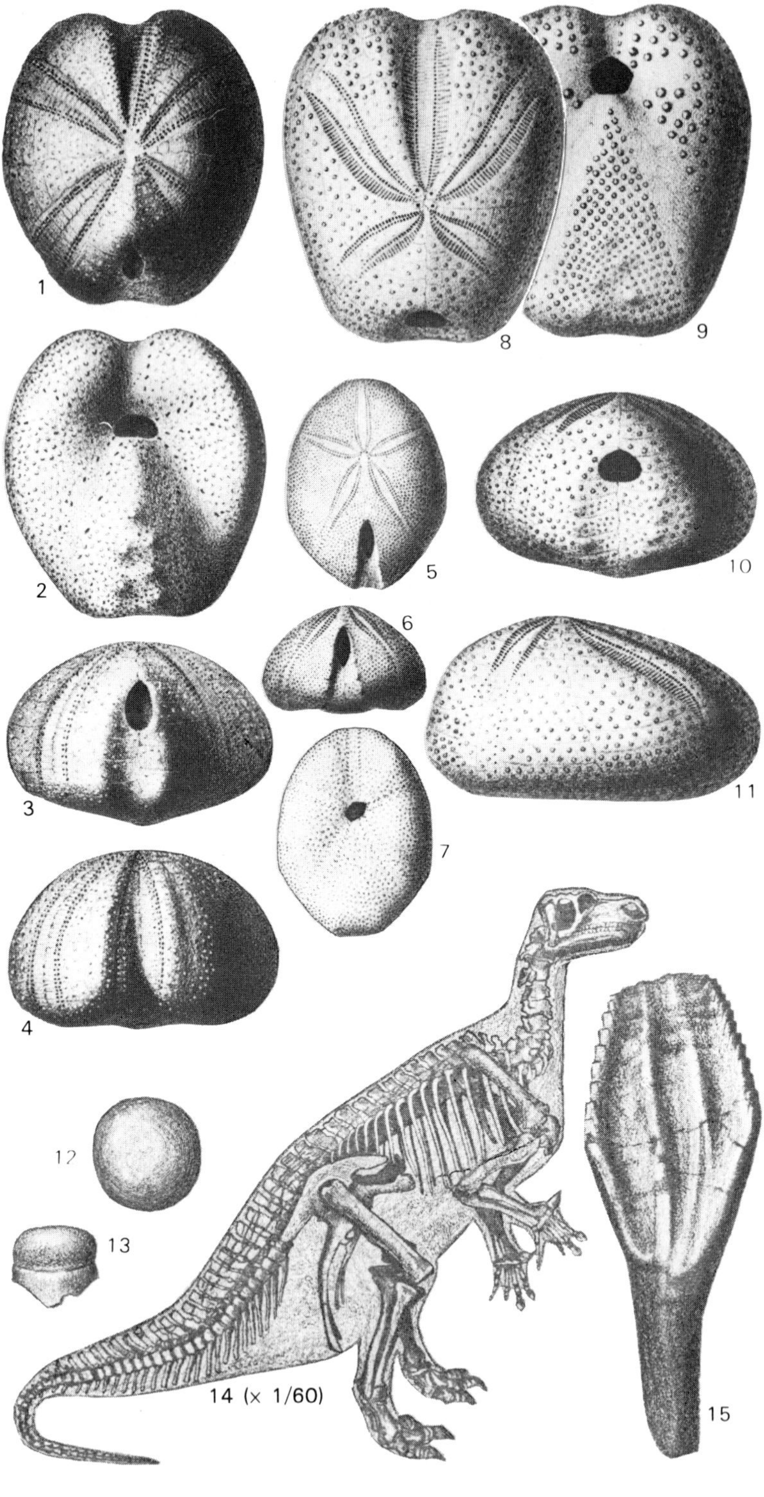

Planche 122 : CRÉTACÉ INF.

1-4. *Holaster intermedius* – 5-7. *Trepanopygus olfersii* – 8-11. *Heteraster oblongus* – 12, 13. *Lepidotes maximus* – 14. *Iguanodon bernissartensis* – 15. *I. mantelli.*

Sarcinella plexus Sowerby *(Serpula socialis, Galeolaria filiformis),* fam. Serpulidae – **Berrasien** à **Albien** : espèce larement répandue en France et dans les régions limitrophes ; cette espèce apparaît au Jurassique inf. et se poursuit jusque dans le Crétacé sup. (→ Jurassique moy., Pl. 82, fig. 4).

ACTINOPTÉRYGIENS

Lepidotes maximus Wagner *(L. neocomiensis, Sphaerodus gigas),* fam. Semionotidae – Espèce pouvant atteindre 1,70 m de long et 65 cm de hauteur, à dents hémisphériques, lisses et brillantes, atteignant 1,5 cm de diamètre. **Néocomien** à **Albien** : espèce à vaste répartition européenne. Pl. 122, fig. 12, 13.

REPTILES Ornitischiens

* ***Iguanodon bernissartensis*** Boulenger, fam. Iguanodontidae – Grand Dinosaurien herbivore bipède, atteignant 5 m de haut et 8 m de long, qui est le mieux connu et le plus représentatif du Crétacé inférieur européen. **Wealdien** : en Belgique (gisement de Bernissart près de Mons) et en Grande-Bretagne (Ile de Wight). Pl. 122, fig. 14 (reconstitution).

* ***Iguanodon mantelli*** Meyer – Espèce plus petite que la précédente (3,50 à 4 m de haut et 5 à 6 m de long), dont il n'est pas exceptionnel de trouver des fragments ou éléments de squelette ; ses dents atteignent 7 cm de hauteur. **Wealdien** : Haute-Marne (rég. de St-Dizier) ; en Belgique (rég. de Mons) et en Grande-Bretagne (Sussex, Ile de Wight). Pl. 122, fig. 15 (dent).

CRÉTACÉ SUPÉRIEUR

D'une durée comparable à la précédente, et subdivisée comme elle en six étages, cette époque s'achève avec la fin d'une ère :

PALÉOCÈNE

			65 M.A.
CRÉTACÉ SUPÉRIEUR	Maestrichtien (= Aturien { Rognacien) Bégudien) Fuvélien) Valdonnien)	Sénonien	
	Campanien	Sénonien	
	Santonien, Coniacien (= Emschérien)	Sénonien	
	Turonien (= { Angoumien) Ligérien)		
	Cénomanien		
			100 M.A.

CRÉTACÉ INFÉRIEUR

Crétacé supérieur
1. Principaux affleurements – 2. Limites extrêmes des transgressions cénomaniennes.

Le Crétacé supérieur débute avec la grande transgression cénomanienne, déjà amorcée à l'Albien, qui livre à nouveau au domaine marin la majeure partie de l'Europe occidentale, ne laissant subsister qu'un archipel d'îles (Armorique, Massif Central, île germanique, Méséta ibérique...) ; à l'emplacement actuel de la Téthys occidentale s'étend une vaste terre reliée épisodiquement au Massif Central par l'Isthme durancien.

Cette phase marine s'accompagne de dépôts argileux, sableux et marno-sableux, gréseux (grès verts turoniens), calcaires et surtout crayeux (craie glauconieuse cénomanienne, craie chloritée et craie tuffeau du Turonien, craie sablo-micacée, craie marneuse ou argileuse, craie blanche du Sénonien), avec ou sans silex.

C'est, dans le Sud de la France, l'époque des Hippurites et des Radiolites qui, alliés ou non à des Anthozoaires et à des Bryozoaires, édifient par endroits des récifs.

Avec le Maestrichtien s'amorce une régression généralisée qui provoque la fermeture des détroits de Bourgogne et de Basse-Loire : le Bassin parisien se tourne alors définitivement vers le Nord et ne subira plus d'influences mésogéennes directes.

Toutes les régions crayeuses se recouvrent de formations résiduelles ; en Provence, alors partiellement exondée (bombement durancien où s'élabore la bauxite), se déposent des sédiments plus ou moins franchement continentaux (formations lacustres valdoniennes et fuvéliennes du Bassin d'Aix-en-Provence, grès et argiles rouges du Bégudien et du Rognacien...) ; le Bassin d'Aquitaine se trouve lui aussi exondé, cependant que s'accumulent, aussi bien dans le sillon sous-pyrénéen que dans le sillon alpin proprement dit, d'épaisses séries de flysch schisto-gréseux à Helminthoïdes.

Cette régression généralisée de la fin du Crétacé, consécutive à un fort refroidissement des pôles, a provoqué la récession de nombreux organismes, dont les Coccolithophoracées (Algues calcaires microscopiques ayant largement contribué à la constitution de la craie) et l'extinction des Hippurites, des Ammonoïdes, des Bélemnoïdes et de tous les grands Reptiles marins (Ichthyosauriens, Plésiosauriens et Mosasauriens) ; sur les continents disparaissent avec eux, pour des raisons, elles aussi, probablement climatiques, toutes les lignées de Dinosauriens et de Reptiles volants.

Le Crétacé supérieur se caractérise par les principales espèces suivantes.

THALLOPHYTES

Archaeolithothamnium lycoperdites Michelin, fam. Corallinaceae – Thalle globuleux de 0,5 à 3 cm de diamètre, à surface irrégulière et section montrant le tissu extrêmement fin des cellules disposées radialement et des zones concentriques d'accroissement. **Cénomanien** : Sarthe (rég. du Mans). Pl. 123, fig. 2.

Lithophyllum amphiroaeformis Rothpletz, fam. Corallinaceae – **Turonien** : Var (rég. du Beausset) (→ Crétacé inf., Pl. 107, fig. 2).

ANGIOSPERMOPHYTES

* ***Rhizocaulon macrophyllum*** Saporta, fam. *incertae sedis* – Tiges extrêmement longues, d'un diamètre atteignant 3,5 cm, lisses ou finement striées lorsqu'elles ont conservé leur cortex, et sillonnées longitudinalement lorsqu'elles en sont dépouillées ; feuilles très longues, larges au plus de 3,5 cm, à nervures très fines, égales et parallèles. **Campanien** : Bouches-du-Rhône (bassin de l'Arc). Pl. 123, fig. 1 (tige et feuille).

FORAMINIFÉRES

Orbitolina concava Lamarck, fam. Orbitolinidae – Test discoïde extrêmement mince, à face supérieure faiblement conique et marquée de légers bourrelets concentriques, à face inférieure généralement lisse et un peu concave, pouvant atteindre 4 cm de diamètre. **Cénomanien** : Sarthe (rég. du Mans), Maine-et-Loire, Indre, Gard et Vaucluse (rég. d'Avignon), Alpes-Maritimes, Charente-Maritime (rég. de Saintes) ; en Espagne (rég. de Santander). Pl. 123, fig. 3.

Orbitoides faujasii Defrance *(O. media)*, fam. Orbitoididae – Test lenticulaire biconvexe à bord mince plus ou moins gauchi. Dim. max. : d/e = 1,5/0,3 à 0,8 cm. **Mæstrichien** : Charente-Maritime (rég. de Royan), Dordogne. Pl. 123, fig. 4.

DÉMOSPONGES Lithistides

Laosciadia plana Phillips *(Seliscothon –)*, fam. Kaliapsidae – Espèce très variable, en forme d'entonnoir ou de champignon pédonculé, pouvant atteindre 20 cm de diamètre et parfois moins d'un centimètre d'épaisseur ; face supérieure pourvue de pores larges tout au plus d'un millimètre ; face inférieure ou externe présentant de très fines côtes longitudinales. **Sénonien** : Loir-et-Cher (rég. de Blois), Indre-et-Loire (rég. de Ligueil), Maine-et-Loire (rég. de Saumur), Alpes-de-Haute-Provence (rég. de Castellet), Alpes-Maritimes (rég. de Nice) ; en Allemagne et en Grande-Bretagne. Pl. 123, fig. 5.

Verruculina seriatopora Rœmer *(V. aurita)*, fam. Leiodorellidae – Espèce très variable, en forme de plat, de feuille ou d'entonnoir, atteignant les mêmes dimensions que l'espèce précédente dont elle se distingue facilement à sa face inférieure criblée de pores au nombre de 2 à 3 par mm². **Sénonien** : Loir-et-Cher, Indre-et-Loire, Maine-et-Loire, Alpes-Maritimes ; en Allemagne dès le Turonien et en Espagne dès le Crétacé inf. (Aptien).

Chenendopora fungiformis Lamouroux, fam. Chenendoporidae – Espèce en forme de coupe ou d'entonnoir, généralement plus large que haute, pouvant atteindre 13 à 15 cm de diamètre. **Cénomanien** à **Sénonien** : Seine-Maritime (rég. du Havre), Calvados, Eure (rég. d'Evreux), Orne, Indre-et-Loire, Vienne (rég. de Châtellerault) ; en Allemagne. Pl. 123, fig. 6.

Chenendopora gratiosa Courtiller *(Bicupula –)*. Espèce très voisine de la précédente, dont elle se distingue par sa forme habituellement plus haute que large. ***Sénonien :*** Loir-et-Cher, Indre-et-Loire (rég. de Ligueil).

Turonia variabilis Michelin, fam. Chenendoporidae – Espèce toujours reconnaissable à sa forme conique, sillonnée longitudinalement, et à sa base toujours revêtue d'une thèque épaisse à gros bourrelets d'accroissement concentriques. Dim. max. : h/d = 10/6 à 12 cm. **Turonien** et **Sénonien** : Loir-et-Cher, Indre-et-Loire, Maine-et-Loire ; en Allemagne et en Grande-Bretagne. Pl. 124, fig. 1.

Hallirhoa costata Lamouroux, fam. Hallirhoidae – Espèce très caractéristique malgré ses variations, en forme de fruit avec 6 à 9 côtes plus ou moins proéminentes, surmontant un pédoncule ; elle peut atteindre 15 cm de diamètre. **Cénomanien** : Seine-Maritime (rég. du Havre), Calvados (rég. de Villers-sur-Mer) ; en Grande-Bretagne. Pl. 123, fig. 7.

Siphonia pyriformis Golfuss, fam. Hallirhoidae – Espèce extrêmement variable, plus ou moins ventrue, arrondie ou élancée (formes *incrassata, ficus, coronata*), à pédoncule parfois ramifié, pouvant atteindre 3 à 6 cm de haut pour 5 cm de diamètre. **Cénomanien** à **Sénonien** : Calvados, Loir-et-Cher, Indre-et-Loire, Maine-et-Loire, Alpes-Maritimes ; en Allemagne et en Grande-Bretagne. Pl. 123, fig. 8.

Phymatella trilobata Michelin, fam. Hallirhoidae – Espèce extrêmement polymorphe, de 6 à 8 cm de haut pour 4 cm de diamètre en moyenne. **Sénonien** : Loir-et-Cher, Indre-et-Loire, Maine-et-Loire. Pl. 124, fig. 4.

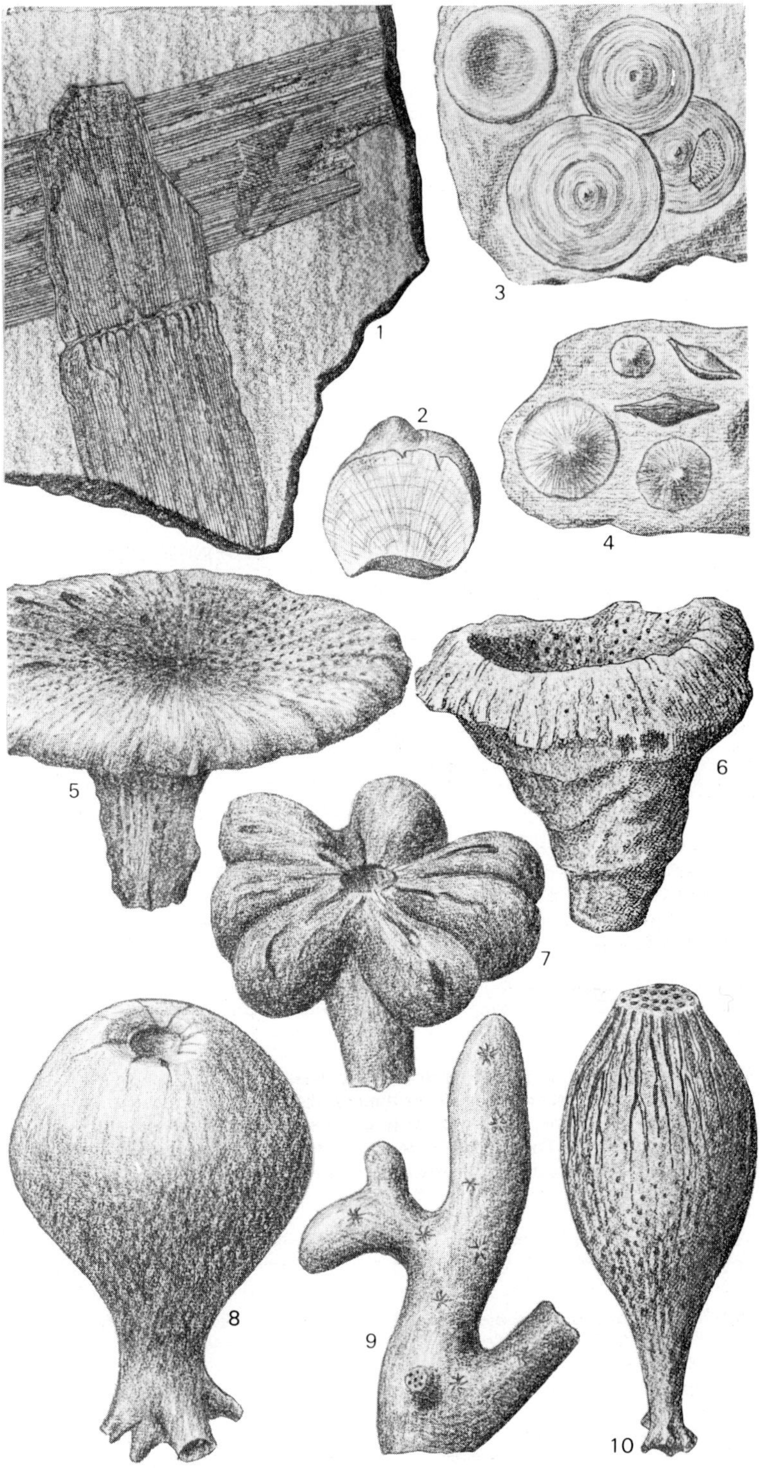

Planche 123 : CRÉTACÉ SUP.

1. *Rhizocaulon macrophyllum* – 2. *Archaeolithothamnium lycoperdites* – 3. *Orbitolina concava* – 4. *Orbitoides faujasii* – 5. *Laosciadia plana* – 6. *Chenendopora fungiformis* – 7. *Hallirhoa costata* – 8. *Siphonia pyriformis* – 9. *Astrocladia ramosa* – 10. *Jerea pyriformis.*

Astrocladia ramosa Michelin, fam. Astrocladiidae – Eponge ramifiée, à rameaux cylindriques de 1 à 1,5 cm de diamètre présentant de nombreux canaux longitudinaux et des protubérances avec petits pores groupés en étoiles. **Sénonien** : Loir-et-Cher, Indre-et-Loire, Maine-et-Loire. Pl. 123, fig. 9.

Jerea pyriformis Lamouroux, fam. Jereidae – Dim. max. : h/d = 20/10 cm. **Cénomanien** à **Sénonien** : Ardennes, Marne, Seine-Maritime (rég. du Havre), Calvados, Orne, Eure-et-Loir, Loir-et-Cher, Indre-et-Loire (rég. de Tours), Maine-et-Loire, Vienne (rég. de Châtellerault), Charente-Maritime (rég. de Saintes), Dordogne (rég. de Périgueux). Pl. 123, fig. 10.

HYALOSPONGES

Guettardiscyphia stellata Michelin *(Guettardia –)*, fam. Pleurostomatidae – Espèce présentant 3 à 5 ailerons qui peuvent rester soudés ou s'individualiser avec la croissance, et pourvue d'un pédoncule. Dim. max. : h/d = 10/8 à 10 cm. **Cénomanien** : Seine-Maritime (rég. du Havre), Calvados (Villers-sur-Mer), Orne. Pl. 124, fig. 2.

SCLÉROSPONGES Chaetetides

Blastocaetetes irregularis Michelin, fam. Chaetetidae – Colonies de forme très irrégulière, tubéreuses ou branchues, pouvant atteindre 10 cm de diamètre pour 20 à 30 cm de hauteur, le diamètre des rameaux étant compris entre 0,5 et 4 cm. **Coniacien** et **Santonien** : Gard, Vaucluse, Var (Bassin du Beausset, chaîne de la Sainte-Baume), Bouches-du-Rhône (rég. de Martigues). Pl. 124, fig. 3.

ANTHOZOAIRES Hexacoralliaires

Isastrea formosissima Michelin *(I. guettardana)*, fam. Isastraeidae – Polypier composé à calices subpolygonaux de 2 à 4 mm de diamètre, profonds, présentant 24 septes. **Turonien** : Vaucluse (Uchaux). Pl. 125, fig. 5 (surface calicinale).

Acrosmilia cenomana Milne-Edwards et Haime, fam. Synastreidae – Dim. max. : h/d = 2,5/2 cm. **Cénomanien** : Sarthe (rég. du Mans). Pl. 124, fig. 6, 7.

Cyclolites ellipticus Guettard, fam. Cyclolitidae – Polypier simple à face inférieure plane, couverte d'une forte thèque plissée concentriquement, et à face supérieure bombée, creusée d'une longue et profonde fossette. Dim. max. : h/D/d – 5/10/8 cm. **Turonien** : Charente-Maritime (rég. de Royan), Dordogne (rég. de Périgueux), Aude (Corbières), Vaucluse, Bouches-du-Rhône. Pl. 124, fig. 8, 9.

Cyclolites numismalis Lamarck, se distingue de la précédente espèce, indépendamment de sa petite taille, par sa forme subcirculaire et sa fossette peu allongée. Dim. max. : h/d=0,7/2,5 cm. **Turonien** : Vaucluse.

Meandrastrea pseudomeandrina Michelin, fam. Montlivaltiidae – Polypier composé, de forme très irrégulière, à calices plus ou moins allongés, de 1 à 2 cm de grand axe et pourvus de 35 à 50 éléments radiaires plus ou moins continus d'un calice à l'autre. **Turonien** : Vaucluse (Uchaux). Pl. 124, fig 5.

Montastrea cribaria Michelin *(Heliastrea –)*, fam. Faviidae – Polypier colonial massif à calices arrondis ou elliptiques larges de 5 à 8 mm. **Turonien** : Sarthe, Vaucluse (Uchaux), Bouches-du-Rhône (rég. de Martigues), Aude (Corbières). Pl. 125, fig. 6.

Aulosmilia compressa Lamarck *(Trochosmilia –)*, fam. Meandrinidae – Dim. max. : h/D/d = 2,5/1,8/2,5 cm. **Turonien** : Vaucluse (Uchaux). Pl. 125, fig. 3, 4.

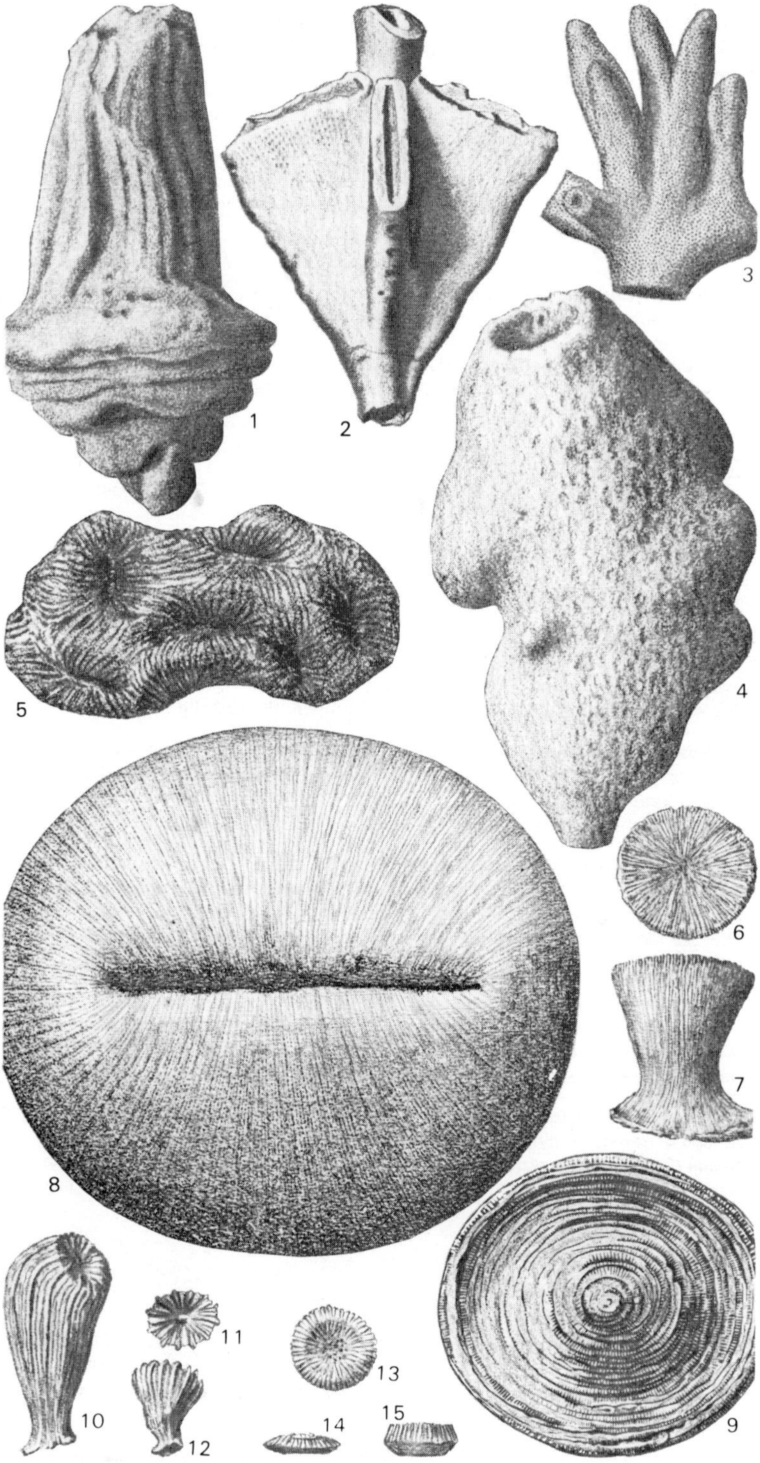

Planche 124 : CRÉTACÉ SUP.

1. *Turonia variabilis* – 2. *Guettardiscyphia stellata* – 3. *Blastochaetetes irregularis* – 4. *Phymatella tribolata* – 5. *Meandrastrea pseudomeandrina* – 6, 7. *Acrosmilia cenomana* – 8, 9. *Cyclotites ellipticus* – 10. *Parasmilia centralis* – 11, 12. *Lophosmilia cenomana* – 13-15. *Trochocyathus terquemi.*

Phyllosmilia basochesi Defrance, fam. Meandrinidae – Dim. max. : h/D/d = 2,5/6,5/1 cm. **Turonien :** Var (rég. de Fréjus), Bouches-du-Rhône (rég. de Martigues), Aude (Corbières). Pl. 125, fig. 1, 2.

Lophosmilia cenomana Michelin *(Caryophyllia -)*, Caryophylliidae – Dim. max. : h/D/d = 1,8/0,9/0,7 cm. **Cénomanien :** Sarthe (rég. du Mans). Pl. 124, fig. 11, 12.

Trochocyathus (Platycyathus) terquemi Milne-Edwards et Haime, fam. Caryophylliidae – Dim. max. : h/d = 0,5/1 cm. **Turonien :** Var (le Beausset). Pl. 124, fig. 13-15.

Parasmilia centralis Mantell, fam. Caryophylliidae – Prolypier simple dépourvu de thèque, à base plus ou moins étalée ; calice à septes ornés de granules et à columelle bien développée. Dim. max. : h/d = 3/1,5 cm. **Sénonien :** Oise (rég. de Beauvais), Eure, Marne (rég. d'Epernay, Châlons-sur-Marne) ; en Allemagne, Pays-Bas (rég. de Maestricht) et Grande-Bretagne. Pl. 124, fig. 10.

BRYOZOAIRES Cyclostomes

Cellulipora ornata d'Orbigny, fam. Diastoporidae – Zoarium massif avec zoécies groupées en colonies polygonales que délimitent d'étroits sillons. **Cénomanien :** Seine-Martime (rég. du Havre). Pl. 125, fig. 8.

Spiropora verticillata Goldfuss, fam. Diastoporidae – Zoarium formée de branches cylindriques de 1 à 5 mm de diamètre, à zoécies disposées en couronnes. **Cénomanien** à **Maestrichtien :** dans toute l'Europe occidentale ; cette espèce apparaît au Crétacé inf. (Néocomien). Pl. 125, fig. 10.

Reticrisina obliqua d'Orbigny *(Reticulipora –)*, fam. Plagioeciidae – Zoarium foliacé formé de rameaux anastomosés en mailles. **Turonien** à **Maestrichtien :** Manche, Indre-et-Loire (rég. de Tours), Loir-et-Cher, Charente-Maritime (rég. de Saintes, Royan). Pl. 125, fig. 11.

Homoeosolen ramulosus Lonsdale, fam. Cytididae – Zoarium branchu à rameaux plats, larges de 2 à 6 mm, bifurqués sur un même plan et portant des zoécies sur une seule face. **Turonien** à **Maestrichtien :** Manche, Seine-Maritime (rég. de Fécamp), Loir-et-Cher, Charente-Maritime ; en Grande-Bretagne. Pl. 125, fig. 9.

Ditaxia parvipora Canu et Bassler, fam. Leiosoeciidae – Zoarium branchu d'aspect très variable, formé de rameaux plats, larges de 4 à 10 mm. **Turonien** à **Campanien :** Loir-et-Cher (rég. de Vendôme), Indre-et-Loire (rég. de Tours), Charente-Maritime (rég. de Saintes, Royan). Pl. 125, fig. 7.

Meliceritites magnifica d'Orbigny *(Multela –)*, fam. Eleidae – Zoarium branchu à rameaux cylindriques, d'un diamètre pouvant atteindre 1 cm, à zoécies disposées très régulièrement. **Sénonien :** Manche, Eure-et-Loir (rég. de Chartres), Indre-et-Loire, Loir-et-Cher, Charente-Maritime (rég. de Royan) ; aux Pays-Bas (Maestricht). Pl. 125, fig. 13.

BRYOZOAIRES Cheilostomes

Onychocella santonensis d'Orbigny, fam. Onychocellidae – Zoarium foliacé en larges lames ondulées, à zoécies disposées en quinconce. **Coniacien** et **Santonien :** Indre-et-Loire (rég. de Tours), Charente-Maritime (rég. de Saintes). Pl. 125, fig. 12.

Porina filograna Goldfuss, fam. Porinidae – Zoarium branchu à rameaux de section ovale, larges de 3 à 5 mm, à zoécies disposées en quinconce. **Sénonien :** Manche, Marne, Indre-et-Loire, Charente, Charente-Maritime (rég. de Royan) ; aux Pays-Bas (Maestricht). Pl. 125, fig. 14.

Stichopora clypeata Hagenow, fam. Orbituloporidae – Zoarium en forme de coupe, d'un diamètre pouvant atteindre 1 cm, dont la face convexe montre

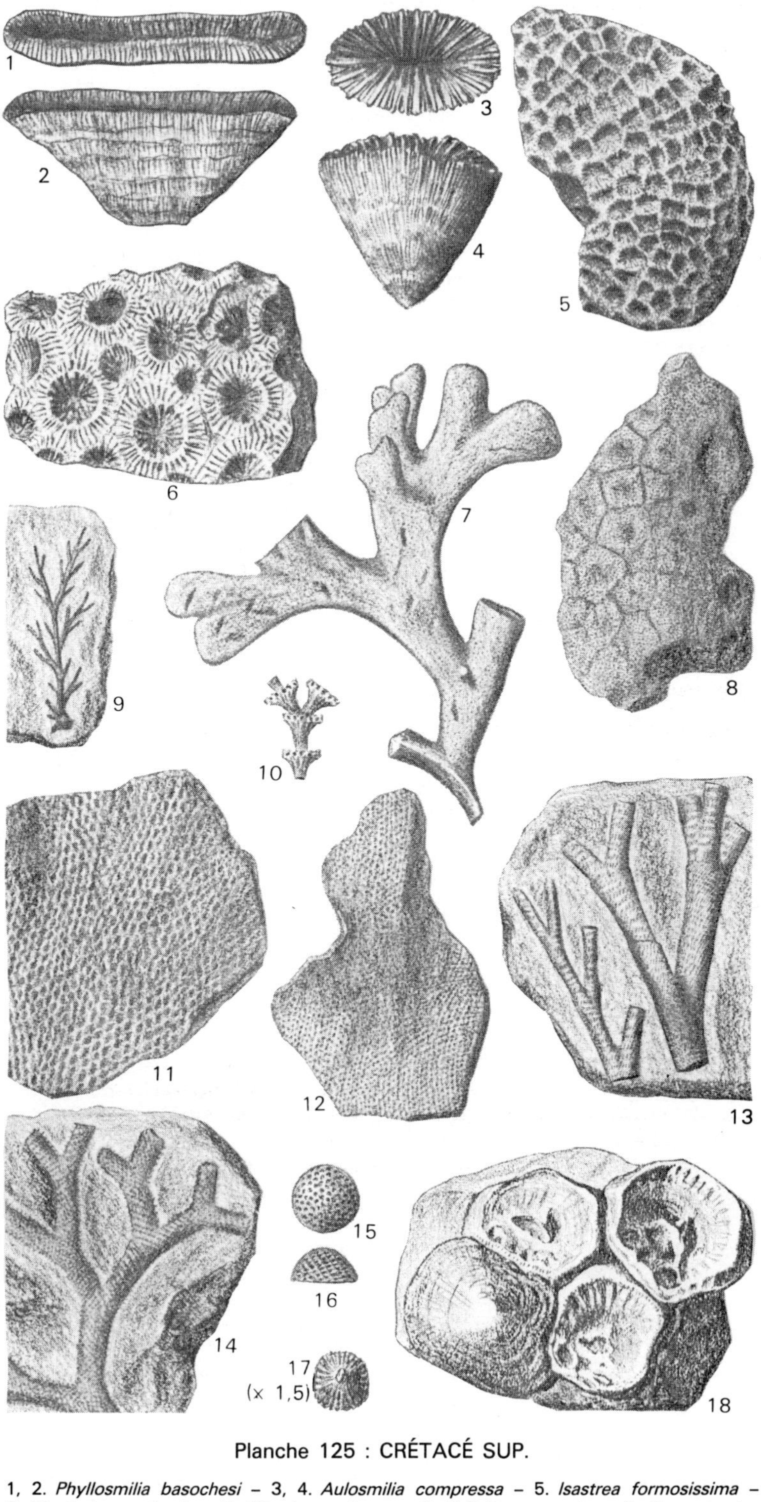

Planche 125 : CRÉTACÉ SUP.

1, 2. *Phyllosmilia basochesi* – 3, 4. *Aulosmilia compressa* – 5. *Isastrea formosissima* – 6. *Montastrea cribaria* – 7. *Ditaxia parvipora* – 8. *Cellulipora ornata* – 9. *Homoeosolen ramulosus* – 10. *Spiropora verticillata* – 11. *Reticrisina obliqua* – 12. *Onychocella santonensis* – 13. *Meliceritites magnifica* – 14. *Porina filograna* – 15, 16. *Stichopora clypeata* – 17. *Isocrania egnabergensis* – 18. *Ancistrocrania parisiensis.*

des zoécies de contour hexagonal. **Sénonien** : Manche, Charente-Maritime (rég. de Royan) ; en Belgique et aux Pays-Bas (Limbourg). Pl. 125, fig. 15, 16.

BRACHIOPODES Inarticulés

Ancistrocrania parisiensis Defrance *(Crania –)*, fam. Craniidae – Valves pouvant atteindre 2,5 cm de largeur. **Sénonien sup.** : Yonne (rég. de Sens) ; en Grande-Bretagne. Pl. 125, fig. 18.

Isocrania egnabergensis Retzius *(Crania striata)*, fam. Craniidae – Valves ne dépassant pas 0,7 cm de diamètre, ornées de nombreuses côtes rayonnantes. **Sénonien sup.** : Seine-Maritime (rég. de Fécamp), Loir-et-Cher (rég. de Vendôme), Yonne (rég. de Sens), Marne, Charente-Maritime (rég. de Royan) ; aux Pays-Bas (rég. de Maestricht) et en Grande-Bretagne. Pl. 125, fig. 17.

BRACHIOPODES Articulés

Orbirhynchia cuvieri d'Orbigny *(Rhynchonella –)*, fam. Rhynchonellidae – Valves ornées de 30 à 34 côtes radiales subégales. Dim. max. : L/l/e = 1,7/1,7/1,3 cm. **Turonien** : Pas-de-Calais (Cap Blanc-Nez, Boulonnais), Seine-Maritime (rég. de Fécamp, le Havre, Rouen), Orne, Sarthe (rég. du Mans, La Flèche), Marne, Aube, Cher (rég. d'Amboise) ; en Belgique et en Grande-Bretagne. Pl. 126, fig. 1, 2.

Grasirhynchia grasiana d'Orbigny *(Rhynchonella –)*, fam. Rhynchonellidae – Valves ornées de 46 à 56 côtes radiales. Dim. max. : L/l/e = 1,5/1,5/1 cm. **Cénomanien** : Seine-Maritime (rég. du Havre), Calvados (rég. de Lisieux), Orne (rég. de Sées) ; en Grande-Bretagne. Pl. 126, fig. 3, 4.

Cyclothyris compressa Lamarck *(Rhynchonella –)*, fam. Rhynchonellidae – Valves ornées de 30 à 45 côtes dont 8 à 11 forment le sinus. Dim. max. : L/l/e = 2,5 à 3/4/1,5 à 2 cm. **Cénomanien** : espèce à vaste répartition européenne. Pl. 126, fig. 5, 6.

Cyclothyris difformis Lamarck *(Rhynchonella –)* – Espèce très variable, de forme plus ou moins irrégulière, ornée sur chaque valve de 30 à 40 côtes arrondies. Dim. max. : L/l/e = 2,5/3 à 3,5/1,2 à 2 cm. **Turonien** à **Campanien** : Charente (rég. d'Angoulême), Charente-Maritime (rég. de Saintes, Oléron), Dordogne, Var (rég. du Beausset), Bouches-du-Rhône (rég. de Martigues), Aude. Pl. 126, fig. 9, 10.

Cyclothyris vespertilio Brocchi *(Rhynchonella –)* – Espèce caractérisée par 50 à 55 côtes radiales dont environ 10 forment le sinus qui est très prononcé. Dim. max. : L/l/e = 2,5/3,5/1,5 à 2 cm. **Coniacien** et **Santonien** : Loir-et-Cher (rég. de Vendôme), Indre-et-Loire, Cher, Charente, Charente-Maritime, Dordogne. Pl. 126, fig. 7, 8.

Cretirhynchia plicatilis Sowerby *(Rhynchonella –)*, fam. Rhynchonellidae – Valves très bombées, ornées d'environ 70 côtes radiales dont 10 à 11 forment le sinus qui est plus ou moins accentué. Dim. max. : L/l/e = 2,2/2,8/1,9 cm. **Turonien** à **Campanien** : Nord (rég. de Cambrai), Seine-Maritime (rég. de Dieppe, Fécamp), Marne, Yonne (rég. de Sens) ; en Allemagne, Belgique (rég. de Tournai) et Grande-Bretagne. Pl. 126, fig. 11, 12.

Cretirhynchia lamarckiana d'Orbigny *(Rhynchonella –)* – Espèce se distinguant bien de la précédente par ses valves ornées de seulement 30 à 40 côtes, dont 6 forment un sinus peu accentué. Dim. max. : L/l/e = 2,5/2,6 à 2,8/1,8 cm. **Cénomanien inf.** : Seine-Maritime (rég. du Havre), Sarthe (rég. du Mans), Indre (rég. de Valençay), Charente-Maritime (Ile d'Aix), Vaucluse (rég. d'Orange).

Sellithyris phaseolina Lamarck *(Terebratula –)*, fam. Terebratulidae – Espèce de proportions assez variables, à valves plus ou moins biplissées (fréquemment désignée sous le nom de *S. biplicata*). Dim. max. : L/l/e = 2,5/2,2 à 2,5/1,2 à 1,4 cm. **Cénomanien** : Seine-Maritime (rég. du Havre), Calvados, Orne, Sarthe (rég. du Mans), Indre-et-Loire, Indre, Cher, Charente-Maritime (rég. de Saintes) ; en Belgique (rég. de Tournai). Pl. 126, fig. 13, 14.

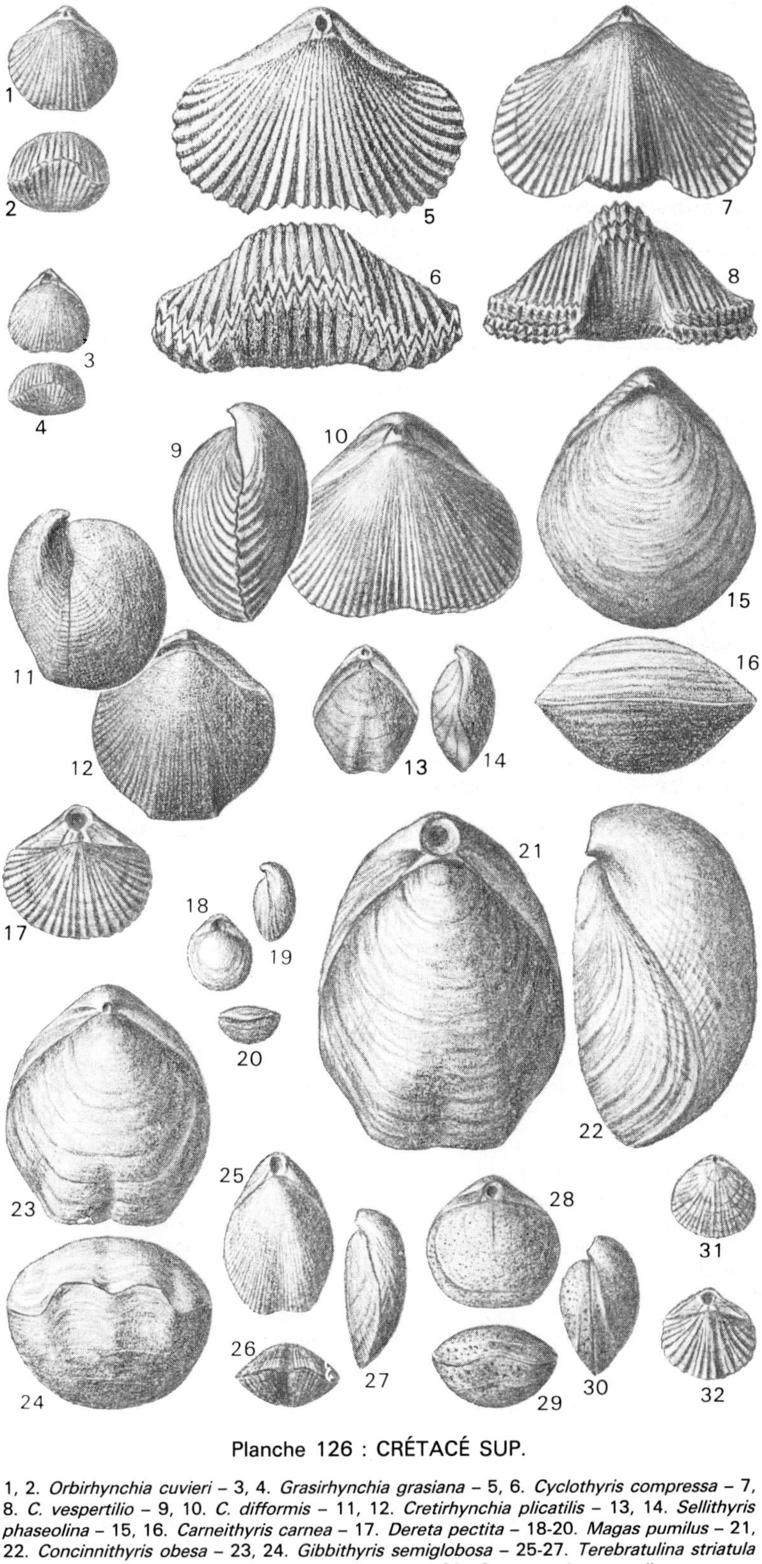

Planche 126 : CRÉTACÉ SUP.

1, 2. *Orbirhynchia cuvieri* – 3, 4. *Grasirhynchia grasiana* – 5, 6. *Cyclothyris compressa* – 7, 8. *C. vespertilio* – 9, 10. *C. difformis* – 11, 12. *Cretirhynchia plicatilis* – 13, 14. *Sellithyris phaseolina* – 15, 16. *Carneithyris carnea* – 17. *Dereta pectita* – 18-20. *Magas pumilus* – 21, 22. *Concinnithyris obesa* – 23, 24. *Gibbithyris semiglobosa* – 25-27. *Terebratulina striatula* – 28-30. *Kingena lima* – 31. *Terebratulina gracilis* – 32. *Gemmarcula menardi.*

Carneithyris carnea Sowerby *(Terebratula –)*, fam. Terebratulidae – Dim. max. : L/l/e = 3,5/2,5 à 3/2 cm. **Sénonien :** Marne, Yonne (rég. de Sens), Indre-et-Loire ; en Belgique, Allemagne et Grande-Bretagne. Pl. 126, fig. 15, 16.

Concinnithyris obesa Sowerby *(Terebratula –)*, fam. Terebratulidae – Dim. max. : L/l/e = 6/4,5/3,5 cm. **Turonien :** Seine-Maritime (rég. de Rouen), Calvados, Indre-et-Loire (rég. d'Amboise), Marne, Aube, Yonne, Dordogne (rég. de Périgueux) ; en Grande-Bretagne. Pl. 126, fig. 21, 22.

Gibbithyris semiglobosa Sowerby *(Terebratula –)*, fam. Terebratulidae – Dim. max. : L/l/e = 4/3,5/3 cm. **Turonien** et **Sénonien :** Nord (rég. de Lille, Cambrai), Pas-de-Calais (rég. d'Arras), Seine-Maritime (rég. de Dieppe, Fécamp, Rouen), Marne, Yonne (rég. de Sens) ; en Allemagne et en Grande-Bretagne. Pl. 126, fig. 23, 24.

Terebratulina striatula Mantell *(T. defrancii)*, fam. Cancellothyrididae – Coquille de forme et d'ornementation assez variable ; côtes radiales se multipliant par dichotomie. Dim. max. : L/l/e = 4/2,5 à 3/1,5 cm. **Turonien** et **Sénonien :** Nord, Seine-Maritime (rég. de Fécamp, Rouen), Marne, Yonne (rég. de Sens) ; en Allemagne et en Grande-Bretagne. Pl. 126, fig. 25-27.

Terebratulina gracilis Schlotheim – Dim. max. : L/l/e = 1/1 à 1,1/04, à 0,5 cm. **Turonien :** Pas-de-Calais (Boulonnais), Nord (rég. de Lille, Cambrai), Somme, Marne ; en Allemagne, Belgique et Grande-Bretagne. Pl. 126, fig. 31.

Gemmarcula menardi Lamarck *(Terebratella –)*, fam. Dallinidae – Dim. max. : L/l/e = 1,5/1,5 à 1,6/1 cm. **Cénomanien** et **Turonien inf. :** Sarthe (rég. du Mans), Indre-et-Loire, Indre, Charente-Maritime (rég. de Rochefort, Ile d'Aix, Oléron). Pl. 126, fig. 32.

Kingena lima Defrance *(Megerlia –)*, fam. Dallinidae – Coquille très variable, de contour circulaire, ovalaire ou subpentagonal, à surface ornée de granules disposés en quinconce. Dim. max. : L/l/e = 2,5/2 à 2,5/1,5 cm. **Cénomanien :** Pas-de-Calais (Boulonnais), Oise (rég. de Beauvais), Seine-Maritime (rég. du Havre), Yonne ; en Grande-Bretagne. Pl. 126, fig. 28-30.

Magas pumilus Sowerby, fam. Terebratellidae – Valves lisses, marquées par quelques lignes d'accroissement et par des ponctuations disposées en quinconce. Dim. max. : L/l/e = 1/0,9/0,4 à 0,5 cm. **Campanien** et **Maestrichtien :** Manche (rég. de Valognes), Seine-Maritime (rég. de Fécamp), Marne (rég. d'Epernay), Yonne (rég. de Sens), Oise (rég. de Compiègne), Loir-et-Cher (rég. de Blois) ; en Allemagne, Belgique (rég. de Mons) et Grande-Bretagne. Pl. 126, fig. 18-20.

Dereta pectita Sowerby *(Terebratella –)*, fam. Terebratellidae – Dim. max. : L/l/e = 3/2,8 à 3,2/2 cm. **Cénomanien :** Seine-Maritime (rég. du Havre), Sarthe (rég. du Mans), Maine-et-Loire, Charente (rég. d'Angoulême), Charente-Maritime (Oléron) ; en Grande-Bretagne. Pl. 126, fig. 17.

MOLLUSQUES Bivalves

Nuculoma renauxiana d'Orbigny, fam. Nuculidae – Surface ornée de très fines stries concentriques. Dim. max. : h/L/e = 1,5/2/1 cm. **Cénomanien** et **Turonien :** Sarthe (rég. du Mans), Vaucluse (Uchaux). Pl. 137, fig. 3, 4.

Cucullaea (Idonearca) tailleburgensis d'Orbigny *(Arca –)*, fam. Cucullaeidae – Dim. max. : h/L/e = 6,5/12/7 cm. **Cénomanien** et **Turonien :** espèce largement répandue en France. Pl. 127, fig. 6.

Glycymeris requieniana d'Orbigny *(Pectunculus –)*, fam. Glycymerididae – Surface lisse ou très finement treillissée. Dim. max : h/L/e = 3/3/2 cm. **Cénomanien** et **Turonien :** Charente-Maritime, Vaucluse (Uchaux). Pl. 137, fig. 1,2.

Trigonarca ligeriensis d'Orbigny *(Arca –)*, fam. Glycymerididae – Dim. max. : h/L/e = 5 à 5,5/8/5 à 6 cm. **Cénomanien** et **Turonien :** espèce largement répandue en France. Pl. 127, fig. 5.

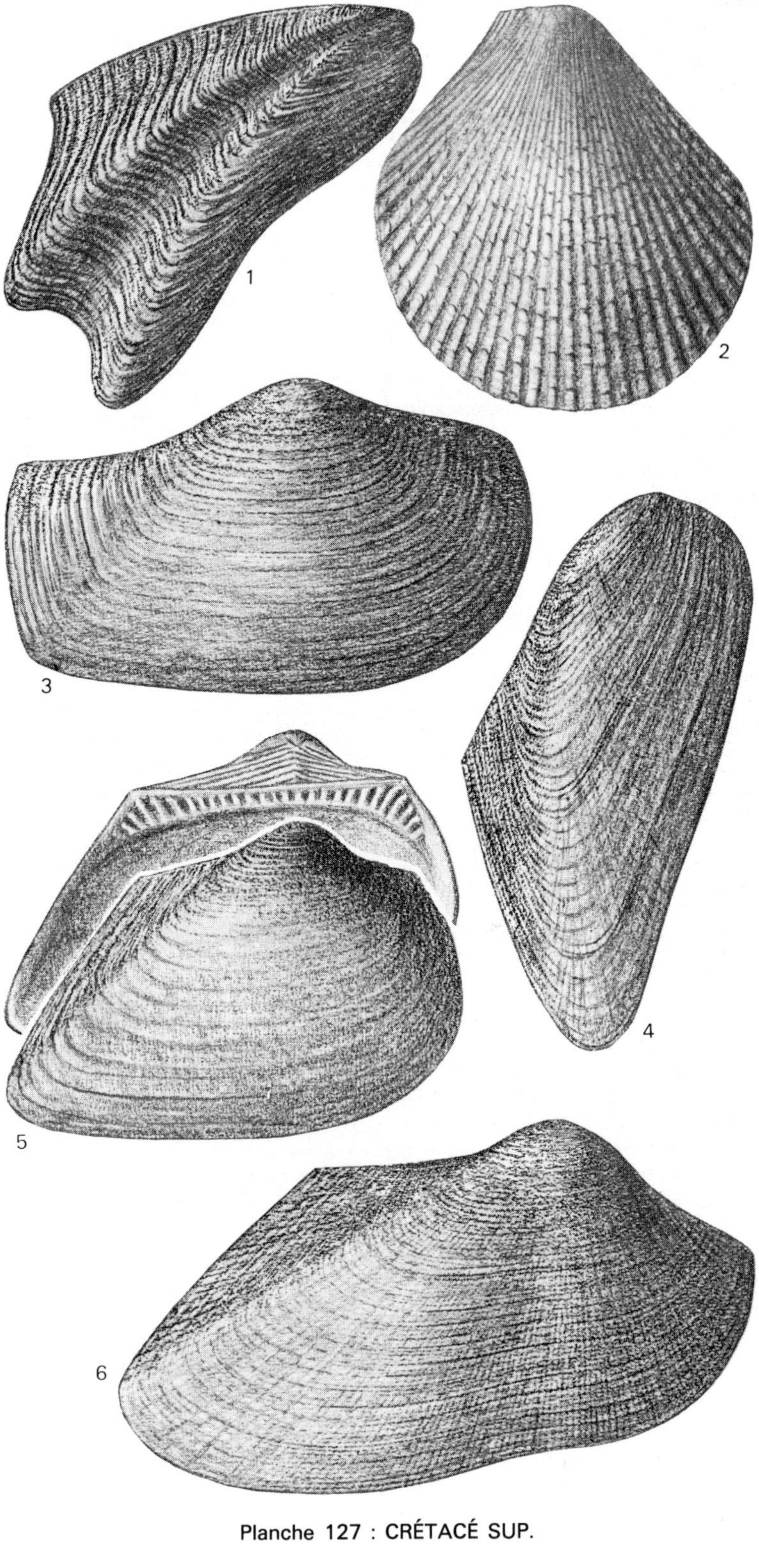

Planche 127 : CRÉTACÉ SUP.

1. *Regoria dufrenoyi* – 2. *Lima dujardini* – 3. *Panopea regularis* – 4. *Modiolus ligeriensis* – 5. *Trigonarca ligeriensis* – 6. *Cucullaea tailleburgensis.*

Modiolus ligeriensis d'Orbigny, fam. Mytilidae – Dim. max. : h/L/e = 4 à 4,5/10/4,5 cm. **Cénomanien** et **Turonien** : Sarthe (rég. du Mans), Maine-et-Loire (rég. de Saumur), Charente-Maritime, Dordogne. Pl. 127, fig. 4.

Regoria dufrenoyi d'Archiac, fam. Mytilidae – Dim. max. : h/L/e = 5 à 7/15/4,5 à 5 cm. **Campanien** : Charente (rég. de Cognac), Charente-Maritime (rég. de Royan), Dordogne (rég. de Périgueux). Pl. 127, fig. 1.

Inoceramus crippsi Mantell, fam. Inoceramidae – Dim. max. : h/L/e = 10/9/4 à 4,5 cm. **Cénomanien** : espèce à large répartition européenne. Pl. 128, fig. 2.

Inoceramus (Mytiloides) labiatus Schlotheim *(I. problematicus, I. mytiloides –)* – Dim. max. : h/L/e = 13/6 à 7/2,5 à 4 cm. **Cénomanien** et **Turonien** : dans toute l'Europe occidentale. Pl. 128, fig. 1.

Entolium orbiculare Sowerby *(Pecten –)*, fam. Entoliidae – Dim. max. : h/L/e = 5/4,5/0,8 cm. **Cénomanien** et **Turonien** : dans toute l'Europe occidentale ; cette espèce apparaît au Crétacé inférieur (Berriasien). Pl. 130, fig. 8.

Chlamys cretosa Defrance *(Pecten –)*, fam. Pectinidae – Dim. max. : h/L/e = 4/3 à 3,5/0,6 cm. **Turonien** et **Sénonien** : espèce très largement répandue en Europe occidentale. Pl. 131, fig. 8.

Chlamys (Merklinia) aspera Lamarck *(Pecten asper)* – Dim. max. : h/L/e = 10/10/3 cm. **Cénomanien** : dans toute l'Europe occidentale. Pl. 129, fig. 1.

Neithea aequicostata Lamarck *(Janira –)*, fam. Pectinidae – Valves ornées d'une trentaine de côtes radiales subégales. Dim. max. : h/L/e = 4/3,8/2 cm. **Cénomanien** : espèce répandue en France et dans les régions limitrophes, apparaissant au Crétacé inf. (Albien). Pl. 128, fig. 8, 9.

Neithea quinquecostata Sowerby – Valves ornées de 6 côtes radiales principales intercalées de 4 ou 5 côtes plus petites. Dim. max. : h/L/e = 6/5,5/2,5 cm. **Cénomanien** : espèce à vaste répartition européenne, apparaissant au Crétacé inf. (Albien). Pl. 128, fig. 7.

Neithea gibbosa Pulteney *(Janira quadricostata)* – Cette espèce se distingue de la précédente par la présence de seulement 3 côtes intercalaires entre chacune des 6 côtes radiales principales. **Cénomanien** : espèce à vaste répartition européenne, apparaissant au Crétacé inf. (Albien).

Spondylus spinosus Sowerby, fam. Spondylidae – Coquille presque équivalve, ornée de 20 à 40 côtes radiales simples, et de longues épines qui se développent sur la valve droite. Dim. max. (sans les épines) : h/L/e = 7/5,5/3,5 à 4 cm. **Turonien** à **Maestrichtien** : espèce à vaste répartition européenne. Pl. 129, fig. 2, 3.

Spondylus truncatus Lamarck – Espèce à valve droite beaucoup plus développée que la gauche, les deux étant ornées de nombreuses côtes radiales et de quelques tubercules épineux. Dim. max. : h/L/e = 11/8/5,5 à 6 cm. **Sénonien** : Sarthe, Loir-et-Cher (rég. de St-Aignan), Indre-et-Loire (rég. de Tours). Pl. 129, fig. 4.

Lima dujardini Deshayes, fam. Limidae – Valves ornées d'une quarantaine de côtes radiales que croisent des lamelles d'accroissement. Dim. max. : h/L/e = 6,5/6/2 à 2,5 cm. **Sénonien** : Sarthe (rég. de La Châtre-sur-Loir), Loir-et-Cher (rég. de St-Aignan), Indre-et-Loire (rég. de Tours). Pl. 127, fig. 2.

Limea composita Sowerby *(Lima cenomanensis)*, fam. Limidae – Valves ornées d'une quarantaine de côtes radiales finement granuleuses. Dim. max. : h/L/e = 1,5/1,3/0,7 cm. **Cénomanien** : Sarthe (rég. du Mans), Indre (rég. de Valençay). Pl. 128, fig. 3.

Plagiostoma hoperi Sowerby *(Lima –)*, fam. Limidae – Valves ornées de côtes radiales plates, en nombre variable, séparées par des sillons finement ponctués. Dim. max. : h/L/e = 6/5/1,5 à 2 cm. **Turonien** et **Sénonien** : espèce à vaste répartition européenne. Pl. 129, fig. 6.

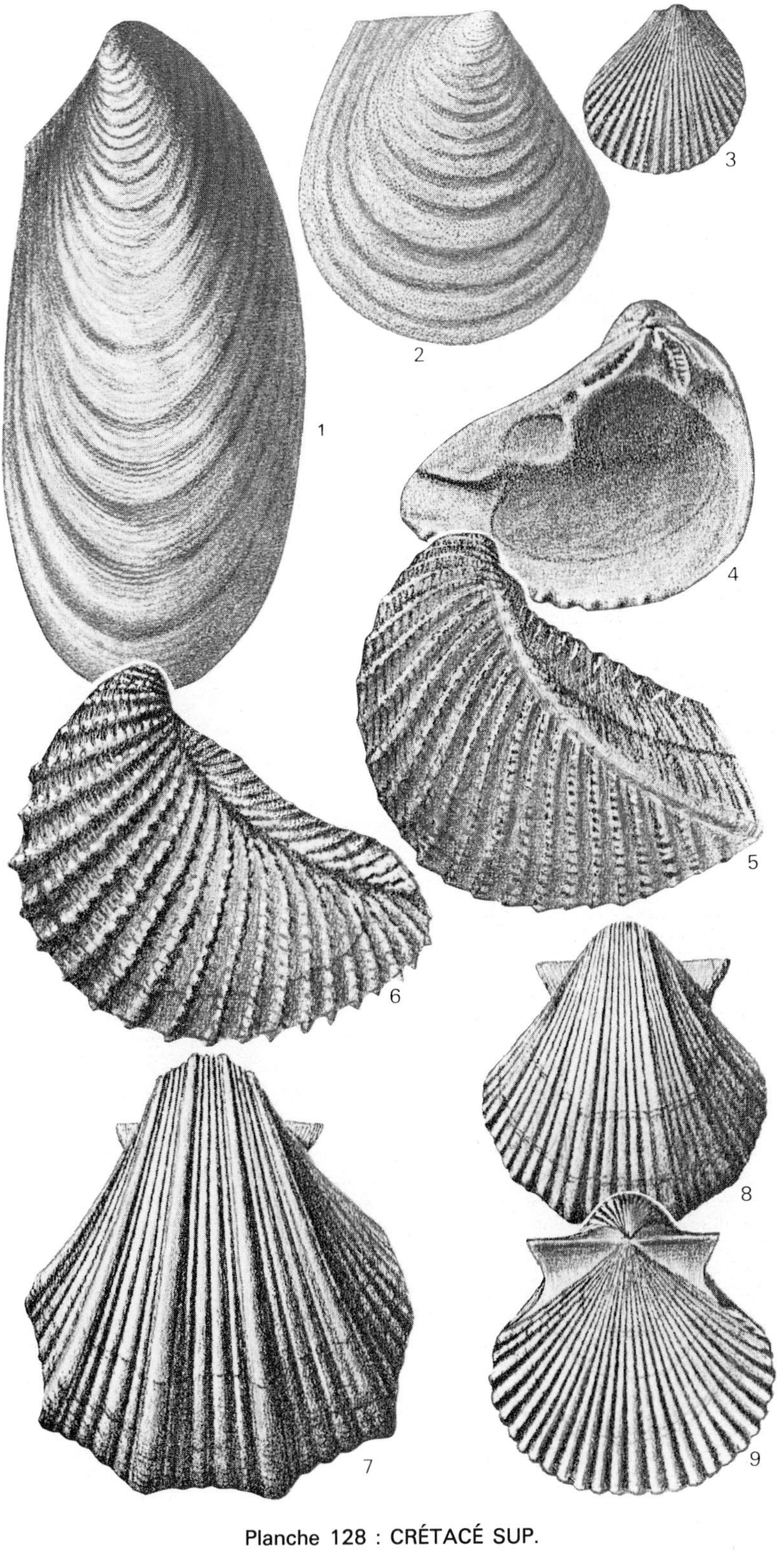

Planche 128 : CRÉTACÉ SUP.

1. *Inoceramus labiatus* – 2. *I. crippsi* – 3. *Limea composita* – 4, 5. *Pterotrigonia crenulata* – 6. *P. scabra* – 7. *Neithea quinquecostata* – 8, 9. *N. aequicostata*.

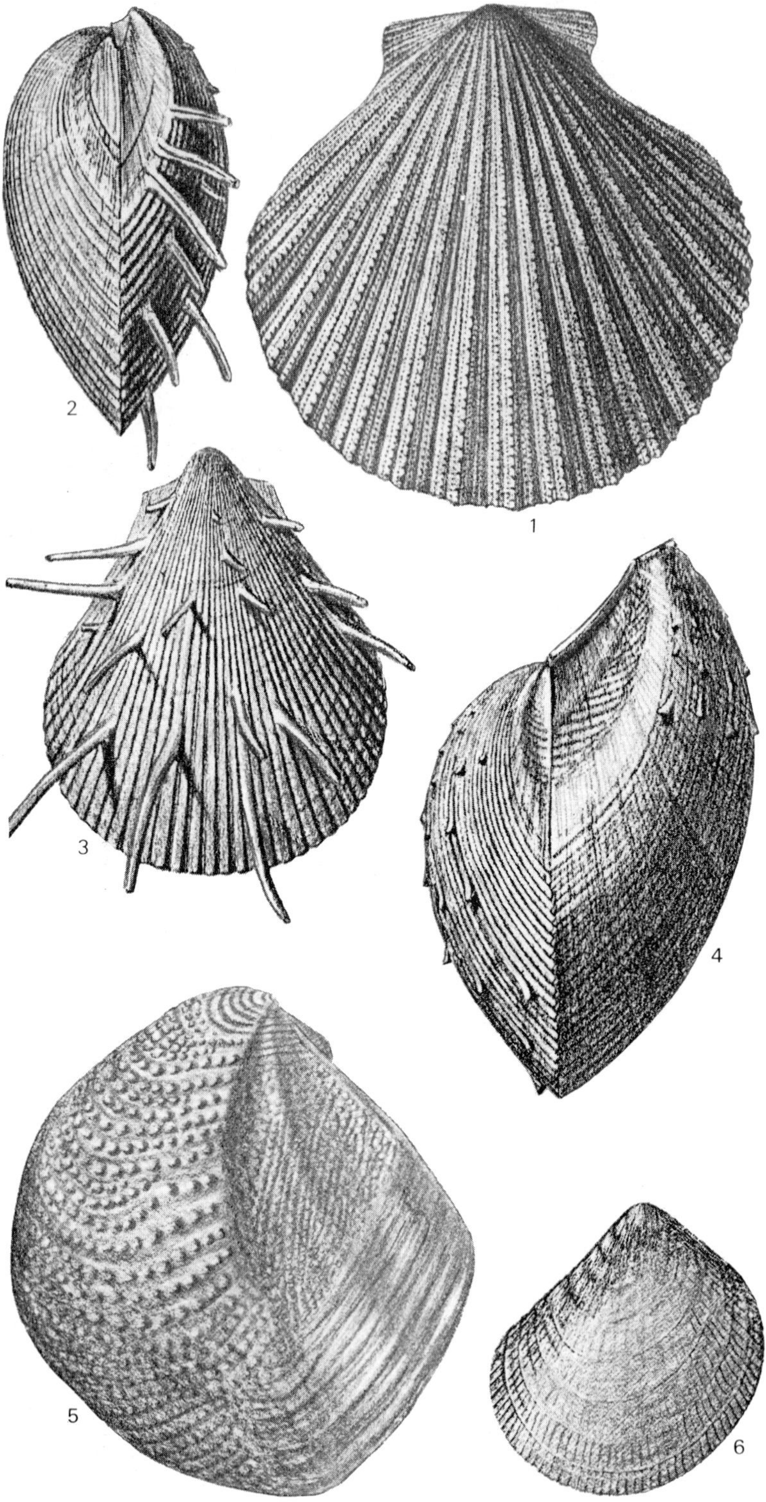

Planche 129 : CRÉTACÉ SUP.

1. *Chlamys (Merklinia) aspera* – 2, 3. *Spondylus spinosu* – 4. *S. truncatus* – 5. *Yaadia (Quadratotrigonia) daedalea* – 6. *Plagiostoma hoperi.*

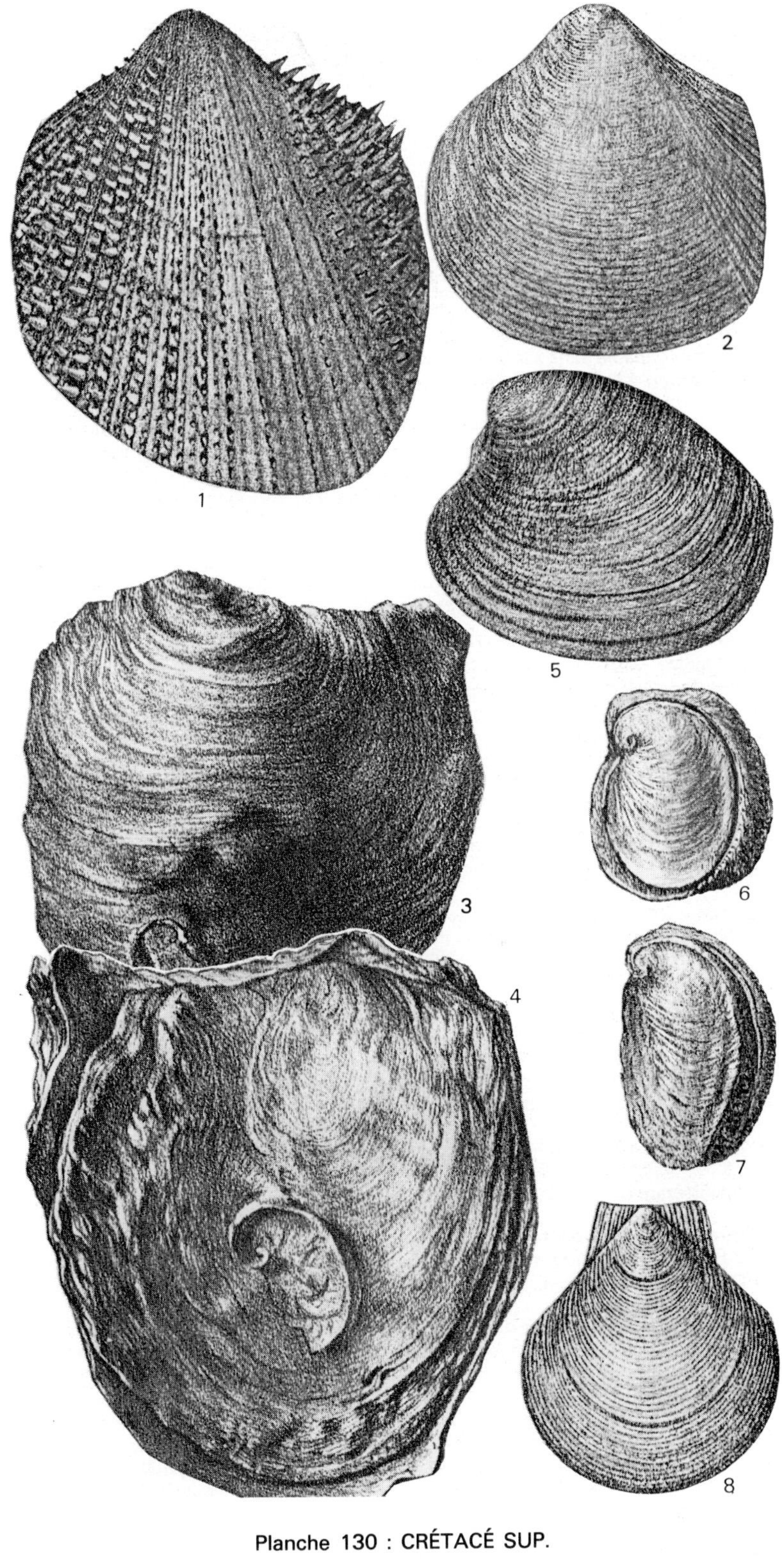

Planche 130 : CRÉTACÉ SUP.

1. *Granocardium productum* – 2. *Protocardia hillana* – 3, 4. *Pycnodonte biauriculata* – 5. *Aphrodina plana* – 6, 7. *Amphidonte haliotideum* – 8. *Entolium orbiculare.*

Plagiostoma maxima d'Archiac – Très grande espèce, pouvant atteindre 20 cm de hauteur pour 25 cm de longueur et 7,5 cm d'épaisseur, à valves presque lisses. **Campanien** et **Coniacien** : Charente (rég. de Cognac), Charente-Maritime (rég. de Royan), Dordogne.

Pycnodonte biauriculata Lamarck, fam. Gryphaeidae – Espèce de forme très variable, à oreillettes plus ou moins développées. Dim. max. : h/L/e = 8/6 à 10/4 à 6 cm. **Cénomanien** : Sarthe (rég. du Mans, de La Flèche), Charente-Maritime (Ile d'Aix), Charente (rég. d'Angoulême), Dordogne, Var ; en Allemagne et en Espagne. Pl. 130, fig. 3, 4.

Pycnodonte (Phygraea) vesicularis Lamarck *(Gryphaea –)* – Extrêmement variable, plus ou moins gryphéiforme, cette espèce se distingue essentiellement de la précédente par l'absence d'aile. **Sénonien** (Coniacien à Maestrichtien) de toute l'Europe occidentale.

Amphidonte haliotideum Sowerby, fam. Gryphaeidae – Coquille auriculiforme, très variable dans ses proportions. Dim. max. : h/L/e = 8/4 à 6/3 à 4 cm. **Cénomanien** à **Coniacien** : dans toute l'Europe occidentale. Pl. 130, fig. 6, 7.

Ceratostreon flabellatum Goldfuss, fam. Gryphaeidae – Espèce très variable, à valves multiplissées. Dim. max. : h/L/e = 20/18/8 à 12 cm. **Cénomanien** et **Turonien** : Sarthe (rég. du Mans, de La Flèche), Indre-et-Loire, Charente-Maritime (rég. de Rochefort, Ile d'Aix), Charente (rég. d'Angoulême), Dordogne (rég. de Sarlat), Gard (rég. est d'Alès). Pl. 132, fig. 1, 2.

Ceratostreon pliciferum Dujardin *(Ostrea matheroniana)* – Espèce très voisine de la précédente dont elle se distingue par sa forme un peu plus étroite. Dim. max. : h/L/e = 6/4/3 à 4 cm. **Sénonien** : espèce répandue dans l'Ouest et le Sud de la France.

Rhynchostreon suborbiculatum Lamarck *(Ostrea columba, R. chaperi)*, fam. Gryphaeidae – Coquille présentant fréquemment des traces de coloration constituées de zones obliques brunes. Dim. max. : h/L/e = 10/9 à 10/5 à 6 cm. (Dans nombre de gisements les spécimens ne dépassent pas 1,5 à 2 cm : c'est la var. *minor*.) **Cénomanien** et **Turonien** : espèce à vaste répartition européenne, apparaissant au Crétacé inf. (Albien). Pl. 132, fig. 7, 8.

Rastellum larvum Lamarck, fam. Ostreidae – Coquille plus ou moins large et arquée, ornée de côtes peu nombreuses et très aiguës. Dim. max. : h/L/e = 8/3 à 5/3 cm. **Sénonien** : espèce à vaste répartition européenne, surtout abondante dans le Sud-Ouest de la France. Pl. 131, fig. 1, 2.

Rastellum diluvianum Linné *(Alectryonia –)* – Espèce voisine de la précédente, dont elle diffère par sa forme généralement plus plate et plus large, ainsi que par ses côtes souvent bifurquées, disposées de manière plus normalement rayonnante à partir du crochet. **Cénomanien** à **Sénonien** : espèce à vaste répartition européenne, apparaissant au Crétacé inférieur (Aptien).

Rastellum (Arctostrea) carinatum Lamarck *(Ostrea –, Alectryonia –)* – Coquille plus ou moins arquée, pouvant atteindre 10 cm de hauteur pour 6 cm d'épaisseur. **Cénomanien** : espèce à vaste répartition européenne, apparaissant au Crétacé inf. (Aptien). Pl. 131, fig. 3-6.

Apiotrigonia sulcataria Lamarck *(Trigonia –)*, fam. Trigoniidae – Dim. max. : h/L/e = 4/4,5/2 à 2,5 cm. **Cénomanien** : Sarthe (rég. du Mans) ; en Grande-Bretagne. Pl. 132, fig. 6.

Pterotrigonia crenulata Lamarck, fam. Trigoniidae – Dim. max. : h/L/e = 7/7/4,5 cm. **Cénomanien** : Orne, Sarthe (rég. du Mans), Seine-Maritime (rég. de Rouen). Pl. 128, fig. 4, 5.

Pterotrigonia (Scabrotrigonia) scabra Lamarck – Cette espèce se distingue de la précédente par ses côtes plus fines et espacées et par l'ornementation différente de son aréa postérieure. **Turonien** : espèce largement répandue en France. Pl. 128, fig. 6.

Yaadia (Quadratotrigonia) daedalea Parkinson, fam. Trigoniidae – Dim. max. : h/L/e = 9/8/4 cm. **Cénomanien** : Sarthe (rég. du Mans), Vaucluse (rég. d'Orange), Var ; en Belgique dès le Crétacé inf. (Albien) et en Grande-Bretagne. Pl. 129, fig. 5.

Rutitrigonia sinuata Parkinson, fam. Trigoniidae – Dim. max. : h/L/e = 6,5/8/3 cm. **Cénomanien** : Sarthe (rég. du Mans), Maine-et-Loire, Indre, Charente-Maritime (Ile d'Aix). Pl. 132, fig. 5.

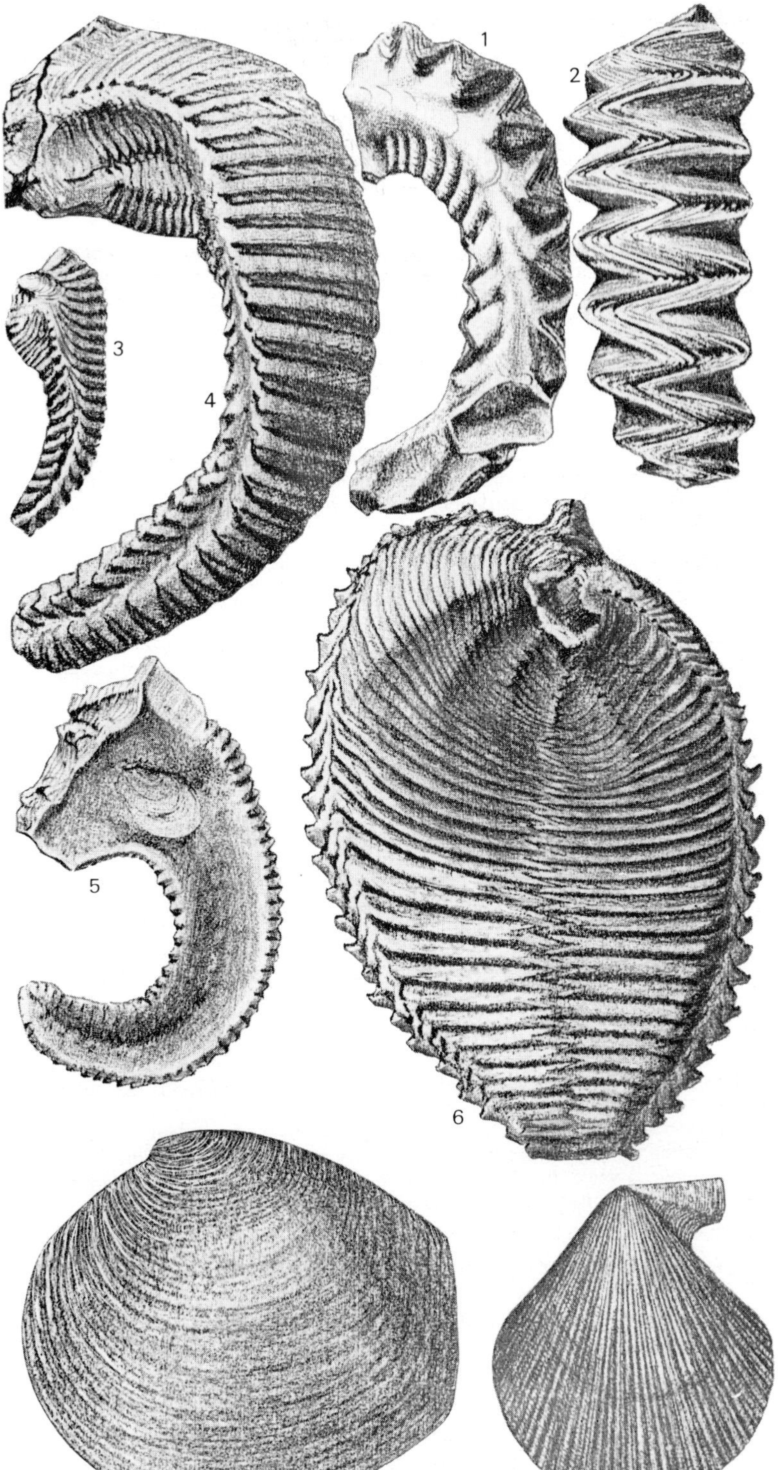

Planche 131 : CRÉTACÉ SUP.

1, 2. *Rastellum larvum* – 3-6. *R. (Arctostrea) carinatum* – 7. *Cyprimeria disca* – 8. *Chlamys cretosa.*

Sphaera rotundata d'Orbigny *(Corbis –)*, fam. Fimbriidae – Espèce proche de *S. corrugata* (→ Crétacé inf., Pl. 111, fig. 3), dont elle diffère par son contour plus régulièrement arrondi et par ses plis concentriques moins forts que croisent des stries radiales plus marquées. Dim. max. : h/L/e = 7/6,5/5,5 cm. **Cénomanien** : espèce largement répandue en France.

Myoconcha cretacea d'Orbigny, fam. Permophoridae – Dim. max. : h/L/e 16/7,5/5 à 5,5 cm. **Cénomanien** et **Turonien :** Seine-Maritime (rég. de Rouen), Sarthe (rég. du Mans), Charente (rég. d'Angoulême), Charente-Maritime (Ile Madame, rég. de Saintes et de Royan), Dordogne. Pl. 132, fig. 3.

Granocardium productum Sowerby, fam. Cardiidae – Valves faiblement obliques, très bombées, ornées de côtes radiales séparées par des sillons, et pourvues de granules épineux. Dim. max. : h/L/e = 8/5,5 à 6,5/6 cm. **Cénomanien** à **Sénonien** : espèce à vaste répartition européenne. Pl. 130, fig. 1.

Protocardia hillana Sowerby *(Cardium –)*, fam. Cardiidae – Dim. max. : h/L/e = 5/4,5 à 5/3,5 cm. **Cénomanien :** dans toute l'Europe occidentale ; cette espèce apparaît au Crétacée inf. (Albien). Pl. 130, fig. 2.

Linearia circinalis Dujardin *(Arcopagia –)*, fam. Tellinidae – Dim. max. : h/L/e = 4/3/1,5 cm. **Sénonien :** Indre-et-Loire (rég. de Tours), Charente-Maritime (rég. de Saintes et de Royan), Dordogne, Lot (rég. de Gourdon). Pl. 132, fig. 4.

Proveniella ligeriensis d'Orbigny *(Cyprina –)*, fam. Arcticidae – Très proche de *P. ervyensis* (→ Crétacé inf., Pl. 112, fig. 1), cette espèce en diffère essentiellement par ses valves un peu plus renflées. Dim. max. : h/L/e = 8/9/6 cm. **Cénonien** et **Turonien :** espèce largement répandue en France.

Aphrodina plana Sowerby *(Venus –)*, fam. Veneridae – Dim. max. : h/L/e = 5,5/6/3 cm. **Cénomanien** à **Coniacien :** dans toute l'Europe occidentale ; cette espèce apparaît au Crétacé inf. (Albien). Pl. 130, fig. 5.

Cyprimeria disca Matheron, fam. Veneridae – Coquille subcirculaire à valves très peu bombées, ornées de rides concentriques irrégulières. Dim. max. : h/L/e = 6/7/1,5 cm. **Cénomanien** et **Turonien :** Sarthe (rég. du Mans), Loir-et-Cher, Indre-et-Loire, Maine-et-Loire (rég. de Saumur), Dordogne (rég. de Périgueux), Vaucluse, Bouches-du-Rhône. Pl. 131, fig. 7.

Panopea regularis d'Orbigny, fam. Hiatellidae – Dim. max : h/L/e = 6 à 7/9/4 cm. **Cénomanien** et **Turonien :** espèce à vaste répartition européenne. Pl. 127, fig. 3.

Corbula goldfussiana d'Orbigny, fam. Corbulidae – Dim. max. : h/L/e = 1,5/2/1,2 cm. **Turonien :** Vaucluse (Uchaux). Pl. 137, fig. 5, 6.

Caprotina semistriata d'Orbigny, fam. Caprotinidae – Espèce très variable dans ses proportions, pouvant atteindre 4 cm de longueur. **Cénomanien :** Sarthe (rég. du Mans), Charente-Maritime (rég. de Rochefort, Ile d'Aix). Pl. 133, fig. 1.

Polyconites operculatus Douvillé *(Radiolites polyconilites)*, fam. Caprotinidae – Forme conique de section plus ou moins ovale, pouvant atteindre 15 cm de longueur, à valve droite operculiforme. **Cénomanien :** Charente-Maritime (rég. de Rochefort, Ile d'Aix), Charente (rég. d'Angoulême et de Cognac). Pl 133, fig. 2.

Caprina adversa d'Orbigny, fam. Caprinidae – Coquille de proportions très variables pouvant atteindre 60 cm. **Cénomanien :** Charente-Maritime (rég. de Saintes, Rochefort, Ile d'Aix, Ile d'Oléron), Pyrénées-Atlantiques ; en Espagne. Pl. 133, fig. 3, 4.

Ichthyosarcolites triangularis Desmarest, fam. Caprinidae – Espèce de grande taille (jusqu'à 1 m), dont on ne récolte généralement que des fragments de valve gauche ; celle-ci, de section triangulaire, forme un enroulement disjoint. **Cénomanien inf. :** Deux-Sèvres, Maine-et-Loire, Charente-Maritime (rég. de Rochefort, Ile d'Aix, Marennes...), Charente (rég. de Cognac, Angoulême), Dordogne (rég. de Périgueux), Bouches-du-Rhône. Pl. 133, fig. 5 (fragment de tour).

Hippurites canaliculatus Rolland du Roquan *(Orbignya –)*, fam. Hippuritidae – forme conique irrégulière, costulée, plus ou moins arquée, à valve gauche

Planche 132 : CRÉTACÉ SUP.

1, 2. *Ceratostreon flabellatum* – 3. *Myoconcha cretacea* – 4. *Linearia circinalis* – 5. *Rugitrigonia sinuata* – 6. *Apiotrigonia sulcataria* – 7, 8. *Rhynchostreon suborbiculatum.*

operculiforme, pouvant atteindre 7 cm de longueur et 2,5 à 3,5 cm de diamètre. **Santonien sup.** : Var (rég. du Beausset), Bouches-du-Rhône (rég. de Martigues), Aude (Corbières). Pl. 133, fig. 6, 7.

Hippurites requieniana Matheron *(Orbignya requieni)*, est une espèce très voisine de la précédente, du **Turonien sup.** : Vaucluse (Uchaux), Var, Bouches-du-Rhône, Gard, Aude (Corbières) ; en Espagne (rég. d'Oviedo).

Hippurites socialis Douvillé, est une espèce plus allongée que les précédentes, pouvant atteindre 10 à 12 cm de longueur pour 2,5 à 3 cm de diamètre. **Coniacien** et **Santonien inf.** : Gard, Vaucluse, Var (Le Beausset), Bouches-du-Rhône (rég. de Martigues).

Hippurites radiosus Des Moulins, est une grande espèce (jusqu'à 20 cm de longueur pour 11 cm de diamètre) qui se rencontre dans le **Maestrichtien** : Charente (rég. d'Angoulême), Dordogne, Haute-Garonne ; en Espagne (Catalogne).

Hippurites lapeirousei Goldfuss *(H. espaillaci)*, se reconnaît à sa forme très courte, longue seulement de 3 à 3,5 cm pour un diamètre de 4 cm. **Maestrichitien** : Charente-Maritime (rég. de Royan), Charente (rég. d'Angoulême), Dordogne, Haute-Garonne ; aux Pays-Bas (Limbourg) et en Espagne (Catalogne).

Hippurites sublaevis Matheron, se distingue de toutes les précédentes par sa surface presque lisse et sa valve operculiforme nettement excavée ; elle atteint 20 cm de longueur pour 7 cm de diamètre. **Santonien** : Dordogne, Var (rég. du Beausset), Bouches-du-Rhône (rég. de Martigues).

Hippurites bioculatus Lamarck *(Orbignya –)* – Cette espèce, qui ne dépasse pas 4 cm de diamètre, se reconnaît aux deux oscules de sa valve operculiforme ; sa valve droite, cylindro-conique allongée, est habituellement lisse. **Campanien inf.** : Aude (Corbières). Pl. 133, fig. 8.

Vaccinites sulcatus Defrance, fam. Hippuritidae – Espèce pouvant atteindre 15 cm de longueur et 6 cm de diamètre. **Campanien** : Var, Bouches-du-Rhône, Gard, Aude (Corbières). Pl. 134, fig. 2.

Vaccinites giganteus d'Hombres-Firmas, très voisine de la précédente, se distingue par sa grande taille, pouvant atteindre 60 cm de longueur pour 13 cm de diamètre. **Coniacien** : Gard, Bouches-du-Rhône (rég. de Martigues), Var (Le Beausset), Aude (Corbières) ; en Espagne (Catalogne) et en Italie.

Radiolites radiosus d'Orbigny, fam. Radiolitidae – Coquille pouvant atteindre 20 cm de longueur et 10 cm de diamètre. **Turonien sup.** et **Coniacien** : Charente (rég. d'Angoulême), Gard, Vaucluse (Bassin d'Uchaux), Var (Le Beausset). Pl. 134, fig. 1.

Radiolites squamosus d'Orbigny. – Coquille pouvant atteindre 11 cm de longueur pour 4 cm de diamètre. **Santonien** : Var (Le Beausset), Bouches-du-Rhône (rég. de Martigues). Pl. 135, fig. 3.

Radiolites sauvagesi d'Hombres-Firmas. – Espèce fréquemment agrégée, pouvant atteindre une quinzaine de cm de longueur. **Turonien sup.** et **Coniacien** : Charente (rég. d'Angoulême), Dordogne (rég. de Périgueux), Gard, Vaucluse, Var, Bouches-du-Rhône. Pl. 133, fig. 9, 10.

Praeradiolites hoeninghausi Des Moulins, fam. Radiolitidae – Coquille de forme extrêmement variable, pouvant atteindre 50 cm de longueur, plus ou moins oblique, à valve inférieure pourvue de fortes lamelles d'accroissement. **Campanien** : Charente, Charente-Maritime (rég. de Royan), Dordogne, Ariège ; en Espagne (rég. de Barcelone). Pl. 135, fig. 1, 2 (coquille et moule interne).

Sphaerulites foliaceus Lamarck *(S. agariciformis)*, fam. Radiolitidae – Espèce très étalée, pouvant atteindre 35 cm de diamètre pour 10 cm de hauteur. **Cénomanien** : Charente-Maritime (rég. de Rochefort, Ile d'Aix), Charente (rég. de Cognac, Angoulême), Dordogne (rég. de Périgueux), Var (Bassin du Beausset). Pl. 134, fig. 5.

Distefanella lombricalis d'Orbigny *(Radiolites –)*, fam. Radiolitidae – Coquille atteignant 10 cm de longueur pour 2 à 3 cm de diamètre. **Turonien** : Charente (rég. d'Angoulême), Dordogne (rég. de Périgueux), Landes ; en Espagne. Pl. 134, fig. 3.

Durania cornupastoris Des Moulins, fam. Radiolitidae – Coquille de forme très irrégulière et variable, généralement plus longue que large, pouvant atteindre 30 cm, à valve inférieure droite ou plus ou moins fortement arquée.

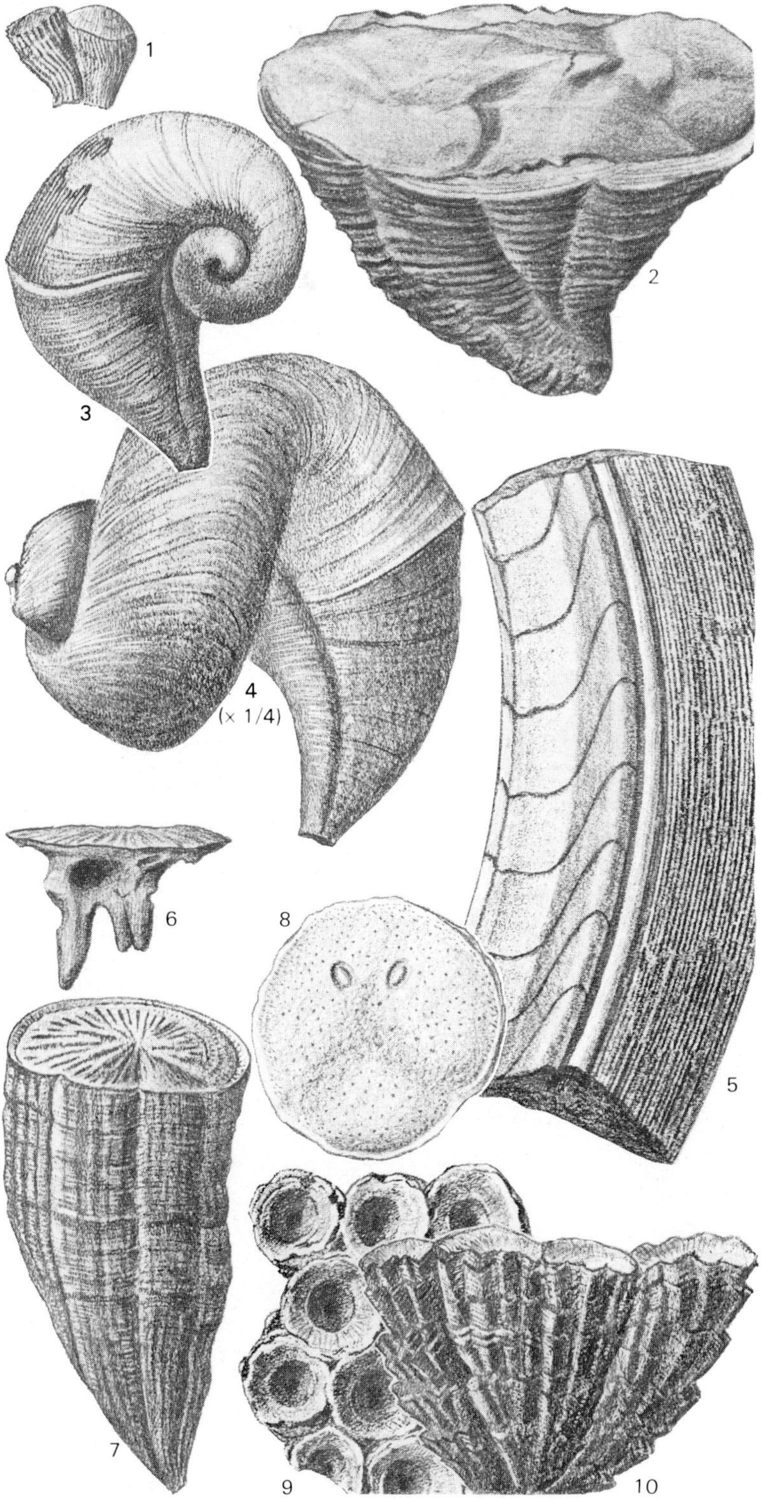

Planche 133 : CRÉTACÉ SUP.

1. *Caprotina semistriata* – 2. *Polyconites operculatus* – 3, 4. *Caprina adversa* – 5. *Ichthyosarcolites triangularis* – 6. 7. *Hippurites canaliculatus* – 8. *H. bioculatus* – 9, 10. *Radiolites sauvagesi*.

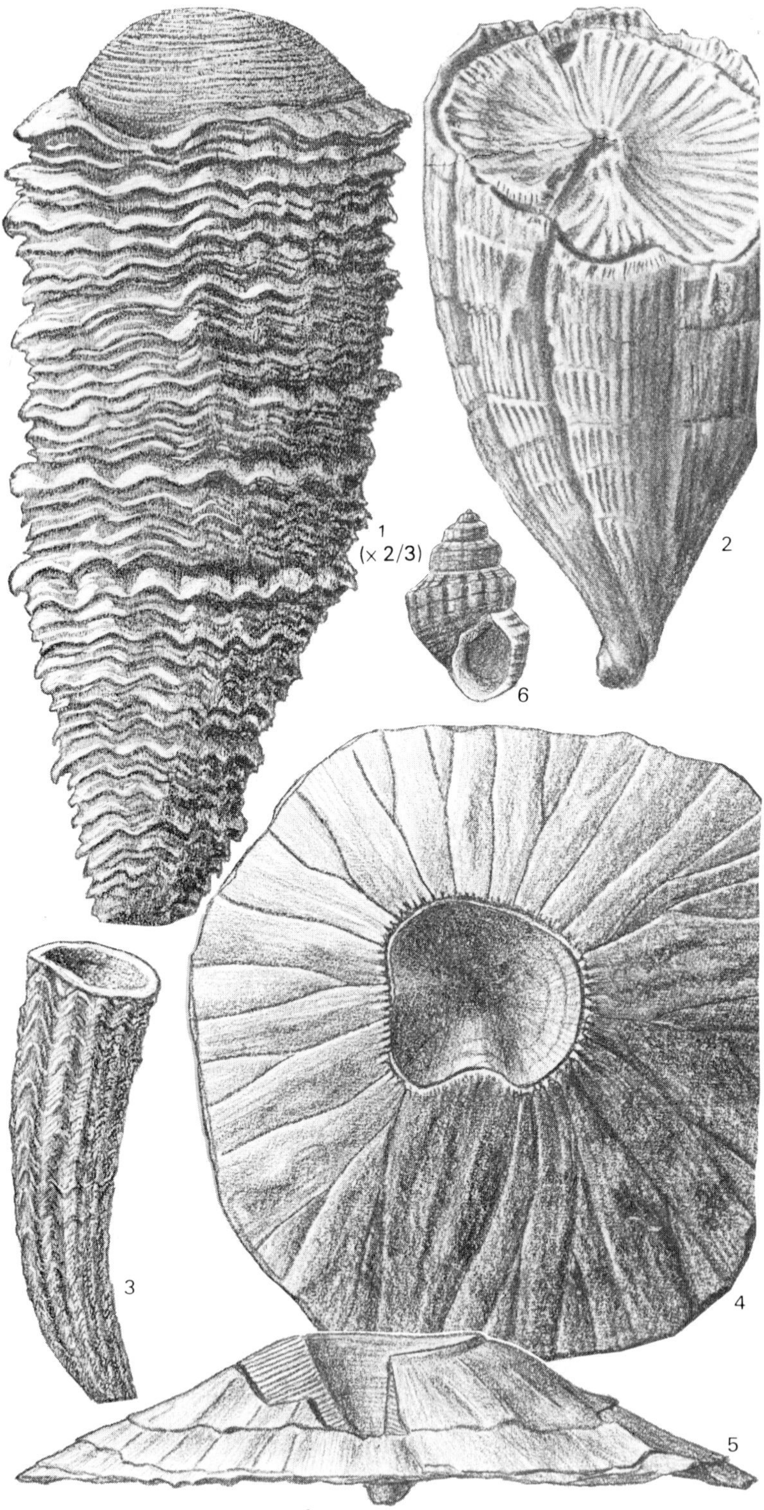

Planche 134 : CRÉTACÉ SUP.

1. *Radiolites radiosus* – 2. *Vaccinites sulcatus* – 3. *Distefanella lombricalis* – 4. *Lapeirousia crateriformis* – 5. *Sphaerulites foliaceus* – 6. *Pyrgulifera munieri.*

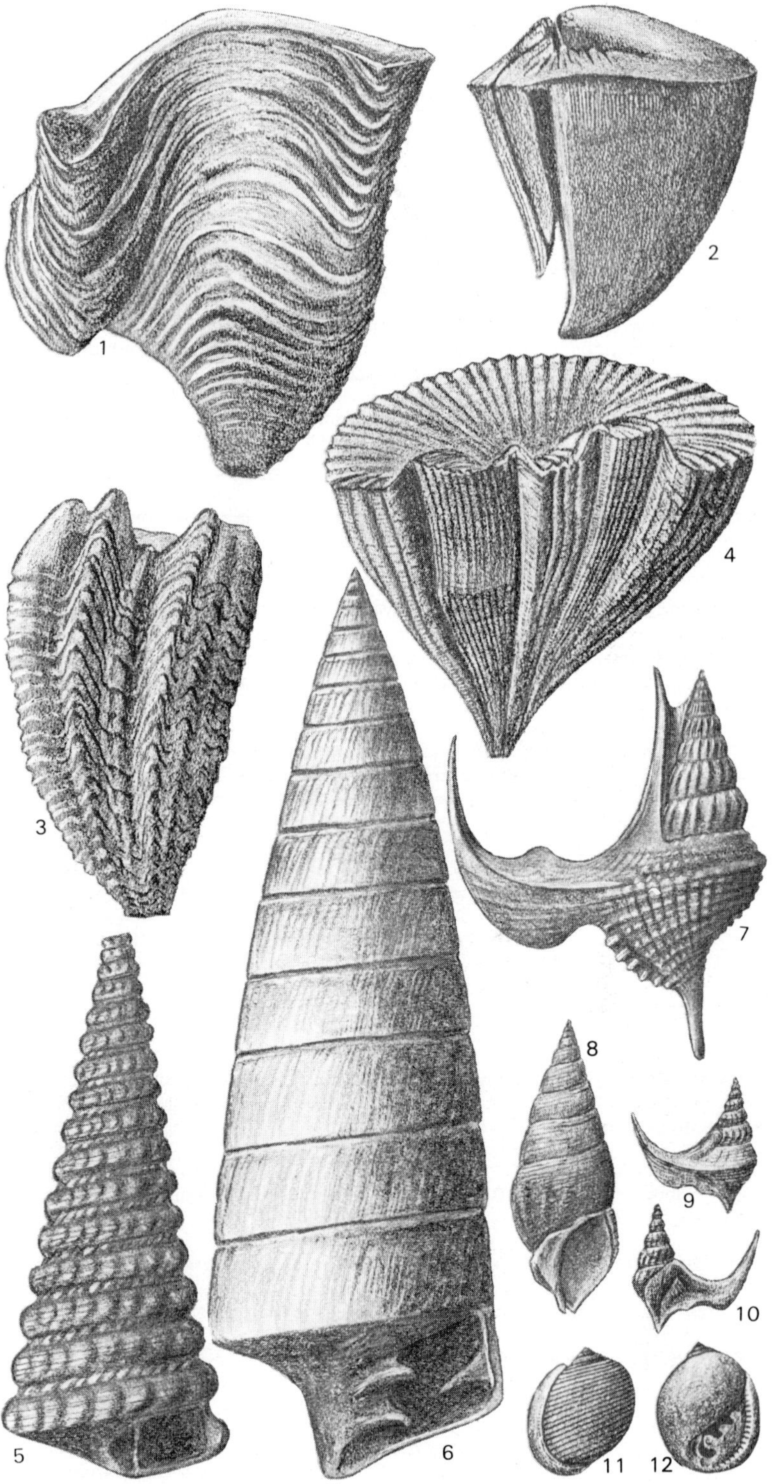

Planche 135 : CRÉTACÉ SUP.

1. 2. *Praeradiolites hoeninghausi* – 3. *Radiolites squamosus* – 4. *Durania cornupastoris* – 5. *Diozoptyxis monilifera* – 6. *Nerinea requieniana* – 7. *Helicaulax ornatus* – 8. *Campylostylus galloprovincialis* – 9, 10. *Drepanocheilus calcaratus* – 11, 12. *Avellana avellana.*

Turonien : Sarthe (rég. de La Flèche), Charente (rég. d'Angoulême), Dordogne (rég. de Périgueux), Vaucluse (bassin d'Uchaux), Bouches-du-Rhône, Aude. Pl. 135, fig. 4.

Lapeirousia crateriformis Des Moulins *(Sphaerulites –)*, fam. Radiolitidae – Espèce à valve inférieure très étalée, atteignant 25 cm de diamètre pour une hauteur de 10 à 12 cm. **Maestrichtien :** Charente-Maritime (rég. de Royan), Dordogne. Pl. 134, fig. 4 (valve inférieure vue du dessus).

MOLLUSQUES Gastropodes

Perotrochus (Bathrotomaria) brongniartianus d'Orbigny *(Pleurotomaria –)*, fam. Pleurotomariidae – Dim. max. : h/d = 4/6,5 à 7 cm. **Cénomanien** et **Turonien :** Seine-Maritime (rég. de Rouen). Pl. 138, fig. 1.

Perotrochus (Bathrotomaria) perspectivus Mantell *(Pleurotomaria –)*, – Espèce très voisine de *P. neocomiensis* (→ Crétacé inf., Pl 112, fig. 11). Dim. max. : h/d = 6/9 à 10,5 cm. **Cénomanien** à **Santonien :** Seine-Maritime (rég. de Rouen), Var, Aude ; en Grande-Bretagne. Cette espèce apparaît au Crétacé inf. (Albien sup.).

Leptomaria galliennei d'Orbigny *(Pleurotomaria –)*, fam. Pleurotomariidae – Dim. max. : h/d = 4,5/9 à 10 cm. **Cénomanien** et **Turonien :** Manche, Sarthe, Maine-et-Loire (rég. de Saumur), Deux-Sèvres, Var. Pl. 138, fig. 2.

* ***Palaeocyclophorus heliciformis*** Matheron *(Cyclophorus –)* fam. Cyclophoridae – Dim. max. : h/d = 1,3/2,5 cm. **Maestrichtien sup. :** Rognacien de l'Hérault (bassin de Villeveyrac, rég. de St Chinian), des Bouches-du-Rhône (rég. des Baux-de-Provence, Rognac), du Var (rég. d'Apt et de Valcros). Pl. 136, fig. 4.

* ***Bauxia bulimoides*** Matheron *(Cyclostoma –)*, fam. Pomatiasidae – Dim. max. : h/D = 3/1,5 cm. **Maestrichtien sup. :** Rognacien de l'Hérault (bassin de Villeveyrac, rég. de Saint-Chinian), des Bouches-du-Rhône (Les Baux) et du Var. Pl. 136, fig. 9.

Trajanella amphora d'Orbigny *(Eulima –)*, fam. Pseudomelaniidae – Dim. max. : h/d = 8,3/3 cm. **Turonien :** Vaucluse (Uchaux). Pl. 137, fig. 15.

Turritella granulata Sowerby, fam. Turritellidae – Tours ornés de 6 à 8 cordons spiraux finement granuleux, le supérieur étant plus large et plus saillant. Dim. max. : h/d = 8/1,7 cm. **Cénomanien** et **Turonien :** espèce à vaste répartition européenne, apparaissant au Crétacé inférieur (Albien). Pl. 137, fig. 11.

Turritella difficilis d'Orbigny – Tours ornés de 5 ou 6 carènes spirales lisses. Dim. max. : h/d = 7/1,7 cm. **Cénomanien** à **Sénonien :** Vaucluse (Uchaux), Bouches-du-Rhône, Aude. Pl. 137, fig. 9.

Turritella uchauxiana d'Orbigny – Tours ornés de 4 carènes plus ou moins régulièrement granuleuses. Dim. max. : h/d = 4/1 cm. **Turonien :** Vaucluse (Uchaux). Pl. 137, fig. 10.

(*) ***Campylostylus galloprovincialis*** Matheron *(Melanopsis –)*, fam. Thiaridae – Dim. max. : h/d = 4,5/1,6 cm. Faciès laguno-saumâtres du **Campanien :** Var (rég. du Beausset), Bouches-du-Rhône (rég. de Martigues). Pl. 135, fig. 8.

Cassiope conoidea Sowerby *(Glauconia requieniana)*, fam. Cassiopidae – Dim. max. : h/d = 6/3 à 3,5 cm. **Cénomanien** à **Campanien :** Vaucluse (Uchaux, Mondragon), Var, Bouches-du-Rhône, Aude, Pl. 136, fig. 3.

Cassiope coquandiana d'Orbigny *(Glauconia –)* – Espèce assez variable par son ornementation. Dim. max. : h/d = 6,5/3 cm. **Turonien** à **Campanien :** Vaucluse, Var, Bouches-du-Rhône (rég. de Martigues). Pl. 136, fig. 1.

Cassiope matheroni Repelin *(Glauconia –)* – Tours de spire légèrement excavés en leur milieu, carénés à leur périphérie et ornés de 3 ou 4 carènes spirales devenant un peu granuleuses en fin de croissance. Dim. max. : h/d = 3,5/1,5 cm. Faciès laguno-saumâtre du **Cénomanien :** Vaucluse (Mondragon).

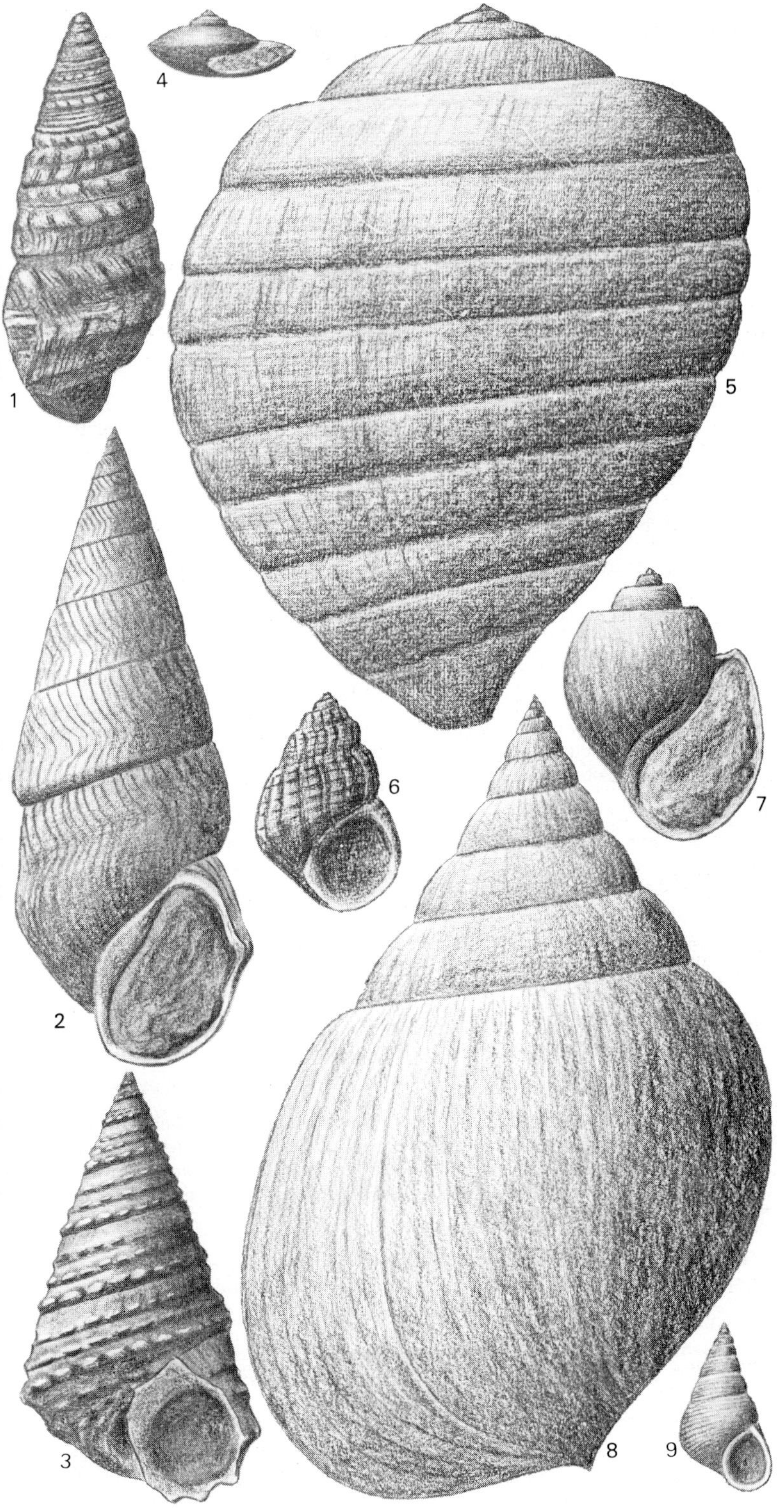

Planche 136 : CRÉTACÉ SUP.

1. *Cassiope coquandiana* – 2. *C. caderensis* – 3. *C. conoidea* – 4. *Palaeocyclophorus heliciformis* – 5. *Harpagodes incerta* – 6. *Pyrgulifera matheroni* – 7. *Ampullospira bulbiformis* – 8. *Pterodonta inflata* – 9. *Bauxia bulimoides.*

Cassiope (Gymnentome) caderensis Repelin – Espèce plus ou moins élancée, à premier tours parfois ornés de deux carènes spirales. Dim. max. : h/d = 10/4 à 4,5 cm. **Santonien** et **Campanien** : Vaucluse (Mondragon), Var, Bouches-du-Rhône ; en Italie. Pl. 136, fig. 2.

Pyrgulifera munieri Roule *(Hantkenia –)*, fam. Paludomidae – Dim. max. : h/d = 4,5/2,7 cm. Faciès laguno-saumâtres du **Cénomanien** : Gard, Bouches-du-Rhône. Pl. 134, fig. 6.

Pyrgulifera matheroni Roule – Dim. max. : h/d = 3,5/2,2 cm. Faciès laguno-saumâtre du **Campanien** : Bouches-du-Rhône (rég. de Martigues). Pl. 136, fig. 6.

Uchauxia peregrinorsa d'Orbigny *(Cerithium –)*, fam. Procerithiidae – Dim. max. : h/d = 8,5/3 cm. **Turonien** : Vaucluse (Uchaux). Pl. 137, fig. 14.

Nerinea requieniana d'Orbigny *(Ptygmatis –)*, fam. Nerineidae – Dim. max. : h/d = 12/4 cm. **Cénomanien** et **Turonien** : Charente-Maritime, Vaucluse, Var (rég. du Beausset), Bouches-du-Rhône (rég. de Martigues), Aude (Corbières). Pl. 135, fig. 6.

Diozoptyxis monilifera d'Orbigny *(Nerinea –)*, fam. Nerineidae – Dim. max. : h/d = 9/3,5 cm. **Cénomanien** : Sarthe, Deux-Sèvres, Charente-Maritime (Ile d'Aix), Charente (rég. de Cognac), Aude, Alpes-de-Haute-Provence ; en Espagne. Pl. 135, fig. 5.

Ampullospira bulbiformis Sowerby *(Natica –)*, fam. Ampullospiridae – Dim. max. : h/d = 6/4 cm. **Turonien** : Vaucluse (Uchaux). Pl. 136, fig. 7.

Drepanocheilus (Arrhoges) calcaratus Sowerby *(Rostellaria –)*, fam. Aporrhaidae – Dim. max. (avec la digitation) : h/d = 1,8/1,7 cm. **Cénomanien** : Aube, Sarthe (rég. du Mans) ; en Grande-Bretagne, où cette espèce apparaît au Crétacé sup. (Albien sup.). Pl. 135, fig. 9, 10.

Drepanocheilus (Arrhoges) simplex d'Orbigny – Dim. max. (avec la digitation) : h/d = 4/3 cm. **Turonien** : Vaucluse (Uchaux). Pl. 137, fig. 7, 8.

Harpagodes incerta d'Orbigny *(Strombus inornatus)*, fam. Aporrhaidae – Espèce à dernier tour plus ou moins arrondi, parfois caréné à sa partie supérieure, surtout fréquente à l'état de moule interne. Dim. max. : h/d = 17/15 à 17 cm. **Cénomanien** : Sarthe (rég. du Mans), Maine-et-Loire, Deux-Sèvres, Charente, Charente-Maritime, Alpes-de-Haute-Provence, Var ; en Espagne. Pl. 136, fig. 5.

Helicaulax ornatus d'Orbigny *(Rostellaria –)*, fam. Aporrhaidae – Espèce pouvant atteindre 5,5 cm de hauteur et 4,5 cm de largeur (digitations comprises). **Turonien** : Vaucluse (Uchaux, Mondragon). Pl. 135, fig. 7.

Pterodonta inflata d'Orbigny, fam. Colombellinidae – Dim. max. : h/d = 14/10 cm. **Cénomanien** : Sarthe (rég. du Mans, La Flèche), Maine-et-Loire, Deux-Sèvres, Charente (rég. d'Angoulême), Charente-Maritime, Dordogne (rég. de Périgueux), Vaucluse (Uchaux), Alpes-de-Haute-Provence, Var. Pl. 136, fig. 8.

Mesorhytis gasparini d'Orbigny *(Voluta –)*, fam. Mitridae – Espèce pouvant présenter de nombreuses variations de forme et d'ornementation. Dim. max. : h/d = 4/1,4 cm. **Turonien** : Vaucluse (Uchaux). Pl. 137, fig. 12.

Cryptorhytis renauxianus d'Orbigny *(Fusus –)*, fam. Vasidae – Dim. max. : h/d = 6/2,3 à 2,5 cm. **Turonien** : Vaucluse (Uchaux). Pl. 137, fig. 13.

Acteonella crassa Dujardin, fam. Acteonidae – Dim. max. : h/d = 15/6 à 7 cm. **Turonien** : Loir-et-Cher, Indre-et-Loire, Charente-Maritime, Charente (rég. de Cognac), Aude (Corbières), Bouches-du-Rhône (rég. de Martigues), Var (Le Beausset). Pl. 138, fig. 4.

Avellana avellana Brongniart *(A. cassis)*, fam. Ringiculidae – Dim. max. : h/d = 1,8/1,5 cm. **Cénomanien** : Seine-Maritime (rég. de Rouen), Alpes-Maritimes (rég. de Grasse), Bouches-du-Rhône (rég. de Cassis). Pl. 135, fig. 11, 12 (coquille et moule interne).

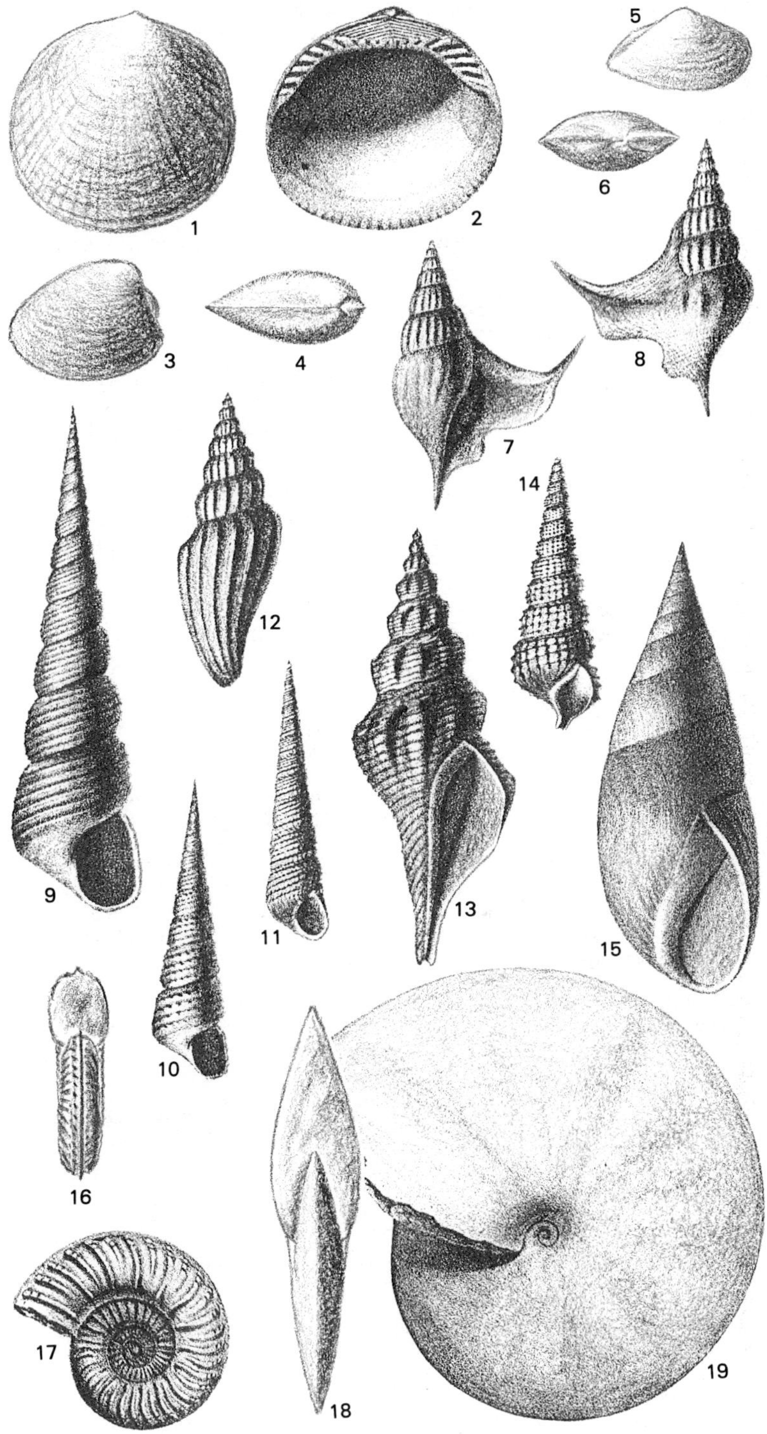

Planche 137 : CRÉTACÉ SUP.

1, 2. *Glycymeris requieniana* – 3, 4. *Nuculoma renauxiana* – 5, 6. *Corbula goldfussiana* – 7, 8. *Drepanocheilus simplex* – 9. *Turritella difficilis* – 10. *T. uchauxiana* – 11. *T. granulata* – 12. *Mesorhytis gasparini* – 13. *Cryptorhytis renauxianus* – 14. *Uchauxia peregrinorsa* – 15. *Trajanella amphora* – 16, 17. *Prionocyclus bravaisianus* – 18, 19. *Coilopoceras requienianum.*

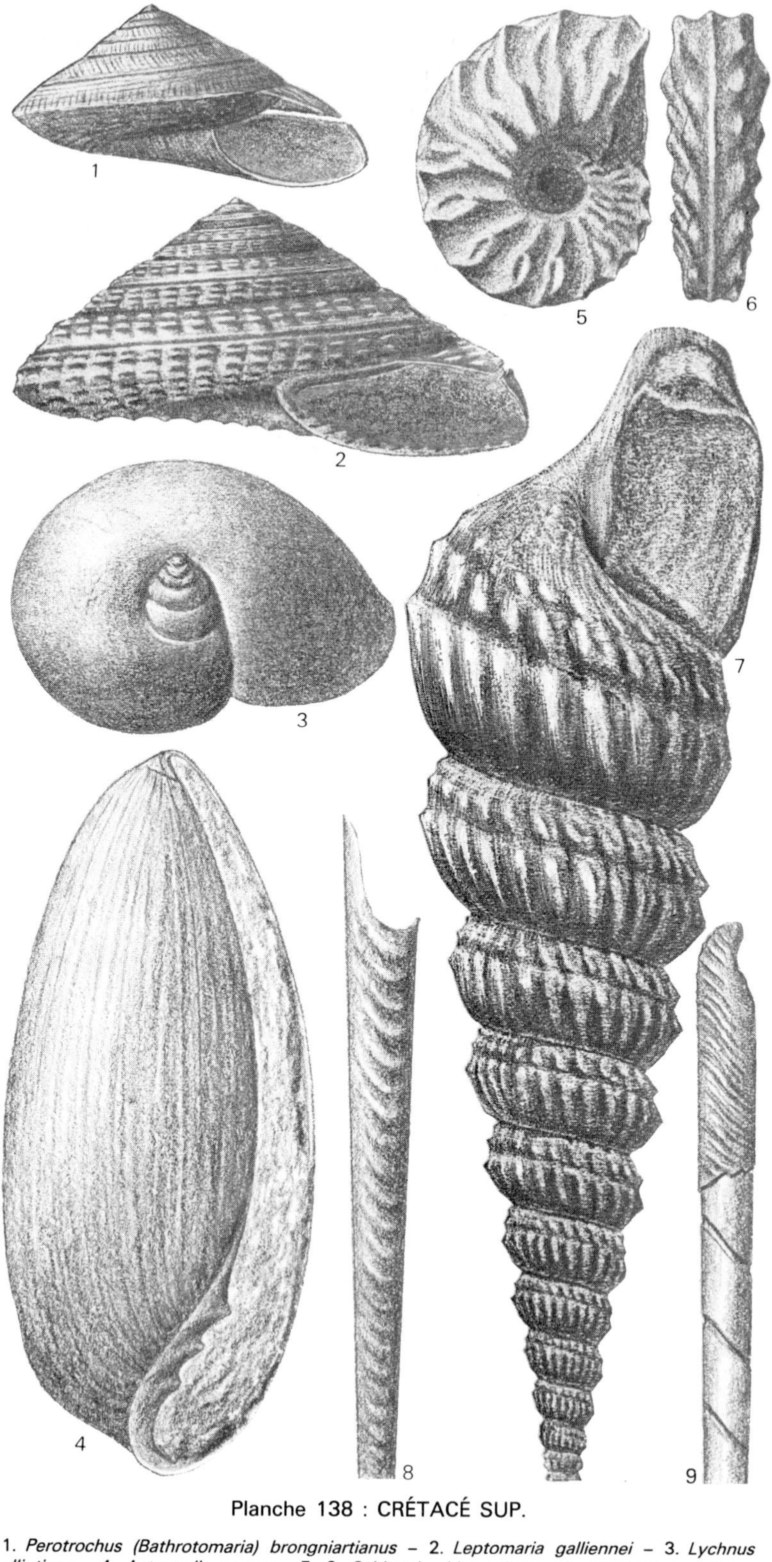

Planche 138 : CRÉTACÉ SUP.

1. *Perotrochus (Bathrotomaria) brongniartianus* – 2. *Leptomaria galliennei* – 3. *Lychnus ellipticus* – 4. *Acteonella crassa* – 5, 6. *Schloenbachia varians* – 7. *Turrilites costatus* – 8. *Baculites anceps* – 9. *Sciponoceras baculoides.*

* ***Lychnus ellipticus*** Matheron, fam. Odontostomidae – Spire régulière et relativement acuminée chez les jeunes, en partie recouverte chez les adultes par l'obliquité du dernier tour. Dim. max. : h/D/d = 2,2/5,3/3,8 cm. **Maestrichtien sup.** : Rognacien des Bouches-du-Rhône (les Baux) ; en Espagne (Aragon). Pl. 138, fig. 3 (moule interne).

MOLLUSQUES Céphalopodes Nautiloïdes

Pseudocenoceras largilliertianum d'Orbigny *(Nautilus –)*, fam. Nautilidae – Dim. max. : h/d = 8/4 cm. **Cénomanien :** Seine-Maritime (Rouen), Orne, Sarthe, Bouches-du-Rhône ; en Grande-Bretagne. Pl. 141, fig. 1, 2 (moule interne).

Cymatoceras fleuriausianum d'Orbigny *(Nautilus –)*, fam. Cymatoceratidae – Espèce régulièrement arrondie dans sa région dorsale, à ombilic extrêmement étroit. Dim. max. : d/e = 18/8,5 cm. **Cénomanien** : Nord (rég. de Douai), Charente-Maritime (rég. de Rochefort), Dordogne, Var (rég. de Grasse). Pl. 141, fig. 4 (moule interne).

Deltoidonautilus triangularis Montfort *(Nautilus –, Angulites –)*, fam. Hercoglossidae – Caractérisée comme la précédente par un ombilic très étroit, cette espèce se reconnaît à sa région dorsale devenant anguleuse sur le dernier tour, et à son ouverture de contour subtriangulaire. Dim. max. : d/e = 14/6 cm. **Cénomanien** : Seine-Maritime (rég. du Havre, de Rouen), Orne, Sarthe, Charente-Maritime, Alpes-Maritimes (rég. de Grasse), Var, Bouches-du-Rhône. Pl. 141, fig. 3 (moule interne).

MOLLUSQUES Céphalopodes Ammonoïdes

Sciponoceras baculoides Mantell, fam. Baculitidae – Coquille droite, pouvant atteindre 18 cm de longueur pour 1,5 cm de diamètre, à section ovale, ornée de plis d'accroissement obliques. **Cénomanien sup.** : espèce à vaste répartition européenne. Pl. 138, fig. 9.

Baculites anceps Lamarck, fam. Baculitidae – Coquille étroite, de section cordiforme, subcarénée dorsalement, à surface latérale ornée de côtes incurvées plus ou moins marquées. Dim. max. : L/D/d = 32/3/2,3 cm. **Maestrichtien** : Manche (rég. de Valognes). Pl. 138, fig. 8

Turrilites costatus Lamarck, fam. Turrilitidae – Spire sénestre, pouvant atteindre 20 cm de longueur pour 6 cm de diamètre. **Cénomanien** : dans toute l'Europe occidentale. Pl. 138, fig. 7.

Scaphites equalis Sowerby, fam. Scaphitidae – Coquille à crosse très courte, fortement recourbée, pouvant atteindre 3,5 cm de longueur totale pour 2 cm d'épaisseur. **Cénomanien** : espèce à vaste répartition européenne. Pl. 140, fig. 3, 4.

Scaphites turonensis Roman et Mazeran – Espèce proche de la précédente, dont elle diffère par sa crosse plus allongée et dressée, par ses tours de spire un peu plus embrassants et par son ornementation plus accentuée. **Turonien** : Vaucluse (Uchaux).

Lewesiceras peramplus Mantell *(Pachydiscus –)*, fam. Pachydiscidae – Dim. max. : d/e = 19/7 cm. **Turonien** : espèce à vaste répartition européenne. Pl. 139, fig. 1, 2.

Schloenbachia varians Sowerby, fam. Schloenbachiidae – Dim. max. : d/e = 9/3 à 4 cm. **Cénomanien** : espèce à vaste répartition européenne. Pl. 138, fig. 5, 6.

Mantelliceras saxbii Sharpe, fam. Acanthoceratidae – Dim. max. : d/e = 9/3,5 à 4 cm. **Cénomanien inf.** : dans toute l'Europe occidentale. Pl. 140, fig. 5, 6.

Mantelliceras mantelli Sowerby *(Acanthoceras –)* – Cette espèce se distingue de la précédente par son épaisseur proportionnellement beaucoup plus forte. Dim. max. : d/e = 7/3,5 à 4 cm. **Cénomanien inf.** : dans toute l'Europe occidentale.

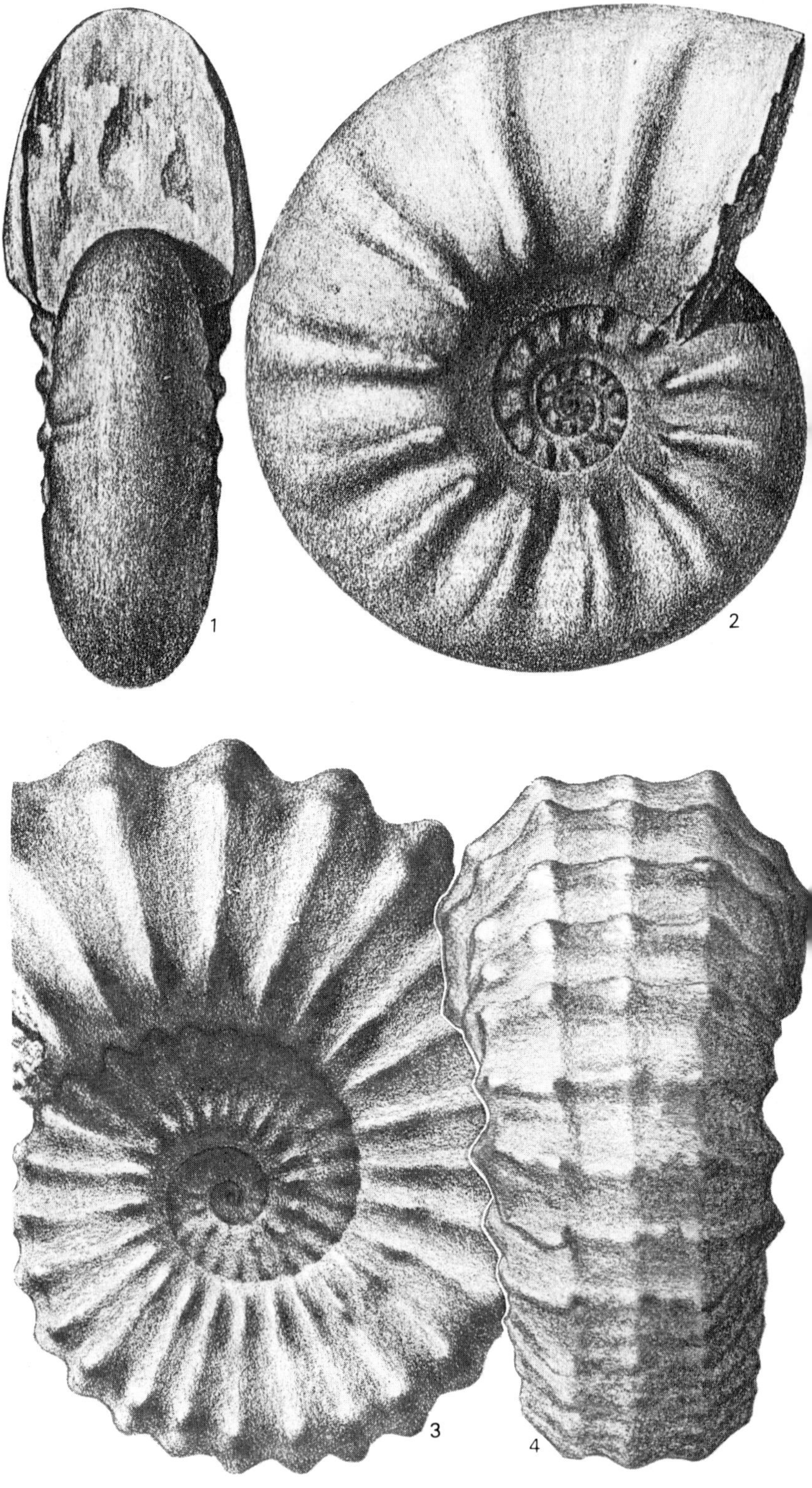

Planche 139 : CRÉTACÉ SUP.

1, 2. *Lewesiceras peramplus* – 3, 4. *Acanthoceras rhotomagense.*

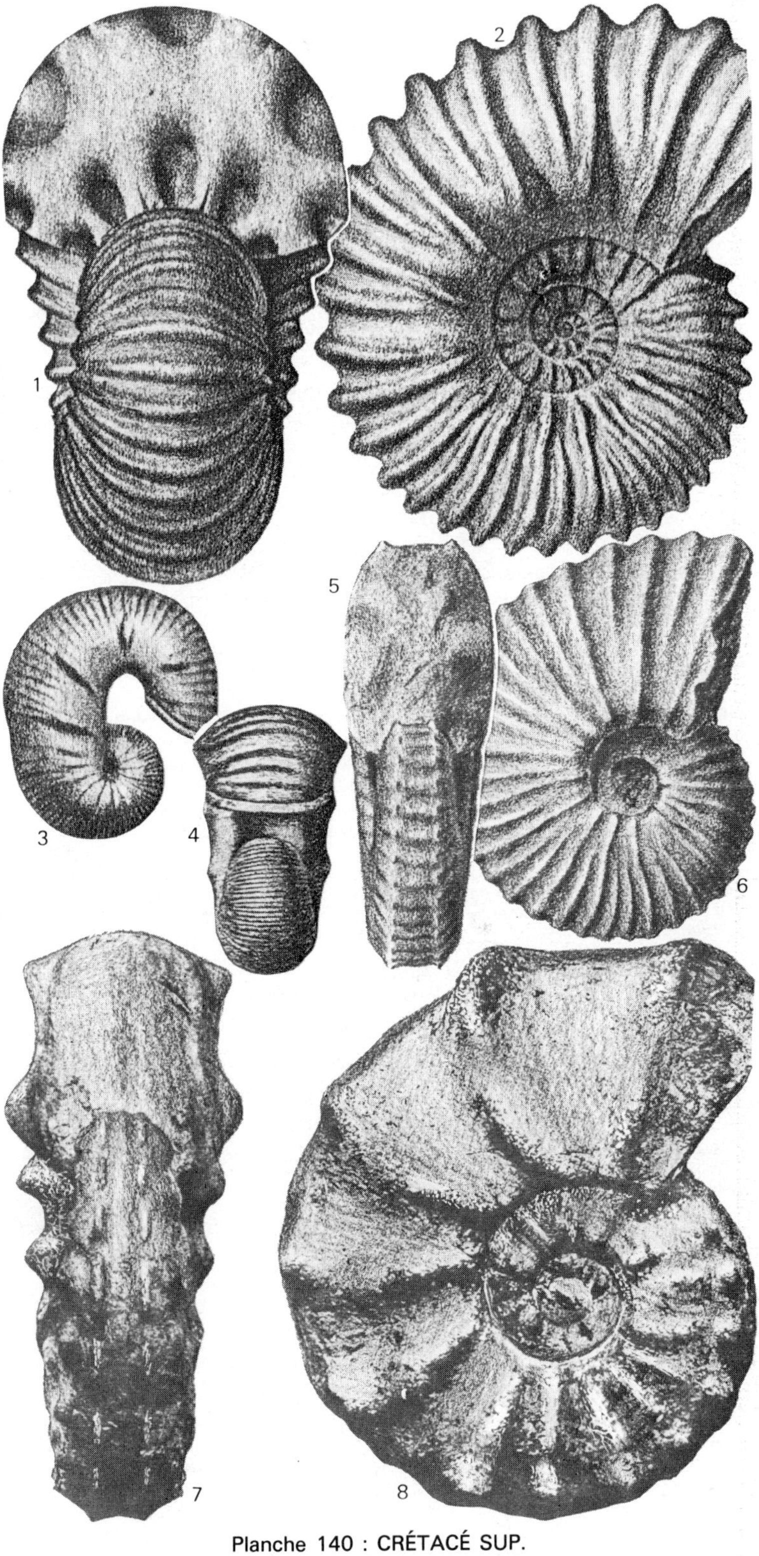

Planche 140 : CRÉTACÉ SUP.

1, 2. *Calycoceras naviculare* – 3, 4. *Scaphites equalis* – 5, 6. *Mantelliceras saxbii* – 7, 8. *Mammites nodosoides.*

Calycoceras naviculare Mantell, fam. Acanthoceratidae – Dim. max. : d/e = 15/8 à 9 cm. **Cénomanien sup.** : espèce à vaste répartition européenne. Pl. 140, fig. 1, 2.

Acanthoceras rhotomagense Defrance, fam. Acanthoceratidae – Dim. max. : d/e = 30/12 à 15 cm. **Cénomanien sup.** : dans toute l'Europe occidentale. Pl. 139, fig. 3, 4.

Mammites nodosoides Schlotheim *(Acanthoceras –)*, fam. Acanthoceratidae – Dim. max. : d/e = 16/6 cm. **Turonien inf.** : Pas-de-Calais (Boulonnais), Gard ; en Allemagne. Pl. 140, fig. 7, 8.

Coilopoceras requienianum d'Orbigny, fam. Coilopoceratidae – Dim. max. : d/e = 20/5 cm. **Turonien** : espèce à vaste répartition européenne. Pl. 137, fig. 18, 19.

Prionocyclus bravaisianus d'Orbigny, fam. Collignoniceratidae – Dim. max. : d/e = 2/0,5 cm. **Turonien** : espèce à vaste répartition européenne. Pl. 137, fig. 16, 17.

MOLLUSQUES Céphalopodes Bélemnoïdes

Belemnitella mucronata Schlotheim, fam. Belemnitellidae – Rostre subcylindrique, de section circulaire, à impressions latéro-dorsales bien marquées et sillon ventral court. Dim. max. : L/d = 13/2 cm. **Campanien** et **Maestrichtien** : dans toute la moitié nord de la France ; dans le Nord-Ouest de l'Allemagne, en Grande-Bretagne et aux Pays-Bas (rég. de Maestricht). Pl. 142, fig. 1, 2.

Actinocamax plenus Blainville *(Belemnites –)*, fam. Belemnitellidae – Rostre fusiforme de section subtriangulaire, sillonné longitudinalement, pouvant atteindre 9 cm de longueur pour 1,5 cm de diamètre dans sa partie renflée. **Cénomanien sup.** et **Turonien inf.** : Pas-de-Calais (Cap Blanc-Nez, Boulonnais), Seine-Maritime (rég. de Fécamp, Le Havre, Rouen), Calvados, Sarthe (rég. du Mans) ; en Belgique et en Grande-Bretagne. Pl. 141, fig. 5, 6.

Actinocamax verus Miller – Espèce très voisine de la précédente mais moins renflée, ne dépassant pas 0,7 à 0,9 cm de diamètre pour 5,5 cm de longueur. **Santonien** : Nord (rég. de Cambrai), Somme (rég. de Péronne), Aisne ; en Allemagne, Belgique et Grande-Bretagne.

Actinocamax (Gonioteuthis) quadrata Defrance – Cette espèce se reconnaît à son alvéole de section intérieure carrée. Dim. max. : L/d = 7/1,2 cm. **Campanien** : dans toute l'Europe occidentale. Pl. 142, fig. 3, 4.

CRUSTACÉS Décapodes

Protocallianasxa archiaci Milne-Edwards, fam. Callianassidae – Espèce surtout connue par ses pinces, qui sont très comparables à celles de *Callianassa heberti* (→ Eocène, Pl. 173, fig. 16) dont elles diffèrent essentiellement par leur taille plus forte, le propodite atteignant 2,5 cm de long (index compris), et étant finement denticulé sur les bords. **Turonien** : Eure-et-Loir (Châteaudun), Loir-et-Cher (rég. de Vendôme), Vaucluse (rég. de Bollène).

Necrocarcinus labeschii Deslongchamps *(N. bechei)*, fam. Dynomenidae – Espèce connue par sa carapace céphalothroracique qui est aussi large que longue (max. : 2,8 cm). **Cénomanien** : Calvados, Seine-Maritime (rég. de Fécamp) ; en Grande-Bretagne où cette espèce apparaît au Crétacé inf. (Albien sup.). Pl. 141, fig. 8.

Hemioon elongatum Milne-Edwards *(Raninella –)*, fam. Raninidae – Espèce connue par sa carapace, longue de 2,5 cm pour 1,2 cm de large. **Cénomanien** : Sarthe (rég. du Mans) ; en Grande-Bretagne où cette espèce apparaît dans le Crétacé inf. (Albien sup.). Pl. 141, fig. 9.

Etyus martini Mantell, fam. Xanthidae – Espèce connue par sa carapace, longue de 1,4 cm pour 2,6 cm de large. **Cénomanien** : Marne et Haute-Marne ; en Suisse (Jura vaudois, rég. de Neufchâtel) et en Grande-Bretagne où cette espèce apparaît au Crétacé inf. (Albien moy.). Pl. 141, fig. 7.

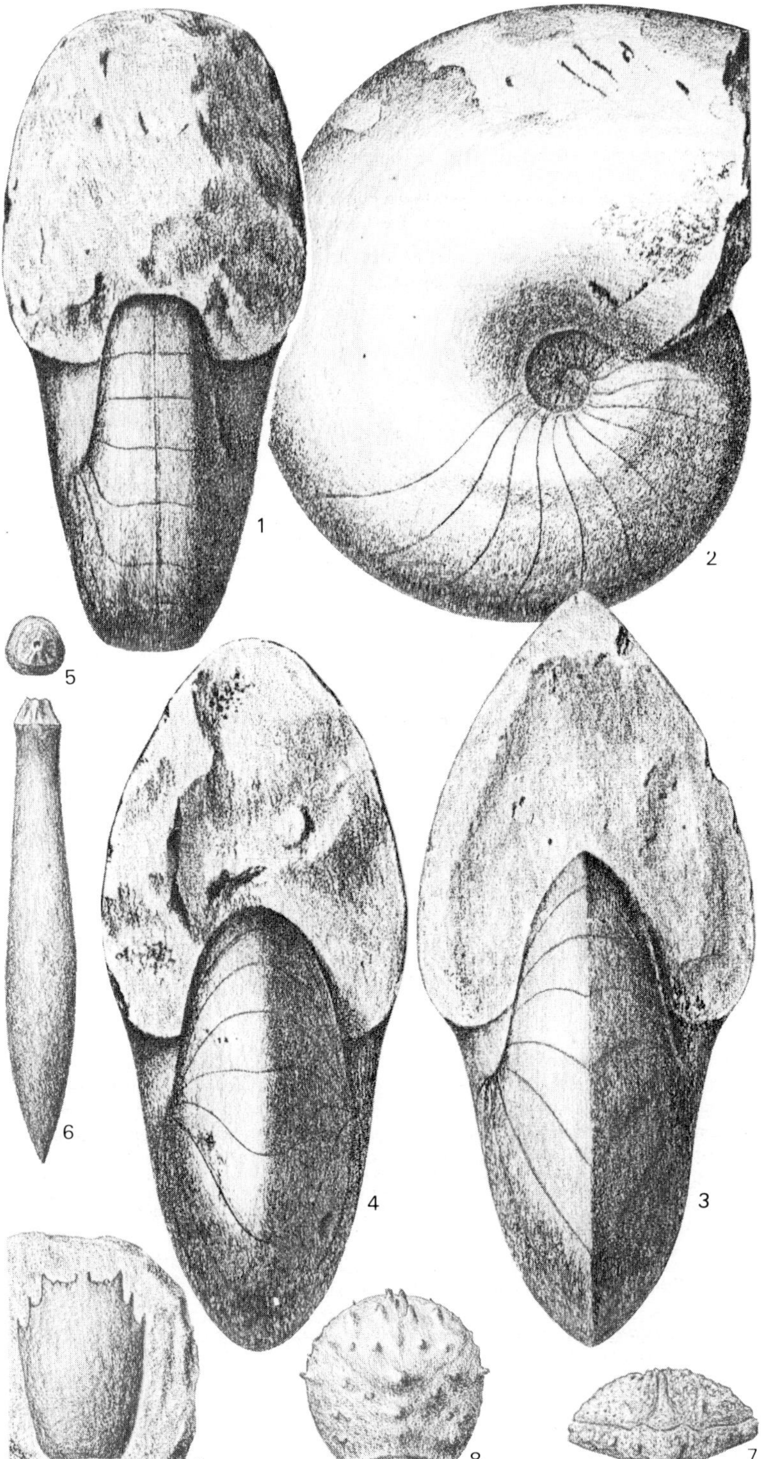

Planche 141 : CRÉTACÉ SUP.

1, 2. *Pseudocenoceras largilliertianum* – 3. *Deltoidonautilus triangularis* – 4. *Cymatoceras fleuriausianum* – 5, 6. *Actinocamax plenus* – 7. *Etyus martini* – 8. *Necrocarcinus labeschii* – 9. *Hemioon elongatum.*

ÉCHINODERMES Crinoïdes

Bourgueticrinus ellipticus Miller, fam. Bourgueticrinidae – Calice de petites dimensions (h/d = 1/0,9 cm) porté par une tige de section plus ou moins elliptique, le grand axe des articles ne dépassant pas 0,7 cm. **Turonien** à **Campanien :** Seine-Maritime (rég. de Dieppe, Fécamp), Marne (rég. d'Epernay), Yonne (rég. de Sens), Loir-et-Cher, Indre-et-Loire (rég. de Tours) ; en Allemagne, Pays-Bas (rég. de Maestricht) et Grande-Bretagne. Pl. 142, fig. 5.

Marsupites ornatus Mantell, fam. Marsupitidae – Calice non pédonculé, atteignant 3,5 cm de diamètre, formé de plaques pentagonales à ornementation rayonnante. **Santonien :** Seine-Maritime (rég. de Dieppe) ; en Allemagne et en Grande-Bretagne. Pl. 142, fig. 6.

ÉCHINODERMES Astéroïdes

Goniaster parkinsoni Forbes, fam. Goniasteridae – Espèce ne dépassant pas 5,5 cm de diamètre. **Santonien :** Seine-Maritime (rég. de Fécamp) ; en Grande-Bretagne. Pl. 142, fig. 7.

ÉCHINODERMES Échinides réguliers

Stereocidaris sceptrifera Mantell, fam. Cidaridae – Thèque pouvant atteindre 2 cm de hauteur pour 4 cm de diamètre ; radioles mesurant au plus 7 cm de longueur pour 0,7 cm de diamètre. **Turonien** et **Sénonien :** Nord (rég. de Cambrai), Somme, Oise, Seine-Maritime (rég. de Dieppe, Fécamp), Eure, Sarthe, Eure-et-Loire, Loir-et-Cher, Marne, Yonne, Charente-Maritime, Charente, Aude ; en Grande-Bretagne. Pl. 143, fig. 3-5.

Cyathocidaris cyathifera Agassiz *(Cidaris jouanneti)*, fam. Cidaridae – Radioles plus ou moins évasés, en forme de coupe, ornés de granules de taille et de disposition très variables, et pouvant atteindre 4,5 cm de long. **Sénonien :** Sarthe, Loir-et-Cher (rég. de Saint-Aignan), Indre (rég. d'Argenton), Indre-et-Loire, Charente-Maritime (rég. de Royan), Dordogne (rég. de Périgueux), Aude. Pl. 143, fig. 6, 7.

Tylocidaris clavigera König, fam. Cidaridae – Thèque ne dépassant pas 1,8 cm de hauteur pour 2,8 cm de diamètre ; radioles claviformes, plus ou moins allongés, diversement ornés, pouvant atteindre 4 cm de long pour 1 à 1,5 cm de diamètre. **Sénonien :** Somme, Seine-Maritime (rég. de Fécamp, Dieppe), Eure, Eure-et-Loire, Loir-et-Cher (rég. de Vendôme), Oise, Yonne, Var, Aude ; en Allemagne et en Grande-Bretagne. Pl. 143, fig. 13, 14.

Hyposalenia acanthoides Agassiz *(Peltastes –)*, fam. Salenidae – Dim. max. : h/d = 0,7/1,3 cm. **Cénomanien :** Seine-Maritime (rég. du Havre, Rouen), Orne, Sarthe (rég. du Mans), Charente-Maritime, Var (rég. de Grasse). Pl. 142, fig. 10-12.

Salenia petalifera Desmarest, fam. Salenidae – Dim. max. : h/d = 1,3/2,1 cm. **Cénomanien :** Seine-Maritime (rég. du Havre, Rouen), Oise, Sarthe (rég. du Mans) ; en Allemagne, Grande-Bretagne, Espagne. Pl. 142, fig. 13-15.

Salenia geometrica Agassiz. – Espèce plus étroite que la précédente : h/d = 1,3/1,7 cm. **Sénonien :** Sarthe, Loir-et-Cher, Indre-et-Loire, Charente, Charente-Maritime ; aux Pays-Bas (rég. de Maestricht), Grande-Bretagne et Espagne (rég. de Santander).

Diplopodia (Tetragramma) variolare Brongniart, fam. Pseudodiadematidae – Dim. max. : h/d = 1,5/4,5 cm. **Cénomanien :** dans toute l'Europe occidentale. Pl. 142, fig. 16, 17.

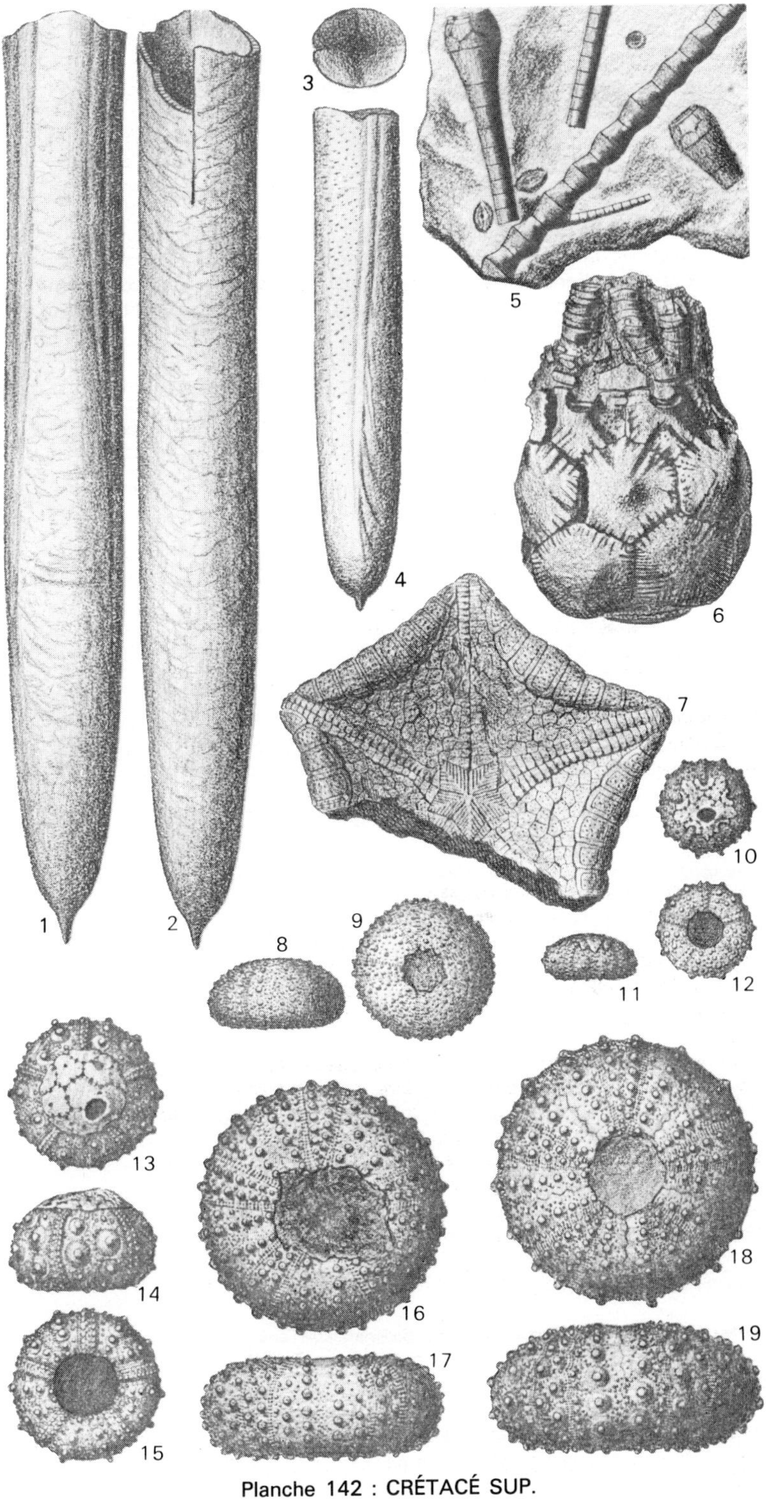

Planche 142 : CRÉTACÉ SUP.

1, 2. *Belemnitella mucronata* – 3, 4. *Actinocamax (Gonioteuthis) quadrata* – 5. *Bourgueticrinus ellipticus* – 6. *Marsupites ornatus* – 7. *Goniaster parkinsoni* – 8, 9. *Orthopsis miliaris* – 10-12. *Hyposalenia acanthoides* – 13-15. *Salenia petalifera* – 16, 17. *Diplopodia variolare* – 18, 19. *Phymosoma magnificum*.

Phymosoma magnificum Agassiz *(Cyphosoma –)*, fam. Phymosomatidae – Dim. max. : h/d = 2,6/5,5 cm. **Sénonien** : Sarthe, Indre-et-Loire, Loir-et-Cher, Charente (rég. de Cognac, Angoulême), Charente-Maritime (rég. de Saintes, Royan), Dordogne (rég. de Périgueux), Haute-Garonne. Pl. 142, fig. 18, 19.

Goniopygus menardi Desmarest, fam. Arbaciidae – Dim. max. : h/d = 1,5/2,5 cm. **Cénomanien** : Sarthe (rég. du Mans), Maine-et-Loire (rég. d'Angers), Charente (rég. d'Angoulême), Charente-Maritime (Ile d'Aix), Aude, Bouches-du-Rhône. Pl. 143, fig. 1, 2.

Cottaldia benettiae König *(Echinus –)*, fam. Arbaciidae – Dim. max. : h/d = 1,8/2,5 cm. **Cénomanien** : espèce à vaste répartition européenne. Pl. 143, fig. 8-10.

Orthopsis miliaris d'Archiac *(Cidarites –)*, fam. Orthopsidae – Dim. max. : h/d = 1,2/2,5 cm. **Sénonien** : Yonne, Sarthe, Loir-et-Cher, Charente (rég. de Cognac, d'Angoulême), Charente-Maritime (rég. de Royan), Dordogne (rég. de Périgueux), Lot (rég. de Gourdon), Aude, Bouches-du-Rhône ; en Espagne (Catalogne). Pl. 142, fig. 8, 9.

ÉCHINODERMES Échinides irréguliers

Anorthopygus orbicularis Grateloup *(Nucleotites –)*, fam. Holectypidae Dim. max. : h/L/l = 4,1/7,4/6 cm. **Cénomanien** : Sarthe (rég. du Mans), Charente-Maritime (Ile d'Aix), Bouches-du-Rhône ; en Espagne (rég. de Santander). Pl. 144, fig. 5, 6.

Conulus subrotundus Mantell *(Echinoconus –)*, fam. Conulidae – Dim. max. : h/L/l = 3,5/4,1/3,8 cm. **Turonien** : Seine-Maritime (rég. de Fécamp, Le Havre, Rouen), Sarthe, Yonne (rég. de de Sens), Aude (Corbières) ; en Belgique (Hainault) et en Grande-Bretagne (Ile de Wight). Pl. 146, fig. 1-3.

Discoides subuculus Klein *(Discoidea –)*, fam. Discoididae Dim. max. : h/d = 1/1,3 cm. **Cénomanien** : dans toute l'Europe occidentale. Pl. 145, fig. 8-10.

Camerogalerus cylindricus Lamarck *(Discoidea –)*, fam. Discoididae – Espèce plus ou moins haute par rapport à son diamètre. Dim. max. : h/d = 4/5,3 à 5,8 cm. **Cénomanien** : dans toute l'Europe occidentale. Pl. 143, fig. 15-18 (test et moule interne).

Catopygus carinatus Goldfuss, fam. Nucleolitidae – Dim. max. : h/L/l = 1,8/2,7/2,3 cm. **Cénomanien** : Seine-Maritime (rég. de Fécamp, Rouen), Calvados (Villers-sur-Mer), Eure, Orne, Sarthe, Charente-Maritime (Ile d'Aix) ; en Allemagne et en Grande-Bretagne. Pl. 143, fig. 19-22.

Catopygus columbaris Lamarck *(C. columbarius)* – Espèce très voisine de la précédente, dont elle diffère par sa face supérieure plus bombée et plus ou moins carénée en arrière. Dim. max. : h/L/l = 1,8/3,1/2,6 cm. **Cénomanien** : Seine-Maritime (rég. de Fécamp, Le Havre), Sarthe (rég. du Mans), Cher, Indre-et-Loire ; en Belgique (rég. de Tournai) et en Grande-Bretagne.

Catopygus obtusus Desor – Espèce reconnaissable à sa forme allongée, assez régulièrement ovale. Dim. max. : h/L/l = 1,4/2,3/1,9 cm. **Cénomanien sup.** et **Turonien** : Sarthe (rég. du Mans), Maine-et-Loire, Indre-et-Loire, Charente-Maritime (rég. de Saintes).

Holaster suglobosus Leske, fam. Holasteridae – Dim. max. : h/L/l = 3,5/4,8/4,5 cm. **Cénomanien** : dans toute l'Europe occidentale. Pl. 144, fig. 1, 4.

Sternotaxis planus Mantell *(Spatangus –)*, fam. Holasteridae Dim. max. : h/L/l = 3,6/4,9/4,3 cm. **Turonien sup.** et **Sénonien inf.** : Seine-Maritime (rég. de Fécamp), Aube, Yonne (rég. de Sens) ; en Grande-Bretagne. Pl. 145, fig. 11-14.

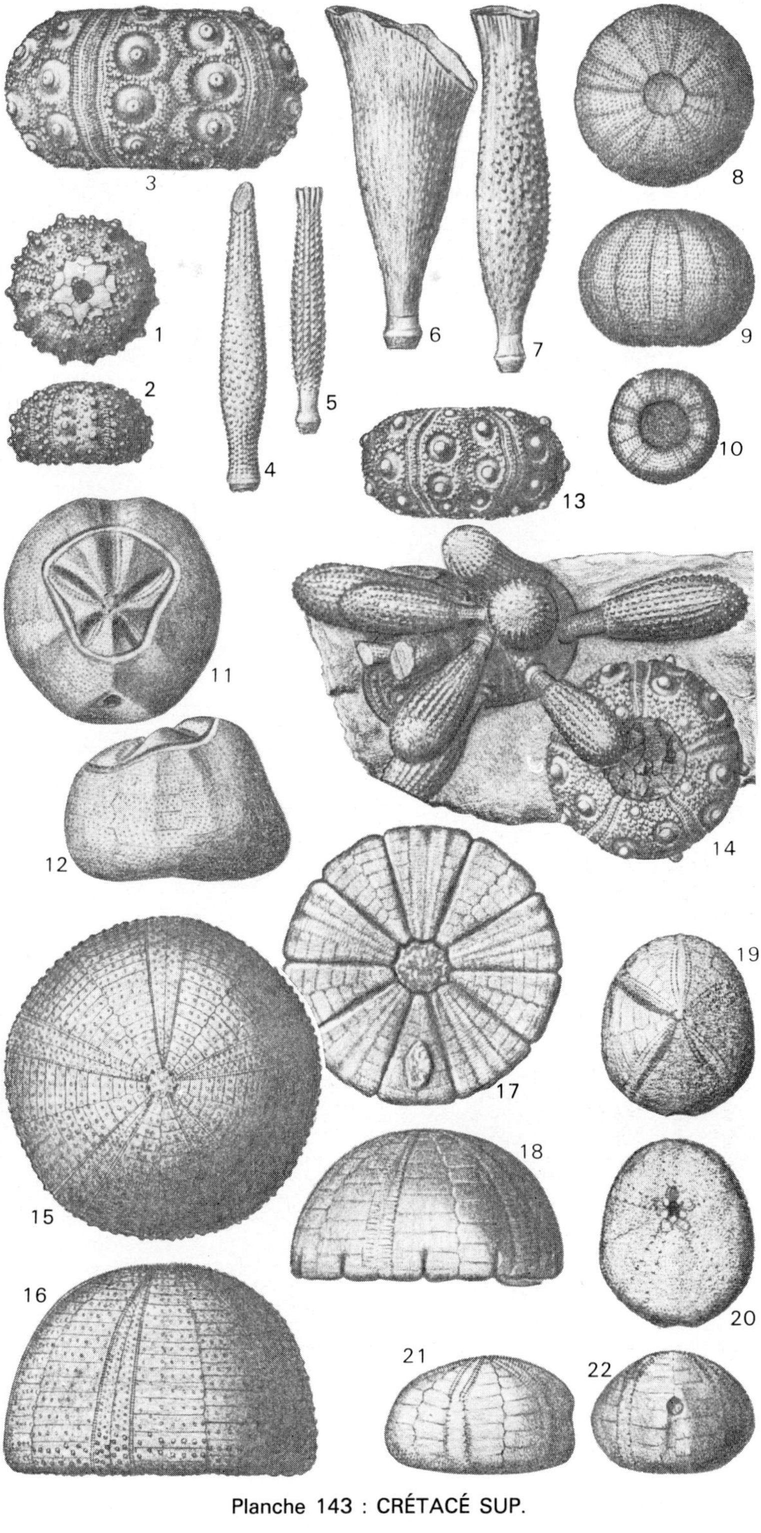

Planche 143 : CRÉTACÉ SUP.

1, 2. *Goniopygus menardi* – 3-5. *Stereocidaris sceptifera* – 6, 7. *Cyathocidaris cyathifera* – 8-10. *Cottaldia benettiae* – 11, 12. *Hemiaster bufo* – 13, 14. *Tylocidaris clavigera* – 15-18. *Camerogalerus cylindricus* – 19-22. *Catopygus carinatus.*

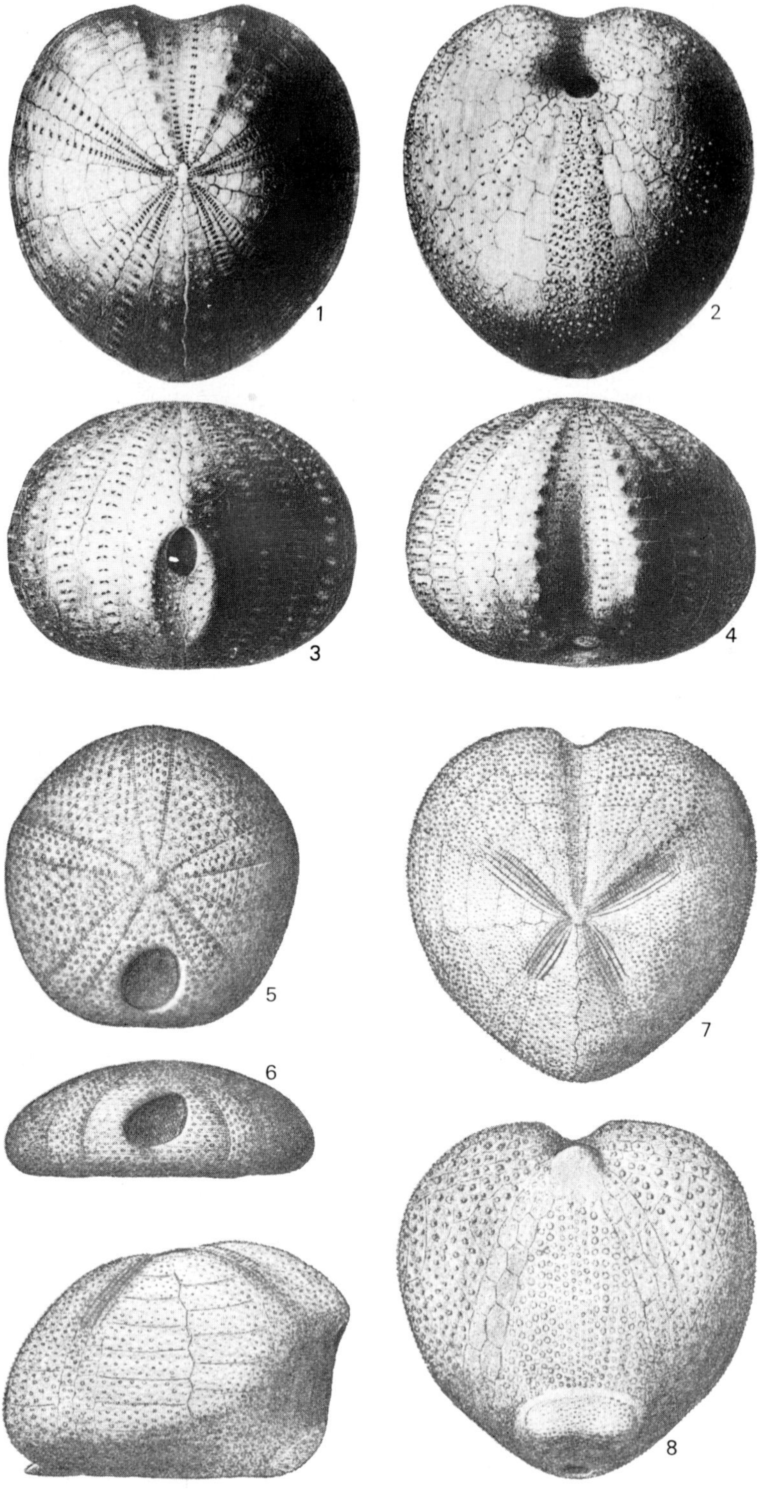

Planche 144 : CRÉTACÉ SUP.

1-4. *Holaster subglobosus* – 5, 6. *Anorthopygus orbicularis* – 7-9. *Micraster coranguinum.*

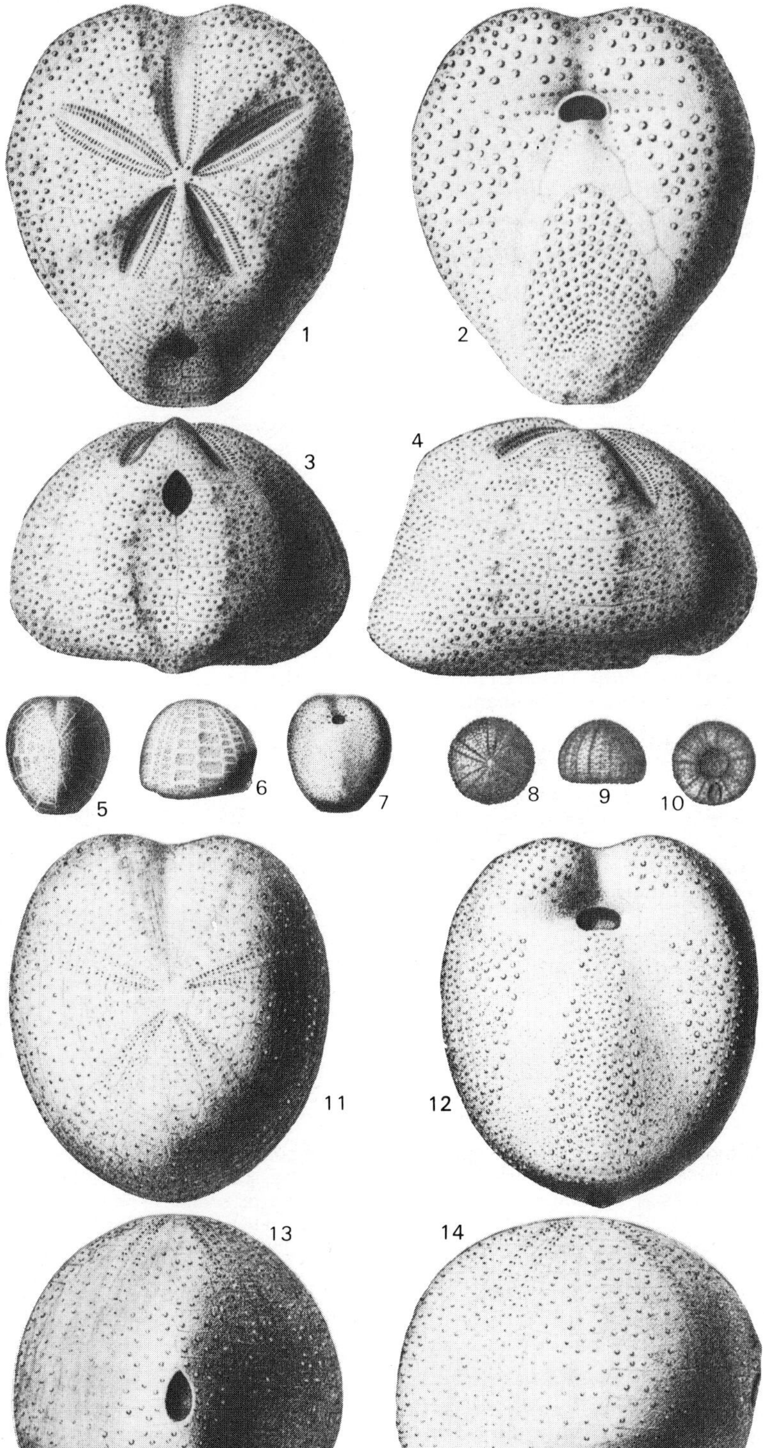

Planche 145 : CRÉTACÉ SUP.

1-4. *Epiaster crassissimus* – 5-7. *Offaster pilula* – 8-10. *Discoides subuculus* – 11-14. *Sternotaxis planus.*

Offaster pilula Lamarck *(Ananchites –)*, fam. Holasteridae – Dim. max. : h/L/l = 1,5/1,7/1,5 cm. **Sénonien** : espèce à vaste répartition européenne. Pl. 145, fig. 5, 7.

Echinocorys vulgaris Breynius, fam. Holasteridae Dim. max. : h/L/l = 6,5/7 à 8,5/5,5 à 6,5 cm. **Santonien** : dans toute l'Europe occidentale. Pl. 146, fig. 4, 6 (test et moule interne).

Echinocorys scutatus Leske, du **Santonien**, ainsi que ***E. ovatus*** Leske et ***E. gibbus*** Lamarck, du **Campanien**, sont des formes voisines de la précédente, dont elles diffèrent par leurs variations dimensionnelles.

Epiaster crassissimus Defrance *(Spatangus –)*, fam. Epiasteridae – Dim. max. : h/L/l = 4/6,4/5,3 cm. **Cénomanien** : Seine-Maritime (rég. du Havre), Calvados (Villers-sur-Mer), Orne, Sarthe, Deux-Sèvres, Yonne, Isère ; en Grande-Bretagne (rég. de Douvres). Pl. 145, fig. 1-4.

Micraster coranguinum Leske, fam. Micrasteridae – Espèce un peu variable dans ses proportions, toujours reconnaissable à ses pores égaux et à son fasciole sous-anal carré. Dim. max. : h/d = 7 à 8,5/10 cm. **Santonien** et **Campanien** : dans toute l'Europe occidentale. Pl. 144, fig. 7-9.

Micraster decipiens Bayle – Espèce très voisine de la précédente, à orifice buccal moins excentré. **Turnonien** et **Coniacien** : dans toute la moitié nord de la France et en Grande-Bretagne.

Micraster cortestudinarium Goldfuss, est une espèce très comparable à *M. decipiens*, avec laquelle elle se trouve couramment confondue, et qui est spéciale au **Turonien sup.** d'Allemagne.

Hemiaster bufo Brongniart *(Spatangus –)*, fam. Hemiasteridae – Dim. max. : h/d = 2,5/3,2 cm. **Cénomanien** : espèce à vaste répartition européenne. Pl. 143, fig. 11, 12.

ANNÉLIDES Polychètes

Glomerula gordialis Schlotheim *(Serpula –, Cycloserpula –)*, fam. Serpulidae – **Turonien** à **Maestrichtien:** dans toute l'Europe ; cette espèce apparaît au Jurassique inf. (→ Jurassique moy., Pl. 82, fig. 3).

Sarcinella plexus Soweby *(Serpula socialis, Galeolaria filiformis)*, fam. Serpulidae – **Cénomanien** et **Turonien** : Loir-et-Cher, Sarthe, Indre-et-Loire, Cher ; cette espèce apparaît au Jurassique inf. (→ Jurassique moy., Pl. 82, fig. 4).

ÉLASMOBRANCHES Sélaciens

Ptychodus decurrens Agassiz, fam. Ptychodontidae – Dents en pavés, subrectangulaires, à couronne plus ou moins bombée, sculptée de 7 à 14 rides subparallèles, pouvant atteindre 4 cm de hauteur (racine comprise) pour 5 cm de large. **Cénomanien** : espèce largement répandue en Europe nord-occidentale, apparaissant au Crétacé inf. (Albien). Pl. 147, fig. 5, 6.

Ptychodus mamillaris Agassiz – Espèce dérivée de la précédente, dont elle diffère par ses rides (au nombre de 7 à 12) qui tendent à se rejoindre latéralement en formant sur les bords des structures subconcentriques. **Cénomanien** à **Sénonien** : dans toute l'Europe nord-occidentale.

Ptychodus latissimus Agassiz – Cette espèce diffère des précédentes par ses dents à rides médianes plus fortes et moins nombreuses. **Cénomanien** à **Sénonien** : espèce à vaste répartition européenne. Pl. 147, fig. 7, 8.

Squalicorax pristodontus Agassiz *(Corax –)*, fam. Anacoracidae – Dents peu élevées, subpyramidales, plus ou moins obliques, à tranchants dentelés, pouvant atteindre 2,8 cm de hauteur pour 3 cm de longueur. **Sénonien** : Oise, Marne, Yonne, Eure, Indre-et-Loire ; en Allemagne, Pays-Bas (rég. de Maestricht), Belqique et Grande-Bretagne. Pl. 147, fig. 4.

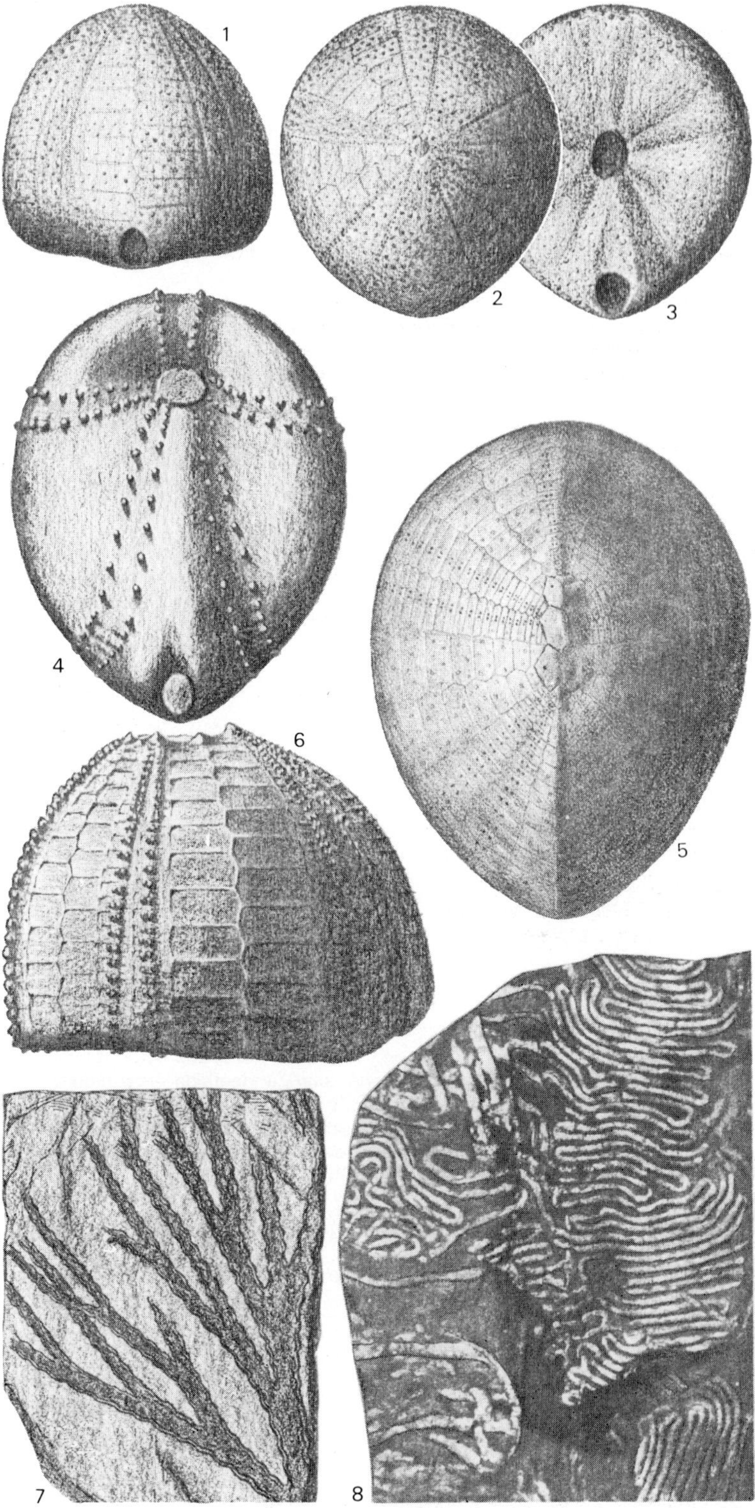

Planche 146 : CRÉTACÉ SUP.

1-3. *Conulus subrotundus* – 4-6. *Echinocorys vulgaris* – 7. *Fucoides strictus* – 8. *Helminthoidea labyrinthica.*

Scapanorhynchus raphiodon Agassiz *(Lamna –)*, fam. Mitsukurinidae – Dents étroites, pouvant atteindre 3 cm de hauteur pour 1 cm de large, les antérieures dépourvues de denticules, les postéro-latérales portant deux petits denticules. **Cénomanien** à **Sénonien** : espèce à vaste répartition européenne, apparaissant au Crétacé inf. (Albien). Pl. 147, fig. 10, 11.

Cretolamna appendiculata Agassiz *(Lamna –, Otodus –)*, fam. Cretoxyrhinidae – Dents pouvant atteindre 1,5 cm de hauteur pour 1,8 cm à 2 cm de longueur, pourvues de 2 forts denticules. **Cénomanien** à **Sénonien** : espèce à vaste répartition européenne ; cette espèce apparaît dans le Crétacé inf. (Albien). Pl. 147, fig. 3.

Cretoxyrhina mantelli Agassiz *(Oxyrhina –)*, fam. Cretoxyrhinidae – Dents triangulaires, droites ou obliques, peu épaisses, pouvant atteindre 3,5 cm de hauteur. **Cénomanien** à **Sénonien** : espèce à vaste répartition européenne, apparaissant au Crétacé inf. (Albien). Pl. 147, fig. 9.

ACTINOPTÉRYGIENS

Enchodus lewesiensis Mantell *(E. halocyon)*, fam. Enchodontidae – Maxillaires très développés portant des dents grêles, espacées, pouvant atteindre 3 cm de long et pourvues d'arêtes longitudinales asymétriques. **Cénomanien** à **Sénonien** : espèce à vaste répartition européenne. Pl 147, fig. 2 (maxillaire inférieur).

REPTILES Lépidosauriens

Mosasaurus camperi Meyer, fam. Mosasauridae – Reptile marin d'une longueur pouvant dépasser 7 m (crâne atteignant 1,20 m de long) à maxillaires puissants armés de dents pyramidales un peu arquées, légèrement comprimées latéralement suivant deux arêtes. **Maestrichtien** : Grande-Bretagne (rég. de Norfolk), Pays-Bas (rég. de Maestricht). Pl. 147, fig. 1.

REPTILES Saurischiens

* ***Hypselosaurus priscus*** Matheron, fam. Titanosauridae – Dinosaurien Sauropode d'une douzaine de mètres de long, à dentition très réduite ; œufs de forme légèrement ovale, mesurant 14 à 15 cm/16 à 17 cm, à surface papilleuse, formés d'une double épaisseur de coquille. **Maestrichtien sup.** : Bouches-du-Rhône (Bassin d'Aix-en-Provence). Pl. 147, fig. 12, 13 (dent et œuf).

* ***Rhabdodon priscum*** Matheron, fam. Iguanodontidae – Dents pouvant atteindre 3,5 cm de hauteur, recouvertes d'un émail orné de plis qui divergent symétriquement de part et d'autre d'une carène médiane. **Maestrichtien sup.** : Var, Bouches-du-Rhône (rég. d'Aix-en-Provence), Hérault (rég. de Saint-Chinian). Pl. 147, fig. 14.

TRACES

Cliona cretacea Portlock *(Entobia –)*, fam. Clionidae – Demosponge perforante ayant laissé des traces sur de nombreuses coquilles de Mollusques, sous forme de performations de 1 à 1,5 mm de diamètre, disposées plus ou moins en quinconce, ouvertes en surface et correspondant à des loges internes (fréquemment à l'état de moule interne). **Sénonien** : dans toute l'Europe occidentale. Pl. 147, fig. 15 (moule interne).

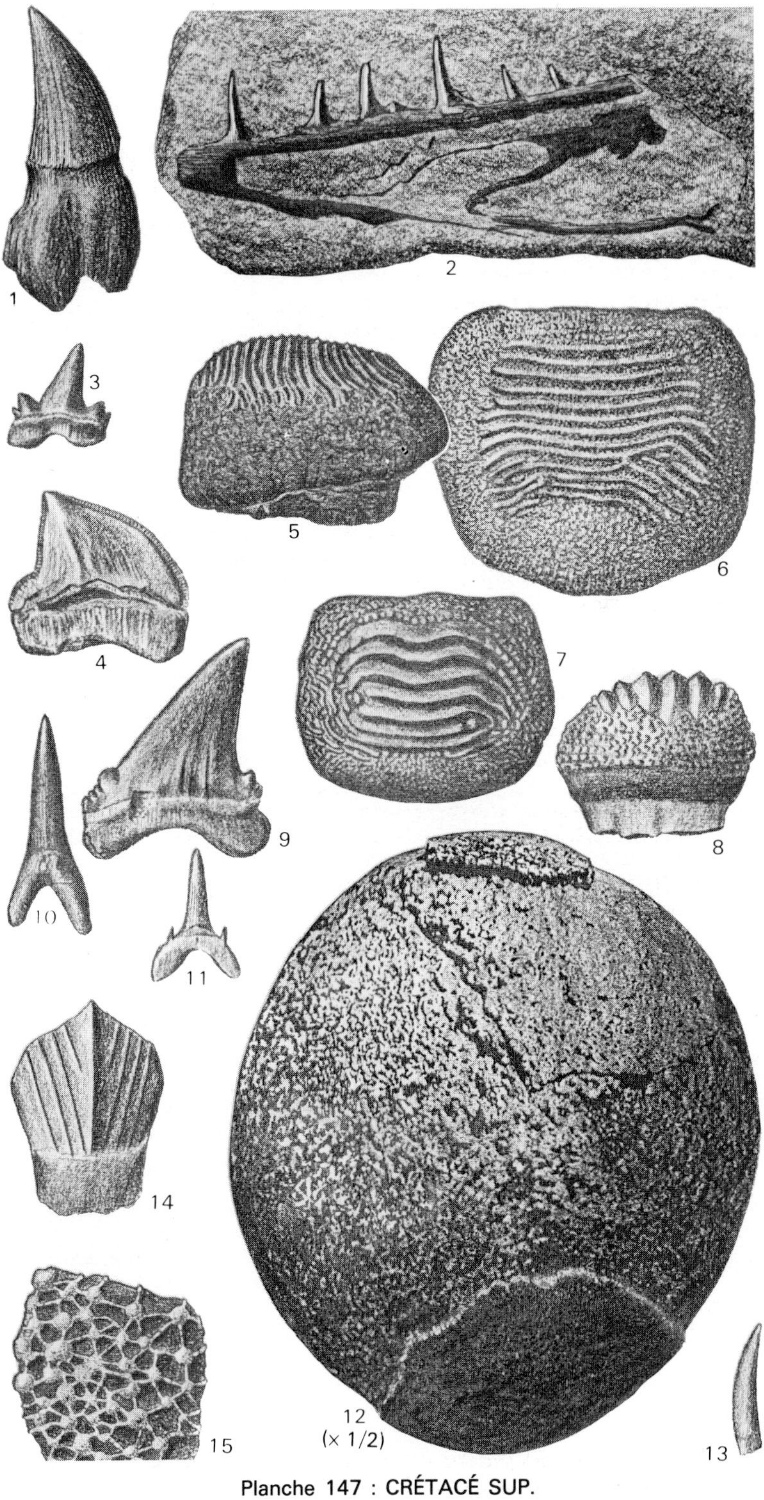

Planche 147 : CRÉTACÉ SUP.

1. *Mosasaurus camperi* – 2. *Enchodus lewesiensis* – 3. *Cretolamna appendiculata* – 4. *Corax pristodontus* – 5, 6. *Ptychodus decurrens* – 7, 8. *P. latissimus* – 9. *Cretoxyrhina mantelli* – *10, 11. Scapanorhynchus raphiodon* – 12, 13. *Hypselosaurus priscus* – 14. *Rhabdodon priscum* – 15. *Cliona cretacea.*

Fucoides strictus Brongniart, fam. *incertae sedis* – Traces énigmatiques formant des ramifications plus ou moins festonnées, larges de 2 à 10 mm. **Cénomanien** : Charente-Maritime (Ile d'Aix). Pl. 146, fig. 7.

Helminthoidea labyrinthica Heer, *incertae sedis* – Traces méandroïdes subparallèles ou irrégulièrement disposées, larges de 1 à 3 mm et pouvant être interprétées comme des pistes de nutrition d'Invertébrés (Annélides ou Mollusques). **Crétacé supérieur** (dans le faciès « Flysch ») : Hautes-Alpes et Alpes-de-Haute-Provence (Massif du Parpaillon, nappes de l'Embrunais et de l'Autapie), Alpes-Maritimes (col de Tende), Pyrénées-Orientales, Hautes-Pyrénées et Pyrénées-Atlantiques (rég. de St-Jean-de-Luz) ; en Italie et en Espagne (Monts Cantabriques) ; cette espèce se poursuit dans le Paléocène. Pl. 146, fig. 8.

CÉNOZOÏQUE ères tertiaire et quaternaire

Moins longue que le Crétacé à lui seul, et représentant moins du neuvième de l'ensemble des temps qui nous séparent du Cambrien, l'ère Cénozoïque a commencé il y a 65 M.A. ; elle se subdivise en seulement 3 périodes (voir tableau général p. 9) dont la dernière se poursuit dans la nature actuelle.

Avec le Cénozoïque se développe la phase surrective de l'orogénèse alpine qui atteint, dans nos régions, son paroxysme vers la limite Éocène-Oligocène (achèvement des Pyrénées et soulèvement des Alpes) ; sitôt après s'amorce la phase érosive, et la destruction progressive des chaînes pyrénéenne et alpine provoque d'abondantes accumulations détritiques (sables et argiles) qui se répandent en périphérie et s'associent, dans les bassins sédimentaires marins, à d'importants dépôts carbonatés.

Le mouvement des plaques continentales s'accélère au cours du Cénozoïque avec l'élargissement de l'Océan atlantique, l'Amérique du Nord et l'Europe s'éloignant de plusieurs centimètres par an ; simultanément, le pivotement de l'Afrique par rapport à l'Europe provoque, à la fin du Miocène, la fermeture de la Méditerranée, sa réouverture se réalisant au Pliocène avec la fracturation de l'isthme de Gibraltar. Ainsi, la position relative des continents et des océans s'achemine progressivement vers sa configuration actuelle.

Après la grande régression de la fin du Crétacé, la mer ne réenvahit que temporairement, au cours du Cénozoïque, les bassins bordiers français (bassin parisien, golfe de la Loire, bassins aquitain et rhodanien...) qu'elle abandonnera par étapes successives, en préfigurant progressivement le tracé actuel de nos côtes.

De type encore tropical au cours du Paléocène et de l'Éocène, le climat se rafraîchit à l'Oligocène, avec tendance à l'aridité, pour redevenir uniformément chaud au Miocène. Le Pliocène connaît, par contre, une diversification climatique marquée dans nos régions par l'alternance des influences méridionales et nordiques, phénomène qui s'accentue au Pléistocène avec les incursions successives du front glaciaire.

Fortement appauvries par suite des extinctions massives de la fin du Crétacé, les flores et les faunes connaissent, dès le début du Cénozoïque, un spectaculaire renouvellement : c'est, sur les aires continentales, l'expansion des Angiospermes, accompagnés de leurs légions d'Insectes, et, par vagues successives, la radiation adaptative des Mammifères qui, en compagnie des Oiseaux, se font à tous les régimes alimentaires et investissent tous les milieux (continentaux, marins, aériens, des pôles à l'équateur). Dans les mers se renouvellent, simultanément, les Algues et les Invertébrés (parmi lesquels les Mollusques, Bivalves et Gastropodes, atteignent un niveau de diversification jamais atteint précédemment). Les Poissons, principalement représentés par les Élasmobranches et les Actinoptérygiens, se multiplient eux aussi de manière spectaculaire. Les Reptiles qui subsistent (Crocodiliens, Chéloniens...) n'apparaîtront plus, par contre, que comme les témoins archaïques d'époques révolues.

Si le Paléogène prépare l'avènement des flores et des faunes actuelles, le Néogène en concrétise l'installation : dès le Miocène apparaissent nombre d'espèces qui subsistent toujours dans la nature actuelle ; au Pliocène on en compte plus de 50 % (essentiellement des Végétaux et des Invertébrés), proportion qui atteint 70 % au début du Pléistocène. L'Homme primitif fait partie de ce lot.

Malgré leur relative brièveté, chacune des six époques du Cénozoïque présente, surtout pour les premières, des particularités bien tranchées.

PALÉOCÈNE

A la fois prolongement du Crétacé supérieur par sa base danienne et prélude à l'Éocène par son étage thanétien, le Paléocène doit essentiellement sa justification aux particularités de sa faune de Mammifères. On le subdivise en deux étages qui totalisent 11 M.A. :

ÉOCÈNE		
		54 M.A.
PALÉOCÈNE	Thanétien (= Landénien)	
	Danien/Montien	
		65 M.A.
CRÉTACÉ SUPÉRIEUR		

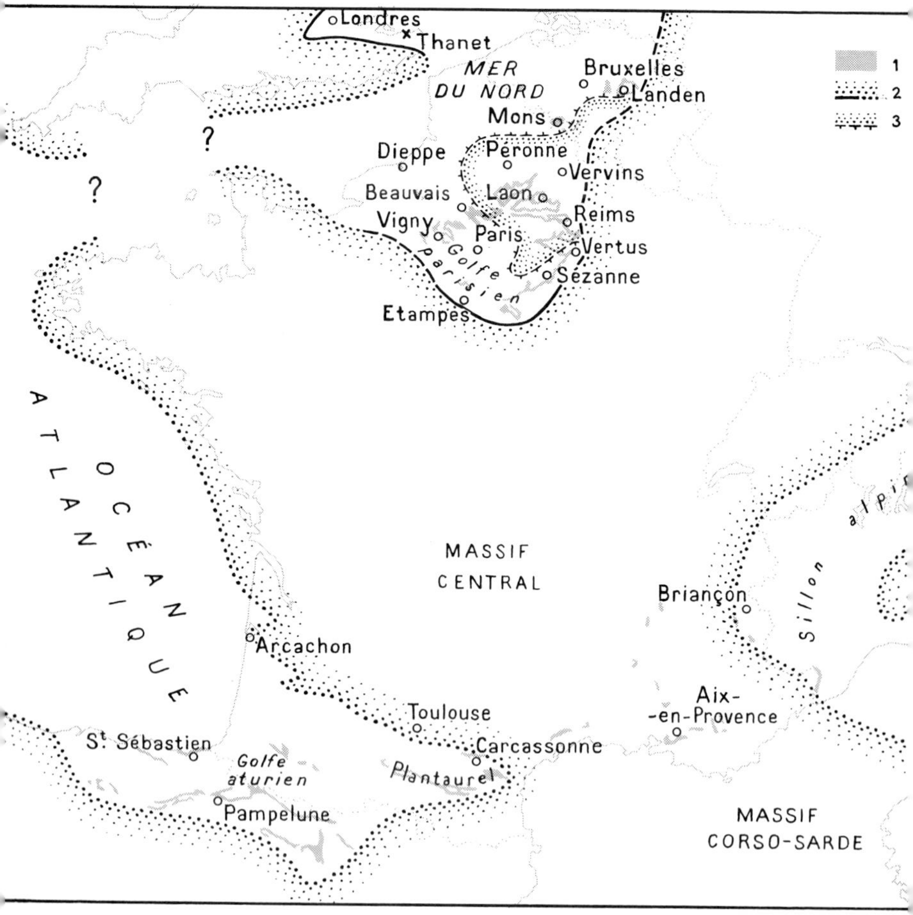

Paléocène

1. Principaux affleurements – 2. Limites extrêmes des extensions marines au cours du Paléocène – 3. Limite de la mer dano-montienne dans le bassin de Paris.

Limités à l'emprise de deux bassins sédimentaires (golfe parisien ouvert sur le domaine nordique et bassin pyrénéo-provençal sur le domaine atlantique), les affleurements paléocènes sont extrêmement réduits dans nos régions, offrant par contre une gamme très diversifiée de sédiments marins plus ou moins littoraux, de formations laguno-côtières et de dépôts franchement continentaux.

Les sédiments marins du bassin sont essentiellement des calcaires (calcaire de Mons, calcaire pisolithique dano-montien de Vigny...), des marnes et des sables (sables de Thanet, sables de Bracheux...) qui passent plus ou moins transitionnellement à des formations estuarines, laguno-côtières ou franchement lacustres (sables de Rilly, sables lagunaires de Châlons-sur-Vesle, conglomérat de Cernay...) ou même à des dépôts de source (travertin de Sézanne...).

Dans le golfe aturien se poursuit, en continuité avec le Crétacé supérieur, une sédimentation marno-calcaire flyschoïde, latéralement accompagnée de calcaires récifaux ou algaires, et passant vers l'Est à des calcaires lacustres et à des argiles rouges continentales.

Sous un climat de type tropical, les peuplements paléocènes inaugurent, tant sur les continents que dans le domaine marin, le déploiement des flores et des faunes cénozoïques : dans les mers s'amorce la prolifération des Bivalves et des Gastropodes ; sur les continents se répandent les Angiospermes, cependant que les Mammifères réalisent leur première radiation adaptive, avec des espèces de petite ou de très petite taille (aucune n'excède 50 cm de long), retrouvées notamment dans la région de Reims où voisinent Multituberculés (dont *Neoplagiaulax eocaenus*), Insectivores, Primates (avec notamment *Plesiadaspis tricuspidens*), Condylarthres (dont *Pleuraspidotherium aumonieri*), Carnivores (tel *Arctocyon primaevus*)... Ces faunes de Mammifères, trop peu répandues pour qu'il soit justifié d'en présenter ici les diverses espèces, se trouvent révisées dans le travail de D. E. Russell (voir bibliographie) auquel on pourra se référer.

Voici quelles sont les espèces susceptibles d'être rencontrées le plus communément dans les dépôts paléocènes de France.

THALLOPHYTES

Lithophyllum pisolithicum Lemoine, fam. Corallinaceae – Algue calcaire à thalle ramifié dont les branches, cylindriques, atteignent 2 à 3,5 mm de diamètre. **Dano-Montien :** Yvelines (rég. de Mantes, en accumulations dans le calcaire pisolithique de Vigny).

FILICOPHYTES

* ***Cyathea (Alsophila) thelypteroides*** Watelet *ex* Brongniart, fam. Cyatheaceae – Pennes longues et effilées, alternes sur le rachis. Pinnules d'allure falciforme, lancéolées, à bord entier et faiblement sinueux, atteignant 2 cm de long. Nervure médiane émettant 10 à 15 paires de nervures latérales, simples et opposées, au milieu desquelles sont disposés les spores. **Thanétien** : Marne (rég. de Sézanne). Pl. 148, fig. 1.

* ***Cyathea (Alsophila) pomelii*** Watelet *ex* Brongniart – Cette espèce, moins fréquente que le précédente, en diffère par ses frondes beaucoup plus petites dans toutes leurs dimensions (environ du tiers) et présentant sur chaque pinnule 9 ou 10 paires de nervures latérales simples et opposées, parfois dichotomes à la base. **Thanétien** : Marne (rég. de Sézanne).

ANGIOSPERMOPHYTES

* ***Juglan perampla*** Saporta (*Juglandites –*), fam. Juglandaceae – Feuilles pouvant atteindre 30 cm de longueur et plus de 12 cm de largeur, très proches par leur nervation du Noyer cultivé actuel (*J. regia*). **Thanétien** : Marne (rég. de Sézanne) ; cette espèce se poursuit dans l'Éocène (Yprésien).

* ***Aralia sezannensis*** Saporta, fam. Araliaceae – Folioles pouvant atteindre 18 cm de longueur et 5 cm de large. **Thanétien** : Marne (rég. de Sézanne). Pl. 148, fig. 3.

* ***Zizyphus raincourtii*** Saporta, fam. Rhamnaceae – Feuilles pouvant atteindre 10 cm de longueur et présentant d'assez grandes affinités avec le Jujubier actuel *(Z. jujuba)*. **Thanétien** : Marne (rég. de Sézanne). Pl. 148, fig. 2.

* ***Vitis sezannensis*** Saporta, fam. Vitaceae – Espèce voisine, par la forme de ses feuilles, de l'actuelle vigne *(V. vinifera)*. **Thanétien** : Marne (rég. de Sézanne).

* ***Cissus primaeva*** Saporta, fam. Vitaceae – Feuilles de forme assez variable, pouvant atteindre une vingtaine de cm de longueur et de largeur. **Thanétien** : Marne (rég. de Sézanne). Pl. 148, fig. 5.

* ***Sassafras primigenium*** Saporta, fam. Lauraceae – Feuilles pouvant atteindre 12 à 15 cm de longueur, à lobes plus ou moins développés et inégaux. **Thanétien** : Marne (rég. de Sézanne). Pl. 148, fig. 4.

* ***Sabalites primaeva*** Schimper, fam. Palmaceae – Cette espèce diffère de *S. major*, de l'Oligocène (→ Pl. 182) par son rachis plus court et le nombre plus faible de ses segments (moins de 30). **Thanétien** : Pas-de-Calais (rég. de Béthune), Nord (rég. du Quesnoy), Aisne (rég. de Vervins).

FORAMINIFÈRES

Alveolina (Glomalveolina) primaeva Reichel, fam. Alveolinidae – Espèce atteignant ou dépassant à peine 1 mm de diamètre, de forme subsphérique. **Thanétien sup.** : Haute-Garonne (rég. d'Aurignac, St-Gaudens), Ariège (Massif du Plantaurel) ; en Espagne (rég. est de Tremp) et en Italie.

Operculina azilensis Tambareau, fam. Nummulitidae – Espèce voisine d'*O. ammonea* (→ Eocène, Pl. 153, fig. 1). Dim. max. : d/e = 7/1 mm. **Thanétien** : Ariège (Massif du Plantaurel).

MOLLUSQUES Bivalves

Cucullaea crassatina Lamarck, fam. Cucullaeidae – Dim. max. : h/L/e = 9,5/12/9,5 cm. **Thanétien** : Aisne (rég. de Laon), Oise (rég. de Beauvais), Marne (rég. de Reims) ; en Belgique et en Grande-Bretagne. Pl. 149, fig. 9.

Glycymeris terebratularis Lamarck *(Pectunculus –)*, fam. Glycymerididae – Dim. max. : h/L/e = 6/6/4,5 cm. **Thanétien** : Aisne (rég. de Laon), Oise (rég. de Beauvais), Marne (rég. de Reims). Pl. 149, fig. 13.

Gryphaeostrea eversa Melleville *(Ostrea –)*, fam. Gryphaeidae – Valve gauche étroite, à crochet assez fortement recourbé et surface presque lisse ; valve droite marquée par de fortes lamelles d'accroissement. Dim. max. : h/L/e = 4,5/2/1,5 à 2 cm. **Thanétien** : Aisne (rég. de Laon), Marne (rég. de Reims) ; cette espèce se poursuit dans l'Eocène. Pl. 149, fig. 1, 2.

Ostrea bellovacina Lamarck, fam. Ostreidae – Coquille de forme et d'ornementation extrêmement variables, à surface plus ou moins nettement costulée et lamelleuse. Dim. max. : h/L/e = 12/8 à 12/4 à 6 cm. **Thanétien** : espèce à vaste répartition européenne. Pl. 151, fig. 1.

Cavilucina scalaris Defrance *(Phacoides –)*, fam. Lucinidae – Dim. max. : h/L/e = 2,3/2,3/1,4 cm. **Thanétien** : Oise (rég. de Beauvais), Marne (rég. de Reims). Pl. 150, fig. 9, 10.

Monitilora grata Defrance *(Phacoides –)*, fam. Lucinidae – Espèce voisine de *M. elegans* (→ Eocène, Pl. 156, fig. 9, 10), dont elle se distingue par sa forme plus orbiculaire. Dim. max. : h/L/e = 2,8/2,8/1,4 cm. **Paléocène** : Oise (rég. sud de Beauvais) ; en Belgique (rég. de Bruges).

Gibbolucina (Eomiltha) contorta Defrance *(Phacoides –)*, fam. Lucinidae – Dim. max. : h/L/e = 3,5/4,5/1,7 cm. **Paléocène** : espèce largement répandue en France et dans les régions limitrophes. Pl. 150, fig. 8.

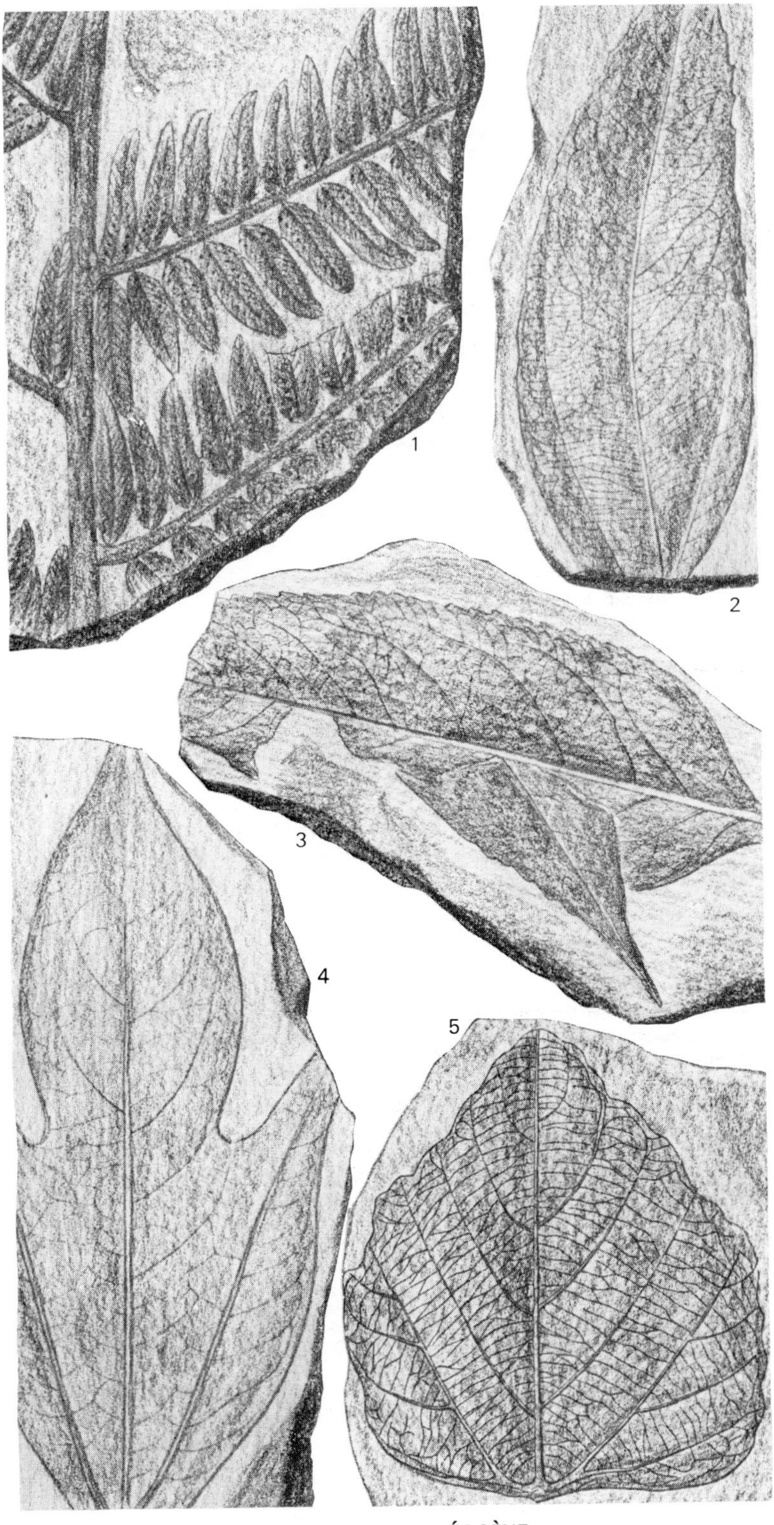

Planche 148 : PALÉOCÈNE

1. *Cyathea (Alsophila) thelypteroides* – 2. *Zizyphus raincourtii* – 3. *Aralia sezannensis* – 4. *Sassafras primigenium* – 5. *Cissus primaeva*.

Fimbria davidsoni Deshayes *(Corbis –)*, fam. Fimbriidae – Dim. max. : h/L/e = 4,5/6/3,5 cm. **Thanétien :** Oise (rég. sud de Beauvais). Pl. 149, fig. 4.

Venericardia multicostata Lamarck *(Cardita –)*, fam. Carditidae – Valves ornées de 27 à 29 côtes radiales arrondies et écailleuses. Dim. max. : h/L/e = 6,5 à 7/7/6 cm. **Thanétien :** Oise (rég. sud de Beauvais). Pl. 150, fig. 2, 3.

Venericardia pectuncularis Lamarck *(Cardita –)* – Espèce à côtes radiales moins nombreuses (22 ou 23) et moins saillantes que la précédente. Dim. max. : h/L/e = 10/10,5/7 à 7,5 cm. **Thanétien :** Somme (rég. de Péronne), Oise (rég. sud de Beauvais). Pl. 150, fig. 4.

Crassatella bellovacina Deshayes, fam. Crassatellidae – Dim. max. : h/L/e = 3,3/4,5 à 5/2 cm. **Thanétien :** Somme (rég. de Péronne), Aisne (rég. de Laon), Oise (rég. de Beauvais). Pl. 150, fig. 1.

Vepricardium (Orthocardium) trifidum Deshayes *(Cardium –, Trachycardium –)*, fam. Cardiidae – Espèce très voisine de *V. (O.) porulosum* (→ Eocène, Pl. 158, fig. 7, 8). Dim. max. : h/L/e = 2,5/2,5/2 cm. **Paléocène :** Marne (rég. de Reims) ; en Belgique.

Nemocardium edwardsi Deshayes *(Cardium –)*, fam. Cardiidae – Dim. max. : h/L/e = 4,5/4,5/4 cm. **Thanétien :** Oise (rég. sud de Beauvais), Marne (rég. de Reims). Pl. 151, fig. 3.

Arctica scutellaria Deshayes *(Cyprina –)*, fam. Arcticidae – Dim. max. : h/L/e = 8/9,5/5 à 6 cm. **Thanétien :** Somme (rég. de Péronne), Aisne (rég. de St-Quentin), Oise (rég. sud de Beauvais). Pl. 149, fig. 3.

Dosiniopsis fallax Deshayes *(Cytherea –)*, fam. Veneridae – Dim. max. : h/L/e = 5/5,5/3 cm. **Thanétien :** Oise (rég. de Beauvais). Pl. 150, fig. 11.

Callista (Microcallista) proxima Deshayes *(Cytherea –, Meretrix –)*, fam. Veneridae. **Thanétien :** Oise (rég. de Beauvais) ; espèce se poursuivant dans l'Eocène (→ Pl. 162, fig. 10).

Corbula regulbiensis Morris, fam. Corbulidae – Dim. max. : h/L/e = 0,9/1,5/1 cm. **Thanétien :** Aisne (rég. de Laon), Oise (rég. de Beauvais), Marne (rég. de Reims) ; en Grande-Bretagne. Pl. 149, fig. 5, 6.

MOLLUSQUES Gastropodes

Velates perversa Gmelin *(Nerita schmiedeliana, N. conoidea)*, fam. Neritidae – **Paléocène :** espèce à vaste répartition européenne, se poursuivant dans l'Éocène (→ Pl. 163, fig. 1-3).

* ***Viviparus aspersus*** Michaud *(Paludina –)*, fam. Viviparidae – Dim. max. : h/d = 4,2/3 cm. **Thanétien :** Marne (rég. sud de Reims, Sézanne), Aude (Corbières). Pl. 149, fig. 12.

Turritella compta Deshayes *(Haustator –)*, fam. Turritellidae – Dim. max. : h/d = 6/1,3 à 1,5 cm. **Thanétien :** Oise (rég. de Beauvais), Marne (rég. de Reims). Pl. 150, fig. 7.

Turritella bellovacina Deshayes *(Haustator bellovacensis)* – Espèce très voisine de *T. imbricataria* (→ Éocène, Pl. 163, fig. 9), dont elle diffère par sa spire un peu moins élancée et son ornementation spirale plus accentuée. Dim. max. : h/d = 11/2,5 cm. **Thanétien :** Oise (rég. sud de Beauvais), Marne (rég. de Reims).

Turritella hybrida Deshayes *(Haustator –)* – **Thanétien :** Oise (rég. de Beauvais), Ariège (Plantaurel oriental) ; espèce se poursuivant dans l'Éocène (→ Pl. 163, fig. 8).

* ***Melanopsis buccinoidea*** Férussac, fam. Thiaridae – **Thanétien :** Marne (rég. sud de Reims) ; espèce se poursuivant dans l'Éocène (→ Pl. 166, fig. 9).

Batillaria (Vicinocerithium) goniophora Deshayes *(Cerithium –)*, fam. Potamididae – Dim. max. : h/d = 4/1,4 cm. **Thanétien :** Marne (rég. de Reims). Pl. 150, fig. 6.

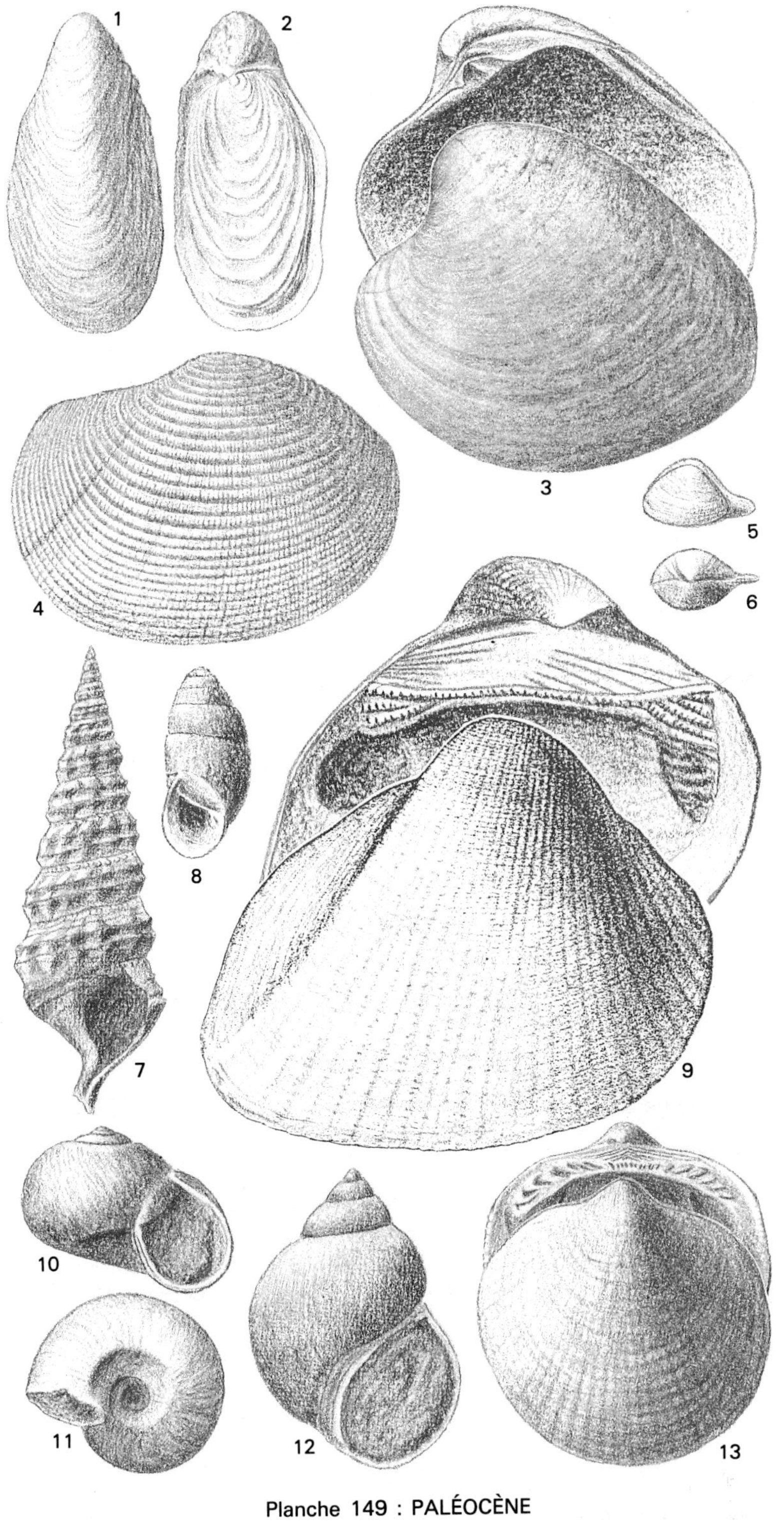

Planche 149 : PALÉOCÈNE

1, 2. *Gryphaeostrea eversa* – 3. *Arctica scutellaria* – 4. *Fimbria davidsoni* – 5, 6. *Corbula regulbiensis* – 7. *Thericium semicostatum* – 8. *Rillya rillyensis* – 9. *Cucullaea crassatina* – 10, 11. *Grandipatula hemisphaerica* – 12. *Viviparus aspersus* – 13. *Glycymeris terebratularis.*

Thericium semicostatum Deshayes, fam. Cerithiidae – Dim. max. : h/d = 10/3,5 cm. **Thanétien :** Oise (rég. sud de Beauvais), Haute-Garonne (rég. d'Aurignac). Pl. 149, fig. 7.

Sigatica hantoniensis Pilkington, fam. Ampullospiridae – **Thanétien :** Oise (rég. sud de Beauvais) ; espèce se poursuivant dans l'Éocène (→ Pl. 166, fig. 14).

Calyptraea suessoniensis d'Orbigny, fam. Calyptraeidae – Espèce voisine de *C. aperta* (→ Éocène, Pl. 166, fig. 1, 2), dont elle diffère par sa surface sensiblement lisse, dépourvue d'aspérités épineuses mais présentant parfois des stries d'accroissement sublamelleuses en fin de croissance ; sa forme est plus régulièrement conique, son sommet plus aigu et plus droit, sa base plus régulièrement circulaire. Dim. max. : h/d = 1,2/2,3 cm. **Thanétien :** Aisne (rég. de Laon), Oise (rég. de Compiègne, rég. sud de Beauvais).

* ***Aplexa gigantea*** Michaud *(Physa –)*, fam. Physidae – Coquille assez variable, toujours sénestre. Dim. max. : h/d = 6,5/3 cm. **Thanétien :** Marne (rég. de Reims, Épernay, Sézanne). Pl. 151, fig. 2.

* ***Aplexa prisca*** Noulet *(Physa –)* – Coquille sénestre, à dernier tour plus ou moins large. Dim. max. : h/d = 5/2,5 cm. **Thanétien :** Bouches-du-Rhône (rég. d'Aix-en-Provence), Aude et Ariège. Pl. 150, fig. 5.

* ***Grandipatula hemisphaerica*** Michaud *(Helix –)*, fam. Zonitidae – Dim. max. : h/d = 2,3/3 cm. **Thanétien :** Marne (rég. sud de Reims, Sézanne). Pl. 149, fig. 10, 11.

* ***Rillya rillyensis*** Boissy *(Pupa –)*, fam. Streptaxidae – Dim. max. : h/d = 3/1,5 cm. **Thanétien :** Marne (rég. de Reims). Pl. 149, fig. 8.

MOLLUSQUES Céphalopodes Nautiloïdes

Hercoglossa danica Schlotheim *(Nautilus –)*, fam. Hercoglossidae – Coquille à spire involute (ombilic presque fermé), arrondie dorsalement, à surface lisse, marquée sur le moule interne par des sutures à selle très accentuée. Dim. max. : h/d = 15/10 cm. **Dano-Montien :** espèce à vaste répartition européenne.

ÉCHINODERMES Échinides réguliers

Cidaris forchhammeri Desor *ex* d'Orbigny, fam. Cidaridae – Espèce surtout connue par ses radioles, de forme très variable, pouvant atteindre 4 à 7 cm de long pour 0,3 à 1 cm de diamètre. **Paléocène :** Marne (rég. de Vertus), Val-d'Oise (Vigny-en-Vexin), Yvelines ; en Belgique (rég. de Mons). Pl. 151, fig. 9.

ÉCHINODERMES Échinides irréguliers

Echinanthus subrotundus Cotteau, fam. Cassidulidae – Cette espèce se distingue d'*E. issyaviensis* (→ Éocène, Pl. 174, fig. 2-4) par sa forme plus arrondie, presque circulaire. Dim. max. : h/L/l = 3/6,9/6,7 cm. **Thanétien :** Haute-Garonne (rég. d'Aurignac), Ariège (rég. du Mas d'Azil) ; cette espèce se poursuit dans l'Éocène (Yprésien inf.).

Echinocorys pyrenaicus Seunes, fam. Holasteridae – Dim. max. : h/L/l = 2,2/4 à 4,2/3,5 à 3,7 cm. **Danien :** Landes et Pyrénées-Atlantiques ; en Espagne. Pl. 151, fig. 4-6.

Jeronia pyrenaica Seunes, fam. Holasteridae – Dim. max. : h/L/l = 5,7/7 à 7,5/6,5 à 7 cm. **Danien :** Pyrénées-Atlantiques. Pl. 151, fig. 7, 8.

ÉLASMOBRANCHES Sélaciens

Striatolamia striata Winkler *(Odontaspis –)*, fam. Jaekelodontidae – Espèce voisine de *S. macrota* (→ Éocène, Pl. 176, fig. 2, 3), dont elle diffère par ses dents plus petites, à denticules latéraux à peine perceptibles et à la face interne de la couronne plus fortement striée. Dim. max. : h/L = 3,7/1,7 cm. **Paléocène :** espèce largement répandue en Europe nord-occidentale.

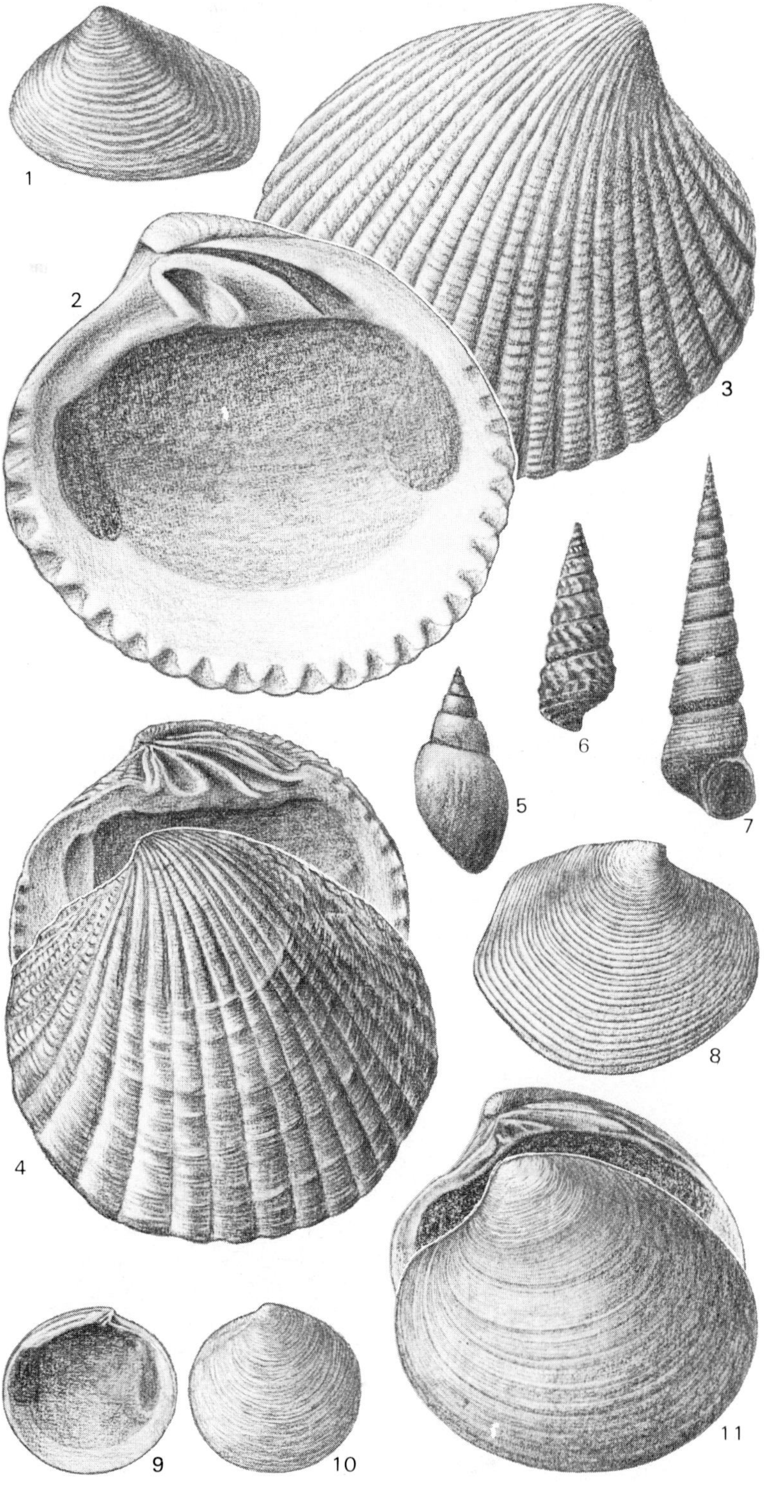

Planche 150 : PALÉOCÈNE

1. *Crassatella bellovacina* – 2, 3. *Venericardia multicostata* – 4. *V. pectuncularis* – 5. *Aplexa prisca* – 6. *Batillaria goniophora* – 7. *Turritella compta* – 8. *Gibbolucina contorta* – 9, 10. *Cavilucina scalaris* – 11. *Dosiniopsis fallax.*

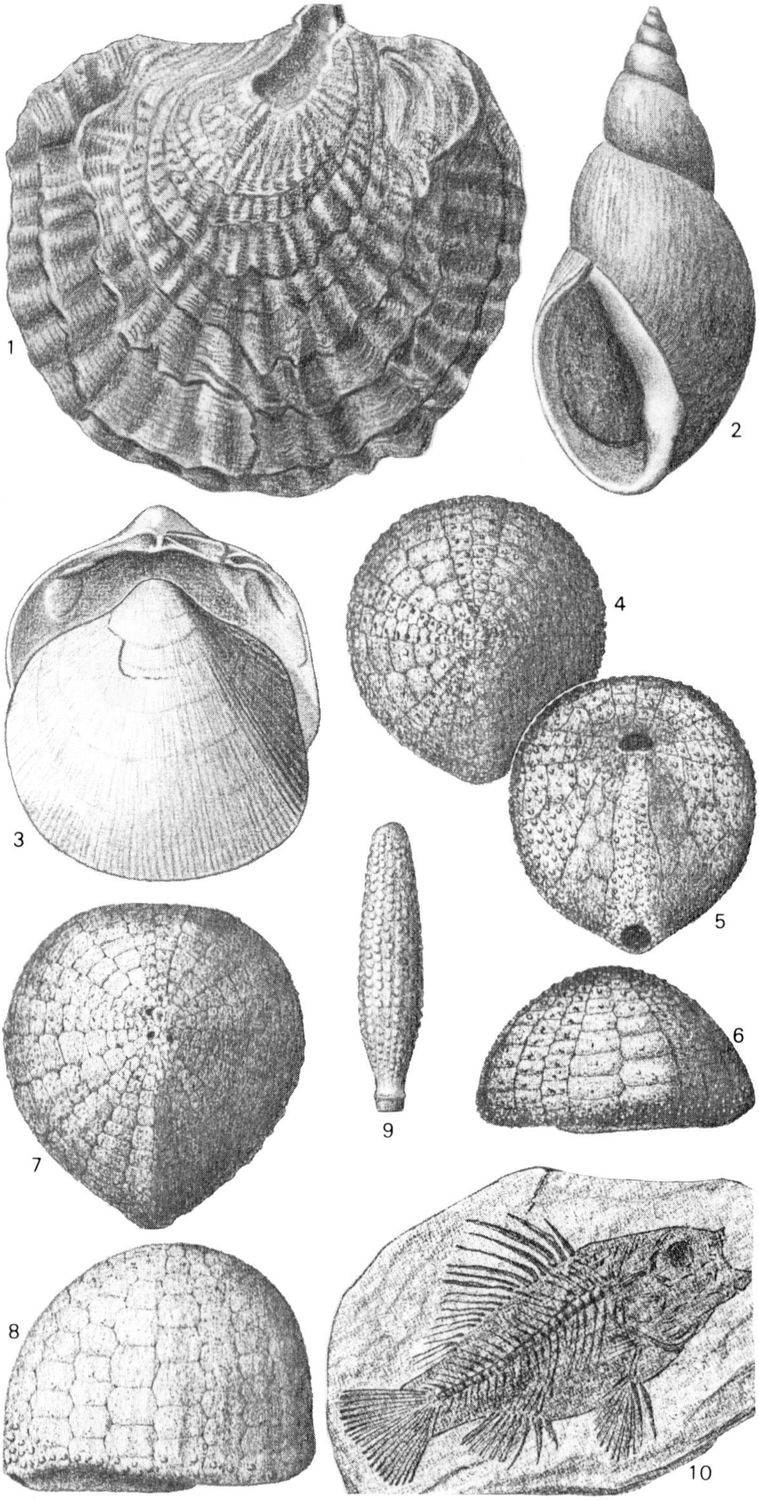

Planche 151 : PALÉOCÈNE

1. *Ostrea bellovacina* – 2. *Aplexa gigantea* – 3. *Nemocardium edwardsi* – 4-6. *Echinocorys pyrenaicus* – 7, 8. *Jeronia pyrenaica* – 9. *Cidaris forchhammeri* – 10. *Prolates heberti.*

ACTINOPTÉRYGIENS

Prolates heberti Gervais *(Lates –, Pseudolates –),* fam. Serranidae – Corps ovale n'excédant pas 10 cm de long, à écailles très petites, nageoire caudale non bifurquée et nageoire dorsale composée de 18 rayons dont les 8 premiers sont épineux ; on compte 25 vertèbres et 9 paires de côtes. **Montien** : Marne (rég. de Vertus). Pl. 151, fig. 10.

* ***Lepisosteus suessoniensis*** Gervais *(Lepidosteus –),* fam. Lepisosteidae – **Thanétien sup.** : Oise (rég. de Beauvais), Marne (rég. sud de Reims) ; en Belgique (Hainaut, Hesbaye, Brabant) ; cette espèce se poursuit dans l'Éocène (→ Pl. 176, fig. 1).

TRACES

Helminthoidea labyrinthica Heer, *incertae sedis* – **Paléocène** : dans le faciès « Flysch » des Hautes-Alpes et des Pyrénées-Atlantiques, en continuité avec les formations mésozoïques de même type (→ Crétacé sup., Pl. 146, fig. 8).

ÉOCÈNE

Précisé dans ses limites grâce aux récents progrès de la Paléontologie, l'Éocène a duré environ 19 M.A. et se subdivise comme suit :

OLIGOCÈNE — 35 M.A.

ÉOCÈNE	Ludien (= Priabonien)	
	Bartonien	Marinésien
		Auversien
	Lutétien	supérieur (= Biarritzien)
		moyen
		inférieur (= Bruxellien)
	Yprésien	Cuisien
		Sparnacien (= Ilerdien)

54 M.A. — PALÉOCÈNE

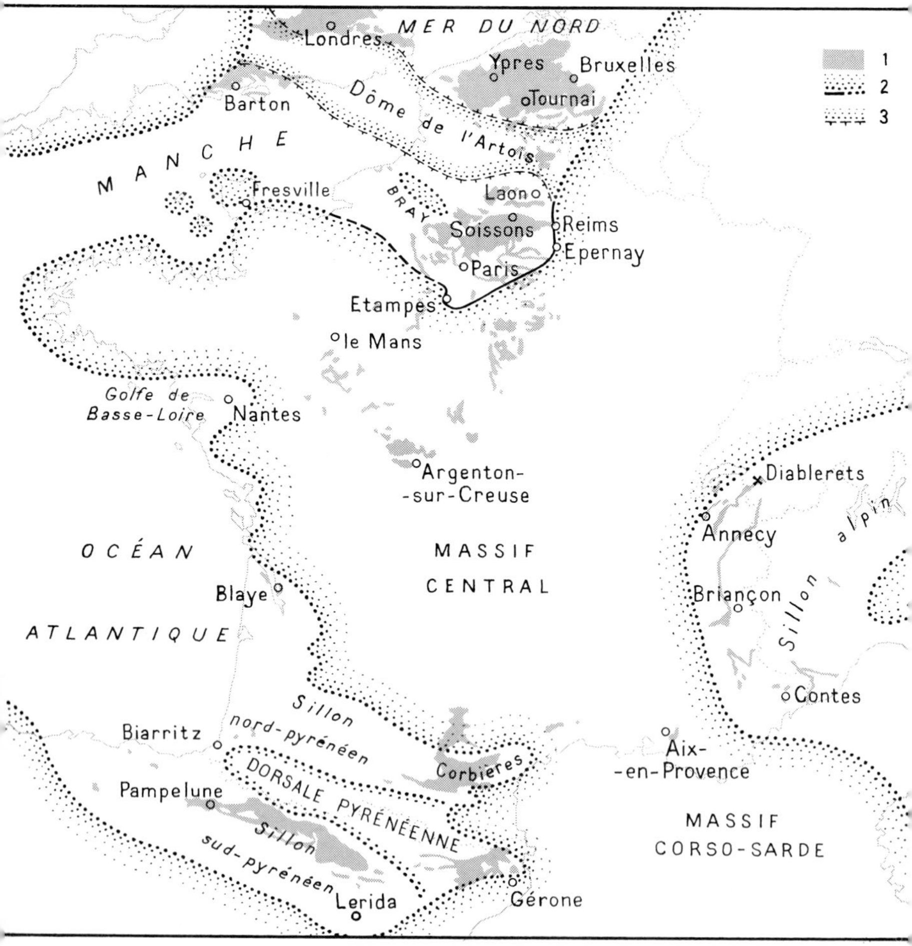

Éocène
1. Principaux affleurements éocènes – 2. Limites extrêmes des transgressions marines au cours de l'Éocène – 3. Anticlinal de l'Artois, exondé à partir du Lutétien moyen.

Les affleurements éocènes se répartissent, en France et dans les régions limitrophes, en fonction d'une paléogéographie extrêmement instable, liée à de fréquents déplacements des lignes de rivage, transgressions et régressions jouant sur de faibles variations du niveau de la mer qui se répercutent sur de longues distances, inondant ou abandonnant des zones basses à vocation plus ou moins laguno-côtière, cependant que de vastes lacs s'installent dans les dépressions d'arrière-pays (voir carte).

Il en résulte une sédimentation tout aussi variable, où alternent diversement des sables, grès, calcaires, marnes, argiles, lignites, évaporites (gypse)... sous un climat de type encore tropical, à périodes plus ou moins sèches.

Dans les mers se répandent des foisons spectaculaires d'Invertébrés (grands Foraminifères, dont les Nummulites, Bivalves et Gastropodes étonnamment diversifiés, Crustacés, Échinodermes...), cependant que les Mammifères réalisent, tant dans le domaine marin que sur les aires continentales, leur seconde radiation adaptative en même temps que s'éteignent les Multituberculés et les Condylarthres : à côté des Marsupiaux apparaissent ou se répandent les Proboscidiens, Cétacés et Siréniens, Créodontes, Carnivores, Périssodactyles, Artiodactyles, Rongeurs... qui annoncent déjà pour partie les faunes mammaliennes modernes.

L'Éocène est incontestablement, dans nos régions et notamment en ce qui concerne les Invertébrés marins, l'époque la plus fossilifère de tout le Cénozoïque (on a pu y dénombrer, rien que dans le bassin Parisien, près de 3 000 espèces de Mollusques) ; aussi avons-nous dû nous limiter ici, plus encore que pour les autres époques, à une sélection réduite aux seules espèces présentant une grande abondance locale ou une large répartition géographique.

THALLOPHYTES

Acicularia pavantina d'Archiac, fam. Dasycladaceae – Thalle de forme très variable, plus ou moins grêle et allongé, droit ou plus ou moins arqué. Dim. max. : h/d = 5/1 mm. **Lutétien** et **Bartonien :** Aisne et Seine-et-Marne (rég. nord-est de La Ferté-sous-Jouarre), Val-d'Oise (Vexin), Yvelines (rég. de Villiers-St-Frédéric). Pl. 152, fig. 5.

Dactylopora cylindracea Lamarck, fam. Dasycladaceae – Thalle en forme de massue plus ou moins allongée, à surface présentant un réseau de cellules hexagonales perforées en leur centre. Dim. max. : h/d = 2/0,7 cm. **Lutétien** et **Bartonien :** Manche (rég. d'Orglandes), Aisne et Seine-et-Marne (rég. de Soissons, rég. nord-est de La Ferté-sous-Jouarre), Oise (rég. de Chaumont-en-Vexin), Val-d'Oise (Vexin, vallée de l'Oise, Parisis), Yvelines (rég. de Villiers-St-Frédéric) ; en Belgique (rég. de Bruxelles). Pl. 152, fig. 6.

Ovulites margaritula Lamarck, fam. Codiaceae – Thalle constitué d'articles ovoïdes plus ou moins allongés, de 0,5 à 3 mm de diamètre, généralement séparés à l'état fossile mais qui formaient initialement des rameaux se divisant par dichotomie. **Lutétien :** Manche (rég. d'Orglandes), Oise (rég. de Chaumont-en-Vexin), Yvelines (rég. de Villiers-St-Frédéric) ; en Grande-Bretagne, Belgique (rég. de Bruxelles) et Italie. Pl. 152, fig. 7.

CONIFÈROPHYTES

* ***Araucarites roginei*** Saporta, fam. Araucariaceae – Rameaux à feuilles serrées, imbriquées, droites ou falciformes, courtes et aiguës, très épaisses. **Bartonien :** Sarthe (rég. du Mans), Maine-et-Loire, Vendée (Noirmoutier). Pl. 152, fig. 4.

ANGIOSPERMOPHYTES

* ***Nerium parisiensis*** Saporta, fam. Apocynaceae – Feuilles pouvant atteindre 10 cm de longueur et 0,5 cm de largeur. **Lutétien :** Hauts-de-Seine et Val-de-Marne (rég. de Paris). Pl. 152, fig. 1 (feuilles et fleur).

* ***Sabalites andegavensis*** Crié, fam. Palmaceae – Rachis pouvant atteindre 5 cm de large, terminé par une pointe courte sur laquelle s'insère la fronde. **Bartonien** : Sarthe (rég. du Mans), Maine-et-Loire, Vendée (Noirmoutier). Pl. 152, fig. 2.

* ***Nipa burtinii*** Brongniart, fam. Palmaceae – Fruit tricaréné atteignant 8 cm de longueur pour 3 à 4 cm de diamètre, à coque ligneuse, produit par un petit palmier sans tige. **Yprésien** et **Lutétien** : Pyrénées-Atlantiques (rég. de Pau) ; en Belgique (rég. de Bruxelles) et en Grande-Bretagne. Pl. 152, fig. 3.

FORAMINIFÈRES

Orbitolites complanatus Lamarck, fam. Soritidae – Test discoïde légèrement aminci au centre, à surface ornée de faibles rides d'accroissement ; bord externe droit portant plusieurs rangées d'ouvertures ; cellules régulièrement disposées en quinconce. Dim. max. : e/d = 1,5/0,2 cm. **Lutétien moy.** : espèce à vaste répartition européenne. Pl. 153, fig. 2, 3.

Alveolina boscii Defrance, fam. Alveolinidae – Test fusiforme atteignant 5 mm de longueur pour 1,5 à 2 mm de diamètre. **Lutétien inf.** et **moy.** : espèce à large répartition européenne. Pl. 153, fig. 4.

Alveolina oblonga d'Orbigny – Espèce voisine de la précédente, mais à test plus large, atteignant 7 mm de longueur pour 3 mm de diamètre. **Yprésien sup.** (Cuisien) : espèce à vaste répartition européenne.

Alveolina elongata d'Orbigny – Espèce beaucoup plus allongée que les précédentes, atteignant 3 cm de longueur pour 4 mm de diamètre. **Lutétien sup.** : espèce à vaste répartition européenne.

Nummulites laevigatus Bruguière, fam. Nummulitidae – Test lenticulaire à centre renflé et à bord mince irrégulièrement flexueux ; surface ornée de papilles ou de granulations ; spire fréquemment irrégulière, à cloisons inclinées et arquées déterminant des loges d'aspect losangique. Dim. max. : d/e = 2/0,5 cm. **Lutétien inf.** : espèce à vaste répartition européenne. Pl. 152, fig. 8, 9.

Nummulites planulatus Lamarck – Espèce voisine de la précédente, dont elle se distingue par sa surface lisse et sa taille moindre. Dim. max. : d/e = 10/1,5 mm. **Yprésien sup.** (Cuisien) : espèce à vaste répartition européenne.

Nummulites brongniarti d'Archiac et Haime – Espèce plus renflée que les précédentes, à surface très finement granuleuse. Dim. max. : d/e = 3/1 cm. **Lutétien sup.** : Pyrénées-Atlantiques (rég. de Biarritz), Alpes-de-Haute-Provence (rég. de Barcelonnette), Alpes-Maritimes (rég. de Puget-Théniers, Menton) ; en Italie.

Nummulites millecaput Boubée – Test lenticulaire, très plat, à bord un peu flexueux et à surface lisse ; tours très nombreux et rapprochés, formés de loges étroites à cloisons arquées, inclinées et serrées. Dim. max. : d/e = 10/0,5 à 0,7 cm. **Lutétien moy.** et **sup.** : Landes, Pyrénées-Atlantiques, Var, Alpes-Maritimes ; en Italie et en Espagne. Pl. 152, fig. 14, 15.

Nummulites variolarius Lamarck – Test globuleux, biconique, à surface ornée de fines stries rayonnantes ; cloisons peu arquées, inclinées et épaisses. Dim. max. : d/e = 4/2 mm. **Lutétien inf.** et **Bartonien moy.** : espèce à vaste répartition européenne. Pl. 152, fig. 12, 13.

Nummulites striatus Bruguière – Cette espèce se distingue de la précédente par son test lenticulaire, à bord mince, et sa taille atteignant 1 cm de diamètre pour 4 mm d'épaisseur. **Bartonien inf.** : Pyrénées-Atlantiques (rég. de Biarritz), Alpes-Maritimes (rég. de Puget-Théniers, Menton) ; en Italie et en Espagne.

Nummulites perforatus Montfort – Test globuleux à bord rond, un peu flexueux ; surface ornée de granules arrondis. Dim. max. : d/e = 5/1,2 cm. **Lutétien sup.** : Pyrénées-Atlantiques (rég. de Biarritz), Alpes-de-Haute-Provence (rég. de Barcelonnette), Alpes-Maritimes (rég. de Puget-Théniers, Menton), Corse ; en Espagne et en Italie. Pl. 152, fig. 10, 11.

Assilina exponens Sowerby *(Nummulites –)*, fam. Nummulitidae – Test discoïde, très plat, à bord tranchant ; surface laissant voir les cloisons, peu inclinées, apparentes en relief sur le test. Dim. max. : d/e = 3/0,4 cm. **Lutétien** : Landes, Pyrénées-Atlantiques ; en Espagne. Pl. 152, fig. 16, 17.

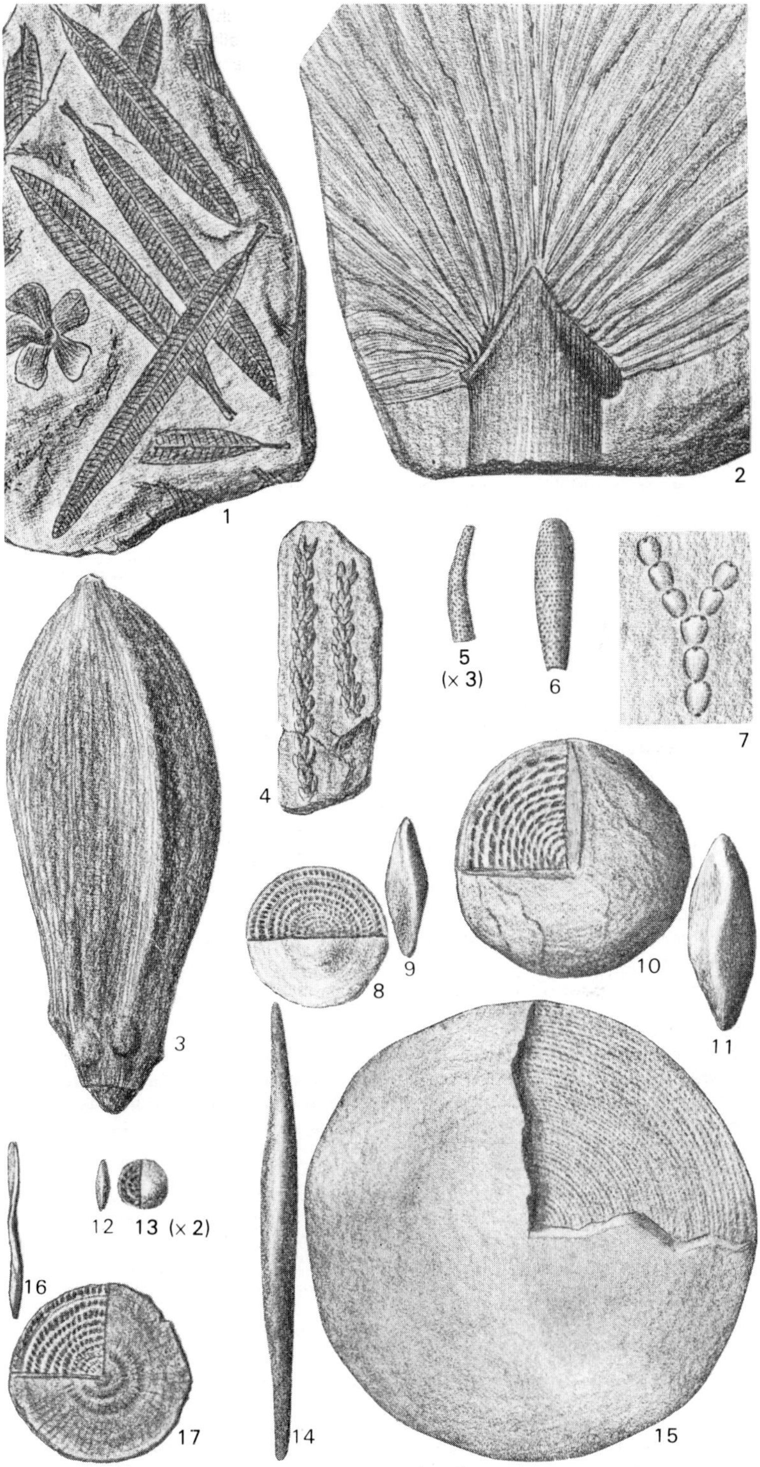

Planche 152 : ÉOCÈNE

1. *Nerium parisiensis* – 2. *Sabalites andegavensis* – 3. *Nipa burtinii* – 4. *Araucarites roginei* – 5. *Acicularia pavantina* – 6. *Dactylopora cylindracea* – 7. *Ovulites margaritula* – 8, 9. *Nummulites laevigatus* – 10, 11. *N. perforatus* – 12, 13. *N. variolarius* – 14, 15. *N. millecaput* – 16, 17. *Assilina exponens.*

Operculina ammonea Leymerie, fam. Nummulitidae – Test discoïde, très plat, composé de 4 à 5 tours de spire qui sont visibles en surface ainsi que les cloisons. Dim. max. : d/e = 10/1 mm. **Yprésien inf.** (Ilerdien) : Pyrénées-Atlantiques (rég. de Biarritz), Aude (Corbières), Alpes-de-Haute-Provence (rég. d'Allos) ; en Espagne. Pl. 153, fig. 1.

HYDROZOAIRES

Axopora deformis Michelin *(Millepora –)*, fam. Axoporidae – Colonie de forme très variable, massive ou branchue, à gastropores pourvus de très fines lames disposées radialement. **Bartonien :** Oise (rég. de Nanteuil-le-Haudoin), Val-d'Oise (rég. d'Auvers-sur-Oise). Pl. 153, fig. 6.

ANTHOZOAIRES Hexacoralliaires

Stylocoenia emarciata Lamarck *(Astrea –)*, fam. Astrocoeniidae – Polypier composé à calices polygonaux, profonds, dont les septes convergent vers une columelle styliforme. **Lutétien** et **Bartonien** : Manche (rég. d'Orglandes), Oise (rég. de Chaumont-en-Vexin), Val-d'Oise (rég. d'Auvers-sur-Oise), Yvelines (rég. de Villiers-St-Frédéric), Alpes-Maritimes (rég. de Contes). Pl. 153, fig. 5.

Dendracis ornata Defrance *(Madrepora –)*, fam. Acroporidae – Polypier branchu à surface granuleuse et calices saillants, profonds, costulés extérieurement. **Lutétien** : Oise (rég. de Chaumont-en-Vexin), Yvelines (rég. de Beynes, Villiers-St-Frédéric). Pl. 153, fig. 11.

Trochoseris distorta Michelin, fam. Agariciidae – Polypier simple, de forme variable, à septes flexueux convergeant vers une columelle papilleuse. Dim. max. : h/d = 2 à 4/4 à 5 cm. **Bartonien** : Val-d'Oise (rég. d'Auvers-sur-Oise). Pl. 154, fig. 1.

Cyathoseris infundibuliformis Blainville, fam. Agariciidae – Colonies de formes très variables, à éléments radiaires confluant vers des centres calicinaux très étroits et plus ou moins individualisés. **Bartonien** : Val-d'Oise (rég. d'Auvers-sur-Oise). Pl. 153, fig. 9.

Goniopora ameliana Defrance, fam. Poritidae – Polypier composé, à calices peu profonds, polygonaux, jointifs, larges de 3 à 5 mm. **Lutétien** : Marne (rég. de Montmirail), Oise (rég. de Chaumont-en-Vexin), Yvelines (rég. de Villiers-St-Frédéric). Pl. 153, fig. 7.

Pattalophyllia sinuosa Brongniart, fam. Agathiphyllidae – Polypier de forme très variable, à calice ovale, profond, plus ou moins bilobé, formé d'éléments radiaires fins et très nombreux qui convergent vers une columelle fasciculée. Dim. max. : h/D/d = 7/3 à 5/1 à 2,5 cm. **Yprésien** et **Bartonien** : Alpes-Maritimes (rég. de Contes), Aude (Corbières) ; en Italie et en Espagne. Pl. 153, fig. 14, 15.

Diplhelia raristella Defrance *(Diplohelia –)*, fam. Oculinidae – Polypier branchu à rameaux coalescents ; surface lisse présentant des calices espacés, larges de 1 à 2 mm et à cloisons peu nombreuses. **Lutétien** et **Bartonien** : Eure et Oise (Vexin), Val-d'Oise (rég. d'Auvers-sur-Oise), Yvelines (rég. de Villiers-St-Frédéric). Pl. 153, fig. 16.

Diplhelia solanderi Defrance – Cette espèce diffère de la précédente par ses rameaux plus étroits, et ses calices disposés régulièrement. **Bartonien** : Seine-et-Marne (rég. de Lizy-sur-Ourcq), Val-d'Oise (rég. d'Auvers-sur-Oise). Pl. 153, fig. 17.

Circophyllia truncata Goldfuss, fam. Mussidae – Polypier simple à thèque costulée et calice peu profond. Dim. max. : h/d = 2,5/1,5 cm. **Lutétien** et **Bartonien** : Manche (rég. d'Orglandes), Oise (rég. de Chaumont-en-Vexin), Val-d'Oise (rég. d'Auvers-sur-Oise). Pl. 153, fig. 20.

Trochosmilia cornicula Michelin, fam. Mussidae – Polypier simple, de forme variable, plus ou moins élevé, devenant subcylindrique avec la croissance, à

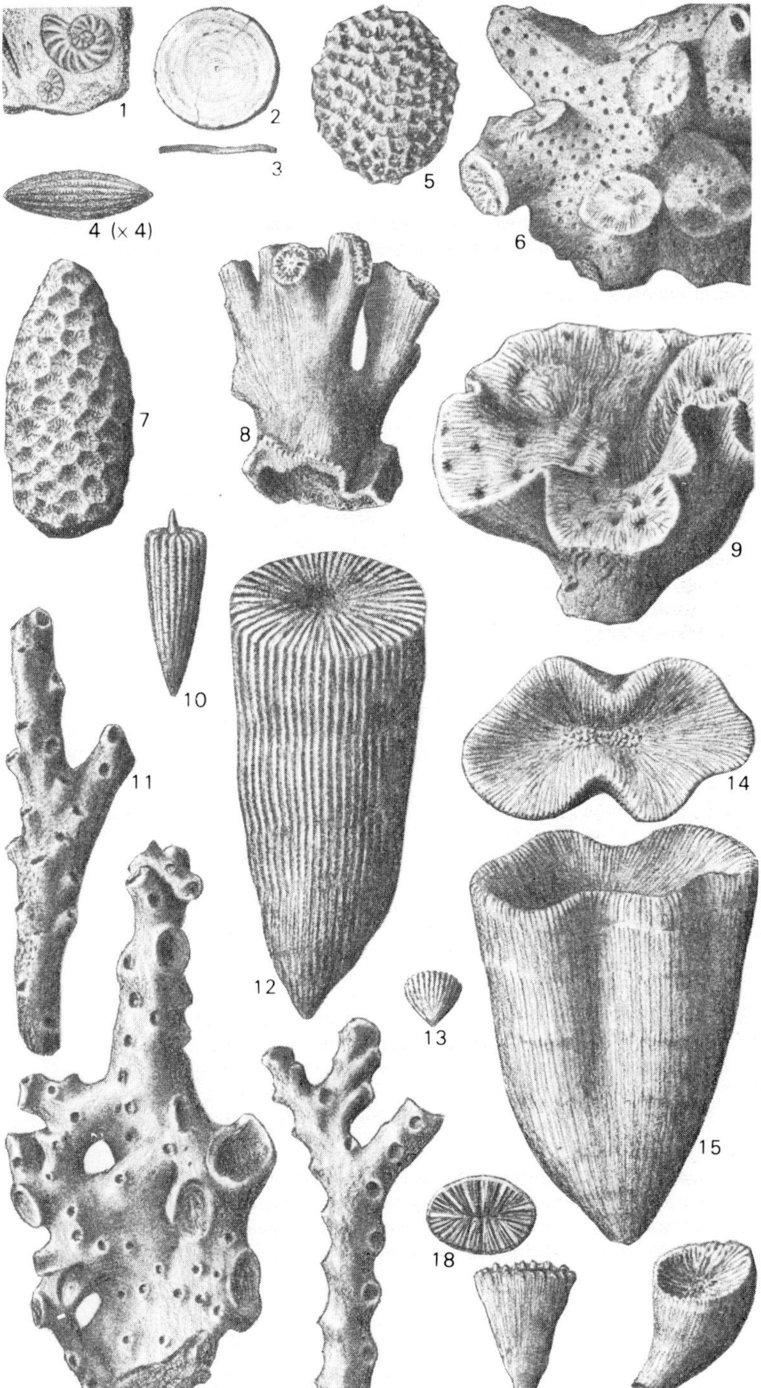

Planche 153 : ÉOCÈNE

1. *Operculina ammonea* – 2, 3. *Orbitolites complanatus* – 4. *Alveolina boscii* – 5. *Stylocoenia emarciata* – 6. *Axopora deformis* – 7. *Goniopora ameliana* – 8. *Lobopsammia cariosa* – 9. *Cyathoseris infundibuliformis* – 10. *Turbinolia sulcata* – 11. *Dendracis ornata* – 12. *Trochosmilia cornicula* – 13. *Sphenotrochus crispus* – 14, 15. *Pattalophyllia sinuosa* – 16. *Diplhelia raristella* –. 17. *D. solanderi* – 18, 19. *Eupsammia trochiformis* – 20. *Circophyllia truncata.*

thèque costulée et calice subcirculaire formé d'éléments radiaires larges et dentelés. Dim. max. : h/d = 7/2,5 à 3,5 cm. **Yprésien** à **Bartonien** : Alpes-de-Haute-Provence (rég. d'Annot), Alpes-Maritimes (rég. de Contes). Pl. 153, fig. 12.

Turbinolia sulcata Lamarck, fam. Caryophylliidae – Polypier simple, formé de 20 à 24 éléments radiaires débordants, finement granuleux sur leur bord distal ; columelle styliforme. Dim. max. : h/d = 9/3 à 4 mm. **Lutétien** et **Bartonien** : Manche (rég. d'Orglandes), Eure et Oise (Vexin, rég. de Beauvais), Val-d'Oise (Parisis), Yvelines (rég. de Villiers-St-Frédéric), Marne (rég. de Montmirail) ; en Grande-Bretagne. Pl. 153, fig. 10.

Turbinolia dispar Defrance – Espèce à septes plus nombreux et atteignant 2 cm de hauteur pour 0,7 cm de diamètre. **Lutétien** : Manche (rég. d'Orglandes), Oise (rég. de Chaumont-en-Vexin), Yvelines (rég. de Villiers-St-Frédéric).

Sphenotrochus crispus Lamarck, fam. Caryophylliidae – Polypier cuneiforme à thèque ornée de côtes granuleuses et à calice elliptique pourvu en son centre d'une columelle sublamellaire. Dim. max. : h/D/d = 8/8/4 mm. **Lutétien** : Eure, Oise (Vexin), Yvelines (rég. de Villiers-St-Frédéric), Marne (rég. de Montmirail). Pl. 153, fig. 13.

Eupsammia trochiformis Pallas, fam. Dendrophylliidae – Polypier simple, trochoïde, à thèque finement striée longitudinalement ; calice elliptique pourvu d'éléments radiaires très nombreux et inégaux qui convergent vers une columelle spongieuse. Dim. max. : h/D/d = 3/2,2/1,5 cm. **Lutétien** : Eure et Oise (Vexin, rég. de Pierrefonds), Val-d'Oise (Parisis), Yvelines (rég. de Villiers-St-Frédéric) ; en Grande-Bretagne. Pl. 153, fig. 18, 19.

Lobopsammia cariosa Goldfuss, fam. Dendrophylliidae – Polypier composé, à rameaux courts, thèque finement striée et calices plus ou moins elliptiques, à éléments radiaires très inégaux et columelle spongieuse. **Bartonien** : Val-d'Oise (rég. d'Auvers-sur-Oise), Oise (rég. de Nanteuil-le-Haudoin). Pl. 153, fig. 8.

BRYOZOAIRES Cyclostomes

Idmidronea coronopus Defrance *(Idmonea –)*, fam. Tubuliporidae – Zoarium branchu à rameaux de section triangulaire ne dépassant pas 2 à 3 mm de diamètre ; zoécies disposées sur 2 faces par lignées alternantes. **Yprésien** et **Lutétien** : Manche (rég. d'Orglandes), Eure et Oise (Vexin), Val-d'Oise, Marne (rég. d'Épernay), Yvelines (rég. de Villiers-St-Frédéric) ; en Belgique (rég. de Bruxelles) ; cette espèce se poursuit jusque dans l'Actuel. Pl. 154, fig. 4.

BRYOZOAIRES Cheilostomes

Lunulites urceolata Lamarck, fam. Lunulitidae – Zoarium cupuliforme atteignant 1 cm de hauteur et de diamètre, extrêmement mince et fragile ; zoécies disposées en lignes à la fois radiales et annulaires et s'ouvrant sur la surface convexe. **Yprésien** et **Lutétien** : Eure et Oise (Vexin, rég. de Pierrefonds), Val-d'Oise, Yvelines (rég. de Villiers-St-Frédéric). Pl. 154, fig. 2, 3.

BRACHIOPODES Articulés

Terebratula bisinuata Lamarck, fam. Terebratulidae – Coquille de forme plus ou moins irrégulière, pouvant atteindre 4,5 cm de longueur pour 3 cm de largeur et 2,5 à 2,8 cm d'épaisseur. **Lutétien** : Oise (rég. de Chaumont-en-Vexin), Val-d'Oise (Vexin), Yvelines (rég. de Villiers-St-Frédéric). Pl. 154, fig. 6.

Terebratula montolearensis Leymerie – Très voisine de la précédente, mais plus petite, et à foramen proportionnellement plus étroit, cette espèce ne présente généralement pas d'irrégularités de forme. Dim. max. : L/l/e = 2,8/2,3/1,4 cm. **Yprésien inf.** (Ilerdien) : Hérault (Monts du Minervois), Aude (Corbières), Var.

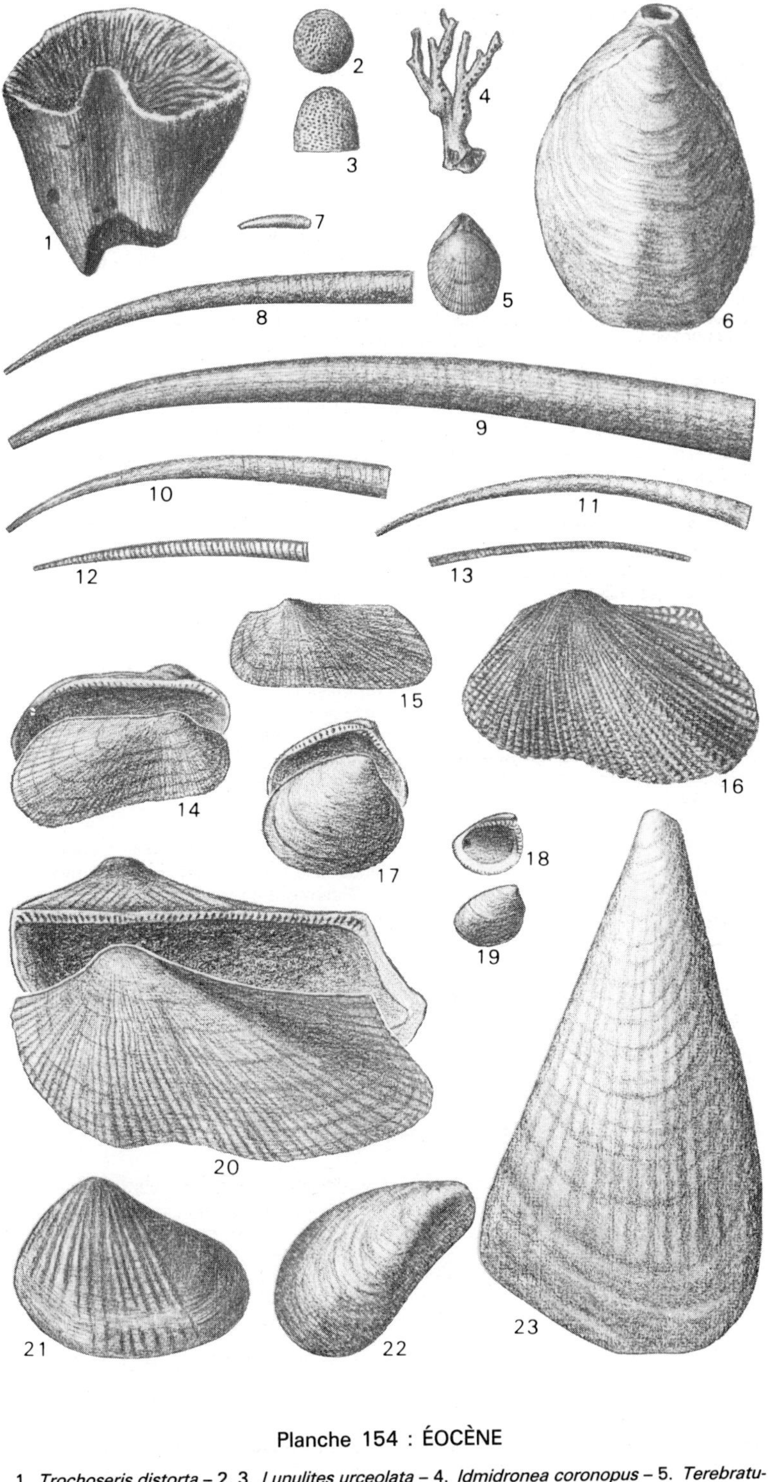

Planche 154 : ÉOCÈNE

1. *Trochoseris distorta* – 2, 3. *Lunulites urceolata* – 4. *Idmidronea coronopus* – 5. *Terebratulina tenuistriata* – 6. *Terebratula bisinuata* – 7. *Siphonodentalium parisiense* – 8. *Dentalium pseudoentalis* – 9. *D. grande* – 10. *D. defrancii* – 11. *D. fissura* – 12. *D. circinatum* – 13. *D. duplex* – 14. *Barbatia modioliformis* – 15. *B. barbatula* – 16. *B. scabrosa* – 17. *Nucula mixta* – 18, 19. *N. fragilis* – 20. *Arca biangula* – 21. *Pholadomya ludensis* – 22. *Mytilus faujasii* – 23. *Pinna margaritacea*.

Terebratulina tenuistriata Leymerie, fam. Cancellothyrididae – Valves ornées de côtes radiales extrêmement fines. Dim. max. : L/l/e = 1,4/1 à 1,2/0,6 cm. **Yprésien inf.** (Ilerdien) : Haute-Garonne (rég. d'Aurignac), Hérault (Monts du Minervois). Pl. 154, fig. 5.

MOLLUSQUES Scaphopodes

Dentalium (Antalis) pseudoentalis Lamarck, fam. Dentaliidae – Coquille ornée de côtes longitudinales très fines et serrées, au nombre de 18 à 25. Dim. max. : L/d = 6/05 cm. **Lutétien :** Oise et Val-d'Oise (Vexin), Yvelines (rég. de Villiers-St-Frédéric). Pl. 154, fig. 8.

Dentalium (Antalis) defrancii Deshayes – Côtes longitudinales entrêmement fines. Dim. max. : L/d = 3,5/0,5 cm. **Bartonien inf. :** Val-d'Oise (Parisis), Oise (rég. d'Ermenonville). Pl. 154, fig. 10.

Dentalium (Antalis) grande Deshayes – Coquille ornée de 13 à 16 côtes longitudinales anguleuses. Dim. max. : L/d = 11/0,9 cm. **Bartonien inf. :** Oise (rég. d'Ermenonville), Aisne et Seine-et-Marne (rég. nord-est de la Ferté-sous-Jouarre), Val-d'Oise (rég. d'Auvers-sur-Oise, Parisis). Pl. 154, fig. 9.

Dentalium (Fustiaria) circinatum Sowerby – Coquille à surface brillante, marquée par des stries annulaires plus ou moins rapprochées. Dim. max. : L/d = 5,5/0,3 cm. **Lutétien :** Oise (rég. de Chaumont-en-Vexin), Yvelines (rég. de Villiers-St-Frédéric). Pl. 154, fig. 12.

Dentalium (Fustiaria) fissura Lamarck – Coquille entièrement lisse. Dim. max. : L/d = 4/0,3 cm. **Lutétien** et **Bartonien :** Oise (rég. de Chaumon-en-Vexin), Val-d'Oise (Parisis), Yvelines (rég. de Villiers-St-Frédéric). Pl. 154, fig. 11.

Dentalium (Lobantale) duplex Defrance – Coquille de section un peu ovale, ornée de fines stries transversales. Dim. max. : L/d = 3/0,1 cm. **Lutétien :** Oise (rég. de Chaumont-en-Vexin), Yvelines (rég. de Villiers-St-Frédéric). Pl. 154, fig. 13.

Siphonodentalium parisiense Deshayes, fam. Siphonodentaliidae – Coquille lisse, un peu renflée dans sa région médiane. Dim. max. : L/d = 10/1,5 mm. **Lutétien** et **Bartonien :** Oise (rég. de Chaumont-en-Vexin, Ermenonville), Val-d'Oise (Parisis), Marne (rég. d'Épernay), Seine-et-Marne (rég. de la Ferté-sous-Jouarre). Pl. 154, fig. 7.

MOLLUSQUES Bivalves

Nucula fragilis Deshayes, fam. Nuculidae – Dim. max. : h/L/e = 1/1,5/0,7 cm. **Yprésien** (surtout Cuisien) : Aisne (rég. de Laon), Oise (rég. sud de Beauvais, rég. de Pierrefonds, Vexin), Marne (rég. de Reims) ; en Belgique et en Grande-Bretagne. Pl. 154, fig. 18, 19.

Nucula mixta Deshayes – Dim. max. : h/L/e = 1,7/2/1,2 cm. **Lutétien** et **Bartonien :** Marne (rég. d'Épernay). Pl. 154, fig. 17.

Arca biangula Lamarck, fam. Arcidae – Espèce de forme très variable, à ornementation radiale et concentrique plus ou moins accentuée. Dim. max. : h/L/e = 3,5/8/3,5 cm. **Cusien** à **Ludien :** espèce largement répandue en France et dans les régions limitrophes. Pl. 154, fig. 20.

Barbatia modioliformis Deshayes *(Arca –)*, fam. Arcidae – Dim. max. : h/L/e = 1,5/3/1,3 cm. **Yprésien** et **Lutétien :** Aisne (rég. de Laon), Oise (rég. de Pierrefonds, Vexin), Yvelines (rég. de Villiers-St-Frédéric). Pl. 154, fig. 14.

Barbatia barbatula Lamarck *(Arca –)* – Dim. max. : h/L/e = 1,9/4/2 cm. **Lutétien** et **Bartonien :** espèce largement répandue en France et dans les régions limitrophes. Pl. 154, fig. 15.

Barbatia appendiculata Sowerby – Dim. max. : h/L/e = 2/3,5/2 cm. **Lutétien** et **Bartonien :** espèce largement répandue en Europe nord-occidentale. Pl. 161, fig. 8.

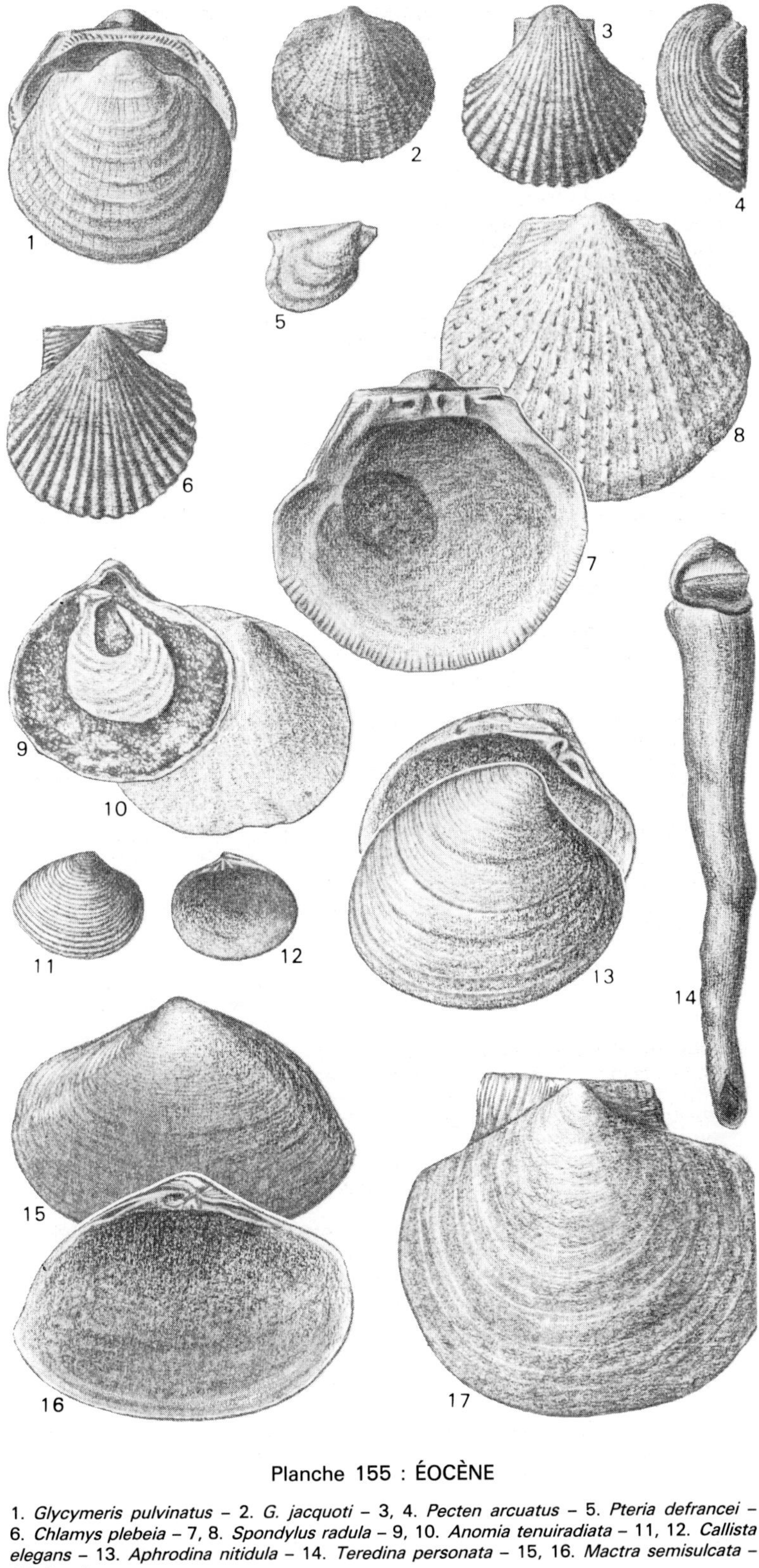

Planche 155 : ÉOCÈNE

1. *Glycymeris pulvinatus* – 2. *G. jacquoti* – 3, 4. *Pecten arcuatus* – 5. *Pteria defrancei* – 6. *Chlamys plebeia* – 7, 8. *Spondylus radula* – 9, 10. *Anomia tenuiradiata* – 11, 12. *Callista elegans* – 13. *Aphrodina nitidula* – 14. *Teredina personata* – 15, 16. *Mactra semisulcata* – 17. *Lentipecten corneus.*

Barbatia (Cucullaearca) scabrosa Nyst – Dim. max. : h/L/e = 5/8/4,5 cm. **Lutétien** et **Bartonien :** espèce largement répandue en France. Pl. 154, fig. 16.

Glycymeris pulvinatus Lamarck *(Pectunculus –, Axinea –)*, fam. Glycymerididae – Dim. max. : h/L/e = 4/4 à 4,5/3 cm. **Lutétien** et **Bartonien :** espèce largement répandue en France et dans les régions limitrophes. Pl. 155, fig. 1.

Glycymeris jacquoti Tournouer *(Pectunculus –)* – Coquille subcirculaire ou plus ou moins allongée et oblique, à surface ornée de côtes radiales fines que ponctuent des lamelles d'accroissement. Dim. max. : h/L/e = 3,5/3,5 à 4,5/1,8 cm. **Eocène sup. :** Alpes-Maritimes (rég. de Puget-Théniers). Pyrénées-Atlantiques (Biarritz) ; en Italie et en Suisse. Pl. 155, fig. 2.

Mytilus faujasii Brongniart, fam. Mytilidae – Dim. max. : h/L/e = 5,5/2,5/2,8 cm. **Eocène sup. :** Haut-Rhin (rég. de Turckheim, Rouffach, Altkirch, Ferrette) ; en Allemagne et en Italie. Pl. 154, fig. 22.

Pinna margaritacea Lamarck, fam. Pinnidae – Coquille pouvant atteindre 10 cm de hauteur, généralement réduite à l'état de fragments. **Lutétien** et **Bartonien :** espèce largement répandue en Europe occidentale. Pl. 154, fig. 23.

Pinna pyrenaicensis Rouault – Espèce proche de la précédente, dont elle diffère par ses valves beaucoup plus convexes. Dim. max. : h/L/e = 12/12/4 cm. **Yprésien sup.** (Cuisien) : Pyrénées-Atlantiques (rég. de Pau).

Pteria defrancei Deshayes *(Avicula –)*, fam. Pteriidae – Coquille très fine et peu bombée, atteignant 1,5 cm de hauteur et de longueur. **Bartonien :** Oise (rég. de Crépy-en-Valois, La Chapelle-en-Serval, Mortefontaine), Manche (rég. de Valognes). Pl. 155, fig. 5.

Lentipecten corneus Sowerby *(Pecten –, Amussium –)*, fam. Pectinidae – Valves lisses, marquée seulement par de fines lamelles d'accroissement. Dim. max. : h/L/e = 10/10/2,3 cm. **Yprésien** à **Bartonien :** espèce à vaste répartition européenne. Pl. 155, fig. 17.

Chlamys plebeia Lamarck *(Pecten –)*, fam. Pectinidae – Valves ornées de 20 à 25 côtes radiales principales, rendues plus ou moins écailleuses par le passage des lamelles d'accroissement. Dim. max. : h/L/e = 3,5/3,5/1,2 cm. **Cuisien** à **Bartonien :** espèce à vaste répartition européenne. Pl. 155, fig. 6.

Chlamys rouaulti Cossmann – Valves ornées de 35 à 45 côtes finement granuleuses. Dim. max. : h/L/e = 3/3/1 cm. **Yprésien sup.** (Cuisien) : Pyrénées Atlantiques (rég. de Pau). Pl. 161, fig. 2.

Pecten arcuatus Brocchi, fam. Pectinidae – Valves ornées de 20 à 22 côtes radiales arrondies, que croisent de fines stries d'accroissement. Dim. max. : h/L/e = 2,5/2,5/1,3 cm. **Eocène sup. :** espèce à vaste répartition sud-européenne, se poursuivant dans l'Oligocène. Pl. 155, fig. 3, 4.

Spondylus radula Lamarck, fam. Spondylidae – Coquille un peu irrégulière, fixée par la valve droite, à surface ornée de costules radiales, les 15 à 20 principales étant saillantes, épineuses et intercalées de costules plus fines et inégales. Dim. max. : h/L/e = 5/4,5/3 à 3,5 cm. **Lutétien :** espèce largement répandue en France et dans les régions limitrophes : Pl. 155, fig. 7, 8.

Spondylus ogormani Cossmann – Espèce ornée d'une quarantaine de côtes fortement épineuses. Dim. max. : h/L/e = 6/4,5/3 à 4 cm. **Yprésien sup.** (Cuisien) : Pyrénées-Atlantiques (rég. de Pau). Pl. 161, fig. 10.

Dimya deshayesiana Roualt, fam. Dimyidae – Dim. max. : h/L/e = 1,5/1,5/0,5 cm. **Yprésien sup.** (Cuisien) : Pyrénées-Atlantiques (rég. de Pau). Pl. 161, fig. 3-5.

Anomia tenuistriata Deshayes, fam. Anomiidae – Coquille très fine, de contour irrégulièrement arrondi, à valve gauche très finement striée radialement ; valve droite plus petite et échancrée. Dim. max. : h/L/e = 4/3 à 4/0,5 à 1 cm. **Lutétien** et **Bartonien :** dans toute l'Europe occidentale. Pl. 155, fig. 9, 10.

Anomia primaeva Deshayes – Espèce voisine de la précédente, mais à coquille plus épaisse et surface lisse. Dim. max. : h/L/e = 3/2,5 à 3/0,8 à 1,2 cm. **Cuisien :** Aisne (rég. de Laon), Oise (rég. de Gisors et de Compiègne), Pyrénées-Atlantiques (rég. de Pau).

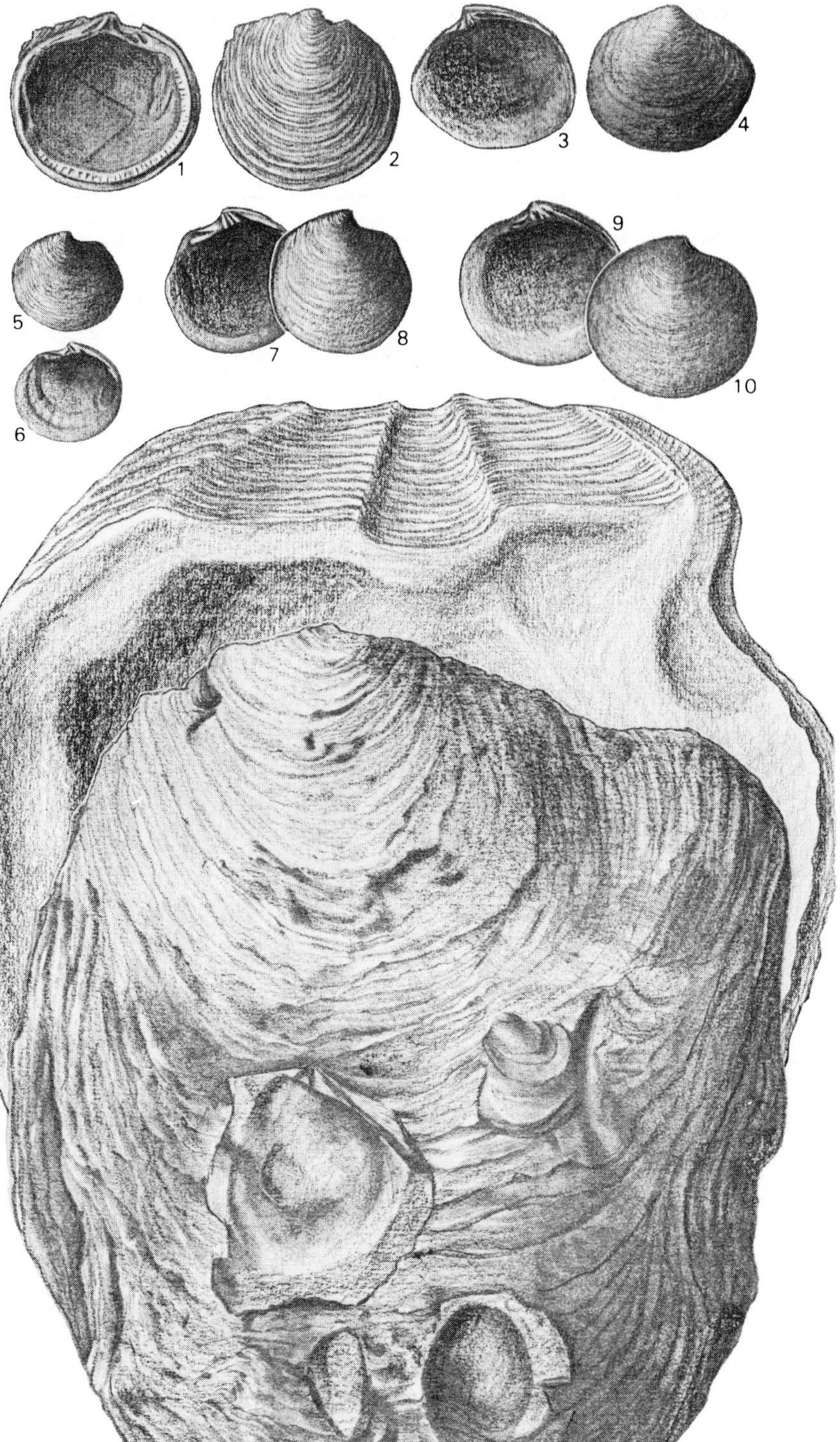

Planche 156 : ÉOCÈNE

1, 2. *Codakia concentrica* – 3, 4. *Gibbolucina gibbulosa* – 5, 6. *Parvilucina albella* – 7, 8. *Jagolucina concava* – 9, 10. *Monitilora elegans* – 11. *Pycnodonte gigantica*.

Lima spathulata Lamarck, fam. Limidae – Valves ornées de 33 à 35 côtes radiales rendues granuleuses par le passage des lamelles d'accroissement. Dim. max. : h/L/e = 4/3/1,5 cm. **Lutétien** : Oise (rég. de Chaumont-en-Vexin) ; Yvelines (rég. de Villiers-St-Frédéric). Pl. 162, fig. 9.

Pycnodonte gigantica Solander *(Gigantostrea gigantea)*, fam. Gryphaeidae – Coquille gryphoïde, extrêmement variable, pouvant atteindre 20 cm de hauteur pour 15 à 20 cm de largeur et 8 à 10 cm d'épaisseur. **Eocène** : (surtout Lutétien et Bartonien) : dans toute l'Europe occidentale. Pl. 156, fig. 11.

Gryphaeostrea eversa Melleville *(Ostrea –)*, fam. Gryphaeidae – **Yprésien** : Aisne (Soisonnais), Pyrénées-Atlantiques (rég. de Biarritz), Hautes-Pyrénées, Aude (→ Paléocène, Pl. 149, fig. 1, 2).

Crassostrea sparnacensis Defrance *(Ostrea –)*, fam. Ostreidae – Coquille variable, à talon faiblement développé et surface marquée par des lamelles d'accroissement parfois grossièrement costulées. Dim. max. : h/L/e = 10/3 à 5/2 à 4 cm. **Yprésien** : Aisne (rég. de Laon), Marne (rég. d'Épernay), Pyrénées-Atlantiques (rég. de Pau). Pl. 157, fig. 1, 2.

Crassostrea cucullaris Lamarck *(Ostrea –)* – Coquille extrêmement variable, mais toujours plus orbiculaire que chez l'espèce précédente. Dim. max. : h/L/e = 7/4 à 5/2 à 3 cm. **Bartonien** : Val-d'Oise (rég. d'Auvers-sur-Oise). Aisne et Seine-et-Marne (rég. de la Ferté-sous-Jouarre et de Lizy-sur-Ourcq). Pl. 157, fig. 3-5.

Ostrea uncifera Leymerie, fam. Ostreidae – Espèce de forme très variable, généralement subtriangulaire, pouvant atteindre 2,5 à 3 cm d'épaisseur pour 5 de hauteur et de largeur. **Yprésien inf.** (Sparnacien) : Aude (massif des Corbières). Pl. 161, fig. 14, 15.

Ostrea (Turkostrea) multicostata Deshayes – Dim. max. : h/L/e = 9/4 à 5/2 à 3 cm. **Yprésien** : espèce largement répandue en France et dans les régions limitrophes. Pl. 157, fig. 6, 7.

Cubitostrea plicata Solander *(Ostrea flabellula)*, fam. Ostreidae – Espèce de forme variable, légèrement arquée, à valve gauche ornée de côtes radiales plus ou moins nombreuses et serrées, qui déterminent des crénelures sur le bord interne. Dim. max. : h/L/e = 4/3 à 3,5/1,5 à 2 cm. **Lutétien** : espèce largement répandue en France et dans les régions limitrophes. Pl. 157, fig. 8, 9.

Cubitostrea cubitus Deshayes *(Ostrea –)*, fam. Ostreidae – Espèce de forme un peu variable, très proche de la précédente. Dim. max. : h/L/e = 3,5/4,5/1,5 à 2 cm. **Bartonien** : Val-d'Oise (rég. d'Auvers-sur-Oise, Parisis), Oise (rég. d'Ermenonville), Seine-et-Marne (rég. de la Ferté-sous-Jouarre). Pl. 157, fig. 10, 11.

* ***Unio truncatosus*** Michaud, fam. Unionidae – Coquille de proportions variables, pouvant atteindre 4 cm de hauteur pour 6 à 7 cm de longueur et 2 à 2,5 cm d'épaisseur. **Yprésien inf.** (Sparnacien) : Marne (rég. d'Épernay). Pl. 158, fig. 4, 5.

* ***Unio michaudi*** Deshayes – Espèce également très variable, mais se distinguant facilement de la précédente par ses valves beaucoup plus bombées. Dim. max. : h/L/e = 4 à 7//7/3,5 à 4,5 cm. **Yprésien inf.** (Spernacien) : Marne (rég. d'Épernay).

Codakia (Epilucina) concentrica Lamarck *(Lucina –, Phacoides –)*, fam. Lucinidae – Dim. max. : h/L/e = 4/4/1,8 cm. **Yprésien** à **Bartonien** : espèce largement répandue en Europe occidentale. Pl. 156, fig. 1, 2.

Parvilucina (Callucinella) albella Lamarck *(Phacoides –)*, fam. Lucinidae – Dim. max. : h/L/e = 1,3/1,5/0,7 cm. **Lutétien** et **Bartonien** : Oise et Val-d'oise (rég. de Villiers-St-Frédéric). Pl. 156, fig. 5, 6.

Monitilora elegans Defrance *(Phacoides –, Cavilucina –)*, fam. Lucinidae – Dim. max. : h/L/e = 2,6/2,8/1,4 cm. **Lutétien** et **Bartonien** : espèce largement répandue en France et dans les régions limitrophes. Pl. 156, fig. 9, 10.

Gibbolucina gibbulosa Lamarck *(Phacoides –)*, fam. Lucinidae – Coquille plus ou moins allongée mais de forme toujours subtrigonale. Dim. max. :

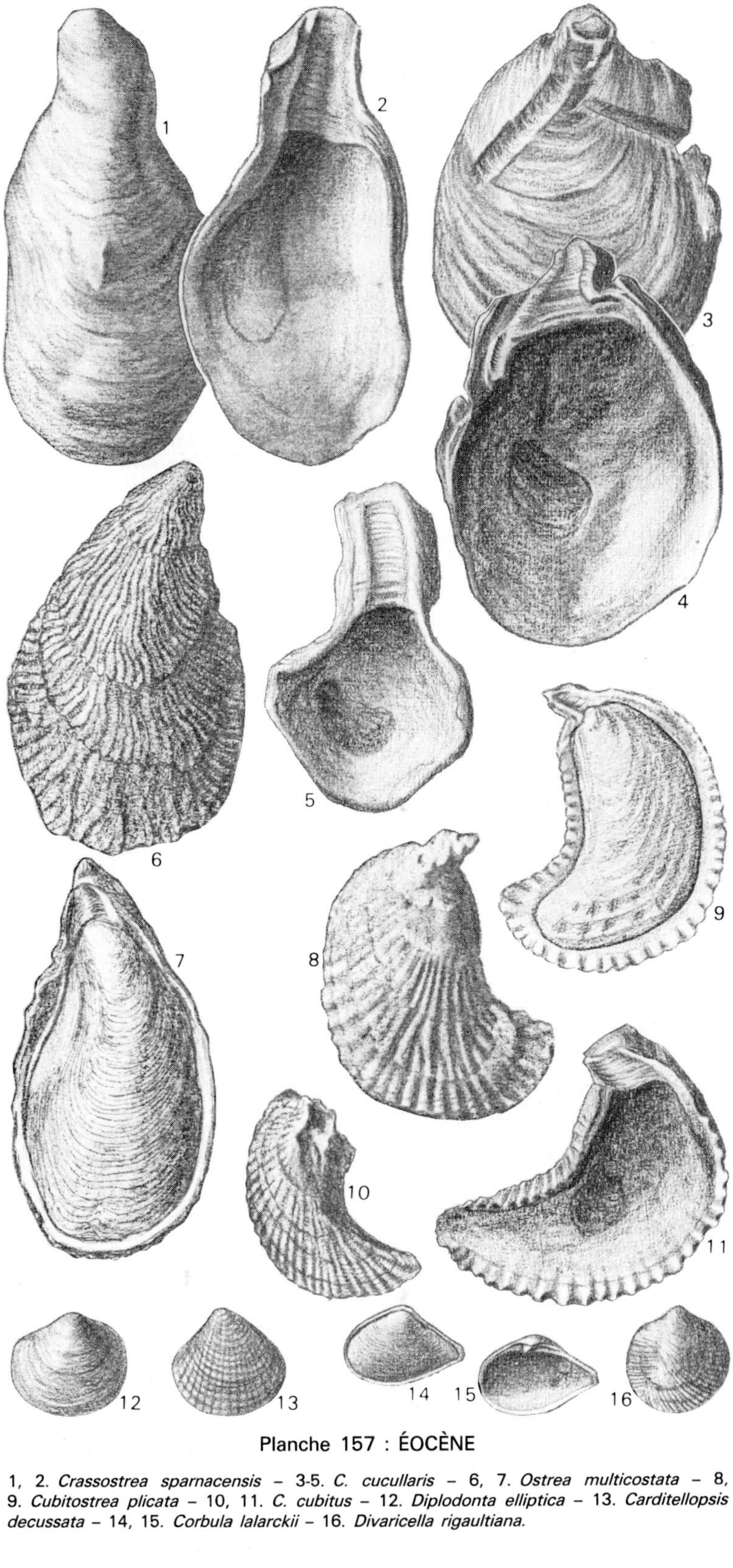

Planche 157 : ÉOCÈNE

1, 2. *Crassostrea sparnacensis* – 3-5. *C. cucullaris* – 6, 7. *Ostrea multicostata* – 8, 9. *Cubitostrea plicata* – 10, 11. *C. cubitus* – 12. *Diplodonta elliptica* – 13. *Carditellopsis decussata* – 14, 15. *Corbula lalarckii* – 16. *Divaricella rigaultiana.*

h/L/e = 2,3/2,4 à 2,8/1,3 cm. **Lutétien** et **Bartonien** : espèce largement répandue en France et dans les régions limitrophes. Pl. 156, fig. 3, 4.

Jagolucina concava Defrance *(Phacoides –, Lucinoma –)*, fam. Lucinidae – Dim. max. : h/L/e = 2/2/1,3 cm. **Yprésien** (Cuisien) : Aisne (rég. est de Compiègne, Tardenois). Pl. 156, fig. 7, 8.

Pseudomiltha gigantea Deshayes *(Phacoides –)*, fam. Lucinidae – Espèce se présentant fréquemment à l'état de moule interne. Dim. max. : h/L/e = 10/10/3 cm. **Lutétien** et **Bartonien :** espèce largement répandue en France et dans les régions limitrophes. Pl. 158, fig. 9.

Pseudomiltha mutabilis Lamarck – Cette espèce se distingue de la précédente par sa forme plus oblique et par les nombreux sillons rayonnants qui sculptent la face interne de ses valves. Dim. max. : h/L/e = 8/10/2,8 cm. **Yprésien** et **Lutétien :** espèce largement répandue en France et dans les régions limitrophes. Pl. 158, fig. 10.

Saxolucina saxorum Lamarck *(Phacoides –, Miltha –, Lucinoma –)*, fam. Lucinidae – Dim. max. : h/L/e = 2,7/2,7/1,2 cm. **Lutétien** et **Bartonien :** Aisne, Oise (rég. d'Ermenonville), Val-d'Oise (rég. d'Auvers-sur-Oise, Parisis), Yvelines (rég. de Villers-St-Frédéric), Seine-et-Marne (rég. de la Ferté-sous-Jouarre). Pl. 158, fig. 13, 14.

Saxolucina proxima Deshayes – Forme très voisine de l'espèce précédente. Dim. max. : h/L/e = 3,7/3,7 à 4/1,7 cm. **Yprésien** (Cuisien) : Oise et Aisne (Vexin, rég. est de Compiègne). Pl. 158, fig. 11, 12.

Divaricella rigaultiana Deshayes *(Lucina –)*, fam. Lucinidae – Dim. max. : h/L/e = 1,5/1,5/1,3 cm. **Yprésien** à **Bartonien** : Aisne, Oise, Val-d'Oise, Seine-et-Marne ; en Grande-Bretagne. Pl. 157, fig. 16.

Fimbria lamellosa Lamarck *(Corbis –)*, fam. Fimbriidae – Espèce présentant d'assez fortes variations de forme et d'ornementation, notamment dans le nombre et l'écartement des lamelles concentriques qui ornent sa surface. Dim. max. : h/L/e = 4,5/6,5/3 cm. **Yprésien** à **Bartonien :** espèce à vaste répartition européenne. Pl. 160, fig. 5.

Diplodonta elliptica Deshayes, fam. Ungulinidae – Dim. max. : h/L/e = 1,5/1,9/0,9 cm. **Bartonien** : Oise et Val-d'Oise (Vexin, rég. d'Auvers-sur-Oise, Parisis). Pl. 157, fig. 12.

Chama calcarata Lamarck, fam. Chamidae – Coquille de forme variable, à lamelles concentriques assez régulières et plus ou moins épineuses près des bords. Dim. max. : h/L/e (épines non comprises) = 5/5/3 cm. **Lutétien** et **Bartonien** : espèce largement répandue en France et dans les régions limitrophes. Pl. 159, fig. 2, 3.

Chama fimbriata Defrance – Coquille à test plus épais que la précédente, à lamelles concentriques beaucoup plus nombreuses, serrées, et moins fortement épineuses. Dim. max. : h/L/e = 4,5/4/2,5 à 3 cm. **Lutétien** et **Bartonien** : Val-d'Oise (Vexin, rég. d'Auvers-sur-Oise, Parisis), Seine-et-Marne (rég. de la Ferté-sous-Jouarre). Pl. 159, fig. 4, 5.

Carditellopsis decussata Lamarck *(Venericardia –, Cardita –)*, fam. Carditidae – Dim. max. : h/L/e = 1,5/1,5/1,3 cm. **Yprésien** (Cuisien) à **Bartonien :** espèce largement répandue en France et dans les régions limitrophes. Pl. 157, fig. 13.

Venericardia imbricata Gmelin *(Cardita –)*, fam. Carditidae – Valves ornées de 30 à 33 côtes arrondies portant des écailles étroitement imbriquées. Dim. max. : h/L/e = 4,5/4,3/4 cm. **Yprésien** (Cuisien) et **Lutétien** : espèce à vaste répartition européenne. Pl. 159, fig. 6, 7.

Venericardia (Venericor) planicosta Lamarck *(Cardita –)* – Valves ornées de 28 à 32 côtes peu saillantes, qui s'estompent en fin de croissance. Dim. max. : h/L/e = 9/9 à 10/6,5 à 7 cm. **Yprésien** à **Bartonien** : espèce à vaste répartition européenne. Pl. 159, fig. 8, 9.

Planche 158 : ÉOCÈNE

1, 2. *Corbicula antiqua* – 3. *C. tellinoides* – 4, 5. *Unio truncatosus* – 6. *Nemocardium parisiense* – 7, 8. *Vepricardium porulosum* – 9. *Pseudomiltha gigantea* – 10. *P. mutabilis* – 11, 12. *Saxolucina proxima* – 13, 14. *S. saxorum* – 15. *Solen plagiaulax.*

Cardites angusticostatus Deshayes *(Venericardia –, Cardita –),* fam. Carditidae – Valves ornées de 18 à 22 côtes radiales granuleuses. Dim. max. : h/L/e = 3,2/3/3 cm. **Yprésien** (Cuisien) et **Lutétien :** Oise et Val-d'Oise (Vexin), Yvelines (rég. de Villiers-St-Frédéric). Pl. 159, fig. 10.

Cardites sulcatus Brander *(Venericardia –, Cardita –)* – Espèce toujours plus petite que la précédente, à valves ornées de seulement 16 à 18 côtes radiales. Dim. max. : h/L/e = 2,2/1,8/2 cm. **Bartonien :** Oise (rég. d'Ermenonville), Val-d'Oise (Vexin, rég. d'Auvers-sur-Oise, Parisis), Seine-et-Marne (rég. de la Ferté-sous-Jouarre) ; en Grande-Bretagne.

Crassatella ponderosa Gmelin *(C. plumbea, C. tumida),* fam. Crassatellidae – Dim. max. : h/L/e = 9/11/6 à 7 cm. **Yprésien** (Cuisien) à **Bartonien :** espèce largement répandue en France et dans les régions limitrophes. Pl. 160, fig. 3, 4 (coquille) et pl. 161, fig.1 (moule interne).

Crassatella lamellosa Lamarck – Dim. max. : h/L/e = 3/5/1,5 cm. **Lutétien :** Oise (Vexin), Yvelines (rég. de Villiers-St-Frédéric). Pl. 160, fig. 1.

Crassatella compressa Lamarck – Dim. max. : h/L/e = 2,5/3 à 3,5/2 à 2,2 cm. **Yprésien** (Cuisien) et **Lutétien :** espèce à large répartition européenne. Pl. 160, fig. 2.

Crassatella (Landinia) ogormani Cossmann – Dim. max. : h/L/e = 1,8/2,5/1,1 cm. **Yprésien sup.** (Cuisien) : Pyrénées-Atlantiques (rég. de Pau). Pl. 161, fig. 9.

Crassinella trigonata Lamarck *(Crassatella –),* fam. Crassatellidae – Dim. max. : h/L/e = 1,4/1,8/0,8 cm. **Yprésien** (Cuisien) à **Bartonien :** espèce largement répandue en France et dans les régions limitrophes. Pl. 162, fig. 11, 12.

Loxocardium obliquum Lamarck *(Cardium –),* fam. Cardiidae – Dim. max. : h/L/e = 2,6/2,8/2 à 2,5 cm. **Yprésien** (Cuisien) à **Bartonien :** Oise (Vexin, rég. d'Ermenonville), Val-d'Oise (rég. d'Auvers-sur-Oise, Parisis), Yvelines (rég. de Villiers-St-Frédéric). Pl. 160, fig. 9, 10.

Trachycardium gigas Defrance *(Cardium –),* fam. Cardiidae – Dim. max. : h/L/e = 12/10,5/10 cm. **Lutétien :** espèce à vaste répartition européenne. Pl. 160, fig. 8.

Plagiocardium granulosum Lamarck *(Cardium –),* fam. Cardiidae – Dim. max. : h/L/e = 3/2,5 à 2,7/2 à 2,5 cm. **Lutétien** et **Bartonien :** Oise (rég. de Chaumont-en-Vexin, d'Ermenonville), Val-d'Oise (rég. d'Auvers-sur-Oise), Yvelines (rég. de Villiers-St-Frédéric), Seine-et-Marne (rég. de la Ferté-sous-Jouarre). Pl. 160, fig. 7.

Vepricardium (Orthocardium) porulosum Solander *(Cardium –, Trachycardium –),* fam. Cardiidae – Côtes radiales au nombre de 32 à 40. Dim. max. : h/L/e = 5/5/4 cm. **Yprésien sup.** (Cuisien) à **Bartonien :** espèce à vaste répartition européenne. Pl. 158, fig. 7, 8.

Nemocardium (Discors) parisiense d'Orbigny *(Cardium –),* fam. Cardiide – Dim. max. : h/L/e = 2,2/2/1,7 cm. **Lutétien** et **Bartonien :** Oise (Vexin, rég. d'Ermenonville), Val-d'Oise (rég. d'Auvers-sur-Oise, Parisis), Yvelines (rég. de Villiers-St-Frédéric). Pl. 158, fig. 6.

Avicularium avicularium Lamarck *(Cardium aviculare, Lithocardium –),* fam. Tridacnidae – Dim. max. : h/L/e = 4,5/3,5/4 cm. **Lutétien** et **Bartonien :** Manche (rég. de Valognes), Oise (rég. de Chaumont-en-Vexin), Yvelines (rég. de Villiers-St-Frédéric). Pl. 160, fig. 6.

Mactra (Eomactra) semisulcata Lamarck, fam. Mactridae – Dim. max. : h/L/e = 3,3/4,7/2,3 cm. **Yprésien** (Cuisien) à **Bartonien :** espèce largement répandue en Europe occidentale. Pl. 155, fig. 15, 16.

Solen (Eosolen) plagiaulax Cossmann, fam. Solenidae – Dim. max. : h/L/e = 2/10/1,5 cm. **Lutétien** et **Bartonien :** espèce largement répandue en France et dans les régions limitrophes. Pl. 158, fig. 15.

Tellina rostralis Lamarck, fam. Tellinidae – Dim. max. : h/L/e = 2/4,5/1,8 cm. **Lutétien** et **Bartonien :** Oise (rég. de Chaumont-en-Vexin), Val-d'Oise (Parisis), Yvelines (rég. de Villiers-St-Frédéric). Pl. 160, fig. 14.

Planche 159 : ÉOCÈNE

1. *Liodonax parisensis* – 2, 3. *Chama calcarata* – 4, 5. *C. fimbriata*. *6, 7. Venericardia imbricata* – 8, 9. *V. (Venericor) planicosta* – 10. *Cardites angusticostatus* – 11. *Corbicula gravesi* – 12. *C. deperdita* – 13. *C. cuneiformis* – 14. *Meroena polita*.

Tellina (Macaliopsis) biangularis Deshayes – Dim. max. : h/L/e = 3,5/5/2 cm. **Yprésien** (Cuisien) et **Lutétien** : espèce largement répandue en France. Pl. 160, fig. 15.

Tellina (Moerella) donacialis Lamarck – Dim. max. : h/L/e = 2/2,8/0,7 cm. **Lutétien** et **Bartonien** : espèce largement répandue en Europe occidentale. Pl. 160, fig. 13.

Gari rude Lamarck *(Garum –)*, fam. Psammobiidae – Dim. max. : h/L/e = 2/4/1,2 cm. **Lutétien** et **Bartonien** : espèce largement répandue en France et dans les régions limitrophes. Pl. 162, fig. 1, 2.

Liodonax parisiensis Deshayes *(Donax –)*, fam. Psammobiidae – Dim. max. : h/L/e = 1,2/2/0,9 cm. **Bartonien** : Val-d'Oise (rég. d'Auvers-sur-Oise), Seine-et-Marne (rég. de la Ferté-sous-Jouarre). Pl. 159, fig. 1.

(*) ***Corbicula cuneiformis*** Sowerby *(Cyrena –)*, fam. Corbiculidae – Dim. max. : h/L/e = 2,5/3,5/2 cm. **Yprésien inf.** (Sparnacien) : espèce largement répandue en Europe nord-occidentale. Pl. 159, fig. 13.

(*) ***Corbicula antiqua*** Deshayes *(Cyrena –)*, Dim. max. : h/L/e = 3,3/3,3/2,3 cm. **Yprésien inf.** (Sparnacien) : Seine-Maritime (rég. de Dieppe), Aisne (rég. de Soissons), Marne (rég. d'Épernay) ; en Grande-Bretagne. Pl. 158, fig. 1, 2.

(*) ***Corbicula gravesi*** Deshayes *(Cyrena –)*, – Dim. max. : h/L/e = 5/6 à 7/4 cm. **Yprésien sup.** (Cuisien) : Oise (rég. de Pierrefonds). Pl. 159, fig. 11.

(*) ***Corbicula deperdita*** Deshayes *(Cyrena –)* – Dim. max. : h/L/e = 2/2,/1,8 cm. **Bartonien** : Aisne (rég. de Soissons), Oise (rég. de La Chapelle-en-Serval, Ermenonville, Nanteuil-le-Haudouin), Val-d'Oise (rég. d'Auvers-sur-Oise, Parisis), Seine-et-Marne (rég. de La Ferté-sous-Jouarre). Pl. 159, fig. 12.

(*) ***Corbicula (Tellinocyclas) tellinoides*** Deshayes *(Cyrena tellinella)* – Dim. max. : h/L/e = 2,2/2,6/1,2 cm. **Yprésien** (Cuisien) à **Bartonien** : espèce à vaste répartition européenne. Pl. 159, fig. 14.

Meroena polita Lamarck *(Cytherea –, Sunetta –)*, fam. Veneridae – Dim. max. : h/L/e = 2,2/2,6/1,2 cm. **Yprésien** (Cuisien) à **Bartonien** : espèce à vaste répartition européenne. Pl. 159, fig. 14.

Meroena semisulcata Lamarck – Dim. max. : h/L/e = 4,3/4,6/2,5 cm. **Yprésien** (Cuisien) et **Lutétien** : Oise, Val-d'Oise et Yvelines (Vexin, rég. de Villiers-St-Frédéric), Manche (rég. de Valognes). Pl. 162, fig. 13.

Meroena trigonula Deshayes – Espèce très voisine de la précédente et lui faisant suite dans le Bartonien. Dim. max. : h/L/e = 3,3/3,6/2 cm. **Bartonien** : Val-d'Oise (rég. d'Auvers-sur-Oise), Seine-et-Marne (rég. de la Ferté-sous-Jouarre).

Pitar (Calpitaria) sulcataria Deshayes *(Cytherea –, Meretrix –)*, fam. Veneridae – Dim. max. : h/L/e = 3,3/4/2,2 cm. **Lutétien** et **Bartonien** : dans toute l'Europe occidentale. Pl. 161, fig. 6.

Pitar (Calpitaria) suessoniensis Deshayes, est une espèce légèrement plus allongée (h/L/e = 3/4/2,2 cm), de l'**Yprésien sup.** (Cuisien) d'Europe occidentale.

Aphrodina nitidula Lamarck *(Cytherea –, Meretrix –)*, fam. Veneridae – Dim. max. : h/L/e = 4/4,8/2,8 cm. **Lutétien** et **Bartonien** : dans toute l'Europe occidentale. Pl. 155, fig. 13.

Callista (Costacallista) laevigata Lamarck *(Cytherea –, Meretrix –)*, fam. Veneridae – Dim. max. : h/L/e = 2/3,5/1 cm. **Lutétien** et **Bartonien** : espèce à vaste répartition européenne. Pl. 162, fig. 5, 6.

Calista (Microcallista) elegans Lamarck *(Cytherea –, Meretrix –, Tivelina –)* – Dim. max. : h/L/e = 1,2/1,5/0,6 cm. **Lutétien** et **Bartonien** : espèce à vaste répartition européenne. Pl. 155, fig. 11, 12.

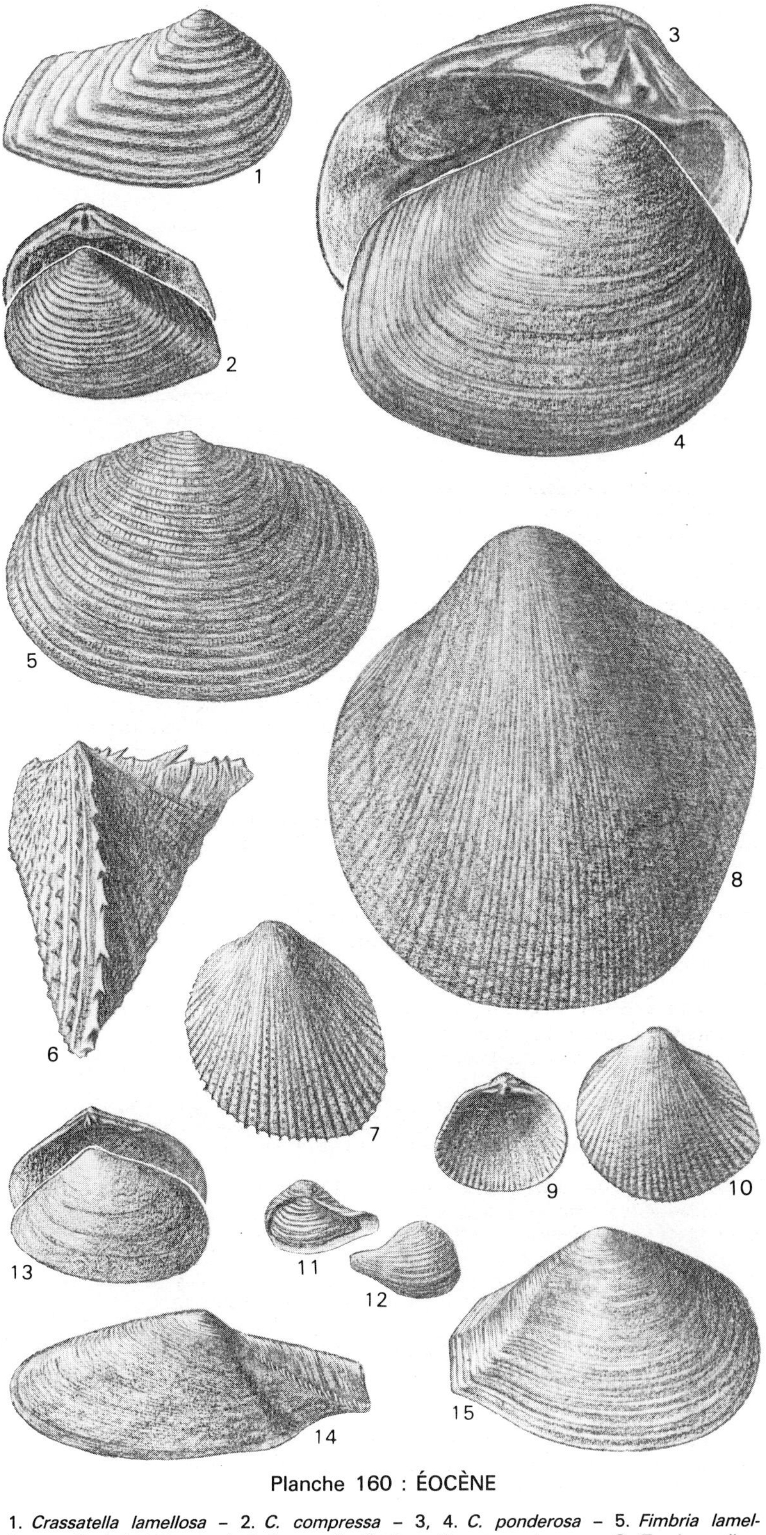

Planche 160 : ÉOCÈNE

1. *Crassatella lamellosa* – 2. *C. compressa* – 3, 4. *C. ponderosa* – 5. *Fimbria lamellosa* – 6. *Avicularium avicularium* – 7. *Plagiocardium granulosum* – 8. *Trachycardium gigas* – 9, 10. *Loxocardium obliquum* – 11, 12. *Caestocorbula ficus* – 13. *Tellina donacialis* – 14. *T. rostralis* – 15. *T. biangularis.*

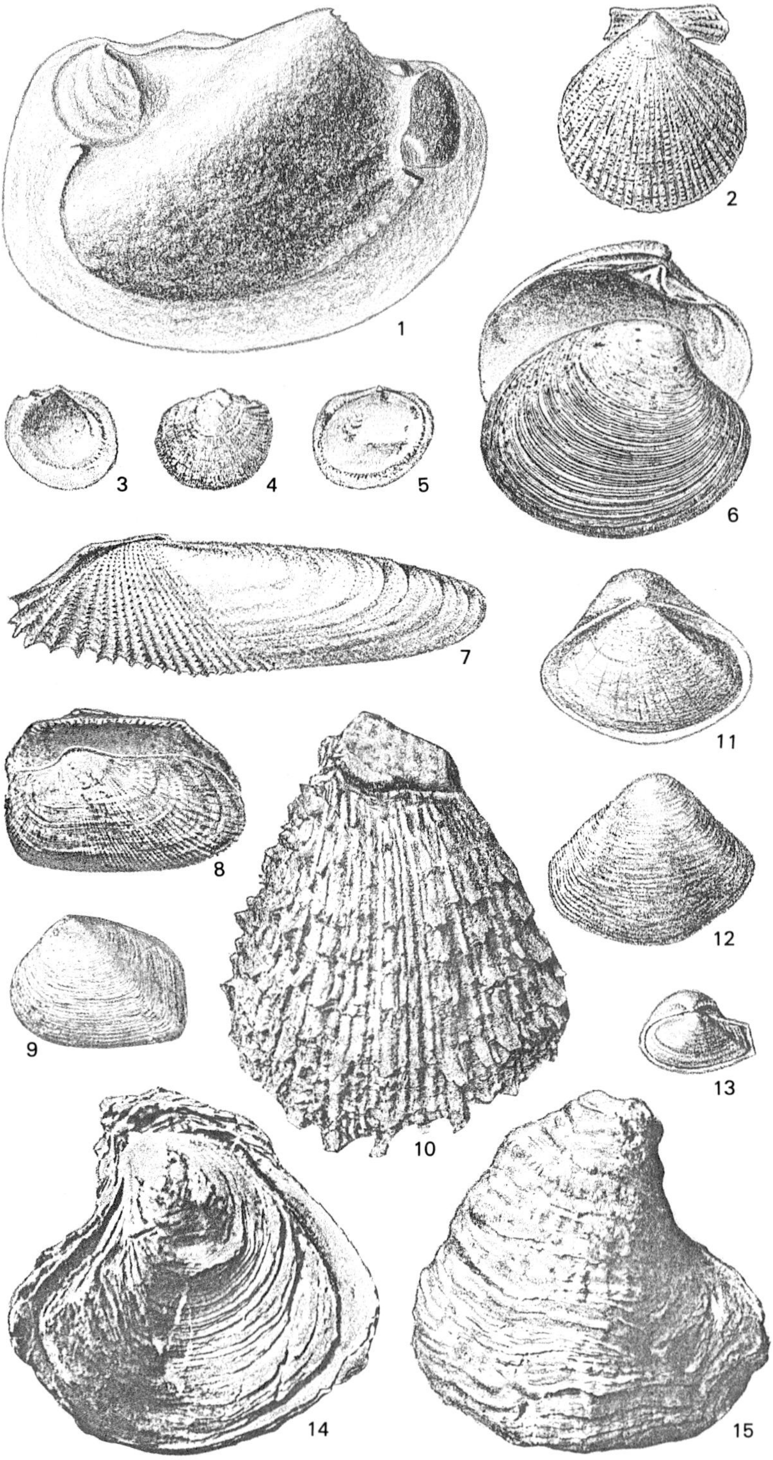

Planche 161 : ÉOCÈNE

1. *Crassatella ponderosa* – 2. *Chlamys rouaulti* – 3-5. *Dimya deshayesiana* – 6. *Pitar sulcataria* – 7. *Barnea levesquei* – 8. *Barbatia appendiculata* – 9. *Crassatella ogormani* – 10. *Spondylus ogormani* – 11, 12. *Corbula gallicula* – 13. *C. rugosa* – 14, 15. *Ostrea uncifera.*

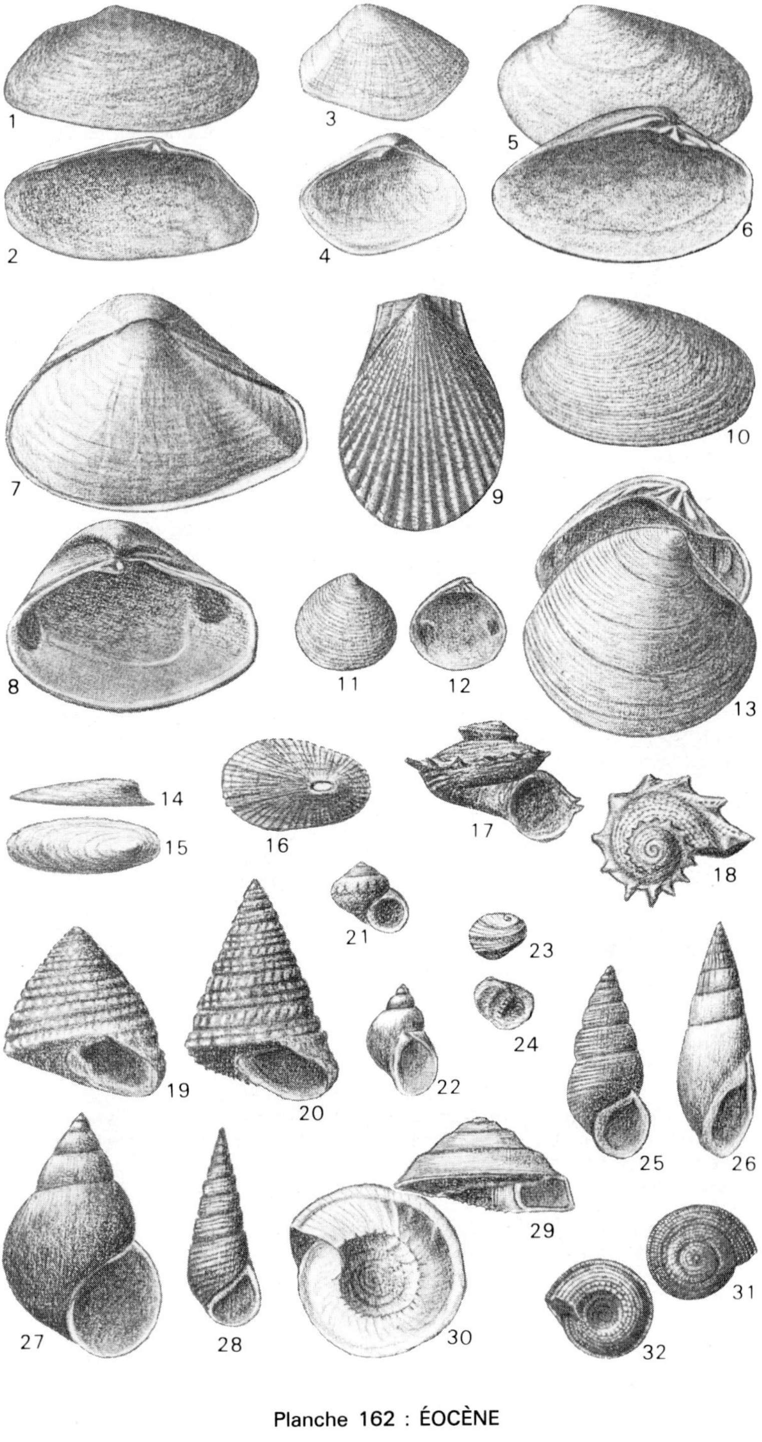

Planche 162 : ÉOCÈNE

1, 2. *Gari rude* – 3, 4. *Lentidium subcomplanatum* – 5, 6. *Callista laevigata* – 7, 8. *Corbula gallica* – 9. *Lima spathula* – 10. *Callista proxima* – 11, 12. *Crassinella trigonata* – 13. *Meroena semisulcata* – 14, 15. *Scutus elongatus* – 16. *Diodora labiata* – 17, 18. *Angaria calcar* – 19. *Lischkeia monilifer* – 20. *Tectus crenularis* – 21. *Collonia marginata* – 22. *Aizyella turbinoides* – 23, 24. *Nerita tricarinata* – 25. *Dissostoma mumia* – 26. *Bayania lactea* – 27. *Viviparus suessoniensis* – 28. *Keilostoma turricula* – 29, 30. *Torinia patula* – 31, 32. *Architectonica canaliculata.*

Callista (Microcallista) proxima Deshayes *(Cytherea –, Meretrix –)*, – Dim. max. : h/L/e = 2/3/1,2 cm. **Yprésien :** espèce à vaste répartition européenne apparaissant au Paléocène (Thanétien). Pl. 162, fig. 10.

Corbula lamarckii Deshayes, fam. Corbulidae – Dim. max. : h/L/e = 1,2/2/1 cm. **Lutétien** et **Bartonien :** espèce largement répandue en Europe occidentale. Pl. 157, fig. 14, 15.

Corbula rugosa Lamarck – Valves lisses en début de croissance et s'ornant ensuite de quelques fortes côtes concentriques. Dim. max. : h/L/e = 1,2/1,5/0,7 cm. **Yprésien sup.** à **Bartonien :** espèce largement répandue en France et dans les régions limitrophes. Pl. 161, fig. 13.

Corbula (Bicorbula) gallicula Deshayes – Dim. max. : h/L/e = 2,3/2,8/1,7 cm. **Yprésien sup.** à **Bartonien :** espèce largement répandue en France et dans les régions limitrophes. Pl. 161, fig. 11, 12.

Corbula (Bicorbula) gallica Lamarck – Dim. max. : h/L/e = 3,5/4/2,5 cm. **Yprésien sup.** (Cuisien) à **Bartonien :** espèce largement répandue en Europe occidentale. Pl. 162, fig. 7, 8.

Caestocorbula ficus Solander *(Corbula –)*, fam. Corbulidae – Dim. max. : h/L/e = 1,5/2,2/1,7 cm. **Lutétien** et **Bartonien :** Val-d'Oise (rég. d'Auvers-sur-Oise, Parisis), Yvelines (rég. de Villiers-St-Frédéric), Seine-et-Marne (rég. de la Ferté-sous-Jouarre), Landes ; en Grande-Bretagne. Pl. 160, fig. 11, 12.

Lentidium subcomplanatum d'Orbigny *(Corbulomya –)*, fam. Corbulidae – Dim. max. : h/L/e = 1,7/2,7/1,5 cm. **Lutétien** et **Bartonien :** espèce largement répandue en Europe occidentale. Pl. 162, fig. 3, 4.

Barnea levesquei Watelet *(Pholas-)*, fam. Pholadidae – Dim. max. : h/L/e = 2/7/2,2 cm. **Yprésien sup.** (Cuisien) et **Lutétien :** Oise (rég. est de Compiègne), Marne (rég. d'Epernay), Yvelines (rég. de Villiers-St-Frédéric). Pl. 161, fig. 7.

Teredina personata Lamarck, fam. Pholadidae – Coquille petite, trilobée, à surface striée concentriquement, attenante à un épais manchon calcaire de forme très variable et pouvant atteindre 2,5 cm de diamètre et plus de 15 cm de long. **Yprésien :** espèce largement répandue en Europe occidentale. Pl. 155, fig. 14.

Pholadomya ludensis Deshayes, fam. Pholadomyidae – Dim. max. : h/L/e = 3,5/4 à 5/3 cm. **Ludien :** Marne (rég. de Reims). Pl. 154, fig. 21.

MOLLUSQUES Gastropodes

Scutus (Proscutum) elongatus Lamarck *(Parmophorus –)*, fam. Fissurellidae – Dim. max. : h/D/d = 0,4/3,5/1,5 cm. Lutétien et Bartonien : Oise (rég. d'Ermenonville), Val-d'Oise (rég. d'Auvers-sur-Oise, Parisis), Yvelines (rég. de Villiers-St-Frédéric) ; en Grande-Bretagne. Pl. 162, fig. 14, 15.

Diodora labiata *Lamarck, (Fissurella –)*, fam. Fissurellidae – Dim. max. : h/D/d = 1/3/1,7 cm. **Lutétien :** Manche (rég. de Valognes), Loire-Atlantique (rég. de Nantes), Oise (Vexin), Yvelines (rég. de Villiers-St-Frédéric). Pl. 162, fig. 16.

Angaria calcar Lamarck *(Delphinula –)*, fam. Trochidae – Dim. max. : h/d = 2,8/3,5 cm. **Lutétien :** Manche, Loire-Atlantique, Oise (Vexin), Yvelines (rég. de Villiers-St-Frédéric). Pl. 162, fig. 17, 18.

Lischkeia monilifer Lamarck *(Trochus –, Calliostoma –)*, fam. Trochidae – Dim. max. : h/d = 3/2,8 à 3 cm. **Bartonien :** Oise et Val-d'Oise (rég. d'Auvers-sur-Oise, d'Ermenonville, Parisis) ; en Grande-Bretagne. Pl. 162, fig. 19.

Tectus crenularis Lamarck *(Trochus –)*, fam. Trochidae – Dim. max. : h/d = 4/2,5 cm. **Lutétien** et **Bartonien :** Manche, Loire-Atlantique, Oise (Vexin), Yvelines (rég. de Villiers-St-Frédéric). Pl. 162, fig. 20.

Planche 163 : ÉOCÈNE

1-3. *Velates perversa* – 4. *Sigmesalia multisulcata* – 5. *S. fasciata* – 6. *Coptostylus parkinsoni* – 7. *Brotia melanoides* – 8. *Turritella hybrida* – 9. *T. imbricataria* – 10. *T. terebellata* – 11. *Tenagodus striatus* – 12. *Planorbis goniobasis* – 13, 14. *P. pseudammonius* – 15. *Stagnicola michelini* – 16. *S. longiscata* – 17. *S. pyramidalis* – 18. *Omalaxis marginata.*

Collonia marginata Lamarck *(Delphinula –)*, fam. Turbinidae – Dim. max. : h/d = 0,9/1 cm. **Yprésien sup.** (Cuisien) à **Bartonien** : Manche, Loire-Atlantique, Aisne (rég. de Laon), Oise, Val-d'Oise, Yvelines. Pl. 162, fig. 21.

Aizyella (Phasianochilus) turbinoides Lamarck *(Phasianella –)*, fam. Phasianellidae – Dim. max. : h/d = 1,5/1 cm. **Lutétien** et **Bartonien** : Oise et Val d'Oise (Vexin), Yvelines (rég. de Villiers-St-Frédéric). Pl. 162, fig. 22.

Nerita (Theliostyla) tricarinata Lamarck, fam. Neritidae – Dim. max. : h/d = 1/1,5 cm. **Yprésien sup.** (Cuisien) à **Bartonien** : espèce largement répandue en France et dans les régions limitrophes. Pl. 162, fig. 23, 24.

Velates perversa Gmelin *(Nerita schmiedeliana, N. conoidea)*, fam. Neritidae – Coquille néritiforme dans le jeune âge, dont le dernier tour acquiert en fin de croissance un développement dévié. Dim. max. : h/D/d = 5/12/9 à 9,5 cm. **Yprésien** et **Lutétien** : espèce à vaste répartition européenne, apparaissant dans le Paléocène. Pl. 163, fig. 1-3 (coquille) et pl. 172, fig. 1, 2 (moule interne).

Bayania lactea Lamarck *(Melania –)*, fam. Pseudomelaniidae – Coquille variable, à spire plus ou moins aiguë, à surface lisse ou finement striée spiralement. Dim. max. : h/d = 4/1,2 à 1,4 cm. **Yprésien sup.** (Cuisien) à **Bartonien** : espèce largement répandue en France. Pl. 162, fig. 26.

* ***Viviparus suessoniensis*** Deshayes *(Paludina –)*, fam. Viviparidae – Dim. max. : h/d = 3,8/2,5 cm. **Yprésien inf.** (Sparnacien) : Aisne (rég. de Soissons). Pl. 162, fig. 27.

* ***Dissostoma mumia*** Lamarck *(Cyclostoma –)*, fam. Pomatiasidae – Dim. max. : h/d = 3,6/1,5 cm. **Lutétien** et **Bartonien** : espèce largement répandue en France et dans les régions limitrophes. Pl. 162, fig. 25.

* ***Ischurostoma hopei*** Serres *(Bulimus –)*, fam. Cyclophoridae – Espèce voisine *d'I. formosum* (→ Oligocène, Pl. 184, fig. 7) dont elle diffère par sa taille plus forte, sa spire un peu plus large et son dernier tour plus dilaté en fin de croissance. Dim. max. : h/d = 7/3,3 cm. **Yprésien** et **Lutétien inf.** : Bouches-du-Rhône (rég. d'Orgon), Hérault (rég. de Montpellier), Ariège (rég. de Mirepoix).

Keilostoma turricula Bruguière, fam. Rissoidae – Dim. max. : h/d = 3/1,5 cm. **Lutétien** et **Bartonien** : espère largement répandue en France et dans les régions limitrophes. Pl. 162, fig. 28.

Sigmesalia duvalii Rouault, fam. Turritellidae – Premiers tours lisses, les suivants s'ornant de filets spiraux de force inégale. Dim. max. : h/d = 2/0,9 cm. **Yprésien sup.** (Cuisien) : Pyrénées-Atlantiques (rég. de Pau). Pl. 167, fig. 6.

Sigmesalia multisulcata Lamarck *(Turritella –, Mesalia –)* – Tours ornés de côtes spirales fines qui augmentent en nombre et en force avec la croissance. Dim. max. : h/d = 4,5/1,8 à 2 cm. **Lutétien** : espèce largement répandue en Europe occidentale. Pl. 163, fig. 4.

Sigmesalia fasciata Lamarck *(Turritella –, Mesalia –)* – Tours ornés de 2 à 5 carènes spirales plus ou moins saillantes et très diversement disposées. Dim. max. : h/d = 4/1,5 cm. **Lutétien** et **Bartonien** : espèce à vaste répartition européenne. Pl. 163, fig. 5.

Sigmesalia sulcata Lamarck *(Mesalia –)* – Cette espèce diffère de la précédente par ses carènes spirales plus fines et plus nombreuses (6 ou 7) et par son ouverture plus étroite. Dim. max. : h/d = 6,5/2,5 cm. **Lutétien** et **Bartonien** : Oise (Vexin), Val-d'Oise (rég. d'Auvers-sur-Oise), Yvelines (rég. de Villiers-St-Frédéric) ; en Grande-Bretagne.

Turritella terebellata Lamarck, fam. Turritellidae – Dim. max. : h/d = 18/3,4 cm. **Lutétien** : espèce largement répandue en Europe occidentale. Pl. 163, fig. 10.

Turritella sulcifera Deshayes – Cette espèce, très voisine de la précédente, en diffère par sa spire un peu moins élancée et ses tours ornés de côtes spirales un peu plus fortes et moins nombreuses (10 à 12). Dim. max. : h/d = 17/3,6 cm. **Lutétien** et **Bartonien** : espèce largement répandue en Europe occidentale.

Turritella hybrida Deshayes *(Haustator –)* – Dim. max. : h/d = 10/1,8 cm. **Yprésien** : Aisne (rég. de Laon), Oise (rég. de Pierrefonds), Aude (Corbières), Pyrénées-Atlantiques (rég. de Pau) ; cette espèce apparaît au Paléocène (Thanétien). Pl. 163, fig. 8.

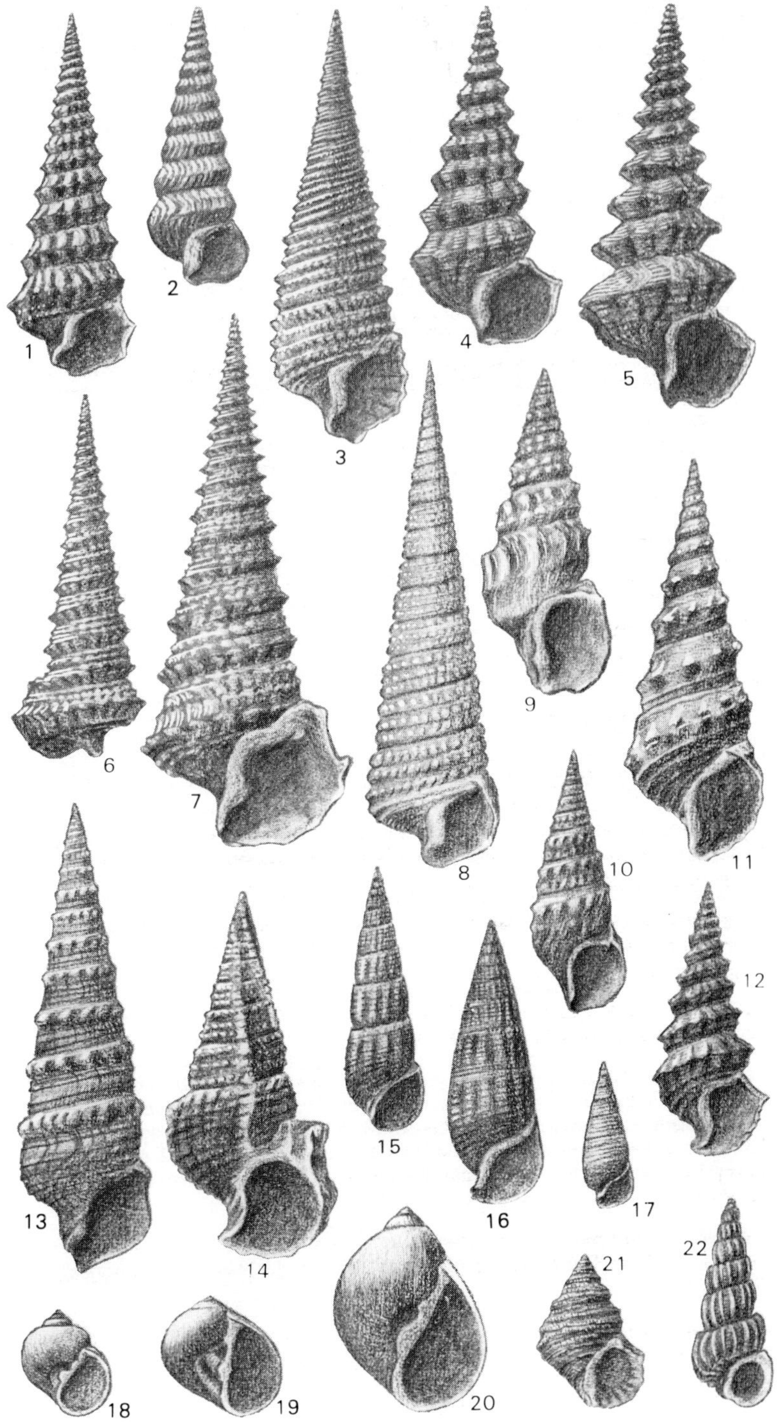

Planche 164 : ÉOCÈNE

1. *Potamides cristatus* – 2. *P. lapidus* – 3. *P. mixtus* – 4, 5. – *P. angulosus* – 6, 7. *P. tricarinatus* – 8. *P. cinctus* – 9. *Batillaria echinoides* – 10. *B. pleurotomoides* – 11. *B. subacuta* – 12. *B. bouei* – 13. *Tympanotonos funatus* – 14. *Pyrazus angulatus* – 15. *Diastoma costellatum* – 16. *Clava striata* – 17. *C. unisulcata* – 18. *Natica epiglottinoides* – 19. *N. noae* – 20. *N. epiglottina* – 21. *Benoistia muricoides* – 22. *Cirsotrema bourdoti.*

Turritella trempina Carez *(Haustator –)* – Espèce voisine de la précédente dont elle diffère par sa spire plus acuminée et ses tours ornés de seulement 5 à 7 carènes spirales assez fines et inégalement distribuées. Dim. max. : h/d = 5/0,7 cm. **Yprésien inf.** (Ilerdien) : Ariège (rég. de Laroque-d'Olmes), Aude (Corbières, Val-de-Dagne et rég. ouest de Lagrasse), Pyrénées-Atlantiques (rég. de Pau).

Turritella imbricataria Lamarck *(Haustator –)* – Dim. max. : h/d = 10/2 cm. **Lutétien** : dans toute l'Europe occidentale. Pl. 163, fig. 9.

Turritella solanderi Mayer-Eymar *(Haustator –)* – Proche de la précédente, cette espèce en diffère par sa spire plus étroite et ses tours presque lisses. Dim. max. : h/d = 7/1,2 cm. **Yprésien sup.** (Cuisien) et **Lutétien** : espèce largement répandue en Europe nord-occidentale.

Turritella carinifera Deshayes *(Haustator –)* – Espèce très voisine de *T. Imbricataria,* dont elle se distingue par ses tours de spire plus fortement carénés et imbriqués. Dim. max. : h/d = 16/2,8 cm. **Yprésien sup.** (Cuisien) à **Bartonien** : espèce largement répandue en France et dans les régions limitrophes.

Turritella figolina Carez *(Haustator –)* – Espèce caractérisée par le développement d'une carène spirale encore plus saillante que chez les formes précédentes. Dim. max. : h/d = 5/1,2 cm. **Yprésien inf.** (Ilerdien) : Aude (Corbières, Val-de-Dagne et rég. ouest de Lagrasse).

Omalaxis marginata Deshayes *(Homalaxis –),* fam. Omalaxidae – Dim. max. : h/d = 0,6/1,3 cm. **Lutétien** et **Bartonien** : espèce largement répandue en France et dans les régions limitrophes. Pl. 163, fig. 18.

Torinia (Climacopoma) patula Lamarck *(Solarium –),* fam. Architectonicidae – Dim. max. : h/d = 1 à 1,2/2,5 cm. **Lutétien** et **Bartonien** : Oise (rég. de Chaumont-en-Vexin), Val-d'Oise (rég. d'Auvers-sur-Oise), Yvelines (rég. de Villiers-St-Frédéric). Pl. 162, fig. 29, 30.

Architectonica (Solariaxis) canaliculata Lamarck *(Solarium –),* fam. Architectonicidae – Dim. max. : h/d = 0,8/1,5 cm. **Yprésien sup.** (Cuisien) à **Bartonien** : espèce largement répandue en Europe nord-occidentale. Pl. 162, fig. 31, 32.

Lemintina cancellata Deshayes *(Serpulorbis –),* fam. Vermetidae – Coquille en forme de tube très irrégulièrement pelotonné, pouvant atteindre 1,5 cm de diamètre à l'ouverture, et dont la surface présente une ornementation finement treillissée. **Bartonien** : Val-d'Oise (rég. d'Auvers-sur-Oise). Pl. 173, fig. 7.

Tenagodus striatus Defrance, fam. Vermetidae – Dim. max. : h/d = 15/1 cm. **Lutétien** : Oise (rég. de Chaumont-en-Vexin), Yvelines (rég. de Villiers-Saint-Frédéric). Pl. 163, fig. 11.

* ***Melanopsis buccinoidea*** Férussac, fam. Thiaridae – Dim. max. : h/d = 3/1,3 cm. **Yprésien** : espèce largement répandue en Euroe nord-occidentale, apparaissant au Paléocène (Thanétien). Pl. 166, fig. 9.

* ***Brotia (Tinnyea) melanoides*** Sowerby *(Melania inquinata),* fam. Thiaridae – Coquille extrêmement variable, à tours ornés d'une carène plus ou moins tuberculeuse, à tubercules plus moins serrés, à laquelle peuvent s'adjoindre 1 à 3 filets spiraux simples ou granuleux. Dim. max. : h/d = 7/2 à 2,5 cm. **Yprésien** : espèce largement répandue en Europe nord-occidentale. Pl. 163, fig. 7.

* ***Coptostylus parkinsoni*** Deshayes, fam. Thiaridae – Dim. max. : h/d = 2,3/1,3 cm. **Yprésien sup.** (Cuisien) : Oise (rég. de Beauvais, Pierrefonds). Pl. 163, fig. 6.

Potamides cristatus Lamarck *(Cerithium –),* fam. Potamididae – Carène plus ou moins anguleuse (parfois double) à costulation plus ou moins serrée. Dim. max. : h/d = 4,5/1,7 cm.**Lutétien** et **Bartonien** : espèce largement répandue en Europe nord-occidentale. Pl. 164, fig. 1.

Potamides lapidus Lamarck – Carène parfois à peine marquée. Dim. max. h/d = 5/1,4 cm. **Lutétien** et **Bartonien** : espèce largement répandue en Europe nord-occidentale. Pl. 164, fig. 2.

Potamides (Ptychopotamides) cinctus Bruguière – Dim. max. : h/d = 7/2 cm. **Lutétien** : Manche (rég. de Valognes), Yvelines (rég. de Villiers-St-Frédéric), Aude (Corbières) ; en Grande-Bretagne. Pl. 164, fig. 8.

Planche 165 : ÉOCÈNE

1, 2. *Campanile giganteum* – 3. *Serratocerithium serratum* – 4. *S. mutabile* – 5. *S. tuberculosum* – 6. *Gravicerithium tiara* – 7. *Cerithium lamellosum* – 8, 9. *Xenophora agglutinans* – 10. *Sinum clathratus* – 11. *Hipponix cornucopia*.

Potamides (Potamidiopsis) mixtus Defrance – Dim. max. : h/d = 6/2 à 2,3 cm. **Bartonien** : Oise (rég. de la Chapelle-en-Serval et Ermenonville), Val-d'Oise (rég. d'Auvers-sur-Oise, Parisis). Pl. 164, fig. 3.

Potamides (Potamidopsis) tricarinatus Lamarck – Espèce extrêmement variable, à spire plus ou moins étroite et ornementation plus ou moins accentuée. Dim. max. : h/d = 7,5/2,3 cm. **Lutétien** à **Ludien** : Manche, Oise (Vexin, rég. de la Chapelle-en-Serval), Val-d'Oise (rég. d'Auvers-sur-Oise), Yvelines (rég. de Villiers-St-Frédéric). Pl. 164, fig. 6, 7.

Potamides (Exechestoma) angulosus Lamarck *(Cerithium –)* – Espèce très variable, à carène plus ou moins anguleuse et costulée. Dim. max. : h/d = 5,5/2,2 à 2,5 cm. **Lutétien** et **Bartonien** : Oise (Vexin), Val-d'Oise (rég. d'Auvers-sur-Oise, Parisis), Yvelines (rég. de Villiers-St-Frédéric). Pl. 164, fig. 4, 5.

Tymponotonos (Eotympanotonos) funatus Sowerby *(Cerithium variabile)*, fam. Potamididae – Espèce présentant de très grandes variations dans ses proportions et son ornementation. Dim. max. : h/d = 4,5 à 6/1,8 cm. **Yprésien inf.** : espèce largement répandue en Europe nord-occidentale. Pl. 164, fig. 13.

Tympanotonos turris Deshayes – Cette espèce diffère de la précédente par sa forme beaucoup plus trapue. Dim. max. : h/d = 4,7/2,3 cm. **Yprésien** : espèce à large répartition en Europe nord-occidentale.

Tympanotonos diaboli Brongniart, est une espèce à ornementation plus finement costulée, très variable dans ses proportions (dim. max. : h/d = 4/1,5 à 2 cm) et qui abonde dans le **Lutétien** et le **Bartonien** de Haute-Savoie (rég. de Samoëns, rég. d'Annecy), des Alpes-de-Haute-Provence et des Alpes-Maritimes (basse vallée de La Roya) ; en Suisse (Massif des Diablerets) et en Italie.

Pyrazus praeangulatus Doncieux, fam. Potamididae – Tours étagés, ornés de 9 cordons spiraux et de 5 ou 6 fortes varices axiales. Dim. max. : h/d = 3,5/1,9 cm. **Yprésien inf.** (Sparnacien) : Aude (massif des Corbières). Pl. 167, fig. 1.

Pyrazus angulatus Solander *(Cerithium –)* – Espèce à ouverture plus ou moins dilatée. Dim. max. : h/d = 5,5/2,3 à 2,5 cm. **Lutétien** : espèce largement répandue en Europe nord-occidentale. Pl. 164, fig. 14.

Batillaria (Vicinocerithium) echinoides Lamarck *(Cerithium –)*, fam. Potamididae – Espèce présentant de nombreuses variations qui se manifestent aussi bien dans les proportions que dans l'ornementation de la coquille. Dim. max. : h/d = 4,2/1,5 à 1,8 cm. **Lutétien** et **Bartonien** : espèce largement répandue en Europe nord-occidentale. Pl. 164, fig. 9.

Batillaria (Vicinocerithium) pleurotomoides Lamarck *(Cerithium –)* – Dim. max. : h/d = 4,5/1,7 cm. **Bartonien** : Oise (rég. de la Chapelle-en-Serval), Aisne (rég. de Fère-en-Tardenois), Val-d'Oise (rég. d'Auvers-sur-Oise). Pl. 164, fig. 10.

Batillaria (Vicinocerithium) subacuta d'Orbigny *(Cerithium –)* – Dim. max. : h/d = 5,5/2 cm. **Yprésien** : Seine-Maritime (rég. de Dieppe), Aisne (rég. de Pierrefonds), Aude (Corbières). Pl. 164, fig. 11.

Batillaria (Vicinocerithium) bouei Deshayes – Dim. max. : h/d = 3,7/1,4 cm. **Lutétien** et **Bartonien** : Oise (rég. d'Ermenonville), Val-d'Oise (rég. d'Auvers-sur-Oise, Parisis), Seine-et-Marne (rég. de la Ferté-sous-Jouarre), Yvelines (rég. de Villiers Saint-Frédéric). Pl. 164, fig. 12.

Gravicerithium tiara Lamarck, fam. Potamididae – Coquille plus ou moins élancée et variable par son ornementation. Dim. max. : h/d = 2,6 à 2,8/1,2 cm. **Lutétien** à **Ludien** : Oise (Vexin, rég. de la Chapelle-en-Serval et Ermenonville), Aisne (rég. de Château-Thierry), Seine-et-Marne (rég. de la Ferté-sous-Jouarre), Val-d'Oise (rég. d'Auvers-sur-Oise, Parisis), Yvelines (rég. de Villiers-Saint-Frédéric). Pl. 165, fig. 6.

Diastoma costellatum Lamarck, fam. Diastomidae – Coquille extrêmement variable dans sa forme et son ornementation qui est plus ou moins accentuée. Dim. max. : h/d = 6/1,6 à 1,8 cm. **Lutétien** et **Bartonien** : espèce largement répandue en Europe occidentale. Pl. 164, fig. 15.

Clava (Semivergatus) striata Bruguière *(Rhinoclavis –)*, fam. Cerithiidae – Dim. max. : h/d = 7/2 cm. **Lutétien** et **Bartonien** : Oise (rég. de Chaumont-en-

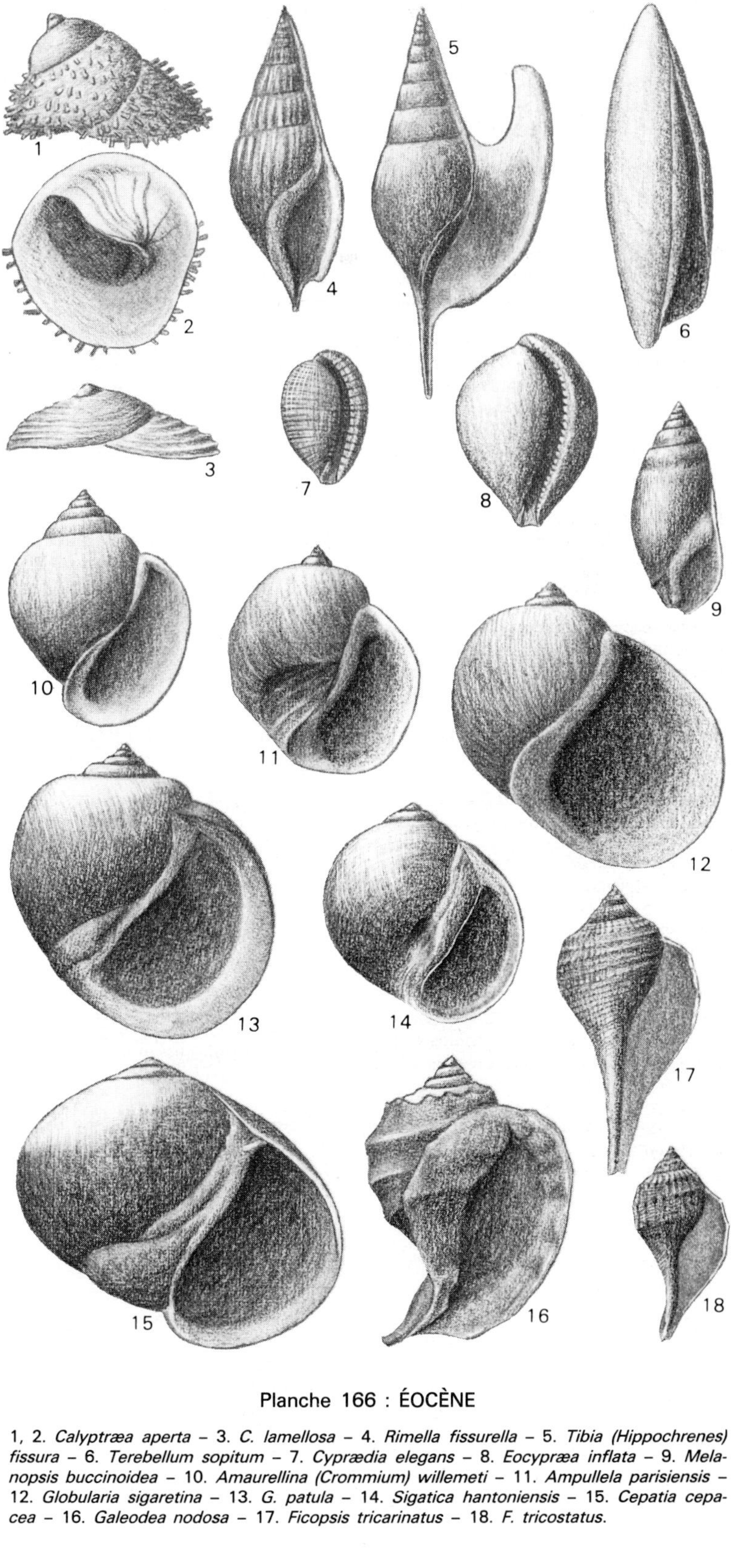

Planche 166 : ÉOCÈNE

1, 2. *Calyptræa aperta* – 3. *C. lamellosa* – 4. *Rimella fissurella* – 5. *Tibia (Hippochrenes) fissura* – 6. *Terebellum sopitum* – 7. *Cypraedia elegans* – 8. *Eocypræa inflata* – 9. *Melanopsis buccinoidea* – 10. *Amaurellina (Crommium) willemeti* – 11. *Ampullela parisiensis* – 12. *Globularia sigaretina* – 13. *G. patula* – 14. *Sigatica hantoniensis* – 15. *Cepatia cepacea* – 16. *Galeodea nodosa* – 17. *Ficopsis tricarinatus* – 18. *F. tricostatus.*

Vexin), Seine-et-Marne (rég. de la Ferté-sous-Jouarre), Yvelines (rég. de Villiers-Saint-Frédéric) ; en Grande-Bretagne. Pl. 164, fig. 16.

Clava (Semivergatus) unisulcata Lamarck – Dim. max. : h/d = 1,9/0,7 cm. **Yprésien sup.** (Cuisien) à **Bartonien :** espèce largement répandue en Europe nord-occidentale. Pl. 164, fig. 17.

Cerithium (Ptychocerithium) lamellosum Bruguière, fam. Cerithiidae – Dim. max. : h/d = 4,6/1,2 cm. **Lutétien :** Oise (rég. de Chaumont-en-Vexin), Yvelines (rég. de Villiers-Saint-Frédéric). Pl. 165, fig. 7.

Benoistia muricoides Lamarck *(Conocerithium –)*, fam. Cerithiidae – Dim. max. : h/d = 2,2/1,4 cm. **Lutétien** et **Bartonien :** Oise et Val-d'Oise (Vexin), Yvelines (rég. de Villiers-Saint-Frédéric et Beynes) ; en Grande-Bretagne. Pl. 164, fig 21.

Campanile giganteum Lamarck *(Cerithium –)*, fam. Cerithiidae – Premiers tours ornés de filets spiraux simples ou granuleux, en nombre variable, auxquels s'adjoignent progressivement des tubercules qui se transforment, vers le 25e tour, en de fortes nodosités. Dim. max. : h/d = 60/20 cm. **Lutétien :** espèce largement répandue en Europe occidentale. Pl. 165, fig. 1, 2 (jeune et adulte).

Serratocerithium serratum Lamarck, fam. Cerithiidae – Dim. max. : h/d = 9,5/2,8 cm. **Lutétien** et **Bartonien :** Manche, Loire-Atlantique, Yvelines (rég. de Villiers-Saint-Frédéric), Aisne et Seine-et-Marne (rég. de la Ferté-sous-Jouarre), Marne (rég. d'Épernay). Pl. 165, fig. 3.

Serratocerithium mutabile Lamarck – Dim. max. : h/d = 4,5/1,5 à 1,7 cm. **Bartonien :** Oise (rég. de la Chapelle-en-Serval, Ermenonville), Val-d'Oise (rég. d'Auvers-sur-Oise, Parisis), Aisne et Seine-et-Marne (rég. de la Ferté-sous-Jouarre). Pl. 165, fig. 4.

Serratocerithium tuberculosum Lamarck – Dim. max. : h/d = 5/2 cm. **Bartonien :** Val-d'Oise (rég. d'Auvers-sur-Oise, Parisis). Pl. 165, fig. 5.

Cirsotrema (Coroniscala) bourdoti Boury *(Scala –)*, fam. Scalidae – Dim. max. : h/d = 3,5/1,5 cm. **Bartonien :** Oise (Vexin). Pl. 164, fig. 22.

Hipponix cornucopia Lamarck, fam. Hipponicidae – Coquille plus ou moins oblique et évasée, à surface lisse ou rendue irrégulière par des lamelles ou bourrelets d'accroissement, pouvant atteindre 6,5 cm de longueur et 4 cm de diamètre. **Yprésien sup.** (Cuisien) à **Bartonien :** espèce largement répandue en Europe occidentale. Pl. 165, fig. 11.

Calyptraea aperta Solander *(C. trochiformis)*, fam. Calyptraeidae – Espèce de proportions très variables, toujours reconnaissable à sa surface épineuse, ou pourvue de rudiments d'épines en cas d'usure. Dim. max. : h/d = 2 à 2,8/2 à 3,5 cm. **Yprésien sup.** (Cuisien) à **Ludien :** dans toute l'Europe occidentale. Pl. 166, fig. 1, 2.

Calyptræa lamellosa Deshayes – Coquille à spire très courte et surface ne présentant que des lamelles d'accroissemnt. Dim. max. : h/d = 1/3 cm. **Lutétien :** Manche, Loire-Atlantique, Oise (Vexin), Yvelines (rég. de Villiers-Saint-Frédéric). Pl. 166, fig 3.

Xenophora agglutinans Lamarck, fam. Xenophoridae – Dim. max. : h/d = 2,3/4 cm. **Lutétien** et **Bartonien :** dans toute l'Europe nord-occidentale. Pl. 165, fig. 8, 9.

Xenophora cumulans Brongniart – Espèce à spire aussi haute que large et à base finement treillissée par des stries spirales qui croisent les lamelles d'accroissement. Dim. max. : h/d = 3,6/5 cm. **Bartonien :** Oise (rég. d'Ermenonville), Val-d'Oise (rég. d'Auvers-sur-Oise), Seine-et-Marne (rég. de la Ferté-sous-Jouarre). Espèce se poursuivant dans l'Oligocène et le Miocène. Pl. 169, fig. 1, 2.

Rimella fissurella Lamarck, fam. Strombidae – Espèce à costulation plus ou moins marquée et espacée sur le dernier tour. Dim. max. : h/d = 4,5/1,6 cm. **Yprésien sup.** (Cuisien) à **Bartonien :** dans toute l'Europe occidentale. Pl. 166, fig. 4.

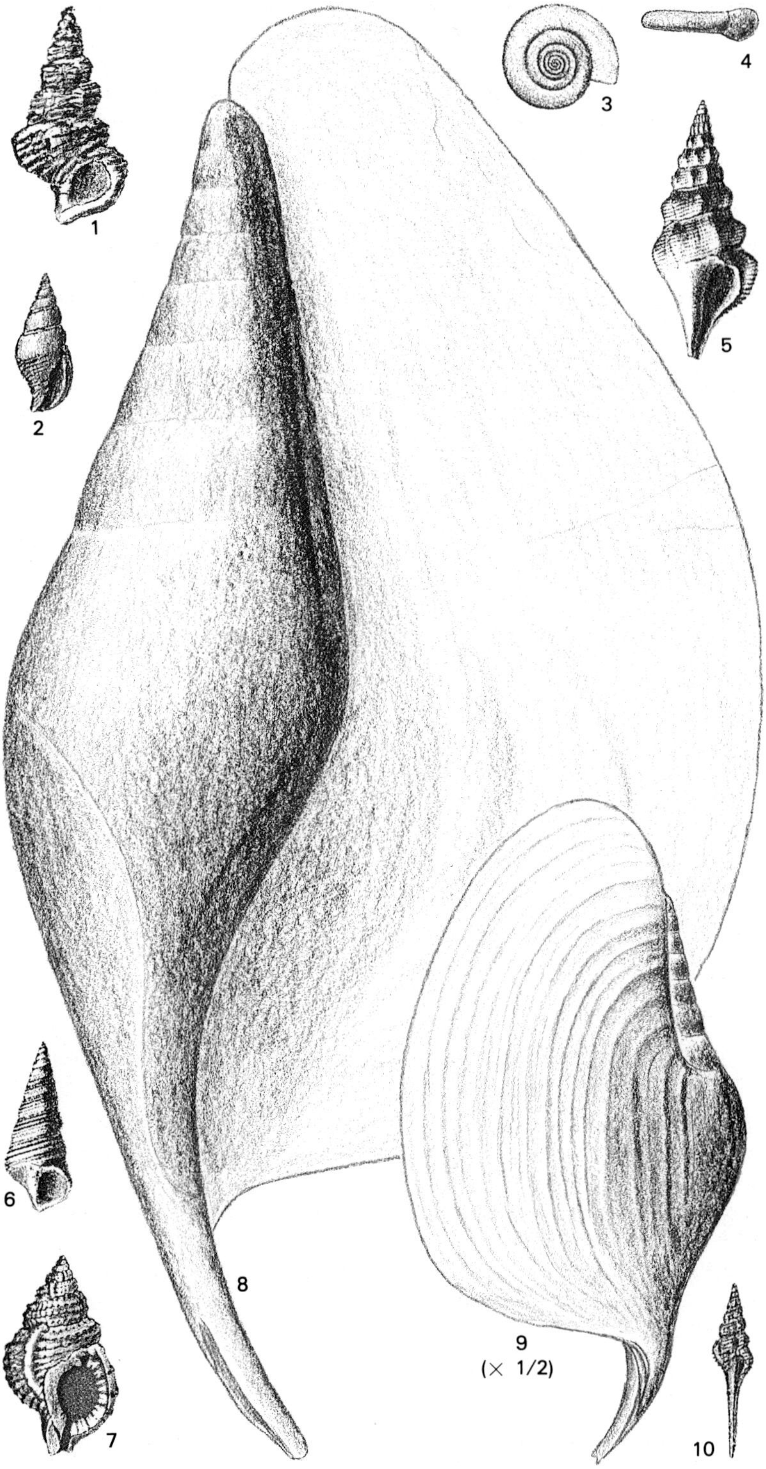

Planche 167 : ÉOCÈNE

1. *Pyrazus praeangulatus* – 2. *Mitrella submarginata* – 3, 4. *Planorbis sparnacensis* – 5. *Strombolaria lejeuni* – 6. *Sigmesalia duvalii* – 7. *Sassia nodularia* – 8, 9. *Tibia macroptera* – 10. *Clavilithes davidsoni*.

Strombolaria lejeuni Rouault, fam. Strombidae – Dim. max. : (sans l'expansion labiale, rarement intacte) : h/d = 3,5 à 4/1,5 cm. **Yprésien sup.** (Cuisien) : Pyrénées-Atlantiques (rég. de Pau). Pl. 167, fig. 5.

Tibia (Hippochrenes) fissura Coquebert et Brongniart *(Rostellaria columbaria)*, fam. Strombidae – Dim. max. : h/d = 10/5,5 cm. **Lutétien** et **Bartonien** : Oise (Vexin), Val-d'Oise (rég. d'Auvers-sur-Oise), Yvelines (rég. de Villiers-Saint-Frédéric). Pl. 166, fig. 5.

Tibia (Hippochrenes) macroptera Lamarck *(Rostellaria –)*. Expansion aliforme de contour un peu variable. Dim. max. : h/d = 20/10 à 12 cm. **Lutétien** : dans toute l'Europe occidentale. Pl. 167, fig. 8, 9.

Terebellum (Seraphs) sopitum Solander *(T. convolutum)*, fam. Strombidae – Dim. max. : h/d = 8/2 cm. **Lutétien** et **Bartonien** : dans toute l'Europe occidentale. Pl. 166, fig. 6.

Gisortia tuberculata Duclos *(Ovula –)*, fam. Cypraeidae – Dim. max. : h/d = 12 à 13/9 cm. **Yprésien sup.** (Cuisien) : Oise (rég. de Pierrefonds). Pl. 169, fig. 3, 4.

Gisortia gigantea Münster *(Ovula gisortiensis)* – Dim. max. (sans les nodosités latérales) : h/d = 23 à 24/14 cm. **Lutétien** : Aisne (rég. de Laon), Oise (rég. de Gisors, Chaumont-en-Vexin, rég. de Compiègne) ; en Allemagne. Pl. 168, fig. 2, 3.

Cypraedia elegan Sowerby *ex* Defrance *(Cypraea –)*, fam. Amphiperatidae – Dim. max. : h/d = 2,2/1,4 cm. **Lutétien** et **Bartonien** : espèce à large répartition européenne. Pl. 166, fig. 7.

Eocypraea inflata Lamarck, fam. Amphiperatidae – Dim. max. : h/d = 3,5/2,5 cm. **Lutétien** et **Bartonien** : espèce à large répartition européenne. Pl. 166, fig. 8.

Globularia sigaretina Lamarck *(Ampullina –)*, fam. Ampullospiridae – Dim. max. : h/d = 5/4,8 cm. **Lutétien** et **Bartonien** : dans toute l'Europe occidentale. Pl. 166, fig. 12.

Globularia patula Lamarck – Dim. max. : h/d = 5/5 cm. **Lutétien** et **Bartonien** : dans toute l'Europe occidentale. Pl. 166, fig. 13.

Ampullella parisiensis d'Orbigny, fam. Ampullospiridae – Espèce à spire irrégulière et dont l'ombilic tend à s'ouvrir en fin de croissance. Dim. max. : h/d = 4/3,8 cm. **Lutétien** et **Bartonien** : espèce largement répandue en France et dans les régions limitrophes. Pl. 166, fig. 11.

Amaurellina (Crommium) willemeti Deshayes *(Ampullina –)*, fam. Ampullospiridae – Dim. max. : h/d = 3,5/2,5 cm. **Lutétien** : Oise (Vexin), Marne (rég. est d'Épernay), Yvelines (rég. de Villiers-Saint-Frédéric), Alpes-Maritimes (rég. de Contes) ; en Grande-Bretagne. Pl. 166, fig. 10.

Cepatia cepacea Lamarck, fam. Ampullospiridae – Dim. max. : h/d = 5,8/6,3 cm. **Lutétien** et **Bartonien** : espèce largement répandue en France et dans les régions limitrophes. Pl. 166, fig. 15.

Sigatica hantoniensis Pilkington, fam. Ampullospiridae – Dim. max. : h/d = 4/4 cm. **Yprésien** à **Bartonien** : espèce largement répandue en France et dans les régions limitrophes. Pl. 166, fig. 14.

Sinum (Sigaretotrema) clatratus Gmelin *(Sigaretus –)* fam. Ampullospiridae – Surface ornée de très fines stries spirales. Dim. max. : h/d = 3/2,5 cm. **Yprésien sup.** (Cuisien) et **Bartonien** : espèce largement répandue en Europe occidentale. Pl. 165, fig. 10.

Natica epiglottinoides Deshayes, fam. Naticidae – Dim. max. : h/d = 1,4/1,2 cm. **Yprésien sup.** (Cuisien) à **Bartonien** : Manche, Loire-Atlantique, Aisne (rég. de Laon), Oise (rég. de Pierrefonds, Ermenonville, Nanteuil-le-Haudoin), Val-d'Oise (rég. d'Auvers-sur-Oise, Parisis). Pl. 164, fig. 18.

Natica epiglottina Lamarck – Dim. max. : h/d = 3/2,5 cm. **Lutétien** et **Bartonien** : Oise (rég. de Chamont-en-Vexin), Seine-et-Marne (rég. de Lizy-sur-Ourcq), Yvelines (rég. de Villiers-Saint-Frédéric). Pl. 164, fig. 20.

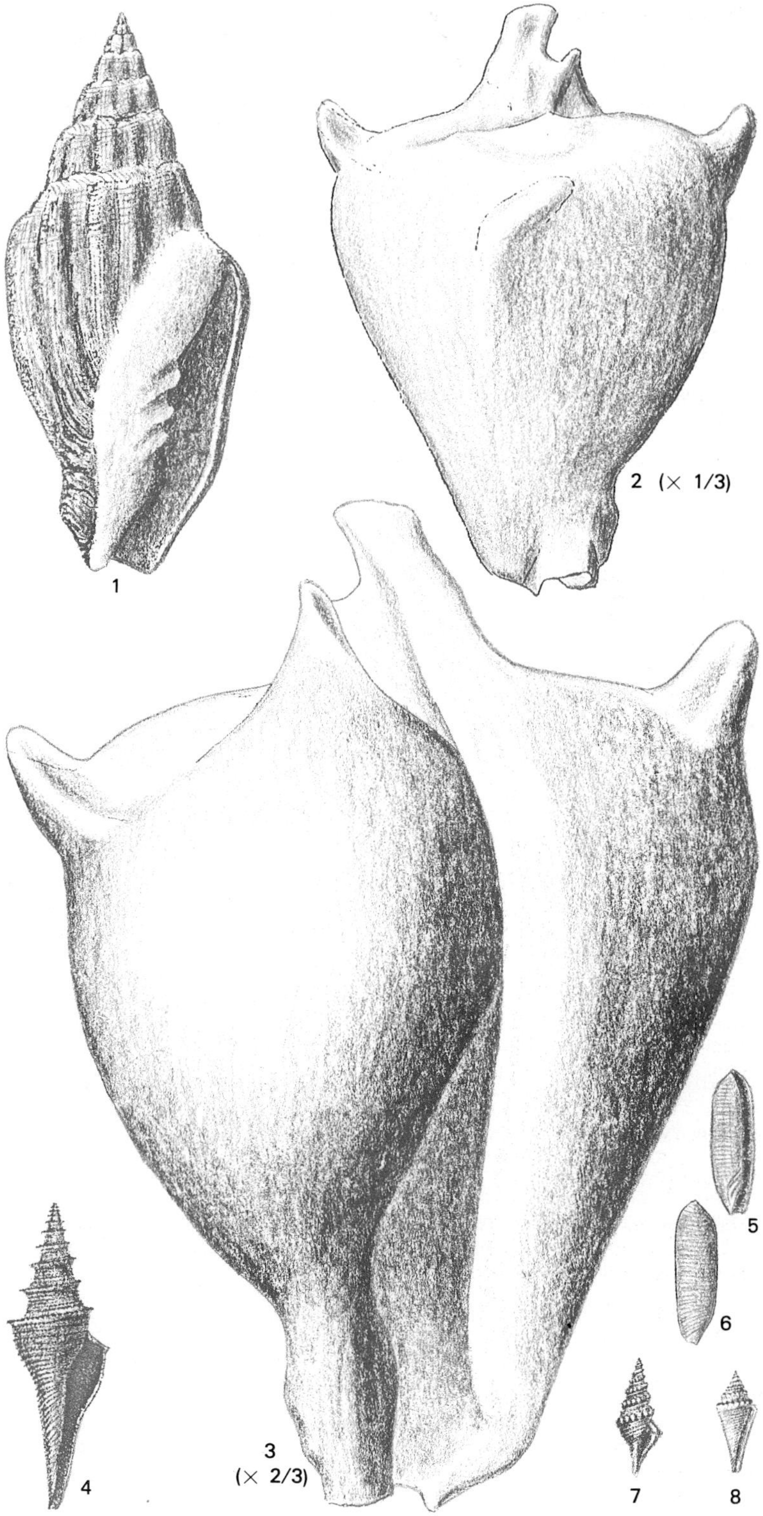

Planche 168 : ÉOCÈNE

1. *Lyria prevosti* – 2, 3. *Gisortia gigantea* – 4. *Ancistrosyrinx terebralis* – 5, 6. *Volvaria bulloides* – 7. *Gemmula subcarinata* – 8. *Hemiconus rouaulti.*

Natica noæ d'Orbigny – Dim. max. : h/d = 2,1/2,3 cm. **Bartonien :** Oise (rég. d'Ermenonville), Val-d'Oise (rég. d'Auvers-sur-Oise, Parisis), Seine-et-Marne (rég. de Lizy-sur-Ourcq). Pl. 164, fig 19.

Galeodea nodosa Solander *(Cassidaria –)*, fam. Cassididae – Dim. max. : h/d = 5/3,8 cm. **Lutétien :** dans toute l'Europe occidentale. Pl. 166, fig. 16.

Sassia nodularia Lamarck *(Triton – , Eutritonium –)*, fam. Cymatidae – Dim. max. : h/d = 3,6/1,9 cm. **Lutétien :** espèce largement répandue en Europe occidentale. Pl. 167, fig. 7.

Ficopsis tricarinatus Lamarck, fam. Ficidae – Dim. max. : h/d = 5/3 cm. **Yprésien sup.** (Cuisien) à **Bartonien :** Oise (Vexin), Val-d'Oise (Parisis), Yvelines (rég. de Villiers-Saint-Frédéric), Pyrénées-Atlantiques (rég. de Pau) ; en Grande-Bretagne. Pl. 166, fig 17.

Ficopsis tricostatus Deshayes – Dim. max. : h/d = 3/1,3 cm. **Yprésien sup.** (Cuisien) : dans toute l'Europe occidentale. Pl. 166, fig. 18.

Poirieria calcitrapoides Lamarck *(Murex –, Hexaplex –)*, fam. Muricidae – Dim. max. : h/d = 5/2,3 cm. **Lutétien :** Oise (Vexin), Yvelines (rég. de Villiers-Saint-Frédéric). Pl. 170, fig. 1.

Poirieria (Flexopteron) flexuosa Deshayes – Tours ornés de 10 à 12 varices axiales et de 5 cordons spiraux. Dim. max. : h/d = 3,5/1,5 cm. **Yprésien sup.** (Cuisien) : espèce largement répandue en France. Pl. 169, fig. 5, 6.

Pterynotus tricarinatus Lamarck *(Murex –)*, fam. Muricidae – Espèce très variable dans ses proportions, à costulation plus ou moins accentuée et épineuse, pouvant atteindre 5,5 cm de haut pour 3 à 4 cm de diamètre. **Yprésien sup.** et **Lutétien :** espèce à vaste répartition européenne. Pl. 170, fig. 2.

Pterynotus tripteroides Lamarkc *(Murex –)* – Dim. max. : h/d = 6/2,8 à 3 cm. **Yprésien sup.** et **Lutétien :** espèce largement répandue en Europe occidentale. Pl. 170, fig. 3.

Typhis tubifer Bruguière, fam. Muricidae – Dim. max. : d/h = 3,5/1,5 cm. **Lutétien :** Oise (Vexin), Yvelines (rég. de Villiers-Saint-Frédéric). Pl. 170, fig. 4.

Mitrella (Columbellopsis) submarginata Rouault, fam. Columbellidae – Coquille ornée de cordons sipraux plus ou moins nombreux et granuleux. Dim. max. : h/d = 1,8/0,7 cm. **Yprésien sup.** (Cuisien) : Pyrénées-Atlantiques (rég. de Pau). Pl. 167, fig. 2.

Cantharus (Eocantharus) subandrei d'Orbigny *(Tritonidea –)*, fam. Buccinidae – Dim. max. : h/d = 3/1,5 cm. **Yprésien** à **Bartonien :** espèce largement répandue dans le bassin parisien. Pl. 170, fig. 5.

Cantharus (Pollia) polygonus Lamarck *(Tritonidea –)* – Dim. max. : h/d = 3,5/2,3 cm. **Lutétien** et **Bartonien :** Oise (Vexin, rég. de la Chapelle-en-Serval), Yvelines (rég. de Villiers-Saint-Frédéric). Pl. 170, fig. 6.

Sycostoma bulbiforme Lamarck *(Sycum bulbus)*, fam. Galeodidae – Espèce présentant d'importantes variations de forme, la spire pouvant être plus ou moins courte et le dernier tour plus ou moins renflé. Dim. max. : h/d = 7,5 à 8,5/4,5 cm. **Yprésien sup.** (Cuisien) à **Bartonien :** dans toute l'Europe occidentale. Pl. 170, fig. 8, 9.

Melongena (Cornulina) minax Solander, fam. Fasciolariidae – Espèce variable dans ses proportions et dans la force de son ornementation épineuse. Dim. max. : h/d = 7,5/4,5 à 5 cm. **Yprésien** à **Bartonien :** espèce largement répandue en Europe nord-occidentale. Pl. 170, fig. 12.

Pugilina subcarinata Lamarck *(Fusus –)*, fam. Fasciolariidae – Coquille extrêmement variable dans la forme et l'ornementation plus ou moins accentuée de ses tours. Dim. max. : h/d = 8/4 cm. **Lutétien** et **Bartonien :** espèce à large répartition européenne. Pl. 170, fig. 11.

Streptochetus crassicostatus Deshayes *(Fusus –)*, fam. Fasciolariidae – Dim. max. : h/d = 6,3/2,5 cm. **Lutétien :** Oise (rég. de Chaumont-en-Vexin). Pl. 171, fig. 3.

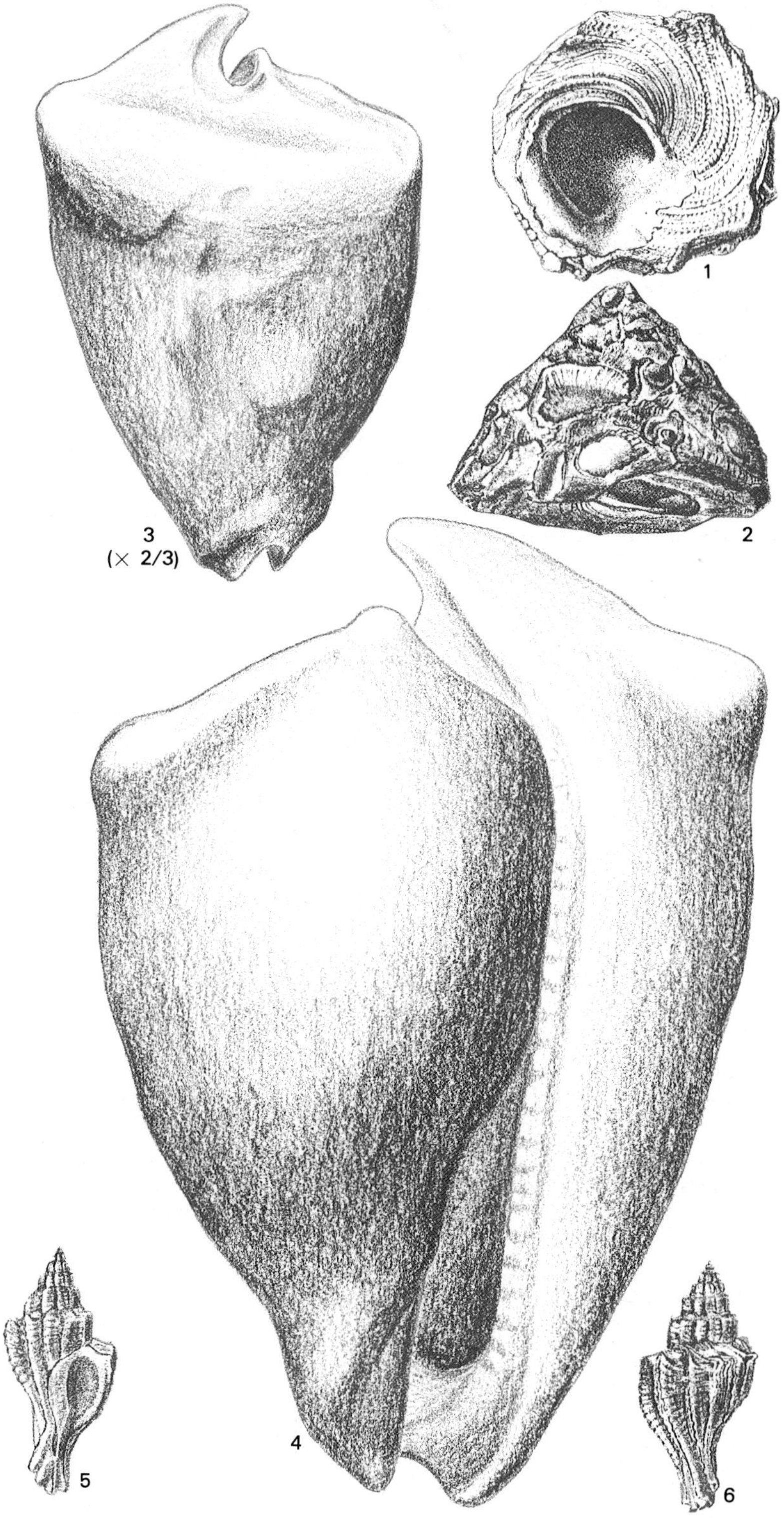

Planche 169 : ÉOCÈNE

1, 2. *Xenophora cumulans* – 3, 4. *Gisortia tuberculata* – 5, 6. *Poirieria flexuosa.*

Clavilithes parisensis Mayer-Eymar, fam. Fasciolariidae – Dim. max. : h/d = 12,5/4 cm. Espèce présentant d'importantes variations dans la forme et l'ornementation des tours. **Yprésien sup.** (Cuisien) à **Bartonien :** espèce largement répandue en France et dans les régions limitrophes. Pl. 171, fig. 1.

Clavilithes carinatus Doncieux – Cette espèce se distingue de la précédente par ses tours nettement scaliformes. Dim. max. : h/d = 7/2,5 à 3 cm. **Yprésien inf.** (Sparnacien) ; Aude (massif des Corbières).

Clavilithes davidsoni Rouault *(Pleurotoma –)* – Espèce à ornementation très variable. Dim. max. : h/d = 2,5/0,5 à 0,6 cm. **Yprésien sup.** (Cuisien) : Pyrénées-Atlantiques (rég. de Pau). Pl. 167, fig. 10.

Clavilithes (Rhopalites) noae Chemnitz *(Clavella –)* – Espèce très variable de forme et d'ornementation, celle-ci tendant à s'estomper au cours de la croissance. Dim. max. : h/d = 11/4 cm. **Lutétien** et **Bartonien :** dans toute l'Europe occidentale. Pl. 171, fig. 2.

Strepsidura turgida Solander, fam. Olividae – Espèce de forme un peu variable et à ornementation plus ou moins accentuée. Dim. max. : h/d = 4/2,5 cm. **Yprésien sup.** (Cuisien) à **Bartonien :** espèce largement répandue en France et dans les régions limitrophes. Pl. 171, fig. 4.

Ancilla canalifera Lamarck, fam. Olividae – Dim. max. : h/d = 4/1,3 cm. **Yprésien sup.** et **Lutétien :** dans toute l'Europe nord-occidentale. Pl. 170, fig. 15.

Ancilla buccinoides Lamarck – Dim. max. : h/d = 4,5/2 cm. **Yprésien sup.** (Cuisien) à **Bartonien :** dans toute l'Europe occidentale. Pl. 170, fig. 16.

Ancilla olivula Lamarck – Dim. max. : h/d = 2,6/1 cm. **Lutétien :** espèce largement répandue en France. Pl. 170, fig. 17.

Ancilla obesula Deshayes – Dim. max. : h/d = 3,4/1,5 cm. **Bartonien :** Oise (rég. d'Ermenonville), Val-d'Oise (rég. d'Auvers-sur-Oise, Parisis), Seine-et-Marne (rég. de la Ferté-sous-Jouarre). Pl. 170, fig. 18.

Olivanallaria (Pseudolivella) laumontiana Lamarck *(Oliva –)*, fam. Olividae – Dim. max. : h/d = 2,3/1,1 cm. **Yprésien sup.** (Cuisien) à **Bartonien :** Oise (Vexin), Val-d'Oise (rég. d'Auvers-sur-Oise, Parisis), Aisne (rég. de Château-Thierry), Marne (rég. d'Epernay), Manche (rég. de Valognes). Pl. 170, fig. 14.

Mitraria elongata Lamarck *(Mitra –)*, fam. Mitridae – Dim. max. : h/d = 8/2,6 cm. **Lutétien** et **Bartonien :** espèce largement répandue dans le bassin de Paris. Pl. 170, fig. 13.

Vexillum (Uromitra) terebellum Lamarck, fam. Mitridae – Dim. max. : h/d = 2/0,6 cm. **Lutétien** et **Bartonien :** espèce largement répandue en France. Pl. 170, fig. 10.

Strigatella (Mitreola) labratula Lamarck, fam. Mitridae – Dim. max. : h/d = 3,2/1,5 cm. **Lutétien** et **Bartonien :** espèce largement répandue dans le bassin de Paris. Pl. 170, fig. 19.

Volvaria bulloides Lamarck, fam. Mitridae – Dim. max. : h/d = 2/0,7 cm. **Lutétien :** Yvelines (rég. de Villiers-St-Frédéric), Marne (rég. est d'Epernay) ; en Belgique. Pl. 168, fig. 5, 6.

Athleta (Volutispina) athleta Solander, fam. Volutidae – Dim. max. : h/d = 6/4,5 cm. **Bartonien :** Oise (Parisis), Val-d'Oise (Vexin) ; en Grande-Bretagne. Pl. 171, fig. 6.

Athleta (Volutispina) spinosa Lamarck – Dim. max. : h/d = 5,5/3 cm. **Lutétien :** dans toute l'Europe nord-occidentale. Pl. 171, fig. 9.

Athleta (Volutispina) depauperata Sowerby – Cette espèce diffère de la précédente par ses costules beaucoup moins accentuées, moins allongées et non épineuses. Dim. max. : h/d = 4/2 cm. **Lutétien** et **Bartonien :** espèce largement répandue en Europe nord-occidentale.

Athleta (Volutispina) elevata Sowerby – Dim. max. : h/d = 4/2,2 cm. **Yprésien sup.** (Cuisien) et **Lutétien :** dans toute l'Europe nord-occidentale. Pl. 171, fig. 8.

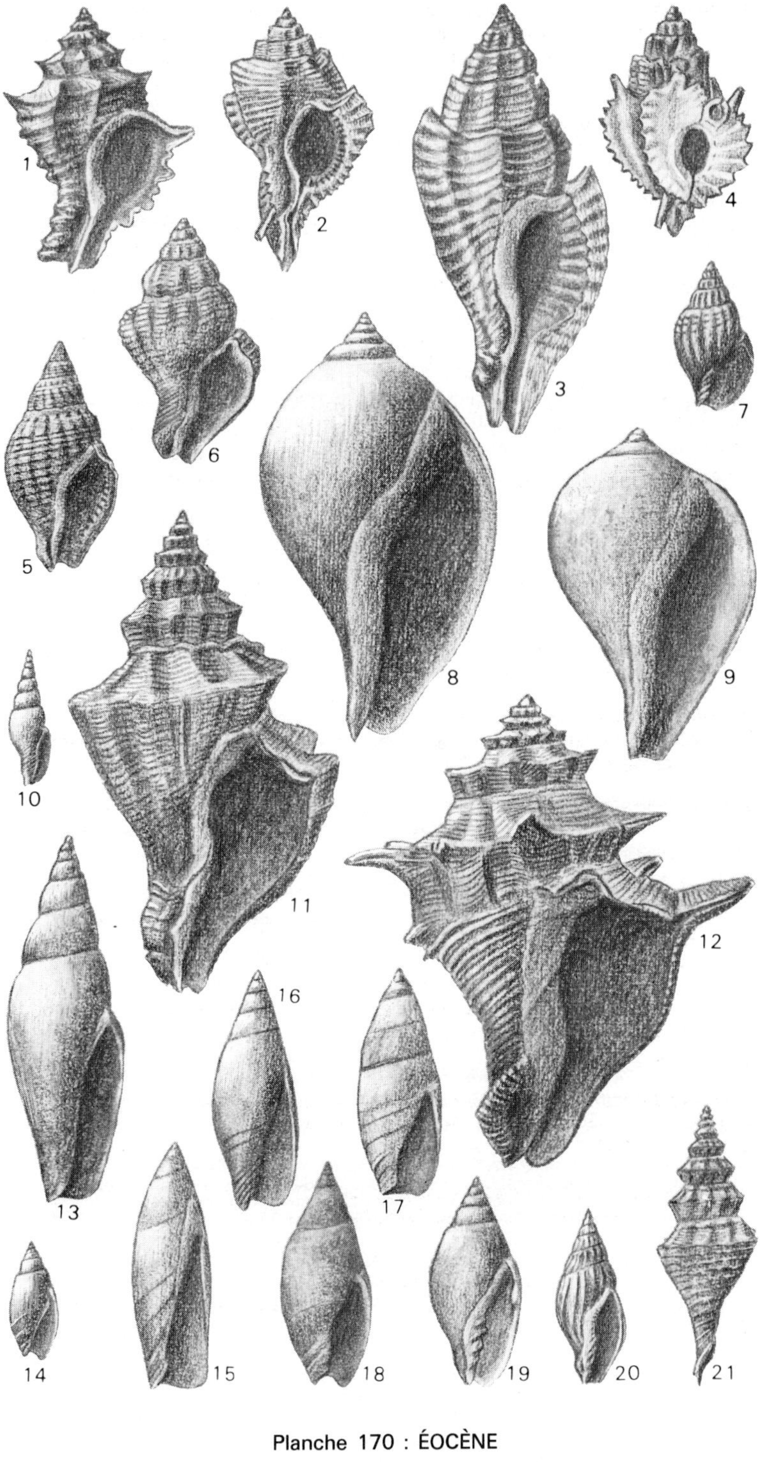

Planche 170 : ÉOCÈNE

1. *Poirieria calcitrapoides* – 2. *Pterynotus tricarinatus* – 3. *P. tripteroides* – 4. *Typhis tubifer* – 5. *Cantharus subandrei* – 6. *C. polygonus* – 7. *Unitas costulata* – 8, 9. *Sycostoma bulbiforme* – 10. *Vexillum terebellum* – 11. *Pugilina subcarinata* – 12. *Melongena (Cornulina) minax* – 13. *Mitraria elongata* – 14. *Olivanallaria laumontiana* – 15. *Ancilla canalifera* – 16. *A. buccinoides* – 17. *A. olivula* – 18. *A. obesula* – 19. *Strigatella labratula* – 20. *Lyria harpula* – 21. *Turricula dentata.*

Athleta (Neoathleta) labrella Lamarck – Dim. max. : h/d = 6,5/4 cm. **Bartonien :** Oise (rég. d'Ermenonville), Val-d'Oise (Vexin, rég. d'Auvers-sur-Oise, Parisis), Seine-et-Marne (rég. de la Ferté-sous-Jouarre). Pl. 171, fig. 7.

Athleta (Noeathleta) cithara Lamarck – Dim. max. : h/d = 12/7 cm. **Lutétien** et **Bartonien :** espèce largement répandue en Europe nord-occidentale. Pl. 171, fig. 11.

Athleta (Neoathleta) bulbula Lamarck – Dim. max. : h/d = 6/3 cm. **Lutétien** et **Bartonien :** Oise et Val-d'Oise (Vexin). Yvelines (rég. de Villiers-St-Frédéric). Pl. 171, fig. 10.

Cryptochorda stromboides Hermann, fam. Volutidae – Dim. max. : h/d = 6/3,5 cm. **Yprésien sup.** (Cuisien) à **Bartonien :** dans toute l'Europe nord-occidentale. Pl. 171, fig. 5.

Volutilithes muricinus Lamarck *(Voluta –)*, fam. Volutidae – Espèce un peu variable de forme et à côtes épineuses plus ou moins accentuées. Dim. max. : h/d = 11/5,5 à 6 cm. **Lutétien :** espèce largement répandue en Europe nord-occidentale. Pl. 173, fig. 5.

Volutilithes angustus Deshayes – Dim. max. : h/d = 7/2,5 cm. **Yprésien sup.** (Cuisien) : espèce largement répandue en Europe nord-occidentale. Pl. 173, fig. 4.

Lapparia (Pseudaulicina) musicalis Lamarck, fam. Volutidae – Dim. max. : h/d = 8/5 cm. **Lutétien** et **Bartonien :** espèce largement répandue en France. Pl. 173, fig. 2.

Lyria harpula Lamarck, fam. Volutidae – Dim. max. : h/d = 3,5/1,4 cm. **Yprésien sup.** (Cuisien) à **Bartonien :** espèce largement répandue en Europe occidentale. Pl. 170, fig. 20.

Lyria prevosti Rouault – Dim. max. : h/d = 7/3 cm. **Yprésien sup.** (Cuisien) : Pyrénées-Atlantiques (rég. de Pau). Pl. 168, fig. 1.

Unitas costulata Lamarck *(Uxia –)*, fam. Cancellariidae – Dim. max. : h/d = 2,7/1,3 cm. **Lutétien** et **Bartonien :** Oise et Val-d'Oise (Vexin), Yvelines (rég. de Villiers-St-Frédéric). Pl. 170, fig. 7.

Bonellitia evulsa Solander *(Admete –)*, fam. Cancellariidae – Dim. max. : h/d = 2,5/1,7 cm. **Bartonien :** Oise (rég. d'Ermenonville), Val-d'Oise (rég. d'Auvers-sur-Oise). Pl. 173, fig. 6.

Gibberula ovulata Lamarck, fam. Marginellidae – Dim. max. : h/d = 1,3/0,8 cm. **Lutétien** et **Bartonien :** espèce largement répandue en Europe nord-occidentale. Pl. 173, fig. 1.

Turricula (Crenaturricula) dentata Lamarck *(Pleurotoma –, Surcula –)*, fam. Turridae – Dim. max. : h/d = 5,5/2 cm. **Lutétien :** Oise (Vexin), Yvelines (rég. de Villiers-St-Frédéric). Pl. 170, fig. 21.

Turricula (Crenaturricula) textiliosa Deshayes *(Surcula –)*, – Espèce distincte de la précédente par sa forme plus étroite et son ornementation spirale mieux marquée. Dim. max. : h/d = 3/1,3 cm. **Bartonien :** Val-d'Oise (rég. d'Auvers-sur-Oise), Seine-et-Marne (rég. de la Ferté-sous-Jouarre) ; en Grande-Bretagne.

Eopleurotoma curvicosta Lamarck *(Pleurotoma –)*, fam. Turridae – Espèce admettant de nombreuses variétés de forme (bombement des tours, longueur du canal...) et d'ornementation (sculptures axiales et spirales plus ou moins accentuées). Dim. max. : h/d = 2,5/1 cm. **Lutétien** et **Bartonien :** Oise (Vexin, rég. d'Ermenonville), Val-d'Oise rég. d'Auvers-sur-Oise, Parisis), Yvelines (rég. de Villiers-St-Frédéric), Seine-et-Marne (rég. de la Ferté-sous-Jouarre). Pl. 171, fig. 13.

Ancistrosyrinx terebralis Lamarck *(Pleurotoma –)*, fam. Turridae – Dim. max. : h/d = 4,2/1,3 cm. **Yprésien sup.** (Cuisien) et **Lutétien :** Aisne (rég. de Laon), Oise (Vexin, rég. de Pierrefonds), Marne (rég. d'Epernay), Yvelines (rég. de Villiers-St-Frédéric) ; en Grande-Bretagne. Pl. 168, fig. 4.

Gemmula subcarinata Rouault *(Pleurotoma –)*, fam. Turridae – Dim. max. : h/d = 1,8/0,6 cm. **Yprésient sup.** (Cuisien) : Pyrénées-Atlantiques (rég. de Pau). Pl. 168, fig. 7.

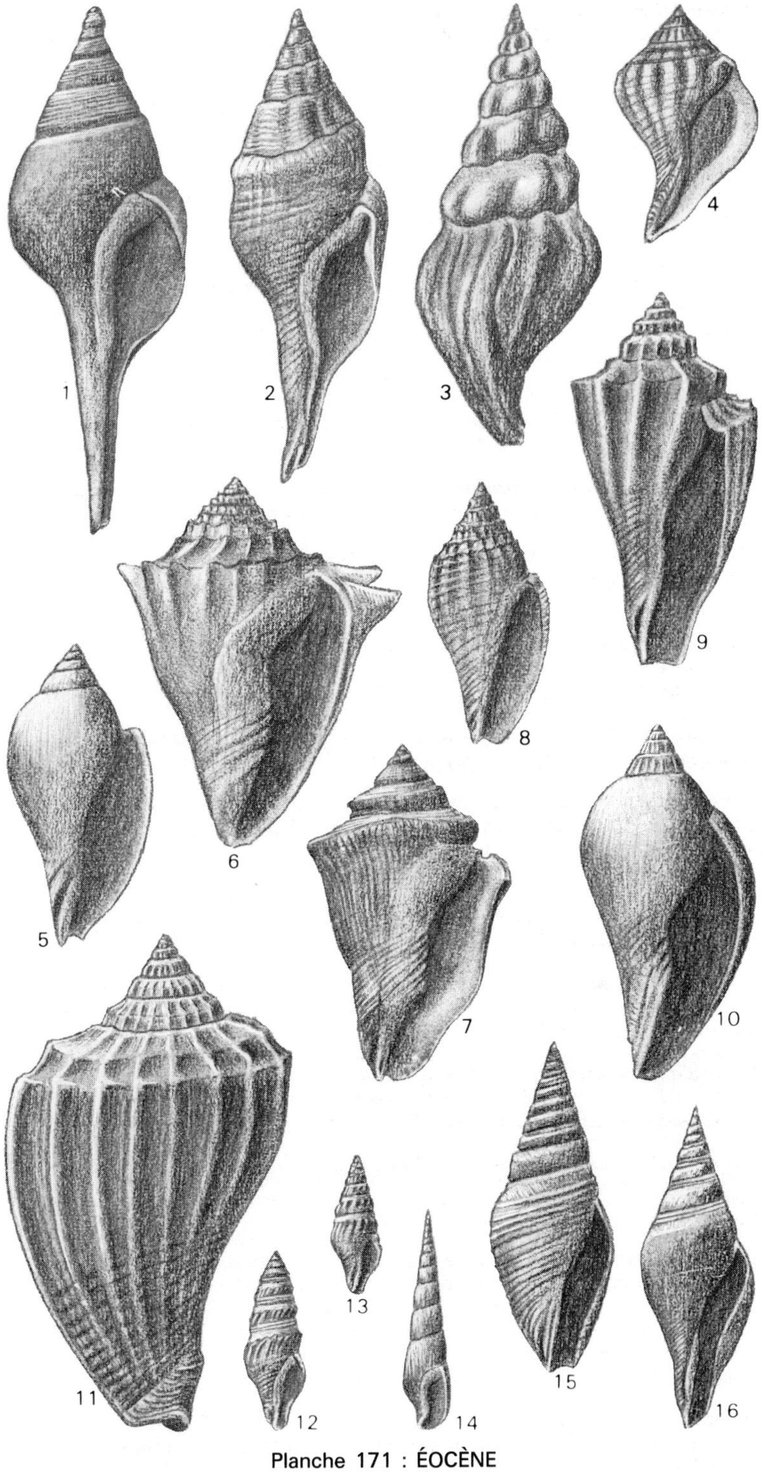

Planche 171 : ÉOCÈNE

1. *Clavilithes parisiensis* – 2. *C. (Rhopalites) noae* – 3. *Streptochetus crassicostatus* – 4. *Strepsidura turgida* – 5. *Cryptochorda stromboides* – 6. *Athleta athleta* – 7. *A. labrella* – 8. *A. elevata* – 9. *A. spinosa* – 10. *A. bulbula* – 11. *A. cithara* – 12. *Epalxis ventricosa* – 13. *Eopleurotoma curvicosta* – 14. *Terebra plicatula* – 15. *Cryptoconus filosus* – 16. *C. priscus.*

Epalxis ventricosa Lamarck *(Pleurotoma –)*, fam. Turridae – Espèce variable dans ses proportions, plus ou moins allongée et ventrue. Dim. max. : h/d = 2/5 à 7 cm. **Lutétien** et **Bartonien** : Aisne (rég. de Soissons), Oise (Vexin, rég. d'Ermenonville), Val-d'Oise (rég. d'Auvers-sur-Oise), Yvelines (rég. de Villiers-St-Frédéric). Pl. 171, fig. 12.

Cryptoconus filosus Lamarck *(Pleurotoma –)*, fam. Turridae – Dim. max. : h/d = 5,5/2,2 cm. **Lutétien** et **Bartonien** : Oise (Vexin), Val-d'Oise (rég. d'Auvers-sur-Oise), Yvelines (rég. de Villiers-St-Frédéric), Marne (rég. est d'Epernay). Pl. 171, fig. 15.

Cryptoconus priscus Solander – Très variable dans ses proportions, cette espèce se distingue de la précédente, dont elle possède la forme générale, par ses tours de spire presque entièrement lisses, ornés seulement de quelques stries à leur partie supérieure. Dim. max. : h/d = 7,5/2,5 cm. **Lutétien** et **Bartonien** : dans toute l'Europe occidentale. Pl. 171, fig. 16.

Hemiconus rouaulti d'Archiac, fam. Conidae – Dim. max. : h/d = 1,2/0,5 à 0,6 cm. **Yprésien** : Pyrénées-Atlantiques (rég. de Pau et de Biarritz). Pl. 168, fig. 8.

Conus (Lithoconus) deperditus Bruguière, fam. Conidae – Dim. max. : h/d = 7,5/3,8 cm. **Lutétien** : dans toute l'Europe occidentale. Pl. 173, fig. 3.

Conus (Lithoconus) diversiformis Deshayes – Espèce très voisine de la précédente, dont elle diffère par sa spire un peu plus courte et son ornementation plus estompée. Dim. max. : h/d = 6,3/3,5 cm. **Lutétien** et **Bartonien** : espèce largement répandue en Europe occidentale.

Terebra (Terebrellina) plicatula Lamarck, fam. Terebridae – Dim. max. : h/d = 4/1 cm. **Yprésien sup.** (Cuisien) à **Bartonien** : espèce largement répandue en Europe nord-occidentale. Pl. 171, fig. 14.

* ***Stagnicola michelini*** Deshayes *(Lymnaea –)*, fam. Lymnaeidae – Dim. max. : h/d = 3/1,4 cm. **Lutétien** : espèce largement répandue en France. Pl. 163, fig. 15.

* ***Stagnicola longiscata*** Brongniart *(Lymnaea –)* – Dim. max. : h/d = 3,7/1,4 cm. **Bartonien** : dans toute l'Europe occidentale ; cette espèce se poursuit dans l'Oligocène. Pl. 163, fig. 16.

* ***Stagnicola pyramidalis*** Brard *(Lymnaea –)* – Dim. max. : h/d = 4,5/1,7 cm. **Bartonien** : espèce largement répandue en France et dans les régions limitrophes. Pl. 163, fig. 17.

* ***Planorbis pseudammonius*** Schlotheim *(P. pseudo-ammonius, P. castrensis, P. pseudorotundatus)*, fam. Planorbidae – Dim. max. : h/d = 0,8/2,8 cm. **Lutétien** : espèce largement répandue en France et dans les régions limitrophes. Pl. 163, fig. 13, 14.

* ***Planorbis goniobasis*** Sandberger *(P. rotundatus)* – Cette espèce diffère de la précédente par ses tours plus ou moins anguleux sur la face inférieure. Dim. max. : h/d = 0,9/3,5 cm. **Bartonien** : espèce à large répartition européenne. Pl. 163, fig. 12.

* ***Planorbis (Menetus) sparnacensis*** Deshayes – Dim. max. : h/d = 1,7/0,3 cm. **Yprésien inf.** (Sparnacien) : espèce largement répandue en Europe occidentale. Pl. 167, fig. 3, 4.

MOLLUSQUES Céphalopodes Sépioïdes

Beloptera belemnitoidea Blainville, fam. Belopteridae – Rostre droit, arrondi à son extrémité, pouvant atteindre 4 cm de long, pourvu d'expansions latérales. **Lutétien** : espèce largement répandue en Europe occidentale. Pl. 173, fig. 10, 11.

Belosepia sepioidea Blainville, fam. Belosepiidae – Rostre courbé vers la face ventrale, ne dépassant pas 2 cm de long, prolongé par un phragmocône étalé, à siphon relativement étroit. **Lutétien** : espèce présentant une vaste répartition en Europe nord-occidentale. Pl. 173, fig. 9.

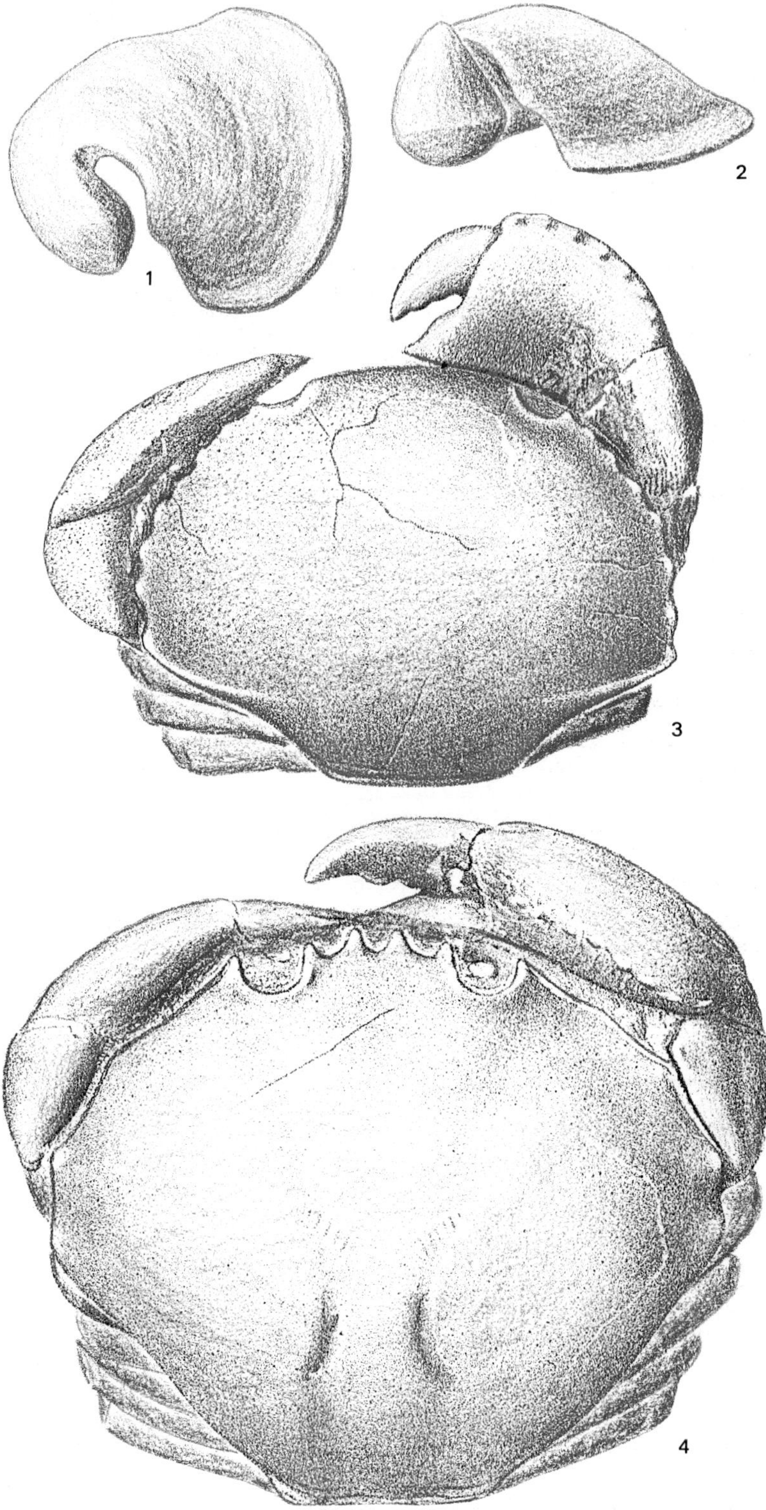

Planche 172 : ÉOCÈNE

1, 2. *Velates perversa* – 3. *Palaeocarpilius macrochelus* – 4. *Harpactoxanthopsis quadrilobata*.

CRUSTACÉS Décapodes

Callianassa heberti Milne-Edwards, fam. Callianassidae – Espèce connue par ses pinces, la droite plus forte que la gauche et atteignant 1,3 cm de longueur, à propodite subrectangulaire et doigt mobile fortement recourbé à son extrémité, dépassant à peine la longueur du doigt fixe. **Bartonien** : Oise (rég. d'Ermenonville), Val-d'Oise (rég. d'Auvers-sur-Oise, Parisis), Seine-et-Marne (rég. de Lizy-sur-Ourcq, la Ferté-sous-Jouarre). Pl. 173, fig. 16.

Callianassa macrodactylus Milne-Edwards – Espèce voisine de la précédente, dont elle diffère par son doigt mobile plus fort à extrémité massive, et son carpopodite plus allongé et atténué vers l'arrière ; la pince de cette espèce peut atteindre 2,5 cm de longueur (doigt mobile compris). **Bartonien** : avec l'espèce précédente. Pl. 173, fig. 17.

Ranina (Lophoranina) marestiana König, fam. Raninidae – Carapace céphalothoracique en forme d'écu, à surface finement tuberculeuse (tubercules alignés en rangées transversales sinueuses), pouvant atteindre 5 cm de long ; pinces fortes, comprimées latéralement, à bord interne pourvu d'épines plus ou moins fortes. **Lutétien** et **Bartonien** : espèce largement répartie en Europe sud-occidentale. Pl. 173, fig. 13.

Psammocarcinus hericarti Desmaret, fam. Portunidae – Carapace subhexagonale pouvant atteindre 2 cm de longueur pour 2,5 cm de largeur, pourvue de 5 fortes épines antéro-latérales, la dernière très longue et plus ou moins bifide. **Bartonien** : Oise (rég. d'Ermenonville), Val-d'Oise (rég. d'Auvers-sur-Oise, Parisis), Seine-et-Marne (rég. de Lizy-sur-Ourcq, rég. de la Ferté-sous-Jouarre). Pl. 173, fig. 12 (reconstitution).

Harpactocarcinus punctulatus Desmarest *(Cancer pachychelus, H. macrodactylus)*, fam. Xanthidae – Espèce variable par ses proportions, à carapace armée du côté antérieur de 9 à 14 épines fines et longues, souvent émoussées par l'usure. Dim. max. (carapace) : L/l = 8/9 à 10 cm. **Yprésien** à **Bartonien** : dans toute l'Europe sud-occidentale. Pl. 175, fig. 1.

Harpactoxanthopsis quadrilobata Desmarest *(Cancer –)*, fam. Xanthidae – Carapace fortement bombée, pouvant atteindre 7,5 cm de long pour 10 à 11 cm de large. **Lutétien** et **Bartonien** : espèce largement répandue en Europe sud-occidentale. Pl. 172, fig. 4.

Palaeocarpilius macrochelus Desmaret, fam. Xanthidae – Carapace fortement bombée, festonnée de chaque côté par 8 tubercules. Dim. max. (carapace) : L/l = 9/12 à 14 cm. **Lutétien** et **Bartonien** : espèce largement répandue en Europe sud-occidentale, se poursuivant dans l'Oligocène. Pl. 172, fig. 3.

Zanthopsis dufourii Milne-Edwards *(Xanthopsis –, Cycloxanthus –)*, fam. Xanthidae – Carapace céphalothoracique faiblement bombée, à cavités orbitales profondes et présentant en surface de nombreuses bosselures plus ou moins accentuées ; pinces inégales ; abdomen à 5 segments chez le mâle et 7 chez la femelle. Dim. max. (carapace) : L/l = 5,5/6 cm. **Yprésien** : espèce largement répandue en Europe sud-occidentale. pl. 173, fig. 14, 15.

ÉCHINODERMES Crinoïdes

Isselicrinus didactylus d'Archiac *ex* d'Orbigny *(Pentacrinites –, Balanocrinus –)*, fam. Isocrinidae – Calice inconnu ; tige pouvant atteindre 1 cm de diamètre. **Bartonien** : Pyrénées-Atlantiques (Biarritz), Alpes-de-Haute-Provence. Pl. 174, fig. 1.

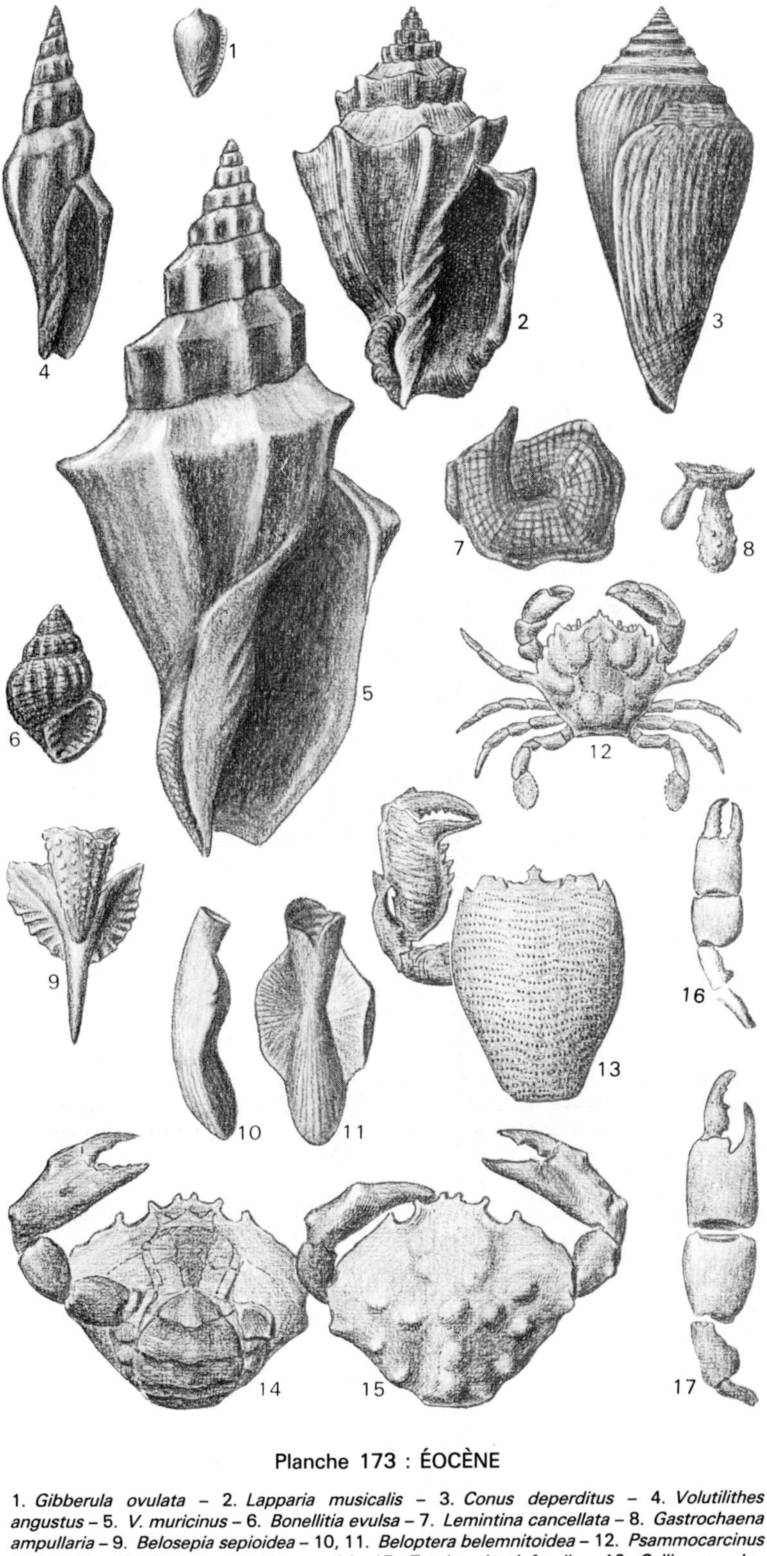

Planche 173 : ÉOCÈNE

1. *Gibberula ovulata* – 2. *Lapparia musicalis* – 3. *Conus deperditus* – 4. *Volutilithes angustus* – 5. *V. muricinus* – 6. *Bonellitia evulsa* – 7. *Lemintina cancellata* – 8. *Gastrochaena ampullaria* – 9. *Belosepia sepioidea* – 10, 11. *Beloptera belemnitoidea* – 12. *Psammocarcinus hericarti* – 13. *Ranina marestiana* – 14, 15. *Zanthopsis dufourii* – 16. *Callianassa heberti* – 17. *C. macrodactylus.*

ÉCHINODERMES Échinides réguliers

Cidaris subularis d'Archiac, fam. Cidaridae – Radioles de section circulaire, atteignant 4,5 cm de long pour 0,5 cm de diamètre. **Lutétien** et **Bartonien** : Landes (rég. de Dax), Pyrénées-Atlantiques (Biarritz). Pl. 174, fig. 5.

Porocidaris schmideli Münster, fam. Cidaridae – Radioles de section elliptique, atteignant 4,3 cm de long pour 1 cm de plus grande largeur. **Lutétien** et **Bartonien** : Landes (rég. de Dax), Pyrénées-Atlantiques (Biarritz), Alpes-de-Haute-Provence ; en Espagne et en Italie. Pl. 174, fig. 6.

Coelopleurus coronalis Klein *(C. equis)*, fam. Arbaciidae – Dim. max. : h/d = 1,4/2,5 cm. **Lutétien** : Pyrénées-Atlantiques (Biarritz) ; en Espagne (Catalogne, rég. de Barcelone). Pl. 174, fig. 11, 12.

ÉCHINODERMES Échinides irréguliers

Echinanthus issyaviensis Klein *(Gitolampas –)*, fam. Cassidulidae – Dim. max. : h/L/l = 2,6/5/4 à 4,5 cm. **Lutétien** : Val-d'oise (rég. de Chaumont-en-Vexin), Yvelines (rég. de Villiers-St-Frédéric). Pl. 174, fig. 2-4.

Echinolampas calvimontana Klein, fam. Echinolampadidae – Espèce de proportions assez variables, plus ou moins ovalaire et conique. Dim. max. : h/L/l = 2,5/4,1 à 4,5/3,7 à 3,9 cm. **Lutétien** : Aisne (rég. de Laon), Oise (rég. de Chaumont-en-Vexin), Yvelines (rég. de Grignon), Marne. Pl. 174, fig. 7, 8.

Echinolampas affinis Goldfuss – Espèce moins haute et à contour plus circulaire que la précédente. Dim. max. : h/L/l = 2,4/5,5/5,2 cm. **Lutétien** : Nord (Cassel) ; en Belgique (rég. de Bruxelles).

Echinolampas ovalis Bory – Dim. max. : h/L/l = 3,5/6,6/5,5 cm. **Bartonien** : Gironde (rég. de Blaye, Pauillac, St-Estèphe...) ; en Italie. Pl. 174, fig. 9, 10.

Echinolampas stellifera Lamarck – Espèce distincte de la précédente par sa forme beaucoup plus massive, plus large et plus haute, et surtout par la forte saillie des pétales. Dim. max. : h/L/l = 4/5,5/5 cm. **Lutétien** : Gironde (rég. de Blaye).

Echinocyamus inflatus Defrance *(Scutella –)*, fam. Fibulariidae – Dim. max. : h/L/l = 0,3/0,7/0,6 cm. **Lutétien** : Oise (rég. de Chaumont-en-Vexin), Yvelines (rég. de Villiers-St-Frédéric). Pl. 174, fig. 22-24.

Lenita patellaris Leske *(Echinites –)*, fam. Fibulariidae – Dim. max. : h/L/l = 3/0,7/0,9 cm. **Lutétien** : Oise (rég. de Chaumont-en-Vexin), Yvelines (rég. de Villiers-St-Frédéric). Pl. 174, fig. 19-21.

Sismondia occitana Defrance *(Scutella –)*, fam. Fibulariidae – Dim. max. : h/L/l = 1/3,4/3,3 cm. **Bartonien** : Gironde (rég. de St-Estèphe et Pauillac). Pl. 174, fig. 13-15.

Scutellina lenticularis Lamarck, fam. Fibulariidae – Dim. max. : h/L/l = 0,3/1,2 à 1,3/1,2 cm. **Lutétien** : espèce largement répandue en Europe nord-occidentale. Pl. 174, fig. 16-18.

ANNÉLIDES Polychètes

Ditrupa strangulata Deshayes, fam. Serpulidae – Tube ne dépassant pas 2 cm de longueur pour 0,2 cm de diamètre à l'ouverture, faiblement arqué et présentant des étranglements d'accroissement plus ou moins accentués. **Lutétien** : Aisne (rég. de St-Gobain), Oise (rég. de Chantilly et de Crépy-en-Valois).

Rotularia spirulaea Lamarck, fam. Serpulidae – Tube partiellement enroulé, à ouverture fortement rétrécie et circulaire en fin de croissance. Dim. max. : L/e = 3/0,7 cm. **Yprésien** à **Bartonien** : Pyrénées-Atlantiques (rég. de Pau et de Biarritz), Alpes-de-Haute-Provence ; en Espagne (Asturies) et en Italie. Pl. 174, fig. 25, 26.

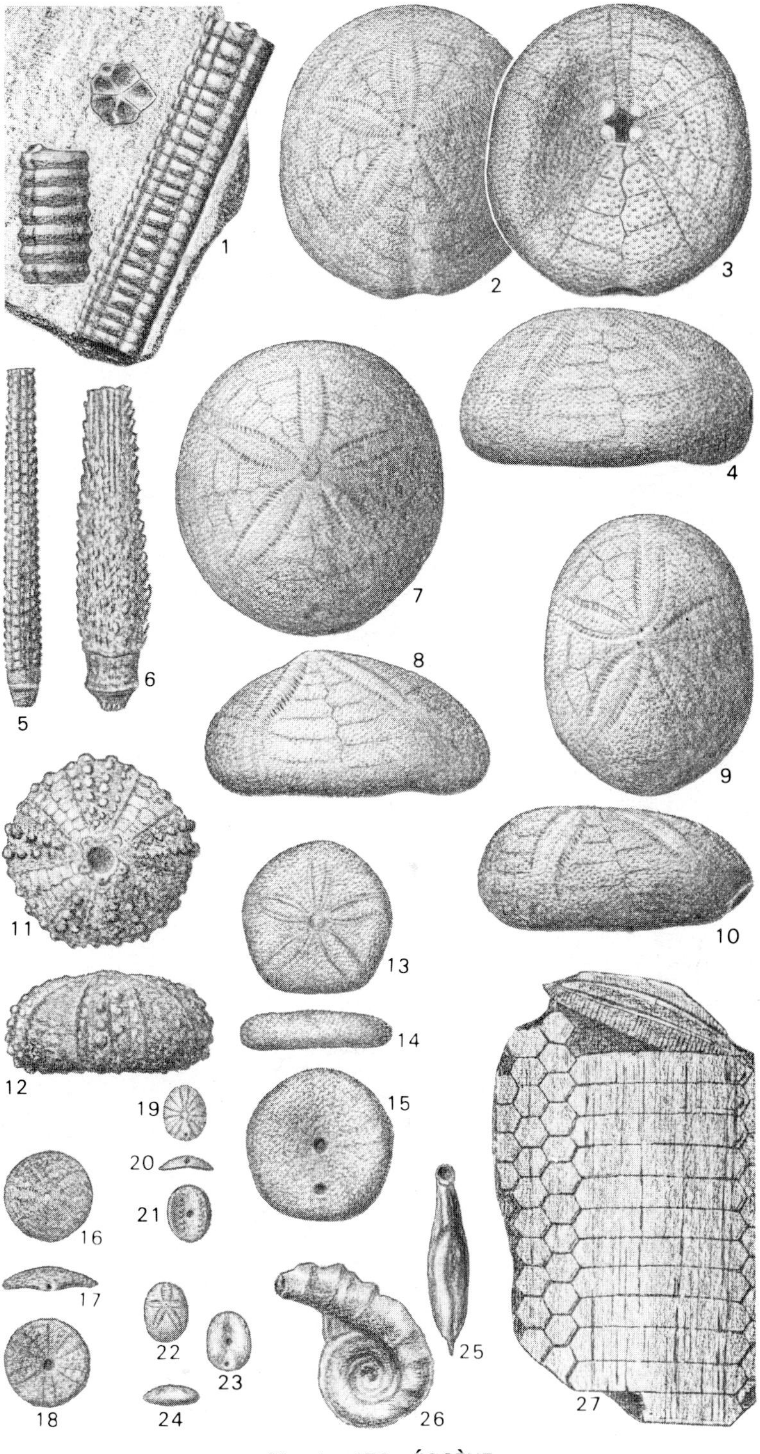

Planche 174 : ÉOCÈNE

1. *Isselicrinus didactylus* – 2-4. *Echinanthus issyaviensis* – 5. *Cidaris subularis* – 6. *Porocidaris schmideli* – 7, 8. *Echinolampas calvimontana* – 9, 10. *E. ovalis* – 11, 12. *Coelopleurus coronalis* – 13-15. *Sismondia occitana* – 16-18. *Scutellina lenticularis* – 19-21. *Lenita patellaris* – 22-24. *Echinocyamus inflatus* – 25, 26. *Rotularia spirulaea* – 27. *Myliobatis toliapicus.*

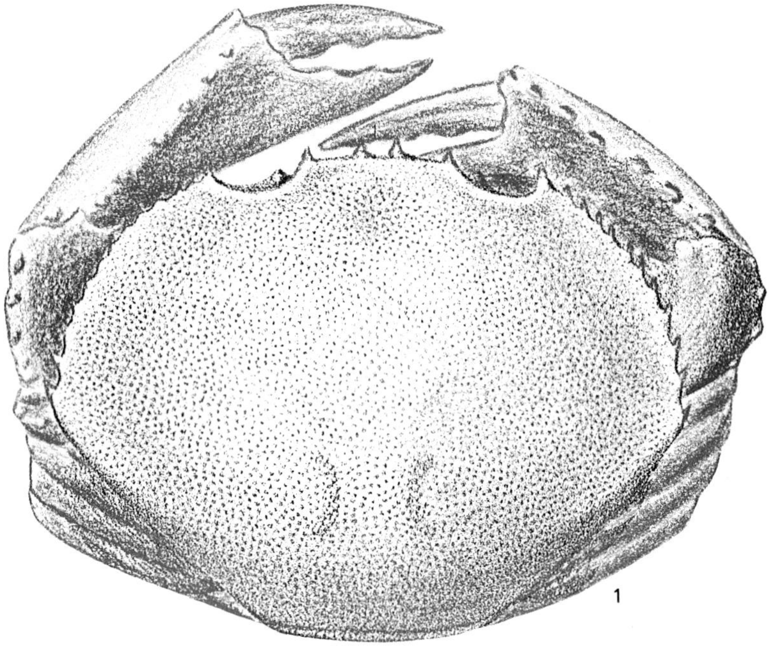

1

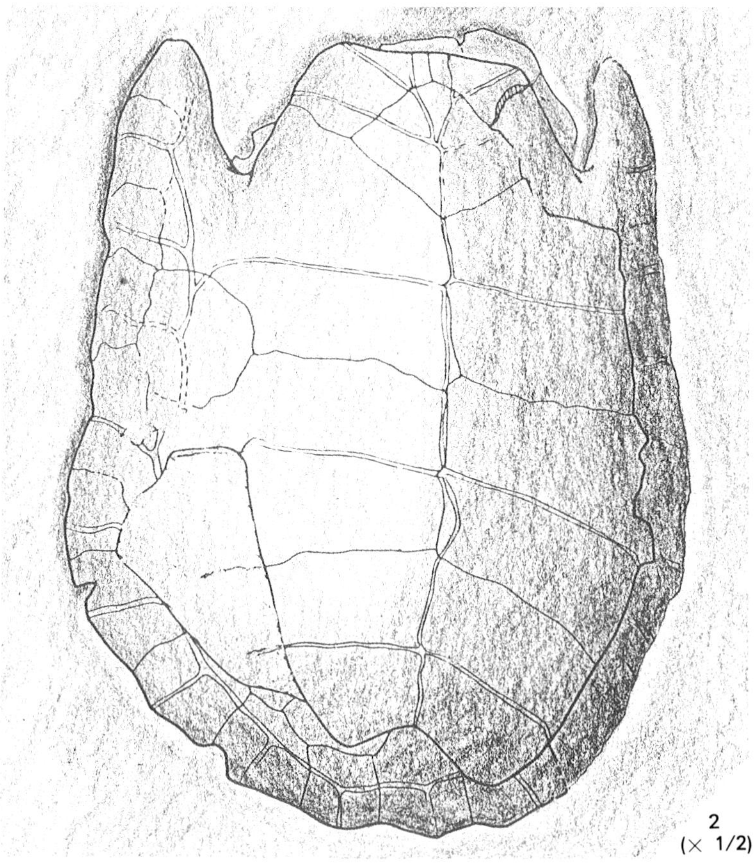

2
(× 1/2)

Planche 175 : ÉOCÈNE

1. *Harpactocarcinus punctulatus* – 2. *Neochelys arenarum.*

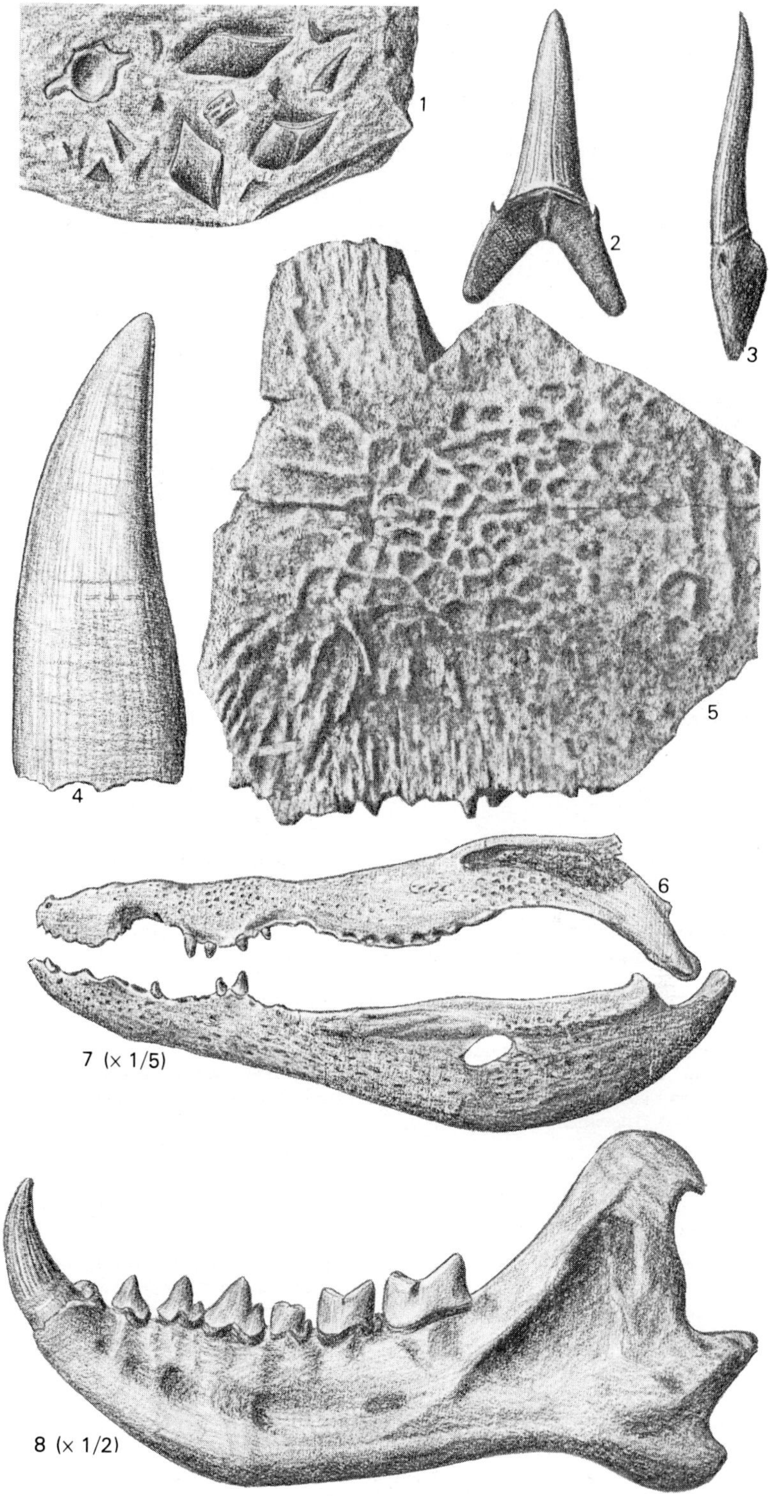

Planche 176 : ÉOCÈNE

1. *Lepisosteus suessoniensis* – 2, 3. *Striatolamia macrota* – 4. *Pristichampsus rollinati* – 5. *Palaeotrionyx vittatus* – 6, 7. *Asiatosuchus depressifrons* – 8. *Hyaenodon requieni.*

ÉLASMOBRANCHES Sélaciens

Odontaspis cuspidata Agassiz *(Lamna denticulata)*, fam. Odontaspidae – **Yprésien** à **Bartonien :** dans toute l'Europe occidentale ; cette espèce se poursuit jusque dans le Miocène (→ Oligocène, Pl. 189, fig. 6-9).

Striatolamia macrota Agassiz *(Odontaspis –, Lamna elegans)*, fam. Jaekelotodontidae – Dents à couronne plus ou moins élancée et sigmoïde, s'épaississant avec la croissance, pourvue de denticules latéraux très petits et acérés ; racine à branches plus ou moins divergentes, finement striée sur la face interne. Dim. max. : h/L = 5,5/2,2 cm. **Yprésien** à **Bartonien :** espèce largement répandue en Europe nord-occidentale. Pl. 176, fig. 2, 3.

ÉLASMOBRANCHES Batoïdes

Myliobatis toliapicus Agassiz, fam. Myliobatidae – Pavé dentaire à plaques centrales allongées transversalement, pouvant atteindre 2,5 cm de large, et à plaques latérales formant des hexagones presque réguliers ; la surface externe est lisse, la face interne est burinée de fortes stries longitudinales. **Yprésien sup.** (Cuisien) et **Lutétien :** espèce largement répandue en Europe nord-occidentale. Pl. 174, fig. 27.

ACTINOPTÉRYGIENS

* ***Lepisosteus suessoniensis*** Gervais *(Lepidosteus –)*, fam. Lepisosteidae – Espèce essentiellement connue par des pièces isolées (écailles, dents, vertèbres). **Yprésien :** Aisne, Oise, Marne (rég. d'Épernay, Reims) ; en Belgique ; cette espèce apparaît dans le Paléocène (Thanétien). Pl. 176, fig. 1.

REPTILES Crocodiliens

* ***Pristichampsus rollinati*** Gray *(Crocodilus –)*, fam. Crocodilidae – Animal pouvant atteindre 3 m de long, à mâchoire ornée de dents puissantes, comprimées latéralement et à bords finement crénelés, les plus grandes atteignant 8 cm de haut (racine comprise) et 2,5 cm de large. **Yprésien sup.** (Cuisien) à **Bartonien :** espèce largement répandue en France. Pl. 176, fig.4.

* ***Asiatosuchus depressifrons*** Blainville *(Crocodilus –)*, fam. Crocodilidae – Crâne de contour subtriangulaire, pouvant atteindre 50 cm de long et 30 cm de large dans sa région postérieure ; mandibule aussi longue que le crâne, pourvue de dents courtes et coniques, de taille très inégale. **Yprésien** et **Lutétien :** espèce largement répandue en Europe occidentale, apparaisant au Paléocène (Thanétien). Pl. 176, fig. 6, 7.

REPTILES Chéloniens

* ***Palaeotrionyx vittatus*** Pomel, fam. Trionychidae – Carapace épaisse, peu bombée, pouvant dépasser 1 m de longueur pour 90 cm de large, à surface dorsale ornée de rugosités vermiculées ; on ne récolte généralement de cette espèce que des fragments de plaques. **Yprésien :** espèce aquatique à vaste répartition européenne, apparaissant dans le Paléocène (Thanétien). Pl. 176, fig. 5 (fragment de plaque dorsale).

* ***Neochelys arenarum*** de Broin, fam. Pelomedusidae – Tortue d'eau douce à bassin soudé à la carapace par sutures ; carapace subrectangulaire, bombée mais sans carène dorsale, pouvant atteindre 20 cm de long pour 14 à 15 de large et 7 à 8 de haut. **Yprésien inf. :** Var (Rians). Pl. 175, fig. 2.

* ***Neochelys eocaenica*** de Stefano – Espèce pouvant atteindre 35 cm de longueur de carapace, à contour plus arrondi que la précédente. **Yprésien sup.** et **Lutétien :** Marne, Aude et Hérault.

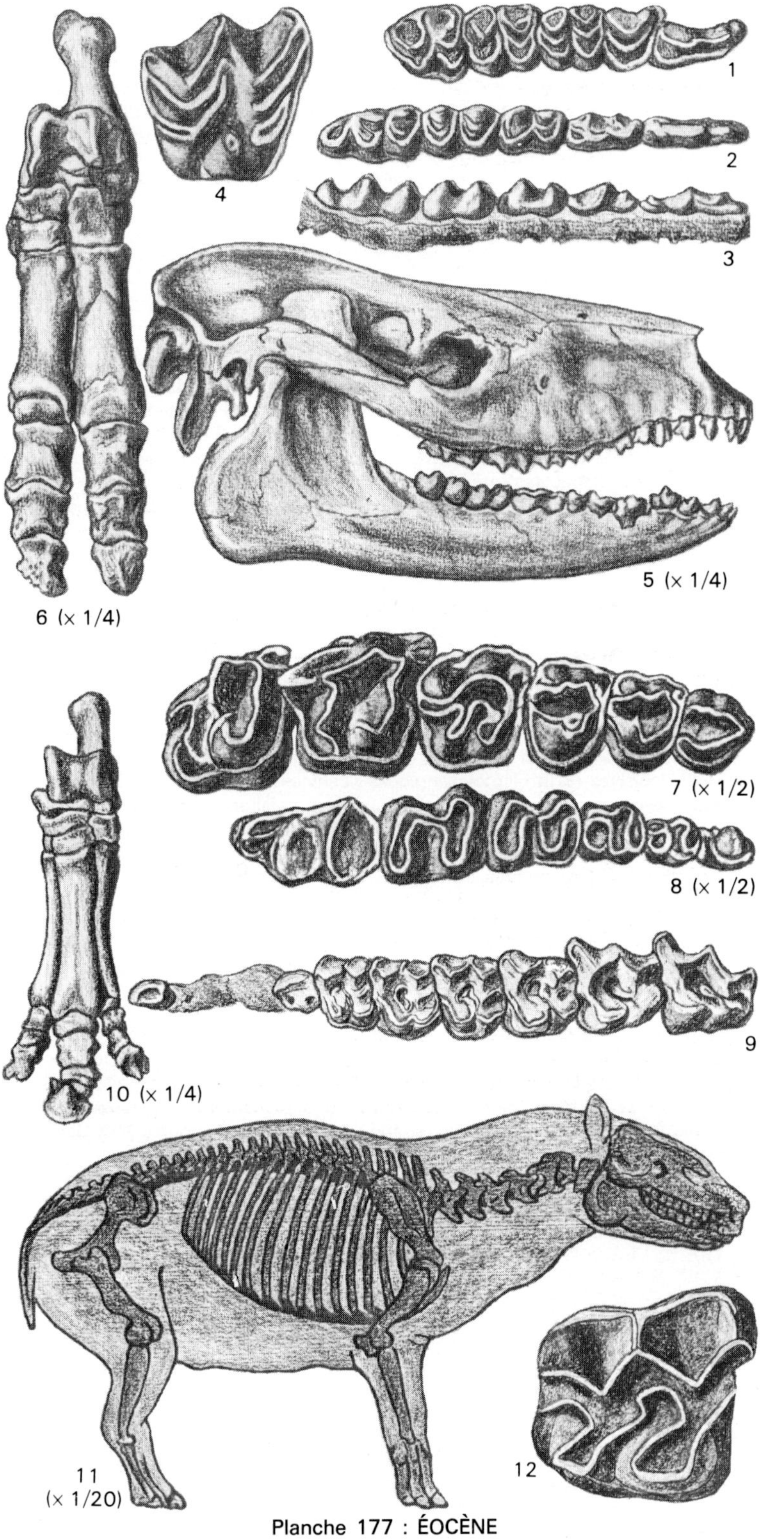

Planche 177 : ÉOCÈNE

1-3. *Xiphodon gracile* – 4-6. *Anoplotherium commune* – 7, 8. *Lophiodon isselense* – 9, 10. *Palaeotherium crassum* – 11, 12. *P. magnum.*

MAMMIFÈRES Créodontes

* ***Hyaenodon requieni*** Gervais, fam. Hyaenodontidae – Crâne pouvant atteindre 25 cm de long pour 15 cm de haut, à museau court et madibule très forte et épaisse, atteignant 19 cm de long. Canines (1/1) massives ; prémolaires inf. (4/4) bien développées ; molaires inf. (3/3), la première réduite et les 2 suivantes développées en carnassières. **Ludien** : dans toute l'Europe occidentale. Pl. 176, fig. 8 (mandibule).

MAMMIFÈRES Périssodactyles

* ***Palaeotherium magnum*** Cuvier, fam. Palaeotheriidae – Animal pouvant atteindre 2,40 m de longueur pour 1,20 m de hauteur. Patte tridactyle à doigts latéraux robustes. Incisives (3/3) en ciseaux ; canines (1/1) coniques et fortes ; prémolaires (4/4) tendant à la molarisation ; molaires (3/3) massives, les sup. à muraille externe anguleuse, présentant deux crêtes contournées vers l'arrière jusqu'à de gros denticules internes, les inf. plus étroites, présentant deux ou trois collines doublées d'un bourrelet près de la racine. **Ludien** : espèce largement répandue en France, se poursuivant dans l'Oligocène. Pl. 177, fig. 11, 12 (reconstitution de molaire supérieure).

* ***Palaeotherium crassum*** Cuvier – Espèce plus robuste que la précédente et de taille un peu inférieure, à dentition très comparable quoique proportionnellement plus massive. **Ludien** : dans toute l'Europe occidentale. Pl. 177, fig. 9, 10 (pied postérieur et rangée dentaire supérieure).

* ***Lophiodon isselense*** Cuvier, fam. Lophiodontidae – Tapiroïde mesurant 1,90 m de long et 1,10 m de haut, à crâne relativement plus allongé que celui du Tapir. Incisives (3/3) elliptolosangiques ; canines (1/1) coniques, énormes, formant défenses ; prémolaires (3/3) simples ; molaires (3/3) à tubercules externes bien développés, d'où partent une ou deux crêtes transversales qui rejoignent les tubercules internes. **Lutétien** : dans toute l'Europe occidentale. Pl. 177, fig. 7, 8 (prémolaires et molaires supérieures et inférieures).

MAMMIFÈRES Artiodactyles

* ***Xiphodon gracile*** Cuvier, fam. Xiphodontidae – Espèce atteignant 60 cm de long et 40 cm de haut, à museau effilé et pattes longues et fines. Incisives spatuliformes ; canines prémolariformes ; prémolaires étroites, allongées et tranchantes, la P4 étant plus massive ; molaires présentant cinq tubercules en V. **Ludien** : espèce largement répandue en France, se poursuivant dans l'Oligocène. Pl. 177, fig. 1-3 (molaires supérieures et inférieures).

* ***Anoplotherium commune*** Cuvier, fam. Anoplotheriidae – Espèce atteignant 2,60 m de long pour 1 m de haut. **Ludien** : dans toute l'Europe occidentale. Pl. 177, fig. 4-6 (crâne, prémolaire et pied postérieur).

TRACES

Cliona cerithiorum Fische, fam. Clionidae – Demosponge perforante ayant laissé des traces sur de nombreuses coquilles de Mollusques, sous forme de perforations de 0,5 à 1 mm de diamètre, disposées plus ou moins en lignes, ouvertes en surface et correspondant à des réseaux de galeries internes. **Lutétien** et **Bartonien** : dans toute l'Europe nord-occidentale, plus spécialement sur le *Campanile giganteum*.

Cliona megastoma Fischer *(Entobia –)*, fam. Clionidae – Cette espèce diffère de la précédente par ses perforations beaucoup plus larges (2 à 3 mm) et disposées sans ordre, ne formant pas d'alignements. **Yprésien** : dans toute l'Europe occidentale, plus spécialement sur *Pycnodonte gigantica*.

Gastrochaena ampullaria Lamarck, fam. Gastrochaenidae – Remplissage de terrier (ou loge), en forme d'ampoule, à surface plus ou moins granuleuse, ne dépassant pas 1,6 cm de longueur pour 0,8 cm de diamètre. L'auteur de ces terriers est un bivalve taraudant qui se logeait aussi bien dans le squelette des Madréporaires que dans la coquille des gros Mollusques (dont *Campanile giganteum*) ou dans n'importe quelle surface calcaire. **Lutétien** et **Bartonien** : dans toute l'Europe nord-occidentale. Pl. 173, fig. 8.

Perforations de Gastropodes prédateurs – De nombreuses coquilles, principalement de Bivalves, présentent une perforation circulaire large de 0,5 à 5 mm, à profil conique, due à des Gastropodes prédateurs appartenant aux fam. Naticidae et Muricidae. **Eocène** : dans toutes les régions ; de telles traces, rares avant le Paléocène, se multiplient au cours du Cénozoïque et abondent dans l'Actuel.

Ophiomorpha nodosa Lundgren *(Spongites –, Cylindrites –), incertae sedis* – Manchons formés par agglutination d'éléments calcaires tuberculoïdes, à surface externe irrégulièrement mamelonnée, atteignant 2,5 à 4 cm de diamètre externe et 1 à 1,5 cm de diamètre interne, parfois bifurqués et imputables à des terriers construits de Crustacés Décapodes. **Bartonien** : dans toute l'Europe nord-occidentale.

OLIGOCÈNE

Époque aux limites incertaines et à bien des égards annonciatrice du Néogène, l'Oligocène s'échelonne sur environ 12 M.A. Il comprend deux étages définis dans le domaine marin, le Stampien et le Chattien, ce dernier représenté seulement en Europe nord-occidentale.

MIOCÈNE

		23 M.A.
OLIGOCÈNE	Chattien Stampien (= Rupélien) (faciès sannoisien)	
		35 M.A.

ÉOCÈNE

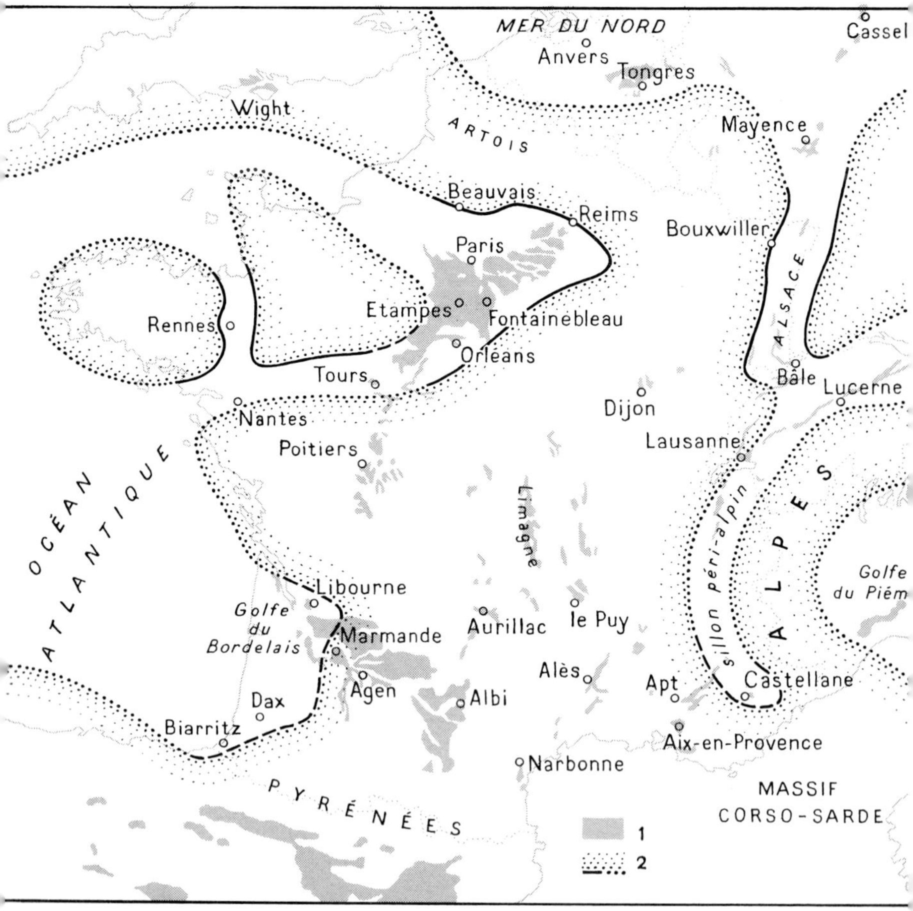

Oligocène
1. Principaux affleurements – 2. Limites extrêmes des extensions marines à l'Oligocène.

Consécutif au paroxysme des mouvements alpins (phase de compression), l'Oligocène correspond à une phase de relaxation tectonique favorable à la formation de fossés d'effondrement : de cette époque datent, entre autres, les fossés d'Alsace et de Limagne.

Le domaine aquatique se limite alors, dans une paléogéographie complexe, à des bras de mer et à des bassins laguno-saumâtres ou lacustres communiquant sporadiquement entre eux (voir carte).

Les sédiments oligocènes sont extrêmement variés : sables (tels ceux de Fontainebleau), calcaires (tels ceux de Beauce), marnes, argiles, schistes... C'est de cette époque également que datent les couches salifères des environs de Mulhouse, les phosphorites du Quercy, le gypse d'Aix-en-Provence...

L'abondance, dans nos régions, des dépôts lagunaires et lacustres, liés à l'existence de nombreux petits bassins fermés, a été particulièrement favorable à la fossilisation des flores et des faunes continentales : Végétaux très variés, Mollusques, Insectes, Myriapodes, Arachnides, Poissons, Batraciens, Reptiles, Oiseaux, Mammifères, qui traduisent un climat de type tropical à alternances humides et sèches et qui confèrent à l'Oligocène sa plus forte originalité, cependant que les faunes marines se révèlent assez peu diversifiées.

BRYOPHYTES

* ***Muscites tournalii*** Brongniart, *incertae sedis* – Tiges flexueuses, longues au maximum de 5 cm, portant des feuilles insérées en spirale sur trois rangs. **Oligocène** : Aude (rég. de Narbonne). Pl. 178, fig. 1.

CONIFÈROPHYTES

* ***Pinus palaeostrobus*** Ettingshausen, fam. Pinaceae – Feuilles fines, fasciculées par 5 et mesurant environ 10 cm de longueur. **Oligocène** : espèce à vaste répartition européenne.

* ***Pinus trichophylla*** Saporta – Feuilles très fines, longues de 17 à 20 cm, fasciculées par 3. **Oligocène** : Aude (bassin de Narbonne).

* ***Pinus carterophylla*** Saporta – Feuilles divariquées atteignant 30 cm de long. **Oligocène** : Aude (bassin de Narbonne).

* ***Sequoia tournalii*** Brongniart, fam. Taxodiaceae – Espèce voisine, par l'aspect de ses rameaux et de ses ramules, ainsi que par la forme et la dimension de ses feuilles, de l'actuel Sequoia de Californie *(S. sempervirens)*. **Oligocène** : espèce à vaste répartition européenne, apparaissant au Paléocène.

* ***Glyptostrobus europaeus*** Heer, fam. Taxodiaceae – Rameaux entièrement couverts de feuilles pointues, squamiformes ou linéaires ; cônes ovoïdes à écailles cunéiformes, atteignant 2 à 3,5 cm de longueur pour 1,5 cm de diamètre. **Oligocène** : espèce à vaste répartition européenne, apparaissant au Paléocène et se poursuivant jusque dans le Pliocène. Pl. 178, fig. 3.

* ***Callitris brongniartii*** Endlicher, fam. Cupressaceae – Espèce assez polymorphe, caractérisée par des ramules grêles, ne dépassant pas 3 à 4 mm de diamètre, à feuilles étroitement appliquées. **Oligocène** : espèce à vaste répartition européenne, apparaissant à l'Eocène (Lutétien) et se poursuivant dans le Miocène. Pl. 178, fig. 2.

ANGIOSPERMOPHYTES

* ***Lomatites aquensis*** Saporta, fam. Proteaceae – Feuilles pouvant atteindre 13 cm de long pour 0,5 à 1 cm de large, à bord plus ou moins découpé. **Oligocène** : Alpes-de-Haute-Provence (rég. de Manosque), Bouches-du-Rhône (bassin d'Aix-en-Provence). Pl. 178, fig. 5.

* ***Paleodendron salicinum*** Saporta, fam. Proteaceae – Feuilles lancéolées, pouvant atteindre 10 cm de longueur. **Oligocène** : Var (Saint-Zacharie), Bouches-du-Rhône (bassin de Marseille). Pl 178, fig. 8.

* ***Betula dryadum*** Brongniart, fam. Betulaceae – Feuilles rappelant beaucoup celles de l'actuel Bouleau nain (*B. nana)*. **Oligocène** : espèce à vaste répartition européenne.

* ***Quercus elaena*** Unger, fam. Fagaceae – Feuilles atténuées à la base en un court pétiole, obtuses au sommet, à bords entiers, longues de 10 cm pour 1,5 à 2 cm de large ; nervures secondaires émises presque à angle droit. **Oligocène** : dans toute l'Europe occidentale ; cette espèce se poursuit dans le Miocène. Pl. 178, fig. 9.

* ***Populus tremulaefolia*** Saporta, fam. Salicaceae – Espèce voisine, par ses feuilles, de l'actuel Tremble (*P. tremula* → Pliocène). **Oligocène** : Bouches-du-Rhône (bassin de Marseille).

* ***Salix acutissima*** Gœppert, fam. Salicaceae – Espèce très proche, par ses feuilles, de l'actuel Saule fragile *(S. fragilis)* d'Eurasie. **Oligocène** : espèce largement répandue en Europe, se poursuivant jusque dans le Pliocène.

* ***Myrica hakeaefolia*** Unger, fam. Myricaceae – Feuilles de largeur variable, atteignant 15 cm de long (pétiole compris). **Oligocène** : espèce à vaste répartition européenne. Pl. 179, fig. 2.

* ***Comptonia dryandraefolia*** Brongniart, fam. Myricaceae – Feuilles brièvement pétiolées, pennipartites, pouvant dépasser 10 cm de longueur. **Oligocène** : espèce à vaste répartition européenne. Pl. 178, fig. 7.

* ***Zelkova ungeri*** Kovatz *(Planera –)*, fam. Ulmaceae – Feuilles pouvant atteindre 3,5 cm de long et 1,5 cm de large, très comparables à celles de l'actuel Orme de Sibérie (*Z. crenata,* Méditerranée orientale et Caucase). **Oligocène** : espèce à vaste répartition européenne, se poursuivant jusque dans le Pliocène. Pl. 183, fig. 2.

* ***Engelhardtia brongniartii*** Saporta *(E. macroptera)*, fam. Juglandaceae – Fruit à involucres très développés, atteignant 3 cm de longueur. **Oligocène** : espèce à vaste répartition européenne, se poursuivant dans le Miocène. Pl. 179, fig. 4.

* ***Pistacia miocenica*** Saporta, fam. Anacardiaceae – Espèce à folioles intermédiaires entre l'actuel Terebinthe *(P. terebinthus)* et l'actuel Lentisque *(P. lentiscus)*.**Oligocène** : Bouches-du-Rhône (bassin de Marseille).

* ***Rhus juglandogene*** Ettingshausen, fam. Anacardiaceae – Sumac à feuilles composées ; folioles opposées sans impaire, pouvant atteindre 4 cm de long et 1 cm de large, ovales-lancéolées. **Oligocène** : Alpes-de-Haute-Provence (rég. de Manosque). Aude (bassin de Narbonne) ; en Suisse et en Allemagne ; cette espèce apparaît dans l'Eocène et se poursuit dans le Miocène. Pl. 179, fig. 3.

* ***Dodonaeites decaisnei*** Saporta, fam. Sapindaceae – Fruits samariformes caractérisés par une ligne suturale médiane bien marquée ; ils ont entre 2,5 et 3 cm de longueur. **Oligocène** : Aude (bassin de Narbonne). Pl.180, fig. 2.

* ***Acer trilobatum*** Braun, fam. Aceraceae – Feuilles trilobées, de proportions très variables, atteignant 7 cm de longueur (pétiole non compris) et caractérisées par le lobe médian toujours plus développé que les lobes latéraux. **Oligocène** : Alpes-de-Haute-Provence (rég. de Manosque) ; en Suisse ; cette espèce se poursuit dans le Miocène. Pl. 180, fig. 1.

* ***Acer narbonense*** Saporta – Feuilles à lobes plus égaux que chez l'espèce précédente. **Oligocène** : Aude (bassin de Narbonne).

* ***Oreopanax hercules*** Unger *(Aralia –)*, fam. Araliaceae – Feuilles très larges, polymorphes, généralement découpées en 5 lobes, à allure de Platane, pouvant atteindre 40 cm de longueur (pétiole non compris, mesurant à lui seul entre 15 et 30 cm de long). **Oligocène** : Aude (bassin de Narbonne).

* ***Ilex acuminata*** Saporta, fam. Aquifoliaceae – Houx à feuilles lancéolées, presque entière ou faiblement épineuses, pouvant atteindre 10 cm de long pour 2 à 2,5 cm de large. **Oligocène** : Aude (bassin de Narbonne).

* ***Zizyphus paradisiaca*** Heer, fam. Rhamnaceae – Feuilles pouvant atteindre 6 à 8 cm de longueur et 3 cm de largeur (pétiole non compris) et caractérisées par 3 nervures principales. **Oligocène** : Bouches-du-Rhône (bassin d'Aix-en-Provence) ; en Suisse. Pl. 180, fig. 4.

* ***Fraximus ulmifolia*** Saporta, fam. Oleaceae – Espèce voisine par ses folioles de l'actuel Frêne à fleurs *(F. ornus)*. **Oligocène** : Alpes-de-Haute-Provence (rég. de Manosque).

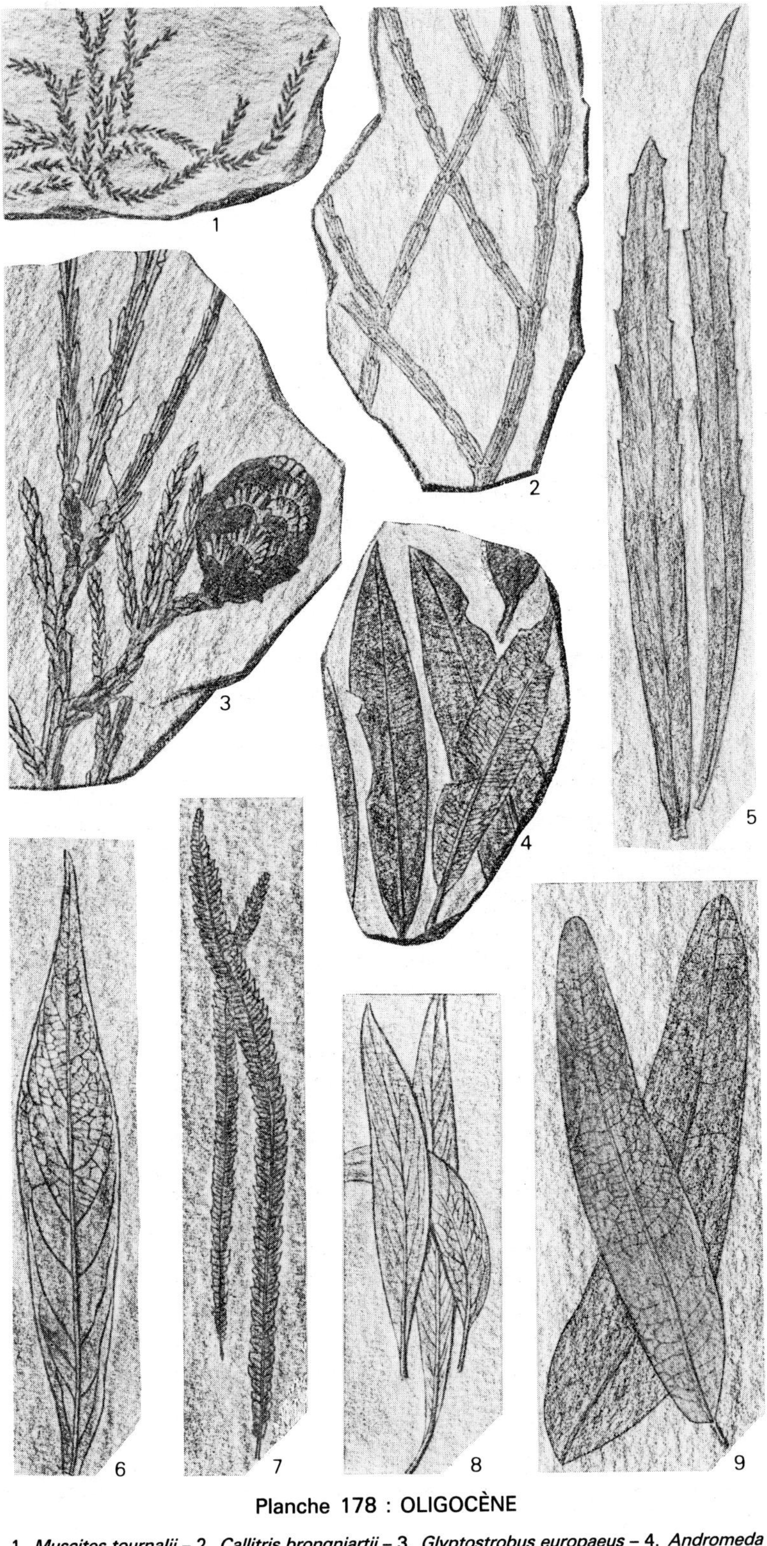

Planche 178 : OLIGOCÈNE

1. *Muscites tournalii* – 2. *Callitris brongniartii* – 3. *Glyptostrobus europaeus* – 4. *Andromeda narbonensis* – 5. *Lomatites aquensis* – 6. *Laurus primigenia* – 7. *Comptonia dryandraefolia* – 8. *Palaeodendron salicinum* – 9. *Quercus elaena.*

* ***Diospyros varians*** Saporta, fam. Ebenaceae – Feuilles de forme très variable, à pétiole ridé transversalement et nervures primaires très marquées, atteignant 9 cm de longueur pour 2 à 3 cm de large. **Oligocène** : Alpes-de-Haute-Provence (rég. de Manosque), Bouches-du-Rhône (bassin de Marseille) ; cette espèce se poursuit dans le Miocène. Pl. 180, fig. 3.

* ***Bombax sepultiflorum*** Saporta, fam. Bombaceae – Fleurs remarquablement conservées, atteignant étalées 6 cm de diamètre et très comparables à celles des Kapokiers actuels. **Oligocène** : Bouches-du-Rhône (bassin d'Aix-en-Provence). Pl. 179, fig. 5.

* ***Cinnamomum lanceolatum*** Heer, fam. Lauraceae – Feuilles pouvant atteindre 10 cm de long pour 2 à 2,5 cm de large. **Oligocène** : dans toute l'Europe occidentale ; cette espèce se poursuit dans le Miocène. Pl. 181, fig. 1.

* ***Cinnamomum polymorphum*** Heer – Feuilles de forme variable, nettement plus courtes que chez l'espèce précédente, atteignant 6 cm de long pour 2 à 3 cm de large. **Oligocène** : espèce à vaste répartition européenne, se poursuivant dans le Miocène. Pl. 181, fig. 2.

* ***Daphnogene ungeri*** Heer, fam. Lauraceae – Feuilles à sommet très longuement acuminé, atteignant 11 cm de long (pétiole non compris) et 1,5 à 2 cm de large. **Oligocène** : Aude (bassin de Narbonne) ; en Suisse, Pl. 179, fig. 1.

* ***Laurus primigenia*** Unger, fam. Lauraceae – Feuilles un peu plus étroites et allongées que celles de l'actuel Laurier des Canaries *(L. canariensis)*. **Oligocène** : espèce à vaste répartition européenne. Pl. 178, fig. 6.

* ***Nymphaea (Anoectomeria) brongniartii*** Caspary, fam. Nymphaeaceae – Feuilles comparables à celles de l'actuel Nénuphar blanc *(N. alba)*, mais de taille plus considérable, pouvant atteindre plus de 40 cm de largeur. **Oligocène** : espèce à vaste répartition européenne.

* ***Typha latissima*** Braun, fam. Typhaceae – Feuilles rubanées, très longues, pouvant dépasser 10 cm de largeur, très comparables à celles de l'actuel *T. latifolia*. **Oligocène** : Alpes-de-Haute-Provence (rég. de Manosque) ; en Suisse.

* ***Sabalites major*** Unger, fam. Palmaceae – Pétiole pouvant atteindre 4 cm de diamètre, terminé à son extrémité par une longue pointe d'où partent les segments ; ceux-ci, costulés, au nombre d'environ 50, atteignent 40 cm de long et 2 cm de large. **Oligocène** : espèce à vaste répartition européenne. Pl. 82.

* ***Flabellaria lamanonis*** Brongniart, fam. Palmaceae – Pétiole large de 2,5 à 3 cm, à extrémité arrondie ; fronde composée de 55 à 60 segments à nervation uniforme et pouvant atteindre 1 à 1,5 cm de large près de leur extrémité. **Oligocène** : Bouches-du-Rhône (bassin d'Aix-en-Provence). Pl. 181, fig. 3.

* ***Flabellaria latiloba*** Heer – Cette espèce se reconnaît à ses segments médians beaucoup plus longs et développés que ses segments latéraux. **Oligocène** : espèce à vaste répartition européenne.

* ***Palmacites vestitus*** Saporta, fam. Palmaceae – Tiges mesurant au maximum 13 cm de diamètre, entourées d'un tissu épidermique très mince, puis d'une première zone fibreuse large de 2 mm qui circonscrit la zone centrale ligneuse formée de faisceaux vasculaires. **Oligocène** : Alpes-de-Haute-Provence (rég. de Castellane), Vaucluse (rég. d'Apt, vallée du Sault).

* ***Andromeda narbonensis*** Saporta, fam. Ericaceae – Feuilles atteignant 10 cm de longueur, à nervation très peu marquées. **Oligocène** : Aude (bassin de Narbonne). Pl. 178, fig. 4.

* ***Andromeda latior*** Saporta – Cette espèce diffère de la précédente par ses feuilles plus longuement pétiolées et sensiblement plus larges. **Oligocène** : Alpes-de-Haute-Provence (rég. de Manosque). Aude (bassin de Narbonne).

* ***Liquidambar europaeum*** Brongniart, fam. Hamamelidaceae – **Oligocène** : Vaucluse (bassin d'Apt), Bouches-du-Rhône (bassin de Marseille) ; cette espèce se poursuit dans le Néogène (→ Pliocène).

* ***Cercis antiqua*** Saporta, fam. Cesalpiniaceae – Feuilles très comparables à celles de l'actuel Arbre de Judée *(C. siliquastrum)*. **Oligocène** : Bouches-du-Rhône (bassin d'Aix-en-Provence).

* ***Calpurnia europaea*** Saporta, fam. Papilionaceae – Feuilles composées, atteignant 10 cm de longueur, avec 5 paires de folioles latérales et une foliole

Planche 179 : OLIGOCÈNE

1. *Daphnogene ungeri* – 2. *Myrica hakeaefolia* – 3. *Rhus juglandogene* – 4. *Engelhardtia brongniartii* – 5. *Bombax sepultiflorum.*

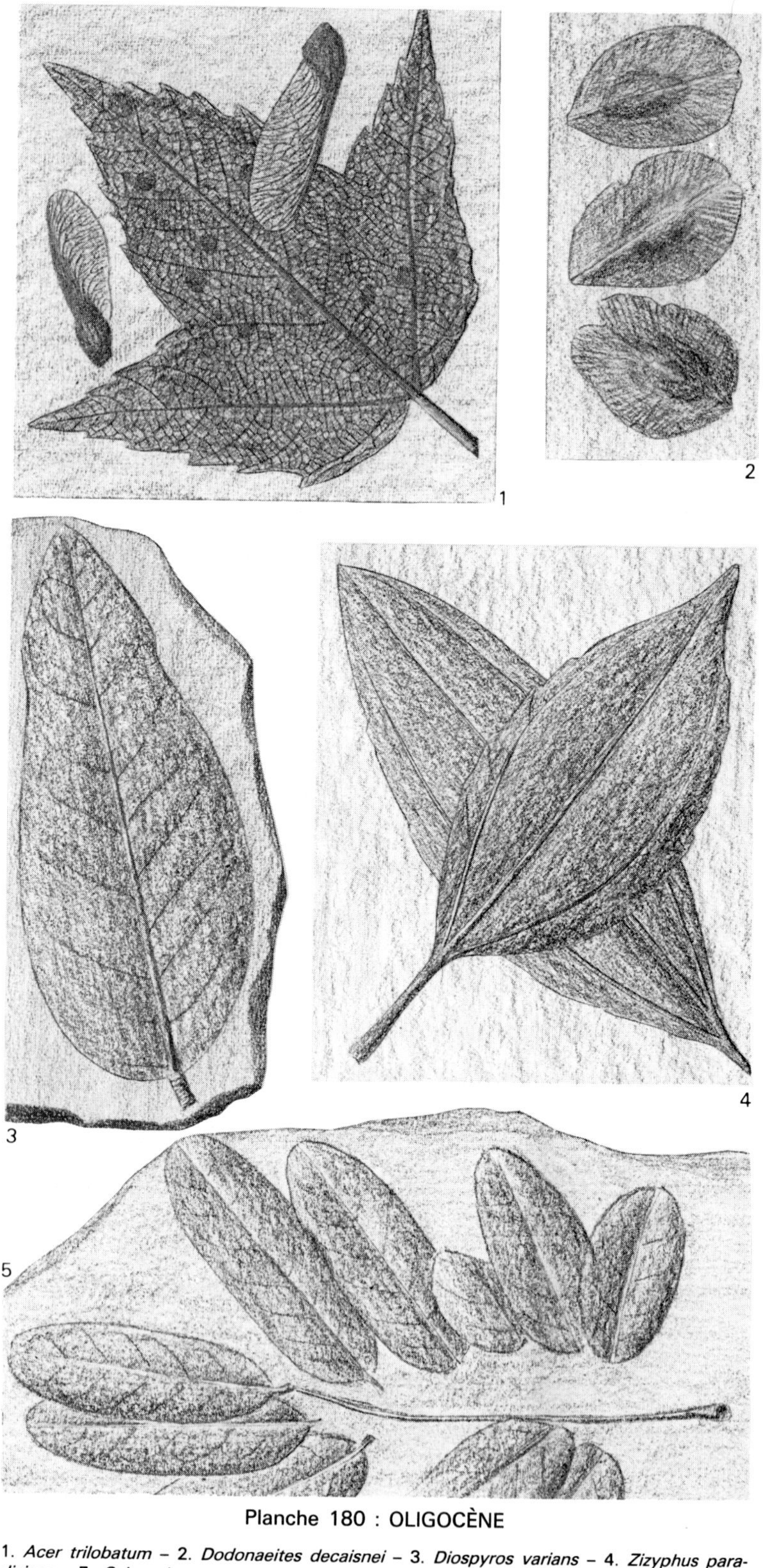

Planche 180 : OLIGOCÈNE

1. *Acer trilobatum* – 2. *Dodonaeites decaisnei* – 3. *Diospyros varians* – 4. *Zizyphus paradisiaca* – 5. *Calpurnia europaea.*

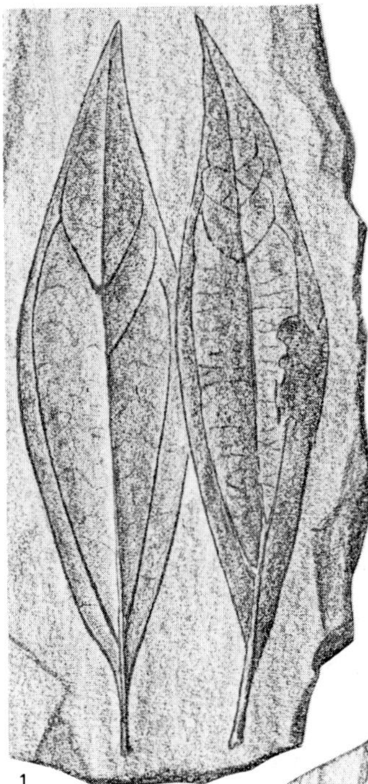

1

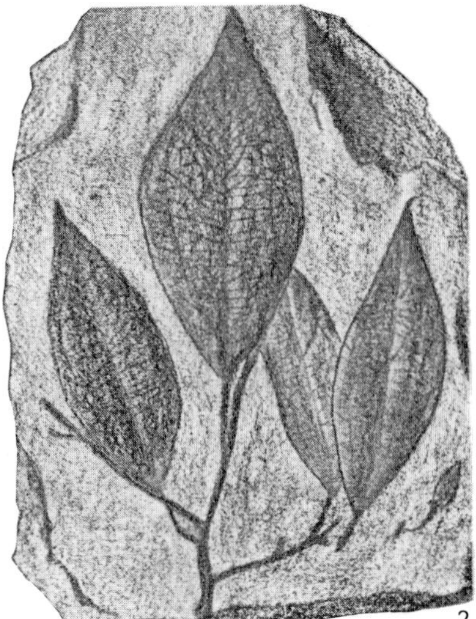

2

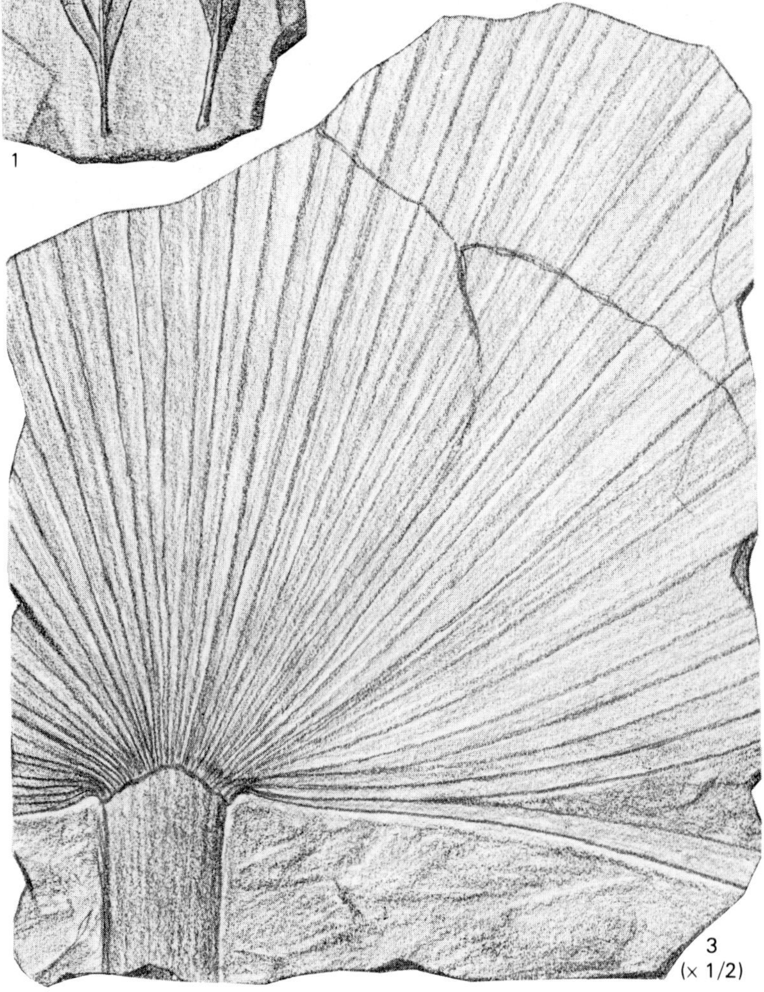

3
(× 1/2)

Planche 181 : OLIGOCÈNE

1. *Cinnamomum lanceolatum* – 2. *C. polymorphum* – 3. *Flabellaria lamanonis.*

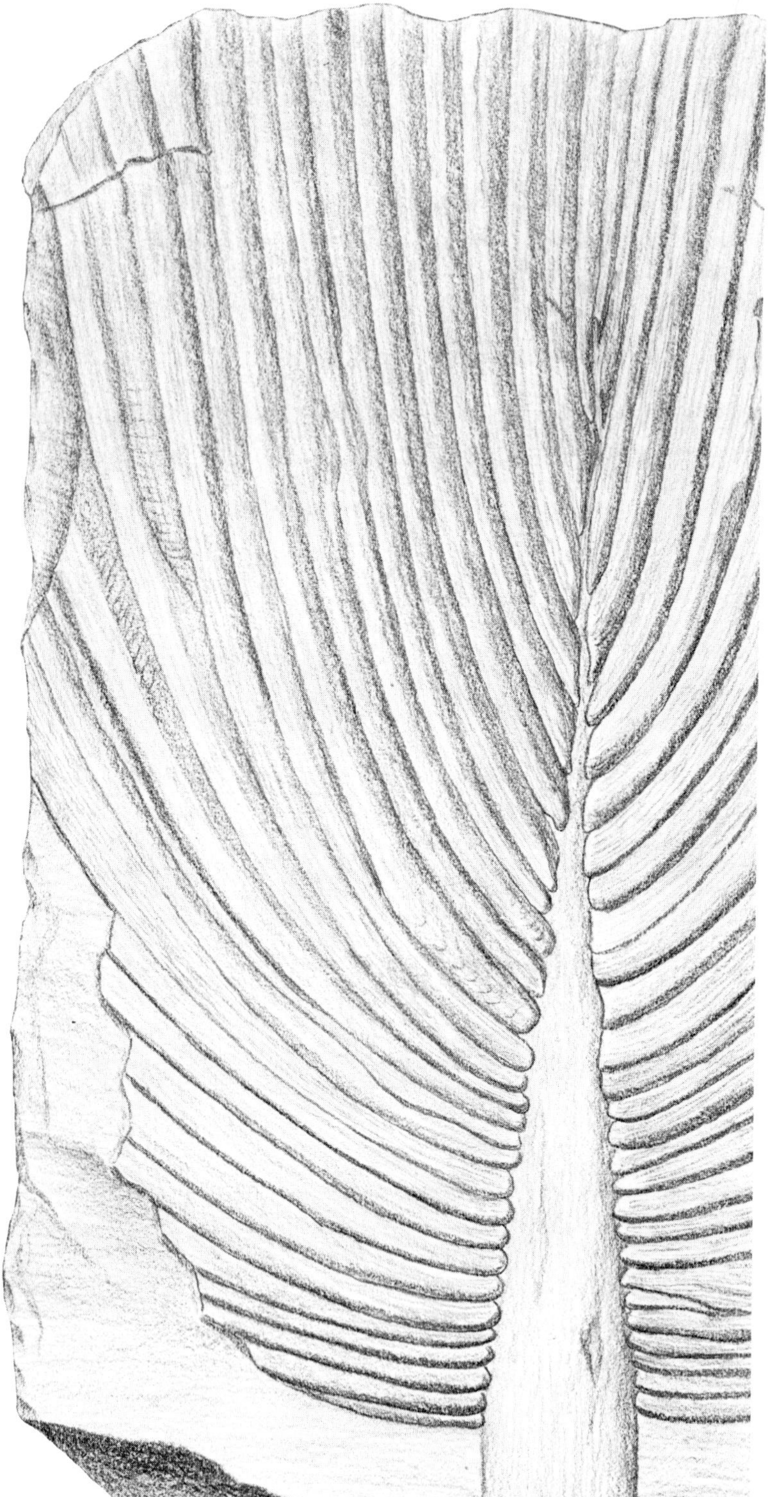

Planche 182 : OLIGOCÈNE

Sabalites major (x 1/2).

terminale impaire. **Oligocène** : Alpes-de-Haute-Provence (rég. de Manosque), Aude (bassin de Narbonne). Pl. 180, fig. 5.

* ***Rhizocaulon brongniarti*** Saporta, fam. *incertae sedis* – Tiges silicifiées, de 1 à 1,5 cm de diamète, fréquemment pourvues de radicules. **Oligocène** : Bouches-du-Rhône (bassin d'Aix-en-Provenc).

FORAMINIFÈRES

Nummulites vascus Joly et Leymerie, fam. Nummulitidae – Espèce voisine de *N. variolarius* (→ Eocène, Pl. 152, fig. 12, 13), dont elle diffère par son test plus régulièrement lenticulaire, moins bombé et à surface lisse. Dim. max. d/e = 7/1,5 mm. **Oligocène inf.** et **moy.** :Pyrénées-Alantiques (rég. de Biarritz) ; en Espagne et en Italie.

Nummulites intermedius d'Archiac – Test sublosangique à surface très finement réticulée ; cloisons inclinées, relativement espacées. Dim. max. : d/e = 12/3 mm. **Oligocène inf.** et **moy.** : Pyrénées-Atlantiques (rég. de Biarritz) ; en Espagne et en Italie. Pl. 183, fig. 1.

ANTHOZOAIRES Hexacoralliaires

Acropora lavandulina Michelin, fam. Acroporidae – **Oligocène** : Landes (rég. de Dax) ; en Italie (→ Miocène, Pl. 190, fig. 10).

MOLLUSQUES bivalves

Nucula greppini Deshayes, fam. Nuculidae – Dim. max. : h/L/e = 1,3/1,6/0,9 cm. **Oligocène** : Essonne (rég. d'Étampes). Pl. 186, fig. 1,2.

Arca sandbergeri Deshayes, fam. Arcidae – Dim. max. : h/L/e = 2,7/6,5/4 cm. **Oligocène** : espèce à vaste répartition européenne. Pl. 186, fig. 3, 4.

Glycymeris angusticostatus Lamarck *(Pectunculus –)*, fam. Glycymerididae – Coquille subéquilatérale ou un peu oblique, à surface ornée de côtes radiales. Dim. max. : h/L/e = 4/4/3 cm. **Oligocène** : Essonne (rég. d'Étampes). Pl. 183, fig. 6, 7.

Glycymeris obovatus Lamarck *(Pectunculus –)* – Espèce pouvant présenter d'assez fortes variations de forme, mais toujours reconnaissable à sa coquille très épaisse (même dans le jeune âge) et à sa surface pratiquement dépourvue de côtes radiales. Dim. max. : h/L/e = 6/6/4,8 cm. **Oligocène** : Essonne (rég. d'Étampes) ; en Allemagne, Belgique et Suisse. Pl. 183, fig. 4, 5.

Pycnodonte callifera Lamarck *(Ostrea –)* , fam. Gryphaeidae – Espèce extrêmement voisine de *P. gigantica* (→ Eocène, Pl. 156, fig. 11). **Oligocène** : espèce à vaste répartition européenne.

Crassostrea longirostris Lamarck *(Ostra –)*, fam. Ostreidae – Espèce pouvant varier considérablement de hauteur (de 6 à 15 cm) pour une largeur maximum de 6 à 7 cm et une épaisseur pouvant atteindre 5 à 8 cm. **Oligocène** : Val-d'Oise (Cormeilles-en-Parisis), Hauts-de-Seine, Essonnes, Dordogne, Gironde, Pl. 184, fig. 5.

Ostrea cyathula Lamarck, fam. Ostreidae – Dim. max. h/L/e = 6/4,5 à 6/3 à 5 cm. **Oligocène** : Val-d'Oise (Cormeilles-en-Parisis), Hauts-de-Seine, Essonne (rég. d'Étampes), Gironde, Landes, Pyrénées-Atlantiques. Pl. 184, fig. 10, 11.

Ctena squamosa Lamarck *(Lucina –, Jagonia –)*, fam. Lucinidae – Dim. max. h/L/e = 1/1,2/0,6 cm. **Oligocène** : espèce largement répandue en France et dans les régions limitrophes. Pl. 183, fig. 8.

Nevenulora thierensis Hébert *(Lucina –)*, fam. Lucinidae – Dim. max. : h/L/e = 0,9/0,9/0,4 cm. **Oligocène** : espèce lagement répandue en France et dans les régions limitrophes. Pl. 184, fig. 4.

Saxolucina heberti Deshayes, fam. Lucinidae – Espèce très voisine de *S. saxorum* (→ Eocène, Pl. 158, fig. 13, 14), dont elle diffère par sa forme moins orbiculaire. dim. max. : h/L/e = 2,3/2,5/1 cm. **Oligocène** : Essonne (rég. d'Étampes) ; en Suisse.

Planche 183 : OLIGOCÈNE

1. *Nummulites intermedius* – 2. *Zelkova ungeri* – 3. *Cardites bazini* – 4, 5. *Glycymeris obovatus* – 6, 7. *G. angusticostatus* – 8. *Ctena squamosa* – 9, 10. *Caestocorbula henckeliusiana* – 11. *Corbicula convexa* – 12. *Pelecyora (Cordiopsis) suborbicularis* – 13. *Pholadomya puschi.*

Cardites bazini Deshayes *(Cardita –)*, fam. Carditidae – Dim. max. : h/L/e = 2,3/3/1,8 cm. **Oligocène** : Essonne (rég. d'Étampes). Pl. 183, fig. 3.

Cardites basteroti Deshayes *(Venericardia –, Cardita –)* est une espèce très voisine de la précédente, de l'**Oligocène** de Gironde et des Landes (rég. de Dax).

Laevicardium tenuisulcatum Nyst *(Cardium –)*, fam. Cardiidae – Valves ornées de côtes rayonnantes très nombreuses (plus de 60), séparées par des sillons finement ponctués. Dim. max. : h/L/e = 3/3/2,5 cm. **Oligocène** : Essonne (rég. d'Étampes) ; en Allemagne (Westphalie) et en Belgique. Pl. 184, fig. 3.

(*) ***Corbicula convexa*** Brongniart *(Cyrena semistriata, C. dumasi)*, fam. Corbiculidae – Espèce extrêmement variable, plus ou moins trigone ou oblique, à surface diversement marquée par des côtes ou des bourrelets d'accroissement. Dim. max. : h/L/e = 3,5/4 à 5/3 cm. **Oligocène** : espèce à vaste répartition européenne, apparaissant à l'Éocène terminal (Ludien). Pl. 183, fig. 11.

Callista (Chionella) splendida Mérian *(Cytherea –, Meretrix –, Pitaria –)*, fam. Veneridae – Dim. max. : h/L/e = 3/4,3/1,5 cm. **Oligocène** : espèce à vaste répartition européenne. Pl. 184, fig. 1.

Pelecyora (Cordiopsis) suborbicularis Goldfuss *(Cytherea incrassata, Meretrix –, Sinodia –)*, fam. Veneridae – Espèce à ornementation concentrique variable. Dim. max. : h/L/e = 5/5,5/3 cm. **Oligocène** : dans toute l'Europe occidentale. Pl. 183, fig. 12.

Corbula longirostris Deshayes, fam. Corbulidae – Espèce très voisine de *C. regulbiensis* (→ Paléocène, Pl. 149, fig. 5, 6). Dim. max. : h/L/e = 1,1/1,7/1,2 cm. **Oligocène** : Essonne (rég. d'Étampes).

Caestocorbula henckeliusiana Nyst *(Corbula –)*, fam. Corbulidae – Dim. max. : h/L/e = 1,2/1,7/0,8 cm. **Oligocène** : espèce largement répandue en Europe sud-occidentale. Pl. 183, fig. 9, 10.

Panopea heberti Bosquet *(Glycimeris –)*, fam. Hiatellidae – Dim. max. : h/L/e = 4,5/9 à 12/3,5 cm. **Oligocène** : espèce à large répartition européenne. Pl. 184, fig. 2.

Pholadomya puschi Goldfuss, fam. Pholadomyidae – Dim. max. : h/L/e = 6/8/5 cm. **Oligocène** : espèce largement répandue en Europe sud-occidentale, apparaissant à l'Éocène (Lutétien) et se poursuivant dans le Miocène (Aquitanien). Pl. 183, fig. 13.

MOLLUSQUES Gastropodes

Angaria scobina Brongniart *(Delphinula –)*, fam. Trochidae – Dim. max. : h/d = 3,5/3,5 cm. **Oligocène** : Gironde (rég. de Libourne), Landes (rég. de Dax, Chalosse) ; en Italie. Pl. 184, fig. 12.

Jujubinus subcarinatus Lamarck *(Trochus –)*, fam. Trochidae – Dim. max. : h/d = 1,2/1 cm. **Oligocène** : Essonne (rég. d'Étampes). Pl. 185, fig. 9.

Turbo (Heteroninella) parkinsoni Basterot, fam. Turbinidae – Dim. max. : h/d = 3,5/3,5 cm. **Oligocène** : Gironde (rég. de Libourne), Landes (rég. de Dax, Chalosse). Pl. 185, fig. 14.

Bayania semidecussata Lamarck, fam. Pseudomelaniidae – Dim. max. : h/d = 3/1 cm. **Oligocène** : Essonne (rég. d'Étampes). Pl. 184, fig. 13.

* ***Ischurostoma formosum*** Boubée *(Cyclostoma –)*, fam. Cyclophoridae – Dim. max. : h/d = 5/2,4 cm. **Oligocène** : Tarn (rég. d'Albi), Aude ; cette espèce apparaît à l'Éocène terminal (Ludien). Pl. 184, fig. 7.

* ***Viviparus soricinensis*** Noulet *(Paludina –)*, fam. Viviparidae – Dim. max. : h/d = 2,1/1,8 cm. **Oligocène** : Tarn (rég. d'Albi), Aude ; espèce se poursuivant dans le Miocène basal (Aquitanien inf.). Pl. 184, fig. 14.

* ***Pomatias antiquum*** Brongniart *(Cyclostomus –)*, fam. Pomatiasidae – Dim. max. : h/d = 1,7/1,5 cm. **Oligocène :** espèce largement répandue en France et dans les régions limitrophes, se poursuivant dans le Miocène basal (Aquitanien inf.). Pl. 184, fig. 9.

* ***Nystia duchasteli*** Nyst *(Bithinia –)*, fam. Micromelaniidae – Dim. max. : h/d = 0,7/0,3 cm. **Oligocène :** espèce largement répandue en France et dans les régions limitrophes, apparaissant à l'Éocène (Bartonien sup.). Pl. 185, fig. 18, 19.

* ***Brotia (Tinnyea) escheri*** Brongniart *(Melania –)*, fam. Thiaridae – Espèce très variable, à laquelle se rapportent les formes *albigensis* et *laurae*. **Oligocène :** espèce largement répandue en Europe sud-occidentale, se poursuivant dans le Miocène (→ Pl. 197, fig. 9, 10).

* ***Melanopsis mansiana*** Noulet, fam. Thiaridae – Dim. max. : h/d = 1,3/0,6 cm. **Oligocène :** Gard (rég. d'Alès), Tarn (rég. de Castres), Hérault, Aude, Bouches-du-Rhône. Pl. 185, fig. 16.

* ***Melanoides nystii*** Duchastel *(Striatella –)*, fam. Thiaridae – Petite espèce à spire régulièrement acuminée et tours faiblement bombés, reconnaissable à son ornementation finement treillissée. Dim. max. : h/d = 1,5/0,6 cm. **Oligocène :** dans toute l'Europe occidentale.

Potamides lamarcki Brongniart *(Cerithium –)*, fam. Potamididae – Coquille très variable par la forme de ses tours de spire et la force de son ornementation. Dim. max. : h/d = 4/0,9 à 1,1 cm. **Oligocène :** espèce à vaste répartition européenne, se poursuivant dans le Miocène basal (Aquitanien inf.). Pl. 185, fig. 1, 2.

Granulolabium plicatum Bruguière *(Cerithium –, Potamides –, Pirenella –)*, fam. Potamididae – Dim. max. : h/d = 3,5/1 cm. **Oligocène :** espèce répandue en France et dans les régions limitrophes, se poursuivant dans le Miocène inf. Pl. 185, fig. 3.

Tympanotonos trochlearis Lamarck *(Cerithium –)*, fam. Potamididae – Dim. max. : h/d = 5/1,6 cm. **Oligocène :** espèce largement répandue en France et dans les régions limitrophes. Pl. 185, fig. 4.

Tympanotonos conjonctus Deshayes – Espèce voisine de la précédente dont elle diffère par ses carènes spirales plus ou moins fortement granuleuses. **Oligocène :** Essonne (rég. d'Étampes).

Thericium (Chondrocerithium) intradentatum Deshayes, fam. Cerithiidae – Espèce de forme et d'ornementation assez variables. Dim. max. : h/d = 6/1,6 à 2,2 cm. **Oligocène :** Essonne (rég. d'Étampes) ; en Allemagne. Pl. 185, fig. 5.

Thericium (Chondrocerithium) calculosum Basterot – **Oligocène sup. :** Pyrénées-Atlantiques (rég. de Dax) ; espèce se poursuivant dans le Miocène (→ pl. 197, fig. 18).

Benoistia boblayei Deshayes, fam. Cerithiidae – Dim. max. : h/d = 1,8/1 cm. **Oligocène :** Essonne (rég. d'Étampes) ; en Suisse et en Allemagne. Pl. 185, fig. 6.

Campanile charpentieri Basterot *(Cerithium –)*, fam. Cerithiidae – Dim. max. : h/d = 12/3 cm. **Oligocène :** Pyrénées-Atlantiques (rég. d'Hagetmau et de Dax). Pl. 184, fig. 8.

Hipponix bistriatus Grateloup, fam. Hipponicidae – Dim. max. : h/d = 0,4/1,1 cm. **Oligocène sup. :** Pyrénées-Atlantiques (rég. de Dax) ; cette espèce se poursuit dans le Miocène inf. Pl. 186, fig. 5, 6.

Calyptraea striatella Nyst, fam. Calyptraeidae – Espèce très voisine de *C. lamellosa* (→ Éocène, Pl. 166, fig. 3) dont elle diffère par sa spire un peu plus élevée et ses lamelles d'accroissement finement écailleuses. Dim. max. : h/d = 1/2,5 cm. **Oligocène :** Essonne (rég. d'Étampes) ; en Allemagne et en Belgique.

Aporrhais speciosus Schlotheim, fam. Aporrhaidae – Dim. max. (avec la digitation) : h/d = 2/1,5 cm. **Oligocène :** espèce largement répandue en Europe occidentale. Pl. 186, fig. 7, 8.

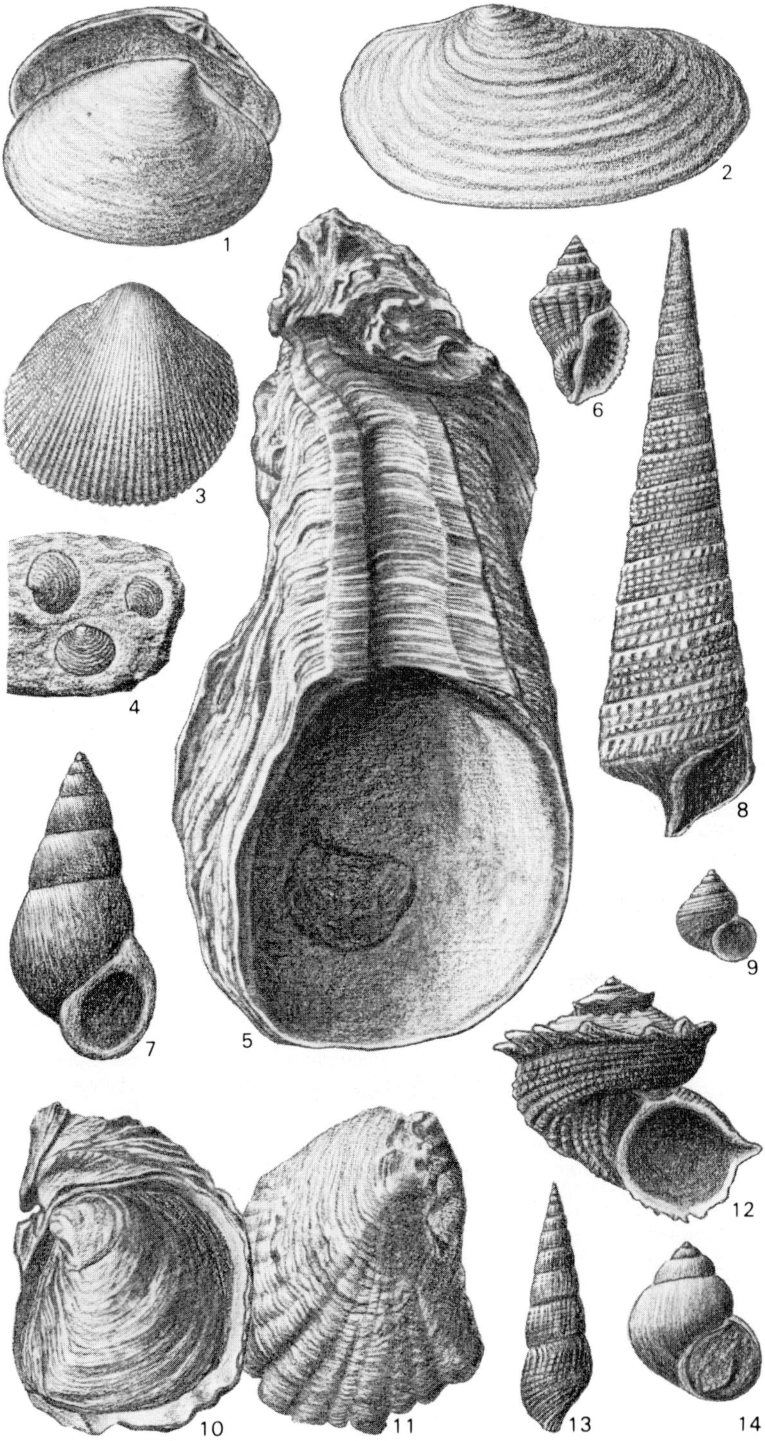

Planche 184 : OLIGOCÈNE

1. *Callista (Chionella) splendida* – 2. *Panopea heberti* – 3. *Laevicardium tenuisulcatum* – 4. *Nevenulora thierensis* – 5. *Crassostrea longirostris* – 6. *Cantharus (Pollia) heberti* – 7. *Ischurostoma formosum* – 8. *Campanile charpentieri* – 9. *Pomatias antiquum* – 10, 11. *Ostrea cyathula* – 12. *Angaria scobina* – 13. *Bayania semidecussata* – 14. *Viviparus soricinensis.*

Tibia dentata Grateloup *(Rostellaria –)*, fam. Strombidae – **Oligocène sup.** : Pyrénées-Atlantiques (rég. de Dax) ; cette espèce se poursuit dans le Miocène (→ Pl. 198, fig. 9).

Ampullinopsis crassatina Lamarck *(Ampullina –, Megatylotus –)*, fam. Ampullospridae – Dim. max. : h/d = 8/7 cm. **Oligocène** : dans toute l'Europe occidentale. Pl. 185, fig. 11.

Cernina compressa Basterot, fam. Ampullospiridae – Dim. max. : h/d = 4,8/4,8 cm. **Oligocène sup.** : Pyrénées-Atlantiques (rég. de Dax) ; espèce se poursuivant dans le Miocène inf. Pl. 186, fig. 10.

Cernina (Deshayesia) parisiensis Raulin – Dim. max. : h/d = 3/2,7 cm. **Oligocène** : Essonne (rég. d'Étampes). Pl. 185, fig. 15.

Amaurellina (Crommium) angustata Grateloup *(Ampullina –)*, fam. Ampullospiridae – Dim. max. : h/d = 7/5,5 cm. **Oligocène** : Ille-et-Vilaine (rég. de Rennes), Landes (rég. sud de Dax) ; en Italie. Pl. 185, fig. 10.

Lunatia achatensis Recluz, fam. Ampullospiridae – Dim. max. : h/d = 3,3/3,2 cm. **Oligocène** : Essonne (rég. d'Étampes). Pl. 186, fig. 9.

Natica tigrina Defrance, fam. Naticidae – **Oligocène sup.** : Pyrénées-Atlantiques (rég. de Dax) ; cette espèce se poursuit dans le Miocène (→ Pl. 197, fig. 17).

Ficus burdigalensis Sowerby *(Ficula clava, Pyrula –)*, fam. Ficidae – **Oligocène sup.** : Pyrénées-Atlantiques (rég. de Dax) ; cette espèce se poursuit dans le Miocène (→ Pl. 198, fig. 14).

Cantharus (Pollia) heberti Deshayes *(Tritonidea –)*, fam. Buccinidae – Dim. max. : h/d = 2,3/1,2 cm. **Oligocène** : Essonne (rég. d'Étampes). Pl. 184, fig. 6.

Keepingia gossardi Nyst *(Buccinum –, Cominella –)*, fam. Buccinidae – Dim. max. : h/d = 2,6/1,4 cm. **Oligocène** : Essonne (rég. d'Étampes) ; en Belgique. Pl. 185, fig. 22.

Ancilla (Baryspira) glandiformis Lamarck, fam. Olividae – **Oligocène sup.** : Pyrénées-Atlantiques (rég. de Dax) ; cette espèce se poursuit jusque dans le Pliocène (→ Miocène, pl. 199, fig. 9).

Athleta ficulina Lamarck *(Voluta rarispina)*, fam. Volutidae – **Oligocène sup.** : Pyrénées-Atlantiques (rég. de Dax) ; cette espèce se poursuit dans le Miocène (→ Pl. 199, fig. 12).

Athleta rathieri Hébert *(Volutilithes –)* – Dim. max. : h/d = 5,5/2,7 cm. **Oligocène** : dans toute l'Europe nord-occidentale. Pl. 185, fig. 21.

Turricula (Surcula) belgica Münster *(Pleurotoma –)*, fam. Turridae – Dim. max. : h/d = 7/2 cm. **Oligocène** : Essonne (rég. d'Étampes) ; en Belgique et en Allemagne. Pl. 185, fig. 20.

* ***Stagnicola fabula*** Brongniart *(Lymnaea –)*, fam. Lymnaeidae – Dim. max. : h/d = 3/1,4 à 1,6 cm. **Oligocène** : Val-d'Oise (rég. nord de Paris), Yvelines, Essonne (rég. de Versailles, Palaiseau, Étampes, Fontainebleau). Pl. 185, fig. 13.

* ***Lymnaea pachygaster*** Thomae, fam. Lymnaeidae – Dim. max. : h/d = 5/2,5 à 3 cm. **Oligocène terminal** : Loire (rég. de Pithiviers, Orléans), Cantal (rég. d'Aurillac), Gironde, Lot-et-Garonne (rég. de Marmande, Agen), Landes, Tarn-et-Garonne, Gers, Drôme ; cette espèce se poursuit dans le Miocène (base de l'Aquitanien). Pl. 185, fig. 12.

* ***Planorbis cornu*** Brongniart *(P. planulatus)*, fam. Planorbidae – Dim. max. : h/d = 0,7/2 cm. **Oligocène** : espèce largement répandue en France, se poursuivant dans le Miocène inf. Pl. 185, fig. 7, 8.

* ***Planorbis crassus*** Serres – Cette espèce, proche de la précédente, est facilement reconnaissable à ses tours de spire également arrondis mais nettement plus gros. Dim. max. : h/d = 2,5/1,1 cm. **Oligocène** : Lot, Tarn (rég. d'Albi), Bouches-du-Rhône (rég. d'Aix-en-Provence).

* ***Ochthephila (Helicomela) ramondi*** Brongniart *(Helix –, Wenzia –)*, fam. Helicidae – Dim. max. : h/d = 2,7/2,9 cm. **Oligocène terminal** : espèce largement

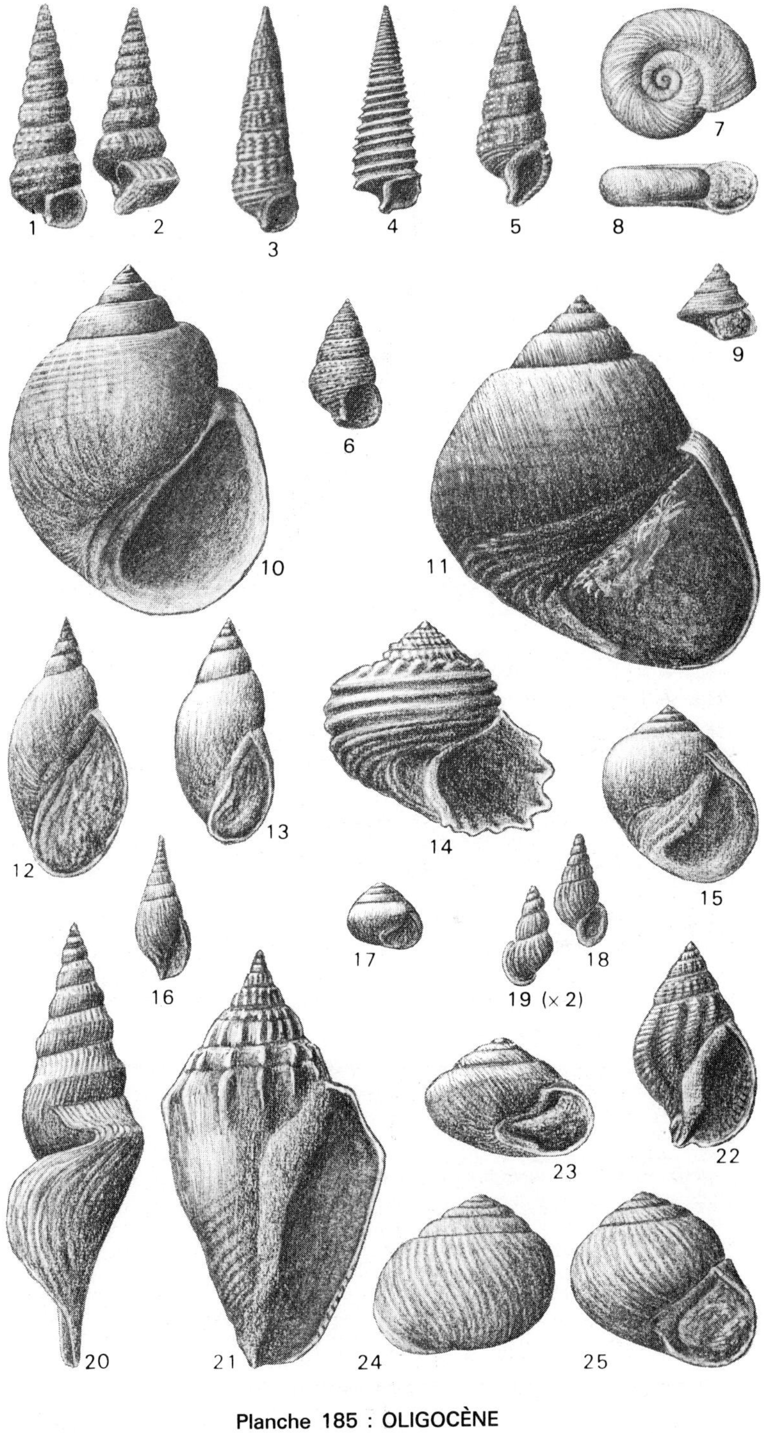

Planche 185 : OLIGOCÈNE

1, 2. *Potamides lamarcki* – 3. *Granulolabium plicatum* – 4. *Tympanotonos trochlearis* – 5. *Thericium intradentatum* – 6. *Benoistia boblayei* – 7, 8. *Planorbis cornu* – 9. *Jujubinus subcarinatus* – 10. *Amaurellina (Crommium) angustata* – 11. *Ampullinopsis crassatina* – 12. *Lymnaea pachygaster* – 13. *Stagnicola fabula* – 14. *Turbo parkinsoni* – 15. *Cernina (Deshayesia) parisiensis* – 16. *Malanopsis mansiana* – 17. *Leucochroopsis lucbardezansis* – 18, 19. *Nystia duchasteli* – 20. *Turricula (Surcula) belgica* – 21. *Athleta rathieri* – 22. *Keepingia gossardi* – 23. *Cepaea moroguesi* – 24, 25. *Ochthephila (Helicomela) ramondi.*

répandue en Europe occidentale (fréquemment à l'état de moule interne), se poursuivant dans le Miocène (base de l'Aquitanien). Pl. 185, fig. 24, 25.

* ***Leucochroopsis lucbardezensis*** Noulet *(Helix tristani)*, fam. Helicidae – Dim. max. : h/d = 0,9/1,1 cm. **Oligocène :** Loiret (rég. de Pithiviers et Orléans) ; cette espèce se poursuit dans le Miocène inf. Pl. 185, fig. 17.

* ***Cepaea moroguesi*** Brongniart *(Helix –)*, fam. Helicidae – Dim. max. : h/d = 1,5/2,2 cm. **Oligocène terminal :** Loiret (rég. de Pithiviers, Orléans) ; cette espèce se poursuit dans le Miocène inf. Pl. 185, fig. 23.

CRUSTACÉS Ostracodes

* ***Candona faba*** Desmarest *(Cypris –)*, fam. Cyprididae – Coquille réniforme de très petite taille (h/L/e = 0,75/1,3/0,65 mm), à valves subégales et entièrement lisses en surface, obliquement tronquées en arrière, à bord supérieur fortement arqué et bord inférieur excavé. L'accumulation de ces coquilles forme d'importants dépôts (« marnes à *Cypris* ») dans l'**Oligocène sup.** (Chattien) de l'Allier et du Puy-de-Dôme (Limagne, rég. de Gammat, Vichy, Clermont-Ferrand, Issoire...).

INSECTES

* ***Lestes ceresti*** Nel et Papazian, fam. Lestidae – Odonate (libellule) à ailes fines mesurant chacune 2,5 à 2,8 cm de long. **Oligocène sup. :** Alpes-de-Haute-Provence (rég. de Manosque). Pl. 187, fig. 1.

* ***Paleotramea aquisextana*** Nel et Papazian, fam. Libellulidae – Odonate connu surtout par ses ailes isolées, l'antérieure mesurant 4,5 à 4,8 cm de long. **Oligocène sup. :** Bouches-du-Rhône (bassin d'Aix-en-Provence). Pl. 186, fig. 15 (c'est à cette espèce que se rapportent très probablement les grandes larves d'Odonates, telles que celle représentée ici pl. 186, fig. 16, et qui sont très fréquentes dans les mêmes gisements).

* ***Mastotermes gallica*** Nel, fam. Mastotermitidae – Gros termite (Dictyoptère) mesurant 1,5 cm de longueur du corps et 3 cm de longueur totale (ailes comprises). **Oligocène sup. :** Bouches-du-Rhône (bassin d'Aix-en-Provence). Pl. 187, fig. 2.

* ***Calosoma agassizi*** Barthélemy-Lapommeraye, fam. Carabidae – Coléoptère bien reconnaissable à ses élytres finement striées et présentant chacune trois séries longitudinales de ponctuations. Longueur du corps : 2,3 cm. **Oligocène sup. :** Bouches-du-Rhône (bassin d'Aix-en-Provence). Pl. 186, fig. 13.

* ***Hipporhinus heeri*** Germar, fam. Curculionidae – Coléoptère caractérisé par le thorax subquadrangulaire, finement granuleux, et les élytres ornées de sillons longitudinaux ponctués. Longueur du corps : 1,5 cm. **Oligocène sup. :** Alpes-de-Haute-Provence (rég. de Manosque), Bouches-du-Rhône (bassin d'Aix-en-Provence). Pl. 186, fig. 14.

* ***Megalomerium serratum*** Theobald, fam. Berytidae – Hémiptère au corps grêle, étroit, mesurant 1 cm de longueur, et aux antennes et pattes fines et allongées. **Oligocène sup. :** Alpes-de-Haute-Provence (rég. de Manosque), Bouches-du-Rhône (bassin d'Aix-en-Provence). Pl. 187, fig. 3.

* ***Pimpla antiquus*** Saussure, fam. Ichneumonidae – Hyménoptère à antennes longues (12 mm), thorax ovale et noir, ailes bien développées (12,5 mm de long) et abdomen couvert de tubercules, terminé chez la femelle par une robuste tarière. Longueur (sans les antennes ni la tarière) : 1,5 cm. **Oligocène sup. :** Bouches-du-Rhône (bassin d'Aix-en-Provence). Pl. 187, fig. 6 (femelle).

* ***Polistes industrius*** Theobald, fam. Vespidae – Hyménoptère de couleur brune et noire à abdomen taché de jaune. Longueur totale : 1,5 cm. **Oligocène sup. :** Alpes-de-Haute-Provence (rég. de Manosque). Pl. 187, fig. 7.

* ***Neorinopis sepulta*** Boisduval *(Cyllo –)*, fam. Nymphalidae – Lépidoptère remarquable par son aile postérieure terminée en pointe et mesurant 2,5 cm de long. **Oligocène sup. :** Bouches-du-Rhône (bassin d'Aix-en-Provence). Pl. 186, fig. 11, 12.

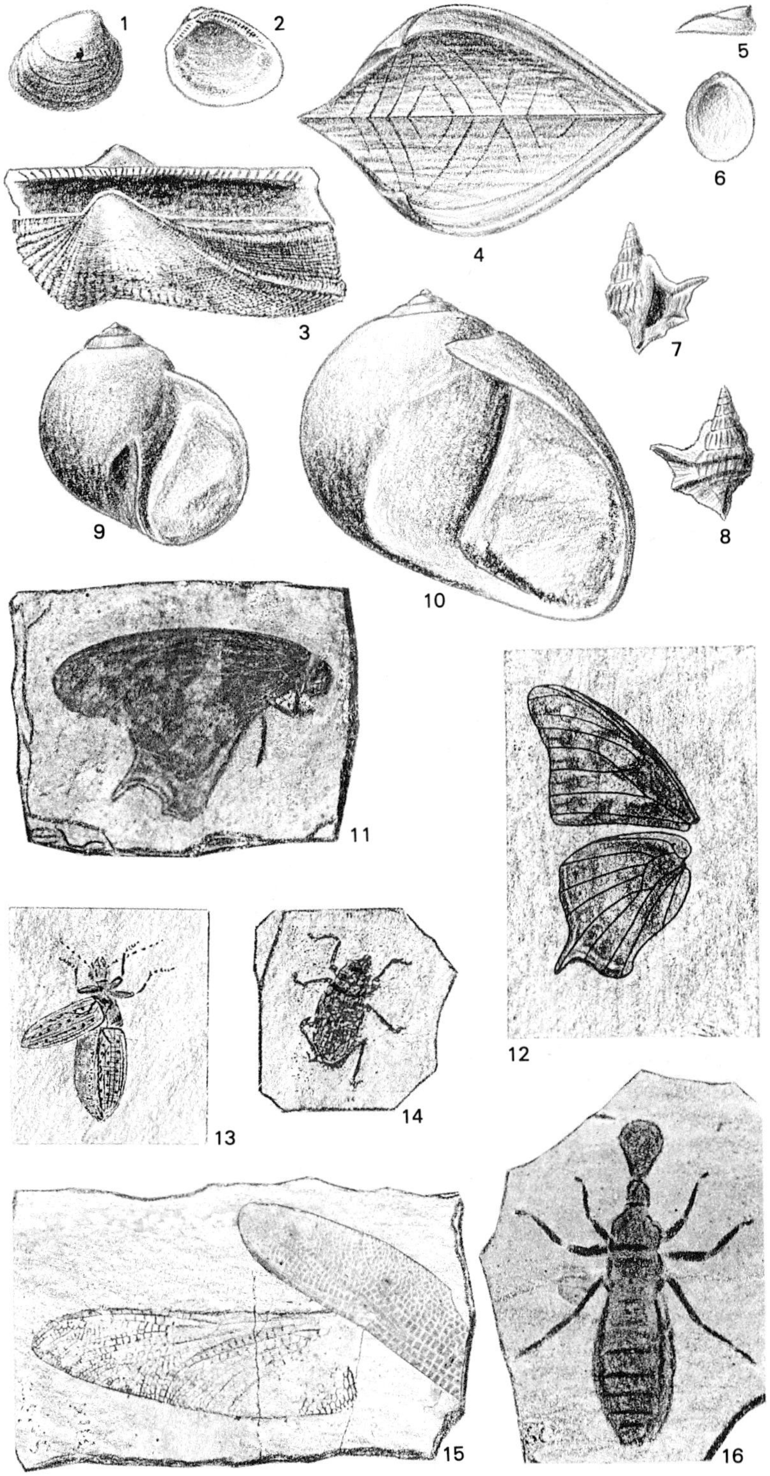

Planche 186 : OLIGOCÈNE

1, 2. *Nucula greppini* – 3, 4 *Arca sandbergeri* – 5, 6. *Hipponix bistriatus* – 7, 8. *Aporrhais speciosus* – 9. *Lunatia achatensis* – 10. *Cernina compressa* – 11, 12. *Neorinopis sepulta* – 13. *Calosoma agassizi* – 14. *Hipporhinus heeri* – 15, 16. *Paleotramea aquisextana*.

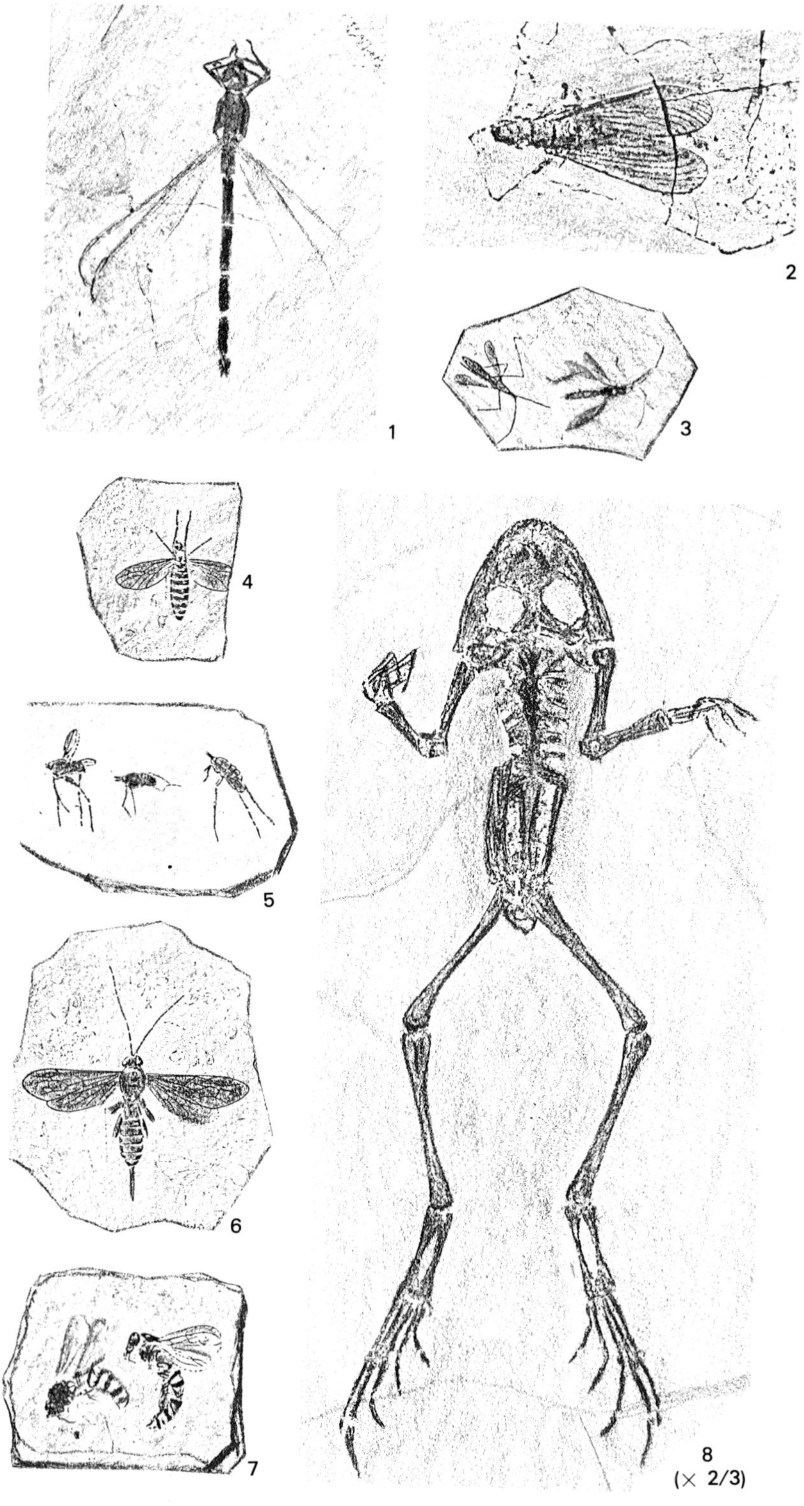

Planche 187 : OLIGOCÈNE

1. *Lestes ceresti* – 2. *Mastotermes gallica* – 3. *Megalomerium serratum* – 4. *Plecia guinieri* – 5. *Tetanocera variciliata* – 6. *Pimpla antiquus* – 7. *Polistes industrius* – 8. *Rana aquensis*.

* ***Tetanocera variciliata*** Theobald, fam. Borboridae – Petit Diptère à corps noir, dont la longueur est comprise entre 0,5 et 0,6 cm. **Oligocène sup.** : Alpes-de-Haute-Provence (rég. de Manosque). Pl. 187, fig. 5 (mâles et femelle).

* ***Plecia guinieri*** Theobald, fam. Bibionidae – Diptère à tête et thorax noirs, abdomen plus clair, ailes brunes. Le corps peut atteindre presqu'un cm de long. **Oligocène sup.** : Alpes-de-Haute-Provence (rég. de Manosque), Bouches-du-Rhône (bassin d'Aix-en-Provence). Pl. 187, fig. 4 (femelle).

ÉCHINODERMES Échinides irréguliers

Echinocyamus piriformis Agassiz *(Fibularia –)*, fam. Fibulariidae – Dim. max. : e/L/l = 0,4/1,2/1 cm. **Oligocène** : Gironde (rég. de Bordeaux). Pl. 188, fig. 6-8.

Scutella agassizi Oppenheim, fam. Scutellidae – Dim. max. : e/L/l = 0,8/5/5,2 cm. **Oligocène** : Gironde (rég. de Libourne et de Bordeaux), Landes (rég. de Dax). Pl. 188, fig. 3-5.

Eupagatus ornatus Defrance *(Spatangus – , Brissoides –)*, fam. Brissidae – Dim. max. : h/L/l = 2/5/4 à 4,5 cm. **Oligocène** : Pyrénées-Atlantiques (Biarritz), Landes (rég. de Dax) ; cette espèce apparaît à l'Eocène (Bartonien) en Espagne et en Italie. Pl. 188, fig. 1, 2.

ÉLASMOBRANCHES Sélaciens

Notorhynchus primigenius Agassiz *(Notidanus – Hexanchus –)*, fam. Hexanchidae – Dents très variables, pouvant atteindre 2 à 3 cm de hauteur et 3 cm de longueur, toujours caractérisées par la présence de denticules au bord antérieur du cône principal, et par le grand développement de la racine. **Oligocène** : dans toute l'Europe occidentale ; cette espèce apparaît à l'Eocène (Bartonien) et se poursuit dans le Miocène. Pl. 189, fig. 11-13.

Odontaspis cuspidata Agassiz *(Lamna denticulata)*, fam. Odontaspidae – Dents élancées, à couronne lisse, pourvues d'une ou de deux paires de denticules latéraux, pouvant atteindre 4,5 cm de hauteur et 2 à 2,5 cm de longueur basale (racine comprise). **Oligocène** : dans toute l'Europe occidentale ; cette espèce apparaît à l'Eocène et se poursuit dans le Miocène. Pl. 189, fig. 6-9.

Odontaspis acutissima Agassiz *(Lamna contortidens)* – Cette espèce diffère de la précédente par ses dents un peu plus petites, plus élancées et dont la couronne est généralement striée. **Oligocène** : dans toute l'Europe occidentale ; cette espèce se poursuit dans le Miocène.

Procarcharodon angustidens Agassiz *(Carcharodon turgidus)*, fam. Lamnidae – Cette espèce diffère de P. *megalodon* (→ Miocène, Pl. 202, fig. 4) par sa taille moindre (7 cm de hauteur et 12 cm de longueur au maximum), sa forme plus élancée et la présence d'une paire de denticules latéraux plus ou moins crénelés. **Oligocène** : espèce à large répartition européenne.

Carcharhinus priscus Agassiz *(Carcharias –)*, fam. Carcharhinidae – **Oligocène** : espèce à vaste répartition européenne ; se poursuit dans le Miocène (→ Pl. 202, fig. 11, 12).

ACTINOPTÉRYGIENS

Clupea longimana Heckel *(Meletta –)*, fam. Clupeidae – Dim. max. : L/h = 11/2,2 cm. **Oligocène** : Bas-Rhin (bassin de Bouxwiller), Haut-Rhin (fossé de Dannemarie) ; en Allemagne et en Suisse. Pl. 188, fig. 13.

Aeoliscus heinrichi Heckel *(Amphisile –)*, fam. Amphisilidae – Dim. max. : L/h = 10,5/1,7 cm. **Oligocène** : Haut-Rhin, Bas-Rhin (fossé de Dannemarie) ; en Allemagne et en Suisse (Jura bernois, rég. de Lucerne, canton de Bâle). Pl. 189, fig. 5.

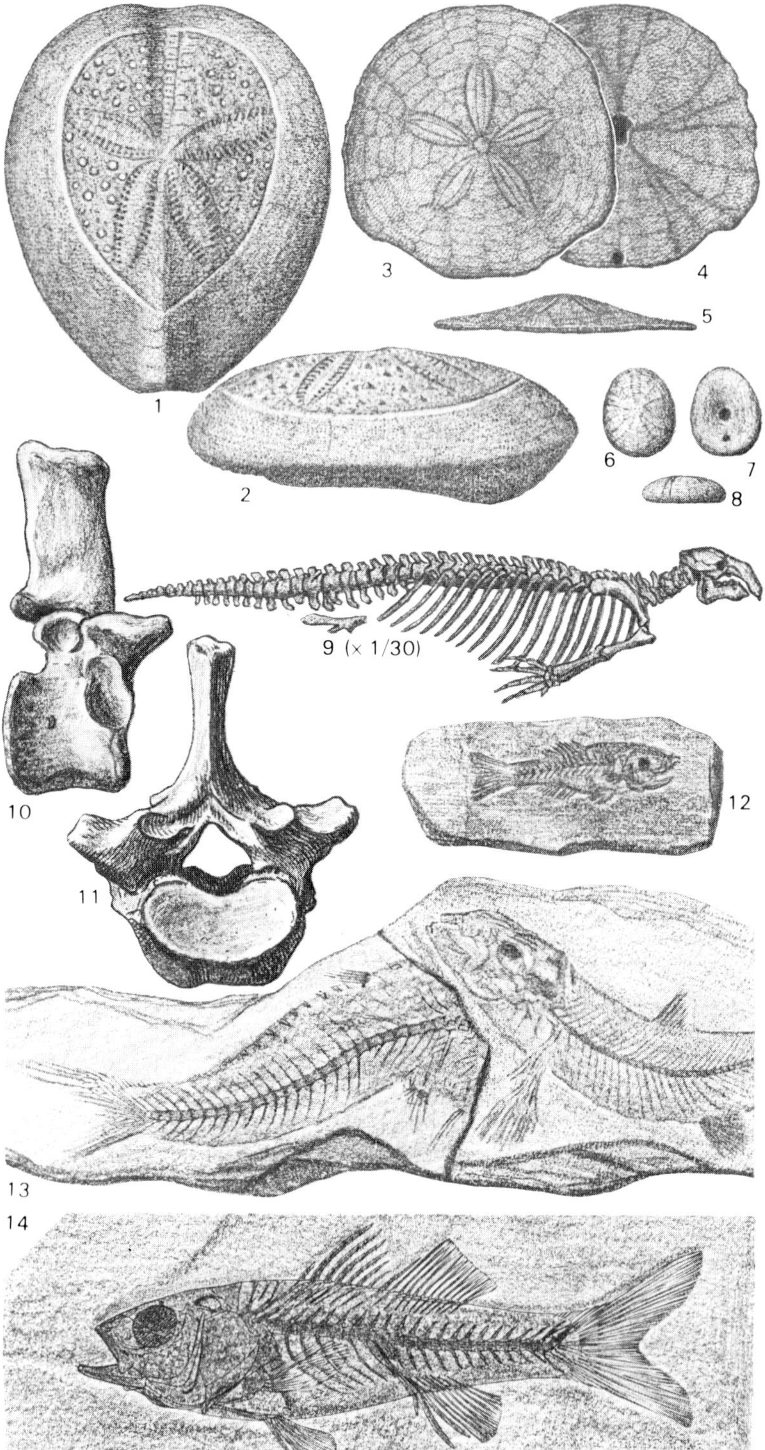

Planche 188 : OLIGOCÈNE

1, 2. *Eupatagus ornatus* – 3-5. *Scutella agassizi* – 6-8. *Echinocyamus piriformis* – 9-11. *Halitherium schinzi* – 12. *Prolebias cephalotes* – 13. *Clupea longimana* – 14. *Dapalis macrurus.*

* ***Prolebias cephalotes*** Agassiz, fam. Cyprinotontidae – Espèce n'excédant pas 3 à 4 cm de long, à nageoires composées de rayons très fins, la dorsale opposée à l'anale, la caudale faiblement échancrée. **Oligocène :** Bouches-du-Rhône (bassin d'Aix-en-Provence). Pl. 188, fig. 12.

(*) ***Dapalis macrurus*** Agassiz *(Smerdis –)*, fam. Serranidae – Espèce pouvant atteindre 20 cm de longueur totale pour 4,5 à 5 cm de hauteur de tronc. **Oligocène :** Vaucluse et Alpes-de-Haute-Provence (bassin d'Apt-Forcalquier-Manosque) ; en Suisse (bassin de Soleure). Pl. 188, fig. 14.

(*) ***Dapalis minutus*** Agassiz *ex* Blainville *(Smerdis –)* – Cette espèce diffère de la précédente par sa forme plus trapue et le fort développement des premiers rayons de sa nageoire dorsale. Dim. max. : L/h = 8/3 cm. **Oligocène :** avec l'espèce précédente.

AMPHIBIENS Anoures

* ***Rana aquensis*** Coquand, fam. Ranidae – Crâne pouvant atteindre 3 cm de long et autant de large, l'animal pouvant mesurer jusqu'à 20 cm de longueur en extension. **Oligocène sup. :** Bouches-du-Rhône (bassin d'Aix-en-Provence). Pl. 187, fig. 8.

MAMMIFÈRES Siréniens

Halitherium schinzi Kaup *(H. guettardi)*, fam. Dugongidae – Corps pouvant atteindre près de 3 m de long, dont 40 cm pour le crâne ; museau étroit, à intermaxillaire incurvé vers le bas et pourvu de chaque côté d'une incisive cylindrique, longue de 10 cm, à grande racine et à couronne conique. Colonne vertébrale composée de 7 vertèbres cervicales, 19 dorsales, 3 lombaires et 25 caudales. **Oligocène :** dans toute l'Europe sud-occidentale. Pl. 188, fig. 9-11 (squelette reconstitué et vertèbre lombaire).

MAMMIFÈRES Carnivores

* ***Eusmilus bidentatus*** Filhol, fam. Felidae – Cette espèce, du groupe des Machairodontoïdes (tigres à dents de sabre), ne dépassait pas 60 cm de haut, le crâne atteignant à peine 20 cm de long. **Oligocène :** dans toute l'Europe occidentale. Pl. 189, fig. 18.

MAMMIFÈRES Artiodactyles

* ***Entelodon magnum*** Aymard, fam. Entelodontidae – Animal atteignant 1,10 m de haut et 1,60 m de long. Incisives (3/3) épaisses et pointues, canines (1/1) très puissantes et coniques, prémolaires (4/4) et molaires (3/3) subquadrangulaires, les premières à un ou deux forts tubercules, les secondes pourvues de deux ou trois tubercules alignés transversalement et d'un bourrelet basal dentelé. **Oligocène :** dans toute l'Europe occidentale. Pl. 189, fig. 14-17 (prémolaires et molaires supérieures et inférieures).

* ***Anthracotherium magnum*** Cuvier, fam. Anthracotheriidae – Animal atteignant la taille du Rhinocéros. Incisives (3/3) grandes, en forme de pelles ; canines (1/1) très robustes, à trois faces ; prémolaires (4/4) différenciées, les P1 et P2 coniques, comprimées, à pointe unique, la P3 triangulaire à deux pointes, la P4 courte à deux tubercules ; molaires (3/3) pourvues de quatre tubercules principaux en V, d'un tubercule intermédiaire antérieur et d'un bourrelet basal bien développé. **Oligocène :** dans toute l'Europe sud-occidentale. Pl. 189, fig. 10 (molaires supérieures).

* ***Cainotherium commune*** Bravais, fam. Cainotheriidae – Crâne ne dépassant pas 7 cm de long. Incisives (3/3), canines (1/1) et prémolaires (4/4) peu

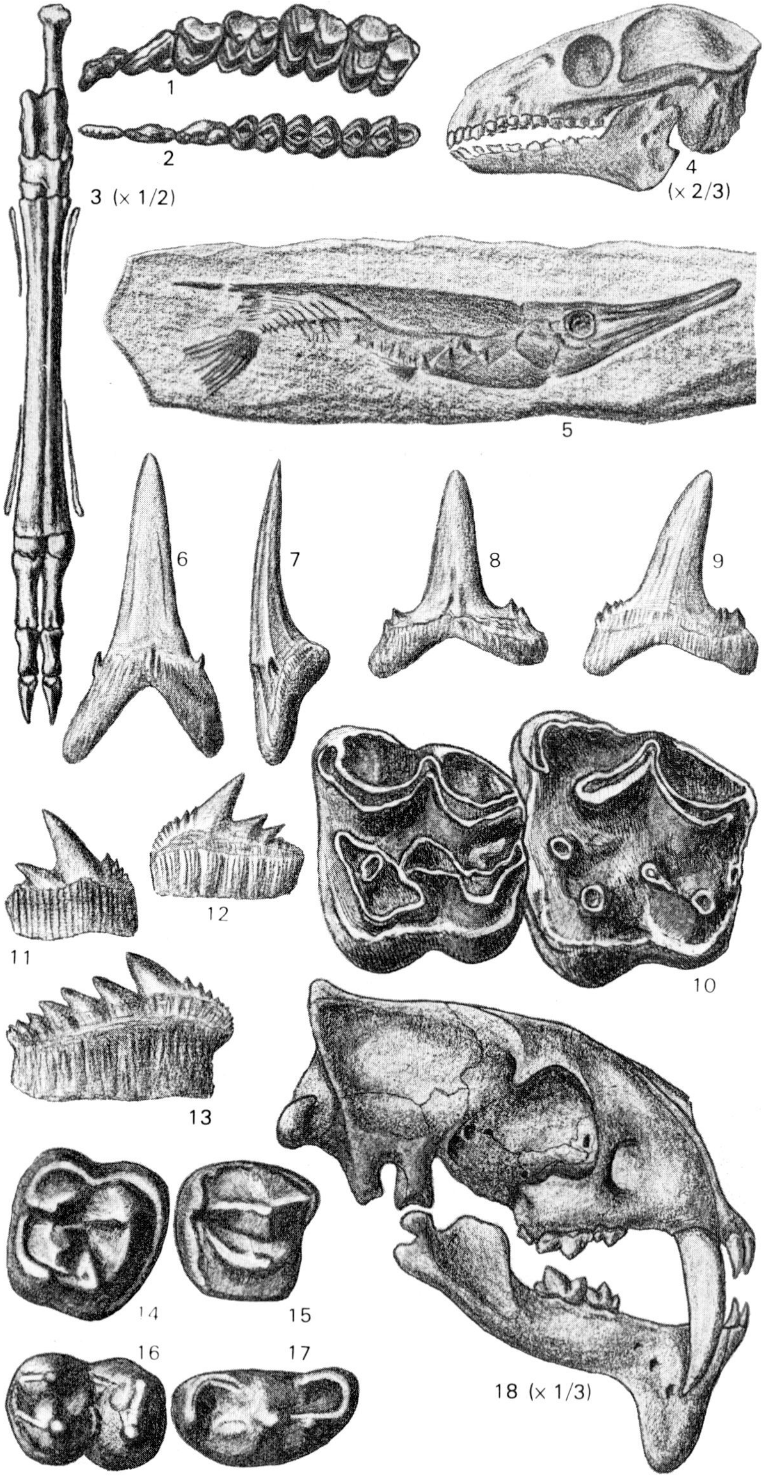

Planche 189 : OLIGOCÈNE

1-3. *Gelocus communis* – 4. *Cainotherium commune* – 5. *Aeoliscus heinrichi* – 6-9. *Odontaspis cuspidata* – 10. *Anthracotherium magnum* – 11-13. *Notorhynchus primigenus* – 14-17. *Entelodon magnum* – 18. *Eusmilus bidentatus*.

différenciées (la P3 plus développée, pourvue d'un croissant externe et d'un croissant interne accompagné d'une pointe) ; molaires (3/3) pourvues de deux tubercules en V et de deux pointes ou tubercules internes. **Oligocène** : dans toute l'Europe sud-occidentale. Pl. 189, fig. 4.

* ***Gelocus communis*** Aymard, fam. Gelocidae – Espèce ne dépassant pas 65 cm de haut et 1,20 m de long, aux membres grêles. Dentition caractéristisée par des molaires à tubercules externes très épais, pyramidaux, et à croissants internes leur correspondant. **Oligocène** : dans toute l'Europe occidentale. Pl. 189, fig. 1, 3 (patte postérieure et séries dentaires supérieure et inférieure).

TRACES

* ***Indusies (calcaires à)*** – Masses mamelonnées formées de tubes agglutinés (fourreaux de 0,8 à 1 cm de diamètre externe et de 0,2 à 0,5 cm de diamètre interne, longs de 2 à 7 cm) imputables à des larves de **Phryganes** (Insectes Névroptères). Ces amas peuvent être encroûtés par des enrobements calcaires dus à l'activité bio-chimique d'Algues incrustantes : on parle alors de « calcaires en choux-fleurs ». Ces amas peuvent atteindre plusieurs décimètres de diamètre. **Oligocène sup.** : Allier (rég. de Vichy, Saint-Gérand-le-Puy), Puy-de-Dôme (rég. de Gergovie), Bouches-du-Rhône (bassin d'Aix-en-Provence) ; cette espèce se poursuit dans le Miocène inf. (Aquitanien).

MIOCÈNE

Le Miocène, première époque du Néogène, a duré environ 18 M.A. et se subdivise ainsi :

PLIOCÈNE

MIOCÈNE	supérieur	Messinien/Turolien ou Pikermien Tortonien	5,3 M.A.
	moyen	Serravallien Langhien / Helvétien	
	inférieur	Burdigalien Aquitanien	23 M.A.

OLIGOCÈNE

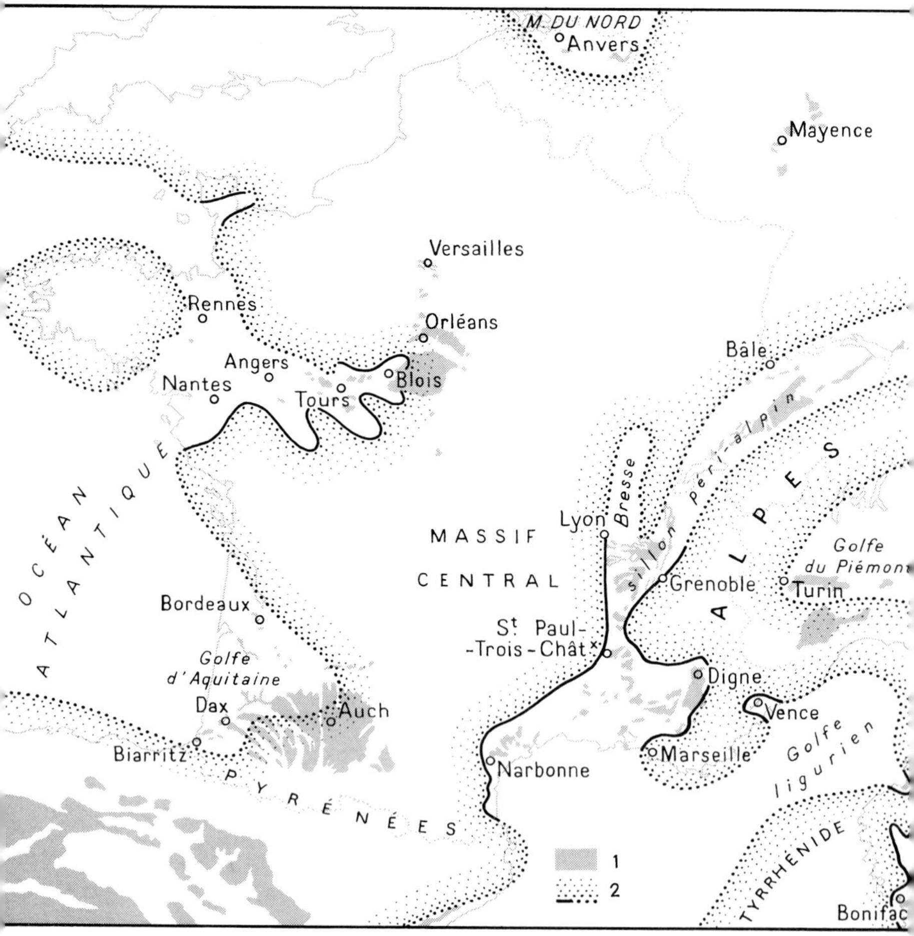

Miocène

1. Principaux affleurements – 2. Limites extrêmes des extensions marines au Miocène.

Les incursions marines du Miocène se limitent, dans nos régions, au golfe d'Anvers (dépendance de la mer du Nord), aux golfes de la Manche occidentale, de la Loire, de la Vendée, de l'Aquitaine (dépendances du domaine atlantique), et aux fosses périalpines (dépendances de la Téthys occidentale, celle-ci se trouvant partiellement isolée de la Téthys orientale par les Alpes, le Massif corso-sarde et la Tyrrhénide).

C'est, dans les golfes du domaine atlantique, l'époque des calcaires sableux coquilliers (faluns), tandis que la molasse s'accumule au pied des massifs alpin et pyrénéen, et qu'en mer du Nord se sédimentent surtout des sables et des marnes.

Les flores continentales de la base du Miocène, telles qu'on peut les observer dans les bassins provençaux et languedociens, s'apparentent étroitement à celles de l'Oligocène (avec lesquelles elles se trouvent en continuité stratigraphique), tandis que les végétations du Miocène terminal (telles que celles contenues dans la molasse d'Oeningen, près du lac de Constance) se rattachent directement à la flore pliocène (voir aux pages correspondantes). Toutes deux sont caractéristiques d'un climat chaud et humide, remarquable par sa stabilité.

Les Mammifères réalisent, au cours du Miocène, une nouvelle poussée évolutive qui va les conduire à leur apogée, et qui est marquée notamment par la diversification et l'augmentation de taille des Proboscidiens.

Les Invertébrés marins se renouvellent presque totalement au niveau des espèces dont certaines, apparues dès le Miocène inférieur, vont persister jusque dans la nature actuelle.

Voici quelles sont les espèces les plus représentatives du Miocène.

ANTHOZOAIRES Hexacoralliaires

Stylophora raristella Defrance, fam. Pocilloporidae – Colonies branchues à rameaux cylindriques ou foliacés ; calices très petits, n'excédant pas 1 mm de diamètre et présentant 6 éléments radiaires qui se soudent à une columelle styliforme. **Miocène inf.** et **moy.** : Gironde (rég. de Bordeaux), Landes (rég. de Dax), Bouches-du-Rhône (Massif de la Nerthe) ; en Italie et en Espagne (Catalogne). Pl. 190, fig. 3.

Pocillopora madreporacea Lamarck, fam. Pocilloporidae – Polypier formant de grosses branches ; calices subcirculaires, larges de 1 à 1,5 mm, présentant 12 éléments radiaires qui se réunissent au centre pour former une petite protubérance. **Aquitanien** et **Burdigalien** : Gironde (rég. de Bordeaux), Landes (rég. de Dax), Bouches-du-Rhône (Massif de la Nerthe) ; en Italie. Pl. 190, fig. 1.

Acropora exarata Michelotti, fam. Acroporidae – Polypier formant des branches de 0,6 à 2 cm de diamètre ; calices peu saillants, inégaux, larges de 1 à 2 mm et montrant 12 septes ; surface intercalicinale finement costulée. **Miocène inf.** et **moy.** : Loir-et-Cher, Indre-et-Loire, Gironde (rég. de Bordeaux), Landes (rég. de Dax), Bouches-du-Rhône (Massif de la Nerthe) ; en Italie. Pl. 190, fig. 9.

Acropora lavandulina Michelin – Cette espèce diffère de la précédente par ses calices beaucoup plus saillants et profonds, et sa surface intercalicinale plus fortement costulée. **Aquitanien** et **Burdigalien** : Gironde (rég. de Bordeaux), Landes (rég. de Dax) ; en Italie. Cette espèce apparaît à l'Oligocène. Pl. 190, fig. 10.

Porites collegniana Michelin *(P. incrustans)*, fam. Poritidae – Polypier composé formant des colonies globuleuses ou lamellaires de 1 à 15 cm de hauteur, à surface calicinale irrégulièrement bosselée ; calices larges de 1,2 à 1,8 mm, subpolygonaux, très peu profonds, montrant 12 à 20 éléments radiaires. **Aquitanien** et **Burdigalien** : Gironde (rég. de Bordeaux), Landes (rég. de Dax), Bouches-du-Rhône (Massif de la Nerthe) ; en Italie et en Espagne. Pl. 190, fig. 2.

Heliastraea (Aquitanastraea) piveteaui Chevalier, fam. Heliastraeidae – Colonies de forme très variable, à calices subcirculaires, larges de 4 à 7 mm et présentant 44 à 52 éléments radiaires qui convergent vers une columelle centrale de 1,5 à 2 mm de diamètre. **Aquitanien** et **Burdigalien** : Gironde (rég. de Bordeaux), Landes (rég. de Dax), Bouches-du-Rhône (Massif de la Nerthe) ; en Italie. Pl. 190, fig. 4.

Heliastraea (Aquitanastraea) guettardi Michelin – Cette espèce se reconnaît à ses calices atteignant 0,8 à 1 cm de diamètre et pourvus de 50 à 60 éléments radiaires convergeant vers une columelle épaisse de 2 à 2,5 mm. **Miocène inf.** et **moy.** : espèce à vaste répartition sud-européenne.

Tarbellastraea ellisiana Defrance, fam. Heliastraeidae – Colonies de forme très variable, à calices subcirculaires, larges de 1,5 à 4 mm, assez saillants et présentant plus de 24 éléments radiaires qui convergent vers une columelle spongiomorphe. **Aquitanien** et **Burdigalien** : Gironde (rég. de Bordeaux), Landes (rég. de Dax, Peyrehorade), Bouches-du-Rhône (Massif de la Nerthe), en Italie et en Espagne. Pl. 190, fig. 5.

Thegioastraea diversiformis Michelin, fam. Heliastraeidae – Colonies de forme variable à calices inégaux, subpolygonaux, de 1 à 1,5 cm de diamètre et présentant 30 à 44 éléments radiaires convergeant vers une columelle de 2 mm de diamètre. **Miocène inf.** et **moy.** : espèce à vaste répartition sud-européenne. Pl. 190, fig. 7.

Cladangia crassoramosa Michelin, fam. Rhizangiidae – Polypier formant des branches de 3 à 4,5 cm de diamètre ; calices circulaires irrégulièrement disposés, larges de 3,5 à 5 mm et présentant 32 à 36 éléments radiaires. **Miocène moy.** : Loir-et-Cher, Indre-et-Loire (rég. de Langeais, Bourgueil, Ligueil...). Pl. 190, fig. 6.

Cladangia semisphaerica Defrance – Cette espèce se distingue de la précédente par sa colonie de forme globuleuse à calices plus larges (5 à 6 mm de diamètre) et ses éléments radiaires plus nombreux (36 à 42). **Miocène moy.** : Loir-et-Cher, Indre-et-Loire, Gironde, Landes ; en Italie.

Sphenotrochus milletianus Defrance, fam. Caryophylliidae – Polypier simple, cunéiforme, à thèque costulée (lisse chez les spécimens usés) et calice elliptique pourvu d'un petit nombre d'éléments radiaires qui convergent vers une columelle lamellaire. Dim. max. : h/D/d = 1/0,6/0,3 cm. **Miocène moy.** : Indre-et-Loire, Maine-et-Loire, Pyrénées-Atlantiques ; cette espèce se poursuit dans le Pliocène. Pl. 190, fig. 12.

Dendrophyllia amica Michelotti, fam. Dendrophylliidae – Colonie massive émettant des polypiérites subcylindriques larges en moyenne de 1 cm ; thèque costulée longitudinalement ; calices présentant de très nombreux éléments radiaires (environ 80) qui sont flexueux et plus ou moins anastomosés. **Miocène moy.** : Loir-et-Cher, Indre-et-Loire (rég. de Langeais, Bourgueil...), Maine-et-Loire (rég. de Noyant) ; en Italie et en Espagne ; cette espèce se poursuit dans le Pliocène. Pl. 190, fig. 8.

Dendrophyllia digitalis Michelin – Cette espèce diffère de la précédente par ses calices plus étroits (4,5 à 8 mm de diamètre) et pourvus de seulement 50 à 70 éléments radiaires. **Miocène moy.** : Loir-et-Cher, Indre-et-Loire, Maine-et-Loire ; en Italie..

Dendrophyllia colonjoni Falsan et Locard *ex* Thiollère – Espèce à calices encore plus étroits (3 à 3,7 mm) et pourvus de seulement 24 éléments radiaires. **Tortonien** : Rhône (rég. de Lyon), Isère, Drôme, Bouches-du-Rhône.

Turbinaria cyathiformis Blainville, fam. Turbinariidae – Polypier composé, plus ou moins cupuliforme, pouvant atteindre 8 à 10 cm de diamètre ; surface calicinale finement costulée, à calices faiblement saillants, larges de 1,5 à 3 mm, irrégulièrement disposés, présentant 16 à 35 éléments radiaires (généralement une vingtaine). **Aquitanien** et **Burdigalien** : Gironde (rég. de Bordeaux), Landes (rég. de Dax), Bouches-du-Rhône (Massif de la Nerthe) ; en Italie. Pl. 190, fig. 11.

BRYOZOAIRES Cyclostomes

Hornera reteporacea Milne-Edwards, fam. Horneridae – Zoarium foliacé, flabelliforme, pouvant atteindre 10 cm de hauteur et de largeur, réticulé (rameaux étroitement anastomosés), à zoécies s'ouvrant sur une seule face. **Miocène inf.** et **moy.** : Manche, Côte-du-Nord, Ille-et-Vilaine (rég. de Rennes),

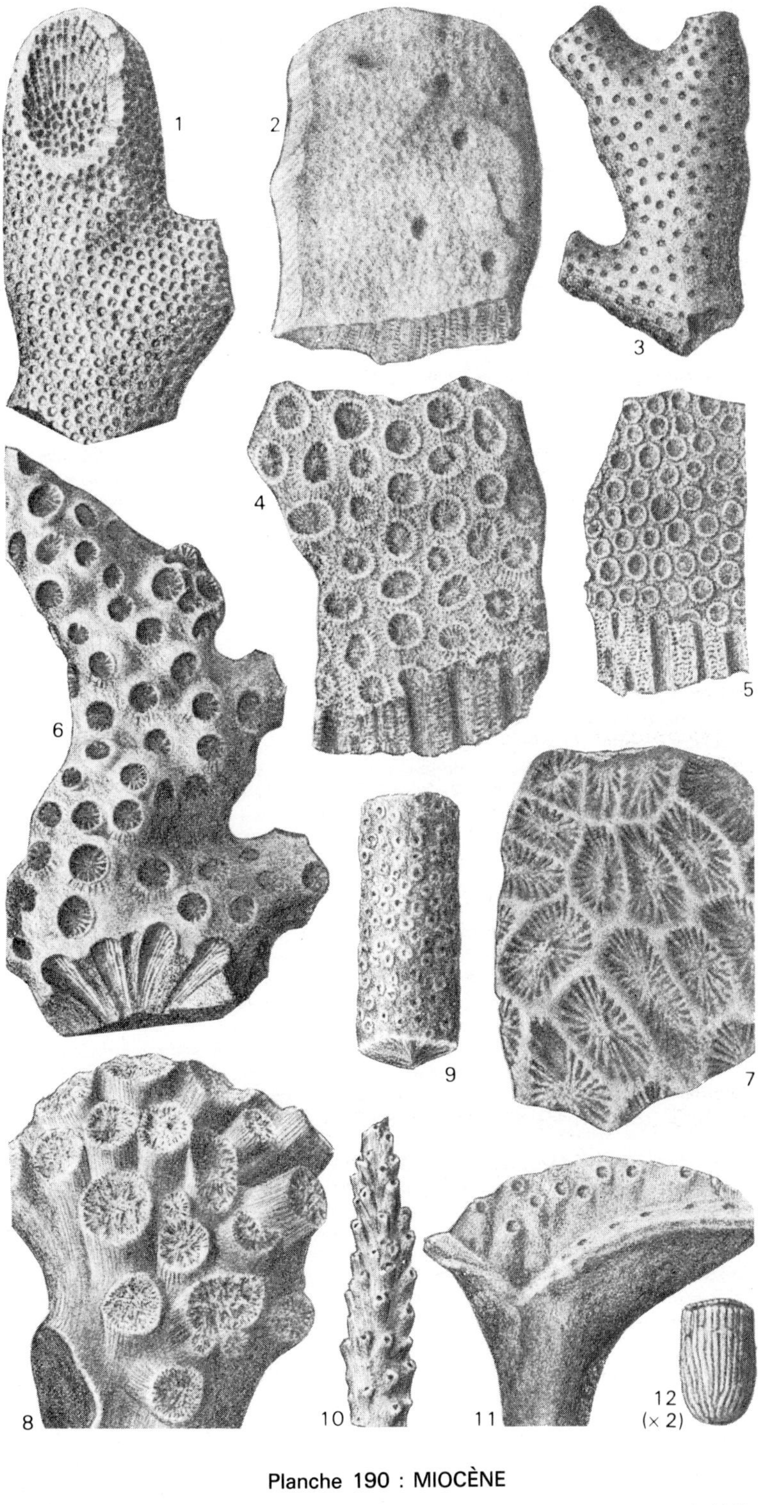

Planche 190 : MIOCÈNE

1. *Pocillopora madreporacea* – 2. *Porites collegniana* – 3. *Stylophora raristella* – 4. *Heliastraea piveteaui* – 5. *Tarbellastraea ellisiana* – 6. *Cladangia crassoramosa* – 7. *Thegioastraea diversiformis* – 8. *Dendrophyllia amica* – 9. *Acropora exarata* – 10. *A. lavandulina* – 11. *Turbinaria cyathiformis* – 12. *Sphenotrochus milletianus.*

Mayenne, Loir-et-Cher, Indre-et-Loire, Maine-et-Loire, Loire-Atlantique, Vienne, Gironde (rég. de Bordeaux) ; cette espèce se poursuit dans le Pliocène. Pl. 191, fig. 1.

Reteporidea coronopus Canu et Bassler, fam. Petaloporidae – Zoarium branchu à rameaux cylindriques de 1 mm de diamètre se ramifiant par dichotomie ; zoécies disposées sur deux faces par lignées opposées. **Burdigalien** et **Miocène moy.** : Vaucluse (rég. de Valréas), Gard (rég. de Mur), Hérault (rég. de Sauveterre). Pl. 191, fig. 3.

Ceriopora tumulifera Canu et Lecointre, fam. Heteroporidae – Zoarium globuleux, pouvant atteindre 6 cm de diamètre, à surface mamelonnée. **Miocène moy.** : Ille-et-Vilaine (rég. de Rennes), Loir-et-Cher, Indre-et-Loire, Maine-et-Loire. Pl. 191, fig. 4.

BRYOZOAIRES Cheilostomes

Steginoporella elegans Milne-Edwards, fam. Stegionoporellidae – Zoarium très polymorphe, bilamellaire, pouvant atteindre environ 10 cm de hauteur et de largeur, à zoécies disposées très régulièrement. **Burdigalien** et **Miocène moy.** : Loir-et-Cher, Indre-et-Loire, Maine-et-Loire, Vienne, Gironde, Landes, Drôme. Pl. 191, fig. 5.

Metrarabdotos helveticum Roger et Buge *(Trigonopora –)*, fam. Adeonidae – Espèce très voisine de *M. moniliferum* (→ Pliocène, Pl. 206, fig. 2). **Miocène moy.** : Manche, Côtes-du-Nord, Loir-et-Cher, Indre-et-Loire, Maine-et-Loire, Vienne.

Celleporaria palmata Michelin *(Holoporella –)*, fam. Celleporidae – Zoarium de forme très variable, massif, globuleux ou arborescent, plus ou moins tubéreux ou mamelonné, pouvant atteindre 20 cm de hauteur ; zoécies à ouverture circulaire, irrégulièrement disposées. **Miocène moy.** : Manche, Côtes-du-Nord, Loir-et-Cher, Indre-et-Loire, Maine-et-Loire, Loire-Atlantique ; cette espèce se poursuit dans le Pliocène. Pl. 191, fig. 2.

MOLLUSQUES Scaphopodes

Dentalium (Antalis) exlamarcki Sacco, fam. Dentaliidae – Coquille de section circulaire, lisse dans le jeune âge et s'ornant progressivement de 6 fines costules longitudinales. Dim. max. : h/d = 3,2/0,3 cm. **Miocène inf.** : Gironde (rég. de Bordeaux), Landes (rég. de Dax). Pl. 191, fig. 6.

Dentalium (Antalis) brevifissum Deshayes – Coquille de section circulaire, pourvue de fines et nombreuses stries longitudinales qui disparaissent en fin de croissance. Dim. max. : h/d = 7/0,6 cm. **Miocène moy.** : Indre-et-Loire (Touraine) ; cette espèce se poursuit dans le Pliocène (Redonien). Pl. 191, fig. 8.

Dentalium (Laevidentalium) burdigalinum Mayer-Eymar – Coquille de section circulaire, dépourvue de fente apicale, à surface entièrement lisse et brillante. Dim. max. : h/d = 4,6/0,3 cm. **Miocène inf.** et **moy.** : Gironde (rég. de Bordeaux), Landes (rég. de Dax). Pl. 191, fig. 7.

MOLLUSQUES Bivalves

Nucula nucleus Linné, fam. Nuculidae – **Miocène** : espèce à vaste répartition européenne, se poursuit dans l'Actuel (→ Pliocène, Pl. 206, fig. 6, 7).

Arca noae Linné, fam. Arcidae – **Miocène** : espèce à vaste répartition européenne, se poursuivant dans l'Actuel (domaine méditerranéen) (→ Pliocène, Pl. 206, fig. 5).

Barbatia barbata Linné *(Arca –)*, fam. Arcidae – Dim. max. : h/L/e = 3/5,5/2 cm. **Burdigalien** à **Tortonien** : espèce à vaste répartition européenne, se poursuivant dans l'Actuel (domaine méditerranéen). Pl. 191, fig. 9.

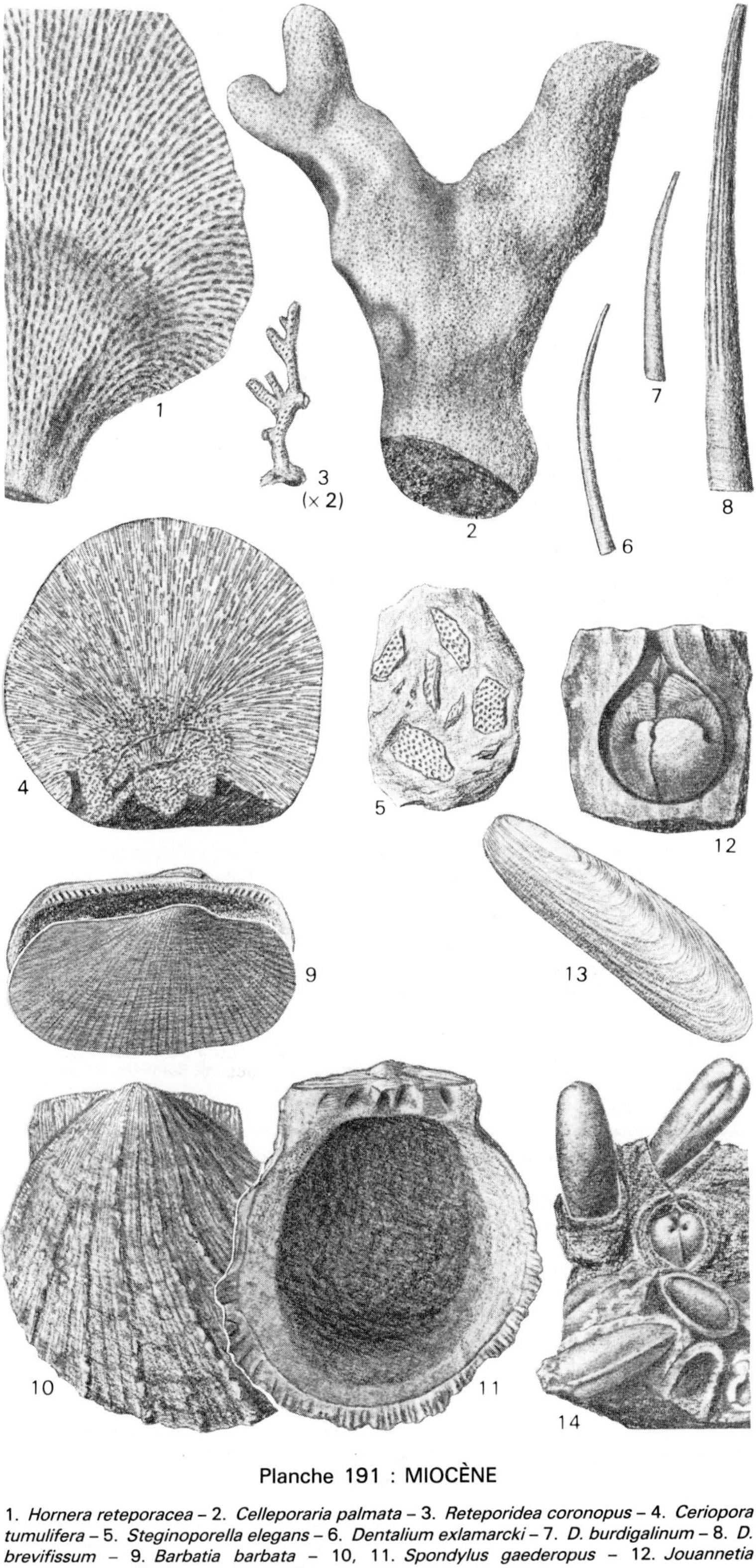

Planche 191 : MIOCÈNE

1. *Hornera reteporacea* – 2. *Celleporaria palmata* – 3. *Reteporidea coronopus* – 4. *Ceriopora tumulifera* – 5. *Steginoporella elegans* – 6. *Dentalium exlamarcki* – 7. *D. burdigalinum* – 8. *D. brevifissum* – 9. *Barbatia barbata* – 10, 11. *Spondylus gaederopus* – 12. *Jouannetia semicaudata* – 13, 14. *Lithophaga lithophaga*.

Anadara diluvii Lamarck *(Arca –)*, fam. Arcidae – **Miocène :** espèce à vaste répartition européenne, se poursuivant dans l'Actuel (domaine surtout méditerranéen) (→ Pliocène, Pl. 206, fig. 10, 11).

Anadara turonica Dujardin *(Arca –)* – Espèce voisine de la précédente dont elle diffère par sa forme sensiblement plus allongée, ses côtes radiales moins régulières et la présence de ponctuations sur les chevrons de l'aire cardinale. Dim. max. : h/L/e = 4/6/4 cm. **Burdigalien** à **Tortonien** : espèce largement répandue en France et dans les régions méditerranéennes, se poursuivant au Pliocène (Redonien). Pl. 196, fig. 2.

Glycymeris bimaculata Poli *(Pectunculus deshayesi)*, fam. Glycymerididae – Coquille toujours reconnaissable à ses valves fortement convexes et de contour très régulièrement arrondi. Dim. max. : h/L/e = 14/14 à 14,5/9 cm. **Miocène :** dans toute l'Europe occidentale ; cette espèce se poursuit jusque dans l'Actuel (Méditerranée). Pl. 193, fig. 1, 2.

Lithophaga lithophaga Linné *(Lithodomus –)*, fam. Mytilidae – Dim. max. : L/l/e = 9/2, 5/2, 5 à 3 cm. On ne retrouve parfois de cette espèce que le remplissage des terriers qu'elle a forés dans le calcaire. **Miocène :** dans toute l'Europe sud-occidentale ; cette espèce se poursuit jusque dans l'Actuel (domaine méditerranéen). Pl. 191, fig. 13, 14 (coquille et traces).

Chlamys scabrella Lamarck *(Pecten seniensis)*, fam. Pectinidae – Valves à ornementation radiale composée de 15 à 18 côtes principales, arrondies ou subanguleuses, auxquelles s'adjoint un nombre variable de costules finement écailleuses. Dim. max. : h/L/e = 4,5/4,5/2 à 2,5 cm. **Burdigalien** à **Tortonien :** espèce à vaste répartition sud-européenne (domaine méditerranéen), se poursuivant jusque dans le Pléistocène. Pl. 192, fig. 1.

Chlamys praescabriuscula Fontannes – Valves ornées de 15 à 16 côtes principales, arrondies et peu élevées, auxquelles s'adjoignent 4 ou 5 costules secondaires. Dim. max. : h/L/e = 4,5/4,5/2 à 2,5 cm. **Burdigalien sup. :** Ain (rég. de Bellegarde), Drôme (bassin de Crest, rég. de Marsanne), Ardèche, Gard, Vaucluse. Pl. 192, fig. 2.

Chlamys scabriuscula Matheron *(Aequipecten cavarum)* – Valves ornées de 15 à 18 côtes radiales arrondies, que croisent des lamelles concentriques devenant progressivement écailleuses et se transformant en files radiales au nombre de 8 sur les côtes et de 4 dans les intervalles. Dim. max. : h/L/e = 11/11/5,5 cm. **Miocène moy.** et **sup. :** Isère, Gard (rég. de Sommières), Bouches-du-Rhône ; en Italie. Pl. 192, fig. 4.

Chlamys northamptoni Michelotti *(Aequipecten bonifaciensis)* – Valves ornées de 14 ou 15 côtes radiales principales, saillantes et arrondies, pourvues de costules plus ou moins fortement épineuses. Dim. max. : h/L/e = 7,5/7,5/2,5 à 3 cm. **Burdigalien** et **Miocène moy. :** Vaucluse (rég. d'Apt et d'Avignon), Gard (rég. de Sommières), Corse (Bonifacio) ; en Italie ; espèce apparaissant à l'Oligocène.

Chlamys tournali Serres – Grande espèce à valves ornées d'une quinzaine de côtes radiales lisses ou finement striées transversalement, les latérales étant très estompées. Dim. max. : h/L/e = 13/15/4 à 5 cm. **Burdigalien** et **Miocène moy. :** Drôme (rég. de Marsanne), Vaucluse, Hérault (rég. de Montpellier) ; en Italie (rég. de Turin). Pl. 192, fig. 3.

Chlamys pusio Linné *(C. tauroperstriatus, Pecten multistriatus, P. nimius)* – **Burdigalien** à **Tortonien :** Espèce à vaste répartition sud-européenne (domaine méditerranéen), se poursuivant jusque dans l'Actuel (→ Pliocène, Pl. 207, fig. 2).

Chlamys palmata Lamarck *(Pecten crestensis)* – Coquille épaisse à valves ornées de larges côtes radiales plates qu'accompagnent des costules plus ou moins nombreuses et accentuées. Dim. max. : h/L/e = 8/8,5 à 9/3 cm. **Burdigalien :** Drôme (bassin de Crest), Alpes-de-Haute-Provence (bassin de Forcalquier) ; en Suisse dans le **Miocène moy.** Pl. 192, fig. 5.

Hinnites crispus Brocchi, fam. Pectinidae – **Miocène moy. :** Maine-et-Loire (rég. de Doué-la-Fontaine), Gironde ; cette espèce se poursuit dans le Pléistocène (→ Pliocène, Pl. 207, fig. 4).

Planche 192 : MIOCÈNE

1. *Chlamys scabrella* – 2. *C. praescabriuscula* – 3. *C. tournali* – 4. *C. scabriuscula* – 5. *C. palmata* – 6. *Gastrana fragilis* – 7, 8. *Crassatina concentrica* – 9. *Dosinia exoleta.*

Pecten fuchsi Fontannes, fam. Pectinidae – Valve droite convexe et valve gauche plane, ornées l'une et l'autre de 17 à 20 côtes arrondies (tendant à être anguleuses sur la valve gauche). Dim. max. : h/L/e = 4,5/5/2 cm. **Burdigalien** à **Tortonien** : espèce à vaste répartition sud-européenne (essentiellement du domaine méditerranéen). Pl. 193, fig. 3, 4.

Pecten beudanti Basterot – Cette espèce se distingue de la précédente par ses côtes moins saillantes, tendant à s'élargir et s'aplatir vers la périphérie, et au nombre de 15 ou 16 seulement. Dim. max. : h/L/e = 8/9/3 cm. **Miocène inf.** : Gironde (rég. de Bordeaux).

Pecten (Oppenheimopecten) benedictus Lamarck – Valves ornées de 11 ou 12 côtes principales arrondies, lisses, plus larges que leurs intervalles, et de quelques côtes latérales. Dim. max. : h/L/e = 8/8 à 8,5/3 à 3,5 cm. **Burdigalien** à **Tortonien** : Maine-et-Loire (rég. d'Angers), Drôme, Vaucluse, Pyrénées-Orientales ; en Italie et en Espagne (rég. de Barcelone) ; cette espèce se poursuit dans le Pliocène. Pl. 193, fig. 6, 7.

Pecten (Oppenheimopecten) subbenedictus Fontanes – Cette espèce diffère de la précédente par sa valve droite plus fortement bombée. Dim. max. : h/L/e = 7/8/4 cm. **Burdigalien** : Ain (rég. de Bellegarde), Drôme (bassin de Crest), Gard, Vaucluse (rég. d'Avignon), Alpes-de-Haute-Provence, Alpes-Maritimes ; en Suisse. Pl. 193, fig. 5.

Pecten (Flabellipecten) fraterculus Sowerby – Valves faiblement convexes (la gauche presque plane) ornées de 12 à 18 côtes principales presques planes, plus larges que leurs intervalles et que croisent de nombreuses lamelles d'accroissement. Dim. max. : h/L/e = 10/11/4 cm. **Miocène** : espèce à vaste répartition sud-européenne (domaines méditerranéen et atlantique), se poursuivant dans le Pliocène. Pl. 194, fig. 3.

Pecten (Amussiopecten) burdigalensis Lamarck – Valves faiblement convexes (la droite plus bombée que la gauche), ornées de 12 à 14 côtes radiales faiblement arrondies, croisées de fines lamelles d'accroissement, et qui s'estompent progressivement pour disparaître vers la périphérie. Dim. max. : h/L/e = 13,5/15/4 à 4,5 cm. **Miocène inf.** et **moy.** : espèce largement répandue en Europe sud-occidentale. Pl. 194, fig. 4.

Spondylus gaederopus Linné, fam. Spondylidae – Coquille irrégulière, fixée par la valve droite, à surface ornée de côtes radiales épineuses entre lesquelles s'intercalent des costules plus fines, elles-mêmes intercalées de costules encore plus étroites. Dim. max. : h/L/e = 8/7 à 8/4 à 5 cm. **Miocène** : espèce à large répartition sud-européenne (domaines atlantique et méditerranéen), se poursuivant jusque dans l'Actuel. Pl. 191, fig. 10, 11.

Anomia ephippium Linné, fam. Anomiidae – **Miocène** : espèce à vaste répartition sud-européenne (domaines atlantique et méditerranéen), apparaissant à l'Oligocène et se poursuivant dans l'Actuel. (→ Pliocène, Pl. 207, fig. 10, 11).

Lima lima Linné, fam. Limidae – **Miocène** : espèce à vaste répartition européenne se poursuivant jusque dans l'Actuel (→ Pliocène, pl. 207, fig. 7).

Crassostrea gryphoides Schlotheim *(Ostrea crassissima, O. gigensis)*, fam. Ostreidae – Espèce à valves très épaisses, extrêmement variable dans sa forme et ses proportions, pouvant atteindre exceptionnellement 60 cm de hauteur pour 20 cm de longueur et 30 cm d'épaisseur ; la hauteur du talon est elle-même extrêmement variable. **Miocène moy. et sup.** : espèce à très vaste répartition sud-européenne, se poursuivant dans le Pliocène. Pl. 195, fig. 4 (valve droite).

Crassostrea aginensis Tournouer – Espèce très voisine de la précédente, dont elle diffère essentiellement par l'impression musculaire située plus haut. **Miocène inf.** : Gironde (rég. de Bazas), Lot-et-Garonne (Agenais), Hérault (rég. de Montpellier), Bouches-du-Rhône.

Ostrea digitata Eichwald *(O. digitalina)*, fam. Ostreidae – Cette espèce constitue une forme très voisine d'*O. edulis* (→ Pléistocène, Pl. 213, fig. 3). **Burdigalien** à **Tortonien** : espèce à vaste répartition sud-européenne.

Linga columbella Lamarck *(Lucina –)*, fam. Lucinidae – Dim. max. : h/L/e = 2,5/2,5/2 cm. **Miocène** : espèce à vaste répartition européenne. Pl. 194, fig. 1, 2.

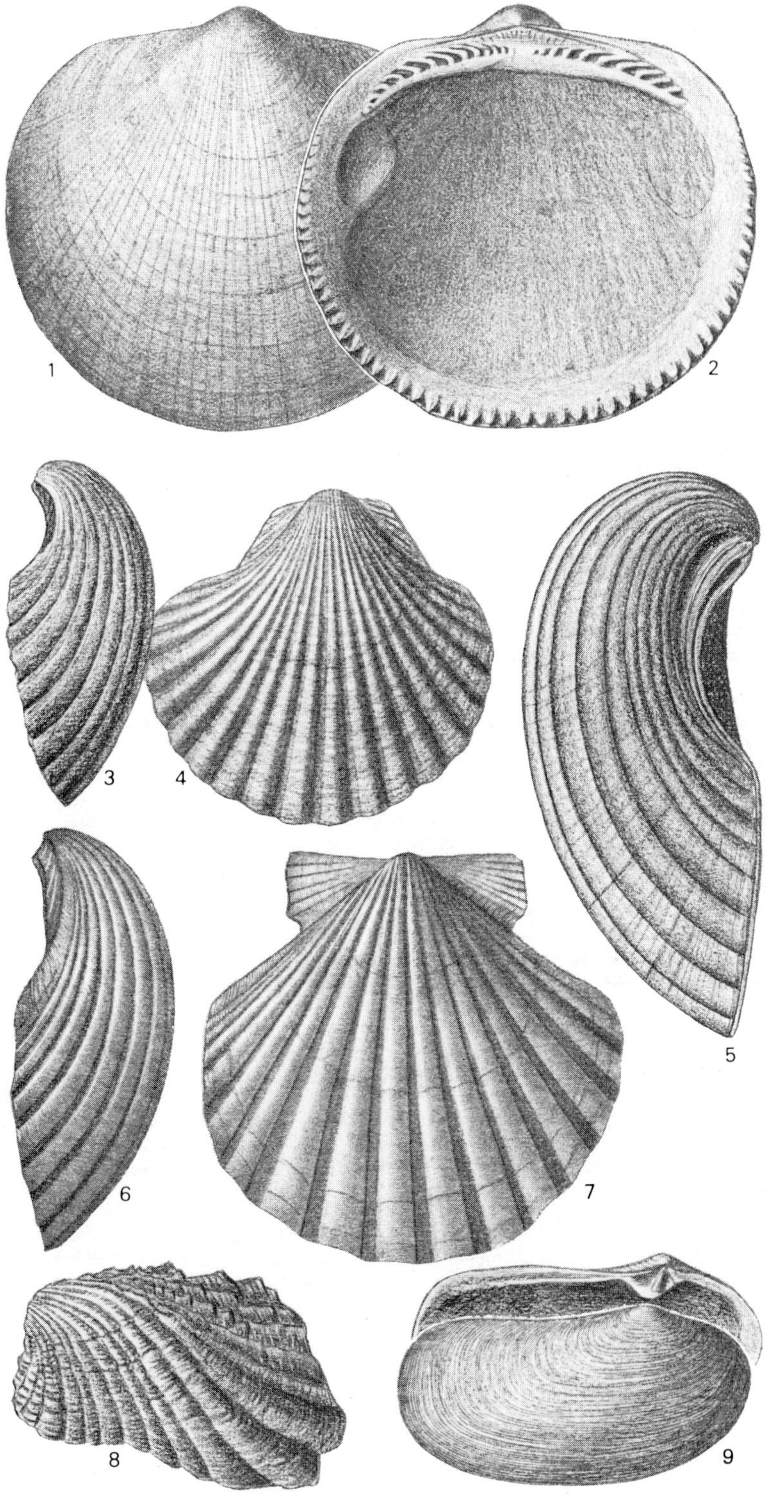

Planche 193 : MIOCÈNE

1, 2. *Glycymeris bimaculata* – 3, 4. *Pecten fuchsi* – 5. *P. subbenedictus* – 6, 7. *P. benedictus* – 8. *Cardita crassa* – 9. *Lutraria oblonga.*

Loripes dujardini Deshayes *(Lucina –)*, fam. Lucinidae – Espèce très voisine de *L. lacteus* (→ Pliocène, Pl. 208, fig. 1). Dim. max. : h/L/e = 1,9/2/1,2 cm. **Miocène :** espèce à vaste répartition sud-européenne.

Megaxinus incrassatus Dubois *(Phacoides –, Miltha –)*, fam. Lucinidae – Dim. max. : h/L/e = 5/5/3 cm. **Miocène :** dans toute l'Europe sud-occidentale. Pl. 195, fig. 2.

Divaricella ornata Agassiz *(Lucina –)*, fam. Lucinidae – Dim. max. : h/L/e = 2/2/1,2 cm. **Miocène :** dans toute l'Europe sud-occidentale. Pl. 195, fig. 7.

Chama (Psilopus) gryphoides Linné, fam. Chamidae – **Miocène :** dans toute l'Europe sud-occidentale ; cette espèce se poursuit dans l'Actuel (→ Pliocène, Pl. 207, fig. 8, 9).

Cardita crassa Lamarck, fam. Carditidae – Dim. max. : h/L/e = 8/12 à 14/8 cm. **Miocène :** espèce largement répandue en Europe sud-occidentale, s'éteignant au Pliocène. Pl. 193, fig. 8.

Megacardita jouanneti Basterot *(Venericardia –, Cardita –)*, fam. Carditidae – Dim. max. : h/L/e = 7/9/5 à 5,5 cm. **Miocène :** dans toute l'Europe sud-occidentale. Pl. 196, fig. 1.

Crassatina concentrica Dujardin *(Crassatella –)*, fam. Crassatellidae – Dim. max. : h/L/e = 2/2/1 cm. **Miocène :** espèce à vaste répartition sud-européenne, se poursuivant dans le Pliocène (Redonien). Pl. 192, fig. 7, 8.

Cardium (Bucardium) burdigalinum Lamarck, fam. Cardiidae – Dim. max. : h/L/e = 6/6/5 cm. **Miocène inf. :** Gironde (rég. de Bordeaux), Landes (rég. de Dax), Bouches-du-Rhône. Pl. 195, fig. 3.

Acanthocardia turonicum Mayer *(Cardium –)*, fam. Cardiidae – Espèce voisine de *A. tuberculatum* (→ Pliocène, Pl. 208, fig. 9) dont elle diffère par ses côtes moins nombreuses (17 à 20). Dim. max. : h/L/e = 2,5/2,5/2,2 cm. **Miocène :** espèce largement répandue en Europe sud-occidentale.

Lutraria (Psammophila) oblonga Gmelin, fam. Mactridae – Dim. max. : h/L/e = 5,5/10 à 11/3,5 cm. **Miocène moy.** et **sup. :** espèce à vaste répartition européenne, se poursuivant jusque dans l'Actuel (Pied de sabot, domaines atlantique et méditerranéen). Pl. 193, fig. 9.

Gastrana fragilis Linné *(Tellina –)*, fam. Tellinidae – Dim. max. : h/L/e = 3,5/4,5/1,2 cm. **Burdigalien** à **Tortonien :** espèce à vaste répartition européenne, se poursuivant dans l'Actuel (toutes nos côtes). Pl. 192, fig. 6.

Venus subrotunda Defrance, fam. Veneridae – Dim. max. : h/L/e = 4/4,5/3 cm. **Miocène :** espèce largement répandue en Europe sud-occidentale, se poursuivant au Pliocène (Redonien). Pl. 195, fig. 6.

Dosinia (Pectunculus) exoleta Linné *(Artemis –)*, fam. Veneridae – Dim. max. : h/L/e = 5/5/3 cm. **Miocène :** dans toute l'Europe sud-occidentale ; cette espèce se poursuit dans l'Actuel (domaines atlantique et méditerranéen). Pl. 192, fig. 9.

Paphia (Callistotapes) vetula Basterot *(Tapes –)*, fam. Veneridae – Ornementation concentrique plus ou moins marquée. Dim. max. : h/L/e = 6/9/3,5 à 4 cm. **Miocène :** dans toute l'Europe sud-occidentale ; cette espèce se poursuit dans le Pliocène. Pl. 195, fig. 1.

Clausinella basteroti Deshayes *(Venus –)*, fam. Veneridae – Dim. max. : h/L/e = 1,5/2/1,1 cm. **Miocène moy.** et **sup. :** espèce largement répandue en Europe sud-occidentale, se poursuivant dans le Pliocène. Pl. 195, fig. 5.

Timoclea ovata Pennant *(Venus –)*, Veneridae – **Miocène moy.** et **Tortonien :** dans toute l'Europe sud-occidentale ; espèce se poursuivant dans l'Actuel (domaines nordique, atlantique et méditerranéen) (→ Pliocène, Pl. 209, fig. 3).

Corbula (Varicorbula) gibba Olivi, fam. Corbulidae – **Miocène :** espèce largement répartie en Europe occidentale, apparaissant à l'Oligocène et se poursuivant dans l'Actuel (toutes nos côtes) (→ Pliocène, Pl. 209, fig. 4, 5).

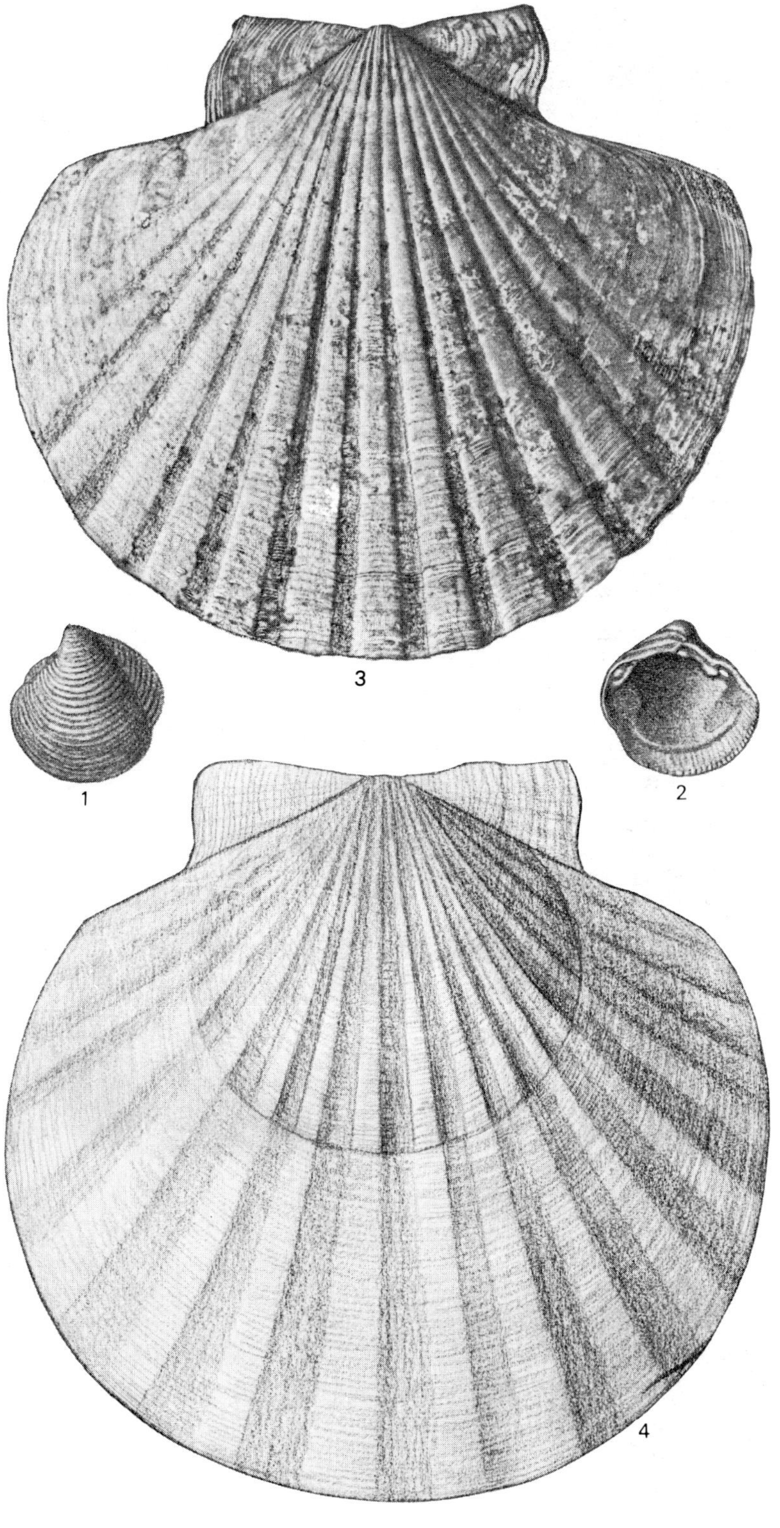

Planche 194 : MIOCÈNE

1, 2. *Linga columbella* – 3. *Pecten fraterculus* – 4. *P. burdigalensis.*

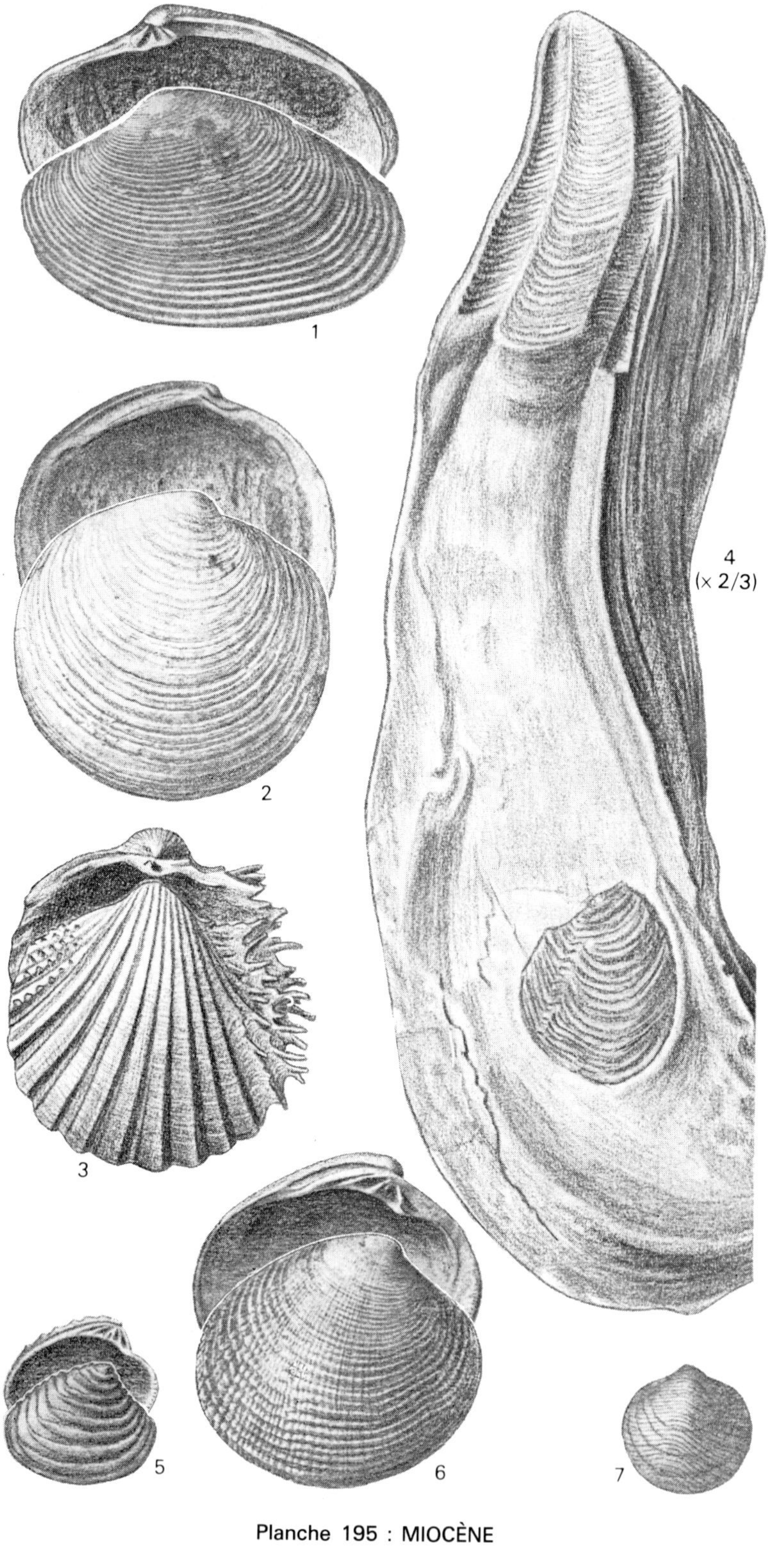

Planche 195 : MIOCÈNE

1. *Paphia vetula* – 2. *Megaxinus incrassatus* – 3. *Cardium burdigalinum* – 4. *Crassostrea gryphoides* – 5. *Clausinella basteroti* – 6. *Venus subrorunda* – 7. *Divaricella ornata.*

Planche 196 : MIOCÈNE

1. *Megacardita jouanneti* – 2. *Anadara turonica* – 3, 4. *Panopea menardi* – 5. *Astraea granosa* – 6. *Monodonta miocaenica* – 7. *Gibbula sagus* – 8. *Diloma patula* – 9. *Petaloconchus intortus* – 10. *Lemintina arenaria* – 11, 12. *Clithon pictus* – 13. *Tenagodus terebellus* – 14. *Calliostoma tauromiliare* – 15, 16. *Architectonica corocollata.*

Panopea menardi Deshayes *(Glycimeris –)*, fam. Hiatellidae – Dim. max. : h/L/e = 7 à 8/14/6 cm. **Miocène** : espèce à vaste répartition européenne. Pl. 196, fig. 3, 4.

Jouannetia semicaudata Desmoulins, fam. Pholadidae – Terrier de Mollusques Bivalve taraudant, formant une cavité sphéroïde pouvant atteindre 2 cm de diamètre et renfermant habituellement le moule interne de la coquille. **Miocène** : espèce largement répartie en Europe sud-occidentale, se poursuivant dans le Pliocène. Pl. 191, fig. 12.

MOLLUSQUES Gastropodes

Diodora italica Defrance *(Fissurella –)*, fam. Fissurellidae – **Miocène moy.** et **sup.** : espèce largement répandue en Europe sud-occidentale, se poursuivant dans l'Actuel (domaine méditerranéen) (→ Pliocène, pl. 209, fig. 6, 7).

Monodonta (Osilinus) miocaenica Mayer, fam. Trochidae – Dim. max. : h/d = 3,5/3 cm. **Miocène moy.** : Loir-et-Cher, Indre-et-Loire. Pl. 196, fig. 6.

Diloma (Oxystele) patula Brocchi *(Monodonta –)*, fam. Trochidae – Dim. max. : h/d = 2,5/2,8 à 3,3 cm. **Miocène** : Espèce largement répandue en Europe sud-occidentale, se poursuivant dans le Pliocène. Pl. 196, fig. 8.

Gibbula sagus Defrance *(Trochus pseudomagus)*, fam. Trochidae – Dim. max. : h/d = 1,6/1,6 cm. **Miocène** : espèce largement répartie en Europe sud-occidentale, se poursuivant dans le Pliocène (Redonien). Pl. 196, fig. 7.

Calliostoma (Ampullotrochus) tauromiliare Sacco, fam. Trochidae – Tours ornés de 4 à 6 cordons spiraux granuleux. Dim. max. : h/d = 1,3/1 cm. **Miocène moy.** : Loir-et-Cher (rég. de Montrichard), Indre-et-Loire ; cette espèce se retrouve dans le Pliocène (Redonien). Pl. 196, fig. 14.

Astraea (Bolma) granosa Borson *(Turbo –)*, fam. Turbinidae – Coquille à angle apical variable (de 45 à 75°) et dont l'ornementation spirale granuleuse tend à s'effacer sur les derniers tours. Dim. max. : h/d = 3,5/3,5 à 4 cm. **Miocène moy.** et **sup.** : espèce largement répandue en Europe sud-occidentale, se poursuivant dans le Pliocène (Redonien). Pl. 196, fig. 5.

Nerita (Theliostyla) funata Dujardin, fam. Neritidae – Dim. max. : h/d = 1,4/1,6 cm. **Burdigalien** et **Miocène moy.** : Loir-et-Cher, Indre-et-Loire, Deux-Sèvres, Landes, Bouches-du-Rhône. Pl. 197, fig. 12, 13.

* ***Clithon (Vittoclithon) pictus*** Ferussac *(Neritina –, Theodoxus –)*, fam. Neritidae – Espèce polymorphe pouvant présenter une ornementation colorée très variable (lignes, bandes ou taches). Dim. max. : h/d = 0,9/1,1 cm. **Miocène inf. et moy.** : espèce largement répandue en Europe sud-occidentale. Pl. 196, fig. 11, 12.

Turritella turris Basterot, fam. Turritellidae – Coquille plus ou moins élancée, variable par le nombre et la force de ses cordons spiraux. Dim. max. : h/d = 7/1,8 cm. **Miocène** : dans toute l'Europe sud-occidentale. Pl. 197, fig. 1.

Turritella terebralis Lamarck – Dim. max. : h/d = 12/3,2 cm. **Miocène inf. et moy.** : Gironde (bassin de Bordeaux), Landes (rég. de Dax), Alpes-de-Haute-Provence ; en Italie (Piémont). Pl. 197, fig. 2.

Turritella (Zaria) subangulata Brocchi – **Burdigalien** et **Tortonien** : dans toute l'Europe sud-occidentale ; espèce se poursuivant dans le Pliocène (→ Pl. 209, fig. 10).

Turritella (Archimediella) bicarinata Eichwald – Espèce présentant d'importantes variations dans le nombre, la disposition et l'accentuation des carènes spirales. Dim. max. : h/d = 6/1,5 à 1,7 cm. **Miocène moy.** et **sup.** : dans toute l'Europe sud-occidentale. Pl. 197, fig. 3.

Protoma cathedralis Brongniart *(Turritella –, Proto –)*, fam. Turritellidae – Dim. max. : h/d = 15/3,4 à 3,8 cm. **Miocène** (surtout Burdigalien) : espèce largement répandue en Europe sud-occidentale. Pl. 197, fig. 8.

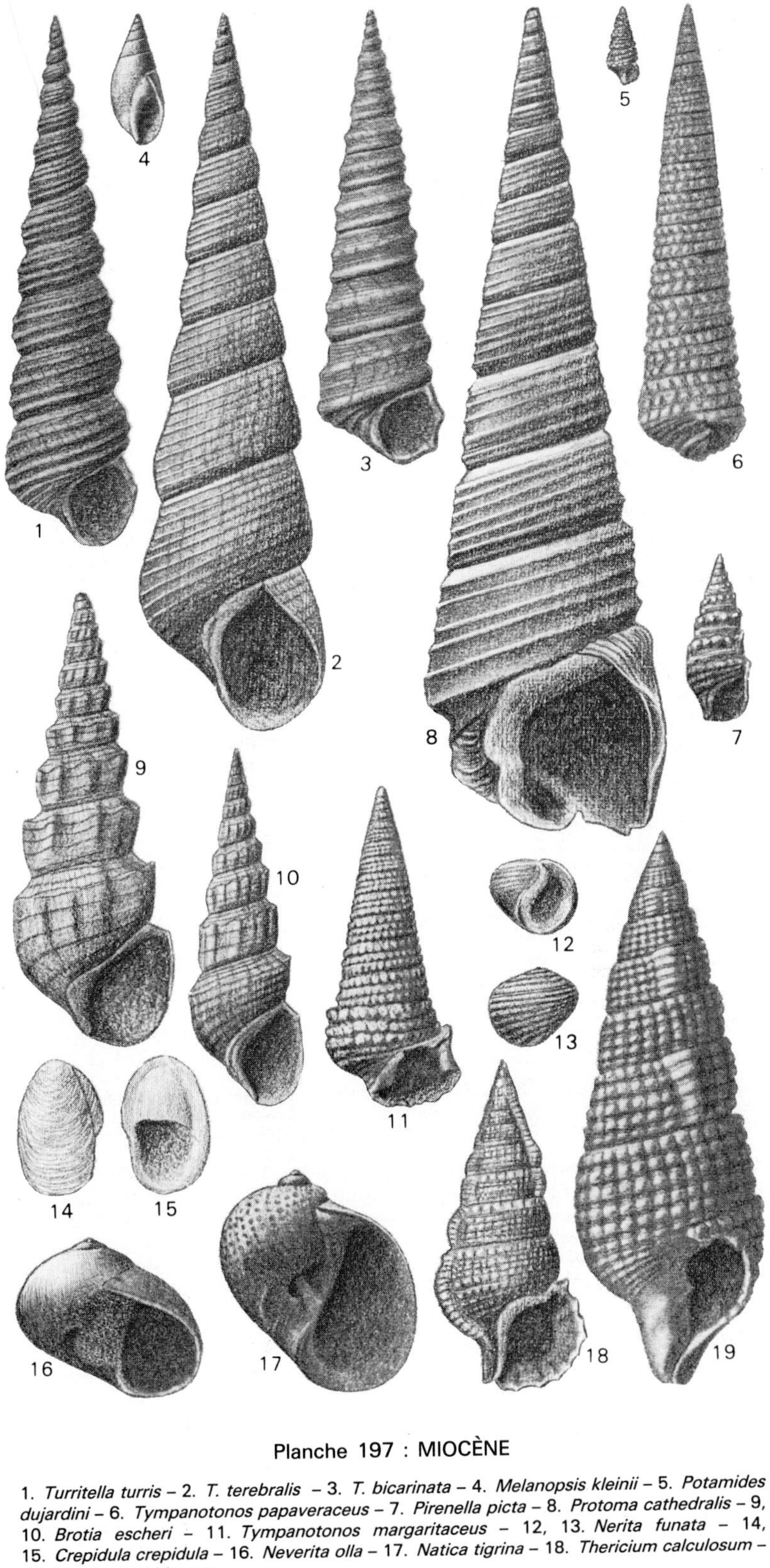

Planche 197 : MIOCÈNE

1. *Turritella turris* – 2. *T. terebralis* – 3. *T. bicarinata* – 4. *Melanopsis kleinii* – 5. *Potamides dujardini* – 6. *Tympanotonos papaveraceus* – 7. *Pirenella picta* – 8. *Protoma cathedralis* – 9, 10. *Brotia escheri* – 11. *Tympanotonos margaritaceus* – 12, 13. *Nerita funata* – 14, 15. *Crepidula crepidula* – 16. *Neverita olla* – 17. *Natica tigrina* – 18. *Thericium calculosum* – 19. *Terebralia bidentata*.

Architectonica corocollata Lamarck *(Solarium –)*, fam. Architectonicidae – Dim. max. : h/d = 1,5/3 cm. **Burdigalien** à **Tortonien** : espèce largement répandue en Europe sud-occidentale. Pl. 196, fig. 15, 16.

Petaloconchus (Macrophragma) intortus Lamarck *(Vermetus –)*, fam. Vermetidae – Coquille très variable, plus ou moins enroulée, à ornementation treillissée, ne dépassant pas 0,5 cm de diamètre et pouvant former des agglomérations. **Miocène** : espèce largement répandue en Europe sud-occidentale, se poursuivant dans le Pliocène. Pl. 196, fig. 9.

Lemintina arenaria Linné *(Vermetus –, Serpulorbis –)*, fam. Vermetidae – Coquille de forme extrêmement irrégulière, à ornementation très variable (filets et carènes longitudinales que croisent des bourrelets d'accroissement), pouvant atteindre 2,5 cm de diamètre et formant parfois des agglomérations. **Miocène** : espèce largement répandue en Europe sud-occidentale, se poursuivant dans l'Actuel (domaine méditerranéen). Pl. 196, fig. 10.

Tenagodus terebellus Lamarck *(Siliquaria –)*, fam. Vermetidae – Coquille à tours d'abord jointifs, puis disjoints, pouvant atteindre en fin de croissance 1,5 cm de diamètre. **Miocène** : espèce largement répandue en Europe sud-occidentale, se poursuivant dans le Pliocène. Pl. 196, fig. 13.

* ***Brotia (Tinnyea) escheri*** Brongniart *(Melania –)*, fam. Thiaridae – Espèce très variable, à spire plus ou moins étroite, et à costulation plus ou moins serrée et accentuée (formes *laurae* et *aquitanica*). Dim. max. : h/d = 7/2,5 à 2,7 cm. **Miocène** : dans toute l'Europe sud-occidentale ; cette espèce apparaît à l'Oligocène. Pl. 197, fig. 9, 10.

* ***Melanopsis kleinii*** Kurr, fam. Thiaridae – Dim. max. : h/d = 1,6/0,7 cm. **Miocène moy.** et **sup.** : Isère (bassin du Bas-Dauphiné), Gers (rég. sud d'Auch) ; en Suisse (rég. de Bâle, Zurich...). Pl. 197, fig. 4.

Potamides dujardini Glibert, fam. Potamididae – Dim. max. : h/d = 1/0,4 cm. Tours ornés de 2 ou 3 cordons spiraux granuleux. **Miocène moy.** : Loir-et-Cher, Indre-et-Loire. Pl. 197, fig. 5.

Tympanotonos papaveraceus Basterot *(Potamides –)*, fam. Potamididae – Dim. max. : h/d = 8,5/1,8 cm. **Miocène** : espèce largement répandue en Europe sud-occidentale, apparaissant à l'Oligocène. Pl. 197, fig. 6.

Tympanotonos margaritaceus Brocchi *(Cerithium –, Potamides –)* – Dim. max. : h/d = 6/2,5 cm. **Miocène inf.** et **moy.** : dans toute l'Europe sud-occidentale ; cette espèce apparaît à l'Oligocène. Pl. 197, fig. 11.

Pirenella (Tiaracerithium) picta Basterot *(Cerithium –)*, fam. Potamididae – Dim. max. : h/d = 2/0,9 cm. **Miocène inf.** : Landes (bassin de Dax). Pl. 197, fig. 7.

Pirenella discolor Dujardin – Cette espèce, dont l'ornementation se trouve généralement effacée par l'usure, diffère de la précédente par sa spire plus élancée et ses tours moins étagés. Dim. max. : h/d = 1,5/0,4 à 0,5 cm. **Miocène moy.** : Loir-et-Cher et Indre-et-Loire.

Granulolabium plicatum Bruguière *(Pirenella –)*, fam. Potamididae – **Miocène inf.** : Gironde (rég. de Bordeaux), Landes (rég. de Dax), Hérault (rég. de Montpellier), Bouches-du-Rhône ; cette espèce apparaît à l'Oligocène (→ Pl. 185, fig. 3).

Terebralia bidentata Defrance *in* Grateloup, fam. Potamididae – Dim. max. : h/d = 9/2,7 cm. **Miocène inf.** et **moy.** : espèce répandue en Europe sud-occidentale. Pl. 197, fig. 19.

Bittium reticulatum da Costa, fam. Cerithiidae – **Miocène** : dans toute l'Europe sud-occidentale ; cette espèce se poursuit dans l'Actuel (toutes nos côtes) (→ Pléistocène, Pl. 213, fig. 8).

Thericium (Chondrocerithium) calculosum Basterot, fam. Certithiidae – Dim. max. : h/d = 4,5/2 cm. **Miocène inf.** : Gironde (rég. sud de Bordeaux). Landes (rég. de Dax) ; cette espèce apparaît à l'Oligocène. Pl. 197, fig. 18.

Thericium vulgatum Bruguière – **Miocène** : espèce largement répandue en Europe sud-occidentale, se poursuivant jusque dans l'Actuel (domaines méditerranéen et atlantique) (→ Pliocène, Pl. 209, fig. 15).

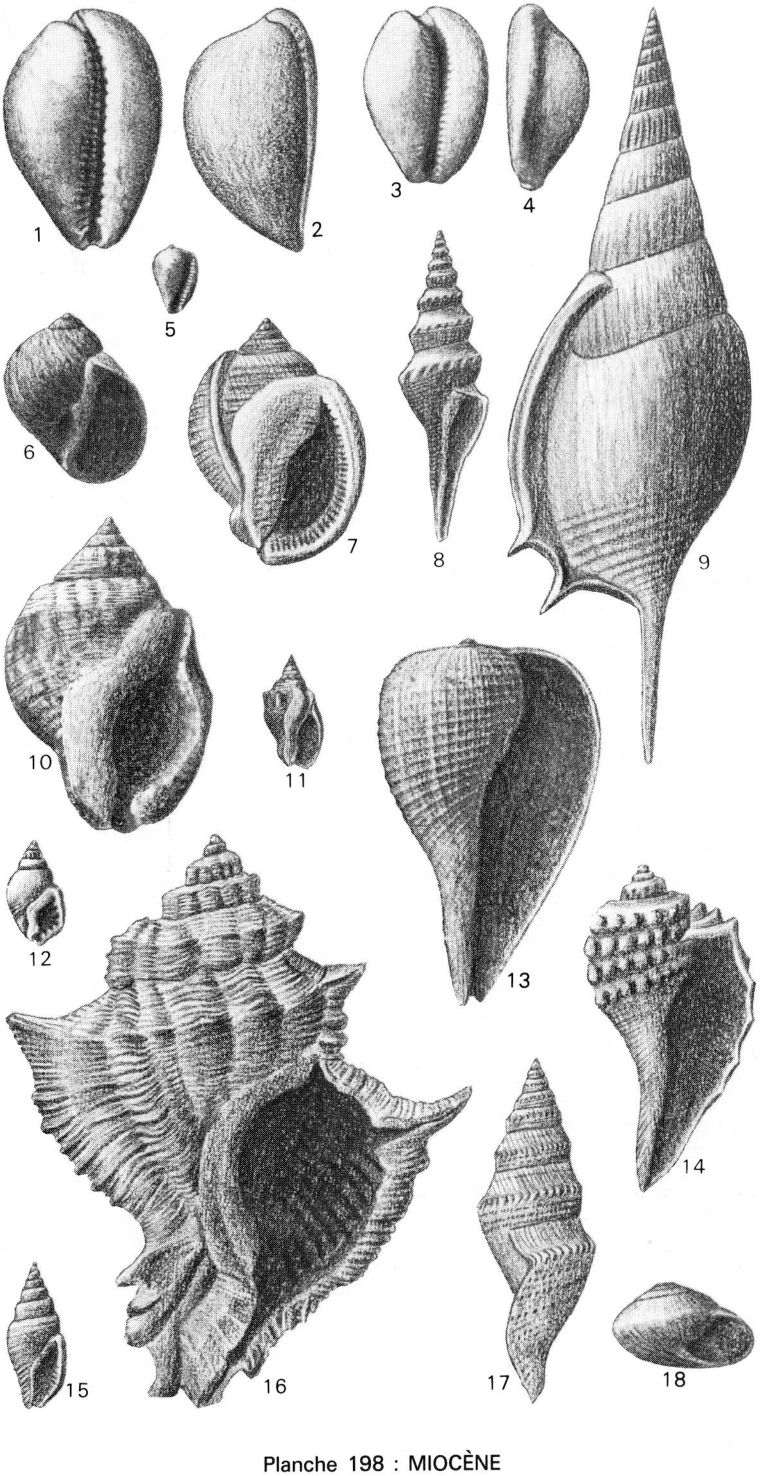

Planche 198 : MIOCÈNE

1, 2. *Trona leporina* – 3, 4. *Cypraeorbis fabagina* – 5. *Erato laevis* – 6. *Euspira helicina* – 7. *Semicassis grateloupi* – 8. *Turricula dimidiata* – 9. *Tibia dentata* – 10. *Aspa subgranulata* – 11. *Cyllene desnoyersi* – 12. *Sphaeronassa dujardini* – 13. *Ficus conditus* – 14. *F. burdigalensis* – 15. *Mitrella turonica* – 16. *Truncilariopsis turonensis* – 17. *Epalxis cataphracta* – 18. *Pseudotachea girondica.*

Hipponix bistriatus Grateloup, fam Hipponicidae – **Miocène inf.** : espèce largement répandue en Europe sud-occidentale, apparaissant à l'Oligène (→ Pl. 186, fig. 5,6).

Calyptraea chinensis Linné, fam. Calyptraeidae – **Miocène** : dans toute l'Europe occidentale ; cette espèce se poursuit jusque dans l'Actuel (toutes nos côtes). (→ Pliocène, Pl. 209, fig. 16, 17).

Crepidula (Janacus) crepidula Linné, *(C. unguiformis)* fam. Calyptraeidae – Coquille capuliforme, très surbaissée, atteignant 3 cm de long et 2,2 cm de large. **Miocène** : dans toute l'Europe occidentale ; cette espèce se poursuit jusque dans l'Actuel (domaine méditerranéen). Pl. 197, fig. 14, 15.

Xenophora burdigalensis Grateloup, fam. Xenophoridae – Espèce voisine de *X. cumulans* (→ Eocène, pl. 169, fig. 1, 2), dont elle diffère par sa spire plus élevée. Dim. max. : h/d = 6,5/6 cm. **Miocène inf.** : Gironde (rég. sud de Bordeaux), Landes (rég. de Dax) ; en Italie.

Tibia dentata Grateloup *(Rostellaria –)*, fam. Strombidae – Dim. max. : h/d = 16/3,8 cm. **Burdigalien** : Gironde (rég. de Bordeaux), Landes (rég. de Dax) ; espèce apparaissant à l'Oligocène. Pl. 198, fig. 9.

Strombus coronatus Defrance, fam. Strombidae – **Miocène moy.** : Loir-et-Cher, Indre-et-Loire, Maine-et-Loire ; cette espèce se retrouve dans le Pliocène (→ Pl. 210, fig. 1).

Erato laevis Donovan *(E. Cypraeola)*, fam. Cypraeidae – Espèce extrêmement variable par sa spire, qui peut être élancée ou très courte, avec tous les intermédiaires. Dim. max. : h/d = 1/0,6 cm. **Miocène** : dans toute l'Europe sud-occidentale ; espèce se poursuivant dans l'Actuel (domaines atlantique et méditerranéen). Pl. 198, fig. 5.

Trivia dimidiattoaffinis Sacco *(Cypraea –)*, fam. Cypraeidae – Espèce très voisine de *T. europaea* (→ Pliocène, Pl. 209, fig. 13, 14). Dim. max. : h/D/d = 9/6,5/5,6 cm. **Miocène** : dans toute l'Europe occidentale.

Trona leporinaLamarck *(Cypraea –)*, fam. Cypraeide – Dim. max. : h/D/d = 5,8/3,8/2,9 cm. **Miocène inf.** : Gironde (rég. de Bordeaux), Landes (rég. de Dax). Pl. 179, fig. 1, 2.

Cypraerorbis fabagina Lamarck *(Cypraea –, Zonaria –)*, fam. Cypraeidae – Dim. max. : h/D/d = 2,8/1,9/1,4 cm. **Miocène inf** : Gironde (rég. sud de Bordeaux), Landes (rég. de Dax). Pl. 198, fig. 3, 4.

Cernina compressa Basterot, fam. Ampullospiridae – **Miocène inf.** : espèce largement répandue en Europe sud-occidentale, apparaissant à l'Oligocène (→ Pl. 186, fig. 10).

Neverita olla Serres *(Natica –)*, fam. Naticidae – Dim. max. : h/d = 3/3,7 à 4 cm. **Miocène** : dans toute l'Europe sud-occidentale ; espèce se poursuivant dans le Pliocène (représentée dans le Pléistocène et dans l'Actuel en Méditerranée par *N. Josephina* Risso, espèce à spire nettement plus surbaissée). Pl. 197, fig. 16.

Natica tigrina Defrance *(N. hoernesi)*, fam. Naticidae – Dim. max. : h/d = 8,5/4 cm. **Miocène** : dans toute l'Europe occidentale ; espèce apparaissant à l'Oligocène et s'éteignant au cours du Pliocène, où elle est remplacée par *N. millepunctata* Lamarck, espèce moitié moins grande et à spire plus courte, actuellement cantonnée en Méditerranée. Pl. 197, fig. 17.

Euspira helicina Brocchi *(Natica –)*, fam. Naticidae – Espèce voisine de *E. catena* (→ Pliocène, Pl. 209, fig. 18) dont elle diffère par sa taille plus faible, sa spire plus étroite et ses sutures moins marquées. Dim. max. : h/d = 4/3 cm. **Miocène inf.** et **moy.** : espèce largement répartie en Europe occidentale, se poursuivant dans le Pliocène. Pl. 198, fig. 6.

Semicassis grateloupi Deshayes, fam. Cassididae – Dim. max. : h/d = 3,3/2,8 cm. **Burdigalien** : Gironde (rég. de Bordeaux), Landes (rég. de Dax). Pl. 198, fig. 7.

Aspa subgranulata d'Orbigny *(Ranella –)*, fam. Bursidae – Dim. max. : h/d = 4,2/2,6 cm. **Burdigalien** : Gironde (rég. de Bordeaux) ; en Italie. Pl. 198, fig. 10.

Planche 199 : MIOCÈNE

1. *Melongena cornuta* – 2. *M. lainei* – 3. *Ancilla obsoleta* – 4. *Scaphella miocenica* – 5. *Euthriofusus burdigalensis* – 6. *Conus dujardini* – 7. *C. mercati* – 8. *Crassipira obeliscus* – 9. *Ancilla glandiformis* – 10. *Clavatula asperulata* – 11. *Olivancillaria plicaria* – 12. *Athleta ficulina* – 13. *Tigonostoma acutangula.*

Ficus burdigalensis Sowerby *(Ficula clava, Pyrula –)*, fam. Ficidae – Dim. max. : h/d = 6,5/4,8 cm. **Burdigalien :** dans toute l'Europe sud-occidentale ; espèce apparaissant à l'Oligocène. Pl. 198, fig. 14.

Ficus conditus Brongniart *(Pyrula –)* – Dim. max. : h/d = 5/3 cm. **Miocène inf.** et **moy.** : espèce largement répandue en Europe occidentale. Pl. 198, fig. 13.

Ficus cingulatus Broon *(Pyrula –)* – Cette espèce diffère de la précédente par ses carènes spirales plus larges et arrondies. Dim. max. : h/d = 9,7/6,7 cm. **Miocène moy.** : espèce largement répartie en Europe sud-occidentale.

Truncalariopsis turonensis Dujardin *(Murex –)*, fam. Muricidae – Dim. max. : h/d = 11,5/8 cm. **Miocène inf.** et **moy.** : Loir-et-Cher (rég. de Montrichard), Gironde (rég. de Bordeaux). Pl. 198, fig. 16.

Sphaeronassa dujardini Deshayes *(Nassa –)*, fam. Nassidae – Dim. max. : h/d = 1,5/0,9 cm. **Miocène moy.** : Loir-et-Cher, Indre-et-Loire. Pl. 198, fig. 12.

Cyllene desnoyersi Basterot *(Nassa –)*, fam. Nassidae – Dim. max. : h/d = 1,5/0,8 cm. **Miocène inf.** et **moy.** : espèce largement répandue en Europe sud-occidentale. Pl. 198, fig. 11.

Mitrella (Alia) turonica Mayer *(Columbella –)*, fam. Columbellidae – Dim. max. : h/d = 2/0,8 cm. **Miocène moy.** : Loir-et-Cher, Indre-et-Loire ; cette espèce se retrouve dans le Pliocène (Redonien). Pl. 198, fig. 15.

Melongena cornuta Agassiz *(Pyrula –, Galeodes –)*, fam. Galeodidae – Dim. max. : h/d = 15/12 cm. **Burdigalien** à **Tortonien** : espèce largement répartie en Europe sud-occidentale. Pl. 199, fig. 1.

Melongena lainei Basterot – Dim. max. : h/d = 7,2/4,8 cm. **Miocène inf.**: Gironde (rég. de Bordeaux). Pl. 199, fig. 2.

Euthriofusus burdigalensis Defrance *(Fusus –)*, fam. Fasciolariidae – Dim. max. : h/d = 6/2,5 cm. **Burdigalien** : Loir-et-Cher, Indre-et-Loire, Gironde (rég. de Bordeaux). Pl. 199, fig. 5.

Fusus (Aptyxis) rostratus Olivi, fam. Fasciolariidae – **Miocène** : espèce largement répandue en Europe sud-occidentale, se poursuivant dans l'Actuel (→ Pliocène, Pl 210, fig. 7.).

Ancilla (Baryspira) glandiformis Lamarck, fam. Olividae – Espèce présentant d'importantes variations de forme, la spire pouvant être élancée ou extrêmement surbaissée, et le dernier tour plus ou moins large à sa périphérie. Dim. max. : h/d = 4/1,8 à 2,5 cm. **Burdigalien** à **Tortonien** : dans toute l'Europe sud-occidentale ; cette espèce apparaît à l'Oligocène et se poursuit dans le Pliocène. Pl. 199, fig. 9.

Ancilla (Baryspira) obsoleta Brocchi – Dim. max. : h/d = 4/1,5 cm. **Miocène moy.** et **sup.** : espèce largement répartie en Europe sud-occidentale. Pl. 199, fig. 3.

Olivancillaria (Agaronia) plicaria Lamarck, fam. Olividae – Dim. max. : h/d = 4/2 cm. **Miocène** : espèce largement répandue en Europe sud-occidentale. Pl. 199, fig. 11.

Tudicla rusticula Basterot, fam. Vasidae – Dim. max. : h/d = 9/4,5 cm. Premiers tours dépourvus d'ornementation épineuse, celle-ci se développant sur le dernier tour et s'accentuant en fin de croissance. **Burdigalien** à **Tortonien** : dans toute l'Europe sud-occidentale. Pl. 200, fig. 1.

Athleta ficulina Lamarck *(Voluta rarispina)*, fam. Volutidae – Dim. max. : h/d = 4,1/2,8 cm. **Miocène** : espèce largement répandue en Europe sud-occidentale, apparaissant à l'Oligocène. Pl. 199, fig. 12.

Scaphella miocenica Fischer et Tournouër *(Voluta –)*, fam. Volutidae – Dim. max. : h/d = 7/5,5 cm. **Burdigalien** et **Miocène moy.** : Loir-et-Cher, Indre-et-Loire, Gironde (rég. sud de Bordeaux), Landes (rég. de Dax). Pl. 199, fig. 4.

Trigonostoma (Ventrilia) acutangula Faujas *(Cancellaria –)*, fam. Cacellariidae – Dim. max. : h/d = 4,4/3,4 cm. **Burdigalien** : Gironde (rég. sud de Bordeaux), Landes (rég. de Dax) ; en Italie (Piémont). Pl. 199, fig. 13.

Clavatula asperulata Lamarck, fam. Turridae – Dim. max. : h/d = 4,6/1,6 cm. **Miocène :** Gironde (rég. de Bordeaux), Landes (rég. de Dax) ; en Italie. Pl. 199, fig. 10.

Turricula (Surcula) dimidiata Brocchi *Pleurotoma –)*, fam. Turridae – Dim. max. : h/d = 4,4/1,3 cm. **Miocène moy.** et **sup.** : espèce largement répandue en Europe sud-occidentale, se poursuivant dans le Pliocène. Pl. 198, fig. 8.

Crassipira obeliscus Desmoulins *(Pleurotoma –)*, fam. Turridae – Dim. max. : h/d = 4/1,1 cm. **Miocène moy.** et **sup.** : Gironde (rég. sud de Bordeaux), Landes (Bassin de Dax). Pl. 199, fig. 8.

Epalxis (Bathytoma) cataphracta Brocchi *(Pleurotoma –)*, fam. Turridae – Dim. max. : h/d = 4/1,7 cm. **Miocène** : espèce largement répartie en Europe sud-occidentale. Pl. 199, fig. 17.

Conus (Lithoconus) mercati Brocchi, fam. Conidae – Dim. max. : h/d = 8/4 à 4,5 cm. **Miocène inf.** et **moy.** : espèce largement répartie en Europe sud-occidentale, se retrouvant dans le Pliocène. Pl. 199, fig. 7.

Conus (Conospira) dujardini Deshayes – Dim. max. : h/d = 5/2 cm. **Miocène** : dans toute l'Europe occidentale ; cette espèce se poursuit dans le Pliocène (Redonien). Pl. 199, fig. 6.

Subula modesta Tristan *in* Defrance *(Terebra –)*, fam. Terebridae – Dim. max. : h/d = 15/2,5 cm. **Miocène** : espèce largement répartie en Europe sud-occidentale. Pl. 200, fig. 2.

* ***Pseudotachea girondica*** Noulet *(Helix –)*, fam. Helicidae – Espèce voisine de l'actuelle *P. splendida* Draparnaud, du Midi de la France. Dim. max. : h/d = 1/1,5 cm. **Aquitanien** : Gironde (rég. sud de Bordeaux). Landes. Pl. 198, fig. 18.

* ***Hemicycla asperula*** Deshayes *(Helix turonensis, Cepaea –)*, fam. Helicidae – Dim. max. : h/d = 2,5/3,5 cm. **Miocène moy.** : Loir-et-Cher, Indre-et-Loire (rég. de Ligueil) ; cette espèce se poursuit dans le Pliocène (Redonien). Pl. 200, fig. 3.

MOLLUSQUES Céphalopodes Nautiloïdes

Aturia aturi Basterot *(Nautilus –)*, fam. Aturiidae – Dim. max. : h/e = 7/3 cm. **Burdigalien** à **Tortonien** : espèce largement répandue en Europe sud-occidentale. Pl. 202, fig. 1,2.

CRUSTACÉS Cirripèdes

Balanus spongicola Brown, fam. Balanidae – Coquille conique ou tubuloconique, extérieurement lisse ou présentant de très légères côtes longitudinales, fortement striée intérieurement ; orifice operculaire hexagonal et denté. Dim. max. : h/D = 2 à 2,5/3 cm. **Miocène** : dans toute l'Europe sud-occidentale ; espèce apparaît à l'Oligocène et se poursuit jusque dans l'Actuel (domaines méditerranéen et atlantique). Pl. 200, fig. 5.

Balanus (Megabalanus) tintinnabulum Linné – Coquille globuleuse ou allongée, extérieurement ornée de fines stries rayonnantes à partir de l'apex, lisse ou très faiblement striée intérieurement ; orifice operculaire large, trigonal à arrondi, rarement denté. Dim. max. : h/D = 4/4 à 5 cm. **Miocène** : dans toute l'Europe sud-occidentale ; cette espèce se poursuit jusque dans l'Actuel (toutes les mers). Pl. 200, fig. 4.

ÉCHINODERMES Échinides réguliers

Cyathocidaris avenionensis Desmoulins, fam. Cidaridae – Radioles pouvant atteindre 8 cm de long pour 0,5 à 0,8 cm de diamète, à ornementation très variable (épineuse, granuleuse ou costulée) et dont l'extrémité s'évase parfois en forme de cupule dentelée sur les bords. **Miocène inf.** et **moy.** : espèce largement répandue en Europe occidentale.

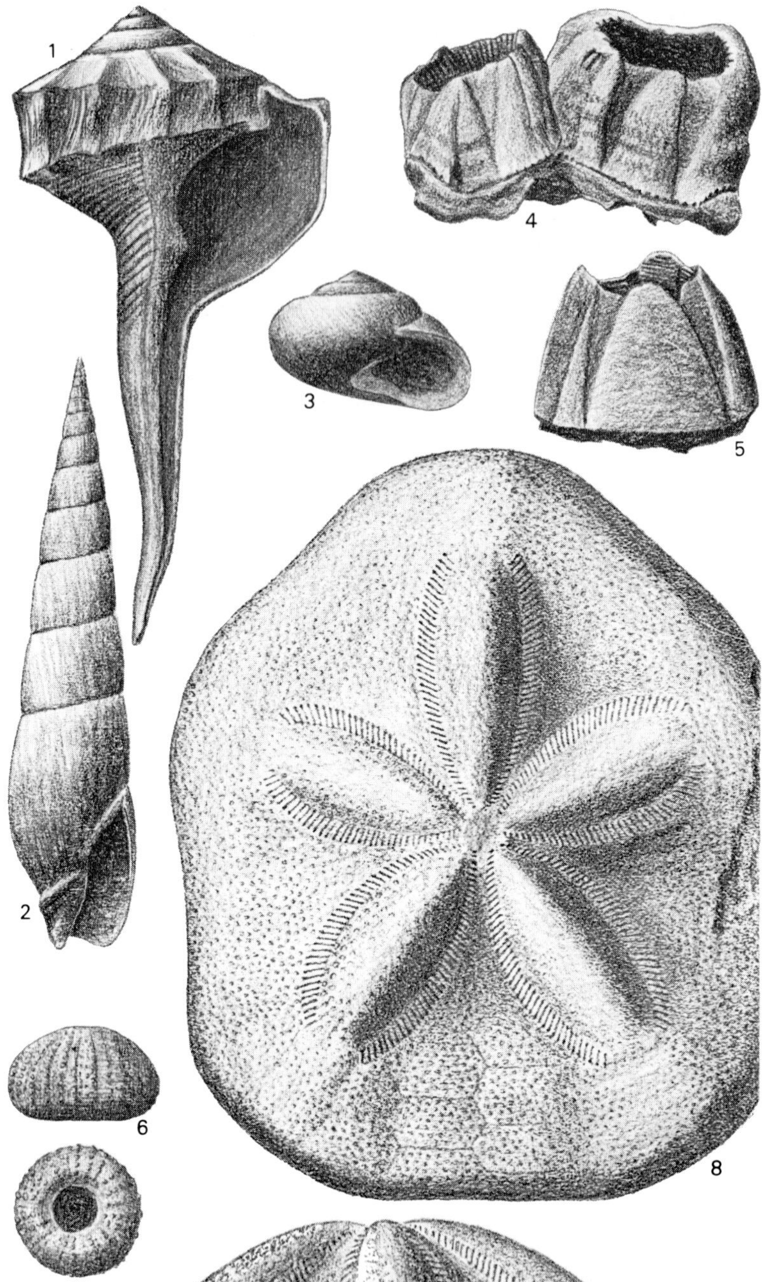

Planche 200 : MIOCÈNE

1. *Tudicla rusticula* – 2. *Subula modeste* – 3. *Hemicycla asperula* – 4. *Balanus tintinnabulum* – 5. *B. spongicola* – 6, 7. *Arbacia monilis* – 8, 9. *Clypeaster scillae.*

Planche 201 : MIOCÈNE

1, 2. *Psammechinus dubius* – 3-5. *Echinolampas hemisphaerica* – 6, 7. *E. scutiformis* – 8, 9. *Amphiope bioculata*.

Arbacina monilis Desmarest *(Psammechinus –)*, fam. Temnopleuridae – Dim. max. : h/d = 1,3/2,5 cm. **Miocène moy.** : espèce largement répandue en France, se retrouvant dans le Pliocène (Redonien). Pl. 200, fig. 6, 7.

Psammechinus dubius Agassiz, fam. Echinidae – Dim. max. : h/d = 1,3/4,5 cm. **Burdigalien** et **Miocène moy.** : espèce largement répandue en Europe sud-occidentale. Pl. 201, fig. 1, 2.

ÉCHINODERMES Échinides irréguliers

Echinolampas hemisphaerica Lamarck, fam. Echinolampadidae – Dim. max. : h/L/l = 4,5/11/10,7 cm. **Burdigalien** à **Tortonien** : espèce largement répandue en Europe sud-occidentale. Pl. 201, fig. 3-5.

Echinolampas scutiformis Desmoulins – Dim. max. : h/L/l = 3/5,5/5 cm. **Burdigalien** : Savoie, Isère, Drôme, Vaucluse, Alpes-de-Haute-Provence, Bouches-du-Rhône, Corse ; en Suisse. Pl. 201, fig. 6, 7.

Clypeaster scillae Desmoulins, fam. Clypeasteridae – Dim. max. : h/L/l = 3,5 à 4,5/12 à 12,5/14 cm. **Burdigalien** : Gard, Vaucluse, Corse (Santa-Manza) ; en Italie (Piémont) et en Espagne (Catalogne). Pl. 200, fig. 8, 9.

Scutella paulensis Agassiz, fam. Scutellidae – Dim. max. : h/L/l = 1,2/9,5/10 cm. **Miocène inf.** : Drôme, Vaucluse, Alpes-de-Haute-Provence, Alpes-Maritimes (rég. de Vence), Bouches-du-Rhône, Hérault. Pl. 202, fig. 13, 14.

Scutella faujasi Defrance – Très voisine de la précédente, cette espèce se reconnaît à sa forme aussi longue que large. Dim. max. : h/L/l = 1,1/9/9 cm. **Miocène moy.** : Ille-et-Vilaine (rég. de Rennes), Loir-et-Cher, Indre-et-Loire, Maine-et-Loire.

Amphiope bioculata Desmoulins, fam. Scutellidae – Dim. max. : h/L/l = 0,9/7/7,7 cm. **Miocène moy.** : espèce largement répandue en France. Pl. 201, fig. 8, 9.

ÉLASMOBRANCHES Sélaciens

Notorhynchus primigenius Agassiz *(Notidanus –, Hexanchus –)*, fam. Hexanchidae – **Miocène** : dans toute l'Europe occidentale ; cette espèce apparaît à l'Éocène (→ Oligocène, Pl. 189, fig. 11-13).

Odontaspis cuspidata Agassiz *(Lamna denticulata)*, fam. Odontaspidae – **Miocène** : dans toute l'Europe occidentale ; cette espèce apparaît à l'Éocène (→ Oligocène, Pl. 189, fig. 6-9).

Odontaspis acutissima Agassiz *(Lamna contordidens)* – **Miocène** : dans toute l'Europe occidentale (→ Oligocène).

Isurus hastalis Agassiz *(Oxyrhina plicatilis, O. xiphodon)*, fam. Lamnidae – Dents pouvant atteindre 8 cm de hauteur pour 4 à 5,5 cm de longueur (racine comprise), droites ou obliques suivant leur situation dans la mâchoire, les supérieures étant plus comprimées et plus larges que les inférieures. **Miocène** : espèce à vaste répartition européenne ; se poursuit dans le Pliocène. Pl. 203, fig. 1-5.

Procarcharodon megalodon Agassiz *(Carcharodon –)*, fam. Lamnidae – Cette espèce, le plus grand de tous les Requins (il devait atteindre environ 40 m de longueur) se caractérise par des dents à couronne plus ou moins plissée et sillonnée, et à tranchant régulièrement crénelé ; elles peuvent dépasser 13 cm de hauteur et 11 cm de longueur (racine comprise). **Miocène** : espèce cosmopolite ; se poursuit dans le Pliocène. Pl. 202, fig. 4.

Galeocerdo aduncus Agassiz, fam. Carcharhinidae – Dents plus ou moins obliques, pouvant atteindre 1 à 2 cm de hauteur pour 1,8 cm à 2 cm de longueur (racine comprise). **Miocène** : dans toute l'Europe occidentale ; cette espèce apparaît à la fin de l'Oligocène et se poursuit dans le Pliocène. Pl. 202, fig. 8-10.

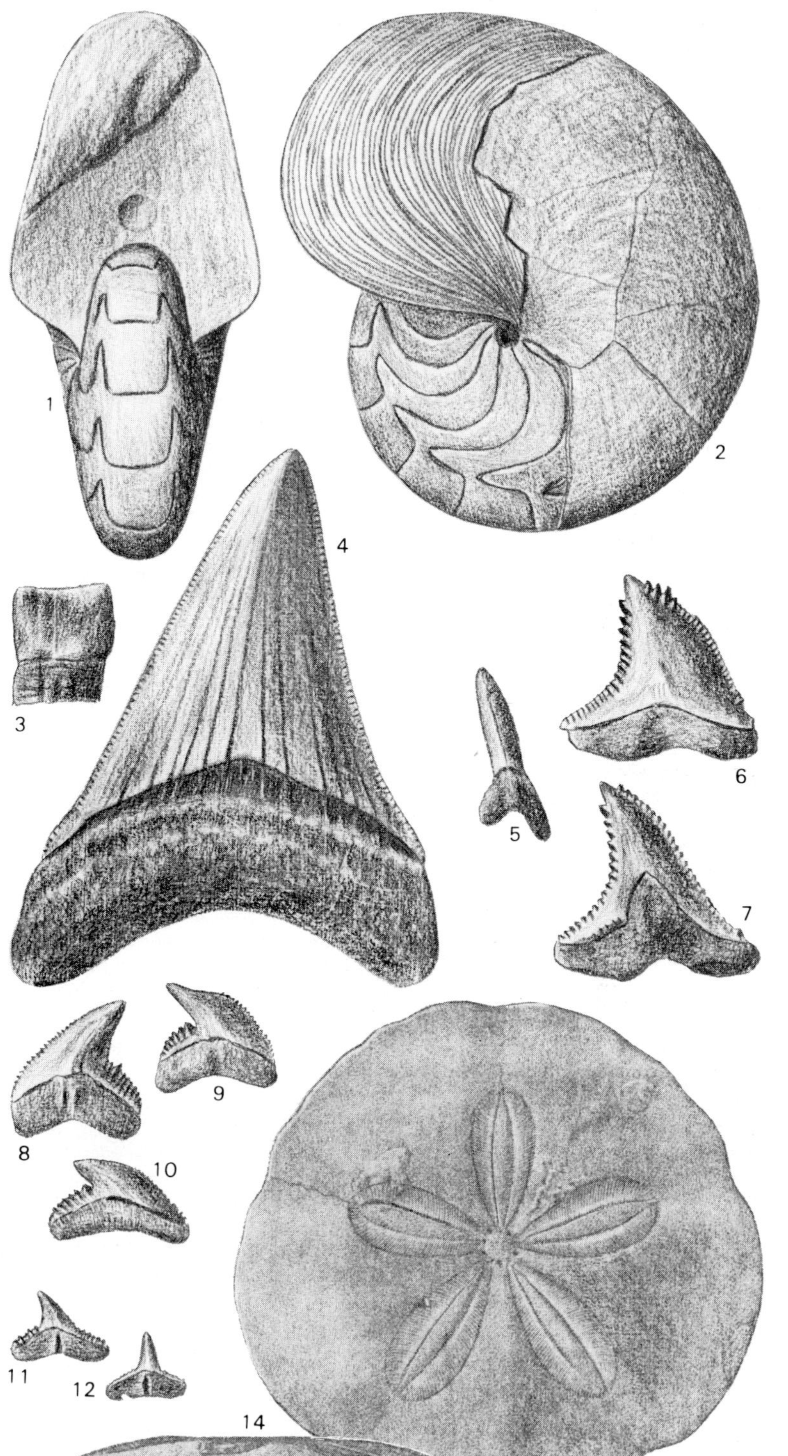

Planche 202 : MIOCÈNE

1, 2. *Aturia aturi* – 3. *Diplodus jomnitanus* – 4. *Procarcharodon megalodon* – 5-7. *Hemipristis serra* – 8-10. *Galeocerdo aduncus* – 11, 12. *Carcharhinus priscus* – 13, 14. *Scutella paulensis.*

Carcharhinus priscus Agassiz *(Carcharias –, Sphyrna –),* fam. Carcharhinidae – Dents plus ou moins denticulées, droites ou obliques, à racine très large, ne dépassant guère 1 cm de hauteur et 1,5 cm de longueur (racine comprise). **Miocène** : espèce à vaste répartition européenne ; existe depuis l'Oligocène. Pl. 202, fig. 11, 12.

Hemipristis serra Agassiz, fam. Carcharhinidae – Dents très variables suivant leur position dans la mâchoire, plus ou moins larges, à tranchant lisse ou diversement denticulé, pouvant atteindre 2,5 cm de hauteur et 1 à 3 cm de longueur (racine comprise). **Miocène** : dans toute l'Europe occidentale. Pl. 202, fig. 5-7.

ACTINOPTÉRYGIENS

Diplodus jomnitanus Valenciennes *(Sargus –),* fam. Sparidae – Dents larges et comprimées, subquadrangulaires, à émail lisse, pouvant atteindre 2 cm de hauteur et 1 à 2 cm de longueur. **Miocène moy.** : Côtes-du-Nord (rég. de Dinan), Ille-et-Vilaine, Indre-et-Loire, Maine-et-Loire ; cette espèce s'éteint au Pliocène (Redonien). Pl. 202, fig. 3.

REPTILES Crocodiliens

* ***Diplocynodon rateli*** Pomel, fam. Alligatoridae – Espèce connue par de nombreux restes (dents, vertèbres, écailles...), et dont la mandibule atteint à elle seule près de 55 cm de long. **Miocène inf.** : Haute-Loire (rég. du Puy-en-Velay). Pl. 203, fig. 6 (portion de mandibule).

REPTILES Chéloniens

* ***Ptychogaster emydoides*** Pomel, fam. Emydidae – Espèce aquatique à plastron ventral articulé ; carapace à surface dorsale dépourvue d'ornementation, pouvant dépasser 35 cm de longueur pour 25 cm de largeuur et 15 cm de hauteur. **Miocène inf.** : Allier (rég. de Jaligny, Lapalisse, Vichy), Lot-et-Garonne, Tarn-et-Garonne, Haute-Garonne, Gers, Ariège ; cette espèce apparaît à la fin de l'Oligocène. Pl. 203, fig. 9, 10 (reconstitution, d'après F. de Broin).

MAMMIFÈRES Proboscidiens

* ***Gomphotherium angustidens*** Cuvier *(Mastodon –, Trilophodon –),* fam. Gomphotheriidae – Animal atteignant 2,50 m de haut et 4,50 m de long, à 4 défenses (les supérieures longues et un peu arquées vers le bas, les inférieures plus courtes et un peu arquées vers le haut) ; molaires quadrangulaires, allongées (la M3 atteignant 18 cm de long et 8 cm de large), présentant 3 à 5 collines transversales, hautes, simples ou décomposées en tubercules mamelonnés, et séparées les unes des autres par de profondes vallées. **Burdigalien** et **Miocène moy.** : dans toute l'Europe. Pl. 204, fig. 1, 2 (crâne et molaire supérieure).

* ***Tetralophodon longirostris*** Kaup *(Mastodon –),* fam. Gomphotheriidae – Proboscidien de type longirostre à 4 défenses, comme le précédent, mais à symphyse inférieure exagérément longue ; prémolaires et molaires également de même type que chez l'espèce précédente, à mamelons disposés en collines transversales, mais un peu plus grandes (M3 atteignant 20 cm de long et 10 cm de large) et M2 pourvue de 4 collines au lieu de 3. **Miocène moy.** et **sup.** : dans toute l'Europe.

* ***Deinotherium giganteum*** Kaup, fam. Deinotheriidae – Animal atteignant 3,50 m au garrot ; crâne très massif, pouvant dépasser 1 m de long. Mandibule allongée en avant et recourbée vers le bas, portant deux puissantes incisives conformées en défenses ; prémolaires (2/2) et molaires (3/3) à peu près de même taille, subquadrangulaires, atteignant 9 cm de long et de large, pourvues de 2 ou 3 crêtes transversales bien marquées. **Miocène sup.** : dans toute l'Europe. Pl. 204, fig. 3, 4 (crâne et molaire supérieure).

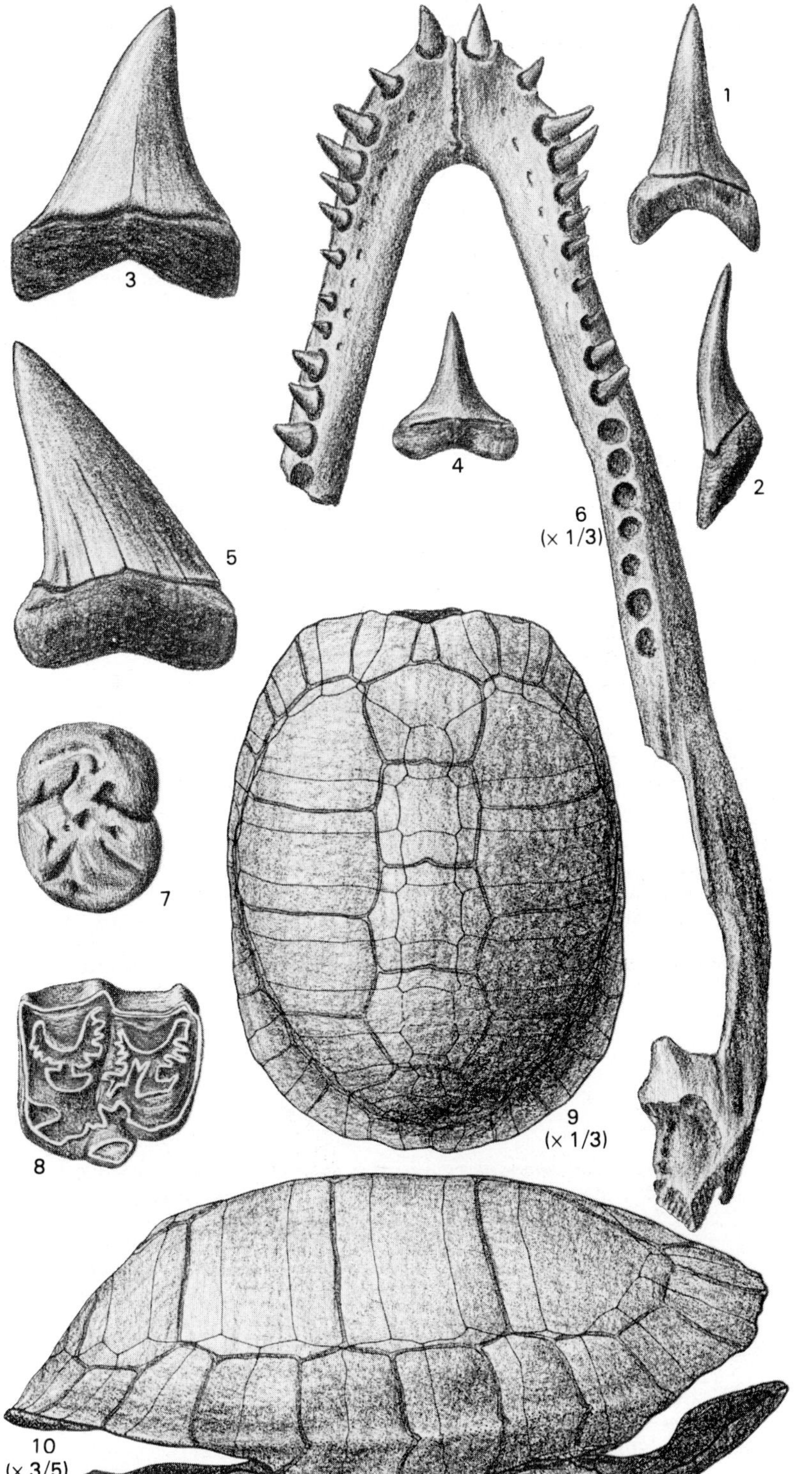

Planche 203 : MIOCÈNE

1-5. *Isurus hastalis* – 6. *Diplocynodon rateli* – 7. *Metaxytherium medium* – 8. *Hipparion primigenius* – 9, 10. *Ptychogaster emydoides.*

* ***Deinotherium cuvieri*** Kaup – Espèce très voisine de la précédente, dont elle diffère essentiellement par sa taille plus petite d'environ 1/5 sur l'ensemble des parties du corps. **Miocène moy.** : dans toute l'Europe.

MAMMIFÈRES Siréniens

Metaxytherium medium Desmarest *(Halianassa cuvieri)*, fam. Dugongidae – Très comparable d'allure à *Halitherium schinzi* (→ Oligocène, Pl. 188, fig. 9, 11), mais un peu plus grand et à membre antérieur un peu plus spécialisé, cette espèce se caractérise principalement par la structure plus compliquée de ses molaires qui prennent une allure lophodonte, les tubercules s'alignant en direction labio-linguale en dessinant deux crêtes transversales. **Miocène moy.** et **sup.** : dans toute l'Europe occidentale. Pl. 203, fig. 7 (molaire inférieure).

MAMMIFÈRES Cétacés

Schizodelphis sulcatus Gervais, fam. Acrodelphinidae – Espèce identifiable par son crâne à rostre très allongé, pouvant atteindre 80 cm de long ; les dents, au nombre d'une cinquantaine par demi-mâchoire, fines et comprimées latéralement, sont implantées obliquement. **Miocène inf.** et **moy.** : dans toute l'Europe méditerranéenne. Pl. 204, fig. 5 (crâne en vue supérieure).

MAMMIFÈRES Carnivores

* ***Amphicyon major*** Blainville *(A. giganteus)*, fam. Ursidae – Carnassier ayant pu dépasser 2 m de long ; crâne allongé, canines très fortes en forme de crocs, tranchantes et finement crénelées en arrière ; prémolaires antérieures très petites et espacées, la dernière prémolaire et les deux premières molaires étant par contre très épaisses, à deux pointes externes tranchantes. **Miocène moy.** : dans toute l'Europe. Pl. 205, fig. 1, 2 (portion antérieure de la mandibule et P4, M1 et M2 vues par la face broyeuse).

* ***Pseudaelurus quadridentatus*** Blainville, fam. Felidae – Animal de la taille du Puma, mais à mandibule moins robuste et dentition moins forte. **Miocène moy.** : dans toute l'Europe. Pl. 204, fig. 6, 7 (mandibule et canine supérieure).

* ***Machairodus aphanistus*** Kaup, fam. Felidae – Grand félin remarquable par la taille de sa canine supérieure, conformée en poignard, à tranchants crénelés, et pouvant atteindre, racine comprise, 17 cm de hauteur. **Miocène sup.** : dans toute l'Europe. Pl. 205, fig. 7 (canine supérieure).

MAMMIFÈRES Périssodactyles

* ***Anchitherium aurelianense*** Cuvier, fam. Equidae – Animal atteignant 1 m au garrot, à patte tridactyle (doigts latéraux très développés, s'écartant fortement du métapode médian) ; prémolaires et molaires homéomorphes, les supérieures courtes, à muraille externe en W formée de deux tubercules réunis et à tubercules internes forts, réunis à la muraille externe par une colline oblique ; les inférieures en W simple. **Miocène inf.** et **moy.** : dans toute l'Europe. Pl. 205, fig. 5,6 (prémolaires et molaires supérieures et inférieures).

* ***Hipparion primigenius*** Meyer *(Hippotherium gracile)*, fam. Equidae – Animal à port de cheval, atteignant 1,40 m au garrot, à pattes tridactyles (doigts latéraux étroitement accolés au métapode médian) ; molaires hypsodontes, prismatiques, courtes et faiblement arquées. **Miocène sup.** : dans toute l'Europe. Pl. 203, fig. 8 (molaire sup. vue par la face broyeuse).

* ***Aceratherium tetradactylum*** Lartet, fam. Rhinocerotidae – Animal de la taille d'un Rhinocéros, mais sans corne ; extrémité des pattes allongées, significative d'un mode coureur ; 4 doigts à la patte antérieure et 3 à la patte postérieure. Prémolaires et molaires de même structure, avec bourrelet basal. **Miocène moy.** : dans toute l'Europe. Pl. 205, fig. 3 (molaire supérieure).

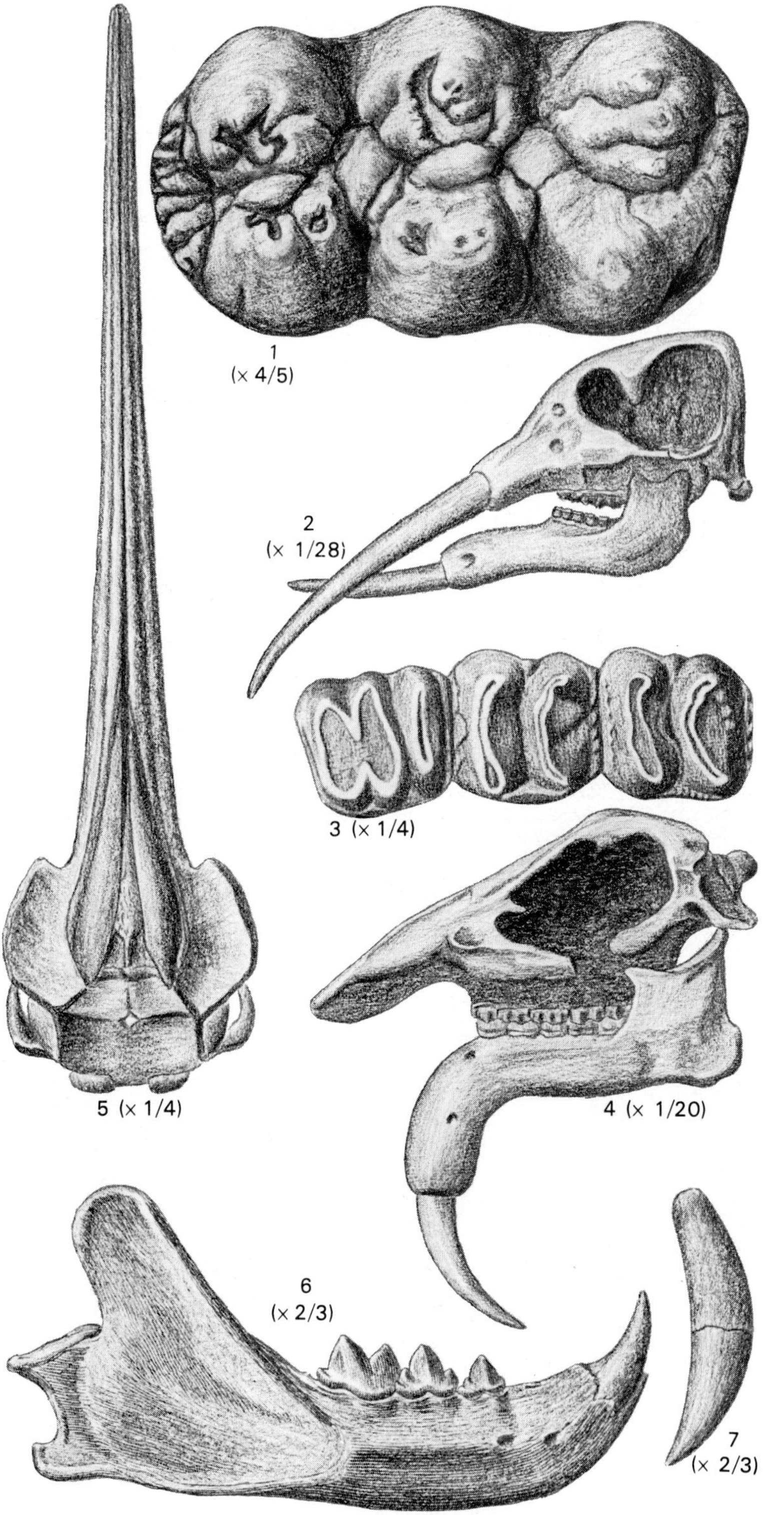

Planche 204 : MIOCÈNE

1, 2. *Gomphotherium angustidens* – 3, 4. *Deinotherium giganteum* – 5. *Schizodelphis sulcatus* – 6, 7. *Pseudaelurus quadridentatus.*

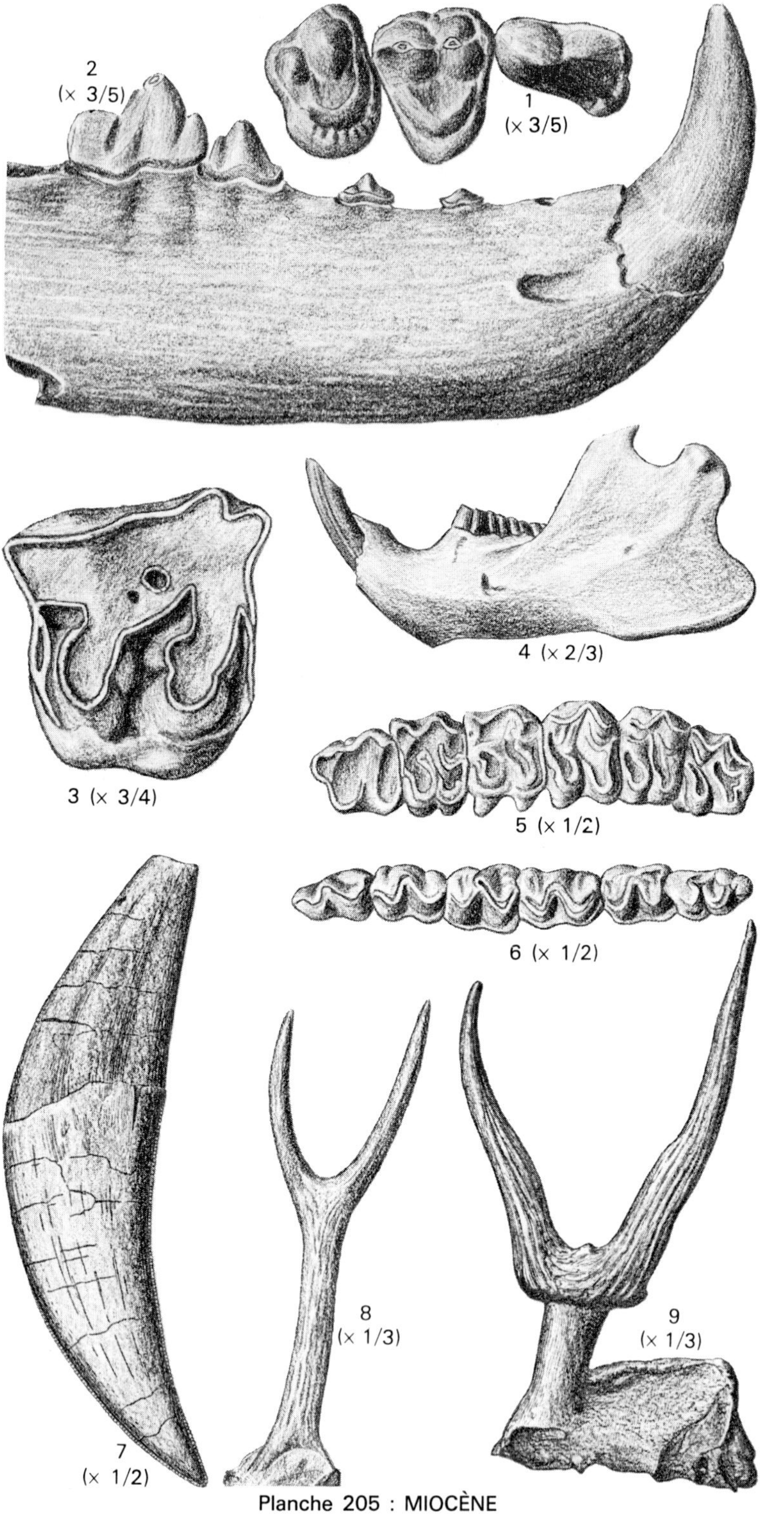

Planche 205 : MIOCÈNE

1, 3. *Amphicyon major* – 3. *Aceratherium tetradactylum* – 4. *Sreneofiber depereti* – 5, 6. *Anchitherium aurelianense* – 7. *Machairodus aphanistus* – 8. *Procervulus dichotomus* – 9. *Dicrocerus elegans.*

* ***Brachypotherium brachypus*** Lartet, fam. Rhinocerotidae – Espèce plus grande que la précédente, possédant une petite corne nasale, mais présentant sensiblement le même type de structure dentaire ; membres courts à extrémités larges et étalées. **Miocène moy.** : dans toute l'Europe.

MAMMIFÈRES Artiodactyles

* ***Procervulus dichotomus*** Gervais, fam. Cervidae – Espèce surtout reconnaissable à ses bois, non caducs (aucun cercle de pierrures), de section arrondie, simplement bifurqués et pouvant atteindre 20 cm de hauteur. **Miocène inf.** et **moy.** : dans toute l'Europe. Pl. 205, fig. 8.

* ***Dicrocerus elegans*** Lartet, fam. Cervidae – Espèce à bois caducs, formés d'une simple fourche reposant obliquement, par un bourrelet ou rose, sur un pédicule de section ovalaire, et pouvant atteindre 22 cm de hauteur. **Miocène moy.** : dans toute l'Europe. Pl. 205, fig. 9 (bois d'adulte âgé).

MAMMIFÈRES Rongeurs

* ***Steneofiber depereti*** Mayet, fam. Castoridae – Animal un peu plus petit que l'actuel Castor, et à prémolaires et molaires simples. **Miocène inf.** et **moy.** : dans toute l'Europe. Pl. 205, fig. 4 (mandibule vue par la face interne).

TRACES

Cliona falunica Fischer, fam. Clionidae – Demosponge perforante ayant laissé des traces sur de nombreuses coquilles de Mollusques sous forme de perforations de diamètre inférieur à 1 mm, ouvertes en surface et correspondant à des réseaux de galeries internes. **Miocène** : dans toute l'Europe occidentale ; cette espèce se poursuit dans la Pliocène.

Perforations de Gastropodes prédateurs – Miocène : dans toute les régions ; ces traces, fréquentes à partir de l'Éocène, abondent dans l'Actuel (→ Éocène).

PLIOCÈNE

En continuité avec le Miocène (Mio-pliocène de définition incertaine) et s'achevant par un Plio-pléistocène aux limites plus ou moins floues, le Pliocène ne représente que 3,5 M.A. et se subdivise en deux étages :

PLÉISTOCÈNE

PLIOCÈNE		1,8 M.A.
	Plaisancien / Astien (= Villafranchien inf.)	
	Redonien / Tabianien (= Ruscinien)	
		5,3 M.A.

MIOCÈNE

Le domaine marin, en transgression de part et d'autre de la Picardie (la mer atteint l'embouchure de la Tamise d'une part, Fécamp d'autre part), se trouve par contre en régression au Sud par rapport au Miocène : la mer s'arrête un

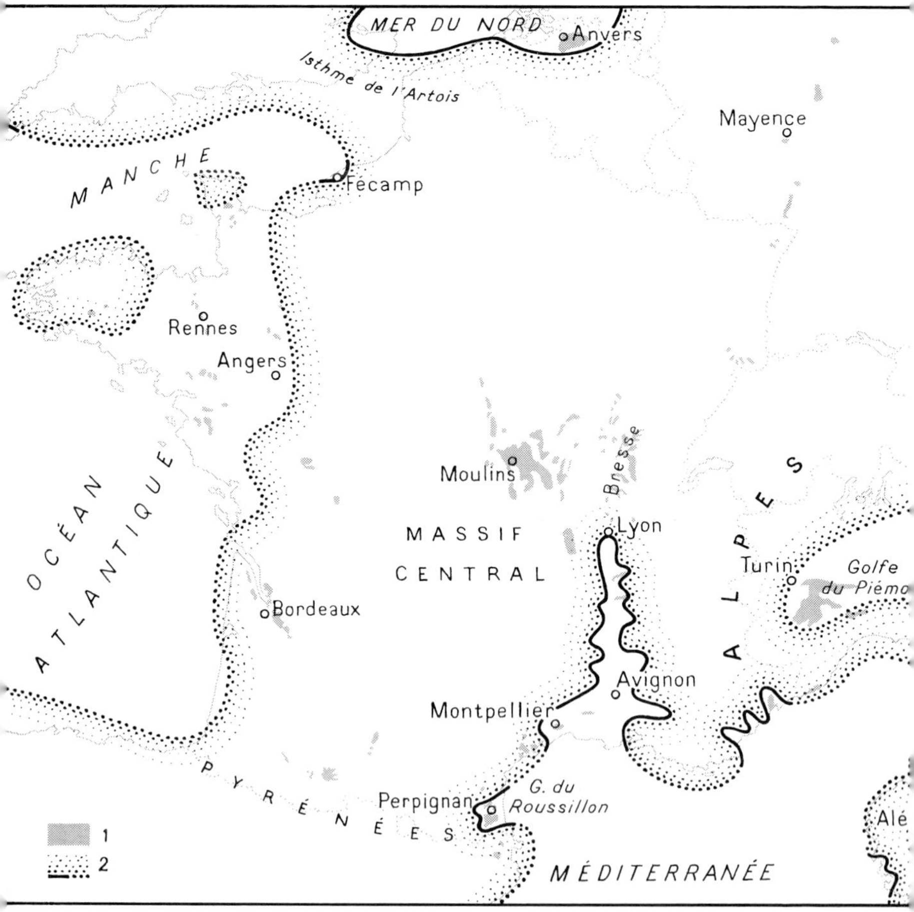

Pliocène
1. Principales zones d'affleurement – 2. Limites extrêmes des extensions marines au Pliocène.

peu à l'Est d'Angers et abandonne le bassin d'Aquitaine. Elle se maintient cependant dans la vallée du Rhône qu'elle inonde presque jusqu'à Lyon, entaillant les massifs voisins en de nombreuses et profondes rias ; elle échancre de même la côte entre Monaco et Saint-Tropez d'une série de petits golfes correspondant aux basses vallées du Var, de la Siagne et de l'Argens.

Le climat, qui demeure assez uniformément chaud durant la première moitié du Pliocène, devient ensuite plus variable, subissant les premières atteintes des influences septentrionales, signes avant-coureurs des rigueurs glaciaires du Pléistocène.

Les sédiments pliocènes déposés par l'Atlantique et la mer du Nord sont encore des faluns (*Coralline Crag* des géologues anglais), cependant que les rias du Bassin rhodanien se comblent progressivement d'une sédimentation finement détritique, issue des reliefs voisins.

Les sédiments continentaux, abondants au Pliocène, livrent de nombreuses espèces végétales (dont beaucoup subsistent dans la nature actuelle) et une faune variée de Mollusques, Reptiles, Oiseaux et surtout Mammifères, parmi lesquels dominent les Proboscidiens.

Les Invertébrés marins offrent une proportion grandissante d'espèces qui demeurent inchangées de nos jours et que l'on trouve vivantes en abondance sur nos côtes.

De nombreuses espèces mentionnées dans les pages relatives au Miocène et au Pléistocène concernent également le Pliocène, soit qu'elles s'y éteignent, soit qu'elles y apparaissent, soit qu'elles s'y poursuivent sans y être fréquentes. On devra donc s'y reporter pour compléter éventuellement la liste des principaux fossiles pliocènes que voici.

CONIFÈROPHYTES

* ***Glyptostrobus europaeus*** Heer, fam. Taxodiaceae – **Pliocène** : Ain (Meximieux), Gard (bassin de Théziers) ; en Suisse et en Italie ; cette espèce apparaît au Paléocène (→ Oligocène Pl. 178, fig. 3).

ANGIOSPERMOPHYTES

* ***Carpinus betulus*** Linné, fam. Betucaleae – **Pliocène sup.** : espèce à vaste répartition européenne, se poursuivant dans l'Actuel (Charme commun).

* ***Alnus glutinosa*** Linné, fam. Betulaceae – **Pliocène** : espèce à vaste répartition européenne, se poursuivant dans l'Actuel (Aulne glutineux).

* ***Quercus praecursor*** Saporta, fam. Fagaceae – Feuilles assez comparables à celles du Chêne vert actuel *(Q. ibex)*. **Pliocène sup.** : Ain (Meximieux).

* ***Fagus sylvatica*** Linné, fam. Fagaceae – **Pliocène** : Puy-de-Dôme (lac Chambon), Cantal ; cette espèce se poursuit dans l'Actuel (Hêtre).

* ***Populus tremula*** Linné, fam. Salicaceae – **Pliocène sup.** : Puy-de-Dôme (lac Chambon) ; cette espèce se poursuit dans l'Actuel (Tremble).

* ***Ulmus effusa*** Willdenow, fam. Ulmaceae – **Pliocène sup.** : Puy-de-Dôme (lac Chambon), Cantal ; cette espèce se poursuit dans l'Actuel (Orme diffus).

* ***Acer pseudocampestre*** Unger fam. Aceraceae – Espèce très voisine des actuels Érable champêtre *(A. campestre)* et Érable de Montpellier *(A. monspessulanum)*. **Pliocène** : Puy-de-Dôme (lac Chambon) ; cette espèce apparaît au Miocène.

* ***Acer opulifolium*** Willdenow – **Pliocène** : Ain (Meximieux), Cantal, Gard (bassin de Théziers) ; en Italie. Cette espèce se poursuit dans l'actuel (Érable à feuilles d'Obier).

* ***Ilex falsani*** Saporta et Marion, fam. Aquifoliaceae – Espèce étroitement alliée aux variétés à feuilles entières du Houx commun actuel *(I. aquifolium)*. **Pliocène sup.** : Ain (Meximieux).

* ***Nerium oleander*** Linné, fam. Apocynaceae – **Pliocène sup.** : Ain (Meximieux) ; cette espèce se poursuit dans l'Actuel (Laurier rose).

* ***Diospyros protolotus*** Saporta et Marion, fam. Ebenaceae – Espèce proche de l'actuel Plaqueminier *(D. lotus)*. **Pliocène sup.** : Ain (Meximieux).

* ***Liriodendron procaccinii*** Unger, fam. Magnoliaceae – Espèce proche de l'actuel Tulipier *(L. tulipifera)*. **Pliocène sup.** : Ain (Meximieux).

* ***Laurus canariensis*** Webber, fam. Lauraceae – Feuilles conformes, dans leurs variations, à celles de l'actuel Laurier des Canaries, et différant de celles du Laurier-sauce *(L. nobilis)* par leur forme plus atténuée vers la base et plus obtuse vers le sommet. **Pliocène sup.** : Ain (Meximieux) ; cette espèce se poursuit dans l'Actuel.

* ***Bambusa lugdunensis*** Saporta, fam. Graminaceae – Feuilles rubanées, pouvant atteindre 30 cm de long et 2 cm de large, très comparables à celles du Bambou actuel, *B. mitis.* **Pliocène sup.** : Ain : (Meximieux) ; Puy-de-Dôme (lac Chambon), Cantal.

* ***Liquidambar europaem*** Brongniart, fam. Hamamelidaceae – Feuilles à 3 ou 5 lobes, pouvant atteindre 10 cm de long et 13 à 15 cm de large, et qui présentent la même polymorphie que les espèces actuelles auxquelles elle s'apparente étroitement. **Pliocène sup.** : Ain (Meximieux) ; cette espèce apparaît à l'Oligocène.

ANTHOZOAIRES Hexacoralliaires

Sphenotrochus milletianus Defrance, fam. Caryophylliidae – **Redonien :** Manche, Mayenne, Maine-et-Loire, Loire-Atlantique, Vendée (→ Miocène, Pl. 190, fig. 12).

BRYOZOAIRES Cyclostomes

Hornera reteporacea Milne-Edwards, fam. Horneridae – **Redonien :** Maine-et-Loire, Loire-Atlantique (→ Miocène, Pl. 191, fig. 1).

BRYOZOAIRES Cheilostomes

Cellaria fistulosa Linné, fam. Cellariidae – Zoarium branchu à rameaux cylindriques de 1 mm de diamètre et 5 à 7 mm de longueur se développant par dichotomie ; zoécies s'ouvrant sur toute la surface des rameaux. **Redonien :** Maine-et-Loire, Loire-Atlantique ; cette espèce se poursuit dans l'Actuel. Pl. 206, fig. 1.

Metrarabdotos moniliferum Milne-Edwards (*Trigonopora* –), fam. Adeonidae – Zoarium bilamellaire foliacé pouvant atteindre 6 cm de hauteur et de largeur. **Redonien :** Manche, Ille-et-Vilaine, Mayenne, Maine-et-Loire, Vendée ; en Belgique, Pays-Bas et Grande-Bretagne. Pl. 206, fig. 2.

Celleporaria palmata Michelin (*Holoporella* –), fam. Celleporidae – **Redonien :** Maine-et-Loire, Loire-Atlantique, Corse ; en Belgique, Pays-Bas et Grande-Bretagne (→ Miocène, Pl. 191, fig. 2).

BRACHIOPODES Articulés

Terebratula ampulla Brocchi, fam. Terebratulidae – Dim. max. : L/l/e = 6/4,8 à 5,5/3 cm. **Astien :** Vaucluse (sud du Massif du Petit-Luberon) ; en Italie. Pl. 206, fig. 3.

MOLLUSQUES Scaphopodes

Dentalium inaequale Bronn *(D. delphinense),* fam. Dentaliidae – Coquille irrégulièrement arquée, de section subhexagonale, ornée de côtes longitudinales plus ou moins marquées. Dim. max. : L/d = 8/0,8 cm. **Pliocène :** Drôme (bassin de Crest), Vaucluse (bassin de Valréas) ; en Italie (Piémont) ; cette espèce apparaît au Miocène. Pl. 206, fig. 4.

Dentalium (Antalis) brevifissum Deshayes – **Pliocène** (Redonien) : dans toute l'Europe occidentale ; cette espèce apparaît au Miocène (→ Pl. 191, fig. 8).

Dentalium (Laevidentalium) rubescens Deshayes – **Pliocène** (Redonien) : dans toute l'Europe occidentale ; cette espèce se poursuit dans l'Actuel (→ Pléistocène, Pl. 213, fig. 5).

MOLLUSQUES Bivalves

Nucula nucleus Linné, fam. Nuculidae – Dim. max. : h/L/e = 1,4/1,8/0,9 cm. **Pliocène :** espèce à vaste répartition européenne apparaissant au Miocène et se poursuivant dans l'Actuel (toutes nos côtes). Pl. 206, fig. 6, 7.

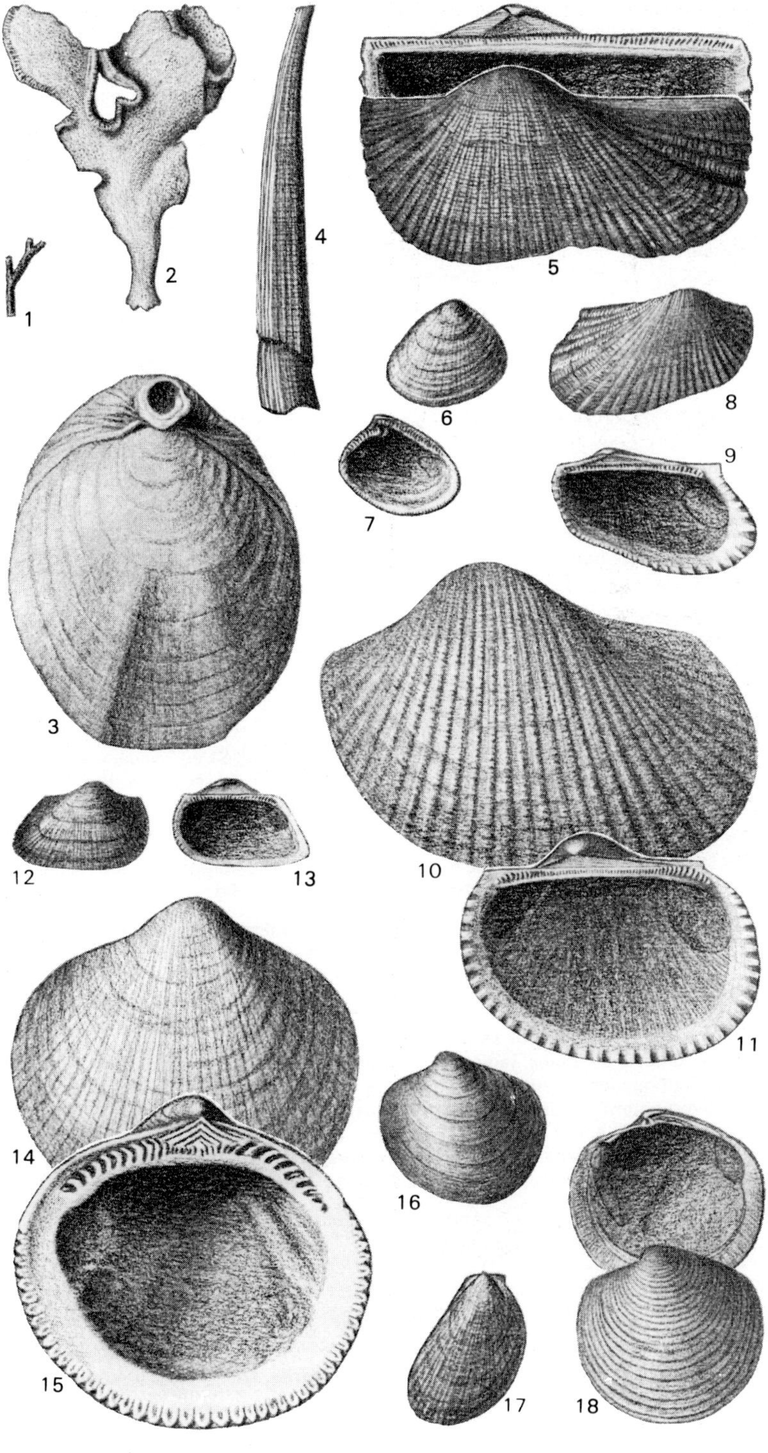

Planche 206 : PLIOCÈNE

1. *Cellaria fistulosa* – 2. *Metrarabdotos moniliferum* – 3. *Terebratula ampulla* – 4. *Dentalium inaequale* – 5. *Arca noae* – 6, 7. *Nucula nucleus* – 8, 9. *Anadara pectinata* – 10, 11. *A. diluvii* – 12, 13. *Striarca lactea* – 14, 15. *Glycymeris glycymeris* – 16. *Diplodonta rotundata* – 17. *Limaria hians* – 18. *Lucinoma borealis.*

Arca noae Linné, fam. Arcidae – Coquille présentant de fortes variations de forme et d'ornementation. Dim. max. : h/L/e = 3/7,5/3 à 3,5 cm. **Pliocène :** espèce à vaste répartition européenne, apparaissant au Miocène et se poursuivant dans l'Actuel (domaine méditerranéen). Pl. 206, fig. 5.

Barbatia barbata Linné *(Arca –)*, fam. Arcidae – **Pliocène :** espèce à vaste répartition européenne apparaissant au Miocène et se poursuivant dans l'Actuel (domaine méditerranéen) (→ Miocène, Pl. 191, fig. 9).

Anadara diluvii Lamarck *(Arca –)*, fam. Arcidae – Coquille plus ou moins oblique et allongée. Dim. max. : h/L/e = 4/5 à 6/4 à 5 cm. **Pliocène :** espèce à vaste répartition européenne, apparaissant au Miocène et se poursuivant dans l'Actuel (domaine surtout méditerranéen), Pl. 206, fig. 10, 11.

Anadara pectinata Brocchi *(Arca –)*, Dim. max. : h/L/e = 4/7/3 à 3,5 cm. **Pliocène :** Ardèche, Vaucluse, Aude, Pyrénées orientales ; en Italie ; espèce apparaissant au Miocène supérieur et s'éteignant au Pléistocène. Pl. 206, fig. 8, 9 (var. *minor*).

Striarca (Galactella) lactea Linné *(Arca –)*, fam. Noetiidae – Dim. max. : h/L/e = 1,4/2/1,3 cm. **Pliocène :** espèce à vaste répartition européenne, apparaissant au Miocène et se poursuivant dans l'Actuel (toutes nos côtes). Pl. 206, fig. 12, 13.

Glycymeris bimaculata Poli, fam. Glycymerididae – **Pliocène :** dans toute l'Europe occidentale ; cette espèce apparaît au Miocène et se poursuit dans l'Actuel (Méditerranée) (→ Miocène, Pl. 193, fig. 1, 2).

Glycymeris glycymeris Linné *(Pectunculus pilosus, Axinea –)*, Dim. max. : h/L/e = 7/7/4,5 cm. **Pliocène :** dans toute l'Europe occidentale ; cette espèce se poursuit dans l'Actuel (domaines atlantique et méditerranéen). Pl. 206, fig. 14, 15.

Lithophaga lithophaga Linné *(Lithodomus –)*, fam. Mytilidae – **Pliocène :** dans toute l'Europe sud-occidentale ; cette espèce apparaît au Miocène et se poursuit jusque dans l'Actuel (domaine méditerranéen) (→ Miocène, Pl. 191, fig. 13, 14).

Amussium cristatum Bronn, fam. Pectinidae – Dim. max. : h/L/e = 8/7,5 à 8,5/2 cm. **Pliocène :** espèce à vaste répartition sud-européenne (domaine méditerranéen), apparaissant dans le Miocène. Pl. 207, fig. 1, 2.

Chlamys scabrella Lamarck, fam. Pectinidae – **Pliocène :** espèce à vaste répartition sud-européenne (essentiellement domaine méditerranéen), apparaissant au Miocène et s'éteignant au Pléistocène (Calabrien) (→ Miocène, Pl. 192, fig. 1).

Chlamys pusio Linné *(C. tauroperstriatus, Pecten multistriatus, P. nimius)* – Valves ornées de côtes radiales nombreuses (20 à 30 au départ, qui se multiplient rapidement et peuvent atteindre la soixantaine), de grosseur inégale et diversement pourvues de squamosités imbriquées. Dim. max. : h/L/e = 7,5/6 à 7/2,5 à 3 cm. **Pliocène :** dans toute l'Europe occidentale ; cette espèce apparaît au Miocène et se poursuit dans l'Actuel (côtes méditerranéennes essentiellement). Pl. 207, fig. 3.

Chlamys varia Linné – **Pliocène :** espèce à vaste répartition sud-européenne (domaine méditerranéen), apparaissant au Miocène et se poursuivant dans l'Actuel (→ Pléistocène, Pl. 213, fig. 1).

Chlamys (Aequipecten) opercularis Linné – **Pliocène :** dans toute l'Europe occidentale ; cette espèce apparaît au Miocène et se poursuit jusque dans l'Actuel (toutes nos côtes) (→ Pléistocène, Pl. 213, fig. 2).

Hinnites crispus Brocchi, fam. Pectinidae – Coquille ostréiforme extrêmement épaisse, à contour très variable, fixée par la valve droite ; surface présentant une ornementation concentrique et radiale grossière. Dim. max. : h/L/e = 15/10 à 14/6 cm. **Pliocène :** espèce à vaste répartition européenne, apparaissant au Miocène et s'éteignant au Pléistocène. Pl. 207, fig. 4.

Pecten jacobaeus Linné, fam. Pectinidae – Valves ornées de 12 à 13 côtes principales limitées par des arêtes anguleuses et costulées radialement. **Pliocène :** espèce à large répartition sud-européenne (domaine méditerranéen), se poursuivant jusque dans l'Actuel (Coquille Saint-Jacques de Méditerranée).

Planche 207 : PLIOCÈNE

1, 2. *Amussium cristatum* – 3. *Chlamys pusio* – 4. *Hinnites crispus* – 5, 6. *Ctena reticulata* – 7. *Lima lima* – 8, 9. *Chama (Psilopus) gryphoides* – 10, 11. *Anomia ephippium*.

Pecten (Oppenheimopecten) benedictus Lamarck – **Pliocène :** espèce à vaste répartition sud-européenne (domaine méditerranéen) (→ Miocène, Pl. 193, fig. 6, 7).

Spondylus gaederopus Linné, fam. Spondylidae – **Pliocène :** espèce à large répartition sud-européenne (domaine méditerranéen) se poursuivant dans l'Actuel (côtes méditerranéennes) (→ Miocène, Pl. 191, fig. 10, 11).

Anomia ephippium Linné, fam. Anomiidae – Coquille très fine, fragile, de contour et d'allure extrêmement variables ; valve gauche pourvue d'une échancrure ; surface lisse ou ornée de lamelles d'accroissement concentriques, ou pouvant présenter une costulation radiale irrégulière. Dim. max. : h/L/e = 5 à 6/5 à 6/0,5 à 2 cm. **Pliocène :** espèce à vaste répartition européenne, apparaissant à l'Oligocène et se poursuivant dans l'Actuel (toutes nos côtes). Pl. 207, fig. 10, 11.

Lima lima Linné *(L. squamosa, Radula –)*, fam. Limidae – Valves ornées de 18 à 25 côtes radiales subégales et rendues plus ou moins squameuses par le passage des lamelles d'accroissement. Dim. max. : h/L/e = 8/6/2,5 à 3 cm. **Pliocène :** dans toute l'Europe occidentale ; cette espèce apparaît au Miocène et se poursuit dans l'Actuel (côtes méditerranéennes). Pl. 207, fig. 7.

Limaria hians Gmelin *(Lima –)*, fam. Limidae – Dim. max. : h/L/e = 2,5/1,5/1 cm. **Pliocène :** espèce à vaste répartition européenne, apparaissant au Miocène et se poursuivant dans l'Actuel (domaines atlantique et méditerranéen). Pl. 206, fig. 17.

Saccostrea cucullata Born *(Ostrea cornucopiae)*, fam. Ostreidae – Forme très variable, à talon plus ou moins développé, pouvant atteindre 15 cm de hauteur pour 5 à 7 cm de longueur et 4 à 6 cm d'épaisseur. **Pliocène :** espèce à vaste répartition sud-européenne, se poursuivant jusque dans l'Actuel (Océan Indien).

Ostrea edulis Linné, fam. Ostreidae – **Pliocène :** dans toute l'Europe occidentale ; espèce se poursuivant dans l'Actuel (→ Pléistocène, Pl. 213, fig. 3).

Ctena reticulata Poli *(Lucina –, Jagonia –)*, fam. Lucinidae – Dim. max. : h/L/e = 2/2,2/1,3 cm. **Pliocène :** espèce à vaste répartition sud-européenne, apparaissant au Miocène et se poursuivant dans l'Actuel (domaines atlantique et méditerranéen). Pl. 207, fig. 5, 6.

Loripes lacteus Linné *(Lucina lucinalis)*, fam. Lucinidae – Dim. max. : h/L/e = 2,5/2,5 à 2,8/1,3 cm. **Pliocène :** espèce à vaste répartition sud-européenne, apparaissant au Pliocène et se poursuivant dans l'Actuel (domaines atlantique et méditerranéen). Pl. 208, fig. 1.

Megaxinus bellardianus Mayer-Eymar *(Miltha –)*, fam. Lucinidae – Espèce très voisine de *M. incrassatus* (→ Miocène, Pl. 195, fig. 2). Dim. max. : h/L/e = 5/5/3 cm. **Pliocène :** espèce à vaste répartition sud-européenne.

Lucinoma borealis Linné *(Phacoides –, Dentilucina –)*, fam. Lucinidae – Dim. max. : h/L/e = 4/4/2,4 cm. **Pliocène :** dans toute l'Europe occidentale ; espèce apparaissant au Miocène et se poursuivant dans l'Actuel (principalement domaine atlantique). Pl. 206, fig. 18.

Lucinella divaricata Linné *(Lucina –, Divaricella –)*, fam. Lucinidae – Dim. max. : h/L/e = 1/1/0,6 cm. **Pliocène :** dans toute l'Europe occidentale ; espèce se poursuivant dans l'Actuel (domaines nordique, atlantique et méditerranéen). Pl. 208, fig. 2, 3.

Diplodonta rotundata Montagu, fam. Ungulinidae – Dim. max. : h/L/e = 2/2,3/1,2 cm. **Pliocène :** espèce à vaste répartition européenne, apparaissant au Miocène et se poursuivant dans l'Actuel (domaines nordique, atlantique et méditerranéen). Pl. 206, fig. 16.

Chama (Psilopus) gryphoides Linné, fam. Chamidae – Valves ornées de petites et nombreuses squamosités disposées en rangées concentriques. Dim. max. : h/L/e = 4/3,5/2,5 à 3 cm. **Pliocène :** espèce à vaste répartition européenne, apparaissant au Miocène et se poursuivant dans l'Actuel (côtes méditerranéennes). Pl. 207, fig. 8, 9.

Planche 208 : PLIOCÈNE

1. *Loripes lacteus* – 2, 3. *Lucinella divaricata* – 4. *Cardita calyculata* – 5. *Megacardita striatissima* – 6, 7. *Venus casina* – 8. *Plagiocardium papillosum* – 9. *Acanthocardia tuberculatum* – 10. *Digitaria digitaria* – 11. *Astarte sulcata* – 12,13. *A. omalii* – 14. *Abra alba* – 15. *Dreissena simplex* – 16, 17. *Tellina crassa* – 18, 19. *Pitar rudis* – 20. *Callista chione.*

Cardita calyculata Linné, fam. Carditidae – Dim. max. : h/L/e = 1,5/2,5/1,5 cm. **Pliocène :** espèce largement répandue en Europe sud-occidentale, apparaissant au Miocène et se poursuivant dans l'Actuel (domaine méditerranéen). Pl. 208, fig. 4.

Megacardita striatissima Caillaud *(Cardita –, Venericardia –)*, fam. Carditidae – Dim. max. : h/L/e = 2/2,5/1,8 cm. **Pliocène :** espèce largement répandue en France (domaine atlantique), s'éteignant au Pléistocène. Pl. 208, fig. 5.

Astarte sulcata da Costa, fam. Astartidae – Cette espèce se reconnaît à ses côtes concentriques régulièrement distribuées sur toute la surface des valves. Dim. max. : h/L/e = 2,5/3/1,3 cm. **Pliocène :** espèce largement répandue en Europe nord-occidentale, se poursuivant dans l'Actuel (domaines nordique, atlantique et méditerranéen). Pl. 208, fig. 11.

Astarte omalii La Jonkaire *(A. omaliusi)* – Côtes concentriques bien marquées près du crochet, allant en s'estompant vers le bord. Dim. max. : h/L/e = 3/3,5/1 cm. **Pliocène :** espèce largement répandue en Europe nord-occidentale, apparaissant au Miocène et s'éteignant au Pléistocène. Pl. 208, fig. 12, 13.

Digitaria digitaria Linné *(Astarte –)*, fam. Astartidae – Dim. max. : h/L/e = 1,5/1,5 à 1,8/1 à 1,2 cm. **Pliocène :** espèce à vaste répartition européenne, se poursuivant dans l'Actuel (domaines atlantique et méditerranéen). Pl. 208, fig. 10.

Acanthocardia tuberculatum Linné *(Cardium –)*, fam. Cardiidae – Valves ornées de 18 à 25 côtes radiales arrondies pourvues de tubercules peu saillants et irréguliers. Dim. max. : h/L/e = 6/6/5 cm. **Pliocène :** dans toute l'Europe occidentale ; espèce se poursuivant dans l'Actuel (domaines atlantique et méditerranéen). Pl. 208, fig. 9.

Acanthocardia aculeatum Linné *(Cardium –)* – Cette espèce diffère de la précédente par ses côtes plus saillantes, anguleuses et pourvues d'épines fortes et pointues. Dim. max. : h/L/e = 8/8/6 cm. **Pliocène :** dans toute l'Europe sud-occidentale ; cette espèce se poursuit dans l'Actuel (Bucarde épineuse, domaine surtout méditerranéen).

Plagiocardium (Papillicardium) papillosum Poli *(Cardium –)*, fam. Cardiidae – Dim. max. : h/L/e = 1,8/1,8 à 2/1 à 1,2 cm. **Pliocène :** dans toute l'Europe sud-occidentale ; cette espèce apparaît au Miocène et se poursuit dans l'Actuel (domaine surtout méditerranéen). Pl. 208, fig. 8.

Cerastoderma edule Linné *(Cardium –)*, fam. Cardiidae – Espèce présentant une grande diversité de variation, tant dans l'épaisseur de la coquille que dans l'obliquité des valves et le nombre, la force et la striation des côtes radiales. Dim. max. : h/L/e = 5/5 à 6/3 à 3,5 cm. **Pliocène :** dans toute l'Europe ; cette espèce se poursuit dans l'Actuel (Coque, ou Bucarde, toutes nos côtes).

Tellina (Arcopagia) crassa Pennant, fam. Tellinidae – Dim. max. : h/L/e = 4/5/1,5 cm. **Pliocène :** espèce à vaste répartition européenne, apparaissant au Miocène et se poursuivant dans l'Actuel (domaines atlantique et méditerranéen). Pl. 208, fig. 16, 17.

Abra (Syndosmya) alba Wood, fam. Semelidae – Dim. max. : h/L/e = 1,5/2/0,6 cm. **Pliocène :** dans toute l'Europe occidentale ; cette espèce apparaît au Miocène et se poursuit dans l'Actuel (toutes nos côtes). Pl. 208, fig. 14.

* ***Dreissena simplex*** Barbot *(Congeria –, Dreyssensia –)*, fam. Dreissenidae – Dim. max. : h/L/e = 2/1,1/1 cm. **Pliocène :** espèce largement répandue en Europe occidentale. Pl. 208, fig. 15.

Arctica islandica Linné *(Cyprina –)*, fam. Arcticidae – Dim. max. : h/L/e = 9/9 à 11/6 à 6,5 cm. **Pliocène :** dans toute l'Europe (surtout nord-occidentale) ; cette espèce se poursuit dans l'Actuel (domaine nord-atlantique). Pl. 209, fig. 1.

Venus casina Linné, fam. Veneridae – Valves ornées de bourrelets concentriques diversement disposés et plus ou moins lamellaires. Dim. max. : h/L/e = 5/5,5/3 cm. **Pliocène** : espèce à vaste répartition européenne, apparaissant au Miocène et se poursuivant dans l'Actuel (toutes nos côtes). Pl. 208, fig. 6, 7.

Pitar rudis Poli, fam, Veneridae – Dim. max.: h/L/e = 2/2,5/1,5 cm. **Pliocène** : dans toute l'Europe occidentale ; cette espèce apparaît au Miocène et se poursuit dans l'Actuel (domaines méditerranéen et atlantique). Pl 208, fig. 18, 19.

Callista chione Linné *(Venus –, Cytherea –, Meretrix –, Pitaria –)*, fam. Veneridae – Dim. max. : h/L/e = 6/8/4 cm. **Pliocène** : dans toute l'Europe occidentale ; espèce apparaissant au Miocène et se poursuivant dans l'Actuel (domaines nordique, atlantique et méditerranéen). Pl. 208, fig. 20.

Dosinia (Asa) lupinus Linné *(Artemis lincta)*, fam. Veneridae – Cette espèce se distingue à sa surface beaucoup plus finement striée que chez la suivante, indépendamment des bourrelets d'accroissement. **Pliocène** : dans toute l'Europe occidentale ; espèce apparaissant au Miocène et se poursuivant dans l'Actuel (toutes nos côtes).

Dosinia (Pectunculus) exoleta Linné *(Artemis –)* – **Pliocène** : dans toute l'Europe occidentale ; espèce apparaissant au Miocène et se poursuivant dans l'Actuel (toutes nos côtes) (→ Miocène, Pl. 192, fig. 9).

Tapes (Ruditapes) decussatus Linné, fam. Veneridae – Dim. max. : h/L/e = 4/5,5 à 6/2,5 cm. **Pliocène** : espèce à vaste répartition européenne, se poursuivant dans l'Actuel (Clovisse ou Palourde treillisée, toutes nos côtes).

Chamelea gallina Linné *(Venus –)*, fam. Verneridae – Dim. max. : h/L/e = 4/4,5 à 5/3 cm. **Pliocène** : dans toute l'Europe occidentale ; espèce se poursuivant dans l'Actuel (domaines atlantique et méditérranéen). Pl. 209, fig. 2.

Timoclea ovata Pennant *(Venus –)*, fam. Veneridae – Dim. max. : h/L/e = 1,2/1,5/0,5 à 0,6 cm. **Pliocène** : espèce à vaste répartition européenne, apparaissant au Miocène et se poursuivant dans l'Actuel (domaines nordique, atlantique et méditerranéen). Pl. 209, fig. 3.

Corbula (Varicorbula) gibba Olivi, fam. Corbulidae – Dim. max. : h/L/e = 1/1 à 1,5/1 cm. **Pliocène** : dans toute l'Europe occidentale ; espèce apparaissant à l'Oligocène et se poursuivant dans l'Actuel (toutes nos côtes). Pl. 209, fig. 4, 5.

MOLLUSQUES Gastropodes

Diodora italica Defrance *(Fissurela –)*, fam. Fissurellidae – Coquille variable dans sa forme et dans l'agencement de son ornementation. Dim. max. : h/D/d = 2 à 2,5/5/3 à 3,5 cm. **Pliocène** : espèce largement répandue en Europe sud-occidentale, apparaissant au Miocène et se poursuivant dans l'Actuel (domaine méditerranéen). Pl. 209, fig. 6,7.

Calliostoma (Ampullotrochus) tauromiliare Sacco, fam. Trochidae – **Pliocène inf.** (Redonien) : espèce répandue en Europe occidentale, apparaissant au Miocène (→ Pl. 196, fig. 14).

Astraea (Bolma) rugosa Linné *(Turbo –)*, fam. Turbinidae – Dim. max. : h/d = 3,8/4 cm. **Pliocène** : espèce largement répandue en Europe sud-occidentale, se poursuivant dans l'Actuel (domaine méditerranéen). Pl. 210, fig. 9 (coquille avec son opercule).

Astraea (Bolma) granosa Borson *(Turbo –)* – **Pliocène inf.** (Redonien) : espèce répandue en Europe occidentale, apparaissant au Miocène (→ Pl 196, fig. 5).

Turritella tricarinata Brocchi (*T. communis)*, fam. Turritellidae – Espèce plus ou moins élancée et assez variable par la disposition et la force de ses cordons spiraux. Dim. max. : h/d = 4,5/1 à 1,2 cm. **Pliocène** : dans toute l'Europe occidentale ; espèce apparaissant au Miocène et se poursuivant dans l'Actuel (forme *communis*, toutes nos côtes). Pl. 209, fig. 8.

Turitella vermicularis Brocchi – Grande espèce à tours peu bombés et ornés de carènes spirales plus ou moins saillantes. Dim. max. : h/d = 11/2,2 à 2,5 cm. **Pliocène :** espèce largement répandue en Europe sud-occidentale, apparaissant au Miocène moy. Pl. 209, fig. 9.

Turritella (Zaria) subangulata Brocchi – Dim. max. : h/d = 6/1,5 à 1,7 cm. **Pliocène :** espèce largement répandue en France et dans les régions limitrophes, apparaissant au Miocène. Pl. 209, fig. 10.

Lemintina arenaria Linné *(Vermetus –, Serpulorbis –)*, fam. Vermetidae – **Pliocène :** espèce largement répandue en Europe sud-occidentale, apparaissant au Miocène et se poursuivant dans l'Actuel (→ Miocène. Pl. 196, fig. 10).

* ***Melanopsis (Lyrcaea) narzolina*** d'Archiac, fam. Thiaridae – Dim. max. : h/d = 2,5/1 à 1,2 cm. **Pliocène inf. :** espèce largement répandue en Europe sud-occidentale, apparaissant au Miocène. Pl. 209, fig. 11.

Potamides basteroti Serres, fam. Potamididae – Ornementation variable, formée d'une ou de deux carènes plus ou moins noduleuses. Dim. max. : h/d = 5/1,5 cm. **Pliocène :** espèce largement répandue en Europe sud-occidentale. Pl. 209, fig. 12.

Bittium reticulatum da Costa, fam. Cerithiidae – **Pliocène :** dans toute l'Europe occidentale ; espèce apparaissant au Miocène et se poursuivant dans l'Actuel (toutes nos côtes) (→Pléistocène, Pl. 213, fig. 8).

Thericium vulgatum Bruguière, fam. Cerithiidae – Dim. max. : h/d = 7/2,5 cm. **Pliocène :** dans toute l'Europe sud-occidentale ; espèce apparaissant au Miocène et se poursuivant dans l'Actuel (domaines méditerranéen et atlantique). Pl. 209, fig. 15.

Calyptraea chinensis Linné, fam. Calyptraeidae – Dim. max. : h/d = 1,5/2,5 cm. **Pliocène :** dans toute l'Europe occidentale ; cette espèce apparaît au Miocène et se poursuit dans l'Actuel (toutes nos côtes). Pl. 209, fig. 16, 17.

Crepidula (Janacus) crepidula Linné *(C. unguiformis)*, fam. Calyptraeidae – **Pliocène :** dans toute l'Europe occidentale ; cette espèce apparaît au Miocène et se poursuit dans l'Actuel (domaine méditerranéen) (→ Miocène, Pl. 197, fig. 14, 15).

Strombus coronatus Defrance, fam. Strombidae – Dim. max. : h/d = 10/7 à 8 cm. **Pliocène :** espèce largement répandue en Europe sud-occidentale, apparaissant au Miocène moy. Pl. 210, fig. 1.

Aporrhais pespelicani Linné *(Chenopus –)*, fam. Aporrhaidae – Dim. max. : h/d = 5/4 cm. **Pliocène :** dans toute l'Europe sud-occidentale ; cette espèce apparaît au Miocène (formes plus petites) et se poursuit dans l'Actuel (domaines méditerranéen et atlantique). Pl. 210, fig. 5, 6.

Erato laevis Donavan *(E. cypraeola)*, fam. Cypraeidae – **Pliocène :** dans toute l'Europe sud-occidentale ; cette espèce apparaît au Miocène et se poursuit dans l'Actuel (domaines atlantique et méditerranéen) (→ Miocène, pl. 198, fig. 5).

Trivia europaea Montagu *(Cypraea –)*, fam. Cypraeidae – Dim. max. : h/D/d = 1,2/1/0,8 cm. **Pliocène :** dans toute l'Europe occidentale ; espèce apparaissant au Miocène et se poursuivant dans l'Actuel (« grain de café », toutes nos côtes). Pl. 209, fig. 13, 14.

Natica millepunctata Lamarck, fam. Naticidae – Espèce voisine d'*E. tigrina* (→ Miocène, Pl. 197, fig. 17) dont elle diffère par sa spire plus surbaissée. Dim. max. : h/d = 4,4/4,5. **Pliocène :** dans toute l'Europe sud-occidentale ; cette espèce se poursuit dans l'Actuel (domaine méditerranéen).

Euspira catena da Costa *(Natica –)*, fam. Naticidae – Dim. max. : h/d = 4/3,7 cm. **Pliocène :** espèce largement répartie en Europe nord-occidentale, se poursuivant dans l'Actuel (toutes nos côtes). Pl. 209, fig. 18.

Nucella lapillus Linné *(Purpura –)*, fam. Muricidae – Dim. max. : h/d = 5/3 cm. **Pliocène :** dans toute l'Europe nord-occidentale ; cette espèce se poursuit dans l'Actuel (taille limitée à 3,5 cm de hauteur, domaines atlantique et septentrional). Pl. 210, fig. 2 (forme *incrassata*).

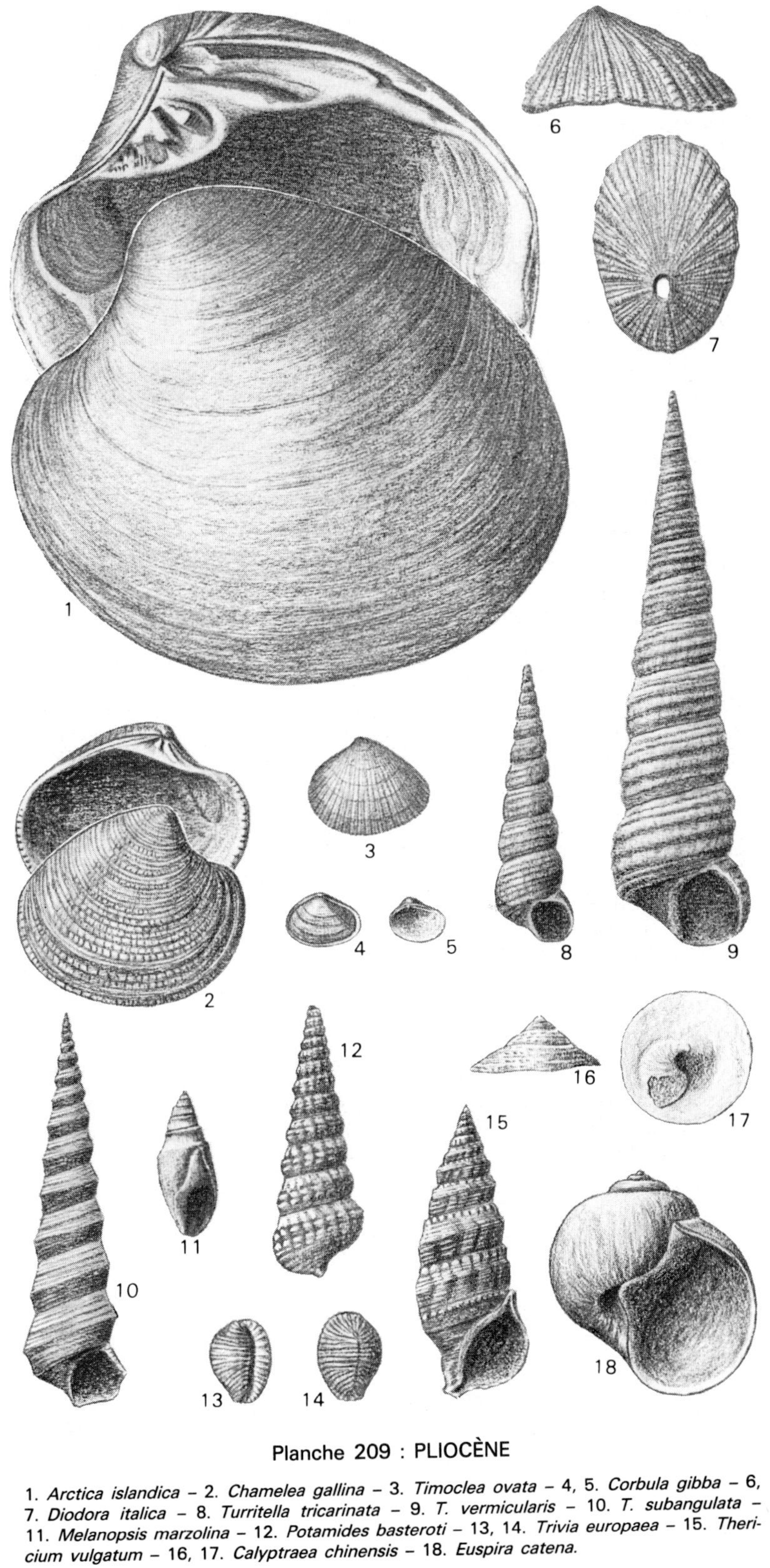

Planche 209 : PLIOCÈNE

1. *Arctica islandica* – 2. *Chamelea gallina* – 3. *Timoclea ovata* – 4, 5. *Corbula gibba* – 6, 7. *Diodora italica* – 8. *Turritella tricarinata* – 9. *T. vermicularis* – 10. *T. subangulata* – 11. *Melanopsis marzolina* – 12. *Potamides basteroti* – 13, 14. *Trivia europaea* – 15. *Thericium vulgatum* – 16, 17. *Calyptraea chinensis* – 18. *Euspira catena.*

Mitrella (Alia) turonica Mayer *(Columbella –)*, fam. Columbellidae – **Pliocène inf.** (Redonien) : espèce répandue en Europe occidentale, apparaissant au Miocène (→ Pl. 198, fig. 15).

Neptunea contraria Linné, fam. Buccinidae – Coquille pouvant être aussi bien sénestre que dextre. Dim. max. : h/d = 9/5 cm. **Pliocène :** dans toute l'Europe septentrionale ; cette espèce se poursuit jusque dans l'Actuel (domaine méditerranéen). Pl. 210, fig. 10.

Sphaeronassa mutabilis Linné, fam. Nassidae – Espèce assez variable par la hauteur et l'étagement de sa spire. Dim. max. : h/d = 2,7/1,6 cm. **Pliocène :** dans toute l'Europe occidentale ; cette espèce se poursuit dans l'Actuel (domaine méditerranéen). Pl. 210, fig. 3.

Hinia reticulata Linné *(Nassa –)*, fam. Nassidae – **Pliocène** : dans toute l'Europe occidentale ; espèce apparaissant au Miocène et se poursuivant dans l'Actuel (toutes nos côtes) (→ Pléistocène, Pl. 213, fig. 6).

Hinia (Amyclina) semistriata Brocchi *(Nassa –)*, Dim. max. : h/d = 1,5/0,8 cm. **Pliocène** : dans toute l'Europe sud-occidentale ; espèce apparaissant au Miocène et se poursuivant dans l'Actuel. Pl. 210, fig. 4.

Hinia (Uzita) reticosa Sowerby – Dim. max. : h/d = 5/2,5 cm. **Pliocène :** espèce très largement répandue en Europe nord-occidentale. Pl. 210, fig. 11.

Fusus (Aptyxis) rostratus Olivi, fam. Fasciolariidae – Dim. max. : h/d = 6/2,5 à 3 cm. **Pliocène** : espèce à vaste répartition européenne, apparaissant au Miocène et se poursuivant dans l'Actuel (domaine méditerranéen). Pl. 210, fig. 7.

Ancilla (Baryspira) glandiformis Lamarck, fam. Olividae – **Pliocène :** espèce largement répandue en France, apparaissant à l'Oligocène (→ Miocène, Pl. 199, fig. 9).

Scaphella lamberti Sowerby, fam. Volutidae – Dim. max. : h/d = 10/4 cm. **Pliocène :** espèce à vaste répartition européenne, apparaissant au Miocène sup. Pl. 210, fig. 12.

Turricula (Surcula) dimidiata Brocchi *(Pleurotoma –)*, fam. Turridae – **Pliocène** : dans toute l'Europe occidentale ; cette espèce apparaît au Miocène (→ Pl. 198, fig. 8).

Turricula (Knefastia) allioni Bellardi *(Drillia –, Clavus –)*, Dim. max. : h/d = 4/1,2 cm. **Pliocène** : espèce largement répandue en Europe sud-occidentale. Pl. 210, fig. 8.

Epalxis (Bathytoma) cataphracta Brocchi *(Pleurotoma –)*, fam. Turridae – **Pliocène :** dans toute l'Europe occidentale ; cette espèce apparaît au Miocène (→ Pl. 198, fig. 17).

Conus (Conospira) dujardini Deshayes, fam. Conidae – **Pliocène inf.** (Redonien) : espèce répandue en Europe occidentale, apparaissant au Miocène (→ Pl. 199, fig. 6).

REPTILES Chéloniens

* ***Trionyx pliopedemontanus*** Sacco, fam. Trionychidae – Cette espèce est surtout connue par des fragments de carapace présentant sur la face dorsale une ornementation vermiculée caractéristique. **Pliocène :** Hérault (rég. de Montpellier), Pyrénées orientales (rég. de Perpignan) ; en Italie (Piémont). Pl. 212, fig. 1.

Testudo pyrenaica Depéret, fam. Testudinidae – Tortue marine à carapace très bombée, pouvant atteindre 30 cm de long pour 22 à 23 cm de large et 17 à 18 cm de haut. **Pliocène :** Pyrénées-Orientales (rég. de Perpignan). Pl. 211, fig. 1 (carapace dorsale).

* « ***Testudo*** » ***perpiniana*** Depéret, est une espèce terrestre bien différente, qui est génériquement mal définie et dont la carapace peut atteindre 1,20 m de long. **Pliocène :** Pyrénées-Orientales (rég. de Perpignan).

Planche 210 : PLIOCÈNE

1. *Strombus coronatus* – 2. *Nucella lapillus* – 3. *Sphæronassa mutabilis* – 4. *Hinia semistriata* – 5, 6. *Aporrhais pespelicani* – 7. *Fusus rostratus* – 8. *Turricula allioni* – 9. *Astraea rugosa* – 10. *Neptunea contraria* – 11. *Hinia reticosa* – 12. *Scaphella lamberti*.

* ***Zygolophodon borsoni*** Hays, fam. Mastodontidae – Espèce à 4 défenses, surtout connue par ses molaires, de type trilophodonte (→ *Gomphotherium angustidiens,* Miocène, Pl. 204, fig. 1, 2), mais à couronne large, atteignant 12 cm de long et 7 cm de large, et possédant seulement 4 lames qui forment des crêtes transversales où s'accolent 4 à 6 tubercules. **Pliocène :** dans toute l'Europe occidentale. Pl. 212, fig. 6, 7 (molaire supérieure).

* ***Anancus arvernensis*** Croizet et Jobert, fam. Gomphotheriidae – **Pliocène :** dans toute l'Europe ; cette espèce se poursuit au Pléistocène (→ Pl. 214, fig. 1, 2).

MAMMIFÈRES Carnivores

* ***Ursus etruscus*** Cuvier, fam. Ursidae – **Pliocène sup. (Villafranchien inf.) :** dans toute l'Europe occidentale ; cette espèce se poursuit au Pléistocène (→ Pl. 215, fig. 5).

* ***Felis issiodorensis*** Croizet et Jobert, fam. Felidae – **Pliocène :** dans toute l'Europe ; cette espèce se poursuit dans le Pléistocène (→ Pl. 215, fig. 3).

* ***Megantereon megantereon*** Croizet et Jobert, fam. Felidae – **Pliocène sup. (Villafranchien inf.) :** dans toute l'Europe occidentale ; cette espèce se poursuit dans le Pléistocène (→ Pl. 215, fig. 4).

MAMMIFÈRES Périssodactyles

* ***Equus stenonis*** Cocchi, fam. Equidae – **Pliocène sup. (Villafranchien inf.) :** dans toute l'Europe ; cette espèce se poursuit au Pléistocène (→ Pl. 216, fig. 3).

* ***Hipparion crassum*** Depéret, fam. Equidae – Espèce voisine d'*H. primigenius* (→ Miocène, Pl. 203, fig. 8) dont elle diffère par ses caractères plus massifs et trapus, par une plus forte réduction des doigts latéraux, et par la plus grande simplicité des molaires inférieures. **Pliocène :** dans toute l'Europe occidentale. Pl. 212, fig. 2, 3 (molaires supérieure et inférieure).

* ***Dicerorhinus megarhinus*** Christol *(D. leptorhinus),* fam. Rhinocerotidæ – Espèce très voisine de la suivante dont elle possède le même type de structure dentaire, avec également 2 cornes (une nasale et une frontale), mais dont la cloison nasale n'est pas ossifiée. **Pliocène :** dans toute l'Europe.

* ***Dicerorhinus etruscus*** Falconer – **Pliocène sup. (Villafranchien inf.) :** dans toute l'Europe sud-occidentale ; cette espèce se poursuit au Pléistocène (→ Pl. 213, fig. 17).

* ***Tapirus arvernensis*** Croizet et Jobert, fam. Tapiridae – Animal ne dépassant pas 0,60 m au garrot, et très voisin des actuels Tapirs dont il diffère par les détails de sa dentition. **Pliocène :** dans toute l'Europe occidentale. Pl. 212, fig. 5 (mâchoire supérieure).

MAMMIFÈRES Artiodactyles

* ***Croizetoceros ramosus*** Croizet et Jobert, fam. Cervidae – **Pliocène sup. (Villafranchien inf.) :** dans toute l'Europe occidentale ; cette espèce se poursuit au Pléistocène (→ Pl. 215, fig. 6).

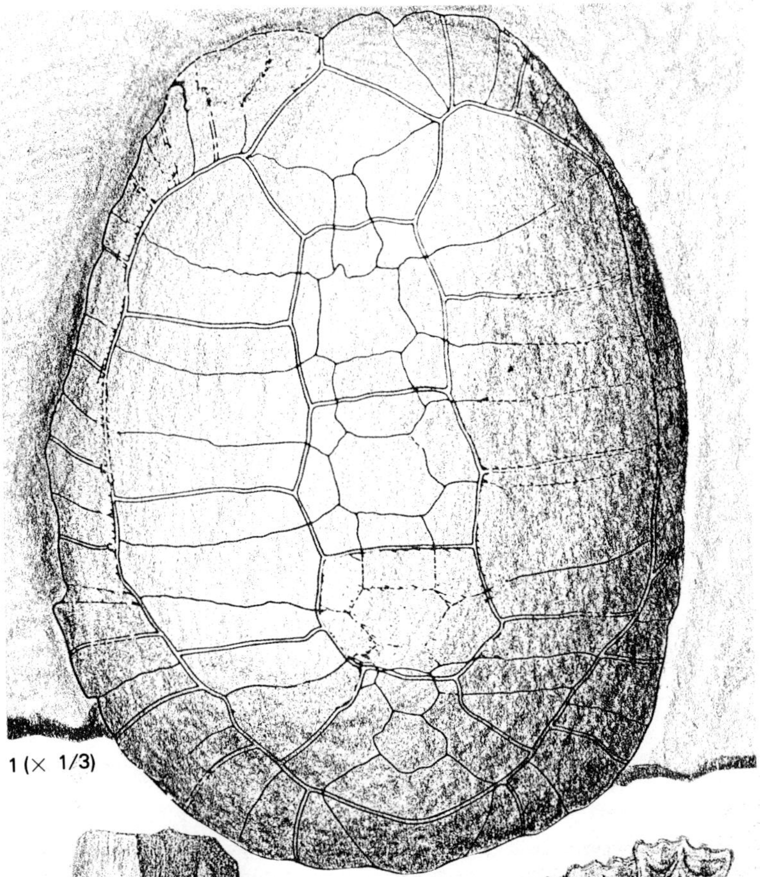

1 (× 1/3)

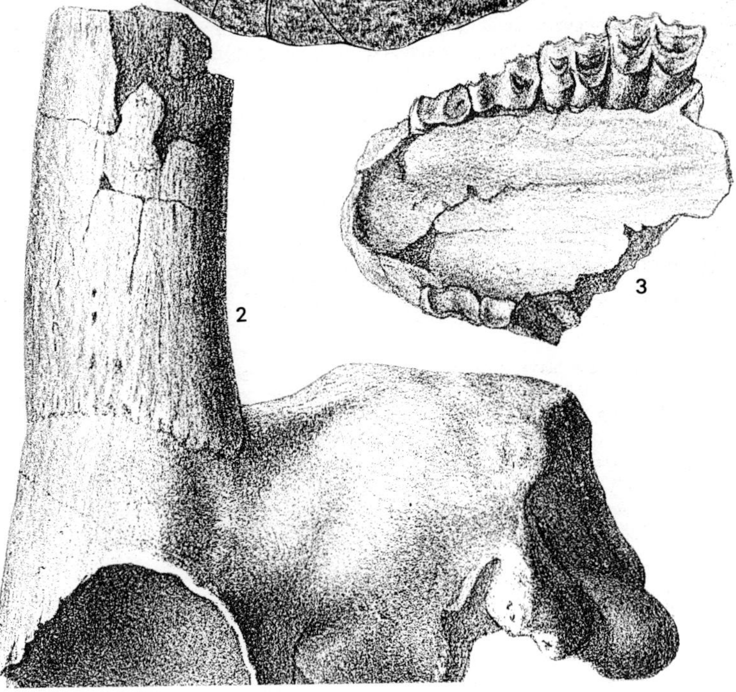

3

2

Planche 211 : PLIOCÈNE

1. *Testudo pyrenaica* – 2, 3. *Gazella borbonica*.

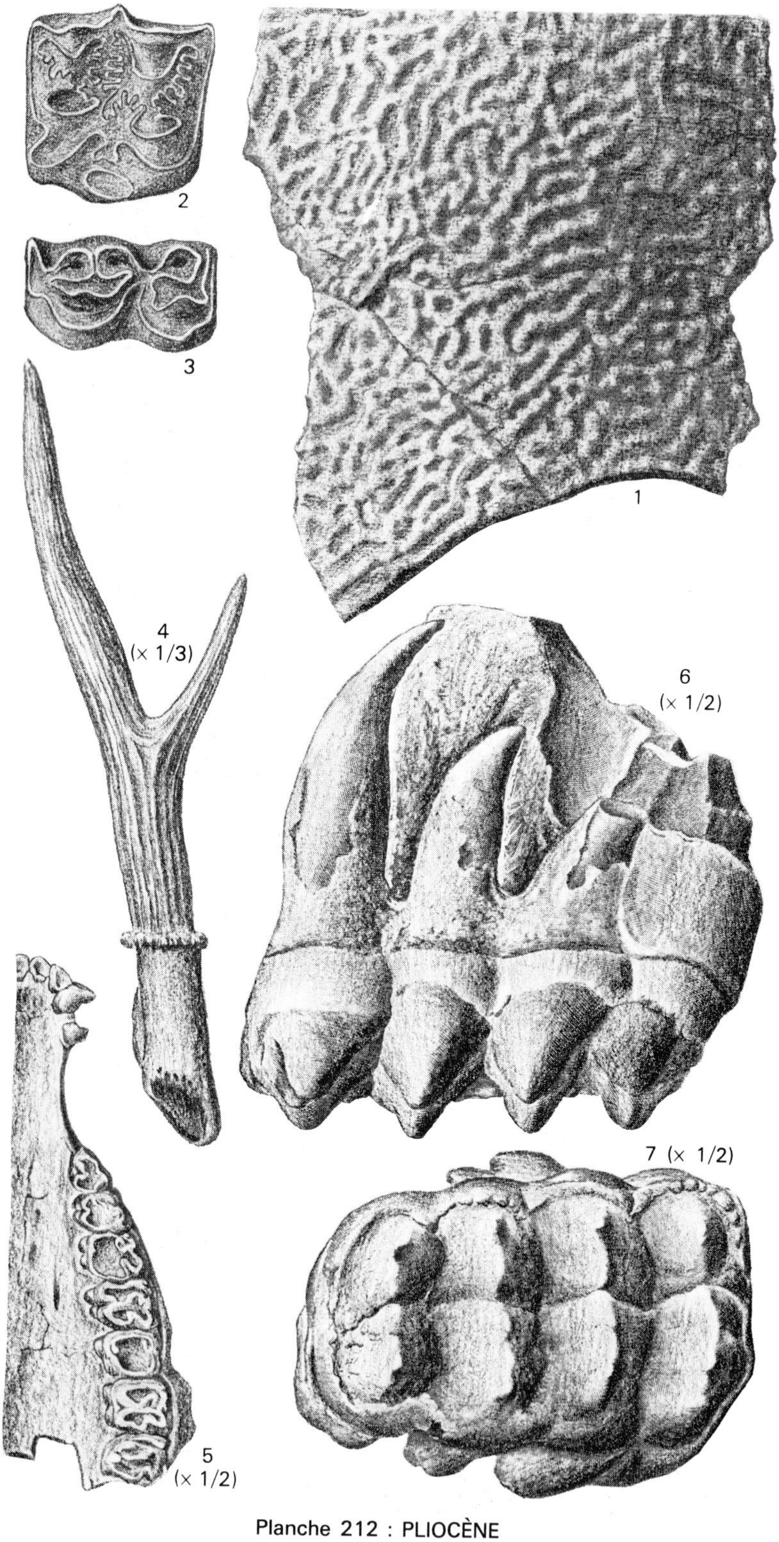

Planche 212 : PLIOCÈNE

1. *Trionyx pliopedemontanus* – 2, 3. *Hipparion crassum* – 4. *Paracervulus australis* – 5. *Tapirus arvenensis* – 6, 7. *Zygolophodon borsoni*.

* ***Paracervulus australis*** Serres, fam. Cervidae – Animal presque deux fois plus petit que le Cerf actuel, à bois caducs, atteignant 30 cm de haut, fourchus chez l'adulte, creusés de profonds sillons longitudinaux et pourvus d'une rose basale. **Pliocène** : espèce largement répartie en Europe. Pl. 212, fig. 4.

* ***Gazella borbonica*** Depéret *(Antilope –),* fam. Bovidae – Espèce de petite taille à bois de section ovalaire, implantés directement au-dessus des orbites, un peu infléchis en arrière et presque parallèles, dont la surface est faiblement striée longitudinalement. **Pliocène** : dans toute l'Europe sud-occidentale ; cette espèce se poursuit dans le Pléistocène inf. (Villafranchien moy.). Pl. 211, fig. 2, 3 (crâne et dentition de lait).

* ***Parabos boodon*** Gervais, fam. Bovidae – Animal de la taille du Bœuf actuel, assez comparable par sa dentition, mais à cornes dressées vers l'arrière. **Pliocène inf.** et **moy.** : dans toute l'Europe.

PLÉISTOCÈNE

Subdivisions du Pléistocène

QUATERNAIRE	HOLOCÈNE (Actuel)		
			10 000 ans
	PLÉISTOCÈNE	Tyrrhénien	
		Sicilien	Villafranchien moy. et sup.
		Calabrien	
			1,8 M.A.
PLIOCÈNE			

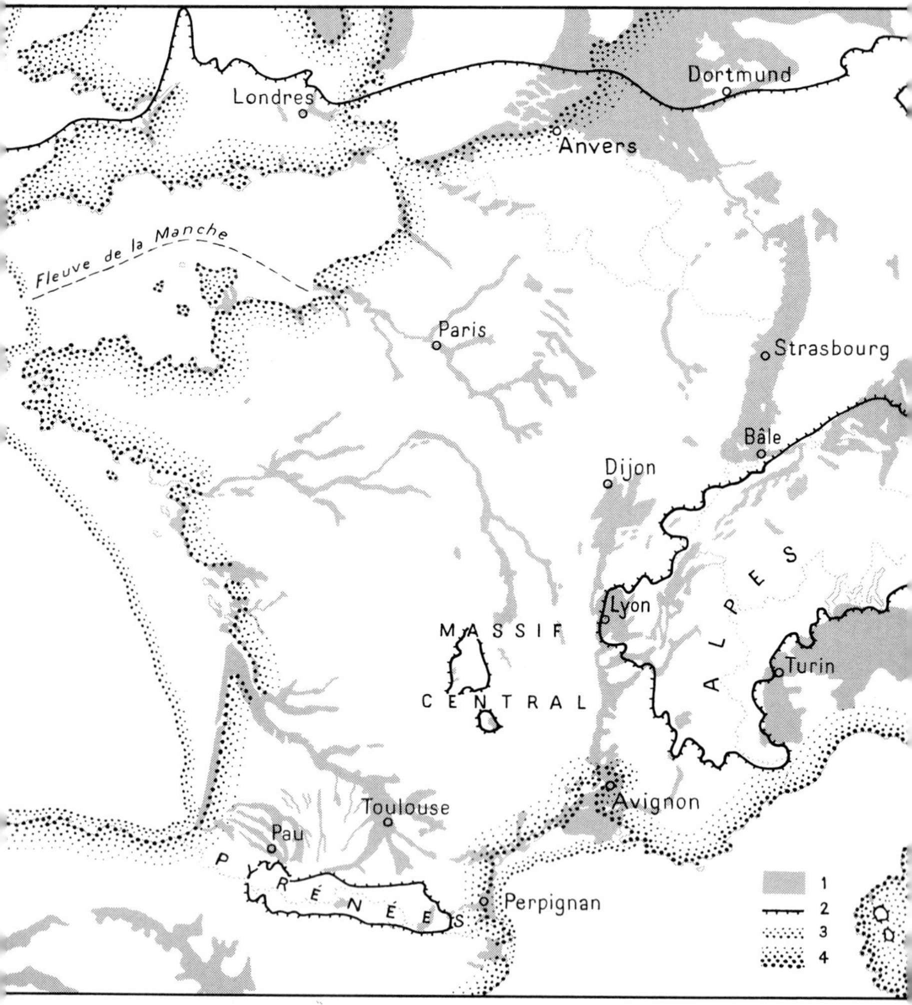

Pléistocène
1. Principales zones d'affleurement – 2. Extrêmes limites des zones glaciaires – 3. Limites probables des extensions marines en phase glaciaire – 4. Limites probables des extensions marines en phase interglaciaire.

Dernière des époques fossifilères, d'une durée inférieure à 2 M.A., le Pléistocène forme, avec l'Holocène[1], ce qu'il est convenu d'appeler l'ère quaternaire (voir tableau p. 434).

Les rivages du Pléistocène, sans se confondre pour autant avec ceux de l'Actuel, s'en rapprochent néanmoins fortement, étant déterminés beaucoup plus, dans nos régions, par les fluctuations liées aux variations glaciaires (oscillations du niveau des océans) que par les mouvements de l'écorce terrestre (relativement peu sensibles sur une aussi courte période).

Le Pléistocène est de fait dominé par l'influence des glaciations, dont les quatre principales (Gunz de – 1,6 à – 0,7 M.A., Mindel de – 0,5 à – 0,3 M.A., Riss de – 0,2 à – 0,1 M.A., Würm de – 80 000 ans à – 10 000 ans), en créant de rigoureuses alternances climatiques, modèlent la géographie en même temps qu'elles imposent au monde vivant d'impérieuses contraintes.

La mise en place du réseau hydrographique moderne, et son action par creusement des hautes vallées et comblement des zones basses, prépare la géomorphologie continentale actuelle.

Les sédiments qui se déposent alors sont, dans le domaine marin, essentiellement des vases et des sables ; sur les aires continentales se forment des tourbières, s'accumulent des limons (limons de pente, loess...) et se sédimentent les produits de l'érosion glaciaire (moraines) et fluviatile (argiles, sables, graviers...).

La flore et la faune sont, pour 70 % composées des mêmes espèces qu'actuellement ; c'est durant cette époque que l'Homme primitif envahit l'Europe, le Paléolithique inférieur (premiers bifaces) s'échelonnant entre 0,7 et 0,2 M.A., suivi du Paléolithique moyen (premières sépultures), puis du Paléolithique supérieur (premières manifestations de l'art) vers – 60 000 ans.

Les principales espèces pléistocènes susceptibles d'être rencontrées dans nos régions sont les suivantes.

CONIFÈROPHYTES et ANGIOSPERMOPHYTES

Des restes parfois assez abondants de végétaux pléistocènes se rencontrent dans quelques formations très localisées du territoire, tels que les tufs de Seine-et-Marne (rég. de Moret-sur-Loing), du Var, des Bouches-du-Rhône (rég. de Marseille), de l'Hérault (rég. de Montpellier) ; ces restes appartiennent tous à des espèces ligneuses subsistant actuellement dans nos régions :

* ***Pinus pyrenaica*** Lapeyr, fam. Pinaceae – Espèce très voisine de l'actuel *P. salzmanni* qui est une variété pyrénéenne et espagnole du Pin noir.

* ***Quercus pubescens*** Willdenow, fam. Fagaceae – Espèce se poursuivant dans l'Actuel (Chêne blanc).

* ***Quercus ibex*** Linné – Espèce se poursuivant dans l'Actuel (Chêne vert).

* ***Salix viminalis*** Linné, fam. Salicaceae – Espèce se poursuivant dans l'Actuel (Osier des vanniers).

* ***Populus alba*** Linné, fam. Salicaceae – Espèce se poursuivant dans l'Actuel (Peuplier blanc).

* ***Betula alba*** Linné, fam. Betulaceae – Espèce se poursuivant dans l'Actuel (Bouleau blanc).

* ***Celtis australis*** Linné, fam. Ulmaceae – Espèce se poursuivant dans l'Actuel (Micocoulier).

* ***Ulmus campestris*** Linné, fam. Ulmaceae – Espèce se poursuivant dans l'Actuel (Orme champêtre).

* ***Ficus carica*** Linné, fam. Moraceae – Espèce se poursuivant dans l'Actuel (Figuier).

---

1. L'Holocène, ou Post-glaciaire, qui inclut le Flandrien et dont la limite inférieure a été fixée à 10 000 ans, renferme 100 % d'espèces encore vivantes ou dont l'extinction remonte tout au plus à quelques siècles. Il se confond donc pratiquement, à l'échelle des temps géologiques, avec l'Actuel et n'entre de ce fait pas dans notre propos.

* ***Acer monspessulanum*** Linné, fam. Aceraceae – Espèce se poursuivant dans l'Actuel (Érable de Montpellier).

* ***Buxus sempervirens*** Linné, fam. Buxaceae – Espèce se poursuivant dans l'Actuel (Buis).

* ***Hedera helix*** Linné, fam. Araliaceae – Espèce se poursuivant dans l'Actuel (Lierre).

* ***Rubia peregrina*** Linné, fam. Rubiaceae – Espèce se poursuivant dans l'Actuel (Garance sauvage).

* ***Fraximus excelsior*** Linné, fam. Oleaceae – Espèce se poursuivant dans l'Actuel (Frêne).

* ***Tilia cordata*** Miller *(T. parvifolia)* et ***Tilia platyphylla*** Scopoli, fam. Tiliaceae – Espèces se poursuivant dans l'Actuel (Tilleul à petites feuilles et Tilleul à grandes feuilles).

* ***Laurus canariensis*** Webber, fam. Lauraceae – Espèce apparue au Pliocène et se poursuivant dans l'Actuel (Lauriers des Canaries) (→ Pliocène).

* ***Laurus nobilis*** Linné – Espèce apparaissant au Pliocène et se poursuivant dans l'Actuel (Laurier-sauce).

* ***Smilax aspera*** Linné, fam. Liliaceae – Espèce se poursuivant dans l'Actuel (Salsepareille d'Europe).

* ***Cotoneaster pyracantha*** Spach, fam. Rosaceae – Espèce se poursuivant dans l'Actuel.

* ***Cersis siliquastrum*** Linné, fam. Cesalpiniaceae – Espèce se poursuivant dans l'Actuel (Arbre de Judée).

MOLLUSQUES Scaphopodes

Dentalium novemcostatum Lamarck, fam. Dentaliidae – Coquille plus ou moins arquée, ornée de côtes longitudinales (9 principales) qui s'estompent avec la croissance. Dim. max. : L/d = 4/0,4 à 0,5 cm. **Pléistocène :** dans toute l'Europe occidentale ; cette espèce apparaît au Pliocène (Plaisancien) et se poursuit dans l'Actuel (toutes nos côtes). Pl. 213, fig. 4.

Dentalium (Laevidentalium) rubescens Deshayes – Coquille lisse, de section circulaire. Dim. max. : L/d = 6/0,5 cm. **Pléistocène :** dans toute l'Europe septentrionale ; cette espèce apparaît au Pliocène et se poursuit dans l'Actuel (domaine surtout méditerranéen). Pl. 213, fig. 5.

MOLLUSQUES Bivalves

Nucula nucleus Linné, fam. Nuculidae – **Pléistocène :** espèce à vaste répartition européenne, apparaissant au Miocène, et se poursuivant dans l'Actuel (toutes nos côtes) (→ Pliocène, Pl. 206, fig. 6, 7).

Glycymeris glycymeris Linné *(Pectunculus pilosus –, Axinea –)*, fam. Glycymerididae – **Pléistocène :** dans toute l'Europe nord-occidentale (domaine atlantique) ; cette espèce apparaît au Pliocène et se poursuit dans l'Actuel (« amande de mer », domaines atlantique et méditerranéen) (→ Pliocène, Pl. 206, fig. 14, 15).

Mytilus edulis Linné, fam. Mytilidae – Dim. max. : h/L/e = 12/6/5 cm. **Pléistocène :** dans toute l'Europe occidentale ; cette espèce apparaît au Pliocène et se poursuit dans l'Actuel (Moule commune, toutes nos côtes).

Chlamys varia Linné, fam. Pectinidae – Valves ornées de 25 à 40 côtes radiales (généralement une trentaine) plus ou moins diversement disposées et pourvues d'écailles imbriquées. Dim. max. : h/L/e = 10/8/4 cm. **Pléistocène :** espèce à vaste répartition européenne, apparaissant au Miocène et se poursuivant dans l'Actuel (toutes nos côtes). Pl. 213, fig. 1.

Chlamys (Aequipecten) opercularis Linné – Valves ornées de 15 à 22 côtes radiales subégales et rendues plus ou moins écailleuses par le passage des lamelles d'accroissement. Dim. max. : h/L/e = 7/7/2,5 cm. **Pléistocène :** dans

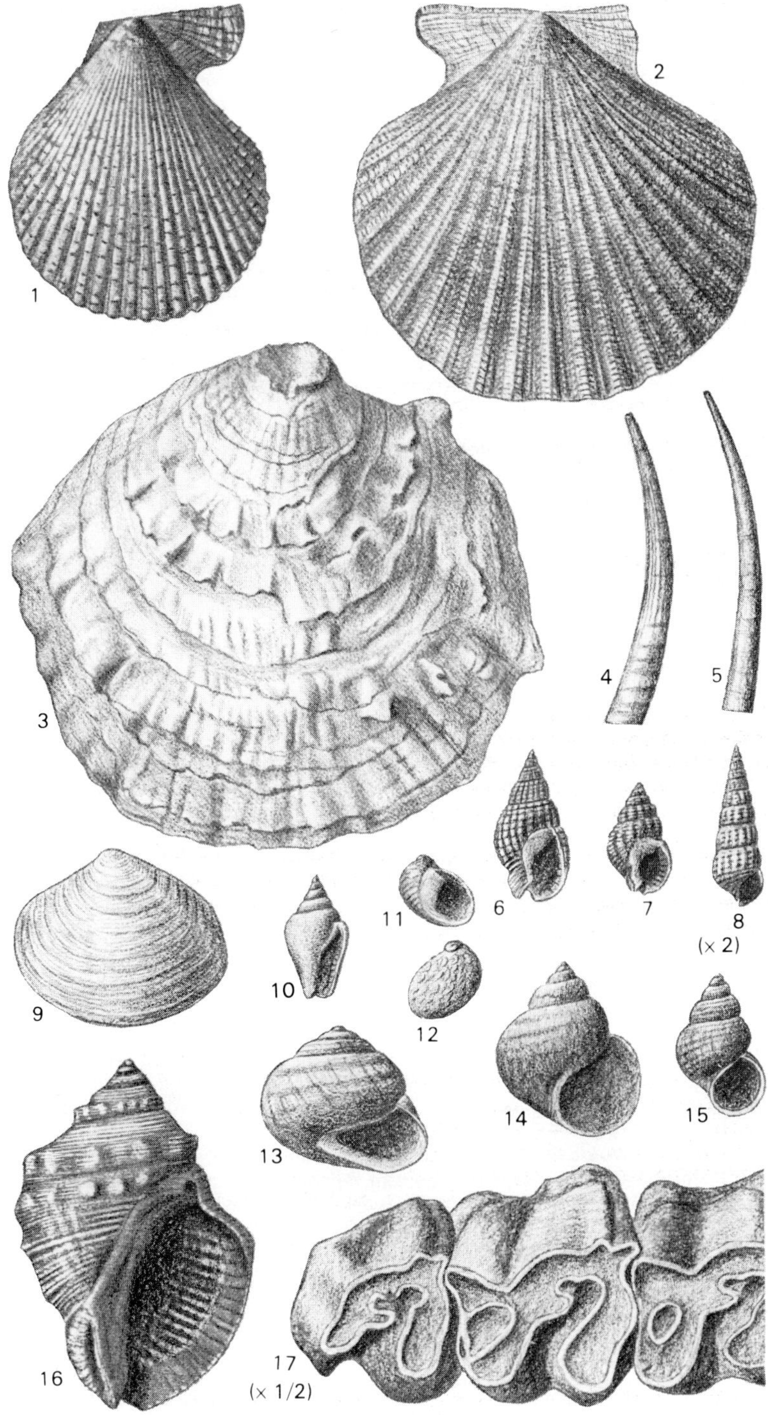

Planche 213 : PLÉISTOCÈNE

1. *Chlamys varia* – 2. *C. opercularis* – 3. *Ostrea edulis* – 4. *Dentalium novemcostatum* – 5. *D. rubescens* – 6. *Hinia reticulata* – 7. *H. incrassata* – 8. *Bittium reticulatum* – 9. *Scrobicularia plana* – 10. *Columbella rustica* – 11, 12. *Theodoxus fluviatilis* – 13. *Cepaea nemoralis* – 14. *Viviparus viviparus* – 15. *Pomatias elegans* – 16. *Thais haemastoma* – 17. *Dicerorhinus etruscus.*

toute l'Europe occidentale ; cette espèce apparaît au Miocène et se poursuit dans l'Actuel (toutes nos côtes). Pl. 213, fig. 2.

Anomia ephippium Linné, fam. Anomiidae – **Pléistocène :** dans toute l'Europe occidentale ; cette espèce apparaît à l'Oligocène et se poursuit dans l'Actuel (toutes nos côtes) (→ Pliocène, Pl. 207, fig. 10, 11).

Ostrea edulis Linné, fam. Ostreidae – Espèce présentant d'innombrables variations de forme et d'ornementation liées à des facteurs géographiques ou écologiques, et qui ont été désignées sous quantité de noms de variétés ou même d'espèces distinctes. Dim. max. : h/L/e = 10/6 à 10/3 à 6 cm. **Pléistocène :** dans toute l'Europe occidentale ; apparue au Pliocène, cette espèce se poursuit dans l'Actuel (Huître plate, toutes nos côtes). Pl. 213, fig. 3.

Loripes lacteus Linné *(Lucina lucinalis),* fam. Lucinidae – **Pléistocène :** espèce à vaste répartition européenne, apparaissant au Pliocène et se poursuivant dans l'Actuel (toutes nos côtes) (→ Pliocène, Pl. 208, fig. 1).

Acanthocardia tuberculatum Linné *(Cardium –),* fam. Cardiidae – **Pléistocène :** dans toute l'Europe occidentale ; cette espèce apparaît au Pliocène et se poursuit dans l'Actuel (domaines atlantique et méditerranéen) (→ Pliocène, Pl. 208, fig. 9).

Cerastoderma edule Linné *(Cardium –),* fam. Cardiidae – **Pléistocène :** dans toute l'Europe ; cette espèce apparaît au Pliocène et se poursuit dans l'Actuel (Coque, ou Bucarde, toutes nos côtes) (→ Pliocène).

Abra (Syndosmya) alba Wood, fam. Semelidae – **Pléistocène :** dans toute l'Europe occidentale ; cette espèce apparaît au Miocène et se poursuit dans l'Actuel (toutes nos côtes) (→ Pliocène, Pl. 208, fig. 14).

Scrobicularia plana da Costa, fam. Scrobiculariidae – Dim. max. : h/L/e = 4/5/1,5 cm. **Pléistocène :** dans toute l'Europe occidentale ; cette espèce se poursuit dans l'Actuel (Lavignon, toutes nos côtes, surtout à l'embouchure des rivières). Pl. 213, fig. 9

Corbula (Varicorbula) gibba Olivi, fam. Corbulidae – **Pléistocène :** dans toute l'Europe occidentale ; espèce apparaissant à l'Oligocène et se poursuivant dans l'Actuel (toutes nos côtes) (→ Pliocène, Pl. 209, fig. 4, 5).

MOLLUSQUES Gastropodes

Patella ferruginea Gmelin, fam. Patellidae – Espèce se distinguant de l'actuelle *P. vulgata* (Bernicle, des domaines atlantiques et septentrional) par sa taille beaucoup plus grande et son ornementation costale plus accentuée. Dim. max. : h/d = 3 à 5/7/5,5 à 6 cm. **Pléistocène sup.** (Tyrrhénien) : dans toute l'Europe méditerranéenne ; espèce se poursuivant dans l'Actuel (Méditerranée).

* ***Theodoxus fluviatilis*** Linné *(Neritina –),* fam. Neritidae – Dim. max. : h/d = 0,7/1 cm. **Pléistocène :** espèce largement répandue en Europe occidentale, apparaissant au Pliocène et se poursuivant dans l'Actuel (tous nos cours d'eau et estuaires). Pl. 213, fig. 11, 12.

* ***Viviparus viviparus*** Linné *(Paludina –),* fam. Viviparidae – Dim. max. : h/d = 4/3 cm. **Pléistocène sup. :** espèce à vaste répartition européenne, se poursuivant dans l'Actuel (fleuves et rivières). Pl. 213, fig. 14.

Littorina (Algaroda) littorea Linné, fam. Littorinidae – Dim. max. : h/d = 3/2,4 cm. **Pléistocène :** dans toute l'Europe occidentale ; espèce apparaissant au Pliocène sup. et se poursuivant dans l'Actuel (Vignot ou Bigorneau, domaine atlantique).

* ***Pomatias elegans*** Müller *(Cyclostomus –),* fam. Pomatiasidae – Dim. max. : h/d = 1,8/1,3 cm. **Pléistocène :** dans toute l'Europe occidentale ; cette espèce apparaît au Pliocène et se poursuit dans l'Actuel (toute l'Europe occidentale, principalement sur les terrains calcaires). Pl. 213, fig. 15.

Turritella tricarinata Brocchi *(T. communis),* fam. Turritellidae – **Pléistocène :** dans toute l'Europe occidentale ; espèce apparaissant au Miocène et se

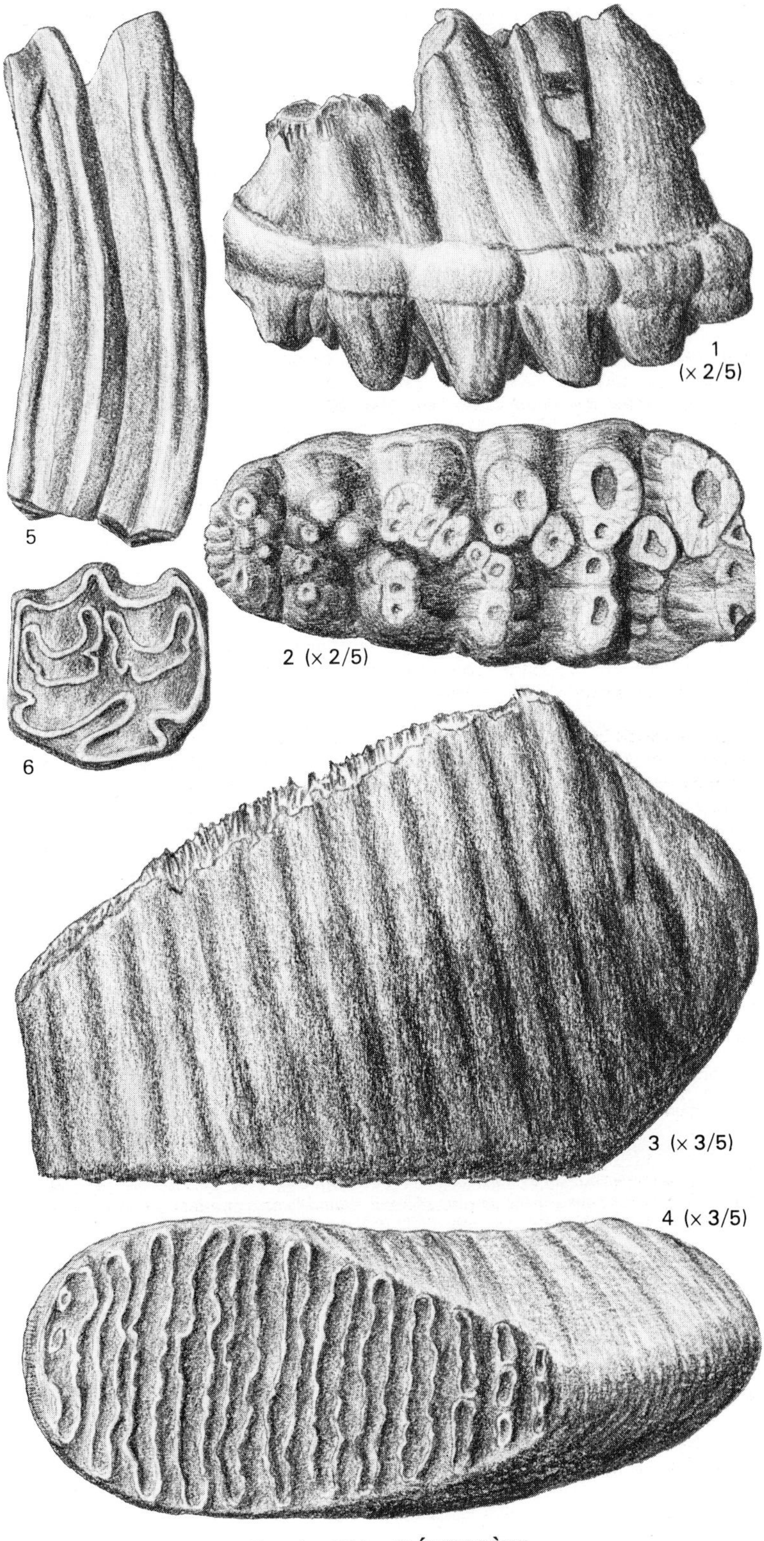

Planche 214 : PLÉISTOCÈNE

1, 2. *Anancus arvernensis* – 3, 4. *Elephas meridionalis* – 5, 6. *Equus caballus.*

poursuivant dans l'Actuel (forme *communis,* toutes nos côtes) (→ Pliocène, Pl. 209, fig. 8).

Bittium reticulatum da Costa, fam. Cerithiidae – Dim. max. : h/d = 1,3/0,5 cm. **Pléistocène** : dans toute l'Europe occidentale ; espèce apparaissant au Miocène et se poursuivant dans l'Actuel (toutes nos côtes). Pl. 213, fig. 8.

Thericium vulgatum Bruguière, fam. Cerithiidae – **Pléistocène** : dans toute l'Europe sud-occidentale ; espèce apparaissant au Miocène et se poursuivant dans l'Actuel (domaines méditerranéen et atlantique) (→ Pliocène, Pl. 209, fig. 15).

Calyptraea chinensis Linné, fam. Calyptraeidae – **Pléistocène** : dans toute l'Europe occidentale ; cette espèce apparaît au Miocène et se poursuit jusque dans l'Actuel (toutes nos côtes) (→ Pliocène, Pl. 209, fig. 16, 17).

Truncul ariopsis trunculus Linné, fam. Muricidae – Dim. max. : h/d = 8/5 cm. **Pléistocène** : dans toute l'Europe méditerranéenne ; cette espèce se poursuit dans l'Actuel (Rocher comestible, côtes méditerranéennes).

Thais (Stramonita) haemastoma Linné, fam. Muricidae – Dim. max. : h/d = 7/5 cm. **Pléistocène** : dans toute l'Europe sud-occidentale ; cette espèce se poursuit dans l'Actuel (domaine surtout méditerranéen). Pl. 213, fig. 16.

Columbella rustica Linné, fam. Columbellidae – Dim. max. : h/d = 2/1,2 cm. **Pléistocène** : espèce largement répartie en Europe sud-occidentale, se poursuivant dans l'Actuel (domaine méditerranéen). Pl. 213, fig. 10.

Buccinum undatum Linné, fam. Buccinidae – Dim. max. : h/d = 9/5,5 cm. **Pléistocène** : dans toute l'Europe nord-occidentale ; espèce apparaissant au Pliocène moy. et se poursuivant dans l'Actuel (Buccin comestible ou Bulot, domaines atlantique et septentrional).

Hinia reticulata Linné *(Nassa –),* fam. Nassidae – Dim. max. : h/d = 3/1,5 cm. **Pléistocène** : dans toute l'Europe occidentale ; espèce apparaissant au Miocène et se poursuivant dans l'Actuel (toutes nos côtes). Pl. 213, fig. 6.

Hinia (Tritonella) incrassata Müller *(Nassa –)* – Dim. max. : h/d = 1,5/0,9 cm. **Pléistocène** : dans toute l'Europe occidentale ; espèce apparaissant au Pliocène et se poursuivant dans l'Actuel (toutes nos côtes). Pl. 213, fig. 7.

* ***Cepaea nemoralis*** Linné *(Helix –),* fam. Helicidae – Dim. max. : h/d = 2,2/3 cm. **Pléistocène** : dans toute l'Europe occidentale ; espèce se poursuivant dans l'Actuel (commun dans toute l'Europe). Pl. 213, fig. 13.

MAMMIFÈRES Primates

* ***Homo sapiens*** Linné, fam. Hominidae – Espèce répandue dès la dernière grande glaciation (entre — 70 000 et — 40 000 ans) et alors connue en Europe par de nombreux restes (ossements, industries lithiques) qui sont attribués à la sous-espèce *sapiens neandertalensis ;* la sous-espèce *sapiens sapiens,* à laquelle se rapportent les différentes races de l'Humanité actuelle, s'est répandue à partir de — 40 000 ans.

MAMMIFÈRES Proboscidiens

* ***Anancus arvernensis*** Croizet et Jobert, fam. Gomphotheriidae – Mastodonte ayant pu atteindre 2,50 m au garrot, possédant un crâne longirostre à défenses supérieures très longues et subrectilignes ; pas de défenses inférieures ; molaires à structure de même type que celles de *Tetralophodon* (→ Miocène). **Pléistocène** : dans toute l'Europe ; cette espèce apparaît au Pliocène. Pl. 214, fig. 1, 2 (molaire supérieure).

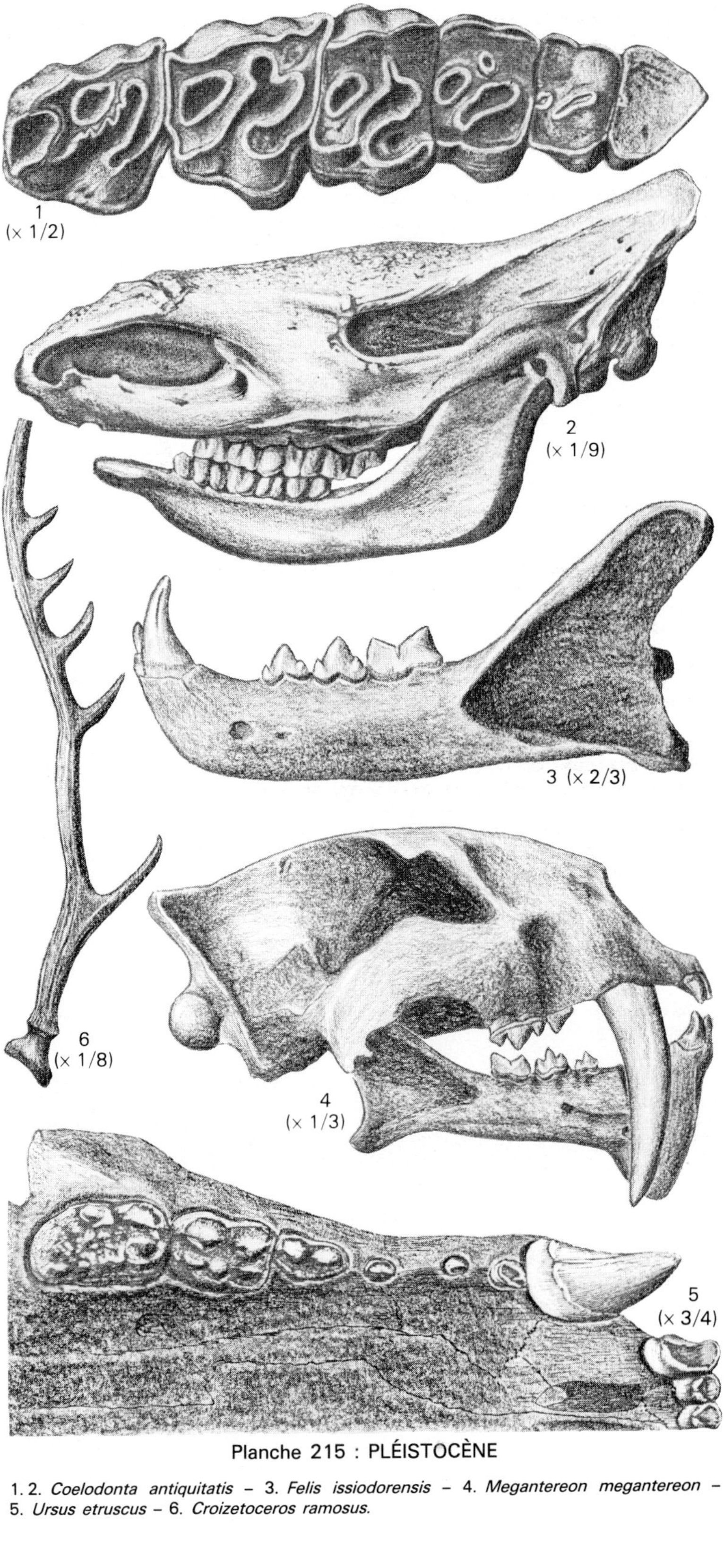

Planche 215 : PLÉISTOCÈNE

1. 2. *Coelodonta antiquitatis* – 3. *Felis issiodorensis* – 4. *Megantereon megantereon* – 5. *Ursus etruscus* – 6. *Croizetoceros ramosus.*

* ***Elephas (Palaeloxodon) antiquus*** Falconer et Caultey, fam. Elephantidae – Espèce à défenses très longues, en forme de lyre, surtout connue par ses molaires atteignant 35 cm de long et 9 cm de large, donc plus étroites que chez l'espèce suivante et à lames un peu moins serrées (4 pour 10 cm). **Pléistocène moy** : dans toute l'Europe sud-occidentale.

* ***Elephas (Mammuthus) meridionalis*** Nesti (*Archidiskodon*) – Animal atteignant près de 4 m au garrot et 6,80 m de longueur (défenses comprises) ; molaires à couronne relativement basse, atteignant 30 cm de long et 18 à 20 cm de large, et à lames d'émail assez peu nombreuses (5 pour 10 cm). **Pléistocène inf. (Villafranchien moy.** et **sup.)** : dans toute l'Europe sud-occidentale. Pl. 214, fig. 3, 4 (molaire supérieure).

* ***Elephas (Mammuthus) primigenius*** Blumenbach – C'est le « Mammouth congelé », dont les restes abondent en Sibérie et qui était contemporain de l'Homme dans toute l'Europe ; ne dépassant pas 3,50 m au garrot, et donc un peu plus petit que l'espèce précédente, il s'en distingue facilement par ses molaires à lames d'émail plus serrées (fréquence laminaires : 6 à 11 pour 10 cm). **Pléistocène moy.** et **sup.** : dans toute l'Europe.

MAMMIFÈRES Carnivores

* ***Canis lupus*** Linné, fam. Canidae – **Pléistocène moy.** et **sup.** : dans toute l'Europe ; espèce se poursuivant dans l'Actuel (Loup d'Europe).

* ***Vulpes vulpes*** Linné (*Canis* –), fam. Canidae – **Pléistocène moy.** et **sup.** : dans toute l'Europe occidentale ; espèce se poursuivant dans l'Actuel (Renard commun).

* ***Ursus etruscus*** Cuvier, fam. Ursidae – Animal de la taille de l'actuel Ours brun, et caractérisé par la persistance de 4 prémolaires + 2 molaires supérieures et 3 molaires inférieures. **Pléistocène inf. (Villafranchein moy.** et **sup.)** : dans toute l'Europe occidentale ; espèce apparaissant au Pliocène. Pl. 215, fig. 5 (maxillaire supérieur).

Ursus spelaeus Blumenbach – Animal dépassant la taille de l'actuel Ours blanc, et caractérisé par la perte des 3 premières prémolaires, et par la hauteur de la région frontale. **Pléistocène moy.** et **sup.** : dans toute l'Europe. Pl. 216, fig. 4.

* ***Crocuta crocuta*** Zimmermann *(Hyaena spelaea),* fam. Hyaenidae – Espèce atteignant 80 cm au garrot et 1,45 m de long, voisine de l'actuelle Hyène tachetée. **Pléistocène moy.** et **sup.** : dans toute l'Europe. Pl. 216, fig. 2.

* ***Felis issiodorensis*** Croizet et Jobert, fam. Felidae – Espèce très voisine de Lynx et dont on considère qu'elle est l'ancêtre. **Pléistocène inf. (Villafranchien moy.)** : dans toute l'Eurasie ; cette espèce apparaît au Pliocène. Pl. 215, fig. 3.

* ***Pantherea spelaea*** Goldfuss (*Felis* –), fam. Felidae – C'est le Lion des cavernes, animal atteignant 1 m au garrot, surpassant en taille et en puissance l'actuel Lion d'Afrique ou d'Asie dont il est très voisin (ce dernier existait en Europe occidentale au début de l'Holocène). **Pléistocène moy.** et **sup.** : dans toute l'Europe sud-occidentale. Pl. 216, fig. 1.

* ***Megantereon megantereon*** Croizet et Jobert, fam. Felidae – Animal de la taille de la Panthère, à canine supérieure de type machairodontoïde atteignant 13 cm de long (racine comprise). **Pléistocène inf. (Villafranchien moy.** et **sup.)** : dans toute l'Europe ; cette espèce apparaît au Pliocène. Pl. 215, fig. 4.

MAMMIFÈRES Périssodactyles

* ***Equus stenonis*** Cocchi, fam. Equidae – Espèce atteignant 1,30 à 1,40 m au garrot, très voisine de la suivante dont elle diffère notamment par les détails de sa structure dentaire. **Pléistocène inf. (Villafranchien moy.** et **sup.)** : dans toute l'Europe occidentale ; cette espèce apparaît au Pliocène. Pl. 216, fig. 3 (molaire supérieure).

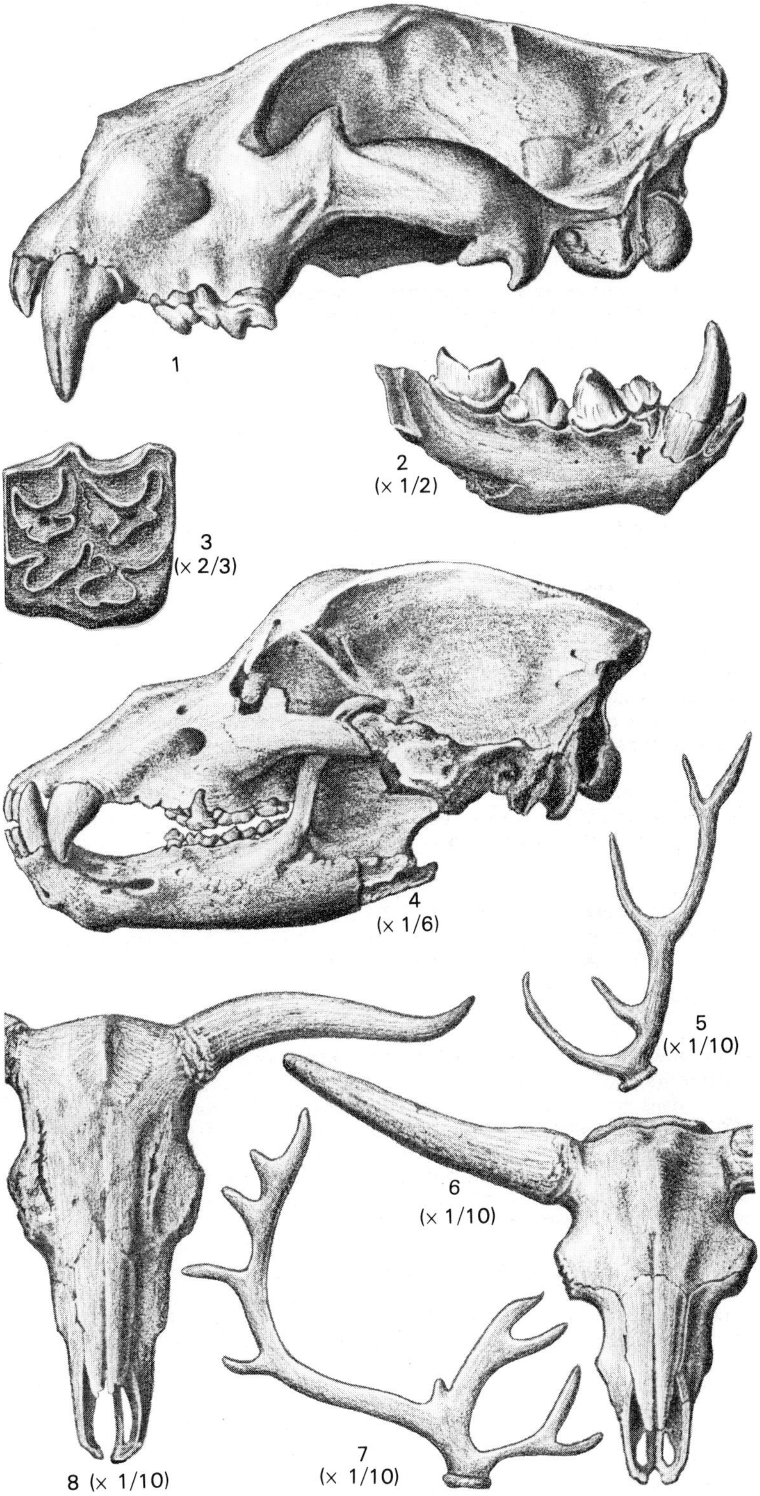

Planche 216 : PLÉISTOCÈNE

1. *Panthera spelaea* – 2. *Crocuta crocuta* – 3. *Equus stenonis* – 4. *Ursus spelaeus* – 5. *Cervus elaphus* – 6. *Bison priscus* – 7. *Rangifer tarandus* – 8. *Bos primigenius.*

* ***Equus caballus*** Linné – **Pléistocène moy.** et **sup.** : dans toute l'Europe ; espèce se poursuivant dans l'Actuel (Cheval). Pl. 214, fig. 5, 6 (molaire supérieure).

* ***Dicerorhinus etruscus*** Falconer, fam. Rhinocerotidae – Animal de la taille du Rhinocéros ; crâne atteignant 60 cm de long, pourvu de 2 cornes (une nasale et une frontale) ; cloison nasale ossifiée reliant les os nasaux aux prémaxilliaires ; molaires brachyodontes, dépourvues de cément, compliquées de plis secondaires. **Pleistocène inf. (Villafranchien moy.** et **sup.)** : dans toute l'Europe sud-occidentale ; cette espèce apparaît au pliocène. Pl. 213, fig. 17 (molaires supérieures).

* ***Coelodonta antiquitatis*** Blumenbach *(Rhinoceros tichorhinus)*, fam. Rhinocerotidae – C'est le Rhinocéros laineux ou Rhinocéros à narines cloisonnées, haut de 1,50 m et long de 3,70 m, à 2 cornes (la nasale très puissante et la frontale plus réduite) ; cloison nasale fortement ossifiée ; prémolaires et molaires indifférenciées. **Pléistocène moy.** et **sup.** : dans toute l'Europe nord-occidentale. Pl. 215, fig. 1, 2 (dents jugales supérieures gauches, vues par la face broyeuse, et crâne).

MAMMIFÈRES Artiodactyles

* ***Sus scrofa*** Linné, fam. Suidae – **Pléistocène moy.** et **sup.** : dans toute l'Europe ; espèce se poursuivant dans l'Actuel (Sanglier).

* ***Croizetoceros ramosus*** Croizet et Jobert *(Cervus –)*, fam. Cervidae – Animal atteignant 80 cm au garrot ; bois caducs à nombreux andouillers, comme chez l'espèce suivante, mais dont les extrémités sont un peu aplaties ; ils peuvent atteindre 80 cm de haut. **Pléistocène inf. (Villafranchien moy.)** : dans toute l'Europe ; cette espèce apparaît au Pliocène. Pl. 215, fig. 6 (bois).

* ***Cervus elaphus*** Linné, fam. Cervidae – **Pléistocène moy.** et **sup.** : dans toute l'Europe ; cette espèce se poursuit dans l'Actuel (Cerf rouge ou Elaphe). Pl. 216, fig. 5 (bois).

* ***Rangifer tarandus*** Linné, fam. Cervidae – Cette espèce se reconnaît à ses bois qui, beaucoup plus courbés que chez l'espèce précédente, et de section ovalaire, sont également plus ramifiés. **Pléistocène moy.** et **sup.** : dans toute l'Europe occidentale ; cette espèce se poursuit dans l'Actuel (Renne, domaine septentrional). Pl. 216, fig. 7 (bois).

* ***Capreolus capreolus*** Linné, fam. Cervidae – **Pléistocène moy.** et **sup.** : dans toute l'Europe occidentale ; espèce se poursuivant dans l'Actuel (Chevreuil).

* ***Bos primigenius*** Bojanus, fam. Bovidae – C'est l'Urus ou Auroch, ancêtre direct du bœuf domestique qu'il surpassait en taille et en puissance. **Pléistocène sup.** : dans toute l'Europe occidentale ; cette espèce s'est éteinte vers le XVIe siècle après J.-C. Pl. 216, fig. 8.

* ***Bison priscus*** Meyer, fam. Bovidae – C'est l'ancêtre direct du Bison de Lithuanie (espèce en voie d'extinction) et du Bison américain ; le mâle est caractérisé par des cornes plus longues que celles de la femelle. **Pléistocène sup.** : dans toute l'Europe. Pl. 216, fig. 6 (crâne d'un sujet mâle).

BIBLIOGRAPHIE *

Ouvrages généraux

AUBOUIN J., BROUSSE R., LEHMAN J.-P., 1968. – *Précis de géologie.* Dunod édit., t. 1, 712 p. illustr. ; t. 2, 480 p. illustr. ; t. 3, 549 p. illustr.

BABIN Cl., 1971. – *Éléments de Paléontologie.* Armand Collin édit., 406 p. illustr.

BEAUMONT G. de, 1971. – *Guide des Vertébrés fossiles.* Delachaux et Niestlé édit., 476 p. illustr.

CHALINE J., 1987. – *Paléontologie des Vertébrés.* Dunod édit., 177 p. illustr.

CHAVAN A., CAILLEUX A., 1980. – *Détermination pratique des fossiles.* Masson édit., 387 p. illustr.

FISCHER J.-C., 1985. – *Les fossiles sous nos pas.* Hatier édit. (coll. « Le monde de... »), 246 p. illustr.

FISCHER J.-C., 1986. – *La géologie.* M.A. édit. (coll. « Le monde de... »), 246 p. illustr.

GIGNOUX M., 1950. – *Géologie stratigraphique.* Masson édit., 736 p. illustr.

GINSBURG L., 1979. – *Les Vertébrés ces méconnus, 600 millions d'années d'évolution des origines à l'homme.* Hachette édit., 222 p. illustr.

MIDDLEMISS F.A., RAWSON P.F., NEWALL G., 1969. – *Faunal provinces in space and time.* Seel House Press, Liverpool, 236 p. illustr.

MORET L., 1949. – *Manuel de Paléontologie végétale.* Masson édit., 230 p. illustr.

MORET L., 1966. – *Manuel de Paléontologie animale,* Masson édit., 781 p. illustr.

POMEROL Ch., 1973. – *Ère cénozoïque (Tertiaire et Quaternaire). Stratigraphie et Paléogéographie.* Doin édit., 269 p. illustr.

POMEROL Ch., 1975. – *Ère mésozoïque. Stratigraphie et Paléogéographie.* Doin édit., 383 p. illustr.

POMEROL Ch., BABIN Cl., 1977. – *Précambrien, ère paléozoïque. Stratigraphie et paléogéographie.* Doin édit., 429 p. illustr.

POMEROL Ch., BABIN Cl., LANCELOT Y., LE PICHON X., RENARD M., 1987. – *Stratigraphie. Méthodes, principes, applications.* Doin éd., 3e éd., 283 p. illustr.

ROMER A.S., 1966. – *Vertebrate Paleontology.* Univ. Chicago Press, 3e édit., 468 p. illustr.

TERMIER H. et G., 1960. – *Paléontologie stratigraphique.* Masson édit., 515 p. illustr.

THENIUS E., 1969. – Stammesgeschichte der Säugetiere. *Handb. Zool.,* Bd VIII, fasc. 48, 722 p.

British Museum (Natural History), 1960-1975. – *British fossils. I, Palaeozoic,* 4e édit., 1975, 203 p., 69 pl. ; II, *Mesozoic,* 5e édit., 1975, 207 p., 73 pl. ; III, *Cænozoic,* 5e édit., 1975, 132 p., 44 pl.

Traités de Paléontologie

Traité de Paléobotanique publié sous la direction d'Éd. Boureau (Masson édit., 1960-1964).

Traité de Botanique par M. Chadefaud et L. Emberger (Masson éd. , 1960).

Treatise on Invertebrate Paleontology publié sous la direction de R.C. Monroe (Univ. of Kansas Press, 1955-1989).

Handbuch der Paläozoologie publié sous la direction de O.M. Schindewolf (Gebrüder éd., 1938-1960).

Traité de Paléontologie publié sous la direction de J. Piveteau (Masson éd., 1952-1966).

Principales monographies régionales

Paléozoïque

ASSELBERGHS Et., 1923. – La faune de la Grauwacke de Rouillon (base du Dévonien moyen). *Mém. Mus. Roy. Hist. Nat. Belgique,* n° 33, 76 p., 4 pl.

ASSELBERGHS Et., 1930. – Description des faunes marines du Gédinien de l'Ardenne. *Mém. Mus. Roy. Hist. Nat. Belgique,* n° 41, 73 p., 6 pl.

BABIN Cl., 1966. – *Mollusques bivalves et Céphalopodes du Palézoïque armoricain.* Impr. Commerc. et Administr., Brest, 471 p., 18 pl.

BABIN C., COURTESSOLE R., MELOU M., PILLET J., VIZCAINO D., YOCHELSON E.-L., 1982. – Brachiopodes (Articulés) et Mollusques (Bivalves, Rostroconches, Monoplacophores, Gastropodes) de l'Ordovicien inférieur (Tremadocien-Arenigien) de la Montagne Noire (France méridionale). *Mém. Soc. Et. Scient. Aude,* 63 p., 15 pl.

BARROIS Ch., PRUVOST P., DUBOIS G., 1920. – Description de la faune siluro-dévonienne de Liévin. *Mém. Soc. géol. Nord,* t. 6 (2), p. 65-230, pl. 10-17.

BLOT J., 1966. – Étude des Paleonisciformes du bassin houiller de Commentry. *Cahiers de Paléont.,* C.N.R.S. éd., 99 p., 18 pl.

* Les ouvrages cités dans cette bibliographie sont tous postérieurs à 1900.

BOLTON H., 1921-1922. – Fossil Insects of the british coal measures. *Palaeontogr. Society,* 156 p., 10 pl.

BROUSMICHE C., 1983. – *Les fougères sphénoptéridiennes du bassin houiller sarro-lorrain.* Publ. Soc. Géol. Nord, n° 10, 2 vol., 480 p., 100 pl.

CHAUBET M.-C., 1937. – Contribution à l'étude géologique du Gothlandien du versant méridional de la Montagne Noire. *Trav. Lab. géol. Fac. Sci. Montpellier,,* n° 1, 223 p., 7 pl.

CORSIN P., BERTRAND P., 1930-1951. – Bassin houiller de la Sarre et de la Lorraine. I, flore fossile. *Étude Gîtes minér., France,* 370 p., 199 pl.

COURTESSOLE R., 1973. – *Le Cambrien moyen de la Montagne Noire. Biostratigraphie.* Imp. d'Oc, Toulouse, 248 p., 27 pl.

COURTESSOLE R., MAREK L., PILLET J., UBAGHS G., VIZCAINO D., 1983. – Calymenina, Echinodermata et Hyolitha de l'Ordovicien inférieur de la Montagne Noire (France méridionale). *Mém. Soc. Et. Scient. Aude,* 62 p., 13 pl.

COURTESSOLE R., PILLET J., VIZCAINO D., 1981. – Nouvelles données sur la biostratigraphie de l'Ordovicien inférieur de la Montagne Noire. Révision des Taihungshaniidae, de Megistaspis (Ekeraspis) et d'Asaphopsoides (Trilobites). *Mém. Soc. Et. Scient. Aude,* 32 p., 11 pl.

COURTESSOLE R., PILLET J., VIZCAINO D., 1988. – Stratigraphie et Paléontologie du Cambrien moyen gréseux de la Montagne Noire (versant méridional). *Mém. Soc. Et. Scient Aude,* 55 p., 8 pl.

COURTESSOLE R., PILLET J., VIZCAINO D., ESCHARD R., 1985. – Étude biostratigraphique et sédimentologique des formations arénacées de l'Arenigien du Saint-Chinianais oriental (Hérault) versant sud de la Montagne Noire (France méridionale. *Mém. Soc. Et. Scient. Aude,* 68 p. 16 pl.

DEBRENNE F., 1964. – Archæocyatha. Contribution à l'étude des faunes cambriennes du Maroc, de Sardaigne et de France. *Notes et Mém. Serv. Géol. Maroc,* n° 179, 265 p., 52 pl.

DELÉPINE G., 1928. – Les Brachiopodes du marbre noir de Dinant (Viséen inférieur). *Mém. Mus. Roy. Hist. Nat. Belgique,* n° 37, 38 p., 6 pl.

DELÉPINE G., 1940. – Les Goniatites du Dinantien de la Belgique. *Mém. Mus. Roy. His. Nat. Belgique,* n° 91, 91 p., 5 pl.

DEMANET F., 1929. – Les Lamellibranches du marbre noir de Dinant (Viséen inférieur). *Mém. Mus. Roy. Hist. Nat. Belgique,* n° 40, 80 p., 1 pl.

DEMANET F., 1934. – Les Brachiopodes du Dinantien de la Belgique. *Mém. Mus. Roy. Hist. Nat. Belgique,* n° 61, 116 p., 10 pl.

DEMANET F., 1941. – Faune et stratigraphie de l'étage namurien de la Belgique. *Mém. Mus. Roy. Hist. Nat. Belgique,* n° 97, 327 p., 18 pl.

DOUBINGER J., 1956. – Contribution à l'étude des flores antuno-stéphaniennes. *Mém. Soc. géol. Fr.,* n° 75, 180 p., 16 pl.

DREYFUSS M., 1948. – Contribution à l'étude de l'Ordovicien supérieur de la Montagne Noire. *Mém. Soc. géol. Fr.,* n° 58, 64 p., 9 pl.

DURAND J., 1985. – Le grès armoricain. Sédimentologie, traces fossiles, milieux de dépôt. *Mém. et Doc. Centre Armoric. Et. Struct. Socles,* Rennes, n° 3, 149 p., 19 pl.

ELLES G.B., WOOD E.M.R., 1901-1911. – A Monograph of british Graptolithes. *Palaeontogor. Society,* 326 p., 52 pl.

FEIST R., 1977. – Le Siluro-Dévonien du Sud-Est de la Montagne Noire (Hérault, France) et ses faunes de Trilobites. *Thèse, Acad. de Montpellier,* 251 p., 31 pl.

GOSSELET J., BARROIS Ch., LERICHE M., CREPIN A., 1912. – Les Lamellibranches, Gastropodes, Ptéropodes (Conularida), Ostracodes et Mérostomes de la faune siluro-dévonienne de Liévin (Pas-de-Calais). *Mém. Soc. géol. Nord,* t. 6, n° 2, 64 p., 9 pl.

GOUJET D., BLIECK A., 1978. – Les Vertébrés de l'assise des schistes et grès de Pernes (Dévonien du Nord de la France). *Ann. Soc. géol. Nord,* t. 98, p. 263-278, 1 pl.

GÜRICH G., 1906. – Les Spongiostromides du Viséen de la province de Namur. *Mém. Mus. Roy. Hist. Nat. Belgique,* n° 12, 55 p., 23 pl.

HANDLIRSCH A., 1904. – Les Insectes houillers de la Belgique. *Mém. Mus. Roy. Hist. Nat. Belgique,* n° 9, 20 p., 7 pl.

HENRY J.-L., 1970. – Quelques Calymenacea (Trilobites) de l'Ordovicien de Bretagne. *Ann. Paléont.,* t. 56, 27 p., 3 pl.

HENRY J.-L., 1980. – Tribolites ordoviciens du Massif Armoricain. *Mém. Soc. Géol. Min. Bretagne,* t. 22, 250 p., 48 pl.

HEYLER D., 1957. – Révision des Branchiosaurus de la région d'Autun. *Ann. Paléont.,* t. 43, 67 p., 12 pl.

HEYLER D., 1969. – Vertébrés de l'Autunien de France. *Cahiers Paléont,* C.N.R.S. éd., 259 p., 52 pl.

HEYLER D., LESSERTISSEUR J., 1963. – Pistes de Tétrapodes permiens dans la région de Lodève (Hérault). *Mém. Mus. Nat. Hist. Nat.,* t. 9 (2), p. 125-222, 12 pl.

HIND W., 1912. – Les faunes conchyliologiques du terrain houiller de la Belgique. *Mém. Mus. Roy. Hist. Nat. Belgique,* n° 22, 17 p., 1 pl.

JACKSON R. T., 1929. – Palaeozoic Echinidi of Belgium. *Mém. Mus. Roy. Hist. Nat. Belgique,* n° 38, 74 p., 10 pl.

KAISIN F., 1942. – Les Bryosoaires Fenestellidés et Acanthocladiidés du Tournaisien de la Belgique. *Mém. Inst. Géol. Univ. Louvain,* t. 13 (fasc. 3), p. 93-141, 4 pl.

KIDSTON R., 1909. – Les végétaux houillers recueillis dans le Hainaut belge. *Mém. Mus. Roy. Hist. Nat. Belgique,* n° 15, 282 p., 24 pl.

LARDEUX H., 1969. – Les Tentaculites d'Europe occidentale et d'Afrique du Nord. *Cahiers de Paléont,* C.N.R.S., éd., 238 p., 52 pl.

LAURENTIAUX D., 1950. – Les Insectes des bassins houillers du Gard et de la Loire. *Ann. Paléont.*, t. 36, 22 p., 5 pl.

LECOMPTE M., 1939. – Les Tabulés du Dévonien moyen et supérieur du bord sud du bassin de Dinant. *Mém. Mus. Roy. Hist. Nat. Belgique,* n° 90, 229 p., 23 pl.

LERICHE M., 1912. – La faune du Gedinnien inférieur de l'Ardenne. *Mém. Mus. Roy. Hist. Nat. Belgique,* n° 23, 58 p., 2 pl.

LERICHE M., 1931. – Les Poissons famenniens de la Belgique. *Mém. Acad. Roy. Belgique (Sc.),* sér. 2, t. 10 (5), 72 p., 8 pl.

MAILLEUX E., 1931. – La faune des grès et schistes de Solières (Siegenien moyen). *Mém. Mus. Roy. Hist. Nat. Belgique,* n° 51, 102 p., 5 pl.

MAILLEUX E., 1937. – Les Lamellibranches du Dévonien inférieur de l'Ardenne. *Mém. Mus. Roy. Hist. Nat. Belgique,* n° 91, 273 p., 16 pl.

MAILLEUX E., 1938. – Le Couvinien de l'Ardenne et ses faunes. *Mém. Mus. Roy. Hist. Nat. Belgique,* n° 83, 58 p., 2 pl.

MEUNIER F., 1909-1921. – Nouvelles recherches sur les Insectes du terrain houiller de Commentry (Allier). *Ann. Paléont.,* t. 4, 7 et 10, 160 p., 20 pl.

MUIR-WOOD H.-M., COOPER G.-A., 1960. – Morphology, classification and life habitats of the Productoidea (Brachiopoda). *Mém. geol. Soc. America,* n° 81, 447 p., 135 pl.

PRUVOST P., 1919. – La faune continentale du terrain houiller du Nord de la France. *Mém. Carte géol. Fr,* 584 p., 29 pl.

PRUVOST P., 1930. – Faunes continentales du terrain houiller de la Belgique. *Mém. Mus. Roy. Hist. Nat. Belgique,* n° 44, p. 103-282, 14 pl.

RENAUD A., 1942. – Le Dévonien du synclinorium médian Brest-Laval. 2, Paléontologie. *Mém. Soc. Géol. Min. Bretagne,* n° 7, 439 p., 14 pl.

THEVENIN A., 1906. – Amphibiens et Reptiles du terrain houiller de France. *Ann. Paléont.,* t. 1 (3), 19 p., 2 pl.

THEVENIN A., 1910. – Les plus anciens quadrupèdes de France. *Ann. Paléont.,* t. 5, 64 p., 9 pl.

THORAL M., 1935. – Contribution à l'étude paléontologique du Cambrien et de l'Ordovicien inférieur de la Montagne Noire. Montpellier, 363 p., 25 pl.

TRUEMAN A., WEIR J., 1946-1968. – A Monograph of the British non-marine Lamellibranchia. *Palaeontographical Soc.,* 449 p., 48 pl.

UBAGHS G., 1969. – Les Échinodermes Carpoïdes de l'Ordovicien de la Montagne Noire (France). *Cahiers de Paléontol.,* CNRS, 112 p., 17 pl.

VETTER P., 1968. – Géologie et paléontologie des bassins houillers de Decazeville, de Figeac et du détroit de Rodez, t. 2, Études paléontologiques. *Houillères du bassin d'Aquitaine,* 194 p., 49 pl.

WATERLOT G., 1934. – Étude de la faune continentale du terrain houiller sarro-lorrain. *Étud. Gîtes minér. Fr.,* 317 p., 24 pl.

WATERLOT G., 1966. – Les Gigantostracés du Siluro-Dévonien de Liévin. *Mém. Soc. géol. Nord.,* t. 14, 23 p., 5 pl.

WHIDBORNE G.F., 1896-1907. – A Monograph of the Devonian fauna of the South of England. *Palaeontographical Soc.,* 3 vol.

WRIGHT J., 1950-1960. – A Monograph of the British Carboniferous Crinoidea. *Palaeontographical Soc.,* 347 p., 91 pl.

Mésozoïque

AGER D.V., 1956-1967. – The British Liassic Rhynchonellidae. *Palaeontographical Soc.,* 172 p., 13 pl.

ALMERAS Y., 1970. – Les Terebratulidae du Dogger dans le Mâconnais, le Mont d'Or lyonnais et le Jura méridional. *Doc. Lab. géol. Fac. Sci. Lyon,* n° 39, 185 p., 211 pl.

ALMERAS Y., MOULAN G, 1988. – Les Térébratulidés du Dogger provençal. Paléontologie, biostratigraphie, phylogénie, paléoécologie. *Docum. Lab. Géol. Lyon,* n° 101, 277 p., 14 pl.

ANDREWS C.W., 1910-1913. – *A descriptive catalogue of the marine Reptiles of the Oxford Clay.* British Museum edit., I : 205 p. et 10 pl. ; II : 205 p. et 13 pl.

ARCELIN F., ROCHÉ P., 1936. – Les Brachiopodes bajociens de Monsard. *Trav. Lab. géol. Fac. Sci. Lyon,* n° 30, 107 p., 19 pl.

ARKELL W.J., 1929-1937. – A Monograph of British corallian Lamellibranchia. *Palaeontographical Soc.,* 392 p., 56 pl.

ARKELL W.J., 1935-1948. – The Ammonites of the English corallian beds. *Palaeontogr. Soc.,* 420 p., 33 pl.

ARKELL W.J., 1951-1958. – English Bathonian Ammonites. *Palaeontogr. Soc.,* 264 p., 33 pl.

ASTRE G., 1954. – Radiolitidés nord-pyrénéens. *Mém. Soc. Géol. Fr.,* n° 71, 140 p., 11 pl.

BEAUVAIS L., 1964. – Étude stratigraphique et paléontologique des formations à Madréporaires du Jurassique supérieur du Jura et de l'Est du Bassin de Paris. *Mém. Soc. géol. Fr.,* n° 100, 288 p., 38 pl.

BEAUVAIS L., 1972. – Contribution à l'étude de la faune bathonienne dans la vallée de la Creuse (Indre). Madréporaires. *Ann. Paléont.,* t. 68, 55 p., 5 pl.

BIGOT A., 1938. – Crinoides du Bathonien du Calvados. *Ann. Paléont.,* t. 27, 37 p., 4 pl.

BOULLIER A., 1976. – Les Terebratulidés de l'Oxfordien du Jura et de la bordure sud du bassin de Paris. *Thèse Univ. Besançon,* 457 p., 25 pl.

BRUN P. de, BROUSSE M., 1936. – Le Lias de Valz près Alès (Gard). *Trav. Lab. Géol. Fac. Sci. Lyon,* n° 32, 68 p., 6 pl.

CAPPETTA H., 1975. – Sélaciens et Holocéphales du Gargasien de la région de Gargas (Vaucluse). *Géol. méditerr.,* t. 2, p. 115-134, 2 pl.

CARPENTIER A., 1947-1949. – Les flores infraliasiques des Deux-Sèvres et de la Vendée. *Ann. Paléont.,* t. 33 et 35, 51 p., 18 pl.

CASEY R., 1960-1966. – The Ammonoidea of the Lower Greensand. *Palaeontogr. Society,* 582 p., 97 pl.

CORROY G., 1927. – Les Spiriferidés du Lias européen. *Ann. Paléont.,* t. 26, 36 p., 4 pl.

COSSMANN M., 1913. – Contribution à la Paléontologie française des terrains jurassiques. 3, Certhiacea et Loxonematacea. *Mém. Soc. géol. Fr.,* n° 46, 263 p., 18 pl.

COUFFON O., 1919. – Le Callovien du Chalet, commune de Montreuil-Bellay (Maine-et-Loire). *Bull. Soc. Scient. Angers,* 105 p., 18 pl.

DECHASEAUX C., 1936. – Pectinidés jurassiques de l'est du Bassin de Paris. *Ann. Paléont.,* t. 25, 148 p., 10 pl.

DECHASEAUX C., 1936. – Limidés jurassiques de l'est du Bassin de Paris. *Mém. Mus. Roy. Hist. Nat. Belgique,* n° 8, 58 p., 3 pl.

DELANCE J.-H., 1974. – Zeilleridés du Lias d'Europe occidentale. *Mém. Géol. Univ. Dijon,* n° 2, 408 p., 7 pl.

DELANCE J.-M., TINTANT H., 1965. – Les Dictyothyris du Jurassique de Bourgogne. *Ann. Paléont.,* t. 51, p. 117-150, 1 pl.

DEMATHIEU G., 1970. – Les empreintes de pas de Vertébrés du Trias de la bordure nord-est du Massif Central. *Cah. Paléont.,* C.N.R.S. éd., 211 p., 8 pl.

DOUVILLÉ H., 1918. – Le Barrémien supérieur de Brouzet. III : les Rudistes. *Mém. Soc. géol. Fr.,* n° 52, 19 p., 4 pl.

DOUVILLÉ R., 1912. – Études sur les Cardioceratidés de Dives, Villers-sur-Mer et quelques autres gisements. *Mém. Soc. géol. Fr.,* n° 45, 77 p., 11 pl.

DOUVILLÉ R., 1914. – Études sur les Oppeliidés de Villers-sur-Mer. *Mém. Soc. géol. Fr.,* n° 48, 26 p., 5 pl.

DUFF K.L., 1978. – Bivalvia from the english lower Oxford clay (Middle Jurassic). *Palaeontogr. Soc.,* 137 p., 13 pl.

ELMI S., 1963. – Les Hammatoceratinae (Ammonitina) dans le Dogger inférieur du bassin rhodanien. *Trav. Lab. géol. Fac. Sci. Lyon,* n° 10, 144 p., 11 pl.

ENAY R., 1966. – L'Oxfordien dans la moitié sud du Jura français. II, Contribution à la connaissance des Périsphinctidés. *Nouv. Arch. Mus. Hist. nat. Lyon,* n° 7 (2), p. 329-624, 40 pl.

FABRE J., 1981. – Les Rhynchocéphales et les Ptérosauriens à crête pariétale du Kimméridgien supérieur-Berriasien d'Europe occidentale. Le gisement de Canjuers (Var, France), et ses abords. Ed. Fond. Singer-Polignac, 188 p., 14 pl.

FABRE-TAXI S., 1948-1959. – Faunes lagunaires et continentales du Crétacé supérieur de Provence. *Ann. Paléont.,* t. 34, 37 et 45, 140 p., 5 pl.

FISCHER J.-C., 1964. – Contribution à l'étude de la faune bathonienne dans la vallée de la Creuse (Indre). Brachiopodes et Mollusques. *Ann. Paléont.,* t. 50, 84 p., 2 pl.

FISCHER J.-C., 1969. – Géologie, paléontologie et paléoécologie du Bathonien au sud-ouest du Massif Ardennais. *Mém. Mus. Nat. Hist. nat.,* t. 2, 319 p., 21 pl.

FISCHER J.-C., 1977. – La faune bajocienne de Donchery-sur-Meuse (Ardennes). *Ann. Paléont.,* t. 63, 18 p.

FRENEIX S., DROT J., DELATTRE M., 1956. – Faune de l'Aalénien de Mamers (Sarthe). *Ann. Centre Et. et Doc. Paléont.,* Paris, n° 16, 44 pl., 5 pl.

GABILLY J., 1976. – Évolution et systématique des Phymatoceratinae et des Grammoceratinae (Hildocerataceae Ammonitina) de la région de Thouars, stratotype du Toarcien. *Mém. Soc. Géol. Fr.,* n° 124, 194 p., 36 pl.

GAILLARD C., 1972. – Les Éponges siliceuses des calcaires lités du Jura méridional (Oxfordien supérieur). *Doc. Lab. géol. Fac. Sci. Lyon,* n° 50, p. 103-141, pl. 1-3.

GALL J.-C., 1971. – Faunes et paysages du grès à Voltzia du Nord des Vosges. Essai paléoécologique sur le Buntsandstein supérieur. *Mém. Serv. Carte géol. Alsace et Lorraine,* n° 34, 318 p., 36 pl.

GÉRARD Ch., BICHELONNE J., 1940. – Les Ammonites aaléniennes du minerai de fer de Lorraine. *Mém. Soc. Géol. Fr.,* n° 42, 60 p., 33 pl.

GÉRARD C., CONTAUT H., 1936. – Les Ammonites de la zone à Peltoceras athleta du Centre-Ouest de la France. *Mém. Soc. géol. Fr.,* n° 29, 79 p., 19 pl.

GRAUVOGEL-STAMM L., 1978. – La flore du grès à Voltzia (Buntsandstein supérieur) des Vosges du Nord (France). *Mém. Serv. Carte Géol. d'Alsace et de Lorraine,* n° 50, 225 p., 54 pl.

GROSSOUVRE A. de, 1908. – Description des Ammonitidés du Crétacé supérieur du Limbourg belge et hollandais et du Hainaut. *Mém. Mus. Roy. Hist. Nat. Belgique,* n° 14, 39 p., 11 pl.

GUÉRIN-FRANIATTE S., 1966. – *Ammonites du Lias inférieur de France (Psilocerataceae, Arietitidae).* Ed. du CNRS, 2 vol., 455 p., 231 pl.

HERMAN J., 1977. – Les Sélaciens des terrains néocrétacés et paléocènes de Belgique et des contrées limitrophes. *Mém. Expl. Carte géol. min. Belgique,* n° 15, 401 p., 15 pl.

JOLY H., 1907-1936. – Les fossiles du Jurassique de la Belgique. *Mém. Mus. Roy. Hist. Nat. Belgique,* n°s 18 et 79, 156 et 244 p., 5 et 3 pl.

KENNEDY W.J., 1971. – Cenomanian Ammonites from Southern England. *Palaeontol. Assoc. London,* Spec. Pap., n° 8, 133 p., 64 pl.

KENNEDY W.J., HANCOCK J.M., 1976. – The Mid-Cretaceous of the United Kingdom (Ammonites). *Ann. Mus. Hist. Nat. Nice,* t. 4, 72 p., 30 pl.

LAGNEAU-HERENGEL L., 1955. – Contribution à l'étude des Spongiaires siliceux du Crétacé inférieur. *Mém. Soc. géol. Fr.,* n° 95, 252 p., 16 pl.

LAMBERT J., 1903-1911. – Description des Échinides crétacés de la Belgique. *Mém. Mus. Roy. Hist. Nat. Belgique*, n°s 8 et 16, 151 et 81 p., 6 et 3 pl.

LAPPARENT A.-F. de, 1943. – Les Dinosauriens jurassiques de Damparis (Jura). *Mém. Soc. géol. Fr.*, n° 47, 20 p., 5 pl.

LAPPARENT A.-F. de, 1947. – Les Dinosasuriens du Crétacé supérieur du Midi de la France. *Mém. Soc. géol. Fr.*, n° 56, 54 p., 6 pl.

LAPPARENT A.-F. de, MONTENAT C., 1967. – Les empreintes de pas de Reptiles de l'Infralias du Veillon (Vendée). *Mém. Soc. géol. Fr.*, n° 107, 44 p., 13 pl.

LAURIN B., 1984. – Les Rhynchonellidés des plates-formes du Jurassique moyen en Europe occidentale. *Cahiers de Paléont.* (Invertébrés), CNRS, 465 p., 14 pl.

LE HEGARAT G., 1973. – Le Berriasien du Sud-Est de la France. I, Paléontologie et biostratigraphie. *Doc. Lab. géol. Fac. Sci. Lyon*, n° 43, 286 p., 53 pl.

LERICHE M., 1906. – *Contribution à l'étude des Poissons fossiles du Nord de la France et des régions vosgiennes.* Le Bigot édit., Lille, 430 p., 17 pl.

LISSAJOUS M., 1907-1911. – Jurassique mâconnais. Fossiles caractéristiques. *Bull. Soc. Hist. Nat. Mâcon*, vol. 3, n°s 3-16, 208 p., 19 pl.

LISSAJOUS M., 1923. – Étude sur la faune du Bathonien des environs de Mâcon. *Trav. Lab. géol. Fac. Sci. Lyon*, n° 3, 286 p., 33 pl.

MAIRE V., 1937. – Contribution à la connaissance des Cardioceratidés. *Mém. Soc. géol. Fr.*, n° 34, 134 p., 24 pl.

MARLIÈRE R., 1939. – La transgression albienne et cénomanienne dans le Hainaut (études paléontologiques et stratigraphiques). *Mém. Mus. Roy. Hist. Nat. Belgique*, n° 89, 440 p., 8 pl.

MARZLOFF D., DARESTE de la CHAVANNE J., MORET L., 1936. – Étude sur le Bajocien supérieur du Mont-d'Or lyonnais. *Trav. Lab. géol. Fac. Sci. Lyon*, n° 28, p. 55-147, pl. 8 à 12.

MAZENOT G., 1939. – Les Palaehoplitidae tithoniques et berriasiens du Sud-Est de la France. *Mém. Soc. géol. Fr.*, n° 41, 303 p., 40 pl.

MERCIER J., 1932. – Étude sur les Échinides du Bathonien de la bordure occidentale du Bassin de Paris. *Mém. Soc. Lin. Normandie*, n° 2, 273 p., 11 pl.

MERCIER J., 1935. – Les Stellérides mésozoïques du Bassin de Paris (bordure occidentale), *Mém. Soc. Lin. Normandie*, n° 3, 66 p., 3 pl.

MIDDLEMISS F. A., 1968. – Brachiopodes du Crétacé inférieur des Corbières orientales (Aude). *Ann. Paléont.*, t. 54, p. 171-204, 3 pl.

MONESTIER J., 1934. – Ammonites du Domérien de la région sud-est de l'Aveyron. *Mém. Soc. géol. Fr.*, n° 23, 102 p., 17 pl.

MORET L., 1925. – Contribution à l'étude des Spongiaires siliceux du Crétacé supérieur français. *Mém. Soc. géol. Fr.*, n° 5, 322 p., 14 pl.

MUIR-WOOD H. M., 1936. – The Brachiopoda of the British Great-Oolite series. Part 1 : Fuller's Earth. *Palaeontographical Soc.*, vol. 89, 144 p., 5 pl.

PAQUIER V. L., 1903. – Les Rudistes urgoniens. *Mém. Soc. géol. Fr.*, n° 29, 102 p., 13 pl.

PARSCH K. O. A., 1956. – Die Serpuliden-fauna des Südwestdeutschen Jura. *Palaeontographica*, Stuttgart, Bd 107, p 211-240, pl. 19-21.

PELLAT E., COSSMANN M., 1907. – Le Barrémien à faciès urgonien de Brouzet-les-Alais (Gard) ; description des Gastropodes et Pélécypodes. *Mém. Soc. géol. Fr.*, n° 37, 42 p., 6 pl.

PETTITT N. E., 1950-1965. – The Rhynchonellidae of the British Chalk. *Palaeontographical Soc.*, 52 p., 3 pl.

PRIEM F., 1908. – Étude des Poissons fossiles du Bassin parisien. *Ann. Paléont.*, t. 3, 144 p., 5 pl.

PRIEM F., 1911. – Étude des Poissons fossiles du Bassin parisien (supplément). *Ann.. Paléont.*, t. 6, 44 p., 5 pl.

REPELIN J., 1902. – Description des faunes et des gisements du Cénomanien saumâtre ou d'eau doue du midi de la France. *Ann. Mus. Hist. Nat. Marseille*, t. 3, 111 p., 8 pl.

REPELIN J., 1920. – Monographie du genre Lychnus. *Mém. Soc. géol. Fr.*, n° 53, 25 p., 6 pl.

RIOULT M., 1981. – Complément au mémoire d'Auguste Dollfus sur la faune kimméridgienne du Cap de la Hève. *Bull. Soc. Géol. Normandie et Muséum du Havre*, t. 48, 75 p., 2 pl.

ROCHÉ P., 1939. – Aalénien et Bajocien du Mâconnais et de quelques régions voisines. *Trav. Lab. géol. Fac. Sci. Lyon*, n° 35, 355 p., 13 pl.

ROMAN F., 1921. – La Montagne de Crussol. 2, Paléontologie. *Trav. Lab. géol. Fac. Sci. Lyon*, n° 1, p. 73-196, 8 pl.

ROMAN F., 1924. – Études sur le Callovien de la vallée du Rhône. 1, Le Callovien de Naves. *Trav. Lab. géol. Fac. Sci. Lyon*, n° 6, 111 p., 12 pl.

ROMAN F., 1928. – Études sur le Callovien de la vallée du Rhône. 2, Le Jurassique moyen de la Voulte-sur-Rhône. *Trav. Lab. géol. Fac. Sci. Lyon*, n° 13, 165 p., 12 pl.

ROMAN F., MAZERAN P., 1920. – Monographie paléontologique de la faune du bassin d'Uchaux et de ses dépendances. *Arch. Mus. Hist. Nat. Lyon*, t. 12, mém. n° 3, 137 p., 11 pl.

ROMAN F., PETOURAUD Ch., 1927. – Étude sur la faune du Bajocien supérieur du Mont-d'Or lyonnais. 1, Céphalopodes. *Trav. Lab. géol. Fac. Sci. Lyon*, n° 11, 55 p., 7 pl.

SAINT-SEINE P. de, 1949. – Les Poissons des calcaires lithographiques de Cerin (Ain). *Nouv. Arch. Mus. Hist. nat. Lyon*, n° 2, 375 p., 26 pl.

SARKAR S., 1955. – Révision des Ammonites déroulées du Crétacé inférieur du Sud-Est de la France. *Mém. Soc. géol. Fr.*, n° 72, 176 p., 11 pl.

SAYN G., 1901. – Les Ammonites pyriteuses des marnes valanginiennes du Sud-Est de la France. *Mém. Soc. géol. Fr.,* n° 23, 66 p., 10 pl.

SAYN G., 1932. – Description de la faune de l'Urgonien de Barcelonne (Drôme). *Trav. Lab. géol. Fac. Sci. Lyon,* n° 18, 70 p., 4 pl.

SCHRAMMEN A., 1936-1937. – Die Kieselspongien des oberen Juran von Süddeutschland. *Palaeontographica,* Stuttgart, Bb 84, p. 149-194 ; Bd 85, p. 1-114, 27 pl.

SÉNESSE P., 1937. – *Contribution à l'étude du Crétacé supérieur des Corbières méridionales.* Douladoure édit., Toulouse, 182 p., 14 pl.

SEWARD A. C.,1900. – La flore wealdienne de Bernissart. *Mem. Mus. Roy. Hist. Nat. Belgique,* n° 1, 37 p., 4 pl.

SLADEN W. P., SPENCER W. K., 1891-1908. – The British fossil Echinodermata from the Cretaceous formations. II, the Asteroidea and Ophiuroidea. *Palaeontographical Soc.,* 138 p., 29 pl.

SMISER J. S., 1935. – A monograph of the Belgian Cretaceous Echinoids. *Mém. Mus. Roy. Hist. Nat. Belgique,* n° 68, 98 p., 9 pl.

SPATH L. F., 1923-1943. – The Ammonoidea of the Gault. *Palaeontographical Soc.,* 206 p., 20 pl.

STRAELEN V. van, 1925. – Contribution à l'étude des Crustacés Décapodes de la période jurassique. *Mém. Sci. Acad. Roy. Belgique,* sér. 2, t. 7, 462 p., 10 pl.

SWINNERTON H. H., 1936-1955. – British Lower Cretaceous Belemnites. *Palaeontographical Soc.,* 86 p., 18 pl.

THIERRY J., 1978. – Le genre Macrocephalites au Callovien inférieur (Ammonites, Jurassique moyen). *Mém. Géol. Univ. Dijon,* n° 4, 490 p., 36 pl.

THOMEL G., 1964. – Contribution à la connaissance des Céphalopodes crétacés du Sud-Est de la France. *Mém. Soc. géol., Fr.,* n° 101, 78 p., 12 pl.

THOMEL G., 1972. – Les Acanthoceratidae cénomaniens des chaînes subalpines méridionales. *Mém. Soc. géol. Fr.,* n° 116, 204 p., 88 pl.

TINTANT H., 1963. – Les Kosmoceratidae du Callovien inférieur et moyen d'Europe occidentale. Essai de paléontologie quantitative. *Publ. Univ. Dijon,* t. 29, 500 p., 69 pl.

TOUCAS A., 1903. – Études sur la classification et l'évolution des Hippurites. *Mém. Soc. géol. Fr.,* n° 30, 126 p., 18 pl.

TOUCAS A., 1907. – Études sur la classification et l'évolution des Radiolitidés. *Mém. Soc. géol. Fr.,* n° 36, 132 p. 24 pl.

TRAQUAIR R. H., 1911. – Les Poissons wealdiens de Bernissart. *Mém. Mus. Roy. Hist. Nat. Belgique,* n° 21, 65 p., 12 pl.

WALTER B., 1969. – Les Bryozoaires jurassiques de France. *Doc. Lab. géol. Fac. Sci. Lyon,* n° 35, 328 p., 20 pl.

WALTER B., 1972. – Les Bryozoaires néocomiens du Jura suisse et français. *Géobios,* n° 5 (4), p. 277-354, pl. 20-26.

WENZ S., 1967. – Compléments à l'étude des Poissons Actinoptérygiens du Jurassique français. *Cah. Paléontol.,* C.N.R.S. édit., 276 p., 48 pl.

WOODS H., 1899-1913. – The Cretaceous Lamellibranchia of England. *Palaeontographical Soc.,* 572 p., 104 pl.

WOODS H., 1925-1931. – Fossil Macrurous Crustacea of England. *Palaeontographical Soc.,* p. 122, 23 pl.

WOODWARD A. S., 1902-1912. – The fossil Fishes of the English Chalk. *Palaeontographical Soc.,* 264 p., 54 pl.

WOODWARD A. S., 1916-1919. – The fossil Fishes of the English Wealden and Purbeck formations. *Palaeontograhical Soc.,* 148 p., 26 pl.

WRIGHT C. W., COLLINS J. S. H., 1972. – British cretaceous crabs. *Palaeontographical Soc.,* 144 p., 22 pl.

YIN T.-H., 1931. – Étude de la faune du Tithonique coralligène du Gard et de l'Hérault. *Trav. Lab. géol. Fac. Sci. Lyon,* n° 17, 200 p., 18 pl.

Cénozoïque

BERGOUNIOUX F.-M., 1935. – Chéloniens fossiles du bassin d'Aquitaine. *Mém. Soc. géol. Fr.,* n° 25, 207 p., 26 pl.

BLONDEAU A., 1972. – *Les Nummulites.* Vuibert édit., 255 p., 38 pl.

BONIS L. de, 1973. – Contribution à l'étude des Mammifères de l'Aquitanien de l'Agenais. Rongeurs, Carnivores, Périssodactyles. *Mém. Mus. nat. Hist. nat.,* t. 28, 192 p. 14 pl.

BROIN F. de, 1977. – Contribution à l'étude des Chéloniens. Chéloniens du Crétacé et du Tertiaire de France. *Mém. Mus. nat. Hist. nat.,* t. 38, 366 p., 38 pl.

BUGE E., 1957. – Les Bryozoaires du Néogène de l'Ouest de la France et leur signification stratigraphique et paléobiologique. *Mém. Mus. nat. Hist. nat.,* t. 6, 436 p., 12 pl.

CANU F., 1907-1910. – Bryozoaires des terrains tertiaires des environs de Paris. *Ann. Paléont.,* t. 2 à 5, 164 p., 18 pl.

CANU F., BASSLER R. S., 1929. – Bryozoaires éocènes de la Belgique. *Mém. Mus. Roy. Hist. nat. Belgique,* n° 39, 68 p., 5 pl.

CANU F., BASSLER R. S., 1931. – Bryozoaires oligocènes de la Belgique. *Mém. Mus. Roy. Hist. nat. Belgique,* n° 50, 27 p., 4 pl.

CANU F., LECOINTRE G., 1925. – Les Bryozoaires cheilostomes des faluns de Touraine et d'Anjou. *Mém. Soc. géol. Fr.,* n° 4, 215 p., 44 pl.

CAPPETTA H., 1970. – Les Sélaciens du Miocène de la région de Montpellier. *Palaeovertebrata,* mém. extr., 139 p., 27 pl.

CASIER E., 1946. – La faune ichthyologique de l'Yprésien de la Belgique. *Mém. Mus. Roy. Hist. nat. Belgique,* n° 104, 267 p., 6 pl.

CASIER E., 1967. – Le Landénien de Dormaal (Brabant) et sa faune ichthyologique. *Mém. Mus. Roy. Hist. nat. Belgique,* n° 156, 66 p., 8 pl.

CHEVALIER J.-P. 1961. – Recherches sur les Madréporaires et les formations récifales miocènes de la Méditerranée occidentale. *Mém. Soc. géol. Fr.,* n° 93, 562 p., 26 pl.

COSSMANN M., 1908. – Pélécypodes du Montien de la Belgique. *Mém. Mus. Roy. Hist. nat. Belgique,* n° 19, 76 pl., 8 pl.

COSSMANN M., 1913-1924. – Révision des Scaphopodes, Gastropodes et Céphalopodes du Montien de Belgique. *Mém. Mus. Roy. Hist. nat. Belgique,* n° 24 et 34, 71 et 35 p., 4 et 6 pl.

COSSMANN M., 1921. – Synopsis illustré des Mollusques de l'Éocène et de l'Oligocène en Aquitaine. *Mém. Soc. géol. Fr.,* n° 55, 220 p., 15 pl.

COSSMANN M., OGERIAN G., 1923. – *Le gisement cuisien de Gan (Basses-Pyrénées). Description des Mollusques.* Pau, 188 p., 14 pl.

COSSMANN M., PEYROT A., 1909-1932. – *Conchyliologie néogénique de l'Aquitaine.* Saugnac, Bordeaux, t. 1 à 5, 3 036 p., 131 pl.

COSSMANN M., PISSARO G., 1904-1913. – *Iconographie complète des coquilles fossiles de l'Éocène des environs de Paris,* t. 1 et 2, 110 pl.

DAVADIE Cl., 1963. – *Systématique et structure des Balanes fossiles d'Europe et d'Afrique.* Ed. C.N.R.S., 146 p., 55 pl.

DAVID L., MONGEREAU N., POUYET S., 1965-1972. – Bryozoaires du Néogène du bassin du Rhône. *Doc. Lab. Géol. Fac. Sc. Lyon,* n° 12, p. 33-86, 3 pl. ; n° 40, p. 97-175, 10 pl. ; n° 52, p. 1-118, 12 pl.

DEPÉRET Ch., 1917. – Monographie de la faune des Mammifères fossiles du Ludien inférieur d'Euzet-les-Bains (Gard). *Ann. Univ. Lyon,* n° 40, 288 p., 25 pl.

DEPÉRET Ch., ROMAN F., 1902-1928. – Monographie des Pectinidés néogènes de l'Europe et des régions voisines. *Mém. Soc. géol. Fr.,* n° 26, 194 pl., 28 pl.

DOLLFUS G. F., DAUTZENBERG, 1902. – Conchyliologie du Miocène moyen du bassin de la Loire. *Mém. Soc. géol. Fr.,* n° 27, 497 p., 51 pl.

DONCIEUX L., 1905-1926. – Catalogue descriptif des fossiles nummulitiques de l'Aude et de l'Hérault. *Ann. Univ. Lyon,* nouv. sér., fasc. 17, 184 p., 5 pl. ; fasc. 22, 288 p., 13 pl. ; fasc. 30, 241 p.,16 pl. ; fasc 45, 99 p., 7 pl.

FARCHAD H., 1936. – Étude du Thanétien (Landénien marin) du bassin de Paris. *Mém. Soc. géol. Fr.,* n° 30, 101 p., 6 pl.

FRITEL P.-M., 1910. – Étude sur les végétaux fossiles de l'étage Sparnacien du bassin de Paris. *Mém. Soc. géol. Fr.,* n° 40, 37 p., 3 pl.

FURON R., SOYER R., 1947. – Catalogue des fossiles tertiaires du Bassin de Paris. *Guides techniques du Naturaliste,* Lechevalier édit., vol. 6, 240 p., 32 pl.

GÉNOT P., 1980. – Les Dasycladacées du Paléocène supérieur et le l'Éocène du bassin de Paris. *Mém. Soc. géol. France,* n. sér., n° 138, 40 p., 24 pl.

GINSBURG L., 1961. – La faune des Carnivores miocènes de Sansan (Gers). *Mém. Mus. nat. Hist. nat.,* t. 9, 190 p., 20 pl.

GITTON J.-L., LOZOUET P., MAESTRI Ph., 1986. – Biostratigraphie et paléoécologie des gisements types de Stampien de la région d'Étampes (Essonne). *Géologie de la France,* BRGM, n° 1, 100 p., 4 pl.

GLIBERT M., 1933. – Monographie de la faune malacologique du Bruxellien des environs de Bruxelles. *Mém. Mus. Roy. Hist. nat. Belgique,* N° 53, 214 p, 11 pl.

GLIBERT M., 1945-1952. – Faune malacologique du Miocène de la Belgique. *Mém. Mus. Roy. Hist. nat. Belgique,* n°s 103 et 121, 266 et 197 p., 12 et 10 pl.

GLIBERT M., 1949-1952. – Gastropodes du Miocène moyen du bassin de la Loire. *Mém. Inst. Roy. Hist. nat. Belgique,* n°s 30 et 46, 240 et 209 p., 12 et 25 pl.

GLIBERT M., 1960-1962. – Gastropodes fossiles du Cénozoïque étranger. *Mém. Mus. Roy. Hist. nat. Belgique,* n°s 61, 64, 68, 69, 70, 73, 74.

GLIBERT M., VAN DE POEL L., 1965-1970. – Les Bivalves fossiles du Cénozoïque étranger. *Mém. Mus. Roy. Hist. nat. Belgique,* n°s 77, 78, 81 à 84.

GODINOT M., 1981. – Les Mammifères de Rians (Éocène inférieur, Provence). *Palaeovertebrata,* Montpellier, n° 10 (2), p. 43-126, 4 pl..

HEINTZ E., 1970. – Les Cervidés villafranchiens de France et d'Espagne. *Mém. Mus. nat. Hist. nat.,* t. 22, 303 p., 40 pl., 319 fig., 131 tabl.

LE CALVEZ Y., 1970. – Contribution à l'étude des Foraminifères paléogènes du Bassin de Paris. *Cah. Paléontol.,* C.N.R.S., 326 p., 48 pl.

LERICHE M., 1902. – Les Poissons paléocènes de Belgique. *Mém. Mus. Roy. Hist. nat. Belgique,* n° 5, 48 p., 3 pl.

LERICHE M., 1905. – Les Poissons éocènes de la Belgique. *Mém. Mus. Roy. Hist. nat. Belgique,* n° 11, p. 49-228, pl. 4-12.

LERICHE M., 1906. – *Contribution à l'étude des Poissons fossiles du Nord de la France et des régions vosgiennes.* Le Bigot édit., Lille, 430 p., 17 pl.

LERICHE M., 1910. – Les Poissons oligocènes de la Belgique. *Mém. Mus. Roy. Hist. nat. Belgique,* n° 20, p. 229-364, pl. 13-27.

LERICHE M., 1926. – Les Poissons néogènes de la Belgique. *Mém. Mus. Roy. Hist. nat. Belgique,* n° 32, p. 365-472, pl. 28-41.

LERICHE M., 1951. – Les Poissons tertiaires de la Belgique (supplément). *Mém. Inst. Roy. Sc. Nat. Belgique,* n° 118, p. 473-600, pl. 42-47.

LERICHE M., 1957. – Les Poissons néogènes de la Bretagne, de l'Anjou et de la Touraine. *Mém. Soc. géol. Fr.,* n° 81, 64 p., 4 pl.

MARTY P., 1907. – Étude sur les Végétaux fossiles de Trieu de Leval (Hainaut). *Mém. Mus. Roy. Hist. nat. Belgique,* n° 17, 52 p., 9 pl.

MAYET L., 1908. – Étude des Mammifères miocènes des sables de l'Orléanais et des faluns de la Touraine. *Ann. Univ. Lyon,* t. 24, 336 p., 12 pl.

MONGEREAU N., 1969. – Le genre Idmonea Lamouroux 1821 (Bryozoa – Cyclostomata) dans le Tertiaire d'Europe. *Géobios,* n° 2, p. 205-264, pl. 16-21.

MONGEREAU N., 1970. – Les Bryozoaires Cyclostomes branchus du Miocène du bassin du Rhône (France). *Doc. Lab. géol. Fac. Sc. Lyon,* n° 40, 175 p., 10 pl.

MORELLET L. et J., 1913. – Dasycladacées du Tertiaire parisien. *Mém. Soc. géol. Fr.,* n° 47, 41 p., 3 pl.

MORELLET L. et J., 1922. – Nouvelle contribution à l'étude des Dasycladacées tertiaires. *Mém. Soc. géol. Fr.,* n° 58, 33 p., 10 pl.

MORLEY DAVIES A., EAMES F.E., 1971. – *Tertiary faunas.* G. Allen édit., 2 vol., 548 et 348 p. illustr.

MOURER-CHAUVIRÉ C., 1975. – Les Oiseaux du Pléistocène moyen et supérieur de France. *Doc. Lab. Géol. Fac. Sc. Lyon,* n° 64, 261 p., 22 pl.

PEYROT A., 1938. – Les Mollusques testacés univalves des dépôts helvétiens du bassin ligérien. *Act. Soc. Linn. Bordeaux,* t. 89, 361 p., 5 pl.

PEZANT A., 1909. – Étude iconographique des Pleurotomes fossiles du bassin de Paris. *Mém. Soc. géol. Fr.,* n° 39, 30 p., 5 pl.

PLAZIAT J. C., 1970. – Contribution à l'étude de la faune et de la flore du Sparnacien des Corbières septentrionales. *Cahiers de Paléontol,* C.N.R.S., 121 p., 15 pl.

PRIEM F., 1908. – Étude des Poissons fossiles du Bassin parisien. *Ann. Paléont.,* t. 3, 144 p., 5 pl.

PRIEM F., 1911. – Étude des poissons fossiles du Bassin parisien (supplément). *Ann. Paléont.,* t. 6, 44 p., 5 pl.

PRIEM F., 1914. – Sur les Poissons fossiles des terrains tertiaires d'eau douce et d'eau saumâtre de France et de Suisse. *Mém. Soc. géol. Fr.,* n° 50, 17 p., 4 pl.

PUISSEGUR J.-J., 1976. – Mollusques continentaux quaternaires de Bourgogne. *Mém. géol. Univ. Lyon,* 241 p., 28 pl.

ROGER J., 1939. – Le genre Chlamys dans les formations néogènes de l'Europe. *Mém. Soc. géol. Fr.,* n° 40, 294 p., 28 pl.

ROMAN F., 1922. – Monographie de la faune de Mammifères de Mormoiron (Vaucluse), Ludien supérieur. *Mém. Soc. géol. Fr.,* n° 57, 39 p., 8 pl.

ROMAN F., VIRET J., 1934. – La faune de Mammifères du Burdigalien de La Romieu (Gers). *Mém. Soc. géol. Fr.,* n° 21, 67 p., 12 pl.

RUSSELL D. E., 1964. – Les Mammifères paléocènes d'Europe. *Mém. Mus. nat. Hist. nat.,* t. 12, 324 p., 16 pl.

SEWARD A. C., ARBER E.A.N., 1903. – Les Nipadites des couches éocènes de la Belgique. *Mém. Mus. Roy. Hist. nat. Belgique,* n° 7, 16 p., 3 pl.

STEHLIN H.G., 1903-1916. – Die Säugetiere des Schweizerischen Eocaens. *Mém. Soc. Pal. Suisse,* vol. 30 à 36, 1552 p., 21 pl.

TEILHARD DE CHARDIN P., 1915. – Les Carnassiers des Phosphorites du Quercy. *Ann. Paléont.* t. 9, 90 p., 9 pl.

TEILHARD DE CHARDIN P., 1916-1922. – Les Mammifères de l'Éocène inférieur français et leurs gisements. *Ann. Paléont.,* t. 10 et 11, 5 et 108 p., 8 pl.

TEILHARD DE CHARDIN P., 1927. – Les Mammifères de l'Éocène inférieur de Belgique. *Mém. Mus. Roy. Hist. Nat. Belgique,* n° 36, 33 p., 6 pl.

THEOBALD N., 1937. – Les Insectes fossiles des terrains oligocènes de France. *Mém. Soc. Sci. Nancy,* 437 p., 29 pl.

VIA BOADA L., 1969. – Crustaceos decapodos del Eoceno español. *Pireneos,* Barcelone, n° 91-94, 479 p., 39 pl.

VINCENT E., 1930. – Mollusques des couches à Cyrènes (Paléocène du Limbourg). *Mém. Mus. Roy. Hist. nat. Belgique,* n° 43, 43 p., 7 pl.

VIRET J., 1951-1961. – Catalogue critique de la faune des Mammifères miocènes de la Grive Saint-Alban (Isère). *Nouv. Arch. Mus. Lyon,* n°s 3 et 4, 104 et 29 p., 4 et 1 pl.

VIRET J., 1954. – Le Loess à bancs durcis de Saint-Vallier (Drôme) et sa faune de Mammifères villafranchiens. *Nouv. Arch. Mus. Hist. nat. Lyon,* fasc. 5, 200 p., 33 pl.

INDEX

Imprimé en France
par
IMPRIMERIE MAURY
12102 MILLAU

MASSON ÉDITEUR
120, bd Saint-Germain
75280 Paris Cedex 06
Dépôt légal : novembre 1989